乡村发展与乡村规划

——2015 年度
中国城市规划学会乡村规划与建设学术委员会学术研讨会
论文集

中国城市规划学会乡村规划与建设学术委员会
同济大学建筑与城市规划学院　编
上海同济城市规划设计研究院

U0213968

中国建筑工业出版社

图书在版编目（CIP）数据

乡村发展与乡村规划——2015年度中国城市规划学会乡村规划与建设学术委员会学术研讨会论文集／中国城市规划学会乡村规划与建设学术委员会，同济大学建筑与城市规划学院，上海同济城市规划设计研究院编．—北京：中国建筑工业出版社，2015.12
　　ISBN 978-7-112-19002-7

　　Ⅰ.①乡…　Ⅱ.①中…②同…③上…　Ⅲ.①乡村规划-中国-学术会议-文集②城乡建设-中国-学术会议-文集　Ⅳ.① TU982.29-53 ② F299.2-53

中国版本图书馆CIP数据核字（2016）第010390号

责任编辑：杨　虹
责任校对：陈晶晶　关　健

乡村发展与乡村规划
——2015年度中国城市规划学会乡村规划与建设学术委员会学术研讨会论文集

中国城市规划学会乡村规划与建设学术委员会
同 济 大 学 建 筑 与 城 市 规 划 学 院 编
上 海 同 济 城 市 规 划 设 计 研 究 院
*
中国建筑工业出版社出版、发行（北京海淀三里河路9号）
各地新华书店、建筑书店经销
北 京 嘉 泰 利 德 公 司 制 版
北京云浩印刷有限责任公司印刷
*
开本：880×1230毫米　1/16　印张：44　字数：1500千字
2016年12月第一版　2016年12月第一次印刷
定价：**116.00**元
ISBN 978-7-112-19002-7
　　　　(28279)

论文评审委员会：

中国城市规划学会乡村规划与建设学术委员会（按照姓氏笔画排序）：

王伟强　叶　红　李京生　张尚武　罗震东　邰艳丽　周　珂　段德罡　姚宏滔　徐煜辉

栾　峰　敬　东　焦　胜

同济大学建筑与城市规划学院（按照姓氏笔画排序）：

王雅娟　田　莉　孙施文　杨　辰　肖建莉　张　立　陆希刚　卓　健　钮心毅　侯　丽

耿慧志　黄建中

编委会（按照姓氏笔画排序）：

王伟强　孙施文　李京生　张尚武　张知秋　陈　涤　周　珂　栾　峰　黄建中　彭震伟

乡村发展面临问题本质上不是乡村本身的问题，而是城镇化问题。在城市不断走向现代化过程中，乡村作为城镇化的另一端，面临的农村经济衰落、大量人口流失、乡村社会失去活力已成为许多地区的突出矛盾，城镇化的社会风险正在不断积累和加剧。乡村问题不解决，中国的城镇化道路是走不远的，这点已经从国家战略到地方层面有了共识。

所谓的新型城镇化，可以认为最核心的任务就是探索一条城乡同步实现现代化的道路。无论发达国家、发展中国家在已有的经验中，城市的发展和乡村的发展均是不同步的。城乡同步走向现代化是中国新型城镇化走向成功的关键，也是发展中国特色的城镇化理论特别重要的切入点。

城乡矛盾自己是化解不了的。从规划学科角度，乡村规划是对乡村发展过程中市场失灵产生的诸多问题进行的公共干预，这是乡村规划存在的意义所在。但乡村地区的发展规律和运行机理与城市不同，乡村面临的不是增长问题，而是萎缩带来的社会问题，同时乡村社会具有更加明显的自组织特征，带来实施机制的差异。传统的城市规划理论、方法和工作内容难以适应，对乡村发展和乡村规划的许多基本问题需要加深认识，需要理论和实践层面的探索。

中国城市规划学会乡村规划与建设学术委员会的成立，旨在搭建一个学术交流的平台，凝聚各方力量，共同推进乡村规划和乡村建设事业的发展。2015年1月成功举办了首届学术论坛和实践案例展，且得到各方的积极响应和大力支持。为了更好地促进交流，特将前期征集的"乡村发展与乡村规划"学术研讨会论文汇编出版。在此向所有关心支持、参与和推动乡村发展的各界人士致以敬意。

编者
2015年3月

乡村规划策略

乡村研究方法

乡村发展与乡村规划
——2015 年度中国城市规划学会乡村规划与
建设学术委员会学术研讨会论文集

乡村规划策略

基于景观发展机制的丘陵地区乡村规划方法研究

高青

摘　要：我国当前处于快速城市化进程中，城市化进程给乡村地区带来景观破碎化，容易造成对原有乡村景观格局的破坏。丘陵地形在我国地形地貌中占有一定比例，丘陵坡地的形成与坡地径流结构有着密集的联系。人类对丘陵的开发和建设活动极易造成对丘陵径流结构的破坏，因此在丘陵地区坡地的景观格局与径流结构都是影响丘陵生态环境的重要因素。考虑到景观格局与坡地径流结构有着耦合关联，本文尝试将一种耦合的分析方法使用到丘陵地区乡村景观规划中，并以长沙市高塘岭镇—星城镇地区为研究对象，以丘陵地区景观发展机制为切入点，通过景观连接度分析与水文分析对该区域内的湿地生态廊道与径流结构进行辨识。在耦合分析的基础上，进一步地提出相关规划方法策略，以期为丘陵地区乡村景观规划方法提供新的视角。

关键词：景观发展机制；丘陵地区；乡村规划

1　前言

　　丘陵，高度差介于在平原和山地之间，丘陵覆盖了我国百分之十的地形。丘陵一般相对高度一般不超过200m，起伏不大，坡度较缓。丘陵的形态和结构具有一定的"偶然"，没有非常明显的地形构造，这与影响景观发展的基本过程——水的作用有关[1]。一方面，丘陵景观的形成反映了水的侵蚀作用。丘陵坡地的径流方式与土地稳定性有着密切的关系，人类填挖方活动对坡地排水方式的改变易于引起丘陵地形的水土流失。另一方面，丘陵景观在不断演变发展过程中，湿地水体又在维持景观格局中扮演着重要作用。丘陵地区的迎风坡遇到暖湿气流易会结成水珠，易于形成大量的降水，这是丘陵地区湿地水体分布较多的主要原因。湿地具有保持水土、蓄洪抗旱、改善微气候、降解环境污染等作用。而最重要的是，湿地水体是动植物，特别是珍稀濒危水禽赖以生存和繁衍的生态栖息地。不合理的规划造成湿地斑块之间的连续性下降，湿地水分蒸发蒸腾能力和地下水补充能力受到影响[2]。在景观生态学中，"斑块—廊道—基质"的空间格局与功能分析是景观生态学的基本组分[3]，廊道的连接维持了景观格局中斑块之间的功能作用过程。在人类活动的长期影响之下，传统乡村景观一直处于不断地变化之中，随着新一轮城镇化高潮的到来，传统乡村景观在区域尺度中呈现出破碎化加深的趋势[4]。因此，人类干扰对丘陵乡村景观存在两方面的不利影响：径流方式的改变与景观破碎化。根据最近的生态学研究，景观格局与径流方式之间存在着耦合关系。与径流相关性最大的是景观多样性指数，景观破碎度与流域径流之间也有较大的相关性[5]。因此，如何通过技术方法帮助规划人员深入地理解丘陵景观格局背后景观形成与发展的机制是目前亟待研究的问题。

　　从规划技术方法的角度来说，在城市规划中使用的最为广泛的分析方法是麦克哈格的土地适宜性评价，又称因子叠加法或"千层饼"模式。它是规划环境影响评价中规划布局合理性分析和理性评价的一部分[6]，其为城市土地利用规划提供了一定的客观依据。在丘陵地区的土地适宜性分析中，地貌因素[7]通常是决定土地利用类型的重要生态因子。然而，由于因子叠加法只强调土地景观单元的垂直过程，忽略了景观水平过程[8]。因此，地貌因子只关注于对地表形态的描述，而几乎排除了对于径流机制的认识。这样的适宜性评价也就不能有效防止开发建设对坡地径流方式的破坏以及随之对坡地稳定性造成的不利影响。另一方面，Mcharg基于限制要素的资源适宜评价的"千层饼"垂直水平的防御性方法，根据资源的内在特性评价进行保护，但已实证此方法在防止景观破碎化方面是低效的[9]。因此，即使普遍用于城市规划的思路、方法也不能直接往乡村规划上生搬硬套，还需根据乡村景观的特点使用有针对性的分析方法。本文根据最近的景观生态学理论以及地理信息系统（GIS）技术的发展，对长株潭大河西先导区马

高青：东南大学建筑学院博士研究生

桥河口地区进行景观格局、径流机制的耦合分析，着眼于丘陵景观形成与发展机制，实现区域景观保护与可持续发展并行，构建丘陵地区乡村景观耦合分析方法的技术路线，以期为丘陵地区乡村景观规划提供新的思路。

2 研究背景

2007年12月14日，国务院批准长株潭城市群为全国资源节约型和环境友好型社会建设综合配套改革试验区，长沙市成立大河西先导区。根据《长沙市大河西先导区空间发展战略规划》的要求，为了确保乌山—谷山—湘江的生态控制廊道和马家河口的湿地保护，严格限制在生态廊道和生态控制线范围内进行开发建设。马桥河口湿地区地形起伏有致，景观优美，湿地资源众多，包括张家湖、斑马湖、马桥河、罗家湖、大泽湖等11个大面积湿地、水体斑块。但由于该区域属马桥河和湘江之间的滩涂地，因此该区土地肥沃、水源丰富，是农业耕作条件非常优越的水田种植区。长期以来，该区域都是农业、聚居活动的重要地区。马家河口的湿地地区涵盖了长沙市望城区高塘岭镇与星城镇内的7个村，包括黄田村、回龙村、西塘村、南塘村、腾飞村、胜利村等。随着城镇化进程的推进，传统的乡村景观与经济发展之间的矛盾逐渐显现出来。考虑当地建设需求和乡村景观保护的矛盾，《长沙市大河西先导区空间发展战略规划》提出采用弹性控制的手法对马桥河湿地区进行控制，每个项目的建设需要单独进行评估，报市规划行政主管部门批准。马桥河口湿地也是大河西先导区滨水新城开发的重点地段，这使该区域的乡村景观面临着巨大的潜在不利影响。本文选取马桥河口湿地区所在的高塘岭镇与星城镇（图1）作为研究对象，从区域整体的角度来对丘陵地区乡村景观规划方法进行探讨。

图1 研究区域：长沙市高塘岭镇与星城镇
（资料来源：作者自制）

3 丘陵地区乡村景观机制分析方法

3.1 景观连接度分析方法

为了表达景观单元间的水平联系，通常使用景观连接度来测度景观中廊道或基质如何连接和延续[10]。景观连接度的计算通常是通过最小耗费路径分析。最小耗费路径分析由于其简洁的数据结构、快速的运算法则以及直观形象的结果，其被认为是景观水平上进行景观连接度评价的最好工具之一[11]。其公式[12]如下：

$$MCR = f_{\min}\sum_{j=n}^{i=m}(D_{ij} \times R_i)$$

其中，是f是一个单调递增函数，反映了根据空间特征，从空间中任一点到所有源的距离关系。D_{ij}是从空间任一点到源j所穿越的空间单元面i的距离。R_i是空间单元面i可达性的阻力值[13]。空间单元面上的阻力值总和构成阻力面，计算的结果可以显示出生物、物质在地图上流动所经过栅格阻力值总和最小的路线，这条路线就被假设是外来干扰下维持景观格局正常功能所必须保留的路径。

3.2 水文分析方法

最小耗费路径分析反映了相邻源斑块在阻力面上耗费最小路径。然而，它缺乏对各生态源斑块之间在空间结构上直观的表达，换句话说就是真实的景观并不是出在一个平面上。径流分析则有效地弥补了这一不足，它能够便捷地对自然径流建模。流域分析模型应用于研究与地表水流有关的各种自然现象如洪水水位及泛滥情况，或者划定受污染源影响的地区，以及预测当某一地区的地貌改变时对整个地区将造成的影响等，应用在城市和区域规划、农业及森林、交通道路等许多领域，对地球表面形状的理解也具有十分重要的意义[14]。

4 长沙市高塘岭镇—星城镇地区乡村景观规划分析

4.1 基于遥感解译的乡村景观空间演变

传统的乡村景观演变是一个非常缓慢的过程，农业文明下的乡村景观整体来说体现了生产性与审美性的统一（乡村景观空间演变的文化解读——以珠江三角洲为例）。当城镇化建设到来时，乡村景观的演变速度发生较快的上升。根据遥感解译结果（图2），研究区域在过去30年中的不同时期呈现出不同速度的乡村景观演变。改革开放初期，研究区域内的人类建设活动较少，自然景观在整个景观格局中占主导地位。一直到1990年代末期，景观空间的演变相对缓慢，主要的建设活动集中在高塘岭镇与星城镇主干道及周边，大部分的乡村地区依然保留了自然景观。进入21世纪，随着国家发展和改革委员批准长沙、株洲、湘潭城市群为全国资源节约型和环境友好型社会建设综合配套改革实验区，研究区域内的人类活动斑块明显增加。根据2009年遥感数据的解译结果，研究区域内乡村自然斑块的连续性明显降低，部分地区景观破碎化程度较高，农田斑块的线性廊道被人类活动区完全割裂。三期遥感数据中研究区域内乡村景观演变的总体趋势为由高塘岭镇与星城镇中心向外扩张向马桥河口地区围合。

图2　1989，1999，2009年（从左至右）三期Landsat-7遥感数据解译

（资料来源：作者自制）

4.2 基于景观连接度的湿地廊道辨识

建立阻力面是测度景观连接度，计算潜在生态廊道的前提。为了能够综合反映地貌、资源平衡、土地利用以及人类活动等因素，研究采用土地适宜性分析来计算阻力面。研究对长株潭大河西先导区2009年Landsat-7遥感数据进行解译提取土地利用、水体与植被等矢量图层，其他土壤生态因子数据资料由当地科研单位提供（图3）。通过将

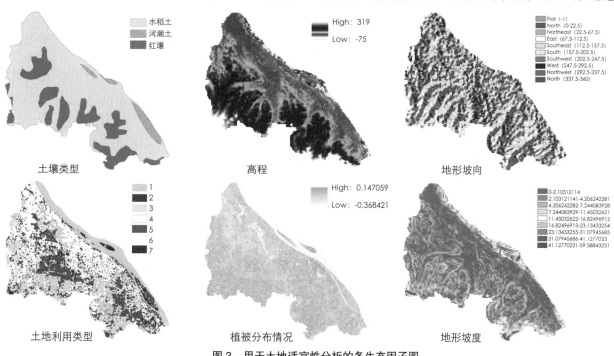

图3　用于土地适宜性分析的各生态因子图

（资料来源：作者自制）

各生态适宜性因子加权叠加研究得到土地适宜性分析结果（图4），对不同适宜性等级赋予相对阻力系数构成阻力面。最适宜开发土地赋予阻力值100，较适宜开发土地赋予75，适宜开发土地赋予50，不适宜开发土地赋予25。由于阻力面计算的目的主要是反映相对趋势，所以相对意义上的阻力系数和因子的权重仍然具有意义[15]。研究选取11个大型湿地水体斑块通过GIS质心计算得出生态源。使用生态源与阻力面进行最小耗费路径分析计算得到潜在湿地生态廊道（图5），该湿地廊道全长14607m。

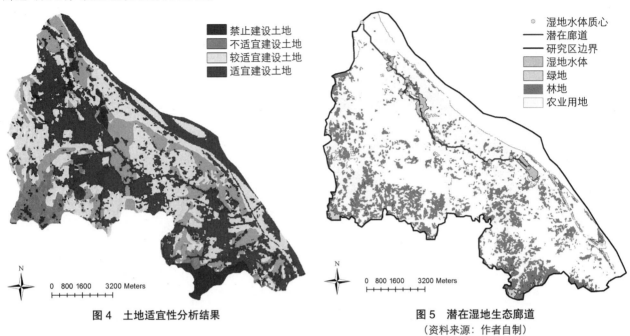

图4　土地适宜性分析结果

图5　潜在湿地生态廊道
（资料来源：作者自制）

4.3　基于数字高程模型的水文分析

研究使用研究区域的数字高程模型（Digital Elevation Modelling，DEM）进行水文分析，计算得到分析结果（图6）径流流向、径流流量、径流网络、汇水盆地、分水岭以及径流等级。计算结果显示，马桥河口地区内径流总长度共

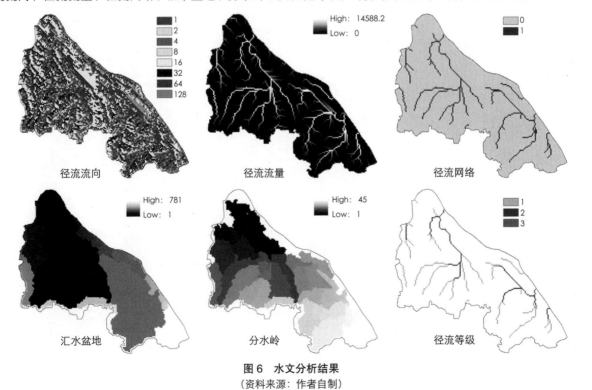

图6　水文分析结果
（资料来源：作者自制）

计 40269m。研究区域内的 11 处湿地水体均分布在径流主干上，这也是马桥河口地区湿地众多的原因。径流支流的产汇流聚集到径流主干，径流主干流经的地区正是马桥河口湿地区。

4.4　耦合分析

　　根据对景观格局与径流机制进行耦合叠加的结果表明（图 7），研究区域内的潜在湿地生态廊道的分布随着径流等级的提升呈现出景观连接度递增的趋势，两者之间具有明显的关联性。作为一种规划分析方法，景观格局分析目前已经被广泛地用于城市绿地空间网络规划当中。然而，径流机制与景观格局之间的相互作用也应被规划人员重视。根据分析结果，径流是一个水系网络，对支流径流的改变将对整个流域径流结构产生影响，进而影响区域景观格局。通过分析结果与研究区域土地利用规划（图 8）的对比研究，现存主要的乡村湿地水体

图例
- ⊙ 湿地水体质心
- ── 潜在廊道
- ── 研究区边界
- ▨ 径流支流
- ▨ 径流汇流
- ▨ 径流主干

0　800 1600　3200 Meters

图 7　潜在湿地生态廊道与径流分析耦合叠加
（资料来源：作者自制）

均在规划中得到了保留，形成了 8 处重要的湿地景观节点。乡村自然景观空间多集中在湿地景观节点周边，连接各湿地景观节点之间的水系廊道空间布局基本与本研究湿地生态廊道辨识结果相一致。部分湿地景观节点保留了原有自然水体的风貌，而未采用人工的填挖改变湿地水体形态，这有利于保护整个流域径流结构。

图　例
- 二类居住用地
- 中小学用地
- 行政办公用地
- 商业金融业用地
- 文化娱乐用地
- 体育用地
- 医疗卫生用地
- 商业居住混合用地
- 办公商业混合用地
- 广场用地
- 社会停车场库用地
- 长途客运站用地
- 供应设施用地
- 交通设施用地
- 邮电设施用地
- 雨水、污水处理用地
- 粪便垃圾处理用地
- 其他市政公用设施用地
- 公共绿地
- 生产防护绿地
- 水域
- 变电站
- 电信模块局
- 给水泵站
- 加油站
- 燃气调压站
- 消防站
- 医院
- 污水处理厂
- 垃圾转运站
- 电信分局
- 排水泵站
- 污水泵站
- 集中供冷站
- 地铁站点
- 道路
- 铁路
- 500kV 电力线
- 地铁线
- 规划范围

0　500　1000　1500　2000m

图 8　研究区域土地利用规划
（资料来源：《长沙市湘江新城控规土地利用规划》）

5 结论与讨论

景观格局分析已经被广泛地用于丘陵地区的城市规划当中，但是对于景观格局的保护并不是简单地保留"斑块"、"廊道"，规划人员还需深入地理解景观形成与发展的机制。乡村景观空间不同于城市景观，从古代以来城市大多选址在相对地势平坦的地区。而在传统的丘陵地区农业生产与聚居活动中，对地形地貌的尊重是维持人类干扰与水土平衡的关键所在。单一地从景观格局的角度来看到乡村面临的城镇化浪潮，势必造成对丘陵地区乡村景观空间潜在的威胁。本文通过分析研究认为：

（1）丘陵地区乡村景观中重要的湿地水体栖息地分布在流域径流主干上，支流分布上丘陵地区的坡地上。径流支流的产汇流聚集形成径流主干，两者共同构成丘陵景观中径流网络。从景观格局的角度来看，径流主干及周边的地区是丘陵地区乡村景观中景观连接度较高的地区应当予以保护。从把径流网络作为一个整体来看，径流主干上游的支流也应当得到保护，以利于维持丘陵地区乡村景观格局的稳定。

（2）在小尺度的乡村景观规划上，进行生态学上的景观格局分析可能存在着较难取得分析数据以及技术难度方面的困难，而径流方式的分析在地理信息系统（Geographical information system，GIS）中相对较为容易实现，例如本研究中使用的数字高程模型（DEM）数据是从中国科学院计算机网络信息中心国际科学数据服务平台免费下载。更小尺度的场地可使用通过测绘高程数据在地理信息系统（GIS）中生成数字高程模型（DEM）用于进行径流分析。本文尝试性地借助生态学理论与地理信息系统（GIS）技术，提出基于丘陵地区乡村景观格局与水文效应耦合分析的规划方法策略，若干方面还有待进一步地研究。

主要参考文献

[1] 威廉.M.马什.景观规划的环境学途径 [M]（第4版）.朱强，黄丽玲，俞孔坚，等译.北京：中国建筑工业出版社，2006.

[2] 俞孔坚，李迪华，潮洛蒙.城市生态基础设施建设的十大景观战略 [J].规划师，2001，17（6）：9-17.

[3] F.Kong，H.Yin，N.Nakagoshi，etal. Urban green space network development for biodiversity conservation : Identification based on graph theory and gravity modeling [J]. Landscape and Urban Planning，2010（95）：16-27.

[4] 王云才，昌东.基于破碎化分析的区域传统乡村景观空间保护规划以无锡市西部地区为例 [J].风景园林，2013（4）：81-90.

[5] 黄青.塔里木河中游景观格局与生态水文过程的耦合分析 [J].干旱区资源与环境，2008，22（9）：83-87.

[6] 董家华，包存宽，黄鹤，等.土地生态适宜性分析在城市规划环境影响评价中的应用 [J].长江流域资源与环境，2006，15（6）：698-702.

[7] 李忠武，阳小聪，李裕元，等.地貌在城市建设用地生态适宜性分区中影响研究——以浏阳河流域为例 [J].湖南大学学报，2008，35（10）：66-69.

[8] 2008年（第十届）中国科协年会.2008年（第十届）中国科协年会论文集 [C].北京：国防工业出版社，2008.

[9] 苏伟忠，杨英宝.基于景观生态学的城市空间结构研究 [M].北京：科学出版社，2007.

[10] 富伟，刘世梁，崔保山，等.景观生态学中生态连接度研究进展 [J].生态学报.2009，29（11）：6174-6182.

[11] 吴昌广，周志翔，王鹏程，等.基于最小费用模型的景观连接度评价 [J].应用生态学报，2009，20（8）：2042-2048.

[12] 中国城市规划学会.和谐城市规划——2007中国城市规划年会论文集 [C].哈尔滨：黑龙江科技出版社，2007.

[13] 王瑶，宫辉力，李小娟.基于最小累计阻力模型的景观通达性分析 [J].地理空间分析，2007，5（4）：45-47.

[14] 汤国安，杨昕.ArcGIS地理信息系统空间分析实验教程 [M].北京：科学出版社，2006.

[15] 俞孔坚，乔青，李迪华.基于景观安全格局分析的生态用地研究——以北京市东三乡为例 [J].应用生态学报，2009，20（8）：1932-1939.

The Study of Rural Planning Method in Hilly Areas Based on Landscape Development Mechanism

Gao Qing

Abstract : The conservation of landscape pattern is the premise of sustaining ecology function of landscape, but urbanization has made rural area in hilly areas facing enormous threat of landscape fragmentation. The landscape pattern and runoff structure in hilly areas must be analyzed integrally in rural landscape planning in the light of their coupling relation. This paper takes the Gaotangling town and Xingcheng town as a case study, identifying the potential wetland ecological corridor and runoff structure through landscape connectivity analysis and hydrogen analysis in the perspective of landscape development mechanism. Based on a coupling analysis, this paper further put forward relative planning strategy in the hope of providing new insights for rural landscape planning in hilly areas.

Keywords : landscape development mechanism ; hilly areas ; rural landscape planning

广州市郊区村庄规划建设研究
——以从化赤草村为例

吴晓松

摘　要：我国是一个农业大国，经历了 30 年城市建设高潮时期，城市经济迅速发展带动城市空间的扩展。城市建设对城市郊区村庄冲击很大，设施齐全的商住楼盘与相邻村庄形成强烈反差，解决好农村发展问题刻不容缓。文章总结广州市村庄规划历程，分析村庄特点与规划设计工作内容，以及广州城市化进程中城郊村发展趋势。借鉴国外乡村建设的经验，结合从化街口赤草村村庄规划案例，研究城郊村村庄规划工作中的问题，并提出建议。为村庄规划建设实施提供参考。

关键词：城市化；城郊村；村庄规划；公用设施

　　我国是一个农业大国。根据中华人民共和国国家统计局统计数据，2013 年末我国人口为 136072。其中城镇人口为 73111，乡村人口为 62961。[①] 乡村人口占全国总人口的 46.27%。我国自新中国成立以来，始终重视农业的发展。历次的国民经济"五年计划"都对农业的发展问题有所重视。1953 年的第一个"五年计划"中，提出发展部分集体所有制的农业生产合作社，以建立对农业和手工业社会主义改造的基础。第三个"五年计划"中提出了大力发展农业。毛泽东在 1962 年，中国共产党第八届十中全会上提出以工业为基础，农业为主导的发展国民经济的总方针。第七个"五年计划"制定了农业生产指标。第八与第十个"五年计划"对城乡居民的住房与经济收入制定了发展目标。从第十个"五年计划"开始更加重视农业发展问题，如第十个"十五计划"提出进一步深化农村改革，大力调整农业结构，全力推进科技兴农，积极推进农业产业化经营，强化农业基础设施建设。第十一个"五年计划"提出建设社会主义新农村的要求。发展现代农业，调整优化农业结构，增加农民收入，加强生态环境建设，改善农村生产生活条件，大力发展农村社会事业。第十二个"五年计划"提出强农惠农，加快社会主义新农村建设。推进农业现代化，完善以工促农、以城带乡长效机制。加快发展现代农业，改善农村生产生活条件，完善农村发展体制机制。从我国国情看三农问题是不可回避的问题，且我国现在国民经济和城市化发展水平与未来发展所面临的挑战，必须实现城乡统筹来达到更高层次的发展阶段。

　　1950 年代建设社会主义新农村。1980 年代初，我国建设社会主义新农村就是小康社会的重要内容之一。自从改革开放以来，随着国家提升农机化水平及加快农村基础设施政策的实施，我国的农机产业得到显著的发展。农业机械的迅猛发展，加快了我国农村农业劳动力结构革新，这些都促进了我国新农村建设以及农村经济的发展。2004 年党的十六届四中全会上指出，在工业化达到相当程度以后，工业反哺农业、城市支持农村，实现工业与农业、城市与农村协调发展。随着工业化、城市化的发展，通过城市对农村的反哺，工业对农业的反哺，使农业得到可持续发展的基础，使农村社会能够实现和谐。

　　2010 年的中央一号文件明确提出，当前和今后一个时期内，我国将积极稳妥推进城镇化，提高城镇规划水平和发展质量，把中小城市和小城镇发展作为重点，促进城市的各种资源要素更多地向农村覆盖。正是在这样一个大背景下，特别是我国经历了 30 年城市建设高潮时期，城市经济迅速发展带动城市空间的扩展。城市基础设施日渐完善，城市面貌日新月异。然而，与之形成鲜明对比的是一些村镇和村庄的现状，它们与城市之间形成强烈反差。虽

吴晓松：中山大学

---

① 中华人民共和国国家统计局，2013 年国民经济和社会发展统计公报 .2014 年 2 月 24 日 .http://data.stats.gov.cn/search/keywordlist2.

然我国在农村的建设实践中，经历了几次美化工程，但都由于种种原因，村庄建设没有达到预期效果。为了改变城乡二元结构，实现建设"美丽乡村"目标，加快新型城市化进程，推进农业现代化进程，建设社会主义新农村，培育有文化、有技能的新农民，发挥农民管理和发展农村的主体地位，促进乡村地区的经济发展与特色构建。广州市于2012年开始编制新一轮村庄规划，并充分发挥城市与村庄规划相关的各部门力量，调动市、区（县级市）、镇（街）、村的积极性，切实解决村庄规划"落地难"的问题，保障规划的落实与实施。

1 我国乡村社会特点与世界各国乡村建设经验

我国农村村庄与城市相比较，农村经济发展滞后，村庄建设发展缓慢。我国农村的显著特点有：①村庄分散在农业生产的土地与自然环境中，人口稀少，田园风光；②职业结构为单纯的农业生产的农耕劳作，从事农业生产活动以家庭为单位的传统的田间劳作方式，家族聚居的现象较为明显；③工业、商业、金融、文化、教育、医疗及卫生事业的发展水平较低。文化生活单一，卫生安全方面较差。

我国城市经济快速发展与落后农村经济，特别是城市空间扩展，郊区农业用地被用于房地产开发。农民的土地流失，迫使农业劳动力去城市中寻求发展，成为城市中简单初级及体力劳作的主力军。壮年农业劳动力向城市迁移，服务于城市建设，促进城市经济发展。与此同时，农业壮年农业劳动力大量缺失，一些老年劳动力留在农村从事农业生产，导致农村经济发展滞后，农村居住环境呈现破败不堪的景象。城乡差别加大，又导致农村人口向城市的迁移，村落住房空置率上升，在农村出现一些空心村现象。一些占用农村周边用地的房地产开发，均着重于经济利益的追逐，从根本上解决农村的问题被忽视。这种现象体现在教育、住房、社会保障等诸多方面。

在城市化进程中，世界各国的乡村建设实践经验值得我们借鉴。从德国、英国、美国及日本的乡村建设发展历史可见一斑。

德国是通过数十年的土地整理而进行村落更新计划的实施，促进乡村发展。在实施村落更新过程中，村民积极参与，政府在财政上资助。20世纪50年代制定农村村镇整体发展规划，调整地块分布，改善基础设施，调整产业结构，保护传统文明，整修传统民居，保护和维修古旧村落。推进农村地区的产业结构改善、村庄城市化发展，保护农村地区的自然与人文环境，村庄居住和生活空间可持续。

英国是城市持续向外蔓延扩张，出现城市边缘区土地压力增加。为了解决城市人口过度集中和城市建设土地紧张等问题，开始制定较大区域的规划，如大伦敦规划的编制就是为了促进城市发展区与农业区的统一规划布局，达到城乡协调发展。

美国是农工业协调发展，特别是农业快速发展，为城市化提供粮食资源，同时促进工业发展。美国农村面积约占国土面积的95%，只有20%的人口生活在农村。规划强调景观的生态与文化价值的融合，旨在建设经济发展与环境优化协调的可持续发展乡村社区。将地域特色作为发展重点。强调公众参与推动区域特色发展。景观建设中融合生态建设理念：①无污染能源使用（风力、沼气）。②乡土植物运用。价格低廉，形式自然美观，剪修维护过程中尽量少使用化学药品，营造自然景观气息。③人工湖、自然水塘与湿地结合的水土养护。

日本经历明治、昭和及平成三次较大的町村合并调整，以减少町村数量，提高町村的人口规模，进行村镇整治示范工程。明治时期町村数量从1888年（明治21年）的71314，降为1889年（明治22年）的15859，合并后的町村平均人口数也从550人提高到2400人左右。1953年（昭和28年），中央政府决定以8000人为市町村基本人口规模，以足以满足中学义务教育标准人口规模。设定减少市町村数量降到1/3。昭和时期市町村数量从1953年的9868，降为1961年的3472。市町村平均人口从5400人提高至11500人，平均面积由35平方公里提高到97平方公里。2010年（平成15年），市町村数量从3229降至1727个，数量减少近五成。为实施市町村合并调整而确立一系列农业规划的保障体系。首先，制定《农业振兴法》、《村落地区整治建设法》、《农地法》及《国土利用规划法》等法规。第二，在经济上的保障，如2007-2009年投入农业补贴519亿美元，相当于农业总产值的65%。其中，对生产者补贴414亿美元，农户收入中的43.3%来自农业补贴的转移支付。第三，建立合作社并提供技术指导的服务保障。同时，依托行政区规划挖掘区域自然条件，规划发展"一村一品"日本市町村大合并。鼓励补贴企业下乡，农民离农不离乡。加强农村基础设施建设，拨款或地方债券。充分利用区域自然资源发展农场观光型的农业生态景观，农产品购物型的采摘、捕捞与绿色食品项目。另有度假型、康体疗养型及儿童体验型的农业游项目。完善乡村公共商业服务设施与培训机构。

德国经历数十年土地整理进行村落更新计划的实施，促进乡村发展。主要包括调整地块分布，改善基础设施，调整产业结构，保护和维修古旧村落等措施。英国是通过制定较大区域的规划来促进城市发展区与农业区的统一规划布局，达到城乡协调发展。美国是农工业协调发展，特别是农业快速发展，促进城市化及工业发展。规划中强调公众参与区域特色发展，并在景观建设中融合生态建设。日本町村合并调整，以减少町村数量，提高町村的人口规模，进行村镇整治示范工程。从法规、经济及技术上的服务来保障农业规划实施。

2 广州市村庄规划的历程回顾

1997年以来，广东省及广州市陆续展开了中心村规划、新农村规划及宜居村庄规划等三轮规划，分别以政策、目标和任务为导向，进行中心村规划、美化新农村以及宜居村庄规划。各轮规划在我国城乡规划发展的背景下，其各阶段和各种版本的规划导向不同，工作重点与规划特点有明显的差异。三轮规划在工作目标上循序渐进，但是客观上存在工作内容系统性较差、实操性较弱和规划实施责任主体不明确等问题。最终导致政策落实不到位，以及村庄建设难以按照规划设计成果实施的被动局面。

2012年开始，广州市在全市开展的最新一轮共涉及1142条行政村的村庄规划。该轮村庄规划立足于新时期的新要求，提出了村庄分类指引、村庄规划成果要求、村庄规划编制流程与审批流程。在规划编制工作内容上，结合"四规合一"（国民经济和社会发展规划、土地利用总体规划、城乡总体规划及林业保护与发展规划）及村庄规划工作特点，采取城市总体规划与修建性详细规划相结合的宏观与微观综合控制手段，即结合总体规划中的现状摸清情况、村庄发展定位、规模预测、发展目标、村域用地规划布局以及修建性详细规划中的村庄修建性总平面规划布局。本轮村庄规划是从规划编制方案设计到规划成果公示均把村民参与作为重要环节之一，通过编制近期建设项目库增强近期建设规划的可操作性，并注重完善公共服务设施与基础设施规划，是一次较注重落实的村庄规划实践（表1）。

广州市四轮村庄规划一览表   表1

规划	中心村规划	新农村规划	宜居村庄规划	美丽乡村与村庄规划
时间	1997~1999	2007~2009	2010	2012~2014
导向	政策导向	政策导向	目标导向	综合导向
特点	中心村的小乡镇（集镇）规划，局限于居住用地指标	响应政策的乡村美化运动，缺乏实施路径	以宜居村庄指标为目标的规划	针对乡村特色，综合政策、问题及目标等多维导向编制规划

3 村庄规划设计工作的特点

根据2012《从化市美丽乡村示范村村庄规划编制技术要求》和广州市规划局2012年12月颁布《广州市村庄规划编制指引（试行）》的要求。

对于改造条件成熟的城中村要求进行三旧改造，规划成果按照《三旧改造专项规划》提交。对条件尚未成熟城中村，规划成果按照《整治专项规划》提交。城边村与城郊村规划成果在《控制性详细规划》规定成果基础上，文字中增加村庄经济发展、宅基地和经济发展留用地选址及近期用地规划等内容。图纸中增加村民住宅选型图及近期用地规划图等内容。规划成果必须包括"两书一表五图"，两书为《村庄规划说明书》和《公众参与报告书》，一表为《行动计划一览表》，五图为《现状用地权属图》、《村域功能区划图》、《土地利用规划图》、《配套设施规划图》及《近期建设规划图》，另可根据实际情况增加其他相关图纸如下，《土地利用现状图》、《村庄建设现状图》、《产业布局规划图》、《道路交通规划图》、《竖向规划图》、《工程管网规划图》、《村庄布局总平面图》、《村庄布局（鸟瞰）效果图》、《村民住宅选型图》等图纸内容，以及村庄调研报告、基础资料汇编和产业发展研究报告等文件。从《广州市村庄规划编制指引（试行）》的要求提供文件详细内容可以反映出除城中村的整治规划外，城边村与城郊村的工作内容基本上是依据宏观的城市总体规划的编制内容结合微观的修建详细规划部分工作内容。宏观层面，在四规合一（国民经济和社会发展规划、土地利用总体规划、城乡总体规划及林业保护与发展规划）指导下制定村庄发展定位、规模预测、制定发展目标及村域用地布局规划，引导村庄定位、规模与用地空间布局向着合理方向发展。微观层面，在落实近期建设项目的同时，村庄总平面规划布局可以有效地指导村庄规划的建设实施，增强了本轮村庄规划的可操作性。

在我国村庄规划设计实践中，根据 2007 年 10 月 28 日第十届全国人民代表大会常务委员会第三十次会议通过，自 2008 年 1 月 1 日开始施行《中华人民共和国城乡规划法》村庄规划属于法定规划。但具体的规划编制办法在国家层面曾经公布《村庄规划标准》征求意见稿，以及村庄规划可参照执行的 2006 年《城市规划编制办法》和 2007 年《镇规划标准》。另有 2012 年《从化市美丽乡村示范村村庄规划编制技术要求》和广州市规划局 2013 年的《广州市村庄规划编制指引（试行）》作为本轮村庄规划编制工作的依据。但并无国家层面统一的规划编制办法，所以在广州村庄规划编制工作中，各设计单位提交村庄规划设计成果的内容会存在差异。这也显示完善颁布《广州市村庄规划编制指引》的紧迫性。

我国农村人口占主导，以及农村地域广大这些基本国情决定了我国农村建设研究的重要性。随着城市化进入加速时期，乡村发生了巨大的变化，已不再是原来意义上从事单纯个体农业生产的聚落，社会分化带来异质性增强，农村的生产要素面临着分化和重新组合的要求，从分散走向集聚。村庄集聚是村庄空间发展的趋势，但是由于长期以来对村镇规划的忽视，尤其是对于小城镇镇域内部空间组织研究几乎仍是空白，造成现有的村庄规划理论严重滞后于规划实践的发展，实践中往往用简单化的空间集聚模式来处理当今多样化和复杂化的新型农村，缺乏对村庄建设融合多学科的深入细致的分析和研究，导致规划实施乏力。因此，必须对此加以深入、细致的研究，推动乡村转型，促进城乡协调发展。这一研究对于建构更为完善的农村发展理论体系，指导农村建设有重要的理论价值和实践意义。本文力图借鉴各学科的研究成果，通过综合研究和分析城市化加速时期村庄集聚的背景、机制、特点，把握村庄结构的变迁。结合多层次规划实践，从新经济增长方式下区域整体发展的角度出发，探讨具有普遍意义的规划理论，并进而研究保证村庄集聚规划实施的制度创新与方法革新，以求得整体最佳的解决方案和政策建议，促进农村地区的可持续发展。首先，拓宽研究视角，综合乡村社会学、地理学、经济学等多学科研究成果，立足于农村社会经济文化发展，全面考察村庄结构转型与集聚的背景与机制，探讨城市化加速时期村庄结构转型的一般趋向。指出村庄结构的变迁是和农村社会经济的变迁与重构密不可分的。农村工业、农业以及剩余劳动力的分化与重组孕育了村庄的分化与重组。村庄集聚是农村社会各种资源要素重组和整合的要求，是农村社会发展到一定阶段的必然产物。其次，研究突破就城市论城市、就乡村论乡村的传统视角的局限，结合规划设计实践，将村庄放入城乡体系中进行整体的研究，从观念和规划模式层面提出以新经济增长方式下的区域整体发展原则指导村庄集聚的新规划理念，努力构建符合产业发展和城乡关系的合理村镇体系结构，从宏观上推动村庄集聚的可持续发展。最后，结合村庄集聚建设实践，从多层面研究市场经济条件下的村庄建设，提出相关制度创新的政策建议，为我国村庄建设实践和具体管理的运作提供可操作的实质性意见。要建立健全适应市场经济的农村宅基地有偿使用制度，推行符合农村建房特点的农村合作建房制度，以及采取适宜乡村特点的建设方法，在新乡村建设中促进聚落建设的自主性、渐进性和适宜性，具体指导村落建设。

4 从化村庄建设存在问题

4.1 以农业种植为主，产业经济薄弱

村庄壮年劳动力主要以外出务工为主。留下务农的以老人为主，另有部分集体物业分红、自有房屋出租及个体经营等。

村庄社会人口存在结构性缺陷，村庄居住人口中以 60 岁以上的老年人和 12 岁以下的小学生为主。有少数成年妇女在家照顾老人小孩及田地。村庄里的壮年劳动力多外出务工，长期在外地生活。中学生中多数随外出务工父母在异地学习。有些村庄除了几个成年的村委会成员外，多为老年与未成年人群为主。一方面，表现出非完型社会的特征，另一方面，村庄经济建设与产业得不到很好的发展。

4.2 缺少公共服务配套设施

从化的多数村庄已有给水、供电、电视及通信等基本设施，但缺少文化、教育、医疗、卫生及环卫等设施。

服务设施的缺失导致村民生活质量水平低，村庄生活环境脏乱差。正是由于过于分散且人口规模较小的农村村落，使得建设布置公共服务设施选址困难。且公共服务设施较低的利用率，增加公用服务设施资金的投入，造成经济浪费。通过抽样分析从化禾仓村等20个村庄（2012年）人口规模，人口规模超过2000人口的有锦三村、上罗村、凤一村、凤二村、禾仓村、山下村、沙贝村及大凹村等八个村庄，人口最多的禾仓村为3653人。在1000~2000之间人口数的有和睦村、锦二村、汉田村、钓鲤村、黄围村、鹊望村、江村村、高峰村、狮象村及赤草村等十个村。不足1000人口的有南方村及新明村两个村，人口最少的南方村只有872人。从禾仓村等20个村庄人口规模状况看出小于2000人口的村庄有十二个，且多数村庄由数个村落构成。每个村落的居住人口小于1000人，所以，按照城市居住区详细规划的千人指标衡量，很多村落没有达到布置一些公共服务设施规模要求。

4.3 村庄建设土地浪费严重

从化农村村落过于分散，多数村庄由若干小村落构成。由于村落历史发展以及村民外出务工，一些村民住宅年久失修或空置，导致村民住宅破损乃至旧村落荒废。旧村落村民被迫另辟土地建设新村住宅，但仍保留原有旧村落荒芜的旧宅址用地，形成空心村。空心村用地面积较多的有和睦村、锦三村、新明村、凤一村、汉田村、江村村、高峰村、赤草村及大凹村等九个村庄，最多的江村村空心村用地面积为7.59hm^2。多数村民拥有新旧两处村民宅宅基地，多数村庄人均建设用地超过100m^2，最终造成土地资源的浪费。通过抽样分析从化沙贝村等20个村庄（2012年）人均建设用地状况，人均建设用地大于140m^{2}的有和睦村、锦三村、新明村、凤一村、鹊望村、禾仓村、山下村、高峰村、赤草村、沙贝村及大凹村等十一个村庄，指标最高的为沙贝村的人均用地214.14m^2。人均建设用地在110至140m^{2}之间的有锦二村、南方村、上罗村、钓鲤村、黄围村及江村村等六个村庄。人均建设用地小于100平方米的有凤二村、汉田村及狮象村等三个村庄，指标最低的汉田村为89.73m^2。

5 从化赤草村村庄规划

5.1 赤草村现状

赤草村位于从化市街口城区南面，距街口城区中心直线距离4.5km。105国道呈东西向贯穿村域和从化市区相连，规划2017年广州地铁14号线沿105国道通过，在赤草社南部设有邓村地铁站出入口，交通较方便。见赤草村区位图（图1）。赤草村地处丘陵山岗的地带，拥有良好的自然景观资源，村内山地多种果树，拥有成片荔枝林、龙眼林，绿树成荫，村落原生态保持较好。

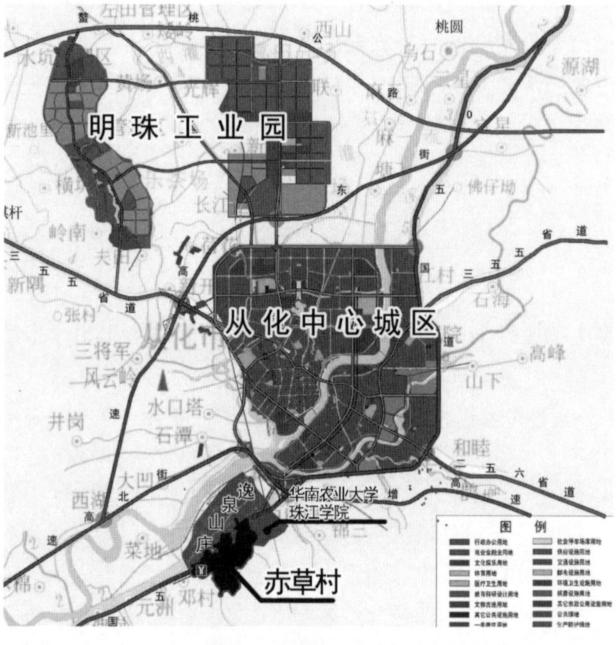

2012年赤草村全村共457户，总户籍人口1814人。农村居民年人均纯收入7891元，村民收入主要来源于种养殖业和外出务工，经济实力较弱。赤草村村域用地面积301.26hm^2，其中建设用地面积46.62hm^{2}占总用地的15.48%；非建设用地254.96hm^2，占总用地的84.63%。非建设用地主要由园地、林地和水域构成。

赤草村区位交通优势明显。赤草村北侧的逸泉山庄和雅居乐等商业居住楼盘，以及东侧的华南农业大学珠江学院。村域周边城市用地的规划建设将促进赤草村城市化进程。

图1 赤草村区位图

5.2 赤草村村庄规划

根据《从化市村庄布点规划（2013-2020）》及《街口街道土地利用总体规划（2010-2020）》，赤草村职能类型定为"综合服务型"，重点发展居住、商贸等生活性服务功能。

规划考虑赤草村交通区位优势，协调村域周边商业地产开发，围绕105国道沿线及广州地铁14号线邓村地铁站建设，布置商服商住设施。改造旧村整合土地资源，结合逸泉山庄和雅居乐等商住楼盘，以及华南农业大学珠江学院学生群所需要的商业消费需求，相应布置商业服务设施。

规划赤草村2016年人口规模为2188人，赤草村2020年人口规模为2664人。规划2020年规划范围内建设用地规模为212.65hm²，占村域总面积的70.59%。赤草村以居住及商贸等生活性服务功能为主的农村社区。

规划赤草村村域建设用地面积较现状增量巨大，主要用于广州地铁机修站的建设。村中的村民居住用地布置按照赤草、店头、凤凰及员村等四个社分布状况呈组团式布局。村域内依托105国道连接四个组团，组团内道路呈半环状布置。村域道路规划预留有与北侧商住楼盘路网衔接空间，便于村域交通与周边区域交通联系（图2）。

规划赤草村村域基础设施与公共服务设施主要落实广州市与从化提出的"七化"和"六个一"工程要求进行规划布置。

广州城市化进程促进赤草村从村庄用地向城市用地过渡。赤草村的未来可能会成为大城市现存的"城中村"，

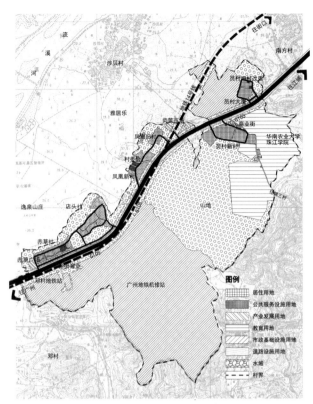

图2　赤草村村庄规划土地利用规划图

那将对村域空间城市化进程带来负面影响，甚至会成为未来从化中心城区未来城市发展的隐患。为了避免类似与赤草村的城郊村蜕变成未来的"城中村"，我们建议城郊村规划设计中，近期可以按照村庄规划指标完善规划市政与公共服务设施，远期应协调村域周边城市控制性详细规划及修建性详细规划，按照城市规划指标优化村域空间规划。注重城郊村域规划建设与区域周边城市规划土地利用相协调，村域道路规划建设与区域周边城市规划路网相协调，村域布置公共服务设施与基础设施与区域周边城市公共服务设施与基础设施相协调。

6　城郊村村庄规划存在问题

此轮广州从化村庄规划编制达到了指导村庄建设目的。重视村民参与环节，调动村民主动了解和建议村庄规划的积极性，但还有需要完善的地方。

6.1　村落零散，缺少公共设施

由于地形地貌、土地利用及历史形成等原因，村落规模很小，且分布较分散。村庄建设缺乏有效的规划管理，村庄住宅存在空置现象。大部分农村居民离开家园，进城务工，农村居民的旧住宅用土坯建造，年久失修，房屋破旧不堪，废弃旧屋几成废墟。有些村落几十间危房连成一片，个别农村居民暂住在旧房，经济条件好的农村居民在新村宅基地建新房居住，搬离旧村落致使其荒废。农村每户居民都有两处住宅基地，造成空置宅基地大量存在，浪费土地资源。同时满足不了公共服务设施最低人口指标要求，无法配建公共服务设施，影响农村居民生活质量。

6.2　周边城市用地开发建设或许塑造新的"城中村"

赤草村西侧已有在建或已建的雅居乐和逸泉山庄城市居住区，东侧有规划的地铁机修站用地。即赤草村村域周边已被城市建设用地包围，周边城市用地开发建设势必影响赤草村用地空间的变化。见图3。如果不在更大区域的统一规划，各自为政。赤草村有可能形成类似大城市现存的"城中村"。为赤草村的发展留下隐患。所以，像赤草村一类的城郊村村庄规划编制过程中应与重视，避免新城中村再次出现。

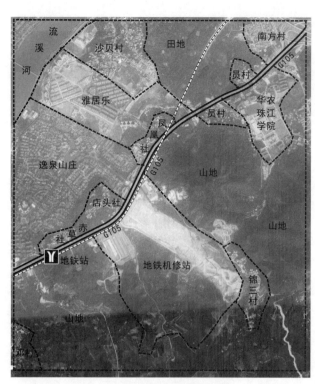

图3 赤草村与周边关系示意图

6.3 村庄规划实施困难

已编制完成从化街口街赤草村等村庄规划的技术图纸，基本满足村庄规划实施要求。然而，由于基层城市规划管理人员匮乏，在无专业人员的指导，村干部与村民无法读懂村庄规划技术图纸。一方面，技术成果搁置无法使用。另一方面，村庄建设得不到合理有效指导。建议在村庄规划成果审批通过后，应编制直观易懂的村庄规划管理图则，能够被经简单培训的村干部读懂，以利于依据村庄规划图则有效指导村庄建设实施。

7 结语

城郊村的建设与良性发展应从以下几个方面着手：①从法规政策上给农村发展予以保障，从经济上加大有效投入，从技术上给予直接服务，确保村庄在城市化进程中合理发展。加大投入以外，也需要农村提高自身自我发展的能力，这样就必须提高农业的综合生产能力，特别是要提高农业的附加值、科技含量。通过实行民主的社区管理，有利于调动农民的积极性，更好地参与当地的经济建设，从而促进区域经济的发展，带动全国经济的发展。②协调村落与周边建设开发用地统一规划，有利于协调发展，避免出现新的"城中村"城郊村村域建设应与区域周边城市规划土地利用相协调，村庄道路规划应与区域周边城市规划路网相协调，村庄布置公共服务设施与基础设施应与区域周边城市公共服务设施与基础设施相协调。③进行村落整治合并，有利于节约土地，有利于集中布置基础设施。

通过分析探讨赤草村城郊村村庄规划编制工作的特点，我们认为村庄规划工作中的着重关注：首先，村庄规划在宏观层面上制定村庄发展策略，引导村庄合理发展。在微观层面上制定村庄布局规划与专项规划，指导村庄规划布局、规划项目落实及规划建设实施。第二，依据村庄规划技术成果，根据无专业人群特点，编制较直观的简便易懂的《村庄规划管理图则》，使缺少专业知识村庄干部在通过短期培训后可以使用，有利于其有效指导村庄建设实施。

主要参考文献

[1] 《城市规划编制办法》，2006.

[2] 广州市规划局 . 广州市村庄规划编制技术指引（试行）[S].2013.

[3] 从化市规划局 . 从化市村庄规划编制技术指引（试行）[S].2013.

[4] 广州市规划局 . 广州市城市规划勘测设计研究院 . 广州市美丽乡村示范规划纲要 [S].2012.

[5] 从化市规划局 . 广州中大城乡规划设计研究院有限公司 . 从化市街口街赤草村村庄规划（2013—2020）[R].2014.

[6] 从化市规划局 . 广州中大城乡规划设计研究院有限公司 . 从化市江埔街和睦村村庄规划（2013—2020）[R].2014.

[7] 从化市规划局 . 广州中大城乡规划设计研究院有限公司 . 从化市江埔街高峰村村庄规划（2013—2020）[R].2014.

[8] 从化市规划局 . 广州中大城乡规划设计研究院有限公司 . 从化市吕田镇狮象村村庄规划（2013—2020）[R].2014.

[9] 吴安湘 . 国外农村景观规划设计经验浅探 . 世界农业，2013，01.

Research on Guangzhou Suburb Village Planning

Wu Xiaosong

Abstract : Our country is a large agricultural country, has experienced 30 years of urban construction period, driven by the rapid expansion of urban economic development of urban space. Urban construction impact on the suburban village of great commercial and residential facilities with the adjacent villages disc stark contrast to solve urgent problems of rural development. This paper summarizes Guangzhou village planning process, analyze the content of the village planning and design work and the characteristics and urbanization in the developing trend of Guangzhou suburban village. Foreign experience rural construction, combined with Conghua Chicao village in the planning case study suburban village in the planning of the issue and make recommendations. Provide a reference for the village planning and construction implementation

Keywords : urbanization ; sububan village ; village planning ; four planning in one

入夏无蚊，清幽景坞
——浙江省安吉县景坞村规划设计与建设实践*

王竹　项越

摘　要：浙江省乡村规划的指导思想，经过多年乡村建设经验持续积累，从"千万工程①"的粗放走向"示范村②"的精致。本文试以浙江省安吉县景坞村农房改造示范村规划建设为实例，解析乡村规划编制和建设实践过程，提出促进乡村发展建设的途径和方法，总结基层村庄在实践过程中逐步摸索出的"在地经验"。

关键词：景坞村；乡村规划；乡村建设；在地经验；绿色农房

1　项目概况

浙江省建设厅从 2012 年开始，每个县（市、区）择优开展农房改造建设示范村。浙江省安吉县鄣吴镇景坞村作为首批示范村率先试点。笔者团队受乡镇委托，自 2012 年下半年起参与景坞村规划设计与建设实践。

规划伊始，我们与乡镇、村委、村民代表座谈了解情况，对村庄实地调研后，首先确定规划范围，就现状优势和现存问题整理归纳。

1.1　规划范围

景坞村位于浙江省安吉县鄣吴镇中部，毗邻安徽省广德县，面积约 14km²；现有 13 个自然村，辖 24 个村民小组，总人口 2878 人，771 户，耕地 1000 亩，山林 16815 亩。根据村镇意愿，结合规划对象和分析内容的层次要求，

图 1　景坞村规划范围

规划范围（图 1）东起景坞村村头，西至里庚村③，途径桃园村、外庚村、里庚村三个自然村，以景坞村村域中心、里庚自然村以及沿线道路景观为重点规划区域。同时，把对沿线产业布局、自然风貌、村镇环境等有直接影响的山水空间、自然资源、文化遗存、村镇风貌区域都列为规划协调区域。

1.2　现状优势（图 2）

1.2.1　生态人文资源突出

景坞村有竹林万亩，鄣吴溪穿村而过；20 世纪 60 年代，有上海、杭州、湖州的知青曾在该村插队，建设知青大坝。景

* 项目基金：国家自然科学基金重点资助项目（51238011）。
　　　国家科技支撑计划资助课题（2014BAL07B02）。

王竹：浙江大学建筑工程学院建筑系教授
项越：浙江大学建筑工程学院建筑系博士研究生

① 2003 年浙江省启动"千村示范、万村整治"工程。该工程历时 5 年，对 1 万个村进行环境整治，以达到"环境整洁、村貌美化、设施配套、布局合理"的目标；把其中 1000 个左右的村建设成物质文明、政治文明、精神文明协调发展的示范村和农村新社区。

② 从 2012 年开始，浙江省每个县（市、区）择优开展农房改造建设示范村。首批试点全省启动建设示范村 100 个左右，到 2017 年全省力争建成 1000 个示范村。为全省农村在提升宜居水平、彰显地域特色、传承弘扬历史文化、节约集约利用资源等方面发挥显著的示范带动作用。

③ 里庚村在当地有"江南无蚊村"的美誉。

图2 景坞村资源优势

坞村依托清幽生态环境和特色知青文化，休闲旅游产业发展潜力巨大。

1.2.2 产业资源优势明显

农业方面已初步形成特色种植产业和养殖业；工业方面竹工艺制品、制扇业颇具规模；第三产业特别是农家乐项目起步较早，有旅游服务设施配套的建设基础，同时群众参与度与积极性较高，在乡村旅游方面积累了一定的经验。

1.2.3 村庄产业联动发展潜力突出

乡村旅游产业发展扎根于沿线村庄之内，是乡村经济发展的主要动力。现状产业与村庄建设紧密关联，村民参与基础度较高，是其经济收入的重要来源。同时产业发展带动村庄基础设施建设，改善现状村庄风貌，提升乡村生活品质。

1.2.4 乡村特色元素丰富，村民改造要求迫切

农田、山林、溪水、种植园区等元素是体现乡村特色的重要组成部分，沿线村庄呈带状和斑块状分布，镶嵌在村庄山水格局中。村民勤劳踏实，民风淳朴，对于提升自身素质和掌握多项经营手段的要求较为迫切，是改造村庄和发展产业的重要人力资源。

1.3 现存问题（图3）

1.3.1 乡村设施建设不完善

沿线基础设施规模较小、规格不高、服务能力有限。道路照明、标识、垃圾站等基础设施建设有待进一步完善；文体教育类设施分布不均，村民活动场地欠缺。目前，公共服务设施以满足村庄内部人员为主，不具备休闲旅游服务能力及对产业发展的支撑作用。

1.3.2 村庄建设与景观格局协调性差

景坞村沿线农房经上一轮整治工程后风貌较为统一，但是整体白墙略显单调，环境品质不高，尤其是通往桃源村、外庚村和里庚村的沿线农房整体风貌尚待进一步细致整理；垃圾堆场、工业建筑与整体山水格局风貌不协调；重要节点段落的识别性较差，景观形象并不突出；场地布局、绿化景观、建筑色彩和材质运用缺乏统一规划。

月亮湾滨水环境杂乱　　里庚片区农房环境　　里庚片区农房风貌　　外庚片区沿线环境　　景坞村村头形象和场地环境

B 标识：
节点识别性不佳，
景观形象不突出。

A 建筑：
部分农房质量不佳，
色彩材料需规划。

L 景观：
沿线场地景观环境
建设缺乏统一规划。

里庚片区滨水环境　　里庚片区农房质量　　外庚片区农房环境　　桃园片区农房风貌　　景坞中心村梵音广场

图3　景坞村现状问题

1.3.3　村庄产业链深度欠缺，经济发展源动力不足

目前沿线村庄产业以种植业为主，二、三产分布较散，规模不足，产业链深度不足，产业基础较为薄弱；农业配套设施不足，整体标准偏低，提供的服务功能单一；游客在沿线停留时间不长，对产业发展的参与度不高。

1.3.4　村集体经济基础较为薄弱

当前村集体经济基础较弱，村集体收入有限，仅靠农业发展和少量沿线餐饮商贸服务，无法作为持续稳定的经济收入来源，制约了景坞村的进一步发展。

2　规划设计

2.1　规划思路

结合上位规划①，景坞村位于安吉县乡村休闲区。依托景坞村生态环境优美和乡村旅游资源丰富的优势，规划从优化乡村人居环境入手，立足于乡村风貌的改善，着眼于乡村经济的发展，以"入夏无蚊、生态景坞"为主题，打造一个集乡村度假、生态观光、文化体验、悠然人居于一体的乡村休闲度假型旅游示范村。但是应该强调乡村发展并不是只考虑乡村的经济发展，而是希望以规划建设为契机，实现自然与人文同步、经济与民生同步、效益与品质同步的协同发展。

2.1.1　充分利用现有自然资源，精心打造"入夏无蚊、生态景坞"示范村

通过对村庄内现有茶园、农田、竹林、溪流等自然景观的整合开发，打造以"青山、竹海、茶田、碧水"为特色的立体乡村景观廊道。重点规划建设道路及水体沿线的节点、段落、片区，使景坞村整体自然资源进一步优化提升。

2.1.2　深入挖掘历史人文资源，树立"文化旅游"品牌意识

结合景坞村地域历史积淀和社会经济文化发展，从知青文化、名人文化、工艺扇文化等方面，形成景坞村特色文化品牌，通过对人文资源的深度整合利用，扩大影响力，延伸发展，挖掘潜在文化价值，作为村庄产业经济新的增长点。

2.1.3　"产业—村庄"同步发展

通过农房改造示范工程，进一步改善农居环境，实现从单一产业向综合产业，从居住功能向旅游住宿、餐饮服务、休闲娱乐等复合功能的转变，进一步优化村庄产业结构，合理资源分配，将民生与经济紧密结合。

---

① 《安吉县鄣吴镇城镇总体规划》（2010—2020年）。

2.2 规划结构

景坞中心村即郭吴镇区所在，最远的里庚片区与镇区距离 2km，沿线村民衣食住行依托集镇可以基本满足，但是各自然村在道路、农房、环境等方面改善需求较为迫切。规划根据景坞村原有村落结构，充分利用现有建设资源，深入挖掘自然景观资源，结合人文历史条件，形成"一轴、一带、三片区、多节点"的规划结构（图4）。

规划结构

一轴：主干道路
一带：山谷溪水
三片区：1.景坞中心村
　　　　　　及桃园片区
　　　　　2.外庚片区
　　　　　3.里庚片区
多节点：1.景坞村村头
　　　　　2.梵音广场
　　　　　3.知青坝
　　　　　4.里庚月亮湾

图例：
▬▬▬ 主轴
●　 节点
　　 村落
■■ 山体
■■ 农田
■■ 竹林
■■ 水体

图 4　景坞村规划结构图

一轴：村庄主干道是承载居住单元、地域文化、产业活力、景观风貌的发展主轴，亦是本次示范村工程的核心骨架。

一带：溪流夹山势形成的山谷廊道贯通全村，利用山谷水系打造一条"溪流潺潺，汀步皑皑，曲径通幽"的乡村景观滨水带，吸引游客的同时更是造福村民。

三片区：景坞中心村，外庚片区和里庚片区。景坞中心村将作为旅游服务资源丰富且文化设施齐全的核心旅游集散区；外庚片区连接前后两个村落，打造一道乡村风貌浓郁，村居品质宜人的风景连接线；里庚片区具备得天独厚的生态环境资源和良好的农家乐基础，通过规划建设打响郭吴镇"入夏无蚊，清幽景坞"的金字招牌。

多节点：本次规划节点沿主轴主带依次展开，整治完善景坞村村头、梵音绿化广场、知青坝、月亮湾等重要空间节点，提升景坞村整体公共空间品质。

2.3 空间规划

为指导建设，体现乡村规划的操作性，对景坞村规划范围内涉及的村庄进行进一步空间规划，以三片区之一的里庚片区为例：

里庚片区位于景坞村西麓，西与安徽省交接，地理位置重要；村庄沿山谷线性展开，水系出自高位山泉与下游郭吴溪相接，居住单元与山水空间交织，生态环境优越。根据实地调研，分析整理里庚片区的农房情况、道路、水系、公共设施等村庄基本建设情况；结合乡镇、村民意见，示范村建设指导意见和景坞村规划的整体思路，整理里庚片区规划结构（图5）；通过需要建设或改造的节点、道路、水系、农房等一一详细设计（图6），有针对性地指导乡村规划实践，便于村庄建设实施。

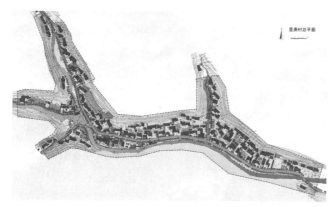

图 5　里庚片区规划总平面图

图 6　里庚片区滨水景观设计

3 建设实践

3.1 示范建设——里庚片区月亮湾组团

因里庚片区月亮弯组团活动场所缺失，水系景观不佳，小学旧址长期闲置，且村民改造意愿强烈，故将这一组团作为示范建设的重要节点（图7）。

图7 月亮湾组团规划设计

3.1.1 综合防洪考量的水景设计

月亮湾组团水系交织，但因地形起伏较大，造成地表径流不足，河床在枯水期长期裸露，且水岸环境杂乱。根据这一情况，首先依照地形进行竖向设计，在水系转折处以平均半米的高差设置三道滚水坝，延缓地表径流速度，解决河床裸露问题；其次修筑毛石驳岸，利用梯台处理滚水坝与驳岸的交接，延长水景时间；其三将滚水坝设计成汀步，枯水期可供村民通行，丰水期则与驳岸、梯台一同构成亲水空间，打造"水进人退，水退人进"人与自然和谐共生的场景。

在建设实施过程中，积极听取水利部门关于防洪的意见，调整滚水坝弧度与水流方向一致以减小阻力，结构部分以混凝土浇筑保证强度，面层以卵石砌筑保证"溪流潺潺，汀步皑皑，曲径通幽"的设计初衷。

这一节点建成使用过程中，附近村民更是自发参与环境美化，在驳岸种植花木，在滚水坝之间的水面饲养小鱼；村民在梯台上浣衣交谈，激发了人与人之间的交往乐趣，得到了出乎设计之外的效果。

3.1.2 注入生态内涵的小学改造

里庚小学旧址位于月亮湾北岸，校舍闲置多时，经乡镇、村委多方探讨将小学旧址进行试点改造。希望通过功能置换将废弃空间注入新的活力，运用节能技术的集成创新让"美丽乡村"有机更新永续经营。由于小学处于弃用状态，且产权归村集体拥有，设计改造有较强示范性、操作性和指导性[1]。

设计之初首要考虑小学和民宿的功能置换。通过一层局部加建形成U形平面，结合民宿经营需要，利用院墙围合成中心内庭，引入景观绿化和种植，提高民宿的安全性和私密性（图8）；调整平面布局，一层将原有敞廊封闭形成灰空间，原有教室调整为接待大厅，辅房改造成会议室，加建部分设置车库，二层封闭敞廊设置南向阳台，原有教室调整为客房，为民俗经营提供便利。

其二，在规划设计满足村民要求的基础上，充分了解景坞村建设条件的前提下，充分运用被动式节能技术、合理运用主动式技术，积极探索适用于当地的建筑材料和建造方式（图9）。景坞村地处浙西山区，属夏热冬冷气候区，既要考虑夏季通风隔热也要适当考虑冬季采暖。针对小学改造实际情况，在技术和材料方面主要考虑以下几个方面：

小学原有楼梯尺度较大，改造中考虑将两侧梯段截短，加宽加高楼梯竖井，利用烟囱效应形成拔风；双层敞廊封闭形成阳光房，利用特朗勃墙原理，提高冬季采暖效果；利用空气能热水器，满足村民生活需要；景坞村盛产毛竹，有一定竹制品加工业基础，建筑山墙和窗户利用当地竹材制作遮阳格栅用于夏季隔热。

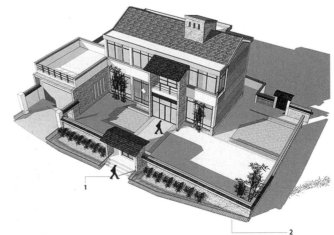

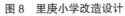

| 月亮湾改造前总平面图 | 月亮湾设计总平面图 | 小学改造一层平面图 | 小学改造二层平面图 |

图 8 里庚小学改造设计

图 9 里庚小学建成实景

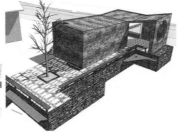

图 10 月亮湾景观小品设计意向图

3.1.3 突出地域文化的建构实践

月亮湾组团由于活动场所缺失，规划设计中结合驳岸台地，取月亮之意向山势之姿态设置一处景观用房（图10）。设计之初建构方式考虑清砖砌筑，但在建设实施过程中，设计团队与施工团队有效沟通积极试验，创意性地用竹材做模板浇筑混凝土，拆模之后形成富有地域特色的建筑立面，效果喜人（图11）。该处景观用房建成后经村委协调由农户自主经营小卖部。乡村风貌改善的同时也为附近村民提供了切实的便利。

图 11 月亮湾景观小品建成实景

3.2 点线结合，逐步推进

规划是从长远角度把景坞村建成示范村，但在建设实施过程中需要正确处理建设目标的时序性问题，从示范建设开始，点线结合，量力而行，逐步推进。

3.2.1 重要节点

在月亮湾组团（图12）示范建设实施的同时，规划结构中的其他节点也逐步落实。

原本建成的里庚村村头只是一个相对薄弱的牌坊构筑物，形象不够突出，且周边场地杂乱。建成后的村头依照设计在构筑物前布置草砖铺地，加强场所感；其后种植竹林花木，突出村头形象；其右横卧体量相当的石碑，记录村志，供人停留（图13）。

此外对知青大院进行了提升改造，结合文化礼堂建设，添置灯光、音响设备、文化墙、建设文化长廊。梵音绿化广场也得到了进一步的提升。

图 12 月亮湾组团建成实景 　　　　图 13 景坞村村头建成实景图

3.2.2 农房改造

农房是乡村人居环境的主要组成部分。景坞村农房大多建于20世纪90年代及2000年以后两个时期，建筑高度普遍在2层左右，以砖混和砖木结构为主。20世纪90年代所建的农房质量普遍较差，部分已经失去使用功能。近年所建农房主体建筑结构较好，但附属用房及院落场地的整治并未跟进，因此建筑的整体风貌不佳。农房外墙材料以涂料及简单贴面砖为主，部分农房面层裸露，建筑色彩布置较为随意。经前一轮村庄整治统一粉刷后，农房色彩整体协调性较好，但是整体白墙面略显单调，整体品质不高。

针对景坞村农房现状和示范村建设契机，通过示范建设与菜单导则结合的办法对农房改造建设进行规范和引导。示范建设选取几幢具有代表性的农房进行试点改造。利用当地材料增加竹门头、挑檐、格栅等富有乡土元素进行立面改造；通过增加木质护栏，景观绿化，设计院子，丰富空间，改善农房环境品质，既为村民休憩交往提供场地，也为乡村旅游发展夯实基础。针对普通农居，在实地调研中详细记录建筑质量、材料、颜色等信息，规划设计根据景坞村农房实际情况分类分项进行建设引导。对质量较差的农房建议拆除或者原拆原建；对质量中等和较好的农房，从建筑物理环境和乡村风貌两个角度出发，对建材、色彩、墙体、屋顶、门窗、遮阳等农房菜单设计导则分项指导。

3.2.3 一带一轴

郎吴溪穿村而过，滨水地带既是村民公共生活的重要场地，滨水护岸也是沿线村庄的重要生态资源。针对景坞村滨水景观改造采取点线结合的办法，在上游里庚片区月亮湾组团景观改造后，陆续对中心村至里庚片区河道进行全面整治。整理滨水场地，清理杂物，加强景观绿化；采用自然和人工护坡结合的方式，建设300多米滨水景观游步道，地面铺装，安装路灯13盏，增强滨水地带可达性和安全性。通过环境整治维护乡村生态环境，促进村民社会交往，改善村民日常生活，更赋予滨水地带新的场所活力。

景坞村沿线村庄受山势所限，以带状向山谷纵深分布，通过一条入村道路与外部相连，因此沿路界面成为展示沿线村庄乡村风貌的重要窗口。景坞中心村沿线3公里的道路环境状况良好，但从桃园片区至里庚片区沿线，道路绿化及道路交叉口的节点绿化较为欠缺，沿线局部卫生、照明设施不全。通过修补路缘、增种花木、完善沿线院墙等操作性较强的做法，切实提升村庄环境品质。

4 在地经验

景坞村作为浙江省建设厅首批农房改造示范村，在实践中逐步摸索出"在地经验"。

参与性：为做好规划编制和建设落实各项工作，乡镇与村庄协同作用，各分管部门集思广益；积极听取村民意见，尊重村民主体意愿；设计团队以专业认知有效配合规划编制和建设实施。诚然参与乡村建设的群体各有局限，但是通过各方协同合作，有效沟通，积极参与无疑有助于找准问题，摸清思路，合理分配资源，更好地促进乡村发展。

地域性：地域性的形成与乡村聚落营建的特殊性不无关系[2]。乡村于村民而言，不仅是居住或劳作的物质空间，亦包含附于其上的生活、历史、文化、环境等多重精神意义，并且隐含"家园"的情感意识[3]。因此乡村建设中地域性的表达也不应局限于建筑材料或者建造方式的继承创新，更应激发村民对于环境品质和地方文化的追求，引导村民通过"乡村营建"这一社会活动主动参与"家园"建设。

时序性：诚然目前以公共财政投入为支撑的新农村建设项目有"时效"和"绩效"之虞[4]，但是乡村发展始终是一个动态连续的过程。尤其在推进乡村规划建设实施过程中，乡镇和村领导需要结合村庄实际情况，远近结合，先试点再推广，动态调整规划方案，逐步推进建设落实。

5 结语

截至目前为止，景坞村已基本完成村级基础设施建设，切实改善村民生活，提升环境品质；于今年开展了第二届景坞泛长三角知青文化旅游节、首届知青精神高峰论坛，进一步提升了景坞村的知名度；与益扬旅游发展公司签订合作共建协议，景坞村以现有旅游资源入股，合作经营乡村旅游，有效促进了乡村的发展。

笔者在相关乡村规划编制、建设实施过程中体会到，乡村发展建设与"在地经验"密不可分，本文旨在抛砖引玉。

（项目组其他成员：贺勇、陈晨、沈昊、秦玲、王静、严嘉伟）

主要参考文献

[1] 宋雁，曾宪川 . 生态文明示范村规划探索与实践——以梅州市大浦县漳西村规划为例 [J]. 城市规划，2007（2）：89-92.

[2] 王竹，王韬 . 主体认知与乡村聚落的地域性表达 [J]. 西部人居环境学刊 . 2014（3）：8-13.

[3] 黄睿茂 . 社区营造在台湾 [J]. 建筑学报，2013（4）：13-17.

[4] 顾哲，夏南凯 . 以增强"造血功能"为主导的新农村设计探索——以云和县大坪村规划为例 [J]. 城市规划，2008（4）：78-81.

Mosquito-free, Peaceful Jingwu
——Zhejiang Province Anji Country Jingwu Village Rural Planning and Construction

Wang Zhu　Xiang Yue

Abstract : Through years of experience of rural construction, the principle idea of Zhejiang province rural panning shifted from extensive "thousand & ten thousand project" to "model village project" delicate. This paper, through the example of model village project of JingWu village, Anji, Zhejiang Province, tries to explain the experience of rural planning and construction, in order to bring out methods and ways to promote rural construction and development, and summarize the on-site experience of rural planning and construction.

Keywords : Jingwu Village ; rural planning ; rural construction ; on-site Experience ; green farm house

以激活"内源发展"为导向的村庄整治规划方法
——以渭南市富平县荆川村为例

宋玢　赵卿

摘　要：通过对现状新农村建设问题的探讨，指出农村建设应转变传统的发展思路，强调以农民为主体，培育村庄走上"内源发展"之路。并从生态、经济、文化、空间、社会五个角度对构建"内源发展"体系进行了探讨。并结合渭南市富平县荆川村规划设计实践，从"入户访谈"式的现状调研，村域空间控制与发展规划，引导产业优势化、多元化发展，开展适合村庄实际的空间环境整治，延续传统文化提升村庄整体风貌以及加强村民全过程参与六个方面对村庄整治的方法进行介绍，提出村庄整治规划不应局限于物质环境改善，更应是引导村民的主观能动性，培养村庄的内生发展力，加强村庄自治能力，促进村庄建设的可持续发展。

关键词：内源发展；村庄整治规划；村民自治

1　引言

自 2005 年，党的十六届五中全会提出建设社会主义新农村的目标以来，中央多年以 1 号文件发布关于"三农"问题的相关政策，从国家和政府的立场，决心缩小城乡二元化发展差距，促进城乡社会经济一体化发展。村庄整治是建设社会主义新农村的主要措施之一，解决"三农"问题，推动农村地区的生产、生活和生态"三生"空间协调发展的必由之路。目前，国内各地政府和专家学者从不同角度开展了"三农"问题的研究和实践，在一定程度上取得了很大的成效，但笔者认为新农村建设在政策推动下形成良好趋势，在实践的操作和组织管理中仍在一定问题：一是大多地方政府以上级考核内容为核心，追求短时间内改变村庄面貌的形象工程，缺少关注生活在本地的农民真实需求；二是村庄规划水平参次不齐，大部分照搬城镇规划模式，忽视乡村空间发展的内生逻辑，实施性较差，难以适应农村生活习惯和生产需求；三是政府和规划师成为村庄发展的"主人"，缺少与农民的对话，无视村民主导村庄发展的积极性；四是村庄发展过度依赖"自上而下"的外部力量推动，忽视培养"自下而上"的村庄内部力推动可持续发展。笔者认为"内源发展"，即村民回归到主导村庄发展的地位，充分挖掘乡土资源，激发源自村庄内部生长动力，从根本上提升农村地区生活水平。如何在村庄整治规划中充分利用多种资源，借助外部力量催化村庄自身"内源发展"，充分调动村民的主观能动性，培育村庄发展的自组织能力，是非常重要的问题。本文结合渭南市富平县荆川村规划设计实践，对于村庄建设的"内源发展"，促进社会主义新农村建设的可持续发展的可行性进行了探讨。

2　构建"内源发展"的内在支撑体系

"内源发展"的核心是，保护生态、文化的基础上，依靠村民的内生能动性和本土资源来实现地区的可持续发展（表 1）。基于上述理念，笔者认为构建乡村"内源发展"应从以下方面入手：从生态视角分析为"生态适宜性评价，构建安全的乡村生态体系"；从经济视角分析为"挖掘本地资源，引导产业优势化、多元化发展"；从空间视角分析为"结合农民生活，经济实用的空间环境整治"；从文化视角分析为"延续传统文化，提升村庄整体风貌"；从社会视角分析为"转变村民角色，加强村民全过程参与"。

宋玢：陕西省城乡规划设计研究院助理规划师
赵卿：陕西省城乡规划设计研究院规划师

内源不同于外源发展之处　　　　　　　　　　　　　　表 1

	外源发展	内源发展
内在推力	政府推动	地方共识产生
运行机制	自上而下	自下而上
发展原则	经济的快速发展	自然、经济、社会的协调发展
资金来源	外部资金投入（政策补贴）	本地自有积累
依托资源	外来技术和资源	本地自然、环境、历史、文化、劳动力等资源
发展主导者	外来者	本地人员
利益分配	经营利益流向外部	本地人分配大部分收益

（资料来源：根据硕士论文《基于内源发展理论的川黔地村乡村景观规划研究》，作者改制）

2.1 生态视角：生态适宜性评价，构建安全的乡村生态体系

乡村作为人类居民点的基本社会单位，发展经过几百甚至上千年与环境的适应和自然的演化，已经成为自然生态系统的有机组成部分，安全与适宜性应成为村庄选址和建设的首要考虑问题。所以村庄整治规划中应对村域空间的自然生态系统进行生态适宜性评价，按照绿色低碳的理念，构建安全的乡村生态格局。将村域空间划分为网格单元，以地形地貌、地质灾害、基本农田、林地、水资源与水源保护地、自然景观等作为生态评价因子，进行分享加权叠加，科学确定生态安全敏感区域。针对不同程度的敏感评价引导村域空间进行控制和开发，其中生态敏感性强区域属于禁止建设区域，不允许任何开发建设活动；生态敏感性一般区域属于适度建设区域，允许小规模开发建设；生态敏感性较弱区域属于适应建设区域，可优先发展为村庄建设用地。

2.2 经济视角：挖掘本地资源，引导产业优势化、多元化发展

挖掘村庄现有的产业基础、资源特色及区位条件，培养优势产业，形成村庄内生造血的路径。一方面，通过宅基地置换和复垦集中整合原有较为零散的小块农用地，改变原有农业小规模种植的模式，加快设施农业发展，培育现代农业园、生态果园等现代化农业生产区，向农业生产的规模化、专业化、品牌化发展，提高农用地的产出率和农产品的附加值。另一方面，开发和利用村庄拥有的文化资源和自然景观资源，发展城市周边休闲旅游业，从农民生产和生活方式中挖掘旅游资源，以原汁原味的"乡村性"作为旅游特色，开展以农作物耕作、农产品采摘的农耕生活体验功能，以特色乡村景观风貌发展的休闲观光功能，以农家乐、垂钓等发展的休闲度假功能。形成农业资源开发和旅游资源利用的良性互动，促进村庄由传统农业的发展模式向以发展现代农业和休闲旅游业为主的发展模式转变。

2.3 空间视角：结合农民生活，经济实用的空间环境整治

村民作为村庄发展的主体，村庄环境整治应以村民实际需求为重心，以经济适用为基本原则。村容村貌整治和环境景观设计应与村民的日常生活习惯和生产需求相切合，体现原汁原味的乡村性景观风貌，切勿将城镇建设的经验和理论不加区分地用到农村地区，造成不切合实际的过度设计。只有村民真实需求、符合生产需要的空间才能成为村庄内部的具有人气的"凝聚性"媒介，才能有持久的生命活力。同时，村庄环境整治工作不应该只停留上级政府检查的"面子"工程，应更多关注在道路、给水排水、电力、环卫等基础设施的提升，全面改善村民的生活水平，使村民生产地方认同感和幸福感。

2.4 文化视角：延续传统文化，提升村庄整体风貌

村庄的空间形态是在自然地理条件的制约下所形成，不同的地域环境造就了村落空间的差异性和多样性，村庄长期存在的地域性特征是由自然演变而生长成的乡土肌理。村庄整治规划应充分考虑自然环境，尊重传统的空间肌理，新建住宅与原有建筑在图底关系上相融合，修补现状保留建筑的肌理，延续传统的空间格局，挖掘文化内涵，通过坡屋顶、窗台等细部设计，塑造具有地域特色的乡土建筑风貌，使其既有地域文化而不失现代建筑的功能。通过对村庄景观风貌的整体提升，使村庄呈现出文化的延续和内在吸引力，让村民在心灵上对传统文化具有认同感。

2.5　社会视角：转变村民角色，加强村民全过程参与

在村庄整治过程中，应该充分尊重村民对村庄发展的选择，应该加强公众全过程参与，广泛征求村民的建议，调动村民参与的积极性，引入更多的村民参与到决策过程中，使整治规划能更好地回应村庄发展诉求。同时，要转变村民群众在村庄工作中的位置，以农民为主体，使村民从"旁观者"向"主人"转变，以主导者的身份参与村庄建设中，规划师和地方政府作为外来者，更多的是提供村庄整治工作的协调和帮助，为村庄规划建设工作提供有价值的技术解决方案。这种角色的转变，对村庄整治工作有很多好处，通过广泛征求村民意见，能够准确地发现村庄发展建设迫切需要解决的问题，规划更具有可操作性。村民以主人的角色参与规划决策过程，树立起村民整治和维护村庄环境的责任，形成村民自治的体系，促进村庄走向"内源发展"之路。

3　激活"内源发展"导向的村庄整治规划方法

3.1　渭南市富平县荆川村基本概况

荆川村位于陕西省富平县淡村镇的南部，北邻富淡二级公路，距离镇区仅 5km，交通条件便利。全村有 6 个村民小组，共 548 户，村内产业以种植小麦、玉米为主。村庄西侧有薰衣草庄园，东侧计划建设农耕文化博览园。村内建筑以 1～2 层的砖混结构建筑为主，多为平屋顶，建筑质量较好。近几年国家政策对新农村建设的支持，农村饮水工程、道路硬化等方面有所改观，但村庄环境仍有很多问题：一是村庄仅主要道路硬化，巷道仍以土路为主；二是宅前屋后空间缺乏管理，空间基本荒废，农具杂乱堆放（图 1）；三是新建或改建的建筑多为红屋顶、白瓷砖贴面，关中传统民居保留较少；四是部分建筑无人居住，长期处于空废状态，村庄建设用地缺少有效利用（图 2）。笔者认为，村庄的"内源发展"模式没有形成，内生造血的路径没有建立，是导致形成上述问题的原因。传统的外源发展虽然对村民的生活条件起到了短期成效的作用，但是这种依赖外来大规模资金投入的整治模式不具有可持续性，难以改变村庄发展对外界的依赖和农民经济收入较少的局面。因此，在荆川村整治规划编制过程中，项目组就如何引导村庄形成内生动力，借助外部资源促成"内源发展"进行了探索和实践。

图 1　村内垃圾乱堆放　　　　　　　　　　图 2　现状空废院落
（资料来源：作者自摄）　　　　　　　　　　（资料来源：作者自摄）

3.2　"入户访谈"式的现状调研

村庄整治开展现场调研时，为了更好地认识村庄内在发展规律，避免"走马观花"式拍摄调研，在对村庄的建筑、道路、公共空间、景观、文体设施、基础设施建设和产业发展情况现状调研的同时，规划人员进入村庄，深入体验村民的日常生活，了解村民的生产和生活习惯，并对村民进行入户访谈和发放调查问卷，调研村民对村庄未来发展的诉求，将调研资料整理成为专项调研报告、村民基本信息档案和村民日常活动表。

3.2.1　"入户访谈"调研

规划人员进入调研现场，挨家挨户深入开展调研问卷，并结合访谈工作，从村庄的村民年龄构成、家庭收入情况和主要来源、外出打工情况、子女情况、对村庄未来发展诉求等方面进行了解（图 3）。笔者在调研中发现：一是村民的主要收入来源于外出打工，农业种植基本是自给自足；二是村内常住人口主要集中在老年和儿童阶段，青壮

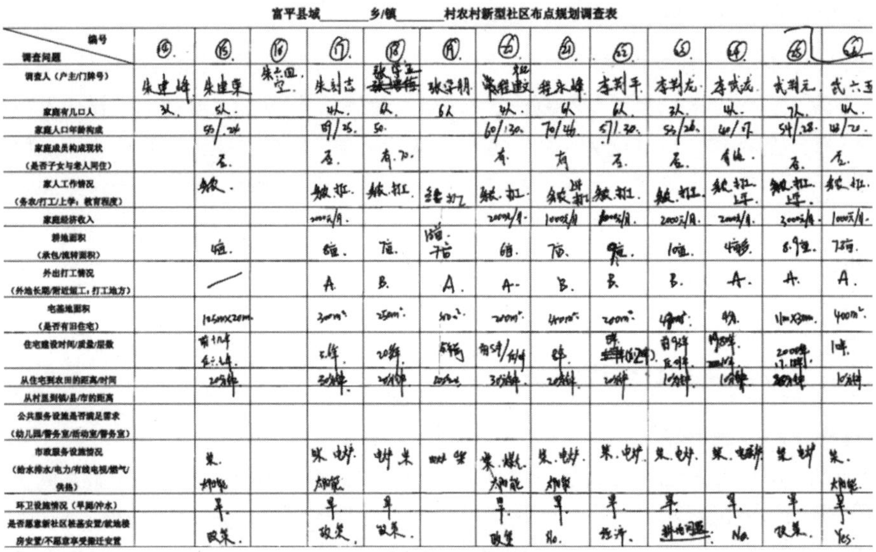

图3 现状调研表
（资料来源：作者自绘）

年大多数在外出打工；三是周边县镇工业化水平发展较慢，村民没有完全脱离出农业生产，属于"工农兼业"状态；四是普遍村民对基础设施提升和文体活动空间建设的需求较强烈。

3.2.2 村民基本信息档案

入户访谈调研中以户为基本单位，对每户家庭的户主姓名、家庭人口数量、年龄构成、收入情况、宅基地范围、建筑面积、建筑形式、耕作半径和对村庄发展需求等情况进行了详细的调研工作，整理成为以户为单位的村民信息数据库，为以后村庄整治工作提供依据。

3.2.3 村民日常活动表

为了保证整治规划的公共空间，是符合村民生产、生活需要和受村民欢迎的。规划人员入驻村庄，跟随村民体验一天日常生活的内容，及调研村庄内各类空间利用情况，并与多名村民进行沟通，了解村民一年四季中务农、外出务工、休息的时间周期，总结归纳出村民行为规律表，指导下一步的规划工作。

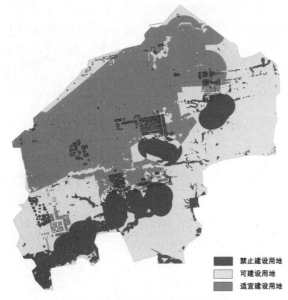

图4 城乡建设用地适宜性评价图
（资料来源：作者自绘）

图例：
■ 禁止建设用地
□ 可建设用地
■ 适宜建设用地

3.3 村域空间控制与发展规划

3.3.1 村域空间用地适宜性评价

合理的控制与利用村域空间格局，直接关系到是否能建构起安全的乡村生态格局和适宜的村庄人居环境，在荆川村整治规划过程中，运用多因子综合评价法，进行城乡建设用地适宜性评价。选取影响村庄未来发展的主要因素：地形地貌、对外交通、乡村道路、地质灾害、服务设施，在评价区域划分网格型的评价单位，将所选因子进行分项加权叠加出适宜性综合评价值，最终依据评价值区间划分出适宜建设用地、可以建设用地、禁止发展用地三级（图4）。禁止建设用地，为荆川南部靠近台塬，存在地质灾害的区域；适宜建设用地，为靠近富平——淡村二级公路，公共设施服务半径范围内；可以建设用地，为开发建设活动需采取一定工程防治措施的区域。

3.3.2 安全和适宜的村庄建设用地选择

在整治规划中进行建设用地条件选择上，以安全性和适宜性为准则。安全性从生态安全性和工程安全性两个层面考

虑。工程安全性上，应避开易发地质灾害、区域交通和
基础设施穿越的地带；生态安全性上，应避开基本农田、
林地等生态资源敏感区域。适宜性上，要考虑村民生产
的耕作半径，在合适的耕作范围内，优先选择不适宜农
业生产的荒废地，尽量少占或不占生态资源较好区域。
同时，血缘关系、宗教信仰等社会性因素也应纳入考虑
范围。基于以上分析，对荆川村内部建设用地进行了重
新整理，将村庄建设用地划分为保留型、控制发展型、
撤并型三种类型（图5）。将易发地质灾害区域的居民组
团，进行搬迁、适度整合到发展条件较好的区域，提高
土地利用效率，建设安全、舒适、宜居的生活环境。

3.4 引导产业优势化、多元化发展

规划中充分挖掘荆川村现有农业种植、柿子经济林、
家庭养殖业等资源条件，整合村域范围内的产业用地集

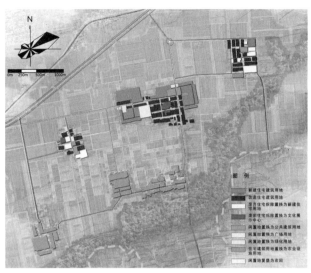

图5 村庄建设用整治图
（资料来源：作者自绘）

中集聚，引导农业生产向规模化、专业化、品牌化发展。同时，转变单一经济发展方式，综合开发农业的多样性。
以农业为基础，从农村生活、农业耕作、农业景观中挖掘旅游资源，形成休闲、观光、体验集一体的乡村旅游。荆
川村未来产业发展中，以现代农业为主导产业，乡村旅游为辅助产业。

3.4.1 主导产业

现代农业发展策略（图6）村域内规划"一带六园"的现代农业发展结构。"一带"——优质果品种植带：有效
利用地形及现状特征，沿塬坡进行果品种植。"六园"——设施蔬菜种植园，布置在邻富淡二级路南侧，易于销售和
运输；生态农业示范园，布局在田家组东侧靠塬面处，农业生产兼有生态景观观光；现代花卉种植园，布局在东刘
组南北侧地势平坦处；花木草坪种植园，位于荆塬塬面上，与荆塬村合作打造集现代农业观光和休闲于一体的特色
园区；特色苗木种植园，结合薰衣草庄园，配套种植同具备观赏价值的特色苗木；特种养殖基地，以空废弃房屋为
基地，进行适当建筑改造，发展荆川村的规模养殖业。

3.4.2 辅助产业

乡村旅游业发展策略（图7）。荆川村拥有优越的交通区位和薰衣草、柿子林等特色农业景观资源，及东府文化
资源。因而综合开发农业的经济、社会、生态功能，推进现代农业的多元化发展策略。一是农业的景观性开发，荆
川村依托薰衣草花田观光区，结合周边特色苗木种植区，形成婚纱摄影及影视拍摄基地；二是农业生产的体验性开发，

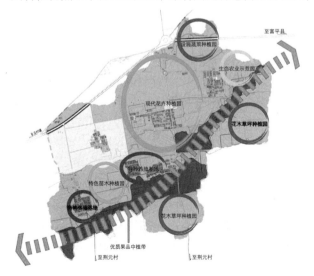

图6 产业发展布局图
（资料来源：作者自绘）

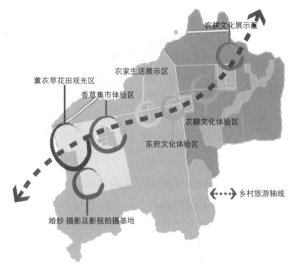

图7 乡村旅游发展布局图
（资料来源：作者自绘）

荆川村结合生态农业示范园,设立农耕文化展示区,形成以农业耕种、农产品采摘、农业科普教育为主的休闲体验农业;三是乡土文化的休闲性开发,荆川村修缮具有传统风貌的民居,集中整治东刘组团的建筑风貌,使其成为东府及乡土文化的集中展示区域,积极培育已有一定基础的"农家乐",形成集"吃、玩、住"于一体的"农家乐"休闲度假,并以此促进荆川村第三产业发展。

3.5 适合村庄实际的空间环境整治

荆川村在环境整治工作中,遵循因地制宜和就地取材的原则。引导村民和本地工匠参与环境整治中,推广关中地区的传统营造技术,利用本地的材料进行建筑修缮和街巷风貌整治,在绿化种植上,种植本地树种,宅前空地种植农业作物,营造具有经济价值的乡土景观。一方面,节约环境整治的经济成本,同时促进村民参与到空间环境的整治工作,带动村民自治。另一方面,体现乡村环境风貌的特色,使村民为当地生活环境产生自豪感。

规划中充分考虑村民生活习惯、民俗风情将公共空间划分为节庆空间和日常交往空间两种类型。节庆空间利用

图8 环境整治前、后对比
（资料来源：作者自绘）

村委会、文化活动中心前空地进行整治,规划一个文化广场,布置关中戏剧大舞台,满足灶火、庙会、花灯等关中传统民俗活动的需求。日常交往空间利用院落空间和空闲地,规划中引导村民进行宅前屋后空间的场地整治和绿化种植工作,形成可以停留的空间（图8）。同时,对村庄内部闲置建设用地,通过杂物清理、地面硬化、景观绿化等手段进行整治与优化,通过配置休息座椅、健身器材、小花坛形成微型广场,既满足村民间的邻里交流、休闲活动,又兼具晾晒谷物等农村生活所特有功能。空间环境整治工作不是局限于空间环境的美化,更多的是尊重村民的生活习惯,了解村民的实际需求,竟可能规划经济、实用和受欢迎的空间。

3.6 延续传统文化,提升村庄整体风貌

荆川村风貌整治规划中充分尊重地方传统文化,提炼关中民居的地域特征,与乡土环境相结合,塑造村庄、农田和林地为一体的景观风貌。在建筑空间组织中,充分利用现状保留的自然景观、建筑,尊重原有肌理关系,进行空间上的织补,形成具有关中地域性的院落空间格局。新建住宅统一采用关中民居元素,控制建筑层数为2～3层,通过建筑平面布局、色彩控制和细部设计来协调荆川村整体风貌具有地方特色,如纵向进深院落布局、坡屋顶、局部装饰砖雕。同时,注重对村内的传统风貌较好的民居保护与再利用,这类民居普遍建于建国以前,为土木结构,现状多有破败,部分院里原有居住者搬离,衰败成为空废院落,规划中对这类建筑进行修缮整治,保留原有建筑形态,改造为景观建筑,结合旅游业插入现代的展示、餐饮等功能,促进传统民居的再生利用。

3.7 加强村民全过程参与

3.7.1 构建村民全过程参与程序

村庄环境整治工作关系到村民的具体利益,村民作为村庄的主体,村民参与到整治规划全过程中,对规划的可操作性和村庄的可持续发展起到了关键作用。在荆川村的整治过程中构建了三个阶段的村民参与程序。第一阶段调研阶段意见收集,通过深入村庄进行入户访谈、问卷调研和召开村民意见征求会,真实了解村庄发展最迫切需要解决的问题。第二阶段规划编制阶段,这阶段重点是村民对规划成果的意见征求,同时,在编制过程中多次召开村民意见沟通会,让村民参与到规划决策中。第三阶段规划公式阶段,整治规划在报送主管部门审批前,将规划方案的重点内容制作成公示板,在村委会进行公式,并收集村民对规划方案的反馈。

3.7.2　树立村民自治的责任

村民作为村庄的管理者，既是环境整治的收益群体，更应是环境治理的建设主体。荆川村在整治过程中，为了调动村民整治的积极性、培养村民维护环境整洁的热情，引导农户对自家院落和农田进行自治和长期管理：如宅前小花园、清理院落杂物、引导自家住宅改造成特色农家乐、种植具有观赏性的经济作物等，在提升村庄整体景观环境的同时，促进村民多种方式提升收入。

4　结语

村庄整治是一个复杂的系统工程，一个长期不断的过程。村庄的日积月累演变，具有内在的生长逻辑。因此，我们要从乡村视角看村庄建设，树立村民的主体位置，加强村庄的自组织能力，借助外部资源激活村庄的内生动力，推动地区的可持续发展。本文是引导村庄"内源发展"规划的一次探索性工作，后期否能实现村庄"内源发展"尚需在实践中得到验证和不断完善。

（本项目获 2013 年全国优秀城乡规划设计村镇类一等奖）

主要参考文献

[1]　葛丹东，华晨. 论乡村视角下的村庄规划技术策略与过程模式 [J]. 城市规划，2010（05）.

[2]　翁一峰，鲁晓军. "村民环境自治"导向的村庄整治规划实践——以无锡市阳山镇朱村为例 [J]. 城市规划，2012（10）.

[3]　顾哲，夏南凯. 以增强"造血功能"为主导的新农村规划设计探索——以云和县大坪村规划为例，2008（03）.

[4]　张秋月，基于内源发展理论的川黔地区乡村景观规划研究 [D]. 四川农业大学，2013.

REDEVELOPMENT PLAN OF VILLAGES ORIENTING AT "ENDOGENOUS DEVELOPMENGT"——A CASE STUDY ON JING CHUAN VILLAE, FUPIN COUNTY, WEINAN CITY

Song Fen　Zhao Qing

Abstract : Through the discussion on the present situation of new rural construction, points out that the development of rural construction should change the traditional ideas, emphasize the farmers as the main body, cultivate the village took to the road of "endogenous development". And from the ecological, economic, cultural, spatial and social perspectives to build five perspective were discussed. Combined Weinan Fuping Jing Kawamura planning design practice, from the status quo, "home interview" type of research, the village space control and development planning, and guide industry advantages, diversified development, to carry out the actual space for the village environment, and continue traditional village style and culture to enhance the overall strengthening of the villagers involved in the whole process of the six aspects of village remediation methods are introduced, village renovation plan proposed to improve the physical environment should not be limited, but should be guided villagers initiative, training endogenous development of the village force, strengthen village autonomy capacity and promote the sustainable development of the village construction.

Keywords : endogenous development ; redevelopment planning of village ; villagers autonomy

季节性乡村观景游的规划思考

曾亚婷

摘　要：近年来，随着我国经济水平的升高，旅游人数的不断走高，旅游方式也呈现出多元化特征。以季节性为特色、以自然要素为主体的观景游成为旅游热点之一。其中以乡村地区的植物观赏游最为普遍。很多地区在这个浪潮下开始了对于资源条件较好的乡村地区进行旅游开发。然而，由于最佳观赏时间较短，此类开发活动也显现出了一些问题，设施不完善、旅游产品单一等都造成游客游赏体验降低。本文通过对季节性植物观赏为主题的乡村地区发展概况进行分析，研究开发行为造成的问题，结合国外相关经验提出应对策略，为相关季节性观景游提供参考。乡村地区的季节性观景游开发应当尊重自然本底与乡村特色，在满足潮汐式游客需求的同时提升乡村地区的生活水平。

关键词：季节性；乡村旅游；观景游

随着经济水平的提高，人们对于旅游的需求也越来越旺盛，与此同时旅游产品也呈现出多元化的特征。近年来，以"季节性"为特点的观景成为旅游的热点之一。例如，以观赏植物为主题的"观红叶"、"赏樱花"，以观赏动物为主题的"观候鸟"、"看海豚"，以自然气象为主题的"看极光"、"赏雪景"等，吸引了大批潮汐式的客流涌向旅游目的地。由于可达性较高、分布较广泛等因素，季节性的乡村地区植物观赏更加受到人们的青睐。自然资源禀赋较好的乡村地区也以此为契机，发展地区旅游业。例如，"婺源看油菜花"、"麻城看杜鹃"、"大悟看红叶"等等已经成为相关地区的旅游标签。

然而，作为一种季节性强的游览活动，乡村地区兴起的植物观景游也在近几年的开发中呈现出一些问题。例如，基础设施的配置难以满足大量客的需求，然而在观赏期以外，则出现设施长时间闲置的现象；在经济效益驱使下的景区开发建设缺乏科学严谨的规划指导，导致乡村自然美景配置拙劣的人工景观，对生态本底、乡村社会造成一定的破坏等等，引起政府部门、规划人员、开发主体的关注与反思。

1　发展概况——潮汐式观景的乡村旅游

随着我国经济发展水平的提高，旅游需求也逐渐增长。图1，我国的旅游人数与国内人均GDP存在着一定的正相关性。同时，GDP的增长同时影响了人们的旅游方式。世界旅游组织研究表明，当一个国家人均GDP达到1000美元时，旅游市场进入国内旅游需求增长期，旅游形态主要是观光旅游；当人均GDP达到2000美元时，旅游形态开始向休闲旅游转化，进入出国旅游增长期；人均GDP达到3000美元，旅游形态开始向度假旅游升级；人均GDP达到5000美元，开始进入成熟的度假经济时期（图2）。2014年，中国人均GDP已经达到6700美元，旅游走向度假经济时代，旅游方式多元化。

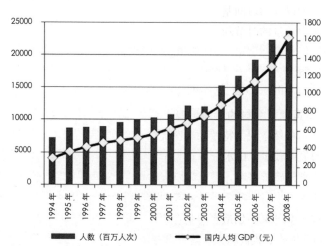

图1　1994–2008年我国旅游人数与国内人均GDP关系图
（资料来源：《中国旅游统计年鉴》，国家统计局）

曾亚婷：华中科技大学建筑与城规学院硕士研究生

与此同时，我国汽车保有量也在不断升高。2014 年全国汽车保有量达到 1.4 亿辆，直接影响人们对出行方式的选择。在此契机之下，乡村的可达性急速升高，乡村观景游走向火热。

从近年来的开发情况可以看出，相比于传统观光游，季节性乡村观景游具有最佳游览时间较短、观赏人流更为密集、观赏地点更加原生态等特征，大规模的游客涌入乡村，也成为乡村地区甜蜜的负担。

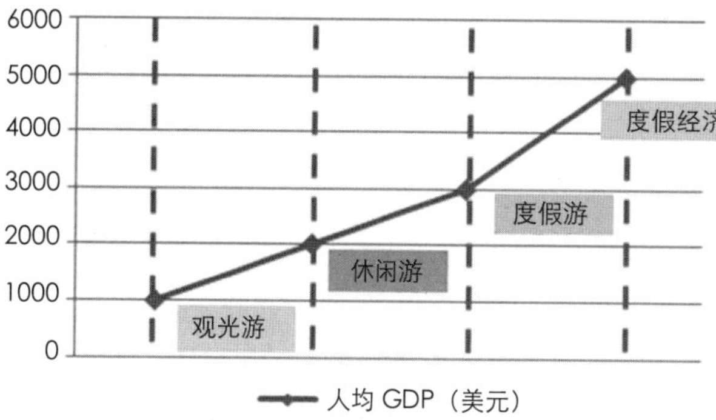

图 2　旅游方式与人均 GDP 关系图
（资料来源：世界旅游组织）

1.1　潮汐式客流的应对难题

季节性的观景通常只在一年中持续短则一周、长则一个月左右的最佳观赏时间。同样以赏樱为特色的日本有一民谚——“樱花 7 日”，就是指一朵樱花从开放到凋谢大约为 7 天，整棵樱花树从开花到全谢大约 16 天左右，形成边开边落的特点。

我国不断完善的高速公路网带来了景区周边城市大量自驾游的旅客，而更加快速的高铁则为景区带来距离更远的游客。然而大量的人流在持续时间较短的观景期内涌入景区与乡村，导致本身接待能力就较差的乡村难以应对。

2010 年五一小长假杜鹃怒放的麻城龟峰山接待了 17.6 万人次，2013 年 4 月底至 5 月初，在短短 10 天里迎来 62 万余赏花人。2012 年 3 月，江西婺源赏油菜花的车辆在村里排起长队（图 3）。2014 年 4 月，十堰郧县樱桃沟村每天迎来 3 万多游客，是村民人数的 20 倍。11 月，随州千年银杏谷呈现“井喷”现象，共接待游客 20 万人次，高峰日，来景区自驾游的轿车有 2000 多辆，旅游大巴有 100 多辆，游客超过 35000 人次，进出景区道路一度瘫痪，拥堵路段达到 20 多公里。2014 年 3 月 15 日，3000 多台自驾车和旅游大巴将荆门油菜花海周边的停车场全部挤满。

图 3　2012 年 3 月婺源赏花车辆拥堵
（资料来源：百度图片）

然而，观赏最佳的时期过去之后，乡村重归平静，几乎不再有外来观景游客。以植物观赏为特色的乡村地区，公共服务设施配置多为自给自足式的乡村设施，在观景期以外的时间基本可以满足村民的生活需求。然而在集中观景的时节却难以应对，往往会造成道路交通拥堵、停车设施不足、餐饮休闲设施缺乏，游客观赏体验打折扣。

1.2　资源型乡村的后发机遇

以自然景观为特色的地区大多数为欠发达地区，建设的痕迹较少，山水资源较为丰富。随着季节性植物观赏的乡村旅游兴起，当地政府大多以此为契机，大力发展地区的旅游产业。乡村地区的旅游收益有助于增加农民收入（图 4）、创造乡村就业机会、提升农民就业能力和适应能力、提高村寨（落）自身价值。

图 4　浙江省瑞安市赏花游客增加农民卖菜收入
（资料来源：百度图片）

从 2008 年开发的“麻城看杜鹃”，五年时间内龟峰山的门票收入从年 20 万增长到年 2000 万（图 5）。2013 年，江西婺源县全年接待游客突破 1000 万人次，旅游综合收入达 51.8 亿元；2014 年 4 月，湖北麻城第四届杜鹃节共

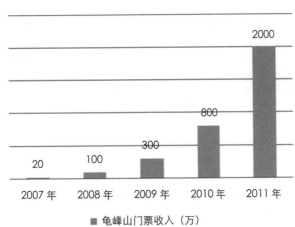

图5 2007–2011年龟峰山门票收入图
（资料来源：腾讯网《麻城看杜鹃——一句话创造的旅游奇迹》）

接待游客68万人次，旅游综合收入达4亿元。随着游客的涌入而带来的餐饮业、旅馆业、休闲服务业等，也为当地农民带来了额外的收益。

同时，乡村地区的旅游知名度也提升了自然景区内的村落价值。以婺源为例，油菜花与徽派建筑村落相映成趣已经成为一大地区旅游特色，创造旅游收益的同时也提升了人们对于村落的价值认可度。

1.3 崇尚原真性的理念回归

随着越来越多的人们到乡村地区的观赏自然美景，对于自然原真性与乡村原真性的体验也在改变人们的生活理念。

季节性的植物景观是大自然最为原始与真实的体现，与忙碌的城市环境产生强烈的对比。繁忙的都市生活降低了市民与自然的亲近程度，而观景游为人们带来了和自然接触的机会，重新找回自然的美感与放松。

乡村社会的淳朴与传统文化的地域性显现同样向游客表达了传统社会的生活方式。乡村与城市社会结构的差异，保存有中国农耕文化渊源，激发人们对于传统文化的反思与回归。

从经济发展的角度来看，乡村观景游可以在一定程度上避免以毁坏自然资源为代价的开发行为，鼓励人们在自然的原真性上适度发展。

2 存在问题——经济导向下的景区开发

为了应对季节性乡村观景游所带来的大规模游客量，部分地方政府与开发商开展了自然景区开发。然而在近几年的实践中，以"季节性观景游"为主要特征的乡村景区开发已经呈现出了一些问题。

2.1 开发成本与设施保障的矛盾

"人间四月天，麻城看杜鹃"，这句麻城的宣传口号，将原本籍籍无名、以看"神龟"为主的麻城龟峰山炒得火热。每到农历四月杜鹃花开时节，龟峰山人满为患。不过，花期之后，龟峰山就明显冷清下来，其余11个月游客总量不及一个月花期的游客量，大部分旅游设施闲置。

很多类似的景区与"麻城杜鹃"有着同样的困境。由于赏花游季节性太强，很多赏花点的投资人不愿意对景区的基础设施进行过多投入。基础设施建设若以最大游客接待量来计算，在一年中其他非最佳观赏时间的利用率非常低，成本投入太高；若以观赏时间为成本投入参考，则基础设施将难以满足最佳观赏期的游客需求，由于交通拥堵，长时间等候换乘旅游大巴、购票、卫生设施、餐饮设施等，将压缩有效观赏时间，游客的观赏体验也将大打折扣。

基础设施的建设不仅从量上难以权衡，在类型与质量上也面临同样的问题。由于可利用时间较短，开发商也不愿意基于观景开发更多类型的旅游产品，游客来到景区基本上除了拍照就几乎没有其他具有特色的游乐方式。相比与以奇山异水著称的传统景区观赏游，人们多带着猎奇的心态进行观赏游览，而游客对于"赏花观叶"式的乡村旅游，多希望在观赏美景的同时放松身心。但现在大多的游览区多仍然停留在观赏游的层面，并没有与体验游相结合，更缺乏向度假游转型的指向，降低对于游客的二次吸引力。

2.2 特色景观与景区规划的冲突

传统景区的旅游规划所呈现出来的一些普遍性问题在乡村景区规划中同样存在。目前，针对乡村观景游的开发存在规划理念趋同，服务设施简易，旅游内涵缺失等问题。

景区规划趋同化。由于近年来乡村观景游的火热，景区开发也希望快速建设开放以创造效益，因此盲目模仿其他地区的旅游产品的现象比较常见。大广场式的景区入口，硬质的水体驳岸，简易的游览路线，与地区文化不协调的建筑风格，广泛存在于各类快速兴起的乡村"赏花观叶"游中（图6）。

旅游产品简易化。由于没有强制性的景区规划标准，乡村风景区的旅游产品大多数缺乏精细雕琢，以观赏为主题的产品较少、多为路边临时搭起的小摊贩，环境简陋的停车场、卫生间，可供游客娱乐与消费的产品较少。大部分游客自带零食与饮料，景区多为门票收益。

文化旅游表面化。将季节性植物观赏和地区文化品牌相结合是部分景区的开发模式。例如，自然美景与历史建筑——江西婺源的油菜花与徽派建筑、自然美景与文化活动——四川汉源"赏花旅游文化月"的摄影大赛、科技创新大赛、相亲活动、自然美景与历史文化——洛阳牡丹与牡丹文化展示。然而，有些地区缺乏自然景观与人文景观的结合，抑或是以一种较为简单的方式拼接，并未对本土文化进行深入挖掘。

图6　延庆花海中不协调的雕塑
（资料来源：百度图片）

2.3 景区管理与服务保障的脱节

在观赏时节的景区管理不足、旅游服务品质不高也成为乡村旅游的普遍问题。

旅游引导单一化。从宁静的乡村转换为人满为患的景区，乡村的引导不足导致在旺季的拥堵加剧。由于大多数以"赏花观叶"为主题的地区，核心景区较小且相对集中，而以村民日常需求所建设的道路都比较狭窄，进出景的道路也较为单一，一旦在进入景区的路上发生交通阻塞，则会造成大面积的滞留。

旅游服务低端化。景区的引导多集中在景区的内部以及附属设施，例如停车场的引导、购买门票等，但对于市场化下的服务设施，例如村民自营的餐馆、旅馆等鲜有涉及。由于本身数量较少，餐馆与旅馆多为村民临时改建、缺乏监管，因此在旅游高峰期，服务质量难以保证，游客的旅游体验受到影响。

2.4 旅游开发与乡村发展的错位

季节性乡村观景游的发展使大量的游客涌入乡村，为乡村旅游经济的发展带来了促进作用。然而这也给乡村带来了一些负面效应，主要表现在生态环境破坏、社会文化体系重构、经济收益边缘化等方面。

乡村旅游对生态环境方面的破坏，主要集中于固体废弃物污染、水体污染、噪声污染等。大量的游客进入乡村旅游后，衣食住行都产生了大量的垃圾，未能及时清理会对自然环境产生巨大的污染，破坏乡村的生态环境。而由于基础条件的限制，乡村旅游目的地没有建设完善的环境保护系统，生态环境难以保障。

旅游业的发展增加了乡村旅游目的地居民与外面世界的接触。外界因素的影响，使传统的文化正慢慢受到破坏，大量游客人数的进入，甚至改变了乡村居民的道德观念，使淳朴的民风逐渐消失。

旅游业的发展应当能够促进乡村经济的发展，提高乡村居民的收入水平，改善居民生活质量。然而，在旅游开发和经营过程中，居民的利益大多被边缘化、游离于收益群体之外，由外部投资开发的乡村旅游中，外来投资者成为最大受益者，乡村居民却不得不承受负外部性后果。在进行旅游开发初期，宏村的开发经营权在县政府手里，年经营收入较低，居民分配到的旅游收入很少。后来，县政府与中坤集团鉴定合作协议，宏村旅游快速发展起来，然而本地居民只能分到门票收入的3%，旅游业的发展并未给居民带来明显的收入增长，这种收入分配不平衡的情况造成乡村居民的严重不满，曾在很长时间内主导乡村居民与旅游经营者之间的矛盾。

3 相关经验——环境友好型的景区建设

国外发达地区在乡村游与季节性观景游的开发历史较早，因此，我国季节性乡村观景游在开发与治理的过程中，可以参考国外的先进经验进行实践。

3.1 服务设施环保化

每年的三四月份是日本樱花盛开的季节，美景吸引了大量日本民众与国外游客赏樱。日本人尤其各企业单位，经常在樱花树下举行露天赏花大会。尽管是在这种客流量巨大的非常时期，日本也没有放松对于环保的控制。

用非永久性材料实践垃圾分类——日常对于垃圾严格分类的日本人在赏樱时期会布置临时性的垃圾分类箱。如图7所展示的日本上野公园的垃圾分类箱，共8个，组成一个方阵，上面用英语、日语和图案标明了每个垃圾桶可接受垃圾的种类。而垃圾箱本身也是可以移动的，在赏樱季节过后就可以拆卸。

图7 日本上野公园在赏樱时期的临时垃圾分类箱
（资料来源：百度图片）

游客自带环保用品——日本民众从准备到赏花全都充分考虑环保，拒绝污染的赏花行为。比如席地而坐时用榻榻米来代替报纸，带自制便当，不使用一次性碗杯等（图8）。

3.2 景区规划创意化

游客对于乡村观景游的期望主要在于观赏自然美景放松身心，其次可以增加以自然美景为主题的休闲体验活动。此类活动既可以丰富游赏体验，又可以为乡村创造更多收益。

乡村旅游在英国历史由来已久，多以创意农业为主体。英国创意农业以英国的旅游市场作为导向、创意作为核心，综合运用农业学、美学、生态环境学、养生学等来进行农业旅游发展，并且在发展旅游过程中融入了当地独特的文化，将农业生产与旅游开发、艺术创意等有机地融合在一起（图9），游客在从事农耕、采摘、垂钓等过程中放松身心。环保型农业旅游在发展过程中摒弃了以经济效益为中心的错误思想，发展农业旅游的同时将农业环境以及农业资源的保护放在首位，最大限度地达到了农业生产与经济效益、社会效益的有机统一。

首先，设立了能够吸引大量城市游客的农业旅游项目，使游客积极参与到乡村生产以及生活中来。如为游客提供观看和亲密接触农场动物、体验农业自然环境以及乡村氛围的机会，使旅游者拥有更多时间来参加户外活动。与此同时在农场里建有小型的农业展览馆，配有详尽的解说，这样使人们在旅游的同时增长了见识。其次，还兼顾不同层次及不同年龄游客的需要，寓教于乐地将农业知识潜移默化地融入农业旅游项目之中，如编排了很多与农业有关的儿童娱乐节目，将农业生产与景点旅游、可持续发展、文化创意等有机地结合在一起，使不同年龄不同层次的游客都能在旅游过程中得到身心的满足。

图8 日本民众自带环保用品赏樱
（资料来源：百度图片）

图9 英国乡村小镇
（资料来源：百度图片）

3.3 游览引导灵活化

以赏花为触媒，通过村民的个体引导，丰富乡村游的内涵，并能有效分解短时集中于核心景区的游客。

日本长野县四贺村最成功的措施是推出了"乡下的

亲戚"制度。所谓"乡下的亲戚"制度，就是村庄内的居民分区域接待来农园的休闲的城市游客。因为来农园干农活的初学者比较多，据"乡下的亲属"制度，村民对这些"城市亲戚"进行农业指导，与此同时从亲戚处获得一定的生活补助，并在互动过程中实现城乡文化的交流。这种交流活动也通过组织各种活动加以强化，主要的活动有三种。以村行政为中心的信州四贺村农园俱乐部主办野菜狩猎旅行、乘凉节、收获节等活动。农园主办的"和尚山小学"活动，以本地再发现为主题，通过开展摘松子、采蘑菇、打荞麦、收杏子等农活，登山等活动了解四贺村的历史。此外，本地的邻里协会还组织秋祭活动和米糕制作竞赛，吸引市民的参与。此外，还有诸如森林保育和收获有机米体验等活动。更值得一提的是，劳动报酬以农园内局部流通货币的形式支付，鼓励"城市亲戚"用这种货币在村内买东西，以此来提高村民的经济收益。

4　规划应对——生态本底内的有序引导

基于我国现状乡村季节性观景区的规划与发展概况分析，结合国外有关乡村旅游的经验，笔者认为，以季节性植物观赏为主题的乡村地区应当以乡村生态自然本底为基础，以休闲农业为拓展，适度开发乡村自然景观，并以此为契机，提升乡村基础设施配置要求，在满足旺季游客需求的同时服务村民的日常生活。

4.1　以亲近自然为导向的乡村弹性规划

季节性的植物观赏游来源于人们对于自然的向往，而满足这种游赏需求是乡村景区规划的第一导向。针对自然资源集中的区域进行合理规划，制造更多与自然亲近的空间，而不是用伪古董、假文化体现景区的丰富性。在核心景区以外的地区，规划以自然为主题的休闲体验场所与活动，延伸观景游的产业链，丰富景区旅游产品，在增加收益的同时可以适度分散客流。

对于核心景区的规划应当富有弹性，在短时间应对大规模客流之后，可以逐步恢复到原生状态，保存乡村与自然的真实感。

4.2　以乡村本底为保障的景区管理控制

出于收益期较短而对乡村开发成本的控制，可以结合日本的经验，以可拆卸可移动的环保设施应对景区的大量客流，减少旅游设施对于生态环境的影响。同时倡导游客文明出游，减少旅游行为对于乡村地区生态环境的冲击性。

对于乡村的社会体系应当予以尊重。保护原有的乡村社会氛围，减少商业化的痕迹，保护乡村地区的社会原真性，也是乡村地区的吸引力之一。

延续乡村的农耕文化与历史渊源，并结合自然植物景观进行合理开发。以植物观景为核心，以乡村文化为拓展，展现多元的自然原生的旅游体验，丰富乡村旅游的内涵。

4.3　以本土居民为主体的旅游保障策略

乡村旅游开发应当以市场为引领，当本土居民为提供服务的主体，对游客有序引导。本土居民作为乡村的一部分，对乡村有着更加深厚的情感。以本土居民为主体的旅游保障体系，更能提供有效的旅游引导，更为灵活的产业分类，提升乡村旅游的趣味性与亲切感。

4.4　以旅游开发为契机的乡村设施提升

季节性观景游的开发对于乡村来说是提升基础设施建设标准的契机。乡村地区原有的基础设施建设较为薄弱，通过旅游产业的介入，乡村地区的环保环卫、供水供电等设施进行升级，在游赏季节可以提供更为舒适的旅游服务，也为村民日常生活提供便利。同时引入清洁能源，利用风能、太阳能等，进行智慧化的乡村硬件设施改造升级，让旅游产业为村民带来更多的福利。

5　结语

随着我国经济水平的提升，旅游人次随之增长，旅游方式也呈现出多元化的特征。以体验为特色，以植物、动物、天象等自然资源为主体的季节性观赏游在近年来越来越受到人们的喜爱。其中，乡村地区以季节性植物观赏为主体的旅游最为普遍。乡村地区季节性植物观赏游的对乡村地区的发展建设起到一定的促进作用，尤其是以自然禀赋为特色的欠发达地区。然而也存在着一些问题。在开发成本、景区规划、服务保障、乡村发展这四个方面，与乡村自然资源、社会体系、人文历史存在着一定的冲突。通过对国外季节性观景游与乡村游的经验思考，笔者认为季节性乡村观景游的开发应当在保护自然资源本底、乡村生活与人文历史的基础上、建设环境友好的基础设施、搭建合理的游客接待机制以满足潮汐式游客的需求，同时改善村民的生活水平。

主要参考文献

[1] 曹巧红. 湖北：赏花热的冷思考 [N]. 中国旅游报，2014-03-24004.

[2] 陈玲玲. 日本樱花旅游开发研究 [A]. 中国花卉协会，东南大学，南京市人民政府. 中国花文化国际学术研讨会论文集 [C]. 中国花卉协会，东南大学，南京市人民政府，2007：4.

[3] 汪正彬. 我国国内旅游人均消费与国民人均 GDP 之间关系的实证研究 [J]. 重庆教育学院学报，2010（06）：53-57.

[4] 徐克帅，朱海森. 日本绿色旅游发展及其对我国乡村旅游的启示 [J]. 世界地理研究，2008（02）：102-109.

[5] 苏晓光，尹微. 英国旅游环保型创意农业研究 [J]. 世界农业，2014（03）：153-155.

[6] 马秀佳. 麻城看杜鹃　一句话创造的旅游奇迹 [EB/OL]. 2014-11-30. http：//hb.qq.com/a/20120320/000862.htm.

Considerations of Planning on Seasonal Rural Sightseeing-tour

Zeng Yating

Abstract ： In recent years，tourist arrivals continue to rise and tourism is also showing diverse characteristics with the rise of China's economic level. Sightseeing-tour with natural elements in particular seasons has become one of the hottest travel choices. Among the seasonal sightseeing tour，ornamental plant tour is most common. In this tide，many regions began the exploration of tourism resources in rural areas where preserve extraordinary nature resources. However，due to limited optimum viewing time，development activities in rural areas also showed some problems. Inadequate facilities and lack of tourism products affect travel experience. Based on the analysis of current seasonal ornamental plant tour development in rural areas and summary of problems caused by the behavior of development，coping strategies are proposed combined with foreign experience for relevant seasonal viewing tour. The development of seasonal sightseeing-tour of rural areas should respect the natural and rustic background and meet the needs of tidal tourists while improving living standards in rural areas.

Keywords ： seasonal ；rural tourism ；sightseeing-tour

城镇旅游开发中两种村庄建设模式对比
——基于南京汤山温泉旅游小镇实证研究

蔡天抒　袁奇峰　黄哲

摘　要：目前我国小城镇的"旅游度假区"开发大多采用招商引资的方式，自上而下的政府规划，以及大企业、大资本为主的旅游设施开发对本地社区参与产生排斥，普遍存在旅游发展与本地居民生计脱离的问题。本地社区往往处于旅游产业链末端，无法参与旅游城镇开发的价值财富分配。本文在南京汤山选取了"拆迁安置社区"和"乡村旅游社区"两种案例，从本地社区参与旅游经济利益分配和参与旅游空间组织模式的视角，对比这两种村庄的旅游开发给本地村民带来的机会与挑战，并对"村庄作为旅游开发成本"与"村庄作为旅游景点开发"这两种建设模式进行评价，提出建立多元目标导向的旅游开发，将村庄作为旅游开发的正向因素。

关键词：社区参与；城镇旅游；利益分配；本地居民；城乡统筹

1　国内城镇旅游开发研究综述

我国关于旅游城镇的研究起步于20世纪90年代，21世纪初休闲旅游的蓬勃发展刺激了城镇旅游研究热潮。为实现旅游业可持续发展，防止旅游地衰落和旅游地社区解体，社区应全面参与到旅游发展过程（胡志毅，2002）。学者们对社区参与旅游的研究过去集中在社区参与阶段、模式等，现多关注社区参与旅游开发中本地居民的利益分配机制，探讨在城镇旅游开发中如何解决本地社区居民的安置和生计问题，通过旅游推动城乡统筹。

目前，我国城镇旅游开发中利益相关者的共同参与和均衡考虑薄弱是旅游发展僵化的重要诱因（王旭、魏凯，2012）。在旅游城镇开发中本地居民的核心利益集中在征地动迁补偿及就业方面（陈珂等，2011），如何安置被拆迁居民是一个比较棘手的难题（范小军，2013）。大量旅游度假村庄和旅游酒店的兴建是以开发商为主导的封闭型空间布局，开发商为保其对资源的独占往往圈占大量土地并将居民外迁，原住民被动地裹挟在旅游开发过程中，旅游开发成为政府部门和开发商之间有关政绩和经济利益的博弈（杨培峰、闫兵，2011）。钟家雨、柳思维（2012）以怀化市洪江古商城开发为例指出大多数小城镇的旅游开发切断了居民利益链，改变了居民原有生活状态，对小城镇后续维持形成障碍。胡莹莹（2013）认为旅游小镇在规划中忽视城乡统筹，以西双版纳州"傣族园内外二重天"现象说明了旅游开发区与城镇建设的不协调，旅游城镇的建设限制了村级景区的发展。

普遍认为应该在政府主导下，设立一个负责协调政府、开发商、居民等利益群体关系的管理机构（肖练练，2013），搭建信息交流平台，制定合理的收益分配制度和激励机制，鼓励本地居民参与城镇旅游开发和经营（肖琼，2009；钟家雨、柳思维，2012），从单独的公司经营转化为村民高度参与的联合经营，为村民提供多元化的收益（侯国林，2006；胡莹莹，2013）。此外，在城与乡之间移动的旅游流是城乡统筹的现代模式，应以可持续旅游统筹城乡，实现"城"与"乡"之间的平等"互哺"（孙九霞，2011）。

虽然近年来出现了大量社区参与旅游发展的研究，对社区参与利益分配方面提出诸多建议，但多是从参与机制层面分析本地社区参与旅游的获益，缺乏空间组织层面的对旅游开发给本地村庄带来的影响进行对比研究，且具体实证案例对利益主体——本地村民的研究关注不够。本文考察了南京汤山温泉小镇旅游开发中本地村庄的两种建设模式，从空间维度和制度层面对本地村民生计的变迁、面临的机会和挑战进行比较。

蔡天抒：中山大学地理科学与规划学院硕士研究生
袁奇峰：中山大学教授
黄哲：雅克设计有限公司广州城市规划工作室规划师

2 案例地——汤山的基本情况

汤山位于南京以东24公里，自古就是这个"六朝古都"的历史性郊区，号称中国四大疗养温泉之首；在2012年成功创建省级旅游度假区，顺利举办世温联65届年会，获得"世界著名温泉小镇"殊荣后，现正全面创建"国家级旅游度假区"。

汤山温泉水质清净，含有钙、镁、硫等30余种矿物质。三国时期，因"山有温泉四时如汤"而得"汤山"之名，已有1500多年历史。南北朝，汤山成为皇帝大臣、文人雅士出行游览常至之地。近代更是民国要人聚会、休闲、定居首选之地，有蒋介石别墅、美龄小学、戴笠楼、汤山炮校等民国遗存。

农业时代，汤山一直是为四乡提供商贸交易、公共服务的农村地区中心地。除依托温泉资源开发了少量温泉宾馆、疗养院等旅游接待服务设施外，还有一些特色旅游资源，如阳山碑材、猿人洞、隆昌寺等，是南京旅游系统的有机组分（图1）。

改革开放后，汤山开启了城镇工业化。2008年底，两个工业集中区已落户企业近303家，初步形成食品业、家具制造业、塑料制品业、光电产业等。但大部分企业产业层次较低，单位产值能耗高，土地资源使用效率不高（图2）。

随着休闲时代的来临，汤山旅游休闲资源上升到城市旅游战略层面，成为推动南京旅游业从观光游向休闲度假游转型升级的战略支点。2008年，市、区两级政府在汤山南侧通过征地拆迁启动了大规模的"温泉旅游度假区"开发，成功引入欢乐水魔方、地质博物馆、大批高端温泉酒店等。

"旅游度假区"沿袭江宁区工业园区开发的模式，通过招商引资进入的大批旅游项目远离旧城镇，集中建设。大量高端温泉酒店规模巨大，消费者只要入住酒店就可获得"一站式"的优质服务，对城镇发展缺乏带动，旅游度假区成为一处为外来消费者服务的、相对独立的、外向性功能区。而旧城镇则患了贫血症，因旅游区开发而被拆迁的村民搬迁到安置社区，获得了大笔赔偿但也改变了原有的生活方式。随着旅游功能的全域化延伸，在核心景区外围与农村社区混合布置了少数开放式旅游景区，如七坊、汤家家（图3）。

3 汤山村庄参与旅游开发的两种模式

3.1 模式一：拆迁安置社区——旅游区开发成本

汤山旅游开发区的大规模建设带来了本地村民的搬迁安置。汤山街道通过"征地补偿"、"拆迁房屋置换""土地换社保"、"就业培训"等途径提供可持续的搬迁补偿模

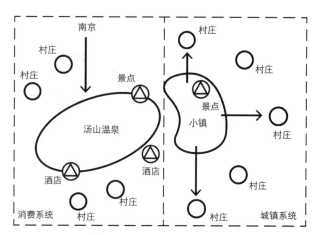

图1 第一阶段：农村地区商贸服务中心地
（资料来源：作者自绘）

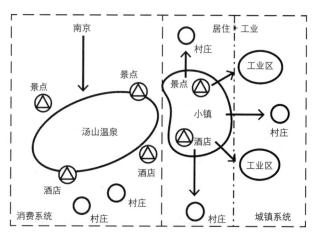

图2 第二阶段：工农并进的温泉小城镇
（资料来源：作者自绘）

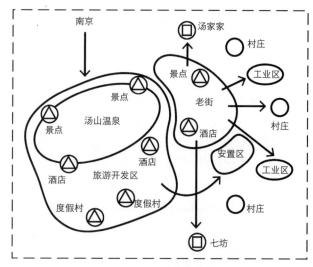

图3 第三阶段：省级温泉旅游度假区
（资料来源：作者自绘）

式；通过集中建设的新型安置小区，解决了被拆迁农民的居住问题。目前，已拆迁安置五期，拆迁户数共3354户，拆迁总面积达317078.5m²，安置总面积391755m²，拆迁费用共计42594.23万元，已实现搬迁安置的村组包括西山头、寺庄、大洼村、大塘泽村、徐家边、殷家边、大高村等。

3.1.1 拆迁安置村民的生计

安置社区村民在拆迁过程中获得了一定的征地补偿安置费用和房屋搬迁补偿费，征地补偿费包括"被征地农业人员安置补助费"、"土地补偿费"、"青苗和附着物综合补偿费"，房屋搬迁补偿包括搬家费、过渡费、附属物补偿费、奖励费补助等。据访谈了解平均一户安置村民拆迁得到的经济补偿约50万元，最少也有30万元，获得补偿款的拆迁安置家庭实现了短暂的富裕。

汤山街道在拆迁安置中实行"土地换社保"政策，村民通过搬迁安置转换成城镇农户，放弃土地承包经营权后的农户将直接享有失地农民社会保障。根据江宁区政府[2005]166号文件规定，男性60周岁、女性55周岁以上，从实施基本保障的当月起，可按月领取养老金，每人每月不低于330元（目前是450元）。保障标准根据南京市社会经济发展及物价指数的变动情况实行逐年按一定比例递增，保障费用由财政部门实行集中供给。家里经济条件较好的、年龄较大的安置村民多选择提前退休。

依据《南京市江宁区征地拆迁补偿安置办法》，住宅房屋实行等面积产权调换，原来农村宅基地一栋房子能置换成几套不同面积的房子，每户都有空闲房子可出租。访谈了解到，由于汤水雅居安置社区离汤山镇区、工业园较远，外来务工人员和游客都较少，目前安置区房屋出租市场供过于求，70m²的套型租金约400元/月，105m²的套型租金约600元/月，仍有不少房屋处于闲置状态（图4）。

汤山街道在拆迁安置中对社区共同资产没有通过货币补偿的方式直接分发给村民，汤水雅居50%的商铺资产由被拆迁村所在社区持有，委托汤山新城物业管理有限公司统一管理与招租，租金作为社区集体资产收入。另外50%的商铺由汤山建设投资发展有限公司持有，用以支付物业管理费用。目前，汤水雅居的商铺租金比汤山老街便宜，约23元/m²·月；共有商铺106家，在经营中的仅37家，闲置69家，闲置率高达65%（图5、图6）；业态类型主要是百货超市、生活配套和餐饮饭店。50%商铺经营者为汤水雅居社区居民，大部分拆迁安置家庭对投资创业的风险有所顾虑，不敢冒险将补偿金拿出来创业。

图4　汤水雅居小区
（资料来源：作者拍摄）

图5　汤水雅居商铺
（资料来源：作者拍摄）

图6　汤水雅居街道环境
（资料来源：作者拍摄）

2008年以前汤山以工业发展为主，汤山工业园、上峰工业园吸纳劳动力较多；目前汤水雅居安置村民因旅游度假区大批温泉酒店、旅游景点的建设获得了更多就业选择，如服务员、装修工、保洁、保安等（酒店服务员工资2000多元/月/人，工业园工人工资3000多元/月/人）。据了解，水魔方解决了很多汤水雅居村民的就业问题，汤山新城物业管理公司85%的物管员工来自安置村民。也有部分村民选择通过非正规就业的渠道自谋出路，如倒卖温泉票、黑车司机、流动小吃摊、流动水果摊等。

3.1.2 "拆迁安置社区"参与旅游模式评价

从"拆迁安置社区"参与旅游利益分配角度看（表1、图7），村民从独家独户的村落大院搬到新城区的安置小区，享受更为便利的公共服务和基本社会保障福利，生活水平因房屋置换、征地补偿费而普遍得到改善，就业岗位因旅游区的开发建设而不断增加。由于汤山社区原先非农化程度较高，拆迁安置对青年人影响不大，但是以前从事农业生产、年纪较大的村民在就业市场中往往处于劣势，工资收入不高。

从"拆迁安置社区"参与旅游空间组织模式看（图8），由于旅游度假区开发以引进大项目为主，本地社区没有机会参与项目层次的经营，加之旅游开发区与安置社区在空间上的分隔，安置村民每天重复着从安置社区到旅游度假区之间"打工—回家—打工—回家"的生活轨迹，而外来游客遵循着从某城市到汤山旅游度假区之间"泡温泉—回家—泡温泉—回家"的活动轨迹，两者的活动只有在旅游度假区内才有空间交集，游客消费市场延伸不到安置社区，安置村民投资创业机会较少，只能依赖资产经营、打工或从事低端的商业服务。

拆迁安置社区获益方式及存在问题　　　　　　　　　　　　　　　　　　　　　　表1

类别	获益方式	存在问题
房屋安置	到多套安置房可出租	房屋闲置率较高
补偿费用	家庭资产增加	只能实现短暂富裕，投资创业少
就业安置	组织招聘会、就业技能培训	就业培训力度较小，非正规就业存在
社会保障	享受基本社会保障福利	

（资料来源：作者总结）

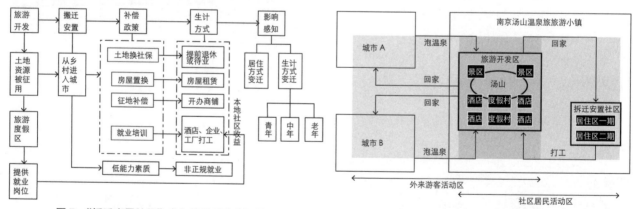

图7 "拆迁安置社区"参与旅游利益分配模式
（资料来源：作者自绘）

图8 "拆迁安置社区"参与旅游空间组织模式
（资料来源：作者自绘）

3.2 模式二：乡村旅游社区——旅游区景点开发

3.2.1 汤家家案例

汤家家温泉村位于汤山社区汤岗村，占地16.38公顷，共有村民108户约340人，以生态休闲、温泉养生为主题，发展具备足浴、民宿、茶座等功能的民间草根温泉村（图9）。

这是一个由政府主导规划、投资5000万元建设的旅游品牌。街道政府帮助村委进行设施建设，包括农家居室改造、温泉管网铺设、公共设施建设和景观绿化及房屋外立面改造等（图10）。除前期投资外，政府还通过资金补贴、专业技术培训等为温泉村的后续运营管理提供支持，由汤家家农家乐餐饮协会定期组织村民外出考察，进行餐饮、卫生、服务的讲座培训等。成立了汤岗农家乐专业合作社、汤家家农家乐旅游服务中心（图11），将所有农家乐农户集中统一管理，实行"合作社＋农户"的运作模式，改变了传统一家一户的小农经营模式。

汤家家旅游开发后，通过房屋租赁、经营农家乐、农家乐服务员等方式参与到与旅游相关工作中的汤岗村村民约占30%，带动了汤岗村及周边农村200多位村民就业，整个温泉村2013年旅游总收入1500万元。温泉村的农家乐是由政府向农户租用房屋（租金约2~3万元/年，规模约180m²），再出租给经营户，经营户依据各自需求进行内部装修后自主经营。开展汤家家项目后房屋租金上涨了三倍，约30家农户将自家房屋出租，每年赚取2~3万元的租金收入。已开业经营的20户农家乐（其中土菜馆14家，温泉住宿泡澡4家，百货超市4家），有18家是本地村民自主创业（图12、图13）。餐饮农家乐每月收入约19万元/家，家庭旅馆每月收入约3~4万元/家。还有部分汤岗村民通过到农家乐打工参与汤家家旅游项目，工资约2000~2200元/月。

3.2.2 七坊案例

汤山七坊农家乐示范村，位于孟墓社区郁坊村，占地520余亩，全村90户共269人。七坊于2012年4月对外营业，以展现民间豆腐坊、酱坊、油坊、粉丝坊、炒米坊、糕坊、茶坊等传统工艺流程为特色，集旅游、休闲、农家乐于一体（图14）。

这也是一个由政府主导，本地村民参与的旅游项目，汤山街道先后投资4000余万元，完成房屋改造、道路设施、文化活动设施、景观绿化环境、市政设施等建设（图15）。餐饮农家乐协会定期组织村民到四川成都、浙江长兴等地考察农家乐；江宁城建集团领导干部与经营户一对一挂钩，在营销策略、经营管理、人员培训等方面提供帮助。成立了七坊农家乐专业合作社、七坊农家乐旅游服务中心，合作社负责内部经济事务，统一农家乐的管理、价格和服

图9 汤家家温泉村
（资料来源：作者拍摄）

图10 汤家家温泉村环境
（资料来源：作者拍摄）

图11 汤家家游客服务中心
（资料来源：作者拍摄）

图12 汤家家餐饮农家乐
（资料来源：作者拍摄）

务标准，避免了过去的无序竞争；游客服务中心负责对外项目宣传、旅游产品开发设计等。

开展七坊农家乐项目后，解决了100多个村民就业，那些年纪较大原本待业在家的妇女，现多到农家乐餐馆当服务员或从事保洁工作。也吸引了原本外出打工的村民们，纷纷回家把闲置的房子利用起来，开办农家乐。目前七坊共有7个农家作坊、6户农家餐饮、1户农家客栈、2个农业项目对外营业（图16~图18）。7个作坊的房屋设备均由政府免费提供，部分作坊（豆腐坊、粉丝坊、油坊、糕坊）产品销路较广，销量较为可观，由农户自主经营，产

图13　汤家家百货店
（资料来源：作者拍摄）

图14　汤山七坊
（资料来源：作者拍摄）

图15　汤山七坊环境
（资料来源：作者拍摄）

图16　汤山七坊作坊
（资料来源：作者拍摄）

图17　汤山七坊餐饮农家乐
（资料来源：作者拍摄）

图18　七坊农业项目
（资料来源：作者拍摄）

品主要出售给政府、学校、游客等，收入约4000~5000元/月，无需缴纳税收。另外部分作坊（炒米坊、酱坊、茶坊）产品实际销路不广，销量也较少，由政府经营，雇佣员工加工制作，产品交由合作社统一包装出售，收入归合作社所有。6户农家餐饮（其中4家是本村村民开办）由经营者自负盈亏，旅游旺季时经营性收入可达4~10万元/月。2个农业项目——百万葵园、藏龙山庄均是政府租用农户田地（约700元/亩/年），然后交由私人企业承包管理。播种期企业雇佣大量周边村民种植（工资约90元/亩/天），平时由专业人员打理，利用本地劳动力较少。

3.2.3 "乡村旅游社区"参与旅游模式评价

从"乡村旅游社区"参与旅游利益分配角度看（图19），汤家家、七坊这一类新农村社区，通过政府搭台的形式鼓励村民主动参与到本村旅游开发经营中分享价值红利，政府投资建设的公共服务设施改善了本地村民的生活环境，通过合作社将分散独立经营的农户集中起来规范化经营，村民自主创业经营性收入大幅度提高，也带动周边村民就业收入和土地房屋出租等物业收入大幅度提升，吸引了原本向城镇转移的农村富余劳动力回流。

从"乡村旅游社区"参与旅游空间组织模式看（图20），依托现有的农村、农业资源开发作坊、农家乐、农业项目经营，将汤山旅游开发与远郊农业生产相结合，以城乡产业融合来推动城乡一体化，弥补汤山乡村旅游产品的空缺，也为本地村民提供参与小型旅游项目经营的机会。景区与乡村在空间上的融合，村民每天在自己家门口就可通过打工或经营的方式参与到旅游业中，而外来游客活动轨迹几乎覆盖了整个"开放式"乡村旅游社区，带动了乡村的游客消费市场，村民投资创业机会增加，参与到多样化的旅游服务中。

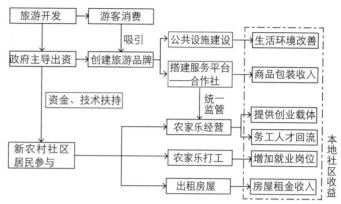

图19 "乡村旅游社区"参与旅游利益分配模式
（资料来源：作者自绘）

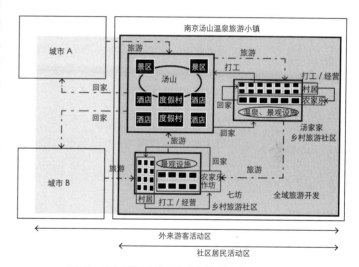

图20 "乡村旅游社区"参与旅游空间组织模式
（资料来源：作者自绘）

4 结论与讨论

4.1 两种开发模式评价

4.1.1 村庄作为旅游开发成本影响评价

在经济效益优先的开发模式中，作为旅游开发成本的一部分，本地村庄被视为消极因素，政府通过投入拆迁安置补偿成本，快速、高效地实现旅游开发区范围内乡村的拆迁安置，短期内获得了土地、资本、劳动力等收益，但从远期来看，这种开发方式缺乏对社会效益的考量，是不可持续的。由于安置社区位置偏远，整村搬迁后与旅游度假区产生严重隔阂；采取封闭式的"小区"建设模式，改变了乡村社区的空间形态，使其转化为纯粹的居住社区，景观风貌单调无趣，与城市存在同质性；社区原有的温泉旅游资源被大企业大资本圈占，新建社区缺少可利用的旅游资源；这些都减少了安置社区参与旅游开发的机会，安置村民游离于旅游业边缘化地带，尽管其目前的生计问题得到暂时性解决，但在旅游开发进程中会不断脱落（表2）。

4.1.2 村庄作为旅游景点开发影响评价

在以社会效益为导向的开发模式中，作为旅游建设对象，本地村庄被视为积极因素，政府通过投资公共基础设施和环境建设，激发乡村的旅游价值，虽然近期并没有获得极大的经济效益回收，但从远期来看，这种健康、持续的旅游开发方式是实现城乡统筹、产业融合的重要途径。由于旅游资本下乡，旅游功能被叠加到新农村社区，通过原地整治，乡村旅游社区成为全域旅游的一部分；采用开放式的"景区"模式，乡村社区的空间形态与旅游景区共生，两者产生依附作用；利用当地的农业、农村、温泉资源，参与旅游开发，将资源优势转化为产品优势、经济优势。在旅游开发进程中本地村庄享受到了公共服务设施的辐射效益，以及政府提供的旅游参与机会，原本外出打工的人力资源不断回流（表2）。

城镇旅游开发中两种村庄建设模式对比　　　　　　　　　　　　　表2

名称		模式一：拆迁安置社区（汤水雅居）——旅游区开发成本	模式二：乡村旅游社区（汤家家、七坊）——旅游区景点开发
背景		旅游度假区开发	全域旅游延伸、美丽乡村建设
价值导向		经济效益导向的旅游开发	社会效益导向的旅游开发
区位		整体搬迁，与旅游开发区隔离	原地整治，全域旅游的一部分
空间模式		封闭式"小区"模式	开放式"景区"模式
资源		缺少可利用的旅游资源	利用当地农业、农村、温泉资源
政府的投资与收益		投入安置成本，获得土地、资本、劳动力等短期效益，但目标单一，不可持续	投资公共基础设施建设，激发村庄旅游价值，人力资源回流，健康、可持续
居民经济利益分配	家庭资产	来源于拆迁补偿款和房屋，有所增加，但不具有持续性	不变
	家庭收入	主要为打工收入，没有实质性增长；增加了房屋租赁收入但份额少	以到酒店、工厂打工收入为主；租金上涨，增加了房屋租赁收入，且较为稳定
	就业方式	到旅游度假区从事服务员、保安、保洁等工作，就业机会较多	原本外出务工村民回流，开办农家乐或到农家乐打工，提供了本地就业岗位
	商业机会	无力参与度假区酒店经营，只能局限在社区商铺谋求向安置居民提供服务的商业机会	由政府创建旅游品牌，吸引游客消费，为本地提供了商业机会
获得的机会		拆迁安置获得资本（资金、房屋、社保）补偿，实现短暂富裕，解放了务农劳动力	政府主导搭建旅游参与平台；资本下乡改善生活环境和服务设施
面临的挑战		受文化技术水平限制，就业培训力度不够，仍存在非正规就业；思想观念保守投资创业意识弱，小康生活不可持续	制度优惠吸引不够，村民参与度较低；思想观念较保守，没有形成股金分红等资金良性循环模式，收入较为单一；受旅游季节性影响，客源不稳定
影响		实现被动城镇化，村庄被视为旅游开发成本，本地村民在旅游开发参与中被边缘化	农村社区叠加旅游功能，社区被视为旅游开发建设对象，本地村民成为旅游开发主角

（资料来源：作者总结）

4.2　进一步的建议

4.2.1　建立多元目标导向的旅游开发

在旅游城镇开发中不排除旅游开发区园区式的大规模发展，但拆迁安置村庄可以像乡村旅游社区一样作为旅游景点开发，在设计中对其规划模式、空间模式、商业模式等的考量不应仅追求高速的经济效益，而应更注重社会效益的可持续发展，充分利用当地的旅游资源，搭建更多参与旅游的桥梁，使拆迁安置村庄转化为旅游开发的正向因素。

4.2.2　构筑"社会融合"的城镇空间

汤山旅游的可持续发展需要构筑"社会融合"的城镇空间功能布局，将城镇与旅游开发区融为一体，提高空间资源的共享化，使本地村民与旅游者共享城镇公共服务设施；提高空间资源的分时利用率，以缓冲旅游季节性对经营活动的影响；提供更多小尺度创业空间载体，让更多本地村民参与到旅游产业经营中，分享旅游价值链的利润。

4.2.3　全域旅游导向型新农村社区，推动城乡统筹

依托各类旅游资源，将村民居住区与旅游商业区相结合，打造像汤家家、七坊这一类的旅游产业导向型新农村社区，通过一三联动，改善乡村产业结构，加强旅游开发中的城乡联系，统筹城乡发展对劳动力的需求，使村民分享到旅游带来的基础设施的改善、经营收益的增加、从业技能的培训等，"不离乡不离土"地完成向市民身份的转换，就地实现城镇化。

主要参考文献

[1] 胡志毅，张兆干．社区参与和旅游业可持续发展 [J]．人文地理，2002（02）：38-41．

[2] 王旭，魏凯．基于蓝海战略视角的我国小城镇旅游发展策略 [A]．多元与包容——2012 中国城市规划年会．中国云南昆明．2012．

[3] 陈珂，陈雪琴，王秋兵等．沈阳棋盘山旅游开发区社区居民利益研究 [J]．地域研究与开发，2011（04）：89-93．

[4] 范小军．旅游小城镇空间结构研究——以黔西"水西古城"规划设计为例 [D]．昆明理工大学，2013．

[5] 杨培峰，闫兵．居民参与利益分配的自然资源型旅游小城镇规划设计初探——以重庆市南川区黎香湖镇总体规划设计为例 [J]．室内设计，2011（06）：41-44．

[6] 钟家雨，柳思维．基于协同理论的湖南省旅游小城镇发展对策 [J]．经济地理，2012（07）：159-164．

[7] 胡莹莹．城乡统筹视野下西双版纳州旅游小城镇规划研究 [D]．昆明理工大学，2013．

[8] 肖练练．城郊旅游小镇发展模式研究 [D]．山东大学，2013．

[9] 肖琼．基于利益相关者的民族旅游城镇可持续发展研究 [J]．城市发展研究，2009（10）：102-105．

[10] 侯国林．基于社区参与的湿地生态旅游可持续开发模式研究 [D]．南京师范大学，2006．

[11] 孙九霞．以可持续旅游统筹城乡：城乡间平等"互哺" [J]．旅游学刊，2011（12）：9-10．

[12] 王建等．城镇化与中国经济新未来 [M]（第 1 版）．北京：中国经济出版社，2013．

Comparison of Two Villages Construction Modes in the Development of Urban Tourism：A Case Study Based on Nanjing Tangshan Hot Springs Tourist Town

Cai Tianshu　Yuan Qifeng　Huang Zhe

Abstract：At present，the "tourist resorts" in small towns mostly adopt the investment development approach. Top-down government planning，development of tourist facilities of large enterprises and capital reject the local community participation，leading the problem that tourism development is separated with the livelihoods of local residents. Local communities are often in the tourism industry chain end，unable to participate in value wealth distribution in the tourist towns' development. In this paper，"resettlement community" and "rural tourism community" in Nanjing Tangshan are selected as two types of cases. From the perspective of the benefit distribution pattern and the spatial pattern of the local community participation in tourism，the paper compares the opportunities and challenges of these two villages' tourism development to the local villagers. Meanwhile，it evaluates "the village as a tourist development costs" and "the village as a tourist attraction development" these two construction modes. Finally，the paper proposes the establishment of pluralistic goal-oriented tourism development，and village should be considered as a positive factor in tourism development.

Keywords：community participation；urban tourism；distribution of benefits；local residents；urban and rural

旅游导向下的乡村居住单元改造设计策略研究
——以大连金州土门子村农家乐单元改造为例*

尹丽华　毕雪皎　赵楠　张宇

摘　要： 作为特色旅游项目，乡村旅游近年在我国蓬勃发展起来。农家乐是一种追求健康、回归自然的休闲方式，它的诞生为解决"三农"问题开辟了新渠道[1]。传统的乡村住宅只需满足农户自己的生活和生产需要即可，旅游业发展之后对农村住宅提出了更高的要求，住宅模式发生了改变要充分考虑旅游经营的需要，满足游客的"吃、住、行、游、购、娱"等全面需求[2]。农村住宅作为农家乐旅游的物质载体，自身也代表了乡村旅游资源，能很好地体现乡村特色和风貌，因此其建设改造对于乡村旅游业的发展具有重要意义。

　　本文结合实际案例，以大连市金州土门子村一家农户为原型，从微观的建筑设计层面着重研究旅游业发展之后，乡村居住单元从传统型到旅游经营型的改造设计策略，探讨乡村住宅如何在功能、空间、立面、生态方面满足旅游发展的需要，以期对日后旅游型乡村住宅改造建设发展起到一些启迪作用。

关键词： 旅游型乡村；居住单元；改造设计；土门子村

1　土门子村农家乐旅游现状

　　土门子村位于大连市金州新区向应街道，坐落在著名旅游地小黑山景区的山脚。村西侧的"紫云花汐"薰衣草庄园开放后[3]，两大景区吸引了大批游客前来观光，为土门子村发展农家乐提供了有利条件。土门子村利用现有良好的乡村风光与农业基础，采取"产居结合"的模式发展农村旅游业，打造总长300m，以"住农家院，品农家菜，赏农家景，享农家乐"为主题的特色美食一条街，街北侧的20户农居在旅游导向下改造成了旅游型乡村住居。

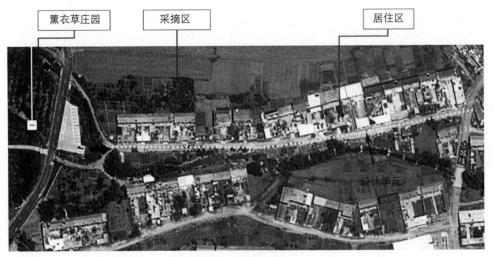

图 1　土门子村农家乐一条街

＊基金项目：此课题研究项目为国家级大学生创新项目。

尹丽华：大连理工大学建筑与艺术学院学生
毕雪皎：大连理工大学建筑与艺术学院学生
赵楠：大连理工大学建筑与艺术学院学生
张宇：大连理工大学建筑与艺术学院副教授

2 土门子村居住单元形态及其问题分析

大连位于辽宁省东南部，冬季寒冷，太阳入射角低[4]。为了御寒，土门子村的居住单元大多密集建造，左邻右舍共用山墙，以减少外墙散热面积；为了争取更多日照，土门子村传统居住单元中一般都有庭院存在，院落进深较大，房间布置松散，正房和厢房及其他功能空间之间的距离较大，房屋的台基和体量也是从低到高，在争取采光的同时突出了正房的高大和宽敞明亮，形成三合院或者二合院。

目前，土门子村旅游型居住单元已经完成了由政府与村民共同出资的一次改造，我们课题小组在对土门子村改造前后和完成一次改造后进行实地调研的过程中发现改造有其合理、适应的一面，但也存在一些问题，具体体现在以下几个方面：

在功能布局方面，大多数居住单元在盲目增加接客空间时，没有考虑功能分区和流线的合理性。旅游型居住单元不仅仅是对外服务，还应存在"对内"的建筑功能空间，但目前很多旅游型居住单元中，主人自己的生活空间几乎全部融入对外空间里，缺乏领域感、私密感和"家"的概念，主客流线交叉也降低了农家乐服务的质量；居住单元的功能从居住型转向旅游型的过程中，部分功能用房所占的比例和所处位置都应做出适当调整。

在加建方面，多数居住单元的加建主要是在庭院内搭建房间或在屋顶上接层，这种搭建往往直接使用彩钢房，构造简单，忽略原有建筑的形式和材料，破坏建筑美感和街道立面；板房直接架在原始建筑上，存在安全隐患。

在空间形态方面，目前土门子村的旅游型居住单元基本都采用了较为单一的空间组合模式，同质化现象严重，这不仅受制于经营者之间的互相模仿、基地本身面积的局限性，政府主导、缺乏个性化设计也是其中的主要因素。居住单元普遍缺少趣味空间，作为居住单元中心的庭院功能杂乱，在经营空间中占很大比重的餐饮空间也缺乏灵活性、流动性。

在外立面形态方面，目前农户只是进行了简单的装饰，外观形式过于单调和程式化，缺少地域性表达，街道建筑界面缺乏起伏变化，建筑差异性特点未体现出，缺乏趣味性的建筑临街体验。

在适应性和生态方面，一是季节适应性差，弹性弱。夏季是旅游旺季，常出现游客爆满无法满足客量需求的情况；而冬季是旅游淡季，大部分客房被闲置，造成了空间的浪费。二是生态气候适应性差，村民对原先住宅的改造仅针对功能的重新划分和组织，而对于外墙材料、构造、保温性能等都没有进行深入的研究，对太阳能、沼气能等自然能源的利用也少之又少。三是污水处理技术尚不成熟，缺乏更为科学可持续的指导，同时缺少对雨水的收集和处理装置。

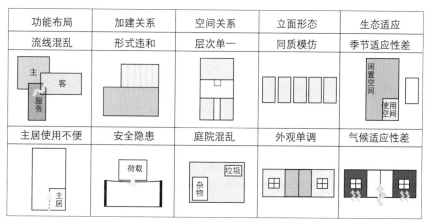

功能布局	加建关系	空间关系	立面形态	生态适应
流线混乱	形式违和	层次单一	同质模仿	季节适应性差
主居使用不便	安全隐患	庭院混乱	外观单调	气候适应性差

图2 居住单元改造现存问题图示表达

3 土门子村居住单元改造设计研究

旅游型居住单元是为游客提供接待服务的场所，旅游型居住单元的建筑设计应从使用需求和功能视角出发，首先满足使用者的物质功能需求，除此之外还要考虑人们的审美感受。我们通过对土门子村居住单元的改造设计研究，形成了以下策略：

3.1 功能空间的优化

（1）对土门子村居住单元的平面进行测绘，掌握现有平面的基本尺寸。

（2）对居住单元的现有平面按功能进行划分，如餐饮住宿空间、主人生活空间、厨卫空间等，算出目前每种功能空间的面积，并估算能接待的游客数量。

（3）对功能空间进行重新设计，根据大连的乡村旅游相关规范和接待游客的实际需要，重新划定不同功能空间的面积。

（4）合理组织流线，做好服务部分与被服务部分，接待空间和主人空间等的区分，减少相互干扰。

3.2 空间的充分利用

（1）在不影响正常使用的前提下，把功能用房的形状尽量设计规整，使剩余空间（如庭院、休息平台）的形状更加利于使用，减少空间的浪费。

（2）剩余空间功能比较模糊，设计的灵活度大。对剩余空间进行灵活设计，不仅可以加强居住单元和街道之间的联系、相邻居住单元之间的联系，还可以使居住单元更有个性，提高辨识度，增加居住单元的领域感和对游客的吸引力。

3.3 乡土材料与适宜性技术的应用

（1）居住单元使用乡土材料并且合理利用原来居住单元上的材料，新旧结合表达地域性特征，同时用农村特色产品和符号装点立面，给游客以亲切感。

（2）在改造过程中尽量运用符合北方寒地气候特点的适宜性技术，如使用草木灰作为保温材料。

3.4 可持续环境设计

（1）完善居住单元的污水处理系统、垃圾回收系统等，减少对环境的污染。

（2）利用现代技术，改良居住单元中厨房和卫生间，使厨卫空间整洁卫生。

（3）改良门窗等保温薄弱结构，减少居住单元冬季能耗。

（4）充分利用太阳能、沼气、生物能、风能等可再生能源。

研究过程中我们课题小组以土门子村邹全家为例对其进行改造设计策略的探讨，以下是我们针对前期研究过程所发现的问题提出的改造策略，在不改变现有资源的情况下对其进行了理想的设计，以期为旅游型乡村居住单元改造提供借鉴和参考。

3.5 功能空间改造

邹全家与邻居共用山墙，面宽小，进深大。原住宅包括地上一层起居部分和半地下储藏部分，主要由门房、前院、正房、后院四部分组成，门房较深，为发展餐饮和住宿提供便利。目前入口空间体验较差，通道两侧全部作为餐饮客房空间，余下的通行空间过于狭长，游客在进入居住单元时易产生压抑感；庭院空间混乱，前院中有厕所和厨房，到了旅游季节，主人会在院中搭起棚架供游客在院中就餐，这使得前院空间更加紧张，基本丧失了娱乐和交流的功能。正房进深较小，全部用于游客吃饭和住宿，屋顶也加接了一层彩钢房来进一步扩大餐饮空间，主人生活空间完全暴露在外，主客流线交叉。

在改造设计中，我们提出如下方案构想：①减小门房入口空间的进深，使入口变浅，并在入口处留有开放空间用于农产品展示，这样入口空间不再局促狭小，给游客以很好的入户体验；②将原有庭院的零散功能用房摒弃，整合成大的庭院空间，并划分为两大部分，在西侧设置阳光房，门扇采用大面积的推拉折叠门，在夏季可将门全部打开增加院落空间，冬季将门关闭形成内部餐饮空间，庭院的东侧设置景观小品，农作物展示空间，将庭院打造成富有趣味性可供游客参观停留交谈的活力空间；③适当扩大正房面积，将原来前院中的厨房和卫生间移到正房中，便于从厨房到达各层餐饮空间，缩小送餐距离；④主客空间完全分离不干扰，一层全部用于为游客提供住宿和餐饮，在屋顶加建二层楼房，用作经营者自住空间，同时利用二层屋顶平台用于农作物的晾晒，余下的一层屋顶服务于游客，游客可上此处瞭望村子景象，休息交谈。

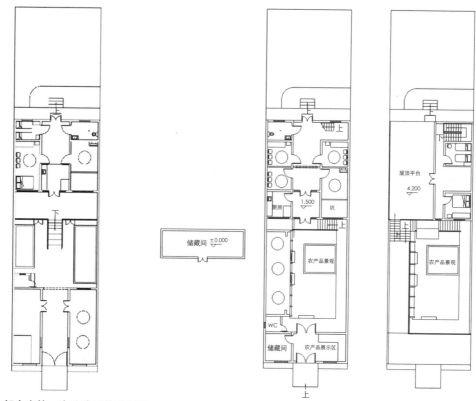

图3 邹全家第一次改造后首层平面   图4 邹全家地下、首层、二层平面设计

3.6 传统乡村特色表达设计

在乡村特色打造上我们提出了以下设想：①前门入口处的平屋顶显得房屋低矮，我们试着在门头处用木头堆架成一道矮墙，富于韵律变化，增加了门面高度，同时悬挂一些乡土特色产品比如藤蔓、丝瓜、辣椒、花草，增加趣味性和亲近感；②营造通道空间，在通道两侧配挂一些乡村装饰元素，避免游客通过时感到乏味；③庭内围墙作为

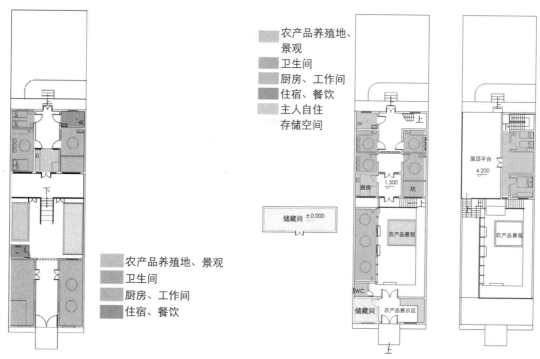

图5 邹全家第一次改造后功能分区   图6 邹全家改造后各层功能分区

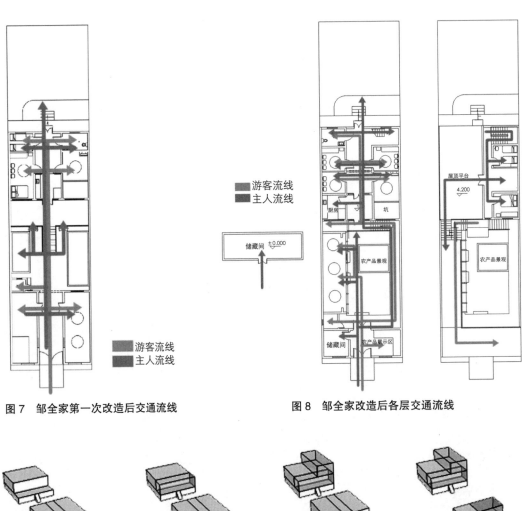

图7 邹全家第一次改造后交通流线

图8 邹全家改造后各层交通流线

00 改造前

01 屋顶露台转变为功能，增加客用面积

02 加建部分供主人使用，使主客使用分区分离

03 将原本长而压抑的走廊调整为过道与农产品展示空间相结合

04 西侧增加餐饮使用面积

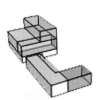

05 餐饮空间加入阳光房，引入被动式节能策略

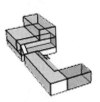

06 重新组织重直交通系统

07 加入建筑要素，形成最终模型效果

图9 模型推导过程

与外界自然环境融为一体的介物，在围墙内加一些竹架，让菜地的绿植沿竹架上升，围墙上用瓦片堆放出层次，体现活跃的气氛；菜地用木桩圈围，外出200mm用细沙填铺，后再出300mm用鹅卵石填铺。④在材料运用上，当地具有丰富的木、石、砖、瓦、茅草等建筑材料资源但却没有得到很好的利用。我们希望在设计中能将多种乡土材料和谐的运用到建筑改造上。在大门小品景观处使用木材，庭院地面采用了防腐木室外地板，飘窗及格栅则采用了以乡村劈柴棍作为蓝本的形式，具有乡土气息；使用石材作为墙脚饰面、大门立柱饰面，采用毛石作为景观道路铺装，在挑檐檐口设计了石材的细节收口，立面采用部分石材饰面的方式，节约成本的同时与木材的"软质"形成对比；将瓦用于屋顶的装饰和门前院落的堆砌。

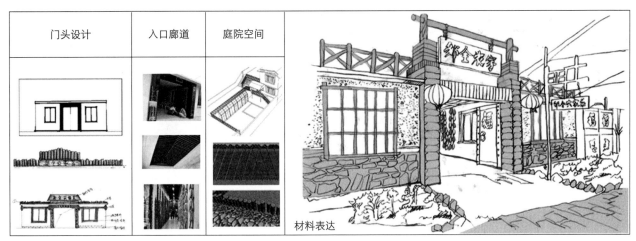

图 10　传统乡土特色表达设计

3.7　可持续环境设计

对于居住单元的节能设计从污水处理、门窗改造、太阳能利用方面提出了如下设想：①农村大部分厕所（旱厕）位于庭院大门口左右，或者位于房屋左右，使用旱厕的农户排水主要为厨房排水和院落洗漱排水，改厕后的农户排水可根据需要对厕所污水和厨房、洗浴污水分别收集处理，在污水排入管网前设置化粪池、沼气池等方法进行预处理，并在化粪池、沼气池适当位置设置粪便取运口，以便将粪便作为农家肥利用。②建筑能耗由门窗部分损失较多，同面积的窗户的热损失量是同等面积墙体的 9 倍[5]。试设计中考虑到住宅外立面农村特色的体现加上保温的需要，在不改变原有门窗位置和构造的基础上，在外墙门窗部分新搭建了富有乡土风味且具有保温功能的外罩，两者结合起来相当于双层玻璃效果，大大提高窗户的保温性能。③新加建的墙体采用太阳能集热墙，从外至内由密闭玻璃、空气层、混凝土（砖）蓄热墙组成[5]，同时在院落西侧设置阳光房，充分利用太阳能。

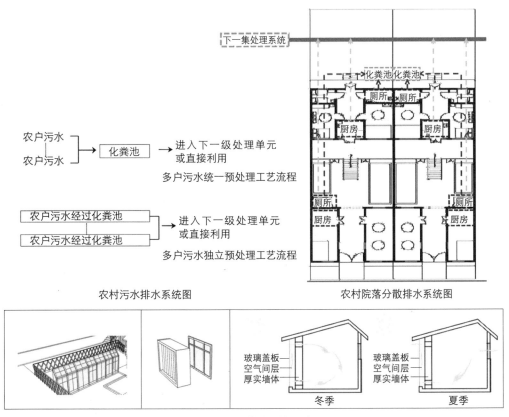

图 11　可持续环境设计

4 结语

乡村发展旅游业是当下乡村建设的新潮，乡村住宅作为农家乐旅游的物质载体直接影响到乡村旅游的质量，因此在旅游导向下的乡村住宅该如何改造建设是值得人们共同思考的问题。而目前的住宅改造建设依旧以农民自发改建为主，缺乏政府的监管和专业人士的指导，改建处于无序和混乱的状态。此外，由于资金和技术的限制而忽视了住宅的安全性和可持续发展，住宅的质量和美观令人担忧。

我们课题小组选取了大连地区具有代表性的农家乐——土门子村，对其进行几次实地调研后，发现了土门子村改造过程中存在的问题，这些问题并不是个别特例，一定程度上代表了旅游型乡村住宅改造过程中普遍出现的问题。随后通过对现有乡村住宅改造实践案例的分析和学习，进一步总结旅游型住宅改造经验和手法，最后以土门子村邹全家为居住单元进行试设计来诠释旅游导向下的乡村住居改造设计策略。

（注：文中所用图片均为作者绘制）

主要参考文献

[1] 董琨. 农家乐接待空间研究——以河南地区为例 [D]. 昆明：昆明大学，2013.

[2] 郎凌云. 旅游型村镇住宅模式研究——以郭亮村住宅模式为启示 [D]. 郑州：郑州大学，2007.

[3] 董丽. 基于低成本策略的旅游型乡村景观研究 [J]. 中国园林，2014（10）.

[4] 李世芬，李崴. 辽南海岛旅游型乡村住居营造策略探讨——以长海县杨家村渔家旅馆为例 [J]. 中外建筑，2008（6）.

[5] 李杨. 基于北方农村住宅模式的生态设计方法研究——以大连地区为例 [D]. 大连：大连理工大学，2013.

Research on the Design Strategies of Travel–Oriented Rural Residential Unit ——Taking Tumenzi Village in Jinzhou District，Dalian as an Example

Yin Lihua　　Bi Xuejiao　　Zhao Nan　　Zhang Yu

Abstract：As a special tourism project，rural tourism is booming in China in recent years. Agritainment is a kind of life style to pursue health and return to nature，whose birth provide a new channel to solve the "three rural issue". The traditional country houses only meet the needs of the farmers' own life and production. However，higher requests are provided after tourism development，so the housing patterns are changed to meet the need of tourism business，like "eating，living，traveling，shopping and entertaining". As the material vector of rural tourism，rural residence itself represents the rural tourism resources，which can reflect the country characteristics and style and features. Therefore，the construction reform is of great significance for the development of rural tourism.

This paper，combined with the actual case，taking a peasant household in Tumenzi Village of Jinzhou District，Dalian，as the prototype，from the aspect of micro architectural design，to research on the design strategies of transition from traditional type to commercial type，after tourism development. The paper discusses how rural houses to meet the needs of tourism development in the aspects of function，space，elevation and ecology，in order to have some inspiration in the future travel–oriented rural housing reconstruction.

Keywords：travel–oriented village；residential unit；transform design；tumenzi village

基于住居学理论的乡村住宅户型设计
——以重庆市梁平县农村住宅图集设计为例

张菁

摘　要： 为解决我国城镇化过程中乡村住宅和居民点建设所出现的问题，《国家新型城镇化规划（2014-2020年）》提出"在尊重农民意愿的基础上，科学引导农村住宅和居民点建设，方便农民生产生活"的要求。为呼应这一核心要求，本文提出将住居学引入农村住宅户型研究，以应对我国现阶段乡村生活方式与住居设计的特殊性，并通过对笔者参与的重庆市梁平县农村住宅图集设计实践的介绍，说明乡村生活的区位差异、满足乡村生活的空间秩序、多样化的家庭周期以及适当规模是农村住宅户型设计的关键。

关键词： 农村住宅图集；户型设计；住居学；梁平县

1　研究背景

城镇化（Urbanization）是现阶段中国城乡发展的时代主题，它不仅意味着城镇用地的扩展，也意味着城市价值观以生活方式的形式渗透进乡村区域。近年来，随着中国城镇化进程的持续发展，乡村的生产生活方式发生着深刻变革：农村经济由单一种植业向多元产业经济发展，农村社会按收入渠道和收入水平出现了分异，农村家庭人口发生了巨大的变化。同时乡村居民的思想意识也在逐步转变，新技术和新产品的推广使得农村生活方式更加丰富。与此同步的是，在积极的新农村建设政策的引导下，十年来专业建筑师们主动参与乡村建设，产生不少优质的新农村住宅设计。

然而，由于乡村地域广阔，具有丰富的地域性，单独的建筑创作难以满足其现实需要。因此乡村住宅图集设计成为必要的选择。伴随着各地如火如荼的城市化进程，部分以农村住宅图集为基础的乡村社区建设也出现了许多误区，如许多地方以典型盖全部，以一刀切的标准建设农房，更为严重的是在地方发展中不顾实际，缺乏和农民的沟通，发生规划建设现实与农民需求错位的问题。

因此，国务院于2014年3月发布的《国家新型城镇化规划（2014—2020年）》中强调"按照发展中心村、保护特色村、整治空心村的要求，在尊重农民意愿的基础上，科学引导农村住宅和居民点建设，方便农民生产生活"的要求。在这一要求的引导下，本文强调从住居学的视角研究乡村住宅图集设计的必要性。住居学对生活现象和生活行为的关注，为建筑师全面理解乡村居民的居住行为和居住活动，正确处理乡村居住形式中的复杂性，全面把握农宅建设和乡村发展的关系，探讨乡村住宅形式的发展方向具有重要的历史意义和现实意义。

因此，本文首先回顾了国内外近年来对住居学和农村住宅的研究现状，提出将住居学引入农村住宅户型研究必要性，在此基础上详细介绍了住居学中住居规划的相关要点，并就相关要点提出我国现阶段乡村生活方式与住居设计的特殊性。接下来，通过对笔者参与的重庆市梁平县农村住宅图集设计实践的介绍，说明乡村生活的区位差异、满足乡村生活的空间秩序、多样化的家庭周期以及适当规模是农村住宅户型设计的关键。

2　文献回顾

2.1　国内外住居学研究现状

日语中"住居"与汉语的"住宅"、"住房"等相似，其不同点在于"住居"所表达的重点在"居"上，强调服务于使用者的居住需要。以"住居"为研究对象的日本住居学产生于第二次世界大战后，是在研究建筑学、家政学等学科的基础上发展形成的一个新型学科门类。不同于建筑学，住居学侧重于住宅内部空间的研究，从生活现象和

张菁：重庆大学建筑城规学院博士研究生

生活行为中归纳出一定规律，以使行为主体（人）的切身需求与生活客体（空间）的功能相符合。[1] 住居学的理论发展以今和次郎先生"考现学"为发端，20 世纪 50 年代被称为住居学研究的泰斗西山卯三先生提出了新的生活理论，并于 1965 年由日本住居学的先驱吉坂隆正先生的进一步充实了成为"三分法"。同时，居住生活史也由日本建筑史学家平井圣教授的研究而成为住居学研究的主要内容。近年来，日本学者利用住居学相关方法对本土乡村住宅以及中国东北部地区住宅也进行了许多调查和研究，以北海道大学野口孝博和新潟大学西村伸也的研究为代表①。

国内对于住居学的研究起步较晚，虽未见系统的研究成果，但以北京工业大学胡惠琴教授和东南大学张宏教授所开展的研究最具有开拓性。胡惠琴教授早在 20 世纪 90 年代就将日本的住居学研究介绍到国内[2-3]，并以住居文化为主题撰写多本著作。张宏教授的博士论文《性·家庭·建筑·城市——从家庭到城市的住居学研究》从住居生活史的角度详细分析了中国古代家庭制度和住居形态之间的关系，以及古代井田制度与住居形态和城市形态额的关系，丰富了国内住居学的研究内容。近年来，较多学术论文集中将住居学理论引入城市小户型住宅、户型平面设计等多研究领域，也大大丰富了我国城市住宅研究，但从住居学角度介入乡村住宅的研究却寥寥可见。

2.2 国内乡村住宅研究现状

我国对乡村住宅的研究主要集中在两个领域：民居研究和农宅建设研究。民居研究对象大多着重于传统民居，这一类研究论著丰富，并一直是建筑史研究中的重要一支。而对农宅建设的研究随着城镇化的推进，在近年来成为建筑和规划行业的研究重点。如雷振林、虞志淳（2010）[4] 以北方农村住宅为研究对象，结合农业生产和农村生活特性，对农村住宅户型设计的探讨；以及姚栋、苗壮（2011）[5] 从现代生活与传统文化、集约用地和乡村生活等方面对四川省汶川县村镇安居房设计的思考等。这些研究多以新农村建设为依托，对建设实践和理论进行探讨，具有很强的开拓性。但纵观近年来的农宅研究多以个案为主，缺乏对于农村生活和居住行为的详细探讨。因此，对于乡村住居现象的研究需要系统的理论支撑。因此，本文引入住居学理论作为农村住宅户型设计的理论基础。

3 研究理论

正如上文所述，住居学（Housing and Living Science）是解读居住生活机制，指出存在的诸问题，提出社会的、技术的课题，研究居住生活的应有方式的学问。[3] 其研究以生活行为与居住空间的对应关系为对象，强调对住宅内部空间和平面形态的研究。在住居学已有的诸多方向中，住居生活学、住居空间人类学和空间关系学研究具有长时期的研究积累，这些研究成果与建筑规划学相结合，在住居规划方面提出以下要求[6-7]：

3.1 功能圈的分区

住居学认为住居功能圈的区分是居住环境秩序化的根本。住居按照其生活行为可以分为三个基本的功能圈：社会生活圈、个人生活圈、家事劳动圈。社会生活圈是指家庭共同发生生活行为的空间，包括入口、接待室、起居室、餐厅和露台，通过交通空间与私的生活圈的各个空间相连接，与外部联系的便利性是其必要的特征。个人生活圈是指个人活动的空间，包括夫妻的寝室、儿童房、老人房等，与浴室、卫生间等的联系十分重要，独立性是其最主要的特征。家事劳动圈是指从事家务的空间，如厨房、洗衣房、杂物间等，这一类空间多与住宅中的卫生设备圈（浴室、厕所、洗脸间）相邻接。因此，住宅的平面设计则是建立在三圈组合的基础上。

---

① 近年来在日本发表的利用住居学相关方法对本土乡村住宅以及中国东北部地区住宅进行的调研和研究：

a. カンを持つ農村住居の炊事空間の変容：中国東北部の農村住居における空間変容に関する研究（棒田惠、西村伸也等，2014）；

b. 糸魚川市能生の町家における空間構成に関する研究：イロリの排煙方法からみる室構成の特徴について（岡本拓朗、西村伸也等，2013）；

c. ダシアイの設え方に見る住居間の空間利用の工夫：巻の町家における屋根形状と住戸間隙の利用に関する研究（北山達也、西村伸也等，2013）；

d. 北海道農村住宅の屋敷構えに関する研究（農村景観·民家再生）（山田徹、野口孝博等 2007）；

e. 中国における住様式住文化——中国人は「家」に何を求めるか——中国東北地方の住宅を中心に（野口孝博 2006）；

f. 北海道農村住宅の変容過程に関する研究 –2005 年追跡調査の結果：その 5 農村住宅の外観デザインの変化（農家住宅の変容，農村計画）（計文浩、野口孝博等 2006）。

3.2　适当规模

住居规模的确定主要以家庭规模和居室面积为指标，即户规模与室规模。户规模主要指家庭人口数量，同时集中表现出不同住户的规模情况；室规模即单位空间大小，通过对每个单位空间大小的确定来满足各个空间中功能活动如就寝、就餐等和生理心理需求如呼吸、采光的需要。

3.3　多样化居住生活与平面效能

对于住宅设计来说，空间和设备器具的配置和使用效率十分重要，特别是在多样化居住生活的背景下的多样需求，以及紧急情况下的安全需求。这就强调住宅内的平面设计与居住生活的相关性。

3.4　家族周期与平面形态的可变性

通常从时间历程的角度，一个家庭的家族形态变化会经历一个周期性的变化：结婚——生子——孩子成长——独立——高龄夫妇——高龄单身，这一历年变化被称为家族周期。传统的住宅设计只针对这一家族周期的一个时点进行设计，而根据住居学的研究，不同周期节点的家庭对于住宅的需求是变化的，同时由于家族组成的多样化，家庭周期也逐渐多元。如何依据家庭周期论，设计出可持续的住居户型是住居学的关键课题。

通过对住居学理论在住居规划方面的要点的基本梳理，可以发现居住生活行为和住居平面形态之间的关系是住居平面设计的关键。若从以上几个角度来思考现阶段中国的乡村居住生活和住居形态，可以发现，与传统乡村居住生活相比，现阶段在城镇化作用下的乡村居住生活具有独特性，这一独特性应作为乡村住宅户型设计的根据。

首先，现阶段的乡村生活具有很强的过渡性，即从以城市为中心的近郊至远郊乡村[①]，居民居住生活具有从城镇生活方式向乡村生活方式的过渡性，而其生活方式的选择与其地理、政治和经济区位往往直接相关。近年来在经济学、地理学和社会学等研究领域内的相关研究已经证明农村居民的收入分布、消费结构、信贷需求、农村居民点分布以及村落组织都与其所处区位直接相关。这就要求对于乡村居住生活的理解应该具有地理学的维度，强调其在空间上的差异性，一定区域内不可以一概全。

其次，与城市生活中较明晰的家庭社会、个人生活圈分区不同的是，部分乡村生活仍具有混杂性，同时在务农和小型农商户家庭中，与农村生活相关的生产性用房在其生活圈中仍扮演了重要的角色。第一，在社会生活圈中，不同于城市家庭将平层双厅作为发生共同交往行为的空间，根据"全国农村住宅建设情况"的实地调查，乡村家庭由于宅基地用地紧张，多是上下层双厅堂的布置，上下厅堂分居两代。[8]这一现象说明在乡村居住生活中，社会生活圈形成了递进性空间，下层厅堂更具公共性，与其他生活圈的联系也更为紧密。第二，在家务劳动生活圈及设备卫生圈中，由于乡村生活的特殊性，功能组成也与城市住宅具有明显区别，粮食储藏晾晒、家禽养殖等功能纳入家务劳动生活圈中（图1）。

最后，与城市中多样化的家庭周期相同，乡村家庭的生命周期也趋于多样化。中国农村家庭结构的再生产一直是农村社会学界争论的重要问题。但是无论其发展趋势是核心化家庭还是三代直系家庭，其家庭周期都不断趋于复杂化。根据龚为纲的研究，中国农村三代直系家庭的变动呈现从父子不分家、一次性分家向父子分家、多次性分家过渡。[9]因此，在多次性分家的家庭周期中，三代直系多子家庭的家庭结构就可能出现子代2.5人核心家庭、父代2人空巢家庭、三代4.5人直系家庭、两兄弟联合家庭、多兄弟联合家庭等多种情况（图2）。

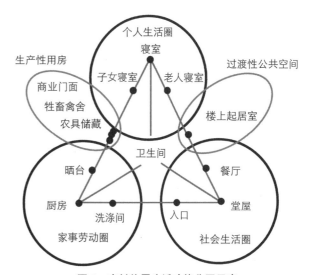

图1　农村住居生活功能分区示意
（资料来源：根据参考文献7中图1.19改绘）

---

① 也有学者以"乡村–城市连续体（the rural–urban continuum）"这一定义来形容现阶段的城乡过渡关系。

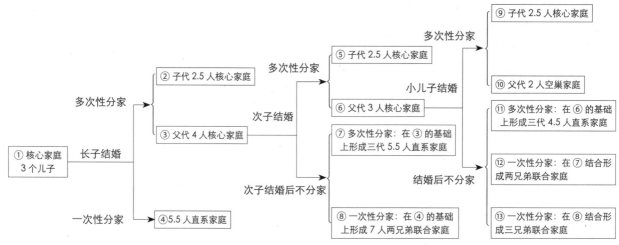

图2　多子农村家庭家庭结构再生产过程
（资料来源：参考文献[9]）

4　案例研究

基于以上研究，本文以重庆市梁平县农村住宅图集的户型设计为例，尝试从住居学的角度，以现阶段乡村居住方式为立足点，通过实地和问卷调查，由下至上总结经验，并结合梁平县新农村住宅建设的具体要求，提出农村住宅户型设计基本策略。

4.1　背景概况

重庆市梁平县位于重庆东北部，东邻万州区，南接忠县、垫江县，西、北与四川省达州市的大竹县、达县、开江县接界。辖区面积1892平方公里，2012年末，梁平县志人口92万3701人，其中农业人口占近80%。2014年初，根据地方规划局的邀请，笔者参与了梁平县农村住宅图集的编制任务。任务要求为全县域内23个镇，7个乡编制农村住宅图集。

4.2　现状调查

2014年初，笔者所在设计团队与梁平县规划局一同对梁平县域内多镇乡的住宅建设现状进行了实地和问卷调查。调查中发现如下问题：①在县域内存在区域性的居住方式差异。梁平县按东山、西山为界分为东、中、西三个片区，根据县年鉴经济统计，截至2012年东部片区地区生产总值为15.995亿元，中部地区生产总值为57.28亿元，西部地区生产总值为45.01亿元。这主要是由于中部地区作为县城及重要文化旅游资源国家级文保单位双桂堂的所在地，对其周边乡镇经济具有较强的辐射作用，中部各乡镇产业发展迅速。西部地区紧邻四川达州，省际贸易频繁，同时具有百里竹海等优势旅游资源，经济发展状况良好。而东部地区与万州相邻，以农业为其主要产业，与万州具有同质化竞争劣势，经济发展较为缓慢（图3）。这一区域性差异反映在居住方式上表现在占地面积规模差异和建筑形态差异上。在房屋占地面积调查中，为满足从事农业生产的生活需要，东部区房屋占地面积以200m²以上所占比例最高，而中区和西区农村居民以乡镇企业职工和中小商户为主，房屋占地面积以

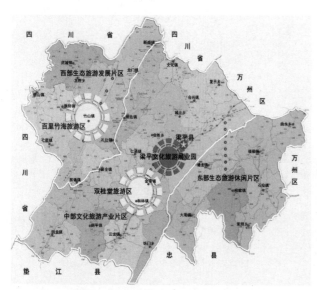

图3　重庆市梁平县各乡镇在东、中、西三区中的分布
（资料来源：作者自绘）

90~150m² 所占比例最高。同时，通过农村住宅建设意愿的问卷调查发现，相比中部和西部片区，东部片区建房意愿较低，迁居新村意愿也较低。在建筑形态的选择上中部地区受到双桂堂传统建筑文化的影响，更倾向于明清风格的传统民居风格，而东部和西部片区则以现代风格为主（图4~图6）。②现状新农宅建设中多个新村为以单一户型为标准建设，虽在整体上具有整齐美观的优点，但在居住使用中却无法满足各个不同职业构成和家庭构成的实际需求，导致多功能单元空置浪费。同时多未考虑设置生产性用房、功能性用房规模相对农村居住生活要求偏小。

4.3 户型设计基本策略

为解决上文调查发现的问题，结合地方建设单位对图集设计的要求，形成以下户型设计基本策略：

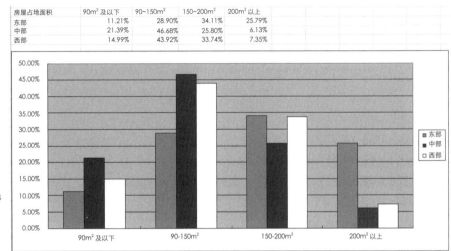

房屋占地面积	90m² 及以下	90~150m²	150~200m²	200m² 以上
东部	11.21%	28.90%	34.11%	25.79%
中部	21.39%	46.68%	25.80%	6.13%
西部	14.99%	43.92%	33.74%	7.35%

图4 梁平县东、中、西三区现状房屋占地面积比例分布图
（资料来源：数据来自地方规划局调查，图表自绘）

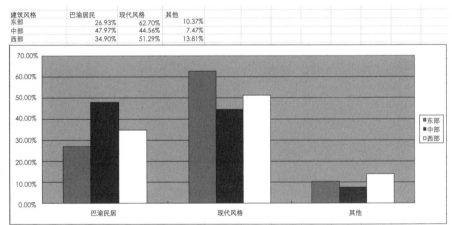

建筑风格	巴渝居民	现代风格	其他
东部	26.93%	62.70%	10.37%
中部	47.97%	44.56%	7.47%
西部	34.90%	51.29%	13.81%

图5 梁平县东、中、西三区农宅建筑风格意愿比例分布图
（资料来源：数据来自地方规划局调查，图表自绘）

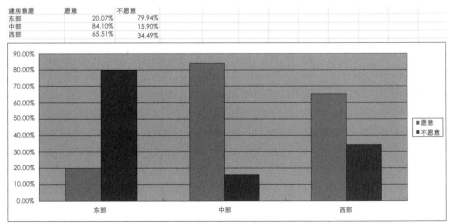

建房意愿	愿意	不愿意
东部	20.07%	79.94%
中部	84.10%	15.90%
西部	65.51%	34.49%

图6 梁平县东、中、西三区村民建房意愿比例分布图
（资料来源：数据来自地方规划局调查，图表自绘）

（1）考虑县域内中心区与边缘区、东区与西区之间在经济收入、居住观念方面的差异，图集设计从城镇性生活需求与乡村性生活两个角度，并结合家庭结构的两种可能性生成四个基本功能布局原型。

①核心户乡村性布局。这种布局主要适用于以小规模种植业为主，兼外出务工的农村家庭。其居住空间需求表现为公共空间（堂屋、客厅、餐厅、厨房）及卧室面积较大，以堂屋为中心；生产空间需求表现为需满足家畜养殖、晒台等生产用房及场地要求；附属空间需求表现为需结合生产用房、楼梯间、后院等考虑杂物的储藏，减少交通面积（图7）。

②核心户城镇性布局。这种布局主要适用于从事小型加工生产、饮食、运输、销售等各项工商服务业活动及就职于乡镇企业的家庭。其居住空间需求表现为与城市居住空间类似（卧室、客厅布置紧凑等），但居住空间及流线应与经营空间及流线分隔；生产空间需求表现为需满足工商服务业活动所需的场地（门面等）及与该活动所对应的流线；附属空间需求表现为需结合经营空间布置库房等（图8）。

③三代居乡村性布局。这种布局主要适用于以小规模种植业为主，兼外出务工的家庭。其居住空间需求表现为公共空间（堂屋、客厅、餐厅、厨房）面积较大及卧室增多面积增大，布置老人卧室，以堂屋为中心；生产空间需求表现为需满足家畜养殖、晒台等生产用房及场地要求；附属空间需求表现为需结合生产用房、楼梯间等考虑杂物的储藏，且布置院子，减少交通面积（图9）。

④三代居城镇性布局。这种布局主要适用于从事小型加工生产、饮食、运输、销售等各项工商服务业活动及就职于乡镇企业等的家庭。其居住空间需求表现为与城市居住空间类似（卧室、客厅布置紧凑等），卧室数量增多，居住空间及流线应与经营空间及流线分隔，布置老人卧室；生产空间需求表现为需满足工商服务业活动所需的场地（门面等）及与该活动所对应的流线；附属空间需求表现为需结合经营空间布置库房等（图10）。

（2）设计中充分考虑乡村性生活习惯对于功能性用房的面积要求，形成各功能用房面积适用表（表1）。

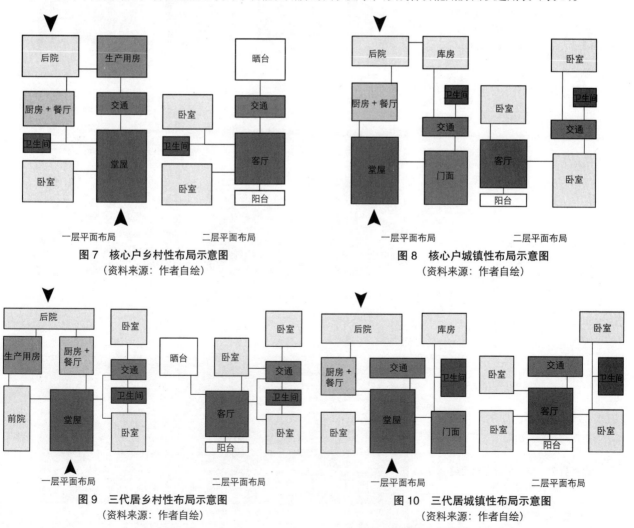

一层平面布局　　　　二层平面布局

图7　核心户乡村性布局示意图
（资料来源：作者自绘）

一层平面布局　　　　二层平面布局

图8　核心户城镇性布局示意图
（资料来源：作者自绘）

一层平面布局　　　　二层平面布局

图9　三代居乡村性布局示意图
（资料来源：作者自绘）

一层平面布局　　　　二层平面布局

图10　三代居城镇性布局示意图
（资料来源：作者自绘）

农村住宅各功能用房面积适用分析表 表1

功能用房名称	进深 / 开间尺寸	面积适用分析
堂屋	6.0m × 5.1m	家庭的业余活动是交谈、会客、团聚、打牌、下棋等。这种类型的家庭强调较大的公共活动空间，以堂屋为中心，堂屋面积较大
	4.2m × 4.5m	家庭成员的生活活动除家务劳动以外，业余活动以看电视、聊天等为主，在家中停留时间比较长，需要一定的堂屋面积
	4.2m × 3.6m	家庭成员人数不多，或者家庭成员经常外出打工，不需要太大的堂屋面积。部分老人独居的户型也不适宜做大面积的堂屋
餐厅	4.5m × 3.0m	三代居的家庭或者家族式的家庭需要有一个面积较大的餐厅，宽敞开放，有足够储藏食物的空间，并且应避免对户型内其他空间造成干扰
	4.2m × 3.0m	考虑农村在节假日会有家庭聚餐，一般要做较大面积的餐厅满足使用。由于聚餐一般在节假日，在户型设计中餐厅可以与起居室结合设计
	4.2m × 2.1m	两代居的家庭，或者老人独居的家庭，餐厅面积需求较小。但是在设计老人使用的餐厅时，要充分地考虑老人的特殊的行动能力
卧室	5.4m × 4.2m	不同于城市家庭对床尺寸的需求，农村家庭对卧室面积要求较高，卧室中需要有完整的活动空间和休息空间
	5.1m × 3.9m	农村住宅一般不会独立设立娱乐和读书用房，所以农村卧室要考虑电视机和子女学习桌的安放，面积需要适合空间需求
	5.1m × 3.6m	家庭成员有独生子女或者分床睡的老人，需要合适面积的独立卧室，卧室要考虑床周边步行空间的完整性
卫生间	3.9m × 3.0m	部分家庭的家庭成员较多，卫生间不仅要满足厕所的功能，一般会将公共卫生间与家务空间合并，在使用上更为方便
	3.6m × 3.0m	随着农村社会经济的发展，农村对卫生间的条件的需求有所提高，卫生间将代替旱厕，是厕所、洗手间和浴室的综合体
	3.9m × 2.1m	一般来说，在三代居中，考虑老人独特的生活作息，老人卧室及其附近会设有老人专用卫生间，卫生间设计会考虑到老人的行动能力

（3）为适应农村家庭周期各阶段对功能用房的使用需求，强调空间功能能随家庭结构变化进行调整，户型设计以传统农宅合院式布局便于加建改建的优势为思路，房间联系多采用L形、T形、H形的空间形式（图11~图13）。

（4）为兼顾农村特有的生产、生活方式，如户内农事、储物活动等，增设专用空间，强调多层屋顶平台的设置与利用（图11~图13）。

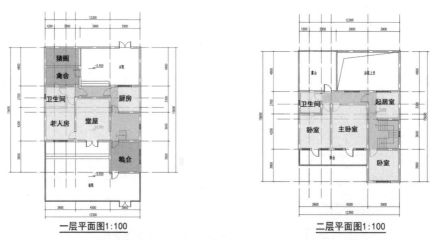

图 11　L 形户型平面（重庆市梁平县农村住宅标准图集设计项目组）

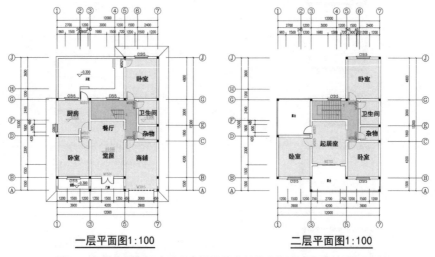

图 12　T 形户型平面（重庆市梁平县农村住宅标准图集设计项目组）

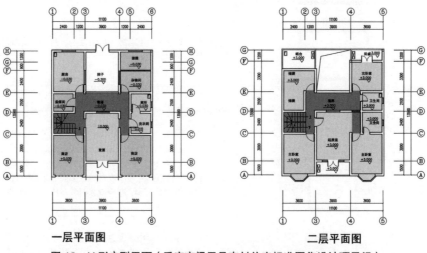

图 13　H 形户型平面（重庆市梁平县农村住宅标准图集设计项目组）

5 结论

由于各种内部影响因素如农民的生活方式、居住观念的改变，以及外部影响因素如城乡结构、土地使用性质的转变，导致需要一种既能使农民容易接受又能便于政府推广的乡村住宅模式。结合上文的理论分析和项目实践，以农村住宅图集为途径，通过对乡村家庭收入分异、家庭结构多元化等客观因素的分析，以关照多样化的乡村生活的居住需求为目的的乡村住宅户型设计希望可以成为一种有效的解决策略。

主要参考文献

[1] 张宏著. 性·家庭·建筑·城市 从家庭到城市的住居学研究. 南京市：东南大学出版社，2002：239.

[2] 胡惠琴. 日本的住居学研究. 建筑学报，1995（07）：55-60.

[3] 胡惠琴. 住居学的研究视角——日本住居学先驱性研究成果和方法解析. 建筑学报，2008（04）：5-9.

[4] 雷振林，虞志淳. 农村住宅户型研究—以我国北方农村为模型. 华中建筑，2010（09）：158-162.

[5] 苗壮，姚栋. 新农村住宅的传承、转变与创新：映秀镇二台山安居房规划和建筑设计的探索和思考. 建筑学报，2011（09）：107-111.

[6] （日）花冈利昌. 入門住居学. 日本东京都. 光生館，1976：104.

[7] 岸本幸臣等著. 图解住居学. 北京：中国建筑工业出版社，2013：143.

[8] 周晓红，殷幼锐. 基于调查的农村住宅单体设计. 新建筑，2014（03）：108-111.

[9] 龚为纲. 农村分家类型与三代直系家庭的变动趋势：基于对全国人口普查数据的分析. 南方人口，2013（1）：61-72.

Design of Rural Dwelling's House Type Based on Housing and Living Science：Taking the Rural Dwelling Atlas Design in Liangping County，Chongqing for Example

Zhang Jing

Abstract：In order to solve the problems occurred during the rural dwelling and residential points construction of our country in the process of urbanization，"national model town planning（2014-2020 years）" proposed the requirement："Based on the respect for the wishes of farmers，（we have to）guide the rural dwelling and residential points construction scientific，to convenient production and living of farmers". To respond to this core requirements，this paper introduced the theory of Housing and Living Science into the research of rural residential type，to deal with the particularity of the way of life and residential design at the present stage of our country. And through the field survey of the rural dwelling atlas design in Liangping county，Chongqing，this paper explained the regional differences，space order which satisfied with rural life，diversified family cycle and appropriate scale is the key points of the design of rural residential type.

Keywords：rural dwelling atlas；design of house type；housing and living science；liangping county

资本介入乡村地域后的演化特征及规划应对研究

宋寒　魏婷婷　陈栋

摘　要：资本与乡村地域的结合，在推进城乡统筹与新型城镇化、提升乡村地域可持续发展能力、优化人居环境格局等方面具有重大意义。从目前我国资本与乡村结合状况分析入手，归纳出两种类型："介入农业领域并带动农业产业链的升级与创新"、"介入乡村生活与休闲旅游领域并更新乡村内涵与形态"；通过对日本和中国台湾经验的借鉴，提出"政府的引导规范和乡村自投资强度与自组织力的提升，是使资本更好带动乡村发展的重要条件"；同时也关注到"土地制度和乡村治理传统的国情差异，是影响我国资本与乡村地域结合的两大重要因素"，需在政策制定和乡村规划编制中予以充分重视。由此，提出未来"以提升乡村内生活力与可持续能力为目标"、"制定差别化的投资鼓励与规划政策"、"为乡村地域土地利用提供规划支撑"、"革新镇村体系"四大乡村规划革新总体方向。并针对不同投资类型，提出了"根植产业、惠及农民"和"融入郊野、更新人居"的方向性指引。

关键词：资本；乡村；乡村规划；乡村治理；人居环境

1　引言

国家新型城镇化战略提出，让市场在城乡建设中发挥更重要的作用。从中央到地方一系列土地政策改革的探索，以及对农业投资的扶持政策，特别是 2014 年中央一号文件提出的"农地入市"等政策，给予了资本介入乡村地域宽松的政策环境。近年来资本介入乡村地域，表现出投资强度持续增加、投资主体日趋多元化、投资方式更加关注品质提升与盈利模式创新的趋势，资本越来越成为乡村地域发展演化的重要影响因素。

"资本介入乡村地域"，主要是指市场力量（资本）持续进入并影响乡村地区。其中资本既包括乡村外部资本，也包括乡村内部资本，乡村地域并非纯粹的农村地区，也包括乡镇与城郊地带。

近年来，对资本与乡村的关系研究主要集中于"资本下乡"一词，"资本下乡"主要指把城镇工商业积累了庞大的科技、人力、物力、财力等资源吸引到农村去，以解决农村面临的困境。2013 年中央一号文件明确提出了"鼓励和引导城市工商资本到农村发展适合企业化经营的种养业"，也就意味着资本下乡的宗旨在于帮助乡村地区发展。国内对"资本下乡"的研究，主要从经济学、政治学和社会学等学科领域展开，研究主要关注于"功能取向"：资本下乡的社会效应；"对策取向"：资本下乡的困境与对策；"关系取向"：资本下乡与政府、农村的关系等。国外对"资本下乡"的研究，大多以资本对农业及农村经济发展的作用作为切入点。笔者认为，现阶段对"资本下乡"的研究还停留于"堵"的态度，也就是控制着各种门槛，没有形成完善的应对策略。但资本要素跨越城乡的自由流动，乃是新时期城乡统筹的重要内涵，既已成为目前中国乡土普遍存在的现象，而且从国外发展经验来看，也是乡村地域演化进程的必然，对于破解目前中国乡村衰落，城乡两极分化的状况未尝不具有积极的意义。因此，以城乡规划的视角切入这一问题，研究如何由"堵"到"疏"来应对这一现象，在当下具有尤其重要的意义。

在传统的城乡规划过程中，以政府作为绝对实施主体、自上而下的规划思维与手段已经难以应对资本介入乡村地域的新趋势，也滞后于中央宏观政策对于乡村地域进行体制改革的意图。因此，笔者从"资本介入乡村地域"的角度，研究如何从乡村规划革新与促进乡村治理的角度来承载与包容这些资本，探索新的乡村地域形态，以应对新型城镇化背景下乡村地区的变革，实现对乡村地域的治理转型与活力再生。

宋寒：南京大学城市规划设计研究院规划所副所长
魏婷婷：南京大学城市规划设计研究院规划师
陈栋：南京大学城市规划设计研究院规划师

2　日本与中国台湾经验的借鉴

在同属东亚区域、人多地少的日本和中国台湾地区，资本广泛地进入乡村旅游、农业生产、养老、地产开发等领域。资本不仅来源于外部，也来自于内生投资，在乡村发展演化过程中产生了重要而积极的意义。在这个过程中，政府的引导和规范、乡村自组织力的提升与推动都是重要的影响因素，为我们提供了经验借鉴。但同时，由于国情和制度的差异，在我国，资本与乡村地域的结合又存在不同的特征，面临着不同的问题，在乡村政策设计以及乡村规划中，应予以充分关注。

2.1　经验总结

（1）政府引导——通过对本地乡村的特征识别和民间发展需求的把握，制定不同的投资引导与规范政策

在日本，政府通过对村庄的经济类型划分，制定差别化的投资引导政策。在乡村区域政策的制定中，都市辐射区内的乡村服务于都市化发展，注重对新鲜蔬菜、花卉以及休闲、观光和度假业的培育，尤其是吸引退休人士来到乡村购房居住；而对于都市辐射区外的乡村，为了应对人口逐渐减少、产业萧条的问题，政府也为从事农业的经营主体提供各项优惠措施和完善的融资制度[1]，为农业产业的稳健增长提供政策支持和资金支持。

在中国台湾地区，1984年，邱创焕提出"精致农业，其核心是发展资金与技术密集农业。针对中国的传统小农制度的特征，将传统农业制度中的优势与现代投入结合起来"，由以种植业为主的传统农业，逐步转变为多元化农业。政府为在地农业再投资，提供配套的贷款政策，并积极进行技术辅导和科技推广教育。在以休闲观光为主的投资领域，台湾于1992年发布"休闲农业区设置管理办法"，规定休闲农业区土地需毗邻且合计面积五十公顷以上，意图发展大型休闲农场。但与小农经济的台湾农民土地规模不相称。同时，民间休闲农业早已自行发展。为跟上民间发展，追认既成事实，经过三次法规修正，休闲农场面积下限放宽为0.5hm^2。但同时也对此类投资进行了规范和约束，规定休闲农业不得改变农地用途，即使建造游憩设施，也不得超过农场面积的10%。

（2）乡村内生发展——自投资与自投资组织的推动作用。

世界上多数发达国家普遍采用基于内生发展的"自下而上"的方法谋求依托当地优势提高和增加当地自然和人力资源的价值来振兴乡村经济[2]。

例如，在日本，过半数的农业休闲观光景点由政府机关或当地集体组织开发经营。在日本农村休闲观光农业经营主体中，市町村政府占30.9%，农渔协会和农民联合组织占23.1%。[3]在日本的一些水果和花卉的产地，农园就是观光旅游地。从时令果园的分布情况来看，70%集中在关东、甲信越地区，80%为个人经营，其次是"农协"共管。[4]

在台湾地区，各类农民组织在自投资与经营活动中也扮演着很重要的角色，它们不但构成政府与农民之间的桥梁，而且也是农业发展、各类多元化产业蓬勃兴旺的引导者，对生产和经营性行为也起到了规范的作用；在资本与乡村对接的过程中，对农民权益的维护以及乡村环境的改善与农民生活提高等均有很大的贡献。在农业生产经营领域的各个环节，有包括农会、合作社、产销班、代耕中心等组织。在休闲观光领域，有包括各地的"民宿协会、农业导览发展协会"等组织。

2.2　国情与制度差异——影响资本与乡村结合的两种重要因素

（1）土地制度的差异

土地作为乡村地域最重要的资源，乡村地域的投资与经营行为，几乎都与土地发生关系。在土地私有化制度下的西方，包括日本与中国台湾地区，土地的所有权属、使用权属关系相对清晰、明确。资本的进入与退出环节较为畅通。投资者的投资行为在符合规划、生态环境保护等要求的前提下，更为灵活和自由。而中国长期以来农村土地集体所有制和宅基地制度，一方面保障了农民的基本生活资源，在快速城镇化的进程中保持了社会的稳定；另一方面，

① 刘自强，李静，鲁奇.国外乡村经济类型的划分及对中国乡村发展政策制定的启示[J].世界农业，2011（4）：34-38.
② 龙花楼，胡智超，邹健.英国乡村发展政策演变及启示[J].地理研究，2010（8）：1369-1378.
③ 藤田武弘，杨丹妮.休闲农业发展之日本借鉴[J].农村工作通讯，2013（2）.
④ 王永强，冯军.日本、韩国及中国台湾地区促进乡村旅游发展的经验与启示[J].现代经济信息，2009（20）.

在资本要素与乡村地域结合的环节上，制度性的约束使得资本与土地资源的结合难以直接实现。投资者，尤其是外来投资主体往往要付出额外的中间环节成本，或承担更多的社会责任，也缺乏长期、稳定的预期。目前，我国积极探索并已付诸实践的土地制度改革——诸如土地流转、农村集体建设用地入市等措施，就是激活乡村土地资源、鼓励市场力量进入乡村地域的有益尝试。未来，中国特色的新型乡村土地制度的本质特征，应仍然会坚持农民的基础资源保障，注重在地农民"整体的可持续性"；同时进一步的，为资本与乡村地域的结合降低成本，减少环节，并提供长期稳定的预期。中国的乡村规划作为一种贯彻改革思路，协调多元主体诉求的"中间力"，在资本与乡村地域结合的过程中应扮演更为重要的角色。乡村规划也应配套于未来的土地政策，为未来乡村地域的土地利用，尤其是建设性用地的认定、开发与利用提供管理依据，并作为前置程序。

（2）乡村治理传统的差异

乡村治理传统对于资本进入乡村地域的模式，及运行组织方式，盈利能力，具有明显的影响。健康并且发育完善的乡村治理传统，对于外来投资可以起到约束性作用，使其不致背离于地域整体利益；对于内生投资也可以起到互助互通、增强可持续盈利能力的作用。

在日本，传统村落根据村请制形成了与领主的契约关系，村落也由此成为一个封闭的，排他的自律性共同体。其内部空间、成员固定、精神上有共同的信仰，物质上有共同的财产，事关村落全体的道路、山林、劳役、干部的选出等全部由"村寄合"（即村落全部家庭的家长会）决定。这种决定往往是"模糊的一致"，体现了村落的一致性。①

台湾乡村社区的治理传统受到日殖时期一定影响，更重要的是几十年来台湾对于乡村建设内驱性力量的培育。重视农民自主参与地方公共事务，自下而上提出发展愿景，使生活空间获得美化、生活品质得以提升，进而促进社区活力再现，②农民政治参与性显著提升。

中国的乡村治理模式具有政治中心影响力以及精英影响力的传统，自帝制以来，县以下一直采取半官方统治，其特点是国家将基层社会的统治委托由于财力、学问、血缘、声誉和能力等因素决定的乡村精英，在中国村落中的所谓自治是由精英们承担的，并没有由村落全员决定事情的习惯，乡地制以后，村落也不过是一个开放、松散、他律的生活聚居地。③这种治理传统与改革开放以来我国乡村内生投资最集中的模式——"能人经济"之间不无关系。

我国的乡村发展政策一直由"自上而下"的方式所主导，今后在政策的制定中应更多地体现"自下而上"——培育现代乡村治理，提倡更广泛的主体参与。政策也应鼓励个体化的在地农民对乡土进行投资的积极性。自投资经营体的互助组织将成为推动乡村治理的重要手段。

3 中国资本进入乡村地域的重大意义

国家新型城镇化战略提出，让市场力量在城乡建设中发挥更重要的作用。资本与乡村地域的结合，在实现城乡统筹与新型城镇化、提升乡村地域可持续发展能力、优化我国人居环境格局等方面具有重大意义。

3.1 城乡要素更加充分的互联互通，迈向城乡统筹

我国城市与乡村长期形成的二元体制，造成了城乡间要素流动的壁垒。数亿计的农民进入城市，造就了人类城市发展史上最为重要的城市化进程之一。目前，新型城镇化相关改革措施的重要一环，就是弱化农民进入城市的种种壁垒，通过户籍制度改革、社会保障投入力度加大等，促进乡村人口向城市的流动与定居。但另一方面，要素自城市向乡村流动的路径始终不畅，资本进入乡村地域存在诸多障碍。城乡统筹的要义在于形成一个循环互通的动态过程，在这个过程里，人、资本等要素应是充分自由流动的。如果说户籍制度改革是为农村人口流入城市提供了制度保障，那么土地制度的改革将为资本进入乡村提供政策支持。通过建立城乡交互的要素循环系统，使得城市的发展对于乡村不再仅是一个资源侵占的过程，也能为乡村的复兴提供资源注入。这将是新型城镇化背景下城乡统筹的重要内涵。

---

① 祁建民.中国和日本的乡村治理比较 [J].国家治理，2014（13）.
② 许标文，刘荣章，曾玉荣.台湾"自下而上"乡村发展政策的演进及其启示 [J].农业经济问题，2014（4）.
③ 祁建民.中国和日本的乡村治理比较 [J].国家治理，2014（13）.

3.2 提供未来乡村地域就业岗位，增强乡村可持续能力

伴随着农业现代化进程和农业生产率的提高，以及大量农民进城务工，乡村地域从事于传统农业的人口数量逐年降低。乡村的人口外流使得乡村空心化和乡村衰落的现象呈蔓延之势。未来我国乡村地区劳动力结构的变化将体现在一产从业人员比例的降低，以及三产从业人员比例的提高。而未来乡村就业岗位的增长，多取决于资本与乡村地域的结合——基于休闲农业、服务业、旅游业等领域的投资。另外，激发乡村居民对社区的热爱，使农民愿意拿出资本来注入乡村的复兴发展，对乡土进行自投资，是乡村可持续能力提升的关键。

3.3 为人提供多种居住选择，革新人居观念与人居环境格局

由长期以来城乡二元体制所导致的，建立在现有城乡规划体系，尤其是城乡建设用地划分逻辑上的——我国目前人居环境格局同样是二元化。一方面，大城市的人口加速集聚，产生了交通拥堵、环境恶化、生活成本高等问题。而另一方面，乡村地域虽能提供城市所稀缺的优美生态环境、低密度人居环境、平衡与健康的生活方式，但因为观念和制度的障碍，乡村地域仅仅作为在地农民或者高端低密度住宅区富豪人群的人居空间。相关研究对乡村性的理论探讨认为，每个地区都可以看作是城市性与乡村性的统一体，之间不存在断裂点，城乡之间是连续的[①]。因此，未来，在城市和乡村之间应存在连续的过渡性聚落，兼具城市品质的基础服务设施和乡村地域的环境特征，具有良好的社区活力与氛围，为城市居民提供更丰富、更稳定且可负担的选择。伴随着人居观念的革新，以政策制度的开放面向这个领域的投资将是实现人居环境格局优化的重要推动力量。

4 中国资本与乡村地域结合的类型

随着资本的投资主体多元化、投资方向丰富化与投资模式的不断创新，资本与乡村地域的结合产生了多种类型，按照资本介入乡村的领域及演化方向，可以归纳为以下两种类型。

4.1 介入农业领域，带动农业产业链的升级与创新

越来越多的如综合产业集团、农业龙头企业等大型资本流入乡村地区的农业领域，借助土地流转占有土地资源，通过规模化的经营、对农业基础设施的升级、有计划的产品种植策略、农业链条的拓展、运营手段的创新等来获取经济利益，资本的介入使得整体经济效益得到提升，农民就业方式发生了变化，促进了农业领域全产业链的发展，促使新型农业经营体系的形。但是，国内外的大量经验表明，农业商业化和农业产业化的最大获利者更可能是资本[②]，所以要防止将兼业农户边缘化的农业市场化。

4.1.1 以"种养"、"加工"为主的规模化、特色化的农业生产基地

农业生产基地是目前存在乡村地区较为普遍的现象，纯粹的种植、养殖功能，部分兼一定的初级加工，投资主体多为企业、政府扶持、回乡能人等，其规模大小取决于投资主体的需求，多结合"一村一品"、特色村来建设。特征：①规模效应，将分散的农业资源适度集中；②特色提升，与当地第一产业结合度高，容易打出品牌；③投资主体范围广，村民自主参与程度较高。问题：①小规模的基地各自为主、处处开花，缺乏统一的产业战略协调思路；②大规模的基地受市场波动影响大，大型企业按照自身的战略思路安排选址，缺乏根植性。

4.1.2 兼具"现代农业示范展示"与"观光休闲农业体验"的主题农业园区

农业主题园区多指农业园、示范园、观光园等，功能更为复合，多为农业科技的示范、推广、新技术展示、观光休闲、农业科技博览等，如南京汤山翠谷、台创园、北京万达有机农业园、寿光蔬菜高科技示范园、广州市百万葵花园主题公园等。特征：①多元主体的参与建设，政府–企业共同投资，政府参与主导、企业核心建设、村民参与工作；②核心功能在于高科技现代农业项目的示范引领；③将观光农业、休闲农业与乡村旅游融合，为城市居民提供城郊地区的休闲农业体验场所；问题：①融资问题，多为国资的注入，可持续效应较差；②与周边功能的协调，园区容易与周边环境割裂，形成孤岛状态；③活力有限，示范效应的推广究竟在哪里？受益主体究竟是谁？可提供

---

① 张小林. 乡村概念辨析 [J]. 地理学报，1998：365–371.
② 仝志辉，温铁军. 资本和部门下乡与小农户经济的组织化道路——兼对专业合作社道路提出质疑 [J]. 开放时代，2009（04）：5–26.

的就业岗位又有多少？

4.1.3 依托互联网经济，对乡村资源进行再整合的"乡村电商"

乡村电商指乡村的土地、农产品、旅游资源等资源通过网络平台进行盈利的新型乡村产业模式，通过网络进行农村土地的流转、农产品和乡村旅游产品的销售，如淘宝"聚土地"、"农产品＋旅游＋电商"模式等。特征：①通过政府、行业协会、供应商和互平台的共同努力，对乡村资源进行整合与提升。②以互联网为主要平台，进行更有效的营销与销售。③线上销售与线下活动相结合，依靠农产品盘活当地乡村旅游资源，以当地旅游资源带动特色产品市场。问题：①物流短板明显，乡村电商产生的是大量的定制化订单，空间跨度大、每单货运量小、农产品对保鲜技术的要求都对其提出挑战。②乡村电商从业人员主体为农民，缺乏专业服务技术与意识，乡村旅游的专业管理人才资源较为匮乏。③乡村基础设施建设尚未健全，对乡村网络运营的品质有一定的干扰。

4.2 介入乡村生活、休闲旅游，更新乡村内涵与形态

以房地产商、旅游开发商以及个体资本为代表的投资主体利用乡村的优质景观与文化资源，采用灵活的商业运作模式来吸引城市人群的消费，以此获取投资收益。城市消费的进入催动了乡村产业体系的转型发展。乡村的产业不再局限于农业领域，乡村地区产生了更多元化的产业与功能，主要以旅游、地产、娱乐、餐饮、商贸等乡村第三产业为主。乡村的形态也发生了明显的变化。原有自然村落的形态，由于房地产资本的开发，会转向商品性质的居住区形态，整体的空间排布与环境品质会得到较大的提升。个体资本的投资会对单体建筑的风格进行改造，在原有建筑的基础上进行个人审美理念的融合。

4.2.1 多元个体投资介入，改造乡村空间以长期居留或服务于城市居民

受郊野地区乡村特色的自然、民俗、文化资源的吸引，来自城市的人群个体也开始选择自己钟情的乡村，在既有的村庄基础上进行改造优化，在乡村中进行长期的居留，同时也有可能进一步发展针对其他城市居民的乡村旅游、民宿服务，如浙江莫干山、广西巴马地区、婺源。特征：①重点打造特色精品乡村旅游服务业，城市居民可以享受郊野居住环境、体验当地特色；②以中高端民宿为主，投资主体多元化，居留时间长，对当地有情怀；③多为原有乡村房屋的改造，或宅基地上的新建。问题：①过度开发容易造成有价值的乡土景观资源的流失；②外来居民与原住民的文化理念、生活习惯、宗族关系差异较大，易发生冲突。

4.2.2 大型地产开发介入，融合原有小镇、乡村肌理，形成位于乡村地域但具有城市特征的新型空间

伴随着乡村土地市场的放开，许多大型集团开始改造乡村小镇，通过对现有资源环境的改造，融入地产开发，增加多功能业态，形成一个集乡村和城市双重特色的新型居住综合体，如万科良渚文化村、华润希望小镇、英力科技工业小镇等。特征：①介于城市化与乡村升级的中间地带；②以地产为盈利主体，更多业态交互促进；③实现了商业开发与原住民较好的共生。问题：①容易造成土地非农化，圈地现象；②以新农村建设为由头，究竟能做多实在，还是只是个帽子和噱头。

5 规划应对

在传统的乡村规划领域，乡村地域规划体系与方法存在一定的滞后性，在规划方法上主要以分级（提供公共及基础服务设施）、分类（村庄功能划分与引导）为主，规划重点在于面向农村居民点的整合布局，对乡村地域发展的理解一般认定政府作为唯一的实施主体。

5.1 总体策略——乡村规划的革新

5.1.1 以提升乡村内生活力与可持续能力为目标

传统乡村规划通常只是对村庄进行居民点的整理布局、分级、分类，以村庄的基础设施为重点，但乡村本土资本如何发展的问题却被忽视，只有以在地农民为主体，对乡村资本进行再组织与科学运营，才能真正实现乡村内生活力的提升，最终达到乡村可持续的发展。规划可以通过农民合作社等方式对农民进行组织，通过土地整合、居住点布局对乡村现有资源进行有效整合利用，通过政策的制定鼓励中小规模的本土资本进行投资，通过产业化的运营，扩大本土资本的规模与效能，惠及乡村本土农民，促进乡村生活水平提升、基础设施建设。

5.1.2　制定差别化的投资鼓励与规划政策

传统的乡村规划只考虑到了将政府的财政支持作为乡村发展的单一资金来源，但是基于现有的资本在乡村地域发展的趋势以及近期改革的深化，政府的职能正在从管理向治理进行转变，以搭建平台、提供服务为主，而乡村地区的资金来源也会由原有的单一财政拨款转向社会力量的投资与乡村自身的创富。规划可以对不同类型、不同定位的乡村进行针对性的投资组合引导，通过规划手段、政策制定的创新吸引社会的投资。乡村规划通过项目库的规划、乡村建设的行动规划等方式，可以对乡村近期的建设方向进行指引，同时也能作为未来乡村以项目开发的形式对外进行招投标的依据。通过税收优惠、财政补贴、土地流转等政策的制定，也能为乡村吸引更多的投资。

5.1.3　为乡村地域土地利用提供规划支撑

现有乡村的开发建设缺乏程序性的规划作为依托，其土地开发建设的范围、时序、功能在建设过程中较为模糊，易导致乡村开发的杂乱无序以及违法现象的发生，对乡村土地利用的规划能够有效地指导乡村地域的合理开发建设。一方面，规划可以通过对土地利用的指引确定农业的发展地区，保障农田资源。另一方面，规划可以对建设用地的规模与空间范围进行合理的规范，并且通过土地功能的划分界定出建设用地中能够参与到市场运作中的一部分，以法定的要求明确这类用地的规范与限制，从而确保乡村地域的建设能够合理有序地进行，资本能够以正确的方式落在乡村的土地上。

5.1.4　重塑新乡村秩序、革新新镇村体系

乡村地域中的镇、村落作为一种聚落形式或者空间单元，从来不是孤立的，它根植于城乡区域整体的社会、经济系统和空间网络，尤其是资本介入乡村地域后，乡村的生产方式及文化形态正逐渐被城市改变着，传统规划中镇村体系的功能与内涵已经不能满足新的趋势。

笔者提出三个方向的新乡村组织形式。第一个方向是针对传统农业生产领域，通过生产单元来引导聚落单元的重新组织，如以家庭农场为主的合理半径下的村落片区、以农业园（农业生产基地）为核心带领两到三个乡村集聚发展、城郊地带的农业主题园区提供科研试验示范、技术展示、旅游观光、科普教育、技术培训等职能，服务城市消费，辐射乡村产业，乡镇则承担广大农村地域服务职能的公共服务中心；第二个方向是针对乡村旅游领域，不同区位、资源禀赋的乡村走的乡村旅游路径不同，位于城郊地带具备一定文化底蕴和特质的乡村地域可以吸引大型资本整体改造成集乡村与城市双重特质的地产型人居聚落，位于景区周边，生态环境佳，具备郊野空间特质的乡村地区适合串联旅游景点，打造兼具特色与活力的旅游服务型聚落；第三个方向是位于城郊地带，天然具备纳入城市发展的城镇，城市化速度明显，工业化带动作用强，未来会成长为拥有综合功能的小城市（图1、图2）。

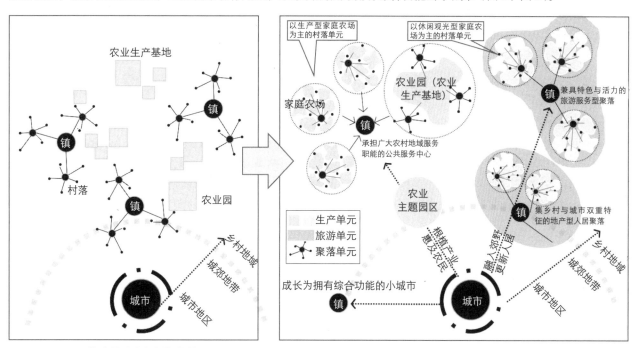

图1　传统的城乡规划聚落体系
（资料来源：笔者自绘）

图2　综合权衡"投资主体需求"和"乡村根植性"的新乡村秩序
（资料来源：笔者自绘）

5.2 "根植产业、惠及农民"——引导乡村生产模式升级、吸引并培育新农民

"根植产业、惠及农民"旨在利用资本引导乡村生产模式的升级与创新，留住并培育适应市场时代的新农民，强化乡村组织与农民的主导性，避免兼业农民被市场边缘化。

5.2.1 制定基于农产品资源、空间地形、投资主体三者关联性分析的产业规划

首先，按照不同类型的外部资本作用方式，规划应注重制定不同的产业空间布局策略，兼顾企业发展与乡村发展的需求，从空间布点、土地整理、交通联系、功能协调等方面的统筹促进企业发展与本土生活的融合共生。同时针对特定产业门类的投资进行政策优惠倾斜，并通过绑定条件，引入能为区域整体环境、农民生活就业作出贡献的长远型投资；同时规划应通过对土地权属的明晰，保障农民的权益。

其次，投资主体对具有规模化经营潜力的农地空间具有强烈的需求，规划应结合土地流转、当地资源条件，适度整合潜力农地空间。原有的农地空间由于其地形条件、资源条件较优，适合作为投资主体的规模化经营，在原有居民也同意合作的前提下，可以适度地整合这类农地空间，进行规模化的经营，并由投资主体、政府多方合作围绕规模经营的基地进行相应的新型农村社区建设。

5.2.2 鼓励培育中小规模，以家庭农场为经营主体的乡村生产单元

"家庭农场"，作为新乡村生产单元是保障农民不被市场边缘化的重要载体。2013年中央一号文件首提"家庭农场"，鼓励和支持承包土地向专业大户、家庭农场、农民合作社流转。首次提出要发展"家庭农场"，很重要的一个因素就是要解决职业农民的问题。

规划应当能够对家庭农场的试点建设进行全面的指引。现有的家庭农场的尝试仍然处于摸索阶段，可以通过规划选取具有潜力的乡村作为家庭农场建设试点，进行示范性打造，从其选址、定位、政策引导、产业规划、农场详细设计等多方面给予指引。通过家庭农场试点的示范作用，带动乡村地域的家庭农场模式的推广。

规划亟需注重家庭农场的经营主体——新型农民的培育。传统农民在农业科技、商业知识、信息化知识等方面的基础较为薄弱，作为家庭农场的经营主体，新型农民需要具备更高的知识储备与经营技能。通过农民合作社、新型农民学校等教育设施的建设，促进乡村地域的传统农民转型，成为能够有效经营家庭农场的职业型农民。

5.2.3 以适应新型经营主体与生产方式为前提，优化乡村居民点布局

资本介入乡村地域、农业产业化发展之后，村民与土地的相互依附程度进一步降低，即使部分农民作为企业雇工再次参与农业劳作，原来以居所为核心的耕作半径也会发生变化，原有以耕作半径确定农村居民点分布的传统规划难以满足这一现象。

规划可以在传统村庄聚落的基础上，对部分有市场潜力的村庄进行提升，对其主要的资本引入方向进行指引，优化乡村居民点布局。需要规模化经营的产业化发展的村庄，其居民点的布局选址应当对规模化经营的产业有所依附，且规划居民点的规模也会较大。需要以自身文化、自然资源为核心发展的村庄，其新的乡村居民点布局选址应对生态保护地区有所避让，其居民点规划的规模也不宜过大。

5.2.4 加强乡村地域信息基础设施建设

随着乡村电商的发展，落后的信息基础设施现状已成为乡村电商发展的主要阻力之一，造成乡村地域信息的闭塞、农民接收资讯与知识的。信息化能够加速传统农业的改造与升级，提高农业生产效率、管理和经营决策水平。规划可以通过对信息基础设施的布局规划建设乡村地域的信息化设施网络、乡村数据库及新型农民的培育。通过规划指引电信运营商及其他企业积极开展面向农村的主干网络建设和接入网络建设、无线网络建设，加强农村地域的信息网建设，并建立内容全面、真实、具有针对性的农业信息网络数据库，同时有重点地规划农村的信息教育设施，培育新型农民。

5.3 "融入郊野、更新人居"——丰富城乡人居环境格局与休闲生活圈

"融入郊野、更新人居"旨在通过将城市与乡村居民的人居环境适度融合，丰富城郊地带内涵，构建新的城乡休闲生活圈。2012年我国各省市人均GDP均超过3000美元，全民进入休闲时代。未来的农村不再是代表着落后，而是人人向往的一种生活方式。

5.3.1 根据乡村与城市的关联程度，确定开发模式与开发强度

休闲与居住日益密切，度假地产与常住地产的逐渐交融，这对城郊房地产的发展提出了新的发展方向。笔者认

为应该利用乡村地区不同的区位与资源环境优势，结合市场和资源进行重新定位，从过去的只是本地居民居住的旧农村到同时有参观体验的游人、居住的本底居民、休闲度假的都市人群的一个乡村旅游聚集区。

离城市较远，靠近风景名胜区、生态环境优越、人文特征明显的乡村地区，可适度考虑保持原始状态的乡村开发，鼓励多元资本改造民居，同时将历史、文化、特产等元素嵌入其中，形成旅游精品区块和线路。离城市距离较近，农业资源优势强的乡村地区可适度开发休闲农业，成为城市的后花园。强调休闲农业的综合功能。靠近城郊地带，离城区较近的乡村地域应创造集乡村与城市双重特征的地产性人居聚落，鼓励多业态开发，既有服务与本地居民的公共服务设施，也有服务于旅游者、城市购房者等需求的公共服务设施。

5.3.2 考虑双重市场特质和多功能业态特征、将乡村基本公共服务与市场需求类服务设施结合布置

新乡村旅游人居空间不仅要满足游客市场的需要，而且也要充分考虑社区居民人居环境休闲需要，具有双重市场特质和多功能业态特征 [1]，规划应当能够兼顾当地民的生活生产以及外来人群的消费需求。

兼顾当地居民的生活方式，应当保留乡村基本公共服务设施，如村民食堂、中小学校、卫生院、邮电局、派出所、教堂等。

服务外来人群的消费需求，应提供乡村地区没有的功能业态，如特色餐饮业态、别墅酒店、青年旅社、民宿等酒店住宿业态，农产品超市、特产商店等零售业态，文化博物馆、放藏书票馆、文化创意工作室等更多文化业态。

5.3.3 进行旅游及地产项目的空间规划时应加强对建设用地的控制与政策创新

近年来，大量的外部资本良莠不齐，开发过程中的暴力建设，导致景观资源遭到过度开发，破坏生态环境的平衡发展，或盲目模仿城市景观，造成有价值的乡土景观资源的流失 [2]。规划在预留旅游地产空间时也要同时控制这类建设用地的开发，鼓励有发展基础的地方介入旅游地产，而不是处处开花。

同时政府应建立起完善的人力资源保障体系，政府扶持农民自主承包经营商铺、农家乐、饭店、民宿等，从事旅游经营活动，农民告别"靠天吃饭"，收入包括土地流转费及农场工作的每月固定工资、经营乡村旅游服务的收入，长效增收。

国家还未出台明确的乡村旅游土地使用政策，但规划应超前应对，预留空间，控制过度开发。规划审批单位应支持重点乡村旅游目的地的规划设计和可行性论证，同时需重视专业人才和技能培训，乡村旅游项目应充分考虑原住民长远利益。

6 结语

乡村地域的变革，将是中国城镇化进程下一阶段的重要特征。在探讨建构未来乡村地域内涵与形态时，对于资本要素应给予充分的重视。诚然，未来资本与乡村地域的结合的演化趋势，受制于体制机制改革的顶层设计，也受制于乡村治理的发育完善程度。然而，这两项最重要的变革，也反过来被具体的乡村实践所推动。在这个过程中，乡村地域的规划，既作为体现公共政策思路的政策工具，也是推进现代乡村治理的平台资源。伴随着乡村变革，乡村规划也必须提升自身革新的速度，以前置于这个伟大的历史进程。将资本介入乡村地域这一命题纳入规划领域进行统筹思考与规划创新，一定可以更好地塑造中国特色的乡村空间。

主要参考文献

[1] 刘自强，李静，鲁奇. 国外乡村经济类型的划分及对中国乡村发展政策制定的启示 [J]. 世界农业，2011（4）：34-38.

[2] 龙花楼，胡智超，邹健. 英国乡村发展政策演变及启示 [J]. 地理研究，2010（8）：1369-1378.

[3] 藤田武弘，杨丹妮. 休闲农业发展之日本借鉴 [J]. 农村工作通讯，2013（2）.

[4] 王永强，冯军. 日本、韩国及中国台湾地区促进乡村旅游发展的经验与启示 [J]. 现代经济信息，2009（20）.

---

① 陆军. 广西东湖乡村旅游综合体开发研究 [J]. 特区经济，2012（4）：137-140.
② 苟倩，刘骏. 旅游开发背景下的乡土景观资源保护与利用——以四川省泸州市金龙乡乡村综合体概念性规划为例 [J]. 福建建筑，2013（10）：95-97.

[5] 祁建民. 中国和日本的乡村治理比较 [J]. 国家治理，2014（13）.

[6] 许标文，刘荣章，曾玉荣. 台湾"自下而上"乡村发展政策的演进及其启示 [J]. 农业经济问题，2014（4）.

[7] 张小林. 乡村概念辨析 [J]. 地理学报，1998：365-371.

[8] 仝志辉，温铁军. 资本和部门下乡与小农户经济的组织化道路——兼对专业合作社道路提出质疑 [J]. 开放时代，2009（04）：5-26.

[9] 陆军. 广西东湖乡村旅游综合体开发研究 [J]. 特区经济，2012（4）：137-140.

[10] 苟倩，刘骏. 旅游开发背景下的乡土景观资源保护与利用——以四川省泸州市金龙乡乡村综合体概念性规划为例 [J]. 福建建筑，2013（10）：95-97.

Research on the Evolutionary Character of Capital in Rural Areas and Counter-Measure of Planning

Song Han   Wei Tingting   Chen Dong

Abstract : The Combined capital and rural regions is of great significance in promoting urban and rural areas and new urbanization，enhancing regional capacity for sustainable rural development，optimizing the pattern of the living environment. From analysis on the current situation of China's capital and countryside combined，summarized the two types："Intervention in agriculture and promote the upgrading and innovation of agricultural industry chain"、"Intervention in rural life and leisure areas and update rural connotation and form"；Through the experiences of Japan and Taiwan for reference，propose "Government guidance norms and rural self-promotion and self-organizing force investment intensity is an important condition to make the capital better to drive rural development"，Also look to that "differences in national conditions of land tenure and traditional rural governance，are two important factors in effects of combined capital and rural regions"，this need to be full attention in policy-making and planning in rural. Thus，four future direction of the overall reform of the rural planning are proposed："As enhancing the viability of rural and sustainable capacity to the target"、"Encourage difference in investment incentives and planning Policy"、"Provide planning support for the rural area of land use" "Reform village system". And for different types of investments，proposed the directional guidance on "rooted in agriculture，benefiting farmers" and "enjoying the open rolling land，updating human settlements"

Keywords : capital ; rural regions ; rural planning ; rural governance ; human settlements

黄土丘陵沟壑区新型农村社区规划范围界定研究*

惠怡安　马恩朴　李柳君　惠振江

摘　要：农村地区是人地关系最密切的地区，然而农村地区现有的社会组织单元与自然生态单元却不吻合，很难实现农村居民生产生活条件的改善与景观生态的建设治理。本文以安沟乡为例，在分析新型农村社区概念、理念及意义的基础上，提出社区范围与边界划分的步骤与方法。首先，以乡镇为研究单位，在社区范围划分时以自然村为单位；其次，对研究区内的各行政村按20%的比例发放问卷进行农户入户调查。对调查取得的数据进行地理统计分析，将人际联系的趋向，购物去向、就医去向及上学去向等用网络图的方式直观地表示出来；再次，确定社区范围，根据人际联系确定的镇村体系网络图划分出公共服务单元。结合社区住区点选址及耕作半径的统计，确定出生产单元的范围。确定自然生态单元划分，并对各单元进行叠置分析，得到社区的范围及边界；最后寻找断点，划分社区空间范围。从而为适应农村生产生活变革及农村景观生态治理提供合适的地域范围与解决途径。

关键词：黄土丘陵沟壑区；新型农村社区；规划范围

1　引言

规划学科长期以来主要以城市为研究对象，乡村研究一直处于边缘地位。2007年10月通过的《城乡规划法》打破了"规划立法和管理"的城乡二元体系，将城乡发展作为整体来考虑，把乡村规划纳入法定范畴。规划体系由城镇规划向区域规划、城镇规划和乡村规划的多级体系转变。[1]在传统的规划体系中，城镇体系规划仅注重区域范围内网络和城镇节点的规划，对城乡建设的用地关系、建设和非建设用地之间的控制协调难以进行有效的引导。因此，为满足城乡统筹的需要，乡村规划应实现内容上的延伸，由节点网络规划走向区域面状空间的有效引导和调控。[2]

乡村地区是由农村居民点等建设用地和农林、畜牧等非建设用地组成，因此，在规划中不应该把乡村看成是一个"点"，仅对乡村地域内部的中心村或农村居民点进行个体规划。应统筹考虑各类用地，在宏观层面上将乡村地区的建设活动和农业生产活动结合起来，将社会经济发展规划、土地利用规划、生态环境保护规划等有机整合，确定乡村发展空间，架构公共服务与基础设施体系，以有效指导整个规划区域内的空间组织与网络建构。

过去将自然村落或行政村村域视为农村社区范围，虽有其合理性，但是却越来越难以适应当前农村生产力水平提高及村民物质精神生活需求增长的要求。一方面，现阶段的生产力水平已基本满足规模化种植的要求，从而迫切需要将过去农户分散种植的生产组织方式转变为规模化种植的生产组织方式，这也是农业进一步发展的必然出路。另一方面，作为较低生产力水平及传统小农经济的产物，分布零散的村落难以实现基础设施建设的经济性，也无法满足公共服务设施规模效益的要求。随着农村居民收入的逐步提高及视野的拓展，村民的物质文化生活需求日益增长，生活品味有所提高，迫切需要完善的基础设施及公共设施提供的服务和产品。

因此，在新的发展要求下，农村社区就应该突破村落的狭隘范围，扩展到村民普遍人际联系所涉及的区域，而不仅仅局限于生产协作及邻里往来的狭小村落空间。但随之而来的问题是，村民普遍人际联系所涉及的范围如何确定？又如何使社区建设符合生态环境保护的要求，并兼顾社区组织管理的经济性，设施建设的规模效益及生产开展的便捷性？即如何确定农村社区规划范围及边界的问题。

---

* 基金项目：陕西省教育厅科研计划项目资助，项目编号12JK0490。

惠怡安：西北大学城市与环境学院讲师
马恩朴：西北大学城市与环境学院
李柳君：西北大学城市与环境学院
惠振江：陕西省外资扶贫项目管理中心

2 新型农村社区的概念内涵与空间属性

2.1 新型农村社区的概念

"社区"一词源于拉丁语，意为共同的东西及亲密的伙伴关系，即人们生活的共同体[①]。此后，学者们对社区及共同体的组成要素，性质、内涵及特征等作了大量的研究，绝大多数的定义表述中都包含了一定地域，共同纽带及社会交往三方面的内容。因此，认为社区是一定地域范围内的居民以共同的利益及需求作为纽带，通过密切的社会交往而形成的具有较强认同的社会生活共同体。

F·滕尼斯所论述的传统农业社会的社区其特征是：成员对本社区具有强烈的认同意识，彼此之间是一种建立在共同信仰，共同习俗及共同文化上的相互信任，守望相助、默认一致、亲密无间的关系，这种关系同时也建立在一种古老的，以自然意志为主导的基础之上。近代以来，农村社区可认为是一定地域范围内主要从事农业生产的居民以共同的习俗，文化及需求作为纽带，通过血缘、族缘、地缘及部分契约关系建立起来的具有高度认同的社会生活共同体。传统农村社区的典型特征体现在三方面：①在生产方式上以农业生产为主，且农户分散经营是主要的生产组织方式；②在生活方式上具有普遍的自给自足的特征，社区生活具有很强的内向性；③在社会交往上注重血缘，族缘及地缘关系，村民之间联系紧密，社区具有很强的稳定性。

然而，这种社区形式目前已较难适应新的发展要求。一方面，一家一户分散种植的生产组织方式导致土地在经营上的细碎化，在耕地本身零碎的黄土丘陵区及山地丘陵区更为严重，使得以农业机械作为工具的规模化种植难以实施。另一方面，居住的分散也导致基础设施及公共服务设施在建设上难以兼顾经济性和公平性，使得偏远村落村民的物质文化生活需求难以得到满足。因此，探索一种能适应当前生产力发展要求及村民生活需要，兼顾设施建设的经济性和可达性以及生产便捷性的新型农村社区形式就显得很迫切。

2.2 新型农村社区的内涵特征

新型农村社区的概念内涵有三个方面：第一，农村社区的范围并不一定就是行政区划的范围，仅仅只是规划建设的一个整体范围；第二，农村社区与城市社区不同，它是农村地域的生产生活共同体，而不仅仅只具有居住功能；第三，农村社区要具有一定的规模，包括人口规模与用地规模[3]。新型农村社区的建设目标，就是要根据多因素影响下，提出符合当地生产力条件和生活方式的社区人口与用地规模，并有效整合各种资源，组织生产、生活，发挥公共设施和基础设施的效益。

2.3 新型农村社区的空间属性

人类的一切活动都必须依托于一定的地理空间，由于空间自身的复杂性，人类活动的多样性以及空间演变和活动发生的动态性使得任何存在人类活动的地理空间都具有多重属性。这些属性包括地理空间本身的自然属性，生命活动所产生的生态属性，经济活动所产生的经济属性以及社会活动所产生的社会属性四个方面。

农村社区作为一种典型的人地作用的地域系统，其空间本身必然也具备自然属性、生态属性、经济属性及社会属性。在新的农村社区范围及边界得以确定之前，我们面对的是存在着另一种社区形态的地理空间，这个空间同样也具备上述四种属性。而当我们对这个初始状态的地理空间进行横向研究时，我们会发现区域之间各项属性的差异。具体来说空间属性的差异表现为地形的变化及地貌的过渡；生态属性的差异表现为由生物群落分布所引起的景观异质性；经济属性的差异在社区层面上表现为居民经济活动的空间分布差异；而社会属性的差异则表现为居民社会交往活动的空间分布差异。对初始状态的地理空间各项属性差异的研究及各属性空间的协调就是农村社区范围划分及边界确定的过程。

因此，其范围及边界的确定需要综合考虑自然、生态、经济及社会各方面的因素。考虑自然因素是为了避免地景障碍，如高大的山脉，宽阔的河流对社区空间造成物理性的分割以及由此引起的社区组织成本上升及社会经济交

---

① 1887 年，德国学者 F. 滕尼斯（Ferdinand Tonnies，1855-1936）在《共同体与社会——纯粹社会学的基本概念》一书中明确了社区这一概念。

往的不便。考虑生态因素是为了避免生态交错带处于社区腹地而导致交错区的生态系统遭到破坏。考虑经济因素是为了确保社区处于一个相对完整的服务区域范围之内，避免居民交易活动及使用公共服务设施的不便。而考虑社会因素则是为了确保社区处于一个具备共同的习俗，共同的文化，居民具备较高认同意识的社会生态单元以内。

　　因此，新型农村社区规划范围即是公共服务单元，社会生态单元、自然生态单元、生产单元和公共管理单元的综合范围。准确地划分必须以深入的社会调查作为基础，针对具体实际具体研究。

3　新型农村社区规划范围的界定——以延长县安沟乡为例

3.1　研究区概况与数据获得

　　安沟乡位于延长县东南部，东接张家滩镇，西邻七里村镇，东南紧靠宜川县云岩镇，西南毗邻宝塔区临镇。属于黄土丘陵沟壑区，地形破碎，由延河支流安沟河流域全境及云岩河部分支流域组成。全乡下辖25个行政村，61个自然村，共2174户，8372人，土地总面积202.4km²。该乡耕地零散，人口稀少，经济落后。目前乡内无集市，基础设施建设薄弱，公共服务设施配置不完善。因此，村民以交易活动为主体的普遍人际联系已外溢到周边城镇，并给村民正常的生产生活带来诸多不便，社区亟待重构。

　　根据研究区的地方性特征笔者设计了调查问卷，在全乡25个行政村范围内总计发放了450个农户问卷，占到全乡总户数的20.7%。并将问卷按照各个行政村人口数的比例进行分配，以做到农户意愿的概率统计更能代

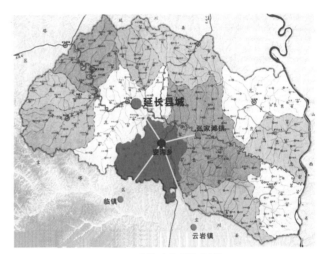

图1　安沟乡位置与区位

表所在居民点的大部分观点。问卷中包括人际联系趋向及原因，购物去向、就医去向、上学去向、市场地分布、生产出行方式及耕作半径等题项。以基本图件及研究区的DEM为基础，运用Arc GIS提取出研究区的高程图及流域分布图，结合土地利用现状确定研究区的自然生态单元。

3.2　研究方法与步骤

　　综合采用地理学、规划学、生态学、社会学、人类学、经济学等学科领域的理论与方法。农村建设基本地域单元即是公共服务单元，社会组织单元、自然生态单元、生产单元。其确定的具体流程与方法如下：

　　步骤一，确定研究单位。考虑数据获取的可能性，以乡镇域为单位开展研究。在确定基本单元时以行政村为单位。

　　步骤二，调查研究。以基本图件及研究区的DEM为基础，运用Arc GIS提取出研究区的高程图及流域分布图，结合土地利用现状确定出研究区的自然生态单元。对调查取得的人际联系数据进行地理统计分析，将人际联系的趋向，购物去向、就医去向及上学去向等用网络图的方式直观地表示出来。

　　步骤三，确定适度农村建设基本地域单元规模。对上一步得到的网络图进行分析，根据服务设施经济门槛划分出公共服务单元。结合社区点选址及耕作半径的统计，确定出生产单元的范围。利用GIS空间分析方法对上述分析中确定出来的各单元进行叠置分析，得到社区的范围及边界。

3.3　结果与分析

　　（1）安沟乡自然生态单元

　　在黄土丘陵沟壑区，流域是影响居民社会经济活动空间分布的主要因素。因此，按流域来划分该区的自然生态单元较为合适。本文以安沟乡SRTM格式数据为基础，运用ArcGIS10.0的水文分析工具分析出的该乡水系分布及流域范围如图2所示。结果表明，安沟乡的管辖范围除安沟河流域外，还包括了关子口河流域的一部分及云岩河的分支流域，表现出公共管理单元与流域范围的不吻合。由于安沟河流域保持了较高的完整性，而且在本乡的流域面积

图2 安沟乡水系分布及流域范围

最大，因此将安沟河流域确定为本乡的自然生态单元。安沟河流域包括的行政村有：

（2）安沟乡社会人际空间联系

乡村的社会联系一般可分为以下几种类型。第一种是基于血缘关系的传统人际联系，包括家族内部和亲戚之间的联系。第二种是基于交易活动的经济联系。这种联系反映了农民正常生产生活的需要，也暗示了地区间的分工与协作。第三种是基于某种工艺技术的行会联系。另外，公用工程设施在某种程度上也会强化服务范围内村民之间的联系[4]。我们对村落居民外出联系情况进行调查，发现向四周的村落流动是不均衡的，往往在一个方向上存在大多数的流动。因此，运用社会网络分析法将安沟乡人际联系的趋向，购物去向、就医去向及上学去向等用网络图的方式直观地表示，对村民的人际联系分布及使用公共服务设施的去向进行地理统计分析，可以确定村落社会联系的空间趋向性。依此类推，就能得出一个完整研究地域的村际联系趋向图。

可以看出，村与村之间的联系多半是按照流域来划分的，乡村道路大多按照流域进行组织，人们的活动范围受到地理条件的影响很大。另外，乡内的社会交往范围受公共服务设施配置的影响很大。由于安沟乡公共服务设施配置不完善且缺乏集市，使得靠近周边城镇或对外交通较为便利的村庄，其村民在经济交易及使用公共服务设施方面趋向了周边的城镇。而乡域内部的村庄在人际联系上则具有较高的集中性，主要发生在乡政府驻地安沟村与周边的邻村之间。

安沟乡的村际联系是一种带有趋向性特征的层级网络结构，分属5个体系，分别为安沟体系、延长县城体系、临镇体系、云岩镇体系及张家滩镇体系（图3）。这种村际联系体系不是固定不变的，就从安沟乡来看，原本不属于安沟村际联系体系的村庄，在其影响因素改变优化后，有潜力并入安沟村际联系体系。[5]根据上一步联系强度所确定的安沟乡各村庄的空间网络结构，综合考虑不同行政村之间的地理位置关系，以地形、交通、流域等偏离因素为辅助修正条件，修正人际联系趋向。从而可以得出各行政村人际联系分布修正示意图（图4）。可以看出，只要改变道路交通条件并着力提高安沟村的吸引力，坪塬、胡家河、山树坪与王良沟村都很容易从原属的临镇村际联系体系中剥离出来，归属安沟村际联系体系；瓦庄、杨家山、北阳等行政村也都有可能从原属的村际联系体系剥离出来归

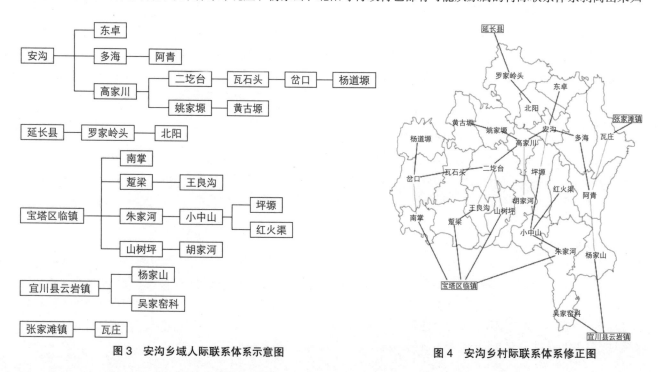

图3 安沟乡域人际联系体系示意图　　　　　　图4 安沟乡村际联系体系修正图

属安沟村际联系体系。

（3）安沟社区的规划范围确定

按照社区范围划分的理论与方法，最终确定在安沟乡25个行政村范围中，安沟社区范围包括其中的21个行政村，总人口5850人，常住人口3337人，土地总面积160.9km²（图5）。根据公共产品的门槛规模、服务半径以及最远耕地半径确定社区的规模及辐射范围，本研究暂提出社区人口规模以2000~10000人为宜[6]生产半径小于10km。今后有待于进一步定量化研究，基于断裂点理论进行社区片之间的划分有待进一步深入研究。

4 结论与讨论

4.1 结论

根据研究，本文得出了三个主要结论：

（1）过去将村域范围视为农村社区规划范围，虽有其合理性，但是却越来越难以适应当前农村生产力水平提高及村民物质精神生活需求增长的要求。在新的发展要求下，农村社区应

图5　安沟社区规划范围界定

该突破村落的狭隘范围。在确定新的农村社区范围及边界时，应该综合考虑社区的空间属性，生态属性，经济属性及社会属性。准确划分农村地区的公共服务单元，自然生态单元、社会生态单元、生产单元和公共管理单元，并将这些单元的共同区域确定为农村社区的范围。另外，还要保证社区具备适度规模的人口。这样才能推进农村生产关系的转变，使其符合生产力水平提高的要求，并实现设施建设的经济性和公平性。

（2）社区范围界定的方法涉及聚落地理学、景观生态学、经济学及社会学的一些具体方法。具体步骤为：一、确定研究单位，本文以乡镇域为单位开展研究，也可以县域为单位；二、运用Arc GIS提取出研究区的高程图及流域分布图，结合土地利用现状确定出研究区的自然生态单元，并根据调查问卷取得的数据用网络图的方式表示出乡镇域村际联系体系；三、划分出公共服务单元与生产单元的范围，对各单元进行叠置分析，得到适度社区范围。四、断点研究。寻找社区与社区之间的断点，划分社区规划范围。

（3）黄土丘陵沟壑区新型农村社区范围指能够维持正常社会生产活动，具有相对完整的自然生态单元，在现有生产技术条件下能维系住区对所有土地经营，满足现代住区基础设施的"经济门槛"、具有一定规模的社会单元。可能是一个村或彼此联系密切具有相同生活习俗的相邻几个村，人口规模以2000~10000人为宜，土地总面积约为160km²。

4.2 讨论

农村社区建设内涵丰富、意义深远，涉及农村地区社会、经济及生态建设诸多方面，对农村社区规划范围的研究仅仅只是初期研究内容，其研究还有待进一步的延伸，如具体的规划体系、景观生态治理方法、土地流转、社区自治等；就农村社区规划范围的研究而言，其理论方法还有待完善，如社区人口最大规模多大为宜，如何运用断裂点理论研究农村社区之间的分界问题等等；不同地域社区范围内自然、聚落特征的内部差异很大，就不同类型农村社区的规划范围及边界问题有待进一步研究。

主要参考文献

[1] 张尚武.城镇化与规划体系转型——基于乡村视角的认识[J].城市规划学刊，2013（06）：19-25.

[2] 葛丹东，华晨.城乡统筹发展中的乡村规划新方向[J].浙江大学学报（人文社会科学版），2010（03）：148-155.

[3] 杨贵庆，顾建波，庞磊，V.Dessel S.社区单元理念及其规划实践——以浙江平湖市东湖区规划为例[J].城市规划，

2006（08）：87-92.

[4] 石峰. 关中"水利社区"与北方乡村的社会组织 [J]. 中国农业大学学报（社会科学版），2009（01）：73-80.

[5] 惠怡安，和钟，马恩朴，惠振江. 基于社会网络的黄土丘陵沟壑区镇村体系认识——以延安市延长县安沟乡为例 [J]. 人文地理，2014（01）：108-112.

[6] 惠怡安，张阳生，徐明，赵凯. 试论农村聚落的功能与适宜规模——以延安安塞县南沟流域为例 [J]. 人文杂志，2010（03）：183-187.

Primary Research on the Range of the New Rural Community in Loess Hilly-gully Region

Hui Yian   Ma Enpu   Li Liujun   Hui Zhenjiang

Abstract： The man-land relationship is very close in rural area, but it is difficult to achieve rural landscape ecological construction and governance because the social organizational unit is not consistent with the natural ecological unit. The paper, taking Angou township for example, put forward the steps and the method of dividing the scope and the boundary of the community piece area in rural area in Loess Hilly-gully Region of Northern Shaanxi on the basis of analysis of the concept, philosophy and significance of the community piece area. First of all, determine the unit of the research. Here the township area are used as the research unit, and the village area are used as the unit of dividing piece area. The second step is investigation, which is depend on the questionnaires which numbers account for the proportion of more than 20% of the farmer's household in the study area. Then, the space network diagram can be represented visually by using the survey data obtained to analyze the the space tendency of the villagers contact, such an the space tend of shopping, seeing a doctor and going to school. The third step is identifying the comprehensive range of communities by overlay analysis of each unit which incorporate the public service unit which is determined according to the village system of interpersonal contact network diagram, the production unit which is determined by the community point location and farming radius, and the natural ecological unit. Finally, look for the boundary line between the communities and divide the community space range. The research can provide the approach and the appropriate geographical range to adapt to the changes of the production and life of the rural residents and the ecological management in the rural area.

Keywords： loess hilly-gully region；the new rural community；the planning range

如何实现村庄宅基地的"减量规划"
——以珠海市莲洲镇西部幸福村居规划建设为例

汤立　詹晓洁

摘　要： 在国家明确提出对新增建设用地实行总量控制的大背景下，在农村地区，紧缺的建设用地指标与农民日益增长的分户需求形成了巨大矛盾。因此，如何在"无地可用"的情况下保持村庄的永续发展，在解决宅基地难题的同时达到集约用地的目标，将成为未来农村规划建设研究的重点。本文以"2014年珠海市莲洲镇西部片区幸福村居规划建设"为例，以基地实际情况出发，并结合上海、浙江等省市在宅基地规划操作中的模式及经验，探索珠海市农业型村庄宅基地"减量规划"的政策指引与操作方法。近期以通过对《土规》中建设用地斑块的调整整合，落实村庄新增分户需求；远期在不增加建设用地指标的基础上，建立四种通过现状村场"挖潜"以解决分户需求的模型，盘活存量土地，增加土地利用率，从而达到村庄宅基地"减量规划"的目的。

关键词： 农业型村庄；宅基地；集约用地；"减量规划"

1　引言

"在促进城乡一体化发展中，要注意保留村庄原始风貌，慎砍树、不填湖、少拆房，尽可能在原有村庄形态上改善居民生活条件。"

——摘自习近平总书记在中央城镇化工作会议的讲话

2014年对中国城镇化发展是重要的检讨和调整之年，农村发展在中共中央连续12个一号文件的历史性道路上不断更新理念，政策日益强调工业文明转向生态文明的农村发展模式。珠海市计划用5年的时间力推珠海农村的发展，创建幸福村居，也正是对环境和机遇变化的重要回应。

集约用地是生态文明村庄发展的基础，提高用地效率才能建设"幸福村居"。然而，通过现状摸查得知，在莲洲镇西部的村庄中，宅基地的问题尤为突出，超标占地现象普遍的同时，村民却又面临分户无地的困境。

村庄建设用地指标紧缺，无法通过"增量规划"的方式解决村民的宅基地问题。因此，本次幸福村居规划采用宅基地"减量规划"的思路，在用地指标紧缺的条件下，拟不突破农村居民点建设用地规模指标，满足村庄的实际发展诉求。

本轮莲洲镇西部村居规划范围中存在农业型村和城郊型村这两种类型的村庄。城郊型村多靠近镇区，产业以第二、三产业为主；而农业型村多位于保育区内，受政策、地域影响，产业往往以农业为主。由于村庄类型、产业类型的不同，两种村庄面临着不同的宅基地问题。因此本文研究对象为本轮规划中莲洲镇西部农业型村庄，如二龙村、福安村、广丰村、三龙村等。本文通过对上海浙江等地的宅基地规划政策思路的研究，总结解决问题的思路，并结合莲洲镇西部实际情况，探索一系列方法机制，抛砖引玉，为其他农业型村庄宅基地的永续发展提供借鉴。

2　村庄宅基地现状问题及发展目标

2.1　现状问题

莲洲镇西部村庄的现状宅基地问题主要是分户需求与宅基地问题混乱的矛盾，具体表现在以下方面：

分户无地，无多余建设指标。各村都普遍存在分户无地的问题，除基本农田外已无多余的农村宅基地建设指标。

汤立：上海天华城市规划设计有限公司规划师
詹晓洁：上海天华城市规划设计有限公司规划师

珠海市莲洲镇西部部分村庄户均人数情况 表1

	二龙村	福安村	广丰村	三龙村
总人口（人）	862	1069	2289	1087
总户数（户）	183	256	512	249
户均人数	4.71	4.18	4.47	4.37

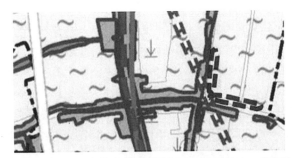

图1　莲洲镇土地利用总体规划图（2010–2020年）—广丰村

图2　现状卫星影像图—广丰村

由下表得知，目前四个村的户均人数远超珠海市农村户均3.19人的平均值，分户需求现实存在。

《珠海市斗门区莲洲镇土地利用总体规划（2010–2020年）》（以下简称《土规》）中农田斑块与现状建设用地重叠。《土规》将局部现状住宅及宅基地指标划分为基本农田的范围。

违建现象严重，闲置宅基难退出。村庄普遍存在严重的违建、乱搭现象，尤其以滨河开敞空间最为突出。

超标占地，混乱现象较普遍。由于政策不完善，操作不规范，导致了大量没有经过审批就占用的宅基地，加之祖屋继承、老人故去和子女求学转城镇户口等原因，"一户多宅"、超标占地现象较为普遍。

2.2 发展目标

完善宅基地管理制度，是农村土地管理制度创新的重要内容和推进城乡一体化发展的重要基础保障。建立健全科学合理的宅基地退出制度，已成为改进农村宅基地管理、推进土地管理制度改革、实现农村土地节约集约利用和促进城乡统筹发展的重要手段。

村庄宅基地涉及政府和农民的切身利益，因此，宅基地规划的最终目标就是通过"减量规划"的制度探索，在政府和农民之间寻求利益平衡。

3 其他省市宅基地工作的经验探索

3.1 上海市宅基地工作的基层经验

（1）上海市农村宅基地使用现状（2011年）

2011年，上海市共有108个镇，下辖1702个行政村，包含4万个自然村落，其中有95.2万户村民，共311.18万常住人口。

1996年至2011年，农业人口减少了55.8%，而农村居民点用地仅减少了15.5%。农宅闲置率达到15%~25%，部分村组的闲置率高达40%，人均宅基地面积高达140.75m²。

（2）政策解决思路

1）确立宅基地管理基本原则。包括：①最严格的耕地保护制度；②促进土地节约集约利用；③遵循规划先行；④依法审批；⑤一户一宅；⑥标准控制；⑦身份特定。

2）加强规划和计划管理。规划管理中确定农村居住点规模、布局和范围，集中居住点用地开发强度、建筑高度等规划控制要求以及历史文化保护和乡村风貌设计要求。积极实现宅基地异地集中，原地复垦。计划管理中落实农村建设用地指标、农村宅基地用地指标、宅基地用地审批手续、土地用途专用批准手续、测绘工作等相关计划。

3）制定人户认定标准。由上海市规土部门会同市、区（县）人民政府相关部门来制定人户认定标准，参见表2。

上海市人户宅基地面积、建筑面积标准　　　　　　表2

人数（人／户）	≤ 4	5	6	≥ 7
宅基地总面积（m²）	150–180		160–200	
建筑占地面积（m²）	80–90		90–100	
建筑面积	●	⬈	●	⬈

注：●建筑面积标准：由规土部门会同市、区（县）人民政府相关部门来制定
　　⬈在原有规定的基础上增加建筑面积。

4）明确宅基地审批程序和批后验收监管制度。宅基地的审批坚持公开、公平和村民自治原则，遵循"村民申请－村内公示－村内表决－政府审批－主管部门备案"的基本程序。在审批工作中明确宅基地使用面积、使用条件，以此为基础做好宅基地竣工验收工作，为登记工作和后续管理提供条件。

5）做好宅基地调查确权登记。宅基地调查确权登记的最小单元、权利人（户）身份界定、登记种类程序、宅基地合法性审查以及别墅式集体建房和公寓式集体建房的宅基地登记口径都予以明确。2014年，由市规划和国土资源管理局牵头，上海市将完成全市的宅基地确权登记，解决超建、违建、总登记等历史遗留问题。

6）允许宅基地有偿使用、抵押担保和转让。经济条件较好、土地资源供求矛盾突出的地方允许村自治组织对新申请宅基地的住户开展宅基地有偿使用；抵押成为宅基地使用权流转的一种形式，有利于实现资源的优化配置，提高土地资源的利用率；建立宅基地转让、赠予等宅基地流转制度，改革和完善农村投资融资制度，促进农民增收；宅基地使用权作为一项具有财产价值的权利可以继承。

7）建立宅基地置换和退出政策机制。通过建设联排新房，实现宅基地异地集中、原地复垦；建立公开竞标、有偿选位的市场化操作制度；建立公正的利益均衡机制和完善的社会保障机制；明确鼓励宅基地单点单户退出的相关政策。

（3）置换和退出的操作模式

2008年，上海市全面停止个人分户宅基地建房，以"总量控制好、增量建设好、存量有腾出"为原则，以子女分户和旧屋改造为契机，通过各种补偿激励措施，鼓励村民将闲置浪费建设用地交出。

1）宅基地回收策略

"祖屋不退"问题：不强制拆迁、个人分户宅基地指标不审批、愿意退出的，原相关权益进行折价，在新建房中由政府财政进行补贴。

"一户多宅"问题：由于老人故去、子女求学、宅基地私自流转等因造成的一户多宅问题，用三种方式解决，即以房换房、以房换租和以房换钱。

"危旧房回收"问题：由政府出资回收危旧房后建新房，政府补贴个人购买，原房屋质量的破旧程度与个人所需支付的购房资金成正比。

2）节地流转收益再分配

抓住分户需求的契机，通过村改节约出来的城乡共享土地指标经流转后的卖地收益中（最高基数上限：400万／亩）的15%返回村集体，作为村集体经济收入进行再分配。

3.2　浙江省、广东省相关政策借鉴

浙江省和广东省在宅基地集约利用方面制定了值得借鉴的前瞻政策，表3梳理归纳了政策的关键点。

浙江省、广东省推进宅基地集约利用相关政策　　　表3

浙江省	探索了宅基地空间置换、有偿退出和有偿使用机制
	通过农村公寓建设，实现宅基地异地集中，原地复垦
	有偿选位、级差排基等方式引导农民向村庄规划区集中
	以房换房、以房换钱、以房换租
广东省	大力引导和推进农村公寓建设
	宅基地超标面积部分有偿使用和流转
	"一户多宅"宅基地可以全市范围内进行流转
	村外流入人员需缴纳本村公共基础设施使用费和村集体经济组织管理费
	通过缴纳集体建设用地使用费，宅基地可以经批准后变为集体建设用地用途，进行流转

4 宅基地"减量规划"的原则和操作策略

4.1 宅基地"减量规划"原则

村居规划在实施时往往会遭遇很大困难，究其根本，多是因为各群体间利益分配不均。本次村居规划在宅基地"减量"问题上，充分权衡农民与地方政府的利益得失，既强调村庄远期发展蓝图的控制与引导，又注重近期建设的具体安排与落实，以节地为目标导向，提出相应的对策措施，同时注重村民主体地位，保障村民的参与权与表达权，避免伤害村民的既得利益。因此，村居宅基地"减量规划"应遵循以下几点原则：

（1）土地节约集约原则

村居宅基地规划应以节约集约用地为导向，从严控制村镇建设用地规模，实行最严格的耕地保护制度，促进土地节约集约利用。

（2）一户一宅原则

遵循农村村民一户只能拥有一处宅基地，其面积不得超过珠海市规定的标准。

（3）农民受益原则

赋予农民更多财产权利，保障农户宅基地用益物权，维护农村社会稳定健康发展。

4.2 核心思路

通过建筑量面积的增加，解决宅基地指标无休止增长性的问题。

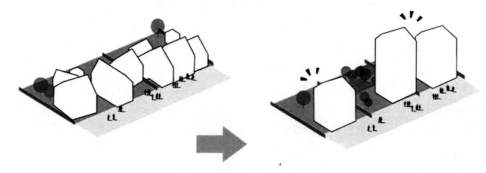

图3 宅基地基本策略模式图

4.3 宅基地"减量"方法

宅基地"减量"，首先要从源头入手，在政策层面关上后门，不再增加建设用地指标；其次，对于现有指标，应在政策允许的范围内，最大限度的集约使用。最后，需要在现有户均宅基地标准的基础上，完善超标部分退出机制，以达到宅基地在实际层面上"减量"。

4.4　分阶段规划操作策略

伴随着社会的发展，分户需求始终存在，而且随着计划生育政策调整和人的生命周期延长，土地的增量需求会不断增加。考虑到政策实施不能一蹴而就，特别是联系到宅基地这类敏感问题时，需要循序渐进，要让村民有准备和适应的过程。因此村居宅基地规划应从近期和远期两个阶段着手。

在近期（2014–2016 年），仍然将解决新增分户作为主要矛盾。规划利用新增村场为分户建房提供用地；对于村民的拆旧建新申请，将在原有宅基地内进行，而不提供新的宅基地。同时，利用这几年过渡时间，在政策、社会舆论和村民思想这三个层面上充分准备，为远期宅基地"减量规划"做铺垫。

远期（2017 年起）将不再提供新增村场用地。对于新增分户和拆旧建新需求，原则上只通过原址重建以及利用闲置宅基地置换等内部"挖潜"措施完成。

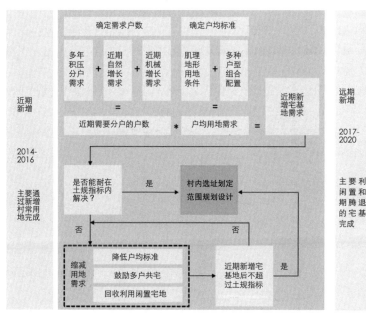

图 4　近期宅基地新增规划思路

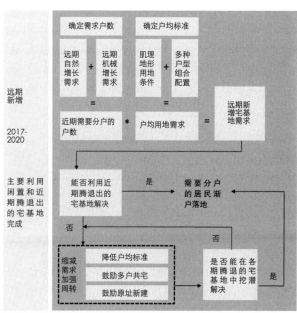

图 5　远期新增宅基地规划思路

5　近期通过土地规划调整，落实村庄近期新增宅基地需求

5.1　通过整合调整现有《土规》中的建设用地，规划新村场

由于统计口径的差异，多数村庄都存在土地利用规划中的村庄建设用地指标多于实地踏勘后得出的现状村庄建设用地面积。但可增加的建设用地比较分散，或成细条状难以使用。因此，规划拟在不突破《土规》的前提下，结合个村庄实际情况，对《土规》进行调整：

（1）调入《土规》

《土规》中为非建设用地，但土地已用于宅基地建设多年。规划将这类土地调入《土规》建设用地，继续用于村庄建设。

基本农田之外比较适合于新增村庄开发建设的土地。在征集村两委与村民的意愿之后，结合村庄人口等实际情况，将其调入《土规》，用于新村场建设。

（2）调出《土规》

《土规》中为建设用地，但实际为非建设用地。这类土地大多分布于现状村场边缘的农田或村庄中的现状河涌上，多呈狭长状，难以用于宅基地布置或村庄建设。对于这类用地，规划建议这些零星建设用地斑块调出《土规》，将腾出的指标整合后用于新增村场，以实现使《土规》建设用地与实际建设用地在空间上的置换，从而在更集约利用土地的同时，降低了相关的基建和协调成本，也有效增加了耕地面积。

<table>
<tr><td colspan="5">莲洲镇西部部分村庄《土规》建设用地指标与现状建设用地面积比较　　　　　　　　　　表 4</td></tr>
<tr><td>类型</td><td colspan="4">用地面积（ha）</td></tr>
<tr><td>村庄名称</td><td>二龙村</td><td>福安村</td><td>广丰村</td><td>三龙村</td></tr>
<tr><td>《土规》中现村庄建设用地指标</td><td>7.45</td><td>9.03</td><td>22.78</td><td>11.23</td></tr>
<tr><td>村庄建设用地面积</td><td>5.81</td><td>9.02</td><td>21.52</td><td>8.29</td></tr>
</table>

5.2　近期土地规划调整操作思路—以广丰村为例

通过广丰村规划村庄建设用地与《土规》比较，不会突破原《土规》指标（土规指标 22.78ha，规划 22.07ha）。但《土规》中大量建设用地可增范围都比较分散，或成细条状难以使用，因此在用地范围上，本次规划需要对《土规》规定的用地范围进行一些调整，具体见下图，并建议在下一轮《土规》修编中进行调整。

本次规划对村庄建设用地的空间布局进行优化，在与村"两委"和村民协商后，将村域北部县道 581 两侧现状为一般农田的区域调入《土规》，作为新村场建设用地，以解决近期分户建设需求，总面积为 29.54 亩。此外，本次规划还建议对村域东南沿南北向河涌东岸用地进行调整。该地块现状已建成为宅基地多年，但在现有《土规》中划示为农田，因此建议调入《土规》，总面积为 14.77 亩。

本次规划建议将分布于现状宅基地与农田中间总面积为 44.25 亩的土地调出《土规》。这些用地斑块或呈细条状，难以在布局住宅；或已成为良田，权属复杂，协调难度高，调整为宅基地要付出较大的社会成本，且即使调整成功，其规模也不足以满足近期分户的要求。此外，这些宅基地布局于现状宅基地后，既不临路也不沿河，不便于村民生活致富，不受村民欢迎。因此，建议将这些零星建设用地斑块调出《土规》，将腾出的指标进行整合后新增完整的村场，在有利村民生活致富的同时，也降低了相关的基建和协调成本，是比较利于实际操作的方案。

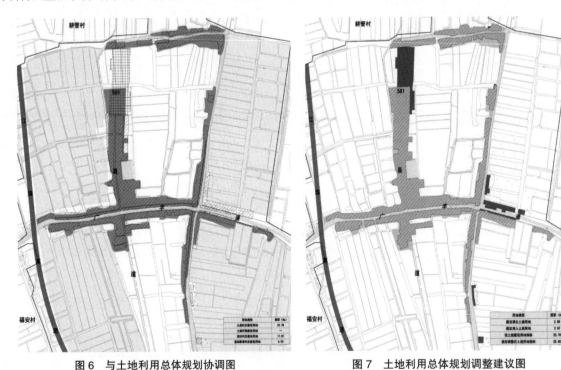

图 6　与土地利用总体规划协调图　　　　　　　图 7　土地利用总体规划调整建议图

6　通过旧村"挖潜"盘活存量土地，增加土地使用效率，并设计远期分户模型

6.1　旧村"挖潜"策略

根据现场踏勘与实地走访，部分村庄空心化现象明显，主要表现为祖屋闲置，房屋长期无人居住和宅基地闲置三种情况。同时部分建筑存在质量较差，一宅多户的情况。为保证村民更多财产权利，保障农户宅基地用益物权，在宅基地远期规划的基本策略上，将通过盘活存量土地和增加建筑面积两种方式，解决宅基地指标增长问题。为保

证策略顺利实施，远期可利用村民子女分户，旧房改造等作为契机，对旧村场进行"挖潜"。

按照远期宅基地规划基本策略，并结合莲洲镇西部农业村的实际情况，本次规划对现状宅基地使用进行了归纳总结，并确定了"一户一宅"、"一户多宅"、"一宅多户"、"多户并宅"四种解决远期分户的模型，用于解决远期不断增加的宅基地需求。针对以上几种情况，规划参考了相关省市宅基地政策实施方法经验，并结合莲洲镇西部实际情况，确定了以下几种操作策略：

"有偿退出"

村民将超出珠海市户均标准面积（下称"超标"）的宅基地归还给村集体，以换取一定的经济补偿；

村民将超标的宅基地归还给村集体，村集体帮助村民翻建质量较差的房屋；

"以房换房"

村民在清退宅基地招标部分后，用建筑质量较差的房屋及其宅基地换取村集体统一代建的新房；

"以房换钱"

村民可将非自住的宅基地及建筑归还村集体，以换取一定的经济补偿；

"联排布局"

对于相邻宅基且面宽均小于8m的，建议采取并宅联排的居住形式。

6.2　远期分户模型模拟

考虑到规划策略实施普适性的原则，本次规划模拟以莲洲镇西部真实村庄宅基地为基底，以实地调研总结出的四种家庭情况为依据。

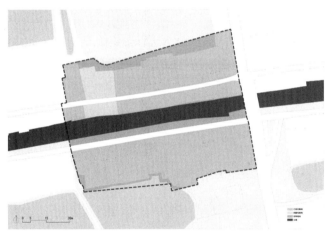

图8　分户模型现状用地图

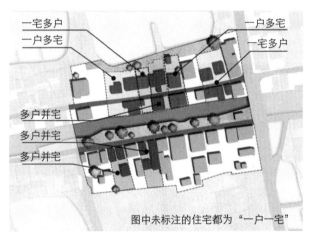

图9　现状建筑及权属情况示意图

6.2.1　情况1"一户一宅"

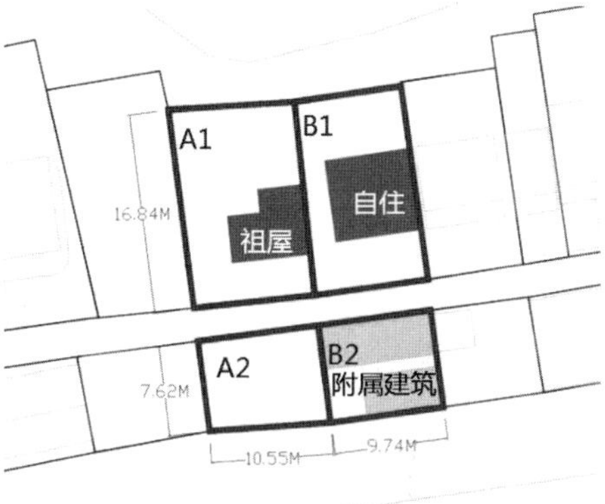

"一宅一户"模式说明 阶段1				表5-1
地块	宅基地面积	建筑属性	建筑面积	建筑质量
A1	178.4m²	祖屋	35.1m²	差
A2	83.6m²			
B1	157.0m²	自住	52.1m²	中等
B2	80.8m²	附属	56.6m²	中等

图10-1　"一宅一户"模式图 阶段1

一对夫妻及其子女一家四口现有两块宅基地，一块用于自住，另一块为继承所得，现已闲置。

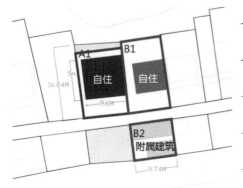

图 10-2 "一宅一户"模式图 阶段 2

"一宅一户"模式说明 阶段 2				表 5-2
地块	宅基地面积	建筑属性	建筑面积	建筑质量
A1	178.4m²	自住	360m²	好
B1	157.0m²	自住	52.1m²	中等
B2	80.8m²	附属	56.6m²	中等

近期，由于子女分户需求，可通过"有偿退出"的方式将闲置宅基地 A2 地块归还于村集体，并且按照"以房换房"的政策，翻盖祖屋。

图 10-3 "一宅一户"模式图 阶段 3

"一宅一户"模式说明 阶段 3				表 5-3
地块	宅基地面积	建筑属性	建筑面积	建筑质量
A1	178.4m²	自住	360m²	好
B2	157.0m²	自住	120m²	好

远期，由于旧房改造需求，可通过"有偿退出"的方式将闲置宅基地 B2 地块归还于村集体，并且按照"以房换房"的政策，在 B1 地块上翻盖现有自住房。

　　该户村民分别通"有偿退出"和"以房换房"的方式，解决了子女分户的问题，同时也改善了居住条件，人均宅基地面积从原来的 124.9m² 降至 38.75m²，但人均建筑面积则增加了近 40m²。村集体在获得了建设用地指标的同时，增加了土地的使用效率。

6.2.2　情况 2 "一宅多户"

　　该户村民分别通"有偿退出"和"以房换房"的方式，解决了建筑面积不足，建筑质量较差的现状，同时，人均使用宅基地面积降低到 30m² 每人。村集体在帮助村民改善生活质量的同时，获得了建设用地指标，增加了土地的使用效率。

图 11-1 "一宅多户"模式图 阶段 1

"一宅多户"模式说明 阶段 1				表 6-1
地块	宅基地面积	建筑属性	建筑面积	建筑质量
A1	185.4m²			
A2	82.9m²			
B1	139m²	自住	47.6m²	差
B2	70.7m²	附属	11m²	差

一对老夫妻及儿子孙子三代五口人现住在 B1 地块，且家中没有其他宅基地。而其他村民的宅基地 A 以闲置多年。

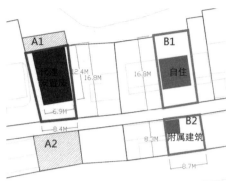

图 11-2 "一宅多户" 模式图 阶段 2

地块	宅基地面积	建筑属性	建筑面积	建筑质量
A1	150m²	代建	360m²	好
B1	139m²	自住	47.6m²	差
B2	70.7m²	附属	11m²	差

"一宅多户" 模式说明 阶段 2　　表 6-2

村集体按照"有偿使用"和"超标退出"的政策,取得宅基地 A 的使用权,并收回 A2 地块,同时,为老张一家预先建好安置房。

图 11-3 "一宅多户" 模式图 阶段 3

"一宅多户" 模式说明 阶段 3　　表 6-3

地块	宅基地面积	建筑属性	建筑面积	建筑质量
A1	150m²	自住	360m²	好
B2	139m²			

按"有偿退出"和"以房换房"退出原有 B2 地块,并以 B1 地块及建筑向村集体置换了 A1 地块及建筑,改善了居住条件。

6.2.3　情况 3 "一户一宅"

图 12-1 "一户一宅" 模式图 阶段 1

"一户一宅" 模式说明 阶段 1　　表 7-1

地块	宅基地面积	建筑属性	建筑面积	建筑质量
A1	272.7m²	自住	54.8m²	差
		附属	31.2m²	差

一对夫妻和儿子一家三口现有宅基地 272.7m²,且家中没有其他宅基地;自住房面积为 31.2m²。

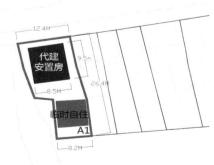

图 12-2 "一户一宅" 模式图 阶段 2

"一户一宅" 模式说明 阶段 2　　表 7-2

地块	宅基地面积	建筑属性	建筑面积	建筑质量
A1	272.7m²	代建安置	80m²	好
		临时自住	48m²	差

村集体按照"有偿使用"和"超标退出"的政策,为老李一家原址新建安置房。老李一家暂时住在后院临时建筑内。

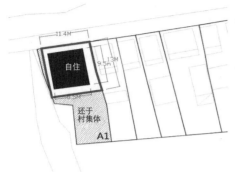

图12-3 "一户一宅"模式图 阶段3

		"一户一宅"模式说明 阶段3		表7-3
地块	宅基地面积	建筑属性	建筑面积	建筑质量
A1	150m^2	自住	80m^2	好

该户村民按"有偿退出"和"以房换房"的原则，将宅基地超出标准的部分还于村集体，同时搬进安置新房。

该户村民分别通"有偿退出"和"以房换房"的方式，解决了建筑质量较差的现状，人均建筑面积从10.4m^{2}提升至53.3m^2。村集体在帮助村民改善生活质量的同时，获得了建设用地指标，增加了土地的使用效率。

6.2.4 情况4"多户并宅"

这两户村民分别通"有偿退出"和"以房换房"的方式，解决了宅基地较小，建筑质量较差的现状，人均建筑面积增加了约50m^2。村集体在帮助村民改善生活质量的同时，获得了建设用地指标，增加了土地的使用效率。

图13-1 多宅并户"模式图 阶段1

		"多宅并户"模式说明 阶段1		表8-1
地块	宅基地面积	建筑属性	建筑面积	建筑质量
A1	138m^2	自住	30.6m^2	差
B1	157m^2	自住	30.4m^2	差
		附属	35.5m^2	差

两家各有三人，分别住在A1、B1地块，且两家都没有其他宅基地。

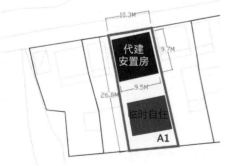

图13-2 多宅并户"模式图 阶段2

		"多宅并户"模式说明 阶段2		表8-2
地块	宅基地面积	建筑属性	建筑面积	建筑质量
A1	295m^2	代建安置	90m^2	好
		临时自住	70m^2	差

由于两户宅基地面宽都较小，因此，村集体按照"联排布局"和"超标退出"的政策，合并两家宅基地，并为其在原址新建联排安置房。两家6口人暂时住在后院临时建筑内。

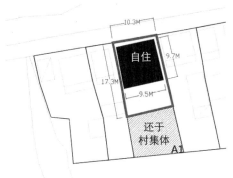

"多宅并户"模式说明 阶段3　　　　　表8-3

地块	宅基地面积	建筑属性	建筑面积	建筑质量
A1	180m²	自住	360m²	好

按"有偿退出"和"以房换房"的原则，将宅基地超出标准的部分还于村集体，同时搬进安置新房。

图13-3　"多宅并户"模式图 阶段3

6.3　分户模型模拟小结

通过模型模拟，该地块在旧村场"挖潜"后，在规整旧村场用地的基础上，可为村集体增加2422m²土地指标。村民也可通过"有偿退出"、"以房换房"、"以房换钱"、"联排布局"等方式，增加约68%的建筑面积。

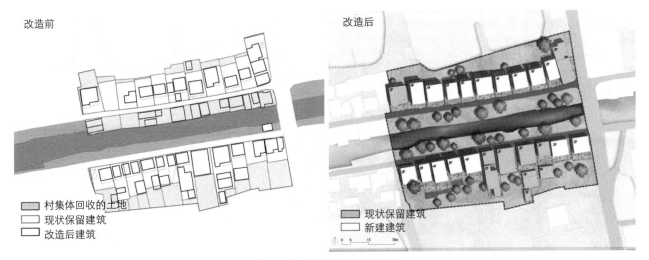

图14　分户模拟改造前后对比

分户模拟后宅基地面积变化　　　　　表9

	改造前（单位 m²）	改造后（单位 m²）		
	宅基地面积	宅基地面积	节约土地	节约比例
改造住宅	4341	2514	1827	42%
保留住宅	1913	1318	595	31%
总计	6254	3832	2422	39%

分户模拟后建筑面积变化　　　　　表10

	改造前（单位 m²）		改造后（单位 m²）			
	居民建筑面积		节约土地	建筑面积	增加面积	增加比例
	建筑面积	其中违建				
改造住宅	1470	487	1827	3880	2410	164%
保留住宅	1839	145	595	1694	−145	−7%
总计	3309	632	2422	5574	2265	68%

6.4 远期宅基地规划策略—以三龙村为例

近期新增村场在 2017 年前未使用的宅基地，仍可在 2017 年后使用，但不得再次新增。除此之外的远期新增分户和拆旧建新需求，主要通过旧村场内"挖潜"提供用地，主要有以下两条途径：

（1）原址进行旧改重建

对于分户家庭，若原宅基地尺寸支持一宅两户，鼓励其在原宅基地进行旧房改造，建筑面积适当放宽，并根据新建房屋的面积提供较高的财政补助。

对于仅是拆旧建新的家庭，鼓励其在原宅基地进行新建，并根据新建房屋的面积提供中等的财政补助。

（2）利用闲置宅基地置换

对于分户家庭，若愿意在新的宅基地上一宅两户（取得新宅后清退原有宅基地），则建筑面积适当放宽，并根据新建房屋的面积提供较高的财政补助。若仍按传统分户后一宅一户，则不提供财政补助。

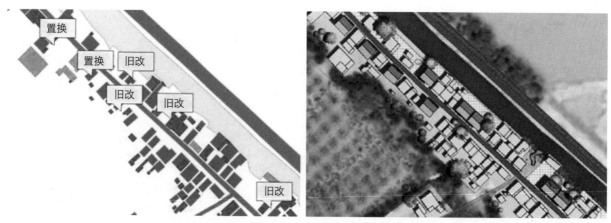

图 15 三龙村部分村场"挖潜"前后对比

7 宅基地"减量规划"实施建议

7.1 实行公开、公平、公正的实施原则

按照公开、公平、公正的原则，鼓励集约节约用地，并优先为愿意按照集约节约原则建设自家住宅的村民提供宅基地（包括先行建设和先行选择），并给予其财政上的补贴。

7.2 实行按年有序的建设实施计划

按年度有序公布建设计划，由村民上报后审核，公布建设主体，选址情况，建筑方案，获得补贴数额。通过公开信息，让更多村民愿意按照集约节约用地的原则建设，并愿意主动清退多余的宅基地。

7.3 实行一宅两户优先的实施优惠

符合正常分户条件，但愿意实施一宅两户的居民，应给予各种优惠政策：

（1）优先安排，优先选择宅基

一宅两户居民优先安排落户并优先选择宅基地，其余居民应等当年一宅两户居民全部安排后方能安排。

（2）宅基地面积放宽

一宅一户居民原则上按珠海市户均宅基地标准提供宅基地，一宅两户居民可酌情增加不超过在标准 20% 的土地面积。

（3）建筑面积放宽

一宅一户、一宅两户居民原则上新建住宅建筑面积不得超过珠海提供的民房建筑面积标准。但为突出政策鼓励性，一宅两户居民所建民房建筑面积可适当放宽，额外放宽的部分可用于出租，增加财产性收入。

（4）对新建房屋的财政补贴

对于各类一宅两户居民（包括新村场、旧村场）的新建住宅。但补贴仅限于建筑面积符合珠海市农民建房标准的部分，超出部分不给予补贴。

7.4 推进清退闲置旧宅基

（1）清退闲置旧宅基的标准和原则

对于各类在规划期内实施分户，拆旧建新等建设行为的家庭，除对新建宅基地（包括新村场用地和旧村场内重新利用的闲置宅基地）实施严格的面积管理外，同时对分户后仍保留原宅基地的（如子女分户新建，父母仍居住在原宅基地），要实施确权和清退，按照珠海市统一标准，将原宅基地的超标部分退出，用于还耕或新的建设。

若该家庭另外有闲置宅基地或闲置祖屋的，原则上利用其拥有的闲置宅基地或闲置祖屋进行分户建设，或在其主动清退闲置宅基地或闲置祖屋后，再对其进行供地。

不完成闲置宅基地或闲置祖屋清退，或原有宅基地超标部分不清退的，不予供应新的宅基地。

（2）清退闲置旧宅基的补贴标准

配合进行闲置宅基地或闲置祖屋清退，或原有宅基地超标部分清退的，根据清退宅基地和其上祖屋的实际面积，给予适当的经济补偿。

对于愿意在原址进行拆旧建新的家庭，除超标宅基地清退补偿外，原拆除部分新建部分实施根据面积可分别进行清退补偿和建房补贴。

8 结语

由于宅基地牵涉到每户农民的切身利益和村庄发展，因此相比与一般的村庄规划，宅基地规划应更贴近农村的实际，更多从农民的角度出发，在政策法律允许的范围之内，最大限度的保障农民的利益，从而保证规划的落地。本次规划通过近远期策略，在分步骤解决农民分户问题的同时，调整村庄布局，提高土地利用率，达到宅基地"减量"的目标。然而，在实际操作过程中仍会存在很多问题，比如土地确权，村庄建设用地指标不能满足近期分户需求，村民不予以配合等。因此，政策和具体实施细则的制定将是规划实施的最基本保障，除此之外，在操作过程中，也需要根据实际情况，不断地与村民、村两委和有关部门沟通协调。

主要参考文献

[1] 关于进一步提高本市土地节约集约利用水平的若干意见.上海市人民政府，2014.

[2] 关于进一步完善本市农民宅基地置换政策的意见.上海市人民政府，2014.

[3] 广东省名镇名村示范村建设规划编制指引（试行）.广东省住房和城乡建设厅，2011.

[4] 广州市村庄规划编制实施方案，2013.

[5] 关于进一步我市村民建房管理意见.珠海市人民政府，2012.

[6] 珠海市人民政府关于"两违"整治中村民（被征地农民）建房若干问题的意见.珠海市人民政府，2014.

How to Realize the Reduction Planning of Homestead by the Village Planning : A Case Study of Village Planning in Lianzhou Town, Zhuhai

Tang Li   Zhan Xiaojie

Abstract : Under the background that our country puts forward to control the total amount of new construction land, in rural areas, the shortage of construction land and the farmers growing household demand formed a huge contradiction. Therefore, it will be the focus of future researches in rural construction planning that how to maintain the sustainable development of village in the case lack of construction land, to solve the homestead problem and achieve the objectives of the intensive use of land. In this paper, we will take " happy village planning and construction in the west area of Lianzhou town in Zhuhai city in 2014" for example, to explore the homestead reduction "planning" policy guidance and operation method of Zhuhai agricultural village from the actual situation of the base and combined with the modes and experiences of Shanghai, Zhejiang and other province in the homestead planning operation. We will meet the villages' demand of new household by the Adjustment and integration of construction land plaque in the general plans for the land use for the near term. We have Established four kinds of models that solving the farmers household demands by maximizing the potential, to activate the stock land and promote the land use efficiency.in this way, we will achieve the objective of the village homestead "reduction planning", on the basis of without increasing construction land In the long-term.

Keywords : pure agricultural village ; homestead ; intensive land use ; reduction planning

基于公共空间梳理与公共设施建设的乡村更新实践
——浙江郭吴村的经验*

贺勇　王竹　金通

摘　要：以浙江郭吴村的建设实践为例，探讨在有限的资金以及时间之下，如何从公共空间的梳理和公共设施的建设入手，逐步从内在提升乡村的居住环境品质，带动乡村产业的转型，促进社区的凝聚力，培育具有新地方性的建筑风貌。

关键词：郭吴村；公共空间；公共设施；乡村更新；新地域主义

1　背景与问题：乡村建设中的多头管理、重复建设、表面工程

乡村聚落更新是一个复杂的过程，其经济转型、社会重构、建筑再造、生态保护等彼此关联，只有整体、联动的思考与应对，方可使乡村获得健康、可持续的发展。基于详尽的调研与分析，拿出一个全面而完整的规划是可能的，也是相对容易的，但是限于有限的资金以及时间，建设起来却难以整体推进。比如现在由农办、住房和城乡建设部、文化部、财政部等分头实施的"美丽乡村"、"农房改造"、"保护与利用"、"传统村落"等多个乡村建设的项目，其提供的资金不多，建设周期也很短，在这样一种多头管理、资金有限、建设时间有限的背景之下，于是很自然地产生多头规划、缺乏协调、重复建设、注重显示度的表面工程等诸多问题。面对这样一种复杂的现实，乡村建设该如何进行、特别是如何将不同渠道的资源整合到一起，避免实施过程中各种布景式的奇异现象[1]，带给乡村良性的发展，是一个迫切需要研究的课题。

在当下的乡村建设中，因为不同部门的要求以及各具体项目的指向性，在物质空间形态层面的建设多集中在以下3个方面：

1.1　农居

乡村农居风貌的混杂与无序是一个不争的事实，引起各方的高度重视也极其自然。但是对于量大面广的农居，在有限的资金之下，政府所能做的也通常就是给墙体刷刷涂料、改改门窗，风貌在短时间内是统一了，可是好景不长，由于墙面变脏，或居民乱搭乱建，结果村子面貌相比以前可能更加混乱，而且更为糟糕的是，通过这样一个过程，很多居民养成了"等、靠、要"的思想与习惯，房子主体完工后，故意不粉刷，形成所谓的"赤膊墙"，等着政府给他们买单建设。

1.2　重要节点、道路、水体等沿线景观整治

为了将相对分散的村子连点成线成片，各类景观"廊道规划与建设"也在乡村中非常流行。其重点在于廊道沿线的建筑、景观以及一些重要节点，其优点是能迅速提升廊道沿线的景观展示效果，方便检查验收，但由于与聚落本身以及村民的日常生活缺乏紧密的联系，所以这些建设通常会沦为表面工程。

1.3　公共空间与公共设施

该类工程对于村庄的健康有序发展有着非常重要的作用，但往往由于投入大、维护成本高，地方政府往往不愿

---

* 基金项目：国家自然科学基金资助项目（51178410，51238011）。

贺勇：浙江大学建筑系教授
王竹：浙江大学建筑系教授
金通：浙江大学建筑系硕士研究生

意进行这类工作，如果再碰上因征用一定的土地需拆迁安置部分村民，工作起来则更加困难。

笔者认为，政府买单的农居风貌整治不可为（因为民居发展与建设的自身规律与属性）；表面工程化的景观建设不宜为；公共空间与设施的建设却应大有可为，这是政府可以做、也应该做的事情。其具体有以下几个方面的原因与意义：政府的职责原本就应提供公共服务；公共空间与公共设施的建设和完善对于乡村环境发展以及居民日常生活质量的提高具有关键性的作用，因为它是在结构性的层面提升乡村居住与生活环境的水平；公共空间与设施的逐步完善，会引导乡村产业的转型、促进社区精神的培育，塑造具有新地方性的建筑风貌，从而带给乡村长远、健康的发展。

浙江安吉县鄣吴镇鄣吴村以公共空间的梳理以及公共设施建设为主的做法可以给我们提供一些经验与启示。

2 鄣吴村的更新实践及其经验

鄣吴村是吴昌硕的故乡，其核心区有500余户、1800余人。保留下来的老房子很少，绝大多数房子都是1980年以后建造的，但是其历史上由"八府九弄十二巷"以及穿村小溪构成的空间格局却相对完整地保留了下来，农居也维持着高密度的紧凑状态，所以该村依然显示出一种比较强烈的传统风貌特色。自2000年以来，当地政府一直在进行该村的保护、更新与发展的工作。早期以吴昌硕故居的修复保护为重点，之后着手"八府九弄十二巷"街巷空间以及水系的梳理，最近几年则着重相关公共设施与建筑的建设。笔者自从2010年以来介入该村的规划与建设，陆续完成了其保护规划以及垃圾站、公交站、书画馆、社区中心、公厕等多项公共建筑与设施的设计，也经历其建设的全过程，深刻感受到了这一过程带给全村的积极变化。

具体从以下三个方面进行阐述：

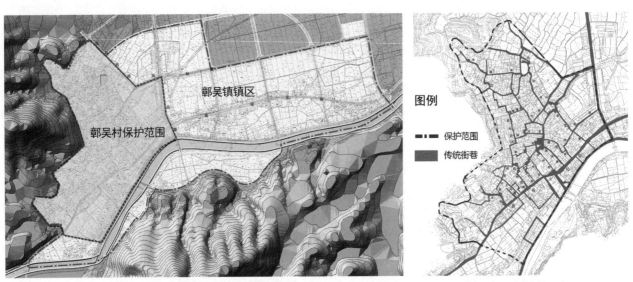

图1　鄣吴村核心区范围（即保护范围）　　　　　　图2　鄣吴村的街巷空间

2.1 公共空间的分析与梳理：基于既有空间格局保护与发展的策略

"八府九弄十二巷"及穿村小溪是鄣吴村最具特色的外部空间，毫无疑问，也是鄣吴村历史保护与发展的基础，这一空间格局必须很好的保护、延续下来。然而，空间是生活方式的映射，当下的生活方式相比传统社会已经发生了根本性的变化，那种内向、封闭、高密度的传统空间模式再也无法满足当下现代社会生活的要求，所以也有必要使其变得适当开放、多元，并引入更多的绿化，使得外部空间转化成可以满足、激发公共生活的公共空间。

在过去30余年的发展历程中，鄣吴村的中心经历了"南移"、"西迁"、"回拽"等多个阶段，接下来我们期待鄣吴村和鄣吴镇这两个中心之间能获得动态、平衡发展，不过，这还有待于时间的检验。不同于那些曾经有过许多大户人家的富裕乡村，鄣吴村没有书院、祠堂这些公共建筑（这与太平天国时期鄣吴村受到了毁灭性的破坏也有关），所以在村中老人们的记忆中，鄣吴村最热闹的地方（他们心目中的村中心）曾经位于其几何中心，也就是现存的余氏门楼这里。后来村庄不断向南扩展，特别是随着吴昌硕故居的修复以及沿河道路的拓宽，中心南移到吴昌硕故居前的广场。之后随着昌硕文化街以及鄣吴镇的建设，鄣吴村的中心开始西迁，并且这一趋势还在逐渐加剧。中心的移动是一个复杂、也是一个十分有趣的事情。其位置的改变与该地方的可达性、设施的水平、景观的质量等都有着密切的关系。在鄣吴村的案例中，经过观察与分析，我们发现其中心的改变主要是因为新的道路以及街巷的出现，改变了原有的道路格局以及公共服务与商业设施水平。中心的偏移往往也意味着远离中心区域的衰落，修谱大屋、金家大屋的颓败就是明显的例子。在鄣吴镇新区还未完全建成的情况下，如何将鄣吴村的中心适当往西侧回拽，使得老村和鄣吴镇中心之间能保持一个动态的平衡，是一个关系到鄣吴村长远能否健康发展的重要问题。具体措施为下几个方面：①可达性的提升：一方面针对村内的街巷空间进行梳理，使之在维持原来基本格局的情况下，尽可能通畅，主要街巷可以通行小型三轮农用车；另一方面借助空间句法的分析方法以及实际的调研，在部分区域增设街巷，以改善那些区域的通达性，具体详见空间句法分析（图6-8）。②进一步保护、修复昌硕故居，保持并挖掘这一省级文保单位的核心价值与魅力。③在核心区增设一些重要的公共设施：将一些老房子改造或重建，提升公共设施及其服务水平，吸引更多的本地人和外来人在此居住、生活、游憩，从而维持并提升乡村空间的活力。

2.2　公共空间的整合与配置：基于资源整合以及培育未来产业发展潜力的目标

基于良好的生态环境、吴昌硕故居、传统制扇等这一独特的自然、人文以及产业特色，鄣吴村未来的发展定位为人文旅游和文化产品加工为主的城镇型村庄。目前鄣吴村的产业主要还是以农、林、竹扇加工为主，如何逐渐转

  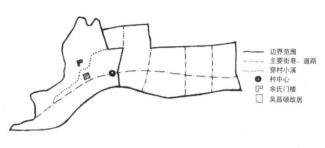

图3　鄣吴村1978年以前的　　　图4　鄣吴村2000年的中心：　　图5　鄣吴村现在的中心：向西侧的鄣吴镇中心位置迁移
　　　中心：位于老村几何中心　　　　　 向南偏移

图例：
— 边界范围
-·- 主要街巷、道路
······ 穿村小溪
● 村中心
⚑ 余氏门楼
▢ 吴昌硕故居

图6　鄣吴村（2000年）空间整合度：整　　图7　现状空间整合度：整合度最高的区　　图8　调整后的空间整合度：整合度最高
　　　合度最高（即颜色最暖）的区域是吴昌硕　　　域已经偏向了西侧的鄣吴镇中心位置　　　的区域重新回拽到吴昌硕故居之前
　　　故居之前的部分

向休闲旅游以及文化产业？如何实现政府引导、村民自主积极参与的目标？这些都是鄣吴村在现阶段的发展过程中所面临的挑战，针对这一问题，鄣吴村提出并实施了以公共空间的整合和公共设施的配置为着力点的思路与方法。

首先，在大量的分析基础之上，基于资源整合、引导和培育未来产业的发展潜力，针对鄣吴村的发展提出了"一街、一带、一环、多片"的公共空间、公共设施的整合、布局模式："一街"指昌硕文化街，昌硕文化街是鄣吴村内最重要的交通道路，与村内多条街巷相交，同时也是该村商业、文化活动的中心，吴昌硕故居、胡氏民居、扇子博物馆、竹扇加工展销店等都分布在街道两侧。"一带"指穿过鄣吴村中心区的小溪滨水带，这一带上的水系与街巷相互交融，形成独特的滨水空间，也是展现鄣吴村特色街巷空间与村民日常生活的重要场所。"一环"指以吴昌硕故居为中心向外扩展的一条环状街巷空间系统，通过它将鄣吴村的各个重要景观节点有效串联在一起。"多片"这是指由"一街"、"一带"、"一环"所划分形成的不同片区。其中一环以内的区域为开放型居住组团，游客活动及各种公共文化设施主要分布在这些组团内。其他部分为内向型居住组团，旅游活动相对较少，以保证居民的正常生活不被过度打扰，从而平衡发展旅游与保证居民日常安宁生活之间的关系。

图9 鄣吴村公共空间系统

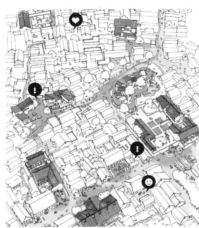

图10 鄣吴村公共空间营建示意

图11 鄣吴村核心区公共设施布局

归纳其公共建筑与设施的布局特点，可以概括为：规模小、分布散、内在系统性强。规模小，可以使得建筑的投资少、布局灵活、用地宽松，在实际建设中很容易操作，建成后的建筑可以很好地融入原有的街巷空间与肌理；分布散，可以使得这些公共设施相对均衡的置于村落之中，如针灸般激发不同部位的活力，同时也使居民有平等的机会享用这些设施；内在系统性强，是指这些设施在功能相互支撑，在交通上相互联系，在风格上相互呼应，在管理上相互统一，从而构成公共空间的结构骨架系统。

在道路及街巷、水系空间梳理之后，鄣吴村在其核心区则着手进行并已经完成了昌硕故居的保护、扇子博物馆（由原大队部改造而成）、书画博物馆（危房拆后重建）、海报博物馆（改造＋部分新建）、公厕等项目。在其外围地区则建成了公交站、垃圾处理站等项目。已建好的一些公共设施（如书画馆、海报馆、扇子博物馆等）由政府和企业共同组成的文化公司来统一经营。随着政府各类乡村建设资金的投入，鄣吴村将陆续完成其他一些弘扬吴昌硕诗、书、画、印的文化展示以及休闲旅游设施建设，并引导、资助村民开办餐饮、客栈等，从而最终完成乡村产业的成功转型。从现在已经完成的项目来看；

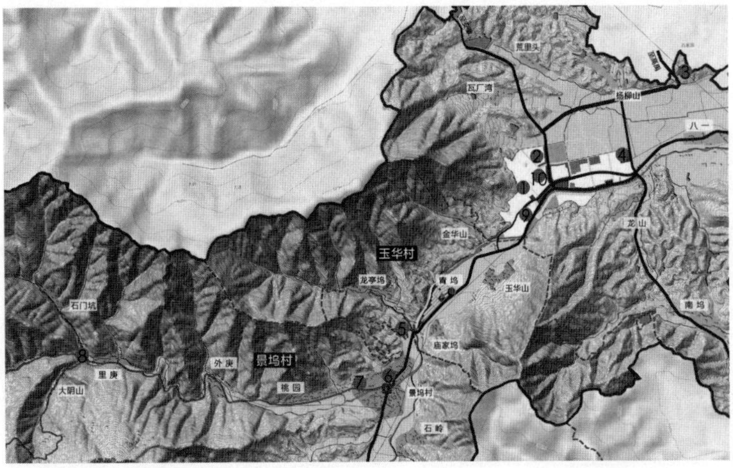

图12 鄣吴村核心区及外围区域已经完成的部分公共设施位置示意
（1- 书画博物馆；2- 公厕；3- 垃圾处理站；4- 公交站；5- 公厕；6 旅游接待中心；7- 社区中心；8- 小卖店；9- 扇子博物馆；10- 海报博物馆）

其效果是非常显著的，不仅明显提升了乡村公共设施及其服务水平，也进一步梳理了乡村的公共空间，改善了景观环境，极大地方便了村民的日常生活，也吸引了越来越多的外来游客。

2.3　公共建筑的设计与建造：基于新地方性的建筑风貌

在传统村落里建房子，建筑风格是一个回避不了的话题，或传统，或现代，或折中，这是通常采用的三种模式。但是在郭吴村的建筑实践中，我们试图越过形式与风格，将建筑活动拉回到民居建造的本源，即作为对于场地与生活方式的真实、直接、经济的应对[2]。所以我们选择当下普遍、常用的材料，依托地方工匠与村民，边施工、边修改，直到找到大家都普遍接受的建造方式（我们将此称作非正式的设计建造模式）。在郭吴村核心区的新建筑，在形体尺度与色彩上与传统建筑相呼应，但不拘泥于传统的风格与样式，强调街巷、廊道、小广场等这类公共空间的创造，建筑形体本身退居背后（在一个高密度的乡村聚落里，也很难呈现一个完整的建筑形体），给人感觉建筑原本就存在那里，而不是经过建筑师的刻意设计。在郭吴村外围的新建筑，其形式、材料、色彩的选择则更加自由、灵活，努力表达出当下的地方精神：工业化与手工混杂、简约、经济、高效。对于一个乡村而言，风貌统一固然是一种美，但是具有不同时代特征的建筑并置在一起，只要它们被整合到统一的公共空间与结构系统之中，或许会更有魅力，因为这种多元与混杂顺应了生活的要求，也反映了时代精神。

3　结语

乡村聚落的建设与发展，是一个自发、自主的过程，就其单体民居的建造方式，拉普普特早有论述，是一个"模式＋调适"的过程[3]。也就是说，不可能通过几套通常的民居图纸，就可以引导出具有地域特色的民居建筑及其村落。建筑师设计出来的，只能是"房子"，而非民居，因为民居本质上是长时间之下的居民的集体认同与自觉遵守的"类型"，而不仅是某种固化的符号与形式。所以从某种程度上说，乡村建筑是不可"画"的，这也是为什么那么多

1. 书画博物馆

2. 公厕（即将完工）

3. 垃圾处理站

4. 公交站

5. 公厕

6. 旅游接待中心

7. 扇子博物馆

8. 小卖店

9. 社区中心（设计中）

图 13　郭吴村及其周边公共建筑

的精美图纸难以在乡村落地的根本原因。在当下多个部门"混乱、无序"的过分关注乡村建设的现实背景下，郭吴村关注公共空间，从公共设施入手，逐步推进，以此来引导产业的转型以及民居的建设，或许不失为一条适宜的方式。在这个过程中，建筑师的工作方式也是一种社区建筑师的状态，以引导而非主导的方式，深入乡村聚落与社区的内部，与当地政府部门、村民合作讨论，不断修正、调整方案，参与实施全过程，从而促进乡村新的地域风貌的形成。最后如果要用几句话来概括郭吴村在公共空间与设施建设方面的经验，可以归纳如下：规模小，但如针灸般激发周边地段活力；布局分散，但彼此关联、构成系统；风格延续文脉，但创造一定差异；非正式的建造方式，尊重地方习惯与经验；运营中利用市场，但权属与利益归于社区。

（注明：文章中所有图片均为作者绘制或拍摄）

主要参考文献

[1] （法）居伊·德波著.景观社会[M].王昭风，译.南京：南京大学出版社，2007.

[2] 贺勇，孙炜玮.乡村建造作为一种观念与方法.建筑学报，2011（4）：19.

[3] （美）阿摩斯·拉普普特著，宅形与文化.常青等译.北京：中国建筑工业出版社，2007.

The Practice and Experience Based on the Construction of Public Space and Public Facility—with the Case Study of Zhangwu Village Regeneration in Zhejiang Province

He Yong   Wang Zhu   Jin Tong

Abstract：With the case study of Zhangwu village in Zhejiang Province，this paper explores the experiences of how to regenerate a village through the construction of public place and public facilities under the present situation of limited fund and time. The authors think this process can also improve the living environment quality and the community coherence，promote the transformation of the economy style and the born of new vernacular building.

Keywords：zhangwu village；public space；public facility；village regeneration；new vernacular building

乡村闲置公共建筑与环境的功能再生
——以浙江省黄岩区屿头乡沙滩村为例

杨贵庆　开欣

摘　要：当前城乡建设用地资源紧缺，但乡村中仍存在着不少低效的闲置用地。本文提出对乡村闲置公共建筑与环境进行功能再生的规划理念，积极有效地利用 20 世纪 60、70 年代遗留下的人民公社闲置集体建筑和用地。由于其土地产权归政府所有，建筑质量较好，文化景观价值较高等原因，该理念具有可实施性与积极意义。同时，以浙江省台州市黄岩区屿头乡沙滩村太尉殿周边街区为例，将一系列闲置建筑进行改建，带动整个街区的环境功能再生。对街区内的兽医站和原乡公所的改建进行深化设计，并介绍实施情况。总之，该理念倡导把废弃的建筑和土地资源转化为乡村规划建设发展的重要契机，体现节能、省地的可持续发展思想，为乡村民生设施建设提供了广阔天地。

关键词：乡村；闲置公共建筑；功能再生；浙江省；黄岩区屿头乡沙滩村

1　问题的提出

当前我国城乡发展在"新型城镇化"的目标指引下，更加注重可持续发展的理念。[1]随着城市和乡村的发展，城乡建设用地资源越来越紧缺，国土资源部也下发《关于推进土地节约集约利用的指导意见》，明确要求严格控制城乡建设用地规模，实行城乡建设用地总量控制制度。[2]中央经济工作会议也提出，坚守 18 亿亩耕地红线仍为 2014 年经济工作的首要任务。[3]但在建设用地如此紧缺的同时，乡村中仍存在着不少低效的闲置用地。不少村庄在未充分了解村庄用地现状的情况下，盲目的新增建设用地用，或将闲置的建筑拆除并新建，这种做法其实是一种对资源的浪费。因此，下文将提出对乡村闲置公共建筑与环境进行功能再生的规划理念，为解决上述问题提供一种新的规划思路。

2　规划理念

在对浙江省黄岩区屿头乡的村庄进行调研时发现，各个村庄中都分布着一些废弃的公共建筑，它们大多被闲置，或是被临时的工厂占用。①这些建筑建于 20 世纪 60、70 年代的人民公社时期，人民公社改革了传统的农村生活方式，形成了高度组织的集体生活，并提供了各种福利设施（如卫生院、粮站、供销社等）。因此，当时的村民们对于乡村公共建筑的建设投入了极大的热情，遗留下的公共建筑的质量也相对较高。

随着社会经济的变化，公社建筑曾经的功能已经无法适应现在的需求。对这些公共建筑进行功能再生存在着以下几个方面的积极意义。首先，乡村公共建筑的产权归政府所有，将其进行功能再生不存在向农民征地的问题，因而具有较高的可操作性；其次，由于特定的社会背景，这些公共建筑的质量较高，区位可达性也相对较好，具有进行功能再生的价值；同时，这些公共建筑体现了高质量的砌砖工艺，具有很好的观赏和使用价值，有助于形成独特的、反映地域特色的文化景观。因此，倡导乡村闲置公共建筑与环境的功能再生的规划理念，推进了乡村整体空间环境的改善和梳理更新，避免了大规模的新建和资源浪费，同时充分挖掘闲置建筑的使用价值，并成为一种独特的、可持续的传统文化景观风貌。该规划思路体现了节能、省地和可持续发展的理念，在全国范围内具有一定的适用性。

杨贵庆：同济大学建筑与城市规划学院教授、博士生导师

开欣：同济大学建筑与城市规划学院在读研究生

---

①　2014 年 1 月 ~ 6 月，笔者对浙江省台州市黄岩区屿头乡的村庄进行了调研。

3 规划案例——浙江省黄岩区屿头乡沙滩村太尉殿街区

3.1 现状

沙滩村位于浙江省台州市黄岩区屿头乡的东南部,东连大丘头、南接屿头村、西毗石狮坦村、北邻上凤村(图1)。沙滩村属于屿头乡集镇的一部分,是屿头乡乡政府所在地,距黄岩城区30km。沙滩村区位条件良好,是黄岩区屿头乡西部山区的重要集散中心。沙滩村村域面积191.3hm²,下辖一个自然村东坞村。沙滩村位于长潭水库上游,乡域主要溪流柔极溪穿村而过,自西北向东南注入长潭水库(图2)。截至2012年,按户籍人口为1097人,308户;常住人口为952人,267户,18个村民小组,拥有劳动力714人。沙滩村村域多山,属亚热带季风气候,气候条件优越。常年主导风向为东南风和东北风。[4]

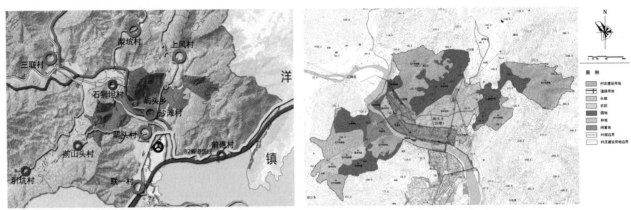

图1 沙滩村与邻近村庄关系   图2 沙滩村村域用地现状图

(资料来源:《浙江省台州市黄岩区屿头乡沙滩村美丽乡村规划》,设计单位为上海同济城市规划设计研究院、浙江省台州市城建设计研究院、台州市黄岩区屿头乡人民政府,2013.)

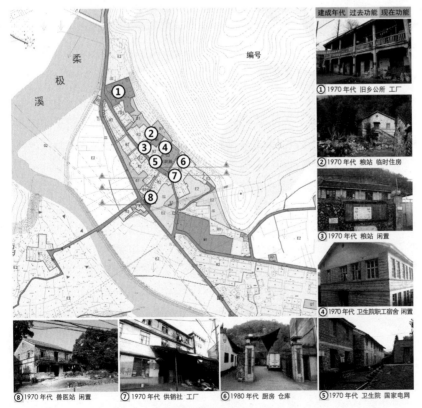

太尉殿街区位于沙滩村村庄的西北部,街区历史文化底蕴深厚。街区内分布着一系列人民公社时期遗留下的公共建筑(图3),如20世纪70年代的乡公所、粮站、卫生院、供销社、兽医站等[5],至今保留完整,建筑质量良好,多为砖木结构,框架结实,外墙是直接由砖墙砌成的清水墙面,具有很好的观赏和使用价值。但现在大部分被闲置或作为工厂使用。这些旧建筑的用地面积共约0.7hm²,建筑面积共约5600m²(表1)。

图3 太尉殿街区闲置公共建筑现状分布图

太尉殿街区闲置公共建筑信息表　　　　　　　　　表1

编号	建筑年代	过去功能	现状功能	建筑结构	用地面积（hm²）	建筑占地面积（m²）	建筑层数（层）	建筑面积（m²）
1	20世纪70年代	乡政府所在地（邮政局、信用社、广播站）	工艺品厂	砖木结构	0.22	833	2	1666
2	20世纪70年代	粮站	村民临时住房	砖木结构	0.04	207	2	414
3	20世纪70年代	粮站	闲置	砖木结构	0.06	234	2	468
4	20世纪70年代	卫生院职工住宿	闲置	砖木结构	0.06	302	2	604
5	20世纪70年代	卫生院	国家电网	砖木结构	0.04	184	2	368
6	20世纪80年代	厨房	仓库	砖混结构	0.12	862	1	862
7	20世纪70年代	供销社	工厂	砖木结构	0.08	333	3	999
8	20世纪70年代	兽医站	闲置	砖木结构	0.05	115	2	230

（资料来源：黄岩区屿头乡基础资料汇编.上海同济城市规划设计研究院，2013）

3.2　规划

3.2.1　功能定位

沙滩村太尉殿街区拥有底蕴浓厚的历史文化资源。太尉殿的建立是为了纪念少年英雄黄希旦奋力救火甚至牺牲自己的英勇事迹。太尉殿始建于宋代元贞乙未年（1259年），距今已有755年，如今的太尉殿是在原址上重建的。自太尉殿建殿以来，香火不断，威灵显赫耀四方，享誉台州大地，特别是椒江区、黄岩区、路桥区及临海一带，港、澳、台同胞也常来庙朝拜。除了已经形成的以"太尉殿"为中心的道教文化，该街区还是柔川书院的原址。因此，太尉殿街区承担着乡域范围内重要的文化功能。规划充分挖掘沙滩村的文化内涵，结合太尉殿，恢复柔川书院，引进著名老中医，继承传统中医养生文化，发展有地方特色的农耕文化，修缮更新1970、1980年代的旧建筑，形成包括道家文化、儒家文化、中医养生文化、农耕文化以及建筑文化的五大文化集聚示范区。

3.2.2　闲置建筑的功能再生

规划将这些旧建筑进行改建，注入文化功能，增加公共活动空间，带动整个街区建筑及环境的功能再生（图4）。将原乡公所内的工厂搬迁，改建为乡村旅社，提供餐厅、健身房以及住宿等服务，形成建筑文化区。原有粮站和卫生院为柔川书院的原址，规划植入书院功能，在此地进行儒家文化的宣扬教育，并举办各类文化展览，如书法、围棋、画展等，形成儒家文化功能区。将原有供销社和厨房内现有的工厂搬迁，改建为养生会馆和名医会诊室，引进著名中医，帮助游客与村民消除疑难杂症，调养经络，在继承传统中医文化的同时增加当地的经济收入，形成中医养生文化区。原有的兽医站则改建为旅游服务信息中心，并作为乡村规划展示厅使用，通过太尉巷直通向太尉殿，形成道家文化区。通过对闲置公共建筑的修缮与更新，使得村庄的文化功能有了合适的空间载体，并带动村庄整体的发展与产业转型。

3.2.3　周边环境

结合对闲置公共建筑的功能再生，以点带面，对太尉殿周边街区的整体环境进行梳理与更新。对原有闲置公共建筑的保留，也相应地保留了其小尺度的线型空间。传统建筑形成柔极街和太尉巷两条主要的步行道，两条步行道在太尉殿前交汇，在此规划社戏广场，形成宗教文化活动节点。由于内部的步行化，因此在太尉殿周边街区的南北两面各形成车行道环路，并配置四个小型停车场，以适应未来旅游集散的功能。规划疏通现有水系，使整个区域通过滨河步道串联。将原有坑塘水面扩大，形成太极潭和天云塘。水系作为景观的同时也起到排涝泄洪的作用。保留太尉殿周边街区的5棵明代古樟，并在古樟下形成广场供人们乘凉休憩。

3.3　深化设计

（1）兽医站改建及实施效果

据当地文献记载，兽医站曾为太尉殿供游人小憩的山房，于20世纪70年代改为兽医站。现状建筑整体完整，框架结实，外墙为砖砌清水墙面，简单勾缝，砌砖工艺灰浆饱满、砖缝整齐美观，作为重要的公共建筑之一，具有很好的使用价值和改造条件。

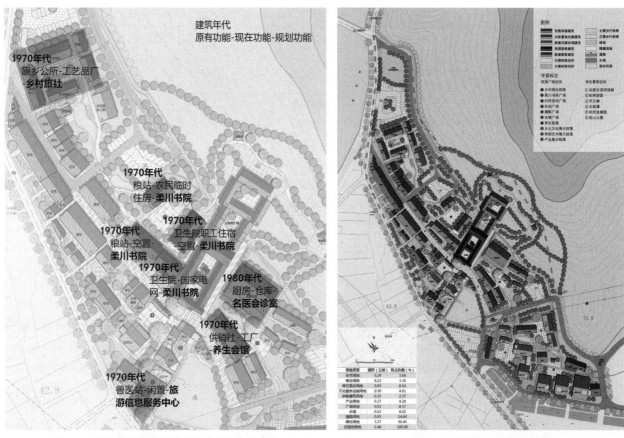

图 4　太尉殿街区闲置公共建筑功能定位示意图　　　图 5　太尉殿街区规划示意图

　　规划保留其建筑外立面及内部结构，在此基础上植入的新功能（图 6~ 图 11）。首先对其内部进行空间改造和结构修固，一层布置为展厅、游客信息咨询室和咖啡茶座室；二层布置为办公展示区和资料储藏室。该建筑近期作为同济大学美丽乡村工作室，远期作为黄岩西部山区旅游信息服务中心。同时结合建筑场地特征和植被特色对其周边

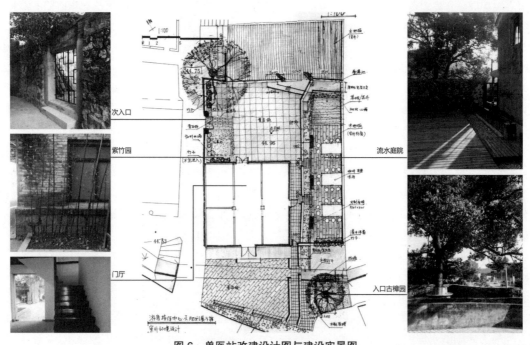

图 6　兽医站改建设计图与建设实景图
（资料来源：平面设计草图为庞磊手绘，照片为作者拍摄）

公共空间环境进行改造，注入新功能，重塑公共空间环境。例如，结合建筑入口东南面的古樟周边环境整理，将地面以当地的卵石重新铺砌，古樟周边加入木制座椅提供游憩空间，形成别致的入口院落空间，成为空间景观焦点；利用原有猪槽进行改造，增加地被与花木的种植，形成景观花坛等。

（2）原乡公所改建

原乡公所位于沙滩村村庄北部，曾包括邮电局、信用社、广播站等功能，是村口的重要景观节点，建筑质量良好。乡政府搬迁后，便被明鹿工艺品厂占用，室内外环境杂乱（图12~图14）。规划将工厂搬迁，保留原有建筑结构，植入公共服务及住宿功能，形成乡村旅社（图15）。西面建筑底层为招待厅、小卖店以及管理用房功能，二层为茶室、咖啡厅。东面为农家餐厅和蔬菜自摘体验园。南面建筑为住宿功能，配置单独卫浴。北面建筑一层作为阅览室和健身房，二层住宿功能，由于该建筑的结构不适合配置单独卫浴，因此在其东面加建澡堂。乡村旅社共新建两部电梯，旅社二层与茶室、咖啡厅通过连廊相通。通过水系梳理，形成中部的水景院落和西北部的水景花园。该规划目前仍在实施中。

图7　兽医站入口景观　　　　　　图8　兽医站叠水景观　　　　　　图9　兽医站二层阳台景观

改建前｜改建后

图10　兽医站改造前后建筑细节对比

改建前｜改建后

图11　兽医站改造前后室内空间对比

图12　原乡公所入口现状　　　　图13　原乡公所二层阳台现状　　　　图14　原乡公所内工厂现状

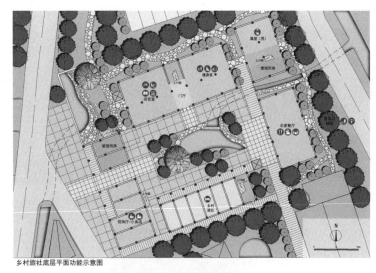

乡村旅社底层平面功能示意图

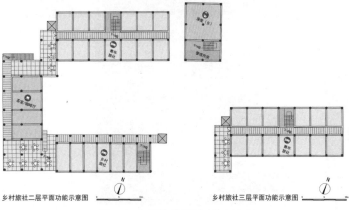

乡村旅社二层平面功能示意图　　　　　　乡村旅社三层平面功能示意图

图15　乡村旅社平面功能示意图

4　小结

"新型城镇化"背景下的乡村规划，更加强调绿色循环、低碳发展的体制机制，倡导因地制宜、就地取材等传统乡村文明的特征。通过对乡村闲置公共建筑与环境的功能再生，形成了独特的、可持续的文化景观，并解决如今乡村用地资源浪费、乡村规划地域风貌特色不足等问题。该方法积极有效地利用20世纪60、70年代人民公社的集体建筑和用地，把废弃建筑和土地资源转化为乡村规划建设发展的重要契机，体现节能、省地的可持续发展思想，为民生设施建设提供了广阔天地。

虽然该理念在沙滩村太尉殿街区得到了有效的实践，但仍存在一些不足。例如，目前仍缺少针对改造的相关技术与方法支撑。同时，为了提升环境的综合质量，还缺少相关的基础设施建设。另外，强调村民参与的乡村规划应成为更重要的意识。这样才能使乡村闲置公共建筑与环境功能再生的理念更好地提升乡村规划的质量。

主要参考文献

[1]　国家新型城镇化规划（2014-2020年）[R].新华社，2014.

[2]　国土资源部关于推进土地节约集约利用的指导意见.国土资发〔2014〕119号，2014.

[3]　中国要求坚守18亿亩耕地红线"解读"让农民成为体面职业.中国新闻网，2013.

[4]　浙江省台州市黄岩区屿头乡沙滩村美丽乡村规划.上海同济城市规划设计研究院，浙江省台州市城建设计研究院，台州市黄岩区屿头乡人民政府，2013.

[5]　黄岩区屿头乡基础资料汇编.上海同济城市规划设计研究院，2013.

The Revitalization of Abandoned Built Environment in Rural Areas
——A Case Study of Shatan，Yutou，Huangyan District in Zhejiang Province

Yang Guiqing　Kai Xin

Abstract : Despite shortages of construction land resources，abandoned built environment exists in many rural areas. This article encourages the revitalization of abandoned built environment，through the re-uses of rural public buildings that were built during farm communes periods from 1960s to 1970s. Because these buildings' are owned by the government，in good construction quality，with unique cultural landscape，the idea of revitalization is practicable. Based on the case study of Shatan village，Yutou township，Huangyan District in Zhejiang Province，revitalization projects for abandoned buildings and grounds are implemented in cultural functional zone. In the projects，the former local government and vet house have thorough reconstructions and the transformations of functions. Overall，revitalization of abandoned built environment provides an important opportunity for the rural development，which reflects the conservation of energy and land for sustainable development.

Keywords : rural Areas ; abandoned built environment ; revitalization ; Huangyan district in Zhejiang province

城郊型村庄"缝合"规划探讨
——以莱芜高庄街道坡草洼村庄规划为例

王雪　朱一荣　吴龙

摘　要：城乡结合部是城市建成区与广大乡村腹地相连接的部位，兼具城市和乡村土地利用性质的城市与乡村地区的过渡地带，普遍存在城乡土地交叉，居住生活交叉、行政管理交叉等城乡二元结构矛盾的问题。本文通过分析城乡结合部处村庄在新农村建设过程中出现的问题，以及分析中心城区对周边村庄的辐射带动作用，把"缝合"规划理念运用到坡草洼村庄规划中。其蕴含两方面的含义，其一，乡村与城区的缝合，融合相邻区域所共有的属性，加强与城区基础设施、公共服务设施的对接和共享；其二，村庄内部整治区、保留区和新建区之间的缝合，整合整个村庄的空间形态，重建其相互联系、通道与元素，在提升原有村庄空间质量的同时，还能挖掘乡村所具有的独特价值和多样性。通过村庄建设规划、产业规划和整治规划，满足村民居住、交通、就业、游憩等生活与生产需求，实现城与村"无缝隙式"衔接，从而化解城郊型村庄空心化、集中居住后乡村文化的缺失等严重问题。

关键词：城郊型村庄；缝合规划；村庄居民点建设规划；产业规划；整治规划

前言

近年来，从国家到地方均高度重视新农村建设工作，村庄规划作为新农村建设的重要指引，根据村庄类型和发展条件，提出差异化的规划引导，其中以"生态、绿色、安全"为主题的现代高效农业规划越来越受到国家和社会的关注。"拆旧建新"已不是山东乡村发展的正确出路，山东省政府拟定出台了《中共山东省委、山东省人民政府关于加强生态文明乡村建设的意见》文件。莱芜市政府积极推进乡村建设工作，规划建设 28 个"生态文明乡村建设示范村"，统筹推进村庄整治、基础建设、公共服务等，改善农村生产生活条件。坡草洼村作为此次乡村建设工作的一部分，其具有城郊型村庄特性，主要指位于中心城区边缘，可依托城区、镇区的带动辐射，呈现快速发展态势。

1　村庄现状概况

1.1　地理区位

坡草洼隶属莱芜市高庄街道办事处，位于莱城区东南 3km，办事处驻地东 1.5km 处。北靠汶河，隔河与凤城街道办事处大曹村相望，西为东汶南中心社区，东边是栗子庄和下台子村，南接榭林前村。地处鲁中山区，北有大汶河，东有汶河支流石棚河经过，南有山岭。地势南高北低，最高点 187.2m，最低点 176.5m。全年光照充足，四季分明，属于温带大陆性季风气候。农林资源丰富，土壤肥沃，水资源丰富，古有"港里、芦城、坡草洼，两亩好地在大下"的说法，适合种植玉米、花生、大豆、山药、土豆、大蒜、葱、姜等作物。但坡草洼地处压煤区范围内，属于采空塌陷易发区，地面不均匀沉降，造成房屋墙面开裂，道路不同程度的损坏，威胁村民的生命安全，亟需采取防护措施。

1.2　社会经济现状

坡草洼常驻村民有 530 户，总人口 1620 人，其中 60 岁以上人口数约为 390 人，占总人口数的 24%。2010 年莱芜市 60 岁以上老年人占总人口比重为 15.51%，坡草洼老年人口比重明显高于莱芜市的平均水平，老龄化状况严重。全村劳动力总数 950 人，从事一、二、三产的人口比例约为 3∶4∶2，主要从事工业生产、建筑行业。2013 年村

王雪：青岛理工大学建筑学院城乡规划在读研究生
朱一荣：青岛理工大学建筑学院副教授
吴龙：青岛理工大学建筑学院城乡规划在读研究生

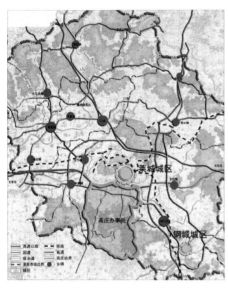

图1 高庄街道在莱芜市的位置

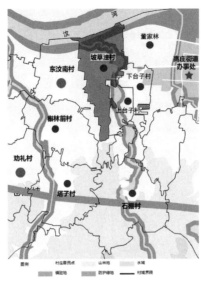

图2 坡草洼在高庄街道的位置

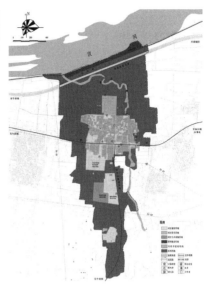

图3 村域现状图

民人均年收入 6589 元，低于整个莱城区农民收入的平均水平，其中年收入中，务农收入仅占 20%，外出打工收入占 66%。随着农村青年二代外出打工、少数人在城区购置房产，村内多以空巢老年、留守儿童居住为主，村庄空心化严重。

第一产业以花生、山药、姜、大蒜、葱和苗圃等农作物种植为主，但尚处于传统经营方式，集中度不足且附加值偏低，特色经营品种尚未形成。部分农林用地已外租，在鄂牛路以南形成苗圃种植区。现状产业青岛科建医疗器械有限公司、冷库厂、养鸭厂、石灰窑（停产）、烤烟厂（停产）自北向南的分布在鄂牛路以南的区域。但青岛科建医疗器械有限公司、冷库处于发展起步阶段，效益欠佳，年产值不稳定。但坡草洼具有良好的生态景观和区位优势，具有发展第一、三产业的潜力。

村庄企业现状一览表　　　　　　　　　　　　　　　　　　表1

企业名称	主要产品	用地面积（hm²）	建筑面积（m²）	年产值（万元）	职工人数（人）	本地职工数（人）	位置	备注
青岛科建医疗器械有限公司（国土用地）	医用产品	1.33	13000	200	50	45	村南	效益欠佳
冷库厂（国土用地）	冷藏产品	1.67	5667	45	25	25	村南	—
石灰窑（集体用地）	石灰石	3.4	—	—	—	—	村南	已停产
烤烟厂（集体用地）	烟叶	1.3	—	—	—	—	村南	已停产
养鸭场（集体用地）	生鸭	1.3	900	不稳定	6	6	村南	—

1.3 村庄建设现状

村庄居民点用地集中在村域中部，东西长 700m，南北长 500m，鄂牛路横贯东西，穿村而过。村域面积约 183.7hm²，其中村庄建设用地面积为 36.55hm²，人均建设用地约为 226m²/人；耕地面积 102hm²，人均耕地为 0.95 亩/人。南部主要是苗圃用地，北部是农作物种植区。总体来看，村庄建设现状存在的问题：人均建设用地过大，公共服务设施面积过小，其他非建用地不合理利用等。

公共设施方面，按照《山东省村庄建设规划编制技术导则（试行）》中基层村公共设施选配套标准。从现状可以看出：商业服务性设施已满足生活需求，但村委会、幼儿园建设面积较少、文化设施严重匮乏。

交通设施方面，村庄道路可分为村庄主干路、村庄次干路和宅间路。村内道路通行能力差是村民反映最多的问题，主要体现在道路系统性差、交通死角多；主要村道路幅过窄，最窄段仅两米，通行能力差；次要路、宅间路路面质量差；道路两侧环境杂乱，缺乏美观性等问题。

村庄现状用地统计表（根据《村庄规划用地分类指南》统计）　　　　　　　　　　表2

用地代码	用地名称		用地面积（hm²）	人均用地面积（m²/人）
V	村庄建设用地		36.55	225.62
	其中	村民住宅用地	22	132.80
		村庄公共服务用地	2.25	13.90
		村庄产业用地	1.5	9.25
		村庄基础设施用地	3.6	22.22
		村庄其他建设用地	7.2	44.44
N	非村庄建设用地		7.93	—
	其中	对外交通设施用地	4.43	—
		国有建设用地	3.5	—
E	非建设用地		139.22	
	水域		33.32	—
	农林用地		102	—
	其他非建设用地		3.9	—

2014年坡草洼现状人口为1620人

公共设施配置标准与坡草洼公共设施现状对比表　　　　　　　　　　表3

名称	配置标准（建筑面积m²）	现状（建筑面积m²）
村委会	200~500	190
幼儿园、托儿所	600~1800	350
文化站（室）	200~800	0
卫生所、计生站	50~100	360
老年活动室	100~200	0
商业服务性设施	>600	1350

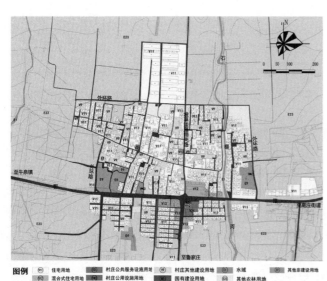

图4　村庄居民点土地使用现状图

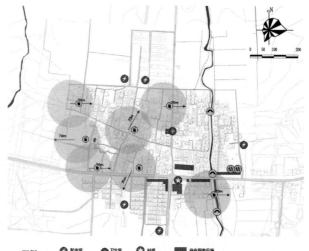

图5　现状公共设施位置关系

基础设施方面，配电设施能满足村民的生活需求，但电杆线路外挂影响村民的用电安全；供水设施相对完善，村民已使用上自来水；排水、燃气、电信设施未完全普及，需进一步完善；垃圾收集、转运与处理虽有设置，但缺乏人员管理。

1.4 村民居住空间现状

（1）建筑风貌

现状居住空间多为乡村独院式住宅，院落一般长为16m，宽为12~15m。正房坐北朝南，与东西厢房围合成私密的空间，院门开向东西巷路，南北向连成一排。正房面宽一般为12~15m，进深多为5~7m的红砖坡顶建筑，多以砖混结构为主，建造相对简陋。

坡草洼村中有一祠堂，始建年代无考，清光绪十年，由亓姓集资重修。亓氏家祠建造非常讲究，四梁八柱，前墙是土坯墙，两侧和后墙都为砖砌。祠堂比一般房屋要高，房屋的脊兽已经残缺不全，但屋脊上的各种花型砖雕保存较好。

图6 现状民居　　　　　　　　　　　　　　　　　图7 亓家祠堂

（2）空间肌理

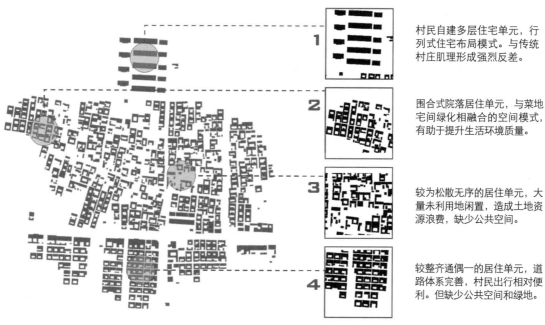

1 村民自建多层住宅单元，行列式住宅布局模式。与传统村庄肌理形成强烈反差。

2 围合式院落居住单元，与菜地宅间绿化相融合的空间模式，有助于提升生活环境质量。

3 较为松散无序的居住单元，大量未利用地闲置，造成土地资源浪费，缺少公共空间。

4 较整齐通偶一的居住单元，道路体系完善，村民出行相对便利。但缺少公共空间和绿地。

图8 现状宅基地分析图

（3）宅基地面积

村庄居民点现状宅基地面积普遍较大，宅基地面积在200m² 以上的比例占总数76.3%。根据《山东省建设用地集约利用控制标准》中平原地区的村庄，每户宅基地面积不得超过200m²。村庄户均宅基地面积应当稳步调整，逐级收缩，满足村庄建设用地集约利用的要求。

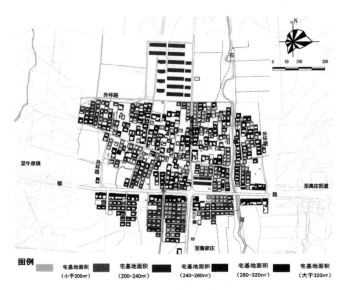

图8 现状宅基地分布图

村庄宅基地面积统计表		表4
宅基地面积（m²）	数量（个）	比例（%）
<200	105	23.7
200~240	163	37.1
240~280	86	19.6
280~320	28	6.5
>320	54	13.1

2 村庄SWOT分析

2.1 村庄优势分析

（1）区位优势。城郊型村庄存在巨大"级差地租"收益，使其在发展机遇、发展速度相较一般的村庄具有明显优势。《莱芜市高庄总体规划（2010—2030年）》中坡草洼作为高庄街道驻地向西发展的居住组团，面临承担高庄街道部分居住功能、土地升值的可能。

（2）环境优势。《莱芜市大汶河新功能带概念规划》中，坡草洼村庄北部区域属于西海矿瑞段的规划区，紧邻汶南林带，位于城市湿地核心。相关研究表明：发展中国家大中城市周边地区200km的范围，是市区居民周末休闲度假的高频出游区域，即"环城休憩带"。坡草洼距莱芜市城区中心5.8km，距高庄街道中心2.2km，属于环城休憩带范围内。随着以城市为中心的辐射旅游区范围日益扩大，城市近郊区成为其空间拓展的重要地带，已逐步成为接纳市民周末休闲游憩的承载地。

（3）资源优势《莱芜市高庄总体规划（2010—2030年）》中，坡草洼位于城镇空间发展轴、河流景观带；粮食作物种植区、蔬菜生姜生产基地。从现状看，土壤肥沃、水资源丰富，山药、大蒜、葱、姜等农作物产量较高，高效经济作物种植产业有待挖掘。

图9 西海矿瑞概念规划平面图　　　　　　图10 莱芜市地质灾害防治规划图

2.2 村庄劣势分析

（1）因发展条件有限而被"边缘化、空心化"。因其在中心城区的边缘地位，存在生态环境制约、基础设施建设不足、土地利用方式粗放、吸纳人口能力弱、大量人口外出务工等问题，可能逐步发展为中心城镇的郊区工业区或居住卧城的宿命。

（2）"人口的城镇化"与"土地的城镇化"的脱节。莱芜市大汶河的规划建设，使农村大量的集体建设用地通过一定的方式转换为城市的建设用地，实现土地的城镇化。而农村和农民未能实质享受到城镇化带来的成果。

（3）地质灾害。《莱芜市地质灾害防治规划》中，坡草洼位于莱芜市次重点防治区中，属于胀缩土次重点防治亚区。灾区中，干旱和降雨易使地表土层发生干缩开裂和膨胀凸起，对建筑物造成不同程度破坏。现状塌陷带分布鄂牛路以北，西北至东南方向，大约有7~8m宽。

3 发展定位与规划理念

3.1 发展定位

城乡结合部村庄规划从区域角度，利用紧邻城区与高庄街道的有利区位条件和现状发展需求，将坡草洼村建设成为莱芜市汶河以南的生态居住组团、城郊型的生态文明乡村。

3.2 规划理念

"缝合"规划可以概括为三个层面：打破原有城区与村庄的行政分界线，建立两者之间的联系纽带；整合村庄的空间环境，塑造独特的地域形象，杜绝"宽马路、高楼房大广场"建造方式，让村庄丧失了原有的空间尺度、文化传承；重建整个区域的动态平衡，合理布局地域空间功能，可减弱城镇与乡村二元结构的矛盾。

4 村域规划

4.1 村域用地布局

此次村庄规划建设期限为2014~2025年，至规划期末，预测村庄常住人口规模约为2100人。按照《山东省村庄建设规划编制技术导则（试行）》标准，人均建设用地≤90m²，故村庄建设用地保持不变，在35hm²左右。其中废弃的石灰窑用地作为养老院建设用地，烤烟厂还原为农林用地，北部部分农林用地作为生态湿地公园建设备用地。

4.2 产业规划

充分发挥坡草洼的区位优势、环境优势和资源优势，可适当形成"北游、中居、南耕（林）"的村民生活与生产流线，产业空间布局形成"两轴、三基地、四区"。两轴：南北向的产业发展轴、东西向的产业对外发展轴，三区：南部的林业—养殖基地、西北部的果品种植基地、东北部的蔬菜种植基地，四点：粮食生产区、生活服务区、两个工业集聚区。

结合与莱城区、高庄街道居民的生活联系，契合都市生活对自然风光的向往、高标准农副产品的需求，产业规划以"后花园、菜篮子"为主题。在巩固现有苗圃林业支柱产业的同时，带动林下养殖业、有机蔬菜种植的发展，辅助发展有机蔬菜加工和田园观光休闲产业。北部有生态湿地公园、果菜园，中部有居住和服

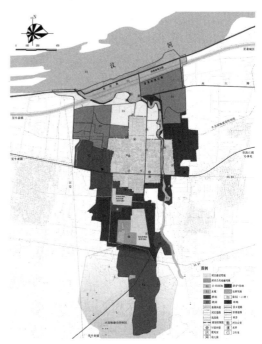

图11 村域土地利用规划图

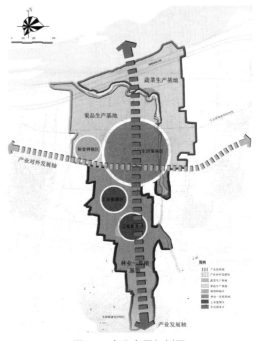

图12 产业布局规划图

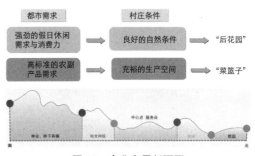

图13 产业布局剖面图

务产业，南部有苗圃和林地。

第一产业——农业以林业为核心，大力发展林下养殖、果蔬种植，形成一定规模的特色家禽、果蔬基地。

第二产业——以高效农副产品加工为辅，结合高庄总体规划中的蔬菜、生姜生产基地，大力发展蔬菜、山楂等果品加工，使坡草洼成为高庄乃至莱城区的"菜篮子"。

第三产业——利用西海公园、牟汶河湿地等当地优秀景观资源，凸显农业特色的休闲采摘类旅游接待点，发展观光农业等衍生产业。

5 村庄居民点建设规划

5.1 用地布局规划

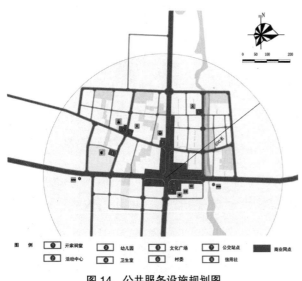

图14 公共服务设施规划图

按照《山东省村庄建设规划编制技术导则（试行）》标准，依照服务半径布局，合理布置基层村公共服务设施。规划幼儿园两处，卫生室一处，老年活动中心、养老院一处，村委会、文化大院各一处等（图14）。道路系统规划，本着节约资金和用地，减少拆迁的原则，尊重村庄原有道路肌理。道路布局应用村庄原有格局相耦合，"通而不畅"的慢行系统与主要机动车行道路相结合，形成富有乡村特色的道路。

以改善村民的生活居住条件为前提，综合布置"五线"电力、电信、给水、排水、燃气。综合管线规划主要与高庄街道、莱城区总体规划相衔接，以满足村民的日常生活需求。村庄居民点考虑设置一处天然气调压站，在各条村庄道路下敷设1500Pa天然气管直接供居民使用。结合村庄南部水源地，设置集中供水设施，综合用水指标选取近期为100~120L/人·日;远期为150~180L/人·日。村庄电力、电信、排水应该全部纳入高庄镇污水、供电、电缆系统。

村庄道路系统规划一览表　　　　　　　　　　　　　　　　　　　　　　表5

类型	等级	宽度（m）	功能
村庄道路	主路	6	村庄内对外联系道路，与外部公路衔接
	次路	4~5	联系主路和宅间路，兼有交通和服务的功能，需考虑消防车、家用汽车的通行
	宅间路	2.5	直接通至村民住宅
田间道路	干道	4~6	确保农业机械作业和农产品运输，干道间距600~1000m，支道间距80~100m
	支道	2.5~3.5	

图15 村庄居民点土地利用规划图

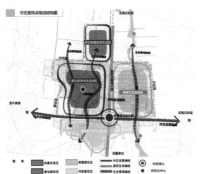

图16 村庄居民点规划结构图

图17 村庄居民点规划平面图

5.2 规划结构

梳理村庄自身空间肌理同时，加强与城区的道路联系、空间贯通、基础设施对接和公共服务设施共享，从本质上实现村民生活的就地城镇化，并构建乡村不同于城区的空间结构。相对城区，乡村没有明确的功能分区，生产与生活千丝万缕的联系，是传统“田居二元结构”，乡村规划在“二元结构体”的基础上，形成“生产、生活、服务综合体”现代型功能布局，形成“一心三轴四区”规划结构。一心：以村委大院为综合中心。三轴：村庄发展轴、村民生活轴和景观生态轴，其中景观生态轴涵盖沿石棚河风貌带、以亓家祠堂为核心形成南北向的整治空间廊道、以塌陷片区改造形成公园绿地或街头绿地而形成生态廊道。四区：整治型传统生活街区、新建型生态宜居区、村民自建型多层生活区、保留型传统生活街区。

6 村庄整治规划

6.1 宅基地整治分类

按照“少拆除、多整治、局部更新、有序建设”的原则，对村庄居民点进行分类整治。宅基地整治分类的考虑因素:建筑质量、入户交通、配套基础设施、居民意愿和道路拓宽整修要求等，将现状宅基地大致分为:保留整治型、原地翻建型、分户新建型三种。

6.2 宅基地及街巷空间整治方式

按照《山东省村庄建设规划编制技术导则（试行）》，户均宅基地面积≤ 166m^2，各类住宅用地应有序收缩，形成建设用地的紧凑布局和农林用地的规模化利用，同时有利于提升各类设施的服务的配置。村民宅基地整治以院落式的围合空间为主（图 19），注重乡村坐南朝北，南向或东西向开门的生活方式。组团式的院落空间形成小型“里坊”，在内部布置公共空间，以满足日常生活休憩、闲聊等乡村生活习惯。

街巷空间治理主要是改善村容村貌、丰富村民的公共空间，减少边角地、塌陷区等土地资源的浪费。主要的整治措施:保留宅田相间的空间肌理，间或种植蔬菜水果，保持乡村的自然风情;建设沿街公共服务设施，丰富街道界面，美化村容村貌；利用边角地或塌陷区改建为供村民交流的空间，比如小广场、绿地（图 20）。

6.3 历史建筑及塌陷区整治

历史建筑保护以文物保护单位及其环境的占地面积为建设控制范围，并划定核心保护范围。核心保护范围为 800m^2，该区域内所有建筑和环境均要按照文物保护法的要求。建设控制地带，在核心保护区东侧、东南侧和西侧按 20m 控制，西侧和北侧按 5m 控制，总控制面积 6500 万 m^2，在该区域内建设保持原有街道的空间尺度，建筑应以公

图 18 宅基地整治分类图

图 19 整治区宅基地空间模式

整理和组织原有民居空间，形成小的邻里绿地作为公共空间。

梳理居民点边缘肌理，将农田或绿地嵌入居民空间。

贯通居民空间的绿地，与建筑山墙形成景观通廊。

图 20 整治区街巷空间治理模式

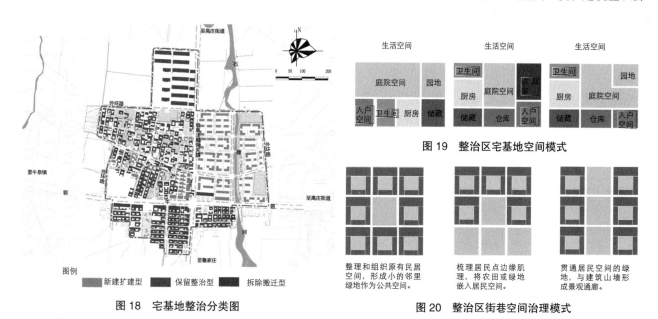

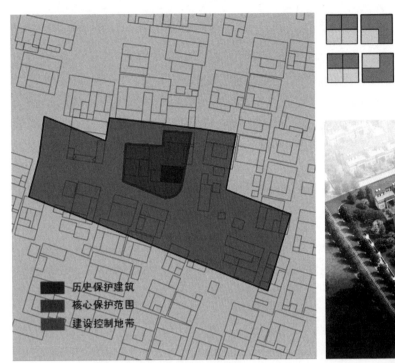

图 21　祠堂保护控制规划图

历史保护建筑
核心保护范围
建设控制地带

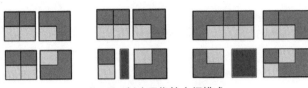

图 22　新建区街坊空间模式

图 23　新建区意向图

共建筑为主，屋顶、门窗、墙体等形式应与历史建筑相协调，建筑体量与高度不能超过亓家祠堂。

塌陷区的治理以"预防为主，避让与治理相结合和全面规划、突出重点"的原则。村镇居民集中分布区，则采取宜避则避，宜治则治的原则进行防治。治理方式主要包括：支撑与坡面防护、锚固、灌浆加固、加固路堑边坡、避让等方式。

6.4　新建区规划建设

结合整治区空间规划肌理，以院落式的围合空间为主线，村民生活空间依然是独院独户式，而建筑尺度略大于传统村庄的建筑尺度，以满足村民生活城镇代的需求。空间肌理与街巷空间与整治区相契合。

结语

城郊型村庄缝合理念由城市的缝合理念发展而来。1989 年，柏林城中心"缝合"规划，东柏林中心、西柏林两中心之间的过渡区域形成了整个柏林新的中心内核。20 世纪 90 年代，同济大学的吴志强教授，在总结了缝合城市方法的基础上，将缝合理念应用在东、西上海的缝合上。此次城郊型村庄"缝合规划"，结合城郊型村庄与城区的特点，用相应的规划手法与策略融合城与乡、新建区与保留区之间的矛盾与差距。从城郊型村庄的角度出发，改变一贯以城市视角规划村庄而忽略村民切身利益的做法。在规划过程中，了解村庄的功能形态、空间环境、交通组织、生活与生产方式、建筑肌理等，对加快城郊型村庄建设的步伐。

主要参考文献

[1]　山东省人民政府办公厅 . 山东省建设用地集约利用控制标准［S］.2012.

[2]　山东省建设厅 . 山东省村庄建设规划编制技术导则（试行）［Z］.2006.

[3]　住房和城乡建设部 . 村庄规划用地分类指南［Z］.2014.

[4]　吕飞，齐晓晨 . 基于缝合理念的高等院校新老校园整合规划策略研究——以延边大学为例［J］. 城市建筑，2013
（7）：145-148.

[5]　杨慧，郑潇蓉，周熙，刘贺.新型城镇化下城乡结合部地区"缝合规划"探讨——银川丰登镇为例［C］.中国城市规划年会，2014.

[6]　张瑜，何依.近郊景中村"周末现象"的规划应对——以宁波市东钱湖下水村为例［C］.中国城市规划年会，2014.

Abstract : The urban fringe is the connecting part of the built-up urban area and the rural hinterland， is the transition zone with properties of urban and rural land use. Because of dual structure of urban and rural， it has universal contradictory problems of land cross， life cross and administrative organ cross， By analyzing the problems of suburban village in the process of building new rural， and analysis of the central city of radiation surrounding villages leading role， the " stitching " planning concepts applied to Pocaowa village planning. It contains two meanings， First， suture rural and urban areas， the integration of the properties common to adjacent areas， strengthening urban infrastructure， docking and shared public services ; Second， within the village renovation suture zone between the reserved area and the new area， the integration of spatial form of entire villages， rebuild their mutual links， channels and elements in enhancing the spatial quality of the original village， while also mining village has unique value and diversity.Through the village construction planning， estate planning and remediation plans to meet villagers living， transportation， employment， recreation and other living and production needs， to achieve the city and village "seamless style" interface， thereby defuse suburban village hollow， after concentrated residential rural culture lack of serious problems.

Keywords : suburban village ; suture of planning ; the planning and construction of village settlement ; industry planning ; renovation planning

上海乡村公共服务设施配置现状及规划建议
——以崇明、松江、金山村庄为例

张伯伟　刘勇

摘　要：论文选取上海市崇明县、松江区和金山区7个村庄作为研究样本，采用实地调研法和统计分析法，探究上海市不同郊县公共服务设施的配置现状。研究发现，上海市不同乡村的公服设施配置情况各不相同，基础性公服设施配置均较为齐全，而社会性公服设施则存在差异；公共服务设施质量及水平不高、利用率较低，并存在损毁现象；不同类型村庄存在传统型村庄设施配置种类单一，分布不合理；转变型村庄设施配置不均衡等情况严重，且存在大量缺失；城镇型村庄设施配置与村民需求不相匹配的问题。根据现状特点，文章提出了上海市郊县公服设施的配置建议，力图为各村庄公共服务设施的规划配置提供思路。

关键词：上海；乡村；公共服务设施；配置现状

1　引言

随着社会主义新农村建设的不断推进，农村居民的生活得到了广泛关注。而公共服务水平作为衡量农村生活质量的重要指标，也得到越来越多的重视。2014年《国家新型城镇化规划》出台，其中多次提及要完善基本公共服务体系，加快农村社会事业的发展，推动城乡一体化发展。由此可见，公共服务设施作为提高城镇化质量的重要保障，在新一轮规划实践中承担着不可忽视的作用。乡村中公共服务设施的规划和配置情况能反映出该地区居民的物质、精神生活水平，其分布与构建情况也能直观地反映该地区的空间布局结构，因此，对农村公共服务设施配置情况的研究能有效地为社会主义新农村建设提供思路及对策。

2014年10月，配合上海市委"一号课题"，由上海市民政局和上海大学合作主持的上海市社区综合调查正式展开，调查采用随机抽样的方式，抽取全市各区县450个居委、村委作为样本进行调研，所选样本具有一定的代表性。笔者参与了乡村公共服务设施的调研工作。

1.1　公共服务设施的定义

当前对公共服务设施的研究很多（赵民，等，2002；王登嵘，2005；唐子来，2006；方远平，等，2008；王佃利，等，2009），但侧重点各有不同，对于公共服务设施的定义，也并未有统一的概念。Samuelson. P. A（1954）认为，公共服务设施类似于福利经济学中的公共产品，免费提供服务、实现效率与公平的最大化是其区别于私人服务、私人产品的根本特征，并且一个消费者使用公共设施、服务的同时，不会对其他使用者造成干扰。Kiminami. L（2006）认为，公共服务设施是由政府部门直接或者间接提供的，供其全体国民享用的服务或者设施。张京祥等（2012）认为，公共服务设施是基本公共服务的物质载体，应该是由公共财政投资建设的，用以保障社会成员平等、公开享用的基础性设施。

笔者认为，公共服务设施是指由政府提供的、以满足公民日常生活直接需求的基础性设施，并应具有公共性、平等性、服务性等特征。按照服务类型，主要分为基础性公共服务设施和社会性公共服务设施，其中基础性公共服务设施包括提供水、电、气、交通、通信、邮电等服务的设施；社会性公共服务设施包括提供行政管理、教育机构、文体科技、医疗保健、商业金融和集贸市场等服务的设施。

张伯伟：上海大学美术学院在读硕士研究生
刘勇：上海大学美术学院建筑系副教授

1.2　乡村公共服务设施

相比城市公共服务设施，作为镇村布局规划中专项配套内容的乡村公共服务设施，学者们对其关注度还不高。现有的文章主要从乡村公共服务设施的定义和范围（卓佳，2012）、配置现状（许珊珊，等，2014；卢丹枫，等，2014；任智超，2014）、城乡公共服务设施均等化（张京祥，等，2012；杨建敏，等，2014）、构建农村公共服务设施体系（陈振华，2010；胡畔，等，2014）、分期建设实施措施（黄金华，2009）等角度对乡村公共服务设施展开分析研究。

经过总结，乡村公共服务设施的主要类型包括商业金融设施、教育设施、医疗卫生设施、文化体育设施和市政公用设施等，并有着服务规模小、服务半径大、服务人口少、服务内容较为单一的特点。

1.3　上海乡村的空间特色和发展现状

上海市郊县农村的布局形式大多保持着江南水乡的特点，居民点大多沿水系或道路主要呈带状分布；也有一些农村紧靠农田，主要呈团状分布或散点状。此外，上海郊县快速的城镇化进程使得大量农村劳动力离开农村，有些村庄农户虽然居住在原地，但其就业渠道主要是村镇企业，生产方式已经发生根本改变。保留下来的农地大多是村里的老人或外来务农人员在经营，农村实际人口"老龄化"和"外来化"特征明显。农村土地的使用也更为复杂，原先单一的农业用地现已被越来越多的工业用地所取代，大量土地被政府征用或租用，土地所属权发生改变。

1.4　调研村庄的基本情况

从 2014 年 10 月 27 日到 2014 年 11 月 26 日，笔者对崇明、金山和松江三个区县的 7 个村展开实地调研，这 7 个村主要分布在上海市北部、西南以及东南三个区域。调研发现，各个村的区位和村庄性质各不相同（见表 1），涵盖了农业型、工业型和综合型三种类别。各村人口组成也有差异，松江的两个村庄由于有大量的工业入驻，外来人口比例相对较高，接近 50%，而金山卫城村靠近中心镇，外来常住人口比例也相对较高，其他四个村庄的常住人口则以本地人居多（见表 2）。

所选村基本情况　　　　　　　　　　　　　　　　　表 1

	所在县镇	区位类型	职能类型	备注
新闸村	崇明县城桥镇	中心镇周边	农业型	
群英村	崇明县新河镇	镇域边缘	农业型	
石路村	崇明县新河镇	镇域边缘	农业型	
八字村	金山区金山卫镇	镇域边缘	农业型	
卫城村	金山区金山卫镇	中心镇周边	工业型	村居合设
小寅村	松江区九亭镇	镇域边缘	工业型	2004 年村委改居委
马汤村	松江区新桥镇	镇域边缘	综合型	2002 年村委改居委

所选村人口统计表 ①　　　　　　　　　　　　　　表 2

	户数	人数	常住人口	外来常住人口
新闸村	818	2477	1028	153
群英村	897	1910	1602	106
石路村	1042	2164	2089	224
八字村	929	3297	3281	244
卫城村	306	826	3432	2247
小寅村	578	2338	15134	13170
马汤村	1348	4350	20106	18621

① 人口数据来自 2010 年 11 月 1 日第六次人口普查数据。

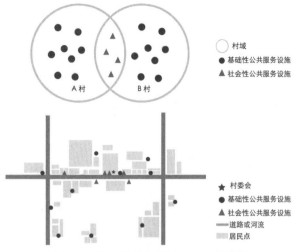

图1　传统型村庄公共服务设施配置模式图
（资料来源：作者自绘）

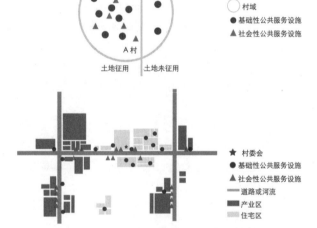

图2　转变型村庄公共服务设施配置模式图
（资料来源：作者自绘）

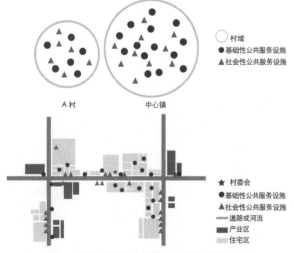

图3　城镇型村庄公共服务设施配置模式图
（资料来源：作者自绘）

2　上海乡村公共服务设施的配置现状

根据村庄的区位特点、职能类型和人口组成，并按照村庄的城镇化进程，将调研的7个村分为三类：传统型村庄、转变型村庄和城镇型村庄。从现状调研的结果来看，这三类村庄公共服务设施的配置存在一定的相似性，但也有差异。

2.1　传统型村庄公共服务设施配置现状

崇明新闸村、群英村、石路村和金山八字村都属于传统型村庄，此类村庄以农业为主，村内常住人口近90%都是本地居民。居民点多沿村庄主要道路或河流呈带状分布，基础性公共服务设施多分散于各居民点组团中，社会性公共服务设施多集中于居委会附近或主要道路两侧。与农民日常生活紧密相关的各项设施大多有所配置，村庄管理机构、文体科技设施和市政公用设施在本村内部就有配置，而教育设施、医疗设施和社会福利设施多与邻村共用。该类型村庄设施配置模式见图1。

2.2　转变型村庄公共服务设施配置现状

松江小寅村和马汤村属于转变型村庄，此类村庄村内原有耕地大多被征用或租用，用于工业厂区的建设或地产开发。原村内居民大部分被动迁至临近安置小区，现村内常住人口多为外来务工人员。公共服务设施配置情况呈两极分化趋势，配套工业厂区的公共服务设施配置完善，已建成居住社区内部的配套设施也较为齐全，居民生活便利；而土地尚未被征用或租用的原有村宅居民点内设施配置情况较差，泵站、路灯等基础性公共服务设施数量很少，而社会性公共服务设施仅有村委会、老年活动室、小学及幼儿园还保存，另有少量小卖部、理发店和垃圾站等服务村民生活的设施分布于居民点内。该类型村庄设施配置模式见图2。

2.3　城镇型村庄公共服务设施配置现状

金山卫城村则属于城镇型村庄，此类村庄一般多靠近中心镇，村内无耕地，经济发展水平较高。村内土地已被政府征用或租用，多用于地产开发。

原村内居民大部分都被动迁至临近安置小区，现村域内人口组成复杂，多为外来人口。此类村庄公共服务设施配置完善，种类齐全。该类型村庄设施配置模式见图3。

各村具体配置情况详见表3、表4。

各村基础性公共服务设施统计表（●表示有，○表示无）　　表3

设施	新闸村	群英村	石路村	八字村	卫城村	小寅村	马汤村
泵站	●	●	●	●	●	●	●
变电器	●	●	●	●	●	●	●
供气站	○	○	○	○	●	○	○
信号塔	●	●	●	●	●	●	●
邮政点	○	●	●	○	●	●	○
路灯	●	●	●	●	●	●	●
摄像头	●	●	●	●	●	●	●

各村社会性公共服务设施统计表（●表示有，○表示无）　　表4

	设施	新闸村	群英村	石路村	八字村	卫城村	小寅村	马汤村
行政管理	村委会	●	●	●	●	●	●	●
商业金融	超市	○	○	○	○	●	●	●
	小卖部	●	●	●	●	●	●	●
	农村信用社	○	○	○	○	●	●	○
教育机构	幼儿园	○	○	○	○	●	●	●
	小学	○	○	○	○	●	●	●
医疗保健	卫生站	○	○	○	○	●	●	●
文化体育	健身器材	●	●	●	●	●	●	○
	文化活动室	●	●	●	●	●	●	●
	阅览室	●	●	●	●	●	●	●
社会福利	托老所	○	○	●	○	●	○	○
社会保障	警务室	○	○	○	○	●	●	●
客运交通	公交站	●	●	●	●	●	●	●
环境卫生	垃圾站	●	●	●	●	●	●	●
	公厕	○	○	○	○	○	●	●
其他	碾坊	○	●	●	●	○	○	○

3　上海乡村公共服务设施配置的存在问题

从表3、表4中可以看出，上海市乡村的基础性公共服务设施配置较为齐全，而社会性公共服务设施配置则存在缺失。不同类型的村庄，设施的配置情况也各不相同，城镇型村庄设施最为齐全，而传统型村庄设施较为单一。

3.1　传统型村庄设施配置种类单一，分布不合理

从传统型村庄来看，公共服务设施的配置情况种类单一，分布不合理。从表3、表4中可以看出，传统型村庄基础性公共服务设施配置完善，能为村民提供水、电、气、通信等基础性服务，但社会性服务一般只有健身场地、村民私营小卖部、垃圾站和一些市政设施如路灯、摄像头等。村内公共服务设施配置除了能满足村民最基本的生活需求外，无法对村民生活质量带来更大提升。虽然配置了公交站点，但村民依然离大型超市、农村信用社及学校较远，村内也无其他文化娱乐和体育休闲设施。多数村庄内老龄化严重，但相应的社会养老服务设施配置率几乎为0。同时，由图1看出，设施分布并未最大化方便村民使用，多数社会性公共服务设施集中于村委会内部或周围，村域内其他范围设施较少，一旦非村委会工作时间，村委会内部的设施将无法使用。

3.2 转变型村庄设施配置不均等性严重，且存在大量缺失

转变型村庄内部不均等性较为严重，工业厂区或已建成居住社区内公共服务设施配置种类齐全，而尚未搬迁的原有村宅居民点内设施配置情况较差，大部分区域内除简单的垃圾点、路灯以及公交站点外，无其他公共服务设施。同一村庄内公服设施配置不均，两极分化明显。

3.3 城镇型村庄设施配置与村民需求不相匹配

城镇型村庄设施配置齐全，但根据实际走访调查，公服设施的配置没有考虑村民的实际需要，还和村民的需求存在差异。实际配置中，建设了需求度很小的公共服务设施，且居民对县城的公服设施依赖性更强，通常会选择付出更高的成本使用县城内的公共服务设施，因此，村域内公共服务设施配置的效率较低，造成了村内资源的浪费。究其原因，可能由于此类村庄现阶段经济发展水平较高或邻近中心镇，村民更愿意去享受更好的公共服务。根据调研，村内村民对商业设施、文化娱乐设施和医疗卫生设施表示出较为强烈的需求。

3.4 小结

通过上述分析发现，根据乡村不同的类型及发展阶段，上海市乡村的公共服务设施配置存在不同的问题。总体上，公共服务设施的配置保障了村民的日常生活，但公共服务设施质量及水平不高、利用率较低，并存在损毁现象，无法满足村民的实际需求，并未给村民的生活质量带来更大提升。

4 上海乡村公共服务设施配置的规划建议

4.1 城乡统筹

结合各村发展实际，统筹考虑城乡公共服务设施的共建共享，综合村庄区位、发展方向、人口组成因地制宜布局和配置。靠近城镇的村庄，应充分发挥城镇公服设施的辐射作用，优先考虑公服设施向村庄延伸;镇域边缘的村庄，应综合考虑相邻村庄的连带作用，集中配置。

4.2 合理布局

根据各类公共服务设施在多大范围内具有最优化的效率来合理布局，强调各类设施的共享，鼓励空间的复合利用;着重考虑设施规模适度、功能适用。

4.3 配置均等

对于村域中发展不平衡的区域，应采用公平、均等的方式配置设施。对于农村中原有居民大量外迁、常住人口多为外来人口的现象，也应该提供足量、优质的公共服务设施以保障外来人口的生活，保持农村的发展活力。

4.4 按需配置

充分考虑村民对生产生活、活动空间、周边环境等相关需求，以满足功能和发展的目标为前提，按需配置，避免造成不必要的浪费和配置利用率低的情况，最大化满足村民的生活需求。

4.5 定期维护

对已有基础性公共服务设施应定期维护修缮，确保设施的正常运转;对部分利用率较高的设施应定期检查维修，避免造成安全事故。

5 总结

农村公共服务设施的配置与村民的生活质量息息相关，也是衡量农村建设发展的重要指标。公共服务设施的配置应结合该村经济社会发展水平及村民自身需求，充分考虑配置的均衡性和经济适用性。政府有关部门应该充分调研不同农村公共服务设施的配置情况和村民的设施需求，制定相关的规划策略和实施手段，切实提高村民的生活水平。

主要参考文献

[1] 陈伟东, 张大维. 社区公共服务设施分类及其配置: 城乡比较 [J]. 华中师范大学学报（人文社科版）, 2008, 47（1）: 19-26.

[2] 陈振华. 城乡统筹与乡村公共服务设施规划研究 [J]. 规划师, 2010（1）: 43-45.

[3] 方远平, 闫小培. 西方城市公共服务设施区位研究进展 [J]. 城市问题, 2008（9）: 87-91.

[4] 胡畔, 王兴平, 张建召. 农村公共服务设施规划体系与方法——以南京市高淳区为例 [A]. 2014 中国城市规划年会论文集 [C], 2014.

[5] 黄金华. 新农村公共服务设施规划初探——以广州市番禺区为例 [J]. 规划师, 2009（S1）: 51-55.

[6] Kiminami.L, and Button.K. J, and Nijkamp. P. Public facilities planning[M]. Edward Elgar Publishing, 2006.

[7] 卢丹枫, 王林容. 江苏省规划布点村庄基本公共服务设施配置初探 [A]. 2014 中国城市规划年会论文集 [C], 2014.

[8] Samuelson. P. A. The Pure Theory of Public Expenditure. The Review of Economics and Statistics[J]. 1954（36）: 387-389.

[9] 唐子来, 李新阳. 2010 年上海世博会的公共服务设施: 经验借鉴和策略建议 [J]. 城市规划学刊, 2006（1）: 60-68.

[10] 王登嵘. 新时期组团城市中区域性公共服务设施配置新视角——以佛山高明区为例 [J]. 人文地理, 2005（6）: 92-97.

[11] 王佃利, 吴永功. 新公共服务理论视角下的农村公共物品供给审视 [J]. 农村观察, 2009（1）: 6-8.

[12] 许珊珊, 王林容. 江苏省村庄基本公共服务设施现状差异及规划对策研究 [A]. 2014 中国城市规划年会论文集 [C], 2014.

[13] 杨建敏, 马晓萱, 谢水木. 乡村地区实现城乡公共服务设施均等化的途径解析 [A]. 2014 中国城市规划年会论文集 [C], 2014.

[14] 杨震, 赵民. 论市场经济下居住区公共服务设施的建设方式 [J]. 城市规划, 2002, 26（5）: 14-19.

[15] 张京祥, 葛志兵, 罗震东, 孙珊珊. 城乡基本公共服务设施布局均等化研究——以常州市教育设施为例 [J]. 城市规划, 2012（2）: 10-15.

[16] 张能, 武廷海, 林文棋. 农村规划中的公共服务设施有效配置研究 [A]. 转型与重构——2011 中国城市规划年会论文集 [C], 2011.

[17] 赵民. 居住区公共服务设施配建指标体系研究 [J]. 城市规划, 2002（12）: 72-75.

[18] 卓佳, 冯新刚. 农村基本公共服务设施体系规划的思考 [J]. 小城镇建设, 2012（7）: 49-54.

The Current Status and Planning Advice of Public Facilities in Shanghai's Villages : Taking Examples in Chongming，Songjiang and Jinshan District

Zhang Bowei   Liu Yong

Abstract : Selecting seven villages of Chongming District，Songjiang District and Jinshan District as examples，the paper analyze the current status of public facilities in Shanghai's village by surveying on the spot and statistical analysis. It is found that the current status of public facilities in different villages is not identical. Basic public facilities are more complete，and the social public facilities are different. Meantime，low quality level，low utilization rate and some damages are also the problems. Different types of villages have different problems. In traditional village，types of facilities are too single；in transfoming village，allocation of facilities is not equal；and in urban village，allocation of facilities doesn't meet villagers' needs. According to the status，this paper proposes some advice of public facilities allocation in order to solve the problems in Shanghai's villages.

Keywords : shanghai；village；public facility；current status

基于 TOSS 的新型旅游城镇化及其空间重构
——以马洋溪生态旅游区为例

陶慧

摘　要：新型旅游城镇化是目前中国多途径城镇化道路的新方向之一。作为城乡一体化发展关键的新型旅游城镇，其重要性和基础平台作用尚未受到足够重视，从而造成旅游地产过度分散、空间秩序混乱、生态环境与景观风貌受损等问题，亟需展开对这类新镇域空间的综合整治，重构科学合理的空间分区与开发序列。TOSS 以三生空间重构为宗旨，以游憩机会谱（ROS）为理论指导，确立新型旅游城镇化空间分区机会指标体系，下设 3 主类、9 亚类、24 小类评价因子，为培育优良的生态环境、创建有效的公共服务体系、搭建完善的旅游发展平台，重构有序的生产、生活和生态新型空间，推进城乡一体化发展提供理论指导与方法创新。基于 TOSS 的旅游城镇化及功能空间重构思路，借助 GIS 空间分析方法，对福建马洋溪生态旅游区加以分析，结果表明：马洋溪旅游产业空间以北部山重村为核心，呈现局部区域集聚、全域沿马洋溪河流相对延展的边缘模糊状态；城镇生活区应该集中布局于南部十里村，成为旅游区的配套服务与生活空间；生态保育空间以中部天柱山为核心，承担区域生境质量保障的功能。该个案验证了 TOSS 可以作为人地关系协调、人地系统稳定的技术保障，可以作为未来新型旅游城镇化发展的空间管理平台。

关键字：旅游城镇化；功能分区；空间重构；TOSS；马洋溪生态旅游区

1　引言

《雅典宪章》早已说明城市与旅游的关系密切，随着后工业时代的到来，旅游业及其相关产业对 GDP 的影响逐渐增大，使得旅游成为推动城镇化的主要因素之一。旅游城镇化由于其独特的生产消费功能，在推动区域经济发展基础上，进一步合理调整城镇空间格局、改善原有土地利用方式，形成以休闲经济与兼职农业 ① 相结合的生产空间集约高效、生活空间宜居适度、生态空间和谐发展的城乡互动区域，成为我国多元城镇化路径中最具生命力的发展路径。

Mullins（1991）通过澳大利亚黄金海岸与阳光海岸两个城市实证分析，并与其他类型城市（工业城市）比较，最早提出旅游城镇化（Tourism urbanization）概念[1]。当前，旅游已经成为推动我国新型城镇化的重要动力，新型旅游城镇化在国家政策层面得到了大力支持，在实践中也得到了快速推广。而与新型城镇化相伴的往往是由于缺乏合理的空间分区管制，造成旅游地产遍地开花，旅游活动空间安排不合理，整体乡村风貌受损及生态环境破坏等问题[2-4]。在快速旅游城镇化过程中，如何在保持生态系统的敏感性与完整性，确保资源环境对使用者的长期吸引力以实现资源的可持续利用的同时，满足多元发展的需求，为使用者提供高质量的游憩空间[5-7]，已经成为当前重要的研究课题。

20 世纪 70 年代末，Clark and Stankey 提出游憩机会谱系理念（recreation opportunity spectrum，简称"ROS"）[8]。其基本假设就是保证游憩体验质量的基础上通过在不同类型区设计不同的游憩活动来缓解资源压力，实现游憩资源的可持续利用。随后，ROS 理念在世界范围被广泛采纳[9,10]。我国将 ROS 理念多应用于小尺度的空间管制上[11]，如森林公园[12]，水域旅游资源保护[13]、生态旅游区管理[14]以及游客体验价值评价[15]等方面。与此同时，学者们结合各自学科发展了 ROS 对应用实践的理论指导，LAC[16]，VERP[17]与 TOS（Tourism Opportunities Spectrum）[18]就是游憩机会理论在旅游开发中对资源空间的重要规划依据和管理模式。

陶慧：中国科学院地理科学与资源研究所在读博士

---

① 　兼职农业：在经济形态逐步演化进程中，许多农民通过第二职业来增补农地中不断减少的收入。Best.R.H.1981：Land use and living space，London：Methuen。

以福建省长泰县马洋溪生态旅游区为案例，基于游憩机会谱（ROS）理论与空间分析技术的结合，构建一套新型旅游城镇机会空间分区指标谱（Tour-Newtown Opportunities Sectorization Spectrum，以下简称 TOSS）模型，科学评价新型城镇化过程中的旅游产业、城镇生活和生态保育 3 大空间的适宜性，为空间分区和管理提供决策依据，实现旅游产业发展集聚，游憩活动向局部区域空间相对集中，新型居住区向中心城镇和农村新社区集中，保存乡村传统文化景观，解决资源浪费和环境污染问题，构建资源环境协调发展的新空间分区格局。

2　TOSS 构建与评价方法

2.1　TOSS 模型与三生空间特征

TOSS 模型的构建是在快速旅游城镇化进程中，三生空间优化调整乃至根本性变革的过程，也是优化城乡空间结构、推进城乡统筹发展的综合途径[19]。TOSS 界定的三生空间在地域管辖中相对独立，功能作用上又互为影响[20]（图 1）：①城镇空间与生态空间存在交互胁迫关系，二者在空间上具有排他性[21]，旅游空间则具有双重性，其中旅游与生态空间存在低度胁迫关系，而旅游服务区则与城镇空间存在融合互补关系；②城镇区的商业娱乐项目本身也是旅游产业要素的重要组成部分，而旅游景点外围服务区也承担部分生活服务功能，所以生产与生活空间交叉协同性颇为显著[22]；③游憩活动多以自然环境为物质基础，生态保育区可开展生态旅游，而旅游资源的合理开发，也可促进生态环境的美化，故生产与生态空间表现为渗透与互补作用；④城镇区由于现代化水平高、人为干扰性强，决定了生活与生态空间保持着不同阶段拮抗与耦合的动态关系。三生空间的科学重构，既可实现空间开发综合效益最大化，也为游憩者提供差异化的游憩体验机会[23]。如最少管理限制、设施提供和最低游客相遇水平的原始区，提供一种感受独处、亲密接触自然的体验机会；而想要付出最少努力获得游憩体验的游客则可选择能够允许机动车进入、设施舒适和服务便捷的城区（或靠近城镇）环境[24]（见表 1）。

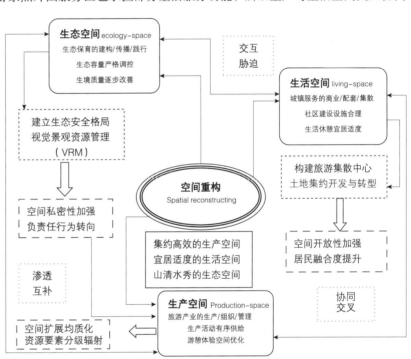

图 1　TOSS 模型三生空间基本属性及其联系框架

新型旅游城镇化空间分区机会谱（TOSS）空间特征描述　　　　表 1

空间类型 特征	城镇生活空间 （现代型）	游憩生产空间 （中间型）	生态保育空间 （原始型）
自然程度 （开发建设）	自然程度很低，人工建筑很多，植被人工修剪、维护的痕迹很重，水泥铺装路面多，游憩接待设施完善，外来居民比重大	部分是自然的环境，经过中度的人工改造，植被人工抚育痕迹重，更多是乡村聚落区，历史文化环境比重大，硬质铺装道路较少，低标准、自然式铺装的道路和小径	绝大部分都是自然的环境，只有不明显的人工改造痕迹，植被和道路均为自然状态，铺装的路面所占比例很小
交通状况	交通区位佳，公交站所在地，是交通集散中心	离干道中等或较远距离，通公交，自驾车较方便到达	离干道远，偏僻，不通公交，自驾车需 1.5 小时以上
游客密度	游客集中、喧闹，有团队接待能力，居民融合度高	游客密度中等，与其他使用者接触的水平中等偏高，有少量团队	游客少，安静私密，与其他使用者接触的水平很低，无团队
设施强度	设施和服务很完善。有大型停车场和公共服务等设施	设施和服务的完善程度中等偏高	设施和服务的数量很少

2.2 TOSS 模型与三生空间评价

TOSS 模型的核心是构建一套完整、可量化、能代表空间开发序列的指标体系，以三生空间开发适宜性[①]为依据建立评价因子体系，利用 GIS 空间分析技术，重新判定空间单元在旅游城镇化进程中的功能地位，画出空间开发的"红线"区域，作为人地关系协调、人地系统稳定的区域保障。对于不易确定的类型，结合目标区域实际现状、区域总体规划、自然保护区、重要生态功能区等专题内容进行微观修正[25]。

本着综合分析与主导因素相结合、体现空间差异与现实可操作性等原则[②]，TOSS 模型从城镇生活空间、游憩生产空间和生态保育空间三个方面构建"总目标层、子目标层、因素层、因子层"4 个层次的评价体系，分别为 3、9、24、96 个指标（见表 2）。

（1）城镇生活空间适宜性评价

新型旅游城镇的空间决策首先要满足城镇发展用地的相关需求。在调查收集各项自然环境条件、建设条件等资料的基础上，按照规划建设的需要，以及整备用地在工程技术上的可能性与经济性，对建设条件进行综合质量评价，以确定开发的适用程度，为城镇生活空间选择与功能组织提供科学依据[26]。根据《城乡用地评价标准》（CJJ132-2009）确定出 4 类评价指标，选取其中主导旅游城镇建设的相关因子，通过 AHP 法确定指标权重。

（2）生态保育空间适宜性评价

生态环境是新型旅游城镇发展的基础，是新型旅游城镇可持续发展的关键，是达到新型城镇化"望得见山，看得见水，记得住乡愁"要求的物质承载，因而对生态保育适宜性评价就变得极为重要。结合国家环保部 2002 年颁布的《区域环境影响评价技术导则》（HJ/T131-3003）并结合地区实际情况确定生态保育空间评价指标体系[27]，利用 AHP 法确定各指标权重。生态保育空间适宜性评价同城镇空间适宜性方法一样，见公式（1）。

TOSS 指标体系中的因子量化主要涉及 4 种类型：定量因子标准化、定性因子定量化、功能因子分值化[28]。定量因子标准化主要考虑因子值的频率分布状态，宜采用百分位次法、线性插值法、隶属度函数值法进行计算；定性因子指标值具有模糊性，其定量化采用以模糊数学方法为基础的专家评分法、集值统计法；功能因子在功能上具有区域性渐变影响作用，如交通可达性、水位影响等，适宜运用时间距离成本等方法进行计算。对各因子进行量化之后将其转化为栅格数据，栅格大小设置为 30m×30m，利用加权平均法计算各栅格单元城镇开发适宜性，计算公式如下：

$$F_i = \sum_{j=1}^{m} w_j \times e_{ij}$$

（1）

式中，F_i 为 i 地块某类型开发适宜性最终得分，得分越高说明越适宜进行此类型开发，w_j 为 j 因子相对最高层目标的权重，e_{ij} 为 i 地块 j 因子的标准化得分，m 代表因子个数。

利用式 1 分别计算各栅格单元城镇、生态开发适宜性，为方便进行叠置分析，利用 Natural Breaks 方法分为 1、2、3、4、5 个适宜级别，得到区域城镇、生态开发适宜性结果。

（3）旅游产业空间适宜性评价

旅游城镇化强调旅游产业是城镇复兴与发展的触发点和主导因素[29]，因此明确旅游产业发展潜力、界定旅游生产空间极为重要。借鉴《旅游资源分类、调查与评价》（GB/T18972-2003），确定资源要素价值、资源影响力、附加值 3 个主体评价层，建立新型旅游城镇旅游发展潜力评价体系，并利用 AHP 法确定指标权重。

由于旅游单体大多存在点状、线状分布特点，对其的开发存在强烈的距离衰减效应，因而对其的评价方法不同于城镇及生态适宜性评价。通过实地调查确定旅游单体资源等级，结合地区实际确定不同等级旅游单体辐射距离，利用 Buffer Wizard 工具确定其影响范围，从而得到区域旅游开发适宜性结果。结合研究区实际情况，确定 1~5 级旅游资源单体辐射距离分别为 100、200、300、500、1000m。

---

① 此处考虑到新型旅游城镇往往处于旅游开发阶段，区域并未形成有规律的游憩活动，所以在建立评价指标体系时假设游憩活动在不同功能区体验质量几乎在同一水平，所以不考虑游客的游憩行为偏好，仅考察功能分区中生态环境、城镇建设条件与旅游发展潜力等之间交互关系对空间分区的影响。

② 指标体系需要考虑三大主类因素在下级指标设定时可能会遇到重叠的因子项，采取其中一类指标赋值即可。

基于三生空间的 TOSS 评价指标体系 表 2

总目标层	二级目标	因素指标分值权重	因子层
城镇建设适宜性指标	地形地貌 0.25	地貌地形形态（0.0625）	地块基本形态要素：简单；较复杂；复杂；破碎
		地形坡度（0.15）	考察地形起伏 ＜10%；10%~20%；20%~30%；＞30%
		地面坡向（0.0375）	考虑到日照、光线等因素：南、东南、西南；东、西；西北、东北；北
	工程地质 0.35	地基承载力（0.07）	＜100kpa；100~180kpa；180~250kpa；＞250kpa
		岩土类型（0.0875）	基岩或卵砾石；硬塑黏性土；砂土；软土
		抗震设防烈度（0.0875）	考察抗地震风险能力：＜Ⅵ度区；Ⅶ、Ⅷ度区；Ⅸ度区；＞Ⅸ度区
	水文地质 0.2	洪水淹没程度（0.14）	无洪水淹没；淹没深度或场地标高低于设防潮水位＜1.0m；1.0~1.5m；＞1.5m
		污染风向区位（0.06）	污染指数与城镇健康：无；低；较高；高
	利用现状 0.2	土地用途（0.1）	居民点及工矿、交通用地；荒草地、苇地、滩地、其他用地；耕地、园地、河流、水利设施；林地、湖泊
		交通区位（0.1）	主要考察距主要干道距离：＜3km；3~5km；5~10km；＞10km
生态适宜性指标	生态价值 0.60	植被覆盖率（0.20）	考察植被覆盖面积：＞80%；50%~80%；20%~50%；＜20%
		生物多样性（0.25）	动植物的 γ 多样性① ：＞2.0；1.0~2.0；0.5~1.0；0~0.5
		地表水保护范围（0.15）	＜100m；100~300m；300~600m；＞600m
	干扰强度 0.40	人口干扰强度（0.20）	＞100 人/km²；100~60 人/km²；60~20 人/km²；＜20 人/km²
		产业干扰强度（0.10）	＞60%；60%~40%；40%~20%；＜20%
		工程干扰强度（0.10）	3~4km；2~3km；1~2km；0~1km
旅游发展潜力指标	资源要素价值 0.8	观赏游憩使用价值（0.28）	考察观赏价值、游憩价值、使用价值
		历史文化科学艺术价值（0.24）	考察历史价值、文化价值、科学价值、艺术价值
		珍稀奇特程度（0.14）	考察珍稀物种，景观差异性
		规模、丰度与几率（0.09）	考察单体规模、体量、结构、疏密度以及活动的周期性
		完整性（0.05）	考察形态与结构完整度
	资源影响力 0.15	知名度和影响力（0.07）	旅游景观类型，相对密度，距离，空间分布，形成线形、环形或马蹄形的旅游线排列
		适游期或使用范围（0.03）	社会结构稳定性、民居友好度、文化融合度、社会经济波动的幅度②
	附加值 0.05	环境保护与环境安全（0.05）	考察环境受到污染与安全隐患因素，此处采用逆向给分，污染越高分数越低

注：评价级别借鉴国标中的等级划分，评价结果分为 5 级：高度适宜、较高适宜、中度适宜、较低适宜、不适宜。一级权重 W' 值总和为 1.00。生态适宜性越高，越适宜进行生态保育的管制。旅游评价指标在借鉴《旅游资源评价赋分标准表（2003）》基础上，可以结合实际相应调整评价因子，如度假类旅游城镇地区可加入康益、舒适与安全性等相关评价指标[30]。根据单体资源的评价分值，对空间区域内的资源进行分级打分，最终确定五个等级。等级越高辐射的潜力范围越大，相应等级低的资源体影响力在空间上表现越小。

（4）三生空间重构叠置分析

为使得区域三生空间达到最优匹配，将区域栅格单元在城镇空间与生态空间进行分配，达到适宜程度最大化的目标，如式（2）所示：

$$A = \max \left(\sum_{i=1}^{n} F_i(U) + \sum_{i=1}^{N-n} F_i(E) \right) \quad (2)$$

式中：A 为全区域城镇空间与生态空间达到最优分配，$F_i(U)$ 为 i 地块用于城镇开发适宜性，$F_i(E)$ 为 i 地块用于生态保育适宜性，n 为用于城镇开发栅格单元数目，N 为区域栅格单元总数。

在实际分析中，若 $F_i(U)=F_i(E)$，则可将其划定为弹性用地区，根据区域具体情况合理确定用地方向。由于生态空间是旅游城镇发展的基础及承载，因而将其确定为生态用地，通过以上分析将区域划分为城镇与生态空间。

---

① γ 多样性，即在单位面积内一系列生境中种的多样性，表示生物群落中显示生态地位多样化与基因变异。

② 社会经济的波动主要指物价波动、失业率、交通事故与噪音强度等多个涉及本地居民生活质量水平的受影响程度。

图2 马洋溪生态旅游区建设用地现状图

由于景点周边的旅游服务区与城镇空间存在相互融合互补的关系，因而将旅游缓冲区与城镇用地叠加，得到旅游服务区用地。基于以上分析，得到新型旅游城镇三生空间格局，完成新型旅游城镇三生空间功能分区。

3 实证研究

马洋溪生态旅游区2004年10月经漳州市人民政府批准成立，位于经济发展水平较高的厦、漳、泉闽南"金三角"的腹地。全区总面积138km²，下辖十里、旺亭、后坊、山重4个行政村及天成社区，人口1.1万人。区内海拔最高965.8m，最低16.7m，平均海拔450m左右，地理地貌相对复杂，属低山丘陵、山峰、台地、阶地、谷地、悬崖等。地质构造属闽浙活动地带，地层单一，岩性复杂，主要地质由中生代侏罗纪火山岩和燕山时期火山岩组成，地质历史时期曾有过强烈的断裂作用，新华厦系构造在境内表现强烈。马洋溪生态旅游区土地类型多样，山体面积达76%以上。境内主干河流马洋溪，全长30.4km，河道落差222m，水流缓急交错，适于漂流及皮划艇运动项目，河流两岸草滩地、村落、生态果园错落分布，风景优美（图2）。

在2004年前，旅游区城市化发展速度缓慢，居民主要从事农业生产。自设立独立旅游区之后，凭借拥有丰富的旅游资源与区位优势，已开发马洋溪漂流、泛华生态博览园、天柱山国家森林公园等17项旅游（或地产）项目，初步形成一批特色旅游品牌，年接待游客超近100万人次，旅游收入2亿多元。马洋溪生态旅游区进入快速旅游城镇化的轨道，但是出现明显的空间无序发展和生态破坏情况。马洋溪公共服务体系尚未建立，旅游配套服务基本处于空白，大量旅游地产遍地渗透，尚未形成旅游产业集聚中心。马洋溪亟需空间重构，进一步明晰生态保护、经济发展与游憩生活的空间范围。

3.1 数据来源

本研究采用数据均引自福建省马洋溪法定的调查和统计数据，主要包括近五年统计年鉴、农经报表、自然灾害统计表、马洋溪总体规划（2009—2025年）、地形图（比例尺为1：10000）、2012年土地利用变更调查数据等。利用ArcGis10.1软件从土地利用变更数据中获得土地利用、水域等信息；以地形图为数据来源，建立DEM，栅格大小取30×30m，通过空间分析获取坡度、高程等评价指标信息；自然灾害情况、基本农田保护、交通情况、建成区、地基承载力、自然保护区等信息分别从《长泰县自然灾害统计表》、《长泰县地质灾害评估报告》、长泰县基本农田数据库、变更调查遥感影像图以及相关图件资料中获取。

3.2 评价结果

（1）城镇生活空间

根据TOSS模型对城镇适宜性指标因子的计算叠加，得出如图3中A所示，城镇空间适宜度分为1~5个等级。在不考虑其他两类空间用地的基础上，将Reclassfy结果大于3的区域视为高值区，计算出城镇适宜度比例约为38.7%。适宜区主要集中在马洋溪南部的十里村，中部区域沿交通干道与原居民点周边延伸出相对狭长地带，天柱山外围靠近旺亭村的部分谷地也有较破碎的适宜空间。这类破碎地块不适合建设大体量的社区，仅考虑在规划中配合旅游景点的开发布局服务站。

由于区位及资源条件优越，马洋溪生态旅游区近年来吸引大量旅游（及地产）项目涌入，零散分布于旅游区的南、中、北部各区域，造成资源浪费、公共配套欠缺、生态景观破碎化等各类现实问题。根据TOSS模型的空间分区指导，未来城镇中心区应以十里村集中布局，中北部地区除保留原有居民点与景点周边的服务设施外，严格控制地产项目进入，整体构建"大区小镇"的空间格局。

（2）生态保育空间

分析结果如图3中B所示：生态保育适宜度分为1~5个等级，将Reclassfy结果大于3（以绿色与蓝色表示）的区域视为高值区，算出适宜度比例约50.2%。生态保育度高值区集中在中部天柱山、北部林场、红岩水库及马洋溪的中上游区域；南部十里村与北部的山重村仅从单一生态空间分析结果来看是适宜度最差区域（以红色与紫色表示）。

马洋溪作为新成立的生态旅游区，既是旅游产业发展的新镇域，更是生态保育的重点对象，城镇化进程中必须严格遵循优先发展生态保育空间的宗旨，针对生态高适宜度空间部分受干扰的现状，要做好环评工作，开展生态修复，加大植树造林的进程，实施生态移民和退耕还林（还草），将生态破坏降到最低，提高其生态保育功能。

（3）游憩生产空间

根据马洋溪旅游资源调查与评价结果，得出全区五级资源仅后坊村龙人古琴文化村一处；四级资源有山重古民居、马洋溪漂流、天成山、天柱山四处；一至三级资源点较为丰富，全区分散布局（见图3中C）。不同等级的资源点的开发潜力大小不一样，运用ARCGIS中的Buffer Wizard工具对不同等级资源进行空间分析，得出旅游适宜区位于所有资源单体分布区，以后坊与山重两个村庄适宜区范围最大。后坊虽然拥有等级最高的资源单体，但资源密度不如北部山重聚集，从开发规模效益而言，山重是旅游发展最适宜区；中部天柱山、南部天成山、连氏旅游区由于基础较好，等级较高，也具有较高开发潜力。

（4）综合空间叠合评价

利用构建的TOSS模型与空间技术分析，得出综合评价结果如图5所示：①绿色代表马洋溪生态保育适宜空间，集中分布旺亭以北区域，以中东部天柱山与北部林场为核心，空间连续性较高，全区覆盖率达59.6%。根据三生空间重构的内涵界定，旅游城镇化空间管制以生态安全网络[31]构建为目标，故本文界定凡新型旅游城镇的生态保育空间所占比例不得低于50%；②城镇生活适宜空间（红色区域）分布于亭下林场以南十里村区域，南部地块高度集中，北部适宜区较为破碎化，共占比例约27.7%。南部集中建设公共服务与集散中心、新旧居民的新型社区以及旅游商贸特色街区。城镇生活区的集中安置，正符合了TOSS模型中高度现代化机会空间的特征描述，可以最大程度保护生态环境，降低服务设施布局成本，有利于疏散、管理与优化空间资源。南部中心小城镇要设定好城镇增长的边界，以绿化隔离带的形式避免城镇空间无序蔓延；③旅游生产空间的最终确立，需要考虑景点资源在地理空间上的分异度。对马洋溪旅游适宜空间的叠置，在缓冲分析的基础上结合单体资源的实际情况，得出如图4深色区域所示，旅游生产空间适宜区随景点位置差异较为分散，所占比例约12.7%。

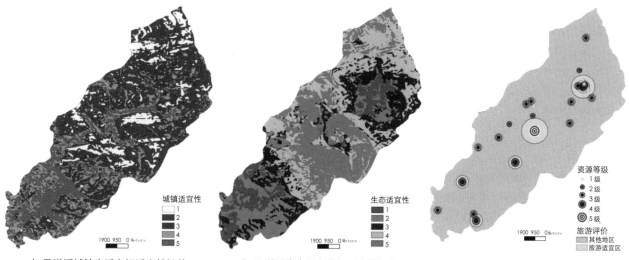

A. 马洋溪城镇生活空间适宜性评价　　　B. 马洋溪生态保育空间适宜性评价　　　C. 马洋溪旅游生产空间适宜性评价

图3　马洋溪旅游三生空间适宜性等级评价

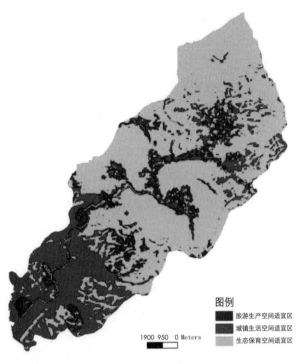

图 4   马洋溪功能空间重构综合评价

图例
■ 旅游生产空间适宜区
■ 城镇生活空间适宜区
□ 生态保育空间适宜区

1900 950 0 Meters

值得注意的是，由于旅游空间的渗透性较强，生态与城镇空间中均存在为旅游产业发展服务的利益空间，比如城镇区虽然是居民点的高度聚集区，也是餐饮、住宿、购物、娱乐的高消费区，绝大多数旅游小镇承担游客服务与旅游集散的功能。生态空间除遵循国家对森林公园与水源保护地等相关限制条件外，还可开展人工痕迹低、私密性（非团体性）强的生态旅游活动，接待负责任游客行为[①]的介入。故虽然纯粹以景点潜力辐射的旅游生产空间仅占总面积的12.7%，但潜在旅游适宜度的高值空间可达30%，正好契合生产空间均质拓展、边缘模糊的基本属性。

4   结论与讨论

针对快速旅游城镇化进程中土地利用形态的变化及其引发的问题，从空间管制的视角寻找相应解决方案，是地理学在实际运用中的探索。在促进产业结构转型和空间重构形成良性互动过程中，TOSS 模型为培育优良的生态环境、创建有效的公共服务体系、搭建完善的旅游发展平台，重构有序的生产、生活和生态新型空间，推进城乡一体化发展提供理论指导与方法创新。

（1）新型旅游城镇的空间重构是优化城乡二元结构、推进城乡统筹发展的综合途径，是伴随着旅游区域内生发展需求和外源驱动力综合作用的根本性变革过程。本文提出 TOSS 模型构建了以空间重构为核心的"城镇生活、旅游生产与生态保育"三类功能空间分区指标体系，共包括 3 大类 9 亚类 24 小类评价因子。利用 GIS 空间技术，以马洋溪为个案实现了该模型通过对分区适宜性评价，探寻空间差异的可能性，综合反映区域的地理分异、人文痕迹与产业基础等要素的影响力大小，达到建设新型旅游城镇集约高效的生产空间、宜居适度的生活空间和山清水秀的生态空间的目标。结果表明：马洋溪适合城镇建设用地的空间集中布局于南部十里村区域，用以承担该区的居民生活、旅游配套服务以及集散中心等功能，是人为活动最频繁干扰最强的区域，占地比例不高于 27.7%；旅游生产空间由于景点布局沿马洋溪河流自北向南分散布局，以山重村为核心，空间比例不低于 12.7%，而区域内绝大部分空间界定为生态保育空间，正好契合生态旅游区的定位，以中部的天柱山森林公园为核心，是区域生态绿心，承担着生态安全屏障的功能，整体比例不低于 50%；TOSS 模型与 GIS 空间分析技术的结合，既是对 ROS 理论的嬗变与发展，更是对功能分区方法的实践创新，为未来新型旅游城镇的空间合理布局提供可操作性的理论依据，作为人地关系协调、人地系统稳定的技术保障。

（2）应用 TOSS 模型的关键在于确定基于评价区域实际状况的评价指标，在实践中，由于各地区的资源禀赋有所差异，空间分区的影响因素也会不同，长远来看，空间管理的内容、任务将随着社会经济发展变化而相应变化，不同社会经济发展背景下的区域空间利用形态的差异，将导致区域空间优化模式和内容的不同[32]。随着新型城镇化发展不断转型与空间重构的逐步推进，势必对空间利用与整治提出新的要求。因此，需要注重功能分区的区域性和阶段性，需要因地制宜地开展区域空间管理模式的创新研究，以及需要对重构的空间进行动态监控、预警和科学调控的系统研究。

（3）TOSS 模型适用于新型空间，相对于传统旅游区而言，游憩行为尚无规律可循。未来 TOSS 模型的深化与拓展，需要加强对旅游者游憩行为偏好与活动质量的研究。TOSS 模型作为功能空间管理的一种框架，能否科学合理地指导具体旅游区域的空间重构，关键在于与土地规划与管理相关的政策机制与模式创新，主要涉及土地流转与产业配套的机制创新、产城互动的社会经济结构转型、居民融合度提升以及乡村景观资源可视化管理（VRM）等方面。

---

① 2002 年南非开普敦召开了第一次负责任旅游国际会议，并签署了《在旅游目的地进行负责任旅游的开普敦宣言》。

主要参考文献

[1]   Mullines P. Tourism urbanization[J].International Journal of Uaban and Regional Research, 1991, 15（3）: 326-342.

[2]   席建超, 赵美风, 葛全胜. 旅游地乡村聚落用地格局演变的微尺度分析——河北野三坡旅游区苟各庄村的案例实证 [J]. 地理学报, 2011（12）: 1707-1717.

[3]   陆林. 旅游城市化: 旅游研究的重要课题. 旅游学刊, 2005, 20（4）: 10.

[4]   黄震方, 吴江, 侯国林. 关于旅游城市化问题的初步探讨——以长江三角洲都市连绵区为例. 长江流域资源与环境, 2000, 9（2）: 160-165.

[5]   王润, 刘家明, 陈田, 田大江. 北京市郊区游憩空间分布规律 [J]. 地理学报, 2010（06）: 745-754.

[6]   戴均良, 高晓路, 杜守帅. 城镇化进程中的空间扩张和土地利用控制 [J]. 地理研究, 2010（10）: 1822-1832.

[7]   崔峰, 丁风芹, 何杨, 杜林华, 颜廷凯. 城市公园游憩资源非使用价值评估——以南京市玄武湖公园为例 [J]. 资源科学, 2012（10）: 1988-1996.

[8]   Roger Clark, George Stankey.The recreation opportunity spectrum : a framework forplanning, managementand research[R]. USDA ForestService Research PaperPNW -98. 1979.

[9]   Butler R W, Waldbrook L A. A new planning tool : the Tourism Opportunity Spectrum[J]. JournalofTourism Studies, 1991, 2（1）1 -14.

[10] Van Lier H N, Taylor P D. New Chal lenges in Recreation and Tourism Planning [M]. Ams terdam, Els evier Science Publ ishers B.V, 1993.

[11] 刘明丽, 张玉钧. 游憩机会谱（ROS）在游憩资源管理中的应用 [J]. 世界林业研究, 2008（03）: 28-33.

[12] 肖随丽, 贾黎明, 汪平, 李江婧. 北京城郊山地森林游憩机会谱构建 [J]. 地理科学进展, 2011（06）: 746-752.

[13] 刘明丽. 河流游憩机会谱研究 [D]. 北京林业大学, 2008.

[14] 黄向, 保继刚, 沃尔·杰弗里. 中国生态旅游机会图谱（CECOS）的构建 [J]. 地理科学, 2006（05）: 5629-5634.

[15] 钟永德. 户外游憩机会供给与管理——李健译作《户外游憩——自然资源游憩机会的供给与管理》评介 [J]. 旅游学刊, 2012（10）: 110-111.

[16] 张骁鸣. 旅游环境容量研究: 从理论框架到管理工具 [J]. 资源科学, 2004（04）: 78-88.

[17] ZhangJing-min, Wu Wei, Zhang Yan, Fang Xu, Wang Jing-feng.Effects of AR Antagonist on Myocardial α -1-AR Density and VERP-D after Myocardial Infarction[J]. South China Journal of Cardiology, 2004（02）: 112-115.

[18] Butler R W, Waldbrook L A. A new planning tool : the Tourism Opportunity Spectrum[J].Journal of Tourism Studies, 1991, 2（1）1 -14.

[19] 龙花楼. 论土地整治与乡村空间重构 [J]. 地理学报, 2013（08）: 1019-1028.

[20] 方创琳, 鲍超. 黑河流域水 - 生态 - 经济发展耦合模型及应用 [J]. 地理学报, 2004（05）: 781-790.

[21] 韩非, 蔡建明. 我国半城市化地区乡村聚落的形态演变与重建 [J]. 地理研究, 2011（07）: 1271-1284.

[22] 乔标, 方创琳. 城市化与生态环境协调发展的动态耦合模型及其在干旱区的应用 [J]. 生态学报, 2005（11）: 211-217.

[23] 崔峰, 丁风芹, 何杨, 杜林华, 颜廷凯. 城市公园游憩资源非使用价值评估——以南京市玄武湖公园为例 [J]. 资源科学, 2012（10）: 1988-1996.

[24] 谢朝武. 基于环城旅游带开发的小城镇建设研究 [J]. 北京第二外国语学院学报, 2004（05）: 20-24.

[25] 樊杰, 王海. 西藏人口发展的空间解析与可持续城镇化探讨 [J]. 地理科学, 2005（04）: 3-10.

[26] 刘新卫, 张定祥, 陈百明. 快速城镇化过程中的中国城镇土地利用特征 [J]. 地理学报, 2008（03）: 301-310.

[27] 杨建强, 朱永贵, 宋文鹏, 张娟, 张龙军, 罗先香. 基于生境质量和生态响应的莱州湾生态环境质量评价 [J]. 生态学报, 2014（01）: 105-114.

[28] 王振波, 方创琳, 徐建刚, 吴茜薇. 淮河流域空间开发区划研究 [J]. 地理研究, 2012（08）: 1387-1398.

[29] 葛敬炳，陆林，凌善金．丽江市旅游城市化特征及机理分析[J].地理科学，2009（01）：134-140.

[30] FrnakM.G，RobertG.Integrated qality management of tourist destinations[J]. Tourims Mnaagmenet，2008，6（1）．

[31] 蒙莉娜，郑新奇，赵璐，邓婧．基于生态位适宜度模型的土地利用功能分区[J].农业工程学报，2011（03）：282-287.

[32] 樊杰，刘毅，陈田，张文忠，金凤君，徐勇．优化我国城镇化空间布局的战略重点与创新思路[J].中国科学院院刊，2013（01）：20-27.，2009（03）：402-41.

New Tourism Urbanization and Spatial Zoning by Toss
——A Case Study of Mayangxi Ecotourism Area

Tao Hui

Abstract：Currently，the new type tourism urbanization has become a new way of the multi-channel urbanization in China. However，as a key project of realizing urban-rural integration development and the foundation base and platform role of the tour-newtown，it has not gotten enough attention，resulting in excessive decentralization of tourist real estate，spatial disorder，deteriorated ecological environment and landscape，and etc. Regarding to those issues，it is urgent to conduct comprehensive treatment for such new township space，and restructure a scientific and reasonable spatial zoning and sequence of exploitation. TOSS（Tour-Newtown Opportunities Sectorization Spectrum）aims to reconstruct the "production，living and ecological space" and take ROS·（Recreation Opportunity Spectrum）as it's theoretical guidance，consisting of 3 main categories，9 sub-categories and 24 small categories as the evaluation factors. It provides theoretical guidances and innovative methods to cultivate excellent ecological environment，create effective public service system，build a sound platform for tourism，reconstruct orderly production，living and ecological space and promote the development of urban-rural integration. The new-type tourism urbanization and functional zoning reconstruction which based on TOSS is designed to make local the tourism production space get a status of edge vagueness with local region concentrated and global region relatively extended，urban living area get a status of supporting services and facilities spatial agglomerated and residential areas classified and concentrated，conservation area achieve the network pattern of ecological security. It also helps to enhance the quality of habitat and landscape diversity. The study on MaYangxi ecotourism area has demonstrated the scientificity and validity of TOSS model in ecotourism area space management. It has been proved that，TOSS can serve as technical support of human-earth harmonization and the stability of human-earth system，it can also serve as the space management platform to guide the future development of the new type tourism urbanization.

Keywords：tourism urbanization；functional zoning；spatial reconstructing；TOSS；MaYangxi ecotourism area

基于现代农业发展的大城市郊区美丽乡村规划对策探索
——以上海市青浦区徐姚村为例

古颖　张泽

摘　要： 在全国开展美丽乡村建设的热浪中，大城市郊区农村面临本地农民数量减少、人口老龄化严重、农业规模化基础薄弱、农村社区人口多元化，环境问题显现等诸多挑战。基于发展环境变化，大城市郊区农业生产规模化、高效化、融合化是必然趋势。规划确定农业规模化经营促发展、农业产业"融合化"、政府引导、号召社会力量参与的规划思路，通过上海市青浦区徐姚村的美丽乡村规划实践，以"集体农庄经营模式规模化、丰产水稻种植高效化、村庄环境宜居化"为建设目标，探讨大城市郊区村庄基于现代农业发展的美丽乡村规划对策。

关键词： 现代农业；美丽乡村；大城市郊区

1　研究问题

1.1　研究背景

长期以来我国城乡二元体制壁垒，导致不平衡的城乡关系和"重工轻农"的发展价值观。另外，在快速城镇化的大背景下我国目前正处于转型发展时期，尤其处于城镇化发展中后期的大城市更是处于转型发展的关键时期，面临着人口结构变化、产业结构转型、生态环境改变等问题。大城市为改善经济和环境效益，出台相关政策和措施引导工业向园区发展，实施村庄工业用地减量化等措施，大大削弱了村庄内生经济力量。大城市郊区村庄大多被动回归到以传统农业为主导产业，而与一般农业生产地区相比，大城市郊区村庄传统农产品生产的比较优势在下降。因此，诸多发展环境变化给大城市郊区村庄的农业发展提出了挑战。

2013年中央一号文件第一次提出建设"美丽乡村"的奋斗目标，加快建设乡村基础设施，开展乡村人居环境整治，提高乡村经济收入，促进农民增收。大部分的美丽乡村规划和建设偏重于村容村貌的美化，而忽视了挖掘村庄产业发展潜力、在本地寻找农民增收的稳定途径。美丽乡村规划和建设是村庄提升自身竞争力的重要机会，规划中可以利用村庄的资源禀赋和自然优势，明确产业定位，从而有目标的完善配套设施建设，培养内生发展力量。

1.2　研究对象和问题

大城市郊区村庄是处于大城市边缘地带，与大城市中心城区相邻或者距离较近的村庄。由于与大城市中心城区联系密切，其农产品的生产和销售也很大程度上受大城市中心城区需求变化的影响。大城市外来人口增加引起农产品消费的增加，但是在与外地农产品竞争中，本地农产品的消费比重不一定增加。在"美丽乡村"建设热潮中，大城市郊区村庄面临着如何利用"美丽乡村"建设契机，提升郊区农业竞争力的问题。因此以大城市郊区村庄为对象、探索基于现代农业发展的美丽乡村规划对策有相当的必要性。

2　大城市郊区村庄发展的若干挑战

2.1　从农民角度来讲，本地农民数量减少、较高程度老龄化，外来农民数量增加

城乡发展差距推动农村剩余劳动力流入城市，尤其是大城市郊区城乡空间联系便利，本地农民到城市务工或者城乡兼业的比重上升。以上海市为例，2000~2012年，户籍人口中农业人口由335.47万人下降到146.11万人，占常

古颖：同济大学在读研究生
张泽：同济大学在读研究生

住人口的比重由 20.85% 陡降到 6.14%；第一产业从业人员数量缩减将近一半，从 89.23 万人下降到 45.70 万人，占各行业从业人员比重由 10.77% 下降到 4.10%[1]。由于青壮年劳动力到城镇就业，农业人口呈较为严重的老龄化特征。第六次人口普查数据表明农业户籍人口的老龄化现象比非农业户籍人口更为显著，其中户籍农业人口中 60 岁以上老年人占 24.26%，户籍非农业人口中 60 岁以上老年人占 23.10%[2]。另外，在大城市郊区存在数量可观的外地务农人口。根据上海市农业普查数据，2010 年底约有 13 万外来人口来上海务农，达到 2010 年全市农业从业人口的 27.6%。根据北京市流动人口管理信息平台发布的数据，截至 2012 年 7 月在北京的 726.3 万登记流动人口中，约 12 万是进京务农人口[3]。大城市郊区土地流转制度的推进将会引起外来务农人口规模的进一步扩大，在将来有可能替代本地农民成为城市农业生产的主力军。但是目前外来务农人口的经营模式大多呈现自发性、无组织性，这对城市农业生产和农副产品供应安全的影响不容小觑。

2.2 从农业角度来讲，非农元素增加，农业规模化基础薄弱

大城市郊区同我国一般农业生产地区一样面临人多地少的困境，但有更多就近非农就业的机会。对大多数大城市郊区农业户籍人口而言，非农业生产活动收入是其家庭收入的主要来源，其农田产出基本以满足自身口粮为目的，对土地只有较低的依赖性。新生代农民工作为农业生产的后备军，虽然保有农业户籍，但是大多缺乏农业生产技能、主要靠非农业生产活动获得劳动收入。另外，大城市不断完善的交通系统为大城市郊区与中心城区之间的物质、资金、人口流动提供了便利条件，也使郊区村庄的产业发展趋于迎合城市消费市场的需求，农业产业呈现三产化趋势。例如，在农业自身服务功能基础上延伸的农业休闲在大城市郊区村庄兴起，如农家乐、采摘农园、休闲渔业等，在不改变村庄风貌特征的基础上发挥农业多功能性、促进农民增收。

城市化过程占用不少农业用地，在大城市郊区这一现象就更为显著。农业劳动力向非农产业转移的速度难抵耕地面积缩减的趋势，大城市郊区劳均耕地面积增加缓慢。以上海为例，农业劳均耕地面积 1990 年为 4307m²，1998 年为 2966m²，2010 年为 5901m²[4]。并且我国自实行农村土地承包责任制以来，土地经营权被分化，这在一定程度上给农业规模化经营增加了障碍。

2.3 从农村角度来讲，农村社区人口多元化，生活方式城市化，环境问题显现

在大城市郊区，由于城乡人口流动的便利性以及低廉的生活成本，使得在此居住的外来务工和务农人口增多，农村社区人口也呈现出多元化的趋势。以上海为例，2012 年全市外来人口占常住人口比重为 40.43%，郊区若干区中外来人口占常住人口比例最高的松江区高达 61.72%（图 1）。由于长期在城镇务工或者城乡兼业，大部分农民工适应了城市的生活方式，其消费习惯和娱乐方式也逐渐与市民趋同。农业和乡村中普遍存在环境问题，如农业过度依赖农药化肥、散布的工业污染源向城市外转移等，都会引起耕地和水质污染[5]。在基础设施不完善的情况下进行农民集中化也有可能引起新的环境问题。例如，大城市郊区农民收入增加和外来务农人口数量的增多可能引起生活垃圾数量增加。

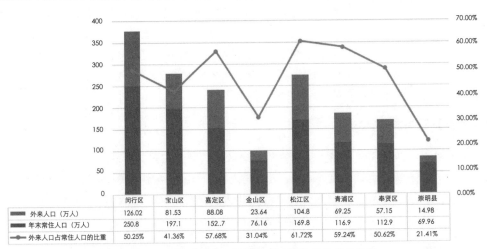

	闵行区	宝山区	嘉定区	金山区	松江区	青浦区	奉贤区	崇明县
外来人口（万人）	126.02	81.53	88.08	23.64	104.8	69.25	57.15	14.98
年末常住人口（万人）	250.8	197.1	152.7	76.16	169.8	116.9	112.9	69.96
外来人口占常住人口的比重	50.25%	41.36%	57.68%	31.04%	61.72%	59.24%	50.62%	21.41%

图 1 2012 年上海郊区若干区外来人口占常住人口比重
（资料来源：上海统计年鉴 2013）

3　对大城市郊区农业发展的若干判断

通过以上分析对大城市郊区农业发展的趋势作出若干判断，以给基于现代农业发展的大城市郊区村庄的规划思路提供一些借鉴作用。第一，我国大城市大部分处于城镇化中后期，在未来一定时期常住人口继续增加，常住人口对农产品的消费需求扩大。第二，随着本地农民向非农产业转移和老龄化的趋势，本地农产品的生产成本上升、竞争优势弱化，外地农产品市场份额的扩张。消费者在食品质量和安全方面的意识在增强，对农产品的品质要求也在提高。因此，要提高农业生产效率，发展农业规模化经营模式，注重培育品牌、提高产品质量，扩大销售渠道。第三，大城市市民对休闲娱乐的需求更趋于多元化，常年都市生活使他们向往市郊田园风情。大城市郊区村庄利用田园风光，一产与三产融合将成为农业发展新趋势，例如发展集"游、购、娱"为一体的农业休闲产业。

4　基于现代农业发展的大城市郊区村庄的规划思路

基于现代农业发展的大城市郊区村庄的规划思路包括以下几点：

4.1　农业规模化经营促发展，由示范项目带动

农业规模化经营应该以市场为导向，以政府推动为辅助，以确保农户口粮自给和菜篮子工程为前提，深化土地经营权改革。大城市郊区村庄的农业发展要基于村庄的农业基础，与区、镇、村产业发展相协调，科学合理确定农业生产规模和农产品结构，突出发展主导产品。通过特色高效农业规模化经营示范村的试点工作，探索大城市郊区农业规模化、集约化经营的道路，为村庄产业发展注入活力。

4.2　农业产业"融合化"，社会经济环境齐发展

美丽乡村建设不仅是为了让村庄的物质空间"美丽"，除了完善基础设施和整治生活环境之外，更重要的是引导村庄向社会经济完善的综合型社区发展。利用区位优势，在大城市郊区村庄倡导把农业和服务业结合起来，规划提升农业休闲产业等。产业发展将为本地和外地人口提供更多就业岗位，农村社区人口多元化的趋势要求其更加重视社会环境的健康发展。

4.3　政府引导，号召社会力量参与

基于现代农业发展的大城市郊区美丽乡村规划的首要工作就是由政府主导推进田网、路网、林网、水网"四位一体"的基础设施建设，为推进农业规模化经营提供基础条件。政府通过构筑平台，吸引社会力量参与到美丽乡村建设的过程中，以尊重村民意愿为原则，发挥村民的主观能动性。

5　基于现代农业发展的大城市郊区美丽乡村规划实践——上海市青浦区徐姚村

5.1　项目特质

（1）项目背景

徐姚村属上海市青浦区重固镇，行政区域面积 3.55km^2。根据重固镇产业发展总体规划，徐姚村位于镇农业规模化经营示范区内，未来还将规划建设新谊河徐姚段、服务全镇的现代粮仓并扩建村庄周围多条公路。同时全体村民对深化土地经营权改革、发展区域特色高效农业和完善村民宜居生态环境的热情和支持率都非常高。目前徐姚村已经全部实现土地流转。

（2）区位条件特质：内外联通

重固镇位于上海市青浦区东北，临近虹桥枢纽。位于北接华新镇、白鹤镇，南邻赵巷镇，处于 G312 国道、沪常高速交汇处。

徐姚村位于重固镇的西北面，东临陈章路（规划中崧华路），南接章堰村，北靠白鹤镇，西至外青松公路。紧邻 G312 国道、沪常高速，油墩港、规划中的新谊河从村庄中穿过，河系健全，水陆交通十分便利。

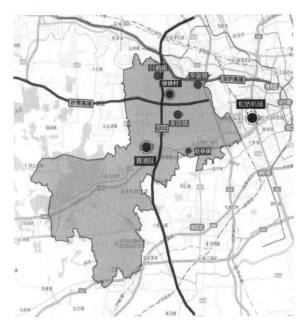

图2　徐姚村在青浦区的区位

（3）总体现状

徐姚村共有649户，户籍总人口2043人，外地人口1260人。户籍人口中60岁以上老人648人，占比31.72%，老龄化程度较高。村管辖区域有23个自然村落，16个村民小组。2013年村集体收入为280万元，村民人均收入为19200元。村庄现有工业企业31家，工业用地减量化尚无规划。

（4）农业发展基础

村庄处于长江三角洲区域气候温暖，雨量充沛，属冲积平原，地势平坦，土壤肥沃。河网密布，水源较丰富。

村庄目前总耕地面积2780亩，其中水稻田1750亩，蔬菜田500亩，鱼塘139亩。水稻种植为其主导产业，但未采取高效种植模式。2012年徐姚村被评为"上海市丰产水稻示范基地"和"上海市农业机械安全示范村"。尚无农业休闲产业，缺少基于农业产业的延伸发展。

1）农田水利设施现状

村庄现有8个灌区，灌区面积2617亩，目前存在的主要问题有：①部分沟渠等农田水利设施破旧且布局凌乱。②部分农田利用土沟灌排，沟内杂草丛生，淤积严重，不利于排水。③田间道路多为土路且太窄不能满足机械化农耕要求。

2）农业产业配套设施现状

经初步调查统计：徐姚村现有拖拉机3台、收割机1台、喷药机10台、无播种机、烘干机。存在的主要问题：①农用机械设备配置种类、规格、数量不能满足现代化高水平粮田发展的需要。②水稻收割后基本采用自然晒干措施，效果差，效率低，无法抵御灾害性天气对农业发展的影响。

3）河网水系现状

徐姚村内河网密布，共约19条河道，其中区级河道1条，镇管河道1条，村级河道17条。存在的主要问题：部分河底淤积、水质不佳、河堤护坡破坏严重，无生态护坡；村内还有部分环境较差的断头河道。

5.2　规划对策

基于对农业规模化经营案例的研究，结合徐姚村的自然条件、生产基础和村庄建设现状，规划提出"集体农庄经营模式规模化、丰产水稻种植高效化、村庄环境宜居化"的建设目标。以"为一河二路和现代粮仓建设留好地、布好局，避免重复建设"为原则，配合建设小型农田水利项目、生态环境改造项目、公共服务设施配套项目、河道整治项目等。

（1）把握建设现代粮仓的机遇，稳步建设农业规模化示范村

未来青浦区将在重固镇徐姚村规划建设服务全镇16000亩粮田的现代粮仓，并配套农机服务中心，创建重固镇农业产业"产、供、销一体化"模式，发展地域优质粮食品牌，以达到提高农民收入的目的。为此本规划在油墩港西侧与新重安路交接处预留了20.3亩现代粮仓的建设用地，并规划2655亩高效粮田。在美丽乡村建设过程中，要抓住即将新建的新谊河徐姚段和布局现代粮仓的巨大机遇，先期稳步推进菜田还耕、鱼塘复耕、小型农田水利建设，优化扩大水稻种植规模，发展集体农庄经营模式等工作，同时在农业种植模式上规划为以水稻种植辅以二麦（即大麦和小麦）二季翻种模式。基础设施先行，稳步推进，逐步把徐姚建设成为"粮食生产高效化、粮食储存、加工规模化、粮食销售品牌化"的农业规模化经营示范村。

（2）明确市场定位，发展特色化农业休闲产业

重固镇第三产业发展思路是以历史文化为本，以人文艺术、农业休闲为辅，规划布局历史古迹游（福泉山古文化遗址）、人文艺术游（章堰村）、农业休闲游（徐姚村）为主的旅游发展环线。本次规划将根据"农业休闲游"的第三产业发展定位，完善村庄生态景观、适当发展人工农业景观，结合农耕文化、民俗文化丰富农业休闲内涵。徐

姚村的农业休闲产品体系只有走特色化路线、满足消费者对于个性化消费的需求，才能从上海周边诸多短途旅游的路线中脱颖而出。客源定位是上海居民，发展青少年农业科普游、都市白领休闲度假游、老年人绿色养生游，建立"游、购、娱一条龙"的农业休闲产业链。农业休闲产业规划"一轴一中心"的布局结构，以新重安路为东西轴线、以中心村示范自然村、以未来新建的现代粮仓和新谊河滨河绿带景观走廊为农业休闲观光中心区域，设置趣味性的雕塑、石刻、木雕等艺术品，打造富有特色的农业休闲文化风貌。规划建设配套农业休闲设施，主要包括入口景观、村委附近、沿新谊河景观走廊序列布置的休闲竹林景观、村民休憩园、观光农园（包括有机农园、农夫市集等建设内容）。

（3）小型农田水利建设

根据重固镇建设农业规模化经营示范区的规划设想，结合徐姚村已完成100%土地流转的现实和村民积极要求发展集体农庄经营模式的需求，规划拟进行配套的小型农田水利项目建设，增加土地利用率，做大、做强徐姚村水稻种植产业，提高规模化经营水平。

对位于新谊河规划线型内的农田设施和最近几年新建农田设施且状态良好的，为避免重复建设，采用保留和调整改造的措施。对于其他农田则采用以下布局措施：①田块在千亩单位内，根据地形情况布置每幅宽42m，长350~400m的农田设施。以利于农业机械操作和田间管理。②田间道路：结合地形，以顺直畅通为原则。道路宽度为4m；道路与桥、涵配套适宜，确保农业机械作业和粮食作物运输。③灌排采用水泥明沟、灌排分离、定位排放的布置方式，便于农民操作提高农业生产效率。④排水沟系生态化。本次规划将翻建原有的8个电灌站，新建1个电灌站。所有电灌站均采用一用一备灌溉泵。项目完成后徐姚村总灌溉面积为2968.5亩，其中高效粮田面积为2655亩（其中378亩为保留现有农田设施的粮田）。

（4）村庄工业减量化，从改善基础设施开始

通过第二产业的渐进式减量化调整，促使其转型发展并反哺农业。徐姚村现有工业企业31家，工业用地111.85亩，计划2年完成拆除16家，涉及工业用地36.95亩，完成工业用地减量33%的目标；其中有2家重点减排企业在2014年率先完成拆除。另外15家企业将视其未来3年的转型情况另行安排减量发展措施。

美丽乡村建设是直接指导乡村建设的，乡村基础设施建设是近期首要推进项目。除高水平粮田建设外，村宅综合整治、村庄道路改造、桥梁改扩建、公共服务设施整治、市政环卫设施整治、鱼塘复耕、污水处理系统建设、河道整治工程、林网建设等要一并考虑，提出相关整治操作细则和工程预算，为规划实施提供依据。

（5）集体农庄规模化经营，多渠道资金来源

由于我国人多地少的现实，每户独立耕作的美国式大农庄在我国不可行。日本农业耕地资源有限，采用每户小

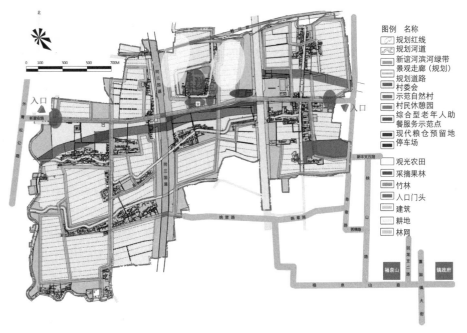

图3 农业休闲产业布局规划图

规模耕作的模式，通过农协组织农户，对农业产业链进行整合和规模化经营，成功实现了农业现代化。徐姚村的经济条件和村民支持度等都能满足建设规模化经营型农庄的条件，因此被确定为"集体农庄经营模式规模化"试点。根据徐姚村的实际情况，实行每户独立核算，进行采购规模化、生产规模化、销售规模化实践。采购规模化就是利用集资购买或租赁现代农业设备，最小化农业设备成本。利用集体农业设备，统一完成耕作作业，实现生产规模化。创立徐姚村农产品自主品牌，细化市场定位，探索稳定的销售渠道。还要增强法律意识，签订集体合同，最大化市场收益。

徐姚村美丽乡村建设项目目前主要是政府在主导，在基础设施建设和环境整治工程完成之后，计划引进社会资本对集体农庄和农业休闲产业项目进行市场化运营。徐姚村拟建设的集体农庄和农业休闲产业项目需要较多资金，要通过政府构建平台、拓展融资渠道进行建设运营。

6 结语

通过现代农业发展带动乡村复兴，走特色化美丽乡村建设的道路，通过空间设计为现代农业发展传承和相关产业发展提供支撑；通过基础设施建设和生态环境建设，为村民提供良好的生活环境。基于现代农业发展的徐姚村美丽乡村规划经过与上下层的多次沟通协调，得到了广泛赞成，已经于2014年8月通过审批并且启动建设。相信在不久的将来，徐姚村会在"集体农庄经营模式规模化、丰产水稻种植高效化、村庄环境宜居化"方面起到示范带动作用。

（项目案例情况：徐姚村美丽乡村规划是由青浦区重固镇政府委托上海绿呈实业有限公司编制，项目组成员包括陈萍、官江、成晟、王斌、吴石萍、顾贝等）

主要参考文献

[1] 上海统计局网站，http：//www.stats-sh.gov.cn/tjnj/nj13.htm?d1=2013tjnj/C0201.htm

[2]、[4] 胡琪．城乡一体化背景下上海农业人口发展趋势探索 [J]．科学发展，2012（10）：42-56．

[3] 中国经济导报，http：//www.ceh.com.cn/jryw/2013/232387.shtml

[5] 黄文芳．大城市郊区农村的价值研究 [D]．复旦大学，2005．

Measures of Beautiful Countryside Planning of Metropolitan Suburban Countries Based on Modern Agriculture Development
——XuYao County in QingPu District，ShangHai as An Example

Gu Ying   Zhang Ze

Abstract：Beautiful countryside planning and construction is being carried out all over the country. There are some challenges in metropolitan suburban countries，for example，local farmers are decreasing and aging，the base of agriculture industrialization is weak，the population are various，and the environment is worse than before. With the changing backgrounds，there is no choice other than agriculture industrializing and merging with services. Planning ideas are made at the beginning of planning，including agriculture industrialization，agriculture merging with services，government leading and multi-participation. Measures of beautiful countryside planning of metro politan suburban countries based on modern agriculture development are based on practice of Xu Yao County in Qing Pu District，Shang Hai. Many measures are taken to realize agriculture industrialization，high-efficient planting of rice and livable environment in Xu Yao.

Keywords：modern agriculture；beautiful countryside；metropolitan suburb

岭南水乡村居组团建设规划若干思考
—— 以珠海市鹤洲北片区水乡村居为例

熊锋　王顺炫

摘　要：在解读岭南水乡村居特点的基础上，分析珠海市鹤洲北片区单个水乡村居建设规划可能存在的问题，并探讨该片区内同类型村居以组团为单位统筹规划的可能性和优势。以珠海市鹤洲北片区白蕉镇南部水乡村居组团建设规划为例，从产业发展、用地布局、交通组织、设施配套、旅游规划等方面进行统筹考虑，挖掘各村特色和资源优势，以村居组团为立足点，采取抱团经营、错位发展的策略，打造各具特色同时又能联动发展的水乡村居。在满足各村生活及生产前提下，亦能以村居组团为单位参与市场竞争，为各村居长远发展带来持久的经济动力。本文旨在为未来村居建设提供一种新的规划视角，以组团为单位，为各地区类型相似或相同且地理位置相近的村居编制统筹规划，指引下一轮各村居建设规划的编制。

关键词：岭南水乡；村居规划；村居组团；统筹规划

1　引言

在过去的 30 多年里，中国的城镇化实现了快速、平稳发展，没有出现发展中国家普遍存在的过度城镇化问题。但 30 多年城乡转型的社会矛盾正在不断累积，农村地区衰退、空心村现象普遍、老龄化严重，城乡差距难以缩小，造成城市和乡村非对称发展关系以及城乡差距的扩大、乡村地区"萎缩"和衰退。自城乡规划法颁布以后，乡村规划慢慢成为规划焦点，也是破解城乡发展失调的主要着力点，在国家新型城镇化的战略要求下，乡村规划也是当前一项艰巨的任务和前所未有的挑战，全国各地乡村规划也在不断地讨论研究和完善中，在未来很长一段时间内，乡村规划将是规划的主战场，也是平衡城乡协调发展的杠杆。

2　珠海市鹤洲北片区水乡村居的特点

鹤洲北片区位于珠海市西部，斗门区东南侧，临近入海口，由磨刀门水道与天生河—白藤湖围合而成的四面临水的岛状区域。西侧为白蕉工业区，东侧为中山神湾镇，南面鹤洲南片区，北面为白蕉镇镇区。

鹤州北片区外围有磨刀门水道、天生河两大水系，内部有众多小型河涌，纵横交错，密如蛛网，各村居均以水为界，相互独立；以水为媒，相互联系；以水为纽带，形成了整个片区的水乡风貌特色。内部河涌与外围水系相连通，共同构成鹤洲片区完整的水网系统，丰富的水网是本片区重要特点之一。

鹤洲北片区属于渔业生产区，是白蕉海鲈、四大家鱼、南美对虾等水产品的重要养殖基地，养殖鱼塘成群连片，规模较大，各村居产业主要依靠养殖业，绝大多数面积均为鱼塘，整个片区鱼塘景观风貌显著，特色极为明显。

鹤洲北片区村居沿"T"字形或"十"字形河涌呈带状布局，河涌两侧通过桥梁联系，桥是构成片区内水乡村居的重要元素，是跨越河涌的通道，也是体现水乡特色的重要载体。

鹤洲北片区内基本每个村居都有一棵或数棵古榕，作为村落的标志性景观。村居内河涌旁边的开敞区域，有较多巨大的古榕树，大榕树下，是水乡村民聚集休闲的主要场所，也是村居活力中心的体现。

———————————

熊锋：广东省城乡规划设计研究院深圳分院城市规划师
王顺炫：广东省城乡规划设计研究院深圳分院城市规划师

图1 鹤洲北片区范围示意图　　图2 组团内河涌水系网络　　图3 组团内建设用地分布图

3 单个村居规划的不足

3.1 以村居论村居，规划视角局限

鹤州北片区属于河口渔业区，产业具有较高的同质性，村居空间布局及存在的主要问题比较相似。若仅以单个村居为单位进行规划编制，容易受本村居范围约束，无法收集周边村居资料进行综合对比分析，引导差异化发展，最终易导致各村定位不准，方向不清，特色不明，长远来看，整个片区特色也将受到影响。

3.2 产业分工不明，协作程度低下

鹤州北片区各村均以水产养殖位为主，单个村居规划无法在片区层面明确各村的产业分工，村居之间协作程度较低，容易强化产业同质性，导致整个片区内产业高度雷同及村居间的恶性竞争，不仅有损于村居本身的长远发展，也影响整个片区的产业效率，并削弱产业优势。

3.3 区域统筹缺乏，资源配置重复

由于鹤洲北片区村居均沿河涌呈带状分布，若以单个村居为单位进行规划，为达到公服设施均等化要求，需配置较多的各类公服设施，同时，其他村居亦以此原则配置公服设施，容易导致相邻村居公服设施服务范围的大量重复，造成资源的浪费。

4 村居统筹规划的作用及优势

对同一片区内类型相近或相同且产业可以分工协作的村居，建议以村居组团为单位编制村居统筹规划，通过分析各村居的现状、资源特点、发展条件，明确各村居的区域定位，在发展目标、产业特色、设施配套、空间布局等方面形成协调发展、特色发展、一体化发展的格局。

统筹规划能避免就村论村的局限，以整个片区为规划视角，分析村居特色及其之间的差异，从而能准确定位各村的主要功能及产业分工，完善上下游产业链，形成完整产业链，提升产品的附加值；在设施配套上也能适当共享，避免各村盲目配置过多重复设施，造成不必要的资源浪费。

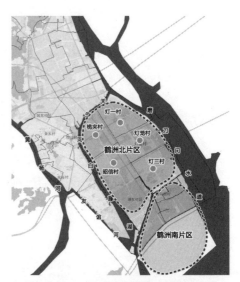

5 村居统筹规划的主要内容

5.1 村居组团范围

本文以鹤洲北片区白蕉镇南部的灯一村、灯笼村、灯三村、桅夹村、昭信村五条水乡村居形成的组团为例，具体说明村居统筹规划的主要内容。

图4 组团村居范围示意图

5.2　组团内各村居特点简介

灯一村：位于磨刀门水道与天生河交汇处，其北侧为白蕉镇镇区，以水产养殖及水产品初加工为主。

灯笼村：位于组团中部，以水产养殖为主，有国家级非物质文化遗产——水上婚嫁表演。

灯三村：与灯笼村相邻，以水产养殖、有温泉眼、五围哨所、水松林等资源，另有鱼苗培育发展意向。

桅夹村：与灯一村紧邻，以水产养殖为主，有两处省级不可移动文化——两粤广仁税摩崖石刻和"大王宫工丈"摩崖石刻，以及洪圣殿等。

昭信村：位于组团中部，水产养殖处于白蕉镇前列，经济实力较强，水产中转中心功能较为突出，能与珠海大道快速联系。

各村水产养殖业统计情况　　　　　　　　　　　　　　　　　　　　表 1

村居名称	水产养殖总面积（亩）	主要水产养殖品种	海鲈鱼养殖面积（亩）	海鲈鱼产量（吨）
灯一	3950	海鲈	650	2600
灯笼	4400	海鲈	1390	5560
灯三	5504	海鲈	1300	5200
桅夹	4078	海鲈	2000	8000
昭信	5700	海鲈	4200	12000

5.3　村居组团统筹规划的主要内容

组团发展定位：有影响力的鲈鱼养殖基地，以水为特色，集水上婚嫁娱乐、水岸生活、水田观光于一体的乡村休闲旅游度假组团。

（1）产业发展指引

1）产业发展策略

抱团经营、互利共赢

组团内村居均有水产养殖业，且现状多为散户小规模经营，养殖效益低下。规划引导各村居由零散的小户养殖向规模化养殖转变，组建生产合作小组，以小组为单位，承包更大规模的养殖鱼塘，实力较强的小组可跨村承包养殖鱼塘，提高鱼塘使用率，提升整个组团的养殖效益，使得各村居互利共赢。

三产联动、错位发展

在各村产业现状的基础上，挖掘各村历史文化、田园水乡风光、生产生活特征等当地独特的内容和优势资源，错位联动发展一二三产业，构建完整的产业体系，并细化各村在产业链的具体分工和发展方向，引导各村居差异化发展，保持村居特色。

2）特色产业发展规划

以规划整个片区各村现状产业资源和优势为基础，共同融入水产养殖业的不同环节，构建组团互相协作的产业链，并将一三产联动发展。

水产养殖业：本片区各村均以水产养殖为主，著名"白蕉海鲈"地理标志产品就是出自本片区，是打造特色产业的重要资源。

目前组团内各村居在水产养殖产业链中基本都处于中游渔业养殖段，其中以昭信村养殖效益最高，经济实力最强。规划结合灯三村育苗培育发展意向，建设种苗培育基地，为周边村居提供优质鱼苗，完善自身上游产业，减少对外地鱼苗的依赖。组团内各村均保持中游水产养殖的发展，以昭信村为龙头，带领其他村居创新经营方式，形成规模效应，保证养殖效益得到提升，产品供给得到保障。目前，仅灯一村有水产加工企业（海源水产有限公司），规划将灯一村定为片区加工基地，提供产业

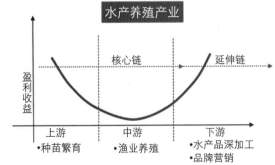

链下游的水产品加工服务，在目前鱼虾类初加工的基础上延伸并丰富产品类型，提供水产冷冻品及干制品、水产罐制品加工、水产腌、熏制品加工、鱼粉、鱼油制品、水产品调味料、水产药品和保健品、水产品精包装等多样化产品，满足不同的市场需求，能极大程度提升产品附加值。全国大部分地区对"白蕉海鲈"的需求量较大，规划利用昭信村中转功能的基础及便利的交通条件设置水产品物流转运中心，对组图内水产品进行集中收集、集中仓储、集中运输，能保证组团供应与市场需求的快速高效对接。

通过对组团内各村资源的梳理，合理分工各村在产业链中的地位和功能，使整个组团内村–村协作互利，联合抱团发展。

各村资源优势及发展方向 表2

村名	现状资源及相对优势	错位发展方向
灯一村	水产养殖、水产加工、两个旅游开发意向项目	水产养殖基地、水产品加工基地、灯笼沙旅游区门户节点
灯笼村	种植农业、水产养殖、水上婚嫁民俗展示	水上婚嫁民俗旅游中心、水产养殖基地、有机农庄实验区
灯三村	水产养殖、五围哨所、温泉眼、沙仔岛水松林自然保护区	生态水产养殖基地、鱼苗培育基地、生态疗养型旅游区
桅夹村	水产养殖、多处历史文物古迹	生态水产养殖基地、灯笼沙旅游区陆路门户、民俗文化及农业科普旅游中心
昭信村	鲈鱼养殖标杆、养殖合作社的发起者、水产养殖片区几何中心	水产养殖基地、水产品中转服务中心

（2）用地空间布局

1）组团空间结构

规划形成一带两心三片区的空间结构：

一带：滨水景观风貌带；

两心：昭信村商贸物流服务中心，灯笼村水乡旅游服务中心；

五片区：灯一村水产养殖及加工区、桅夹村水产养殖区、灯三村水产养殖及生态疗养区、灯笼村旅游综合服务区、昭信村水产养殖及中转服务区。

2）用地布局

本次规划主要以村民住宅用地，村庄公共服务设施用地，村庄产业用地、对外交通用地等为主。村民住宅用地

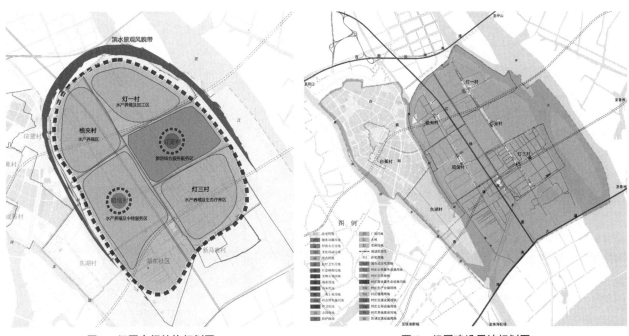

图5 组团空间结构规划图   图6 组团建设用地规划图

沿着各村主要河涌呈带状分布，与水共生的线性形态极为显著；村庄公共服务设施用地主要集中在各村"T"字口、"十"字口处，形成村居综合服务中心，各村服务中心由县道X584、X589及主要河涌相串联，形成"糖葫芦"式公共服务体系；村庄产业用地包括灯一村水产加工厂（海源水产有限公司）及昭信村水产品中转服务中心；对外交通用地主要包括穿过组团的江珠高速，县道X584以及县道X589的用地。

（3）综合交通组织

统筹规划的交通组织重在疏通与外界联系的通道及组团内部各村居之间通行道路，保证村居能快速方便的与外界进行连通，同时要满足村居间产业协作通道的通畅性。

对外交通

村居组团现状对外交通北侧主要依靠县道X584与白蕉镇区联系，南侧依靠县道X584与珠海大道联系，西侧依靠县道X589与白蕉路（S272）联系，规划在此基础上对部分道路进行整治拓宽，并结合相关规划要求，延伸昭信村内县道X589与珠海大道相通，使得整个村居组团能方便快速的与城市路网对接。

内部交通

现状村居组团由南北向县道X584和县道X589连接，东西向北村内河涌分隔，交通联系不便，规划打通桅夹至灯一之间联系以及昭信至灯笼之间联系，整体形成"井"字型路网骨架。使得村居产业之间的协作更加方便快捷，提高协作效率。

静态交通

结合各村居"T"字口或"十"字口服务中心及重要节点配置停车设施，考虑到村内停车场使用率相对较低，且使用时间段具有间歇性，可采用"多场合一"的方式，将广场和停车场合设，提高土地使用效率。

（4）公共服务设施规划

各村公共服务设施主要布置在河涌"T"字口、"十"字口、古榕周边等，构成村居综合服务中心。统筹规划结合各村公服设施现状及其服务范围，对部分设施进行集中设置，多村居共享，同时临近镇区的村居可使用区域资源，避免村村复设导致不必要的资源浪费。

组团内共享设施主要有位于灯三村的灯笼中心小学，位于灯笼村的综合门诊中心以及镇区的部分公服设施。

灯笼中心小学：主要服务于组团内的灯一村、灯笼村、灯三村及组团外新马墩村，通过县道X584联系，有校车接送，出行较为方便。

灯笼村综合门诊中心：现状各村卫生服务中心医疗设备陈旧，使用率较低，规划在灯笼村设置服务于整个组团村居的综合门诊，能提高医疗服务水平，改善村民卫生服务需求。通过县道X584、X589，桅灯路，昭灯路能方便到达。

图7　组团道路交通现状图　　　　　　图8　组团道路交通规划图

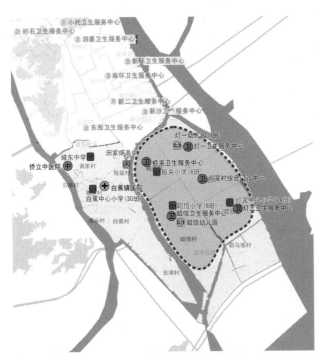

图9 组团公共服务设施规划图

镇区公服设施：村居可共享镇区大型文体医疗设施，满足居民日常生活服务需求。

（5）旅游规划

组团内灯笼沙位于灯笼村，是国家非物质文化遗产，广东省民俗风情游览的著名景点之一，更是疍家文化的重要空间载体，堪称是水乡桃源，特色鲜明，是乡村旅游的主要吸引点，以此为核心串联各村，联合发展。

组团内水网丰富，各村居沿河道带状展开，岭南水乡特色浓郁、风貌显著，规划强化组团内"水"旅游特色，强调"T"字口、"十"字口等河道活力区，通过水上线路及游船码头，将各村连为一体，以灯笼沙水乡旅游为主线，串联各村居特色旅游节点，打造岭南水乡特色游线。

游线设计

特色水道线路——水上风情

规划沿天生河、磨刀门水道、界河以及其他主要河道设置环形风情游线，串联各村居，各村居中心分别设置小型游船码头，以供换乘。沿线可欣赏鱼塘、果园、水乡村居，感受疍家水上婚嫁风俗，亦可在码头换乘，

参观村居特色景观节点，如桅夹村历史文化古迹——两粤广仁税摩崖石刻和"大王宫工丈"摩崖石刻、洪圣殿，灯三村五围哨所、水松林以及灯一村观音庙、百年榕树广场等。

休闲绿道游线

规划结合上层次规划的城市绿道和社区绿道，规划组团内部绿道支线，串联各村主要景观节点，形成完整的绿道网系统，并在村中心设置绿道驿站，方便与水道游线的换乘，与水上游线共同构成水陆并行的旅游网络。

主要景点设计

各村内主要景观节点有：水上婚嫁，湿地观赏，水上自行车，水上冲浪，鲈鱼文化展示，水上客栈，水上购物，水上摩托车，水上竞技赛道，水上盛宴，水上沙田民歌等。

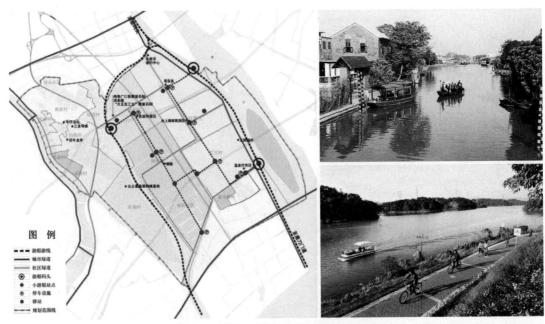

图例
- — — 游船游线
- —— 城市绿道
- —— 社区绿道
- ◎ 游船码头
- • 小游船站点
- ◉ 停车设施
- ⊙ 驿站
- — — 规划范围线

图10 组团旅游线路规划及节点示意图

6 小结与启示

本项目作为本次珠海市白蕉镇村居规划的一个专题，在综合研究各村现状特点及资源优势的基础上，从片区层面指导村居产业发展方向及产业分工，同时在交通组织和设施配套等方面能更好地协调各村情况，保证整个组团交通组织和公服配套等的合理性。引导组团内各村居联合抱团发展，互利共赢。

本文通过对目前单个村居规划编制对片区内村居发展指引合理性的反思，结合珠海市村居规划编制实例，建议未来在同一片区内村居规划前编制村居统筹规划，能在更大范围内审视各村居特色，高效利用各村居资源联动发展，也能更好地指引下一轮村居规划，使村居特色各异，重点分明，发展持久。

主要参考文献

[1] 陈芳.当前新农村建设中特色规划的探讨 [J].广西城镇建设，2008（5）.

[2] 李东君，查君，许伟.公共生活与"新农村"建设—城市化进程中的"新农村"住区规划设计初探 [J].建筑学报，2007（4），57-59.

[3] 章圣杰，吴超明.论发散性思维在新农村规划设计中的运用 [J].小城镇建设，2006（10）：52-53.

[4] 陈升忠，陈彩霞，王娜.社会主义新农村建设规划思考——以广东省潮安县大吴村规划为例 [J].小城镇建设，2006（10）：80-83.

[5] 冯江.Feng Jiang 探索一个珠江三角洲水乡村落的未来——记 SCUT-UC Berkeley 大墩村工作坊 [J].南方建筑，2010（1）.

[6] 朱光文.桑基鱼塘孕育小桥·流水——岭南水乡特色在顺德是这样"炼"成的 [J].小城镇建设，2004（5）.

[7] 黎林.彭重华.马卫华.LI Lin.PENG Chong-hua.MA Wei-hua 岭南传统水乡村落外部空间河道景观研究初探 [J].山西建筑，2007，33（14）.

Thoughts on Lingnan Water Village Group Construction and Planning——Taking the Water Village in the North Area of Hezhou in Zhuhai as Example

Xiong Feng   Wang Shunxuan

Abstract : Based on analyzing the characteristics of Lingnan Water Village, this article analyzes problems that might exist in construction of the single water village in the north area of Hezhou, Zhuhai City, and discusses the possibility and advantage of planning as a whole the village of the same type of this area in group. Taking the group construction planning of water village in the south of Baijiao Town as example, it considers from industry development, land use arrangement, traffic organization, auxiliary facilities, tourism planning and other aspects, adopts the strategy of huddling management and dislocation development, and builds a water village boasting distinctive features and joint development, based on fully tapping of characteristics and resource advantages of each village. On the premise of satisfying village life and production, it can compete in market as a village group, as well as bring lasting economic stimuli for long-term development. This article aims to offer a new perspective of planning for future village construction and gives an overall planning to village groups of the same or similar type and geographical proximity, providing guidance for the next round village construction and planning.

Keywords : lingnan water village ; village planning ; village group ; overall planning

新型城镇化背景下的上海郊县乡村更新模式初探

周建祥

摘　要： 新型城镇化背景下，城市大幅扩张，乡村发展面临着衰落和消亡的趋势，上海郊县乡村这一进程尤为明显。乡村更新成为乡村避免消亡的主要途径，而乡村如何通过更新来保持乡村活力成为主要命题。通过实地调研走访上海郊县多个乡村，了解乡村基础情况，并分析乡村目前所处更新状态。借由上述材料，初步探讨上海郊县乡村更新模式，归纳出五种主要的郊县乡村更新模式："村改居"更新模式、"村居共设"更新模式、依附大型城市设施更新模式、农业模式更新模式、自然更新模式，论述五种更新模式的优缺点。在这一研究基础上，建议引入"有机更新"理论作为未来乡村更新的指导理论，"有机更新"能够有效地发挥五种更新模式的优势，最大限度地减少劣势，避免乡村出现片面或不完全的更新。

关键词： 郊县乡村；更新模式；有机更新

1　引言

随着《国家新型城镇化规划（2014-2020年）》的出台，城镇化进程将有序、健康的推进。城镇化进程的加快，乡村面临前所未有的挑战，乡村人口的大量转移，乡村用地的不可逆转变，乡村特色的逐步缺失。面对这些挑战，乡村应当通过自我更新来保持自身活力，以避免乡村的快速衰落。

上海作为全国重要城市，城镇化率较高，乡村发展走在新型城镇化进程的前沿。上海郊县乡村在新型城镇化过程中，形成了多种乡村更新模式。对于这些模式的研究，可以促进乡村继续保持活力的发展，同时，对于这些模式的规律的把握，有助于应用到其他城市的新型城镇化进程中。

2　城市更新和乡村更新

城市更新可定义为通过维护、休整、拆除等方式使城市土地的价值恢复，城市土地得以再利用，城市关系得以修复，城市功能强化，城市品质提升。城市更新不仅包括土地空间的更新，同时兼有城市经济、政治、文化、环境等多方面的更新。西方城市更新历经推倒重建、邻里修复、经济复原与公私合制、多方伙伴关系（经济、社会、环境等系统的同时更新）四个阶段。中国城市更新经历围绕工业建设探索城市物质环境的规划与建设、伴随政治斗争的曲折城市发展、恢复城市规划与进行城市改造体制改革、地产开发与经营主导的城市改造、快速城市多元化和综合化的城市建设与更新时期五个重要的阶段（翟斌庆等，2009）。

乡村更新亦可以定义为对乡村土地的重新开发利用，利用方式与城市有所区别，乡村土地整理后主要用于工业、居住、大型公共设施建设以及农业复耕等方面。土地更新是乡村更新的重要方面，同时一并涉及乡村行政关系、乡村公共服务设施、乡村经济产业更新等方面。

3　上海郊县乡村更新模式

2014年10月，配合上海市委"一号课题"，由上海市民政局和上海大学合作主持的上海市居住区综合调查正式展开，调查采用随机抽样的方式，抽取全市各区县450个居委会、村委会作为样本进行调研，所选样本具有一定的代表性。笔者参与了郊县乡村村委会的调研工作，在一个多月的时间里，先后走访调研了崇明县新闸村、群英村、石路村（石路村、塔东村合并），金山区卫城村、八字村，宝山区繁荣村，松江区小寅村、马汤村（杨浜村、马汤村、北良泾村、姚泾村合并）等乡村。通过上述调研成果，初步探寻出上海郊县乡村更新的多种模式。

3.1 "村改居"更新

"村改居"模式，是乡村行政属性的更新，即乡村从原有的村民委员会更改为居民委员会，撤销村行政建制居委会。村民属性转变为居民属性，这一措施顺应城镇化需求，村民城镇化，乡村城市化。

松江区九亭镇、新桥镇等镇区下辖乡村从2004年开始，逐步实施"村改居"计划，直至2008年全面完成村委会向居委会的改制。

小寅村位于九亭镇西部，辖区范围内大部分用地被租用作为松江高科技园区。部分原住民因科技园区发展动拆迁，小寅村通过宅基地置换，将动迁户集中安置在茵芳小区。安置房独门独户，小区内市政公共设施配套齐备（照明、消防、安全、供电、供水等），商业服务业相对完善。剩余未拆迁住民依然散居在科技园区各处，居住质量难以得到保证。小寅村"村改居"完成了大部分村民的城镇化转换，但是同时也造成了部分村民仅完成了身份上的转换，他们不仅失去了他们的耕地，也没有享受到城镇化给他们带来的种种福利（图1）。

马汤村位于新桥镇西北部，辖区范围约8km²。2010年，马汤村与杨浜村、北良泾村、姚泾村合并，设置马汤村居委会。作为新桥镇最后一批"村改居"的乡村之一，马汤村大部分村宅已被拆迁，村民也已被集中安置。辖区范围内的工厂也有部分已经开始拆迁，未拆迁的工厂和苗圃租用合同至2018年不再续约，届时，工厂苗圃将全部拆除，现有硬地软化，复耕成农田。除去各类公共服务设施，到2018年，辖区范围内将以大规模的新型农业为主。在新桥镇中心村周边设置统一的居民安置点，共享基础设施。而居民也将入股新型农业区，享受土地租用红利。马汤村"退工厂还耕地"的过程复杂而又漫长，居民虽然不再从事耕种，但是依然能从原先的耕地上获取属于自己的利益。目前，马汤村的这一工程正有序地进行，土地整理初见成效，居民的股份制也正在办理中（图2）。

图1　小寅村居住与工厂混杂

图2　马汤村土地软化复耕

3.2 "村居共设"更新

"村居共设"模式，也是乡村行政属性的更新，由同一套领导班子管理村委会和居委会。与"村改居"的中间形态相类似，但是由于某些特殊的原因，村委会和居委会不能合并，因此同一个辖区，在行政属性上分属两种不同的形态。

金山区金山卫镇卫城村委会原辖区范围大部分土地被金山石化征用，村委会管理范围大幅缩减，促使卫城村委会与南门居委会共设（图3）。村委会内的住户仍然是村民，他们可以享受到土地出租的分红。村民的居住环境质量比较糟糕，安全、卫生等条件比较差。居委会内多数是成熟小区，居民的居住质量水平较高，居住环境优越。虽然居住质量有所差别，但是村民和居民共享辖区范围内的重要公共服务设施，如学校、医院、活动中心等。"村居共设"模式对管理者提出了很高的要求，这种模式是一种非公平模式。随着城镇化的进行，"村居共设"会逐渐向单一行政性质发展（图4）。

图3　卫城村村委会居住区　　　　　　　　图4　南门居委会居住区

3.3　依附大型城市设施更新

随着城镇化进程的不断推进，城市土地愈发拥挤，各类大型城市设施开始倾向于在城市郊县区选址，城市地铁也慢慢延伸至郊县乡村地带。这一变化给郊县乡村带来的更新，可以视为乡村依附城市设施更新的模式。

随着地铁七号线的建成和美兰湖高尔夫俱乐部的落建，宝山区罗店镇繁荣村的土地价值大幅提升。高密度的村宅和低效率的耕地不能与提升的地价相匹配，繁荣村顺应机遇更新。村宅由于土地利用率低，大量予以动拆迁。整理后的土地被征用，并交由地产开发公司管理，建成的铂钰公馆、香岛原墅、美兰湖花园等居住小区鳞次栉比。各小区自成居委会，不再受繁荣村村委会管理。部分村民保留耕地租用给高尔夫俱乐部，每年获得相应的租金。繁荣村这一模式带来的是乡村土地的彻底更新，通过大拆大建来匹配城市发展的需求。村委会空间范围缩小，相应的城市居委会增加，村民逐步向居民身份过渡（图5）。

城桥镇新闸村位于崇明县西南，濒临长江。为配合崇明大道的规划实施，小部分村宅将被动拆迁。而位于村域西南的污水处理厂，由于建设限制和规范要求，周边两百米范围的村宅已经被拆迁。除去这小部分的动拆迁，新闸村仍然保持着村庄原先的风貌和布局。村宅滨河或沿主要道路带状分布，村宅周边耕地保留。村委范围内，卫生站、活动站、照明设施、卫生设施等配建较为完善。新闸村更新也是由大型城市设施引至的，与繁荣村有差别的是，新闸村依然整体保留了乡村风貌，乡村的空间形态没有发生太大的变化（图6）。

图5　繁荣村美兰湖高尔夫球场　　　　　　　图6　新闸村污水处理厂周边动拆迁

3.4　农业模式更新

在城镇化率相对较慢的区域，农业种植业依旧作为乡村的主导产业。但是，目前，传统种植、耕种方式的效率已经大大降低，机械化普及率也比较低，乡村土地利用价值不高。这样的背景下，乡村在农业发展上开始探寻一种更新模式。乡村生态园租用乡村土地，并借乡土特色，打造集娱乐、休闲、体验、度假为一体的活动场所。郊县乡村生态园慢慢成为农业模式更新的主流选择。

金山区金山卫镇八字村位于金山区西北部，村域范围内，耕地为主，村宅带状散布。村委会将集体土地租用给强丰生态农庄，占地 300 余亩。强丰生态农庄远离城市，环境优美自然，集餐饮、娱乐、休闲，会务于一体，是多功能的大型生态旅游农庄。大量周边城区的游客，选择强丰生态农庄作为短期旅游休闲的目的地。生态农庄不仅为八字村提供了土地租金收入，同时农庄的服务性质给八字村当地的村民创造了大量的就业机会，各类服务设施也得到相应的完善。生态农庄作为一种新型农业合作模式，带来八字村农业模式的更新，农庄与乡村互生共赢（图 7、图 8）。

图 7　八字村强丰生态庄园

图 8　八字村耕地

3.5　自然更新

远离城镇建成区的乡村，发展机遇较少，乡村长期处于一种缓慢的自然更新状态。这种更新是乡村的自我更新，这种更新模式最大限度地保存了乡村的原真性。但是同样的，由于乡村自身发展不充分，人工种植为主要产业，乡村人口外迁，乡村衰退也是必然的趋势。

崇明县新河镇群英村，保留了传统的带状村庄布局形式。崇明县新河镇石路村（石路村和塔东村合并），兼具塔东村传统的带状村庄布局形式和石路村传统的片状集中式村庄布局形式。乡村内照明、医疗、环卫、市政等基础设施完备，活动、健身、文化等设施在更新的过程中得到相应补充。在村庄自然更新的过程中，还出现了一些种植合作社形式，提供高效率种植方式。乡村的自然更新除了公共服务设施方面的提升，难以在产业、行政关系上得以发展改革（图 9、图 10）。

图 9　石路村村貌

图 10　群英村村貌

3.6　更新模式综述

由于乡村的发展阶段、发展类型、发展潜力、发展机遇各有不同，这五种乡村更新模式也各有优缺点（表 1）。

五种更新模式优缺点 表1

更新模式	优势	劣势
"村改居"更新	带来快速的城镇化；乡村土地价值提升；乡村现有产业变化	这种更新模式不能彻底更新为城镇；是一种不公平的更新模式；乡村名存实亡
"村居共设"更新	多数人的城镇化；行政管理成本缩减；保留村庄的部分特性	"城乡二元"现象明显；管理矛盾增加；社会安全度降低
依附大型城市设施更新	土地价值提升；服务设施改善；乡村良好发展机遇	城市侵蚀乡村；耕地被大量侵占；生活质量参差不齐
农业模式更新	农业耕地的有机整合；乡村风貌肌理特色保留；乡村产业效率提高；就业机会增加	模式可推广程度不高；乡村配套设施不能满足更新需求；可能会带来新一轮的圈地运动
自然更新	乡村的特色得以完整的保留；村民的生活条件改善	更新过程缓慢；农业效率低下；乡村经济产量低

4 乡村"有机更新"

这五种乡村更新模式各自优势明显，但是劣势也不得忽视。应当扬长避短，将五种更新模式的优势发挥到极致。

当今众多的"更新"研究为城市服务，陈占祥的"新陈代谢"、吴良镛的"有机更新"、张平宇的"城市再生"、吴晨的"城市复兴"、于今的"城市更新"等。乡村"更新"更多的是借鉴城市经验。但是乡村由于其特有的布局、肌理以及发展方式，并不是所有的城市更新理论都能移植。

"有机更新"理论是吴良镛先生结合我国的现实情况提出的，他主张"按照城市内在发展的规律，顺应城市的机理，在可持续发展的基础上，采用适当规模、适合尺度，依据改造内容与要求，妥善处理目前与将来的关系，使每一片的发展达到相对的完整性，促进旧城整体环境得到改善，达到有机更新的目的"（杨豪中等，2011）。

乡村从整体到局部都应该是有机的，相互关联、和谐共处。现有的乡村布局形态是村民在长期生产生活实践中依靠经验慢慢摸索建设而成的，它本身就是一个不断成长变化的有机体，它不断地适应日益进步的生产生活方式，满足一代又一代村民的需求（陈劲等，2008）。

乡村"有机更新"即以原有的肌理对乡村进行有机更新，强调现在与将来的关系。乡村"有机更新"探寻乡村的内在规律及动态过程，把更好地满足村民生活质量和需求作为目标。

乡村"有机更新"，不提倡盲目大拆大建，建议顺应原有乡村的布局肌理，遵从内在秩序和规律更新乡村。乡村"有机更新"涉及乡村的多个方面，五种更新模式与"有机更新"一脉相承。乡村空间形态的有机更新，改善居住环境和质量（罗店镇繁荣村）。乡村管理形态的有机更新，变革管理体制，实现村委会向居委会的转变（九亭镇小寅村）。乡村经济形态的有机更新，通过股份化途径对乡村集体经济改革分配（新桥镇马汤村）。乡村产业形态的有机更新，发展高效率产业提高村民收入（金山卫镇八字村）。

乡村"有机更新"模式作为乡村更新模式的统领，有效规避五种更新模式的劣势，最大限度地发挥其优势。乡村"有机更新"是乡村未来保持活力的一个有效方式。

5 总结

上海郊县乡村更新模式初步探讨为文中论述的五种，这五种模式涉及不同的更新阶段、不同的更新方式，也各有优劣，这五种更新模式与"有机更新"理论相统一。对于其他乡村的更新发展，有一定的参考借鉴意义。未来乡村更新发展中，以"有机更新"理论为统领，根据乡村各自条件，谋求适合自身的乡村更新模式。

主要参考文献

[1] 陈劲，陈征帆等.村庄规划中保持乡村景观的探索[J].规划师，2008（25）：109–110.

[2] 杨豪中，王劲等."有机更新"理论在城中村改造中的应用原则浅析[J].前言，2011，288（10）：119–122.

[3] 翟斌庆，伍美琴.城市更新理念与中国城市现实[J].城市规划学刊，2009，180（2）：75–82.

The Analysis of Renewing Modes in Suburban Villages of Shanghai Under the Background of New-type Urbanization

Zhou Jianxiang

Abstract : Under the background of new-type urbanization, while cities expensing, villages' development is facing the trend of declining and disappearancing, particularly in suburban villages of Shanghai.To avoid disappearance, village renewing is the main way, and how to maintain rural energy by renewing is the most important proposition.Through several villages' research, we got the basic data.And by this, we analyse the renew mode of these villages and induce five main renewing modes : Village Committee to Neighborhood Committee Mode, Village Committee and Neighborhood Committee Union Mode, Attachment of City Facilities Renewing Mode, Agricultural Renewing Mode and Natural Renewing Mode.Due to the weakness of these renewing modes, we regard the Organic Renewal Theory as the guidance of renewing modes.It brings these modes' superiority into village renewing period, while avoiding those disadvantage.Also it makes villages develop comprehensively and healthy.

Keywords : suburban villages ; renewing modes ; organic renewal

为村民描绘"天堂"？
—— 乡村规划浅议

摘　要：此轮乡村规划研究是由政府自上而下推动的，如何避免政治运动化，以及相伴而生的消极影响，应当引起业界的关注。按照《城乡规划法》，乡村规划依然延续了自上而下的管控思路，它既非自选题也非必选题，而给地方预留了一定的自由空间。但笔者认为乡村规划编制权利应该还权于村民，他们才是乡村规划的"甲方"。村民依附于土地，缺乏城市居民"用脚投票"的能力，规划编制应当摒弃"为村民描绘天堂"的精英主义思维，了解农村、理解农民，给予村民最大的自由选择权。乡村规划与城市规划相比，具有更多的独特性。道无常道，法无常法，因地制宜才是乡村规划的应有之义。乡村规划是城乡规划转型为公共政策属性的最好平台。如果能将乡村规划的编制过程成为凝聚民心，发挥民智，发扬民主，推动乡村自治的重要手段，乡村规划就能超越技术本身的功能，成为一种重要的社会管治方法，发挥更大的价值。

关键词：乡村规划；乡村自治；自由选择权；公共政策

在讨论乡村规划建设之前，先来看一组数字。根据 2012 年的网络资料，2000 年，我国的自然村有 360 万个，2012 年只剩 270 万个。在 1990 年到 2010 年的 20 年时间里，我国的行政村数量，由于城镇化和村庄兼并等原因，从 100 多万个锐减到 64 万多个。过去 10 年，我国每天消失的自然村多达 80 多个。

在中国这场波澜壮阔的城市化进程中，农村的衰败已是不争的事实，伴随而生的就是传统习俗、礼节的破坏，乡村伦理的衰退和乡村自治体系的瓦解。这是中国快速城市化的必然结果，而城乡二元结构制度设计，政府重城市、轻农村，资源配置不合理则加剧和恶化了此种结局。

随着十八届三中全会和中央新型城镇化工作会议的召开，乡村改革发展问题继 20 世纪 80 年代后再一次成为时代的聚焦点。经济学家、社会学家、作家、政治学者等各专业人员广泛参与其中。乡村规划作为城乡规划专业切入乡村发展问题的重要抓手，又一次成为行业研究的热点。

1　乡村规划的忧虑

乡村规划并非一个新生的事物，它与城市规划相伴而生，也形成了自身的理论与实践成果。城市规划作为引领城市建设发展的纲领在促进城市开发、改善城市环境、提升人居品质中发挥着重要的作用，但是它也被认为应当对当前广泛出现的千城一面、破坏城市历史脉络、引发大量空城鬼城和大量形象工程而负责。因此如何避免类似城市规划被社会广为诟病的命运成为研究乡村规划迫切需要解决的问题。

对于乡村规划的担心，主要聚焦于以下方面：①在强势政府、弱势农民情况下，乡村规划是否成为政府侵占农民利益的帮凶。②乡村规划由上级政府驱动而非村民自发要求，其编制、实施能否反映村民的意志。③在农村土地改革路径还不明晰情况下，乡村规划到底能否解决乡村发展问题。④大量从事乡村规划人员没有长时间的农村生活经验，如何避免以城市视角看待乡村问题。笔者认为这些担忧是成立的，也是乡村规划应当极力避免。

此轮乡村发展进入社会各界的聚光灯下，既是中国解决城乡二元结构、城乡差距扩大的现实需要，更与中央领导人多次强调美丽乡村建设的政治影响紧密相关。在中国政治运作体系下，最高层的政治集结令，往往推动着各级

───────────────
胡美瑜：上海麦塔城市规划设计有限公司副总规划师
陈荣：上海麦塔城市规划设计有限公司首席规划师，教授级高级规划师

政府广泛动员，进而形成一种广泛、迅速、深入的行政行为，极易演化为急功近利的政治运动，这必然对乡村产生难以逆转的破坏。

回顾2005~2007年的社会主义新农村建设，它在改善农村基础设施和环境的同时，也留下了所有政治运动必然出现的简单粗暴、重表轻里的现象，比如强制迁村并点、农民上楼、涂脂抹粉，严重影响了农民的生产生活。而政治运动的热情消退后，产生了大量的半拉子工程。当年规划设计行业也出现了一个老师三个月编制100个新农村规划的"盛况"。这些教训都应当引以为戒。

2　自选题 or 必选题

按照《中华人民共和国城乡规划法》，"县级以上地方人民政府根据本地农村经济社会发展水平，按照因地制宜、切实可行的原则，确定应当制定乡规划、村庄规划的区域。在确定区域内的乡、村庄，应当依照本法制定规划，规划区内的乡、村庄建设应当符合规划要求。县级以上地方人民政府鼓励、指导前款规定以外的区域的乡、村庄制定和实施乡规划、村庄规划。"

从条文可以看出，我国乡村规划依然延续了自上而下的管控思路，对于上级政府划定的区域，乡村规划是规定动作，而对于其他区域，乡村规划属于自选动作。这某种程度上反映了法律体系上对于乡村规划要求的灵活性。这表明乡村规划并不是指导乡村建设的必要条件，它可以依托村民委员会这一基层自治组织通过村民代表会议协商确定乡村建设内容，属于自治范畴。

尽管如此，笔者依然认为开展乡村规划应当坚持宁缺毋滥的原则，在取得村民委员会同意的前提下，选择试点村编制规划，而不能全面铺开，更不能全域覆盖。通过试点，积累经验，从而以点带面，推动乡村规划的展开。试点村应当具有一定的产业发展基础或资源条件，在五年内都不会纳入城市化地区。乡村规划编制不应当计入政绩考核范畴，不应当有硬性的完成时间计划。

3　乡村规划为谁而编？

乡村规划编制的目的在于更科学地引导乡村建设，促进乡村发展，改善农民的生产生活水平。任何违背这一目的的手段和方法，不管其本意是如何的善良和正确都是必须摒弃的。编制乡村规划最根本的"甲方"是村民，而不是政府和投资商。

乡村是基于地缘、血缘、情缘、宗族、民间信仰而形成的一种独特聚居形态，村民的生存、发展植根于土地。与城市居民相比，其对土地的依恋感更强，迁徙的意愿和能力更薄弱。它对自己生存的空间更为关切。因此给予农民更广泛的自由选择权才是研究乡村问题的根本思考点。

如果村民选择青山绿水、世外桃源的生产生活环境，他们为何要去大力发展工业和旅游业？

如果村民选择日出而作、日落而息的自由慢生活，你为何强求他们按照工业化和城市化的思维，选择大农场、大聚居？

如果村民选择建造大洋楼和砖混房，你为何要求他们依然生活在可能更加乡土化的木草屋和石瓦房里？

乡村规划编制要摒弃精英主义思维，否则"向权利讲述真理"将再次演变为"为村民描绘天堂"，主观认为自己设想的生活生产方式代表着一种更为先进的模式，着眼点更长远，而这种设想往往偏离了村民的意愿，陷入经济学家哈耶克所谓的"致命的自负"。

在中国这片广袤的土地上，乡村的多元化和丰富性，正是实现美丽中国的重要基石。单一模式、单一选择都是违背农村社会发展现实，也无法在实践中得以贯彻执行的。

当前这轮乡村发展中出现的土地流转、土地资本化、资本下乡，对乡村是一次机遇，但这都只是一项"要约"而已，村民是否"应约"还是具有自由选择的权利。同样乡村规划做与不做、怎么做既要考虑上级政府的诉求，市场的需要，但更应该以村民意愿为出发点。否则乡村规划就会成为政府和市场的合谋，村民利益被漠视，陷入和当前城市规划一样的困境。

4　乡村规划编制的若干观点

对于确需编制规划的乡村，由于地域文化、民俗民风、区域特点、发展基础的不同，乡村规划的编制与传统城市规划的思维呈现出极大的不同，具有鲜明的自身特色。

4.1 乡村规划不是画出来的，而是聊出来的

乡村发展是一个循序渐进的过程，它很难实现当前城市里出现的所谓跨越式发展。乡村规划也只是一个锦上添花的事情，它不需要考虑城市里那些若有若无的宏大理想和发展战略。

乡村规划是以解决广大乡村居民现实需要为根本目标的，因此如何在和村民的日常沟通中，理解、发现他们的诉求，尊重他们的文化习俗传统，敬畏生养他们的环境和土地，是规划工作者应该具备的素养。走马观花的调研，显然无法深入了解农村，闭门造车的做规划，一定不能实现农民的诉求，自上而下的组织模式，规划根本没法得以实施。在一种乡土气息的日常交流中，确定乡村规划的核心思想、内容和措施是乡村规划成败的关键。

4.2 乡村规划着眼近期，而非长远

乡村规划应当着眼近期，这并非它不关注长远，也并不意味着农民短视。而是因为乡村问题的形成旷日持久，农村政策和制度还很不明晰，区域城镇化趋势和进程也不明朗。所以聚焦近期，能够化繁为简，更能脚踏实地解决现实问题。

乡村规划建设有一种错误的认知。如果按照上层规划或远景预期，一个村落按规划在十年左右可能消亡或者并入其他村落，就不应该要再浪费资金去搞建设，即以"远景视角分析指导当前建设"。这种观点在村村通公路、农村厨厕改造中就屡见不鲜。先不谈这种远景视角分析是否缺乏科学性，单就社会公平而言，这完全漠视了部分村民的发展权。所以以近期视角分析问题，更清晰、更理性、更符合现实。

4.3 乡村规划要突出公共政策属性，给村民更多选择权

就如前文所述，村民与市民相比，与土地的关系民更亲密，更难割裂。城市中的"用脚投票"对乡村可能无法适用。乡村规划要能给予村民更多的选择权。

城乡规划理论认为规划是一项公共政策，是对多元化利益主体的利益分配与调节。这是对传统城市规划理论与实践的变革。然而，这一目标在中国大部分城市的规划建设中显然还未能实现。这既是因为快速城市化的过程必然是重视效率而忽视民主与公平，也与城市土地属于国有有关。

城乡规划的公共政策属性有可能在乡村规划实线中得以体现。农村土地是集体土地，为农民集体所有。按照许多经济学专家的观点，农村土地制度是事实上的土地私有化。不管如何，农民对自己的土地使用拥有更大的话语权。因此将乡村规划当作一项公共政策的制定既是无他之选，也是城乡规划的应有之义。

既是公共政策，就要给村民更多的选择权，村庄搬迁与否、改造与否？土地如何整治？产业如何发展？所有事关村民利益的事项都应该给予村民充分的讨论权、决策权。将乡村规划的编制过程成为凝聚村民向心力，发挥各方才智，发扬农村民主，推动乡村自治的重要手段。如能如此，乡村规划就能超越技术本身的功能，成为一种重要的社会管治方法。

4.4 乡村规划成果内容非标准性

乡村规划面对的对象具有差异性，利益诉求又千差万别，所以编制的成果内容一定不是统一的标准。

有些乡村规划重点在于如何挖掘产业升级，发展乡村旅游、特色商贸或文化产业等；有些乡村关注于土地流转和空置宅基地利用过程中的整合与优化；有些乡村可能更加关注水、电、路等市政基础设施和教科文卫等公共设施的完善；有些乡村可能更关注景观风貌的塑造和环境品质的提升。如果依然按照城市规划中对成果的统一标准化要求，那么编出来的规划成果不还是"八股文"吗？总之，道无常道，法无常法，因地制宜才是最根本的。好用的规划比看着标准的规划对乡村更有意义。

5 结语

笔者出生于农村，参与了福建永定、贵州兴义、海南三亚、浙江上虞、山东即墨、湖北黄梅等地区的乡村规划和研究，深知乡村问题的积累冰冻三尺非一日之寒，乡村问题的解决也非一日之功、一劳永逸。思考乡村发展需要放眼中国新型城镇化的宽广视角，需要用脚丈量村落的每一片土地，需要用心去体会村民的现实需要。乡村的发展需要给予

村民更多的自由选择权。乡村规划要抛弃"为村民描绘天堂"的精英思想，方能脚踏实地、因地制宜地为乡村发展提供有益的力量。

主要参考文献

[1] 费孝通. 乡土中国 [M]. 北京：人民出版社，2008.

[2] 黄亚生，李华芳. 真实的中国：中国模式与城市化变革的反思 [M]. 北京：中信出版社，2013.

[3] 周其仁. 乡土中国（上）[M]. 北京：中信出版社，2013.

[4] （美）米尔顿·弗里德曼，（美）罗丝·D. 弗里德曼. 自由选择. 北京：机械工业出版社，2013.

[5] 梁鸿. 中国在梁庄 [M]. 南京：江苏人民出版社，2010.

[6] 熊培云. 一个乡村里的中国 [M]. 北京：新星出版社，2011.

Describe the "Paradise" for the Villagers? : A Simple Discussion of Rural Planning

Hu Meiyu   Chen Rong

Abstract : This round of rural planning research is promoted by the government from top to bottom, how to avoid political movement, and the negative effect of concomitant, should arouse the concern of the industry. According to the "urban and rural planning law", rural planning is still a continuation of the governance of thought from top to bottom, it is neither optional nor shall the topic, and give place to set aside a certain amount of free space, but the author thinks that rural planning rights should be the right of the villagers, they are rural planning "party". The villagers depend on the land, the lack of urban residents' ability to vote with their feet, planning should abandon the description of paradise, the villagers elitist thinking, give them the greatest freedom of choice. Rural planning and urban planning compared with more unique.We should Suit one's measures to local conditions. Rural planning is the best platform for urban and rural planning as the public policy attributes. if can the compilation process in rural planning become condense common feelings of people, play to their wisdom, develop democracy, an important means to promote the rural autonomy, rural planning can go beyond the technical function itself, it has become an important social governance methods play a greater value.

Keywords : rural planning ; village autonomy ; freedom of choice ; public policy

江苏"美丽乡村"规划方法的探索与思考
—— 以连云港连云区黄窝村为例

宋芸　黄佳　刘畅

摘　要：随着经济社会的转型发展，我国的城乡空间进入了加速重构阶段，城镇化过程中的乡村发展备受关注。新时代的乡村规划事业发展，必须直面乡村地区发展所面临的现实问题。本文从连云港市连云区黄窝村整治规划编制过程中的所见所思入手，探索乡村规划的新思路。发现在乡村规划编制过程中，要倾听不同层次的需求，不仅要了解当地村民、村干部对乡村建设的需求，同时还有编制乡村规划的具体原因和目的，这也是作为规划编制人员必须要了解的。不仅如此，作为专业的规划技术人员，通过自己的调查研究和分析，也要了解在规划层面上需要引导的需求，这些有可能是地方上所看不到的，但却是不能忽视的。还有另一个重要考虑因素是不同的乡村都有各自的特点，不能因为快速的建设发展而忽视这些问题，导致千村一面，城市不像城市，村庄不像村庄的现象。最后，就是乡村规划的可实施性问题，要分时段分步骤进行庖丁解牛式的分解，化整为零，落实到实处。希望通过本文探讨美丽乡村规划的编制方法，可以为国内同类规划提供借鉴。

关键词：美丽乡村；乡村规划；规划方法；江苏省

1　引言：乡村规划的发展历程

我国的乡村规划在近年来才开始出现蓬勃发展、蒸蒸日上的气象。在1982年，当时的乡村规划仅仅是为了协调和指导村庄农房建设和管理工作的农房建设指引。直到1993年国务院发布《村庄和集镇规划建设管理条例》，才对村庄建设的设计施工、公共服务设施、环境卫生和村容村貌等管理做出相应的规定。在同一年，《村镇规划标准》的发布进一步深入规定了村庄规划的详细内容，包括了人口、用地规模和建设用地布局等。

随着2008年《城乡规划法》开始施行，使得乡村规划从原有的法规条例上升到了法律层面，与城市规划一起协调城乡空间布局和管理，改善人居环境，促进城乡经济社会全面协调可持续发展。2012年，按照生态文明和全面建成小康社会的要求，正式做出推进美丽乡村建设这一决策。

美丽乡村建设是江苏转型发展关键时期的一项重要工作，同时也是推进连云港市新型城镇化、加快城乡一体化发展的重要内容。日前，黄窝村入选为江苏"美丽乡村"特色样板示范村，成为连云港市展现城乡一体化发展的重要示范点之一。

2　黄窝村现状特征

2.1　区位条件

黄窝村位于连云港市东郊，面朝东海，背依云台山。村庄环境僻静。村庄与主城区之间由山体隔开。距离连云港市区30km，半小时车程，距离海滨新区和徐圩新区15分钟路程。通过正在兴建的海滨大道将村庄与城市的两个新区串联，为村庄的发展注入新的活力。黄窝村隶属于连云港市连云区高公岛街道，距离连云区中心城区约10km，距离高公岛街道主体城区约1.5km。村庄背山面海，风景秀丽，极具特色，是对外展示连云港山海景观的重要窗口。

距离村庄向北约900m是新亚欧大陆桥的起点，这座连接东西方的运输通道为村庄未来的发展带来了无限的可能。而村庄西面的云台山自然保护区则为村庄在该区域生态建设中所扮演的角色带来了影响。

宋芸：江苏省住房和城乡建设厅城市规划技术咨询中心助理规划师
黄佳：江苏省住房和城乡建设厅城市规划技术咨询中心城市规划师
刘畅：江苏省住房和城乡建设厅城市规划技术咨询中心城市规划师

图 1　周边关系图

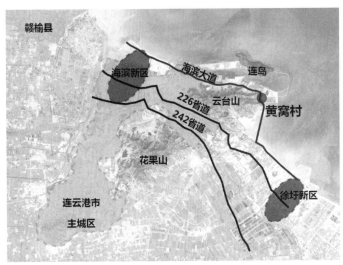

图 2　黄窝村在连云港的位置

2.2　产业背景

（1）旅游业

作为曾经的凰窝风景区的景区接待与服务中心，黄窝村有着丰富的旅游接待经验，曾经拥有上百家旅馆、餐馆及农家乐等旅游服务设施。旅游业曾是黄窝村的经济支柱产业。作为江苏省内唯一的集山、海为一体的风景名胜区，凤凰湾海水浴场和王子森林公园曾吸引大批游客慕名而来。

（2）紫菜产业

黄窝村拥有 20 多年的紫菜种植历史，如今紫菜养殖已成为村庄的一大标志性产业。村庄不遗余力地为渔民们提升紫菜养殖的科学技术，而今黄窝村的紫菜已经受到市场的广泛认可，成为各大紫菜食品加工企业的原材料供应地。

2.3　基地条件

本次规划研究范围为黄窝村村域范围，北至港口，东面黄海海岸线，西面包括小部分后云台山，南至南山头小区。总面积约为 0.3km²。本次村庄整治范围内有 216 户，分南北中三个片区，多片片区相隔有一定距离。规划区整体地势西高东低，高程在 2~35m 之间，海滨大道西侧坡度较大，村庄建设用地有限。

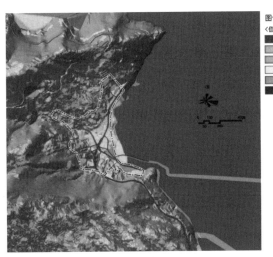

图 3　高程分析图

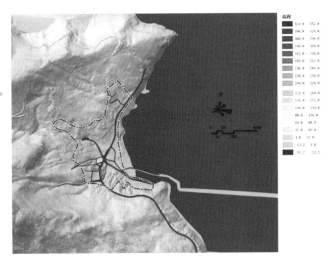

图 4　坡度分析图

3 规划方法及步骤

3.1 调研方法和内容

调研的内容包括现状建筑、道路、绿化、公共服务设施和历史文化等方面。调研阶段分为前期准备、前期调研、中期调研、后期调研等多个阶段。调研采用开座谈会、村民入户问卷、入户访谈、现场勘查等形式，并拍摄每户村宅的照片。

（1）现状建筑

黄窝村内建筑质量较好的建筑主要在南北两翼，质量一般的建筑在中部占比重较大，基本无安全隐患，但一些建筑的维护使用状况较差，需加强日常管理。村庄一层建筑主要布置在中部地区，建筑形式以砖瓦房为主，建设年代多为20世纪80~90年代。二三层建筑布置在南北两边，建设年代多为2000年后新建。大部分建筑风貌与海滨环境协调，沿路和滨水部分建筑与环境风貌不协调。

（2）现状道路

现状村庄内部道路系统较为散乱，部分人家无完整道路通达，以简易石块铺就为主。村内大部分地区道路因地势起伏较大，目前不能通车。

（3）现状绿化

现状绿化覆盖率较高，根据不同用途可分为菜地、沿河绿地、景观绿地、海边湿地和林地五类。菜地主要围绕在村民住宅四周，方便村民种植和采摘，多成点状和片状分布。沿河绿地存在植物配置不丰富、层次性差和后期管理养护不佳的问题，呈现出有些杂乱的现象。景观绿化多集中在村内的小广场区域范围内，种植种类较少，灌木和草本植物种类较少，种植方式缺乏引导。海边湿地目前由于海滨大道的施工，堆放和许多的建筑材料和垃圾，景观性不佳。林地多为自然式林地，树木种类较多，物种丰富，景观性较好，但在其中穿行小道的周边需要进行人工梳理，使其更加具有通达性和可观赏性。

（4）公共服务设施

现状村庄内部道路系统较为散乱，部分人家无完整道路通达，以简易石块铺就为主。村内大部分地区道路因地势起伏较大，目前不能通车。

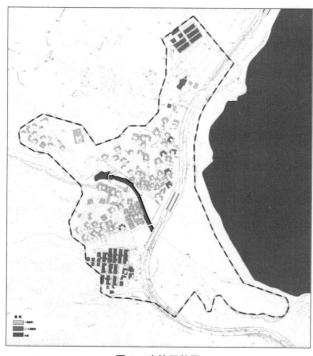

图5 建筑层数图　　　　　　　图6 建筑质量图

现状公共服务设施　　表1

现状公共服务设施	现状情况	要求建设规模/m²
村委会	因海滨大道建设需要，已被征收拆除	200~400
卫生室、计生站	因海滨大道建设需要，已被征收拆除	单独设置不少于80
文化活动室	因海滨大道建设需要，已被征收拆除	不少于50
幼儿园	该村适龄儿童全部纳入高公岛街道中心幼儿园入学	满足实际需求
便民服务中心	因海滨大道建设需要，已被征收拆除	70~150
农资超市	农资超市设施简陋，需扩建改造	50以内
公共活动健身场地	公共活动场地及健身场地设备陈旧，拟在村中规划新建休闲广场、健身场地及停车场等设施，面积约5000m²	

3.2 调研结果分析

（1）村庄特色缺失

通过现场调研，当地的山、海和历史文化底蕴都令人印象深刻，但是村庄本身未能与这些良好资源相融入。随着渔民进城，乡村生活的不断淡化，邻里情感空间的逐步消失，海洋与村庄关系的失落，界面的平淡无趣，整体性与可识别性的缺失使黄窝村这张黄海海滨重要的"明珠"个性不在，逐渐沦为平凡一员。

（2）旅游资源缺乏整合

作为拥有丰富旅游资源的村庄，背山面海，独树一帜，但在整体布局上，对外宣传上都缺乏有效的规划和整理，主要依靠海滨浴场形成相关服务，但是在王子海滩取消之后，旅游人气急速滑落，以至于现在无法有效整合相关资源，找不到一个能打响知名度的明星型品牌。

（3）缺少休憩空间

黄窝村作为山地地形，缺少较为平坦的活动地带，在仅有的广场空间内，也缺乏相应的活动设施和规划布局。村庄居住者在村庄里找不到安全的停留场所和适宜的休憩空间，自然也无法展开更多的活动为街道带来人气与活力。

（4）海滨界面杂乱

伴随着海滨大道的建成，仅仅考虑满足交通与两侧地块的基本使用功能，忽视界面整体风格的协调与本土文化的注入。现状道路两侧及滨海建筑形态各异，立面缺乏整体性与连续性，缺乏店招、行道树等街道界面元素的选用，自发性与随机性较强，缺乏统筹考虑，造成了黄窝村沿海滨大道界面杂乱无章的印象。

（5）生态过程受阻

现状黄窝村采用雨水管网收集路面径流，待周边土地开发后，不可渗透性地表的面积将大增，传统雨水收集模式将导致大量降水流失至河流、地下水回补受阻、阻碍地表 – 地下之间的水文过程，同时也将增大汛时河流的泄洪压力，同时作为山地地区，其山地次生灾害等也会造成地区建设的影响。

4　规划思路

4.1　了解需求

乡村规划是村民自己的规划，政府部门和规划编制技术人员都不是规划的拥有者，只有生长在这片土地上的村民，才能持久开展本地区的繁荣与发展工作[1]。（段位论文）所以，了解村民对规划的需求和意见是十分必要的。同时，编制乡村规划的具体原因和目的，这也是作为规划编制人员必须要了解的。因此对于村干部、镇区领导的需求和建议也同样是需要了解的。不仅如此，在编制乡村规划前，对于相关的上位规划对于该地区的要求和控制要求也是作为编制人员所要了解的。

但这些都并不是乡村规划的全部，作为专业的规划技术人员，通过自己的调查研究和分析，也要了解在规划层面上需要引导的需求，这些有可能是地方上所看不到的，但却是不能忽视的。

4.2 关注村庄特色

乡村规划应该是能让人们"望得见山水，记得住乡愁"的。作为历史文明见证和精神家园的传统乡土建筑是中华民族传统文化的宝贵财富。但是随着经济发展和生活方式现代化的冲击，村镇建设出现盲目照抄大中城市建设的趋势，传统建筑风格被破坏，丧失了各地的特色和优势[2]。（清华论文）鉴于此，乡村规划应该保存居住环境的历史延续性和生态环境，结合新的社会发展条件，采用能够发挥乡村特点的技术手段和就地取材等适宜建设技术，引导村庄的持续发展。

5 规划策略

从前期现场踏勘和资料收集进行综合分析，提出整合旅游资源，打造观海平台，梳理景观游线，吸引市区及省内游客。萃取当地文化主题，李世民驻地，渔业文化，海洋文化传承地方文脉。同时，在民居建设方面，丰富建筑界面营造有序空间，在景观绿化方面采用生态手段，选取当地乡土树种（杏树和楸树）进行村容美化。在公共服务设施方面，强调人文关怀，塑造宜人场所。

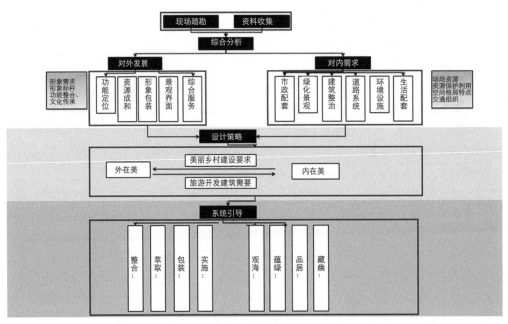

图7 技术路线

5.1 化整为零，分步实施

根据美丽乡村建设新要求，提出对于黄窝村乡村规划的总体要求，即建设面向江苏的高品质海滨特色村庄空间，并考虑游客的旅游需求，注重与海洋特色的风貌协调，将海滨大道沿线景观节点串珠成线，打造出一颗全方位展现黄窝村特色的景观明珠。

同时，通过对其展现滨海特色村庄风貌的需要、打造黄窝旅游景观游线的需要和提升村庄空间环境品质的需要分析，得出规划重点是强化黄窝村的旅游职能和生活职能，充分利用现有资源来提升环境品质，因此，将其形象定位为：海滨明珠，凤凰福地。为了实现该定位，根据不同的内容设立了四个总体目标：观海，品居，蕴绿和藏幽。

（1）总体目标一：观海——梳理景观游线，打造观海平台

通过现场踏勘和分析得出黄窝村最大的特色就是它的海文化，为了充分利用该优越自然条件和旅游业充分结合，并根据现场观测，组织和梳理出一条景观游线，主要可以分为两个部分，分别位于海滨特色区和重点整治区内，如图。同时，由于黄窝村内高差大，多为山路，根据景观和游客活动需要，寻找到几处可以作为观海平台的位置，已在下图标出。

（2）总体目标二：品居——丰富建筑界面，营造有序空间

当地的民居总体风貌较好，在建筑色彩上以红色坡屋顶和白色墙面为主，同建筑背后深绿色的山和前方蓝色的大海，颜色基调十分和谐。但是仍然还是有建筑风貌不太符合整体风貌要求，需要整治。整体的建筑整治原则：

图8 观海平台位置

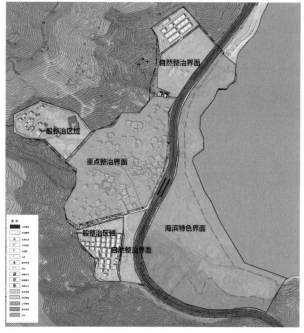

图9 建筑风貌整治分类图

1）提炼当地特有的海洋元素，改造既有建筑立面，彰显村庄特色。

2）着力打造重点建筑，进行突出，结合部分重要地区作为村庄亮点进行着重强化。在原有部分建筑整治的基础上，拾遗补缺的对重点建筑进行的整治。

经过现场走访，将建筑风貌分为三类进行整治，即重点区域建筑进行重点出新改造，其他区域的20世纪80~90年代的建筑进行一般出新改造，还有少数的危旧房屋予以拆除或重建。建筑整治要点：

1）粉刷现有水泥墙面、风化腐蚀较为严重的油漆墙面为米白色，对于色差差异过大或居民自愿整治的建筑瓷砖面进行整治；

2）建筑最底部至窗户下沿保留原有石材肌理；

3）窗户四周10cm统一粉刷为褚红色；

4）门上沿20cm，两侧10cm统一粉刷为褚红色；

5）周边种植灌木及彩色花木。

（3）总体目标三：蕴绿——选取乡土树种，采用生态手段

本着节约、利用、可持续的设计理念，村庄公共绿地的规划是在原有村庄绿地现状的基础上，根据村庄内部需求及旅游发展的需要，按照"美化环境、塑造形象、服务村民、吸引游客"的原则进行整治。当地的乡土树种为杏树和楸树，在营造公共空间和绿化中可以加以利用，从而体现出地方特色。

图10 建筑立面整治前

图11 建筑立面整治后

对黄窝村公共空间的改造主要分为两类：道路绿化、水系绿化。在村庄主要道路上增设地被和灌木层，丰富种植层次，在支路上适当增加花木种类（杏花），路牙两边种植一些草花，显得秀气可爱，乡土气息更加浓郁，在海滨绿化上，为增加其亲水性，可以布置木栈道，周边种植丰富的水生植物，如香蒲、再力花、芦苇等。

在水系绿化方面，现状内河道属于季节性河流，由于地形高差，河道有阶梯状高差，两边多用石头砌筑河堤。设计保留原有地形和大乔木，在不破坏原地形基础上在河床底部放置不大不等碎石，间植一些草花，形成一道独特的"花溪"景观。

（4）总体目标四：藏幽——强调人文关怀，塑造宜人场所

在公共服务设施布局方面，通过和当地村民和村干部的沟通研究，结合乡村规划要求得出以下结论：

1）搬迁现状村委会，短期内在数字 1 处（如图）办公，远期规划在 2 结合相关设施形成村民服务中心；

2）数字 2 未来将涵括公共文化活动中心，商业服务、老人活动中心、文化娱乐等；

3）村庄老人都在自家居住，根据访谈，不需要规划敬老院；

4）村内儿童较少，根据访谈，不需要规划幼儿园；

5）保留现状健身用地，同时沿绿化带及公共空间增加 5 处健身设施；

6）新建学道寺一处；

7）未来将新增 BRT 站台一座。

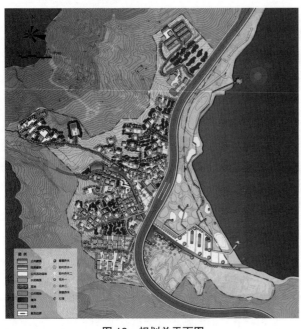

图 12 规划总平面图

图 13 规划公共服务设施布局图

5.2 提高可操作性，近远期规划相结合

目前的乡村规划在有的人看来还是"纸上画画，墙上挂挂"的没有实际操作意义的规划，为了打破这一僵局，采用将规划分期实施，逐步完成的方法是具有积极作用的。以黄窝村乡村规划为例：

将整个村庄分为三片改造区域分别是一期重点改造区域，二期一般整治区域和三期滨海特色区域。一期重点改造区域的实施年限是在 2014~2015 年，重点打造新农村生活方式宜居村。近期重点建设项目是一处村民活动中心，规模为 1760m²，一处污水处理站和小游园，面积为 400m²，长度为 120m 的排水沟渠整治，一处学道寺规模为 1077m²，3 处观海平台和 1 处村庄迎宾性入口。

二期一般整治区域的实施年限为 2015~2023 年，主要任务是农村面貌的彻底改造、完善生活服务设施和服务支撑设施，同时也为开展旅游服务业做准备。主要工作重点是村民广场的建设，景观节点建设和村庄建筑立面环境整治，还有景观线路的建设和改造。

三期滨海特色区域，建造海灯塔，一处海钓区、湿地木栈道和游艇码头，还有一处船坊海鲜馆，如果资金充裕的话再建设一处海滨湿地公园。目标是将黄窝村建设成为江苏省标志型海滨休闲度假村。

6 结论

在美丽乡村建设热潮席卷全国的大背景下，乡村规划日益受到重视。江苏省提出开展 2014 年度美丽乡村建设示范工作，连云港市连云区黄窝村入选为江苏美丽乡村特色样板示范村，编制了该整治规划。它的主要创新和可以提供示范之处在于：

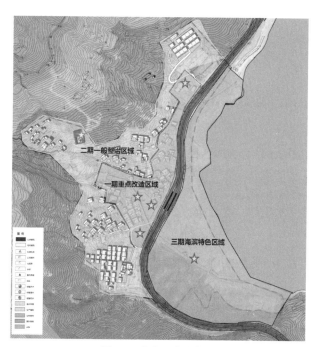

图 14 改造区域分类图

图 15 村民活动中心平面图

图 16 效果图

（1）提出了在编制规划工作之前，要了解各个层次不同人群、上位规划对该地区的需求，综合考虑各方面的因素；

（2）每个地区的村庄都有自己的特色，在编制规划中要将当地的特色融入规划中，通过空间营造来体现出当地的独有的特色和特点；

（3）在整个规划编制过程中，采用化整为零，分步实施的方法，根据现状和未来发展需求设立一个定位，然后如何实现这个定位开始再设立相应的目标，再将这些目标通过工程和各个具体项目进行量化；

（4）美丽乡村的建设并非一蹴而就的，这是需要一个过程的，按照时间来进行划分，每个时间段规划完成不同的工作，一步步的实现村庄蜕变，最终达成总体目标。

以上四点为笔者在规划编制过程所思考到的，由于村庄自身所处的环境总是处在不断的发展和变化之中的，任何理论和方法都有其局限性。因此，黄窝村整治规划作为一个研究性、探索性的规划，尝试跳出原有的规划思路，谋划村庄发展的新途径，以期对其他地区的同类规划有借鉴意义。同时，在此也希望有更多的人关注这一领域，促进城乡人居环境和谐发展。

主要参考文献

[1] 段威，梅耀林，汪晓春，许珊珊. 基于农民视角的村庄布点规划研究——以金坛市为例 [A]. 中国城市规划学会. 城市时代，协同规划——2013 中国城市规划年会论文集（12- 小城镇与城乡统筹）[C]. 中国城市规划学会，2013：12.

[2] 赵之枫. 城市化加速时期村庄集聚及规划建设研究 [D]. 清华大学，2001.

A Discovery and Deep Thinking of the Planning Methodology of "Beautiful Villages" in Jiangsu Province —— Taking Huangwo Village in Lianyungang City as an Example

Song Yun   Huang Jia   Liu Chang

Abstract：As the transforming development of the society and the economy，the urban and rural space in our country has turned into a more rapidly reforming period. The development of countryside in the gentrification process has drawn a major attention. The development of the rural area planning in this new age must face some practical problems as the rural area develops.In this essay，the author has discovered a new train of thought of how the rural area planning work should be done，by studying the working process of the Comprehensive Renovation Project for Huangwo Village in Lianyungang City. The discovery is that during the working process，an attentive listening to different levels of users of what they need is necessary. It requires planners not only to get to know every need in the construction of the village from the local inhabitants and the village cadres，but also to know the reason and the purpose of why a new planning for the village is needed in detail. Furthermore，as professional skilled planners，to know the need of guidance from a planning perspective through our own investigation and analysis is also necessary. Although some of the needs are unaware for the locals，they can't be ignored. Another important aspect to consider is that each village has its own characteristics，which shouldn't be forgotten because of the rapid development. Otherwise the bad result would be every village looks the same，and the city and countryside look similar.At last but not least，how to carry out the planning. A suggested solution is that the planning can be carried out in several terms，step by step，and the construction can be started from parts to parts. The author hopes to provide a reference for other planning works in the same type with the methodology she discovered in this essay.

Keywords："beautiful villages/countryside"；rural area planning；planning methodology；jiangsu province

中部大城市城郊型乡镇农村居民点体系重构研究
——以武汉市江夏区五里界街为例*

王铂俊　黄亚平

摘　要：农村居民点体系的构建和建设还处于探索阶段，目前存在许多问题。大城市城郊型乡镇，由于其特殊的区位，发展机遇与挑战并存。在政府、企业、居民各方利益下如何以最合适的路径构建大城市城郊型农村居民点体系是当下我们亟待解决的问题。

关键词：农村居民点；体系构建；居民参与；产城融合；转型发展

引言

　　农村居民点体系构建是推动农村居民点建设的前提和指引，是建设社会主义新农村的重要内容。居民点体系重构既是一个逐渐转变人们观念的过程，又是一个深刻的体制创新、组织创新、结构创新的过程。农村居民点体系构建要以全面体现小康水准的社会主义新农村为目标，以农村居民点建设为重点，强化产城融合与居民参与。大城市城郊型乡镇由于受到大城市经济驱动力及大规模土地流转等因素的影响，农村居民点体系重构的紧迫性及复杂性明显加强。在分析武汉市江夏区五里界重构农村居民点体系结构的基础上，对我国农村居民点建设中存在的问题作了深入探究，以定量研究和定性研究相结合的方法，在入户调研的基础上，应用 GIS、因子测算等研究方法，提炼出进一步推进我国农村居民点体系构建的对策思路，为同类型乡镇解决当前农村居民点建设问题提供一些借鉴和参考。

1　探寻现状，剖析问题

1.1　五里界的现状概述

　　五里界街位于武汉市江夏区的东部，地处"两湖"（汤逊湖、梁子湖）和"两区"（江夏中心城区和东湖高新技术开发区）之间。本次研究范围面积约为 47.43km²，区位上北靠庙山经济开发区、藏龙岛经济开发区，南倚梁子湖，东连牛山湖和凤凰山，西接江夏纸坊城区（图 1）。

　　因受东湖自主创新示范区和藏龙岛经济开发区辖区范围扩大的影响，目前，五里界行政辖区共包括 1 个居民点即五里界居民点，8 个行政村，分别为毛家畈村、锦绣村、东湖街村、唐涂村、孙家店村、李家店村、群益村、童周岭村。

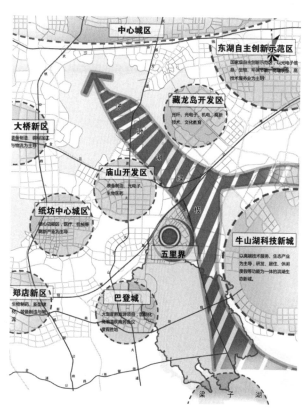

图 1　五里界与周边功能区关系

　　* 基金项目：国家自然科学基金项目《中部地区县域新型城镇化路径模式及空间组织研究——以湖北省为例》（51178200）。

王铂俊：华中科技大学建筑与城市规划学院在读硕士研究生
黄亚平：华中科技大学建筑与城市规划学院教授

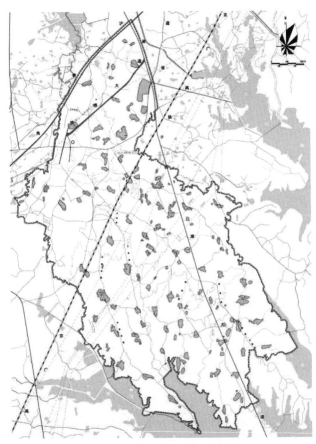

图2 现状农村居民点分布现状图

全域村湾总户数为5043户，总人口为14388人，分布于8个行政村，97个自然村湾之中，平均每个村湾52户，149人。镇域居民点分布较分散，呈均质化分布，土地利用与开发强度较低，建筑物体量小，数量多，点多面广，多为一宅一基模式。

1.2 五里界农村居民点现状解析（图2~图4）

（1）城乡建设用地分散，城乡居民点体系待重组

五里界全域城乡居民点用地面积在全域面积中仅占8.27%。在全域北部城镇居民点现状规模较小，配套设施不完善；在全域南部乡村居民点用地呈现"点多面小，均衡分散"的格局。随着城镇化及新农村建设的推进，近100个农村自然村湾分散低效的建设形态已经不适宜集约城乡建设，保护区域环境的要求，农村居民点体系亟待重组。

（2）开发各自为政，农村居民点用地布局需统筹

南部5村已有十余家企业进驻，各自编制局部开发规划，发展定位重构，空间布局无序。企业"圈地"后各自为政，相关规划缺乏衔接。流转后的土地道路、用地布局，公共服务设施缺乏。城乡用地布局急需整合统筹。

（3）环保要求高，生态保护压力日益明显

近几年随着城镇工业的发展、人口规模增长，农村居民点范围的扩张，农村居民点发展带来了一系列的生态

图3 五里界现有规划拼合图

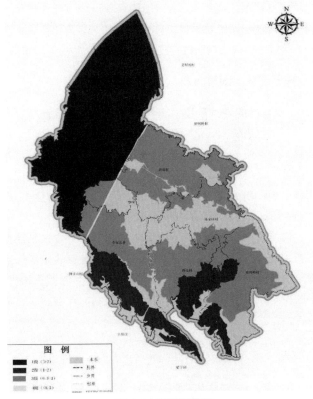

图4 水环境评价图

环境问题。农村居民点居民生活污水排放量也逐年增加，这些生活用水未经处理就直接排放到城镇附近的沟渠、水塘和河流等水体，致使纳污水体水质逐年下降。

2 博览众家，取长补短

2.1 德国农村发展与建设主要经验

德国是一个强调整体均衡、协调发展的国家，无论是大城市还是乡村，都有优美的环境、便捷的交通、完善的基础设施，城乡之间几乎没有差别。

德国的农村建设可以分为四个阶段：第一阶段19世纪30年代《帝国土地改革法》是德国农村建设初步走上法制轨道，农村的自由发展状态结束。第二阶段是第二次世界大战之后，许多工业场所搬迁到农村地区，这一阶段的村庄更新重点主要集中在新村建设和完善基础设施两个方面。第三个阶段是20世纪70年代德国政府对《土地整理法》进行了修订，将农村建设纳入了法律条文，是农村不再是城市的复制品，而是具有自身特色的村落。第四阶段是20世纪90年代，农村建设开始注重生态价值、文化价值、旅游价值、休闲价值和经济价值。

2.2 韩国新农村运动建设的主要经验

韩国的新农村运动大致可分为五个阶段：1970~1973年为第一阶段，基础设施建设阶段。通过修理房屋、厨房、厕所、修筑道路、围墙、澡堂、改良作物、蔬菜、水果来改善农村居民条件和生活环境。1974~1976年为第二阶段，扩散阶段。这个阶段主要是进行了农田水利建设和改造、修建房屋、发展多种经营、对新农村建设指导人员普及农业技术的推广和教育，来发展生产和提高农民收入。1977~1980年为第三阶段，充实和提高阶段。主要是加强区域合作、重点发展畜牧业、农产品加工业、特色种植业，并为广大农村提供各种建材，支援农村文化住宅和农工开发区建设，这一阶段使得农村经济快速发展，城乡差距减小。1981~1988年为第四阶段，国民自发运动阶段。政府只是通过制定规划、提供财政和技术，调整农业结构，进一步发展多种经营，大力发展农村金融，改善农民生活和文化环境。1989年之后为第五阶段，自我发展阶段。政府的作用逐步弱化，主要致力于道德建设、法制教育，带有自发性质的各种农业推广。

3 明确思路，科学构建

3.1 农村居民点体系优化思路

按照统筹城乡发展和产城结合的理念，着眼五里界南部村湾范围，综合研究五里界村湾居民点现状，确定农村居民点体系，统筹配置综合交通设施、公共服务设施和公用设施，强化农村居民点发展支撑能力，有序促进人口转移和节约集约用地。

（1）以城促乡，区域协调

发挥镇区对南部村湾的核心辐射带动作用，增强区域对南部农村居民点的支撑能力。建立城乡统筹和城乡产业和空间结构体系。在全域层面上，协调城乡一体的要素配置、土地利用、产业和城镇布局、基础设施建设、生态环境整治，逐步消除城乡发展水平的"二元"结构差异，实现城乡整体发展。

（2）环境友好，保育生态

坚持生态优先，立足保障区域生态格局。在加快经济与城镇化发展的同时，必须重点保护自然和生态资源，加强能源资源节约与循环利用，发展循环经济，加强节能减排，构建资源节约型、环境友好型的新农村居民点。保持良好的生态环境，充分考虑资源与环境的承载能力，全面推进土地、水、能源的节约与合理利用，实现可持续发展。注重生态修复、加强生态建设，促进自然生态环境与人工生态环境和谐共融，建设生态文明。

（3）彰显特色，优化环境

规划应充分发挥五里界的区位、环境、资源优势和已有的设施优势，突出城镇特色，优化城镇用地结构，创造国内一流的城镇生态环境和人居环境，建设宜居环境，构建和谐社会，建设人与自然和谐的生态农村居民点，创建现代化、生态化的魅力五里界。

（4）紧凑集约，提高效率

坚持节约集约用地，注重统筹兼顾，充分利用存量空间，减少盲目扩张，提高土地使用效率，以较高的土地利用率和产出率为目标，提高土地利用的集约化程度，强调适度集中，紧凑发展；生活和就业单元尽量拉近距离，减少基础设施、房屋建设和使用成本。形成以绿色交通为支撑的紧凑型农村居民点。

3.2 以数据支撑科学分析（表1，图5~图7）

（1）村民意愿调查

1）集中建设是村民的主要迁居意愿

通过对全域8个村进行村民座谈，了解到只有25%左右的居民对于村庄未来的建设意向是在原址翻新，接近50%的居民意向是在村庄内农村居民点集中建设，另外25%的居民意向是进镇区集中居住。25%倾向于原址翻新居住的主要是年级较大的村民，或者是以农业生产为主要经济来源的村民，就近耕种劳动是他们主要的居住意愿；外出务工人员，土地已经部分或全部流转的农村居民更倾向于迁往镇区或者农村居民点居住，以减少外出务工的时间成本，并且获得较好的居住条件和配套设施。

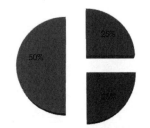

图5 村民搬迁意调查分析图

2）保留农村土地，走可持续发展之路是务农村民的集体意愿

东湖街村和部分锦绣村务农村民（约占统计总人数的25%）希望村庄在原址进行翻新重建，并且希望保留自留地，以耕种和土地流转收益相结合的形式提高自身收入。这部分村民担心一次性的土地买卖会影响自身可持续发展。

3）加快集中居民点建设进度，获得养老保障制度和就业技能培训是务工村民的集体意愿

对于土地已流转主要靠外出务工的村民来说希望在镇区或农村居民点集中居住以减少务工的时间成本。加快农村居民点的基础设施建设和公共服务设施建设，已获得便利舒适的生活条件。在居住环境城镇化的同时，他们希望相应的获得城镇化福利待遇，得到养老保险等保障制度，并且希望有机会进行城镇就业方面的技能培训。

各村发展潜力因子分析评价表　　　　　　　　　　　　　　　　　　表1

序号	乡村名称	区位因子（X）	建设用地空间（Y1）	工农业总产值（Y2）	村域总人口（Z）	政策指引（W）	各村发展潜力评价 X×0.5+（Y1+Y2）+Z×0.8+W
1	锦绣村（部分）	4	1	1	2	1	6.6
2	毛家畈村（部分）	4	1	1	2	1	6.6
3	唐涂村（部分）	3.5	4	3	4	3	14.55
4	李家店村	3	4	4	3.5	3	15.3
5	孙店村	2	3	2	3	2	10.4
6	群益村	3	2	2.5	2	2.5	10.1
7	童周岭村	5	4	3.5	4	3	16.2
8	镇区	5	5	5	5	5	21.5

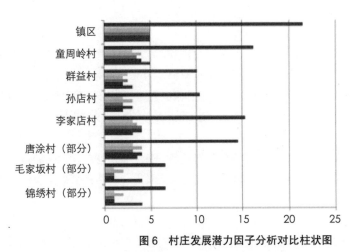

图6 村庄发展潜力因子分析对比柱状图

（2）村庄发展潜力评价

1）各行政村现状地位与作用评价

综合考虑区域内外各种因素影响，结合区域内镇村的发展基础条件，一般来讲，各村在区域中的地位与作用是有差异化的，具有不同的发展潜力。本次研究采用了"发展潜力预测法"对五里界各村进行了评估分析，综合评估结果显示：除中心镇区外，李家店、唐涂、童家岭三个村的发展潜力相对位于前列，适宜建设农村中心居民点。

2）自然村湾发展潜力评析

应用GIS等新型规划手段，综合考虑各自然村湾现状规模、建筑质量、风貌特色、土地流情况、村民意愿、生态环保要求六大基本要素，分析评价得出村湾分类。

现状规模：自然村湾现状户数及人口规模进行评价。

建筑质量：依据调研情况，对现状各自然村建筑质量进行评价。

风貌特色：依据村湾景观情况进行评价分析。

土地流转情况：对照现状村湾规划及流转情况对各自然村湾进行评价分析。

村民意愿：依据村湾调查表反馈的居民意愿信息对各村湾进行评价分析。

生态环保：依据生态控制线规划所划定的控制范围对各自然村湾进行评价。

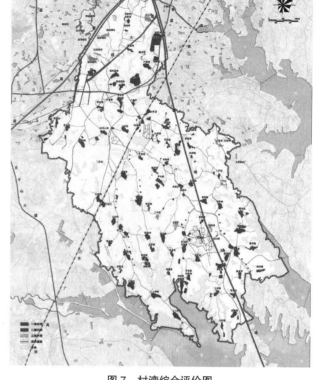

图7　村湾综合评价图

依据以上评价因子评价情况得出最终保留村湾的个数为近期30个，远期保留10个。

3.3　大城市城郊乡镇发展动力分析

（1）区位条件的优势度潜力

根据"集聚—扩散"理论，大城市发展到一定规模后，开始出现城市要素向周边地区扩散的趋势。而这个趋势都是从与大城市空间联系最紧密的城郊型乡镇开始。在大城市的要素扩散过程中，存在着"距离衰减"规律，即距离中心城区越近，就越容易接受来自中心城区迁移出来的人口、产业和资金，也越容易从中心城区获取知识、信息和新技术，乡镇发展就越快。但是区位优势最初是一种发展潜力，只有在大城市要素扩散作用的催化下才能突显出它的作用力。

（2）社会的需求外部性

在城郊型乡镇发展的过程中，大城市的商业服务会对大城市城郊乡镇的消费力形成巨大的吸引力，这种吸引力在乡镇发展初期尤为明显。随着大城市发展过程中环境遭到了破坏，城市居民对城市有毒有害的农产品、毫无新意的工业消费品、单调无聊的休闲方式、挤不堪的生活环境开始感到厌倦，转而对农村天然有机的农产品、贴近自然的田园生活以及富于特色的传统文化产生了日益增长的浓厚兴趣。当各种各样的都市观光农业在城郊乡镇兴起，越来越多的城市居民回到周边乡村地区体验生活和居住，大城市的消费力扩散机制便缓解了乡镇商业服务业发展过程中遇到的本地消费力外流、门滥需求不足等发展瓶颈，也推动了乡镇商业服务能力的增强。

4　五里界农村居民点体系规划策略

在城乡一体化的发展新形势和区域统筹协调发展要求下，结合五里界全域镇村现状，在相关上位规划和有关规范规定的指导下，依托周边地区和重大项目的建设发展，综合分析和评价各种影响因素，五里界全域农村居民点适

图8 镇村体系结构图

宜按三级结构体系引导发展，即为"镇区—新农村中心居民点（特色小镇）—特色村民点"三级结构体系。

4.1 三级体系的构建

综合分析镇区和各村的发展现状及其潜力，考虑区域资源环境承载力、农村土地流转有序以及区域发展趋势等重要限制影响因素，规划对全域现有居民点体系规模结构加以调整优化，近期提出构建"一主（镇区）三新（新农村中心居民点）三十特（特色村民点）"的规模结构体系，远期提出构建"一主（镇区）三新（新农村中心居民点）十特（特色村民点）"的农村居民点体系结构。

五里界镇区是武汉都市发展区南部新城组群的重要功能组团，以高新技术、科技研发及文化创意生产为主导的生态智慧新城区，人口规模约8万人。

4.2 居民点功能"弹性"优化

依据产城结合的理念，按照村落分区迁并的布置要求，将李家店新农村中心居民点、唐涂新农村中心居民点、童周岭新农村中心居民点这三个新农村中心居民点打造成为旅游特色风貌小镇。每个小镇预留20%的生态型建设用地，作为五里界的旅游服务设施配套用地。

依据居产结合的规划理念，体现国家土地集约化发展的要求和农村产业转型发展的需求，根据各村湾现状、村民意愿统计及村湾发展潜力评价的结果布局特色村民点居民点。

在（近期三十个、远期十个）特色村民点居民点的选址和布局上充分考虑到农民的耕作半径，为农民的就近劳作提供便利，使生产和居住相结合；同时依据五里界全域打造旅游风貌区的定位，考虑到城市游客的游览观光心理，为了使游客能够欣赏到真实的乡野风情和新农村的风貌特色，增加全域景观的生机；同时考虑到特色村民点居民点今后的产业转型和非农化农民就业的需求，特色村民点今后可以发展成为文化创意产业等三产的载体，转化成为类似于法国"巴比松"的休闲村、民俗村和文化产业村。考虑到城镇弹性化发展的特点规划近期保留30个自然村湾，作为特色居民点。

图9 法国巴比松村

5　启示与思考

　　农民是农村居民点建设的利益主体，只有充分尊重农民的需求，才能有效促进农村居民点建设。农村居民点的体系构建和建设关乎农村居民的切身利益，尤其值得我们关注和思考。在开展农村居民点建设的地方，既有共性的做法，也有许多不同之处。由于农村居民点客观上的差异，实践中，形成了各具特色的农村居民点体系构建模式。大城市城郊型乡镇的发展既有优势也有劣势，五里界作为近郊型乡镇，其农村居民点的建设具有特殊性、启示性和示范性。通过对武汉市江夏区五里界农村居民点体系重构的分析，可以提炼出类似地区的发展路径。借力都市区，结合自身特色，尊重居民意愿，运用新的技术和手段，以新的理念来促进农村居民点的组织和建设。农村居民点建设应从农民群众最关心、最直接、最现实的利益和需求出发，创新和完善以农民需求为导向的农村居民点体系结构。

主要参考文献

[1]　潘聪林，韦亚平.“城中村”研究评述及规划政策建议 [J]. 城市规划学刊，2009（2）：960-101.

[2]　赵群毅. 城乡关系的战略转型与新时期城乡一体化规划探讨 [J]. 城市规划学刊，2009（6）：47-52.

[3]　何灵聪. 城乡统筹视角下的我国镇村体系规划进展与展望 [J]. 规划师，2012（5）：5-9.

Analysis of the Path for the Rural Community System Reconstruction in Metropolitan Suburban Towns
A Case Study of WuLijie Wuhan

Wang Bojun　Huang Yaping

Abstract：Nowadays，the problems do exist when we talk about the construction and building of rural community system，which is still at an exploratory stage. There are both opportunities and challenges for Metropolitan suburban towns because of the Special location. Now，the urgent problem we have to deal with is how to build metropolitan suburban rural communities system in the most appropriate way.

Keywords：rural communities；system construction；residents participation；production city fusion；transformation and development

红星村留守人口老龄化问题及规划策略研究

路璐　段德罡

摘　要：随着城镇化的迅速推进，农业生产相对较低的比较利益使以红星村为代表的西北贫困地区农村青壮年劳动力大量流入城市，造成村庄养老问题严重，在总人口统计口径下的老龄化程度不能直观地反映这一问题。本文基于这一现象提出留守人口老龄化的概念并对青壮年劳动力外流造成的村庄养老问题进行阐述并对其影响进行分析。经分析，子女外出务工在一定程度上增加了留守老人的经济支持，但与之伴随的是其对留守老人劳动负担、生活照料、医疗护理、精神慰藉多方面的负面影响。基于分析展开村庄规划策略研究，提出激活失落空间、保留传统记忆的基本规划策略，并在此基础上对村庄产业、公共设施、公共空间、传统记忆延续、医疗制度、养老保障等方面提出应对策略。

关键词：农村；劳动力外流；留守人口老龄化；养老问题；岷县梅川镇红星村；策略研究

引言

本文所定义的留守人口老龄化是指针对农村青壮年劳动力外流导致的总人口统计口径下的老龄化悖论所做的基于留守人口基数的老龄化程度统计及老龄化问题。大量青壮年劳动力外流使农村家庭结构和功能发生了深刻变化，导致的最直接结果是农村留守问题突出[1]。农村留守人口主要是老人和儿童，改革开放后计划生育政策的实施有效控制了新增人口数量，使得老龄人口比例不断增大，致使农村养老问题尤为突出。农村老年人是我国数量最大的老年群体，他们的养老需求能否得到满足、养老意愿能否得到落实直接关系到社会的稳定与和谐。如何应对农村日益严峻的老龄化趋势、促进农村老年人更好地生存与生活，是我们面临的现实问题。红星村代表西北地区的一类村庄，在这类村庄中，交通不便，信息闭塞，生态脆弱，土壤贫瘠最终导致贫困，农民除了务农很难找到第二产业释放剩余劳动力。对于这类村庄，人口外流是其家庭利益最大化的理性决策，具有长期存在的合理性。但剩余劳动力外出务工导致的留守老龄化所带来的养老问题是不可回避的。

1　红星村村庄发展背景

1.1　区域及村庄自然条件概况

红星村位于甘肃省岷县梅川镇。岷县处于黄土高原与青藏高原交界地带，享有陇原"旱码头"和"千年药乡"的美誉。自古就是羌、藏、回、汉等多民族杂居区，源远流长的历史和多民族长期共存的现实孕育了"花儿"等丰富的民族民间文化。但由于其土壤贫瘠、气候阴冷、自然条件恶劣等客观原因，导致县域社会经济发展落后，信息闭塞，农民生活困窘，大量劳动力外流。红星村属于典型的黄土沟壑区川道型村落，距梅川镇镇区 2.5km，以县道相连，素子沟河穿村而过将村落分为南北两部分。村庄现有五个自然村，其中三个自然村集中分布在川道区，另外两个自然村分散布置于山区。红星村的耕地也多集中在素子沟河两侧山区，由于地形条件限制，村庄人均耕地只有 0.8 亩，土地资源极为有限。

图 1　红星村居民点现状图

路璐：西安建筑科技大学建筑学院硕士生
段德罡：西安建筑科技大学建筑学院副院长

1.2 产业与社会经济发展情况

岷县地区阴冷干旱的气候条件和特定的土壤条件有利于党参、黄芪、当归等中药材的生长，因此红星村村民多以种植此类中药材为主要经济来源。其中黄芪亩产400~500斤，市场价格约12元/斤，党参亩产300~400斤，价格波动十分不稳定，大年80~100元/公斤，小年只有10元/斤。党参和黄芪种植时生长期为两年，第一年种苗，第二年成熟。农民为了节省成苗时间，获取较优良品种，通常以高价购买药苗直接用于种植，如种植黄芪每亩地的种植成本1250元左右。种植党参则很难估量成本与收益的差值，若买苗时遇到大年，收挖时遇到小年，则对农民造成的损失很难估量。如此估计，村民的户均农业纯收入只有2000~3000元，只能用于购买食物和生活必需品。农民家庭经济结构的简单脆弱性使其很难抵御市场风险，因此在药材种植（农历二月）与收挖（农历九月）期间的农闲时（3~8月、10~12月）户均有1~2人外出务工以提高农户家庭抵御农业收益风险的能力，维持村民正常生活。据调研，红星村村民认为每年最重大的支出为盖房子和人情往来，而这些钱几乎都来自务工收入。外出务工收入能占到普通村民家庭收入的2/3到3/4。

1.3 村庄人口构成及外流现状

2013年红星村有户籍人口1616人，共349户。具体人口信息见下表：

红星村人口结构表 表1

年龄阶段	人口数量（人）		各年龄阶段比例（%）
	男	女	
0~6岁	49	53	6.3
7~14岁	93	96	11.7
15~59岁	562	596	71.7
60~64岁	30	23	3.3
65岁及以上	52	62	7.0
合计	786	830	100
总计	1616		

（资料来源：红星村村委会）

经过调研访谈得知红星村大约1/3的青壮年劳动力（大多年龄为18~49岁）在农闲时（2~9月）外出务工，其中部分劳动力每年外出务工时间甚至超过10个月。红星村男性劳动力流出目的地多为内蒙古、新疆及沿海城市的建筑工地，村民以自组织形式流出。女性流出劳动力年龄一般为18~25岁，多从事服务行业。由于农村"男主外、女主内"的传统观念和女性劳动力就业范围的局限性，红星村外流人口中男女比例为9：1。

虽然村民普遍认可高学历能改变命运，但红星村小孩上完初中后就辍学外出打工的现象非常普遍。很多家庭在青少年完成九年义务教育之后便不再有能力支付更高学历的教学费用，虽然从长远来看这些年轻人可能会通过提高学历进入城市改变贫困命运，但从眼前来看，投资教育的家庭收益远没有投资务工收益明显。有些家庭虽能供养小孩接受更高等级的教育，但小孩被同龄人的城市见闻所吸引，主动放弃学业外出打工。这些新生代农民常年在外地打工，在城市恋爱结婚，已基本没有乡土情结。他们既不愿意从事艰苦繁琐的农业生产，又没有足够的资本在城市生活，成为游离在城市与乡村之间的特殊群体。

2 人口统计悖论——农村人口老龄化的得与失

2.1 总人口统计口径下的农村老龄化程度——农村家庭养老的表面优势

从总人口的老龄化统计口径来看，红星村60岁以上的老年人口所占比例为$P_{60}^+/P \times 100\%=10.3\%$，已初步进入老龄化阶段[①]。但在农村，超过60岁的老年人只要身体还能维持其正常劳作，他们大多是生命不息，劳动不止，真正被

---

① 国际上通常把60岁以上的人口占总人口比例达到10%，或65岁以上人口占总人口的比重达到7%作为某个国家或地区进入老龄化社会的标准。邬沧萍认为：经过综合因素分析，把我国老年人口的起点定在60岁更符合中国的实际情况。（《从人口学到老年学》P337）。

作为"老人"和"闲人"供养的时间极短[2]。老龄人口参与劳动自养在很大程度上减轻农村家庭养老的压力，缓解了农村人口老龄化问题。农村老年人大多年轻时生活穷苦，对生活质量要求较低，这种低要求生活标准使农村老年人的养老需求较低，"拌汤洋芋，只要能吃饱就行"。农村老年人积极乐观的生活态度和低标准的养老需求有助于提升老年人的生活满意度和生活幸福感。农村老年人通常尽自己能力所及帮助子女完成农业劳作和家务劳动，共同参与劳作中的互助行为可以增进代际关系，同时为老年人获得更多家庭养老提供保障。从供养者的角度来讲，农业生产劳作比较自由，生活节奏慢，闲暇时间多，子女有足够的时间和精力做好家庭养老工作，这也是农村家庭养老无可替代的优势。

综上，从总人口统计口径来看，红星村虽已进入人口老龄化阶段，但农村家庭养老以其独具的优势消减了人口老龄化带来的一些问题。因此，从表面上看，红星村人口老龄化带来的问题似乎并没有城市人口老龄化问题严重。

2.2 留守人口统计口径下的老龄化现状及养老问题概述

劳动力的大规模乡城迁移使留守老人的生活及疾病料理在客观上成为困扰农村家庭的一个突出问题。这种劳动力的大规模乡城迁移，动摇了家庭养老的基础，使农村养老体系面临严峻挑战。[3]

从留守人口这一统计口径计算出，红星村60岁以上老龄人口比例为 $P_{60}^+/(P-1/3P_{(15-59)}) \times 100\% = 13.6\%$，这一数值高于官方统计数据。从留守人口视角计算出的人口抚养比 $GDR = P_{(0-14)} + P_{60}^+/2/3P_{(15-59)} \times 100\% = 60\%$。即每100个劳动力需要供养60个0~14岁的儿童或60岁以上的老人，这一百个劳动力中有九成是妇女。这就意味着留守妇女既要从事繁重的农业生产，还要进行赡养和抚养工作，明显加重了妇女的劳动负担。有的家庭甚至年轻夫妇均外出打工，老年人和儿童被迫留守。对于后一种家庭的留守老人，农业生产、隔代照料的担子自然就落到了他们的肩上。子女的外出普遍造成家庭养老缺位，加重了留守老人的劳动和监护负担，还导致老人需要承受各种生活的压力和内心的孤独感，其中高龄、空巢和监护多个孙辈的老人处境更为艰难，同时留守老人的安全隐患也是农村养老的一大问题。

3 青壮年人口外流对红星村养老的影响分析

农村家庭要维持家庭劳动力的再生产，并且在消费主义压力下要保持体面的生活，就只能通过务工或务农作为兼业，来实现家庭收入的最大化。只有务工收入或务农收入，这个家庭将难以应对支出压力的增长，从而陷入贫困状态，只能维持温饱水平。而若有或是外出务工（以农业收入为主的情况下），或是在家务农（务工收入高于务农收入的情况下）的收入作为补充，则这个家庭不仅可以维持温饱，而且会有些闲钱，可以在农村生活得安逸——至少从经济上可以这样看[4]。农业生产较低的比较利益使得年轻一代对土地的重视程度逐渐下降，并且生产的社会化和市场经济的专业分工为年轻人提供了很多就业机会[5]，大批农村劳动力进入城市，寻找就业机会。从统计指标上看，我国在成为"中等收入国家"的同时，城镇化率也超过了50%；主要由劳动年龄段人口构成的"人口流动"在其中贡献了大约17%[6]，在他们身后的农村留下了一座座破败的老房和年迈的父母。青壮年人口外流和村庄留守人口老龄化对以红星村为代表的西北贫困地区人口输出地农村养老产生了重要的影响。

3.1 经济供养方面

在对红星村留守老人的调研中，八成的留守老人仍以土地自养为主要经济来源，部分老人还从事养殖等其他副业。随着年岁渐长当老人无力耕作需劳动量大的作物时，他们一般会选择种植劳动量相对较小但经济收入低的作物作为替代。如村庄留守老人LE1（男，73岁）因无力种植需劳力较多的中药材而养了5只羊，每年卖2~3只羊羔来获取养老资本。为节省开支，老人一般一日二餐，"早餐喝水吃馍，晚饭白水煮面"。儿子每年春节回来时给老人买一套新衣服，老人觉得很知足。大多留守老人则认为自己最大的经济收入是每个月60元的政府养老金，个别老人获得较高金额的退休金源于其乡村教师、事业单位工作人员等身份优势。在子女外出务工后，老人一般并未得到直接经济支持，但家庭条件得到明显改善，老人从中间接获得物质支持和礼物代偿。大多老人在子女外出后负责帮子女看管孙辈，子女通常会给予一定的经济支持，但大多用于孙辈抚养费用。因此，从红星村调研情况来看，子女外出并没有直接改善老年人的养老经济支持，而是通过礼物代偿或少量物质支持替代。因子女外出务工带来家庭经济条件的改变而间接提高了对老年人的经济支持和对抗潜在养老风险的能力。

3.2 劳动负担方面

在我国农村，社会保障体系尚不完善的前提下，土地对农村老年人来说是不可忽视的基本养老保障资源，只要还有劳动能力，老人都会尽可能坚持协助子女从事农业生产劳作。但村庄青壮年劳动人口的缺失使老年人"自愿"变成村庄"主要"劳动力，劳动负担明显加重。农村老年人的劳动负担主要有农业生产劳作负担和家务劳动负担，照料配偶养老负担以及隔代照顾负担。调研中本村留守老人 LE2（女，68 岁）正在田间挖土豆。老人大儿子、二儿子均已分家，自己在三儿子家中生活，三儿子外出务工，三儿媳在梅川镇镇政府做公务员，老伴三年前中风后一直卧床。LE2 每天早晨天不亮就爬起床打扫卫生，喂养牲畜家禽，然后上田间劳作，晚上回家后又开始做家务，一直到晚上睡觉前，空闲时帮老伴翻身、擦洗，根本没有休息时间。她认为平时儿媳做公务员比较忙，自己应该力所能及帮助儿媳照看小孩及料理家务。对于田间事务，老人颇多无奈，因为无力背负重物，她只能用小背篓运送土豆回家，每天"运一点是一点"。对于自己腰椎间盘突出和胃疼的疾病 LE2 则轻描淡写，认为自己老了，看病花钱不值得，能拖就拖。

子女外出后，很多留守老人在农业生产中都面临如人手不够、农业搬运困难及农业投入资金不足等困难，但老年人获得的帮助十分有限。不少老人选择雇工来减少劳力，但有部分劳动能力或经济条件较差的留守老人一般选择自己慢慢应付，处境十分艰难。留守老人的家务劳动主要为照顾自己及配偶的起居，若兼有隔代照顾，则加重老人家务劳动负担。一般情况下，子女外出务工加重了男性老人的农业劳作负担和女性老人的家务劳动负担。

3.3 生活照料方面

一般来说，农村老年人只要具有完全或部分生活自理能力，都会进行自我照料，减少对他人依赖。青壮年人口外流后老人的补充生活照料供给者转为未外出子女或其他亲属。然而，农村青壮年的大量外流使留守老人身边的家庭亲属网络资源严重收缩，且其他亲属缺少照料老人的主动性，造成生活照料缺失。目前关系较近的家庭网内成员对留守老人照顾体现为临时性生活照顾和生活帮扶，关系较远的其他亲戚多仅限于一般性的人情往来。邻居、同辈群体等也会为老年人提供照料，但这种照料只能是遇到突发事件的边缘照料，有明显的应急性和补充性特征。留守老人的邻居往往也是留守的老者和弱者，受劳动负担和孱弱体质的限制，能为老人提供支持的能力十分有限。子女外出后女性留守老人往往需要承担更多包括照料孙辈、配偶等在内的家庭照料负担。留守老人是照料的需求者，沉重的劳动负担必然会影响到其自我照料和照料配偶的时间和精力，进而影响到老年人的照料质量和生活质量。

同时，子女外出后留守老人的安全存在很大隐患，老人的财产和人身安全受到侵犯的可能性明显增加，出现意外伤害事故的可能性也明显增加。缺少子女代替，留守老人参与社会活动的频率变高，由于身边没有子女的协助和保护而更容易成为不法人员的作案目标。山区村庄居住分散，被偷是留守老人的最大安全隐患。同时，留守老人容易受到外界歧视，子女不在身边时出现意外伤害事故的可能性也明显增加。

3.4 医疗护理方面

在红星村调研中发现很多老人在不同程度上患有高血压、糖尿病、腰腿疼等各种慢性疾病，有近一半的人目前没有对此类疾病采取任何治疗措施。留守老人在子女外出期间出现突发疾病的情况时有发生，但由于往返成本过高，一般情况下子女不会回家照料老人，除非危及生命。如此一来子女外出务工必然会导致留守老人生病需要照料时子女缺位，从而出现生病时不能及时就医、生病期间无人看护的现象。红星村目前没有一家诊所，村里只有一名"赤脚医生"。村民看病只能去梅川镇区，山区的圈圈梁和甫头湾自然村相对偏远，老人看病路途遥远，山路崎岖，十分不便。对于居住比较分散的自然村，留守老人出现突发疾病时，因无人知晓而不能及时护送就医的情况时有发生，其中空巢、丧偶和高龄留守老人不能及时就医的情况更为普遍。留守老人 LE3（女，63 岁）说自己有次在去田间劳作的路上不小心从一个小田埂上摔了下来，脚踝脱臼了，疼得钻心，但当时四周没有一个人，自己只能忍痛单脚走到家里一个人进行简单处理后在家卧床了半个月，此期间没有一个人来她家看望或照料。很多老人虽能获得配偶、为外出子女等其他群体的照顾，但照料提供者往往由于劳动负担过重而没有精力或能力给予良好看护，导致病情加重等现象发生。

3.5 精神慰藉方面

传统的家庭互助式农业劳作方式有助于增进代际感情，给农村老年人提供更多精神慰藉，子女外出打工使这种关系链断裂，增加老年人孤寂感。由于家庭经济条件、劳动负担、健康状况、管教孙辈等诱因，留守老人的心理负荷和心理压力变较大；缺乏安全感也是留守老人重要的心理特征。随着空间距离的增大，电话成为代际交流的唯一工具。据调研，红星村的老年人一般半个月到一个月与外出子女通一次电话，通话一般都是子女单方打过来。为了节省电话费，除非重大事件，老人一般很少主动打电话联系子女。老人和子女电话通话内容除了彼此寒暄外就是汇报孙辈的成长情况和学习情况。一般情况下留守老人不会向子女诉说自己的心事和困难，子女也不会向父母诉说自己在外遇到的困难。如果出现疾病，或孙子调皮等情况，除非有必要，老人一般因怕子女担心而选择自己承受这些压力。

身体情况的变化使留守老人产生自己没用了，活着没有意义之类的想法。从这一方面讲，留守老人的隔代照顾虽然加重了其劳动负担，但儿童的嬉笑打闹能为老人带来更多精神慰藉；另一方面，由于这些照顾被视为留守老人对子女的额外帮助而非分内职责，故而使他们在家庭中的地位和重要性得到提升，这不但换来子女更多的经济回馈，而且使老年父母感受到自己更有价值。因此，从一定程度上说隔代监护的老人生活满意度更高。

4 红星村劳动力外流原因及趋势分析

4.1 农村劳动力外流逻辑

农业生产与工业生产不同，它是一种自然再生产和经济再生产相互交织的再生产过程，具有很强的季节性。在农忙季节，往往需要投入大量的劳动力，包括妇女、儿童和老人都投入到农业劳动中去。在农田管理的农闲季节，所需农业劳动力就大量减少。农业劳动的这一特点决定了农业劳动的转化过程在时间上呈现出高度密集性，而农业劳动力的供给是常年性的。常年供给与季节性需求不一致造成季节性剩余。大量剩余劳动力长期滞留在农村，将会对农村的和谐稳定造成一定隐患，而且在耕地资源极度匮乏和农业基础薄弱的情况下将导致人均资源占有量过少，造成对农业过多的劳动力投入和过少的资本、技术等投入的低效率的资源配置格局，导致农业产出效率低，从而形成人均耕地矛盾突出、农业经济落后的不良循环。[7]

根据"推拉理论"，人口流动的影响因素可概括为与流出地有关的因素、与流入地有关的因素、中间障碍和个人因素四方面内容。与流出地有关的因素即"推力"，是指原居住地的消极因素，如就业机会缺乏、社会发展落后等；与流入地有关的因素即"拉力"，指流入地的积极因素，如丰富的就业机会，较高的经济社会水平等[7]。流动人口不断地在流出地与流入地以及不同的目标流入地之间进行比较，较高的预期收益成为人口流动的主要原因。随着制度和地区间流通成本约束性的弱化，与流入地有关的因素和个人因素对人口流动行为的发生具有关键作用，"拉力"往往决定了地区流入人口的数量和结构。以红星村为代表的西北贫困地区农村由于其地理因素限制，居民点布局一般较分散，远离城镇，交通不便，信息闭塞，农民除了从事农业生产外，可从事的副业很少。地理位置的限制导致农民从业范围狭窄，无从谈起职业选择。另一方面，随着城镇化的推进，城镇就业机会显著增加，除了传统吸纳农村剩余劳动力较多的建筑行业外，二、三产业如公司、企业、餐饮、商业、消费服务等等行业也会吸纳较多人口。城镇广泛的就业机会和村庄的低效生产形成鲜明的对比，给村庄劳动力外流创造必要条件。在这种逻辑下，村庄劳动力开始大量向城市流动，逐渐达到供需平衡状态之后村庄人口又开始逐渐回流。

4.2 红星村劳动力外流长期存在的必然性

农民外出务工引发了留守老人、留守儿童等一系列社会问题，给农村养老和农业生产带来了很大的挑战，即使这样，劳动力外出务工仍是在劳动力及家庭对流动所产生的成本和收益进行综合评价后做出的理性决策。

从供需关系来看，随着城市化的发展和人民生活水平的提高，城市产业对劳动力的需求还将进一步增长，将会吸纳更多的农业剩余劳动力，从而促进农村劳动力的就地转移。而对于农村来说，越来越低廉的比较利益使农民逐渐放弃对土地的过度依赖，转而投入到获取经济利益更高的行业中去。以红星村为代表的西北贫困地区农村，村庄资源有限，吸纳剩余劳动力就地就业的"拉力"不足，很难在短期内提供充足的就业岗位；对于这些环境敏感的西部山区，如果不顾客观条件强力推行工业化，不但会效益低下，还会导致生态危机。在此种情境下，劳动力输出仍是最可行的发展选择。多年实践证明，尽管打工经济不直接贡献于劳务输出地的指标，但却是很多地区脱贫致富以及促进本地城镇化的有效途径[8]。

5 对策及建议

我国传统的农村社会以自给自足的小农经济为基础，处于一个相对封闭的状态，人们除了农业生产以外很少有其他谋生的手段。老年人控制着以土地为主的家庭资源，青年一代需要从上代继承土地和农业生产等相关经验与技术。此时上代有支配下代的权利，下代则有赡养和服从的义务[9]。对于传统乡村的年轻人，只要从父辈手中习得必要的农业生产技能，遵从祖训和祖上教条，就完全可以适应社会，在稳定封闭的社会状态下，逐渐形成了安土重迁的思想观念。此时，亲子关系是家庭关系的主轴，与之相对应的是"家庭结构和模式上的大家庭和时代同堂"[10]。加之我国历史上推行的以"孝"文化为代表的规范和礼仪制度，保障了中国农村传统家庭养老的有效运行。

随着现代化和社会化大生产的发展，传统的农业文明日益衰落。农业生产较低的比较利益使得年轻一代对土地的重视程度逐渐下降，并且生产的社会化和市场经济的专业分工为年轻人提供了很多就业机会[5]，快速城镇化和工业化吸引大量农村青壮年劳动力向城市转移。在我国的社会转型中农村的家庭结构逐渐由主干家庭、联合家庭转向核心化、小型化，青壮年劳动力外流使老人与子女同住的家庭结构逐渐解体，加速了空巢家庭、隔代家庭和独居家庭的大量涌现，家庭的养老功能也逐渐削弱。

以红星村为代表的西北贫困地区农村由于其生态环境敏感、土地供养能力不足所致的经济落后性，大量青壮年人口被迫外出务工，以支付子女教育费用、家庭成员就医费用及家庭日常开支，但却引发了留守老人、留守儿童等一系列社会问题，给农村养老和农业生产带来了很大的挑战。下面基于红星村留守人口老龄化问题提出相关对策和建议：

5.1 促进人口就地城镇化，缓解留守人口老龄化问题

大多在城市务工的中年农民都处于矛盾的状态，一方面，他们希望延长在外打工时间以为家庭提供更多经济支撑；另一方面，他们又对留守农村的年迈父母和有幼子的教育表示担忧。如果在村庄周边或本县有足够的就业机会使他们在务工的同时可以照顾到家人，则打工者更愿意回到家乡边打工边务农。但是在城市中生活、工作的农民工在城市中却没有摆脱脱离土地的不稳定状态，他们做着城市最苦最累的工作，住着七八人一间的工棚，受到城市社会的歧视和排斥，没有最基本的社会保障，这些农民工普遍认为大城市没有归属感。很多中年农民工表示很担心父母的健康问题和子女的教育问题，如果有机会在村庄周边集镇或县城就业获取额外收入则更自己愿意留在家中以方便照料家人，享受家庭生活的温暖。

岷县自古有"千年药乡"的美誉，县域遍植当归、党参、黄芪等中药材，但由于缺少中药材加工机器，很多药材或被直接收购或经过简单的初加工后被收购，造成很大资源浪费。在调研中团队发现，党参、黄芪等中药材经过初加工后每亩至少多盈利1000元，经过精深加工的成品利润翻成十倍。如在岷县县域范围内发展中药材精深加工产业园，对年轻人进行技术培训并吸纳其就地就业可对当地经济增长和社会稳定起到重要作用。中药材加工中洗涤、切片等初加工程序简单，无需耗费大量劳力（这种初级加工甚至可以以家庭为单位完成）且与原材料输出相比，又能得到很好的收益。在红星村庄内部可发展一些小型作坊，鼓励有一定劳动能力的老人从事药材初级加工，除获得一定的收入外，也有助于老年人实现自我价值，增强他们的生活自信心；还可通过与家人互动或集体劳作消除老年人孤独感，增加天伦之乐。

5.2 积极促进村庄留守老年人自我养老

岷县县域生态环境脆弱，如在短期内大量发展工业，会对县域环境造成极大的破坏，因此我们必须正视这些地区农民外出务工将长期存在的事实。在留守人口老龄化的前提下通过乡村规划提供满足农村老年人养老需求的空间和设施，将老年人看作社会行动者而非弱势群体，积极保障老年人自我养老有序展开。

5.2.1 完善公共服务设施，做到老有所医、老有所养

目前，西北贫困地区农村老年人中普遍存在着小病忽视、大病拖延的现象，导致这一现象的主要原因有：一方面，窘迫的经济条件使他们无力支付昂贵的医药费；另一方面，农村现有医疗设施极不完善导致医疗服务不健全。红星

村现状无一处医疗机构，给老年人看病就诊带来极大不便，鉴于此，建议在山上圈圈梁和甫头湾各设医疗门诊一处，集中居民点处根据服务半径配置三处医疗门诊，并配置医疗急救呼救系统服务，与梅川镇镇区建立良好的医疗呼救网络，提供上门医疗服务。

由于计划生育的有效实施，红星村新生儿数量呈逐年递减趋势，加之年轻父母对教育质量很重视，儿童一般被送往教学质量较好的梅川镇镇区就读。小学和幼儿园空置现象也逐年突出，规划中将这些空置的小学和幼儿园改造为老年人活动室，丰富老年人的精神文化生活。通过对废弃设施合理改造与功能置换，适应村庄老龄化的发展趋势，使老年人安享天伦。

对于村庄五保户老人，规划结合村庄公共活动中心为其建立五保户之家，利用公共空间的活力，为老年人生活增添光彩，同时方便老人日常活动与生活（图2）。

5.2.2 利用公共空间改造，增进村民交流行为

对于农村人，门前的一颗大石头、一棵小树下都会成为他们集会的重要场所。随着越来越多农村年轻人进入城市打工，赚钱在村里盖起了模仿城里人的现代化小洋楼，原本亲密的乡村邻里关系被现代化的装修所阻隔。作为村庄规划者，需要考虑到村民的交往需求与内心顾虑，将这些有趣的半开敞交往空间保留并使其得以延续和发扬，在街头巷尾为老人们创造半私密的、半开敞的和开敞的公共空间，使村庄家长里短的亲情得以延续。

乡村公共空间既是乡村社会日常生活交往的重要载体，又是触发乡村社会日常生活交往的重要媒介。麻利庙、娘娘庙、大爷庙等寺庙空间构成了红星村重要的村落公共空间，村庄现状的酸梨古树也是人们日常闲谈的公共空间之一（图3）。利用这些村庄公共空间组织老年人日常活动场地，方便老年人交流活动，同时在老年人活动区周围设置儿童活动区，方便老人在聊天的同时照看到在一旁玩耍的小孩。

5.2.3 留住村落传统记忆，增加养老关怀

村民通过公共交往互动不仅完成了个人的社会化，而且形成特定空间体验，并内化为"集体记忆"。这种"记忆"代表乡村共同体的社会文化乃至心理边界，强化共同体成员的归属感。在村庄规划中，我们应敏锐地发现这些"记忆"，尊重并保护它们，使传统文化得以延续，留住村庄的"根"，通过物质空间的激活和非物质空间的保留，留住老年人记忆之魂，增强老年人的归属感。

红星村村民世代酷爱"花儿"，他们也以"花儿"的形式传唱了很多村庄记忆，村民们每年都会自发组织"花儿会"的表演活动。在规划中，利用村庄公共空间建设演唱花儿的舞台，并利用各个散落的公共空间为村民提供随时交流爱好的平台。其次，红星村村民讲究风水，入户大门都与院落呈一定角度朝向主山山头。当地人认为在大门门脊上设怪兽造型能辟邪，这些形成了一道亮丽的村落景观，再如房屋檩头等元素的设计都镌刻着时代的记忆，在规划中提取这些村庄传统元素，保留时代记忆，使规划后的村庄在更宜居的基础上留住自己的文化。

5.3 完善合作医疗体系，加强养老保障建设

现行的农村合作医疗体系虽对农民有一定惠及，也取得了一些成效，但大多规定的起付线补偿比和封顶线仍然是空巢老人难以逾越的医疗门槛。从乡镇医院到县级医院再到省级医院补偿比例递减制度使很多留守老人即使

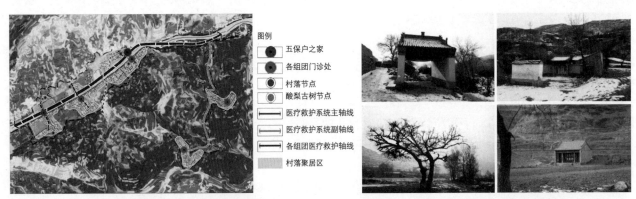

图2 红星村养老设施系统规划图   图3 红星村公共空间现状图

病痛很严重也选择在乡镇医院或县医院就诊而不愿去更好的医院。同时，我们也发现合作医疗普遍存在着医疗条件差药价高和医生缺乏责任等问题，因此应尽快完善农村合作医疗制度（如加大财政资金的医疗投入改善农村医疗的硬件设施）。同时，完善定点医院资格确认机制，引入竞争对手提高医护人员的素质，控制药价增长为留守老人提供方便。

最低生活保障制度是人们生活的最后一道防线，尤其是对经济拮据的农村留守老人，低保将从很大程度上改善其生活条件。建立完善的低保管理制度，强化低保的监督机制可以通过召开村民大会通过村民选举确定获得低保的人员名单并在全村进行公示减少村干部的干预。县级领导也应通过走访了解低保政策的实施效果，保证低保资金的足额发放。此外还应出台农村低保实施细则规范部门行为，以保证农村低保的规范化和法制化[11]，保障留守老人安度晚年。

5.4 鼓励社会互助帮扶，增强农村老人养老自信

子女不在身边给留守老人造成很多养老困难，很多老人由于生活压力或病痛折磨产生消极、自卑的心理，甚至有可能危及生命。对此，应鼓励农村村民建立互助帮扶制度，发动农村邻里之间相互照顾。社会要大力发扬传统"老吾老，以及人之老"的社会优良传统，促进留守人口帮扶养老。中国农村社会是"熟人社会"，人们非亲即故，守望互助，加强邻里之间的交流，可使大家更好地了解老人的情况，并通过交流缓解老人的孤独和精神失落感[12]。干部应起好带头作用，常到留守老人家中询问困难并给予一定帮助，弥补村委会在养老中的缺位失职。同时应组织趣味活动，培养老人兴趣爱好，通过一些积极向上的文化活动如在农闲时举办"花儿"赛、秧歌队、象棋比赛等号召老人参加，这样既可使老人锻炼身体又可使其感觉到集体的温暖同时通过这样的活动可以培养老人的兴趣爱好使其精神有所寄托缓解其精神空虚的现象[13]。

5.5 结论

自然资源匮乏、经济落后、青壮年人口外流是红星村传统家庭养老所面临的最显著的问题。本文基于红星村劳动力外流对留守人口老龄化这一问题及留守人口老龄化给村庄养老带来的影响做了阐述。进而分析了红星村劳动力外流的原因及其必然性。针对这一问题，采取源头治理、过程疏解、结果引导的方法予以解决或缓解。本研究中对经济落后、自然资源匮乏等其他因素农村养老问题的影响机制未作较深入研究，在针对西北贫困地区农村养老问题中经济因素和自然因素是不可或缺的重要影响因子，很值得进行深入研究。

对红星村村民及村委会相关干部在被研究调研过程中给予的配合致以最诚挚的谢意！

主要参考文献

[1] 杜鹏，丁志宠，等．农村子女外出务工对留守老人的影响 [J].人口研究，2004（6）.

[2] 钟水映．土地保障功能对农村养老保障体系的建设 [C].人口与可持续发展战略国际研讨会论文．上海，2004（10）.

[3] 贺聪志，叶敬忠．农村留守老人研究综述 [J].中国农业大学学报（社会科学版），2009（2）.

[4] 贺雪峰．乡村社会关键词 [M].济南：山东人民出版社，2010.

[5] 郭昕．城市化给农村养老带来的新问题 [J].太原师范学院学报，2006（02）.

[6] 郝晋伟，赵民．"中等收入陷阱"之"惑"与城镇化战略新思维．[J].城市规划学刊，2013（5）.

[7] 张安良．山东省农村劳动力转移研究 [D].北京林业大学．2012.

[8] 叶敬忠，贺聪志．静默夕阳——中国农村留守老人 [M].北京：北京大学出版社，2010.

[9] 赵明，陈晨，郁海文．"人口流动"视角的城镇化及其政策议题 [J].城市规划学刊，2013（02）.

[10] 贺雪峰．新乡土中国 [M].北京：北京大学出版社，2013.

[11] 贺勇，孙佩文，柴丹跃．基于"产、村、景"一体化的乡村规划实践 [J].城市规划，2012（10）.

[12] 陈功．我国的养老方式研究 [M] 北京：北京大学出版社，2006.

[13] 姚引妹．经济较发达地区农村空巢老人的养老问题 以浙江农村为例 [J].人口研究，2006（6）.

[14] 广东农村编辑委员会 . 2010 广东农村统计年鉴 [M]. 北京：中国统计出版社，2011.

[15] 刘美萍 . 社区养老农村空巢老人养老的主导模式 [J]. 行政与法，2010（1）：49-53.

Study of Left-behind Population Ageing and Planning Strategy Exploration in HongXing Village

Lu Lu   Duan Degang

Abstract： With the rapid advance of urbanization, the relatively lower comparative interests of agricultural production makes large quantity of young adults from poor northwest countryside represented by HongXing Village flows into the city, this makes village endowment problem seriously. However, in statistical caliber of population aging degree can intuitively reflect the problem . In this paper, based on this phenomenon, put forward the concept of left-behind population aging and the outflow of young labor village pension problem is expounded and the analysis of the effects. Through the analysis, to a certain extent, Young adults population outflow increased the left-behind elderly pension financial support, but to accompany various negative effects on labor burden, life care, medical care, mental comfort. The fragile natural conditions decide HongXing Village migrant population phenomenon will exist for a long time. Poverty makes where there is life, there is labor in the region, for the elderly real referred as "old man" feeding time is very short. Based on the analysis on the village planning strategy research, activate lost the basic layout space, keep the traditional memory strategy, and on the basis of the village industries, public facilities, public space, traditional memory extending, medical system, the respect such as old-age security strategies are put forward.

Keywords： rural ; rural-to-urban migration ; left-behind population ageing ; pension problems ; HongXing Village in Minxian Meichuan Town ; Strategy research.

基于旅游地生命周期的乡村产业提升与空间规划策略研究*

沈昊　王竹　贺勇

摘　要： 以具有旅游产业开发诉求的乡村地区为研究对象，以旅游地生命周期理论为指导，探讨了乡村旅游地的产业升级策略与空间规划设计方法。并分别以处于不同旅游产业发展阶段的两个乡村规划设计方案为案例，详细阐述了不同发展层次的乡村旅游地所面临的不同挑战与问题以及与之相对应的应对策略。文章一方面为现阶段乡村规划建设过程中大量涌现的旅游产业开发诉求寻求到有效的理论指导工具，另一方面也充实完善了旅游地生命周期理论的研究，指出研究误区，厘清相关概念。

关键词： 旅游地；乡村；产业升级；生命周期；有机更新

1　现阶段乡村的产业提升诉求

中国经历了 30 多年的快速城镇化进程，到了今天，绝大多数的中国城市都实现了经济层面的快速发展，而广大的中国乡村地区一直以来扮演的都是人力资源与资本输出地的角色，再加上体制层面的城乡二元化格局，从而导致了不断扩大的城乡发展差距。以长江三角洲地区为代表的中国相对富裕地区的乡村凭借其区位优势，大多尝试过依托工业产业的发展来摆脱经济衰败的局面，但是落后的发展观念又让这些地区付出了惨重的环境代价，直到绿水青山不再，我们才意识到我们似乎又走了一段弯路。终于，在"美丽中国"行动的号召下，我们逐渐意识到美好的生态环境本身可以成为生产力，绿水青山原来就是金山银山。于是，许多依然保有完好生态环境的乡村开始了集体转身，意图将乡村发展的希望寄托在以休闲旅游为代表的第三产业之中。笔者所在乡村人居环境营建课题组近期接触的乡村规划设计项目对象，绝大多数都希望通过发展乡村休闲旅游产业，振兴乡村经济。那么在这样一种普遍存在着焦虑与发展冲动的境况之下，作为规划设计团队，如何识别不同村庄的发展潜质与所处发展阶段？如何避免同质化发展带来的恶性竞争？又如何让乡村旅游的发展惠及真正的乡村主体：村民？这是笔者希望借助相关理论研究成果来探讨的问题。

2　乡村旅游与旅游地生命周期理论初探

旅游地生命周期理论是描述旅游地演进过程，并据此预测与指导旅游地未来发展的一种理论（life cycle of a tourism area），旅游地生命周期理论的研究起始于 20 世纪 70 年代，加拿大学者 Butler 根据经济领域的产品周期理论，于 1980 年提出了经典的旅游地演化六阶段生命周期模型[1]，即：探索阶段、参与阶段、发展阶段、巩固阶段、停滞阶段、衰退或复苏阶段。并且引入使用广泛的"S"形曲线来加以表述（图 1）。

旅游地生命周期理论提出以来，很多乡村旅游方面的学者进行了实证研究，证明这一理论能够较好地反映乡村旅游地生命的演化过程，判定乡村旅游地所处发展阶段，并指导其未来发展。在国内，旅游地生命周期理论同样引起了有关领域学者的广泛关注，并且被运用于指导乡村旅游产品升级研究，取得了一定成果。但国内学者对于该理论的实践应用研究仅仅是停留在经济学层面上的旅游产品开发研究，甚至将乡村提供乡村旅游产品类同于工厂生产工业产品，继而得出结论：乡村旅游地走向衰落的实质是旅游产品不为市场接受[2]。这样的理解未免偏狭了。诚然

---

* 基金项目：国家科技支撑计划项目：村镇服务业产业升级关键技术研究（项目编号：2014BAL07B00）。

沈昊：浙江大学建筑工程学院博士研究生
王竹：浙江大学建筑工程学院教授
贺勇：浙江大学建筑工程学院教授

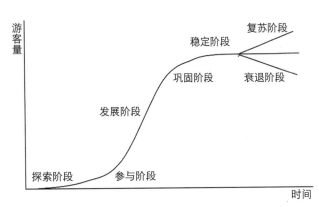

图1 旅游地生命演化阶段（据Butler，R W）

乡村旅游是凭借乡村社区天然具有的"乡村性"与城市环境的极大差异而对城市游客产生吸引力的，但是乡村不能是"乡村性"的生产车间。诚然乡村旅游产品走向衰落会让乡村面貌呈现一定程度的衰败，但在乡村产业结构日趋复杂的今天，经营旅游项目的乡村地区走向凋敝也不会是旅游产品过时这一单方面原因造成的结果。反观旅游地生命周期理论，Butler 在 1980 年发表的文章中，研究对象是包含一定地域内以旅游要素为显性特征的人文、自然综合体[3]，是仅以旅游为生产经营手段的一个人居环境整体。

因此，试图运用旅游地生命周期理论指导那些具备旅游开发条件的乡村发展，进而指导乡村规划设计，就必须站在乡村人居环境营建的层面上来理解乡村、旅游地以及旅游产品之间的关系。本文试图通过呈现旅游地生命周期理论指导下的两个具有典型性的旅游地乡村规划设计实践，来阐述具备旅游开发诉求的乡村规划设计与发展策略，同时完善旅游地生命周期理论的实践指导研究。

3 基于旅游地生命周期理论的乡村规划设计实践

3.1 资源重组，空间重构，实现乡村旅游地的再生①

浙江省安吉县鄣吴镇景坞村位于浙江西部，毗邻浙江省著名书画篆刻大师吴昌硕的故里—鄣吴镇鄣吴村。景坞村自然环境优美，山水缠绕，竹海环抱。其下辖的里庚自然村更是因其独特的植被组成，获得了"入夏无蚊"的美称，是夏季避暑休闲度假的绝佳去处。而景坞村作为热门电影《卧虎藏龙》中竹海的取景地也的确凭借其自然资源优势，与电影影响力经营起了红火的乡村休闲度假旅游生意。但是，随着经典电影的远去，以及周边"昌硕故里"景区的逐渐萧条，景坞村的旅客接待量也不断下滑。资金的撤离也造成了乡村景观面貌的衰败，再加上后来居上的浙江省德清县，凭借同样优质的自然资源与距大城市更近的区位优势，进一步分流了景坞村客源。然而，引起旅游地衰退与复苏的真正动力是市场需求，外部竞争因素和内部经营管理不善造成的村容恶化都只是造成了旅游地衰退的假象[4]。据此，规划设计团队判定景坞村处在旅游地生命周期六阶段中的停滞阶段，虽有衰败迹象，但位处乡村休闲度假旅游需求旺盛的浙北地区，再加上"无蚊村"的品牌在老游客当中依然存有的影响力，故只需采取适当措施，便可以实现复苏。

旅游地生命周期理论从诞生之初就不仅仅是试图描述旅游地发展演变规律，还聚焦于旅游地的衰落与复苏问题。Agarwal 对海滨旅游地重组的研究认为，通过产品转换、产品重组、人力重组及空间重定位四个方面的重组措施，可以实现旅游地的复兴[5]。与规划设计团队接手景坞村改造项目之时，景坞村迎来了最佳的重组升级机遇：其被指定为浙江省农房改造示范村，并获得了一笔专项资金。因此，项目团队归纳景坞村的重组升级措施为：资金重组，人力资源重组，人居品质升级和空间结构升级。

第一轮乡村旅游发展中，仅有个体资本经营的民宿项目，其特点为各自为战，随机性大，且一旦乡村发展遇阻便集体撤出，不利于乡村可持续发展。因此团队与村领导达成共识，首先对原本单一的经营资金结构做出调整。对于仅剩一家的个体经营户：村口望竹楼客栈，采取保护与帮扶措施。简单改造提升客栈建筑主体外立面与周边环境，使其成为一处重要节点空间。接着，动用上轮发展中已有所积累的村集体资产，回购经营失败并撤出的无蚊山庄客栈。经空间改造与包装，加入一定的时尚视觉元素，重新开始经营（图2~图4）。与此同时，腾出早已因小学撤并而空置不用的校舍，引入浙江大学低碳乡村人居环境科研团队与科研资金，将校舍打造成一处低碳乡村营建技术的实验中心，实现了废弃资源的价值再生（图5~图7）。第四部分资金是农房改造示范村建设专项资金。既是专项资金，自然就用在乡村整体人居环境的提升方面。

---

① 此规划设计案例设计单位为浙江大学建筑工程学院乡村人居环境研究所。项目负责人：王竹、贺勇。项目组成员：沈昊、项越、王静、陈晨、严嘉伟、秦玲。由鄣吴镇景坞村政府组织实施。

图2　无蚊山庄改造前

图3　无蚊山庄改造方案

图4　无蚊山庄实施效果

图5　小学校舍改造前

图6　小学校舍改造方案

图7　小学校舍实施效果

　　乡村人居环境提升分两个层面，分别是乡村景观与公共空间的提升和农房质量提升。景观公共空间方面：团队首先发现了一处极具景观潜质的河流汇流点，虽是河水干枯河床裸露，只需在河床适当位置筑起滚水坝提升水位，配合岸边的滨水景观小品建设以及小学校舍及农房改造。就成功打造出了"月亮湾"核心景观空间（图8~图10）。

图8　月亮湾改造前

图9　月亮湾改造方案

图10　月亮湾实施效果

　　接着，依据里庚村顺溪谷带状布局的特点，沿着溪流建造一条二级滨水步栈道，融入休闲度假时尚元素，连通村口节点公共空间与"月亮湾"核心景观空间，架构起全新村域空间结构的同时，也整体提升了乡村景观空间品质（图11、图12）。最后，制定详细的山林水体控制导则与视线控制细则，用来指导并控制乡村未来景观环境建设。

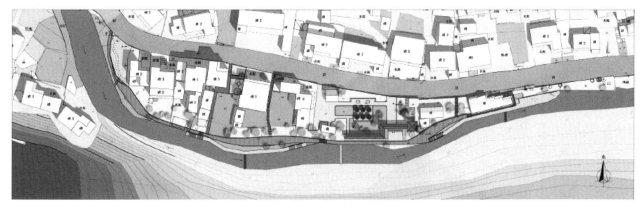
图11　滨水步道总平面

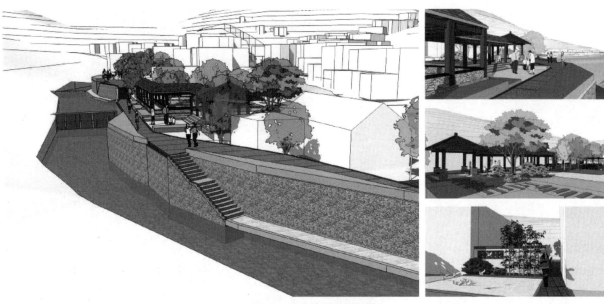

图 12　滨水步道透视效果

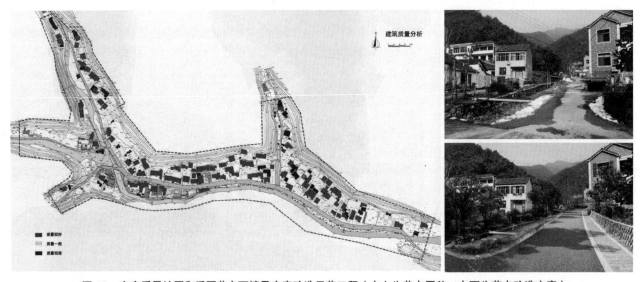

图 13　农房质量地图和重要节点环境及农房改造示范工程（右上为节点原貌，右下为节点改造方案）

农房质量提升方面：首先，逐户调查农房质量，分成三个级别，绘制村域农房质量地图。结合户主意愿，做出农房改造设计方案，质量为差的，原则上拆除重建。质量为好的，简单改造周边环境。质量为中的，则选取较有代表性的农房做房屋改造方案，以期成为示范性农房，以点带面，形成广泛影响（图13）。最后，设置一套具有选择灵活性的农房改造细部菜单，用以指导未来乡村建设，并保持乡村整体风貌稳定不变。这样一方面避免了乡村建设惯常采用的大拆大建式的类城镇化新村模式，实现了乡土有机更新。另一方面，尊重村民意愿，减小工作难度，让村民充分参与到乡村的营建活动中。

乡村建设一旦成功引入了多样化的外来资本，自然就获得了多样化的人才构成与智力支持，人力资源重组便也水到渠成。同样的，实现了乡村人居环境提升的各个方面，就自然获得了一个崭新的乡村整体空间格局，实现了空间层面的重组（图14、图15）。因此，四项重组措施更应该理解为旅游地生命周期理论指导下，旨在乡村旅游地实现整体复苏的四个要件，其相互之间并不存在一定的先后顺序，只是互为因果，互有关联。而基于此形成的乡村规划设计方案，虽没有经历一般规划项目自上而下，由总到分的各个规划环节。但是却能够通过自下而上的方式，构建出一个符合现阶段乡村发展规律，帮助乡村旅游地实现人居与产业全面复苏的规划指导方案。

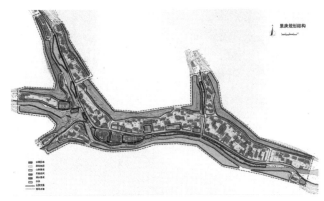

图 14 里庚村空间结构图

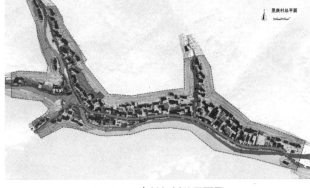

图 15 里庚村规划总平面图

3.2 长远谋划，稳步推进，助力乡村旅游地可持续发展①

前述利用各种要素重组实现旅游地复兴是在旅游地行将进入衰落期的时候，不得已而为之的，是一种比较被动地作为。近年，旅游地生命周期理论研究新成果则更多聚焦于处于生命周期中前期的旅游地如何延长产业生命周期。杨振之立足于 Butler 经典生命周期曲线模型对多个旅游地进行比较研究后认为旅游地的生命周期是可以人为控制的，只要旅游地能够具备科学管理，并拥有足够的旅游资源容量，则旅游地处在生命周期各阶段的时间将比自然发展状态下的要长，从而对应的生命周期"S"形曲线将整体拉长[6]。而唐代剑则突破了用传统单一的"S"形曲线描述旅游地生命周期的限制，提出在旅游地发展过程中的适当时机采取一定刺激手段，可以促使旅游地的发展跃入一条全新形态的曲线中，称为第二曲线。同时描述了旅游地跃入第二曲线的时机及形态[7]。这些理论的提出，对于指导处于探索、参与阶段的乡村旅游地规划设计与可持续发展具有极大的借鉴意义。

德清县洛舍镇位于杭嘉湖平原中部，德清县北部。张陆湾村位于洛舍镇北部，由张家湾村与陆家湾村两个聚落组团组成，紧邻洛舍漾的大片水面，村内水漾交织，是典型的江南鱼米之乡（图 16）。张陆湾村第一、第二产业发达，乡村旅游业起步较晚，虽然一直没能形成成规模的旅游开发，但旅游资源确实丰富，张家湾村富有水乡风貌，陆家湾村则留存有大量较完整的 20 世纪 70 年代"农业学大寨"时期高密度排屋式农房与街巷，特征鲜明，具有改造潜力。近期又迎来了新的旅游开发契机：村东面紧邻洛舍漾处将建造一栋旅游渡假酒店，将带来大量客源。于是，乡镇领导希望将张陆湾村近期获得的浙江省乡村"和美家园"建设资金同时用作张陆湾村旅游产业开发的启动资金。

规划设计团队判定，张陆湾村处在旅游地生命周期六阶段中的前期探索阶段，并正在向参与阶段过渡。此时对未来乡村的游客接待量及开发程度尚不确定，度假酒店开发带来的利好也尚不明朗，此时切忌大规模的旅游开发。而且，乡村旅游产业发展首先应是服务于乡村建设的。因此，延长乡村旅游地生命周期从本质上来说就是延长旅游产业对乡村经济的有效贡献期。Tooman 等的研究发现，在旅游地生命周期中的参与阶段，当地社区居民能够较广泛地介入旅游开发经营之中，旅游收益大部分由社区居民获得；而到了发展阶段，旅游收益的大部分被外来资本拿走。突然到来的发展阶段导致当地基础设施不能满足需求，外来供给出现；一旦建立了这样一种系统，当地居民就很难进入到旅游市场了[8]。而笔者以为，一旦失去了乡村主体的参与，乡村旅游景观将会很快变质为一种资本社会的商业"奇观"（spectacle）[9]。因此，张陆湾村规划设计的当务之急应是立足于其所处发展阶段，扎实做好基础性的乡村人居环境建设工作，为即将到来的村民参与阶段提供设施便利与空间余量，尽可能延长参与阶段的时间跨度。同时，积极营造乡村空间特色，争取形成旅游品牌。

落实到方案层面，首先"水漾围院，悠然人居"是本次规划设计的口号，亦是需要实现的建设目标。据此，团队确立了"一带、两片、双核、多节点"的整体空间规划结构（图 17）。"一带"是村中心公路，它既是产业活力，景观风貌的发展主轴，亦是本次工程的核心主轴。"两片"即张家湾村和陆家湾村两个人居片区。"双核"分别为张家湾村中心绿地构成的生态核与陆家湾村"农业学大寨"排屋与街巷构成的文化核，这两处核心空间将是近期建设

① 此规划设计案例设计单位为浙江大学建筑工程学院乡村人居环境研究所。项目负责人：王竹。项目组成员：沈昊、项越、王静、陈晨、严嘉伟。由洛舍镇张陆湾村政府组织实施。

图 16　现状肌理图

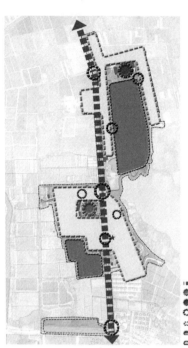

图 17　整体规划结构图

图 18　农房质量地图

与旅游开发过程中率先发展的起始点。"多节点"则是在一带与双核辐影影响下，逐步投入建设的重要公共空间节点。接着，调研村域内农房质量与村民改善居住状况诉求，绘制农房质量地图（图18）。以总体空间结构为指导，具体农户意愿及房屋质量为参考，细致调整每一部分乡村用地，绘制出详细的乡村空间规划结构图（图19）。以及各个子系统的规划说明。

　　其间，针对张陆湾村乡村旅游产业刚起步，尚处于探索阶段的特点，规划设计团队制定了较长远的乡村建设目标，通过分期规划的方式，指导乡村视其产业发展状况与休闲度假设施需求量变化来分步实施（图20）。从内容上来看，近期以建筑空间改造与环境品质提升这样既服务乡村人居又提升乡村品牌的建设项目为主，远期涵盖游船码头建设与水上游览项目开发等旅游接待项目建设。从空间上来看，"双核"空间率先发力，借助其富有特色的建筑与街巷空间，将其打造成各自片区内旅游服务资源丰富且文化设施齐全的社区活动中心并借此打响张陆湾村"怀旧主题"休闲旅游品牌。再由核心逐渐影响周边，逐步扩容，将张陆湾村所处的河道纵横，水漾交错的水乡自然景观风貌整体打造为一个"慢生活"度假旅游景区。这样既避免了贪多求快地盲目开发，同时又为乡村旅游地产业发展提供了跃入全新的生命周期曲线的切入点，延长了旅游地实际生命周期。

　　同时，规划设计团队注意到，张家湾村与陆家湾村两片区内农房大多由20世纪70年代"农业学大寨"时期的排屋构成，设施已显陈旧，不能适应当代人居环境品质要求，但其空间格局富有特色，容易引起游客怀旧回忆与情感共鸣。因此决定对旧有片区内农房进行适当改造并保留，而在两片区之间和张家湾片区南侧新增了两片农居地块，新建农房（图21）。以农户自愿为原则，并以农户自宅自筹为主，政府少量补助的方式筹集资金。每一片区户满且资金到位便开工建设。这样一来，一方面保证了农户居住条件改善不受制约，另一方面缓解了旧片区内居住拥挤的状况，为将来的旅游开发腾出空间。而允许农户搬新宅的同时留有老宅做经营开发的规定则奠定了未来本土农户参与旅游产业开发的基本格局。

　　按照一般理解，规划与建筑设计是相分离的工作环节，但是乡村层面的规划设计应是规划与设计并重的，唯有一整套与整体空间格局规划同时形成，并且相配套的建筑与环境设计方案，才能将规划构想落实。尤其对于处于旅游产业发展初期的乡村，具体且视觉化的环境设计方案不但是营建良好人居环境的要件，更是构建乡村旅游品牌的重要措施。张陆湾村规划设计包含新建农居片区的环境空间与建筑设计以及旧有两个片区节点空间与建筑改造设计两部分详细方案设计。新建农居片区设计在追求高密度的前提下尽力避免现阶段小城镇建设中常见的兵营式单调布局，以前后错列的组团布局再现了乡村聚落中丰富而迷人的巷道空间。简洁实用的农居户型通过丰

图 19　详细空间结构图

图 20　分期建设构想图

图 21　规划总平面图

富多变的组合方式，实现了前院—天井院—后院的空间序列，体现了"回归院落生活"的乡村人居环境品质追求（图 22~图 25）。

　　旧有片区节点空间改造设计既有近期建设的"双核"排屋与街巷空间更新，也包含了诸多远期建设的，村域范围内有景观价值的节点公共空间改造。多通过丰富空间层次，处理空间界面，增设景观小品与绿化等手段实现空间价值的再生（图 26~图 33）。

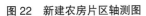

图 22　新建农房片区轴测图

图 23　新建农房片区入口空间节点

图 24　新建农房造型与空间

图 25　新建农房户型与户型组合示意

图26 "农业学大寨"排屋原貌（近期建设）

图27 "农业学大寨"排屋改造（近期建设）

图28 "烟囱"节点空间原貌（近期建设）

图29 "烟囱"节点空间改造（近期建设）

节点整治图

图30 水系网络与游船线路（远期建设）（左）

图31 游船码头设计（远期建设）（右）

图32 古桥节点空间原貌（远期建设）（左）

图33 古桥节点空间与水乡风貌改造（远期建设）（右）

4　总结与展望

　　旅游地生命周期理论是一套试图描述旅游地产业发展变化规律的理论，其在传统旅游风景区的规划设计中已得到大量实践验证与理论创新，然而乡村旅游地是比风景区复杂得多的自然—人文综合体。运用得当，便能促使乡村人居环境与产业发展双丰收。反之则易将研究对象简单化。笔者通过两个具有典型性的乡村规划实践案例，提出了一种旅游地生命周期理论指导下，直接从乡村旅游地所处发展阶段与所需发展要素出发，突破了传统规划方式与工作流程的乡村规划设计策略。期望能起到抛砖引玉的作用，一方面能够启发更多的新时期乡村规划与建设思路，另一方面能够拓展旅游地生命周期研究的新领域、新方法。

主要参考文献

[1]　Butler，R·W.The Concept of a Tourist Area Cycle of Evolution：Implications for Management of Resources[J]. Canadian Geographer，1980，24（1）：5-12.

[2]　陈昱卉. 基于旅游地生命周期第二曲线理论的乡村旅游产品升级研究 [D]. 浙江工商大学，2008：12.

[3]　祁洪玲，刘继生等. 旅游地生命周期理论争议再辨析—兼与张力生先生商榷. 地理与地理信息科学，2014，30（4）：78-84.

[4]　张朝枝. 旅游地衰退与复苏的驱动力分析—以几个典型旅游景区为例 [J]. 地理科学，2003，23（3）：372-378.

[5]　Agarwal S.Restructuring Seaside Tourism：The Resort Life-cycle[J].Annals of tourism Research，2002，29（1）：25-55.

[6]　杨振之. 试论延长旅游地生命周期的模式 [J]. 人文地理，2003，18（6）：45-48.

[7]　唐代剑. 旅游地复兴的第二曲线理论及其路径 [J]. 经济地理，2009，29（5）：840-845.

[8]　Tooman L A. Application of the Life Cycle Model In The Tourism[J].Annals of tourism Research，1997，24（1）：214-234.

[9]　居伊·德波（法）著. 景观社会. 王昭风译. 第一版. 南京：南京大学出版社，2006.

Study on Strategy of Rural Industry Improvement and Space Planning Design Based on Landscape Change Driving Force Research

Shen Hao　Wang Zhu　He Yong

Abstract：With the demands of tourism industry development in rural areas as the research object，guided by the tourism destination life cycle theory，this paper discusses the rural tourism industrial upgrading strategy and space planning and design method. And elaborated the different challenges and problems facing rural tourism destination of different development level in detail and the coping strategies，respectively by two rural tourism destination in different stage of development as a case. On one hand，article seeks to effective theoretical guidance tool for the rural planning and construction with tourism industry development demands，on the other hand also enrich the study on the tourism destination life cycle theory，points out that the pitfalls，clarify the related concepts.

Keywords：tourism destination；rural area；industrial upgrading；life cycle；smart growth

西北落后地区农村生活垃圾处理策略研究

刘门　段德罡

摘　要：随着我国农村经济的不断发展，农民生活水平的不断提高，越来越多的生活垃圾也随之产生。然而，农村尤其是西北落后地区的农村基础设施建设的严重滞后，使得农村生活垃圾处理问题变得愈加严重，已经成为制约该地区农村进行新农村、美丽乡村建设的一大瓶颈。本文在基于分析我国西北落后地区农村生活垃圾处理现状及存在问题的基础之上，研究国外发达国家农村在生活垃圾处理方面的先进经验，以期为我国西北落后地区农村的生活垃圾处理提供参考和借鉴，并因地制宜地提出适宜西北落后地区农村的生活垃圾处理策略及相关技术。

关键词：西北落后地区农村；垃圾处理；环卫设施建设；国外先进经验

引言

　　我国是一个农业人口大国，尽管我国的城镇化率已经超过了50%，但是，农村地区地域辽阔，人口数量庞大，我国要实现缩小与发达国家之间差距的目标，"三农"问题依然是国家建设的重中之重。最近几年随着政府不断推进新农村、美丽乡村建设，农村人居环境有了很大改善。然而，问题依然存在，农村尤其是西北落后地区的农村，严重滞后的基础设施建设制约着村庄进一步的健康发展，并且以农村生活垃圾处理及环卫设施建设问题显得尤为突出。本研究以西北落后地区农村生活垃圾处理为研究对象，在分析我国西北落后地区农村生活垃圾处理现状及存在问题的基础之上，研究国外发达国家农村在生活垃圾处理方面的先进经验，以期为我国西北落后地区农村的生活垃圾处理提供参考和借鉴，并因地制宜地提出适宜西北落后地区农村的生活垃圾处理策略及相关技术。

　　本研究中所提到的西北落后地区农村是指我国西北省份的农村所处的地区城镇化水平低、经济发展落后，尤指西北经济相对贫困地区的以传统种植业为主的农村。以下论文中所提到的农村皆指西北落后地区农村。

1　西北落后地区农村生活垃圾处理现状及存在问题

　　我国西北落后地区农村生活垃圾处理问题，一直以来都是一件令当地政府和村民头疼的事情。生活垃圾随意堆放在村头、村庄周边沟渠，一年中很少有时间去进行处理，即使处理只不过是村委会在逢年过节或者上级领导考察时，组织村民将村庄周边堆砌的生活垃圾用农用车运送到离村庄较远的僻壤地进行倾倒罢了，这似乎已经成为农村尤其是经济发展相对落后的西北地区的农村在处理生活垃圾时经常采用的办法。农村生活垃圾处理技术的欠缺及环卫基础设施的匮乏直接导致该地区农村面临着"垃圾包围村庄"的现实问题。然而，西北落后地区农村所在地域的气候条件，村庄经济的发展水平，村庄建设的分散布局特征，生活垃圾成分的自身特点，村民对待生活废弃物的传统观念及基础设施建设的影响因素都决定了其垃圾处理不可能采取同城市相同的集中处理措施，亦与经济发达的东部沿海地区农村在农村垃圾处理方面有所区别。

1.1　农村废弃物的成分及其特点

　　农村废弃物由于农村所具有的产业以农业种植和家畜养殖业为主，村民的生活消费水平及消费观念相对远低于城市居民或者经济发达地区的农村，因此，其构成与城市或者经济发达地区的农村存在极大差异。农村废弃物主要包括两种类型：一种是生产性垃圾；另一种是生活性垃圾。

刘门：西安建筑科技大学建筑学院硕士研究生
段德罡：西安建筑科技大学建筑学院副教授

（1）生产性垃圾成分及其特点

经济落后的西北地区的农村，受到产业类型的限制，生产性垃圾集中体现在种植业经过初级加工以后所剩余料以及和养殖业相关的生产垃圾，如家禽、牲口的粪便，清理圈舍的污水等。少量还包括村民在进行房屋建设过程中产生的建筑垃圾，如砖块、破瓦片等。一些经济落后的西北地区农村，虽然自身产业发展、经济建设相对滞后，然而其所处优美的自然生态环境和相对优越的交通区位条件，使得该地区农村成为附近城市居民节假日外出体验农村生活、亲近自然风光的去处，并且逐步发展了"农家乐"产业。伴随着外来旅游人数的增多，村庄生产类型的增加，同时造成了村庄生产垃圾的剧增，以食品包装中的塑料袋、塑料瓶为主，在农村地区造成严重的"白色污染"。农村"白色污染"的主要危害在于"视觉污染"和"潜在危害"。"视觉污染"是指在村庄周边、水体和道路旁散落的废、旧塑料包装物给人们的视觉带来的不良刺激，影响农村、风景点的整体美感，破坏村容村貌、景观，由此造成"视觉污染"。"潜在危害"是指废、旧塑料包装物进入环境后，由于其很难降解，造成长期的、深层次的生态环境问题。首先，废、旧塑料包装物混在土壤中，影响农作物吸收养分和水分，将导致农作物减产；第二，抛弃在陆地或水体中的废、旧塑料包装物，被动物当作食物吞入，导致动物死亡;第三，混入生活垃圾中的废、旧塑料包装物很难处理，填埋处理将会长期占用土地，混有塑料的生活垃圾不适用于堆肥处理，分拣出来的废塑料也因无法保证质量而很难回收利用。目前，人们反映最强烈的主要是"视觉污染"问题，而对于废、旧塑料包装物长期的、深层次的"潜在危害"，大多数人还缺乏认识。

（2）生活性垃圾成分及其特点

经济落后的西北地区的农村居民的生活、生产方式依然保留着传统农业的自然经济模式。因此，其生活垃圾数量小、种类少，在传统的垃圾处理技术之下能够很好地解决本村内部的垃圾问题。然而，随着农村经济的不断发展，村民生活水平的逐渐提高，消费观念的改变，使得农村生活垃圾向着种类多元化、数量逐渐增加发展，进而，原有的传统垃圾处理方式已经不能够完全满足现状的需求。

农村生活垃圾按照可资源化程度和能否回收利用的情况大致可以分为三种类型：一是厨卫垃圾（包括剩饭、剩菜、烂菜叶、菜根、水果残余、果皮、茶叶渣、泔水等）、植物、树叶和厕所中的粪尿等可以用来进行生物堆肥的垃圾；二是废纸、包装盒、旧报纸、旧书等纸类垃圾，烂铁锅、罐头瓶等金属垃圾，玻璃片、旧灯管灯泡、玻璃瓶等玻璃垃圾，这些是可回收、资源再利用的垃圾；三是一些不可回收、不能用来堆肥的垃圾，如废旧衣物、尼龙织物、农药瓶、废电池、皮革、塑料袋等。

值得注意的是，在农村居民的实际生活当中，村民都有着非常节俭的意识和习惯，凡是对村民自身来讲有用的废弃物，都会不自主地尽最大可能集中收集后或变卖或再利用。相对而言，有害垃圾和不可回收垃圾的产量在西北落后地区的农村中少之又少。然而，随着村民生活水平的不断改善，价值观念受到城市文化的冲击，这种传统的节约意识与习惯正在逐渐丧失。

1.2 农村生活垃圾处理刻不容缓

相比较城市而言，一直以来我国对农村生活垃圾的处理问题关注度很低，这主要是因为农村地区的生活垃圾在传统的生活条件下，能够很好地实现自我处理。然而，随着我国农村地区经济的发展，农民生活水平的改善，生活方式的改变，农村垃圾已由过去易腐烂的菜叶、瓜皮发展到塑料袋、废电池、农膜、植物等的混合体，各种难于分解的垃圾越来越多。特别是由于塑料的大量使用，丢弃现象越来越普遍，导致垃圾中不可降解物所占比例迅速增加，其中塑料制品就占到1/3，塑料袋飞到田里又烂不掉，很难处理。规模庞大的农村垃圾不仅占用大量土地，其中一些有毒、有害物质也极易破坏地表植被，影响农作物生长，造成土壤、河流环境污染，并成为农民健康的"隐形杀手"。随意焚烧垃圾使得空气污染严重；长期暴露的垃圾堆容易滋生蚊蝇等，成为各种疾病的传染源。[①] 传统分散式的就地接纳垃圾的处理方式已经不能够完全满足现在的发展需求。农村地区的生活垃圾处理困境显得越来越突出，由生活垃圾造成的污染已经严重影响着村民的生活和生产，制约着村庄的可持续与健康发展。

---

① 刘向南.农村生活垃圾处理要走生态化之路 [J].中国农村科技，2011（07）：40-43.

2 农村生活垃圾问题凸显的原因分析

造成农村地区生活垃圾处理问题严重局面的原因主要可以从以下四个方面进行分析：包括村民集体观念意识的淡漠、环卫基础设施建设的匮乏、基础设施建设投资渠道的欠缺以及垃圾处理技术支撑的薄弱。

2.1 观念意识淡漠

不可否认我国农村地区农民的意识形态正在由传统走向现代，正在由原来的"各人自扫门前雪，莫管他人瓦上霜"向"大家共建和谐村，社会公德靠你我"转变。但是，数千年来形成的小农意识依旧根深蒂固，对于村庄内公共空间、公共财产的主人翁责任感仍然不强。自然而然地导致了村民对生活垃圾倾倒的首选地为村庄内部的村集体所有的土地，如村庄周边的灌溉水渠、村庄外围的公共道路等。很容易形成"他倒，我也倒，反正不是我家地"的垃圾产生垃圾的"破窗效应"。

2.2 环卫设施匮乏

在我国长期以来城乡二元的经济结构下，实施农业产品与工业产品"剪刀差"的经济政策，使得农村基础设施的建设止步不前。尽管从城乡一体化发展理念的提出，工业反哺农业政策的出台，到新农村、美丽乡村建设步伐的不断推进，我国农村建设取得了举世瞩目的成绩。但是，相对于城市而言，农村基础设施的建设依然远远滞后于城市。在某些地区的农村，尤其是西北落后地区的农村，几乎看不到像样的基础设施建设情况。部分西北落后地区的农村村民吃水问题都迟迟得不到解决，更别提保障村容村貌和居住环境的环卫设施建设了。西北落后地区农村环卫设施建设的"零存在"现象是造成该地区农村生活垃圾处理问题急需解决的直接原因。

2.3 投资渠道欠缺

新中国成立之初至家庭联产承包责任制实施之前，农民一直是农村基础设施建设的投资、投劳主体。因为当时国家在优先发展工业和建设城市的模式下，形成了城乡二元结构的非均衡的基础设施供给制度，政府将用于基础设施建设的资金流向了城市，农村基础设施建设采取农民劳动力代替资本的方式。家庭联产承包责任制实施至税费改革这一阶段，尽管农村的基础设施建设由县乡两级政府和村委会负责，但是基于当时这两级政府有限的财政资金，农村基础设施建设的资金来源主要还是依赖农民依法缴纳的"村集体提留"和"乡统筹费"来获取。税费改革之后，国家财政通过转移支付来弥补乡镇政府的财政缺口，但是这一部分转移支付十分有限，因此造成农村基础设施建设资金的严重不足。由以上我国对农村基础设施建设的投入历程来看，长期以来对其漠视的态度，投资主体的单一以及资金的严重短缺是造成农村地区基础设施严重滞后从而影响农村人居环境的最根本原因。

2.4 技术支撑薄弱

我国无论是发达地区还是落后地区，无论是东部还是西部，无论是城市还是农村，其垃圾处理的水平一直都很低。随着垃圾污染问题的日益严重，政府关注度的增加，人们环保意识的提高，我国很多地区在垃圾处理的方式上已趋于规范化，从以前的"随意倾倒、露天堆放和填坑"等不负责任的方式正走向以"卫生填埋、焚烧、堆肥"为主的较为科学合理的方式。处理方式的转变在一定程度上缓解了垃圾污染，但是我国大部分地区的垃圾污染问题依然很严重，尤其是西北落后地区的农村，因其居民点大多分布零散且距离城镇较远，无法利用到城镇的环卫基础设施对村庄内的生活垃圾进行集中处理。加之随着村民物质生活和消费水平的提高，节约意识和节俭习惯的逐渐减弱，村民对待生活垃圾"物尽其用"的传统处理方式正在发生着转变，取而代之的是将生活垃圾粗分类，对可回收利用的废弃物大致保留后，再把其余部分混合在一起倾倒在村庄周边的沟渠或者道路两侧。村民这种对待生活垃圾相比城市落后，相对自身倒退的"无技术"处理方式，使得村庄面临着严重的垃圾污染问题，破坏村民的生活环境，不利于村庄的村容村貌建设。

3　国外农村生活垃圾处理先进经验

发达国家处理生活垃圾的历史久远，处理的方式和技术也在不断发展、变化，并已经形成较为成熟的模式。[①] 随着经济发展和人民生活水平的提高，我国农村生活垃圾处理问题日趋凸显，如何合理、有效地处理好农村生活垃圾关系到新农村的建设，而国外的垃圾处理技术值得我国借鉴。[②]

3.1　德国——避免产生垃圾

德国在欧盟诸多国家中针对生活垃圾的处理无论是从理念层面还是技术层面都位居前列，提出的处理生活垃圾的先进原则是："避免产生垃圾——回收再利用——末端处置"。基于这样的原则，德国对垃圾的处理首先是垃圾的减量化排放，其次是资源化利用，最后才实施末端处理。即针对生活垃圾中能够回收再利用的部分最大化地实现回收再利用，其次，对可资源化的生活垃圾再进行生物堆肥和焚烧技术处理，最后的末端处置措施是卫生填埋。并且在整个垃圾的处理过程中，形成了一套相当完善的垃圾回收系统。德国先进的垃圾处理体系从源头上减少了垃圾的产量，实现了资源的最大化利用，降低了整个垃圾处理过程的成本。

3.2　日本——严格垃圾分类

日本是一个资源极度短缺的国家，国民对资源的使用有着非常强烈的危机意识，当然，针对家庭生活垃圾的分类工作有着近乎苛刻的要求。为了实现生活垃圾的严格分类，日本政府采取了许多行之有效的措施。比如家家户户设置有用于进行生活垃圾分类收集的垃圾箱，并且每户都有一份严格的垃圾分类表，统一规定可燃垃圾、不可燃垃圾、玻璃、塑料、电池等十余种垃圾类型。其次对家庭倾倒生活垃圾的日期也做了严格的规定，比如每周一、三、五扔可燃垃圾（包括菜渣、果皮等），每周二扔旧报纸，每月的第四个周一才能扔不可燃垃圾。日本对垃圾分类苛刻的要求也体现在垃圾袋的设计上，在日本垃圾袋是半透明的，所以居民扔的垃圾是什么类型会一目了然，加强了居民垃圾分类处理的自我监管意识。

3.3　美国——家庭公司业务

在美国，农村的生活垃圾收集工作主要靠从事垃圾收运工作的家庭公司来完成。这些家庭公司的工作人员是农民，他们开着卡车深入乡村的各个角落收集垃圾，并且收取一定的费用。尽管美国农村的居民点布局非常分散，但是这种小规模的家庭公司依然能够覆盖到乡村的每家每户。例如在美国的西雅图市，政府规定，每家每户必须为自家的四桶垃圾支付 13.25 美元，若增加一桶垃圾则需额外支付 9 美元。调查显示，自此政策实施以后，西雅图市的垃圾产量下降了将近 25%。

3.4　瑞典——环保意识教育

国外发达国家针对生活垃圾的处理经验告诉我们，光寻求技术上的突破很难从根本上解决生活垃圾处理问题，只有对垃圾的产生和处理在思想认识上正确认知，在行动措施上认真落实才能实现生活垃圾的根本处理。瑞典政府非常重视全民环保意识的系统教育工作，在小学三年级便普及有关生活垃圾分类处理的知识，使民众从小认识到垃圾的危害，了解不同垃圾的用途。并且，政府还编制有关垃圾分类收集和基础处理的宣传手册分发给居民，使民众了解相关知识，从源头上减少垃圾的产量。

4　西北落后地区农村生活垃圾处理策略

我国西北落后地区的城镇化率低，农村村民收入水平不高，村集体用于村内基础设施建设的资金有限，村庄布局分散和生活垃圾中不可回收、不可降解及带有危害性的成分比例很低等特点决定了该地区不能完全模仿经济发达

---

①　林学红，许初鸣.农村垃圾处理的实践与思考[J].城乡建设，2008（07）：64-66.
②　程宇航.发达国家的农村垃圾处理[J].老区建设，2011（05）：55-57.

地区对农村生活垃圾的统一集中处理方式。处理技术的选择应该首先考虑到村民的经济承载能力和现实需求，选择投入成本低且处理效果好的传统生态技术，并且构想相适宜的政策保障制度。

4.1 策略层面

西北落后地区农村的生活垃圾若采用统一集中处理的模式，势必会面临投入成本高，且因资源得不到充分发挥而造成浪费的局面。因此，为了避免上述情况的出现，应提出适宜该地区农村现状条件的生活垃圾处理策略，构架"控制源头，'自我消化'——家庭互助，村村协作"的农村生活垃圾处理体系。即针对以传统农业为主要产业的西北落后地区农村所产生的生活垃圾，从严格控制生活垃圾产生的源头入手，最大化的实现以农户家庭为基本单元的生活垃圾"自我消化"系统，对于超出农户家庭自身处理能力的生活垃圾再通过更高层级的合作方式进行垃圾处理。

（1）控制源头，"自我消化"

要达到严格控制农村生活垃圾的产生源头，构建以农户家庭为基本单元的生活垃圾"自我消化"系统的目标，首先就得必须了解西北落后地区农村生活垃圾中，哪些类型的生活垃圾对农户而言是可回收再利用的，是可进行资源化处理的，并进行为实现此目标的充分条件分析。

1）西北落后地区农村生活垃圾分类与价值利用

正如前文提到的，农村生活垃圾可以按照可资源化程度和能否被回收利用的情况被分为三种类型：一是厨卫垃圾、植物、树叶和人类粪尿等可用于生物堆肥的垃圾；二是废纸、金属制品、玻璃制品等可以回收再利用的垃圾；三是少量不能用于堆肥和回收再利用或略带有危害性的垃圾。

厨卫垃圾中一般包含剩饭、剩菜、菜根、菜叶、水果残余、果皮、茶叶渣和泔水等，由于落户地区农村的村民生火做饭大多采用"烧柴灶"进行，"柴货"多是与种植业相关联的冬剪果树枝、玉米秸秆、小麦秸秆、草药秸秆等，因此，厨卫垃圾中还包含有大量的草木灰。村民在农业种植的闲暇时间里一般都会在自家后院进行一些家畜比如猪、鸡和狗的小规模养殖，厨房中的剩饭、剩菜、菜叶、菜根、水果残余和果皮可作为家畜的杂料；茶叶渣可倒在农家院中的盆景里吸附灰尘或晒干后放在厕所中燃、熏，去除恶臭；村民自家饭后清洗锅碗瓢盆的泔水也被称为"馊水"，因其细菌、有机物含量小，不易分解的聚乙烯化学成分少，一般的可直接倒在自家的菜园子或果园内，通过土壤中丰富的微生物群进行生物处理。

村民在庭院卫生打扫中，可将垃圾中的植物、树叶收集起来，晒干后用于烧火做饭或者冬季烧炕取暖。农村大多所用的是旱厕，俗称"茅房"，厕所中的粪尿在从事了数千年传统农业的中国农民眼中，是肥力极佳的有机农家肥。正所谓"肥水不流外人田"，通常农民会在自家的田间地头留有一小块空地，专门用来进行粪便堆肥。

农村家庭中可以回收、资源再利用的生活垃圾包括废纸、包装盒、旧报纸、旧书等纸类垃圾，烂铁锅、罐头瓶、易拉罐等金属垃圾，玻璃片、旧灯管、旧灯泡、玻璃瓶等玻璃垃圾。针对这种类型的生活垃圾，或者废弃物，由于本身具有一定的经济价值，并且农民传统的节俭意识和节约习惯强烈，大多都会进行收集，收集后不定时的卖给废品收购站或者乡村内的流动"收破烂的"。在农村，这种处理废弃物的行为被称为"卖破烂"，通常是由家庭中的小孩和老人负责。在出售废弃物的同时，还出现了一种"以旧换新、以废换新"的方式，就是，在收购废旧物品时采取物与物交换的方式。

农村家庭中不能用于堆肥和回收再利用或略带有危害性的垃圾量很少，如废旧衣物、尼龙织物、农药瓶、废电池、皮革、塑料袋等。即便如此，农民依然会结合自己的生活或者生产物尽其用地找到其利用价值。比如，小时候穿的布鞋，就是母亲用废旧衣服拆洗后，拉鞋底，做出来的（图1）。

2）以农户家庭为基本单元的生活垃圾"自我消化"系统的充分条件分析

A. 多余的空间场所

农村村民的居住生活空间，以独立家庭院落的形式存在，相比较于城市居民而言，可供其选择使用的空间面积要大很多，因此，可以为进行垃圾分类工作提供所需的空间场所。

B. 充足的闲暇时间

农民除了在农忙时节从事农业生产活动外，有着充足的闲暇时间可供自己支配，因此，在时间上有条件进行生活垃圾的分类工作。

C. 节俭的生活习惯

节俭是中华民族的优良传统，勤俭持家更是中国农民千百年来口传心授的持家之道，勤俭节约的生活意识已经深深地扎根在中国农民的脑海里。面对生活中有限的可供调配资源，充分利用每一个物件的价值，使其能够最大化地发挥作用，是农民的传统生活态度。然而，这种节俭的意识习惯，正在随着农村地区经济的不断发展，村民生活方式、价值观念的逐渐改变而慢慢减弱。

垃圾处理工作的重点在源头，这已成为全球共识，尽管近年来西北落后地区农村的生活垃圾无论是在量上，还是类型上都有所增加，但与东部发达地区农村相比，在进行这种

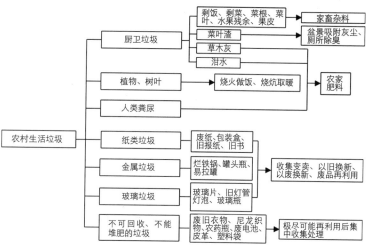

图1　西北落后地区农村生活垃圾分类及其价值利用示意图
（资料来源：作者自绘）

分散式以农户家庭为基本单元的生活垃圾"自我消化"系统方面具有明显的优势。

（2）家庭互助，村村协作

西北落后地区农村生活垃圾中的绝大部分都能够通过上述所描述的方式，在村民家庭内部得到处理。然而，还有一部分生活垃圾超出了村民自身的处理能力范围，需要通过更高的合作的方式进行处理。例如，村民在平日打扫家庭卫生时，会产生大量的庭院灰尘垃圾，通常村民会在自家门口将其堆砌，当灰尘垃圾积攒到一定量后，再运送到村庄周边的道路两侧或者沟渠内进行倾倒；村民在进行房屋建造时，产生大量的建筑垃圾，对建筑垃圾中可以再利用的碎砖、瓦片等一般会保留下来，用来铺砌宅基地周边的小路，不能再利用的部分，会用农用车运送到离村庄较远的闲置地进行倾倒；对于家庭中既不能进行堆肥处理又不能回收再利用的生活垃圾，如塑料袋、废弃的尼龙织物、农药瓶、废电池和皮革等，一般会同庭院灰尘垃圾一起被随意倾倒在村庄周边的道路两侧或者沟渠内。故对于整个村庄而言，需要进行集中清理的垃圾就是村民平时的庭院灰尘，塑料袋、废弃的尼龙织物、农药瓶、废电池和皮革等不可再利用垃圾及建筑垃圾。正是这一部分倾倒在村内集体土地上的村民生活垃圾严重破坏着村容村貌，影响着村民的居住环境。因此，对其应该进行以"家庭互助，村村协作"为主要方式的集中收集处理模式。

4.2　措施层面

针对西北落后地区农村生活垃圾的处理问题，基于以上策略，应提出相适宜的措施，主要包括低成本、适宜性的环卫基础设施规划建设措施和传统生态要义与现代科学技术相结合的生活垃圾处理技术措施。

（1）低成本、适宜性的环卫基础设施规划建设措施

在鼓励村民对生活垃圾进行家庭内部处理的基础上，对于整个村庄层面上的环卫设施规划，不建议采用与城市小区相同的垃圾箱形式。尽管垃圾箱形式的环卫设施在新农村、美丽乡村规划与建设中经常被使用到，但是，调查显示，这种形式的环卫设施在农村地区实施效果并不好，村民一般会将生活垃圾不进行分类地直接倒入垃圾箱，如果得不到及时处理，反而会造成污染，影响村民生活环境。

建议在村庄内部设置两种类型的水泥垃圾池，一种收集村民的庭院灰尘；一种收集塑料袋、废弃的尼龙织物、农药瓶、废电池和皮革等垃圾，村民在倾倒这种类型的垃圾时，应被要求将垃圾晾干并袋装。

建议在村庄外围闲置地上开辟三处空地，作为以上三种类型生活垃圾的三个小型收集站，其中一个收集来自村内水泥垃圾池中的庭院灰尘垃圾；一个收集来自村内水泥垃圾池中的晾干并袋装的塑料袋、废弃的尼龙织物、农药瓶、废电池和皮革等垃圾；另一个收集村民不定时倾倒的建筑垃圾。集中收集后的生活垃圾或运送至更高层级的垃圾站或就地进行处理。

小型收集站的设置考虑到村庄的规模和村庄之间的距离，可单村设置，亦可村与村协作设置。

（2）传统生态要义与现代科学技术结合的处理技术

针对以村民家庭为基本单元的生活垃圾"自我消化"系统，强调传统农村原有的充分利用废弃物的做法——把废弃物用作饲料、燃料和肥料的"三料"资源化的办法[①]，在村民家庭内部解决。虽然这种传统的对待生活垃圾的处理方式在现代人眼中，相比现代科学技术是落后的，但它是我国先祖人与自然和谐相处之道的智慧结晶，能够很好地解决农村生活垃圾中的可降解、可资源再利用成分，其科学性、合理性毋庸置疑，应该值得提倡与鼓励，而不是摒弃。

面对农村生活垃圾中的不易降解、不可回收再利用的，难以进行"三料"资源化的新型垃圾成分，应该将其纳入到城镇垃圾处理体系中，进行集中收集，采用现代科学技术中的卫生填埋、焚烧发电等技术进行处理。

传统生态要义与现代科学技术相结合的农村生活垃圾处理技术，是取集中处理模式与分散处理模式各自之长，补各自之短的，是符合西北落后地区农村经济发展水平的，是与该地区农村的生产、生活方式及人们的生活习惯、价值理念相适宜的，也是针对当地农村生活垃圾处理问题的切实可行的办法。

（3）本土小吃取代"垃圾食品"减少塑料包装物的产生

西北落后地区农村生活垃圾中的"白色污染"有很大一部分来自村庄内的小卖部向农村小孩出售的"垃圾食品"，如方便面、辣条、小糖丸等，这部分"垃圾食品"会带来相当量的塑料包装物。香港社区伙伴（PCD）组织，在贵州等地进行贫困地区农村帮扶项目中发现，农村村庄内的塑料包装物会以村庄内的小卖部为半径散落在村庄内，主要是由于村内的小孩会经常从小卖部购买一些"垃圾食品"，并且从小卖部走出来后会边吃边随手将包装袋扔掉，食用这些"垃圾食品"不仅不利于小孩的身体健康，而且间接地增加了村庄内的"白色污染"源。因此，香港社区伙伴（PCD）组织提倡，在当地开发本土的绿色、健康小吃，取代城市化的"垃圾食品"，并且通过家长去教育小孩知道这类食品的危害性，尽量减少或者杜绝小孩食用这类"垃圾食品"，做到健康饮食，从而从源头减少相关生活垃圾的污染源。

4.3 政策层面

政策层面措施的制定，是规划措施与技术措施能否被有效实施的根本保障，完善且行之有效的关于西北落后地区农村生活垃圾处理的政策措施，能够提高当地村民处理生活垃圾的积极性，反之亦然。要提出适宜的、行之有效地政策措施，就要考虑到西北落后地区农民的经济承载能力和社会关系中的行为准则。

（1）强调主体

鉴于西北落后地区农村生活垃圾中需要依靠农民自身进行分散处理的成分占绝大部分，而需要进行集中式处理的生活垃圾成分仅占少数，因此，在构架"控制源头，'自我消化'——家庭互助，村村协作"的农村生活垃圾处理体系中，强调农民的主体地位，充分发挥农民自身在处理生活垃圾中的自觉性和积极性。比如，村庄内设置的供不同垃圾类型收集的水泥垃圾池，其投资建设与日常的清运管理应由垃圾池的服务范围内的农户负责；而村庄外围设置的小型集中垃圾收集站的投资建设与日常的清运管理应由其服务范围内的村庄村民委员会负责。

（2）投资方式

由于西北落后地区的农村村民经济收入来源比较单一，生活水平低，因此，在环卫基础设施建设与管理中资金投入部分应该由当地政府及村委会负责，对于没有相应资金的村委会，上级部门应进行专项资金划拨；农民在整个过程中应以劳动力及工具为资本进行投入。关于村内垃圾池的建设投资，村民内部进行协调，做到"有钱出钱、有力出力"，垃圾池内垃圾的清理运输工作，村民内部设定日期，实行轮换制度。垃圾收集站内垃圾的清理运输工作，由村委会设定日期，组织村民进行。

（3）市场参与

目前，在农村所丢弃的生活垃圾中，有一部分废弃物依然具有经济价值，并不是村民看不到。而是，现在从事废品收购工作的人变少了，过去经常在农村里流动的"收破烂的"更少了，因此，在家里积压久了又卖不出去，最后只有烧掉或者丢掉。政府应当鼓励这种行业的发展，并给予一定的优惠政策或经济补助。

---

① 陈阿江. 农村垃圾处置：传统生态要义与现代技术相结合[J]. 传承，2012，15（2）.

（4）村规民约

村委会应该制定相应的村规民约，请村里辈分高的年长者对村民处理生活垃圾中的行为进行监督，并制定一些奖励及处罚措施。此外，村委会应该在逢年过节时组织一些村集体性的活动，增强村民的集体观念；做好村庄内的日常环保教育宣传，提高村民的环保意识。

5 结语

在中国快速城镇化发展的今天，垃圾处理问题备受瞩目。农村尤其是西北落后地区农村的生活垃圾处理不能盲目向城市靠拢，更不能一味照搬发达国家的所谓先进经验。关注问题共性原因的同时，更应该分析个性特征，针对我国西北落后地区农村生活垃圾处理问题，应根植于该地区农村的发展现状，基于村民的现实需求，在倡导现代科技文明手段的同时，更应尊重传统生态要义下的人与自然和谐相处之道，在崇尚技术理性决定论的同时，更应关注社会意识价值观的突出作用。

主要参考文献

[1] 于晓勇，夏立江，陈仪等. 北方典型农村生活垃圾分类模式初探——以曲周县王庄村为例 [J]. 农业环境科学学报，2010，29（8）.

[2] 汪国连，金彦平. 我国农村垃圾问题的成因及对策 [J]. 现代经济，2008，15（10）.

[3] 王乃嵩，黄冠仲，刘发超等. 落后地区农村垃圾低成本处理研究 [J]. 科技信息，2013，25（4）.

[4] 陈军. 农村垃圾处理模式探讨 [J]. 江苏环境科技，2007，25（9）.

[5] 程宇航. 发达国家的农村垃圾处理 [J]. 老区建设，2011，15（3）.

[6] 赵玉杰，师荣光，周其文等. 瑞典垃圾分类处理对我国农村垃圾处理的借鉴意义 [J]. 农业环境与发展，2011，25（11）.

[7] 陈阿江. 农村垃圾处置：传统生态要义与现代技术相结合 [J]. 传承，2012，15（2）.

[8] 刘向南. 农村生活垃圾处理要走生态化之路 [J]. 中国农村科技，2011（07）：40-43.

[9] 林学红，许初鸣. 农村垃圾处理的实践与思考 [J]. 城乡建设，2008（07）：64-66.

Strategic Research on the Northwest Undeveloped Rural Areas' Living Garbage Disposal

Liu Men   Duan Degang

Abstract：With the rapid economy development in China's rural areas, the continuous improvement of peasants' living level, more and more living waste is being produced. But, with the serious lag of infrastructure construction in rural areas especially in the northwest underdeveloped rural areas, the problem of rural living waste is getting tighter and tighter, this situation has become a major bottleneck for new countryside and beautiful village construction in China's northwest underdeveloped rural areas. Based on the analysis of the current status and the problems of the northwest underdeveloped rural life garbage disposal, this paper researches the advanced experience of living garbage processing technology and environment infrastructure in the developed countries' rural areas, in order to provide a reference when coping with rural living waste in the northwest less-developed regions of china, and put forward the suitable living garbage treatment strategies and related technology in rural areas of the northwest less-developed region of china, based on the local conditions.

Keywords：rural areas of the northwest less-developed region；waste disposal；sanitation facilities；foreign advanced experience

历史文化村镇景观资源评价与风貌规划初探
——以成都市郫县唐昌镇为例*

张羽佳　郭璇

摘　要：随自然与历史环境的保护日益受到各界重视，城市与村镇都逐渐开展了一系列风貌保护工作，为使保护工作更具针对性与规范性，风貌规划作为总体规划的一个专项开始被研究与编制。为增强风貌规划的全面性、系统性、学术性与严谨性，景观资源评价为村镇风貌规划及相关研究工作提供了理论依据。文章通过分析唐昌镇的历史背景与景观资源状况，确立规划愿景；并着重对其景观资源进行评价，采用问卷调查、专家评分与层级分析法拟建评价指标体系并进行分类评价。在评价结论的基础上进行风貌规划的探索，通过确立其景观结构并建立分区导则等方法，力求在发展村镇的基础上着力保护其自然与历史环境，以期对日后历史文化村镇景观规划相关研究有所借鉴或启示。

关键词：历史文化村镇；景观；资源评价；风貌规划

从 1964 年《威尼斯宪章》对文物建筑及历史地段的定义及保护到 2005 年《西安宣言》对历史区域及周边环境的保护，都足以见得历史环境作为文化遗产保护不可忽视的一部分已经越来越受到各界的重视。我国历史文化遗产保护虽起步较晚，但其发展经历了分别以文物建筑保护、历史文化名城保护和历史街区保护为主的三个阶段[1]，也逐渐形成一种由点状向面状扩展的保护形态发展趋势。2002 年颁布的《中华人民共和国文物保护法》中第十四条提及了具有重大历史价值的城镇、村庄等保护要求[2]；2008 年有关文件中正式提出了历史文化名镇名村①概念，历史文化村镇的保护性规划也步入更重要和更规范化的进程中[3]。风貌规划如今作为一种专项的保护性规划，在贯彻上位规划的思想的同时，将历史文化因素纳入对象风貌建设的考虑范畴，从自然环境、公共空间、道路系统、历史文化遗产、标志物、界面色彩等方面进行规划与控制，旨在延续村镇景观的整体与协调性及其历史文化价值。景观资源评价作为风貌规划的有机组成部分，也为复杂的村镇景观相关工作提供了理论基础。文章以位于成都市郫县唐昌镇为例，从其村镇景观特点入手，采用问卷调查与层级分析法等方法收集数据并对其景观资源进行评价，并在此基础上对其风貌规划进行了初步探索与尝试。

1　唐昌镇景观资源评价

1.1　唐昌镇简介

唐昌镇位于四川省成都市郫县西北部，东距成都市中心 42km（图 1）。唐昌在公元前一千~一千一百年间的周康王时期，地名为"他多"。他多离州县较远，在交通便利的地点，因商业需要形成"草市"；唐仪凤二年置县并取名唐昌县，清康熙七年废县并入郫县。1966 年 9 月后"文化大革命"中改为红卫镇，1980 年 10 月复名唐昌镇。全镇面积约 46.5km²，辖 26 个行政村。2004 年全镇总人口 49420 人，其中非农业人口 10174 人，占总人口的 20.59%，农业人口 39246 人，占 79.41%。全镇有耕地 37718 亩，农业人口人均耕地 0.96 亩。

* 基金项目："西南山地城镇文化景观演进过程及其动力机制研究"（51178479）。

张羽佳：重庆大学建筑城规学院在读硕士研究生
郭璇：重庆大学建筑城规学院历史及理论研究所副所长

① 《历史文化名城名镇名村保护条例》（2008 年）正式提出了历史文化名镇名村的概念，即符合条件的村镇。经过一定的申报审批程序后，经由中央政府或省级政府批准公布为国家级或省级历史文化名镇名村。

1.2 唐昌镇景观资源概况

在自然景观资源方面，唐昌镇耕地面积占土地总面积的54.07％，耕地以种植水稻、小麦、油菜为主，兼产各种蔬菜、大蒜、烟叶等农作物。唐昌镇地表水较丰富，镇内有柏条河、柏木河、徐堰河、走马河自西向东并列平行横贯全境，加上支渠、斗渠和密如蛛网的农渠、毛渠、排水沟，绝大多数农田都能做到排灌自如（图2）。在历史古迹景观资源方面，唐昌镇是川西平原上的古镇之一，拥有深厚的历史文化背景。早在唐高宗仪凤二年建立唐昌县，其治所就在本镇，在以后的一千多年时间内，县名经过多次更改，县的建置也几经撤并，一度又是崇宁县县治所在地。唐昌镇上古迹众多，但完好保留下来的却已很少，现存主要古迹有梁家大院、文庙、翰林院、烈士陵园及崇宁公园内的纪念碑（图3）。

为建立古镇景观安全格局，保护现有人文历史资源和自然景观资源，结合当地情况，将唐昌镇的景观资源分为四类，即水域及岸线景观资源、绿地系统景观资源、街巷道路景观资源与历史古迹景观资源。

1.3 景观资源的评价

（1）评价步骤

对唐昌镇的景观评价主要依赖：问卷调查法、专家评分法、层级分析法。分析的主要步骤为：①根据专家小组评分及对大众的问卷调查，用层级分析法确立各项评价指标的权重；②拟建一套评价指标体系；③对评价主体进行分类评价；④对评价结果进行比较与分析，反复调整权重，得到合理的评价结果。

（2）资料采集

资料采集阶段主要包括了文献资料的收集及运用统一设计的问卷向被选取的调查对象了解情况或征询意见。因游人较少，本次问卷主要针对唐昌镇本地人发放，通过问卷填写与访谈的方式展开调查。于2012年4月笔者跟随团队对唐昌镇进行现场调研，整个团队分成15组，每组2~3人，每组平均发放问卷25~30份，回收率均达90％以上。作为团队的一个分支，问卷调查对象为25名本地居民与5名非本地居民。

由问卷结果可见（图4），当地居民结构中，大部分为本地人，56％的居民在此生活了十年以上，而随着唐昌镇的开发，外来经营旅游商业的人口也

图1　唐昌镇市域区位图
（资料来源：作者自绘）

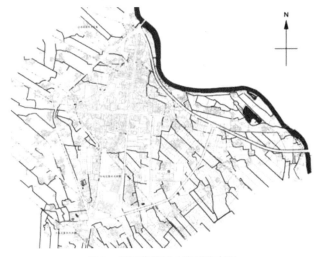

图2　唐昌镇镇域水资源分布图
（资料来源：作者自绘）

附图四 人文资源现状分析图

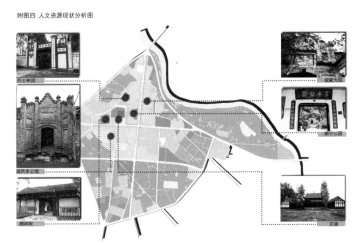

图3　唐昌镇现存建筑遗产资源分布图
（资料来源：作者自绘）

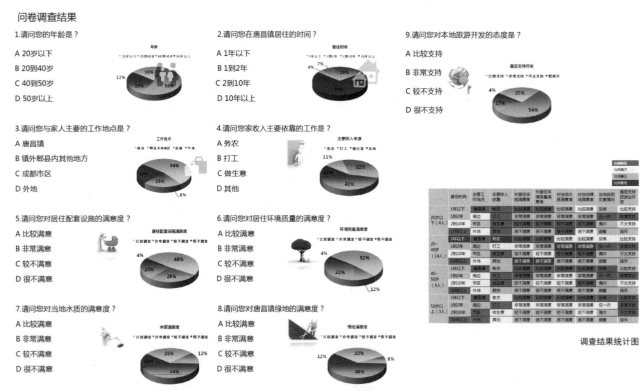

图4　小组问卷题目及调查结果统计
（资料来源：作者自绘）

开始增加。唐昌内近过半的家庭收入来源为当地的商业经营，小部分的家庭收入来源于外出打工或务农。并且这部分务农打工人群对当地的居住和环境质量的条件不满意，而以商业收入和其他经济来源的人群则认为居住条件尚好，配套设施和环境质量一般或满意，这在一定程度上说明唐昌镇的务农业并不发达，农耕用地及散户居住环境也有待整改或提高。56%的当地居民对于水质很不满意或较不满意，在走访中我们了解到，镇内有柏条河、柏木河、徐堰河、走马河自西向东并列平行横贯全境，柏条河因位置与水质等原因是影响唐昌镇最多的一条河流。结合数据与访谈后发现，有近一半的人对于镇内绿化不满意，其主要原因集中在南正街刚栽植的行道树难以给人在夏季带来庇荫场所，公共绿地面积不足等。数据还表明，有79%的人支持开发，也有少部分人不支持开发，其原因主要是考虑到对天然生态环境的破坏。问卷调查与访谈等结果既作为景观资源评价基础资料的一部分，同时也为风貌规划提供了一些要求和建议。

（3）拟建评价指标体系

接下来运用专家调查法（特尔斐法）[①]同样以问卷形式对专家小组征询了意见，根据上位规划及调查情况拟建评价指标体系，并由此确定各项评价指标因子的权重值。

拟建评价指标体系时，评价指标体系一般分成4个层次[4]：总目标层（O）、综合评价层（C）、项目评价层（F）、因子评价层（S）。每个评价层均有0～N个因素集组成，O={C_1, …, C_n}; C={F_1, …, F_n}, F= {S_1, …, S_n}，根据评价体系得分，确立景观评价等级。以绿地系统景观资源评价指标体系为例，由于评价主体的复杂性有限，因此省去了项目评价层。该体系中O层为绿地系统景观资源价值评价，C_1为景观要素价值，C_2为景观影响力，C_1={S_1, …, S_5}，S_{1-5}依次为可观赏性、维护程度、生态价值、面积及人文历史内涵；C_2={S_6, …, S_9}，S_{6-9}依次为城市风貌协调度、景区关联度、可达性与公众参与程度。在唐昌镇景观资源评价中，多沿用上述评价体系的形式（图6），但评价因子会根据具体情况进行调整。

---

① 特尔斐法（Delphi method），是用书面形式广泛征询专家意见，以预测某项专题或某个项目未来发展的方法，又称专家调查法。最初应用于技术预测，后来推广应用于各个领域的预测。

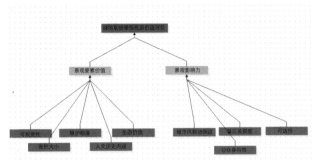

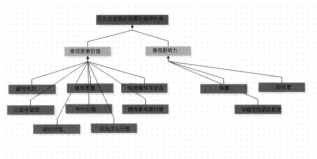

图5 绿地系统景观资源评价指标体系
（资料来源：作者自绘）

图6 历史古迹景观资源评价指标体系
（资料来源：作者自绘）

（4）分类评价

对每个类型的景观资源评价都并非一次完成，根据特尔斐法及评价结果对评价因子的权重会进行比较与分析，并反复调整，每一次调整都须经过谨慎的思考与合理性的讨论，最终由层次分析法软件得出分类评价的合理权重分配（图7）。

根据以问卷调查及访谈与专家调查为基础的评价主体单项分值（图7），以及经权衡后得出的最终权重，对每一类别里评价主体进行单独的评价分值计算，即可得到个项评价主体的评价结果。为使评价结果具有直观性与可比性，可制定评价梯度并绘制景观资源现状梯度图，由此景观资源评价的结果一目了然（图8）。

2 风貌规划

在景观资源评价采集资料过程中，我们发现很多居民均在此居住不足两年，且均从事与旅游或零售相关的工作，由此可见通过旅游开发吸引外资是增加唐昌经济收入的一个来源，并且根据工作地点来看，大部分在唐昌本地，因此这种近距离的工作和生活模式可以加大带动唐昌的旅游开发和经济增长，而且这种增长会随着旅游开发深度还会

水域及岸线景观资源

备选方案	权重
驳岸形式	0.0748
水流量	0.0815
水面平均宽度	0.0940
自净能力	0.1665
生态价值	0.2215
沿岸视线	0.0562
沿岸密闭度	0.0366
公众参与性	0.0210
生态影响力	0.0971
对经济发展的影响	0.0436
对文化传播的影响	0.0408
景观匹配度	0.0533
可穿行度	0.0131

历史古迹景观资源

备选方案	权重
建筑性质	0.1422
建筑质量	0.0593
传统建筑完好度	0.0930
立面丰富度	0.0608
年代价值	0.2069
铺地景观价值	0.0287
绿化价值	0.0294
民俗文化价值	0.1108
体量	0.0472
知名度	0.1465
与城市性质匹配度	0.0752

街巷道路景观资源

备选方案	权重
街巷高宽比	0.1448
立面丰富度	0.1994
地面铺装景观	0.0795
节点开敞度	0.0827
人文历史内涵	0.2248
知名度	0.0222
城市匹配度	0.0574
可达性	0.0737
公众参与性	0.1156

绿地系统景观资源

备选方案	权重
可观赏性	0.0949
维护程度	0.1596
生态价值	0.2793
面积大小	0.0500
人文历史内涵	0.1473
城市风貌协调度	0.1251
景区关联度	0.0460
可达性	0.0324
公众参与性	0.0653

图7 分类系统景观资源权重分配最终结果
（资料来源：作者自绘）

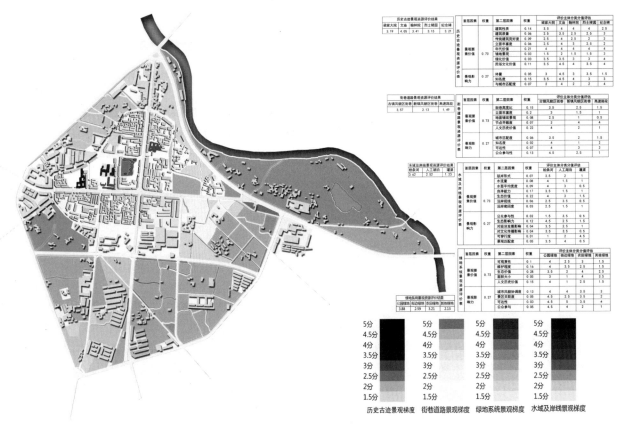

图8 景观资源现状梯度图
（资料来源：作者自绘）

继续；而由此对唐昌历史文化环境带来的干扰和改变是接下来在唐昌古镇风貌规划中应该考虑的重要问题。在这个背景下，处理好传统的保护于现代的发展之间的关系，使之互相融合，并突出新镇的资源特色，构建有别于古镇的镇区特征，在村镇历史文化可持续保护的前提下使新镇古镇和谐统一发展，便成为唐昌镇风貌规划的重要目标。

2.1 风貌分区与景观结构

结合唐昌镇现有的自然与人文景观资源现状及旅游业发展潜力与风貌保护性规划愿景，将唐昌镇划为四个主要风貌区，形成两大核心，四种风貌轴线，两大片区的风貌格局。两大核心即古镇风貌保护区和新镇风貌展示区；四种轴线分别为沿镇中心主街形成道路景观轴，由人文历史景观节点形成的历史风貌景观轴，沿田园景观节点形成的田园风貌景观轴及沿柏条河景观带形成的滨河风貌景观轴；两大风貌片区即为滨河生态景观风貌区与农田生态景观风貌区（图9）。两核心与两风貌片区相互融合，形成唐昌镇特有的景观形态。沿柏条河、农田及历史人文景区域观形成视线引导轴与风貌控制带，组织贯穿整体。

2.2 风貌控制导则

按照生态、整体和谐与历史文化保护的原则，针对不同风貌区制定控制性导则。以古镇风貌保护区导则为例，在古镇风貌保护区内又分古迹核心保护区与古镇缓冲区。从建筑、交通组织、节点、绿化等方面进行控制（图10），以达到复兴古镇历史文化风貌特色，加强人文历史景观影响力的目的。而在保护区外，以滨河生态景观风貌区的控制导则为例，将滨河区域分为河流修复区、河流缓冲区及滨河游赏区三个区域，再各自从河床处理、缓冲带处理、植被、交通等方面进行控制（图11），以达到使村镇依托其自然环境合理，适度，有序的发展的目的，以上两例较为典型。

除分区控制导则外，风貌规划还制定有重点地段风貌控制图则。重点地段是基于城市空间形态划分的，能够代表风貌片区主导特征的，并且需要重点引导和控制的一系列结构单元所构成的整体[5]。图则被系统编制成菜单的形式，以更直观的方式为规划管理提供大量图例（图12、图13）。

2.3 专项控制

为妥善处理水体景观、历史建筑与村镇环境的关系，对公园景观区域、镇中心区及近郊建设区分别取样，对水域附近、历史建筑附近的建筑与植被划定“竖控线”，其目的是弱化新建建筑、强调自然与历史环境，避免密集建设遮挡水域或历史环境眺望视线的高层建筑。这种眺望性景观策略在法国、英国等欧美国家已广为使用，多用于规模较小且历史悠久的名城风貌控制规划中[5]。在唐昌镇景观风貌规划中使用此专项控制策略，旨在寻求新建建筑与自然及历史环境之间的视觉和谐，以增强其融洽关系；从而保护村镇原有的自然与历史环境，不在新镇开发与城市扩张的进程中受到大量侵蚀与破坏（图14）。眺望点选择于人流量较大的公共空间或于规划范围边界的制高点，经过眺望性景观控制分析，镇中心区域建筑和植被应控制在11m以下，其中半岛内建筑和植被宜控制在4m以下，东南新建居住区片区建筑及植被高度宜控制在12m以下。

3 结语

村镇景观自下而上的发展过程决定了其具有与城市景观、自然景观相异的特征[6]，因此需要建立具有针对性的独立评价体系与规划方法。对唐昌镇这样的历史文化村镇建立景观资源评价体系，为其研究调查及后续的风貌规划都提供了理论依据，但因其包含了人文历史、自然与新置入的物质化景观要素，是一种复杂的景观综合体，其评价指标体系构建仍存在漏洞：例如，在项目评价层、因子评价层的评价指标制定与评价指标权重确认时科学性不足。但由于篇幅有限，文章未能对其进行更深一步的讨论与更详尽的陈述，因此只愿本文能抛砖引玉，激起更多学者对这一主题的兴趣和更深入的研究与探索。

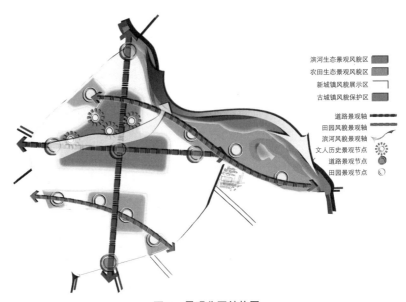

图9 景观分区结构图

（资料来源：作者自绘）

古城风貌保护区	古迹核心保护区	用地性质控制		原有古迹所在区域不可改作其他用途，部分废弃用地可修缮改作商用，尽量避免拆除并用于其它用途。
		建筑控制	建筑形态	保留原始建筑形态，新建建筑尽可能与古迹建筑协调，但也应有所区别。
			建筑高度	高度宜控制在3~9米，严禁超过12米；层数宜控制在1~2层，少数可建3~4层，严禁高层建筑。
			建筑材质	对于古迹建筑的修缮，其材料应尽量使用原始建筑材料，新建建筑可使用现代材料，但必须与古迹建筑协调。
			建筑色彩	以砖材的青灰色调或木材的黄色调和朱红色调为主，也可有适量玻璃。
		交通组织		适当拓宽人行道，允许小型机动车通行，交通组织须紧密结合唐昌镇十字交通系统及主要环线。
		开敞空间		可在烈士陵墓、文庙及崇宁公园处设置节点广场。
		景点组织		在文庙、翰林院、崇宁公园、烈士陵墓等古迹节点间对街道铺装进行统一，并尽量结合古迹风貌进行材质选择和铺设，尽量选择透水性铺装。对现存的古迹围墙进行修缮，尽量保持原貌，但新建部分应与原存部分有所区别。增设解说系统，对沿途不同的文化景观类型进行说明。在景观节点之间建立良好的视觉通廊。
		绿化设置		维持街巷原有绿化，在街道高宽比适宜段增设垂直绿化以丰富古镇景观。道路绿化不得阻碍或干扰古镇交通的流畅性，也不得对店招或照明有任何遮挡。新增植物应以本地物种为主。
		公共服务设施		建议对原有公共服务设施进行调整，尤其在节点附近合理增设垃圾桶和座椅等设施。适当增设旅游服务点。
	古城镇缓冲区	用地性质控制		以商业、公共管理与公共服务用地为主，原为住宅的用地可继续保留住宅用地性质。
		建筑控制	建筑形态	应与古迹建筑形态协调，整体体现川西风格，严禁与古迹建筑形态不协调的新式建筑。
			建筑高度	高度严格控制在15米以内；层数宜控制在2~3层，少数可建4~5层，严禁高层建筑或过多一层建筑。
			建筑材质	应尽量尊重古迹建筑材料，新建建筑可使用现代材料，但必须与古迹建筑协调。
			建筑色彩	应以砖材的青灰色调或木材的黄色调和朱红色调为主，也可有适量玻璃。
		交通组织		允许机动车通行，十字交通节点应设置小型交通岛，以避免交通混乱拥堵。
		节点组织		改善原有具有过强的通过性、无驻留性的景观组织方式，在适当的交通节点增街头广场，或适当放大街头绿地使之成为街边公园，并使其与建筑景观相融合。在景观节点之间建立良好的视觉通廊。
		绿化设置		维持街巷原有绿化，在街道高宽比适宜段增设垂直绿化以丰富古镇景观。道路绿化不得阻碍或干扰古镇交通的流畅性，也不得对店招或照明有任何遮挡。新增植物应以本地物种为主。
		公共服务设施		严格按照上位规划确定商业用地、公共管理与公共服务用地等的服务半径，并依此设置公共服务设施。

图10 古镇风貌保护区导则

（资料来源：作者自绘）

滨河生态景观风貌观赏区	河流修复区	河道形态	以保留河流自然形态为原则，保护修复区内河流廊道内部河道自然岸线、湿地、池域等水环境要素，开放被私有化的滨水区域进行湿地生态恢复，为动物迁徙连通性良好地廊道和栖息地斑块。
		河床处理	以保留河流自然形貌为原则，保护修复区内自然形态。禁止填埋等对河流生态功能有负面影响的行为。
		缓冲带处理	保护河道两侧中原有的以自然林地为主的缓冲区域，在无明显缓冲带或缓冲带较窄的一侧，重新建立缓冲带，缓冲带由近岸原生林地带、乔灌木结合带、远岸草本植被带及湿地构成。其中近岸原生林地带应禁止游人进入，且缓冲带中必须严格保证湿地一侧的连续性。
		植被	以保留河岸植被自然形貌为原则，保护修复区内原有植被群落形态特征和完整性。遵从植被生境和动物栖息地保护要求，保护原生态环境。选择修复能力强的以速生和中生树种为主的亲水性树种进行初期修复，后期宜选择乡土亲水性树种为主的中生树种与慢生树种进行景观恢复和保育，所选树种形态特征不宜破坏修复区的自然原貌。
		交通流线	严禁较高等级的道路穿越，仅设置用于植被维护的步道，步道数量不宜过多。修复区内禁止游人及居民进入。步道铺装面积不宜过大，应采用自然材料，禁止采用混凝土等人工材料，道路建设中注意维护植被斑块的完整性和连通性，道路宜以底部架空形式布置。
		建筑控制	修复区内禁止搭建建筑物与构筑物。
	河流缓冲区	河道形态	保护现存自然岸线与滨水植被带。结合沿岸自然绿化，通过增设河漫滩、湿地增加河道蜿蜒度，恢复河道自然形态。开放被私有化的滨水区域进行湿地生态恢复，为动物迁徙连通性良好地廊道和栖息地斑块。
		河床处理	恢复河床自然原貌，通过扩大河床外侧的河流横断面，增加和拉长河床蜿蜒度，在原有曲度较大的河湾外侧采用植被覆盖和土壤生态工程方法，如利用石料进行侵蚀防护等。禁止填埋等对生态功能有负面影响的行为。
		缓冲带处理	在河道两侧建立适宜宽度的缓冲带，由近岸原生林地带、林灌结合结合带、远岸草本植被带及湿地构成，其中近岸原生林地带禁止游人进入。缓冲带必须严格保证河道一侧湿地连续性。
		植被控制	遵从湿地植被生境和动物栖息地保护的要求，恢复原生态环境。控制农业用地对滨水区域的侵占。对部分已被侵占的滨水区域进行湿地生态恢复，严格控制围垦速度和位置，为动物迁徙提供良好连通性的廊道。农业应选择生态型农业。在蜿蜒河道外侧宜种植灌木和水生植物，使动物的栖息地得以发展，并减少水流对驳岸的侵蚀。保护植物种类多样性，禁止砍伐林木，选择乡土亲水性树种进行景观恢复和保育，所选树种形态特征应与缓冲区自然风貌一致，为野生动物创造丰富可选择的自然栖息地。
		交通流线	缓冲区内全部采用步行交通系统，在局部水域限制游人量。在可建设区域内可按需要设置步行游道，游道数量不宜过多。游道以尽端式道路形式进入主要景观节点，且不得穿越河流廊道，在保证河流滨水区域可达性的同时保证河流廊道的完整性。
	滨河游赏区	河道形态	基本维持原有河道形态。开放部分私有化的滨水区进行湿地恢复。
		河床处理	基本维持河床自然原貌，部分被破坏的河床采用植被覆盖和土壤生态工程等方法恢复河床自然原貌。禁止填埋等对河流生态功能有负面影响的行为。
		缓冲带处理	在河道两侧建立缓冲带，以滨河绿化为主，缓冲带内必须严格保证河道一侧湿地的连续性。
		植被	按照湿地生境的保护要求，在发展游憩功能同时维护生态环境，控制农业等对滨水区域的侵占。农业宜选择生态农业。在蜿蜒河道外侧宜种植灌木和水生植物，使动物的栖息地得以发展，并减少水流对驳岸的侵蚀。对部分观赏性强的区域可进行植被的有机更新，增加观赏植物种类及生产型果树种类。所选树种不得与原自然风貌冲突。
		交通流线	控制区内全部采用步行交通系统，在局部水域限制游人量。在可建设区域内可按需要设置步行游道，游道数量不宜过多。游道以尽端式道路形式进入主要景观节点，且不得穿越河流廊道，在保证河流滨水区域可达性的同时保证河流廊道的完整性。
		景点组织	结合滨水湿地和河岸绿化，在景观品质较好处设置滨水构筑物及亲水平台；结合农舍、小品等设施形成局部开放空间，提供必要的休息、零售和活动功能，并适度引入主题性游憩项目，节点尺度不宜过大，禁止出现广场等性质的景观节点。游道及开放空间建设应避开生态敏感区。构筑物及亲水平台不宜过多，且应尽量使用自然材料。在景观节点之间建立良好视觉通廊，增设解说系统。

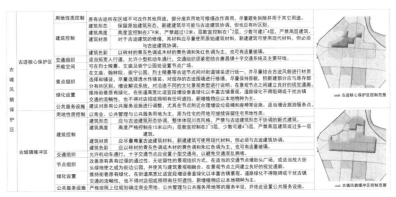

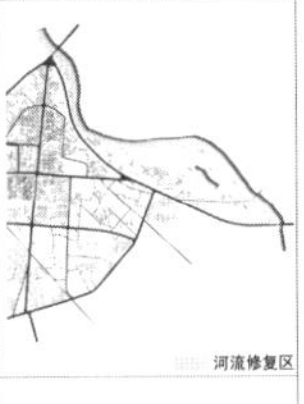

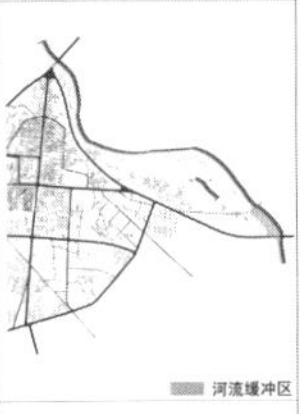

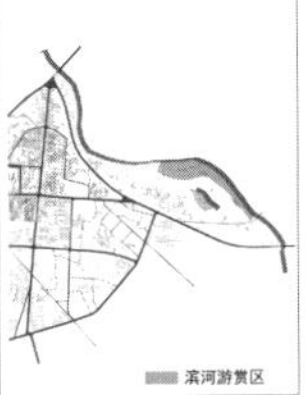

图11 滨河生态景观风貌区导则

（资料来源：作者自绘）

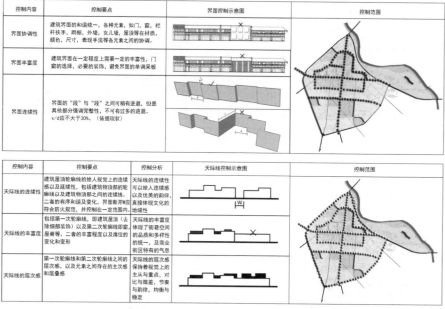

控制内容	控制要点	界面控制示意图	控制范围
界面协调性	建筑界面的和谐统一，各种元素，如门、窗、栏杆扶手、雨棚、外墙、女儿墙、屋顶等在材质、颜色、尺寸，表现手法等各元素之间的协调。		
界面丰富度	建筑界面在一定程度上需要一定的丰富性，门窗的选择，必要的装饰，避免界面的单调呆板。		
界面连续性	界面的"段"与"段"之间可稍有进退，但是其他部分强调完整性，不可有过多的进退。x/d应不大于30%。（依据现状）		

控制内容	控制要点	控制分析	天际线控制示意图	控制范围
天际线的连续性	建筑屋顶轮廓线给人视觉上的连续感以及延续性，包括建筑物顶部的轮廓线以及建筑物顶部之间的连续线，二者的有序和谐与变化，界面断面W应符合防火规范，并控制在一定范围内。	天际线的连续性以及以给人连续感以及优美的韵律，直接体现文化的地域性		
天际线的丰富度	包括第一次轮廓线，即建筑屋顶（去除细部装饰）以及第二次轮廓线即窗、屋脊等，二者的丰富程度以及席位的变化和变形	天际线的丰富度体现了街巷空间的品质和多样性的统一，及商业街区特有的气息		
天际线的层次感	第一次轮廓线和第二次轮廓线之间的层次感，以及元素之间存在的主次感和层叠感	天际线的层次感保持着视觉上的主从与重点，对比与微差，节奏与韵律，均衡与稳定		

图 12 古镇风貌保护区竖直界面控制图则

（资料来源：作者自绘）

控制地段	控制地段示意	控制要点	控制目标	控制措施
滨河游赏区		设置亲水平台，与人工驳岸间设置阶梯。同时在亲水平台和平台宜设置护栏	人工型驳岸形成多种水岸保障游憩安全	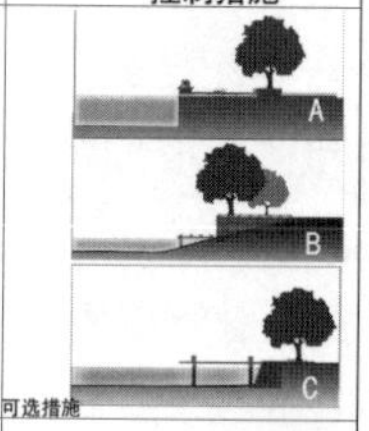
河流缓冲区	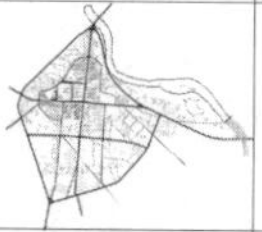	保证原始的自然驳岸，局部设置退阶的人工驳岸，宜设置护栏	人工自然结合型驳岸保持文化原始状态添加小型保护设置	
河流修复区	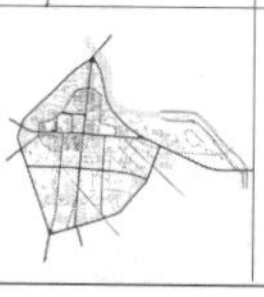	自然式驳岸旁乔木以及灌木作为隔离，保护游憩安全同时保持自然景观的状态	自然型驳岸保持自然水体驳岸景观	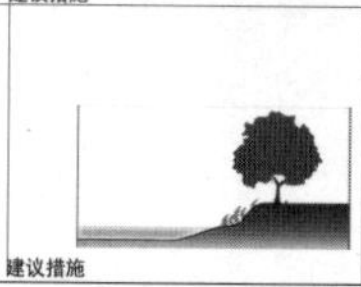

图 13 滨河生态景观风貌区驳岸控制图则

（资料来源：作者自绘）

图 14 眺望性景观控制

（资料来源：作者自绘）

主要参考文献

[1] 阮仪三，孙萌 . 我国历史街区保护与规划的若干问题研究 [J]. 城市规划，2001（10）：25-32.

[2] 张松 . 城市文化遗产保护国际宪章与国内法规选编 [M]. 上海：同济大学出版社，2007.

[3] 黄家平，肖大威，魏成等 . 历史文化村镇保护规划技术路线研究 [J]. 城市规划，2012（11）：36.

[4] 唐琦 . 小城镇景观特色评价体系研究 [J]. 四川建筑科学研究，2013，（4）：332-335.

[5] 唐琦 . 小城镇风貌规划初探 [J]. 小城镇建设，2009（8）：79-83.

[6] 郭彦丹，谢冶凤，张玉钧 . 村镇景观特征及其评价指标体系初探 [C]. 中国风景园林学会，2013.

The Initial Exploration of Landscape Resources Evaluation and Landscape Planning in Historic Towns and Villages ——Taking TangChang Town Pi Country ChengDu for Example

Zhang Yujia   Guo Xuan

Abstract : As the protection of nature and historical environment widely paid attention，cities and villages gradually carried out a series of traditional environment protection work. To make the protection work more targeted and normative，landscape planning as a special program of the overall planning begins to be researched and prepared. In order to enhance the comprehensive，systematic，academic and rigour of landscape planning，landscape resources evaluation provides theoretical basis for rural landscape planning and related research work. The article establishes planning vision through the analysis of the historical background and landscape resources of Tang Chang town，and focuses to evaluate the landscape resources，through the questionnaire survey，expert evaluation and hierarchy analysis method. We explore about landscape planning on the basis of the evaluation conclusion by the methods of establishing landscape structure and division guideline，trying to protect its natural and historical environment on the basis of development，and hoping to provide reference or inspiration for the research of landscape planning of historic towns and villages in the future.

Keywords : historic towns and villages ; landscape ; resources evaluation ; landscape planning

乐其业而安其居
——新型城镇化下农村规划浅析

万祥益　童丹

摘　要：在国家新型城镇化规划的背景下，通过确立农村在新型城镇化健康发展中所扮演的角色，追踪中国农村空间演化的历史过程及国外农村的建设实践经验，以农村发展建设现状与新型城镇化冲突的关键要素，即土地利用、空间布局、产业发展和道路交通四个方面为主线，探索建立城乡公平、社会公平、要素共享的新型城乡关系。并从农村自身出发，承认城乡存在功能差异，明确农村的需求导向，将农村放入城镇化全局中考虑，认为宏观层面须以规划引导和产业发展模式进行重新组织，微观层面须对"四要素"进行重新布置，即整合土地利用，丰富用地成分；重构农村布局，完善功能结构；构建农村产业，丰富产业结构；组织道路交通，完善道路体系；重视农村发展规律，增强农村发展活力。

关键词：新型城镇化；农村；规划

1　研究背景：农村是影响城镇化发展的重要因素

2013 年，中国城镇化水平达到 53.7%，这意味着中国进入城镇化快速发展阶段[①]。在欣欣向荣的城市建设热潮下，城镇化危机难以避免的付出沉重的代价，主要表现为城市的住房难、看病难、上学难及就业难等社会问题；以及"去村化"、农村衰败、乡土文化消逝等农村社会问题，农村的土壤、水、空气等环境问题等，日益威胁着农民的安居乐业和城镇化的健康发展。

中国农村地区广阔、农村人口众多、农业水土资源紧缺，在城乡二元体制下，传统生产方式难以改变，土地规模经营难以推行，农村人口与农村用地变化关系难以协调。在农业户籍人口和农村常住人口的"双减少"过程中，农村用地并未随之优化配置，农村土地利用粗放、效率下降并且布局分散。伴随农业现代化发展诉求，摆脱农业单一生产局面，农村产业结构开始向多元化发展，农村用地结构的多样性增加，内部用地结构的空间转换过程中，生产用地与生活用地的互动成为主要特点。在《国家新型城镇化规划》发展目标的指导下，如何客观把握农村的功能演变规律，综合评价农村内部结构的实际情况，合理确定农村的功能定位，对实现农村土地的集约利用及可持续发展具有重要学术价值。

2　提出问题：农村发展建设现状与新型城镇化的冲突与矛盾

2.1　农村土地利用效率低

农村用地的现状，体现了自然、经济、生态与社会要素在农村用地空间范围的现有分布和连接，是农村生态结构、经济结构和社会结构在土地空间上的投影。农村用地集约利用水平是在农村不断发展变化中形成的。目前，农村人口规模虽然很小，但占地面积却通常很大。

第一，农民法定人均宅基地面积指标就远大于城市居民[②]（表 1），表现为宅前宅后的场地较大，同时与邻居山墙之间的距离较近，使得用地分布不均，并且用地成分单一（表 2）影响土地的高效使用。第二，在新农村建设过程中，农村居民建新房但却不拆掉原来的旧房，"一户多宅"的现象普遍存在。第三，在贫困农村，农民大量外出务工，"离

万祥益：重庆大学建筑城规学院硕士研究生
童丹：重庆大学建筑城规学院硕士研究生

①　美国城市学者诺瑟姆（Ray.M.Northam）1979 年提出了"城市化过程曲线"。认为城市人口占区域总人口的 30%~70% 之间是城市发展加速阶段，也是城镇化危机频发的阶段。

②　人均城市建设用地：国家《城市建设用地分类与规划建设用地标准》规定，人均城市建设用地标准为 65.0~115.0m²，新建城市为 85.1~105.0m²。

村规划用地指标

表1

地区	重庆	湖南	陕西	江苏	福建	山东	河南
人均宅基地指标	20~30m²	30~45m²	40~60m²	<50m²	20~26m²	166~266m²（户均）	—
人均建设用地指标	80~110m²	80~140m²	80~150m²	<130m²	80~120m²	80~100m²	70~100m²

村规划用地分类

表2

用地分类	用途界定	类别代号
居住用地	主要以村民住宅用地为主	R1
仓储用地	主要以农民住宅附属的仓储设施为主	W1
道路广场用地	主要以干路、支路、步行巷路等道路用地	S
绿化用地	主要以公共绿地为主	G1

土离乡"，"空心村"现象频现，造成土地的浪费。

2.2 农村空间布局分散化

现代社会生活方式发生很大的改变，分散式的农村空间与模糊的农村边界影响农村在现代化与基础设施完善中应有的同步性，阻碍农村的现代化进程，影响城镇化与农村建设的协调推进。

第一，农村是一个层级低的聚落单位，受自然地形条件影响很大，平原、丘陵型农村格局主要沿交通主线形成集中规则式空间布局；山地、水乡型农村由于受用地限制，多呈现分散自由式空间布局。第二，从生产生活方式看，传统农业经济生产方式形成自然村，农民建设房屋为自筹自建，用地选址在生产用地周边，没有经过统一的规划，导致自然村的规模小、布局分散，使得生产用地难以形成成片规模，影响农业的规模化经营。

2.3 农村产业发展单一化

农村的现代化与城镇化呈现出开放式的发展，城乡间人口、资源、能源、信息、资金和产品间发生着广泛地流动关系。农村的可持续发展不能依赖城市"输血"，而应形成自身"造血"机制，打破传统封闭的自给自足式生产生活模式，发展新型城乡关系。

第一，土地是农村最大财富，传统土地开发模式建基于城乡土地利用的制度壁垒，表现为城市向农村"征地"，导致农村利益被剥夺，农村失去了发展的"原动力"。第二，农业或农产品作为产业链中最底端的构成环节和要素，与农业初级产品生产密切相关的产业群组成网络结构，包括为农业生产做准备的科研、农资等前期产业部门，农作物种植、畜禽饲养等中间产业部门，以及以农产品为原料的加工业、储存、运输、销售等后期产业部门[1]。第三，在大多数农村，农民既是生产者又是销售者。一方面没有形成规模化生产、专业化程度低，只能分享产业链的生产环节的初级利润；另一方面生产和市场脱节，产品缺少市场，最终导致依靠农业生产增收的渠道少[2]。

2.4 农村道路交通不完善

经济学家亚当·斯密①认为："一国商业的发达，全赖有良好的道路、桥梁、运河和港湾等公共工程"。具有生产规模大、专业化程度高、社会分工细密等特征的现代农业是通过区域化、专业化和社会化大生产的方式来实现。农村道路交通系统是农业现代化、产业化的前提和基础。

第一，农村道路系统应注重网络化建设，农村道路质量的提高应受到重视，使得农村道路又通又畅。但是目前的农村交通规划与农业生产特征脱节，只追求形式的规划路网而忽视了农业产品无法从生产基地高效运出的现实。第二，农村道路交通只注重生活出行而忽视生产需求，在进行农业规划生产时，一些先进的农业机械生产、运输工具无法有效的进入生产地等问题。

---

① 英国苏格兰哲学家和经济学家，现代西方经济学创始人，他所著的《国富论》成为第一本试图阐述欧洲产业和商业发展历史的著作。

3 探索问题：国内外农村的发展建设状况

新型城镇化道路建基于"新型城乡关系"之上，追求城乡公平、社会公平、要素共享。走向新型城镇化，要结合中国农村空间演化过程及国外农村的建设实践经验，从农村自身出发，承认城市与农村之间的公平性，城乡存在内在的功能差异性，明确农村的需求导向，将农村放入城镇化全局中考虑。

3.1 国内农村空间演化阶段分析

新中国的成立是农村发展的一个新的里程碑，从建国初期到现在的65年时间里，农村变化经历了5个重要阶段，土地改革、人民公社制度、家庭联产承包责任制、市场经济体制、城乡统筹发展都对农村的空间演化影响很大（图1），尤其是在土地、产业等方面。从农村与城镇的关系来看，中国社会发生了翻天覆地的变化，城镇对农村发展的影响表现在土地改革、人民公社制度与家庭联产承包制的三个阶段，城镇与农村同步化发展，城镇与农村差距较小；而在市场经济体制下，城镇的发展速度明显快于农村，导致资源、资金、劳动力在城镇迅速聚集，农村的发展失去了内在动力，陷入恶性循环，城乡差距明显[3]（表3）。

城乡统筹作为国家发展战略为破解"三农"问题提供根本性的路径选择，政府成为乡村建设的主导力量，乡村建设多元化而活跃、综合乡村建设实验内容创新（表3）。2014年，《国家新型城镇化规划2014-2020》的颁布，是在探索我国具备工业反哺农业、城市支持农村和多予少取放活方针的条件下如何实现乡村现代化，破解"三农"问题。

中国农村空间演化过程归纳　　　　表3

时期	土地	产业	城镇对农村的影响	发展阶段
新中国成立初期（1949~1961年）	土地改革使土地分配趋向平均化，消灭佃租关系，佃农成为自耕农，农民生产积极性高涨	以农业为主，国家对农业产品实施定购、定销、定产政策，农村经济完全纳入国家政权的控制，实现社会主义原始积累	早期镇建制无统一标准，私商经营被禁止，转为公私合营或合作经营，城镇作为农副产品集散中心的经济基础削弱	政策调控阶段的发展
人民公社体制（1961~1978年）	土地由家庭单干变为合作经营，在生产环节施行互助，实现了土地所有权与使用权的分离	以农业为主，人民公社制度保障统购统销政策的实施，但是违背农业生产自然规律，挫伤农民生产积极性	人民公社化与自然灾害，农业歉收，城镇人口超过了农业生产的承受力，国家控制城镇大小规模	萎缩发展
家庭联产承包责任制下（1978~1992年）	土地承包制使土地的使用权重新回到农民手中，家庭成为农业生产的基本单位	农业恢复，乡镇工业发展，人民公社时期积累的社队企业得到发展，为后来的乡镇企业发展提供基础	城镇经济发展，促进乡村建设，农民大量建新房，住房面积增加，农民生活条件改善	快速发展
市场经济体制下（1992~2002年）	土地二元制度限制了经济发展、生产力和生产效率的提高，导致农村盲目扩大，土地的粗放式使用	乡镇工业成熟，农村经济结构开始转变，由于农村组织机能涣散导致建设用地闲置	城镇核心引力增强，导致农村人口入镇入城进行非农生产，在初期农民"离土不离乡"，后期"离土又离乡"导致农村空心化	空心化发展
城乡统筹背景下的新农村建设（2002~至今）	探索建立城乡土地流转制度，改善土地资源配置效率	农业规模化、集约化、高效化发展	城市产业结构调整，发展第三产业影响农村，农村的社会、经济、服务功能逐渐强调	重视农村内在提升式的发展

3.2 国外农村发展建设实践启示

无论是城镇化起步阶段、快速发展阶段还是高位趋缓状态，大多数国家发展到一定阶段都会出现农村建设问题，包括土地、产业及基础设施等。通过对韩国、日本、德国和荷兰等国家在城镇化不同时期的农村建设存在的问题及其应对措施进行分析（表4），为我国在新型城镇化发展中的农村可持续健康发展提供思路。

东亚的韩国和日本农村发展自主性较高，政府作为引导的角色，为农村的发展提供政策支撑。西欧的德国与荷兰城镇化率在20世纪50年代就超过70%，进入城镇化稳定阶段①，在人口从城市流向农村的过程中，主要针对的是农村土地的整理，政府主要扮演资源、地方特色等的维护者的角色。

① 经济发展以第三产业和高科技产业为主导，人口增长模式向"低出生率，低死亡率"转变，城市人口增长速度趋缓甚至出现停滞，城市人口增长处于稳定的发展时期，城乡差别越来越小，区域空间一体化，并有可能出现逆城市化现象。

国外农村建设实践经验总结

表4

国家		土地	产业	建设特征
东亚	韩国	改善土地条件及基础设施，提高土地效益	前期政府支援，带动农业，后期调整农村产业结构，增加农民收入，缩小城乡差距	主要靠农民自主建设，低成本发展农村，注重基础设施建设，政府引导特色产业开发
	日本	前期改善土地条件，后期强调土地的综合化、多目标、高效益开发	前期对传统农业经结构调整，后期培育农村的产业特色，实现"一村一品"	面向都市高品质、休闲化和多样化需求、自下而上的乡村资源综合开发实践
西欧	德国	进行土地整理，改善原有分散土地结构	前期注重农业的规模化生产，后期注重农村生态、文化、旅游等价值与经济的结合	保护地方特征，更新传统建筑，扩建基础设施，注重农村与自然环境的结合
	荷兰	进行围海造田，土地整理，高效利用有限土地	强调农业的多目标发展，注重乡村旅游及休闲服务业	20世纪50年代城镇化率就达到80%，人口自发流向农村，注重对土地、水资源的合理利用，提高土地效率

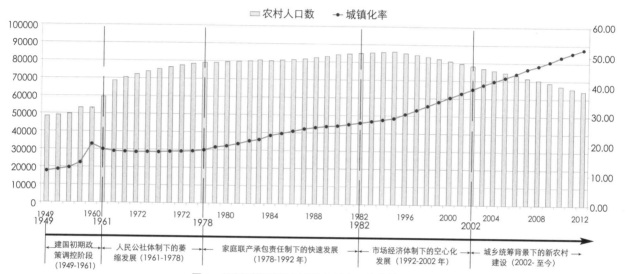

图1　不同时期城镇化率及农村人口变化情况示意

4　解决问题：农村与新型城镇化发展的协调规划策略

4.1　宏观组织

（1）农村重构模式

规划引导是整个农民集中居住发展成功实现的前提条件，一个好的规划设计方案可以为农民提供一个良好的居住空间，使广大的农村居民乐于接受新居住模式，同时，也能够为将来城乡地区的科学、协调发展助力，实现社会主义新农村建设的真正目的。引导农民实现集中居住要坚持与城镇扩张发展相结合、与重大基础设施项目建设相结合、与乡村产业开发相结合，进行整体性、系统性、可操作性设计和建设。主要分为五类[4]（表5）。

（2）农村产业模式

农村需要提升农业的产业化水平，提高农村经济发展水平，为农民提供集中居住所需的经济支撑，在更大的范围和更高的层次上实现农业资源的优化配置和生产要素的重新组合，对传统农业生产经营体制实行根本性变革，发展多种经营和实行分工分业的专业化生产，农民随着产业的建设与发展集中居住到园区各产业聚集区[5]。农业合作社、旅游开发商等为农民提供更多的就业机会，而农民从事的工作性质不变，但工作服务对象复杂化，从单一农业生产发展到旅游服务业，实现产业升级（图2）。

4.2　微观组织

（1）土地利用整合

根据在农村建设过程中，生活用地处于中心地位，生产用地要便于农民通达及产品运输，以集约的道路交通用地合理地融入区域路网体系，村道作为骨干，联系生活用地与生产用地形成"单位农村空间模型"（图3）。

农村重构模式总结　　　　　　　　　　　　　　　　　　　　　　　　　　　表5

类别	指导原则	示意图
集中建设	对于人口规模较大，具有较大发展潜力的现有集镇或中心村，采用集中建设新农村中心居民点的方式，引导周边规模小、分布散的村庄向中心居民点集聚	
连片整合	对于村庄分布稠密、村庄规模呈现均质化的乡村地区，应该与文明生态村的"连片创建"和"片区连创"相结合，对原有居民点进行持续调整，通过空间重构，形成组团式居民点	
移民迁建	位于生态保护区、水源涵养区、大型水利设施淹没区等范围内，或者因大型工程建设需要搬迁的村庄，应以政府为主导，向周边城镇或中心居民点搬迁，按照城镇安置小区或中心居民点标准进行配套建设	
开发迁建	位于规划的产业园区或项目开发用地内的村庄，采用政府引导、开发商投资相结合的方式，按照项目建设的进度逐步搬迁，向周边城镇或中心居民点搬迁，并在产业园区或开发项目中解决农民的就业和社会保障问题	
城乡融合	在符合城镇总体规划的前提下，积极推进城中村和城边村的改造，把村庄建设转向居住社区建设	

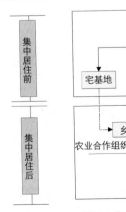
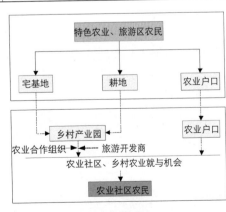

图2　农村产业模式构建示意

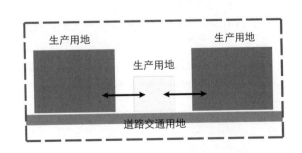

图3　单位农村空间模型示意

"单位农村空间模型"内部用地包括生活用地和生产用地，其具体用地性质见表6。应注意以下两点：①生活用地及生产用地的公用工程设施用地将在村域规划中统一综合布置；②由于不同地域实际情况不同，为利于地方依据实际进行合理的调整，用地分类较粗，容易包容新出现的用地类别，增强用地应变能力。

单位农村空间模型内部用地性质

表6

用地成分	用地分类	用途界定	类别代号
生活用地	居住用地	主要以村民住宅用地为主	R1
	公共建筑用地	主要以农村中配套的行政管理、教育机构、文体科技、医疗保健、商业金融、集贸设施等用地为主	C1、C2、C3、C4、C5、C6
	仓储用地	主要以农民住宅附属的仓储设施为主	W1
	道路广场用地	主要以干路、支路、步行巷等道路用地、广场用地	S
	公用工程设施用地	主要以村民住宅配套的公用工程用地、环卫设施用地为主	U1、U2
	绿化用地	主要以公共绿地为主	G1
生产用地	生产建筑用地	主要以一类工业用地、农业生产设施用地为主	M1、M4
	仓储用地	主要以普通仓储用地为主	W1
	对外交通用地	主要以停车场、加油站等为主	T1
	道路广场用地	主要以干路、支路、步行巷路等道路用地、广场用地	S
	公用工程设施用地	主要以用于农业生产的公用工程设施用地为主	U1、U2
	绿化用地	主要以生产防护绿地为主	G2

（2）农村布局重构

农村主要由农村背景、农村活动、农村建设三要素组成，其布局重构主要表现在：

第一，农村背景的重构。在生活用地中，针对农村的生活习惯，采用"标准模块"划分模式，"标准模块"（图4）通过组合得出多样的组织结构，在满足农民生活需求的同时，可形成丰富的景观格局，同时引入当地的景观元素构建特有的农村背景。

第二，农村活动的整合。农村的生命力特指规划建设的农村具有的可持续发展能力，在生产用地中，根据不同产业的用地规模进行自由组织，满足在农村产业升级过程中的农业规模化、产品研发、加工等需求，并且注重与生活用地的整体环境相协调，强调生态、社会和经济三大效益的共生，注重其内部的亲和力，避免相互排斥现象发生（图5）。

第三，农村建设的协调。农村建设的重点在景观风貌的控制，为了获得更多的景观兴奋点以强化农村的整体景观意象，生产用地尽量集中，使其他用地与生活用地的其他用地统一配置，保证景观环境的整体性（图6）。

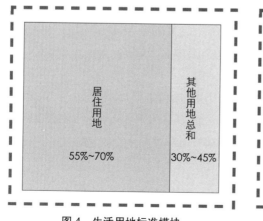

图4　生活用地标准模块

图5　生产用地标准模块

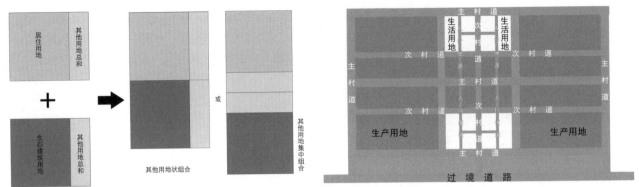

图6 生活 + 生产组合模式示意   图8 道路交通组织模式示意

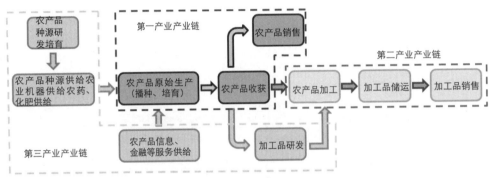

图7 农村产业链构建示意

（3）农村产业构建

根据农村当地自然条件以及当地农产品品种，发展适合当地的农产品，整合相同类型的农产品，在农村一般产业链的基础上加强农产品的加工、储运及销售环节，使农民成为销售者，增大农民收入，在农村发展后期还可以进行农产品的种源研发及农产品加工品的研发，丰富农村产业结构（图7）。

（4）道路交通组织

根据农村生活用地与生产用地的布局来组织道路交通，农村主村道主要分布在生产用地之间并与过境道路相连，此级别道路采用能够满足货运要求公路设计标准或汽车通行的标准；农村次村道主要设置在生活用地与生产用地之间以及生产用地内部，设计标准满足现代农业设备通行；农村人行便道设置在生活用地内部，满足农民日常生活需求（图8）。

5 结语

新型城镇化影响农业现代化、工业化、信息化进程的推进，农村传统的功能与价值在发生变化，应顺应城市发展的新需要做相应的调整，使得区域内各资源重新得到优化配置，促进城乡统筹发展。因此，在对新型城镇化下农村规划进行研究时，从宏观层面强调规划引导、农村产业模式出发；微观层面从村落自身的活力化进行整合，强调土地利用集约构建新型农村。

中国农村是传统的、特征鲜明的。村民自治是农村具有强大内生动力的先天条件，农村文化以及美丽的生态景观是城市发展图底，在新的"城镇化热"、快速城镇化兴起之际，对城镇化保持清醒、审慎的态度，认清城镇化危机对农村发展的影响，重视农村发展规律，具有极大的必要性。

主要参考文献

[1] 赵绪福. 农业产业链优化的内涵、途径和原则 [J]. 中南民族大学学报（人文社会科学版），2006（6）：119-121.

[2] 夏闰. 基于合作社视角的农产品产业链的延伸——以安徽省岳西县涓水高山蔬菜合作社为例 [J]. 赤峰学院学报(自然科学版), 2010 (10): 63-65.

[3] 王伟强, 丁国胜. 中国乡村建设实验演变及其特征考察 [J]. 城市规划学刊, 2010 (2): 79-85.

[4] 李祥龙, 刘钊军. 城乡统筹发展, 创建海南新型农村居民点体系 [J]. 城市规划, 2009 (S1): 92-97.

[5] 陈晓华, 张小林. 城市化进程中农民居住集中的途径与驱动机制 [J]. 特区经济, 2006 (1): 150-151.

Live a Prosperous and Contented Life —— Rural Planning on New Urbanization

Wan Xiangyi   Tong Dan

Abstract : Against a background of national new urbanization planning, based on the establishment of rural role, through tracing Chinese rural historical spatial evolution process and the foreign rural construction practical experience, this paper comprehensively analyzes the key factors between rural current such as land use, spatial layout, industrial development, traffic and explores to construct a new relation to achieve the fairness in society and resource between urban and rural areas. Considering the rural actual condition, the functional difference does exist between the two sides. It means that we must figure out rural demand and research country in the overall situation of new urbanization. Above all, the paper also concludes the macro and micro improve measures, which contains the elements rearrangement and the mode reorganization in planning guide and industry development. It summarizes four elements, including integration of land use and to enrich land component, reconstruction of rural layout and the functional improvement of structure, construction of rural industry and industrial structural enrichment, organization of traffic and traffic system's amelioration, attention on the law of rural development and the vitality of rural development.

Keywords : new urbanization ; rural area ; planning

浅谈文明生态村规划

王海天　王魁　唐嘉华　尤坤

摘　要：本文以天津市宁河县东棘坨镇张老仁村规划为例，分析研究了新时期农村规划，提出农村规划必须分析研究地方特色，以产业布局调整为重点，引导农村经济发展；生态敏感地区的村庄规划必须维护和恢复正在被破坏的生态环境；文明生态村建设必须治理当前脏、乱、差的村容村貌，制定切实可行的近期建设规划。

关键词：文明生态村；规划

1　引言

我国的农村建设运动自 20 世纪 20~30 年代就已经开始，以知识分子社会改良——"乡村建设救国"论的理论表述和实践活动为主线，山西名噪一时的"村治"——农村经济改良运动、晏阳初领导的"平民教育运动"、梁漱溟主持的"广东乡治讲习所"、"河南的村治运动"、卢作孚倡导的"乡村建设实验"等都出现在这一时期。新中国成立后，我国实行了农村土地改革，引导农村经过互助组、初级社、高级社三个不同阶段的发展，走上了社会主义新农村的发展道路。党的十一届三中全会制定了《中共中央关于加快农业发展若干问题的决定（草案）》，拉开了我国农村改革发展的序幕。自党的十六届五中全会提出要按照"生产发展、生活富裕、乡风文明、村容整洁、管理民主"的要求，扎实推进社会主义新农村建设以来，我国的新农村建设进入了一个崭新的历史时期。

2008 年开始实施的《中华人民共和国城乡规划法》将乡和村庄规划与城镇体系规划、城市规划、镇规划并列为城乡规划体系的重要内容。笔者认为，相对于城市规划来说，目前乡村规划还没有引起足够的重视，从理论到实践均缺乏完备的体系和方法。近日，党的十八大三中全会对于深化农村改革提出若干重要意见。对此，如何发挥规划的指导作用，研究乡村规划特点，做好乡村规划，促进农村经济发展，提高农民的生活环境质量，是我们迫切需要解决的重要问题。

在党的群众路线教育实践活动中，天津市委、市政府部署市属机关事业单位对口支援 500 个贫困村，天津市城市规划设计研究院对口帮扶张老仁村，张老仁村位于宁河县东棘坨镇西北隅，潮白河东岸，北与宝坻区黄庄乡接壤，

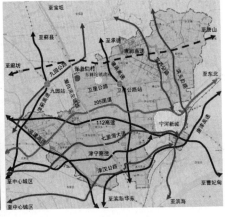

西与宝坻区大唐庄镇隔潮白河相望，东、南侧与东棘坨镇东赵村、史家庄村、东白村相邻。张老仁村为镇内第四大村，村庄现状住户 300 户，人口 1152 人。其中低保户 18 家，"五保户" 7 家，"特困户" 4 家，困难家庭占全村家庭总数 9.7%。村庄存在的道路失修、排水渠道不畅、垃圾处理粗放、卫生无人监管等问题，以及"垃圾围村庄、臭水满池塘、屋里院子脏乱差"等现象。本文结合驻村帮扶工作，试图探索新时期农村规划特点，着重对农村产业布局、文明生态村建设和村庄近期整治规划进行分析论述。

王海天：天津市城市规划设计研究院交通所高级工程师
王魁：天津市城市规划设计研究院工程师
唐嘉华：天津市城市规划设计研究院高级工程师
尤坤：天津市城市规划设计研究院工程师

2 农村规划应以产业发展为先导

农村规划要突破城市规划的传统方法，除了进行传统意义上的空间规划外，更应以经济规划为主线，以产业发展为主导。尤其是中国农村相对于城市而言，长期处于落后、贫穷状态。首先要发展经济，使农民富裕起来，这是中国的国情。长期习惯于城市空间规划的专业人员要懂得农村产业规划，为农民提供更多的经济发展思路。

2.1 产业结构不合理是制约农村经济发展的重要因素

以张老仁村为例，该村目前仍以一产为主导，二、三产薄弱。村域面积801.5hm²，村庄面积33hm²。具体土地利用现状详见下表：

项目	面积
村集体机动用地	25hm²
村民承包农田用地	276hm²
村民承包鱼塘用地	30hm²
村民承包养殖小区用地	6hm²
村民承包长毛兔养殖区用地	0.5hm²
工厂用地	1hm²
河道用地	110hm²
村庄用地	33hm²
玉米原种场租赁用地	320hm²
合计	801.5

张老仁村村域现状用地图

一产以传统农业生产模式为主，靠天吃饭，主要以棉花、玉米、辣椒等传统农作物为主。棉花种植面积2800亩，辣椒种植面积200亩。40岁以上劳动力以从事农业生产为主，40岁以下年轻劳动力多外出务工。农业为主的产业结构制约了农民收入增长，2012年农民人均可支配收入9112元，2013年上半年农民人均现金收入不足4300元，属于全镇后进村队。现有农业生产以家庭承包为主，规模小，抗风险能力小，难以形成规模经济和品牌效应。农产品品牌化发展水平较低，下游农产品深加工发展不足。村集体收入主要依靠零散土地发包，效益不高。

通过调查，规划人员了解到张老仁村经济落后的重要原因是种植结构单一，全村大部分农户种植棉花，每年每亩棉花纯收入仅1000元左右。村民人均耕地2.39亩，每户的农田以邻为壑，加之土地平整度差，不利于大规模机械化运作。同时产业结构不合理，二、三产业相对薄弱。根据对村民的逐一入户调查走访，了解到90%的村民希望进行土地的合作化经营，同时引进无污染企业，用以接纳农村剩余劳动力，适度发展服务业，形成一、二、三产业互补循环发展的局面。

2.2 合作化经营的现代农业产业布局

土地股份合作制是农户以承包的土地入股，集体以机动地及其存量资产作股，并以在册村民为配股对象，按各户所拥有的土地、村龄或对集体经济贡献大小确定配股比例，进行生产资料合作的新的社区合作经济组织。它打破了农户一家一户式的传统经营、组织模式，促进了农村土地使用权流转，实现了产业的多元化、规模化和集约化。随着农村土地股份制的实行，以村委会为单位的对土地的集体经营权替代了以家庭为单位的农民土地承包权。土地使用者角色的转换，使农村土地由过去的集体所有、农民家庭分散承包变成了集体所有、集体经营。所有权与经营权的又一次统一，导致了农村土地向集体经济组织的又一次集中。

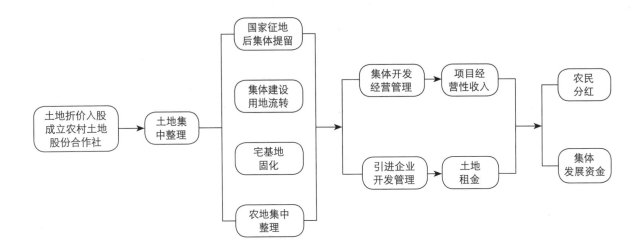

现代农业发展到当今阶段，已经远不是改革开放初期所面临的问题那样简单了。科技对农业的贡献量越来越大，高效农业、设施农业、立体农业、林下经济等新新事物层出不穷，张老仁村要改变农村经济落后的局面，必需解放思想，摒弃落后的生产经营方式，调整农村产业结构，运用现代化的经济理论来发展农村经济。

设施农业是通过采用现代化农业工程和机械技术，改变自然环境，为动、植物生产提供相对可控制甚至最适宜的温度、湿度、光照、水肥和气等环境条件，而在一定程度上摆脱对自然环境的依赖进行有效生产的农业。它具有高投入、高技术含量、高品质、高产量和高效益等特点，是最具活力的现代新农业。设施农业是涵盖建筑、材料、机械、自动控制、品种、园艺技术、栽培技术和管理等学科的系统工程，其发达程度是体现农业现代化水平的重要标志之一。

中国是世界上应用设施农业技术历史最悠久的国家之一，最早的文字记载见于西汉的《汉书补遗》中"大官园种冬生葱韭菜茹，覆以屋庑，昼夜燃蕴火，得温气乃生……"。到了唐代，中国的设施栽培技术又有了进一步发展，大历十年王健在描述宫廷琐事的《宫词》中写道："酒幌高楼一百家，宫前杨柳寺前花，内园分得温汤水，二月中旬已进瓜。"说明 1200 多年前，西安都城已用天然温泉水在早春季节种植瓜类、蔬菜。至明朝嘉靖年间，王世懋在其所著《学圃杂疏》中记载："王瓜出燕京者最佳，其地人种之火室中，逼生花叶，二月初即结小实，中宫取之上供。"说明明朝北京的温室暖窖栽培已具相当的水平，经过明、清、民国近 600 年，以西安、北京等古都为中心的劳动人民，

现代化农民行业生产

在创造中国特有的单斜面暖窖土温室黄瓜等蔬菜的冬春茬栽培方面积累了丰富的实践经验，但限于当时的社会条件和科学技术的落后，设施栽培发展缓慢，且其产品始终为极少数封建官僚统治阶级所享用，直到新中国成立后，随着社会生产力和经济建设的发展，设施园艺才得到了迅速发展。随着我国农业现代化发展，传统农业向现代农业转变，特别是近年来农村土地承包经营权流转进程加快，农业生产经营规模不断扩大，农业设施不断增加，农业生产效益得到提高。

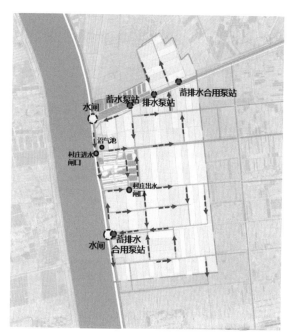

建立村域水循环系统

经过驻村帮扶工作组的联系，村里拟与静海县林下经济区中延菌业有限公司合作，利用村集体机动地，建设现代化厂房，生产食用菌菇，亩产纯收入可达到7000元左右，中延菌业有限公司负责提供技术培训、市场营销等，村里提供土地和劳动力。通过设施农业的试验，可以改变农民传统的思维定式，锻炼农民参与现代市场经济竞争的能力，吸纳农村剩余劳力，培养技术管理人员，增加农民收入。设施农业前期资金投入较大，仅依靠村集体和农民个人的资金缺口较大，但是，对于现代农业政府有扶植政策，村里目前正在积极争取上级的资金支持。

经过调查了解，在20世纪50~60年代，张老仁村就有种植水稻的传统，特别是村域北部与宝坻区黄庄镇接壤地区是水稻的高产区，现今黄庄水稻成为远近闻名的农业品牌。近几十年来，由于各家各户分散经营，加之土地平整度差，水利设施不配套，不能进行大面积水稻种植。本次规划结合村庄土地经营权流转，拟恢复张老仁村传统的水稻种植，同时与县土地局和水利局结合，进行土地平整和农田水利设施建设。种植区顺应地势，通过水闸、蓄排水泵站实现自身循环。利用生态渠实现村域水体净化，村庄水系依据地势纳入村域循环系统，村域雨水可成为村庄景观，村庄水塘具有蓄水功能，村庄污水经过处理可用于灌溉。

本次将西关引河两岸224hm²土地规划为水稻生产片区，依托北部黄庄水稻生产的品牌优势，借势发展，合作化经营，构建水稻生产的高标准农田。同时积极拓展稻田养蟹的发展模式，积极利用七里海河蟹品牌优势，增加生产附加值。

村域东部有一片砂质土地，特别适合西瓜等果蔬种植，规划为果蔬生产区，计75hm²。充分挖掘可利用土地，发展林下经济和庭院经济，提高集体及村民收入充分挖掘可利用土地，发展林下蘑菇种植等模式，实现土地高效利用，共计10hm²，包括两部分：①综合利用潮白河左堤路防护绿带；②积极利用村庄南侧闲置土地。庭院经济，利用庭院内部5hm²，外部13hm²，村集体组织进行规模化生产，对口销售＋蔬菜基地的带动，种植类型：果树、菜花、青菜、萝卜、黄瓜等。加强养殖区的技术投入，提高养殖区产量，①水产养殖生产片区45hm²，提高污染防治水平，增加品种；②畜牧养殖生产片区7hm²，加宽与村庄的防护距离，整治环境，尝试新品种。长毛兔养殖厂0.5hm²，加强技术投入，带动村民积极性。

宝坻区黄庄水稻主产区

宁河七里海河蟹

静海县林下经济主产区

张老仁村村域产业结构功能布局图

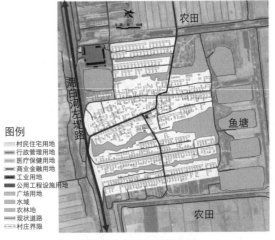

村庄河塘与住宅相间布置

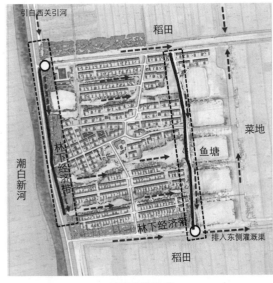

村庄水洗构成

3 新农村规划应恢复和发展地方生态环境

3.1 在快速城镇化背景下村庄生态环境保护缺失

我国是一个历史文明古国，在广大农村地区有一大批建筑与历史文化积淀深厚的特色村庄。当前随着我国城镇化的快速发展，有的村庄规划也机械模仿城市规划的做法，村民住宅形成规整的行列式布局，城市人到了村庄给人以似曾相识的感觉，没有感受到农村的乡村聚落氛围。实际上我国农村有着特有的文化传承，大部分村庄普遍都有上百年甚至几百年的历史，村民们聚族而居，在长期的生产生活中，形成了符合生态、环保要求的边界、空间、结构等村庄肌理。村庄规划应重点对村庄内部的生态结构进行梳理和修复，通过结合村落周边水系、林网及过境道路进行生态廊道的建设，强化其与周边优质生态环境的联系，形成乡土气息浓厚、特色鲜明的村庄规划。

3.2 生态敏感地区的村庄规划

当前，在快速城镇化的发展背景下，我国很多地区的村庄的生态环境变得十分脆弱，原有的生态格局被破坏，导致不可挽回的损失。因此，生态敏感地区的村庄发展是保障生态敏感地区生态安全和可持续发展的重要内容。恢复生态学理论是指导这一地区村庄发展的理论基础。生态敏感地区的村庄发展规划要注重人居环境生态适宜性，在村庄体系规划中融入生态网络格局规划，在村庄生态建设导引中融入绿色基础设施规划，构建基于传统村庄体系规划方法和恢复生态学理论系统的整合性发展策略和规划研究框架是具有之分重要的意义。

张老仁村位于潮白新河东岸，村庄四周为土地利用总体规划划定的基本农田保护区范围，同时位于古七里海湿地保护区范围内，具有很高的生态敏感性。因此，对于生态环境的保护、利用和发展应始终贯穿于张老仁村村庄规划的始终。

张老仁村村庄布局特色鲜明，水塘众多，且与村宅交错布局，历史上就具有型的华北水乡特点，在20世纪50~60年代，村庄沟渠水可以游泳、洗衣、做饭。

只是由于近而几十年来随着污染的日益严重，同时由于疏于治理，村庄河塘淤积严重，水体自净能力不足，早已失去水乡特色。在本次村庄规划中，着重恢复水环境，通过疏浚、联通河道，提高水体的净化能力，打造水上人家的宜居环境。建立汇水系统，形成流动水系——恢复东西两侧的沟渠，形成环村水系，并与潮白新河沟通，利用天然的地形地势，村庄地势北高南低、西高东低，整体高差约2m，形成流动水系。设立南北两个闸口，进行蓄水排水管理。村庄水塘具有蓄水功能，村庄污水经过处理可用于灌溉。

村庄水塘具有蓄水功能，村庄污水经过处理可用于灌溉。利用生态技术，充分利用沟塘培育氧化塘、生态渠，对生活污水进行净化处理，再进行农业灌溉的循环利用。污水采用组合处理模式；①三格化粪－污水管－厌氧池－氧化塘－生态渠的污水处理流程。②利用现状水塘种植水生植物来吸收和处理污染物，植物吸收有机质和氮、磷等，达到净化水体功效。

村庄内雨水可沿道路以路面漫流的形式顺地势流入排水渠及水塘。同时铺设透水地砖，使地面透水率达到30%，通过雨水渗透对地下水进行补给。引入芦苇、荷花等水生植物，净化水塘水质；绿地、人行道铺装采用渗水地砖的形式，加强透水率，加强雨水收集。

本次规划不再保留对空气和水体具有较大污染的铸造厂，原工厂用地作为发展备用地，适时发展第三产业等服务业，村庄发展后劲。

通过乡土绿化种植、堤岸处理，实现生态的水岸活动空间和景观。

形成村在绿中、村在水中，水网绿化架构、点状毛细渗透。充分利用果树、菜地等本地植物配置，绿化道路、步行空间、林带、宅前，体现自然的乡土气息。

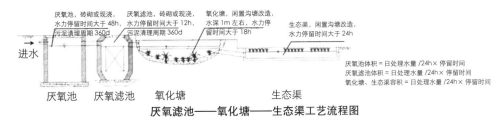

厌氧滤池——氧化塘——生态渠工艺流程图

村庄排水系统

生态渠设计横断面

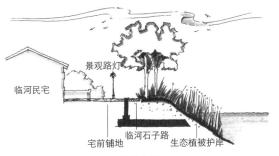

生态水岸

规划中的张老仁村文明生态村

村庄现状图

村庄整治规划

村庄自 20 世纪 90 年代以来，由中部向南北两侧拓展，由于建设年代及村民家庭收入的差异，导致房屋质量参差不齐，立面不整洁。总体来讲，中间房屋相对老旧，南北两侧质量较好。

本次重点整治中部地区，延续原有村宅肌理、保持依路而建、面水而居的空间形态，沿主要道路及外部空间进行绿化种植，达到黄土不见天，形成村容整洁、绿树成荫、同时乡土气息浓郁的宜居环境。

4 村庄规划更应注重近期建设规划

4.1 连续性城市规划理论

连续性城市规划是布兰奇（Melville C.Branch）于 1973 年提出来的有关城市规划过程的理论。他的立论点在于对总体规划所注重的终极状态的批判，与过去的城市总体规划集中注意遥远的未来和终极状态的思想所不同的是，连续性城市规划注重从现在开始并不断向未来趋近的过程。因此，对规划而言，最为重要的是需要考虑今后最近的几年。要实施规划，必然会受到资金方面的制约，这不仅包括下一个财政年度的详细预算，还包括了税收和其他财政收入的可能，这些都会影响到可获得的资金。在最近几年中将会发生的事对以后可能发生的事具有深远的影响。因此，在规划的过程中，尤其需要处理好最近几年的内容，而未来的进一步发展是在这基础上的逐步推进。从这样的意义上讲，城市规划应当包括今后一年或两年的预算，两到三年的操作性规划和对未来不同时期的长期预测、政策和规划方案。

4.2 制订切实可行的近期行动方案

由于长期以来缺少对农村建设的投入，我国大部分农村还处于脏、乱、差的局面，尽管近年来有所改善，但还是大量地存在人居环境质量低下；村庄道路不畅，路面狭窄；缺少排水和垃圾收集清运设施；工业"三废"污染农村环境；综合防灾、减灾能力十分脆弱等。在规划中要找准这些重点问题，从近期整治着手，针对存在的问题，提出相应的措施，编制近期建设规划，解决当前农民最关心、最直接、最急迫解决的热点、难点问题，尽快改变农村最基本、最基础、最急需的基础设施和公共服务设施建设。

目前村内道路狭窄，主路宽度大部分不到 4 米，大部分路面质量较差，村民使用不便，"晴天一身土，雨天一身泥"。农民迫切期望整修村庄内道路，同时修建环村路，可以使农用车不再穿越村庄。

垃圾乱堆乱放，覆盖坑塘约为 5hm²，约占村庄总面积的 1/6，土方量约 6000m³。

坑塘污染严重

坑塘污染严重

坑塘随意堆放

坑塘垃圾成堆

　　排水系统不健全，主路两侧明渠被堵塞，长度约为1350m，造成雨天泥泞不堪。生活污水乱排，造成坑塘污染；家庭取暖多使用土暖气，燃料以煤炭为主，污染环境。

　　村委会和幼儿园混用，空间不足，环境差，（现状总建筑面积仅200m²）；活动场地被停车场占用，空间有限；公厕不足、卫生条件差；服务设施不齐全。

　　经过民意调查，张老仁村帮扶单位天津市城市规划设计研究院与镇政府、村委会反复研究协商，确定了近期2年行动计划，以整修村庄道路（包括修建环村路）、河道治理和垃圾清理、村庄主入口和主干街道绿化美化、新建村

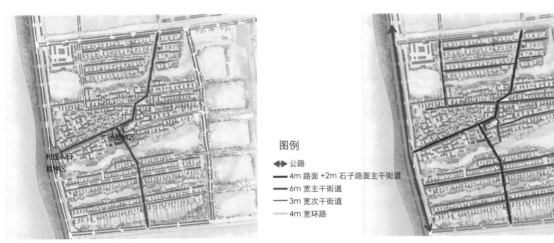

村庄主入口及主干街道绿化　　　　　　　　　　　村庄道路建设

图例
⬌ 公路
━ 4m路面+2m石子路面主干街道
━ 6m宽主干街道
━ 3m宽次干街道
━ 4m宽环路

公共活动中心建设　　　　　　　　　　　　　　村庄垃圾治理

图例
● 胶兜
━ 垃圾清除区域
● 垃圾填埋点

委会（包括党员活动室、农家书屋等）和健身广场、污水治理等为重点，争取在2年内使张老仁村村容村貌有较大的改观。具体建设项目和资金安排见下表：

项目名称	总工程量（写明细）	总投资（万元）	政府补贴（万元）	差额（万元）	我院帮扶（万元）	其他渠道（万元）	实施年份	实施月份
垃圾治理	（1）现状垃圾清除，约6000方，约18万元	32.0168	—	32.0168	5	保洁员工资村集体自筹12	2013年	11、12月
	（2）每家每户配置垃圾桶一个（镇统一要求），共311个，单价48元/个，共14928元					村集体自筹15.0168	2013年	11月
	（3）配备6辆三轮车，单价740元/辆，约4440元						2013年	11月
	（4）垃圾桶及三轮车运费，由玉田县雇2两车，共800元						2013年	11月
	（5）农村保洁员6名，每年3万元							
主干街道	（1）更换路灯，共32套，单价110元/套，总计约3520元	12.372	—	12.372	12.372	—	2013年	11、12月
	（2）粉刷灯杆，1200元						2013年	11、12月
	（3）整修4m宽水泥混凝土路面主干街道约1公里，两侧各铺设1米宽健康石子路，0.2万㎡，10万元						2014年	4、5月
	（4）主干街道两侧栽种果树，共300株，9000元							
	（5）村庄主入口栽种树木、花草，打造村入口景观节点，共1万元						2013年	11、12月
公共服务中心	（1）现状建筑拆除，3万元	62.44	新建建筑和广场补贴50%共31.22万元	31.22	31.22	—	2014年	3、4月
	（2）美化幼儿园及商店350㎡，约1.75万元						2014年	5、6月
	（3）新建村委会、党员活动室、老年活动中心、农家书屋、村邮站共220㎡，土建单价按1500元/㎡计算（含内装修）约33万元						2014年	4~12月
	（4）修建广场约1400㎡，约15.4万元						2014年	4~12月
	（5）新建三格化粪厕所30㎡，约6.5万元						2014年	4~12月
	（6）购置设备及用具：村委会十把椅子，约1000元；农家书屋书柜、桌椅、书籍，约1.5万元。						2014年	10月
	（7）安装太阳能灯4套，市场价格3000元/套，12000元						2014年	10月
	（8）广场栽种果树，共30株，900元						2014年	9、10月
其他道路硬化	（1）新建6m宽水泥混凝土路面主干街道0.5km，共0.3万㎡，33万元	248.8	补贴75%共186.6万元	62.2	—	施工队前期垫资	2014年	
	（2）新建3m宽水泥混凝土路面次干街道约2.8km，共0.84万㎡，92.4万元					村集体自筹62.2	2014年	
	（3）新建4m宽村庄环路2.35km，共0.94万㎡，103.4万元						2014年	
	（4）新建4m宽村庄环路垫路基，20万元						2014年	
污水治理	每户建设三格化粪池，约10万元	10		10		村集体自筹10	2014年	
总计		365.629	217.82	147.809	48.592 / 10%的幅度53.4512	99.2168		

5 村庄规划实施保障措施

引入总规划师制度，在规划领域实现一般性行政与技术性行政的分立，是一种世界上较为流行的制度，德、法、英、美、俄等许多国家的城市政府都普遍采用。该制度实际上属于一种机制稳定的文官制度范畴，具有职务常任、政治中立、择优录用三大主要特征。

乡村（驻村驻镇）规划师制度是适应城乡统筹要求的新探索。深圳龙岗区首先推出"顾问规划师制度"，顾问规划师由区政府聘选，同时设立专门的机构——顾问规划师服务中心，保证制度的运行和落实，在每个镇成立"顾问规划师工作小组"，促进镇村参与规划。主要通过建立公众参与制度化有效途径，来引导和推进镇、村的规划建设；而成都市为适应城乡统筹发展需求，提高农村地区规划管理水平，创造性地建立了"乡村规划师制度"。乡村（驻村驻镇）规划师制度强化了规划师作为政府行政主管部门和普通民众之间沟通的桥梁作用，加强农村群众的规划公共参与，加强规划师下乡驻村的规划服务，加强规划知识宣传和规划管理能力的普及，加强对农村地区规划师技术队伍的建设和专业技术水平的培养。这一制度极大地促进我国村镇规划建设事业的发展，促进城乡规划法的实施，促进城乡统筹规划的落实。在农村地区，规划的联系面广，涉及的部门多，保障实施的难度大，驻村（驻镇）规划师在主要职责应包括：①负责村庄规划的编制和政策制定的协调和计划工作；②沟通联系和协调规划局、土地局、水利局、环保局、农委、发改委、财政局、农机局、农科院等单位和部门，倾听他们的意见和建议，协调和解释重大分歧；③对规划实施进行"现场"监督，及时汇总各方面的意见，定期对规划进行检讨和修改；④具体安排市规划审议会或委员会的议程，协助主管领导审议各项议题，最后代表审议会或委员会提出意见和建议。

驻村工作组组织村两委赴静海林下经济区学习调研

根据天津市委、市政府《关于市级机关、市属企事业单位开展联系群众结对帮扶困难村工作的实施意见》，天津市城市规划设计研究院派出三名规划师赴宁河县东棘坨镇张老仁村进行为期4年的帮扶工作，这也是对村庄规划实施保障措施的一种有益的探索。在帮扶工作中，规划师与农民同吃、同住、同劳动，了解农民的所思、所想、所盼，随时随地与农民沟通，规划师还组织村两委干部和村民代表赴静海县林下经济区调研，使村干部和农民开阔了眼界，看到了先进的典型，树立了脱贫致富的信心，下一步还将组织村干部赴南方先进农村典型学习。通过驻村帮扶，规划人员熟悉村庄的一山一水、一草一木，带着感情做规划，使所学的专业知识有的放矢地用来解决农村、农民的实际问题，这是原先城市里的规划师坐在办公室里所不能达到的效果。今后继续坚持和完善规划的实施保障措施对于做好农村规划具有十分重要的作用。

论文原创性声明

本人郑重声明：所呈交的论文，是本人在院相关领导的指导下，独立进行研究工作所取得的成果。除文中已经注明引用的内容外，本论文不包含其他个人或集体撰写过的作品成果。本人完全意识到本声明的法律结果由本人承担。

乡村社会治理

从曹家村的灾后重建看村庄自治下的规划管理

周珂

摘　要：1982 年《宪法》的修订，明确了村民委员会是基层群众性自治组织，也确定了村庄和城镇的行政管理是两个不同的范畴。通过四川省宝兴县曹家村灾后重建实践经验的总结，提出在村庄规划编制、实施和管理上一定要以"村民自治"为工作基础，要着重关注行政权和自治权之间的关系，国家法规和村民自治章程之间的关系，成文法和不成文法的关系，基层政府和村委会之间的关系，结合村庄的实际情况，因地制宜地制定当地的村庄规划。

关键词：村庄规划管理；村民自治；灾后重建；曹家村

宝兴县位于四川省西部、雅安市北部，县域总面积 3114 平方公里，地势西北高，东南低，辖 3 镇 6 乡（52 个村庄 2 个居民委员会），现状全县人口 5.8 万。作为"4.20"芦山强烈地震的重灾县，宝兴县住房受损户数共计 12172 户。上海同济城市规划设计研究院受四川省人民政府和住房与城乡建设部的委派，于 2013 年 4 月 28 日第一时间奔赴灾区，承担了宝兴县的灾后重建恢复规划编制任务，并积极参与后期的规划实施管理工作。

1　从宝兴的村庄重建规划看传统村庄规划的问题

对于宝兴而言，除了作为县城的穆坪、灵关二镇的城镇住房重建工作外，大量的还是乡村地区的灾后重建工作。在这个过程中，暴露出了大量传统村庄规划的问题。

1.1　政府规划管理力量薄弱

宝兴县地广人稀，县域 3114km² 内分布着 54 个行政村，每个行政村少的有 3、4 个自然村，多的有 10 多个自然村，而整个宝兴县规划和建设局专门从事规划管理的专职干部只有 2 人。对于城区的规划管理已经是疲于应付，对于村庄的规划管理基本只能是以救火队员的面貌出现，有了问题再说。而对于村庄建设的管理主要是由各乡镇以主管副乡长牵头的建设管理员小组负责，包括乡村规划建设许可证的核发。但是随着 1993 年国务院取消"农村宅基地有偿使用收费、农村宅基地超占费和土地登记费在农村收取的部分"等有关宅地基的收费后，基层干部工作积极性不高。尤其是对于宅基地的管理工作也就局限于位置面积确定，对于宅基地上的建设管理基本是很随意的。

1.2　村庄规划编制与现实的脱离

在村庄规划的编制过程中，很多设计单位的动机非常好，都是想打造一个富有特色的美丽乡村，但是在实际规划过程中往往忽略了作为村庄建设主体的村民对当地文化的理解和生活需求，单纯地按照规划设计师个人的理解去规划建设一个村庄，比如蜂桶寨乡青坪大河坝新村聚居点的规划设计。

大河坝聚居点位于通往四川省包单位邓池沟天主教堂的路上，也是首次将活体大熊猫介绍到欧洲的戴维神父在宝兴的居住地。"4.20"芦山地震以后，中国扶贫基金会委托北京某建筑规划顾问有限公司对该聚居点进行了规划设计，并将该村起名为"戴维村"。但是从当地政府和老百姓的反映来看，存在以下几个主要问题：①占地面积过大，规划人均用地达到了 120m²，而《雅安市"4.20"芦山强烈地震灾后新村聚居点举出设施和公共服务设施建设指导意见》明确规定人均用地不得超过 60m²；②开挖水塘的工程量太大，且占用大量耕地；③规划中设置了教堂、菜市场和超市等，

周珂：上海同济城市规划设计研究院高级工程师

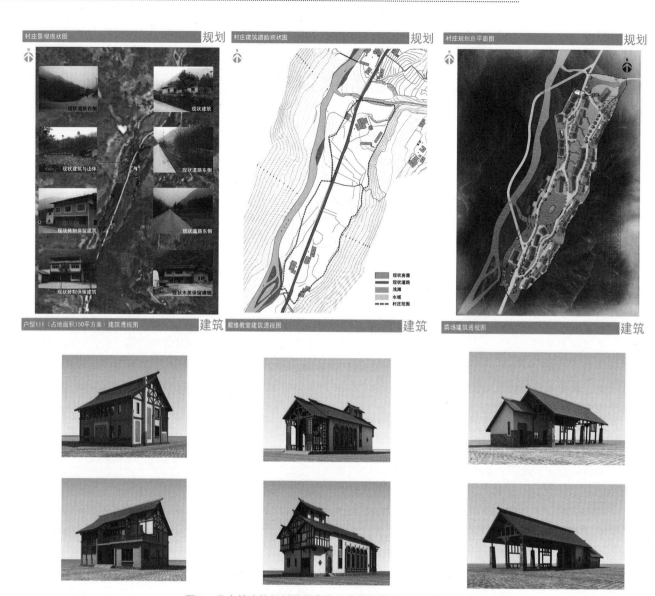

图1 北京某建筑规划顾问有限公司做的戴维村规划设计方案

对于一个42户的聚居点而言，没有太大意义，而且没有相应资金，无法实施；④欧式建筑风格造价太高，且和当地传统建筑和老百姓的生活需求不匹配。最后，该项目只能委托当地规划设计单位重新设计。

1.3 规划设计人员和地方领导干部的作品意识

在村庄的建设规划设计过程中，无论是地方干部还是规划设计人员，经常会把村庄的建设成果当作个人的政绩或者作品来看待。然而这种功利之心，在规划建设过程中，往往就掺杂了所谓的"强制审美"标准，会为了"成功"而夹杂不属于地方的规划设计手法、原则，过分强调所谓的创新、示范、标准、准则、美观、动人等外在形式而忽视了村落千百年中自然发展所形成的自我特色和当地老百姓的审美要求。最后的结果是在规划设计过程中干部和规划设计人员兴致满满，老百姓冷眼旁观；施工过程中，老百姓处处不满到处找碴，干部和规划设计人员焦头烂额。待到干部和规划设计人员的热情过去以后，村民该怎么干还怎么干，想怎么干就怎么干。给面子的，规划图还挂在村委会当个摆设；不给面子的，文本图纸随手一扔，就当这事从来没有发生过。

2 村庄规划与村民自治的不匹配

在宝兴农村住宅的灾后重建规划编制与实施过程中出现的种种问题的根源实际上就是现行的村庄规划编制和管

理办法脱离了村民自治这个实际，简单地把城市规划的编制方法复制到乡村，认为乡村的规划管理是政府行政管理的简单延伸，用行政管理的手段来处理农村问题。[1]

2.1 村民自治

村民自治是广大农民群众直接行使民主权利，依法办理自己的事情，实行自我管理、自我教育、自我服务的一项基本社会政治制度。[2]《宪法》的第一百一十一条规定"城市和农村按居民居住地区设立的居民委员会或者村民委员会是基层群众性自治组织。……居民委员会、村民委员会同基层政权的相互关系由法律规定。……办理本居住地区的公共事务和公益事业，……并且向人民政府反映群众的意见、要求和提出建议。"《村民委员会组织法》第二条规定"村民委员会是村民自我管理、自我教育、自我服务的基层群众性自治组织，实行民主选举、民主决策、民主管理、民主监督。村民委员会办理本村的公共事务和公益事业，调解民间纠纷，协助维护社会治安，向人民政府反映村民的意见、要求和提出建议。村民委员会向村民会议、村民代表会议负责并报告工作。"第八条规定"村民委员会依照法律规定，管理本村属于村农民集体所有的土地和其他财产，引导村民合理利用自然资源，保护和改善生态环境。"

2.2 村民自治与行政权

自我国实行村民自治制度以来，国家行政权力不是完全退出了乡村社会，而是以新的形式存在于乡村社会。根据《村民委员会组织法》第五条的规定"乡、民族乡、镇的人民政府对村民委员会的工作给予指导、支持和帮助，但是不得干预依法属于村民自治范围内的事项。村民委员会协助乡、民族乡、镇的人民政府开展工作"。这也就意味着村民委员会事实上是双重角色，乡镇政府要求村委会扮演基层政权代理机构的角色，承担起国家行政权力延伸的功能，而村民则希望通过选举产生的村干部能够成为全体村民利益的代言人。

但是在实际运作中，乡镇政府由于拥有政治、经济和社会方面的资源优势而对村委会处于一种支配地位，简单地将村委会等同于自己的派出机构或者下属机构。这完全忽略了村民自治权是《宪法》所赋予的权利，但这种自治并不带有国家行政的性质，不在国家政权体系的范围内。国家行政权是国家必须借助于国家强制工具去保持社会正常运行所必须的秩序权力和运作规则。而村民自治权是通过一定形式组织起来的区域性群众组织依据国家立法对一定范围内的公共事务进行管理的权力。这种权力来源于国家的授权，是国家通过立法，将一些可以由群众自己办好的事情交由群众自己去办理。这些事务不需要国家强制力的介入，它可以通过群众性的公共契约解决。[3]

2.3 现行村庄规划编制管理体制与村民自治原则的不匹配

作为村庄规划建设管理的国家层面的法律依据文件主要是 2008 年 1 月 1 日开始实施的《中华人民共和国城乡规划法》和国务院 1993 年 6 月 29 日颁布的《村庄和集镇规划建设管理条例》（以下简称《村镇条例》），与 1998 年 11 月 4 日通过、2010 年 10 月 28 日修订的《中华人民共和国村民委员会组织法》均存在一定的时间差异。

《宪法》的第一百一十一条规定"城市和农村按居民居住地区设立的居民委员会或者村民委员会是基层群众性自治组织。居民委员会、村民委员会的主任、副主任和委员由居民选举。居民委员会、村民委员会同基层政权的相互关系由法律规定。居民委员会、村民委员会设人民调解、治安保卫、公共卫生等委员会，办理本居住地区的公共事务和公益事业，调解民间纠纷，协助维护社会治安，并且向人民政府反映群众的意见、要求和提出建议。"《村民委员会组织法》第二条规定"村民委员会是村民自我管理、自我教育、自我服务的基层群众性自治组织，实行民主选举、民主决策、民主管理、民主监督。村民委员会办理本村的公共事务和公益事业，调解民间纠纷，协助维护社会治安，向人民政府反映村民的意见、要求和提出建议。村民委员会向村民会议、村民代表会议负责并报告工作。"第八条规定"村民委员会依照法律规定，管理本村属于村农民集体所有的土地和其他财产，引导村民合理利用自然资源，保护和改善生态环境。"

在《宪法》层面，乡镇人民政府是国家机构，属于基层政府，而村委会是群众的自我管理、自我教育和自我服务的基层群众性自治组织。按理说，《宪法》层面的这种区分应该充分体现在村庄规划编制、实施和管理上，但是制定在《村委会组织法》之前的《村镇条例》并未将村庄规划的编制和管理工作作为村民委员会的自主事务，而是作为乡镇行政管理权的延伸。《村镇条例》的第六条和第八条分别规定"乡级人民政府负责本行政区域的村庄、集镇规划建设管理工作"、"村庄、集镇规划由乡级人民政府负责组织编制，并监督实施"。《城乡规划法》延续了这一传统，在第二十二条中规定"乡、镇人民政府组织编制乡规划、村庄规划，报上一级人民政府审批。村庄规划在报送审批前，应当经村民会议或者村民代表会议讨论同意"。从而，村庄规划的编制、实施和管理的主体是乡镇政府，而不是村民委员会，这与《宪法》对乡、村两个层级的制度设计的本意相违背。

这种村庄规划编制管理体制与村民自治原则的不匹配导致村民从来不认为村庄规划是其必须遵守的建设行为规范，而是上级政府对其原来自由生活的一种干预，从一开始就抱有一种抵触程序，不配合甚至于对抗政府部门的规划行政管理。

3 曹家村灾后重建规划建设

曹家村位于宝兴县大溪乡南部山区，与天全县接壤，宝兴至天全的大（溪）老（场）公路纵贯沿全村。全村7个村民小组，共有农户178户610人。全村以农业生产为主，生态环境良好，是一座典型的川西山区传统村落。曹家村居住分散，最大的村组为6组，户数43户人口155；最小的村组为1组，17户61人。村落总体格局上是大分散、小聚集，依山傍水，沿山而设。建筑形式基本以穿斗式木结构建筑为主。

2013年的"4·20"芦山强烈地震造成全村房屋严重受损，村民申报倒塌重建为126户、加固维修户为52户。上海同济城市规划设计研究院复兴研究中心义务承担了曹家村的灾后重建修建性详细规划工作。

3.1 规划理念

基于对各种法律法规的理解以及多年来村庄规划的实践工作经验，结合与曹家村民和大溪乡干部的多次深入讨论，项目组紧扣灾后重建的核心目标和问题，提出了以下规划理念：

（1）应极大尊重村庄自然人文特征，正视村民的产权和发展权，参照联合国教科文组织"贵阳建议"和生态博物馆理念，将曹家的灾后重建打造为四川农村重建工作的典范；

（2）应切实贯彻"从恢复重建到跨越发展"的重建战略，将工作重点转向扶助村民自我重建和自力恢复的方法研究和政策制定，深入重建工作的本质，推动地方力量的自强；

（3）应积极采取"规划最少干预、政府最少干预"的重建方式，全面推进村民自主的重建模式，将重建工作成为大力培育村民自主规划、自主管理的技术和能力的实践课堂。

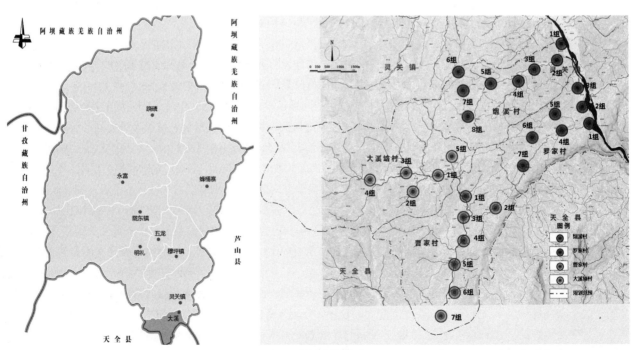

图2 曹家村区位图

3.2 规划思路

曹家村灾后规划重点包括了三个方面：建筑和环境重建、产业重建、村庄社会网络重建。

（1）建筑与环境重建

建筑和环境的重建着重强调了村庄传统文化的延续，而村民自建是延续传统文化的主要途径。在传统村落中，建筑的本身即是由村民和工匠按传统方式建造，村落的环境也是由村民自主，逐步形成的。因此，在本次建筑和环境的重建工作中，依然尊重村民自己的意见和设想，将设计师定位于"技术服务者"而非"作品展示者"，除原则性的问题外，均尽可能不加干预。设计师"最低干预"的方式，避免了统一规划导致的特色缺失，保障了村庄自我发展的活力。

图3 曹家村"4.20"芦山强烈地震后现状

（2）产业重建

产业重建着重针对了村内缺乏青壮劳力的现实问题，提出产业恢复和发展的关键在于必须寻找到适合村庄特征且能够由村民自主掌握的产业类型。虽然曹家目前有着一定的农家乐基础，但由于劳动力的缺乏，实际工作难以推进，仅靠县、乡灾后扶助并不能保持产业的长期发展。因此，必须由村庄外出务工的青年人自发思考，自发组织，建立起村内留守人口和村外务工人口能够良性互动的小型产业体系。

（3）村庄社会网络重建

村庄社会网络重建包括两个方面，一是消除村内地震倒房造成的社会网络破坏，二是恢复村庄长期外出务工造成的社会网络。前者通过村民原址自主重建能够得到很好解决，后者则需要和产业重建紧密结合，通过产业重建带来的就业和创业机会，强化其对村庄的归属感。

3.3 灾后重建规划管理的村民自治机构组织和功能

曹家村7个村民小组610人中，有144人在外工作学习，留村人口为466人，其年龄构成见表1。其中最具活力的青壮年（19~40岁）是外出工作的主体，达到119人，占同龄人口的多一半（56.13%）。而作为知识结构最新、接受和学习知识能力最强的19~30岁年龄段外出工作学习的人数达到85人，占该年龄段的69.67%。可以说，最有活力和知识的人群，也就是社区建设所需要的乡村精英基本都离开了曹家村，对建立一个有活力、负责任、有远见的村民自治组织而言是最大的挑战。

曹家村外出工作学习人口年龄构成表 　　　　　　　　　　　　　　　　　表1

	年龄段	外出工作人数	外出读书人数	该年龄段总人数	外出工作读书人数占人口的 %
青少年	0~5岁			30	
	6~12岁			49	
	12~18岁	3		20	15%
青壮年	19~30岁	70	15	122	69.67%
	31~40岁	34		90	37.78%
中壮年	41~50岁	15		120	12.5%
	51~60岁	7		67	10.45%
老年	61~70岁			60	
	71~80岁			42	
	81~90岁			10	
合计		129	15	610	23.61%

　　但反过来看，"有知识的年轻人多在外地工作学习"也许反而可以成为曹家村发展的某种优势。将曹家村外出工作学习人员的信息重新梳理以后汇总为表2，有着如下的特点：地域分布广，除了成都以外，在沿海发达地区都有，这些村民的思想应该是比较开放的；行业分布多，有教师、公务员、大学生等，他们接触的人群比较多，对社会的各种需求应该有所了解。当用"优势视角"来看曹家村的时候，原来所谓的问题，也许就转变成了很多发展的资源和机会。曹家村的村民自己是否认识到了其所具有的社会网络资源优势？是否愿意积极参与到重建和产业发展中？是否愿意将个人的资源转化为社区的资源？这一系列的问题成为下一步工作如何展开和进行的关键。

曹家村外出工作人员居住地与职业分布　　　　　　　　　　　　表2

		服务	商贸	制造	餐饮	运输	教师	公务员	建筑	农业	合计
四川本省	雅安	19	4		4	4		1		11	43
	成都	18	2	8	6		1				35
	宝兴	6	9		1	6	2	1		1	26
	眉山				2						2
	甘孜								1		1
外省市	西藏		3								3
	江苏			2	1						3
	广东（深圳）	1	1								2
	上海			2							2
	浙江		2								2
	安徽	1	1								2
	天津			2							2
	辽宁		2								2
	重庆			1							1
	陕西（西安）			1							1
	山东（济南）					1					1
	山西		1								1
	合计	45	25	16	15	10	3	2	1	12	129

　　注：因外出读书学生都为临时性居住，故外地就读15名大专生没有统计。

　　针对这一实际情况，规划项目组分别在2014年1月28日（农历腊月廿八）和2014年2月8号（正月初九），趁着在外工作学习的年轻人返乡过年的期间，组织了两次开放性的讨论会，参会人员包括了规划项目组成员、村组的基层干部、对村庄重建模式有想法的村民、对产业发展有兴趣的村民、在高校读书的学生等。通过两次讨论，大

图4　灾后重建模式与产业发展讨论会

家都一致认为在村子的重建过程中，在整体环境上一定要保持原有的山水景观格局，在建筑特色上要保持原来的穿斗式木结构，在产业发展上走以特色农业为主，农家乐为辅的生态有机农业。同时村民也普遍认为曹家村在自然资源上有一定的优势，在特色农业和农家旅游上有一定的潜力，关键是如何找对市场、如何树立品牌、如何做好管理。对曹家未来的发展潜力都有一定的信心。

最终，在村民委员会下面成立了两个自建委员会，一个是由 13 名在乡村民组成的"曹家村灾后重建自建委员会"[名誉主任为杨绍永（村主任），主任为杨明芬（六组组长），副主任为杨平（五组组长）、花镕钮、曹刚，成员为杨克文、孙开荣、王德强、杨宗云、齐明康、孙学强、杨绍军、张宗元、杨宗成]，一个是由 3 名在乡村民和 5 名外出务工村民组成的"曹家村产业发展自建委员会"[主任为村主任杨绍永兼任，副主任分别为杨平（五组组长）、杨明芬（六组组长），其余五个成员王廷罡（上海）、应世刚（西安）、赵文（成都）、杨荣（宝兴）、杨明生（雅安）均为外地务工村民]。之所以成立两个委员会，主要是考虑到，灾后重建的工作大量是日常性的工作，因此灾后重建自建委员会的成员必须是在乡村民，要能随时应对村民的要求。但是外出务工青年更有见识和头脑，对村庄的发展有更长远的打算，其对村庄规划的格局、

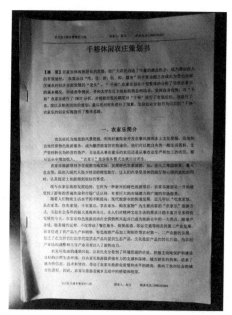

图5 曹家村七组赵文编写的《千裕休闲农庄策划书》

建造样式，装修标准等有更深刻的认识，而且对灾后重建工作结束后村庄的建设和发展方向的确定有更大的作用。因此，以外出务工村民为主成了产业发展自建委员会，其不随灾后重建工作的完成而撤销，保证村里的产业发展有延续性。

在具体工作中，借助于网络等现代通信手段，两个委员会一起参与产业发展计划和灾后重建规划的编制和审定，以及新建住房、旧院落改造更新、院坝建设等的验收和补助资金的发放。然后重建规划的日常实施管理主要是由重建自建委员会负责。

3.4 灾后重建规划的内容构成和滚动编制机制

在大家都明确了"山水田园，生态曹家"这个总的村庄建设发展目标以后，怎么做灾后重建规划成了关键性的问题。

首先，经过多方面协调，在政府的授权下，将曹家村的村庄规划编制、实施管理纳入村民自治权范围。但这并不意味着政府放弃了规划管理的行政权，一旦曹家村的规划管理不能通过群众公认的公共契约来解决问题，需要国家行政权力强力介入的时候，县乡规划管理部门可以随时介入。规划管理行政权力的下放和村民自治是曹家灾后重建规划建设的法律基础。

经过和两个自建委员会以及村民的反复座谈和沟通，发现了两个现象。一是，村民对于政府的要求普遍是要"一碗水端平"，不管是以家庭为单位或是个人为单位，所有的政策

图6 曹家村灾后重建、产业发展自建委员会联席会议，讨论两个建设导则

都不能有差异。但是，如果是相互之间，又有种比较的心理，谁都不愿意比别人差，谁都希望自己和别人不一样，也就是所谓的"要面子"。二是，村民对于空间的划分和占有简单且坚持，公共空间以外的部分都是私人的，不存在所谓的真空地带，尤其是在宅前屋后的空间上，私人与私人之间，私人与公共之间的空间界线非常清晰，而且这个界线是不能够随意改变的。

根据这个农民的这个特点，项目组将规划按照"私人空间"和"公共空间"的原则将重建工作分为村民自建和政府重建两个板块，均采用了滚动编制的方法，结合村民自建委员会制度建立扶助验收制度。

（1）由重建规划项目组建立规划总体框架，将重建项目按照实施主体分为村民自建项目和政府投资项目两类，明确不同的规划成果深度要求。村民自建项目主要是包括了住宅和宅前屋后的庭院部分。这部分的规划以导则为主，

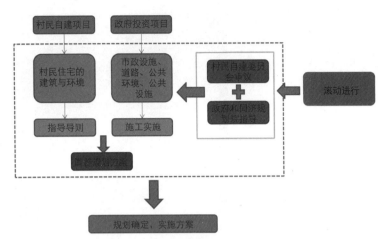

图7 曹家村灾后重建规划"滚动编制"过程

辅以适当的现场指导。为了方便村民的理解和使用，导则采用了"口袋书"的形式，以照片、图片等简单易懂的图示为主，配以少量的解说文字。整个导则包含了：

平面功能导则——以现代化生活需要、发展乡村旅游为出发点，提出"一主无厢"、"一主一厢"、"一主两厢"等多种适合本地的村民住房平面布置形式供村民自主选择。

建筑风貌导则——从本地民居典型风貌特征出发，对与村庄风貌直接相关的建筑建造工作进行指导。指导内容包括屋顶形式、屋顶高度、构架、窗、门、墙面等。

设施配套导则——对厨卫、客房、公共活动区等建筑内日常生活以及旅游服务相关的服务设施提出指导与建议。

院落景观导则——针对村民住房内的院落和院落外的公共环境提出建设要求与形式建议，包括典型院落示意、院落空间划分、院落布置导则和公共环境导则四部分。

政府投资项目则包括了市政道路基础设施、公共环境、公共服务设施等。这些项目都是按照修建性详细规划深度来进行编制，从而方便整体投资控制与后续施工设计指导。

（2）结合示范户的建设，项目组分别开展导则和实施规划的编制工作，完成后均由村民自建委员会审议决定是否可行。规划通过后，向村民发放导则以指导其住房自建，村民自己请工匠、选材料、自主重建，政府和项目组在建设过程中提供指导意见，并按照实施规划开展实施工作，二者平行开展。

（3）由村民自建委员会接收和汇总村民对两类规划的实施反馈意见，总结修改要求并提交规划项目组。项目组按照要求开展规划的调整，调编结果再次进入村民自建委员会审议流程。这一程序滚动进行，直至规划涉及的具体重建项目完成。

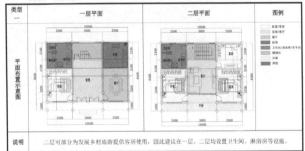

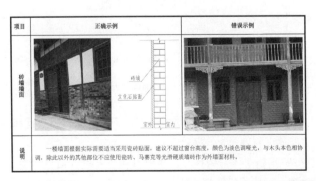

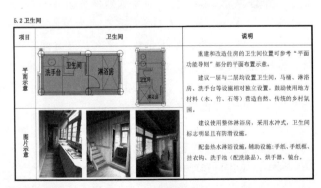

图8 曹家村重建建筑导则

2.3 典型院落类型三

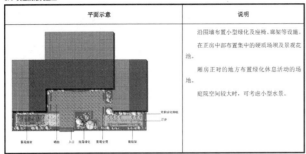

	平面示意	说明
		沿围墙布置小型绿化及座椅、廊架等设施。在正房中部布置集中的硬质场坝及景观花池。厢房正对的地方布置绿化休息活动的场地。庭院空间较大时，可考虑小型水景。

典型院落类型三环境示意

项目	图片示意	说明
竹编院墙		可配合植物栽种来提升院墙的景观性与遮挡性。应定期对竹篾进行替换。

6.4 排水沟

项目	图片示意	说明
排水沟		目前村内无系统排水沟，污水、雨水自由流淌，影响环境卫生，滋生蚊虫，对居民生活造成不便，规划排水暗沟依照相关规范标准修建。各户自建排水沟用鹅卵石或块石干垒。

图 9　曹家村重建院坝景观导则

（4）由村民自建委员会和乡政府一起对实施结果进行验收，其中签订扶助协议并符合导则要求的新建住房、旧院落改造更新、院坝建设等在通过验收后能够取得约定的扶助资金。

3.5　实施效果

由于在规划编制之初，曹家的村民就对保留原有的山村景观、建筑特色等原则性问题达成了一致，所以除了少数两户由于安全问题不得不搬迁外和新建的村活动室必须征用部分农田外，其余的住宅重建的宅基地划分和新增道路选线都是在原有村庄建设用地基础上由村民自行协商解决的，政府最多也就是起到一个协调的作用。因此，这次的重建工作基本实现了"不多占一分农田"的目标。

目前，住宅重建基本都已完成，院落的建设接近尾声。由于在政策上"一碗水端平"，以邻里协商为主要工作手段，曹家村的住宅建设和院落建设都呈现出极为丰富的多样性，没有两家的建筑和庭院是相同的，这个效果是统一规划设计所难以达到的。最重要的是，村民对于这种工作方式和结果都非常满意，没有出现找政府"扯皮"的现象。

图 10　曹家村 6 组重建前后对比

图11　7组王建国家重建前后对比，通过房子和院坝的对调节约了用地

随着村庄建设的快速推进，在产业发展上，产业发展自建委员会也做了大量的尝试性工作。其中，曹家七组的应世祥（32岁，应世刚的二姐），原来夫妇两人都在镇江从事糕点加工，在看到曹家村的发展势头后，愿意回乡，利用原来掌握的技术，和父亲苟全银（也是村支书）一起开办农家乐，为村里产业的发展摸索经验。其经营的农家乐"苟家庄"在2014年的国庆节期间已经开始试营业，主要的客人都是雅安本地的，接待规模基本每天都在10-20人左右。

图12　7组苟全银家外出务工的二女儿一家从镇江回乡，开办农家乐，开始二次创业

整个曹家的重建思路、工作组织方式和成效都得到了本地群众、专家和省市领导的充分肯定，成为四川农村地区村民自主建设发展的范例。

4　对村庄规划编制和管理的再思考

通过曹家村的灾后重建实践，切实感觉到基于国家法律，明确村民的自治权和国家行政权在重建规划管理上的分界，避免二者的交叉、混淆和错位，是曹家村灾后重建能够有序、高效符合规划快速推进的有力保障。基于宝兴县极度缺乏规划管理人员的现实，县乡二级政府大胆地在行政管理范围内留出一定的空间，让曹家村民充分发挥民主管理的积极性，通过公共契约商议的形式，将重建规划管理这一公共事务行政管理权力授权委托给村民自建委员会，形成在政府监督指导下的村庄规划管理自治的机制。这个机制是对发挥村民自主积极性的最有力的支持。

4.1　作为公共契约的村庄规划

从田园城市开始，规划就不仅仅是技术、是政策，更是反映社会价值取向和普遍共识，是社会公众达成的对于城乡长远发展目标的一种契约。《城乡规划法》在第十八条和第二十九条中分别指出"村庄规划应当从农村实际出发，尊重村民意愿，体现地方和农村特色"和"村庄的建设和发展，应当因地制宜、节约用地，发挥村民自治组织的作用，引导村民合理进行建设，改善农村生产、生活条件"。这和《宪法》第一百一十一条所明确的村民委员会的职责是"办理本居住地区的公共事务和公益事业"相对应的。同时《城乡规划法》的第十八条也对村庄规划的内容进行了明确的规定"村庄规划的内容应当包括：规划区范围，住宅、道路、供水、排水、供电、垃圾收集、畜禽养殖场所等农村生产、生活服务设施、公益事业等各项建设的用地布局、建设要求，以及对耕地等自然资源和历史文化遗产保护、防灾减灾等的具体安排。"因此，可以将村庄规划看作是关于"建设用地布局、建设要求以及对耕地等自然资源和历史文化遗产保护、防灾减灾"等内容所达成的一种公共契约，是村民自治章程的一个重要组成部分。

4.2　基层政府行政管理授权下的村庄规划管理自治

从村民自治内涵来看，村民自治的内在联系，既不是传统的血缘亲情关系，也不是指令性的行政垂直关系，而是内生于社会主义市场经济基础上的平等自愿的契约性关系。这种契约性关系是一种互惠互利的行为，参与契约的双方都可能从中获益。但是，这种契约性关系必须以不损害社会公共利益为前提[4]。维护公共利益的基础就是国家的法律体系，因此，村民自治所达成的公共契约是必须服从于国家的法律体系，不能与之相违背。进而，结合《村民委员会组织法》来看，村民自治的"公共行政权力"是来自于行政机关的权力，有着双重性，一方面是在村民自治的基础上，受村民委托，行使在国家有关法规范围内所确定的村务公共行政权；一方面是受基层政权（乡、镇政府）的委托，协助基层政府行使以村民为对象的部分公共行政权。

在《城乡规划法》的第十一条明确我国的规划管理体制是"一级政府，一级管理"，在第二章中明确了各级人民政府在规划编制中的具体职责，在第三、四、五章中明确了各级人民政府实施规划及监督检查规划的具体职责。作为基层政权的乡、镇是人民政府我国政府行政架构中的基本单元，也是规划相关的行政管理权力的基层执行者。如何在法律框架下处理村民委员会和基层政权的相互关系是能否实行村庄规划自治的关键，所以，村庄规划自治的必要条件就是要获得承担规划行政管理权的基层政府的授权，村庄规划自治是在相关政府指导下的规划管理自治。结合我国各地管理水平、专业水平的差异实际，在规划行政管理授权上应该结合各地（村）的实际情况确定，需要明确有关村庄规划编制、实施和管理的内容哪些应该仍然由基层政府管理，哪些可以授权给村民委员会管理，且明确对于相关授权收回的前提条件。

4.3 以不成文法为基础的村庄规划管理自治

按照《辞海》的定义，成文法相对于不成文法，是国家机关依立法程序制定的、以规范性文件的形式表现出来的法律文件。我国的宪法、普通法律、行政法规、规章、地方性法规都是成文法，《城乡规划法》和《村镇条例》都属于这个范畴。成文法的特点是：具有学理性、系统性、确定性、内部和谐一致；具有唯理性、合理性、逻辑性；具备完整、清晰和逻辑严密；统一和集中，便于理解和运用；法律规则明确，易于掌握和适用，易于保障裁判的统一和公正，对执法人员素质的要求相对较低。但是成文法在遇到法律条文解释以外的情况的时候，灵活性非常小。

相对于村庄的规划行政管理而言，《城乡规划法》没有明确规划部门在村庄规划编制中的职责，对于村庄规划的实施，仅在第四十一条中规定"在乡、村庄规划区内进行乡镇企业、乡村公共设施和公益事业建设的，建设单位或者个人应当向乡、镇人民政府提出申请，由乡、镇人民政府报城市、县人民政府城乡规划主管部门核发乡村建设规划许可证"，甚至都没有明确在原有宅基地上进行的村民住宅建设是否需要办理乡村建设规划许可证。因此，《城乡规划法》对于城乡规划主管部门在村庄规划管理中的职责，还存在大量的"立法空白"。[1]

不成文法是指非经国家立法机关以特定程序制定的，亦不以条文化形式展示法律内容的，却具有国家法律效力的法律形式。它包括习惯法和判例法两种形式。不成文法主要不仅指判例，还包括惯例。这种形式的优点是不需要用词准确考虑周全地制定成文法，减少了歧义的可能性，同时通过传统的惯例，在出现危机的时候也可以做出迅速的反应，具有很强的弹性。

村民自治章程本质上是对传统村规民约的延续和发展，具有非常强烈的地域特征，是村民依据宪法和法律，在广泛民主协商的基础上制定的行为规范。村民自治章程虽然是村民自主、自愿制定的行为规范，它的存在类似于民间法、习惯法，在农村社会发挥着自我管理、自我服务的内部调节功用，构成了村民行使自治权的直接依据。[5] 一旦将村庄规划管理转变为作为农村社会规则的村民自治章程，就要以村庄原有的传统习惯和社会关系处理手段为基础来规定村民享有什么样的权利，可以做什么，也设定了村民的义务，不能做什么，违反了怎么办，都规定得明明白白，从而依靠村民内心的服从与自律来实施。将"不成文"的自治章程作为"成文"的国家法规的有效补充，既尊重国家法律的基本原则和精神，又充分发扬村民自治自我管理、自我教育、自我服务的内在功能，能够满足村民群众的实际需求，起到有效调节农村社会的自治秩序的作用。

5 小结

相对于城市而言，中国的农村自古以来就有着其独特的特点。在近现代以前，中国的农村是一个高度自治的社会，有"皇权不下县"的说法。随着1982年《宪法》的修订，明确了村民委员会是基层群众性自治组织，也确定了村庄的行政管理与城市的不同。就近年来的规划实践来看，整个规划行业对村庄规划编制管理理论体系的建设相当不完备。因此，在村庄规划的编制、实施和管理上一定要注重其"村民自治"的特征，不能把城市规划编制管理的方法简单地复制到村庄规划中来，也不能把村庄规划管理作为基层政府规划管理行政权力的简单延伸，更不能将村委会视为政府规划管理部门的派出机构。在实践中，要着重关注行政权和自治权之间的关系，国家法规和村民自治章程之间的关系，成文法和不成文法的关系，基层政府和村委会之间的关系，结合村庄的实际情况，因地制宜地制定当地的村庄规划。

主要参考文献

[1] 颜强. 宪法视角下的村镇规划管理体制探讨 [J]. 规划师，2012，28（10）：13-17.

[2] 于建嵘. 村民自治：价值和困境——兼论《中华人民共和国村民委员会组织法》的修改 [J]. 学习与探索，2010，189（4）：73-76.

[3] 周贤日，潘嘉玮. 论村民自治权与国家行政权 [J]. 华南师范大学学报（社会科学版），2003（1）：26-34.

[4] 潘丽萍. 我国村民自治的法伦理变革研究 [J]. 东南学术，2006（6）：92-97.

[5] 韦少雄，肖军飞. 村民自治章程的法治功用机器当代价值——基于合寨村村民自治章程的分析 [J]. 福建农林大学学报（哲学社会科学版），2013，16（6）：78-83.

[6] 谢炜. 中国农村基层民主自治的法律演进、实践困境与路径选择 [J]. 云南社会科学，2012（1）：69-73.

[7] 彭澎. 村民自治的宪政思维 [J]. 北方法学，2009，3（5）：78-84.

[8] 黎莲芬，袁翔珠. 历史与实践——广西村民自治的若干法律问题研究 [M]. 广西师范大学出版社，2011.

Arguments on Village Planning and Development Control–Base on Post–Disaster Reconstruction of Caojia Village

Zhou Ke

Abstract：The Constitution of the People's Republic of China was revised in 1982. The Constitution defined the village committee is the grassroots self–governing organization. So the village planning and development control system is quite different from the system in city and town. Base on the study on the post–disaster reconstruction of Caojia village in Baoxing in Sichuan Province，it argues the framework of village planning and development control must be established on the base of villager's governance. A fair and efficient village planning and control system has to focus on the relationship between executive power and self–governing power，law and bylaw，statute law and common law，local（basic level）government and village committee.

Keywords：village planning and development control；villager's self–governance；post–disaster reconstruction；Caojia village

近郊城镇化浪潮下村庄的生存
——来自闵行区的村庄调查*

韩小爽　唐露园　何丹

摘　要：在近郊城镇化浪潮下，存在一些在工业园区包围或侵占的同时仍然保留有乡村风貌并具有很强的生存发展活力的村庄。为了解此类村庄的生存发展状况，我们特选取上海市闵行区的四个村庄进行调查研究。调查发现，这些村庄的独特之处在于：①村庄存在严重"户籍人口倒挂"现象；②村庄内租赁业获得发展；③外来租客多居住在简陋的低价民居中；④外来租客大多为周围工业园区的务工人员，月收入大部分在6000元以下；⑤村庄内原村民和外来租客之间形成复杂而稳定的邻里关系；⑥不同利益主体对待村庄拆迁问题持有不同态度。通过分析发现了村庄的三个生存机制：①因产业转型、房地产市场疲软、拆迁成本高而减缓了城镇化进程；②被保存下来的村庄为大量原村民和外来租客提供生活空间，为工业园区和常住人口提供多层次、较为全面的生产生活服务，自发与工业园区结成工业社区；③村庄承载着原村民和外来租客两个团体间复杂而稳定的社会关系网络以及珍贵的乡村文明。此外，就村庄以工业社区载体的形式长期存在的可能性进行了讨论。

关键词：近郊城镇化；外来租客；邻里关系；工业社区

1　前言

统计数据[①]显示，2011年年末我国城镇人口首次超过乡村人口，城镇化率达到51.27%。2014年3月16日，中共中央、国务院又印发了《国家新型城镇化规划（2014–2020年）》。农村城镇化是实现我国城镇化飞跃的关键，而农村显然已经成为东部经济发达地区城镇化发展的主要空间。

许多学者围绕郊区城镇化从不同角度进行理论性综合研究。界定郊区范围，基于地域、人口、产业结构、生活方式和价值观念对城镇化进行定义，指出郊区城镇化具有利益主体的多元性和矛盾性、社会存在的中介性和过渡性特征，从单一人口指标发展为复合指标进行郊区城镇化水平测度，分析郊区城镇化驱动力及发展模式[1]，并有学者着重关注上海市郊区城镇化路径选择和发展模式问题[2]。而对于近郊城镇化的研究多从某个角度或方面开展具体研究。从空间角度分析近郊城镇化扩张的形式、方向，近郊城市用地内容及用地形式[3]。关注近郊城镇化"失地"农民再就业和社会保障[4]、农民集体土地产权制度[5]、近郊土地集约利用[6]，以及城镇化进程中出现的环境问题[7]。总的来说，这些研究从郊区农村整体层面研究城镇化相关问题，并关注近郊城镇化的农民权益、土地利用等具体问题。但是对城镇化进程中近郊村庄的内部生存状况、生存机制，特别是外来人口居住意愿问题研究较少。

在现实中我们观察到，在上海市闵行区外环高速公路以外的近郊地区，存在大量的"另类"村庄。在城镇化率高达89.3%（2012年）的上海[②]，这些村庄虽然被工业园区包围或侵占，但并未"凋敝"，反而保留有典型的乡村风貌并具有较强的社会经济发展活力，形成贴近自然的田园风光和工业厂房交相辉映的"和谐"景观（图1、图2）。

为深入了解此类村庄的生存发展状况，我们特选取四个村庄进行调查研究。通过调查问卷、实地考察、访谈、

---
* 基金项目：国家自然科学基金面上项目（41471138）；教育部人文社会科学重点研究基地重大项目（11JJDZH007）；教育部哲学社会科学研究重大课题攻关项目（11JZD028）。

韩小爽：华东师范大学中国现代城市研究中心硕士研究生
唐露园：华东师范大学中国现代城市研究中心硕士研究生
何丹：华东师范大学中国现代城市研究中心副教授

① 《2012年中国统计年鉴》人口统计数据。
② 《2013年中国统计年鉴》人口统计数据。

图1　村庄农田与厂房
（资料来源：作者拍摄）

图2　村庄农田与民居
（资料来源：作者自摄）

图3　村庄地理位置
（资料来源：以搜狗卫星地图为底图绘制而成）

查阅网络资料等方式，获取了较为全面的村庄信息，从而分析出村庄的生存机制、外来人口居住意愿及其影响因素，并对村庄未来发展可能性进行探讨。

2　数据来源和研究方法

2.1　研究区概况

我们选取的四个村庄分别为向阳村、光明村、塘湾村和许泾村，其中向阳村和光明村属于闵行区颛桥镇，塘湾村属于闵行区吴泾镇，许泾村属于闵行区梅陇镇。四个村庄位于三镇交界地带，区域内地铁、高速公路、区级公路四通八达，交通便利（图3）。

四个村庄周围均有较大面积的工业园区，村庄内部主要为居住核心区及农田；村内外来人口远远超过村庄户籍人口，呈现严重"人口倒挂"[①][8]现象。但是，四个村庄的拆迁进程不尽相同，向阳村、光明村、塘湾村、许泾村的被拆迁程度依次递减，而对处于不同拆迁阶段的村庄进行调查有助于获得更为全面的信息。

2.2　研究方法和数据来源

本文主要采取了问卷调查、实地考察、访谈、资料搜集的调查方法，获取村庄现状与发展情况，了解村庄常住人口的生活现状和意向，从中分析研究村庄的生存机制、外来人口居住意愿与村庄面临问题。问卷调查为主要调查方式，调查对象为村庄的本地人口（以下简称"原村民"）和现居村庄的外来人口（即外来租客），调查内容涉及个人基本信息、就业、就医、住房、出行交通、邻里关系、搬迁意向和原因等情况。调查共发放问卷100份，回收有效问卷82份。同时，通过深入访问村干部、实地观察等途径，重点了解了村庄

①　人口倒挂，即外来人口数量超过本地居民的数量。

人口构成、拆迁情况、现有土地的所有权问题、现存房屋与农田的使用情况、产业经济发展情况和村庄公共服务设施等内容。

3 调查结果

3.1 村庄人口及拆迁进度

通过与村干部访谈，我们了解到四个村庄的人口构成及生产小组拆迁情况，如表1所示。从表1中村庄人口状况可以看出：

（1）向阳村、光明村、塘湾村、许泾村农民人口在户籍总人口中所占比例依次增加，分别为1.2%、22.2%、31.9%、47.1%；

（2）四个村庄的外来人口均超过村庄户籍人口，向阳村外来人口约是本地户籍总人口的2.3倍，光明村的为2.7倍，塘湾村的为2.6倍，而许泾村的则高达6.5倍，均呈现出严重的"人口倒挂"现象；

（3）外来人口已成为村庄常住人口的主体。"农转非"的原村民基本上不在本村居住，农民人口中也有一部分业已搬迁，而外来人口租住村庄中尚未拆迁的原村民房屋，成为村中常住人口的主体部分。

从表1中拆迁情况可以看出，向阳村、光明村、塘湾村业已拆迁小组数依次减少，业已拆迁小组数占总生产小组数的比例也依次递减。

综合各村庄人口及拆迁分析结果，我们将农民人口在户籍总人口中所占比例，村庄业已拆迁生产小组数占总生产小组数的比例作为衡量村庄拆迁程度的指标，则可以看出许泾村、塘湾村、光明村、向阳村的拆迁程度依次增加。

各村庄人口构成及拆迁情况统计表　　　　　　　　　　　　　　　　　　　　　　　　表1

	农民人口（人）	非农人口（人）	户籍人口（人）	外来人口（人）	尚未拆迁小组数（个）	已拆迁小组数（个）	总生产小组数（个）
向阳村	23	1960	1983	4511	6	8	14
光明村	643	2257	2900	7870	9	7	16
塘湾村	915	1954	2869	7590	8	5	13
许泾村	1006	1129	2135	13780	10	—	10

（资料来源：根据调查资料整理）

3.2 村庄土地及房屋使用情况

已被政府征收的集体土地的利用现状可分为三类：业已拆迁完毕且企业已经入驻、业已拆迁完毕但企业尚未入驻、尚未拆迁。本文将工业园区的范围界定为企业已入驻区域，将其余部分纳入村庄研究范围。如此，村庄主要包括居住核心区和农田。

居住核心区的房屋可以分为厂房和民居两类。厂房多为村庄集体所有，部分为因政府征地而迁出的原村办企业所用厂房。厂房现在的主要用途为出租，且厂房租金收入已成为村庄集体收益的主要来源。民居的主要用途可分为三类：住房出租、商铺出租和原村民自家居住。其中，住房出租所占比例最大，用作商铺出租的房屋多为沿街房屋。被调查的原村民都表示，已将其宅基地之上的有房产证的房屋全部或部分进行出租，还出租在宅基地上违规搭建的简易棚屋。以向阳村和许泾村为例，向阳村村中尚未拆迁的约240户村民的房屋大多完全出租给外来人口居住，仅有少量老人仍住在自家房屋中，并进行房屋出租管理；而许泾村拆迁程度较低，仍有半数的原村民居住在村庄里，故而部分民居为完全出租，部分为自家居住和出租居住并存。

向阳村和光明村已无基本农田，塘湾村和许泾村还有部分基本农田。村庄农田按用途可分为三类：集体承包给合作社用作水稻种植和蔬菜种植的土地、等待企业入驻的撂荒地、原村民自留地。向阳村、光明村和塘湾村的大部分农田都承包给镇级的合作社，而许泾村则由村办合作社经营①。光明村还有已长达两年处于撂荒状态的大片农田，属于闵行智慧城的储备建设用地。

村庄内租赁业获得发展，呈现厂房出租、民居出租、农田承包等众多出租业态，并且厂房租金已成为村庄集体收益的主要来源。

3.3 外来租客居住状况

村庄外来人口大多租住村内民房，成为"外来租客"。调查发现，村庄周边的工厂多为劳动密集型企业，但是只有极少数提供员工宿舍，大多数务工人员不得不自行寻找住所。从图4中可看出，仅有3%的外来人口在厂房宿舍内居住，而94%的外来人口居住在民房中。外来租客将出租房用作单一居住、单一经营，或是呈现出以商业经营活动为主、居住为次的经营、居住功能"二合一"的现象。从图5中可以看出，用作单一居住的住房租金在200~500元/月的比重高达73%，200元/月以下的比例仅有14%，500元/月以上（含500元/月）的比例仅有13%。

闵行区政府网站上的公租房主要为生活小区出租房，一室一厅房屋的月租金在1000元以上②；在众多租房商业网站上，按条件查询租金在500元以下、由经纪人代理出租的正规的"一室"房屋基本上找不到。从图4中也可以看到，仅有1%的外来人口租住在小区房中。由此可见，相比于正规出租房租金，外来租客用作单一居住房屋的租金处于较低水平，也说明正规住房市场上低价住房供应较为短缺。

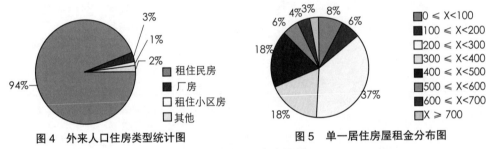

图4　外来人口住房类型统计图　　　　图5　单一居住房屋租金分布图

（资料来源：根据调查问卷整理）

就外来租客的住房条件来说，房屋多年久失修，或是违规搭建的简易棚屋，常出现漏雨问题，并存在安全隐患。且一般来说，除单身外，外来人口基本上为一家人合租一间房。屋内配有水电等基础设备，但无独立卫生间、热水器等，需要使用公厕和公共浴室。

总的来说，外来租客多一家人合租，租金水平相较于正规租房市场处于较低水平，但是租住房屋条件较为简陋。

3.4 外来租客工作及收入状况

表2为整理向阳村外来人口文化程度及职业状况统计资料而得出的统计表。从表2中可以看出，外来租客中初中及其以下文化程度的人数占96.4%，务工人员占总人数的83.2%。由此可见，村庄内外来租客多为受教育程度普遍偏低，主要为务工人员。

向阳村外来租客文化程度和职业统计表　　　　表2

文化程度					职业			
大专及以上	高中	初中	小学	其他	务工	个体经营者	务农	其他
53	109	4127	154	68	3958	312	—	241

（资料来源：向阳村村委会编写的调查报告——《颛桥来沪人员管理和服务的思路对策——以向阳村为例》）

---

① 向阳村有300多亩农田集体承包给颛桥镇元江稻米合作社；光明村1000多亩农田集体承包给颛桥镇兴泉合作社和颛桥镇元江稻米合作社；塘湾村约500亩农田承包给吴泾镇农办中心下辖的绿蔓地蔬菜合作社；许泾村300多亩农田由村办谷物合作市经营，还有300多亩农田承包给外来人口种植蔬菜。

② 闵行区公共租赁房屋信息平台。

调查问卷结果也显示，外来租客从事务工、个体经营服务、务农等职业，少数妇女为无业的家庭主妇。从图6中可以看出，月收入在6000元以下的人口比例高达88%，仅有约1/8的外来人口月收入在6000元及其以上。

（1）月收入在6000元及其以上的人员，30%是务工人员，70%是个体经营者。个体经营者中，大多是从事物流、工程等生产性服务业的个体经营者，仅有少量的餐饮、美发等生活性服务业的个体经营者。值得注意的是，有一部分人员是从事两份工作，使得月收入达到6000元及其以上。

（2）月收入在3000~6000元的人员主要是个体经营者和务工人员。从表2可以看到，个体经营者中有约2/5的人员月收入在3000~6000元之间，务工人员中则高达近3/5。这部分个体经营者主要经营汽修、五金店、劳务等生产性服务业，或是经营中等餐馆、销售电子产品等生活性服务业。

（3）月收入在3000元以下的各类人员都有，从职业角度看，务农者平均月收入基本都在3000元以下；个体经营者中有1/3的月收入在3000元以下，而务工人员中则有仅约1/5的月收入在3000元以下（见表3）。月收入在3000元以下的个体经营者多经营小超市、早点铺、小餐馆、杂货店等，或是流动摊贩。

务工及个体经营者月收入分布表（%）　　　　　　　　　　　　表3

职业 ＼ 月收入（元）	0 ≤ X<3000	3000 ≤ X<6000	X ≥ 6000
务工	21.05	73.68	5.26
个体经营者	34.48	41.38	24.14

（资料来源：根据调查问卷整理）

从外来人口月收入及其职业可以看出：外来人口月收入大部分在6000元以下；外来人口为周围劳动密集型企业提供充足劳动力；个体经营者在三个组别的收入分布情况从侧面反映出，个体经营者为周围工业园区及村庄常住人口提供了不同层次的、较为全面的生产生活服务。

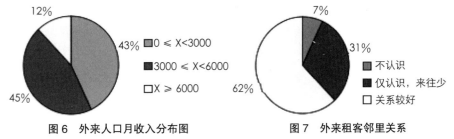

图6　外来人口月收入分布图　　　图7　外来租客邻里关系

（资料来源：根据调查问卷整理）

3.5　邻里关系

调查发现，绝大部分的外来租客在村内居住时间在1年以上。从外来租客邻里关系统计图（图7）中可以看出，邻里关系较好、经常串门的比例高达62%；仅认识邻居、来往较少的比例为31%；不认识邻居的比例仅为7%。由此可见，外来租客在这块已不陌生的土地上结成了新的、较为友好的、稳定的社会关系。

作为房东的原村民与外来租客中的长期租客交流较多，而对短期租客交流较少，甚至不清楚其姓名、工作等基本信息。

从整体上看，村庄内拥有外来租客之间、原村民之间、原村民与长期租客之间三种主要的交流形式，形成了一张包括老乡、朋友、邻居、同事、房东等多重元素在内的复杂的、稳定的社会关系网络。

3.6　公共服务设施

调查中发现，光明村、塘湾村和许泾村的公共服务设施较为齐全，而向阳村则相对处于匮乏状态。就公共卫生设施来说，光明村每个生产大队平均2~3个公厕，并配备清洁工统一清理生活垃圾，每年公共卫生开支约为50万元。向阳村平均每个生产队1个公厕、1个垃圾箱，也配有相应清洁人员。两相比较可以看出，向阳村的公共卫生设施远远处于匮乏状态，给村内需要使用公共卫生设施的外来租客的日常生活造成很大不便。

就娱乐健身设施来讲，许泾村每个生产队 1 个老年活动中心，塘湾村有老年活动中心、老年影视社、图书馆、棋牌社等。光明村有多个老年活动中心。而向阳村仅有一个老年活动中心，且位于居住核心区的边缘地带，利用率较低。另外，我们了解到外来人口基本上不到村庄内活动中心进行健身、娱乐等活动，主要原因是工作繁忙无闲暇时间。

3.7 教育医疗

调查发现，原村民后代多在所属学区内的公办学校上学，上学时间大多在半小时以内，但存在因拆迁而造成的房屋产权证和户籍地不一致而导致上学困难的问题①。外来人口子女大多为学前教育阶段和小学阶段学生，在私立幼儿园和民工子弟小学上学，每个班级学生人数较多，可达 50 人左右。国家统计局闵行区调查队也通过调查问卷调查外来人口子女受教育状况，结果显示：多数外来农民工希望子女来上海就学，但外来农民工子女的随迁率并不高，且随迁子女多为义务教育阶段学生，就读公办学校的不足 50%②。另外，外来人口子女因户口、暂住证等问题，在沪接受教育较为困难。有被调查者称，会因子女教育问题离沪。

在医疗方面，每个村庄都有社区卫生服务站；被调查者到大医院就医的时间距离一般在 1 小时以内，交通工具多为公交车、电动车、打的、私家车。整体来说，就医条件较为便利。

3.8 不同利益主体对待拆迁的态度

对于村庄拆迁问题，不同利益主体拥有不同立场。政府和开发商为经济利益积极推动拆迁。部分被调查的原村民表示了愿意拆迁，原因是现有房屋老旧，希望通过得到补偿费改善居住条件和居住环境。部分原村民因为补偿问题而暂时拒绝拆迁。村庄提供的廉价房屋满足了在附近工业园区工作的外来租客的择居条件，外来租客不愿搬迁、定居的意愿明显。

4 村庄生存的机制研究

四个村庄均被工业区包围或侵占，但仍保有典型的乡村风貌（农田、院落式的民居），并发展了各类沿街商业店铺，形成混杂而富有活力的局面。基于调查结果，并结合上海市经济发展状况，村庄在工业建设用地扩张并侵蚀大量耕地的背景下保存并生存的原因大致有三个：一是城镇化推进速度减缓或停滞；二是村庄在客观上为工业园区提供配套的生产、生活服务设施，结成工业社区；三是村庄承载着稳定的社会关系及乡村文明。

4.1 近郊城镇化推进速度减缓或停滞

尽管村庄部分区域已被纳入统一的征地和迁村并点的规划当中，但是现实实施的进度与规划并不一致。部分区域早已动迁完毕，而部分区域则保存下来迟迟没有动迁。从表面上看，是城镇化推进速度减缓或停滞造成了规划愿景和实际发展的阶段性落差。导致城镇化进程减缓的实质原因有以下几个方面：

（1）低端制造业退出，高端技术产业难以引进。早在 2005 年，上海明确将生产性服务业作为产业发展的重中之重，表明上海开始退出低端制造业的竞争[9]。产业转型在地理空间表现为低端制造业逐渐退出上海中心城区及近郊。近郊地区由于基础设施不甚完善、高素质人才缺乏、投资环境等原因，短时间内高端技术产业难以引进。

（2）房地产市场整体疲软。上海房地产自 1999 年开始完全市场化运营，并开始进入繁荣期[10]，近几年房地产黄金十年已临近结束[11]，特别是 2014 年 1～7 月的数据显示全国房地产市场依旧疲软[12]，上海是一线城市中最大环比跌幅[13]的。近郊区作为增量房地产区域，市场整体疲软减缓城镇化进程。

（3）拆迁成本高。村庄有大面积居住核心区，而住房拆迁补偿既要考虑被拆迁的房屋，又要考虑被征收的宅基地。政策规定房屋拆迁按建筑重置成本补偿，宅基地征收按当地规定的征地标准③。另外还存在着个别原村民因补偿问题而暂时成为"钉子户"的现象。这对于追求利润的企业来说，是一个很大的入驻阻碍。

---

① 学区内学校招生时，如房屋产权证和户籍所在地一致，则优先录取。
② 闵行区外来农民工随迁子女教育情况简析——闵行统计信息网。
③ 2010 年 7 月 13 日国土部发布的《关于进一步做好征地管理工作的通知》。

4.2 村庄为载体的工业社区雏形

目前国内外对工业社区没有统一定义,但一般来说工业社区是一定数量相关联的企业集聚在一定区域内,企业员工及其家属组成的社会共同体[14]。

村庄发展民房出租,为大量务工人员提供低廉住房,填补了上海市郊区低价住房市场的短缺。村庄进行厂房出租,在增加集体收入的同时也改善了村庄投资环境,吸引企业入驻工业园区。外来租客则为周围工业园区提供充足劳动力,并通过个体经营服务为工业园区及村庄常住人口提供了多层次的、较为全面的生产、生活性服务。

工业园区为本村村民及外来人口提供了就业机会,而村庄则为众多劳动力提供生活空间及服务设施,二者相互裨益。实际上,村庄与周围工业园区以务工人员为纽带自发形成了一个以村庄为载体的工业社区雏形。

4.3 村庄承载着稳定的社会关系和乡村文明价值

村庄原村民之间仍然保持着较为良好的邻里关系。而外来租客大多在村庄内居住1年以上,与其他外来租客和房东交流较多,也产生了较为浓厚的邻里情感。村庄内部形成了原村民之间、外来租客之间、原村民与长期租客之间三种社会关系,共同结成一张较为稳定的社会关系网络。

另外,实地调查中发现,尽管面临着不同程度的居住环境恶化、村容村貌有待提升、设施条件有待改善的问题,这些村庄仍然保持着特有的乡村风貌与乡村文明。独栋独院、前院后园的格局具有传统小农生产型特征,菜地、农田、河流交错的自然景观凝结着人们世世代代的乡土情感。农村城镇化的过程也是乡村景观向城市景观的转变的过程。然而,盲目地消灭乡村特有风貌使之成为千篇一律的工业化和城镇化景观是否合理的问题,也已经受到一些规划工作者和学者的关注[15]。

4.4 外来租客的居住意愿

外来租客已成为村庄常住人口的主体,并成为连接工业园区和村庄形成工业社区的重要纽带。外来租客之间、长期外来租客与原村民之间形成的社会联系是村庄社会关系网的主要组成部分。外来租客已经与村庄的生存发展息息相关,其居住意愿问题是城镇化过程中需要关注和思考的重要问题。

4.4.1 外来租客择居意愿

从外来租客择居影响因素饼状图(图8)中可以看出,工作和房租便宜是外来人口来此居住主要影响因素,老乡介绍与老乡集聚也是重要原因。还有一部分外来人口是原住地拆迁而被迫搬迁,故而就近择居,或是老乡介绍而来。

房租便宜可以从两个方面解释:较为简陋的房屋条件客观上限制房屋租金,低收入的外租客主观上倾向于选择低价房屋。相对于低价房租,低收入的外来租客表示可以忍受简陋的住房条件。月收入大部分在3000~

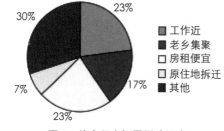

图8 外来租客择居影响因素
(资料来源:根据调查问卷整理)

6000元的务工人员则希望居住、并且有能力支付条件较好的出租房,但囿于客观条件限制而只能居住在低价房屋中。结合村庄房屋租金和正规住房市场房屋租金情况,我们看到月租金在500~1000元之间条件较好的房屋供应十分不足。故而,村庄可以改善房屋条件并提高租金以满足月收入稍高人群的择居意愿。

4.4.2 外来租客搬迁意愿

对于搬迁问题,大部分外来租客对工作、生活较为满意,主观意愿上倾向于定居,除非拆迁被迫搬迁。仅有少部分外来租客考虑到工作(月收入较低)、年迈、子女受教育困难等问题而打算搬迁。还有一部分人表示即便更换工作也不会改变住所,主要原因是房租便宜,且对周围环境熟悉,不愿再到完全陌生的环境。

结合外来租客择居、搬迁意愿及其月收入状况可知,来沪打工的外来人倾向于选择工作附近的、老乡集聚的村庄租房,低收入外来租客倾向于选择的低价住房而相对不在意居住条件,月收入稍高的外来租客则有能力支付且希望居住条件较好的房屋。由此可见,村庄在提供低价住房的基础上,可以适当改善房屋条件并提高房租来满足月收入较高人群的择居意愿。另外,除拆迁等特殊因素,外来租客主观上选择长久居住。工作不满意、年迈、子女受教育困难等问题则是外来租客搬迁的推动因素。

5 结论与讨论

通过对上海近郊地区——闵行区向阳村、光明村、塘湾村和许泾村的调研发现，因为产业转型期间对低端制造业的入驻门槛提高，高端技术型产业一时间难以引进，房地产市场整体疲软及拆迁成本高等原因导致近郊地区工业化进程减缓或停滞，使得部分村庄在规划愿景和实际发展之间的阶段性差异中得以生存，并且保留了传统的农村风貌。村庄存在的合理性来源于：

其一，外来租客倾向于选择工作附近的、老乡集聚的民居进行合租，低收入者由于月收入限制选择低价住房而相对不在意居住条件，而较高收入者则因正规住房市场上较低价格住房短缺也选择居住村庄简陋民居。并且除拆迁等不可抗因素，主观上选择长久居住。但工作岗位的变化、年迈、子女受教育等问题会推动外来租客搬离村庄。

其二，村庄为外来务工人员提供低廉住房，而外来租客又为周围工业园区提供充足劳动力和配套的生产、生活服务，租住厂房、场地的企业在客观上也改善了村庄投资环境，村庄自发地与工业园区结成一个有机的工业社区。

其三，村庄承载着内部原住民和外来租客之间的复杂而稳定的社会关系网络及厚重的乡村文明。从而使得村庄整体呈现出独特的生存发展价值及活力。

村庄自发与工业园区形成工业社区，并承载着稳定的社会关系和农村风貌，其存在显然是具有一定合理性的。如果规划愿景与实际发展的阶段性差距短时间内不能消除，村庄是否可以与工业园区结成工业社区而长久生存下去是值得我们思考的。

以村庄为载体的工业社区的优点可以总结为以下几个方面：①村庄为工业园区务工人员提供价格较为低廉的住房可以降低企业发展成本；②可以实现居住和生产集中，提高土地利用率的同时实现产城融合；③村庄内的工业、服务业可以与工业园区工业自发形成协调合作关系，无需进行相关规划配置；④村庄稳定的邻里关系有助于工业园区文化发展，提高园区软实力；⑤以村庄为载体的工业社区将多元化郊区风貌，并成为探索郊区城镇化的新模式。

但如果村庄继续存在下去，则需面对"生存"的若干问题：

（1）基础设施建设问题。完善的基础设施能够为园区企业提供坚实的保障，激发园区的生命力和活力[14]。但是，大量外来租客流入使得村庄人口密度大大提高、人均公共资源占有量减少、村庄公共基础设施负担加重、公共卫生服务成本增加。前文中提到向阳村公共卫生设施较为匮乏，给外来租客日常生活带来很大不便。但是由于外来人口没有发言权，而拥有发言权的原住民基本上不在村内居住，且无相关需求，使得公共卫生设施短缺问题一直得不到解决。

（2）村庄管理问题。村庄内从事餐饮、汽修等服务业的个体经营者多是无照经营；汽修、物流等服务业使得村庄周边及内部道路上来往车辆多，造成噪音污染、空气污染（扬尘）等环境污染问题，并存在安全隐患。

（3）村庄房屋修缮问题。年久失修、条件简陋的民居降低了外来租客的生活水平，且合租形式存在很大的安全隐患，收入较高的外来租客也希望并有能力居住条件较好的房屋。但是原村民进行房屋修缮需自行承担修缮费用且租金收入会减少，出于自身利益考虑原住民不会修缮房屋。

这些问题，需要规划者根据工业园区规模及产业类型、预测未来人口规模配置生活服务设施和生产服务设施，以保证工业社区的正常有序地运行；需要改革村庄管理制度，建立整个工业社区统一的管理体系；需要通过补贴等经济方式、法律方式和行政方式改善房屋条件，并使村庄内租房市场规范化。

主要参考文献

[1] 夏廷芳，李学林.中国郊区城镇化研究评述及展望[J].云南财经大学学报，2012，27（4）：40-44.

[2] 张水清，杜德斌.上海市郊区城镇化模式探讨[J].地域研究与开发，2001，20（4）：24-26.

[3] 崔文，黄序.从空间形态看北京近郊城镇化发展中的几个问题[J].城市问题，1990（3）：58-63.

[4] 杜陈生.北京近郊城镇化"失地"农民再就业和社会保障政策研究[D].2005：6-26.

[5] 林明昇，陆跃进，周生路.试论近郊城镇化进程中的农民集体土地产权制度建设[J].土壤2004，36（3）：271-275.

[6] 吴苓. 城市近郊土地集约利用研究 [D]. 天津：天津大学，2008：64-72.

[7] 王惠彦，靳辉，战卫民，牟云霞. 对沈阳近郊城镇化进程中的环境问题的探讨 [J]. 环境保护科学，2006，33（3）：90-91.

[8] 王晓明，城镇化进程中失地农民权益问题研究 [D]. 杭州：浙江大学，2003：11-20.

[9] 徐寿松. 上海：退出低端制造业，打造生产性服务业集聚区 [DB/OL].http：//www.sh.xinhuanet.com/2005-10/31/content_5472882.htm，2005-10-31/2014-11-20.

[10] 顾建发. 上海房地产发展 60 年 [R]. 上海人民出版社 [C]. 上海人民出版社：上海市科学界联合会，2009：623-624.

[11] 周宁. 房地产黄金十年已临近结束 [J]. 股市动态分析，2013（30）：82.

[12] 曹勤友. 基于工业园区的工业社区研究 [D]. 重庆：重庆大学，2011：31-33，23-24.

[13] 2014 年 1 月 -7 月房地产市场依然疲软 [DB/OL]. http：//sh.focus.cn/news/2014-08-14/5400704.html，2014-08-14/2014-11-20.

[14] 第一太平戴维斯：7 月份全国 64 个城市新建商品住宅销售价格环比下跌 [DB/OL].http：//news.xinhuanet.com/house/cd/2014-08-20/c_1112155685.htm，2014-08-20/2014-11-20.

[15] 张孝德. 中国的城镇化不能以终结乡村文明为代价 [J]. 行政管理改，2012（9）：9-13.

The Survival Suburban Villages under the Wave of Urbanization —— from Minhang District Village Survey

Han Xiaoshuang   Tang Luyuan   He Dan

Abstract : Under the wave of suburb urbanization, some villages have been surrounded or encroached by the industrial park, while they still remain energetic and keep precious rural culture. To understand these survival villages' existence and development status, we select four villages in Minhang District of Shanghai as our research area. Survey shows that these villages are unique in : 1）There are serious "population of upside down" phenomenon ; 2）Rental business get developed ; 3）Foreign tenants live in humble low-cost dwellings ; 4）Foreign tenants' income is mostly less than RMB 6000 per month, and foreign tenants almost work in the surrounding industrial park ; 5）The original villagers and foreign tenants have formed complex and stable relationships ; 6）As for demolition, different stakeholders in village hold different attitudes. A series of analysis suggest that the existence of these villages are reasonable and meaningful. Furthermore, the existence mechanism has been found : 1）Industrial transformation, the sluggish real estate market and high cost of demolition contribute to slow the speed of urbanization, making these village preserved in the phased gap between planning vision and the actual development ; 2）Village provides living space for original and a large number of foreign tenants. Besides, it provides comprehensive production and living services for industrial park and the permanent residents. At last, village makes up an industrial community with surrounding industrial park spontaneously ; 3）The village carries complex and stable social relation net weaved by native and foreign tenants, as well as precious rural civilization. In addition, the article discussed whether the village can exit as industrial community carrier.

Keywords : suburb urbanization ; foreign tenants ; neighborhood ; the industrial community

文化生态视角下传统村落的"生态恢复"模式与路径
——以武汉市泥人王传统村落保护规划为例

宁暤

摘　要：通过剖析传统村落的本源特征以及内部机制可知，传统村落同自然生态系统一样，是具有生命特质的复合有机系统。近年来，在外部干扰和内部失调的双重干扰下，传统村落正面临衰微的困境。本文针对非遗类型的传统村落，通过引入"生态恢复"的理论手法，分析与解读其内部生态因子、功能结构以及信息、能量的循环机制，追诉村落系统衰退的限制因子，强调"自组织"和"外组织"的耦合作用对此类传统村落复兴的促进。并结合武汉市泥人王村传统村落保护与利用规划，阐述"生态恢复"的传统村落复兴方法在实践中的应用。

关键词：生态恢复；生态系统；生态退化；传统村落；复兴；泥人王村

1　引言

　　传统村落俗称"古村落"，是我国经济社会快速发展阶段所提出的新概念，在 2012 住房和城乡建设部、文化部、国家文物局以及财政部印发的开展传统村落调查的通知中明确提出："传统村落是指村落形成较早，拥有较丰富的传统资源，具有一定历史、文化、科学、艺术、社会、经济价值，应予以保护的村落"。"传统村落是我国文化遗产信息量最大的最后一块阵地"，然而其发展一直受到内、外因子的共同影响，"空心化"、"衰败化"的现象愈加严重，传统村落的复兴保护成为必然。

　　现阶段，我国针对传统村落复兴探讨研究主要集中在三大方面：一是基于物质空间的修复和重建研究，二是从市场经济的角度结合旅游开发，三是寻求文化传承的途径，发展文化产业等保护策略[1-8]。总的来说，当前的传统村落复兴缺乏系统的框架梳理，故而难以有效的指导传统村落的整体复兴。

　　1955 年，美国学者 J.H. 斯图尔德最早提出了"文化生态学"的概念，主张从人、社会、自然、文化等多种变量的交互作用系统的研究文化本体生产发展的规律，这种研究方法被看作是真正整合的方法。对于任何具体的系统，只有弄清了其发展动因、趋势、途径以及内部机制和外部条件，才可以在实践中防止退化，促成进化。

　　基于此，本文在文化生态的视角下，深入挖掘传统村落的系统构成，功能特征、演生机制以及其内部的能流状态，介入"生态恢复"的手法，寻找系统内部的有效触媒点，使传统村落的复兴具有更强的可实行。

2　传统村落的生态内涵

2.1　传统村落的生态系统构成

　　借鉴生态学的概念，传统村落是中国农耕时代的产物，依附于特定的地域环境形成、演化以及发展，是在此过程中，自然环境与人文、物质实体反复碰击、协同、融合而形成的有机生态系统。作为生态系统的一种外延式演化，传统村落与自然生态系统的发展特征相似，内部因子的多样性是生态系统维系稳定的必要条件。作为一个具有相应人文内涵的实体系统，传统村落构成要素可特化为主体因子、环境因子和文化因子（图 1）。这三大因子从物质遗存到文化空间以及生态环境，系统的概况了传统村落在不同层面的构成，并通过激励竞争、协同互助在整体上推动或者延缓了村落的自组织发展。

2.1.1　主体因子

　　传统村落是一个"特殊而完整的人类生产、生活、居住的系统"[3]。人和村落的实体部分构成了传统村落生态系

宁暤：华中科技大学建筑与城市规划学院硕士研究生

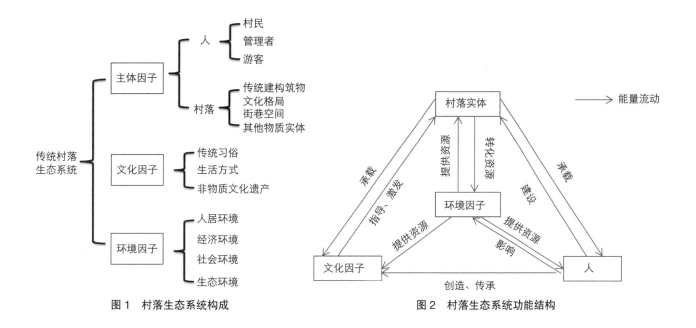

图 1　村落生态系统构成　　　　　　图 2　村落生态系统功能结构

统的主要组分，一方面，他们在传统村落的演变中占据了村落大部分的资源，受到系统稳态的影响，另一方面，它们通过对资源、信息的转换，实现传统村落系统内能量的积累，从而保证村落的可持续发展。

2.1.2　文化因子

马斯诺的"需求模型"指出，形而上的精神哲学在本质上指导了形而下的物质空间建设。对传统村落而言，由精神文化、物质文化和制度文化构成的无形因子在更高层面上决定了村落实体的特色以及内聚性，是村落发展的原动力和"DNA"。

2.1.3　环境因子

适宜的环境是传统村落实现可持续发展的本源支撑，不同于自然生态系统，传统村落的环境子系统不仅包括村落所处的地理环境，也包含文化传承和人类生产、生活所依附的社会环境、社会环境和人居环境等。它提供了村落系统中人、物质实体和文化发展所需的物质能量和空间资源。

2.2　传统村落生态系统的功能构成

传统村落的演替并不是对外部环境变化的被动反应，而是外部和内部作用力相适应的互动过程。它的发展从起初的无序状态，在经过了内部系统不断的整合和与环境不断的碰撞和适应后，逐渐向高层次的有序状态演进，最终形成了相对稳定、动态的自组织结构。

从"热力学"角度分析，传统村落生态系统的稳态，是主动对外界环境保持开放度，通过与外界进行物质、能量和信息的传递和转化，从而不断降低自身的熵含量，达到积极有序的演化的结果。整个系统中，环境因子一直作为能量资源的供给者，传统村落作为实体载体承载着村落内村民的活动以及文化要素的发展传承。同时文化要素和村民也反向的对村落载体起到了激发和推进建设的作用（图 2）。村落生态系统内部因子间的作用力十分复杂，相互间形成了极大的张力，这种能量信息的循环流动是推动村落有序发展的动力。

3　传统村落"生态恢复"的内涵解读

3.1　"生态恢复"与传统村落的生态修复

"恢复生态学"这个专业术语是英国学者 J.D.Aber 和 W.Jordan，于 1985 年首次提出。国内外对于"生态恢复"的定义不尽相同，Jordan 认为，"生态恢复"是研究生态系统自身的性质、受损肌理及修复过程的科学（Jordan et al.，1987）；国际恢复生态学学会（Society for Ecological Restoration）认为"生态恢复"是帮助研究生态整合性的恢复和管理过程，生态整合性包括生物多样性、生态过程和结构、区域及其历史情况、可持续的社会实践等（SER，1995）。

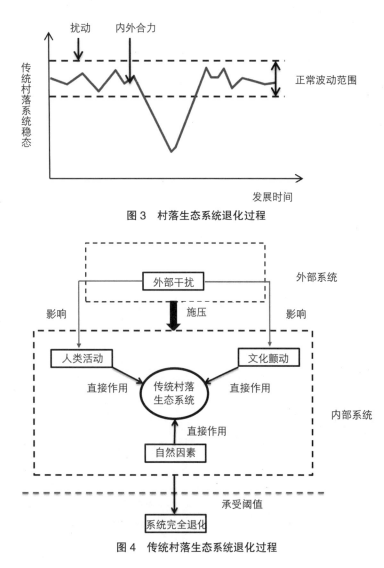

图 3　村落生态系统退化过程

图 4　传统村落生态系统退化过程

虽然内容不同，但本质上存在的共性是：强调了生态恢复的对象是受损的生态系统，以及恢复机制的整体性、系统性和过程性。

根据生态学原理，传统村落的生态恢复，即分析传统村落生态系统衰退的原因与过程，通过一定的技术与方法，切断和调整系统退化的主导因子，优化和整合配置系统内部及外界的物质、能量和信息的流动过程以及时空次序，使传统村落生态系统的结构、功能和生命潜力恢复到一个相对稳定的状态。与其他生态系统相比，传统村落的稳定状态更加偏重于经济、文化的复苏，即为物质环境的更新、经济社会的提升以及文化遗产的传承。

3.2　传统村落的退化表征

"正常的生态系统是随着生态演替，生物群落和自然环境处于相对平衡状态的可自我维持系统"[5]。但是在一定的时空背景下，由于干扰作用，生态系统的结构和功能会发生负向位移，导致原有生态系统的平衡状态被打破，造成了系统内部损坏性的波动和能量的恶性循环，这种系统的整体功能和生产力均下降的过程，被称为生态系统退化（图 3）。

近年来，随着我国快速城镇化的推进以及人类生产、生活方式的改变，传统村落系统的外部生存条件、内部要素以及动力机制发生了巨大变化。当村落系统长期受到外力压迫和内部畸变的复合干扰，并超过一定阈值时，传统村落的生态系统便会出现崩溃和瓦解（图 4）。具体表现在系统结构的缺损；信息、能量流的断裂；以及生产力的降低和对环境利用率的下降。

3.3　传统村落生态系统衰退的限制因子

3.3.1　主体因子缺损，系统多样性降低

生态学认为，多样性和复杂性是生态系统稳定性和弹性的前提，系统内单项或多项因素的迅速改变，都将导致系统的动荡。在村落系统演替过程中，先定居的人类往往承担了主导因子作用，是村落的建设者和引导者。由于农村经济与城市经济不均衡的发展，大量农村人口进城务工，导致农村劳动力大量流失。同时，村内建构筑物也出现自然破损和开发式损坏，无法正常满足人类居住的物质空间，两者产生的恶性循环效应，促使了村落系统的恢复能力降低。

3.3.2　系统物质循环、能量流动出现危机和障碍

与外部环境的物质和信息交互，保障了传统村落发育的营养。当其处于稳定状态时，外部能量的输入和内部能量的耗散基本持平，并且表现为"闭环式"的能量单向传输模式。由于传统村落的人力资本积累过低，外部输入的减少，以自然经济为主导的产业链随之"解环"，单纯的经济结构无法自生"造血"，产能输出远低于自身发展需求（图 5）。

3.3.3　环境因子的衰退及其他系统的冲击

趋利避害、安身立命的中国传统思想促成了传统村落生态系统在地理上的边缘性、内闭性。除了自然衰败外，

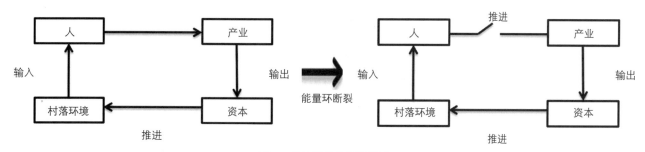

图 5　传统村落能量链断裂

在现代化、城镇化的促发下，中心城市加速膨胀，其"触角"不断向外延伸，侵蚀和占用了传统村落大量的人力资源、生态资源和土地资源。此外，城市生态系统的生活体系、生产模式以及人文观念都对传统村落的生态系统有着瓦解性的影响，许多珍贵的文化遗产日渐式微，呈现出无人继承、无人监管、无人保护的困境。在多元因素的胁迫下，传统村落的人文环境、经济环境以及生态环境价值都逐渐降低甚至丧失。

3.4　传统村落的生态恢复方法与路径

传统村落的恢复更新是"自组织"和"他组织"协同完成的过程。即在外部诱导之余，通过内部的自激励对系统构成、能量和信息流动进行调整，对已受损的村落系统进行优化和修复。

根据恢复对象和生态退化因子的不同，对传统村落的修复往往会制定个性化的技术模型和恢复目标。一般来说，"他组织"是快速恢复传统村落系统的最佳途径，但这种模式具有结果的表层性，恢复后的村落系统容易过分依赖外部政府的政策支持和外部实物、资金等"输血"式的补给。其效果也具有短期性，成效容易随耗散递减，甚至导致村落系统能流的"单向化"，结构的"单一化"，从而进一步加重村落生态系统的退化。在具体实施路径上，采用明确对象——退化诊断——模型建立——监管反馈的四大步骤（图 6）。

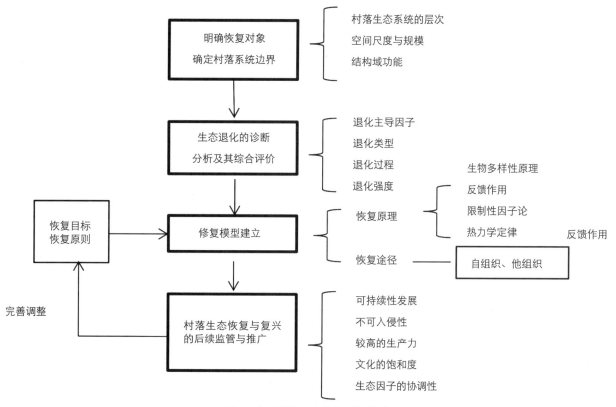

图 6　传统村落生态恢复过程模型

3.4.1 "自组织"恢复

自组织指系统在内部机制的驱动下，不借助外力，仅通过自我调节，自我再生，自我完善而维持系统的有序进化和发展的机制。一个自身不存在内生动力的系统，是无法仅依靠外部输入而完成进化的。

传统村落是一个具有文化特性的社会聚落，作为一种自组织系统，它的恢复动力来自于系统组分间的竞争和协同，促使因子间形成必要的张力。通过加强传统文化的优势度，自组的形成主导动力，从而保持和加强系统的再生能力。

3.4.2 "他组织"恢复

传统村落生态系统作为一种非典型性的耗散系统，系统与外界的物质和能量交换是维系系统稳态的重要因子。对于已经退化的村落系统，在缺少人为干预，外部推力的情况下，系统很难越过恢复阈值而恢复到先前的轻度状态或者原状态。

整合两种机制的特点，内因提供了系统发展的可能性，外因提供了变化的现实性。补偿自组织在系统动态发展的过程中，容易失稳的问题，通过外组织的补给和技术投入，可以诱发自组织系统的重构和能量互通（图7），使生态系统恢复到理想的状态。

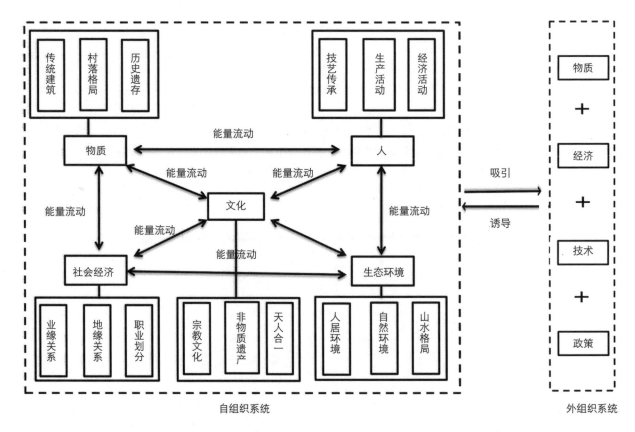

图7 自组织和外组织耦合作用

4 传统村落"生态恢复"的复兴实践——以泥人王村为例

4.1 村落概况

武汉市泥人王村位于文化底蕴深厚的黄陂区李家集街道办，这里以泥塑制作技艺闻名于世，"北有泥人张，南有泥人王"中"泥人王"便出自于此。村庄坐落在云雾缭绕的云雾山景区内，村域面积17.7亩，现有农家十余户，四面环山，水环如弓。村内依旧保留着完好的木兰干砌民居建筑，丰富的物质遗产、自然资源和人文底蕴构成了泥人王村特有的生态体系。但在"乡村城镇化、农业现代化、信息全球化"的多源干扰下，泥人王传统村落的内部结构和功能都遭受了持续性的干扰和破坏，生态系统面临毁灭性的瓦解，复兴成为发展的必经之路。

4.2　修复模型的建立——基于"生态恢复"的村落保护途径

4.2.1　提升文化因子主导力——调整村落系统主导因子，增强内聚力

在独特的地理环境和文化背景下，泥人王传统村落形成了以传统手工艺为核心文化、兼道教文化、楚剧等无形文化和物质文化为一体的特色文化体系。同大部分非遗类传统村落一样，泥人王村的非物质文化遗产构成饱满，物质文化遗产却十分单薄，村落的产业结构也十分单一。文化因子的衰退引发了一系列的负反馈效应，进一步的导致了泥人王村的衰退。

"知礼节然后仓廪实然"，为了更加准确的把握泥塑技艺的文化内涵，规划通过走访、收集、存档的方式，收寻优秀泥塑作品和优秀传承人。一方面，利用泥塑文化的可塑性、衍生性，逐步代替传统以人力资源为核心的自组织系统，通过设立专项博物馆、新建泥塑工作坊、重建泥塑流水线（图8）等方式扩大文化优势，转化文化势能为发展动能，强化村落的凝聚力，增加泥人王村生态系统的多样性，实现多赢的效益。另一方面，大胆地将泥塑文化融入旅游开发中，在将泥塑文化有效的传播出去的同时，合理的利用文化资本，增强公众的关注度。

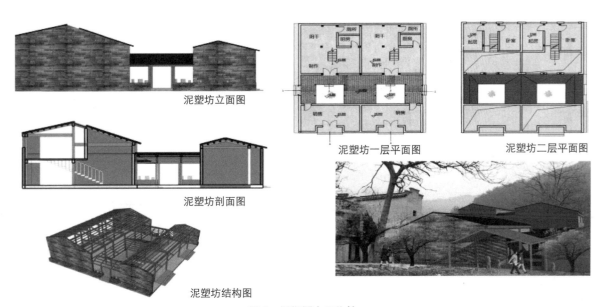

泥塑坊立面图　　泥塑坊一层平面图　　泥塑坊二层平面图

泥塑坊剖面图

泥塑坊结构图

图8　泥塑匠人工作坊

（资料来源：武汉华中科大城市规划设计研究院.武汉市黄陂区李家集街道泥人王村"中国传统村落"保护规划.2013）

4.2.2　加强主体人的保护——关注村落人的状态，吸引劳动力回流

20世纪70年代，黄陂泥塑处于发展的巅峰，泥塑的兴盛也吸引了大量的学员学习泥塑制作。但随后，现代化生产"集群化"的流水作业和人们价值观和审美观的转化，令传统手工作业的泥塑工艺陷入困境，泥塑艺人因待遇得不到保障，纷纷离场，另谋出路，村内劳动力大大减少。

规划力争通过政策支持和制度保证，重点关注省级传承人，建立传承人的数据库，并为其提供生活和作品创作空间。以创建泥塑手工艺课堂为契机，挖掘有天赋的一般创作人，采取文化普及的策略，扩大泥塑技艺传播面。

有经济能效性的社区才能吸引劳动力的回流，以文化复兴为支点，鼓励村民结合泥人王村的旅游发展，经营、制作传统手工艺产品和当地特色美食，让泥人王村重新恢复活力和生气。

4.2.3　提升实体环境——针对性的制定不同传统构建筑物保护模式

民俗建筑、道路、宗庙祠堂、古井、私塾等构成了传统村落独具特色的实体环境，在空间上形成了传统村落的整体肌理形态，同时为无形文化和人类活动提供了良好的物质基础。

泥人王村内的民居建筑、思源道观、在形态上具有很强的同质性。基于此，在建筑物的保护修复上，要整体把握和延续村落的传统脉络，在总体特色得到保护的情况下仍采用传统"木兰干砌"的建造工艺和当地的石材，力求保证物质文化的"原真性"。针对建筑物年份等级、完好状态以及承载的文化信息量的不同，确定保留、修整和拆除的建筑，分别制定不同的保护和更新模式，进行适当的维护和翻新。对优秀的历史建筑，原则上按照文物保护进行

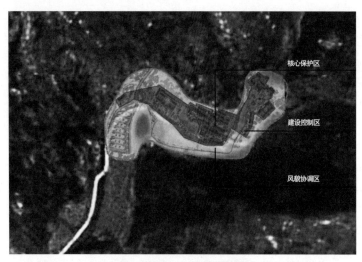

图9 泥人王村分区保护图
（资料来源：武汉华中科大城市规划设计研究院．武汉市黄陂区李家集街道泥人王村"中国传统村落"保护规划．2013）

保养、加固或者修复；对建筑质量较好，但建筑质量和村落整体风貌环境稍有冲突和不适的建筑，进行维修和翻新，但不得拆除；对已弃置坍塌的建筑列为民居遗迹，并提出保护和整治措施。

对于其他物质要素，如村落的古井、石磨、泥塑制作工具、石桥等历史遗存采取保留的措施，可在一定程度上丰富泥人王传统村落物质文化遗产的层次内涵。

4.2.4 稳固村落环境系统——增强村落基础设施建设，划定不同保护区

传统村落的空间环境是非物质文化因子的"生命土壤"，也是人类生产、生活的空间载体。因此村落环境的提升不仅有利于文化遗产的传承，也是提升村落整体代谢和能量流动的前提，是传统村落整体复兴的基础。

具体实施方面，通过划定不同层次的保护区（图9），加大多方资金的投入，完善泥人王村的基础设施建设。主要包括村落道路、给水排水工程、电网改造，网络通信等方面。在提升村貌方面，配置村落的路灯照明设施，对村落不合理的空间进行改良，加强水边的驳岸设计，修整村内道路铺砖。对于新村的建设按照较高的标准进行配置，为村民、泥塑匠人以及游客提供一个宜居的生活环境。

4.2.5 适当外部信息供给——结合一定的旅游开发，诱发传统村落的主动复兴

传统村落本身具有很强的自组织能力，但是在内部结构缺损的情况下，需要注入一定的外部能量和资源，诱发其内生动力。

通过增加对泥人王传统村落保护的技术和财力投入，鼓励招商引资，结合外部风景区发展旅游业，以此主动吸引城市系统的能量资源，积极利用外环境的推动效应。

在开发旅游项目上，有效的结合泥塑文化符号，注重观赏和参与的结合。突出泥人王村泥塑文化的特色内涵，以博物馆、泥香阁、匠人墙、泥塑体验中心、山谷画廊等形式，向游客展示泥塑文化的传承历史、制作工艺（图10）。

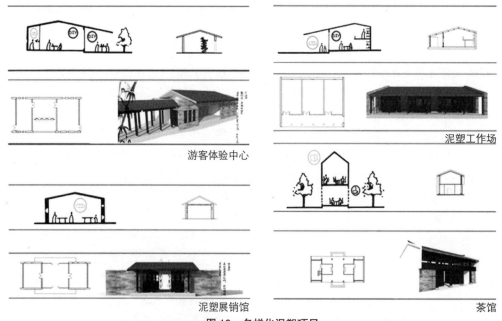

游客体验中心　　泥塑工作场

泥塑展销馆　　茶馆

图10 多样化泥塑项目
（资料来源：武汉华中科大城市规划设计研究院．武汉市黄陂区李家集街道泥人王村"中国传统村落"保护规划．2013）

在整体策划中，合理分划村落的展览片区、民俗居住片区、体验工作区和管理片区，加入泥塑文化节、泥塑制作比赛等趣味活动，带动村民的参与积极性，充分利用旅游和文化产业的互动，最大化地利用外组织活力。

4.3 后续的反馈与推广

在建立了完善的恢复模型之后，仍旧需要持续的反馈与推广。通过后续的监督管理，以及适当的奖惩机制，努力实现村民的自主性保护。另一方面，通过政府的政策性引导，制定相应的保护和抢救的程序、方法，明确其知识产权的归属等，为传统村落的保护工作提供强有力的法律依据。通过全面的信息反馈系统，以及掌握保护发展的实时动态，不断地完善和调整传统村落生态恢复的途径，从而达到良性的循环，促进村落的可持续发展。

5 小结

"面对新一轮的城镇化、城乡发展一体化、乡村旅游开发的多重挑战"[12]，如何保证传统村落能抵抗住外部干扰，减缓内因子的衰退，保持村落系统的稳态，是当前传统村落复兴保护的重要课题。

本文基于方法创新的角度，试图构建一个传统村落生态复兴的机制，从村落生命本质的研究，到衰退限制因子的探析，最后制定相应的"生态修复"途径。从村落系统的内部结构和功能入手，探寻一种系统整体的保护、复兴新思路。通过强调"自组织"和"他组织"耦合的方法，推动传统文化的动态传承和村落产业的转型，借此加强传统村落的系统多样性，重塑系统内外的能量、信息循环，稳固传统村落的生态环境，整体的提升传统村落的生态系统稳定性，实现传统村落的全面复兴。目前，国内对生态理论导向下的村落保护方法研究还很薄弱，基于生态修复理论对具有可操作性的村落保护途径梳理了启发性的思路，具有重要的研究意义。

主要参考文献

[1] 叶步云，戴琳，陈燕燕. 城市边缘区传统村落"主动式"城镇化复兴之路 [J]. 规划师，2012，28（10）：67-71.

[2] 霍绍周. 系统论 [M]. 北京：科学技术文献出版社，1988：148.

[3] 冯淑华. 传统村落文化生态空间演化论 [M]. 北京：科学出版社，2010.

[4] 郑昭佩. 恢复生态学概论 [M]. 北京：科学技出版社，2011.9.

[5] 彭少麟. 恢复生态学概论 [M]. 北京：气象出版社，2007.10.

[6] 张建. 自组织理论视角下的传统村落形态演变初探 [J]. 福建工程学院学报，2010，8（3）：222-226.

[7] 程海帆，李楠，毛志睿. 传统村落更新的动力机制初探——基于当前旅游发展背景之下 [J]. 建筑学报，2011（9）：100-103.

[8] 吴敏，吴晓勤. 融合共生理念下的生态激励机制研究 [J]. 城市规划，2013（8）：60-65.

[9] 曹迎春，张玉坤. "中国传统村落"评选及分布探析 [J]. 建筑学报，2013（12）：44-49.

[10] 冯骥才. 传统村落的困境与出路 [J]. 村委主任，2013（9）.

[11] 俞孔坚，李迪华，韩西丽，等. 新农村建设规划与城市扩张的景观安全格局途径——以马岗村为例 [J]. 2006.

[12] 周乾松. 新型城镇化过程中加强传统村落保护与发展的思考 [J]. 长白学刊，2013（5）：029.

The Traditional Village of "ecological restoration" Mode and Path Based on the Culture Ecological Perspective
——A Case Study on the Village Protection Planning of Nirenwang in Wuhan

Ning Jian

Abstract : Through analyzing the source characteristics of traditional villages and internal mechanism, the traditional village, like natural ecological system, is a complex organic system has the qualities of life. In recent years, under the external and internal imbalance, traditional villages are facing the dilemma of decline. Based on intangible types of traditional villages, by introducing the theory of "ecological restoration" technique, analysis and interpretation of its internal ecological factors, function structure, energy and information circulation mechanism, brings forward the village system decline limit factor, emphasize "self-organization" and "organization" of the coupling effect for the promotion of such a revival of traditional villages. Combined with the protection and utilization planning of Wang traditional village in Wuhan, this paper try to explain the "ecological restoration" of the traditional village reconstruction method application in practice.

Keywords : ecological restoration ; ecological system ; ecosystem degradation ; traditional villages ; revitalize ; Nirenwang village

协同治理导向下的"定制式"城乡统筹方法探索
——以重庆市北碚区江东片区五个乡镇为例

吴鹏　任泳东

摘　要：位于北碚"江东花木及旅游农业产业带"的江东五镇（金刀峡镇、柳荫镇、静观镇、三圣镇、天府镇）是重庆市委、市政府在北碚区进行的统筹城乡发展重要试点。本研究发现由于区域三农问题的复杂性、各村基础条件的多样性以及社会经济需求的差异性，规划主管部门无法真正解决涉及其他领域或事权范围的问题。为更好地发挥规划的综合研究作用，提高城乡统筹规划的有效供给，需将规划的壳和政府的综合治理核心相结合，联合多部门对城乡问题进行协同治理。本研究尝试以乡村为切入视角，"自下而上"的分析村落间差异性的实际需求，综合谋划村落间的差异化发展，避免同质竞争。同时，在应用层面进行针对性的实施导则延展，整合农林、水利、财政、发改、规土等部门涉及生态补偿、片林建设、农田水利等内容的工程补助、建设资金及其他政策资源，探索相关部门补助指引，通过地方一级政府的全面统筹与管理，有效统筹多个职能部门共谋共商，改变以往"撒芝麻"式的扶农工作模式，以期形成更加贴合村落需求与部门供给的"定制式"城乡统筹办法，实现更高效的有限社会资源统筹分配。

关键词：协同治理；定制式规划；城乡统筹；乡村视角

1　引言

随着我国新型城镇化的推进和经济社会的发展，各地都在不断探索能结合自身发展特点的城乡统筹办法。重庆市自 20 世纪 90 年代即开始推行"大城市带动大农村"的发展战略（简仕明，1997）。近年来，重庆以"缩小三个差距、促进共同富裕"为目标，提出了"'三大投入'、'二项贴息'、'六种补助'的扶持政策"（邓勇，2012），在改善农民生存环境、助推村民脱贫致富等方面取得了一定成效。但重庆"集大城市、大农村、大库区、大山区和民族地区于一体"[①]的特征明显，在未来的城镇化进程中，"大城市"如何带动"大农村"依旧是重庆亟需解决的重大课题。一方面，"大城市"决定了重庆反哺能力有增强的基础与动力；另一方面，"大农村"决定了重庆城乡二元矛盾突出，统筹城乡发展任重道远。据国家统计局数据显示，2013 年，上海、北京、天津、重庆的城镇化率分别为 88.02%、86.30%、78.28% 和 58.34%，较之其他直辖市，重庆市农村地区待哺面极广，如何发掘各地真实急需，实现高效对口服务，显得尤为迫切。此外，如何激发农民自身建设能力，发挥村庄能动性也应成为探索实现村庄可持续性发展的必要命题。

作为重庆市重要的农业发展区，北碚江东五镇以发展"都市农业"和"现代农业"为未来发展的主要任务，在本次研究中发现区域内不同的乡村因发展阶段与现状发展基础差异，各乡村对下一阶段最紧迫的发展需求也不同，其面对的社会经济问题的表现方式和程度也有所差异，城乡尤其是乡村地区的实际发展问题已不仅仅是空间方面的问题，仅仅依靠规划部门制定城乡空间统筹规划去解决实际的"三农问题"已不现实。为更好地在规划管控前期阶段介入城乡发展和解决扶农工作过于粗放的现状，应充分发挥城乡规划作为政府行政手段的作用，将统筹主权归位于地方政府，协调不同职能部门的事权及手段。本研究"自下而上"的分析村落间的差异性的实际需求，综合谋划村落间的差异化发展，整合农林、水利、财政、发改、规土等部门涉及生态补偿、片林建设、农田水利等内容的工程补助、建设资金及其他政策资源，以探索更加贴合村落需求与多部门哺农工作实际的"定制式"城乡统筹办法，为推进城乡问题的综合整治提供引导建议。

吴鹏：深圳市城市规划设计研究院副总规划师

任泳东：深圳市城市规划设计研究院城市规划师

---

① 来源：国务院关于推进重庆市统筹城乡改革和发展的若干意见，国发〔2009〕3 号。

2 研究对象

2.1 基本概况

北碚区位于重庆市区西北郊，是重庆都市圈的重要组成部分。2013年10月，北碚区委常务会审议通过了《关于优化区域布局推进科学发展的意见》，按照发展特色鲜明、功能定位准确的要求，北碚江东片区五镇（金刀峡镇、柳荫镇、静观镇、三圣镇、天府镇）基本被纳入柳荫都市农业发展区范围，是未来服务于全市的重要都市农业示范基地。

历史上的北碚，曾是20世纪20~30年代卢作孚乡村建设的重要试验地，他曾从乡村建设开始，在经济发展、社会进步、生态文明建设等方面都为北碚做出了卓越的贡献。现今的北碚，作为全市新农村建设"一区、一带、一镇"的三个试点区域之一，是现在北碚区统筹城乡发展的重点试验区，在理论探索与项目实践等方面有一定的先试先行权。

2.2 现状问题

对于江东五镇而言，未来发展的主要落脚点与发力点在"农"，如何破解一个农业发展型区域的城乡统筹问题与农村改革问题，需要回归农民、农地、农业三个本源去找寻解决路径。在研究过程中发现江东五镇在发展过程中面对的问题复杂：一方面表现在当地三农问题的复杂性，另一方面表现在需综合考虑的现实因素的多样性。

2.2.1 三农问题的复杂性

（1）"人"的问题——农民

从2008年到2013年对五镇人口流动的情况的统计数据上来看，五镇人口近6年总体呈溢出状态（图1）。在城镇化过程中，越来越多的农村人口进城，农民的从业差异决定了未来居住选择的差异，是"留乡"还是"进城"，如何实现以人的城镇化为核心，进行人口流动的合理引导将成为未来工作的一大重点。

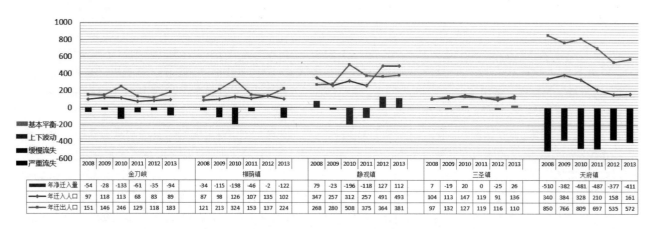

图1 2008年—2013年北碚五镇的人口年迁入迁出及流动情况（单位：人）
（资料来源：根据各镇政府公报整理）

（2）"地"的问题——农地

北碚区于2008年起采用"一换一"的方式探索农民宅基地换住房的方式，未来在整理较大规模的用地时，将涉及众多农民的安置成本，除了资金上的大量投入外，要通过合法程序获取新建农村居民点的土地，对宅基地的处理难度较大。另外，现状土地流转存在"去粮化"趋势，如双塘村的初衷是做"以旅带农"、以休闲观光及休闲农业为主的乡村嘉年华，但在现实中"乡村嘉年华"更多的承载了非农产业建设，逐渐成为当地房地产项目的代名词（图2）。这虽然能在短时间内带来经济高速增长，提高农民收入，带动农村产业多样化，但违背了土地流转管理制度的相关规定（图3），长远看来，将减少农用土地数量，影响土壤肥力，引起粮食安全危机。此外，由于农民信息收集、处理能力弱，直接交易信息成本过高，目前北碚区农地流转依旧广泛存在着"有买找不到卖，有卖找不到买"的现象，信息传播不畅通，土地出让方与受让方的信息不匹配，土地流转意向不明，无法快速确定交易目标，规范化的组织协调机构和土地流转市场尚待培育。

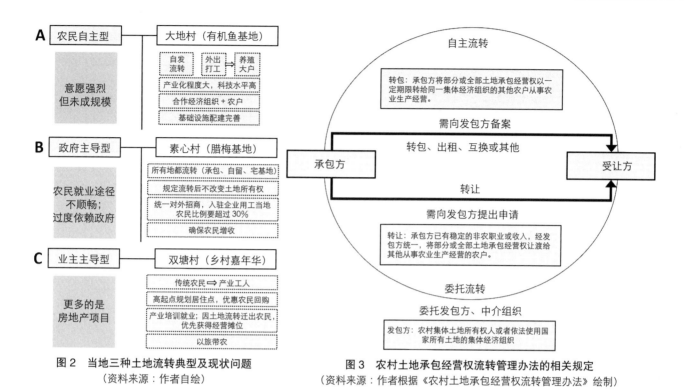

图2 当地三种土地流转典型及现状问题
（资料来源：作者自绘）

图3 农村土地承包经营权流转管理办法的相关规定
（资料来源：作者根据《农村土地承包经营权流转管理办法》绘制）

在可持续发展目标指引下，针对北碚江东五镇土地资源统筹的实际利用状况、发展阶段和主要问题，遵循耕地保护要求、土地管理机土地流转的相关办法，如何更有效率的推动土地流转，并在一定程度上促进土地经营规模的扩大，对承包地、宅基地的处理办法如何优化，均需要在城乡统筹过程中得到解答。

（3）"生计"的问题——农业

2013年10月，北碚区委常务会审议通过了《关于优化区域布局推进科学发展的意见》，按照发展特色鲜明、功能定位准确的要求，北碚江东片区五镇基本被纳入柳荫都市农业发展区范围，未来发展目标为发展都市农业，打造全市重要的都市农业示范基地。但从近年江东片区五镇的三产产值数据来看，第一产业的发展并未能成为支撑区域五镇发展的基础产业（图4），对于"留"在乡村的农民来说，如何在从事农业生产的过程中获得更多的权利和利益，如何更高效的促进土地产出和耕作方便，一方面需要自身产业的优化，另一方面还需借助于对应的政策扶持。

综上，北碚江东五镇的三农问题极具复杂性，需通过空间规划、产业规划、土地流转政策、农业发展政策、居民安置政策等多方面的联合进行相关破解路径探索。

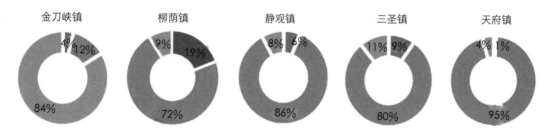

图4 2012年五镇三产产值及比重
（资料来源：根据各镇政府公报整理）

2.2.2 现实因素的多样性

江东五镇的部分区域位于重庆"四山管制区"①内，同时，受自然保护区和地址灾害区的限制，未来发展的约束

---

① 四山管制——为了切实保护好缙云山、中梁山、铜锣山、明月山地区的森林、绿地资源，改善城市生态环境，重庆市于2007年颁布了《重庆市"四山"地区开发建设管制规定》，金刀峡镇和天府镇"四山"管制区范围分别占到了镇域面积的88.92%和89.70%。天府镇"四山"管制区范围占到了镇区面积的100%。

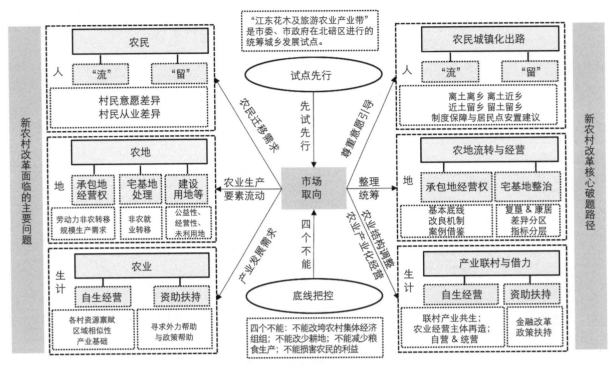

图 5　新农村改革面临的主要问题及破题路径复杂
（资料来源：作者自绘）

条件多样。规划应结合江东五镇土地资源的实际利用状况、生态保护要求和聚落体系布局特征，考虑地形地质要求、城镇发展要求、建设现状、自然要素等诸多现实条件，遵循相应的管制区控制要求、资源保护要求及适宜建设标准等，对区域空间发展策略和村落产业发展进行总体把控。但设计到相关生态移民、镇区建设用地拓展和转换的内容，须会同其他部门进行土地储备和集体土地投资权益保障、项目转让政策的协同研究。

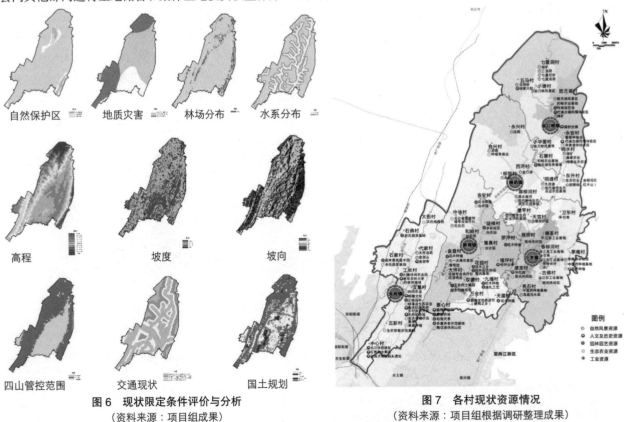

图 6　现状限定条件评价与分析
（资料来源：项目组成果）

图 7　各村现状资源情况
（资料来源：项目组根据调研整理成果）

村现状资源的部分节选见表 1：

各村现状资源情况概况（部分节选）

表 1

镇名	村名	等级	产业职能	资源			
				自然风景资源	人文及历史资源	园林园艺资源	生态农业资源
金刀峡镇	偏岩社区		政府所在地		偏岩古镇、巴渝古镇风情体验区		葡萄种植园、辛家坡休闲农庄
	永安村	中心村	以种植果树及生产糖食为主（种植脆红李、柑橘、葡萄等）	煤矿、二龙洞、七星石林、七星溶洞			
	七星洞村	中心村	传统农业、煤矿务工和种养殖业				
	五马村	中心村	传统的农耕	古树群	徐家大院		
	小塘村	中心村	生态农业、畜牧业	金刀峡风景区			
	胜天湖村	中心村	种植业、养殖业、旅游业和矿山企业四大块	胜天湖风景区、煤矿	巴渝古镇风情体验区	环美园艺场	和畅农业基地
	小华蓥村	中心村	传统农业、生态旅游	金刀峡风景旅游带			
	石寨村	中心村	种植业、养殖业（冬桃、脐橙、花木、花椒、脆红李）			胜天湖牧养殖场	和畅农业基地
	响水村	中心村	种植业、畜牧养殖	煤矿			鑫豪农业、绿箭生态农业
静观镇	兴城社区		静观镇中心（社区承担了党建、社会治安综合治理、计划生育、科教文卫、卫生环境、社区服务、社区民政、社区劳动保障等工作职能）				
	花园村	基层村	花卉种植，第三产业及花木种植	石灰石		花木之乡、园林园艺休闲观光基地	
	中华村	基层村	生态农林业				无公害蔬菜种植专业合作社
	吉安村	基层村	生态农业			花木种植	台创园
	和睦村	基层村	生态农业，以种植业养殖业为主				台创园
	陡梯村	中心村	花卉种植、观光旅游			多彩园艺	台创园
	金堂村	基层村	花卉种植，种植糖食和蔬菜为主			花卉种植	七一水库农农乐、葡萄园
	集真村	中心村	生态农业、休闲旅游，以花木为特色，工业企业为支柱，果木为补充				台创园
	罗坪村	基层村	生态农业（以种植业养殖为主）			花木种植	
	塔坪村	基层村	生态农业、观光旅游（蔬菜葡萄）		塔坪古寺		花椒专业合作社、花漾栖谷农家乐
	大坪村	基层村	生态农林业				
	双塘村	基层村	花卉种植、休闲旅游（主要种植草坪、花卉、林木）		王朴烈士陵园	乡村嘉年华	
	九堰村	基层村	花卉苗木种植、观光旅游			花木种植、盘扎工艺	
	天星村	基层村	花卉苗木种植、观光旅游			花木种植	
	万全村	中心村	花卉苗木种植、观光旅游（主要有腊梅光，桂花，茶花等花木）		腊梅文化旅游节（腊梅之乡）		
	素心村	中心村	花卉种植、休闲旅游		腊梅博览园	重庆农谷、和谐天香、华夏养老示范基地	陶花源休闲山庄
柳荫镇	××社区						
	柳荫村	中心村	场镇所在地，旅游服务	森林资源			
	永兴村		种植经济作物	溶洞			
	合兴村		种植经济作物、种植业	溶洞			种植养殖业

3 规划策略

3.1 分区管控

依据自然环境现状、农业生产要求、生态安全控制等条件的约束，把控全局，明晰空间发展格局，进行四区划定。重点制定基本农田保护区、生态空间布局结构和空间分区管制。考虑生态安全和生态承载力的威胁，构建与城乡发展体系相平衡的自然生态体系。

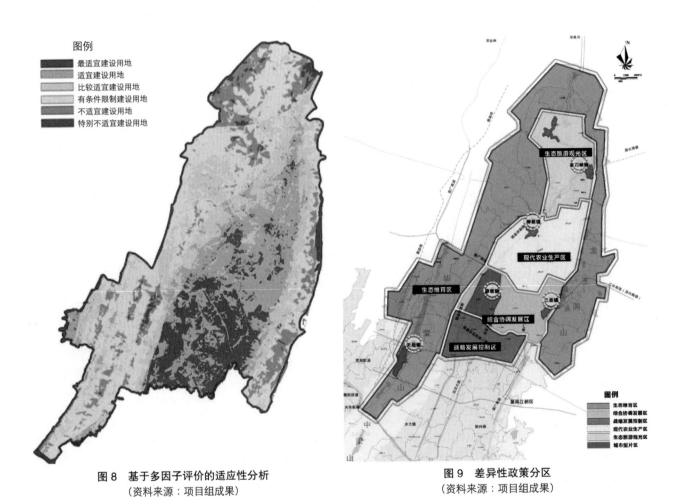

图8 基于多因子评价的适应性分析
（资料来源：项目组成果）

图9 差异性政策分区
（资料来源：项目组成果）

用地适宜性评价因子及权重　　　　表2

一级指标	二级指标	1分	3分	6分	9分	一级权重	二级权重
生态安全因素	四山保护	重点控制区	四山四线范围	一般控制区	其他区域	3	0.3
	林地保护区	林地范围	—	—	其他区域	3	
	自然保护区	核心保护区	一般保护区	协调保护区	其他区域	4	
自然因素	高程	>550m	350~550m	250~350m	<250m	3.5	0.2
	坡度	>30%	25%~30%	10%~25%	<10%	5	
	坡向	北	西北、东北	东、西	南、东南、西南	1.5	
自然灾害	地灾	地质灾害危险区	—	地质灾害中等危险区	地质灾害一般危险区	10	0.2

续表

一级指标	二级指标	1分	3分	6分	9分	一级权重	二级权重
社会经济因素	土地利用	林地耕地	基本农田	居民点	采矿用地、城乡建设用地	6.5	0.25
	交通	离省道3000m以上或者离县乡道2000m以上	离省道2000~3000m或者离县乡道1000~2000m	离省道1000~2000m或者离县乡道500~1000m	离省道<1000m或者离县乡道<500m	3.5	
环境适宜性	滨水环境	—	>550m	250~550m	250m以内	10	0.05

3.2 联村兴镇

打破传统垂直单向的城乡体系结构，侧重立足乡村，从更加扁平的视角去探索符合北碚江东五镇的城乡互动模式，一方面，在管理层面打破传统行政边界，尊重乡村作为经济细胞单元的作用；另一方面，尊重区域服务均等公平，强化城镇作为公共服务单元的作用。

3.2.1 "联村"视角下的村庄产业整合

为实现资源优势、市场需求的有机结合，实现区域优势的有机结合和产业专一化、多样化发展，本次规划以村为基础，充分挖掘发挥本地资源优势，不再强调不同村发展不同主导产业，而是以地域范围和资源禀赋确定区域的主导产品，使一个村或几个村或者更大的区域，联动发展，通过大力发展特色产品，推进"四化"建设，提高农民人均收入。依托各村特色资源，在区域范围内因地制宜、清晰定位，打造巴渝古镇风情体验村落、生态旅游村落、观光农业体验村落等，"一村落一特色"，通过区域内产业联动，提高农民组织化，推进产品的产业化水平、有机化水平，每个村落发展具有本村落的农产品或旅游产品。

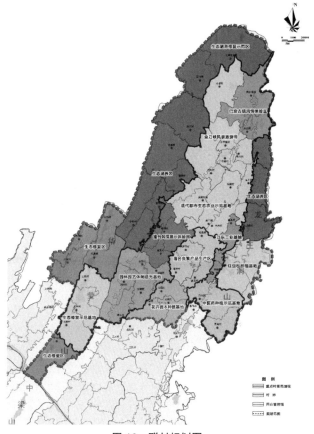

图10 联村规划图
（资料来源：项目组成果）

联村规划分区表　　　　表3

规划分区	包含村落
生态涵养修复型村落	七星洞村、五马村、永兴村
生态涵养型村落	合兴村、中华村的全部以及柳荫村、吉安村、和睦村、响水村、东升村、卫东村的部分
生态修复型村落	大田村、石佛村、石家村、代家村、中心村
生态修复示范基地	工农村、支星村、五新村
金刀峡风景旅游型村落	小塘村、小华蓥村、西河村的全部以及石寨村、响水村的部分
巴渝古镇风情体验型村落	胜天湖村、永安村
现代都市生态农业示范型村落	麻柳河村、明通村、天宫村、是平村的全部以及柳荫村、响水村、石寨村、东升村、卫东村的部分
园林园艺休闲观光型村落	金堂村、花园村、大坪村、双塘村、素心村
花卉苗木种植型村落	九堰村、万全村、天星村

续表

规划分区	包含村落
渝台风情展示体验型村落	陡梯村、集真村的全部以及和睦村、吉安村的部分
渝台良繁产品生产型村落	楼房村、罗坪村、塔坪村
江东工业型村落	德圣村、春柳河村、古佛村的部分
中医药种植村落	亮石村、德龙村的全部以及茅庵村的部分 德圣村、春柳河村、古佛村、茅庵村的部分

3.2.2 "强镇"视角下的城镇产业振兴

（1）完善区域交通基础设施

疏通区域交通（重点镇与区、镇与市之间的联系），以交通引导城镇拓展，以交通支撑乡村发展。统筹交通与生活性服务业，优化镇与镇、镇与区、镇与市的交通联系，为居民提供协调有序、集约高效的出行服务；统筹交通与生产性服务业，依托重大交通基础设施及站场枢纽，发展物流、科技研发、信息服务；统筹交通与"三农"发展，塑造有利于农业生产、农村建设、农民生活的交通模式。

（2）统筹区域公共服务设施

基于整合的交通网络和聚落体系配置基本公共服务设施，通过交通、聚落和设施体系"三位一体"的整合、调整与优化，逐步实现区域效率和公平兼备的基本公共服务均等化。按照聚落体系规划中各级聚落的功能定位，建立城乡融合、多层次、全覆盖、功能完善的综合公共服务体系。

（3）统筹市政基础设施

区域统筹，加强市政基础资源的管理，确保基础资源在城乡间合理的分配；从城乡一体服务的角度规划布置大型市政基础设施，大力推动城市基础设施向农村延伸；合理确定乡镇和村级市政设施服务标准，提高乡村的市政综合服务水平。

4　协同治理

为更好更实际的指导城乡建设和项目落地，研究尝试在常规空间规划规划外，梳理在城乡统筹各个环节可借力的优惠政策及来源部门，以更好更实际的指导城乡建设和项目落地；除此之外，对不同类型的乡村聚落未来应着重发展的项目和可因借的政策来源也作了相关梳理和建议，结合各个部门可因借的工程、资金和政策资源等，制定"重点村落实施指引卡片"和"相关部门补助指引表"差异性地对各个村落的发展需求进行扶助。

4.1　开门型规划，各部门政策供给梳理

为实现农村农业经济发展、资本的形成和资本的累积，一方面需要依靠自身力量，通过统筹城乡产业结构布局，促进农业发展，提高农民收入；另一方面，需要借助外来援助与资助，如政府财政支农政策、财政支持与农村金融发展等。本研究通过建立统筹农村地区各类涉农规划、建设管理要求以及实施政策措施的开门型规划，整合关于土地整治、产业结构调整、生态补偿、片林建设、农田水利、农业布局、村庄改造等各部门的规划资源、工程资源、资金资源及其他政策资源，综合谋划地区发展。

（1）三农财政政策

主要梳理包括农业综合开发产业化经营、农业示范、农业科技成果转化、农业配套服务以及专项补贴的一些相关政策。如：重点扶持农产品加工、设施农业和流通设施等项目；鼓励建设标准农田、蔬菜生产、现代农业园区、园艺类良种繁育生产等各种专项农业示范项目；促进现代种业、农产品加工、废物利用、农业污染防治等涉农产业的技术成果转化；为农产品流通销售、节水灌溉、农机购置等农业配套服务项目寻找资金补贴。

（2）农业发展政策

主要梳理包括集体农业经济、农业产业化和规模化发展的相关政策。创新发展多种形式的新型农业经营主体，并给予经营主体一定的资金投入和财政补贴；鼓励发展特色农业产业，对于符合条件的项目提供贷款优惠；对具有

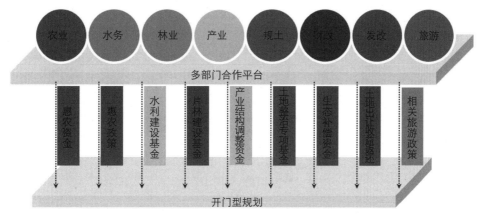

图11 对各个部门的扶农供给政策进行梳理

一定规模的种植大户免费提供科学施肥、测土配方技术服务。

（3）农村社会保障政策

主要梳理包括农业保险、产业扶持和贫困保障的相关政策。设立农业保险基金，鼓励农户入保，并给予保费补贴；鼓励农户参与特定的产业扶持项目，给予参与群众种苗和资金补助；建立贫困保障机制，对贫困户给予一定的资金补贴。

（4）农村土地管理政策

主要梳理土地流转的相关政策。鼓励土地规模经营与发展农业现代化，允许农民以多种形式流转土地承包经营权，对流转农户和规模经营主体进行奖励与奖补，推动传统农业向现代农业转变。

（5）其他政策

其他的资金和政策还包括来自林业部门的片林建设资金、旅游部门的旅游专项补贴金、镇政府的退耕还林生态移民搬迁补助金、环保部门的生态环保资金补助等。

4.2 针对性扶持，各村落需求差异梳理

通过"联村"对村庄产业资源进行整合，根据资源条件和现状特征差异，划分了如巴渝古镇风情体验型村落、现代都市生态农业示范型村落、园林园艺休闲观光型村落、花卉苗木种植型村落、江东农产品加工型村落等村落。不同的村落因发展阶段与现状发展基础差异，对下一阶段最紧迫的发展需求也不同，如在采空区地灾范围的生态修复型村落，在近期更需要生态移民搬迁补助，以推进地质灾害多发区的居民转移安置工作；如金刀峡风景旅游型村落和巴渝古镇风情体验型村落，虽然也会有农产品加工方面的需求，但在近期更需要的是旅游专项资金，以更充分的利用金刀峡自然风景区、偏岩古镇、胜天湖、五马村徐家大院等优质风景旅游资源，大力发展休闲度假、观光旅游及旅游服务。

为此，规划需统筹各个村落实际发展需求和各个部门可因借的扶农资源，差异性的对不同的村落进行更有针对性的"哺育"，值得提出的是，差异性的"哺育"并不是对扶持的村落有所偏颇，而是对扶持次序、扶持重点的综合把控和统筹，可结合近期行动计划制定，对各部门资金支持方向提供指引建议。

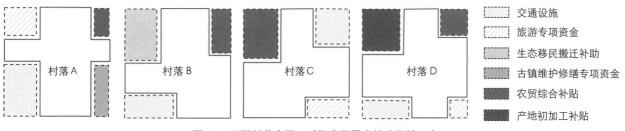

图12 不同村落在同一时期发展需求的差异性示意

4.3 "定制式"实施导则

以开门规划和联村发展为核心，整合农委、交通局、旅游局等各部门关于土地整治、经济发展、生态保护、设施建设、村庄改造等涉农专业项目、工程、资金及其他政策资源，根据各村落自然条件、资源禀赋、产业发展、村庄建设及区位特征所产生的需求差异，"定制式"引入与之发展相匹配的项目工程，利用项目落地指导村落空间布局，引导村落未来发展重点与特色建设，近期可优先引导有条件的重点村落建设。根据不同部门重点项目、政策的不同，差异化引导村落功能互补、产业联动发展，形成"一村落一特色"、"一特色一品牌"的重点村落发展格局，为远期其他村落建设起到示范带动作用。

重点村落实施指引卡片　　　　　　　　　　　　　　　　　　　　　　表4

渝台风情展示体验村落（静观镇）			
项目类型	项目名称	主要牵头单位	建议及政策指引
主题项目	渝台民俗风情展示及体验	园区管委会	国家农业专项补贴（龙头企业带动产业发展和"一县一特"产业发展试点项目）
	渝台良繁农测产品研发项目	科委	良种繁育示范补助
	渝台特色美食展示及体验	园区管委会	简化园区台资农业企业在项目核准、企业立项、税务征收、检验检疫通关等相关审批办理手续，降低企业的运营成本
	农耕文化博览园		开发建设项
	江东旅游服务中心建设	旅游局	开发建设立项
配套项目	公共服务设施配套	园区管委会	公服配套建设资金补助
	基础设施建设	发改委	基础设施建设补助
	特色果蔬展示	园区管委会	
	特色农产品展示	园区管委会	
	农村集体产权流转交易市场建设试点	农委	农村改革试点补助
	农村集体产权股份合作改革试点	农委	农村改革试点补助
一般项目	宅基地搬房工程	园区管委会	农村改革试点补助
	土地承包经营权抵押担保试点	园区管委会	农村改革试点补助
	农户宅基地使用权退出试点	园区管委会	农村改革试点补助
	发展新型农村合作金融组织试点	园区管委会	农村改革试点补助

园林园艺休闲观光村落（静观镇）			
项目类型	项目名称	主要牵头单位	建议及政策指引
主题项目	园林园艺展示园	农委	国家农业专项补贴（农业综合开发专项-园艺类良种繁育及生产示范基地项目）——农业综合开发办公室
	花卉苗木新品种试验项目	科委	
	市级苗圃基地建设	农委	国家农业专项补贴（农业综合开发产业化经营项目）——农业综合开发办公室
	中国腊梅种植资源开发利用产业化基地建设	农委	国家农业专项补贴（农业综合开发专项-园艺类良种繁育及生产示范基地项目）——农业综合开发办公室
配套项目	修建农田水利工程	水利局	
	乡村道路建设	交通局	农村公路建设资金补助
	良种繁育及生产示范基地项目	科委	国家农业专项补贴（龙头企业带动产业发展和"一县一特"产业发展试点项目）——财政部良种繁育示范补助
	发展培育农村合作金融组织试点	农委	农村改革试点补助
	生态休闲旅游	旅游	
	农村集体产权股份合作改革试点	镇政府	农村改革试点补助
一般项目	绿道建设	旅游局	旅游开发建设补助
	特色小镇建设	镇政府	
	休闲养生会馆	镇政府	
	农村集体经营性建设用地入市试点	镇政府	农村改革试点补助

金刀峡风景旅游村落（金刀峡、柳荫）			
项目类型	项目名称	主要牵头单位	建议及政策指引
主题项目	峡谷生态旅游	旅游局、交旅公司	旅游专项补助资金
	生态环保示范村	环保局	生态环保试点资金补助
	编制《大金刀峡风景区旅游规划》	规划局、国土局	主要解决景区发展策略、空间形态、建设用地等问题
配套项目	旅游通道（森林防火通道）	旅游局	农村公路建设资金补助
	旅游服务配套项目	旅游局	旅游专项补助资金
	生态移民搬迁工程	镇政府	退耕还林生态移民搬迁补助项目
	水资源涵养项目	水利局	水资源涵养专项补助
一般项目	生态村镇建设	镇政府	
	森林培育工程	林业局	公益林建设投资和森林生态效益补偿基金
	防火设施建设	林业局	林地中关于小于等于3%服务设施用地（或修建管理用房和设施）指标的使用
	循环经济产业基地	环保局	生态环保试点资金补助

巴渝古镇风情体验村落（金刀峡镇）			
项目类型	项目名称	主要牵头单位	建议及政策指引
主题项目	偏岩古镇风貌保护建设	镇政府	古镇维护修缮专项资金
	古镇旅游开发策划	旅游局	旅游专项补助资金
	巴渝民俗文化活动建设	镇政府	
	编制《古镇保护规划》及《旅游发展策略规划》	规划局、镇政府	主要解决镇区布局及旅游策划等问题
配套项目	交通设施建设	交通局	农村公路资金补助
	配套旅游设施建设	旅游局	基础设施建设补助
	河道整治及维护工程	水利局	旅游专项补助资金
	旅游地产开发项目	镇政府	河道防护整治专项资金
	巴渝农民新居建设项目	建委	巴渝新居建设补助
	生态村建设	镇政府	
一般项目	村容村貌改造工程	镇政府	
	巴渝特色休闲农庄规范建设	建委	
	宅基地搬房工程	镇政府	
	农民合作社、家庭农场、村转社区等农村基层党组织建设试点	农委	农村改革试点补助
	以农村社区、村民小组为单位的村民自治试点	农委	农村改革试点补助

相关部门补助指引表（部分节选）　　　　　　　　　　表5

现代都市生态农业示范村落（柳荫、金刀峡、三圣）

项目类型	项目名称	主要牵头单位	建议及政策指引
主题项目	规模效益农业（以蔬菜为主）	农委	国家农业专项补贴（国家现代农业示范区旱涝保收标准农田示范项目） 国家农业专项补贴（扶持"菜篮子"产品生产项目） 国家农业专项补贴（一般产业化项目扶持） 国家农业专项补贴（现代农业园区试点申报立项） 良种直补 农资综合补贴 测土配方施肥补贴 编制设施农业用地的管理办法 更加注重为农业发展提供完善的基础设施条件和配套支撑服务
	城市建设用地指标分配到村试点	规划局	农村改革试点补贴 在国家年度建设用地指标中单列一定比例专门用于新型农业经营主体建设配套辅助设施
	规模副业	农委	国家农业专项补贴（农业产业化经营项目）——农业综合开发办公室
配套项目	乡村道路建设	交通局	农村道路建设补贴 更加注重为农业发展提供完善的基础设施条件和配套支撑服务
	有机食品基地建设工程	农委	国家农业专项补贴（农业科技成果转化）
	修建农田水利工程	农委	国家农业专项补贴（中型灌区节水配套改造项目）
	土地承包经营权抵押担保试点	镇政府	农村改革试点补贴
	供销合作社综合改革试点	镇政府	规模农业融资补贴 国家农业专项补贴（农业综合开发产业化经营项目）
	农村集体产权股份合作制改革试点	镇政府	在符合规划和用途管制的前提下，允许农村集体经营性建设用地出让、租赁、入股，实行与国有土地同等入市、同权同价，加快建立农村集体经营性建设用地产权流转和增值收益分配制度
	农村集体经营性建设用地入市试点	镇政府	农村改革试点补贴
一般项目	绿道网建设	旅游局	旅游开发建设补助
	乡村农庄旅游	旅游局	
	农村生物质能源建设工程	科委	国家农业专项补贴（农业科技成果转化） 农村清洁能源补贴
	生态村镇建设	镇政府	
	农业信息化工程	农委	国家农业专项补贴（农产品促销项目资金）
	农田水利设施产权制度改革和创新运行管护机制试点	水利局	农村改革试点补贴
	与西南大学技术合作实验生产项目	科委	国家农业专项补贴（农业科技成果转化）
	设立农业保险基金试点	农委	编制保险管理管理办法
	粮食生产规模经营主体营销贷款试点	农委	农村改革试点补贴 规模农业融资补贴

江东工业园村落（三圣镇）

项目类型	项目名称	主要牵头单位	建议及政策指引
主题项目	江东农副产品加工	经信委	国家农业专项补贴（农业科技成果转化） 国家农业专项补贴（一般产业化项目扶持） 国家农业专项补贴（一农产品产地加工补助项目） 国家农业专项补贴（扶贫项目）——国家扶贫办 国家农业专项补贴（现代农业园区试点申报立项）
	江东果蔬物流港	经信委	国家农业专项补贴（农业综合开发产业化经营项目） 国家农业专项补贴（农业综合开发产业化经营项目） 国家农业专项补贴（一般产业化项目扶持） 国家农业专项补贴（新网工程） 国家农业专项补贴（冷链物流和现代物流项目）
配套项目	编制《江东工业园区总体规划》	规划局、国土委	主要解决规划管理、建设用地以及空间布局等问题
	对外道路交通建设	交通局	道路等级改造补贴
	红豆杉加工基地建设	林业局	国家农业专项补贴（农业综合开发专项-园艺类良种繁育及生产示范基地项目）
一般项目	农户宅基地使用权退出试点	镇政府	农村改革试点补贴
	资源类二产提升转型	发改委	

中医药种植示范村落（三圣镇）

项目类型	项目名称	主要牵头单位	建议及政策指引
主题项目	中药材生产基地	农委	国家农业专项补贴（农业综合开发专项-园艺类良种繁育及生产示范基地项目） 林下种植扶持补贴 护林专项补助 林业产业项目贷款贴息 林地中关于小于等于3%服务设施用地（或修建管理用房和设施）指标的使用
配套项目	中医药特色文化村建设	建委	
	农村集体经营性建设用地入市试点	镇政府	农村改革试点补贴
	土地承包经营权抵押担保试点	镇政府	农村改革试点补贴
一般项目	与两江新区医药研发合作	科委	国家农业专项补贴（农业综合开发专项-园艺类良种繁育及生产示范基地项目）——农业综合开发办公室

生态修复示范村落（天府镇）

项目类型	项目名称	主要牵头单位	建议及政策指引
主题项目	慢生活体验项目	旅游局	旅游开发建设补助
	生态移民工程	镇政府	地质灾害搬迁补助 退耕还林生态移民搬迁补助项目
	危房改造工程	镇政府	农村危旧房改造补助
	天府煤矿"退二进三"转型	发改委	产业转型项目立项
	休闲生态旅游	旅游局	旅游开发建设补助
	编制《生态修复示范村落发展规划》	镇政府、旅游局	主要解决村落发展策略以及空间布局等问题
配套项目	健康养老产业	经信委	
	矿山植被恢复工程	林业局	公益林林木修复政策
	规模水果苗类种植	林业局	国家农业专项补贴（现代农业园区试点申报立项）——农业综合开发办公室
	生态村镇建设	镇政府	
	绿道网建设	旅游局	旅游开发建设立项
一般项目	林下经济作物种植基地	林业局	林下种植扶持补贴
	森林生态旅游基地建设	林业局	旅游开发建设补助
	以农村社区、村民小组为单位的村民自治试点	农委	农村改革试点补贴
	循环经济产业基地	环保局	生态环保试点资金补助

简介：农业现代化的趋势越来越明显，生态性的要求也越来越高。主要发展效益农业，以有机生态蔬菜为主，为重庆主城区提供蔬菜供给；与高校合作，研究增产增收生态种植，实现"农业-生态-旅游"的相互促进；同时，积极开展基础设施建设，建设有机食品基地。

简介：结合其资源基础和区位优势，以发展农副产品的加工，果蔬物流等低污染产业为主，使其成为重庆主城的重要果蔬生产加工及物流基地。

简介：结合当地红豆杉种植基础，同时与两江新区医药研发合作，建立中医药材种植与供应基地。将当地的华佗庙与中医文化的结合，打造中医药特色文化村落，将养生与旅游相结合，开展休闲养生项目。

简介：充分利用其环境特色资源，采取微干预的发展策略，对区域进行植树造林、危房改造、生态移民的等措施进行生态修复。同时，发展生态旅游，打造都市近郊的慢生活小镇及休闲养生基地。

表6

林业局	公益林建设投资和森林生态效益补偿基金	森林培育工程	金刀峡风景旅游村落
	林地中关于小于等于3%服务设施用地（或修建管理用房和设施）指标的使用	防火基础设施建设	
	国家农业专项补贴（农业综合开发专项–园艺类良种繁育及生产示范基地项目）——农业综合开发办公室	红豆杉加工基地建设	江东工业园村落
	公益林补偿政策	矿山植被恢复工程	生态修复示范村落
	国家农业专项补贴（现代农业园区试点申报立项）——农业综合开发办公室	规模水果类种植	
	林下种植扶持补助	林下经济作物种植基地	
	旅游开发建设补助	森林生态旅游基地建设工程	
交通局	农村公路建设资金补助 基础设施建设补助	交通设施建设	巴渝古镇风情体验村落
	农村道路建设补助 更加注重为农业发展提供完善的基础设施条件和配套支撑服务	乡村道路建设	现代都市生态农业示范村落
	农村公路建设资金补助	乡村道路建设	园林园艺休闲观光村落
	道路升级改造立项	对外道路交通建设	江东工业园村落
农委	农村改革试点补助	农民合作社、家庭农场、村转社区等农村基层党组织建设试点	巴渝古镇风情体验村落
	农村改革试点补助	以农村社区、村民小组为单位的村民自治试点	
	国家农业专项补贴（国家现代农业示范区旱涝保收标准农田示范项目） 国家农业专项补贴（扶持"菜篮子"产品生产项目） 国家农业专项补贴（一般产业化项目扶持） 国家农业专项补贴（现代农业园区试点申报立项） 良种直补 农资综合补贴 测土配方施肥补贴 编制设施农业用地的管理方法 更加注重为农业发展提供完善的基础设施条件和配套支撑服务	规模效益农业（以蔬菜为主）	现代都市生态农业示范村落
	国家农业专项补贴（农业综合开发产业化经营项目）	规模副业	
	国家农业专项补贴（农业科技成果转化）	有机食品基地建设工程	
	国家农业专项补贴（中型灌区节水配套改造项目）	修建农田水利工程	
	编制保险理赔管理办法	设立农业保险基金试点	
	农村改革试点补助 规模农业融资补助	粮食生产规模经营主体营销贷款试点	
	农村改革试点补助	农村集体产权流转交易市场建设试点	渝台风情展示体验村落
	农村改革试点补助	农村集体产权股份合作制改革试点	
	农村改革试点补助	发展新型农村合作金融组织试点	
		园林园艺展示园	园林园艺休闲观光村落
	国家农业专项补贴（农业综合开发产业化经营项目）	市级苗圃基地建设	
	农村改革试点补助	发展新型农村合作金融组织试点	
	国家农业专项补贴（农业综合开发专项–园艺类良种繁育及生产示范基地项目） 林下种植扶持补助	中药材生产基地	中医药种植示范村落

备注：因篇幅限制，其他部门补助指引不再一一列举。

5 结语

面对特定的多方位现实需求及规划事权条件限制，本研究通过"分区管控"+"联村兴镇"+"开门规划"策略联合，探索能结合当地实际需求与部门实际供给的"定制式"城乡统筹研究办法（图 13）：一方面，在"政策分区"导向下的空间建设统筹基础上，深入了解各乡村资源基础，并制定联合村落发展的产业计划和项目计划；另一方面，针对城乡统筹工作的系统性和复杂性，以及各部门同步出台各类政策的状况，在空间上加强与其他部门在空间政策上的协调，提出城乡统筹政策建议，确保空间规划的有效实施。研究以当地产业与特色为突破口，为政府及其相关职能部门在进行扶农工作之前对其工作重点与次序提供更明确地引导性建议，为解决广大乡村主导型区域的城乡统筹问题进行尝试和探讨。城乡统筹面对的问题多元且复杂，需要更多的研究者、关注者及批判者的共同探索。

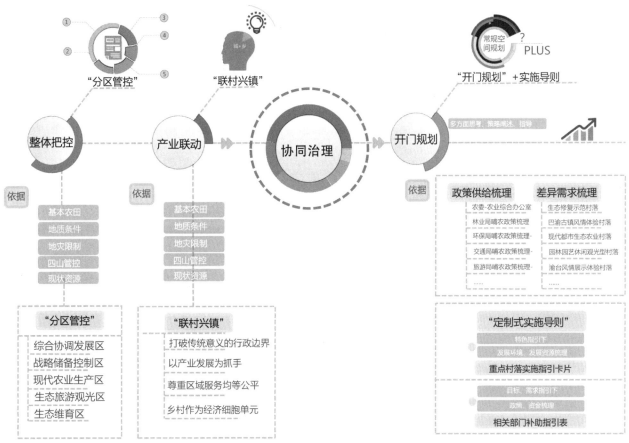

图 13 协同治理导向下的城乡规划成果体系
（资料来源：作者自绘）

主要参考文献

[1] 北碚区江东片区五个乡镇城乡统筹战略研究（报审稿）. 深圳市城市规划设计研究院有限公司 . 2014：08.

[2] 贺雪峰 . 地权的逻辑——地权变革的真相与谬误 [M]. 上海：东方出版社，2013.

[3] 刘晋文，蒋峻涛，刘泽洲 . 大都市近郊地区美丽乡村规划编制的探索与创新——以南京美丽乡村江宁示范区规划为例 [C]. 城市时代，协同规划——中国城市规划年会论文集，2013.

[4] 赵之枫 . 城市化加速时期集体土地制度下的乡村规划研究 [J]. 规划师，2013（4）：99-104.

[5] 杨梦婕 . 农村金融助力城乡统筹路径研究 [D]. 成都：西南财经大学，2011.

[6] 孟繁之 . 新型农村社区建设精细化设计——以苏北地区村庄规划为例 [J]. 规划师，2013（03）：20-21.

[7] 翟彦宁 . 农村土地承包经营权流转机制研究 [D]. 北京：中国农业科学院，2013.

[8] 罗富民. 四川南部山区农业集约化发展研究——基于农业分工演进的视角 [D]. 成都：西南大学，2013.

[9] 宁可，王世福，刘珽. 城市反哺乡村的必要性及可行性分析 [J]. 南方建筑，2014（2）：32.

[10] 冯勤超. 政府交叉事权及财政激励机制研究 [D]. 南京：东南大学，2006.

[11] 邵莉，周东. 面向规划事权的济南城乡统筹规划体系 [J]. 规划师，2012（04）.

[12] 简仕明. 重庆实施"大城市带动大农村"战略途径初探 [J]. 重庆社会科学，1997（03）.

An Innovative Exploration of the "Customized" Urban and Rural Overall Planning Method Under the Guidance of Collaborative Management

Wu Peng   Ren Yongdong

Abstract : The five villages and towns（Jindaoxia, Liuyin, Jingguan, Sansheng, Tianfu）in Beibei district of Chong Qing, one of the five municipal cities of China, are important trial pilots of overall urban-rural development plan being implemented by Chongqing municipal party committee and the city government. The study finds that planning department can't solve all the complex problems alone due to the jurisdiction limitation when facing different economic and social different needs posed by villages resulted from complicated rural problems and diversity of infrastructures situation. To better accelerate urban-rural development and raise the effective supply of urban-rural integrated planning in the preliminary stage of planning, it is necessary to combine related departments to handle urban-rural problems together. Hence, the paper tries to take an up-to-down approach to analyze the differentiated real needs of villages in a combination of promoting the differentiated development of villages. Meanwhile, in terms of the practical approach, the paper claims that it is necessary to integrate departments such as agriculture and forestry, water conservancy, finance, development and reform so they could provide corresponding subsidies, fund or other policy resources. Based on the government's all-round integrated management and in compliance of related departments' cooperation, the working mode of supporting rural area could change from the dot-style support to customized urban-rural integration support, in a bid to realize effective allocation of limited social resources.

Keywords : co-governance ; customized planning ; urban-rural integration development ; the countryside's perspective

地域文化激活的乡村复兴路径探索
——以南京江宁街道花塘村为例

张川　邹晖

摘　要：随着城市规划正式更名为城乡规划，近年来乡村地区的规划正越来越多地进入城乡规划的研究视野中。由于上一轮城镇化进程中乡村地区面临持续的要素净流出，资本、劳动力不断向城市转移，导致当下我国乡村普遍呈现出凋散的面貌。在这一背景下，江苏省率先开展美好乡村建设行动，催生了一大批探索乡村地区复兴之路的规划实践。本文针对南京市近郊江宁区花塘村的规划实践，着重介绍如何在挖掘地域文化特色的基础上，通过文化元素的植入激活乡村地区的要素投入，促成新乡土文化和乡土社会运行机制的形成。规划着力于构建以村民主体参与为核心，以红楼乡土元素为载体的乡村产业发展模式，提升农业特色化水平和乡村旅游文化内涵，实现乡村产业的可持续发展、乡土文化的重构和乡村整体复兴。

关键词：红楼文化；乡土元素；乡村复兴；花塘村

1　引言：江宁美丽乡村行动的大背景

在国家新型城镇化发展的背景下，城乡统筹发展成为基本共识与目标，然而，由于上一轮的城镇化对乡村资源的剥夺使得我国乡村普遍呈现凋败的景象：农村基础设施建设停滞不前，农业人口不断流失，乡土文化逐渐弥散。随着国家经济实力与城市化水平的整体提升，乡村地域作为文化传承、生态保护以及社会稳定器的价值被更深刻地认识（唐伟成等，2014）。本次实践正是基于这一历史转型期的乡村复兴发展先导性探索。

为响应国家提出"美丽中国"和"美丽乡村"发展战略，江苏省2012年率先在全省开展了"美好乡村建设行动"，在改善乡村人居环境、厘清乡村特色发展等方面开展了一系列的规划与建设探索，相应的，南京市江宁区在同年启动了全域美丽乡村规划建设计划，江宁街道花塘村所在的美丽乡村西部片区依托延绵的山林廊道、广袤的田园为生态背景，结合乡村各具特色的自然与人文资源特色，建设农业与旅游融合发展的都市郊野休闲乡村。区域道路网络业已建成，形成了"近于市镇，隐于乡野"（鲁晓军等，2013）的格局。我们意识到，从消极落后基础薄弱的乡村走向复兴，不是简单的"涂脂抹粉"，更不是修路建房，其核心是重塑乡村的造血功能。将花塘村独特的红楼文化基因作为乡村复兴的激活点，挖掘红楼文化与乡土文化的契合点，通过将红楼植入乡村的生产活动、社会生活以及物质空间，激活乡土社会可持续发展的内生动力，作为促进乡村整体复兴的引擎。

2　研究区概况

花塘村位于南京市江宁区江宁街道西部，距离南京主城西南方向40余km，距陆郎、江宁新市镇仅4km左右，紧依滨江开发区。规划区包含观东村、中和村和观西村三个自然村，规划区总面积202hm²，总人口400人。

2.1　自然资源特色：十里稻香的田园诗画

规划区整体地貌特为舒缓的坡地，村庄外部居民点主要分为三处散落于开阔的田野之中。农田自西向东连绵成片，丰收季节从基地南侧小山丘远眺，十里稻田尽收眼底，美不胜收。基地内有完小河支流自西向东穿过，大小灌溉沟渠发达。北侧有大片鱼塘，水质清澈，景观价值较好。整体来看，基地自然地貌由山、水、田三大典型江南乡村要

张川：南京市城市规划设计研究院有限公司所长
邹晖：清华大学建筑学院硕士研究生

农田

图1 基地山水田格局示意图

图2 红楼历史元素分布示意图

素构成，呈现田间有村，村后有林，林边有水，水倚田园的宜人乡村景观。

2.2 人文资源特色：红楼文化渊源

江宁花塘村和名著《红楼梦》之间有着千丝万缕的联系。早在 20 年前，基于红楼梦的江宁织造等系列文化渊源，经红学研究家到江宁实地考察发现并多方考证，以花塘为核心的区域内，有 87 个地名与《红楼梦》相对应（高国藩，2006）。

今花塘村尚有曹、史、王、薛四大家族的后代居住，分别位于曹上村、小王庄、史家庄（现改名"新府"）和薛家凹。社区内有花塘庙遗址，此庙相传早年称花塘观，观东村、观西村即因分列此庙的东西两侧而得名。相传大观园的东西两府格局即源于此，中间的"花塘"也就是大观园的中心花园。从地形上说，花塘村的山水态势与大观园的描述基本吻合。而且红楼梦中描述的乡野景象如"分畦列亩，佳蔬菜花，漫然无际。""一畦春韭绿，十里稻花香"等，均与花塘村的现状有诸多相似之处。相关专家曾著书论证，花塘村可能为红楼梦创作中大观园的原型地[①]。

据记载，花塘庙曾是曹家祠堂，现原址建筑地基尚存，庭院里有雌雄两株巨大的银杏树，胸径有两人合抱，均有 300 多年历史。

3 策略与思考：文化植入与激活的乡村整体复兴范式

3.1 乡村复兴的第一层次：乡土文化的重构和复兴

在当前的乡村建设浪潮中，城市资本对乡土文化的大规模开发主要集中在物质层面，挖掘乡土资源成为地方政府发展旅游的首选，但对于非物质层面的乡土文化则重视不足，造成农民的文化生活和文化认同感缺乏（李迎成，2014）。我们认为，乡村复兴可持续发展的核心在于基于地域文化为核心的乡村社会凝聚力的重构和新乡土文化的复兴。

但是，另一方面的现实是，在新的时代背景下，农民的生活理念、生活方式已经发生了城市化转向。我们探寻的乡土文化不是简单地重建过去以家族和血缘为依托的乡土社会，而是要契合当今时代发展的主题，创造一种基于

---

① 名著《红楼梦》与花塘村戚戚相关，南京大学中韩文化研究中心主任博士生导师高国藩教授，在 2005 年 5 月著书《红楼梦和花塘村之谜》一书，由香港东亚文化出版社出版。该书详细地写了《红楼梦》与花塘村渊源。另外，湖北鄂州大学文法系副教授新闻教研室主任童力群先生。从 1982 年至今不断发表论文，认为《红楼梦》的完成是利用花塘村的地形地貌写出来的。以花塘村为中心的周边地区 87 个地名与《红楼梦》所写地名相吻合，童力群先生在 2006 年 5 月著书《大观园与花塘》，由中国文史出版社出版。

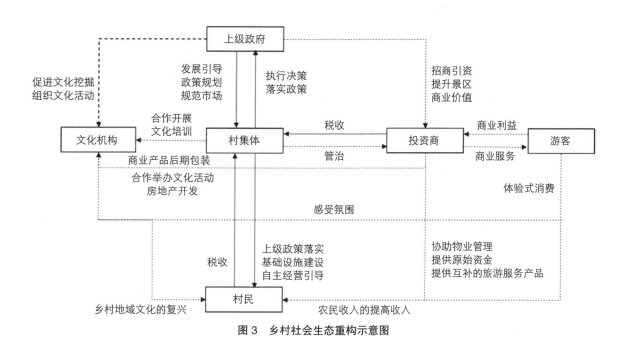

图3 乡村社会生态重构示意图

村民个体参与的红楼主题文化引领的乡村发展路径,使得农村社会从文化衰落、组织性弱的状态转变为文化特色彰显、社会网络健全的新局面。

要素的流入是启动乡村地区发展的第一步,而要想吸引外部要素的投入,则首先需要挖掘乡村的比较优势要素,而乡村在城乡要素循环中的特色在于文化和生态(赵晨等,2013)。乡村复兴可以基于自身文化和生态特色的挖掘,有效地积累资金、人力、信息等要素。因此,基于花塘村与红楼文化的渊源,我们有意识地选取了红楼文化中的乡土元素,如红楼梦涉猎的特色饮食、药膳、礼仪、种植耕作乡等文化传统,进行润物无声的植入与渗透,作为花塘村吸引外部要素的触媒点。

乡村内部要素的重组和整合是从简单的乡村发展到乡村复兴之间必不可少的关键步骤。为了推动乡村社会结构由简单的村集体和村民构成的二元结构体系向多元结构体系转化,我们建议通过主题文化的开发引入多元化的管理组织模式,以村集体为基础建立起社区乡村经济合作公司,通过市场的组织模式使村民与村民之间、村民与村集体之间形成更为紧密的互动联系,构建有机的乡村社会生态系统(图3)。

同时,我们建议在乡村社会生态系统中纳入更多地参与主体,如非政府组织、文化机构农业发展公司等。村民可以通过出租土地使用权直接参与到乡村经济合作公司的产业发展计划中,也可以通过提供旅游服务直接和游客接触,还可以与非政府组织合作开展广泛的文化交流与互动。只有村民的主观能动性充分发挥出来,乡村社会生活才会恢复应有的活力,实现人的层面上的乡村复兴。

3.2 乡村复兴的第二层次:乡村产业的文化激活

乡村地区特色塑造是为村庄带来经济效益,提高村民生活水平。在尊重原有山水格局和场地肌理的前提下,以红楼文化为主题发展特色农业、规模农业,适度发展红楼乡土文化体验旅游等绿色产业,形成以农业为主、旅游业为辅、红楼文化为题的农业和服务业相融合的特色产业体系。实现"以文化促发展,以发展塑文化"的文化挖掘与村庄产业发展的双向联动效应,进而将花塘村打造为南京近郊以农耕体验和休闲旅游为特色的红楼文化山水田园村落。

在产业发展计划中,我们关注的不是单纯的产业振兴,而是关注产业发展的过程,是否对社区精神、价值和凝聚力的形成有所帮助。对乡村发展而言,是否能形成较强的认同和凝聚力,是实现可持续发展的关键。因此,我们在规划中着力构建以红楼文化为特色的,强调村民个体参与的,提升村农村社区自我发展能力的产业系统。实现产业特色鲜明、乡土文化繁荣、农民家家创业生活幸福的美丽乡村图景。

(1)红楼文化的农业

农业种植的红楼化是将一般农业提升他的价值和收益,通过包装营销提高农业的附加值。在红楼文化中我们提

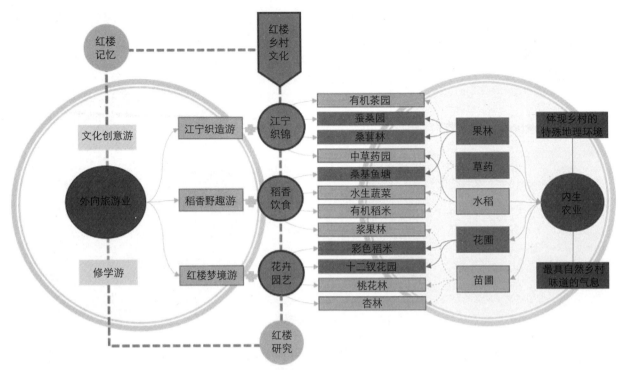

图4 红楼元素与农业、旅游业互动机制示意图

取出了能够植入乡土生活的养生文化、花草文化等，在现状水稻种植的基础之上将花塘村的农业生产结构梳理为以水稻种植为主打造十里稻香田、以花卉种植为特色打造十二钗花圃、以草药种植为增长点打造红楼养生园的农业特色化发展策略。通过农业特色的梳理，不仅提升了农产品的丰富性和经济价值，而且将红楼文化要素融入农民的生产活动中，使之根植于乡村生活（图4）。

（2）红楼文化的旅游业

作为南京近郊地带，江宁各村镇的交通便利性支撑了整个大区域强劲的旅游发展势头。发展特色旅游可以给乡村带来显性的收益，同时也可以通过参与式旅游业使得乡村居民的素质提升，推动乡村社区凝聚。我们强调对村民进行社区农民民宿进行产业培训，强调以知识经济为基础的"创意乡村生活产业"，强调民俗主人与客人互动，传递红楼乡土文化，超越简单的农村观光住宿。对社区自然特色、文化资源的挖掘，不仅仅停留在田园风光等表面层次，而是从红楼文化中的乡村要素教育层面，为乡村社区发展提供更为丰富的内涵。

在乡村旅游的开发策划中，我们结合农业生产特色设计了四条相互联系又各局特色的乡村红楼文化旅游线路：以十里稻香田为核心景观的稻香野趣游、以十二钗花圃和果林为特色的园艺采摘游、以草药园和膳食为特色的红楼养生游和以红楼乡村场景为特色的红楼体验游。通过农村产业的特色化发展和农民就业的多元化引导，鼓励村民从事相关的手工业生产活动，满足后现代社会城市居民个性化的消费需求。

3.3 乡村复兴的第三层次：物质空间的文化植入

（1）建筑的红楼意蕴

花塘村的民居建筑整体风貌较好，基本采用传统的前后院、主辅房相结合的布局形式，层数以两层为主，院落布置自由，街巷空间自然丰富。在整体维持原貌的基础上，重点选取若干门户性、公共空间节点以及主要道路两侧的建筑进行改造。通过红楼特色传统元素的使用，以点带面，营造具有文化氛围的代表地段。

改造内容涉及围墙和庭院，在围墙上设置砖石漏窗或木质花窗，增加庭院通透性和景观渗透性，融入红楼场景的木雕、砖雕强化红楼文化。软化与丰富地面硬质场地，种植乡土植物，提升庭院的共享性和景观性。在建筑改造的基础上引导村民家家户户贴红楼梦中的诗词楹联，诗词内容与农户自选自己书写，成为一家门风与家训，整体提升乡村社会风尚。

融入红楼场景的木雕窗　　　　　　　　　　　融入红楼场景的砖雕窗

图5　红楼文化建筑元素

图6　红楼文化景观改造前后对比

（2）景观的红楼意境

传统的乡村文化是内向的，但是其空间格局却是开放的。村庄没有明显的边界，这使它与自然环境高度融合——建筑融入田野，田园渗入乡村。在设计中，我们遵循自然为基底，将大地景观设计放在首要地位，打造了具有红楼意蕴的杏帘在望、十二钗花圃、芦汀飞雪等农业生态景观。同时我们将红楼文化元素引入到景观节点中，如具乡土材料建构的标识系统和装置。红楼梦中涉及的乡村故事场景、事件、作物为素材，在满足基本导向需求的同时强化文化感。雕塑小品的设计则以本地与红楼相关的地名特征、与红楼梦里描述相近的自然风貌为原型，进一步在节点处强化红楼文化特色。

（3）公共活动空间的红楼氛围

一个社区只有一个中心，它是社区最为精彩的部分。我们在塑造花塘村的公共活动中心时，我们将红楼梦中关于生活、诗画等方面的艺术和传统引入乡村的公共生活，营造崇尚诗画的生活情趣。以红楼文化街为空间载体，赋予红楼乡村文化展览、宣传、旅游服务、村民集会休闲等复合功能。同时，将文化宣传与居民日常集会活动场所相结合，创造中心广场等空间形式来组织民间艺人、民间艺术表演，以及乡村邻里婚宴酒席等特色活动，赋予空间人气和活力，从而展现给游客一个可只身体验的红楼文化乡村生活场景。在居民日常活动场所塑造时，我们挖掘与乡土环境氛围相契合的红楼文化小品设施，配合乡土材料、乡土树种，来营造既具有鲜明的文化特色，又可满足居民日常休闲的活动场地。

4　延伸探讨

4.1　新型城镇化视角下的乡村复兴

在上一轮的城镇化进程中，城乡资源配置的失衡导致了农村全面凋敝，城市因其要素集中、能够提供更多的公共服务以及文化生活的优势持续吸引乡村人口的流入。但随着城乡公共服务设施均等化建设目标在新型城镇化战略中的提出，更多的资源和要素将流入乡村，乡村发展的历史转折点已经到来。在这一历史机遇下，应充分发挥城乡规划的引领作用，在指导资源和要素在乡村地域的优化配置的同时，更应该关注什么样的乡土社会文化和治理机制才能真正激活乡村的持续发展与全面复兴。在"城市中国"的趋势下，乡村的社会背景已经发生了深刻的转化，乡土不再完全依赖血缘和地缘维系社会关系，农民的生活理念和方式已经发生城市化转向，乡村社会的组织模式也产生了新的变革。作为规划师，我们必须清晰地梳理并深刻理解这种转向背后的逻辑和过程，才能真正通过规划引导来廓清乡村社会生活模式，使乡村实现文化意义上的深刻复兴。乡村社会稳定了，城乡关系的也就理顺了。

4.2 公众参与是乡村复兴的原动力

近年来，很多地方采用简单粗暴的加大政府财政补贴的行政手段来推动乡村地区建设，过于强调对乡村的纯粹"输血"，并没有真正实现乡村社会的活化而走向复兴（程漱兰等，2008）。在我们的实践中，无论是特色农业还是乡村旅游的发展，始终都强调农民的直接参与，通过农民就业多元的文化模式引导，实现红楼文化与乡土生活的融合。通过制定农民生产技能培训计划和红楼特色文化教育，我们鼓励村民从事特色农业种植、旅游服务、文化表演、手工艺制作等职业。进而实现乡村产业发展和农民增收同步，提升乡村自身的"造血"功能，使农民能实实在在地从文化特色产业中获益，进而更积极主动的参与乡村红楼文化的塑造。这样的良性循环既可减少政府持续财政投入，又调动了村民的积极性，使其以主人翁的姿态参与到乡村复兴的历史进程中。

5 结论

城市文明起源于乡村。乡村作为人类最初的聚居形式，在人类社会发展中始终扮演着重要角色。作为一种经过长期积淀并传承下来的人、建筑、自然的和谐体，乡村是人类发展过程中与自然协调共生的结果，在现代化进程中不应被遗弃（郑军德，2009）。对乡村复兴而言，不但需要改善社区环境，使传统建筑、文物得到维护和持续，还应充分挖掘农业产业、传统文化、生态资源等核心价值，通过发展有机农业、乡村旅游、民俗也等乡村产业，吸引人口回流，回复社区活力，实现乡村社区可持续发展。

乡村的复兴是国家长治久安的基石，其历史意义不仅是乡村人居聚落的留存，更是中华民族的传统农耕文化与新时代背景相结合的新产物。本文针对花塘村这类位于大都市近郊区，自然条件良好、具备一定的文化内涵的乡村地域，介绍了如何将文化基因植入到乡村生产、生活中，重塑特定文化导向下的乡村价值认同和乡村社会自治。通过美丽乡村建设示范点建设的契机，制定针对性强、可操作的发展建设规划，从下至上、从内至外地推动乡村地区的可持续发展，引导乡村真正地走上可持续发展的复兴之路。

说明：

项目设计单位：南京大学城市规划与设计研究有限公司 规划设计三所

设计人员：张川、颜五一、叶一翰、殷菲。

实施单位：南京市规划局江宁分局，江宁街道办事处，花塘社区委员会。

主要参考文献

[1] 高国藩. 《红楼梦》和花塘村之谜 [J]. 咸阳师范学院学报，2006（01）：51-60.

[2] 李迎成. 后乡土中国：审视城市时代农村发展的困境与转型 [J]. 城市规划学刊，2014（4）：46-51.

[3] 鲁晓军，门坤玲. 村庄整治中的传统特色延续与规划引导 [G]. 江苏省住房和城乡建设厅. 乡村规划建设. 北京：商务印书馆.2013：43-54.

[4] 唐伟成，彭震伟，陈浩. 制度变迁视角下村庄要素整合机制研究——以宜兴市都山村为例 [J]. 城市规划学刊，2014（4）：38-45.

[5]　赵晨.要素流动环境的重塑与乡村积极复兴——"国际慢城"高淳县大山村的实证 [J]. 城市规划学刊，2013（3）：28-35.

[6]　郑军德. 村落更新应留住乡村特色——对浙江中部地区村落更新的思考 [J]. 浙江师范大学学报：社会科学版，2009，34（4）：105-108.

[7]　《江宁街道志》编纂委员. 江宁街道志 [M]. 北京：方志出版社.

Rural Renaissance Activated by Culture : A Case Study of Huatang Village, Nanjing

Zhang Chuan　Zou Hui

Abstract : With the change of urban planning to urban-rural planning, more and more rural plan come into the field of urban studies. In the last round of urbanization, rural areas facing continued net outflow of factors, capital and labor transfer to urban space. This cause the current general depressed look of rural areas. In this context, Jiangsu Province spearheaded the construction of beautiful countryside action. A large number of rural planning practices have taken place to explore the way of rural renaissance. This article is based on the practice of Huatang village, which locates the suburban of Nanjing. The discuss focus on how to excavation the local cultural characteristics, how to activate the factor inputs in rural areas by implanting cultural elements, how to contribute to the formation of new local culture and local social operating mechanisms. The Planning focused on building an industrial development model, whose core subject is the participation of villagers and carrier element is the Red chamber culture, to promote the development of agricultural and tourism in a cultural way. The goal is to achieve sustainable development of rural industry, local culture and rural renaissance.

Keywords : red chamber culture ; local element ; rural renaissance ; huatang village

反观传统与当代乡村治理差异，构建以人为本的现代乡村治理制度

邻艳丽　　郑皓昀

摘　要：我国传统乡村的治理以精英为本，在正式与非正式渠道的二元治理结构下形成同时具有约束性和激励性的传统乡村规划制度。新中国成立以来我国乡村治理的逐步走向高度集权的官治化，并在城乡分治的基础上形成以土地为本的当代乡村规划和建设制度。本文通过对传统和当代乡村治理的三方面差异分析——经济条件、社会基础和空间基础，提出实现乡村治理的制度改革的三个基本途径。

关键词：传统乡村；当代乡村；乡村治理；治理制度

1　传统乡村治理制度的特征——精英为本

1.1　传统乡村社会治理结构

国家法和以乡规民约为代表的民间法在传统的中国社会的不同领域中，根据不同的规则、运行方式调节维持社会秩序，形成了传统中国独具特色的"朝野二元治理结构"和"二元法律体系"[①]。

（1）正式渠道的中央集权不断增强

我国最早见于文字的关于乡里治理的制度性安排来自于《周礼.地官司徒》的"五家为比，使之相保；五比为闾，使之相受；四闾为族，使之相葬；五族为党，使之相救；五党为州，使之相赒；五州为乡，使之相宾"，说明中国乡村治理历史久远，但中国真正有效的乡里制度是从秦灭六国首次完成大一统开始形成。

总结历代中央到地方的行政链条变化特征，可以发现中央政府一直不断加强中央集权。在秦汉时期，中央到地方行政管理层级是四级：中央——郡太守——县令——乡里；至唐代增设道；元代中央政府在宋制度基础上加上了行省制度；明代则将行省作为一级行政机构，行政脉络为中央——承宣布政司——承宣布政分司——州府——县。可见整个中国古代的行政链条从中央到地方不断拉长，政令从上而下，到县之后自然是强弩之末，难以继续，所以从宋以后就有了皇权不下县的说法。

正式的行政途径仅是保证赋税徭役的顺利征收和防止动乱，从乡里制度到保甲制度的变迁可以佐证这一说法。宋代因为边疆强匪盛行，作为地方治安维持的基本组织，保甲制度形成并在全国推行，而后基层执政者为了行政便利，将所有事务都下达同一套班子执行，保甲由此延伸出了其他的职能，一直沿袭到民国，因此闻钧天总结："乡里保甲制度，在周之政主于教，齐之政主于兵，秦之政主于刑，汉之政主于捕盗，魏晋主于户籍，隋主于检查，唐主于组织，宋始正其名，初主以卫，终乃并以杂役，元则主于乡政，明则主于役民，清则主于制民，且于历朝所用之术，莫不备使"。

（2）非正式渠道的乡村治理强化

皇权在正式制度上没有下限，并非代表中央政府对县以下的乡村缺乏治理。非正式渠道形成的乡村治理路径约有三种：科举制度、宗教制度和宗法制度。

始于隋朝的科举制度促进了国家重学风气的形成和儒家文化的传播，提供了平民社会进入官场的上升通道。科举制度的实行使得历代国家治理奉行儒化制度，即便非汉族统一中原，亦受汉儒思想影响，许多读书人得了功名虽不为官，但是可以回到乡里成为士绅，同时许多在朝为官者的亲友亦是扎根乡里的乡绅地主，士绅阶层所宣扬的教化内容和皇帝的治国方略相一致，如此即使地方社会自治，国家的治国之道可以通过这种非正式的途径在乡村落实，

邻艳丽：中国人民大学公共管理学院规划与管理系副教授
郑皓昀：中国人民大学公共管理学院硕士研究生

[①]　周家明，刘祖云.传统乡规民约何以可能——兼论乡规民约的治理条件[J]，民俗研究，2013（5）:65-70.

科举制度和告老还乡的养老制度形成城乡人口流动的基本制度。

国之大事唯祀与戎，传统乡村治理通过宗教文化加以居民生产生活行为的引导。宗教是一种独特的软实力，通过信仰的力量来建立一个有尊严、有秩序的社会。我国属于典型的泛神崇拜社会，道教产于本土，佛教引自印度，起到国家精神统治作用而被官方推崇，佛教的本土化表现在南北朝时期开始大规模兴建寺庙成风，唐朝君主多奉佛教，辽代有举国向佛的传统。相比较而言，民间信仰比佛教信仰和本土的道教信仰更具有民间地方特色，把传统信仰的神灵和历史上的某些传奇人物，进行反复筛选、淘汰、组合，构成一个没有规律可循的神灵信仰体系，并起到强化传统村落居民制度化、自律化生活方式的作用。

宗法制度对传统村落的影响体现在聚落等级、聚落空间秩序和宅居的等级营造制度，包括官方制式和各种约定俗成的样式，作为社会共识形成的"谱"，由地方工匠来营造村落、宅居，鲜有具体的空间和形体设计，因此极具地域特色和民族特色。通过族系和血缘维系的传统乡村是不同阶层人群的生态群落，乡村阶层主要通过住宅形制体现，而不是现代按照财富和社会地位划分的同类阶层的空间集聚，因而极易形成自由灵动的乡村肌理。

1.2 传统乡村社会治理本质

（1）经济特征——耕读

我国传统乡村分布在全国二十五个省份，主要包括太湖流域的水乡古镇群、皖南古村落群、川黔渝交界古村落群、晋中南古村镇群、粤中古村镇群[①]。传统乡村存在和治理的经济基础是耕读，无论经商或从事手工业，均遵循"以末起家，以本守之"的财富原则，在积累原始资本后，一般大量购置土地，从而支持落叶归根、耕读传家的乡土观，其中有两个标志：一是在自己的土地上盖起属于自己的宅院，必尽财力。由于城乡住宅监造制度的基本一致性，因此传统乡村的住宅和宗祠也成为我国封建社会时期国家财富最重要的组成部分，和城市相比并无二致；二是张履祥的《训子语》有"读而废耕，饥寒交至；耕而废读，礼仪遂亡"之说，耕读既是合理的生活方式，也是治生之道和培养后代体察生活，治官营家的重要路径。

（2）社会特征——伦理

传统乡村在传统治理制度约束和引导下构成伦理社区、诚信社区和秩序社区为本质特征的传统聚落形态。伦理社区的物化场所是庙宇、宗祠和书院，其分别来自于泛神崇拜、祖先崇拜和科举制度的影响。

我国传统思维均有祖上旺则家族兴的理念，民间建祠盛行于明朝中期，宗祠是举全族之力修建的庄严、华美建筑，并在村落中享有较高的空间等级，提供了一个寻根问祖，强化同宗意识的场所，各种祭祀活动则增强了宗族血缘网络的内聚力和交往。与之相伴随，修谱之风渐行于民间。建祠和修谱的庶民化，不仅增强了一村镇乃至一州县内族众的聚合力，而且也增强了宗族权力之于族众伦理教化的统治权威[②]，对于居民的道德教化提供了一套结构和符号化的象征体系。这种内聚和交往虽然与自明清以来的政府扶持有关，但毕竟并不是一种地方行政性社区行为，而是基于自治基础上的生活方式的体现。

科举制度基于层层选拔始于乡试，因此最基层的乡村极为重视教育，伴之而生的乡村教育设施—乡学的大量修建，多由富室、学者自行筹款，遂模仿佛教禅林讲经制度于山林僻静之处建学舍，或置学田收租以充经费，是我国封建社会特有的教育组织形式。除此之外，耕读、劝学、伦理纲常的教化同样提升了村民的普遍素质，而亭、塔、牌坊、桥等彰显文化的构筑物也应运而生，使传统乡村文化气息更为浓郁，如广东大旗头村民居、祠堂、家庙、第府、文塔、晒坪、广场、池塘兼备，是珠三角地区的传统乡村的典型代表。

1.3 传统乡村规划建设制度

（1）约束制度

传统乡村规划建设受到自然环境的影响和限制，村庄规划和建筑空间布局体现了传统农耕文化的地域性适应，并通过长期形成的经验形成的朴素的规划思想、乡规民约隐含的建设规则、传统的风水理论中约定俗成的规定约束

---

① 百度百科 http://baike.baidu.com/view/4801176.htm?fr=aladdin.

② 吴毅. 村治变迁中的权威与秩序——20 世纪川东双村的表达 [D]. 武汉：华中师范大学，2002.31.

和引导村庄规划建设，即无规矩不成方圆，严格的伦理秩序等形成传统村落形成的潜规则[①]。其中乡规民约是一种地方性的处理地方社区事务的较为完整的社会组织体系。因此尽管村落的空间建设往往是自发的过程，但由于村落成员对地理气候、风水信仰、生活方式和文化观念等因素基本达成共识，从而形成约定俗成的建构活动的传统模式和精神。由此形成的聚落格局和聚落景观，注重群体的塑造和整体关系的建构[②]。在建设过程中通过家法、族规以及其中的奖惩机制和道德约束维护乡村的社会秩序和建设秩序，确保后期建设按照既定的原则、符合预期的设想进行。

如汉宝德根据我国流传下来的风水书籍，整理出1005种宅形吉凶类型，通过庭院内部构造和住宅外环境的宜忌促进整个村落格局的规整性、协调性和统一性的形成。少数民族传统村落也有约定俗成的监造规定，如傣族的建寨规定是先立寨心、寨门，形成十字格局[③]，实际上界定了村寨中心和空间边界。安徽休宁县茗吴氏宗谱《做屋》云："上自水落，下自墩埋，不得私买地基建造。此外有做屋者，亦需禀明祠堂是何地名……正脊一丈八尺至二丈止，毋得过于高大，一切门楼装修，只宜朴素，毋得越分奢侈，以自取咎。[④]"

（2）激励制度

传统的乡村规划建设有赖于内部成员对居住环境的认识能力和价值评判。传统的耕作型村落呈"点"状分布，在松散的空间结构下，依靠平等继承制度、乡规民约等制度激励下村民自发进行公共空间和基础设施的合作建设，如寺庙、祠堂等，从而获得直接或间接的所有权保障。

"同居共财"的财产制度决定了传统继承制度的分家习惯。在宗族制度下，常常通过分家的方式使下一代代替上一代承担以家庭财产为物质基础的伦理义务。一般而言，尽管传统宗法制度以长子承重，在继承上拥有一定特权，但传统乡村的分家析产仍以诸子均分为主要形式[⑤]。在该继承制度下，土地的规划和建设可实现一脉相承，不同权属的私有土地能在家族契约下实现整体效益。

在公共建筑及基础设施的建设主体上，按照记载传统村落基础设施建设和重要的公共设施建设均为捐赠或集资修建，其中道路等基础设施为乡村居民集体出工建设，住宅及祠堂等建筑则延请工匠建设，从我国的工匠制度可见一斑。具体建设方面，主要由一个先祖建起主要建筑院落，然后逐渐外延，后建的房屋多向先前的看齐，使得村落不同时期的格局均十分完整，风格统一。

2 当代乡村治理制度的特征——土地为本

2.1 当代乡村治理政治架构

新中国成立后乡村行政管理发展以改革开放为标志分为两个阶段。

（1）新中国成立后到改革开放前：人民公社时期，高度集权

1949~1957年土地改革和合作化时期，村组织逐步行政化。新中国成立初国家兑现了土改承诺，随后开始进行合作化，先后经过互助组、初级社、高级社、人民公社阶段，到人民公社时乡村已经完全政社合一。在乡村新秩序建立之后，通过"村组制"改革，设立行政村概念，并将基层村庄纳入到官治系统，实现了国家权力对村庄的垂直延伸。另一个层面上，党组织在农村地区的深入对中国农村地区权威和秩序的起到重要作用，在农村权威中"党支部"为真正的核心。党组织通过"界定精英"、"输送干部"和"组织精英"的方式，完成对农村权威和秩序建立的实际控制。传统的村政体现是社区公共权力，行使的是社区公共职能，而对于公社——大队——生产队体制而言，其行使的权力触角深入到村庄生活的经济、政治乃至文化领域，实现了"政务"和"社务"的高度统一，传统的农村村政系统被破坏，公社化组织将传统的邻里互助关系正式化。

（2）改革开放以来：村委会建立，乡村自治力量回归

改革开放后，农村地区新秩序的建立从经济领域开始，而改革的核心便在于对"人民公社制度"的否定，开始实行生产责任制，实行政社分开。政社分开意味着政府部门取消了原有的生产组织职能，转而专门从事管理，其标

① 王挺，宣建华.宗祠影响下的浙江传统村落肌理形态初探[J].华中建筑，2011（02）：164-167.
② 金涛，张小林，金飚.中国传统农村聚落营造思想浅析[J].人文地理，2002（10）：45-48.
③ 付声晖.原始宗教观念对傣族传统村落空间的投射[J].理论界，2010（01）：146-147.
④ 朱晓明.历史 环境 生机[M].北京：中国建筑工业出版社，2002.54.
⑤ 焦垣生，张维.中国传统家文化下的财产继承[J].西安交通大学学报（社会科学版），2008（11）：65-70.

志着个体农民对国家体制的有组织内聚结构正处于变化之中。随着政府引领经济发展的作用不断减弱，"政社合一"的人民公社的权威地位随之消失，而其对乡村秩序的全面控制也不复存在，乡村秩序出现管理上的"真空期"。

1982年《宪法》规定乡、民族乡和镇是我国最基层的行政区域，但村委会的干部基本上还是由乡镇政府制定或者任命，并未实行以民主选举为核心内容的"自治"。直至1987年《村民委员会组织法（试行）》的公布，国家行政权力的垂直延伸由村一级收回到乡镇级别，在法律上规定了村地区的自治形式和选举方式，各地才真正开始事实意义的上村委会自治建设。"乡政村治"真正成为当时乡村社会秩序建立的基础和基本社会组织方式，其核心体现为在农村管理中的"村民自治"，体现为市场经济背景下对村民个人权利承认和保护，国家权力在农村地区的"全面控制"瓦解，基层生产资源的控制结构再分化，包括乡属机构、乡镇等实力单位的多中心分化和生产资源支配性的中心由县、公社下落到村庄层次。

2.2 以土地为核心的乡村治理政策架构

（1）城乡分治的社会经济制度

自20世纪50年代初以来，我国逐步形成城乡分治的二元制度，以城乡二元户籍制度、财政属地化管理制度、城乡分治的规划管理制度为其核心制度。①

1977年前我国的城乡分治主要包括经济分治、公共服务分治和城乡人口分治三方面。在"优先发展重工业"的战略指导下，通过计划经济体制形成工业产品和农产品的价格剪刀差并调整社会就业和收入分配，从而形成城市和农村的二元管理体制，在这一过程中城市居民独立完成工业化，城市的教育、医疗等公共服务设施也随之不断完善。

改革开放后至2002年，我国通过家庭联产承包责任制等方式下放土地使用权和经营权，局部地区在乡镇企业发展下逐步改变农村经济结构，农村生活条件亦有所改善。然而，我国的基本土地制度和户籍管理制度仍限制了农村经济的规模和市场化程度，"重城市轻农村"的中国城乡关系仍在延续。

2002年十六大提出统筹城乡经济社会发展，逐年来通过税制改革、农村基础设施建设等手段应对"三农"问题，并在近年来针对流动人口户籍、农村土地流转等制度改革上有所探索，但制约城乡二元经济结构的诸多体制性问题尚未得到根本解决，城乡差距仍在持续扩大。

从城乡关系的视角看，中国的改革开放经历了一条先农村、后城市，然后进行统筹城乡综合改革发展三大阶段。

（2）通过耕地的联产承包制度实现乡村地区经济和社会保障

我国乡村在面临人地关系和城乡二元结构矛盾的背景下，催生了集体土地所有制基础上均分土地的家庭承包制小农户经济，相比人民公社的集体生产，家庭联产承包制的农产收益完全归于农户，有效激励农户，大量降低监管成本。同时，国家通过提高农产品收购价格、加强农资生产和优惠供应等方式改善农民的经济和政治关系，提高了农业的生产效率。与此同时，统分结合的双层经营体制作为农村基本经营制度，有效降低农户生产和经营成本，从而增加农户收益。

基于各地资源禀赋及社会基础，联产承包制度在全国范围的广泛推行衍生六种实际操作形式②，其中苏南和广东南海基于机械化的集体耕作方式衍生出土地股份合作模式，集体的剩余劳动力转移至发展基础较好的乡镇企业，通过工业生产补贴农业生产实现集体经济繁荣，同时模糊了农户和地块之间的直接联系。

（3）通过征用土地制度实现对农民利益的剥夺

随着我国城市化进程的加快，地方政府在经济发展目标的诱导下大量征用农地，农民的权益被屡屡侵犯。一方面，农民并未因土地征用得到合理的征地补偿，反映土地增值收益分配不公的实质。另一方面因土地征用导致大量失地农民成为"无地、无岗、无低保"的"三无"游民，产生严重的社会问题。

上述现象从侧面反映了我国现行的乡村治理制度的弊病：农民缺乏维护自身利益的土地权利基础和组织保障。改革开放以来我国推行的联产承包制度尽管对农民的土地承包经营权给予一定程度保障，但土地的产权仍掌握在由国家控制下的集体组织手中。同时，集体组织为农民提供的技术、信息、物资等作用有限，普遍存在规模不大、实

---

① 许玉明，廖玉娇.城乡分治制度的若干表现及其内核[J].改革，2011（01）：60-64.
② 姚洋.土地、制度与农业发展[M].北京：北京大学出版社，2004.

力薄弱、管理制度不健全和稳定性较差等缺陷[①]，致使农民在多利益群体的博弈中始终缺乏话语权。

2.3 乡村规划建设制度

（1）通过宅基地制度实现乡村住宅的平面化管理

农村宅基地是农村土地的重要组成部分，但中国并没有为农村宅基地专门立法，而是通过《物权法》《土地管理法》《村民委员会组织法》等法律和《关于加强农村宅基地管理的意见》等政策制度共同规范和调整。

随着城乡人口流动的社会现象日益突出，"空心村"、住房空置、一户多宅、宅基地闲置等已成为宅基地管理中亟需解决地问题。对此，2007年的《物权法》确立了宅基地使用权物权性质，并明确农村村民建住宅，应当符合乡（镇）土地利用总体规划，并尽量使用原有的宅基地和村内空闲地。但在实践中，村庄建设规划与土地利用总体规划之间不同步，因而居民点分布缺乏规划指导和布局控制，且加之我国对农民的宅基地用途管制普及力度仍不到位，监管机制仍不完善，造成农民建房随意，居民点建设占地规模大的现象层出不穷。因在于在现行管理体制和机制下，规划的管理控制难以真正落实到乡村地区。

（2）基础设施与公共服务的城乡分治

长期以来，我国的城乡基础设施与公共服务建设在规划制度和财政保障上分属两个体系。《土地管理法》界定了城市总体规划、村庄和集镇规划与土地利用总体规划之间的关系。然而，现有的村庄规划常常缺乏内生机制和需求的考虑，并不能真正切合村庄的发展基础和能力，因而带来乡村公共配套基础设施的不足等问题。

在财政保证上，中央和地方财政在城市的基础设施建设和公共服务投入大量资金，而农村基础设施建设和公共设施服务呈现多元供给主体态势。大型的农村基础设施建设由于农村经济状况较差，资源动员能力不足，一般由乡镇和县政府政府投入兴建，属于纯公共产品。而准公共产品主要基于"一事一议"制度由乡村基层组织发动建设。在基层政府和组织缺乏财力保障的情况下，造成了城乡的基础设施和公共服务建设差距的逐年拉大。

3 传统与当代乡村治理差异分析——人地之分

传统和现代乡村治理的本质基础是乡村精英为治理核心和以地管人为治理根本的差异。

3.1 乡村治理的经济条件变化

（1）乡村经济基础变异

自明清以来我国传统乡村的社会经济结构经历多次变迁，并在不同地域中变迁强度又有所差异。随着新中国成立以来城乡发展差距的逐步拉大，传统的农耕文化逐渐瓦解或产生变异，相应的乡村空间结构和管理模式也发生转变。

传统与当代乡村经济基础差异 表1

比较内容	传统乡村	当代乡村
生产方式	农耕	农工
社会保障	农业保障	农业保障，国家保障逐步加大
收入状况	较低，收入差距不悬殊	较低，收入差距加大
收入构成	农业生产经营＋外出经商＋手工业	农业生产经营＋非农经营＋外出务工
生活方式	田园生活方式	失去
微型种养空间	存在	失去
宅基地	购买	福利供给，一户一宅
耕地	购买	分配承包
自住房屋	自建	自建
公共服务设施	集体建设	乡村不同差别较大，大部分乡村集体经济衰落
显性特征	健康发展	凋敝

[①] 钱忠好，曲福田. 规范政府土地征用行为，切实保障农民土地权益[J]. 中国农村经济，2004（12）：4-9.

（2）乡村建设投入不足

1）公共设施投入不足

一般市场经济国家中农村的公共产品的开支多由国家财政主导提供[①]。目前我国村镇各级政府在村庄建设上缺乏稳定的资金保障，大部分村庄规划编制费用都难以筹集，市政基础设施和公共服务设施投入不足，规划实施和乡村运营资金缺乏保障。

2）民间财富严重不足

改革开放前，由于宏观的发展环境并未给国家增强其对乡村的整合与控驭能力提供足够的时间和资源，相反，构建中国重工业体系的大量资本的需求以国家单向度地加大对乡村的榨取为特征，乡村财富流入城市，导致了国家与农民的矛盾对立。改革开放后，城市作为城市化空间载体，城市和城市居民由于地价升值成为改革开放社会财富增加的受益主体，而乡村和乡村居民较少获得社会增值收益，整体呈现人口和智力的流失。早期居民打工收入部分回流乡村用于建房，一方面造成资本的大量沉淀；另一方面由于收入差距悬殊，导致住宅建设标准、水平千差万别。当前由于教育基础设施调整等因素的影响，一部分乡村居民根据自己的经济实力在县（市）、镇购房，导致回流乡村的社会财富越来越少，乡村民间财富严重不足。

3.2 乡村治理的社会基础变化

（1）治理主体颠覆变化

传统中国乡村地区的秩序维护主要是通过两种途径：自有的族权权威和官化的"保甲"制度，一种是自上而下的以伦理伦常为基础的"自治"，另一种是中央权威对乡村地区的权利触角，两者在不同朝代下的矛盾在宗族精英和保甲人员身上体现得淋漓尽致，但整体特征仍然市精英治理。

传统乡村治理的领导者是族长，族长或由族人公举，或由前任族长任命，或由族中辈分较高者代表投票。无论哪种方式，能任族长者多为族内公认的德高望重之人。在族长的领袖权威和以"孝、悌、睦"为核心的"氏族族规"的基础之上通过"舆论、规劝、教化和家族族罚"等方式维护乡村地区日常的伦理秩序（如《肖氏族规自治条例》）。

乡村权威的特征   表2

	精英标准	精英代表	权威建立合法性	权威象征	权威管理范围
族权权威	齿德并隆，品德宏深	族长	熟人社会和"氏族族规"	祠堂，点祖、时祭、清明年祭	乡村地区伦理的维护
保甲制度	具有较好的教育背景，有一定见识与办事能力	保长和甲长	外置性权力，国家官治系统在村庄社会的延伸	原有寺宇或公共处所内保（甲）长办公室	初期主要控驭与治安，后期全方位的承载村政职能

新中国成立后乡村权威的变化最重要的基础是社会精英的重新界定。1949年以来，随着政治更迭和新的意识形态合法地位的确立，村庄的精英构成发生了根本性的变化。民国前的乡村权威和秩序的建立中都体现了一种对具有知识分子的尊重和"精英治理"的思想，但在新中国成立后"精英评价标准"发生了根本性的变化，乡村的精英的评价和遴选标准开始由"注重财富和文化的积累"转为"贫穷与革命"。

1952~1978年间，乡村治理模式表现为社会权威的日益萎缩，乡村精英绝大多数流向城市，导致乡村治理难度增加。农村集体组织与基层政府作为农村的主要治理主体，其组织形式是主导—参与式结构，呈现政社合一、党政不分的特征。

自1978年改革开放以来，随着人民公社体制逐步废除，我国农村建立村民自治制度，形成了"乡政村治"的新型治理模式，而乡村治理主体也呈现多元化特征。这种委托—代理关系下的"乡政村治"治理模式产生国家政权的内卷化，乡镇政府的公共权力控制了乡村社会的自主性权力[②]。

---

① 温铁军. 如何建设新农村 [J]. 小城镇建设，2005（11）：94-97.
② 于水，农村公共产品供给与乡村治理：主体、模式及其关系 [J]. 南京农业大学学报（社会科学版），2011（12）：1-8.

（2）乡村秩序逐渐解体

当代乡村社会基础与传统村落相去甚远，随着乡村经济市场化和工业化、城镇化的快速推进，传统乡村由全耕社会向半耕社会演进，原本生产生活瓦解，家庭联产承包责任制的实施，使村民呈现原子化状态，家族组织功能弱化，家族成员之间人际关系疏远，传统的家庭组织形式和功能发生变化，逐渐失去维系和整合功能，传统的乡村社会关系资本和社会价值逐渐淡化，导致传统村落社区精神不复存在，主要有以下原因：居住的复杂性导致自利性，而维系传统乡村社区关系的血脉、精神、场所也不复存在。现代商业社会人们通常会追求眼前的利益最大化，且往往忽视长远的利益。而且，因乡镇集市贸易的经济网络的开放而形成的地方性市场商业空间与血缘网络的内聚和交往相成的精神和文化空间完全不同，宗族伦理性社区演变为商业社区。

3.3 乡村治理的空间基础变化

（1）乡村规划存在缺欠

农村土地开发主要涉及公共服务设施用地、村庄产业发展用地和宅基地。随着城镇化的推进，原本差异不大的村庄开发分化，农村分异使得乡村规划编制和实施变得复杂。

我国传统规划理论对传统村落空间布局的影响主要表现在风水思想影响下的村落朝向、村落建筑、村落形态等方面，如民居坐北朝南、村庄左右对称的布局。而在现代化经济社会背景下，乡村规划编制无论从技术方法上还是制度政策上都基本不再遵循过去的传统规划理论，但因缺乏成熟的现代乡村规划理念。目前，我国村镇规划编制大量存在忽略乡村自身发展需求的如下问题：

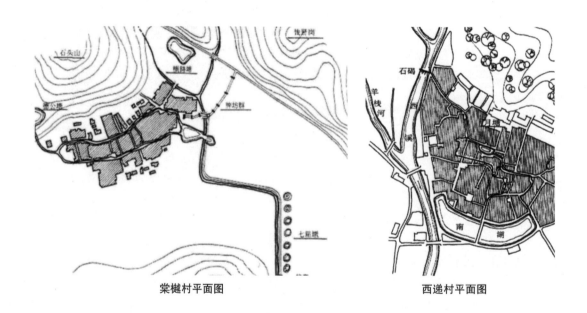

棠樾村平面图　　　　　　　　　　西递村平面图

1）村庄规划编制体系问题

村庄规划重镇规划，轻村庄规划，重单个村庄的建设规划，轻村庄体系规划，各层位的规划衔接不够，村镇规划缺失上位指导和分类指导，规划的针对性和可操作性较弱，常常流于形式而难以有效指导村镇建设。

2）规划编制标准问题

村庄规划相关标准按常住人口分为小型、中型、大型、特大型四级，这种分级很难解释规划的中心村和基层村的区别，而且村庄规模的划分上仅以人口为判定标准也是不全面的。在建设用地标准上，由于全国村镇存在地域和建设水平间的差异，致使无论是人均建设用地规模、还是建设用地比例均缺乏实际指导意义。以北京市为例，按照《村镇规划标准》村庄人均建设用地指标的高限为150m²/人，而2008年北京农村现状人均建设用地约280m²/人，有些村庄甚至达到了1000m²/人以上。如果按照国家统一标准编制村庄规划，村庄建设用地将大为减少，因而村庄本身缺乏编制规划的内在动力。

3）基础设施和公共服务设施的配置标准问题

目前，村镇基础设施配置仅考虑了道路、供水、排水、供电、邮电等工程设施，忽略了村民生活燃料、供热采暖、有线电视等生活设施的规划配置，致使村镇在建设过程中所需要的规划指导远超出村镇规划规范所涉及的内容。即便考虑到的内容也仅是原则性意见，其强制性有待加强。对公共设施配置标准缺乏从规模等级角度对中心镇、一般镇、中心村和基层村进行分类，很少考虑到公共设施的共建共享问题，公共设施的配置也没有作为强制性指标纳入规划体系。

（2）乡村建设管理滞后

1）编制主体和实施主体不明确，规划工作推动困难重重。《村镇规划编制办法（试行）》规定村镇规划由乡（镇）人民政府负责组织编制，但村和镇的规划编制主体没有区分。在实际工作中容易忽视村庄规划。村庄规划的实施主体应是村集体，但由于村民认识问题，新农村规划涉及的土地权属、土地流转问题难解决，导致农民对村庄规划的实施持怀疑态度，主体地位难以体现①。

2）忽视公共参与，没有充分调动农民的积极性。以往的村镇规划往往是由政府自上而下编制的"见物不见人"的物质规划，忽视了居民的主体性。规划编制者又缺乏对农村的深入了解，规划成果常常不被农民了解或接受②。

3）规划实施法律支持不足。农村建设项目管理未形成一套完整的规划实施管理体系，导致新农村规划实施困难。农村建设项目的一般审批程序是村民在申请住宅建设的时候，只有通过村民会议讨论，经乡级人民政府批准，并领取《住宅建筑施工许可证》后才能建设，并且只有通过有关部门（通常是乡级人民政府）的竣工验收后才能交付使用。但是，该程序中并未把相应的规划作为项目审批的依据，使村镇规划在实施中缺乏法律地位。

4）对乡村建筑质量缺少监管。忽略对农民住房建设的引导。《建筑法》第七条规定，国务院建设行政主管部门确定的限额以下的小型工程可以不必申请领取施工许可证，使农村住宅这样的小型工程建设既缺乏设计，又缺少施工监督管理，导致农村住宅质量较差，农民翻新改造频率高。虽然《城乡规划法》规定了乡村规划许可证制度，但由于技术基础、人力资源不足而形同虚设，并未起到有效的引导作用。

（3）传统居住模式颠覆

尽管每个民族都有自己的理想居住模式，但还没有一个民族像中华民族一样形成了一整套基于风水学的理想居住模式和墓葬吉凶意识和操作理论，这是中国独有的文化，是基于人与自然关系形成的土地伦理和对待自然和土地的态度，但这个产生于前科学时代的文化遗产和文化景观——即藏风聚气的理想风水模式非但不能解决当代中国严峻的人地关系危机，而且成为时代发展的障碍，追求经济利益所必须的交通区位条件成为乡村发展的最初的动力机制，沿路无序发展成为乡村建设的时代特征，因此社会秩序的破坏是导致空间秩序破坏最重要的原因。

4　现代乡村治理制度变革——以人为本

乡村规划管理改革的目标是在中国推进新型城镇化的大背景下，通过推进乡村规划制度变革，建立乡村的空间开发秩序，优化乡村地区人居环境，提高农村地区居民生活质量，促进农村现代化，因此现代乡村治理的核心理念既非传统的精英，也非当代的土地，而应是以人为本。

4.1　乡村立法是乡村治理的基本法律保障

（1）切实推进乡村立法，完善配套乡村规划建设法律法规体系

自20世纪90年代起，各国针对城乡关系进行了更明确的立法确认和改革。立法的核心逐渐发展为通过科学有效的程序，使城乡规划合理与透明，在弱化审批程序、可操作性、持续监督和修订等方面构建了较为系统和完善的法律法规体系。目前，我国乡村规划建设的基本法《城乡规划法》（2008）以城为主，对乡村规划建设的规定原则性较强，缺乏可操作性，应借鉴国外乡村建设的宝贵经验，加强乡村立法和配套的乡村规划建设法律法规体系，制定《乡村发展法》等系列乡村规划建设法律法规体系，切实保护农村、农民、农业，逐步促进乡村规划建设管理法制化、

① 吴志东，周素红. 基于土地产权制度的新农村规划探析 [J]. 规划师，2008（3）：9-13.
② 邬艳丽，刘海燕. 我国村镇规划编制现状、存在问题及完善措施探讨 [J].2010（06）：69-74.

制度化。

完善配套法律法规体系。《中华人民共和国建筑法》(2011)将农民自建低层住宅的建筑活动排除在基本法之外，导致乡村村民住宅建设无法可依，因此乡村住宅建设管理应随着《建筑法》的修订，将乡村居民住宅建设纳入法律框架体系，确保农房建设合法性。

（2）完善乡村居民点体系规划，制定配套实施连贯性政策

国家和省级层面应制定居民点体系调整连贯性政策，按照县域范围落实具体实施方案，即县域统筹制定乡村居民点体系规划方案；全国乡村整治各地都有不同模式的探索，制定分类指导意见。探索建立省内跨市（县）的宅基地置换调整配套制度，如宅基地退出可享受省内城市的保障性住房政策等。

4.2 乡村发展是乡村治理的基础经济保障

（1）完善农业补偿奖励机制

促进现代农业产业升级，转变农村经济发展方式，促进农民增收致富，一是继续提高国家粮农补贴，二是建立全方位的涉农企业激励机制。各类加工、流通、服务等涉农企业和经济组织是带动农民致富、解决农村就业的关键要素之一，除农业生产环节企业外，应增加对储运、保鲜和深加工环节的涉农企业激励办法，形成建立从种养、加工、销售环节全程渗透激励机制，为企业投资农业提供税收、贷款及吸纳农村户籍劳动力提供政策补贴等相关政策鼓励。

（2）建立乡村人才引进和财富回流的机制

通过实现乡村基本公共服务均等化促进乡村吸引力的提升，同时地方根据实际情况建立乡村人才引进和财富回流的相关制度，如本地迁出居民从事农业生产、回报家乡的农村户籍恢复制度，涉农企业征用集体土地投资农业基础设施和相关产业服务设施的相关产权确权制度和配套的相关贷款抵押制度等。

4.3 乡村秩序是乡村治理的基本社会保障

（1）重构乡村社会秩序的制度创新

乡村治理（规划实施）的居民要素的关键是乡村权威的再树立和乡规民约制度的强化。在当前制度框架下，由村民推选出来的村委会代表在乡村治理过程中起到的统领、引导、教化作用，是农民主体的更高层次的体现，代表农民的共同利益。我国村集体的力量强弱参差不齐，优秀案例如江阴周庄、山东枣庄大宗村无一不是村集体经济的强大和乡村领袖的奉献精神，因此各级政府应加大力量培育乡村精英，加强人力资本培育，通过各种手段还原社会伦理秩序，鼓励乡村仪式、认同感的培育，为构建新型乡村秩序奠定基础。

（2）重构乡村管理秩序的制度创新

乡村长效运营管理制度。一是各级政府提供基本公共服务保障制度，设立相对稳定的乡村建设维护投入资金；二是投工投劳机制的恢复，建立资金使用制度、乡规民约的约束制度、各项设施运营管理制度、鼓励奖惩制度、公示公开制度、监督制约机制等。

宅基地、集体土地使用制度。地方政府应根据地方实际调整宅基地、集体土地使用政策，按照县域范围制定统一政策：一是针对空置宅基地、缺房户和分房户制定宅基地置换政策，应允许宅基地的产权交易，或制定相应的征收程序收归集体所有用于公共设施的建设；二是针对企业占用的集体土地的使用政策；三是针对宅基地换保障性住房的配套政策。

乡村规划建设引导制度。地方政府和规划师应制定符合农村实际和农民意愿的规划方案，现阶段规划实施的乡村建设法制化和行政许可难以实施的前提下（人力、机构缺乏），建立乡村自约束、自管理和引导管理机制，确定乡村规划实施的农民建设、运营主体制度，推荐适宜技术，推广乡村规划师、建筑师制度。

A Reflection of Traditional and Modern Rural Governance Differences, Reestablishing a People-oriented Modern Rural Governance System

Gui yanli   Zheng Haoyun

Abstract : Traditional Chinese rural governance is elite-oriented, which leads to a dual governance structure and forms a traditional village planning system having both constraints and incentive effects. Since 1949 the highly centralized rural governance facilitates modern rural planning and constructing system based on the city and countryside disport rule. By analyzing three main differences between traditional and modern rural governance, this study propose three fundamental ways to achieve rural governance institutional reform.

Keywords : traditional villages ; modern villages ; rural governance ; governance institution

基于隐含空间模型的农村社区空间单元探索
——以安沟乡为例

马恩朴　　惠怡安

摘　要：对农村社区形成规律认识不足，导致农村地区在社会资本流失的情况下面临新的社区问题——社群结构趋于瓦解，地方文化濒临消失。在回顾农村社区空间单元多视角认识的基础上，提出社会关联视阈下的社区生成理论。研究发现契约型社会关联在社区形成过程中推动居民向特定节点聚集，产生行为的趋向性；而非契约型社会关联则在家庭或聚落之间形成一个高聚集系数的内部网络。运用该理论，并集成社区发现中的隐含空间模型法和 GIS 的属性数据管理功能，建立社会网络的空间模型，对延安市安沟乡新型农村社区空间单元的划分进行实证研究，以期形成农村社区空间单元的划分理论。

关键词：社会关联；社区生成；隐含空间模型；农村社区空间单元

引言

目前，在中西部地区，由于农户能力有限、基础设施匮乏等多重障碍的存在，农业现代化水平较低，农户耕作半径普遍较小。一方面，由落后于社会平均水平的农业生产方式所决定的最大生产半径较小；另一方面，在生产中尽可能降低出行成本的决策促使乡村聚落接近耕地，即形成耕地指向型的聚落选址倾向。在黄土残塬沟壑区，耕地细碎化和耕地指向型的聚落选址共同作用，形成了零散分布的乡村居民点格局。这给城乡统筹的推进带来巨大挑战。城乡统筹的核心目标是实现城乡公共物品供给的均等化。但在农村居民普遍散居的状态下，公共产品供给却无法兼顾公平性与经济性。在公共服务设施和基础设施遵循经济原则建设的情况下，相当一部分家庭将会失去均等使用公共产品的机会。

因此，如果不引导乡村聚落格局从耕地指向型向服务指向型转变，那么要真正实现城乡统筹发展恐怕不可行。

农村地区近年来所发生的变化需要认真审视，由于乡村规划理论欠缺，尤其是对农村社区形成规律认识的不足，导致规划建设后乡村社会中的原型社区结构被人为分割以致趋于瓦解，地域文化中最具活力的载体——社群结构遭到破坏。

在新一轮的农村社区建设实践中，对乡村规划理论及规划工作框架体系的需求日益迫切。农村社区空间单元的划分，在乡村规划工作框架中仅次于"城-镇-社区"的聚落体系构建，属于上位层次的规划，对社区住址选址、住区规划、社区公共服务设施配套、社区文化规划和社区产业规划等都将发挥重要指导作用。因此，有必要发展一套科学可行的社区空间单元划分方法。

文章拟从乡村社会交往的角度出发，提出社会关联视域下的社区生成理论。并结合社区发现中的隐含空间模型法和 GIS 的属性数据管理功能，对延安市安沟乡新型农村社区空间单元的划分进行实证研究，试图为形成更完善的农村社区空间单元划分方法做铺垫。

1　农村社区空间单元的多视角认识

目前，有关农村社区空间单元划分的研究成果不多。直接以"农村社区空间单元划分"为主题进行文献搜索，从所获取的文献来看，从事相关研究的学者主要来自城乡规划学、地理学、社会学和人类学等学界。学者从各自的

马恩朴：西北大学城市与环境学院硕士生
惠怡安：西北大学城市与环境学院讲师

学科背景及所论述的具体问题出发，对于农村社区的空间单元，形成了多种视角的认识结果。

在农村社区空间单元的划分上，城乡规划学出现了"农村社区单元构造"，社区空间范围识别与边界确定及空间布局模式等方面的研究。杨贵庆[1]针对我国农村规划中现行规范标准偏物质空间建设的事实，提出了综合考虑社会文化发展、产业经济发展和物质空间发展的农村社区单元构造理念，并归纳出"内生型"，"外来型"和"突变型"3种农村社区单元构造类型及各自的基本特征。在对农村社区的概念认识上，认为农村社区是"农村地域一定规模人群的社会生活共同体"，包括"农村地域"、"一定规模的人群"、"社会生活"及"共同体"4个基本内涵。

项继权[2]按社区形成机制的不同将农村社区划分为"自发型社区"和"规划型社区"两类，其中新型农村社区就是典型的规划型社区。认为农村社区是一定地域范围内，人们基于共同的利益与需求，通过密切的社会交往而形成的具有较强认同感的社会生活共同体。农村社区作为社会生活共同体，同时也作为农村的基层组织、管理和服务单元，其边界的确定不仅要立足于农民的共同利益，共同需求和认同基础，同时也要符合方便管理、服务高效的要求。基于各地农村社区的建置，将其划分为"一村一社区"、"一村多社区"、"多村一社区"、"集中建社区"和"社区设小区"五种模式。

杨雯雯等[3]基于我国村庄住宅更新快，功能混杂、布局散乱、人均建设用地指标偏大等村庄空间布局的现状特点，提出"整体搬迁，建第二新区和原址生长"三种新农村社区的空间生长模式；以及大组团集聚型，小组团分散型、内调整合型和小组团内聚型四种社区空间布局模式。认为农村社区是农村地区人文和空间的复合单元，但对新农村社区"新"意的解读有待深化。新型农村社区的"新"不仅指新的历史时期和新的规划指导思想，更是指在农村现状居民点格局与公共物品公平经济供给之间普遍存在矛盾的情况下，如何正确发现乡村社会中的原型社区结构，即乡村社会网络中的最大内聚子团和该内聚子团的空间分布范围。

社会学和人类学视角的农村社区空间单元研究主要关注社区治理单元，乡村社会组织等问题。针对当前新型农村社区建设中基层自治主体，政府和学界对"农村社区"和"行政村"认识的莫衷一是，李勇华[4]对"农村社区"和"行政村"两个概念作了理论辨析。指出我国行政村的自治组织性质和农村社区建设以构建社会化服务体系为核心目标的政务性质之间的差异，是造成当前农村社区认识怪圈的根本原因。认为无论是村务还是政务，当落实到行政村范围时，都要由村级组织承担实施；由于公共物品供给主体日益多样化，按供给主体划分"社区"和"行政村"不合时宜；并且就"一村一社区"的情况而言，其地域共同体与社区治理的范围具有基本的一致性，因此，"农村社区"与"行政村"在绝大多数"一村一社区"中应该是一致的。

在乡村社会组织方面，由于我国地域差异明显，人类学汉人社会研究的"宗族模式"并不能完美解释汉人乡村社会的方方面面。石峰[5]以关中"水利社区"为例，研究发现"水老会"在关中地区大型水利工程组织建设、管理，水资源分配及水利纠纷处理中发挥关键性作用，并以此为纽带，在水利设施的服务范围内形成了"水利社区"。从而论证了林耀华[6]，库伯（D.Kulp）[7]和弗里德曼（M.Freedman）[8][9]的"宗族组织"在观察中国汉人社会中的局限性。

另外，人类学研究中以村落作为社区单位的观察方法，在转向"流动社会"研究时，也面临了类似的局限性。施坚雅早在20世纪40年代末的中国(四川)乡村田野调查中就意识到了这一点。在《中国农村的市场和社会结构》中，作者指出以村庄作为基本单元的人类学研究歪曲了农村社会结构的实际。如果说农民是生活在一个自给自足的社会中，那么这个社会不是村庄而是基层市场社区。由此论证了"农民的实际社会区域的边界不是由他所住村庄的狭窄范围决定，而是由他的基层市场区域的边界决定"[2][10]。

区别于城乡规划学，社会学和人类学等学科，地理学视野中的乡村社区研究主要有两大视角，其一是区域视角；其二是综合视角。乡村社区人地关系是其研究核心[11]。从区域角度上，强调乡村社区是居民通过地缘、业缘和血缘关系，建立起较强的传统意识和认同意识，居民赖以生存的乡村地域。在综合视角上，乡村社区是一个以人地关系为核心，囊括自然环境要素，社会经济要素和生产生活活动的区域系统，或人口–资源–环境–发展（PRED）系统[11]。

从各学科对农村社区和社区空间单元的认识来看，各学科对农村社区的基本概念认识差别不大，在有关农村社区的绝大多数定义表述中都基本包含了农村地域，共同纽带、社会交往[12]和认同意识四个基本要素。但对于农村社区空间单元的认识却莫衷一是，分歧较大。关于农村社区空间单元的划分，主要存在表象型和内涵型两种划分方式。其中表象型又可分为两种，其一是以村落作为农村社区，村庄建筑群落的边界就是社区空间单元的边界；其二是以行政村作为农村社区，行政村边界即是社区空间单元的边界。然而，研究表明，农村居民基于某种共同纽带（如地缘、血缘、业缘、商贸服务等关系）的社会交往既不会局限于单个的村落，也不会受限于行政的管辖。事实是，行政村边界在绝大多数情况下只具有行政和统计上的意义，资源配置和人口流动仍然按照其本来的规律在区域中进行。

因此，关于农村社区空间单元划分的另一种方式，即内涵型的社区划分方式就应该得到倡导。顾名思义，内涵型的社区划分即是从特定区域中实际发生的社会交往和经济活动出发，研究居民行为的空间分布状况，从中发现居民之间存在紧密社会交往的地域范围，该范围即是具有真实社会意义的农村社区空间单元。内涵型的社区划分强调社区功能组成的完整性，注重对社区形成机制的研究，因此，要求跳出村庄宗地和行政村管辖范围的束缚，转而研究更大范围内的居民行为。这就是社会关联视域下社区生成理论的提出。

2 社会关联视域下的社区生成

社会关联视域下的社区生成理论本质上是一种内涵型的社区划分理论，其建立在农户行为分析的基础上。

农户行为是乡村地域系统演化的元动力。农村居民的行为分布是农村地区社会经济活动的空间映射，其空间分布规律直观地反映了区域中稀缺资源的配置状况。在人文地理学的研究重点从人–地关系研究日益转向人–社会关系研究[13]的背景下，以关注人与社会实际问题为自身关切[14][15]的行为地理学便成为探讨社会关联视域下社区生成的最佳切入点。

在一个分工日益细化的社会中，无论从社会功能体系的角度，还是从个人生存发展的角度，个人都越来越离不开整个社会。不仅仅是熟人圈，甚至那些从未谋面的陌生人都与个人的正常生活息息相关。因为，在事无巨细的社会分工系统中，每个人的工作都可能为其他任何陌生人提供他必需而自己又无法生产的产品或服务。

因此，在一个健康完整的社会中，个体必然是相互关联的。在一个社会中，个体之间通过某种媒介，如地缘关系、血缘关系、业缘关系、商贸服务关系、雇佣关系及合作关系等所建立起的实质性联系，称为社会关联。社会关联是一个内涵上超越并包含人际联系和社会交往的新概念，是根据新型农村社区空间单元划分的需要而提出的概念。

根据关联性质的不同，将社会关联划分为契约型和非契约型两大类，其中契约型社会关联也称现代型社会关联，它建立在社会分工的基础上，具有明显的功能属性。其正常进行需要遵循被共同体所认可的某些明文规定，如商品交易关系、服务关系、雇佣关系和合作关系等。非契约型社会关联则是传统型的社会关联，主要是指以地理相邻、遗传相连、文化相近、职业相类等非契约性媒介为基础的社会关系，如邻里关系、宗族关系、亲属关系等。

契约型社会关联和非契约型社会关联在社区形成过程中发挥着不同的作用，并在居民的行为分布中产生两种不同的效应。对应于契约型和非契约型社会关联的两种行为效应可分别用趋向性和内聚性两个概念来加以描述。所谓社会关联的趋向性，是指人的社会关联行为在空间上向某些特定节点集聚的现象。趋向性是一个描述人类行为空间分布特征的动态概念。研究发现，由商品交易关系，行业组织关系和服务提供关系等所构成的契约型社会关联是形成行为分布趋向性的主要原因。并且趋向性的形成源于资源在网络中分布的非均衡性以及居民经济活动的区位偏好。

社会关联趋向性的内涵就在于资源的稀缺性和人类固有需求之间的矛盾。一方面，居民的需求是客观存在的，并不会在地资源的匮乏而大幅度缩减；另一方面，资源的空间分布却存在极大差异，并不是每个地方都具备人类生存发展所需的全部资源。然而，人类生存与发展的需求是始终不变的。在此情景下，资源相对匮乏区的居民为实现自身需求而流向资源富集区从而在地理空间中形成了行为分布的趋向性。显然，为了更好地实现自身需求，契约型社会关联必然会循着成本最小的路径趋向于稀缺资源。

在我国农村地区，包括道路，给排水、电力等在内的基础设施和包括教育机构，医疗卫生、商业服务等在内的公共服务设施在促进农村经济社会发展，提高村民生活水平上起着关键作用，目前在大部分农村地区仍然是稀缺资源。因此，在划分农村社区空间单元时，村民以农产品交易，购物、就医、上学等为典型代表的契约型社会关联就具有重要的指示性作用。通过研究村民上述行为的空间分布特征，就可以方便且准确地找到乡村地域中社会关联的节点，还可以找出行为分布的地理分界。由地理分界所划分的地域范围就是契约型社会关联视域下的社区空间单元。

另一种社会关联，即非契约型社会关联，在农村社区的形成过程中同样举足轻重。在宗族聚居或少数民族聚居区，同一家族或同一民族的家庭往往聚群而居，形成大型村寨。在这些地区，同一村寨内的村民往往形成紧密的联系，非契约型社会关联所产生的社区内聚性更加明显地表现出来。而在姓氏杂居或民族杂居地区，对于每一个家庭而言，不论是家族还是亲属，其空间分布都要随机和分散得多。因此，家族、亲属以及朋友之间的相互来往是在零散分布的各个村落之间随机进行的。但是，当从区域角度同时浏览这些村落之间的社会交往时，会发现在整体水平上，非契约型社会关联在各村落之间依然十分紧密。只不过社区内聚性的表现从前者的家庭尺度扩大到后者的村庄尺度而已。

根据社会关联趋向性和内聚性的含义，结合社会网络分析法中相关指标的概念内涵，在实证研究时，社会关联的趋向性可用社会网络中节点的入度来表示，而内聚性则采用集聚系数进行衡量。文章以延安市延长县安沟乡为例，结合 GIS 和社区发现方法中的隐含空间模型法对该乡新型农村社区空间单元的划分进行实证研究，以此检验社会关联视域下的社区生成理论。

3 安沟乡新型农村社区空间单元探索

3.1 研究区概况与数据来源

（1）研究区概况

安沟乡位于延长县东南，东接张家滩镇，西邻七里村镇，东南紧靠宜川县云岩镇，西南毗邻宝塔区临镇镇。全乡下辖 25 个行政村，61 个自然村，共 2174 户，8372 人，土地总面积 202.4km²。该乡地处黄土残塬沟壑区，地形破碎，由延河支流安沟河流域全境及云岩河部分支流域组成，耕地零散，人口稀少，经济落后。目前乡内无固定集市，基础设施建设薄弱，公共服务设施配置不完善。村民以农产品销售和购物为主体的契约型社会关联已外溢到周边城镇，村民生产生活存在诸多不便，社区空间单元亟需重构。

（2）数据来源

研究使用的主要数据是"安沟乡村际联系稀疏矩阵"和"安沟乡最新行政区划图"两项。其中"安沟乡村际联系稀疏矩阵"由一手资料农户调查问卷统计而得，"安沟乡最新行政区划图"则取自安沟乡政府。

2012 年 7 月，由西北大学城市与环境学院城市规划系暑期调研队在延安市延长县安沟乡实施了为期一周的农户入户调查。在全乡 25 个行政村中，按各行政村户数 20% 的比例进行随机抽样调查，共取得农户调查问卷 282 份，其中有效问卷 253 份，有效率 89.72%。

农户问卷通过设置"日常生活中与周边哪些村子存在联系"来调查行政村之间的非契约型社会关联；而通过"日常与所在乡镇的联系频率"，"上学地点"、"就医地点"、"购物地点"等问题对契约型社会关联进行调查。

3.2 研究方法及运算结果

（1）研究方法

运用社区发现中的隐含空间模型法 [16][17][18] 对抽象网络模型中最大的内聚子群进行初步探测，然后向模型中加入空间信息对探测结果进行矫正，最后在 GIS 中实现社会网络空间模型的可视化输出及后续处理。具体操作步骤是：

1）建立稀疏矩阵。对农户问卷中的相关题项进行统计，建立居民点两两可达矩阵。可达矩阵中的统计量采用加权值，即统计时任意两个居民点之间若无直接联系，值为 0；若有直接联系，值为 1，且居民点之间的联系量可直接加和。所建立的稀疏矩阵如表 1 所示。

2）网络初步检验。将稀疏矩阵导入 Ucinet6.0 进行网络分析，并可视化该网络。在 Ucinet6.0 中，调用 Network > Centrality > Degree 计算网络中各节点的入度（In-degree），如表 2 所示。就表中的数组，首先对居民点入度作最小尺度聚类，即每一个入度级独立成类，然后对居民点入度与居民点等级作回归分析，得到居民点入度随等级变化的分布情况，如图 1 所示。分析时采用了拟合度最高的指数方程进行回归拟合。

安沟乡村际联系稀疏矩阵 表 1

居民点	阿青	安沟	北阳	岔口	东卓	多海	二圪台	高家川	红火渠	…	延长县城	张家滩镇	云岩镇
阿青	0	13	0	0	1	4	0	0	0		0	0	0
安沟	1	0	7	0	0	3	0	7	0	…	0	0	0
北阳	0	1	0	0	1	0	0	0	0		0	0	0
岔口	0	0	0	0	0	0	0	0	0		0	0	0

续表

居民点	阿青	安沟	北阳	岔口	东卓	多海	二坬台	高家川	红火渠	…	延长县城	张家滩镇	云岩镇
东卓	0	8	7	1	0	1	0	0	0		0	0	0
多海	11	11	0	0	0	0	0	0	0	…	0	0	0
二坬台	0	12	0	3	0	2	0	13	0		0	0	0
高家川	0	9	1	0	0	0	3	0	0		0	0	0
红火渠	0	0	0	0	0	0	0	0	0				
⋮		⋮			⋮		⋮		⋮		⋮		
延长县城	0	0	0	0	0	0	0	0	0		0	0	0
张家滩镇	0	0	0	0	0	0	0	0	0	…	0	0	0
云岩镇	0	0	0	0	0	0	0	0	0		0	0	0

注：原数据集为 29*29 矩阵，因版面需要，中间部分被省略掉，完整数据请参阅论文附件，后文对类似情况不再作详细说明。

居民点入度分布　　　　　　　　　　　　　　　　　　　　表 2

居民点入度	65	27	16	13	13	12	11	11	9	6	6	6	5	5	5
居民点等级	1	2	3	4	4	5	6	6	7	8	8	8	9	9	9
居民点入度	5	4	4	4	3	2	2	2	2	2	2	2	1	1	
居民点等级	9	10	10	10	11	12	12	12	12	12	12	12	13	13	

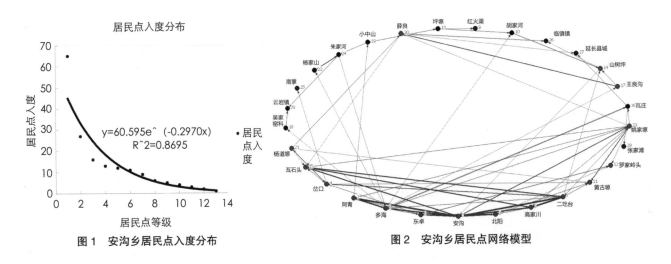

图 1　安沟乡居民点入度分布　　　　　　　图 2　安沟乡居民点网络模型

从居民点入度分布的散点图可看出，安沟乡只有极少数的居民点拥有高的入度，而绝大多数居民点的入度都较低。即便在只由 29 个节点组成的小规模网络中，节点入度也近似呈现出复杂网络中的幂律分布特征，因此所构建的网络属于无标度（Scaling-free）网络，符合已有研究成果对现实网络的认识结论。在 Ucinet 中，运用 Netdraw 可视化该抽象网络，并输出如图 2 所示。

3）建立相似矩阵 P。在"安沟乡居民点网络模型"中，计算任意两两节点之间的最短距离。计算时距离的大小采用连接数衡量，即计算任意两两节点之间的最小步长数。计算结果如表 3 所示。

4）做多维量表分析。根据 Borg 和 Groenen[19] 以及 Sarkar 和 Moore[20]2005 年的研究，设 $S \in {}_{n \times l}$ 表示节点在 l 维空间中的坐标，并使得 S 的列是正交的[16]，则可采用下列公式计算多维空间中的相似矩阵 $\tilde{P}$：

$$SS^T \approx -\frac{1}{2}(I - \frac{1}{n}1 \cdot 1^T)(P \cdot P)(I - \frac{1}{n}1 \cdot 1^T) = \tilde{P} \qquad (1)$$

相似矩阵 *P*   表3

居民点	阿青	安沟	北阳	岔口	东卓	多海	二圪台	…	延长县城	张家滩镇	云岩镇
阿青	0	1	2	2	1	1	2	…	3	3	3
安沟	1	0	1	2	1	1	1		3	3	3
北阳	2	1	0	2	1	2	2		4	4	4
岔口	2	2	2	0	1	2	1		3	4	4
东卓	1	1	1	1	0	1	2	…	3	3	3
多海	1	1	2	2	1	0	1		2	2	2
二圪台	2	1	2	1	2	1	0	…	3	3	3
⋮		⋮			⋮					⋮	
延长县城	3	3	4	3	3	2	3		0	2	4
张家滩镇	3	3	4	4	3	2	3	…	2	0	4
云岩镇	3	3	4	4	3	2	3		4	4	0

其中 I 表示单位矩阵，1 是各元素均为 1 的一个 *n* 维列向量，在本文中 *n* 的取值为 29。

假设 V 包含了 *P* 中 l 个最大特征值所对应的特征向量，Λ 是 l 个特征值组成的对角矩阵，即 Λ=diag（λ_1，λ_2，…，λ_l），则 *S* 的最优值可通过公式 $S=V\Lambda^{\frac{1}{2}}$（2）求得[18]。

在 Excel 中，将相似矩阵 *P* 带入公式（1）计算出多维空间中的相似矩阵 *P*，并进一步计算该矩阵的特征向量 *V* 以及由特征值组成的对角阵 Λ，然后将计算所得的 *V* 和 Λ 带入公式（2）计算 *S*。特征向量 *V* 和矩阵 *S* 的计算结果见表4、表5。

特征向量 V   表4

阿青	0.004	二圪台	0.151	坪塬	−0.344	小中山	−0.231	南掌	0.114
安沟	0.119	高家川	0.144	山树坪	0.042	赵良	0.176	临镇镇	0.051
北阳	0.136	红火渠	−0.495	瓦石头	0.214	杨道塬	0.248	延长县城	0.025
岔口	0.215	胡家河	−0.155	瓦庄	−0.036	杨家山	−0.139	张家滩镇	−0.137
东卓	0.089	黄古塬	0.186	王良沟	0.002	姚家塬	0.16	云岩镇	−0.322
多海	0.004	罗家岭头	0.11	吴家窑科	−0.133	朱家河	−0.197		

注：V 为一 29*1 的列向量，为方便表达，故采用左右相接的方式呈现。

矩阵 S   表5

居民点	阿青	安沟	北阳	岔口	东卓	多海	二圪台	高家川	…	云岩镇
阿青	−0.79	−0.37	−0.20	−0.18	−0.07	−0.05	−0.04	−0.03		−0.0003
安沟	−23.53	−10.89	−5.93	−5.49	−2.08	−1.46	−1.12	−0.75	…	−0.008
北阳	−26.89	−12.45	−6.77	−6.28	−2.37	−1.67	−1.28	−0.85		−0.009
⋮	⋮	⋮	⋮	⋮	⋮	⋮	⋮	⋮	⋮	⋮
云岩镇	63.67	29.48	16.03	14.87	5.62	3.95	3.04	2.02	…	0.02

5）内聚子群探测。利用特征向量 *V*，即可对网络模型中最大的内聚子群进行探测。在表4中，以特征向量值大于 0 为判据可逐个摘除特征向量值为负的节点，被排除的节点包括红火渠、胡家河、坪塬、瓦庄、吴家窑科、小中山、杨家山和朱家河共 8 个行政村及张家滩镇和云岩镇 2 个镇级居民点。再将 *S* 导入 Ucinet6.0，使用层次聚类工具对 *S* 进行聚类分析，可得到反映各节点集聚状况的聚类树，如图3所示。

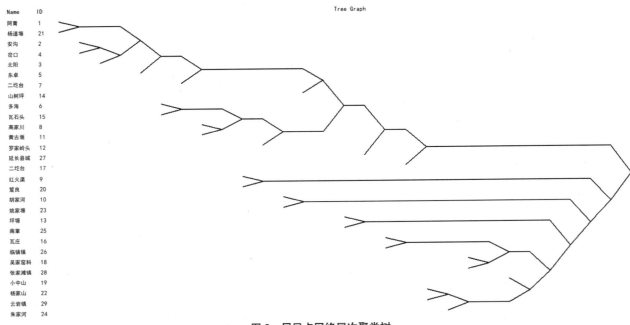

图3　居民点网络层次聚类树

6）模型矫正。Ucinet 在处理关系数据方面具有先天优势，一些新发展的社区发现方法如隐含空间模型法在 Ucinet 中也能方便地实现。但是 Ucinet 在处理属性数据方面却表现出明显的缺陷，目前 Ucinet 尚不能为分析对象如节点或边建立属性表。因此，诸如经纬度坐标等重要的空间信息在模型中就无从体现，分析所得的网络模型并没有位置信息，是抽象化的，其输出结果并不能反映地理空间的真实信息。因此，在使用社区发现方法划分真实社区的空间范围时，还必须向模型中加入空间信息对模型加以矫正。

此外，相似矩阵 P 是基于居民点网络模型计算的，而且节点间的距离采用的是最小步长数，这使得部分度很小但实际上距离乡政府很近的行政村，如红火渠、胡家河和坪塬被划出社区；而部分度较大但实际上距离乡政府很远的行政村如南掌，瓦庄和罗家岭头被划入了社区。因此；（5）中内聚子群的初步探测结果也需要进一步矫正。

首先，将距离乡政府驻地很近 3 个行政村红火渠，胡家河和坪塬划入社区范围，而将距离乡政府驻地很远的南掌、甄良、瓦庄和罗家岭头行政村划出社区范围。其次，将各行政村村委会驻地作为网络节点的位置，从 Google Earth 上获取各节点的经纬度坐标并导入 GIS。在 GIS 中结合稀疏矩阵精确建立村际联系的网络模型，并为点集和边集建立相应的属性数据库，从而得到村际联系的社会网络空间模型，如图4（a）所示。

（2）运算结果

综合运用 Ucinet 的关系数据分析功能和 GIS 的属性数据管理功能，依次按照上述步骤建立安沟乡村际联系的社会网络空间模型，进行安沟乡新型农村社区空间单元的划分，并实现各类图表的输出显示，得到该乡农村社区空间单元的划分结果，如图4（b）所示。

4　划分结果分析

在黄土残塬沟壑区的农村地区，社会经济活动受地形，流域和道路等因素的显著影响。社会关联，尤其是以农产品销售，购物和使用公共服务设施为主体的契约型社会关联受地形的阻碍明显，表现出显著的距离衰减效应。在特殊的环境条件下，社会关联中成本最小的路径是沿水系和高等级公路展开的，因此，农户的行为分布会聚集到主要的道路和水系上去，形成受流域和对外交通干道引导的趋向性。

在安沟乡，研究发现，社会网络中入度很高的少数节点均位于海拔较低的流域中下游；而绝大多数入度很低的节点则分布于海拔较高的上游地带（图5），这说明了社会关联的趋向性是从上游指向下游的。另外，对外交通干道也具有明显的导向性作用，其方向指向更高级别中心地所在的位置（图6）。

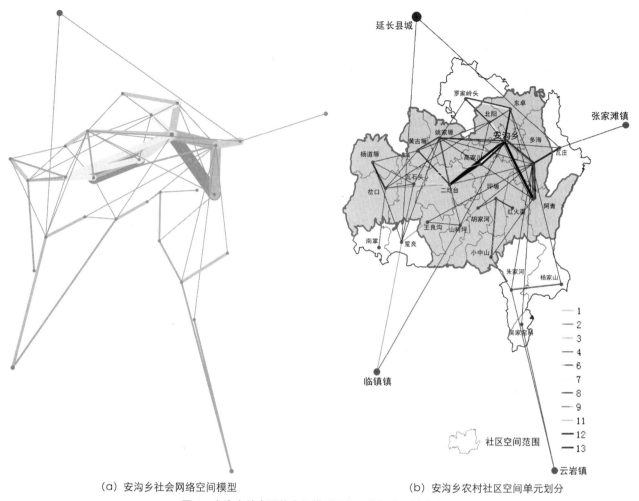

（a）安沟乡社会网络空间模型　　　　　　（b）安沟乡农村社区空间单元划分

图4　安沟乡社会网络空间模型及社区空间单元划分结果

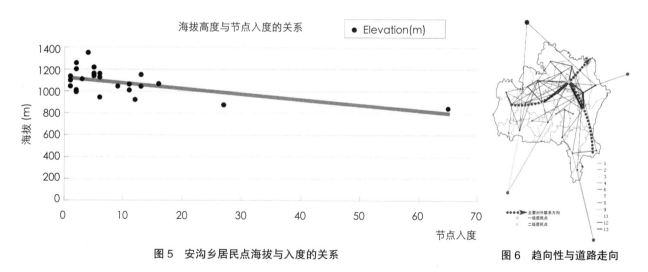

图5　安沟乡居民点海拔与入度的关系　　　　　　图6　趋向性与道路走向

5　结论与讨论

5.1　研究结论

当前，我国农村地区零散的居民点格局与公共物品公平经济供给之间普遍存在矛盾，已构成了城乡统筹有效推进的障碍之一。规划引导农村居民点从耕地指向型向服务指向型转变势在必行。而这需要更完善的乡村规划理论支撑和更成熟的规划框架体系引导。农村社区空间单元划分属于上位层次的规划，对其他下位规划具有重要指导作用。

然而，当前基层自治主体，政府及学界对农村社区空间单元的认识仍然莫衷一是，含混不清。这在实际规划工作中会导致农村地区在社会资本流失的情况下面临社群结构瓦解，地域文化消失的问题。

鉴于此，文章从行为地理学角度出发，提出社会关联视域下的社区生成理论。其核心观点是居民通过社会关联的自组织作用，在一定地域范围内形成社区。社会关联包括契约型和非契约型两类。其中契约型社会关联在社区形成过程中会推动居民循着成本最低的路径向网络中的资源富集点聚集，从而形成社会关联的趋向性。而非契约型社会关联则会促使家庭之间或聚落之间形成一个具有高聚集系数的内部网络。

由于人类行为中最小努力原则及距离衰减效应的普遍存在，当网络中存在多个资源供应点时，主体必然是按照就近获取法则进行决策的。这样，若干个体自组织作用就会在地表上形成特定的行为分布模式，该模式是基于就近原则形成的。因而，也就能够确定主体行为分布的空间范围，而该范围，就是社会关联视域下的社区空间单元。

根据上述原理，综合运用社区发现中的隐含空间模型法和GIS的属性数据管理功能，对延长县安沟乡新型农村社区空间单元的划分作了实证研究，并对划分结果进行分析检验。研究表明，综合运用Ucinet的关系数据分析功能和GIS的属性数据管理功能进行新型农村社区空间单元的划分是可行的。

5.2 进一步研究的讨论

本文是基于社区发现中的隐含空间模型法和GIS对新型农村社区空间单元进行划分的尝试，尽管研究已论证了这种方法的可行性，但是方法本身仍存在诸多需要改进的地方：

（1）针对Ucinet在处理属性数据上的缺陷，就如何更好地集成Arc GIS和Ucinet仍需要进一步探讨。

（2）社会网络模型中的节点距离与现实中的两点距离之间差别很大。因此建模后往往还需要用其他因子矫正模型后方能使用。未来如何克服这一点，即如何提高社会网络模型的精确性和实用性仍需要继续思考。

（3）本文所划的社区空间单元是在运用隐含空间模型分析的基础上结合行政区划边界确定的，未来如何抛开行政区划的影响，直接划分社会网络中最大内聚子团的空间分布范围需要继续研究。

（4）新型农村社区空间单元划分中涉及的其他因素如耕作半径，自然区划、城镇服务范围等仍需要进一步考虑。

主要参考文献

[1] 杨贵庆,刘丽.农村社区单元构造理念及其规划实践——以浙江省安吉县皈山乡为例 [J].城市研究,2012,05（06）：78-83.

[2] 项继权.论我国农村社区的范围与边界 [J].中共福建省委党校学报，2009（7）：4-10.

[3] 杨雯雯，李斌，鲍继峰.新农村社区空间布局模式研究 [J].沈阳建筑大学学报（自然科学版），2008，10（1）：42-45.

[4] 李勇华.农村"社区"与"行政村"辨析 [J].探索，2014，06（05）：80-85.

[5] 石峰.关中水利社区与北方乡村的社会组织 [J].中国农业大学学报（社会科学版），2009，26（1）：73-80.

[6] 林耀华.义序的宗族研究 [M].北京：三联书店，2000.

[7] Kulp.D.Country Life in South China，The Sociology of Familism.Vol.1，Phenix Village，Kwantung，China[M]. Bureau of Publication，Theathers College，Columbia University，1925.

[8] Freedman M.Lineage Organization of Southest China[M].Landon：Athlone，1958.

[9] Freedman M.Chinese Lineage and Society：Fukien and Kwangtung[M].Calif：Humanities Press，1966.

[10] 施坚雅.中国农村的市场和社会结构 [M].北京：中国社会科学出版社，1998.

[11] 陈晓华，华波，周显祥等.中国乡村社区地理学研究概述 [J].安徽农业科学，2005，33（4）：559-561，566.

[12] 于燕燕.社区自治与政府职能转变 [M].北京：中国社会出版社，2005.

[13] 柴彦威，周尚意，吴莉萍，等.人文地理学研究的现状与展望 [C].中国地理学会.2006-2007地理科学学科发展报告.北京：中国科学技术出版社，2007：111-147.

[14] 王兴中.中国城市生活空间结构研究 [M].北京：科学出版社，2004.

[15] 约翰斯顿 R J，格里高利 D，史密斯 D M. 柴彦威，译 . 人文地理学词典 [M]. 北京：商务印书馆，2004.

[16] Lei Tang，Huan Liu 著，文益民，闭应洲 译 . 社会计算：社区发现和社会媒体挖掘 [M]. 北京：机械工业出版社，2012.11.

[17] P.D.Hoff，A.E.Raftery，and M.S.Handcock.Latent space approaches to social network analysis[J].Journal of the American Statistical Association，2002，97（460）：1090−1098.

[18] M.S.Handcock，A.E.Raftery，andJ.M.Tantrum.Model−based clustering for social networks[J].Journal of The Royal Statistical Society Series A，2007，127（2）：301−354.

[19] Borg and P.Groenen.Modern Multidimensional Scaling：theory and applications.Springer，2005.

[20] Purnamrita Sarkar and Andrew W. Moore.Dynamic social network analysis using latent space models[J].SIGKDD Explor. Newsl，2005，7（2）：31−40.

Exploration on Spatial Unit of Rural Communities Based on the Latent Space Approach——A Case Study on Angou Township

Ma Enpu　　Hui Yian

Abstract：The insufficient understanding on the formation mechanism of rural communities in planning creates new community problems in rural areas under the circumstances of social capital loss the social structure tends to collapse，and the local culture is being on the verge of disappearing.This article advances the community generation theory under the perspective of social association after reviewing the multi−perspective understanding on the spatial unit of rural communities.This study found that the contractual social association promotes residents gathered to a specific node and creates specific behavior tendencies during the formation of the community.While the non−contractual one forms an internal network which has a high clustering coefficient between family or settlement.We made use of this theory and constructed a spatial model of social network by integrating the latent space approach in community detection with the attribute data management function of GIS，and made an empirical study to detect the spatial unit of the new rural community in Angou Countryside，Yanan.The purpose of all above is to create a new theory to identify the spatial unit of rural communities.

Keywords：social association；community generation；the latent space approach；spatial unit of rural community

地域特色导向下的黄土平原区村落空间组织模式研究 *

王婧磊　雷振东

摘　要：经过多年城市建设的经验积累，城市规划体系已日趋完善。与城市规划体系自上而下、终极蓝图式的规划设计不同，传统乡村是在特定环境条件下自下而上、缓慢生长而成的。然而，许多新建的农村，尤其是由规划师一次规划布局建成的农村社区，都呈现出一种简单化"兵营式"的形态。

因此，本文主要针对黄土平原区的村落空间进行调查研究。首先，分析传统村落空间构成，并提取空间组织模式的地域特色；其次，分析当代村落空间组织的影响因素，提取其空间组织模式的地域特色，同时提出当代村落空间组织面临的问题；再次，针对当代村落空间组织模式面临的问题提出适用于当下村落空间组织设计的模式与方法，寻找能够实现黄土平原区村落的地域特色传承的途径；最后，结合分析结果，提出适宜当下村落空间组织的设计对策。

关键词：黄土平原区；村落；空间组织模式；地域特色；导向

1 引言

1.1 研究背景

　　农村地区的发展问题一直备受社会关注，近年来，中国的农村社会正处在一个大变革、大调整、大解体、大重构的过程中，呈现出集约化、规模化、社区化的现象。由于对传统的中国村落空间认识的不足，政府、规划师、建设者容易套用城市规划的主观经验来应对乡村建设的问题，从而导致了农村地区传统文化、地域风貌的缺失，呈现出"千村一面"的现象（图1）。

图1　自上而下的村落空间：江苏省江阴市华西新村
（资料来源：人民网江西频道 http://jx.people.com.cn/ 及谷歌地图）

* 基金项目：此研究受到国家自然科学基金《黄土沟壑区乡村聚落集约化转型模式研究》（项目批准号51278412）的资助。

王婧磊：西安建筑科技大学规划设计研究院助理规划师
雷振东：西安建筑科技大学建筑学院教授

图 2   自下而上的村落空间：山西省临汾市襄汾县丁村

（资料来源：山西省文物局 www.sxcr.gov.cn 及谷歌地图）

经过多年城市建设的经验积累，城市规划体系日趋完善。与城市规划体系自上而下、终极蓝图式的规划设计不同，传统乡村是在特定环境条件下自下而上、缓慢生长而成的。自 2003 年至今，由国家及省市各级政府选出的历史文化名村就是经过漫长岁月洗礼保留至今的，体现地域特色、文化特色的村落文化遗产（图 2）。然而，在许多新建的农村，尤其是由规划师一次规划布局建成的农村社区，都呈现出一种简单化"兵营式"的形态，村落空间逐渐丧失其乡土性、地域性。

今天的农村，已经获得了与城市同步发展的机遇。农业技术的快速发展，促进了农村的快速发展，村镇规划已经成为法定规划。然而出现了新问题，未经规划的村落还保有着地域文化特色，而有规划师介入的村落却变得"千村一貌"，与城市的居住区相似，这说明乡村规划技术存在缺陷。

城乡一体化并不意味着城乡一致化。只有保留自身的特色，保有与城市的差异，现代的乡村聚落才能获得城乡之间的相互尊敬。传统的村落空间具有浓郁的地域特色及文化特色，虽然与现代生活有不适宜的地方，但在新农村建设中，仍有可以挖掘和运用的经验。广阔的黄土高原上更是不乏优秀的具有地域特色的村落，众多的物质遗产、非物质遗产正是在这些村落空间中孕育、发展并且传承下来。这是未来黄土地区现代村落发展可以依托的、借鉴的地域文化榜样，需要深层次的挖掘与整理。

1.2   黄土平原区范围界定

本文所指黄土平原区，是黄土高原内地势较平坦的地域，是黄土高原内部的黄土台地、黄土塬面以及河谷盆地地区（图 3）。本区主要分布于山西省、陕西省、河南省西北部、内蒙古自治区东南部、宁夏回族自治区中部，包括汾河盆地、关中盆地（又称渭河盆地）、南太行山前平原、河套平原的东部地区、宁夏平原南部地区。区域内地势低平，水土流失较轻，是重要的农业区和区域经济活动中心地带。

2   黄土平原区传统村落空间组织模式

2.1   黄土平原区传统村落空间构成

黄土平原区传统村落空间构成主要分为自然空间、公共空间、街巷体系以及宅院空间四个部分（图 4）。

图 3   黄土平原区范围示意图

（资料来源：作者自绘）

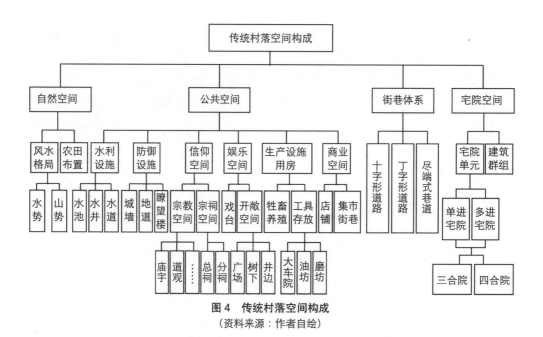

图4 传统村落空间构成
（资料来源：作者自绘）

（1）自然环境

地处于同一平原区的村落拥有着相同的自然大环境。黄土平原区所处的自然环境符合中国古代风水观念的选址观念（图5）。具体村落的选址则是在大的自然环境中寻求更好的小环境。

农业社会时期，因土地私有制，人们极其珍视土地，因此都会选择农业产量较差的土地来建造房屋，留下产量较高、地势平坦更适宜耕种的土地。因此不论是位于河谷平原区还是台塬平原区，村落空间都受到自然地理边界的影响，呈现出随自然地貌变化而变化的外部形态。黄土平原区的居民们常常根据村落多变的形态，赋予其美好、吉祥的寓意，例如"宝葫芦""凤凰展翅"等。

（2）街巷体系

街巷是村落空间的骨架和支撑。街巷布局多呈树枝状分布，街为干、巷为枝。黄土平原区村落的街巷结构一般呈"一"字形、"丁"字形，网格状的"十"字、"田"字、"土"字形等，以及尽端式巷道（图6）。

（3）公共空间

传统村落空间中的公共空间主要包括信仰空间、娱乐空间、商业空间、防御空间等。众多的公共空间除了为村民日常休闲提供场所，同时也成为村落的景观特色，成为村民们心中故乡、家乡的感情符号。

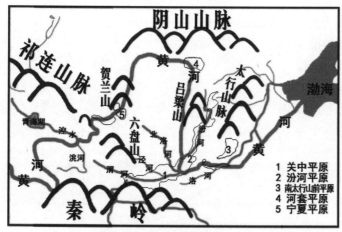

图5 黄土平原区自然环境示意图
（资料来源：作者自绘）

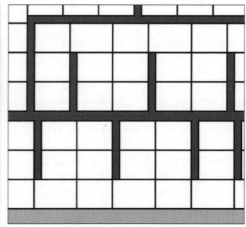

图6 尽端式巷道示意图
（资料来源：作者自绘）

1）信仰空间

信仰空间包括宗教空间与宗祠空间。

黄土平原区的宗教信仰主要有佛教、道教、伊斯兰教以及清朝末期传入我国的天主教与基督教。黄土平原区的传统村落中，"三家之村必有一庙"，而一村数庙，一庙数神的现象也十分常见，体现了民间信仰的实用性与功利性。宗教建筑的表现形式多样，有单进或两进四合院的庙宇，也有"塔""阁""楼"等形式，作为村落空间的标志性建筑，丰富村落的空间层次。

宗族制度是中国古代社会的重要特征之一，黄土平原区的传统村落常以祠堂为中心组织建筑群体的空间布局，在平面形态上形成一种由内而外自然生长的村落格局。村落空间不断扩大在达到一定规模时，由单一宗祠"分裂"出更多的分支宗祠，再分别以这些分支宗祠为次中心，完成村落空间的生长过程。在由多姓氏构成的村落中，也常常分布着多个宗祠。

2）娱乐空间

传统村落中的娱乐空间主要指戏台，戏台一般都是与信仰空间同时出现。传统社会时期的村民们对神灵都怀有虔诚、敬畏的心态，唱戏也是要给神仙观赏的，因此正对戏台的位置常常都是寺庙。通常这种带有戏台或是戏楼的寺庙常常位于村落的中心位置，方便各个方向的村民到达。

3）商业空间

黄土平原区村落中的商业空间可以分为店铺与集市两种类型。店铺通常位于村落主要道路两侧或交叉口处，是根据村落、村民的需求自发形成的，主要为本村居民服务。而集市则是在户外定期举行的买卖活动，一般发生在规模较大、交通便利的村落中。其服务范围更大，涵盖了周边一些小型的村落。集市通常会选择在交通便利的街道周边，或是开敞的广场，例如戏台前的空地，有时庙会也会使村庙成为村民们的商业活动空间。集市也会吸引店铺向其发生的街道聚集，久而久之形成村落中的商业街。

4）防御体系

传统村落空间中的防御体系包括村落外围利用自然地形或修建村墙，或修堡寨，作为村落的第一道防线。村落内部修建用于探查瞭望的高楼，看家楼和豫楼就是用于监视敌情的一类建筑。一些地下水位较低的地区还修建了地道，以利于民众躲避。传统村落中狭窄的巷道、死胡同也是出于围攻入侵者的安全考虑。

（4）宅院空间

黄土平原区明清时期村落宅院都以四合院为主，住宅建筑中除了满足生活需求的庭院与厢房、厅堂等，还有满足心理需求的风水楼与街巷景观需求的牌楼、过街楼等。

2.2　黄土平原区传统村落空间组织的地域特色

（1）传统村落的布局形态

村落形态通常是在外部的山水格局或是交通要素影响下形成的。黄土平原区传统村落的布局形态主要可分为带状型村落及团状型村落两种类型。村落形态的不同，也影响着村落内部空间要素的组合方式。在黄土台塬地带的平原区，人们常常把村落建设在台塬的边缘，沿着台地边沿布置村舍，把台塬内部的平坦土地用作农业耕种，久而久之形成沿坎缘生长的带状型村落；古代社会动荡时期，各村落为了防御需要，在村落外围建堡墙，或另辟新地，建造堡寨，形成团状型村落，发展至近代，社会环境安定，多数新形成的村落也不再建设墙垣，而在田地的内部呈团状式发展。

（2）传统村落的宅院单元

黄土平原区传统村落宅院都以四合院为主，呈现出一种地域分布的状态。选择黄土平原区的国家历史文化名村进行分析，可以得出以下结论：关中平原一带的四合院更狭长一些；而汾河平原、太行山前平原一带的四合院较宽敞方正（表1）。

黄土平原区传统村落宅院单元　　　　　　　　　　表 1

地区	宅院单元	
关中平原	党家村	
	灵泉村	
汾河平原	丁村	
	梁村	
	郭峪村	

续表

地区	宅院单元	
太行山前平原	寨卜昌村	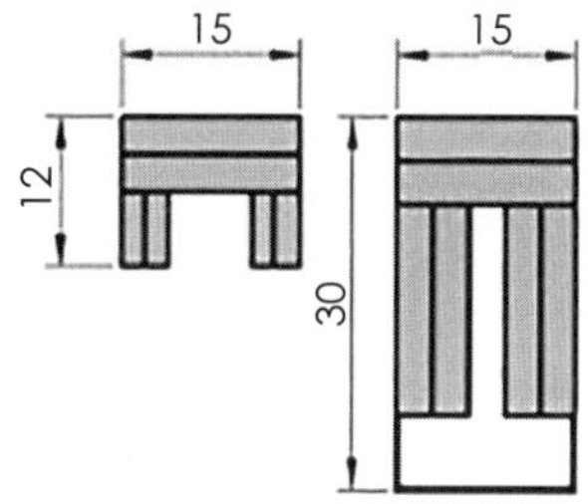

（资料来源：作者自绘）

　　这与各地的气候条件、地形条件相关。相较于汾河平原与太行山前平原，关中平原的气候更湿润，冬日日照时间更长，因此东西两侧的夏房多单坡顶，保证了夏季的凉爽，同时狭长的庭院也能够满足冬日的采暖；汾河平原与太行山前平原纬度稍高，同时干旱较严重，宽敞的内院是为了各个房间有充分的日照时间。

　　（3）传统村落的院落组合模式

　　1）宅院组合：宅院单元组合模式众多，组合方式也不尽相同，通过对关中平原与汾河平原等地区的历史文化名村的宅院组合分析，提取出宅院组合的模式（表2）。

黄土平原区传统村落宅院组合模式　　　　　　　　　　　　表2

地区		宅院组合模式
关中平原	党家村	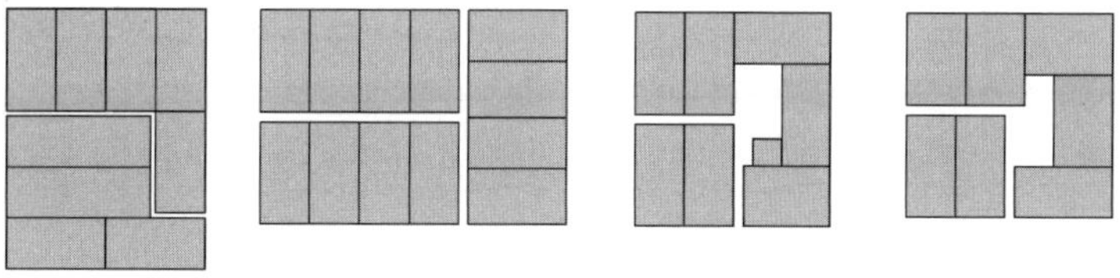
	灵泉村	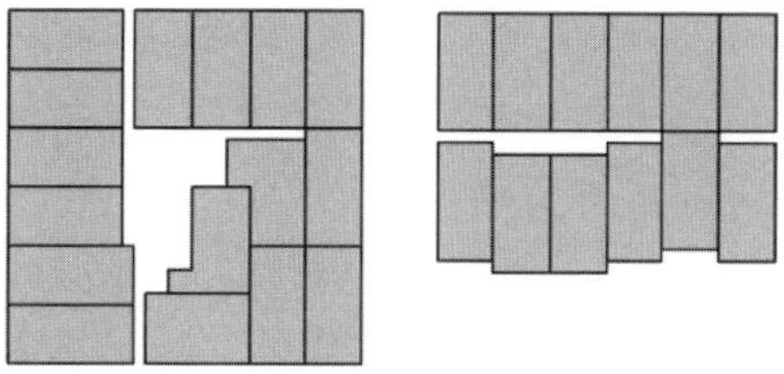
汾河平原	丁村	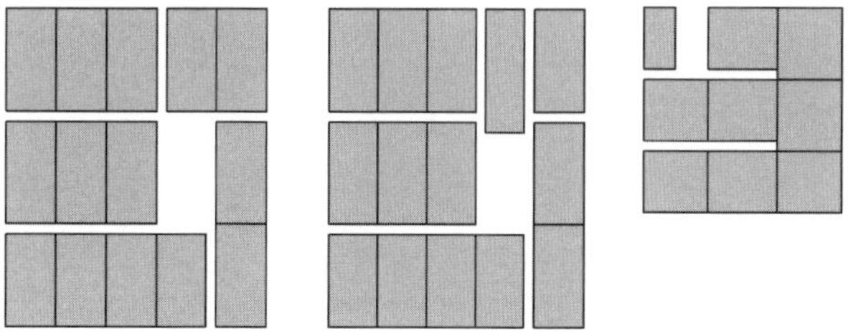
	梁村	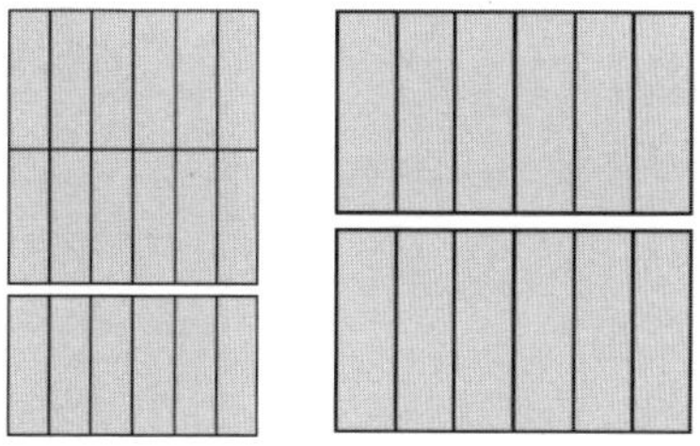

续表

地区		宅院组合模式
汾河平原	光村	
太行山前平原	寨卜昌村	

（资料来源：作者自绘）

根据连接组团内部交通的巷道类型，可以简单分为三种类型：①通过型；②停留型；③尽端型（图7）。

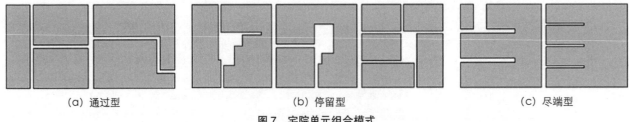

(a) 通过型　　　　　　　　　　(b) 停留型　　　　　　　　　(c) 尽端型

图7　宅院单元组合模式

（资料来源：作者自绘）

2）村落空间组织：宅院单元组合形成组团单元，由组团单元结合公共空间、道路等构成丰富多彩的村落空间。传统村落中常常出现的牌楼，作为空间之间界限的标志性建筑，强调入口空间，引导人流进入下一空间，在村落入口、重要街道，以及巷道的入口处，都建有不同规模、形制的牌楼，常常给人以强烈的视觉冲击，是增加建筑群体艺术表现力的重要手段。对于增加空间的层次，作用十分明显（表3）。

黄土平原区传统村落空间组合模式　　　　　　　　　　　　　表3

地区		村落空间组织
关中平原	党家村	

续表

<table>
<tr><th colspan="2">地区</th><th>村落空间组织</th></tr>
<tr><td>关中平原</td><td>灵泉村</td><td>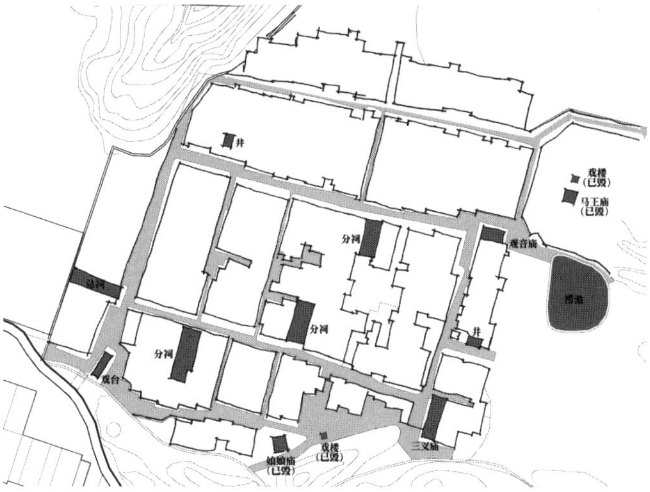
</td></tr>
<tr><td rowspan="2">汾河平原</td><td>丁村</td><td>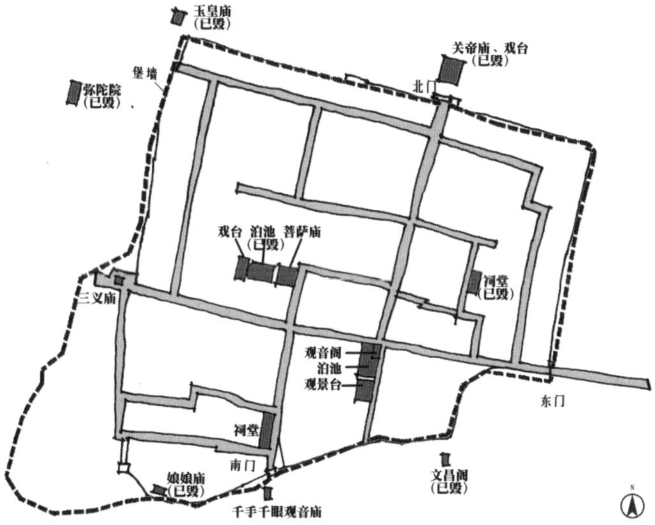
</td></tr>
<tr><td>梁村</td><td>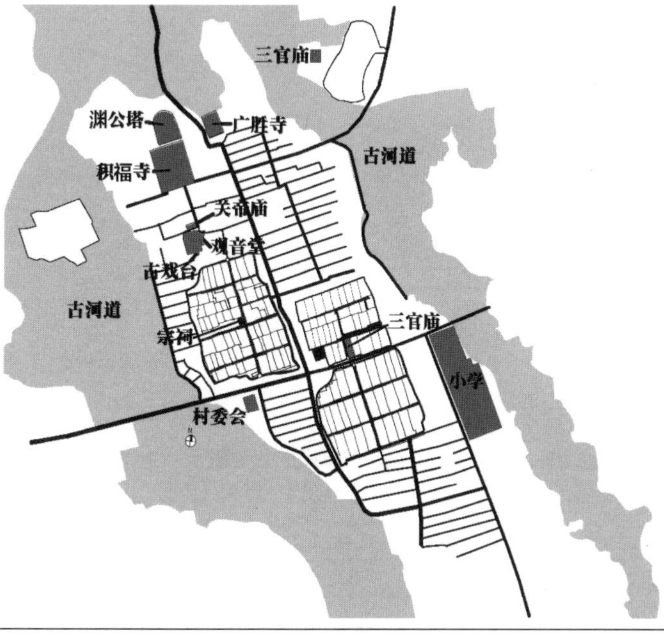
</td></tr>
</table>

续表

地区	村落空间组织	
汾河平原	郭峪村	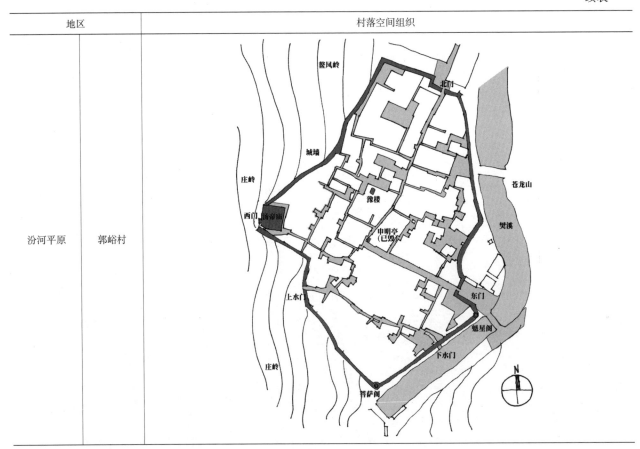

（资料来源：作者自绘）

本区传统村落的道路形式以鱼骨式路网结构，丁字形道路为主，构成其棋盘网格状的村庄空间。在丁字形道路交叉口，结合村庙、祠堂、神龛、井台、古树等公共空间形成对景。

传统村落以寺庙、戏台与广场等构成村级中心；以祠堂构成组团级中心；在村落的出入口、道路交叉口出现的古井古树、泊池或神龛等，作为村落的节点空间，共同形成层次分明，意蕴丰富的村落空间。提取黄土平原区村落空间组织模式（图8）。

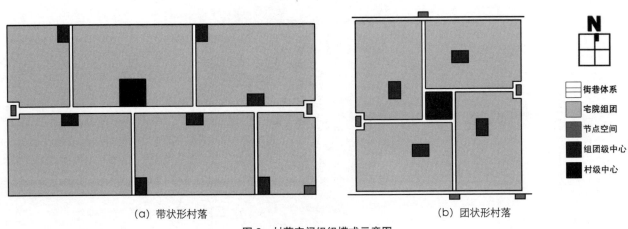

（a）带状形村落　　　　　　　　（b）团状形村落

图8　村落空间组织模式示意图
（资料来源：作者自绘）

3 黄土平原区当代村落空间的组织模式

3.1 黄土平原区当代村落空间组织影响因素

影响村落空间组织的因素众多,从自然、社会、经济、管理方面,导致当代村落空间呈现出不同的组织方式(图9)。

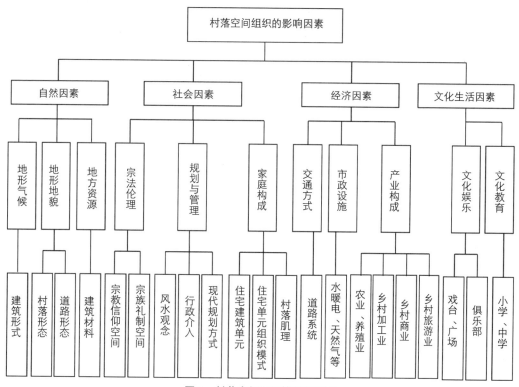

图9 村落空间组织的影响因素
(资料来源:作者自绘)

(1)自然因素

影响村落空间组织的自然因素主要包括地理气候,地形地貌,地方自然资源等三个方面。不同的地理气候影响下导致了建筑不同地域的建筑形式有所不同。

(2)社会因素

影响本区村落空间构成的社会因素主要包括宗法伦理、规划观念与管理方式,以及家庭构成等三个方面。

宗法伦理是主导传统村落公共空间的主要因素。因为宗教信仰,宗族伦理的原因,村落内部、外部的宗教建筑以及宗祠建筑都成为当时村落的中心、次中心以及重要的节点空间。

传统社会时期,村落管理方式由村民选举德才兼备的人来构成管理团队,组织管理村落的大小事宜。例如,祭祖等礼制仪式,协调邻里矛盾,组织各项村内的建设活动等。在当时的村落建设活动中,风水观念也是主导传统村落空间的规划因素,村落、重要建筑乃至居住院落的选址都受到了深刻的影响。

随着社会发展,风水观念逐渐淡薄,逐渐被新的管理、规划理念取代。新时期村落的管理机构是由村民选举产生的村委会班子,五十年代后大量村落陆续建设就是由村干部对各家人口计算,对集体土地进行分配划分,村民自主建设,随着规划观念的普及,九十年代起,由村干部组织,邀请专业规划人员参与乡村规划设计,村落由自下而上逐渐转变为自上而下的形成方式。

现代生活方式的介入,使得传统村落依靠宗族血缘形成的大家族结构逐渐瓦解,现代村落中的家庭单元以主干式小家庭为主。家庭构成的改变,使得向心性的合院形式住宅单元也存在着向具有中心性的独栋建筑转化的趋势。建筑单元的改变导致了截然不同的村落肌理(图10)。

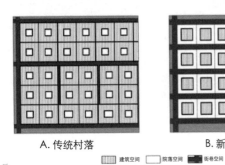 

A.传统村落　　　　　　B.新建村落

▨ 建筑空间　▢ 院落空间　▨ 街巷空间

图 10　村落空间肌理对比
（资料来源：作者自绘）

（3）经济因素

时代的经济发展水平对村落空间影响主要表现在交通空间与产业空间。

随着乡村经济的发展，乡村居民中拥有汽车的家庭也越来越多，村落道路不再密不透风，而是更加笔直、畅通，街巷空间也相比过去更加宽敞，由"人"的尺度过度至"车"的尺度。

随着现代化的生活方式逐渐渗透，乡村生活也越来越便利。例如，随着自来水、天然气等市政设施的完善，传统村落中涝池、水井等取水空间也逐渐没落、消逝。

1）乡村产业的现代化、多样化

乡村的产业构成中，第一产业、第二产业呈规模化发展。

农业是乡村的主要产业，也是有别于城市的最主要特征，因此农业的发展变化也影响着村落空间的布局。农业生产方式由依靠人工劳作，转向依靠机械、化肥、农药和水利灌溉等技术生产，村集体共有的生产用房也随着生产工具生产技术的革新发生着转变。农业生产的专业化发展，经验交流、技术指导等活动也将更加频繁，对村落空间也相应地产生了新的要求。

2）养殖场、畜牧场以及乡村企业

村落中的大、中型的养殖场、畜牧场位于村落周围，同时距主要居住区一定的距离，以防人畜疾病相互传染。而乡村企业也呈现同样的分布规律以避免对村民生活产生影响。

3）乡村商业

随着乡村与外界联系愈发密切，许多近城镇的村落的不再有定期集市，而村落中的商业店铺也呈点状零散分布。少量距城镇较远的中心村落还延续着定期的集市、庙会的习俗，同时沿着集市摆设的街道同时形成固定的商业街道。

4）乡村旅游业

新兴的乡村旅游业则对村落中旅游接待、旅游服务方面表现出新的空间诉求。对村落的特色空间塑造也提出了更高的要求。

（4）文化生活因素

我国上下五千年的农耕文明，遍布各地的乡村中都滋养了历史文化与地域文化。传统村落文化起源于宗教信仰和宗法伦理等礼制仪式，村中的戏台及前空地是主要的公共文化空间。黄土平原区的地方戏曲种类众多，秦腔、豫剧、蒲剧等，众多村落都由中老年村民自发组织形成了戏曲自乐班，利用闲置空间演练、表演。一些经济条件较好的村落建设了新的戏台建筑，一些村落也会在大型节日邀请地方戏曲团进村表演。虽然戏台不再是结合寺庙建设的空间场所，但可以看出戏台对当今乡村文化的影响依然存在。

一些乡村文化丰富的村落也相应建设了文化馆、民俗馆等，但主要集中在以旅游业为主的村落中。记录各村历史的习俗古已有之，而随着乡村对经济发展的追求，对村史的修编也不再重视。

黄土平原区的教育设施、资源向城镇集中，村落中的幼儿园、中小学也随之衰落，原教育空间也被村民改作他用。

3.2　黄土平原区当代村落空间组织的地域特色

（1）黄土平原区当代村落宅院单元

新中国成立后形成村落的住宅单元在建筑形式上也不再拘泥于三合院或四合院。尤其是20世纪70年代后，黄土平原区的村落陆续进入村庄的建设活动。

关中平原一带的宅基地主要为10m×30m南北向的二合院单元。近年来由于交通方式的转变，经济状况的改善，许多农民在宅院后部修建了二层小楼，住宅建筑呈后退的趋势，前院的面积逐渐变大，用于停车。

由渭北平原至汾河平原，宅基地由南北向的长方形二合院逐渐转向规整的正方形的三合院或四合院，宅院面宽有10m、12m、15m、20m不等，进深则由30m逐渐缩小至17~20m左右（表4）。

住宅建筑的建筑材料、技术、形式等各方面逐渐被现代建筑同化。

黄土平原区当代村落宅院单元   表4

地区	宅院单元形式
关中平原	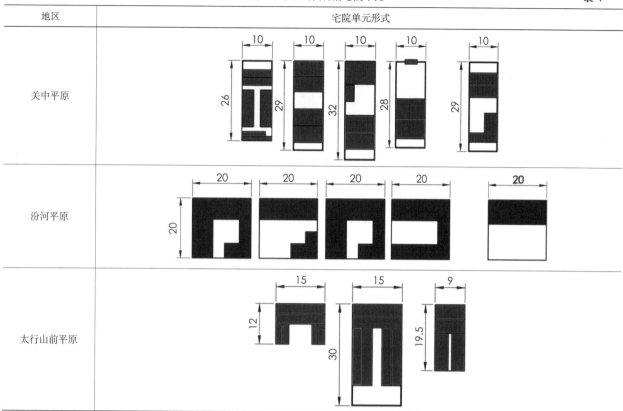
汾河平原	
太行山前平原	

（资料来源：作者自绘）

（2）黄土平原区当代村落院落组合模式

黄土平原区当代院落组合方式大致可以分为三种：

1）串联式组织

串联式组织的宅院一般单排布置的院落组合常出现在村庄的边缘，仅一面临路，住宅后院面向耕地（图10）。

双排布置的院落组合十分常见，前后两排宅院背靠背布置，使每一家宅院都面向道路。也因此形成南北向60m的村落道路间距。东西向的道路间距则由外部地形条件决定，50~250m之间不等（图11）。

2）并联式组织

并联布置的状况一般是以近正方形合院为基本单元的村落中，在山西、河南两省的平原区较多见，形成每隔35m左右出现一条2~4m左右宽的南北向道路的路网模式（图12）。

3）混合式布置

南北向与东西向并列混合组织模式的村落常常出现丁字形道路与尽端路。宅院布置并为局限于坐北朝南，而是顺应道路布置，村落中有部分东西向宅院出现（图13）。

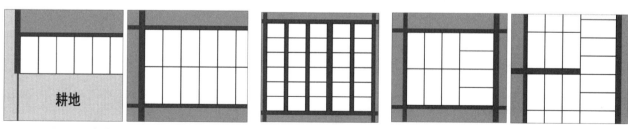

图11　串联式空间组织示意图
（资料来源：作者自绘）

图12　并联式空间组织
示意图
（资料来源：作者自绘）

图13　混合式空间组织示意图
（资料来源：作者自绘）

（3）黄土平原区当代村落组织模式

黄土平原区当代村落的空间组织模式简单，村落空间多被十字形网格状道路划分为规整的组团，道路笔直畅通。村级中心通常由村委会或是结合戏台建筑、广场构成。经济条件较好的村落常由村民筹资建设戏台建筑。

黄土平原区当代村落空间组织模式单一，也造成了村落景观空间单调。许多村落公共空间的缺乏，也阻碍了村落文化的发展和传承。

3.3 当代村落空间组织面临的问题

（1）地域特色空间的遗逝

1）外部环境：新建的村落大多追随标准化建设，忽视了与外部自然环境的呼应。传统村落形态借助外部地形作为村落防御系统的第一道防护，在局部顺应地形，形成与之相适应的村落形态；而新建的村落或是村落外围新建的宅院群组，更多的呈现出几何式的形态。原本依山傍水的居住环境，但在发展过程中却"挡山阻水"，专注于院落内部的同时，也丢失了传统田园风光的大环境背景。

2）街巷空间：黄土平原区传统村落中的高墙窄巷，由道路尽端的庙宇、神龛、泰山石敢当，界定巷道起点的过街楼、石牌楼等建筑小品及特色空间，都随着功能的丧失而逐渐消失，村落空间的景观性大大降低。

3）宗教、文化空间：黄土平原区有宗教信仰的人群以中老年为主，专注于传统特色文化的人群同样也是以中老年为主，相应的宗教文化、传统地域文化的空间逐渐没落，地域文化正面临着传承的困难。

4）住宅空间组织：受到现代生活方式、规划理念的影响，住宅建筑设计、村落空间规划或多或少的都受到了城市的同化。不可否认的是，城市小区化的规划建设，极大地提升了乡村生活的品质，但这种规划方式基于城市居住小区，也不可避免的造成了村落特色的丧失。

（2）公众参与难度大

黄土平原区的农民他们低调而朴实，具有中国农民全部的优点与缺点，在公众参与过程中表达出的想法和意见常常与他们真实的需求相违背，这样就很难做到"政府主导，专家引导，村民自主建设"的理想状态。经历了众多历史磨难的老一辈农民，与不熟悉的人沟通时都会谨小慎微表达自己的"观点"。在意向表达时也更容易受到邻居、亲戚选择的影响，做出与自己真实意愿并不相符的选择。

公众参与的难度大，也就增加了决策者的责任。极大地调动村民的积极性，也可以在一定程度上，避免"军营式"村落或是"城市小区"式村落的产生。

（3）乡村旅游产业的兴起

目前，黄土平原区村落中的旅游业除了依托历史文化名村，以参观学习为主的常规旅游形式外，具有农业和旅游业双重属性的休闲农业也正在兴起。而乡村旅游的主要产品也从早期简单化的农家乐转向吃、住、行、游、购、娱的全方位乡村体验。对应旅游业发展，相应的旅游设施、乡村特色景观，休闲农业规划等都应当纳入村落空间规划的考虑范畴。而一味模仿城市小区建设的乡村也就失去了其独有的地域特色，也就失去了未来开发乡村旅游业的"资本"。

（4）乡村空废化的加剧

黄土平原区大量村落呈现出空废化的状态，老村老宅的基础设施无法配套，居住环境恶化，随着人口增加，新房沿着村落边缘继续向外扩张，村落陷入了由内向外逐渐萧条的恶性循环。同时，大量新建的宅院仅在节假日期间使用，或是由老人居住打理，利用率较低。

4 地域特色导向下的黄土平原区村落空间组织经验挖掘

4.1 黄土平原区传统村落空间组织经验的提炼及应用

（1）直接应用经验

1）风水格局

传统村落在选址于建设中都与外界自然山水环境保持良好的关系。从环境心理学的角度，也证明了风水观念在村落选址、建设中对外部环境选择的科学性。

与城市住区不同的是，乡村住区可以更好地融入自然。应当合理利用风水观念，在新建村落选址时，也可以适当考虑山势缓急，河流走向，尽量选择山势优美，水流环绕的地区进行建设；在新村建设、旧村更新的过程中，也应当考虑到利用山脉形成村落的对景，预留景观视廊。

2）街巷空间

乡村住区是以血缘关系维系的社区，村民们是亲戚同时也是共同生活的邻里。在形成传统村落在营造街巷空间方面，传统村落在街巷交叉口的建筑做适当的退让，形成巷口的停留空间，成为往来的乡亲邻里交谈聊天的地方，增加村民的交往空间。

结合道路交叉口，增加富有地域特色的节点空间，例如在村落的入口、水口处立牌坊，在街道、巷道等交通道路的起点处设置过街楼或是匾额强调进入下一空间，营造多层次的景观系统。

3）公共空间

公共空间是村落景观轴线上重要的组成。传统村落中对公共空间的选址和布局模式是今天乡村空间规划可以延续使用的设计手法。结合道路布置公共空间，可以有效地增加公共空间使用效率。在没有围墙围合的乡村住区，结合道路尽端设置公共空间，界定出村落边界，也可以有效的控制村落的无限扩张。

4）宅院空间组织

黄土平原区村落的宅院组织采用合院式住宅比邻而建，是基于采暖的需要，因此对这一地域特色传承延续，不仅可以获得空间组织的美感，同时也可以有效的节约能源。

优秀的传统村落美不仅仅存在于建筑细部之中，更是存在于外部自然环境、内部自身的和谐之中，既有统一，又富含变化。统一在于同一地区相同的建筑材料、建筑形式选择上具有相同性，而变化在于村民自建过程中，结合自身家庭居住的需求，选择适当灵活的改变。因此在新建或改造过程中，注重村民本身的参与，才不至于形成单调乏味的村落空间。

（2）改良后可应用经验

1）信仰空间的规划需求

传统村落中寺庙和祠堂是必不可少的信仰、文化甚至行政空间，而当代在村落建设过程中，对原有的寺庙和祠堂应当进行保护。寺庙、祠堂的保护与建设并不是对迷信的宣扬，而应当是地域文化的传播。传统的宗教与宗族对人们的精神生活影响日渐淡薄，但也不应忽视村落中有信仰需求的人群，应当在充分调查了解村民的意愿之后，针对各个村落不同的信仰需求，适当建设相应的村庙或祠堂。

对本地传统农村中常见的村庙、祠堂等空间赋予新功能，来继续承载、传承乡村历史与文化。例如祠堂可以用作村史展示，节假日举办相关的祖先祭奠活动与仪式，增强村民的地方记忆与凝聚力，结合公共空间，设置景观小品，增加街道的趣味性。

2）村落景观规划

具有防御功能的城墙、看家楼，具有使用功能的井台、涝池等公共空间也是传统村落景观体系中的重要组成，例如高耸的看家楼，使村落天际线更加生动。而随着使用功能的丧失，这些景观在当代村落空间中逐渐消失。在旧村改造时应当对原有的功能性景观予以保留、改善，而在新村建设中，则应该结合需要，加以考虑，例如在考察村落与水源关系之后，考虑在村口设置具有景观与绿化功能的"涝池"；在结合村民意愿之后，在村落中设置观景作用的"看家楼"，这样都可以延续传统村落空间的景观意向。

3）村落交通体系

在汽车交通发展迅速的今天，鱼骨式街巷体系则应当选择利用，以减少交通事故。传统村落中窄巷的设计不再适应乡村居民汽车入户的需求，因此，在村落交通体系组织中，考虑少用、不用。但可以结合局部步行空间进行设计。

4）宅院空间组织

混合式布置的住宅组团会出现部分东西向的宅院，规划设计时应当谨慎使用，在对户型进行改善之后，或是面对商业性较强的街道时，可以使用这种组织模式。

（3）不可用经验

传统村落多处于自给自足的状态，与外界联系较少，为满足防御的需求，无论是村落还是宅院，都呈现出严格围合的内向式状态，不再适应今天愈发开放外向的社会环境。因此在新村建设中，村落不必再设村墙或限定边界用的围栏，宅院也不必四周全部以高墙围合。

4.2 黄土平原区当代村落空间组织经验的提炼及应用

（1）直接应用经验

1）街巷空间

现实村落的街道 3~5m 就可以满足使用，水泥硬化铺地同时结合明沟或暗渠解决道路的排水问题。

黄土平原区现实村落的道路网以"十"字形网络系统为主，而在黄土平原与黄土台塬交界的地区，村民常将村落建设在平原的边缘，留出完整的用地来耕作，与此同时形成村落内部的道路网常常受到外部边界走势的影响。考虑交通时，可以直接应用这一经验，针对不同的地理位置，采用不同的道路系统。

2）公共空间

村委会取代了传统村落中祠堂的行政管理职能，成为每个村落必备的行政办公部门。而村委会常常结合广场、戏台以及卫生室形成现实村落中的村级中心。戏台的建设应当结合当地村民的经济状况以及建设意愿。

黄土平原区村民的文化娱乐活动丰富，在经济条件较好的村落中，规划建设俱乐部、活动中心等；在经济条件较差的村落中，也可以改造利用废置空间，作为戏曲自乐班等民间组织的活动场所。

3）宅院空间组织

黄土平原区宅院单元从南向北由窄院向方院变化。关中平原一带宅院单元以 10m×30m 为基本宅院单元，向北的山西、河南以及宁夏的黄土平原区，逐渐由 15m×20m、15m×15m 变化。

（2）改良后可应用经验

现实村落规划建设方式分为两种情况：一是由村委会组织划分宅基地、村民自发建设完成；二是由村委会委托规划师统一规划建设完成。

村民自建模式很大程度上调动了村民的积极性，有助于形成多样的建筑群体组合，然而村民自建时很容易受到城市建筑风格的影响，容易失去其特有的地域特色。

统一规划建设的模式，不同的规划设计单位也将产生不同的可能。在统一规划与建设过程中，应当考虑以下三点：

首先，要求规划师不可用城市住宅小区的规划方式设计；其次，即便考虑到地域特色的发掘和采用，但单一或少量的住宅户型，也将不可避免地造成"兵营式"村落；最后，统一规划建设，还要求村民的平均经济水平相似的程度才能实施。

因此在村落规划建设中，规划、建设的主体不应当只是村民或规划师，应当由规划师做出总体的布局后，指导村民自主建设实施。

（3）不可用经验

合院式住宅是黄土平原区常见的住宅单元，能够很好地适应本地区的自然气候条件，也是本地区地域建筑特色的体现。因而在建筑户型选择时应当避免独栋别墅式建筑以及点式、板式楼房的使用。

在道路系统规划中，也应当避免使用规则的几何形式路网。

绿化生态景观方面，也应当避免对城市小区中公园、绿地的模仿。农村居民对任何事物的使用都秉持着物尽其用的价值观，因此在设置绿地时，也应当同时考虑到其经济效益。

5 黄土平原区现代村落的空间组织设计对策

5.1 差异化建设，凸显特色

乡村与城市不同，黄土平原区的乡村与别处的乡村不同，黄土平原区内部的乡村之间亦有不同。因此保持差异化的建设至关重要。突出本区的地域特色，有助于建立、加强村民的地方认同感，对地区的自然、社会、经济、文化等多方面都有着重大的意义。

5.2 生产、生活、生态的一体化

农村社区兼具有生活与生产的功能，而农业生产与生态环境又紧密相关。因此现代村落在空间设计时应当同时突出乡村的农业特色，结合农民的生活习惯，将生活空间与生产耕作空间以及生态环境相互结合，形成具有"实用性"的村落空间。将生产活动融入庭院空间，将生态保育活动融入乡村公共事业统一管理，形成生产、生活、生态三位一体的现代村落。

5.3 集中布局，节地集约

集中布局村落空间，集约化发展农村社区，有利于保护稀缺的耕地资源，集中建设基础设施，以满足现代生活的需求，提高村民的生产、生活条件。距离城市、集镇较远的村落，各项市政设施难以并入城市网络系统，因此也可以借鉴日本经验，普及水、电的基础设施，而其他设施建设可依据农民申请再建设。

5.4 传统空间，现代应用

传统村落中的亭、台、楼、阁是村落空间组织中代表地域特色的标志空间，常常成为在外漂泊的游子心中代表"乡愁"的标志符号。而随着黄土平原区的村庙、祠堂等承载传统文化的场所空间功能性的衰退，这些地域标志空间也逐渐消失。伴随着社会经济的发展，现代乡村用作游客接待、教育交流等场所空间需求逐渐增大，将传统空间赋予现代功能，在其适应今天生活需求的同时成为传承历史文脉的纽带，将"乡愁"更唯美的传递下去。

5.5 比邻而建，相守相望

黄土平原区村落的空间组织紧密而灵活，家家户户比邻而建，能够更好地适应当地的气候条件，同时节约土地与能源，也方便街坊邻里日常交流。围合式的宅院不仅能够很好的保护住户的隐私，并且在用地权属上更清晰，能有效地避免由土地引发的冲突。

5.6 产业发展的应对策略

（1）农业

整合耕地资源有利于农业生产，使撂荒的耕地、废置的土地再开垦，如此才能适应大型机械化的农业生产。大型的农业生产还将对村落空间组织造成的影响是，大型器械的存放，道路的改善，以及耕种生产器械更新换代带来的生产空间的变化。

更加专业的农业化生产，要求农民与相关的农业研究人员更加紧密的接触和联系。利用村落中空置的房屋，用作授课、教育的教室，或是研究人员驻村的居住场所，更有利于知识的传播。

小型农业生产更加精致的农业产品，因此结合农产品，健康的产品加工业也将以小型规模出现，同时结合展销成为村中的特色农业。

（2）旅游业应对策略

逐渐关闭、搬迁有污染的乡村企业，同时更加注重乡村周边的生态环境的营造，同时黄土平原区的黄土丘陵、黄土台塬等具有地域特色的景象的也将成为乡村旅游景观的一个重要的组成。

面对未来旅游业，考虑结合村委会设立旅游服务中心，处理相关的问题，例如旅游接待，住宿等方面。可以由村委会接管空置住宅，进行统一式的公寓化管理，作为游客住宿的场所，达到空间利用的最大化。同时也应当结合专业领域人员的建议，深入发掘各村特色，设计更多的旅游产品，使黄土平原区众多的村落形成相似但不雷同的地域特色。

5.7 规划管理的应对策略

如何让村民在规划阶段，表达自己的真实意愿？随着科技进步、社会发展，互联网也逐渐走进农民的生活。借助科技手段，在涉及村民意向调查的部分，设计好相关的问题与选项，使村民直接通过电脑进行喜好选择，避免专业人员与村民面对面访谈调查时，做出与自己真实意愿相违背的选择。

同样，在自宅建设中充分调动村民的主动性，也可以通过网络提供专业支持。建设互动平台，使房屋的使用者、建设者根据自身需求与经济能力，设计符合条件的宅院。当然，规划师与建筑师在这个过程中也应当从主动的设计人员调整为提供意见、思路的引导者。

除了引导、帮助之外，对村落的自然环境、人文景观等公共空间，规划师更应当关注乡村的自然环境、人文景观等公共空间的营造与建设。大自然是农村质朴的底色，农村文化与农村浓浓的人情味正是农村社区与城市社区不同之处。如何保留农村的原味，留住城市的乡愁，也是规划师未来工作中思考的问题。

政府在规划建设过程中，应当在公共设施建设中给予适当的政策、资金的支持，联系专业人员与村民，做出协调与主导的作用。

6 结语

通过从黄土平原区的村落中提取空间组织模式，是体现本区村落地域特色的有效途径。空间组织作为区别不同地区的城市与农村聚落空间差异的主要方面，在传统村落中灵活多变，而在当代村落中愈发单调。通过对传统与当代村落的空间组织模式提取，选择可以继续沿用的模式，改良不适用的经验，放弃不可用的方式，对今天的农村社区的空间组织设计提供参考和借鉴。

传统村落与当代村落的空间组织模式各有利弊，应与现实农村发展、农民生活的需求相结合。无论传统与当代的空间组织优劣，都应当充分考虑农民的使用习惯，恰当处理功能与空间的关系，为黄土平原区的农民营造舒适、便捷的居住环境。

黄土平原区未来的农业、农村发展，势必将带来村落空间组织的改变。借鉴国内外农村发展经验，了解本土模式的本质、挖掘空间组织经验，才能设计出真正具有当代地域特色的优秀村落。未来的农村社区也将向着更加生态、便捷、优美的方向发展，更需要结合村民、规划者以及政府、投资方、更多领域的专家等多方力量才能达成，而黄土平原区的地域特色也将随之发展、升华。

主要参考文献

[1] 张宗祜等 . 中国黄土 [M]. 北京：地质出版社，1989.

[2] 刘永德 . 建筑空间的形态·结构·涵义·组合 [M]. 天津：天津科学技术出版社，1998.

[3] 彭一刚 . 传统村镇聚落景观分析 [M]. 北京：中国建筑工业出版社，1994.

[4] 梁雪 . 传统村镇实体环境设计 [M]. 天津：天津科学技术出版社，2001.

[5] 雷振东 . 整合与重构——关中乡村聚落转型研究 [M]. 南京：东南大学出版社，2009.

[6] 揭鸣浩 . 世界文化遗产宏村古村落空间解析 [D]. 南京：东南大学，2006, 5.

Research on Regional Characteristics Oriented Space Organization Mode in Loess Plain Region Villages

Wang Jinglei   Lei Zhendong

Abstract：With years of experience on urban construction, the urban planning system becomes completed. Different from top-down and final-scheme urban planning system, the tradition village planning is bottom-up and slowly development. However, several new villages, especially the ones which proposed by urban planners within a village community planning today, present a simply 'barracks' fabric.

Therefore, this essay based on the research about village space in loess plain area. firstly, on traditional village spatial elements and its influence factors, picked up famous historical villages in loess plain area as case study; secondly, chose contemporary villages, analyzed and presented the problem of current spatial organization; thirdly, through analysis about the traditional and modern village space, proposed a village design method to protect and keep the cultural development in loess plain area; and finally, proposed with above study and conclusion, based on the development trend of village in loess plain area, proposed a village spatial organization form which could fit for modern village.

Keywords：loess plain region; villages; space organization mode; regional characteristics; oriented

典型农村建设中土地流转状况研究
——以安徽省霍邱县玉皇村为例

孙斐诺

摘　要：随着市场形势的发展，农民的市场主体地位愈发脆弱，一家一户的小生产已难以适应千变万化的大市场，全国土地流转规模的扩大成为了实现农业规模化、机械化、现代化经营的必要前提。曾为洪水灾区的玉皇村中大部分土地都参与了流转并成立了土地流转合作社，是众多完成土地流转的村落的典型案例。玉皇村土地流转比例达74%，主要流向为国有农场、种业公司和本村及外村的种田大户，村委成立合作社作为流转土地的中介，起到考察、协商和监督的作用。调查研究表明：村民自身、流转合约情况及政府作用等三方面的因素影响着该村村民流转土地意愿。而玉皇村土地流转推进过程中存在的问题主要有信息交流、集体耕作和村民生活等方面，相对应的政策建议是健全流转管理服务机制、加大政策扶持力度、推动非农经济发展和完善社会保障体系。

关键词：土地流转；农村建设；玉皇村

1　引言

1.1　研究背景

我国是一个农业大国，农业和农村经济发展的状况直接影响着整个国民经济的发展。一直以来，"农业资源匮乏、农村人口众多、农民收入低下"就是我国基本国情，三农问题是我国社会发展的主要问题。而土地问题则又是三农问题中的核心。

农村改革30年来，通过两轮土地承包，我国绝大多数农户承包到了土地，并实行了家庭承包经营。然而随着市场形势的发展，农民的市场主体地位愈发脆弱，一家一户的小生产已难以适应千变万化的大市场。实践证明，农村土地流转（在土地承包权不变的基础上，农户把土地以一定的条件流转给第三方经营）既缓和了人地矛盾，使部分农民加入第二、三产业，还促进了农业规模经营，有利于统筹农业资源、提高农业效益。2004年，国务院颁布《关于深化改革严格土地管理的决定》，强调"在符合规划的前提下，村庄、集镇、建制镇中的农民集体所有建设用地使用权可以依法流转"，顺应全国土地流转的大势。随着近年来全国土地流转规模的扩大，农业规模化、机械化、现代化经营正逐步实现。

曾是洪水灾区的玉皇村经过集体房屋拆迁从低田搬到高地，为田间的土地整治创造了良好的条件，而土地整治又为土地流转打下了基础。目前玉皇村的大部分土地都参与了流转，村里也成立了土地流转合作社，是众多完成土地流转的村落的典型案例。研究玉皇村的土地流转现状和特点，有助于我们深刻理解发生在当前中国新农村建设中的土地流转现象，其经验教训也对后来者有一定指导意义。

1.2　研究综述

早在1897年，马克思就论述了在市场经济条件下土地流转的必然性和可行性，认为土地流转实质上是一种土地使用权利的流转。一些国外学者认为生产资料私有制是财产利用效率和市场资源配置达到最优的基础，而中国的家庭联产承包责任制因其国家性质的特殊性而显得主权主体模糊，从而影响到土地所有者对土地的长期投资。也有一些国外学者认为目前中国的土地流转与把土地作为私有财产的西方国家不同，存在行政干预过多、市场发展不完善等问题（朱开波，2013：11–16）。这些研究对中国土地问题研究虽具有一定参考意义，但大多基于宏观视角，无法

孙斐诺：东南大学建筑学院学生

对中国农村土地流转存在的复杂情况进行完整解析。

国内学者对于土地流转的研究始于1978年家庭联产承包责任制实施后。近年来，随着土地规模化经营逐渐起步，针对某一地区的土地流转现象的研究也日渐增多。其中，一部分是对在土地流转方面有一定发展的发达地区的研究，如郧文聚、杨华珂对全国土地流转第一大县浙江省慈溪市的研究，[①] 于代松对积极探索放活农村土地使用权途径的四川省成都市的研究，[②] 穆松林、唐承松等对经济发展实力居全省前列的河南省沁阳市的研究，[③] 郭静对土地流转发展较快的辽宁省沈阳市的研究；[④] 一部分是对欠发达山区的研究，如殷海善、赵鹏对山西省右玉县的研究，[⑤] 窦祥铭对安徽省太和县的研究，[⑥] 潘少奇、李亚婷对河南省欠发达农区的研究；[⑦] 另有对受到城市经济辐射、不同于盆地和偏远山区的城郊区农村土地流转的研究，如殷海善、秦作霞等对山西省晋中市榆次区的调查研究；[⑧] 还有对发达地区和欠发达地区采用比较研究的方式，如赵丙奇等对浙江绍兴和安徽淮北农村土地流转方式及影响因素的比较研究。[⑨]

因为县是一个较为完整的空间、经济、社会、文化体系，以县为单位进行社会经济分析是中国的学术传统之一（窦祥铭，2014：66-73）。目前学术界对某一地区的土地流转现象的微观研究也主要针对县级地区，而以单个村庄为对象的研究甚少。而且这些研究大都采用问卷调查的方法，侧重于发现问题及提出解决对策。然而对于居住人口大多年龄偏大、教育程度普遍不高的农村地区，问卷形式的调查很难为被调查者所接受，问题导向的研究也易过于针对某一特殊问题而失去了普遍的代表性和指导作用。另外，目前对于土地流转的调查研究虽能较为准确地展现某一地区的状况和问题，但没有在相互之间建立桥梁，个案性过强且缺乏整体建构。尽管如此，以上研究不论是在理论还是实证方面对中国农村土地流转现象研究的贡献都是巨大的，对本文更是具有极大的借鉴意义。

1.3 研究思路

由于不同村庄的自然、经济、社会条件都大不相同，使得其土地流转呈现不同特征，所以以村庄为对象的研究也具有重要学术意义（殷海善等，2012：526-529）。本文以刚刚完成美好乡村建设的安徽省霍邱县潘集镇玉皇村为研究对象，广泛收集相关资料与文献，在对其土地流转的背景、现状充分调查的基础上，总结其土地流转的特点及成效，并对其影响因素、面临问题及解决对策进行综合分析。与其他研究主要采用的问卷调查法不同，本研究所采用的方法主要有文献法、访谈法和典型案例法。

2 玉皇村土地流转状况

2.1 流转背景

玉皇村位于潘集镇西南角，城东湖畔，行蓄洪区，三面环水。全村18个村民小组，1264户，3328口人。2003年，淮河涨水淹没村庄和农田，绝收地每亩国家补贴460元，启动灾民移址建房。2012年，乡党委政府争取"农村整体推进土地整治试点示范项目"落实在玉皇。2013年4月，成立土地流转农业生产合作社，成员有5名村委和2名群众代表共计7人。同年5月，土地整治基本完成，在两个原则、一个导向驱动下，按照95地改人口分田到户，"依法、自愿、有偿"引导土地经营权流转，流转给寿县正阳关农场、县农委种业公司、本镇建筑老板和本村种田大户，部分自种，朝着"种养加一条龙、农工贸一体化"的现代化模式发展。

① 郧文聚,杨华珂.土地整理为农村土地流转搭建基础平台——浙江省慈溪市土地流转调查与思考[J].资源与产业,2010(06):58-61.
② 于代松.土地流转应维护农民利益——四川成都农村土地流转调查分析[J].国土资源科技管理,2003,03:19-21.
③ 穆松林,唐承财,王开泳,王灵恩,周彬.典型农区村域土地承包经营权流转调查研究——以河南省西万村为例[J].干旱区资源与环境,2014(02):48-52.
④ 郭静.沈阳市农村土地流转情况调查分析[J].农业经济,2012(4):83-84.
⑤ 殷海善,赵鹏.右玉县家庭承包土地流转调查[J].山西农业科学,2011(01):84-87.
⑥ 窦祥铭.集体产权下农村土地流转问题的实证研究——以安徽太和县为例[J].南方农村,2014(01):66-73.
⑦ 潘少奇,李亚婷.河南省欠发达农区土地流转调查与对策研究[J].乡镇经济,2009(9):31-34.
⑧ 殷海善,秦作霞,辛有德,胡爱秀.城郊区农村土地流转调查——以山西省晋中市榆次区为例[J].山西农业科学,2012(05):526-529.
⑨ 赵丙奇,周露琼,杨金忠,石景龙.发达地区与欠发达地区土地流转方式比较及其影响因素分析——基于对浙江省绍兴市和安徽省淮北市的调查[J].农业经济问题,2011(11):60-65.

2.2 流转现状

2.2.1 流转规模

土地整治之前，玉皇村土地流转较少，有粉丝厂承包的400亩左右，租价只有300元/亩。整治之后土地从5700亩变为9300亩，按95地改人口分田到户。不计小于100亩的自发流转，全村1264户中有800余户参与流转，比例高达63%。流转出去的土地共计6920亩，占全部土地比例约74%。

2.2.2 流转方式

根据走访调查得知，玉皇村土地流转方式以转包为主，有小部分互换。国有农场、种子公司等和外村种田大户承包本村土地需要通过土地流转农业生产合作社与村民协商并组织集体统一流转。而亲戚之间或种粮小户的代耕代种属于自发流转，当流转面积大于100亩时要去合作社登记公证，小于100亩则不需登记。

2.2.3 土地流向

不计小于100亩的自发流转，玉皇村共有6920亩土地参与流转，去向主要有安徽省农耕厅直属管辖的正阳关农场、县农委种业公司、本镇建筑老板和本村种田大户。具体流转面积见表1。

玉皇村土地流转去向 表1

流转去向	流转面积	比例
寿县正阳关农场	4000	57.8%
县农委种业公司	800	11.6%
种田大户（共计7家）	1900	27.4%
种田小户（共计5家）	220	3.2%
总计	6920	100%

由此可见，流转至正阳关农场的土地最多，高达57.8%。国有农场与种业公司所承包的土地占所有流转土地的比例近70%。而本村及外村的种田大户和种田小户数量虽多，所承包的土地只有约30%。

2.2.4 流转土地用途

因12年后土地重新分配，合同限制承包主只能种粮，维持土地原貌，不能挖塘或种树。玉皇村全部土地大部分作为种子繁殖基地，由种子公司的制种培育出原种之后在田地里培养第一代种子，再卖回给种子公司（价钱比卖到市场上多出6分钱一斤）。粮食品种由承包主自定。也有一小部分土地生产商品粮。另有属于个体私营户的几十亩有机农田。

2.2.5 流转合作社

2013年4月，霍邱县玉皇粮食种植专业合作社成立，7名成员中有5名村委干事和2名群众代表，由村支书担任社长。根据"依法、自愿、有偿、平等协商"的原则，合作社作为土地流转第三方，发挥考察、协商、监督的作用。

（1）考察。合作社在统一流转土地之前会对包括国有农场、种业公司在内的外村种田大户进行考察，种田大户经考察通过后方可在本村承包土地。

（2）协商。合作社代表村民与包括国有农场、种业公司在内的外村种田大户协商，将成片的土地流转出去，并与其签订合同，同时与愿意流转土地的农户签订合同。农户与种田大户不直接接触，整个流转过程全部由合作社代理。

（3）监督。对于本村的种田大户承包土地和小面积土地的自发流转，全由流转双方私下决定，签好合同后去合作社公证，方便村委受理可能的纠纷。流转面积小于100亩则不需登记。

2.3 流转成效

土地整治之后，人均耕地多出近1亩，土地布局从混乱无章变得整齐划一，方便机械化操作。其中，正阳关农场流转费用最多，为每亩675元，租期12年。而私营的种田大户流转费用每亩300~400元，租期5年。但土地流转后农户所得并不如自种收入（正阳关农场承包费用每亩550斤稻谷，而自种收入每亩约1100斤）。而且今年是土地流转第一年，因耽误农时、气候不顺加上经验不足等种种原因，农场和部分种田大户都面临亏损。

2.4 流转特点

玉皇村土地流转特点如下：

第一，流转规模较大，但流转方式、去向及用途较为单一。在流转出去的土地中，近六成转包给国有农场，承包几百亩地的种田大户们只有不到三成的土地。而且因受到重划土地的 12 年期限影响，流转之后的土地必须保持原貌。

第二，土地流转合作社干预较强，流转双方大部分签订正式协议，过程较规范。从考察外村种田大户、与种田大户协商包地到公证本村大于 100 亩的土地流转，合作社在农户流转土地的过程中有着举足轻重的作用，并保留流转双方与合作社签订的合同。即使是农户自发流转，也采用统一印制的合同书。

第三，土地流转遵循了"依法、有偿、自愿"的原则，大部分村民基本满意。村民一般会根据流转费用和自身家庭状况做出理性决策，但也有因生产队中大多数农户选择流转而"随大流"的情况。

第四，土地流转促进了农耕机械化。玉皇村目前有 5 台收割机，9 台旋耕机，部分已经更新。自种的农户只租用收割机和旋耕机，插秧、施肥、打药等步骤全部人工进行。而国有农场则全部机械化生产，种田大户部分机械自给、其他机械互相租借，也大多实现了全程机械化。

3 影响村民土地流转决策的因素

在决定是否流转土地及流转去向时，村民一般会根据流转合约和自身家庭状况等做出理性决策，也有因生产队中大多数农户选择流转而"随大流"的情况。根据对玉皇村农户的随机走访，可以总结出影响村民关于土地流转决策的因素，包括村民自身、流转合约和政府作用三个方面。

3.1 村民自身

村民自身方面的因素包括两种，一是家庭留守人员情况。玉皇村与我国众多村庄一样，青壮年大多进城打工，只留下七、八十岁的老人和孩子在家。在这种家庭结构下，家庭成员种田的体力、技术都不足，为了让老人更好地照顾小孩和颐养天年，将土地流转给种田大户是最好的选择。而若老人年龄过大无法照顾小孩，有青壮年妇女在家或农忙时期有足够劳动力，则此类农户大多选择自种。

二是邻居亲朋的选择。信息在乡村散布地很快，与农民"随大流"、不愿搞特殊的心理有关，邻居亲朋的选择也会对农民的土地流转决策产生一定影响。同样，村干事在劝说村民流转土地的时候也会利用其从众心理进行引导。

3.2 流转合约

流转合约方面的因素包括流转期限和收益。一是流转期限。正阳关农场的承包期限是 12 年，而一些种田大户会提供 6 年的租期。将土地短期流转给种田大户的农民表示 12 年的期限太长，而且他们不相信长期流转之后"地还能要回来"，对于可能出现的延期等变故更是心中没底。另也有农民为了足够灵活的租期而将土地转给亲戚耕种。

二是流转收益。调查发现，流转期限与流转费用成反比（对于同一种田大户，12 年租期的费用是每亩 600 元，6 年租期的费用是每亩 400 元），而流转给亲友的费用更少，每亩 300 元以下。但即便将土地流转给国有农场，所得收益也远不及自耕自种。正阳关农场按照每年每亩 550 斤稻谷计价作为流转费用，而农户自种每年每亩收成是其两倍左右。这种巨大的差距使得许多需要更多收入来支撑家用的农户选择自种，而流转土地的家庭或另有收入来源（子女进城打工），或每年一万左右的收入可以满足消费需求。

3.3 政府作用

政府作用主要有政府引导和政策鼓励。玉皇村土地整治之后，政府鼓励农户流转土地，由村委和各生产队干部逐户进行劝说，同意者签订合同。另外根据安徽省六安市对于土地经营权流转的鼓励政策，种田大户承包土地达到一定规模也会有相应补贴。但调查发现这类因素对农户土地流转意愿的影响并不大，可能因为第一年的补贴还没落实。

4 玉皇村土地流转面临的问题及解决对策

玉皇村土地流转的实施总体上较为顺利，但因流转只进行了一年，许多成效还未完全显现出来，也由于多种制约而在信息交流、集体耕作、村民生活等方面存在着一些问题。结合影响村民土地流转决策的因素，可提出相应问题的解决对策。

4.1 主要问题

（1）土地流转信息不透明

从土地流转的大致过程和合作社的人员分配中可以看出，玉皇村土地流转的行政干预过多。尽管代替村民与农场、公司以及外村种田大户协商可以节约成本，但也极易出现越俎代庖的情况，使真正的流转双方之间交流过少、信息不够透明。在集体统一流转土地的过程中，村民对承包大户的信息几乎一无所知，更不清楚国家土地流转的政策走向，所以极易产生抗拒心理，态度消极，不利于进一步展开引导工作。调查也发现，承包土地自由度较大的本村种田大户也存在着对合作社的误会和不信任，个体意识很强，对合作社许多工作有所抵触。

（2）集体资产管理不规范

玉皇村土地整治之后又重修了道路、田埂和灌溉水渠，属于集体资产。但在具体如何分配使用方面没有明确的规定，导致村民和种田大户在灌溉时期容易出现矛盾。一些土地地势较高、难以蓄水的农户干脆选择了耕种需水量小的旱稻；面临与之相同问题的种田大户只能起早贪黑抢占灌溉"先机"，对其他工作难免有所影响；而正阳关农场在确定承包土地位置之后又将灌溉和排水设施重新整修，以致耽误农时造成近170万元的亏损。另有村民透露，土地整治之后有村委成员曾私自占用集体用地并将其承包给私营大户，没有与该生产队农户协商，所得收入亦没有集体分享。

（3）剩余劳动力安置问题

土地流转必然使乡村劳动力被大量解放出来，但如何妥善安置这些剩余劳动力却成了难题。根据调查，玉皇村多数青壮年劳动力外出到浙江、上海等地务工，一年之内几乎没有时间回家。其原因一方面在于周边工厂只招外地工人，不能解决本地劳动力工作问题；一方面在于正阳关农场和各种田大户一般全程机械耕作，只需少部分劳动力作为补充，并且雇工期限很短（即使在农忙时期一个月也只有十天左右需要人力），工作不稳定。

（4）社会保障体系不完善

土地流转之后村民收入减少，亟需依靠社会保障体系解决养老、医疗、社会救助等问题。然而调查发现，一些村民并没有按时按额领取补贴，而且对补贴发放的公平程度存在较大质疑，这也在一定程度上加强了村民对土地的依赖，从而影响了其流转土地的意愿。

4.2 解决对策

（1）健全流转管理服务机制

土地经营权流转有关广大农民的切身利益，不仅需要政府的规范引导，更需要充分发挥农民自身的主体性。建立运转协调、公开透明的农村土地流转市场，为农民和企业提供信息沟通、价格评估、法规咨询的服务，有利于切实维护农民的合法权益并调动农民土地流转的积极性，促进土地流转和规模经营，促进现代农业的发展。

（2）加大相关政策支持力度

国家政策支持能充分调动农民和种田大户的积极性，对土地流转进程的影响是巨大的。鼓励政策可分为两个部分：首先要大力扶植种田大户，给予其一定资金、技术支持，提高经营效益，助其逐步发展形成规模；同时也要调动广大农民，对于流转土地的农户给予一定优惠和奖励，在尊重农户意愿的基础上引导其合法、规范地流转土地。

（3）推动非农经济的发展

推动乡村非农经济的发展，有利于剩余劳动力的转移，帮助"失地"农民获得多样从业选择，从而推动土地流转的顺利进行。积极发展非农经济主要包括以下几个方面：一是大力发展餐饮娱乐、物流运输、特色旅游等服务业，吸引本乡劳动力；二是提供农村劳动力的职业培训，提高其就业转移的能力；三是完善城乡劳动力市场，保障农村劳动力外出务工的合法权益。

（4）完善社会保障体系

建立完善农村社会保障体系，有助于解除农民后顾之忧，降低农民对土地的依赖程度，加快土地流转进程。多层次的社会保障体系包括养老、医疗、教育、救济、互助等制度，逐渐弱化土地的社会保险功能，使农民少有所育、老有所依、病有所靠、贫有所养，放心将土地流转出去。

5 结语

5.1 主要结论

玉皇村地流转规模较大，主要流向为国有农场、种业公司和本村及外村的种田大户。合作社作为流转土地的中介对流转双方有着考察、协商和监督的作用，使本村土地流转基本遵循"依法、有偿、自愿"的原则，过程也较为规范。影响村民流转土地意愿的因素有村民自身、流转合约和政府作用三个方面。

根据上述调查和分析，我们可以得出结论，在土地流转过程中农民在政府强有力的干预下享有一定自主权。这表现在国有农场和公司在土地承包中占有绝对优势；合作社考察并决定承包村中土地的大户，但完全尊重村民意愿；但这种意愿的基础却是不完整和不透明的交易信息。这种模式有其优势和劣势。首先，村政府和合作社的鼓励使玉皇村的土地流转顺利进行，而且遵循"依法、有偿、自愿"的原则，过程也较为规范，避免了可能的纠纷。此外，合作社对土地流转市场的适当干预弥补了自由市场的缺陷。然而，玉皇村土地流转推进过程中存在的信息交流、集体耕作和村民生活等方面的问题，需要依靠政府的力量，通过健全流转管理服务机制、加大政策扶持力度、推动非农经济发展和完善社会保障体系等相应措施来解决。

5.2 研究创新及不足

本文选题切合了我国土地流转大趋势，以村为单位进行，对玉皇村土地流转现状、成效、特点等进行调查，并分析影响农户流转意愿的因素。本文使用文献法、访谈法及个案分析法，对农村土地流转状况进行深入探讨，忠实反映农户的真实表达；发现玉皇村土地流转中存在的问题并提出相应的解决对策，具有一定理论价值和应用价值。

然而，由于研究能力和水平有限，统计资料的欠缺及时间和空间的限制等因素，本文研究不可避免地存在一些不足之处。首先表现在选取玉皇村作为个案分析，使得特性鲜明而共性不足，后续可以再选取一些相似和相反的案例进行调查分析，达到共性与特性的结合；其次玉皇村土地流转的时间只有一年，许多成效还未显现出来，相关资料也非常有限，因而存在诸多不规范之处。后续研究应取得政府更多支持，创造定量实证研究的条件，从土地的功能使用、土地空间因地理和人为因素造成的区隔机制、区隔形成后的经济社会后效进行研究，对土地流转后产生的历史性变化的系列结果进行详细分析，使研究更加深入。

主要参考文献

[1] 窦祥铭.集体产权下农村土地流转问题的实证研究——以安徽太和县为例.南方农村，2014（1）.

[2] 郭静.沈阳市农村土地流转情况调查分析.农业经济，2012（4）.

[3] 穆松林,唐承财,王开泳,王灵恩,周彬.典型农区村域土地承包经营权流转调查研究——以河南省西万村为例.干旱区资源与环境，2014（2）.

[4] 刘军芳，周振华，杨晨，白志华，殷海善.晋中盆地太谷县土地流转调查研究.山西农业科学，2010（7）.

[5] 骆东奇，周于翔，姜文.基于农户调查的重庆市农村土地流转研究.中国土地科学，2009（05）.

[6] 潘少奇，李亚婷.河南省欠发达农区土地流转调查与对策研究.乡镇经济，2009（09）.

[7] 王春超,李兆能.农村土地流转中的困境:来自湖北的农户调查.华中师范大学学报(人文社会科学版),2008(04).

[8] 吴诚修.荣县农村土地流转及影响因素研究.四川农业大学硕士论文，2013.

[9] 夏庆利，王凡.农村土地流转调查与研究——以湖北枣阳为例.理论月刊，2011（12）.

[10] 徐艳.新场镇农村土地流转问题研究.西南财经大学硕士论文，2012.

[11] 于代松.土地流转应维护农民利益——四川成都农村土地流转调查分析.国土资源科技管理，2003（03）.

[12] 殷海善，秦作霞，辛有德，胡爱秀.城郊区农村土地流转调查——以山西省晋中市榆次区为例.山西农业科学，2012（05）.

[13] 殷海善，赵鹏．右玉县家庭承包土地流转调查．山西农业科学，2011（01）．

[14] 郧文聚，杨华珂．土地整理为农村土地流转搭建基础平台——浙江省慈溪市土地流转调查与思考．资源与产业，2010（06）．

[15] 赵丙奇，周露琼，杨金忠，石景龙．发达地区与欠发达地区土地流转方式比较及其影响因素分析——基于对浙江省绍兴市和安徽省淮北市的调查．农业经济问题，2011（11）．

[16] 朱开波．旺苍县农村土地流转研究．四川农业大学硕士论文，2013.

[17] 张征．广东省农村土地流转状况调研报告．宏观经济研究，2009（01）．

An Investigation of Land Circulation Status in Typical Rural Construction
——Taking Yuhuang Village in Anhui Province as an Example

Sun Feinuo

Abstract : With the rapid development of the market these days, the principal status of farmers in the market becomes increasingly fragile. The land circulation is the essential prerequisite of the large scale, mechanization and modernization of agriculture. Yuhuang Village is a typical case in Chinese rural construction. The proportion of land circulated is 74%, to state-owned farms and companies and private farms in or outside the village. The village party committee set up a land circulation cooperatives as an intermediary, playing roles of investigation, negotiation and supervision. With the aid of fieldwork data, our research examines the effects and features of land circulation in Yuhuang and the factors effecting people's decisions, as well as the problems emerged in the circulation process. We find that the pattern of land circulation is protecting a certain autonomy of villagers and farmers under a strong intervention of government. At last, we conclude the strengths and weaknesses of the pattern and put forward some suggestions.

Keywords : land circulation ; rural construction ; Yuhuang Village

中原地区传统乡村聚落空间形态保护与重塑
——以河南省传统乡村聚落为例

文正敏　刘凤豹　邱小亮　张帆

摘　要：如何保护与重塑中原地区传统乡村聚落空间形态，留下乡愁记忆与延续乡土文化脉络，成为新型城镇化背景下摆在城乡规划工作者面前的一个重要课题。本文以河南省传统乡村聚落为例开展相关研究，认为：①河南省传统乡村聚落在各种自然与非自然因素，以及特殊的文化、地理因素影响下，演变成具有本地区地域特征的空间形态，但近年来出现内部"空心化"、外部无序蔓延、传统元素逐渐丧失、自然环境不断恶化等问题，成为本地区传统乡村聚落入选中国传统村落的重大障碍；②从"点、线、面、高、景"五个层次，提出了保护与重塑传统乡村聚落空间形态的行动策略，即重构传统文化承载场所、继承传统文化价值观，完善路网水网格局、架起村落空间骨架，集约节约利用土地、防止村落空间无序蔓延，加强建筑高度和风貌控制引导、防止村落空间围合感和特色感缺失，重塑优美自然环境、充实村落物质空间内涵。本文对中原地区传统乡村聚落空间形态保护与重塑具有一定的理论与实践意义。

关键词：空间形态；保护；重塑；传统乡村聚落；中原地区

引言

传统乡村聚落作为一种特殊的聚落形式，是人与自然协调发展的重要载体，是充满人文情怀和历史情感的核心节点。传统乡村聚落的一街一巷、一池一塘、一土一木、一砖一瓦，无不印记着传统乡村聚落内村民那朴实无华、辛勤劳作的民族精神；它所蕴含的传统元素，是中国文化的深厚根基。

空间形态是各种空间理念及其各种活动所引起的空间发展的外在体现，是各种空间发展各要素共同作用下的外在表象，是在特定的地理环境和一定的社会经济发展阶段中，各种要素综合作用的结果[2]。本文研究的空间形态主要是指传统乡村聚落在历史长河中形成的外在表现形式和内部结构形态，是聚落的空间内部形态，包括布局形态、建筑形态和景观形态等，主要由村落内的用地、道路网、界面、节结地和自然环境五大要素构成。历史文化与传统乡村聚落空间形态之间的关系，是一种相互影响、共生共融的依赖关系。保护与重塑其空间形态，促进其协调发展，是建设美丽乡村的重要内容，更是保护与发展中国优秀传统乡土文化的重要途径。

我国在城镇化和工业化快速发展进程中，中原地区不少的传统乡村聚落的空间形态受到较为严重的冲击，比如主体缺失、地域性不足、传统格局破碎和空间环境凌乱等，而这些正是我国《传统村落评价认定指标体系（试行）》的重要指标内容。我国农村城市化正处于加速阶段，迫切需要重构乡村空间结构、实现城乡统筹发展，乡村建设与规划势在必行[1]

为此，国家有关部委多次联合下发文件，要求加强传统乡村聚落的保护与发展工作，也提出了保护与发展的长远计划。近年来全国各地推进建设"美丽中国"行动，地处中原腹地的河南省也在大力推进"美丽乡村"建设。"美丽乡村"规划建设过程中，开展传统乡村聚落的空间形态保护与重塑研究，将对保护中原地区传统乡村聚落、延续中国优秀传统乡土文化、推动我国中部地区崛起具有重要的理论与实践意义。

本文以地处中原腹地的河南省传统乡村聚落为例，在分析传统乡村聚落空间形态现状及问题的基础上，从"点、线、面、高、景"五个层次提出了传统乡村聚落空间形态保护与重塑的行动策略。

文正敏：西安建筑科技大学建筑学院
刘凤豹：桂林理工大学土木与建筑工程学院
邱小亮：河南省城乡规划设计研究总院有限公司豫北分院总规划师
张帆：桂林理工大学土木与建筑工程学院

1 河南省入选中国传统村落概况

截至目前，我国分别在 2012 年、2013 年和 2014 年分三个批次公布了中国传统村落名单，河南省分别有 16 个、46 个和 37 个传统乡村聚落入选中国传统村落名单（见表 1）。河南作为中华文明的发源地和中原文化的代表地，具有丰厚和坚实的物质文化和精神文化基础，因此通常用中原地区指代河南。毫不夸张地说，发源于河南的中原文化可谓是整个中华文明体系的开端和孕育中华文明的胎盘。从裴李岗文化时期的以半地穴式房屋为标志的乡村聚落，到仰韶文化时期的以房屋规模化营建为标志的乡村聚落，再到二里头文化时期的以二里头遗址为标志的中国最早的城镇聚落，一直到目前以院落为标志的传统乡村聚落，河南无论是在乡村聚落方面，还是在城镇聚落方面，都在中华文明史和城乡建设发展史上留下光辉的篇章。现实情况却是，河南省的传统乡村聚落历次入选中国传统村落名单占比少之又少。追根溯源的话，除了一些政治和经济因素外，这与该地区传统乡村聚落的空间形态缺少有效的保护与重塑不无关系。

河南省历次入选中国传统村落名单统计　　　　　　　　　　　　　表 1

	公布时间	全国入选总数	河南省入选总数	占比
第一批	2012 年	646 个	16 个	2.5%
第二批	2013 年	915 个	46 个	5.0%
第三批	2014 年	994 个	37 个	3.7%
合计		2555 个	99 个	3.9%

（资料来源：作者本人查询网络资料绘制）

2 空间形态的现状及问题

中原地区传统乡村聚落具有厚重的历史文化资源，在历史的长河中逐渐形成特有的空间形态。传统乡村聚落多数现存有不少的文化建筑（群），且建筑功能较复杂，比如祠堂、庙宇和楼塔等，另外传统乡村聚落的传统建筑用地面积占全村面积往往比较大，这些也都是我国《传统村落评价认定指标体系（试行）》的重要指标内容（表 2）。

我国《传统村落评价认定指标体系（试行）》（部分）　　　　　　　　表 2

序号	指标	指标分解	分值标准及释义	满分	得分
1	规模	传统建筑占地面积	5hm² 以上，15~20 分；3~5hm²，10~14 分；1~3hm²，5~9 分；0~1hm²，0~4 分。	20	
2	比例	传统建筑用地面积占全村建设用地面积比例	60% 以上，12~15 分；40%~60%，8~11 分；20%~40%，4~7 分；0%~20%，0~3 分。	15	
3	丰富度	建筑功能种类	居住、传统商业、防御、驿站、祠堂、庙宇、书院、楼塔及其他种类。每一种得 2 分，满分 10 分	10	

（资料来源：摘自我国《传统村落评价认定指标体系（试行）》）

工业化和城镇化将给传统乡村聚落的空间形态带来深刻的变化[3]，实际上这些变化已经发生，中原地区的传统乡村聚落也不例外，作为记忆与文化载体的空间形态及其社会空间遭到一定程度的破坏，主要包括以下几个方面：

2.1 内部的"空心化"

在快速的城镇化和工业化背景下，一方面，乡村地区出现了大量的剩余劳动力，对农民向各类城镇转移产生了推力；另一方面，各类城镇由于其自身的优势又对农村人口转移产生了拉力。相比于我国其他地区，中原地区传统乡村聚落由于受我国传统文化影响较深，地理位置相对较好，地势多平坦、交通多方便，受地理空间阻碍因素较少等原因，在转移剩余劳动力方面，具有先发性的特点。

图1　中原地区逐渐"空心化"的传统乡村聚落
（资料来源：作者拍摄并整理绘制）

剩余劳动力向城镇地区的不断转移过程，实质上是一种社会转型过程，在此过程中不仅发生着空间重构，而且不断发生着空间形态重塑。空间重构与空间形态重塑体现在两个方面，一是传统乡村聚落人口减少，整家整户迁入城镇，原有农村老房荒废，"空心化"现象逐渐显现（图1）；二是村民舍弃老宅基地转而追寻区位条件、交通条件较好的地段新建住宅的现实情况，也加剧了"空心化"问题。以河南省濮阳县子岸镇高庄村为例，全村120余户，将近500人，约有10户整家整户迁入城镇并长期居住，而村落内无人居住院落在15处以上。然而，传统乡村聚落空间形态正是在村落中心的内生力和吸引力共同作用下形成的，如今多数传统乡村聚落出现的内部"空心化"意味着其核心区的内生力和吸引力在减弱，空间形态在发生改变。

2.2　外部的无序蔓延

图2　中原地区外部空间无序蔓延的传统乡村聚落
（资料来源：作者Google earth截图（2015年2月））

在经济条件不断改善的情况下，人们需求不断增加和丰富，城镇化建设活动持续加剧，村落原有的空间结构被打破，原有的传统空间形态进行新的重构。聚落旧有的传统形态结构逐步解体，而重构的形态结构却兼容着合理与非合理、代表着进步也充满了危机[4]。随着传统乡村聚落经济社会的较快发展，交通条件日益完善，村民对土地的需求也日益膨胀。为了便于加强与外围的物质和信息联系，更便利的接受经济辐射和享受优美自然环境，村民自发的沿着对外交通线路和自然条件好的地段布局建设，呈树枝状或者碎片状向周边蔓延，而且很多是无法定依据或无序的建设。如河南省濮阳县子岸镇高庄村，原为团块状集中式空间形态，村庄在内部建设用地充足的情况下，村民为追求更好生活环境，有的跨过村落西侧的三里店沟，有的沿村落的对外交通线路布局建设，导致目前该村落空间形态呈树枝状向周边蔓延（图2）。

在国家重大基础设施或者人们自发建设等影响下，传统乡村聚落整体格局遭到破坏，原有的空间结构发生重构，空间形态的重塑与之伴随，村落用地出现"碎片化"现象。同时，旧村落的衰败得不到及时更新，新村落的空间拓展又得不到有效控制，最终导致用地不节约、不合理的问题，生态平衡遭到一定破坏。

2.3　传统元素逐渐缺失

在快速城镇化和工业化背景下，传统乡村聚落村民的行为方式、生活方式逐渐发生变化，原有的传统文化面临

历史风貌建筑 　　　　　 传统风貌建筑 　　　　　 现代风貌建筑

图3　传统历史风貌建筑逐渐被现代建筑替代
（资料来源：作者拍摄并整理绘制）

被城市文明同化和淹没的威胁。在此过程中，许多优秀传统文化没有得到有效延续。

市场经济条件下，人们对经济利益的强烈诉求，加剧了当地文化价值等价值体系观的猛烈改变，人们的传统乡土观念逐渐淡漠。原有建立在传统文化价值观的社会的转型，直接导致了空间重构的直接发生。传统文化价值观的改变，直接体现在建筑高度和建筑风貌的改变上，并直接影响了村落的界面（图3），间接地影响传统乡村聚落的空间围合感。

2.4　自然环境不断恶化

不同地貌类型区域的土地利用方式和聚落形态各不相同，从而造成农村景观的差异[5]。中原地区的传统乡村聚落，多属暖温带季风气候，自然环境优美，宜人尺度下的景观塑造了宜人的景观形态。然而由于受到人类生产和生活的不断影响，宜人尺度下的景观遭受到不同程度的破坏，或是水体污染、或是土壤污染或是其他自然环境的破坏，都严重影响着传统乡村聚落的公共环境，传统乡村聚落自然环境不断恶化、景观形态不断异化（图4）。

图4　院落周边污染严重的池塘
（资料来源：作者拍摄并整理绘制）

3　保护与重塑对象

一般来讲，传统乡村聚落的空间形态既包括平面空间形态也包括立体空间形态，同时还包括看不见的自然景观形态。因此可以说，传统乡村聚落是平面空间形态、立体空间形态和自然景观形态的有机结合体。因此，本文从城乡规划学的研究角度出发，认为传统乡村聚落的空间形态保护与重塑，可以参照城市空间形态的五大构成要素——用地、道路网、界面、节结地和自然环境，将传统乡村聚落的空间形态保护与重塑对象内容划分为"点、线、面、高、景"五个层次（图5），从用地布局、路网格局、建筑布局、建筑尺度、自然生态环境等方面来抓。

3.1　"点"

主要指传统乡村聚落内部能够起聚集人流作用的特殊地点，它们与村民生活密切相关，构成了重要的场所。比如，传统乡村聚落内的街巷交叉口、庙宇、祠堂、戏台、村委大院、广场等。

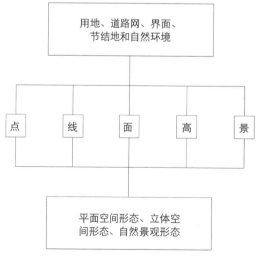

图5　传统乡村聚落空间形态保护与重塑对象层次划
分由来意向图
（资料来源：作者绘制）

3.2 "线"

主要指沟通传统乡村聚落内外、分割传统乡村聚落空间的街巷、胡同、河流，它们都有一个共同的特征，那就是平面上呈线型。这些线性元素构成了传统乡村聚落空间结构的基本骨架，塑造了传统乡村聚落空间形态的基本面貌。

3.3 "面"

主要指传统乡村聚落不同功能用地之间构成的总体用地格局，包括居住、公共服务设施用地等，主要是指传统乡村聚落的总体平面形态，地形、地貌对其有重要影响。

3.4 "高"

主要指传统乡村聚落内组成村落天际线的建（构）筑物、树等，它们还组成了村落空间的三维特征，其高度不同将产生不同的空间围合感。

3.5 "景"

主要指融入传统乡村聚落的山体、水体以及传统乡村聚落周边的自然环境等，它们不仅是构成传统乡村聚落社会空间的物质组成部分，也是影响传统乡村聚落空间形态较为深入的内容。

4 传统空间形态保护与发展行动策略

4.1 "点"：重构传统文化承载场所，继承传统文化价值观

重构传统文化承载场所，对于继承传统文化价值观具有不可代替的现实意义。传统文化价值观是维系中原地区传统乡村聚落长期稳定的一个重要因素，是衡量传统乡村聚落文明程度的一个重要标尺。若不假思索的全部接受现代工业文明，而缺少对原有传统文化价值观的传承，传统乡村聚落将会失去特色，失去灵魂，空间形态也就失去了隐性价值内涵。

场所作为传统乡村聚落空间形态的构成部分，是传统文化价值观延续的载体。假若缺少必要场所，宗亲伦理、红白喜事、居民情感交流将无法进行，村民间的相互关爱与集体认同意识也将弱化。再如河南省濮阳县子岸镇高庄村，该村公共空间少且简陋，无正式的举办红白喜事的场所，村民进行广场舞、棋牌等活动只能选择在简陋的村委大院。然而村委大院的"场所精神"不强，村民对其认同感和归属感不足。整治后的村委大院使其"场所精神"增强，有效承担了承载传统文化场所的功能（图6）。

现代文明的冲击下，很多人失去故乡意识，无处寻找乡愁，多是因为缺少一种场所去寄托。我们所熟知的荣归故里、告老还乡等情怀，与这些场所不无关系。因此，可以从构建非物质文化活动空间、非物质文化承载空间、非物质文化遗址等"点"性要素来重构延续这些文化的场所。

整治前的村委大院　　　　　　　　　　　　整治后的村委大院

图6　河南省濮阳县子岸镇高庄村传统乡村聚落公共场所整治前后对比图

（资料来源：作者拍摄并整理绘制）

4.2 "线"：完善路网水网格局，架起村落空间骨架

沟通传统乡村聚落内外、分割传统乡村聚落空间的街巷、胡同、河流等线性要素构成了传统乡村聚落空间结构的基本骨架，塑造了传统乡村聚落空间形态的基本面貌，还为延续典型的邻里街坊和完善传统乡村聚落整体格局起到支撑作用（图7）。因此，在保护和重塑传统乡村聚落空间形态行动中，要着重保持并强化这种格局。

（1）顺应传统乡村聚落原有格局，遵从其内在的秩序和村落保护规律。

（2）保持和完善传统乡村聚落内路网和水网格局，架起传统乡村聚落的空间骨架，凸显传统乡村聚落原有空间形态。

（3）串联村落内各公共空间，加强村落内部日常生产、生活联系。

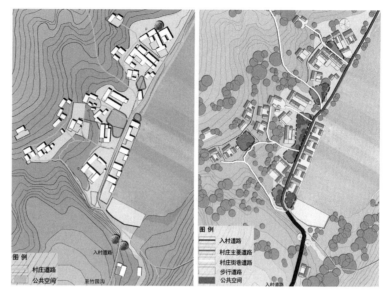

图7 河南省邓州市杏山村传统村落路网整治规划前后对比图
（资料来源：河南省城乡规划设计研究总院有限公司提供）

4.3 "面"：集约节约利用土地，防止村落空间无序蔓延

针对传统乡村聚落普遍出现的"空心化"，村落空间向周边无序蔓延等问题造成的土地严重浪费，必须在对现状有正确认识和变动趋势的科学判断的基础上，坚持规划先行，本着集约节约利用土地、保护耕地的原则，统筹土地利用关系，整治和规划村落内部与外围绿色生态空间，加大基础设施和公共设施的配套建设，合理调整和整合村庄空间布局，甚至在适当情况下划定村庄增长边界，以防止村落空间发展粗犷无序。

地块划分与街巷、建筑三者的关系深刻影响着乡村空间形态。通过规划，科学、合理地处理好三者的关系，有助于实现传统乡村聚落空间形态的重塑。

4.4 "高"：加强建筑高度和风貌控制引导，防止村落空间围合感和特色感缺失

对村落内建（构）筑物实行高度和风貌控制引导，能有效保护村落整体上的视觉关联性和保持村落整体空间尺度，从而防止村落的空间围合感缺失，还能延续村落的空间特色感。传统乡村聚落街巷的空间尺度普遍较为宜人，但由于缺乏规划和管理，大量不同高度的建筑拔地而起，打破了原有尺度平衡。同时，由于传统乡村聚落内建筑风貌没有得到有效引导，建筑风貌"四不像"问题在村落内比较突出。

为此，应在充分分析传统特色和现状的基础上，着重对村落内部空间轮廓、外部空间环境、特色风貌街区，做出建筑高度和建筑风貌规划引导控制，适当时候可转化为村规民约，聚落内的一切建设行为应以此为约束和目标。

4.5 "景"：重塑优美自然环境，充实村落物质空间内涵

中原地区的传统乡村聚落自古便有优美的自然环境，可惜在现代生活方式和生产方式的影响下破坏严重。自然环境作为影响传统空间形态的重要因素，又是构成传统物质空间重要组成部分，必须得到重塑才可以充实村落物质空间内涵，进而重塑传统空间形态。重塑自然环境主要包括对生态绿地、公共绿地、河流、池塘等，以及村落周边的自然环境等要素进行环境整治更新。

为此，应注重整体自然环境的保护，自然景观与文化景观的共存共生。同时，要打通路网，梳理河道，并结合路网和水网走向，构建起"路网＋水网＋绿网"的生态网络体系。如：河南省邓州市杏山村传统村落通过梳理河道改变水质，优化河道两侧生态绿地，串线改造河道沿线的自然景观和人文环境进行，并强调与建筑环境的呼应，协调自然环境、人文环境和物质环境发展，还充实了传统村落的物质空间内涵（图8）。

图8 河南省邓州市杏山村传统村落环境整治前后对比图
（资料来源：河南省城乡规划设计研究总院有限公司提供）

5 结语

中原地区传统乡村聚落具有特色的传统空间形态，承载着当地良好的人居环境、特色的地域文化。面对当前快速城镇化和工业化的冲击，若不开展相关保护与重塑研究并进行规划建设，将会失去历史馈赠给我们的这一宝贵礼物。美丽乡村建设作为城镇化背景下一种自上而下发起的新农村建设运动，实际上是一种空间重构方式，它将原有传统乡村聚落重构成了一种新型的政治、经济和社会空间单元，空间形态随之发生演变。如何利用美丽乡村建设这个政策优势，保护和重塑好空间形态，找到美丽乡村建设和传统乡村聚落空间形态保护的契合点才是重中之重，而入选中国传统村落与否又为空间形态保护提供了后续支持。只有将传统乡村聚落空间形态保护与重塑作为美丽乡村建设的重要内容，加强空间形态保护与重塑，从要素构成上分层次进行保护与重塑，才有助于解决好乡村社会空间破碎化、土地利用碎片化等问题，从而能够给世人展示曾几何时十分熟悉的传统乡村聚落，延续当地优秀的乡土文化脉络，重新凝聚内生力和吸引力，最终推动新时代的乡村发展。

主要参考文献

[1] 陈晓华，张小林，梁丹.国外城市化进程中乡村发展与建设实践及其启示[J].世界地理研究，2005，14（3）：13-18.

[2] 李欣.苏州村庄空间形态研究[D].江苏：苏州科技学院，2011.

[3] 何仁伟，陈国阶，刘邵权，等.中国乡村聚落地理研究进展及趋向［J］.地理科学进展，2012，31（08）：1055-1062.

[4] 郁枫.空间重构与社会转型[D].北京：清华大学，2006.

[5] Sevenant M, Antrop M. Settlement models, land use and visibility in rural landscapes : Two case studies in Greece[J]. Landscape and Urban Planning, 2007, 80（4）：362-374.

Protection and Reconstruction of Spatial Pattern of Traditional Rural Settlement in Zhongyuan Areas—— Taking Henan as the Example

Wen Zhengmin Liu Fengbao Qiu Xiaoliang Zhang Fan

Abstract : How to protect and reconstruct spatial pattern of traditional rural settlements in Zhongyuan Areas, leave memories and nostalgia, and continue local cultural becomes an important issue of urban and rural planning workers under the background of new urbanization. This paper takes the settlements of Henan to carry out related research, and think that : (1) The settlements have evolved into the peculiar spatial pattern with geographical features of the region, due to a variety of natural and unnatural factors, and special natural and geographical factors. In recent years, however internal "hollow", external sprawl, gradual loss of traditional elements, deteriorating natural environment and so on, heavily stop the settlements to be successfully selected into Chinese Traditional Villages (2) Based on five levels, namely "point, line, surface, height and landscape", this paper proposes action strategies of protection and reconstruction of spatial pattern, that is "reconstruct traditional culture bearer sites, and inherit traditional cultural values", "improve road and water networks, and set up the space frame of the settlements", "save and use intensively the land resources, and prevent the space sprawl of the settlements", "strengthen the management and guidance of building height and style, and prevent the loss of sense of closure and characteristics", and "remold beautiful natural environment, and enrich connotation physical space". This article has some theoretical and practical significance for protection and reconstruction of spatial pattern of traditional rural settlement in Zhongyuan Areas.

Keywords : spatial pattern ; protection ; reconstruction ; traditional rural settlement ; zhongyuan areas

对如何实现村居统筹协调发展路径的探讨
——基于《珠海莲洲八村乐—幸福村居组团协调规划》

刘利霞 向守乾

摘　要：珠海市莲洲镇八村乐幸福村居组团位于珠海北部生态农业园中央，地域相邻，三面环水形成独立组团，八村虽资源禀赋各异，但在地理区位、产业经济、文化背景、人文景观等方面都具有统筹协调发展的条件，可通过联合党委、抱团经营、产业融合；土地流转；生态优先、集约发展；完善设施、服务均等村居统筹协调发展路径，实现八村组团的统筹协调发展、差异化发展和可持续发展。

关键词：珠海市莲洲镇八村乐幸福村居组团；村居统筹协调发展；发展路径

1　引言

在新型城镇化与城乡统筹发展背景下，从国家到地方政府越来越重视镇村规划，提出了村居规划全覆盖的要求，在此背景下我国许多地区出现了"一村一规划"的情况，由于各村居规划均着重关注自身村居的发展诉求，对周边村居的发展关注较少，以致出现各村居规划建设各自为政，各村居在产业经济发展、土地使用、设施建设等方面缺乏统筹协调与合作，造成了众多资源禀赋趋同、地域相邻的村居在发展定位、产业发展方向的雷同；设施的重复建设；导致出现产业发展同质竞争、土地与公共资源浪费、发展不可持续、特色缺失等诸多问题。

近年来，我国许多地区，如广东省普宁市洪阳镇、四川郫县和安吉县等，都在村居统筹协调发展的指导下，确定了适合本地村居的发展路径，坚持走差异化、可持续发展的发展道路。

而珠海市莲洲镇八村乐幸福村居组团（以下简称"八村组团"）中的村居均为农业村，民风淳朴、资源禀赋较好，具有发展区位优、生态本底美、人文民风善、产业基础良、资源禀赋特五大发展特色，作为珠海北部生态农业园的重要组成部分，其在地理区位、产业经济、文化背景、人文景观等方面都具有较好的统筹协调发展的条件。更为重要的是八村组团以石龙党支部为龙头，联合莲江等周边村庄党支部，成立"八村联合党委"，增强了基层党组织的创造力、凝聚力和战斗力，可充分发挥联合党委的核心作用，促进八村组团在村际之间形成更高效率的统筹协调能力。

因此，特以八村组团联合协调发展，打造珠海市幸福村居协调建设、实现城乡一体化发展的试验田。本文以《珠海莲洲八村乐——幸福村居组团协调规划》为例，基于对八村组团的现状分析，通过相关案例借鉴，合理确定其村居统筹协调发展路径。

2　现状分析

八村组团位于珠海北部生态农业园中央、莲洲镇莲溪片区，由荷麻溪水道、赤粉水道、螺州河水道围合形成三面环水的独立组团，包括八个村居（大沙社区、光明村、莲江村、石龙村、上栏村、下栏村、东湾村、粉洲村），总用地面积约 28.05km^2。

目前，八村组团虽有政策支持、自身发展条件也较好，但由于各村发展建设各自为政、缺乏村居统筹协调规划的引导，导致村居建设并不理想。总体上，八村组团现状发展特征可概括为以下五个方面。

2.1　基层党委建设方面

联合党委的建设创新了国内党委组织的建设，促进了八村组团在村际之间形成更高效率的统筹协调，但其总体

刘利霞：珠海市规划设计研究院规划师
向守乾：珠海市规划设计研究院高级规划师

协调力度仍不足，对村居建设的统筹协调能力有待进一步提高。

2.2 产业发展方面

八村组团产业以农业为主导，工业、服务业相辅，产业基础良好。一是在保持生态农业优良传统的基础上，逐渐发展现代化农业；二是花卉苗木种植已成为珠海市苗木基地，在区域内具有示范特色优势；三是逐渐扩大超级稻种植示范基地效益；四是生态农业与旅游休闲结合发展，联合经营。

八村组团具有良好产业基础的同时，在产业发展过程中也存在一些突出问题。一个是各村经营的产业高度统一，多以花卉苗木种植和水产养殖为主；一个是农户与农户之间、村与村之间合作度、关联度弱，组织不健全，分散经营、独产独销、抗风险能力差；一个是各产业孤立发展，产业链条缺失；还有就是农产品深加工、储运、分包环节薄弱，科技含量低，产品附加值不高。

2.3 土地使用方面

八村组团均为农业村，人多地少，农民自己搞种养业，有一定收益，风险在可承受范围内，村民大多满足于现状，对土地流转多持观望态度。另存在部分用地闲置、不集约利用的情况。致使土地资源未能有效整合，规模化效应未能突显，产业难以做大做强，农民收入难以提高。

2.4 生态发展方面

八村组团资源禀赋独具特色，既有五指山、仙人骑鹤、赤粉水道、螺洲河水道、滨河水杉林、沙田风光等广阔生态风貌，也有十里莲江、石龙六村党政联合基地、知青农场、上下栏古建筑、环五指山绿道等传统水乡风情。其生态本底美、历史悠久、文化丰富，呈现依山面水，水环山绕，田村相融，水乡田园的总体风貌。而其具体风貌可形容为山林秀美，水网纵横，良田万顷，散落村乡。

图1 八村组团局部鸟瞰图

然而，由于一些人为的因素，在村居发展建设过程中，由于对生态保护和利用的意识不强，存在河涌污染、水道淤塞等破坏生态的行为，未能充分保护和利用好良好的生态资源。

2.5 设施建设方面

从港珠澳层面上分析，八村组团毗邻港澳，2016年港珠澳大桥开通后，将在香港的半小时经济圈内，区域交通捷达。而在珠海市层面上，八村组团位于珠海北部生态农业园中央，且紧邻莲洲镇区，位置突出。可见八村组团区位优越，然而其设施建设与其优越的区位不匹配，存在设施不完善，公共服务设施缺乏、服务能力低、内部道路等基础设施建设滞后等问题。

3 案例借鉴

笔者认为，要实现村居统筹协调发展，应立足于现状，注重对自身优势和特色的充分发掘，制定适合自身发展需要的村居统筹协调发展路径。为有效指导八村组团合理确定其村居统筹协调发展路径，更好地指导其村居的实际开发建设，需借鉴他山之石。在此，通过分析国内类似地区，如宝镜院村、桠溪生态之旅、四川郫县农科村和安吉县等村居统筹协调发展的建设实践，并对其经验与教训进行总结，为村居规划编制工作提供指引，也希望能为下一步的实际建设提供有益参考。

3.1 宝镜院村

宝镜院村位于广东省普宁市洪阳镇东部，总人口 1.17 万，是一个纯农乡村，耕地面积不足 2000 亩。农业产业发展较好，目前，全村花卉苗木种植面积达 1 万多亩，农业总产值达 1 亿多元，农民人均纯收入 18200 元。宝镜院村有 400 多户花木大户远赴珠三角、海南、江西、福建、云南、广西等地经营花木场，达 6000 多亩；被评为"全国创建文明村镇先进单位"、"广东省生态示范村"、"广东省先进基层党组织"、"广东省卫生村"，创业事迹载入《广东辉煌 60 年》等刊物。

该村农业发展坚持实施科技创新、品牌塑造、乡村旅游、集团经营、模式复制和民生保障六大战略，以此做优、做强村集体产业。

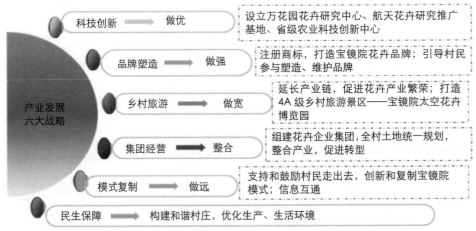

图 2　产业发展六大战略示意图

在产业发展六大战略指导下，形成以下五大发展路径。

（1）党员带动

通过在党员中培养种养能手、在种养能手中发展党员的举措，充分发挥党员的示范带动作用，提升党组织带领群众致富的能力。该村党总支部定期举办党员干部及入党积极分子培训班、青年创业培训班、花卉种植提高班等，组织党员深入学习党的基本知识、先进的种植技术，着力培养科技型专业人才。

（2）协会驱动

针对原有村民种植苗木比较分散，存在压价等不正常竞争等情况，于 2008 年组建了花卉苗木行业协会，为会员提供技术培训、市场信息、互帮互助等服务。在此基础上，成立了"普宁市万花园花卉苗木专业合作社"，为 3000 多名成员提供花卉苗木种植及有关的技术、信息、生产资料、销售等服务，扩大产业规模，做大做强产业集群，提高整体市场竞争力。同时，还成立"普宁洪盛园林发展有限公司"，推行"公司＋基地＋农户"的经营管理模式，形成龙头带基地、基地连农户的农业产业机制。

（3）科研推动

与揭阳职业技术学院联合建立专业人才信息库以及人才培育基地，与该学院、仲恺农学院和华南农业大学等院校进行技术合作，共同开发研植"一品红"等新品种，并由这些院校的专家为村民作科技指导和技术培训，以"拳头产品"促进花卉苗木产业的发展。

（4）网络拉动

建设开通了"宝镜院花卉信息网"，网站开设了供求信息、花卉展示、企业名录、花卉种植等功能，为花农提供了花卉的种植技术、病虫害防治技术以及市场行情等。同时，收集了该村种花大户信息上网推介，为本地或外地花卉商户提供一个信息发布平台，及时发布新品种、新技术和新信息，帮助农民网上促销，拓宽花卉苗木的销售渠道，解决了部分花农信息不灵问题，全方位服务花农的生产和销售。目前，全村上网的花卉商户已达 1500 多家，每年新增交易额达 3000 多万元。

（5）内外联动

依托"万花园"的优势，主动联络在外乡亲，跑市场，揽业务，做大做强花卉业。同时，打破用地制约，动员村民外出租地种花，其中到普宁市其他乡镇租地达 1 万多亩，还有 400 多花木大户远赴珠三角、海南、江西、福建、云南、广西等地拓展经营花木场，花卉年销售收入超 4000 万元。

3.2 国际慢城"桠溪生态之旅"

"桠溪生态之旅"位于江苏省高淳县桠溪镇，全长 48km，盘旋于顾陇、瑶宕、穆家庄、蓝溪、桥李、荆山等六村之间，区域面积达 2.5 万亩，人口约 2 万。通过整合丘陵生态资源而形成的集生态观光、农事体验、高效农业、休闲度假为一体的农业综合旅游观光景区，是全国农业旅游示范点，江苏省四星级、南京市四星级乡村旅游点、自驾游基地，并于 2010 年被世界慢城组织授予"国际慢城"称号，成为中国首个国际慢城。

"桠溪生态之旅"的发展特色体现在五个方面：

（1）理念：坚持慢城理念。

（2）旅游景点：成功塑造桃花扇广场、文化林广场、大山景观台、文化林、茶楼、诗廊栈道钓鱼台，瑶池农家乐、大山农家乐以及百亩向日葵花园、百亩薰衣草园、千亩梨园、千亩有机茶园、千亩红枫、万亩油菜花等四季大地艺术景观。

（3）特色节庆：有国际慢城金花旅游节和国际慢城大地艺术节。

（4）四季旅游活动：全年都可开展不同类型的旅游活动。

（5）农副产品销售：春夏秋冬四季均有农产品可销售。

3.3 四川郫县农科村

2006 年，国家旅游局把"中国农家乐旅游发源地"的称号授予郫县农科村。

农科村村民在花木经营的过程中成功摸索出利用川派盆景、花卉苗圃优势，吸引市民前来吃农家饭、观农家景、住农家屋、享农家乐、购农家物，农村经济得到发展，农民得到了实惠的发展模式。

农科村依托自身的花卉种植产业以及当地的习俗、文化、建筑特色等发展起农家乐。可以说，其农家乐的发展是根植于地方，有着扎实的根基。农家乐旅游资源主要分为观光产业源、川西民俗资源、川西民居资源、节事旅游资源、历史文化资源五大类，具体如右图所示：

农科村的旅游业发展不是一蹴而就，而是经历了不同的过程，其宝贵的经验可以作为八村组团的有益借鉴。

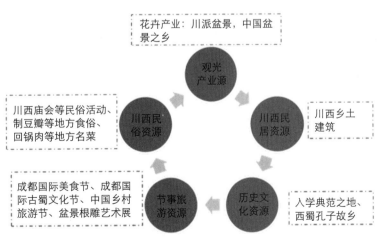

图 3 郫县农科村农家乐五大旅游资源示意图

3.4 安吉土地流转

安吉县位于浙江省西北部，是联合国人

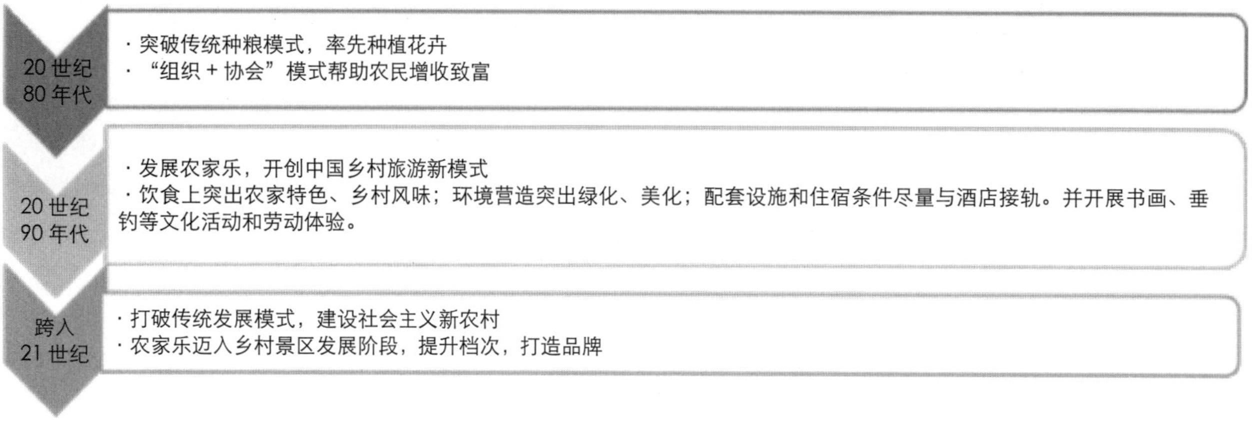

20 世纪
80 年代
· 突破传统种粮模式，率先种植花卉
· “组织 + 协会”模式帮助农民增收致富
20 世纪
90 年代
· 发展农家乐，开创中国乡村旅游新模式
· 饮食上突出农家特色、乡村风味；环境营造突出绿化、美化；配套设施和住宿条件尽量与酒店接轨。并开展书画、垂钓等文化活动和劳动体验。
跨入
21 世纪
· 打破传统发展模式，建设社会主义新农村
· 农家乐迈入乡村景区发展阶段，提升档次，打造品牌

图 4　郫县农科村旅游业发展历程示意图

居奖唯一获得县，是中国首个生态县，全国首批生态文明建设试点地区，有中国第一竹乡、中国白茶之乡、中国椅业之乡、中国竹地板之都之美誉，被评为全国文明县城、全国卫生县城、荣获国家可持续发展实验区、全国首批休闲农业与乡村旅游示范县。

安吉县在土地流转方面成绩突出，其土地流转共涉及农户 3.1 万余户，总面积 11.66 万亩，占全县耕地总面积的 40.2%（2011 年）。土地流转凸显农业的规模化效应，形成现代农业园区 12 个，培育了草莓产业、甲鱼产业等 11 个特色地域农业产业。土地流转每年平均为每户农户带来收益 3000 元以上。

安吉县土地流转模式有“大户承包”、“中介服务”和“土地入股”三种模式（如下图 5 所示），其中最为普遍的是“大户承包”模式。

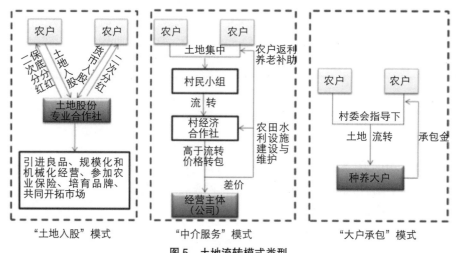

农户
农户
二次分红
保底分红
土地入股
货币入股
二次分红
土地股份专业合作社
引进良品、规模化和机械化经营、参加农业保险、培育品牌、共同开拓市场
农户
农户
土地集中
农户返利养老补助
村民小组
流 转
村经济合作社
农田水利设施建设与维护
高于流转价格转包
差价
经营主体（公司）
农户
农户
村委会指导下
土地 流转
承包金
种养大户
“土地入股”模式
“中介服务”模式
“大户承包”模式

图 5　土地流转模式类型

3.5　案例小结

笔者认为，以上案例的成功经验，都可以作为八村组团今后发展的有益借鉴，可借鉴的经验总结如下：

（1）农村经济的发展须立足于实际，在现状基础上选准主导产业，并对其积极引导和培育；只有形成产业聚集效应，形成规模化、专业化经营，才能凸显出“一村一特色一品牌”，最终实现农业增效、农民增收和农村繁荣的美好愿景。

（2）培育壮大流通加工企业、农产品研发机构，进一步延长农村经济产业链条十分重要。产业链条的延伸不仅包括产业内部，还包括产业的综合发展、融合发展。乡村旅游的发展就是基于乡村农业与旅游业的融合，一方面农业为旅游业提供资源，具有旅游价值的农业资源是生态旅游的内容、基础，与农业产业相关的农民生活、农村风貌也应加以挖掘，成为特色旅游资源；另一方面旅游业的发展反过来极为有利地促进了农业的繁荣与升级。

（3）抱团发展、集团发展、组织化经营是农村产业发展的必经之路，对于农村品牌的塑造、产业的繁荣极为关键。

（4）可借鉴安吉土地流转模式，改善土地资源的配置效率，提高土地的利用效益，为加快村居发展、做大做强农业和旅游业提供土地保障。

4 发展路径探寻

八村组团作为珠海市推行幸福村居建设协调、城乡一体化发展的试验田，应多吸取其他类似地区的成功经验，避免重复过去村居规划建设的失误，基于八村组团自身特点，从强化可操作性出发，以推动农村发展为最终目的，在产业发展、土地使用规划、生态发展和设施建设四个方面，提出切实可行的统筹协调发展路径，实现对八村组团建设的有效引导，避免资源的浪费，促进珠海市城乡一体化发展。

4.1 产业发展统筹协调发展路径

（1）联合党委，抱团经营，实现规模效益

统筹协调八村组团首要是先加强各村合作，建立八村组团合作渠道，使八村组团作为整体开展各项工作。基于八村组团现状各自为政的情况，结合其自身禀赋，以"抱团经营、互利共赢"为出发点，成立八村组团合作组织，即八村产业联盟，强调品牌化、组织化和特色化的塑造，以此充分挖掘各村特色资源，错位发展，打造整体特色、塑造品牌、提升档次。

规划以八村产业联盟为核心，成立八村联合党委、旅游协会、花卉苗木种植合作社、水产养殖合作社等组织，形成立体的组织架构，相互之间既独立又统一，以不同的重点、共同的目标开展相应工作。

1）八村联合党委：主要负责指导八村组团建设、农民培训及党员培训基地的工作。

2）旅游协会：主要负责引导各村农民积极参与旅游开发过程的工作，包括民俗表演、工艺品制作、民宿和餐饮供应；协会要协调好村民内部利益，以及村民与政府、公司、旅行社之间的利益。

3）水产养殖及花卉苗木种植合作社：主要负责引进良品、种苗培育、技术支持、参加农业保险、培育品牌、共同开拓市场的工作。

将以上措施落实到具体操作层面，以旅游产业为例，可通过莲洲镇政府、公司、光明联合旅游协会、旅行社四个层面，各司其职，完成旅游产业发展的一系列工作，以此确保旅游产业平稳的发展。

1）莲洲镇：主要负责区、镇规划、八村协调规划、各村居幸福村居建设规划等规划编制的相关组织工作，基础设施建设相关组织工作以及全面负责招商引资。

2）公司：主要负责项目策划、经营管理、商业运作，实现村居产业的公司化运作。

3）光明联合旅游协会：主要负责莲洲地方民俗表演、节庆和赛事、导游培训及服务、维护传统民居、协调村民与公司、旅行社的利益等工作。

4）旅行社：主要负责开拓市场、组织客源等。

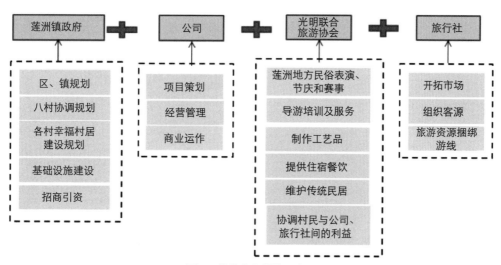

图 6　旅游产业操作示意图

图 7 产业规划结构示意图　　图 8 产业布局规划图

八村组团在联合党委的领导下，以八村产业联盟为纽带来协调，各村结合自身优势产业及发展优势，通过抱团经营，统筹各村产业，在实现产业差异化发展，形成各村特色产业的同时，实现规模经营。

（2）产业融合，提升产业价值

八村组团现状第一产业以种养业为主，产品输出为原始农业；第二产业发展式微；第三产业以低端、为满足基本生活需求的商业和服务性行业为主，兼有部分自发性的农家乐、农庄，目前，八村组团内唯一的重大旅游项目"十里莲江"的发展仍处于初步阶段。

八村组团的三大产业孤立发展，没有形成产业互相促进有机联系的模式，均处于初级阶段，发展缓慢。

规划提出走产业融合发展路径来实现产业价值的提升，产业融合既包括产业间的融合，也包括产业发展要素的融合。就八村组团来说产业融合就是农业和旅游业的融合以及资源、技术和功能等产业要素的融合（具体路径详见图 9 和图 10）。通过产业融合形成以乡村旅游业为先导、都市观光农业为支撑的农村产业体系，打造珠海市农家乐特色风情体验区和具有区域影响力的乡村旅游度假区。

4.2 土地使用规划统筹协调发展路径

结合相关政策，规划提出土地使用规划统筹协调发展路径就是实施土地流转，以此整合土地资源，改善土地资源的配置效率，提高土地利用效益。

八村组团人多地少，农民自己搞种养业，有一定收益，且风险在可承受范围内，村民对土地流转多持观望态度，土地流转现象不多见，土地资源未能有效整合，规模化效应未能突显，产业难以做大做强，农民收入难以提高。

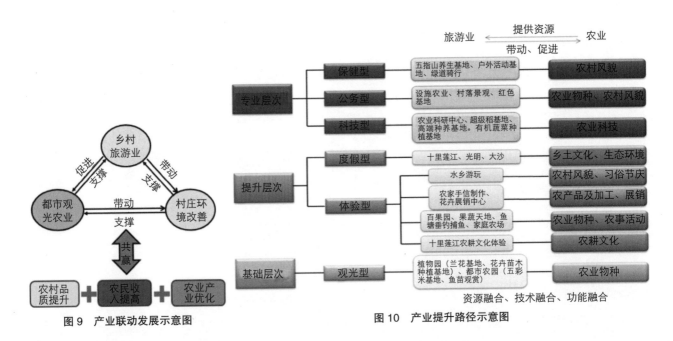

图 9 产业联动发展示意图　　图 10 产业提升路径示意图

土地流转可以有效改善土地资源的配置效率，凸显集体土地资产价值，促使农民经济收入的提高；同时，土地流转也是改善农村环境、节约集约使用各种资源的有效途径。土地流转包括建设用地流转和农用地流转，结合八村组团具体情况，提出农用地流转模式一、农用地流转模式二和建设用地流转模式，各用地流转模式示意图如图 12 所示。

4.3 生态发展统筹协调发展路径

八村组团有着优美的自然生态环境，应处理好生态环境保护与产业发展的关系。在发展产业的同时，注重生态优先与统筹协调，促进资源的集约发展。

规划采用"生态优先、集约发展"的生态发展统筹协调发展路径，来实现产业与生态环境的协调发展。具体来说，就是遵循"整体、协调、循环、再生"的基本原理，注重生态优先与统筹协同，促进资源的优化配置。一是采用低强度低密度开发模式，发展有机水稻种植、花卉苗木种植、水产养殖等生态农业、生态休闲旅游、绿色食品加工等绿色产业，增强生态产品生产

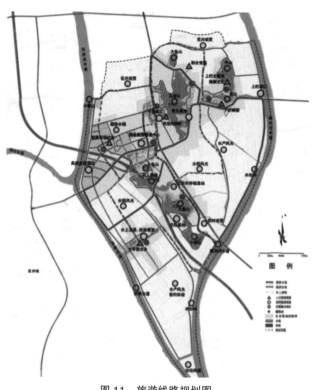

图 11 旅游线路规划图

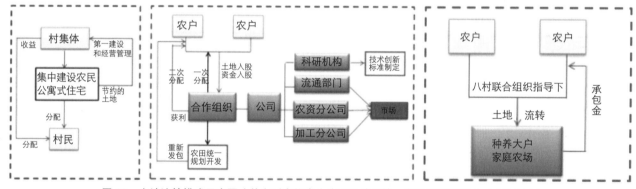

图 12 土地流转模式示意图（从左到右依次为建设用地流转、农用地流转模式一和模式二）

能力，实现产业生态化、高效化。二是建立各类资源的共享共建体系，避免浪费，提高资源使用效率。三是保护山体，整治水系，整治村内公共空间，加强对农业生产环境和生活环境的整治与保护，建立生态环境"点——线——面"的网络保护体系，营建优美宜居环境。

4.4 设施建设统筹协调发展路径

结合新型城镇化、城乡一体化发展要求，规划采用"完善设施，服务均等"的设施建设统筹协调发展路径来完善村居设施配套，向乡村提供与城镇均等的普惠性公共服务。

规划提出设施建设的最终目标是实现公共设施的优质全覆盖，包括硬覆盖和软覆盖。具体的建设要求为规模适度、相对集中、方便村民（居民）、有效服务。

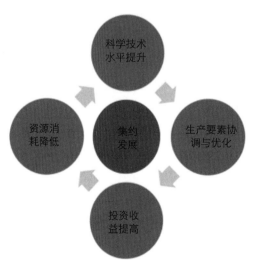

图 13 集约发展示意图

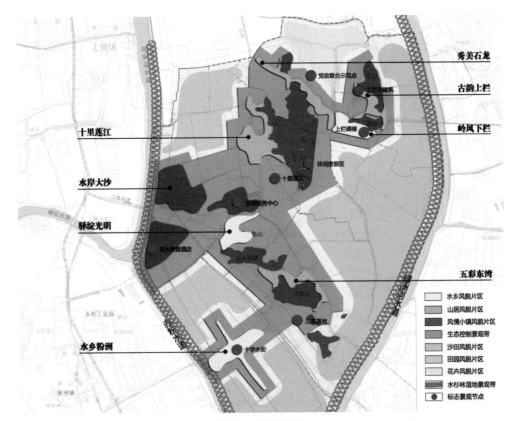

图14 风情规划图

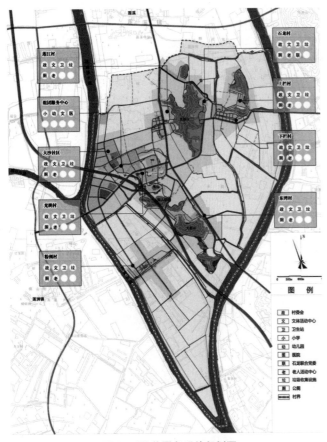

图15 公共服务设施规划图

（1）硬件设施建设要求

1）形成多层次的公共服务体系，形成符合城乡统筹要求的城乡基本公共服务配置标准。

2）提升组团中心公共服务质量。在组团中心完善区域性的公共服务设施和市政基础设施，包括行政服务中心、文体科技中心、变电站、停车场等设施。

3）提升各村居公共服务质量。在各村居提供与村（居）民需求相契合的公共服务设施和市政基础设施，兼顾可达性与服务质量，新增缺乏设施，整治现有设施，提升服务水平。

（2）软件设施建设要求

1）社会保障工程

把建立健全同经济发展水平相适应的社会保障体系作为重点，进一步扩大社会保险改革力度。把健康体检、新型农村合作医疗保险、工伤保险、新型农村养老保险、低保等列入基本公共服务均等化行动计划。

2）就业促进工程

结合组团产业格局，对农民进行教育培训，引导村（居）民自己经营家庭客栈或到农业企业就业，鼓励村（居）民回乡就业。

3）民政福利工程

为进一步解决困难群众生产和生活问题，完善社会救助体系，加强对困难群众的经常性生活救助，推动社会捐助工作的深入开展，为应对农村老龄化以及孤寡老人和五保老人的集中供养问题。

4）完善村居管理制度

完善村居组织机构，健全管理制度，包括"两委"联席会议制度、民主议事制度、财经管理制度、集体资产管理制度、集体土地承包管理制度、群众利益分配制度、党务村务公开制度、突发事件应急处理和化解群众矛盾机制等。

5）健全财政补贴制度和转移支付制度

加强村居建设的财政投入，规范财政转移支付体制，构建功能完善、分配科学、管理规范、信息透明的转移支付制度。

在"完善设施，服务均等"设施建设统筹协调发展路径的指导下，规划在八村组团公共设施配置上的做法为：各村配置村居服务必备的基本设施，而在规划区的综合服务中心配置区域性服务设施，包括小学、幼儿园、文体中心等，满足片区使用需求，改变长期借用镇中心、莲溪中心设施的现状。

基于在产业发展、土地使用规划、生态发展和设施建设四个方面提出的村居统筹协调发展路径，为进一步强化规划的可操作性，更好地指导八村组团的统筹协调发展，规划对其进行

八大行动	项目	建设村居	图例	建设时序	项目位置示意
一、推广土地流转，盘活农村土地资源	集体建设用地交易平台	光明村	❶	二期	
	新型社区	大沙社区	❷	二期	
	家庭农场	粉洲 东湾	❸	一期	
	种养业合作组织	莲江 石龙 上栏 下栏 东湾 粉洲	❹	一期	

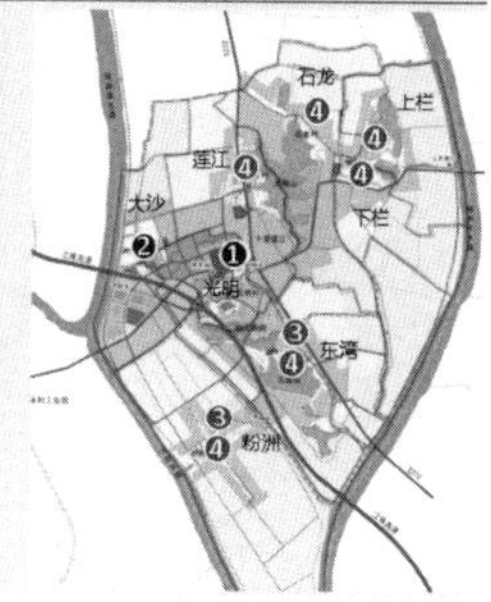

图16 土地流转重点项目示意图

八大行动	项目	建设村居	图例	建设时序	项目位置示意
二、推行党建，强化基层领导核心	加强农村基层党组织建设（实施"村企支部联建"）	各村居	—	一期	
	试点推行农村联合党委（八村联合党委）	石龙村	❶	一期	
	加强农村干部规范化管理	各村居	—	一期	
	加强村级组织运转保障能力	各村居	—	一期	
	厘清村居组织职能关系（推进政经分离）	各村居	—	二期	
	全面创建"廉洁镇村"	各村居	—	二期	
三、加强体制保障，增强经济发展活力	明确农村集体资产权属	各村居	—	一期	
	推进农村社区型股份制改革	大沙社区	❷	二期	
	完成农村集体土地确权登记发证	各村居	—	二期	
	探索农村集体建设用地流转改革	各村居	—	二期	
	发展高效生态现代农业	各村居	—	二期	
	产学研基地	光明村	❸	二期	
四、提升管理水平，建设宜居村居社会	推进社会管理工作重心下移	各村居	—	一期	
	完善村政村务监督管理机制	各村居	—	一期	
	建立健全农村集体"三资"管理（八村联管）	光明村	—	一期	
五、加大扶持保障，改善村居民生条件	加快农村社区文化发展	各村居	❹	一期	
	加快镇村综合服务平台建设	大沙社区	❺	二期	
	将城市基础设施和公共服务延伸到农村（区域共享）	大沙社区	❻	二期	
	建立基本农田资金补偿制度	各村居	—	一期	
	落实一事一议财政奖补制度	各村居	—	一期	
	提高城乡社会保障水平	各村居	—	二期	

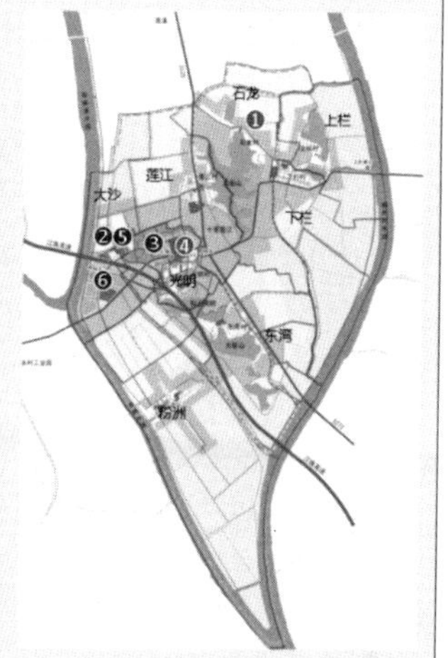

图17 农村综合改革重点项目示意图

了综合，提出了与村居统筹协调发展路径相匹配的行动计划。该行动计划包含土地流转、农村综合改革、设施配套三大方面，共八大行动。本着总体规划、分期建设、先易后难、滚动开发的原则，综合组团用地开发条件、开发时机的成熟程度以及村居的发展思路等因素，分一期（2013—2015年）和二期（2016—2017年）两个阶段来控制。

1）土地流转

土地流转即对土地使用权的流转，是农村综合改革、创建幸福村居的重要组成部分，是村居产业发展、村民增收的重要保障。规划提出土地流转重点区域为石龙村五指山东侧集体建设用地、大沙新型社区建设用地、粉村南侧水产养殖基地、石龙村花卉苗木种植基地、东湾村东侧花卉苗木种植基地、下栏村南侧水产养殖基地。规划确定的土地流转重点项目分期实施的具体内容如图16所示。

2）农村综合改革

强调以加快农村发展、确保农村稳定、促进农民增收为核心，建立起符合实际的农村改革发展体制机制。规划确定的农村综合改革重点项目分期实施的具体内容如图17所示。

3）设施配套

着重完善公共服务和市政基础设施，提升城乡公共服务均等化水平，提高旅游服务能力。规划确定的设施配套

八大行动	项目	建设村居	图例	建设时序	项目位置示意
六、统筹公共设施建设，构建均等服务格局	社区行政服务中心	大沙社区	❶	二期	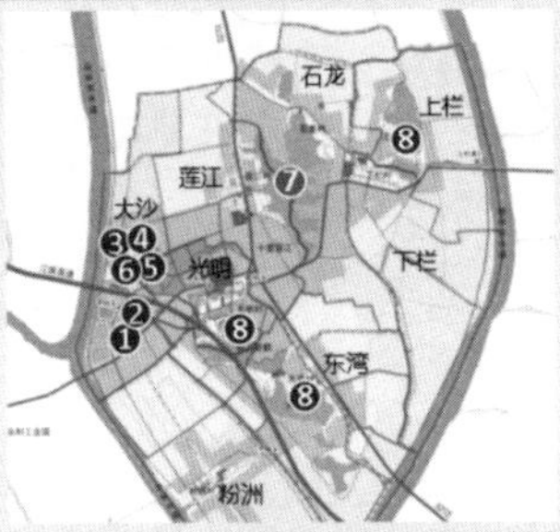
	文体活动中心	大沙社区	❷	二期	
	公共服务中心	大沙社区	❸	二期	
	中学	大沙社区	❹		
	小学	大沙社区	❺	二期	
	幼儿园	大沙社区	❻	二期	
	公园建设	莲江村和石龙村（五指山）	❼	一期	
		其他村居（龟山、莲山等）	❽	二期	
	完善村居服务设施	各村居	—	一期	
	公共场所绿化	各村居	—	一期	
	危房改造	各村居	—	一期	
七、完善基础设施建设，夯实开发建设基础	组团主要环路	粉洲、东湾、石龙、莲江、光明	—	一期	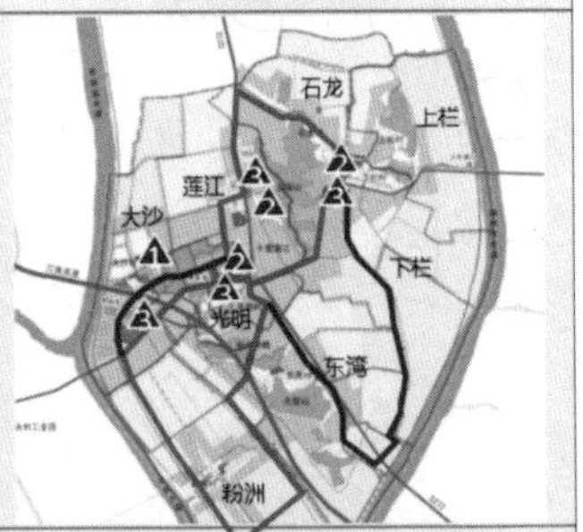
		光明、大沙、东湾、下栏	—	二期	
	改善村居道路	各村居	—	一期	
	220千伏变电站	大沙社区	▲	二期	
	10千伏开关站	光明、石龙、莲江	▲	二期	
	综合通信局址	光明、大沙、石龙、莲江	▲	二期	
八、加快旅游配套建设，促进乡村旅游发展	污水收集及处理设施	各村居	—	一期	
	河涌整治(除水乡游线)	各村居	—	一期	
	完善垃圾收集设施	各村居	—	一期	
	旅游服务中心	光明村	▮1	二期	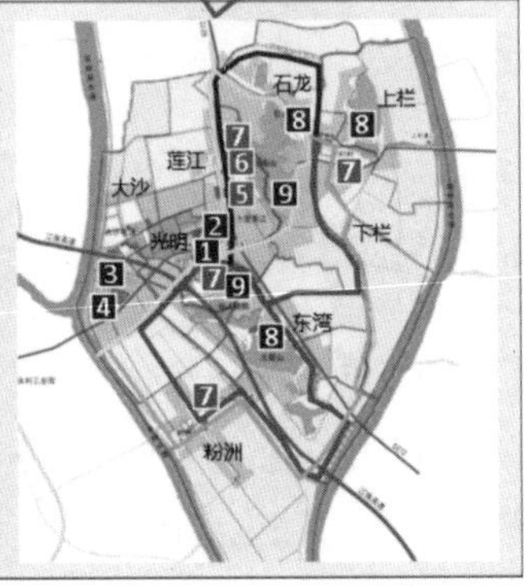
	农产品展销中心	光明村	▮2	二期	
	农产品科研中心	大沙社区	▮3	二期	
	高端度假酒店	大沙社区	▮4	二期	
	十里莲江	莲江村	▮5	二期	
	民俗风情街	莲江村	▮6	一期	
	农家客栈及旅游服务点	莲江、光明、粉洲	▮7	一期	
		石龙、上栏、东湾	▮8	二期	
	水乡游线	光明、粉洲、东湾、石龙	—	一期	
		石龙、莲江	—	二期	
	绿道游线	莲江、石龙、光明、大沙	—	一期	
		粉洲、东湾、下栏、上栏	—	二期	
	康体养生	石龙、光明	▮9	二期	

图18　设施配套重点项目示意图

重点项目分期实施的具体内容如图18所示。

5　结语

　　村居是最基层的居民点，作为我国千年农耕文化的物质载体，村居发展不仅关系农民切身利益，更关系着传承农耕历史的文脉与乡愁、体现新时代村居的新面貌。但因其分布较为分散、规模较小、各村之间各自为政，使得村居建设难以跟上新型城镇化、城乡一体化的步伐。为此，本文通过规划实践的综合分析，提出通过联合党委、抱团经营、产业融合来发展产业；通过土地流转、政策支撑来改善土地资源的配置效率；通过生态优先、集约发展来促进资源的集约发展；通过完善设施、强调服务均等来完善设施建设等发展路径，来实现各村统筹协调发展，以兼顾各村在寻求独立发展的同时，还可实现与其他村居的合作共赢，从而走差异化、集约化、可持续化的发展道路。在此，希望能为同类地区的村居规划建设提供些许参考。

主要参考文献

[1] 珠海市城市总体规划（2001-2020）.2014年修订.

[2] 珠海市斗门区莲洲镇土地利用总体规划（2010—2020）.

[3] 珠海市幸福村居城乡（空间）统筹发展总体规划.

[4] 珠海市村居建设规划指引.

[5] 珠海市斗门生态农业园总体规划（2011-2030）（在编）.

[6] 珠海莲洲八村乐—幸福村居组团协调规划.

[7] 涂海峰，王鹏程，陈曦. "城乡统筹"和"两型社会"背景下新农村规划设计探讨——以湖南省望城县广民村规划为例 [J]. 规划师，2010，03（26）：46-49.

[8] 胡志酬，张显. 瑞安市美丽乡村的实践与探索 [J]. 新农村，2014（06）：9-10.

[9] 赵之枫. 城市化加速时期村庄集聚及规划建设研究 [D]. 清华大学，2001.

Discussing on How to Realize the Coordinated Development of the Villages ——Based on the《Eight Happy Villages in Lianzhou，Zhuhai – Coordinated Planning of the Happy Villages Group》

Liu Lixia　Xiang Shouqian

Abstract：The group of eight happy villages located in the central of the ecological agricultural park which is in the north of Zhuhai，The villages in it are closed to each other but form independent groups respectively，and they are surrounded by river from three sides，The eight villages have different resources and advantages，but there are some conditions can make them realize the coordinated development，such as geographical location、the industrial economy、cultural background、cultural landscapeetc，By coordinated ways in uniting the party committee、management in groups，industrial convergence；land circulation；ecological priority；intensive development、Completing the facilities and services，and so on，the eight villages can lead to the development of coordinated、difference and sustainable。

Keywords：the group of eight happy villages，lianzhou，zhuhai；coordinated development in villages；ways of development

珠三角乡村城市化进程中人口迁移对城郊村庄影响研究

祝晓潇

摘　要：在我国工业化和城市化快速推进中，乡村人口向城市大规模迁移，而大城市周边乡村由于其地理位置的特殊性，也会收到"乡——城"流动大军的影响。本文根据马卜贡杰人口迁移模式方法，提取出从环境背景、主体对象、系统调节三个主要层面，对我国珠三角地区人口迁移现状进行分析，得出珠三角地区人口迁移现状的特征。大城市周边村庄由于其自身地理位置的优势，成为流动人口就业和生活的跳板，因此而面临产业发展、用地集约性、村民自治、公服设施配套、社会管理的问题。本文在珠三角地区人口迁移现状的基础上探讨在应对流动人口迁移给城郊村庄发展带来的新情况与新问题上，村庄规划以及政策制定方面应该如何应对。

关键字：人口迁移；流动人口；村庄发展；村庄规划

在我国城镇化进程中，乡村人口的迁移是重要的现象，其涉及了经济、社会各方面的因素。改革开放以来，我国的城镇化进程明显加快，城镇化导致了大量的农村人口迁移到城市中。在目前的研究中，着力点基本都放在乡村人口迁移到城市后，对城市方面的经济社会等方面的影响，而在大批人口意图涌入城市后，乡村的人口结构、产业定位都会发生一定的变化。本文选取的研究范围是大城市周边乡村，由于户籍制度对大城市落户进行严格控制，其周边的乡村在自身人口迁移的基础上，面临着全国人口迁移大浪潮中作为向大城市迁移的跳板的地位。对于这一类的村庄，许多问题与远郊村不同，在进行规划时，应该因地制宜提出策略。

1　马卜贡杰模式方法提取

1970 年马卜贡杰（Mabogunje）提出了城乡人口迁移的系统分析模式。该模式认为，城乡人口迁移的原因不仅在于移民本身，而且，更为重要的是在于农村和城市的控制性次系统的调节机能，它们是控制移民数量的机制。马卜贡杰的系统分析模式是在"推力——拉力"理论的基础之上，从城市和乡村的控制系统上以及各系统之间的作用来探究人口迁移的机制，将各种非经济因素纳入了考量。

马卜贡杰模式将人口迁移的所有因素整合在一个系统之中，总结起来，可以将系统分为四个层面来理解：①主体对象层；②环境背景层；③系统调节层；④迁移、反馈渠道层。其中最后一个层面是前三个层面互相作用的影响情况，正反馈则促进人口迁移现象的发生，负反馈则阻碍了迁移现象的发生。外界的环境背景层影响分为四个类别：首先是经济情况，如工资、物价等；其次是科学技术，如交通运输、通信技术等；再者是社会发展方面，如教育情况、文化情况等；最后是国家、政府的政策，如一些农业发展政策、市场调节政策等。系统调节层面分为城市调节系统和乡村调节系统，包括各自的调节机能和控制性次系统。

根据马卜贡杰的模式，其城市控制性次系统是城市通过一些政策等因素对于外来人口接纳性的一种调节，而乡村控制性次系统是乡村家庭的代际纽带等一些因素对于人口流的一种"粘着"。在环境背景、主体对象、系统调节三个层次的作用下，人口的迁移是具有筛选性和门槛性的。而这种门槛和筛选性会使得流动人口具备其一定的特征，而从迁移人群的特征中，进而可以针对性分析人口迁移对于大城市周边的城郊村的影响。

祝晓潇：华中科技大学建筑与城市规划学院硕士研究生

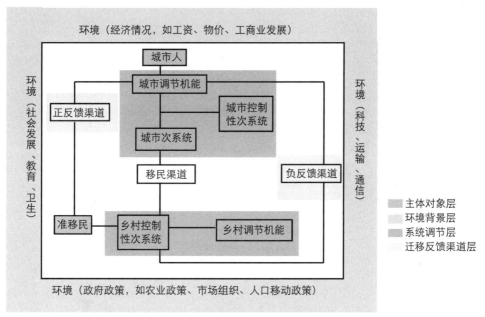

图1 马卜贡杰模式方法分析示意图
（资料来源：作者自绘）

2 珠三角地区人口迁移现状特征

根据马卜贡杰模式中对人口流动迁移的分析，从主体对象、环境背景、系统调节三个层面来分析珠三角地区人口迁移的特征。

2.1 环境背景层

在环境背景层面上，主要两个方面，一个是国家最近出台的关系到人口流动的政策、文件；另一个是全国范围内珠三角地区所在的广东省的流动人口的情况，从横向和纵向，更具有比较性的，进行分析。

在政策方面，首先，国家提出了新型城镇化的口号，号召在新型城镇化的过程中，政府需要承担起降低流动门槛，权衡各方利益，增加社会总效益。2014年7月30日，国务院印发的《国务院关于进一步推进户籍制度改革的意见》，是改革开放以来户籍领域最深刻的总体调整，其中指出的户籍制度的改革方向是：基本无限制的完全放开城镇和小城市的落户限制，有序放开中等城市的落户限制，适度控制大城市人口规模，严格控制特大城市人口规模。这次户籍改革，会带来的直接影响就是短期之内，对于像广州、深圳等大城市的劳动力的大量涌入的趋势不会改变，但是由于迁移成本的制约，大城市周边的城镇可能会成为流动人口滞留甚至落户的首选。再者，地方上也会出台相应的针对流动人口管理的文件。

从我国流动人口的迁移分布上看，我国的流动人口的分布的历史变动有一定的阶段性。20世纪80年代，流动人口主要的流向区域是东北老工业基地、中西部资源城市、工业城市和省会城市；20世纪90年代，珠江三角洲和长江三角洲地区的城市开始成为主要的流向区域，并且有后来居上的势头；21世纪以来，东南沿海城市和区域性中心城市是吸纳流动人口的重中之重。

从六普数据来看，流动人口也是向着东南沿海地区集中的趋势，在全国范围内，流动人口占当地常住人口的比重过半的城市主要是集中在上海和北京两个经济点，仅次于这两个城市珠三角地区其流动人口占据的比重也是不容小视。图2中是各地区的流动人口占全国流动人口的比重分布图。单从流动人口看，广东省内的流动人口以14.11%的比重位居首位。

2.2 主体对象——准移民的基本情况

迁移流动人口在户口性质、性别、年龄、受教育程度、家庭状况等方面都会体现不同特征，下面对珠三角地区流动人口的特征进行分析。

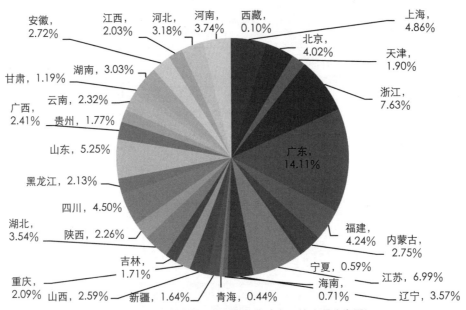

图2 各地区流动人口占全国总流动人口的比重分布图
（数据来源：国家统计局发布的第六次人口普查资料）

（1）流动人口中，农业户口人数比例较高

根据我国第六次人口普查的数据，在珠三角地区迁入的28409人[①]中，农业户口与非农业户口之比为4：1，农业户口的人数占了将近83%。

（2）流动人口中年龄结构不均衡

性别比例上，珠三角地区流动人口男女性别比将近120%，男性略高于女性，而在年龄分布上，16~25年龄段人口居多，即青壮年人口居多。从"六普"的数据中可以看出，当前我国的迁移人口以20世纪80年代的新生代农民工为主体，以劳动适龄人口为主。

（3）流动人口中家庭规模小型化

根据2010年中国流动人口发展报告[②]中的资料，流动人口家庭的平均规模为2.3人。全部所有家庭中（包括单人流动户）中，67.4%为夫妻/子女一起居住。在珠三角地区，迁移流动人口多数是携带配偶，其比例占珠三角地区迁移人口的50%以上。

所以，珠三角大部分人口迁移的过程可以描述成：在劳动力市场上更加具有竞争力的成员外出务工，一段时间后，家庭开始考虑是否将留在农村的家庭成员随迁，实现家庭迁移。而由于迁移流动人口会受到城市控制性次系统的反馈作用，使得在迁移过程中为了使得自己迁移成本的最小化，以及效益最大化，往往选择小规模家庭的迁移，即，流动人口家庭大部分夫妻二人，部分是父母带着子女，以便于随迁子女可能有机会享受到更好的教育。

（4）流动人口中受教育程度偏低

珠三角地区流动人口多数为小学、初中和高中毕业，受教育程度偏低，基本上接受完九年义务教育后，外出到南方地区打工。在这些流动人口中，接受高等教育的人群里，研究生仅仅占0.3%，学历为大学本科的人群占了3.39%，学历为大学专科的人群占5.90%。

（5）流动人口收入水平较低

在2010年中国流动人口发展报告的资料中显示，流动人口的就业与收入情况有着明显的分化情况。农业人口多集中在低薪或高危行业。60%的农业流动人口聚集在月平均收入最低最低的四类行业中，相应的非农流动人口比例为53%；而在收入最高的三类行业中仅仅吸纳了6.4%的农业人口。相对于非农流动人口，农业流动人口更多地聚集在风

---

① 依据数据为全国第六次人口普查长表数据的百分之一抽样数据，即人口普查数据的千分之一。
② 2010年中国流动人口发展报告中中国流动人口生存发展状况报告中资料整理得到。

险较高的建筑业以及收入较低的制造业和住宿餐饮业。

而珠三角地区的流动人口中，80% 以上为农业流动人口，其就业大都也集中在第二产业中，大都是一些设备制造的工厂，其收入并不可观。

2.3　系统调节层

在马卜贡杰模式中，农村控制性次系统是通过农村的各种乡土联系、血缘、地缘关系等来得以实现。而城市控制性次系统是通过进入城市的门槛条件、社会融入度等方面来实现。

在研究珠三角地区城郊村庄受到的城市和农村的控制性系统的影响，主要从产业功能上、社会效益上等方面来看迁移流动人口所带来的一系列应变机制。

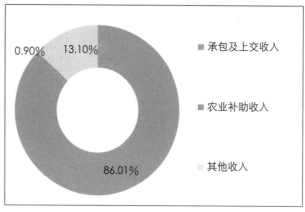

图 3　大龙街 2012 年财政收入统计　单位：元
（资料来源：广州市番禺区大龙街村庄财务收支情况摸查表
（2012 年））

从产业功能上看，珠三角地区，大城市第二产业的外扩促进了大城市周边村庄的乡镇企业的发展。据统计，珠三角地区乡镇企业从 1985 年的 64668 个、企业人口数 119.41 万人。到 2009 年增加到企业单位 199 713 个、企业人口数 685.53 万人。这些企业的进驻必然推动了这些周边村庄的城镇化发展。

在社会效益上，由于城市门槛条件的制约，绝大多数的农村劳动力不大可能最终落脚在大城市，这些人部分会选择周边村庄，促使了这些村庄加快住房、交通、水、电等基础设施的建设并且使得当地村民依靠出租房屋等增加了其他收入。

在社会融合度方面，由于大城市周边村庄依旧保留着村庄的社会关系网络，大部分外地流动人口的社会融入方面有一定困难，特别是来自中部以及北部的流动人口，在语言沟通方面存在一定障碍。

3　人口迁移对珠三角城郊村庄发展的影响

3.1　产业的承接与涌入的流动人口相互促进

大城市周边的乡村由于其地理区位的优势，其乡镇企业和承接的外迁产业大多是劳动密集型企业，能够为一定的流动人口提供就业岗位。大量的外来流动人口流入珠三角农村地区，不但缓解了珠三角农村因经济高速发展而导致的劳动力不足，为该区农村的工业发展提供了充足的劳动力资源，而且也进一步促进了乡镇企业和第三产业的发展。

以广州番禺区大龙街为例，2000 年番禺撤市设区，作为广州市"南拓"的核心节点，番禺承接了部分的产业转移，该地区的城镇化速度迅速上升。而大龙街作为紧挨着番禺区的政治、经济、文化中心，基本上在产业发展类型上，重点已经是放在制造业等第二产业，如图 3 所示，农业已经不再是村民集体经济的主要收入来源。然而这些二产的乡镇企业已经成为外来流动人口主要的就业渠道。

但是由于目前我国的乡镇企业走的是一条无序分散的道路，没有统筹性。然而缺乏统筹性极大地限制了乡镇企业对村庄发展的促进作用并且可能会带来村庄发展分化。如何将村庄的乡镇企业统筹集中并带动第三产业的发展是城镇化进程中亟需考虑的问题。

3.2　流动人口带来的"红利"诱惑下的粗放发展

由于占了流动人口大部分的农业流动人口在就业和收入层中处于劣势地位，选择与大城市相比较低的生活成本的周边乡村是流动人口减少迁移成本的方法，这样一来，大量的流动人口需要住房和各种配套设施。拉动了珠三角地区很多其他行业的发展。再者，流动人口本身也是一个巨大的消费群体，由于其本身的生活方式、消费习惯受到城市的影响，对第三产业的需求也会随之增长。

这种需求的拉动会带来一定积极的影响，但是也会带来一定的问题。比如，流动人口的不稳定性对村庄社会安定有一定的影响，对于村庄的管理造成一定问题；另一方面，村民盲目为了追求这种经济"红利"，希望通过争取新增分户住宅以便获得更多的出租房屋的收入，而村集体纷纷争取投资建厂，追求经济效益。这样完全没有统筹计划

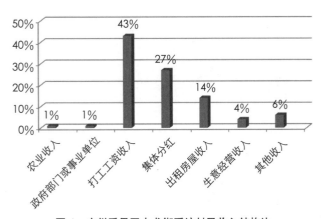

图 4 广州番禺区大龙街受访村民收入结构比
（数据来源：广州市番禺区大龙街村庄摸查表）

性的争取建设用地不利于城郊村的集约发展。

在进行广州番禺区大龙街的新农村规划过程中，现状摸查发现村民报上来的新增人口数据与现有的住房情况都有与现实不属实的情况。在村民问卷调查中，受访人员的收入结构比反映出（图 4），出租房屋的收入在当地村民的收入中也是很可观的。再者，在村民诉求摸查时，基本上所有村都反映村庄后备发展用地紧张，希望突破土规、控规的指标限制，争取更多的建设指标。

3.3 人口流动呈现城乡双向的互动特征

大城市周边的城郊村一方面在容纳外来流动人口的同时也会自己输出青壮年的劳动力人口。这样带来的积极影响是由于这些劳动力在外出（一般是流入珠三角地区像广州、深圳等城市）打工已经对大城市的生产生活有了一定的了解，甚至有些人在大城市还学到不少新的科学文化知识。将大城市的生产生活方式、观念带回家乡，使周围的其他农民也受到城市文化的熏陶，从而可能使农村生产生活观念发生转变，促进广义的城市化水平的提高。消极影响是，适龄劳动力的外流，使得这些村庄中大部分常住人口为老人、孩子以及外来流动人口，村庄的自治缺少新鲜的血液和活力。

在广州番禺区大龙街的村庄规划的公众参与过程中，发现村民代表年龄介于 35~60 岁的人数居多，有的村庄甚至基本上在 50 岁以上。

3.4 流动人口"候鸟现象"带来服务设施的一定闲置

由于珠三角地区流动人口中大部分人群是农民工，具有候鸟性，就是会带来季节性的需求，这种情况下，往往在一些设施的配套上会有一定季度性的浪费。许多服务流动人口的业态类似二手家具市场等也会处于萧条期。除此之外，候鸟型务工人员在"返工潮"和"返乡潮"两个时间段对交通等设施也会造成一定的压力。

3.5 村庄社会分化现象

随着我国经济的迅速发展以及各个地区的村庄发展不平衡，本属于同一阶层的农民也会产生分化，就全国范围来看，农业流动人口与当地农民都会产生以市场机制背景下，职业基础之上的分化现象，突出的表现为珠三角农村地区的流动人口在住房条件、收入水平、社会保障等方面与当地农民有极大的区别。

仅从住房条件上看，在广州番禺区大龙街范围之内，在远离中心城区的部分村庄内从事"代耕农"的一产从业者居住条件一般较差，房屋一般为农地旁的棚屋等，生存环境较恶劣；而从事二三产的流动人口，一般是租用当地村民的房屋，或者工厂安排的集体宿舍，居住环境虽然较好，但是一般住房面积小，租金较贵。在收入水平上，同样作为劳动力，在市场上一般没有太大的差距，但是当地农民凭借其地缘关系，使得其收入稳定性上远远大于流动人口，就业工种也更具有多样性。相比之下，流动人口的收入稳定性没有一定的保障，并且在社会保障方面，由于户籍不在当地，类似于医疗保险、养老保险等无法享受到。

3.6 人口迁移推动的城镇化加剧村庄环境景观的变化

由于大城市周边的城郊村属于城市和乡村和外来成分共同作用的地域，其景观特征是典型的城乡混合景观。而这种景观特点由于人口迁移推动的城镇化现象会更加加剧。靠近城区区域和交通线沿线以类城市景观为主，而外侧以乡村景观为主体。

再者，在大量的劳动力流入的同时，传统的"乡土文明"与"城市意识"正面临着冲突，造成村庄自以为包围在自然绿化之中，但是村庄内部城市类景观地区，盲目追求经济效益，生态环境已经遭到一定的破坏。

4 人口迁移影响下的城郊村庄发展应对

4.1 针对村庄产业发展进行分层面统筹规划

由于人口迁移对城郊村产业的发展有相互促进的作用，一方面，为了更好地发展第二产业，吸引更多的劳动力，在二产的乡镇企业的分布上应该有一个向导性的统筹；另一方面，在一些城镇化水平较高的村庄中，退二进三的产业升级应该有一定的策略。将一些耗能多、污染大的旧厂房进行升级改造。

在广州番禺区大龙街的村庄规划中，首先根据村庄发展水平进行村庄分类，然后根据不同的类别提出产业发展的策略。产业用地的发展指引以及产业类型的发展指引。（表1）再者，对于在土地利用总体规划中控制为建设用地，在城市规划中控制为非建设用地的现状工业用地，根据集聚发展的原则，将该规模统一安置到镇街确定的工业集聚区中。将所调出的工业用地整合成四大工业园区，即：茶东村镇级工业集聚区、大龙村镇级工业集聚区两大工业集聚区，以及旧水坑村村级工业园、新桥－沙涌村级工业园。

广州番禺区村庄产业发展指引原则一览表　　　　　　　　表1

村庄类型	发展策略	产业用地发展指引	产业类型发展指引
城中村	发展策略：采取"三旧"综合改造的模式，纳入城市用地统一规划，按照改造单元进行更形与改造，实现升级转型；所有居民点集中一处就地或异地新建村民公寓	·适当发展工业用地发展； ·采用措施合并搬迁工业，置换用地转为公共服务设施用地、绿地等； ·历史与新增经济留地逐步梳理纳入市、区、镇工业园区布局，新增经济留地部分采用货币补偿或货币租赁方式解决	·大力发展现代服务业，严格控制耗能多、污染大、占地广、运输量大的工业、仓储类项目，通过"三旧"改造对现有旧村庄、旧厂房进行更新开发，发展商贸、商务、房地产、旅馆等服务业
城边村	发展策略：充分利用大项目的带动作用，采取综合开发模式，引导村民上楼、物业入园	·现状工业用地近期保留，远期工业用地统一纳入市、区、镇级工业园区	·侧重发展重点项目，鼓励配套产业，引导产业向组团发展方向发展。 ·发展生态旅游业。 ·发展居住、商业、服务业、旅馆业等第三产业

4.2 对村庄旧村和新建区域进行开发密度分区

为了追求由于大量流动人口的涌入带来的"红利"，虚报新增分户，原有住房违规加建，村内的用地粗放、人地关系紧张等现象严重。为了保证村庄建设用地集约化，应该对旧村和新建区域分别进行开发强度的管理。旧村原则上在现状基础上以疏解为主，不再进行加建或者扩建。新建区域，必须符合村庄开发控制的要求。

4.3 设施配套要综合考虑流动人口的需求

在设施配套方面，村庄一方面要在满足当地居民的情况下要将流动人口的需求纳入考虑范围之内，部分户籍居民可能作为其他地区的流动人口，长期居住在外地，而流入的外地务工人员却对于配套设施的需求度可能高于户籍居民。特别是在小学的配置方面，由于流动人口迁移的趋势是小型家庭规模的迁移，很多已为人父母的流动人口，为了使得孩子享受大城市良好的教育资源，会将在入学年龄段的孩子带在身边。所以在小学的配套布置时，不能仅仅以服务半径和当地村民的需求来考虑。

基于村庄流动人口居住有一定偏好性，人口分布不均衡，不同地域密度差别较大的现状，在广州番禺区大龙街的村庄规划中，打破了按照行政区划单元配置公共服务设

图5　大龙工业入园集聚发展图
（资料来源：笔者自绘）

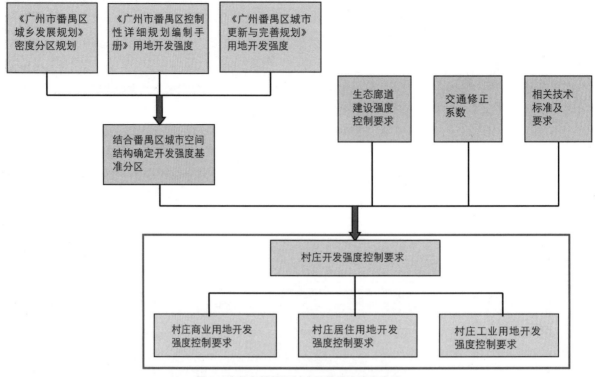

图6 广州市番禺区村庄开发强度技术路线
（资料来源：《村庄开发强度专题报告》）

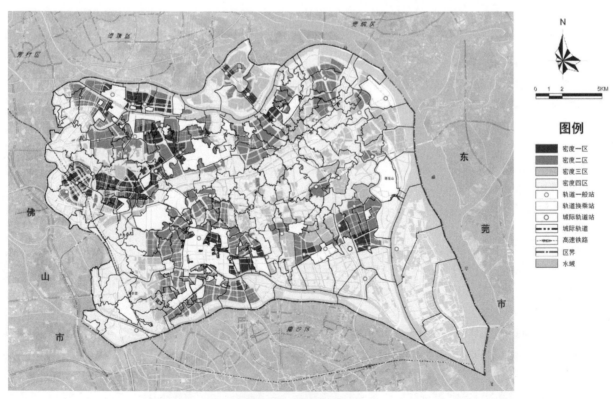

图7 各村密度分区情况
（资料来源：《村庄开发强度专题报告》）

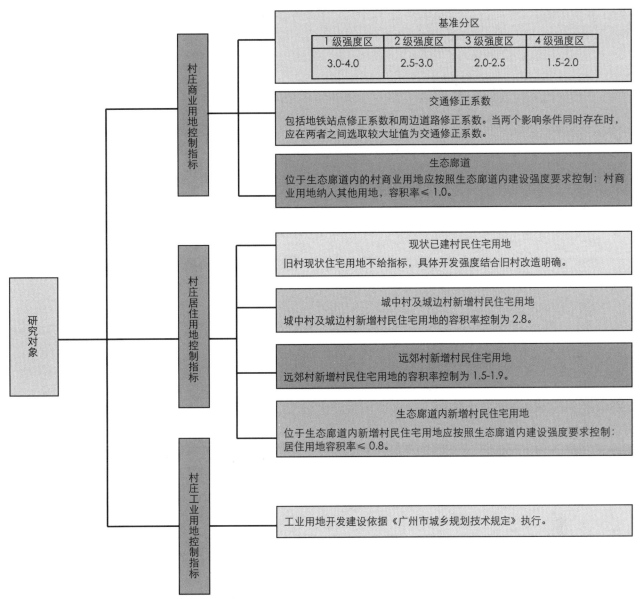

图8 村庄规划新增用地控制指标依据路线
（资料来源：《村庄开发强度专题报告》）

施的模式，依据一定的人口现状情况，统筹规划，使得村庄设施配套突破行政界限的共享化。

4.4 加强村庄类景观与城市类景观的融合

村庄与城市最大的区别在于其小巧精致的规模尺度，在于它的山水风光与田园气息。因此在城郊村的新增用地的规划建设上，要切忌"求高"，"崇洋"、盲目效仿城市的风貌，而要体现自己的地域特色与文化传统。

在广州番禺区大龙街的村庄规划中，特别针对每个村庄进行岭南特色景观的规划，通过绿地系统、公共休闲空间、景观风貌系统以及历史文化建筑等方面进行景观整治改善。充分挖掘村庄的景观潜力价值，严格保护街巷空间格局和风貌，为村庄创造更加怡人的空间。

5 小结

在当前以及今后一段较长时期内，我国村庄"调整产业结构，促进生产空间集约高效、生态空间山清水秀，给自然留下更多修复空间，"方面承担着重大的历史使命，特别是大城市周边的城郊村庄已经急迫面临着周边区域大发展和大变化的压力和制约，既面临着巨大机遇，同时也存在着严峻挑战。在城市化进程高速发展的背景下．流动人口迁移特征给城郊村庄发展带来了新的情况与新的问题，在村庄规划以及政策制定方面必须给予重视，以应对新的情况及新的问题。

主要参考文献

[1] 王元华，杜静. 基于势理论的城镇化进程中人口迁移研究 [J]. 商业时代，2014（5）：32-33.

[2] 王泽强. 乡—城人口迁移对农村人口老龄化的影响———基于"年龄—迁移率"的定量分析 [J]. 西部论坛，2011(6)：27-33.

[3] 马骏，黄泽文，安宓，郑庭义，向安强. 城市化背景下农业人口流动对农村发展的影响——以珠三角地区为中心 [J]. 安徽农业科学：2012，40（2）：1089-1091.

[4] 刘晏伶,冯健. 结构快速变动下村庄规划编制研究——以浙江省村庄规划编制实践为例 [J]. 城市规划:2012,36(3)：90-96.

[5] 许玲. 大城市周边地区小城镇发展研究 [D]. 西北农林科技大学，2004.

[6] 王泽强. 乡—城人口迁移对农村人口老龄化的影响——基于"年龄—迁移率"的定量分析 [J]. 西部论坛,2011(06)：27-33.

[7] 高静. 城市群人口流动对区域经济发展的影响研究 [D]. 首都经济贸易大学，2014.

[8] 纪韶,朱志胜. 中国城市群人口流动与区域经济发展平衡性研究——基于全国第六次人口普查长表数据的分析 [J]. 经济理论与经济管理，2014（02）：5-16.

[9] 任重等. 人口迁移流动与城镇化发展 [M] 上海：上海人民出版社，2014.

[10] 刘晏伶，冯健. 中国人口迁移特征及其影响因素——基于第六次人口普查数据的分析 [J]. 人文地理，2014（02）：129-137.

Study on the Migration's Influence of the Suburban Village of Pearl River Delta in the Urbanization Process

Zhu Xiaoxiao

Abstract : In the rapid development of industrialization and urbanization in China, the mass rural population go to urban for migration, but in the countryside, in the surrounding of big cities, will be influenced by the flow force coming from the migration, because of its special geographical position. According to the method of "*Mabogunje Migration Model*", the writer extracted three main levels : the environment background system, the main object system, regulating system, and analysis the the present situation of migration population in China's Pearl River Delta region.the write Summarize the characteristic of the migration population in Pearl River Delta area. The villages surrounding big cities because of its geographical location advantages, become a springboard for employment and life of floating population. Therefore, the villages faced industrial development, intensive land use, the villagers autonomous, public service facilities, social management problems. Based on the present situation of population migration in Pearl River Delta area, the writer want to explore that how the village planning and policy should be made to deal with the new situation and new problems, which is brought by the migration.

Keywords : population migration ; floating population ; village development ; village planning

震后村落空间自组织更新方法
——对雪山村震后规划的个案研究 *

朱钊

摘　要：由于缺乏对传统村落系统特征与自组织演变规律的认知，快速推进的灾后重建以及过量盲目的旅游资本投入导致了传统村落资源的无序竞争和开发，历史风貌日益肢解，文化传承渐趋断层的严重问题。村落空间的自组织演化分析是探析村落系统各要素间相互作用规律、优化系统要素协调发展的前提和基础。对处于复杂系统背景下的村落空间运用 CA 模型可以动态描述其非均衡、非线性的自组织空间发展特征。村落震后空间自组织更新重点考量两个过程，一是基于适应性的自组织重组过程，正确引导重建用地与增长用地的选择；二是基于约束性的他组织介入过程，把控旅游开发单元植入的空间坐标，规避无序的他组织扰动。文章结合雪山村震后重组规划案例，根基于两个过程，对村落空间实施以动态规划指导其在震后重建中的自组织动态更新。

关键词：传统村落；自组织；更新；CA 模型；动态过程

近年来，快速推进的重建工程以及大量资本投入的旅游开发使得受灾村落获得了快速发展的条件与产业转型的契机，但由于缺乏对村落系统特征与自组织演变规律的认知，重建过程导致了传统风貌日趋肢解、文化传承逐渐断层、资源无序开发与竞争的严峻问题。越来越多的研究证明村落结构复杂的时空动态变化往往比其最终形成的空间格局更为重要[1-2]。

在芦山地震重建之际，中国扶贫基金会启动"彩虹乡村计划"支持雪山村灾后重建，鼓励旅游发展，打造"彩虹乡村"示范点。如何在科学认知传统村落自组织演变特征及作用机理的基础上，有效制定适宜的重建更新规划模式与旅游产业植入策略至关重要。笔者试图结合雪山村震后重建规划案例，寻求震后村落空间自组织更新方法。

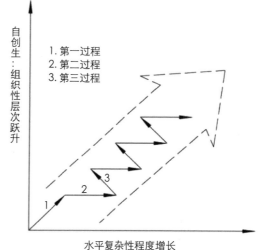

图 1　系统自组织演化过程图
（资料来源：参考文献 [4]）

1　村落震后空间重组尊重自组织演化过程

自组织领域涉及的是事物自发、自主形成结构的过程，在这个过程中存在特有的自组织特征、条件、环境和动力学规律，因此需要寻找一种特定的方法[3]。最早提出自组织思想的德国哲学家伊曼努尔·康德将其分为自组织、他组织和非组织 3 个层次。清华大学吴彤教授将自组织定义为无需外界指令而能自行组织、自行创生、自行演化，能够自主地从无序走向有序的系统[4-5]。

村落作为一个动态的复杂巨系统（结构的层次性、动态性、不可预测性、非线性等特征），以家庭为投资、决策、实施主体的自建模式使其受外部指令的约束性相对较弱，其功能转换和演变存在内在规律性[6]，具有自组织特征[7]。灾后快速重建以及大量旅游产业开发等外界干预，使村落发展对外依赖增加，自组织特性减弱，自适应、自愈合的能力逐渐丧失，传统村落的形态系统容易在外界干预下遭受扰动与瓦解。理解并尊重村落自组织演化过程是村落震后空间重组的基础与源头。

* 基金项目：科技部国家重大专项项目资助（2012ZX07307-001）。

朱钊：重庆大学建筑城规学院硕士研究生

1.1 更新重点内容——保护传统村落系统特征

村落空间在没有规划控制的情况下，受宗法制度等文化影响，自组织结构通常为自下而上的发展和演化，其演变过程通常经历了三个阶段（图1）：秩序性跃升（从混沌到有序）；集聚性跃升（从单核到聚落）；层次性跃升（从简单到复杂）[8]。笔者试图总结传统村落系统特征来引导震后村落空间自组织更新的重点内容（表1）。

传统村落系统特征与更新重点内容研究　　　　　　　　　　　　　　　　　表1

传统村落系统特征	自组织更新重点	解释
非线性	序参量①的选择	村落系统的非线性表现在各组成要素相互交织使其成为一个复杂的动态变化系统。自组织更新通过控制序参量（自然环境、文化习俗、经济活动等）自适应、自调整、自修复维持自身的形态结构[8]
开放性	系统动态适应阈值②	村落与外界频繁的物质、能量及信息交换超过开放性维持的阈值点时，将会影响甚至改变原系统结构。自组织更新通过动态适应阈值把控系统从无序向有序（或向新的有序）的转变[9]
非稳定性	成核机制的形成	村落系统是一个远离平衡状态的开放系统，通过各类要素非线性作用下的涨落运动，促进系统内部新的有序结构生成。自组织更新重在形成演变核心即能最终被放大的涨落基核[8]

（资料来源：根据参考文献 [4，8~9] 整理自制）

1.2 更新控制原则——基于村落自组织演化特性

由于受到地理空间条件、经济发展水平、建造实施技术等因素的限制，传统村落自组织形成要素单一（如农业经济模式或生态模式等），演化过程缓慢。更新若片面考虑单一因素的影响，会导致物质、能量和信息的非全权输入，造成村落系统机能退化、活力丧失[8]。掌握村落在自组织演化过程中的特性是震后村落自组织更新原则控制的基础（表2）。

村落自组织演化特性与更新控制原则研究　　　　　　　　　　　　　　　　表2

村落自组织演化特性	自组织更新原则	解释
时空并置	渐进性	村落自组织演化的漫长历史呈现出多样化的形态特征。更新需注重保护原基址特色以传承建筑空间所承载的传统生活习性
整体涌现	整体性	自组织的复杂性、多样性统一在整体秩序中，由各系统整体"涌现"。自组织更新则要挖掘村落的隐藏自组织秩序，优化整体格局
内在关联	引导性	传统村落建设通常受原址环境格局或相邻建筑形式影响，各单元通过对邻近单元的感知产生相应的效应，形态基核是其重要形式。自组织重组需对形态基核的把握来引导整体的更新动态
动态适应	适度性	传统村落自组织演化系统具备更好的环境适应能力。在系统自身承载力范围内适度介入外来因子，动态适应自组织规律促使新系统结构持续发展

（资料来源：根据参考文献 [8~9] 整理自制）

2 震后旅游产业介入的村落空间自组织更新方法

2.1 村落更新中自组织与他组织的协同

（1）他组织介入——基于协同性的共同演化

大量资本投入与旅游产业开发使得传统村落单靠自下而上的自组织更新尤为困难。但在深入掌握传统村落自组织演变规律的前提下，适度介入"他组织"作用恰可弥补传统村落自组织演变发展在时下情势的局限性。他组织作为与自组织相对应的概念[10]（表3），亦可引导系统演变从无序至有序、从简单至复杂、从低级至高级。自组织规律与适度他组织干预的同向复合作用协同有效地推动了传统村落发展[9]。

组织、自组织、非组织以及他组织的概念关系　　　　　　　　　　　　　　表3

总概念	组织（有序、结构化）		非或无组织（无序化、混沌化）	
涵义	事物朝有序、结构化方向演化的过程		事物朝无序、结构瓦解方向演化的过程	
二级概念	自组织	被组织	自无序	被无序
涵义	组织力来自事物内部的组织过程	组织力来自事物外部的组织过程	非组织作用来自事物内部的无序过程	非组织作用来自事物外部的无序过程
典型	生命的生长	晶体、机器	生命的死亡	地震的房屋倒塌

（资料来源：参考文献 [4]）

---

① 序参量是指描述系统有序规模的参量，它在临界点诞生并快速成长起来，逐渐成为主导力量，打破原来的系统平衡，推动系统走向新的有序。在对村落系统演化过程进行数学模拟时，应选择系统的支配变量作为序参量，才能够反映出演化的一般特征和规律。

② 阈值是释放一个行为反应所需要的最小刺激强度，低于阈值的刺激不能导致行为释放。

（2）他组织介入的自组织演化机制

村落系统的空间结构与功能相互作用引发系统内部的涨落，促进系统有序演化。通常小于稳定性临界值即衰退，大于稳定性临界值即生长并能最终引导系统演变过程[8]。但并非所有涨落都会改变有序结构，系统状态在不超过突变临界点前提下，小幅涨落只是暂时偏离有序轨迹，通过自稳定过程最终亦会回到原始稳定状态。但村落是一个不断与外界发生物质、能量和信息交换并远离平衡状态的开放系统，其非线性作用足以使临界点附近任意随机扰动逾越动态适应阈值，造成其系统结构失稳，他组织的介入促使村落原系统渐趋瓦解且巨幅涨落，并通过自重组过程跃升到一个新的、稳定的有序结构状态（图2）[11]。

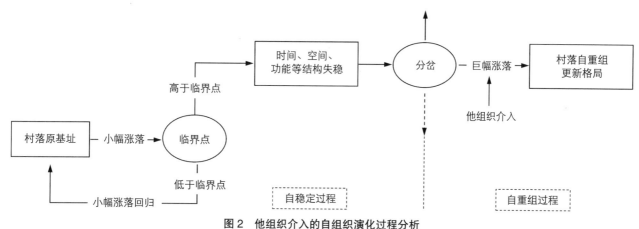

图2　他组织介入的自组织演化过程分析
（资料来源：根据参考文献 [11] 作者改绘）

2.2　旅游产业介入的自组织更新动态过程模拟——基于 CA 模型

元胞自动机（cellular automata, CA）属于分形模型的分支，是一种自下而上的方法，立足于现实基础和客观条件，根据简单的局部规则模拟复杂的动态系统，为模拟演变过程和动力机制提供研究方法[12]。笔者使用元胞自动机作为震后村落空间自组织更新研究的基本模型。

（1）CA 模型概念阐释

CA 模型是一个由离散、有限状态的元胞组成的元胞空间上，按照一定局部规则，在离散的时间维上演化的动力学系统[13]，其特点是复杂的系统可以由一些很简单的局部规则来产生，相对于传统数学模型，元胞自动机可以模拟出复杂的自然现象和复杂系统中不可预测的行为。一个 CA 模型作用的要素通常有晶格空间、邻域、时间、边界条件与转换规则（表4），其工作原理为：一个元胞空间即是一个规则网格单元，某时刻的状态仅取决于上一时刻该元胞的状态以及该元胞所有邻域元胞的状态（图3）。

CA 模型在 40 年代由 Ulam 首先提出，并很快被 Von Neumann 用来研究自组织系统的演变过程[14]，由于 CA 模型具有模拟二维空间演化过程的能力，可以有效地模拟各种可能条件下城市发展的趋势，从而探讨城市发展的机制[15-17]。Deadman 等曾利用 CA 来模拟加拿大 Ontario 地区的农村居民点的扩张过程，获得了很好的结果[18]。

CA 模型构成要素　　　　　　　　　　　　　　　　　　　　　　　　　　　　　　　　　　表4

组成	解释
晶格空间	元胞所分布在的空间网点集合
邻域	在一维元胞自动机中距离一元胞半径 r 内的所有元胞，二维元胞自动机邻域定义较复杂
时间	元胞自动机是一个动态系统，它在时间维度上的变化是离散的，即时间 t 是一个整数值，而且连续等间距。假设时间间距 dt=1，若 t=0 为初始时刻，那么 t=1 为其下一时刻
边界条件	理论上元胞空间在各维度上是无限延展的，但在实际应用中，计算机操作无法实现这一理想条件，因此需要定义不同的边界条件
转换规则	根据元胞当前状态及其邻域状况确定下一时刻该元胞状态的动力学函数即一个状态转移函数

（资料来源：根据参考文献 [8~9, 19] 整理自制）

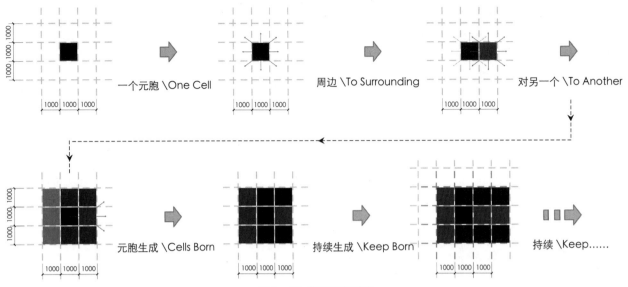

一个元胞 \One Cell　　周边 \To Surrounding　　对另一个 \To Another

元胞生成 \Cells Born　　持续生成 \Keep Born　　持续 \Keep......

图 3　CA 模型原理示意

（2）村落自组织更新要点——基于 CA 模型构成要素

根据 CA 模型的构成要素分析，笔者拟定出村落的更新要点（表 5），在自组织过程中给出合理的控制以完善村落自重组布局。

CA 模型应用于村落自组织更新研究　　　　　　　　　　　　　　　　表 5

CA 构成要素	村落更新要点	解释
晶格空间	震后村落原址与重建发展用地	随着离散时间的推移或迭代计算次数的增加，未发展用地会围绕震后现存或原址村落中心不断转化为重建发展用地，并逐渐填充村落区域[19]
邻域	相邻地块	土地并非基于规则网格单元空间，村落邻域范围是具有与中心地块具有共同交点或边线的相邻地块
边界条件	动态适应村落土地增长的阈值	震后村落重组空间增长随着时间达到一定阈值时，土地增长的转换模式就会发生变化，此时应控制村落边界规避村落自组织格局的瓦解
时间	旅游介入的村落承载限度	村落地块在 t+1 时刻的状态由它与相邻地块在 t 时刻状态及对应的转换规则决定[20]。旅游功能植入空间随着时间达到某一限度时需导控转换
转换规则		

（资料来源：根据参考文献 [9，11，19~20] 整理自制）

（3）村落自组织更新衡量标准——基于适应性与约束性的 CA 模型

他组织介入的震后村落空间自组织更新需注重控制两个重要环节，一是村落基于本身自组织演化过程的空间重组的增长用地选择，二是旅游开发介入的村落空间承载限度。这两个节点均可用 CA 模型量化的数学公式衡量并表达。

1）基于适宜性的 CA 模型

用来引导村落震后重组的增长用地选择，保障村落空间自组织格局的完善与持续性运作。假设状态 S、发展概率 Ps 和发展适宜性 DSs，存在如下关系[20~21]：

$$S^{t+1}\{x, y\}=f(Ps^t\{x, y\})$$
$$Ps^t\{x, y\}=f(Ds^t\{x, y\})$$

在村落空间增长模拟中，具有较高发展适宜性值的单元相应有较高的发展概率 Ps。发展适宜性 DSs 是由交通情况、地形条件、土地资源以及经济形势等因子作用决定。

2）基于约束性的 CA 模型

用来控制旅游开发单元植入村落的空间坐标，规避村落自组织演化形成的格局不被外界因子扰动。假设 Pd'{x, y} 是发展概率；S' 是状态；N 是邻近范围；con Sd'{x, y} 是总约束性；{x, y} 是单元所在的位置，存在如下关系[22]：

$$P'd^t\{x, y\}=f(S^t\{x, y\}, N) \times con Sd^t\{x, y\}$$

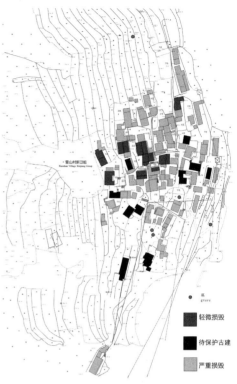

总约束性系数用来控制发展的速度。各种约束性的值可以根据一系列环境和资源要素来定义，其变化范围是 0 ~ 1，当其值为 0 时，则否定其所在位置上的任何发展；当其值为 1 时，则对发展没有任何约束（100% 支持）[22]。

3 雪山村震后自组织更新策略探寻

3.1 更新背景

（1）雪山村概况

雅安市宝兴县雪山村低半山村民小组位于海拔 1300~1700m 之间，高半山组均处在海拔 1600m 以上的高山上。受灾后高半山的村民小组都搬下山住着临时搭建的板房。全村辖区面积 28.2km²，有耕地面积 526 亩，人均耕地面积 1 亩。林地有 9000 亩，待开发面积 6800 亩。灾前村民平均纯年收入约 5000 元，全村经济以农业为主，农业生产以玉米、小麦、马铃薯等粮食作物为主；经济作物以杉木、药材为主。当地建筑形态为传统川西民居。芦山地震造成全村农房倒塌或严重损毁，其中房屋倒塌或严重损坏需重建的有 107 户，房屋严重损坏需加固维修的有 14 户（图 4）。

（2）"彩虹乡村"背景

中国扶贫基金会为推动乡村发展进行了连续 10 多年探索与实践，从"社区综合发展模式"到"农业经济合作社模式"，至 2013 年正式启动了"美丽乡村计划"，将村庄整体规划、经济合作社和产业发展结合起来，探索解决乡村发展的新模式。在芦山地震重建之际基金会启动"彩虹乡村计划"支持雪山村灾后重建，围绕"村庄整体规划与建设、经济合作社建设以及旅游发展"三大内容展开，最终将雪山村打造成"彩虹乡村"示范村，并为乡村建设提供可复制和推广的模式与经验。以雪山村为研究对象，对村落进行重建规划的同时，也提出新的产业模式。雪山村近 100 户村民中会有 25 户改造为乡村度假屋，由专业酒店管理团队为核心管理与销售支持，村民自主运营，约 50 户将从事生态养殖行业，为度假村提供有机果蔬，同时让游客有机会体验耕种的乐趣，另外 25 户将从事后勤支持工作，如布草洗涤、设备维护、基础建设等。

图 4 雪山村建筑损毁现状
（资料来源：AIM2013 国际竞赛提供）

图例：
■ 轻微损毁
■ 待保护古建
▨ 严重损毁

3.2 旅游开发介入的村落空间自组织更新动态演化模拟

（1）CA 模型演绎的雪山村自组织更新路径

运用 CA 模型模拟雪山村自组织演化路径，将其过程分为三个阶段：芦山地震前——震后空间自组织重组——旅游产业植入（图 5）。芦山地震前阶段，从雪山村起源到汶川地震之间的时间段是雪山村自组织演化过程，而在汶川地震过后的居民重建也是自组织更新的重要依据；芦山震后空间自组织重组阶段，旅游产业并不鼓励一开始介入村落震后重组过程，在此阶段基于适宜性 CA 模型选择村落增长用地进行建设重组过程，当达到土地增长阈值点时应停止用地边界增长；旅游产业植入阶段，在他组织准入节点进行，在此阶段基于约束性 CA 模型控制旅游开发单元植入村落的空间坐标，以得到最优发展功效，当开发单元达到村落承载限度时，应停止旅游开发建设以规避村落自组织更新格局的瓦解，保障可持续性的村落发展。

在整个发展过程中，不同的自然因子、社会群体在过程中扮演者不同的角色，并付出与得到相关利益。基地作为介质，由村民、设计参与主体和不同的投资者或商业团体共同运营，组成一个高度自组织器官，保护尊重自组织演化过程。

（2）雪山村空间动态规划引导——基于 CA 更新模拟过程

通过 CA 模型对雪山村自组织动态更新的模拟，规划方案摒弃传统的蓝图式静态平面，代之以动态规划引导，提供一个动态规划的引导过程（图 6），而不是一个最终静止的规划平面，在此过程中把握重要时间点的平面控制（图 7）。

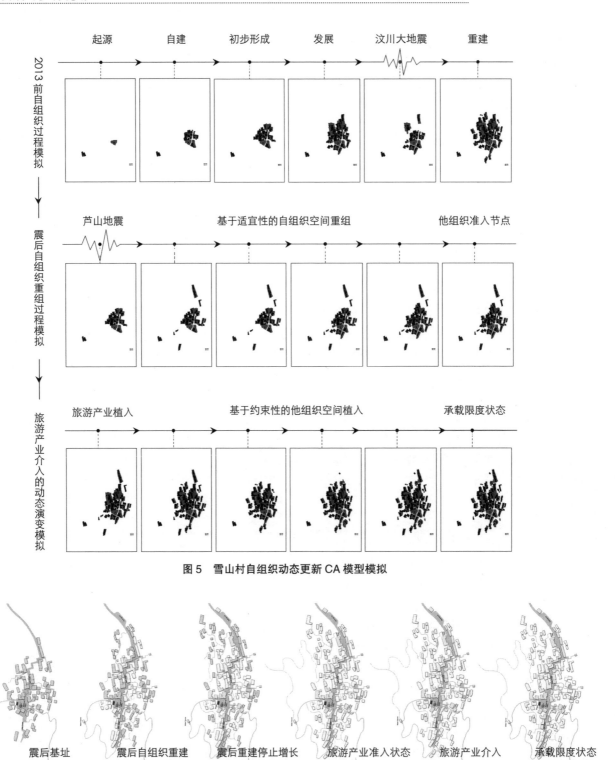

图 5   雪山村自组织动态更新 CA 模型模拟

图 6   雪山村平面动态演变过程分析

3.3   自组织更新的建筑改造——引导自主建设

建筑的更新是村落自组织更新中的重要部分，自组织演化过程中建筑是村民自发建设的成果，所以在建筑改造方面需要引导村民自主建设来满足功能需求。

在建造模式上，原建筑基址能够被放置在一个 3m×3m 的基本单元网格中，因此在复原重建已损毁民居时，建立 3m×3m 的单元网格中，将民居模数化，方便快速施工和建造（图8）。在建筑结构方面，思考的起源来自于对雪

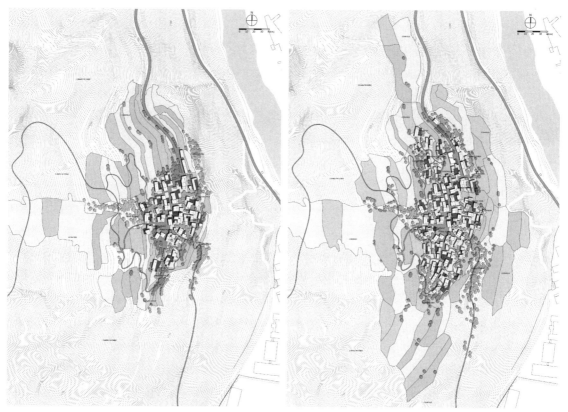

图7 雪山村平面动态演变过程的两个时间点平面图
（左图为旅游产业准入点平面，右图为旅游产业达到村落承载限度的状态平面）

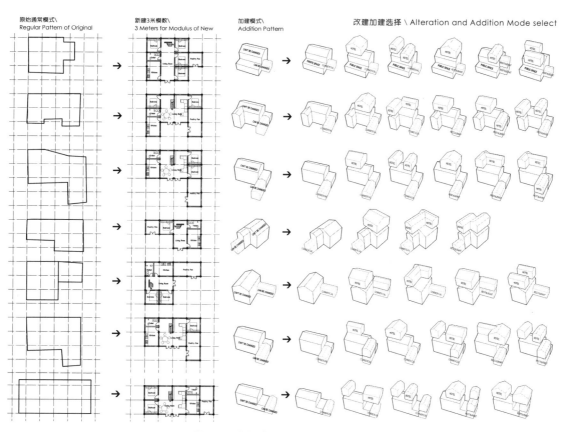

图8 雪山村建筑建造模式建设引导

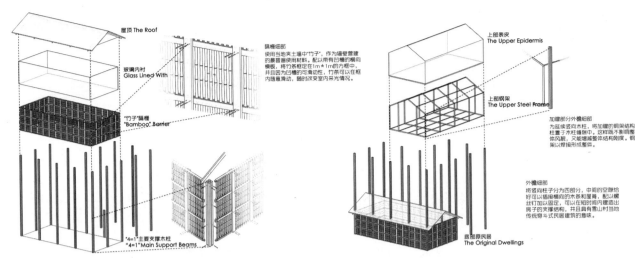

图9 雪山村建筑结构改造引导

山村当地传统民居的分析，它们当中大量使用了夹土墙并以竹条作为其中支撑结构，竹子在雪山村非常常见，所以提出利用竹子作为结构与装饰构件，经过简单施工制作成"可滑动的墙"，方便居民自建改造施工（图9）。

4 结论

村落空间的自组织演化分析是探析村落系统各要素间相互作用规律、优化系统要素协调发展的前提和基础。对处于复杂系统背景下的村落空间运用CA模型可以动态描述其非均衡、非线性的自组织空间发展特征，而不是始终停留在语言与字面上的文字分析。村落震后空间自组织更新重点考量两个过程，一是基于适应性的自组织重组过程，正确引导重建用地与增长用地的选择；二是基于约束性的旅游开发单元植入，把控开发单元介入的空间坐标以规避他组织的无序扰动。根基于两个过程，对村落空间实施以动态规划指导村落在震后重建中的自组织动态更新。

（文中图片除注明外，均为AIM2013国际竞赛本参赛团队方案成果，参与人员为：朱钊、秦朗、刘哲、蒯畅、邹雍雪、袁宇昕，院校为：重庆大学建筑城规学院。）

主要参考文献

[1] 周干峙. 城市及其区域——一个典型的开放的复杂巨系统，城市发展研究，2002（1）：1-4.

[2] 黎夏，叶嘉安，刘小平. 地理模拟系统在城市规划中的应用 [J]. 城市规划，2006，30（6）：69-74.

[3] 曾国屏. 自组织的自然观 [M]. 北京：北京大学出版社，1996.

[4] 吴彤. 自组织方法论研究 [M]. 北京：清华大学出版社，2001.

[5] 张济忠. 分形 [M]. 北京：清华大学出版社，1995.

[6] 李伯华，曾菊新. 基于农户空间行为变迁的乡村人居环境研究 [J]. 地理与地理信息科学，2009，25（5）：84-88.

[7] 卢健松，刘雅平，魏春雨. 当代公共艺术与乡村人居环境的自组织发展 [J]. 中外建筑，2010（10）：42-45.

[8] 陈喆，周涵滔. 基于自组织理论的传统村落更新与新民居建设研究 [J]. 建筑学报，2012（4）：109-114.

[9] 郭锐. 基于自组织理论的传统村落当代更新模式研究 [D]. 武汉：华中科技大学，2013：17-19.

[10] 綦伟琦. 城市设计与自组织的契合 [D]. 同济大学，2006.

[11] 李勃华，刘沛林，窦银娣. 乡村人居环境系统的自组织演化机理研究 [J]. 经济地理，2014（34）：130-136.

[12] Batty M. Cellular Automata and Urban Form：A Primer. Journal of the American Planning Association，1997，63（2）：266-274.

[13] 周成虎，地理元胞自动机研究 [M]. 北京：科学出版社，1999.

[14] White R，Engelen G.Cellular automata and fractal urban form：a cellular modelling approach to the evolution of urban

land-use patterns [J].Environment and Planning A, 1993（25）: 1175-1199.

[15] Batty M, Xie Y. From cells to cities [J].Environment and Planning B : Planning and Design, 1994（21）: 531-548.

[16] White R, Engelen G. Cellular automata as the basis of integrated dynamic regional modelling [J]. Environment and Planning B : Planning and Design, 1997（24）: 235-246.

[17] Batty M, Xie Y.Possible urban automata[J]. Environment and Planning B : Planning and Design, 1997（24）: 175-192.

[18] Deadman P D, Brown R D, Gimblett H R. Modelling rural residential settlement patterns with cellular automata[J]. Journal of Environmental Management, 1993（37）: 147-160.

[19] 杜嵘. 徽州村落空间自组织结构演变动态模型 [J]. 建筑与文化, 2013（1）: 62-63.

[20] Wu F, Webster C J. Simulation of land development through the integration of cellular automata and multicriteria evaluation [J]. Environment and Planning B, 1998（25）: 103-126.

[21] White R, Engelen G, Uijee I. The use of constrained cellular automata for high-resolution modelling of urban land-use dynamics [J].Environment and Planning B, 1997（24）: 323-343.

[22] 黎夏, 叶嘉安. 约束性单元自动演化 CA 模型及可持续城市发展形态的模拟[J]. 地理学报, 1997, 54（4）: 289-298.

The Method of Village Space Self-Organization Updating after the Earthquake ——Exemplified by the Planning of XUESHAN Village after the Earthquake

Zhu Zhao

Abstract : Since lack of cognition of the characteristics of traditional village system and laws of evolution of self-organization, the rapid reconstruction and excessive tourism capital investment lead to serious problems of disorderly competition in traditional village resources, historic increasingly dismembered, cultural heritage gradually fault. The self-organization evolution analysis is the premise and foundation of the coordinated development of system elements. the dynamic description of non-equilibrium and nonlinear space development under the background of the complex system reflect the research value using the CA model, The village spatial self-organization after the earthquake mainly concerns two processes, one is based on the adaptive self-organizing restructuring process, correctly guide the selection of land for reconstruction and growth ; the second is the intervention of other-organization based on the binding force process, to control the spatial coordinate of tourism unit, and avoid other-organization disturbance. Exemplified by the planning of XUESHAN village reorganization after the earthquake, based on the two processes, implementation the dynamic planning to the village space to guide the self-organization dynamic renewal in reconstruction.

Keywords : traditional village ; self-organization ; renewal ; CA model ; dynamic process

中国农村贫困影响因素及治理路径
——基于灰色关联度的实证分析 *

杨晶

摘 要：农村贫困治理是实现国家治理体系和治理能力现代化的关键。中国农村贫困治理面临着治理难度和成本大，返贫现象突出，贫困治理监督机制"缺位"，社会团体参与不足等问题，必须结合农村贫困的现状，予以适时调整和创新。本文基于 2011-2013 年中国农村经济发展统计数据，利用灰色关联度方法对农村贫困的影响因素进行了实证研究，结果表明：中国农村居民家庭劳动力文化程度对农村贫困的影响最强，其次是农村恩格尔系数和农业受灾面积，中央扶贫资金投入数额的影响相对较小。在以上研究基础上，本文提出构建基于网格化的农村社区贫困治理模式，建立农村贫困治理与农户可持续生计（SLA）的综合发展框架及培育新型政府部门和非政府组织贫困治理合作机制等措施。

关键词：农村贫困；灰色关联度模型；农村社区网格化治理；可持续生计

1 文献回顾

农村贫困治理是实现国家治理体系和治理能力现代化的关键。自社会保障制度实施以来，中国出台了一系列改革措施已经基本形成了覆盖重点贫困县、集中连片特困区、少数民族特殊贫困地区的减贫脉络。然而，随着经济、社会和生态环境等诸多因素的变化，中国农村贫困问题变得日益复杂化。学者们的研究显示：导致农村贫困加剧的因素主要有地缘性贫困（魏众、B.Gustafsson[1]，2000；王丽华[2]，2011）；脆弱性因素（韩峥[3]，2004；陈传波[4]，2005；张国培、庄天慧[5]，2011）；社会排斥（银平均[6]，2007；唐丽霞、李小云、左停[7]，2010）；教育贫困（赵茂林[8]，2005）；收入不均等（夏庆杰、宋丽娜、Simon Appleton[9]，2010）；人力资本缺乏（李石新、李玲利[10]，2013）；制度因素（赵玉亮[11]、邓宏图[12]，2009）等。也有学者运用灰色关联度对农村贫困影响因素进行了分析，定量研究了致贫因子间的影响程度及各因子对贫困的贡献程度（韩林芝、邓强[13]，2009；汪晓文[14]，2012）。对中国农村贫困治理的研究主要集中在两方面：一方面是农村贫困治理理念和模式（李文政[15]，2009；王三秀[16]，2012；刘振杰[17]，2014）；另一方面是农村贫困治理结构和制度（范永忠等[18]，2011；刘娟[19]，2012；李庆云[20]，2013），还有一些学者从农户能源使用情况、生计可持续框架等角度对贫困农户的生计策略进行分析（丁士军、杨汉明[21]，2001；黎洁、李亚莉等[22]，2009）。这些研究为更进一步探讨中国农村贫困治理问题奠定了扎实的研究基础。但是，长期以来，人们较多的关注农村贫困问题的现状、原因及政策取向，而对农村贫困治理体系的构建、农村社区网格化贫困治理及农村贫困与农户可持续生计综合治理等方面的研究较少。研究表明：中国农村贫困治理是一道历史性难题，尤其在各种扶贫开发政策均难以产生明显效果的情况下，适时调整农村贫困治理模式，创新农村贫困治理的体制机制，成为突破新时期中国农村贫困治理困境的必然选择。

改革和创新中国农村贫困治理模式和减贫机制，加快实现农村贫困治理体系和治理能力的现代化，需要综合考虑中国农村发展的实际情况和农村居民的真实需求。鉴于此，文章首先利用灰色关联度模型对中国农村贫困影响因素进行了实证研究，进而分析了中国农村贫困治理中面临的较突出问题，最后提出中国农村贫困治理的路径选择。

---

* 基金项目：国家自然科学基金项目（项目编号：71173239）。

杨晶：中南财经政法大学社会保障硕士研究生

2 中国农村贫困影响因素的灰色关联度分析：以2011-2013年为例

2.1 模型选取和数据说明

灰色关联度方法（Grey Relational Analysis）[①] 是以灰色系统理论为基础，着重研究系统内各因素关联的一种实证定量分析方法。其主要原理是根据个因素指标序列反映到图像中的曲线接近程度，来判断因素间的关联度。灰色关联度分析方法对样本的大小要求不高，也不需要典型的分布规律，并且分析结果一般与定性分析相一致，所以本文选用灰色关联度模型，对影响农村贫困的主要因素的灰色关联度进行计算，得出各因素与农村贫困的紧密程度，进而判断各致贫因子对农村贫困的影响程度[23]。

本文的数据主要来源于2011-2013年《中国统计年鉴》和《中国农村统计年鉴》，由于2000、2008、2010年中国分别对贫困标准线作出了重大调整，鉴于数据的连续性、可获取性和口径一致性，本文所选取的2011-2013年度数据具有一定的代表性和参考价值。

2.2 指标构建与数据获取

首先确定母参考序列和子序列，本文研究的是影响农村贫困的因素，所以选择能反映农村贫困情况的贫困人口时间序列作为参考序列，记为 $X_0(k)$。根据中国贫困治理的实际情况和上文分析，文章选定五个主要影响因素作为对比序列：农村经济发展、国家扶贫开发力度、人口素质、自然生态条件、返贫现象。其中，返贫现象是自然灾害、医疗卫生条件、医疗保障多方面因素导致的，其对贫困的影响贯穿于其他因素之内，无法选取合适的指标对其进行衡量，不能用数据完全表示，故在关联分析中重点分析前四个主要指标，不考虑返贫现象这个影响因素。

根据国家统计口径和标准，农村的收入、消费支出属于经济发展的范畴，故此处用农村居民人均纯收入（记为 $X_1(k)$）、农村居民每人消费支出（记为 $X_2(k)$）和农村恩格尔系数（记为 $X_3(k)$）来反映农村经济发展指标；扶贫开发投入系政府财政支出，以近年来政府对农村的扶贫资金投入数额（记为 $X_4(k)$）来反映；根据前文得出，劳动力素质和思想观念能够反映农村人口素质，而这些与受教育程度相关，在此选择农村居民家庭劳动力文化状况（即平均每百个劳动力中文盲、半文盲数）（记为 $X_5(k)$）作为反映人口素质的指标；农村贫困很大程度上受到自然灾害的影响，因此选择农业受灾面积合计（记为 $X_6(k)$）作为反映自然条件的指标。本文选取2011~2013年的数据，指标与数据见表1：

2011~2013年中国农村贫困影响因素指标　　　　表1

指标	2011年	2012年	2013年
贫困人口 $X_0(k)$（万人）	12238	9899	8249
农村居民人均纯收入 $X_1(k)$（元）	6977.3	7916.6	8895.9
农村居民人均消费支出 $X_2(k)$（元）	5221	5908	6626
农村恩格尔系数 $X_3(k)$（%）	40.4	36.2	37.7
中央扶贫资金投入数额 $X_4(k)$（亿元）	2272	2996	406
农村居民家庭劳动力文化状况（平均每百个劳动力中文盲、半文盲数）$X_5(k)$（个）	5.73	5.47	5.3
农业受灾面积合计 $X_6(k)$（千公顷）	32471	24960	31350

（资料来源：《中国统计年鉴》（2011~2013）和《中国农村统计年鉴》（2011~2013））

2.3 灰色关联度计算

（1）变量的无量纲化

无量纲化处理即消除系统中各因素的量纲不统一的情况，转换为可以比较的数据序列，本文采取均值变换方法进行数据的无量纲化。公式为：

$$x_i'(t) = x_i(t)/\overline{x_i} \qquad i=1,2,\cdots,N; \qquad t=i=1,2,\cdots,N，$$数据见表2：

---

① 灰色关联度分析法是灰色系统分析方法的一种。是根据因素之间发展趋势的相似或相异程度，亦即"灰色关联度"，作为衡量因素间关联程度的一种方法。

中国农村贫困影响因素指标的标准化处理结果　　　表 2

年份	2011 年	2012 年	2013 年
X0（k）	1.20825	0.97733	0.81442
X1（k）	0.87987	0.99832	1.12181
X2（k）	0.88217	0.99825	1.11957
X3（k）	1.03237	1.00426	0.96337
X4（k）	1.20127	1.58407	0.21466
X5（k）	1.04182	0.99455	0.96364
X6（k）	1.09723	0.84342	1.05935

（2）计算灰色关联系数

根据灰色关联度模型表示如下：

$$\zeta_i(k) = \frac{\min\limits_i \min\limits_k |y(k) - x_i(k)| - \rho \max\limits_i \max\limits_k |y(k) - x_i(k)|}{|y(k) - x_i(k)| + \rho \max\limits_i \max\limits_k |y(k) - x_i(k)|}$$

$$\Delta_i(k) = |y(k) - x_i(k)|$$

将二式合并，则：

$$\zeta_i(k) = \frac{\min\limits_i \min\limits_k \Delta_i k - \rho \max\limits_i \max\limits_k \Delta_i k}{\Delta_i k + \rho \max\limits_i \max\limits_k \Delta_i k}, \rho \in (0, \infty)$$

其中 ρ 为分辨系数，ρ 越小，分辨力越大，一般 ρ 的取值区间为具体取值可视情况而定。当 $\rho \leq 0.5463$ 时，分辨力最好，通常取 $\rho = 0.5$，如表 3 所示。

根据表 2 制定 2011–2013 年中国农村贫困影响因素指标的灰色关联度系数表：

参考序列与比较序列的绝对差统计　　　表 3

$\Delta_i K$	2011 年	2012 年	2013 年	$\min\limits_k \Delta_i(k)$	$\max\limits_k \Delta_i(k)$
X_1（k）	0.32839	0.02099	0.30739	0.02099	0.32839
X_2（k）	0.32608	0.02093	0.30515	0.02093	0.32608
X_3（k）	0.17589	0.02693	0.14895	0.02693	0.17589
X_4（k）	0.00698	0.60674	0.59976	0.00698	0.60674
X_5（k）	0.16644	0.01722	0.14922	0.01722	0.16644
X_6（k）	0.11103	0.13390	0.24493	0.11103	0.24493

由表 3 可得：$\min\limits_i \min\limits_k \Delta_i(k) = 0.00698$，$\max\limits_i \max\limits_k \Delta_i(k) = 0.60674$，取 $\rho = 0.5$ 根据关联度计算公式得各指标的关联系数：

各参考序列与比较序列的灰色关联度系数　　　表 4

$\zeta_i k$	2011 年	2012 年	2013 年
X_1（k）	0.46915	0.91374	0.48527
X_2（k）	0.47086	0.91393	0.48706
X_3（k）	0.61843	0.89731	0.65525
X_4（k）	0.95499	0.32566	0.32818

$\zeta_i k$	2011 年	2012 年	2013 年
X_5（k）	0.63087	0.92450	0.65487
X_6（k）	0.71522	0.67781	0.54056

（3）计算关联度

关联度 r_i[①] 是指比较数列与参考数列在各个时刻（即曲线中的各点）的关联程度值，i 为比较数列的长度。r 越大，表明比较数列与参考数列的关联度越大。[3] 由于 r 的数不止一个，如果信息过于分散不便于进行整体性比较。因此需要将各个时刻（即曲线中的各点）的关联系数集中为一个值，即求其平均值，作为比较数列与参考数列间关联程度的数量表示。

根据 $r_i = \dfrac{1}{n}\sum\limits_{k=1}^{n} \zeta_i(k), k=1,2\cdots n$ 可得：r_1=0.62272、r_2=0.62395、r_3=0.72366、r_4=0.53627、r_5=0.53627、r_6=0.64453。

（4）排关联序

关联序是反映各个贫困影响因素指标对农村贫困贡献率的数据。根据关联度大小排序的结果，可以直接反映各比较数列对参考数列的影响程度，即可得出各指标的优劣情况。依据以上计算，灰色关联排序结果为：$r_5>r_3>r_6>r_2>r_1>r_4$。

2.4 结果分析

首先，每个参考数列的影响因子与比较数列的平均关联度都超过了 0.5，证明自然生态条件、农村经济发展、扶贫开发投入、人口素质都是影响农村贫困的重要因素。其中，农村居民家庭劳动力文化状况的关联度较强，r_5=0.73675，说明教育对贫困治理具有重要影响；农村恩格尔系数的平均关联度数值略小于农村居民家庭劳动力文化状况，r_3=0.72366，但是也同样很大程度上影响农村的贫困状况，这说明农村经济发展与农村贫困问题密切相关，与中国现实是相符合的。

其次，根据 $r_6>r_2>r_1>r_4$ 可知，农业受灾面积、农村居民人均消费支出和农民人均纯收入三个指标对贫困的影响程度适中，但也是值得重视的指标。近三年数据显示，农村居民人均消费支出和农民人均纯收入的关联度波动较大，2012 年度的灰色关联度分别高达 0.91374、0.91393，这说明二者是不容忽视的指标。但也可能是数据选取样本问题引起的。农业受灾面积的灰色关联度均高于 0.5，这说明自然生态环境对农村贫困的影响也是很大的，如何提高技术避免或减少自然灾害带来的经济损失是农村贫困治理必须考虑的因素。

最后，相对于前面四个指标而言，中央扶贫资金的投入数额对农村贫困的影响程度最小，关联度仅为 0.53627，这一定程度上说明"政府主导式"扶贫模式的现实效果不是很理想，过度依赖政府"输血"的传统做法的作用有所下降，必须采取适当措施加以调整。

3 新时期中国农村贫困治理面临的突出问题

中国农村贫困治理问题是伴随着人口老龄化、农村家庭养老负担和农村生态环境脆弱程度的累积加深而不断发展的，在不同时期、不同省份和不同人口分布条件下呈现出了差异化的特征。与城市贫困治理相比，农村贫困治理的难度更大、治理周期更长、面临的形势更复杂。近年来，中国政府加大了农村贫困治理力度，一定程度上缓解了农村的贫困问题。但是，中国农村贫困治理的形势依然很严峻。结合上文对农村贫困主要影响因素的实证分析，本文总结了中国农村贫困治理面临的几个突出问题：

3.1 农民自身素质较低，自我脱贫能力弱

农村地区教育落后、人才匮乏及群众思想观念保守的现象严重，一定程度上加大了农村贫困治理的难度。一方面，

---

① 一般而言，当 $0<r<0.35$ 时，关联度较弱，两个系统指标间偶和作用弱；当 $0.35<r<0.65$ 时，关联度为适中；当 $0.65<r<0.85$ 时，关联度较强；当 $0.85<r<1$ 时，关联度极强。

劳动力素质偏低，脱贫"能力"较弱。贫困户的文化素质普遍较低，导致其收入水平和生产能力有限，缺乏必要的资本积累，在同等的社会经济环境中，获取资源和收入的能力有限，最终使家庭更加贫困。另一方面，思想观念落后，接受新知识和新技能的能力弱，参加劳动新技能培训的积极性不高，导致自身脱贫"动力"不足，直接导致农业科技项目和农业实用新技术推广难。调查显示，欠发达农村地区教育比较落后，普遍存在人口受教育时间短、质量差等问题。教育资源分配不均，导致农村地区正规教育非常薄弱，科教文卫事业发展相对迟缓，严重制约了农村劳动力素质和人才的有效供给。此外，农村地区"空巢现象"日益严重，绝大部分青壮年农民外出打工，留守村内的主要是老人和儿童。留守者的商品意识和市场意识十分淡薄，只会沿袭传统农耕方式，对现代农业实用技术掌握甚少。务工者文化程度低、无技术、无技能，仅能从事劳动强度大、劳动报酬低的工作，脱贫相当困难。

3.2 返贫现象突出，巩固扶贫成果难度大

返贫问题是导致农村贫困治理长期化、复杂化的重要因素。有关学者研究表明，我国的平均返贫率在10%~20%，西南、西北一些地区返贫率为20%，在个别地方高达30%~50%，甚至返贫人口超过脱贫人口[24]。农村返贫率过高，这间接反映了国家农村贫困治理体系的弊端：一是"政府主导式"扶贫模式难以满足农村贫困治理的现实需求，无法从根本上帮助贫困者摆脱贫困，无法解决中国农村贫困的根源问题；二是农村社会保障体系不完善，因病致贫、因灾致贫问题未得到明显有效解决。由于脱贫基础不稳，农村自然灾害的易发和不可违抗，而农户抵御自然灾害和经济风险的能力又十分薄弱，因此相当一部分贫困户容易陷入"脱贫—返贫—再脱贫—再返贫"的持续性贫困，削弱了贫困治理的效用。三是贫困治理政策存在偏差，贫困者的生产和发展能力没有得到实质增强。如合并后的"城乡居民社会养老保险"保障力度和保障层次较低；国家未建立有效的灾害预警和防范机制，对遭受自然灾害的农户补助力度也不够；国家的就业援助政策仅仅针对提高生产能力，不能满足外出务工农民工的需求，很难改变其贫困状况。这些都是贫困户返贫的重要原因。

3.3 农村贫困地区生态环境恶劣，基础设施建设滞后

区位条件和基础设施建设情况是影响农村贫困地区贫困治理的重要因素。一方面，大多数农村贫困地区地处山区、偏远地区，就业机会少、信息闭塞、水泵等农资设备损坏严重，区位条件极差，农业产出水平和农产品商品化程度较低。甚至有部分贫困村落被边缘化，交通、教育、医疗等基础设施建设亟待完善。与周边其他条件相比，明显缺乏比较优势。这些贫困地区地形崎岖，沙质土壤较多，有的村落分布在石灰岩裸露区，土地贫瘠，极不利于农作物种植，农民靠传统农业增收的难度较大。另一方面，有的农村贫困地区环境污染问题严峻，生态系统遭到破坏，洪水、泥石流、山体滑坡、地震等地质灾害频发，增加了当地居民的生活成本和健康风险，更加剧了居民的贫困程度和农村贫困治理的难度，可能会造成"农村贫困—生态破坏/环境污染—环境转化—经济效应—生态持续恶化—贫困加深"的恶性循环。

3.4 贫困治理监督机制"缺位"，社会参与不足

与城市贫困治理相比，中国农村贫困治理起步晚，治理体制和机制还相对不成熟。首先，"政府主导式"扶贫模式的政策性过强，缺乏社会团体力量的支持，导致贫困主体的积极性不高、非政府部门参与不足，从而影响了贫困治理的实际效果。其次，在监督机制上，缺乏对整个扶贫过程和结果的监测评估及跟踪调查，导致某些基层治理主体过于追求短期效应，忽视了农村贫困治理的长期性，没有建立长期有效的扶贫机制，加重了返贫现象，致使贫困治理长期效果不明显。再次，在制度设计上，缺乏有效的贫困治理主体监管和约束机制，扶贫对象和扶贫项目的选取上存在漏洞。一是某些村落为了争取更多的扶贫资金和项目而导致不当竞争，使得扶贫资金和项目没有形成现实生产力；二是扶贫资金管理不当、利用效率不高，存在被转移、挪用的现象，资金浪费严重；三是贫困户瞄准机制存在缺陷，真正用于贫困户的资金覆盖率不高，真正的贫困户收益不明显。显然，贫困治理主体单一化，贫困治理监督机制缺乏，直接加重了农村贫困治理的难度和成本。

4 转型与创生：中国农村贫困治理的路径选择

中国农村贫困治理面临的形势日益复杂，既需要应对农村贫困治理过程中不断出现的问题和障碍，更需要各级

治理主体分清主次，从多维度考察农村贫困现状，将农村贫困治理置于老龄化、社区化和市场化背景之下，不断创新治理模式和转变体制机制，有序化解中国农村贫困治理困境。

4.1 构建基于网格化的农村社区贫困治理模式

缓解和消除农村贫困，需要政府干预，通过政府主导创新制度设计，建立网格化农村社区贫困治理模式，强调社区网格化治理与国家扶贫政策的有效结合，实现农村社区贫困治理的扁平化、精细化、信息化，促进农村社区与贫困农户的稳定协调发展。通过这种方式，打破农村治理主体与参与方之间的非均衡零和博弈，从而实现农村资源的最优化利用，从根本上改善农村经济、社会、生态状况，实现贫困治理的最大效益。

具体措施：①依据农户居住点分布、贫困人口规模、地理特征和民族特性等因素，细分扶贫对象，合理地划分贫困户社区网格，以多个村民组为单位，并根据当地情况进行网格规模调整。②制定网格图，确定由乡镇、村（社区）和村民组党委组成的不同层级网格联络人，负责贫困户的定点帮扶、信息沟通和动态监测，及时掌握社情民意。③建立政策监控、绩效评估和风险预警机制，一方面要对网格责任人的绩效进行考核，另一方面要利用网格数据对贫困户致贫、返贫及持续贫困的原因进行统计分析和动态预测，有针对性地采取应对措施，对"庸、懒、散"的网格责任人予以严惩，对社区网格内部虚假申报资料的贫困户视情况进行批评教育和公示，从而有效地降低农村社区网格内部的道德风险程度，化解和减少居民矛盾和影响贫困治理效果的因素，切实提高农村社会服务治理水平。

4.2 建立农村贫困治理与农户可持续生计（SLA）的综合发展框架

农业是一种弱质产业，而大多数贫困农户的生产和生活过于依赖农业，这就导致贫困户极易受到脆弱性环境的影响。国内已有部分学者将可持续生计方法（SLA）[①] 用以研究农村贫困问题。[25-28] 在借鉴前人研究的基础上，本文基于农村贫困治理的视角，试图构建农村贫困治理与农户可持续生计（SLA）的综合发展框架（图1）：

①主要目标：解决贫困问题；农村经济、社会与自然环境可持续发展。②基本原则：满足贫困户的真实需求；文化贫困、物质贫困、资本贫困和能力贫困因素需要综合考虑。③综合治理措施：a.加强农村教育，着重提高贫困人口的科技文化素质、对农村贫困家庭进行部分学费特殊减免（包括义务教育九年和大学阶段），对不同层次和需求的农民提供不同的培训（如农村劳动力职业技能培训、城市农民工就业指导和权利保障、农村中老年人健康保健、常见灾害预防等），并适当提高积极参加劳动技能培训的贫困家庭主要劳动力的补贴水平（具体数额根据当地农村工资性收入的比例确定，以失业救济为底线）。b.构建多元化、多形式、多层次的农业保险体系，缓解农业生产的自然和市场风险。第一层次农业保险指国家通过制订农户弹性补贴政策，鼓励农村贫困家庭对主要经济作物（如水稻、小麦）和支柱产业进行投保，稳定农民的家庭基本收入；其次，基于农户作物的种植（养殖）规模和上年度同期商品价格，形成以其他经济作物（如蔬菜、果树）、农户牲畜、特色农作物（药材等）为主体的第二层次农业保险；第三层次农业保险是指农村自然灾害或事故引起的、与农民生产生活密切相关的其他险种，如农村住房、农业机械设备等。③创新农村金融扶贫制度，完善农村小额信贷政策，可以借助社会团体的力量成立农户资格审查和贷款用途动态调查机构，并建立多方式贫困户贷款偿还计划，切实解决农村贫困家庭融资难问题。此外，构建农村"生态－产业圈"、农业技术创新也会对农村贫困治理和农民可持续生计的综合发展起到促进作用。

4.3 培育新型政府部门和非政府组织的贫困治理合作机制

破解扶贫开发主体单一化的困境，需要政府充分地支持和引导社会团体组织、民办非企业单位等非政府部门参与到农村贫困治理中来，拓展农村贫困治理的合作形式，采取适当措施增强各参与方的选择自主性和参与度，激发政府部门与非政府部门合作的活力和潜力，形成中国农村贫困"大治理"的格局。

其一，非政府部门，包括各类非政府组织（NGO）、龙头企业和扶贫金融机构等，需改变传统被动式的、模版化的"地区贫困—媒体关注—社会组织介入—政府配合"参与方式，要根据组织的自身性质和功能定位，主动介入政

---

① 可持续生计方法是一种观察和分析贫困、生计的视角，最早见于20世纪80年代末世界环境和发展委员会的报告。1992年，联合国环境和发展大会将此概念引入行动议程，主张把稳定的生计作为消除贫困的主要目标。

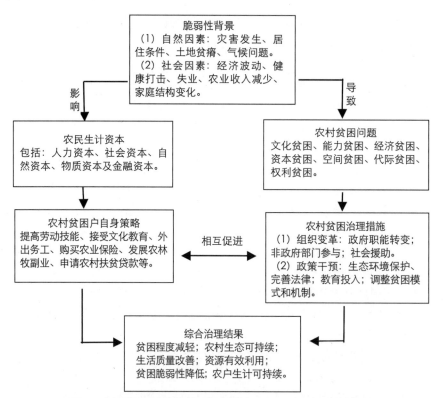

图1 农村贫困治理与农户可持续生计（SLA）的综合发展框架

府贫困治理工作中来，通过与各级政府合作，对政府"缺位"或明显处于劣势的领域进行承办、监管和反馈，从而形成政府部门和NGO之间的良性互动关系。其二，农村社区要整合本地资源和政策优势，积极引进龙头企业，大力发展农业产业化，提高农村专业合作组织的覆盖范围和管理水平，增强农产品的市场竞争力。其三，政府要积极培育新型农村社会化服务组织，尤其要培育扶持公益慈善类、创业就业促进类及居民参与度高的社区居民组织，搭建社会组织和贫困户合作的新平台，实现贫困治理主体的多元化。

主要参考文献

[1] 魏众，B.古斯塔夫森.中国农村贫困机率的变动分析——经济改革和快速增长时期的经验[J].中国农村观察，2000（2）.

[2] 王丽华.基于地缘性贫困的农村扶贫政策分析——以湘西八个贫困县为例[J].农业经济问题，2011（6）.

[3] 韩峥.脆弱性与农村贫困[J].农业经济问题，2004（10）.

[4] 陈传波.农户风险与脆弱性：一个分析框架及贫困地区的经验[J].农业经济问题，2005（8）.

[5] 张国培庄天慧.自然灾害对农户贫困脆弱性的影响——基于云南省2009年的实证分析[J].四川农业大学学报，2011（1）.

[6] 银平均.社会排斥视角下的中国农村贫困[J].思想战线，2007（1）.

[7] 唐丽霞，李小云，左停.社会排斥、脆弱性和可持续生计：贫困的三种分析框架及比较[J].贵州社会科学，2010（12）.

[8] 赵茂林.中国西部地区农村贫困与"教育反贫困"战略的选择[J].甘肃社会科学，2005（1）.

[9] 夏庆杰，宋丽娜，SimonAppleton.中国城镇贫困的变化趋势和模式:1988—2002[J].经济研究，2007（9）.

[10] 李石新李玲利.农村人力资本公共投资对农村贫困的影响研究[J].东北农业大学学报（社会科学版），2013（2）.

[11] 赵玉亮，邓宏图.制度与贫困：以中国农村贫困的制度成因为例[J].经济科学，2009（1）.

[12] 韩林芝，邓强.我国农村贫困主要影响因子的灰色关联分析[J].中国人口.资源与环境，2009（4）.

[13] 汪晓文. 甘肃农村贫困影响因素分析——基于灰色关联度的实证研究 [J]. 兰州大学学报（社会科学版）,2012（4）.

[14] 李文政. 我国农村贫困治理的现状与路径 [J]. 沈阳农业大学学报（社会科学版）,2009（4）.

[15] 王三秀. 农村贫困治理模式创新与贫困农民主体性构造 [J]. 毛泽东邓小平理论研究,2012（8）.

[16] 刘振杰. 以发展的新思维促进农村贫困治理 [J]. 人口与发展,2014（2）.

[17] 范永忠, 范龙昌. 中国农村贫困与反贫困制度研究 [J]. 改革与战略,2011（10）.

[18] 刘娟. 扶贫新挑战与农村反贫困治理结构和机制创新 [J]. 探索,2012（3）.

[19] 李庆云. 西北农村贫困治理中村民自治的瓶颈问题与对策探讨——基于对甘肃省农村的调查与思考 [J]. 天府新论,2013（5）.

[20] 丁士军, 杨汉明. 农户能源使用与农村贫困 [J]. 当代财经,2001（9）

[21] 黎洁, 李亚莉, 邰秀军, 李聪. 可持续生计分析框架下西部贫困退耕山区农户生计状况分析 [J]. 中国农村观察,2009（5）.

[22] 李文政. 中国农村贫困治理的策略选择 [J]. 宏观经济研究,2009（7）.

[23] 汪晓文. 甘肃农村贫困影响因素分析——基于灰色关联度的实证研究 [J]. 兰州大学学报（社会科学版）,2012（4）.

[24] 王国敏, 李仕波. 贵州省农村贫困影响因素的灰色关联度分析 [J]. 湖北农业科学, 2013（22）.

[25] 马志雄, 张银银, 丁士军, 吴海涛. 可持续生计方法及其对中国扶贫开发实践的启示 [J]. 农业技术经济,2012（11）.

[26] 唐丽霞, 李小云, 左停. 社会排斥、脆弱性和可持续生计：贫困的三种分析框架及比较 [J]. 贵州社会科学,2010（12）.

[27] 王丽华. 基于地缘性贫困的农村扶贫政策分析——以湘西八个贫困县为例 [J]. 农业经济问题, 2011（6）.

[28] 杨云彦, 赵锋. 可持续生计分析框架下农户生计资本的调查和分析——以南水北调（中线）工程库区为例 [J]. 农业经济问题, 2009（3）.

The Affecting Facetors of China's Rural Poverty and Governance Path ——Eempirical Analysis Based on the Gray Correlation Analysis

Yang Jing

Abstract : Rural poverty governance is crucial to realize the modernization of national governance system and governance capability. However, there are still a lot of problems exist in China's rural poverty governance: the high difficulty and cost of rural poverty governance, the phenomenon of repoverty is outstanding, the lack of poverty governance supervision mechanism, low participation rate of social organizations. Combining with the current situation, China's rural poverty governance must be appropriately adjusted and innovated, in order to solve the rural poverty problems more efficiently. Therefore, based on the China's rural economic development statistics(2011–2013), this paper use "grey correlation method" to empirically analyze the influence factors of China's rural poverty. The result shows that China's rural household labor education level have the strongest influence on rural poverty, the engel coefficient of rural areas and affected area of agriculture are followed, and the influence of government's funding amount for poverty alleviation is Relatively weak. Finally, this paper put forward some suggestions to rural poverty governance:(1)to establish "grid" poverty governance model of rural community; (2)to creat comprehensive development framework of rural poverty governance and farmers' sustainable livelihoods; (3)to cultivate a new cooperation mechanism of rural poverty governance between government department and non–government department.

Keywords : rural poverty;grey correlation method;grid poverty governance model of rural community;sustainable livelihoods

基于家庭的多视角乡村人口迁居意愿特征研究
——基于武汉 65 个街镇的城镇化调研 *

夏璐　罗震东　姚梓阳

摘　要： 尊重微观行为主体的真实意愿，引导乡村人口合理有序迁居城镇，是推动健康城镇化的核心内容。然而微观意愿绝不仅仅是独立的个体决策行为，而是农村家庭的整体性行为，以家庭作为迁居主体的理论与实践机制正不断显现。通过对湖北省武汉市域乡村地区的实地问卷调研，基于家庭进行多视角的乡村人口迁居意愿研究。综合家庭生命周期、从业类型、收入水平和人户分离情况四个视角的分析结果，可以看到，武汉所代表的中部大都市外围乡村家庭的迁居意愿总体较低，迁居决策是基于家庭全员发展的理性权衡，影响因素更加综合。打工经济和土地的收益预期塑造了离土不离户的半城镇化状态，经济因素对中部地区乡村居民迁居的影响更为显著。家庭进一步呈现本地化发展趋势，外出劳动力倾向选择回流就近兼业。因此，无论是促进本地乡村人口离土进城，还是吸引务工人员举家迁居，推进城镇化都存在着巨大的挑战。

关键词： 家庭；多视角；乡村人口；迁居意愿；武汉市

引言

　　我国城镇化的本质是乡村人口离开农村定居城镇，其中最重要的微观行为主体是将近70%的乡村户籍人口。其中，我们首要面对的是常年处于高流动状态的"半城镇化"人群及其留守乡村的家属，合理引导他们主动迁居城镇是推进健康城镇化、城乡统筹的龙头任务。回归城镇化的核心要义即"人的城镇化"，只有真正把握了微观行为主体的意愿、尊重客观规律，才能最大限度地激发他们迁居城镇的积极性和主动性 [2]。此外基于统计数据自上而下式的宏观性研究实际上掩盖了无数个体基于自身意愿的行为选择差异，进而无法为制定差别化的政策提供理论支撑。因此我们进一步看到乡村人口的迁居意愿绝不仅仅是独立的个体决策行为，而是由他们所牵连着的一个个农村家庭的整体性行为。实际上，从一般迁移经济学的角度而言迁居行为本身就是整个家庭基于经济利益的理性权衡后所作出的策略组合 [3]；此外，中国乡土社会有着世代定居、家庭观念等传统的乡土文化习性，家庭是最为基本的社会单元和经济单元，迁居则是关乎一家子的大事 [3, 4]。家庭作为迁居主体的现实性和重要性正不断显现，当前我国家庭化的人口迁移现象已经渐趋明显 [5]，家庭化迁居将进一步释放潜在的城镇化"势能" [6]，促进城镇化水平的提升 [7]。

　　随着城镇化研究的深入，近年来关注乡村人口迁居意愿的研究不断丰富，主要以个体作为研究视角，探讨不同因素对于个体决策的影响程度，其中家庭因素对于迁居意愿的重要性也不断被提及 [2, 8-12]。赵民等（2013）从理论内涵上指出每一个家庭都具有类"经济人"的经济理性、代表着每一个"经济人"理性策略的组合 [13]，郭江平（2005）、盛亦男（2013）、潘静等（2014）学者也都指出家庭作为决策主体的重要性，并探讨了家庭化迁居现象的原因、特征与政策应对 [3, 7, 14]。总体上，现有研究对家庭因素的重要性以及与个体迁居决策的关联程度已经作了较为全面的阐释与讨论，但以家庭为迁居决策主体来讨论整体性迁居意愿的实证研究尚不多见。因此，本次研究希望通过实地调研深入乡村家庭充分把握微观主体的真实意愿，透过家庭视角梳理出具有针对性的特征与趋势性的规律，从而为政策设计形成必要且充分的微观基础支撑。

---

　　* 国家自然科学基金（51478216，41171134），江苏省"青蓝工程"资助成果。

　　夏璐：南京大学建筑与城市规划学院硕士研究生
　　罗震东：南京大学建筑与城市规划学院副教授
　　姚梓阳：南京大学建筑与城市规划学院硕士研究生

1 研究对象与方法

1.1 研究对象

研究选取的对象是湖北省武汉市域外围的乡村地区。武汉地处人口稠密的江汉平原东部，市域空间有着广阔的乡村腹地，因此一直以来都是中部地区人口流动的重点地区，同时承担着消化转移区域内外大量农业人口的重任。武汉市2013年户籍人口城镇化率为67.59%，比常住人口城镇化率低11个百分点以上，乡村人口的"市民化"动力不足。庞大的乡村人口基数和亟待提升的市民化水平，使得武汉市域外围的乡村地区具有典型的中西部大都市周边乡村地区的特征，而对于这一区域人口城镇化迁居意愿的研究，基本能够反映中西部大都市区外围乡村人口的总体特征，具有显著的理论与实践意义。实地调研区域覆盖武汉市域外围全部的65个街、镇、乡和国营农场，并重点深入调研各类型村庄154个（图1），充分保证了研究对象的全面性和多样性。问卷发放采用一对一填写、当场回收的方式，在问卷填写的同时进行相关访谈。通过近30人20多天的调研，累计发放1500多份的镇村问卷，发放方式的费时费力保证了问卷99.74%的高有效率（表1）。问卷调研与访谈的对象主要为普通乡村居民及村镇干部，居住地和工作地均在乡村。除了对受访对象的个体特征、工作生活的基本情况与意愿进行了解，调研重点采集了受访对象的家庭的基本信息与整体迁居意愿。

问卷发放量统计信息 表1

区名	问卷数	走访（街）镇数量	走访村湾数量
蔡甸区	203	11	25
东湖高新区	210	5	15
东西湖区	203	5	13
汉南区	45	4	5
黄陂区	347	16	41
江夏区	300	12	29
新洲区	243	12	26
总计	1551	65	154

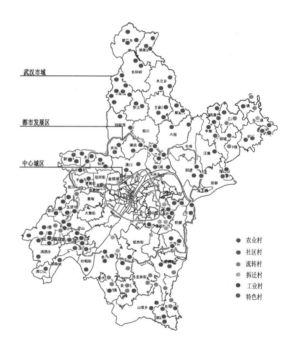

图1 调研范围及调查点示意图

1.2 研究方法

研究初期我们通过对研究问卷的统计分析，基本可以看到一些宏观性的特征：武汉市域外围地区农户的迁居意愿较低，其中70%的家庭无迁居计划，只有15%的家庭有迁居意愿（图2）；大部分不愿迁居的家庭主要出于对现有生活环境的习惯而不愿意做出改变（图3）；对于有迁居意愿的家庭，教育等城市公共服务资源是重要的牵引要素，维系家庭氛围也是相对重要的影响因素（图4）；而无法承受城镇的购房支出成为主要阻碍因素，户籍转移等制度性因素影响甚微（图5）。总体层面的统计与分析为我们了解武汉这类中西部大都市区外围农村的城镇化意愿具有重要的参考意义，但无法满足城镇化进程对公共政策制定的差异化与精细化要求。也即虽然把握宏观层面的特征，但无法深究特征背后的准确制约因素以及更加细化的意愿差别。基于此，研究在分析方法上进一步结合家庭特征进行分类解释，试图通过多个视角，更为全面地掌握不同家庭特征的城镇化意愿，从而形成更为准确、立体甚至具有趋势性的特征。

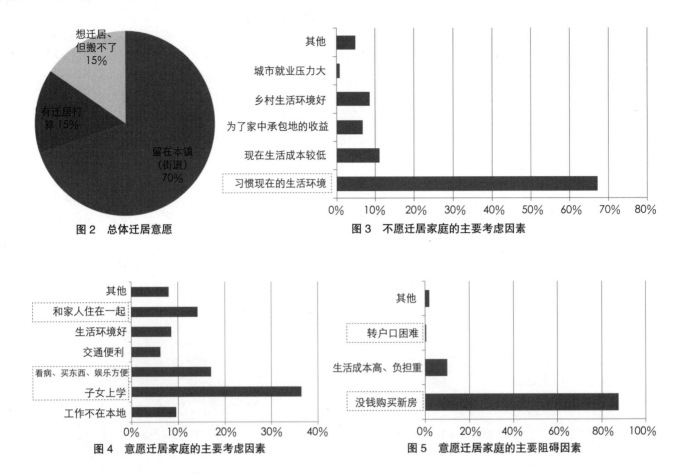

图2 总体迁居意愿

图3 不愿迁居家庭的主要考虑因素

图4 意愿迁居家庭的主要考虑因素

图5 意愿迁居家庭的主要阻碍因素

　　家庭特征一般反映为从属于家庭的个体属性的叠加，基本可分为年龄、性别、职业、收入、户籍所在地和常住地。经过筛选，研究认为与城镇化迁居意愿关系最为密切的家庭特征是人口结构、从业类型、收入水平、人户分离情况，四种特征构成一个具有社会属性、经济属性和空间属性的特征体系，从不同属性观察会呈现不一样的类型分布，而不同属性特征的综合可以呈现一个更为综合、立体的认知。基于此，研究根据家庭的社会属性、经济属性和空间属性三个维度选取四类视角，即家庭生命周期、从业类型、收入水平、人户分离情况，对调研家庭进行多视角分类研究。基于社会属性选择以家庭生命周期的视角区分不同阶段内家庭成员的代际关系；基于经济属性选择从业类型和收入水平区分不同家庭的经济来源和收入水平；基于空间属性区分不同家庭内成员的空间相对关系（图6）。

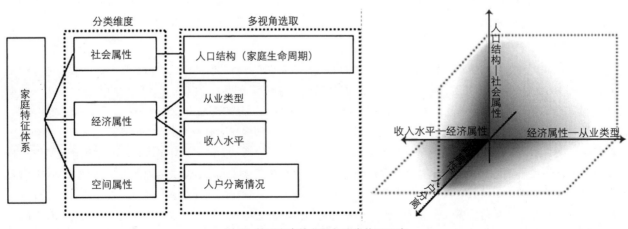

图6 基于家庭的多视角分类体系示意

2 不同生命周期阶段的家庭迁居意愿特征

2.1 类型构成与基本特征

国内相关研究主要根据家庭人口规模、成员的代际关系、子女年龄对家庭生命周期进行阶段分类[4, 15]，本次研究综合以上三方面因素，将整个家庭生命周期细分为七个阶段：形成期、扩展期、鼎盛期、稳定期、再扩期、衰退期（表2）。总体而言，受访家庭大多已经或正在经历两代劳动力的更替，具有相对稳定的劳动生产能力和综合化的家庭职能（图7）。从总量分布上来看，鼎盛期和再扩期的家庭数量比重占绝对优势；从人口数量规模看，3~4人的家庭占比将近60%；从主要劳动力构成情况来看，主要受访家庭均具有一定数量的劳动力保障。

家庭生命周期的阶段划分 表2

家庭类型	特征描述	组成结构
形成期	只有一个年青劳动力	0+1+0
	年轻夫妇，无下一代	0+2+0
扩展期	适龄父母 + 孩子（至少一个未成年）	0+2+1
鼎盛期	适龄父母 + 孩子（全部成年）	0+4+0
	适龄父母 + 年轻夫妇，无第三代	
稳定期	退休父母 + 成年子女或年轻夫妇，无第三代	2+2+0
再扩期	祖父母 + 适龄父母 + 未成年子女	2+2+1
分离期	祖父母 + 适龄父母 + 成年子女 / 年轻夫妇	2+2+2
衰退期	老人	2+0+0

注：适龄父母指家庭核心劳动力，提供主要的经济收入；以三代家庭作为基本结构，三代以上的家庭数量占总量比例不足1%，故忽略不计。

2.2 迁居意愿分析

（1）形成期家庭迁居意愿更强，发展成熟稳定化后更倾向留在原地

处于形成期的家庭表示出相对较强的迁居意愿，在该类型家庭中占比接近30%，而其他类型家庭表示出迁居意愿的仅占10%左右（图7）。在形成期家庭中由于仅有一个年轻劳动力或一对尚无子女的年轻夫妇，成员的自我发展意愿基本代表了家庭整体的意愿，因此更愿意前往城镇获取发展机会、享受城市生活。但随着家庭成员逐步增加、代际关系复杂化，家庭迁居与否不再由外出劳动力的个人发展意愿所决定，而需要兼顾其他几代人的生活偏好、考虑是否能够承担整体迁居所需的支出。留在原地一方面延续了每个家庭成员原有的生活习惯，另一方面核心劳动力的经济压力相对较小并能同时肩负起照顾其他几代人的职责。

（2）有迁居意愿的家庭主要关注教育、医疗等城市公共服务环境，牵引要素随人口结构复杂化而趋于多元

对于形成期和扩展期家庭而言，家庭主干成员是父母和孩子，子女教育问题自然成为父母关注的焦点，尤以扩展期家庭表现明显（图8）。而城市无疑能够提供更加优质的教育资源与环境，由此牵动形成和扩展期家庭的迁居。存在三代关系的鼎盛期、稳定期和分离期的家庭，除子女教育之外家庭成员的就医、购物、娱乐等需求逐渐增强，

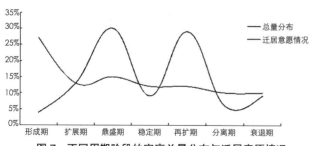

图7 不同周期阶段的家庭总量分布与迁居意愿情况

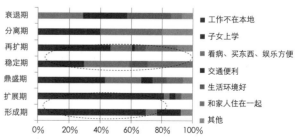

图8 不同周期阶段的家庭愿意迁居的主要考虑因素

城市公共服务环境的优势更加明显，牵引因素趋于多元化；且随着核心劳动力的经济能力逐渐增强，家庭成员结束两地分居的愿望更加明显。

2.3 小结

家庭生命周期视角下，大部分乡村家庭处于成熟稳定阶段；家庭成员构成至少包含两代人，且以中青年劳动力为主体；家庭职能不仅仅是核心劳动力获取经济收益，还包括子女教育、赡养老人等非经济职能。以中青年为主的家庭核心劳动力面对渐趋稳定的经济收益时，对家庭和子女照顾的责任感更强，对完整融洽的家庭生活氛围需求更强，各方权衡之下更加倾向于留在原地。而有迁居意愿的家庭年轻化特征较为明显，青年劳动力自身转移动力较强，且对本地环境的依赖程度较小，对经济收益的预期程度更高。他们的关注重点聚焦于劳动力的自身发展和未成年子女的教育问题，迁居城市符合其家庭整体发展诉求，而武汉主城区或附近发展较好的街镇与新城会成为主要承载地。总体上无论迁居与否，家庭发展均呈现出趋向结构稳定和功能全面的意愿特征，因而迁居决策已经逐步摆脱单纯地、盲目地由家庭劳动力的发展决定，而是"链式"牵动[7, 16]。

3 不同从业类型[①]的家庭迁居意愿特征

3.1 类型构成与基本特征

综合问卷信息和实际访谈，打工经济已经成为本地家庭的主要经济来源，多数家庭处于工农兼业的状态。一方面，工资性和经营性收入成为家庭经济来源的支柱，其中上班打工是家庭从业类型的主流（图9）。另一方面，大部分家庭表示不愿意放弃自家耕地，主要通过自我经营和收取租金分红的方式确保最基础的收益、解决温饱需求。农业规模化经营或乡村旅游类的家庭经营还没有成为本地乡村家庭的主要创收方式，户均耕地规模在10余亩左右，仅停留在为规模化经营的大户或者企业提供劳动力。

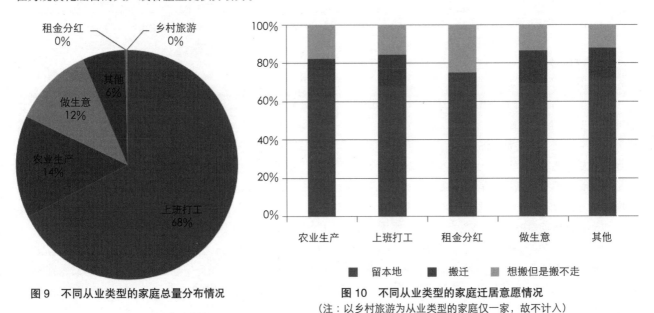

图9 不同从业类型的家庭总量分布情况

图10 不同从业类型的家庭迁居意愿情况
（注：以乡村旅游为从业类型的家庭仅一家，故不计入）

3.2 迁居意愿分析

（1）对土地的依赖性越强的家庭迁居意愿越低，固守源于土地的经济保障

以农业生产和收取租金分红为从业类型的家庭迁居意愿最低，所占比重均不足10%。这类家庭实际上依然延续着过去小农经济的家庭发展模式，生产和生活都与土地息息相关。在没有主要劳动力获取相对稳固的非农经济收入时，整个家庭没有整体迁移的能力，而家中承包地的收益相对而言更加现实可靠。而以上班打工和个体经营为从业类型

---

① 此处的从业类型是指占家庭总收入比重最高的创收方式。

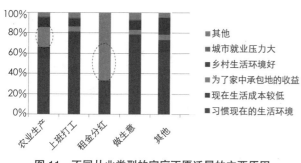

图 11 不同从业类型的家庭不愿迁居的主要原因
（注：以乡村旅游为从业类型的家庭仅一家，故不计入）

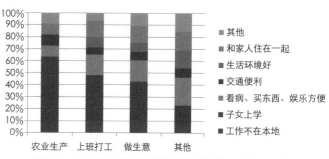

图 12 不同从业类型的家庭愿意迁居的主要考虑因素
（注：以乡村旅游和收取租金分红为从业类型的家庭没有迁居打算，故不计入）

的家庭总体上倾向安于现状，相较前两种家庭迁居意愿较高，占比约 20%（图 10、图 11）。

（2）从事非农生产的家庭对公共服务的需求更加多元化

在从事非农生产的家庭中，核心劳动力因工作需要与城镇联系较为紧密，不断感受到城市生活的便利性，会更加关注家庭整体生活质量的提升。具有迁居意愿的家庭希望通过进入城镇，获取多元化的公共服务资源，同时也实现进城务工人员和家庭成员的团聚。而从事农业生产的家庭原本迁居意愿就很低，对于做出迁居选择的家庭而言，保障未成年子女的成长成才是整个家庭发展的重中之重，在所有考虑因素中占比超过 60%，为此他们愿意改变依赖土地的生产生活方式（图 12）。

3.3 小结

在从业类型的视角下，武汉乡村家庭呈现出较为以打工为主农业为辅的单一组合的城乡兼业状态。本地城乡之间的经济发展差距促使大部分家庭选择相对保守的发展方式，从城乡两个生产单元获取多重经济收益，一方面然需要依靠核心劳动力的外出务工来支撑整个家庭的生存与发展，另一方面或多或少地依赖土地形成基本的生存保障或农民工退出城镇的后备选择。此外，非农就业的家庭对城镇公共服务需求也更趋多元化。

4 不同收入水平的家庭迁居意愿特征

4.1 类型构成与基本特征

根据武汉市域外围农户纯收入平均在 1~2 万元设为划分收入水平的中间值，同时结合根据麦肯锡全球研究院对中产阶级家庭的界定（年收入在 6~22.9 万元人民币之间的群体定义为中产阶级）以及农民所能享受的最低生活保障金（约 2000 元/年），再依据相关研究的经验值共划分成七类收入水平。经统计分析，本地家庭的总体收入水平不高，年收入在 1~2 万元和 2~3 万元的家庭数量居多，两类总和比重约 60%；其次是年收入在 1 万元以下的家庭，占比将近 20%；收入在 3 万元以上的家庭占比不到 15%[①]（图 13）。

4.2 迁居意愿分析

乡村家庭是基本经济单元，迁居与否的根本出发点是对成本支付能力的经济权衡。家庭的收入水平对于迁居成本的支付能力影响显著，可以直观地看到，随收入水平的提高有迁居意愿的家庭占比由 10% 左右上升到接近 20%，收入在 5 万元以上的家庭迁居意愿比重达到 40%（图 14）。对于大部分家庭而言，打工并没有为家庭提供接近城镇居民的经济支付能力，因而无法承担举家进城所要支付的购房支出、生活支出等，与此同时也进一步促使本地家庭不放弃来源于土地的经济收入。而收入水平较高的家庭也不会盲目地选择迁居，除了普遍关注的公共服务条件，他们会更多地考虑进入城镇后家庭团聚、心理适应、社会融合等非经济因素。

---

① 由于此处的家庭收入基本基于调研时受访者的估计，因此存在一定的偏差，可能比实际收入要偏小一些。

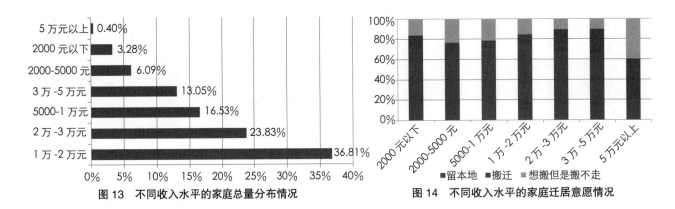

图 13 不同收入水平的家庭总量分布情况   图 14 不同收入水平的家庭迁居意愿情况

4.3 小结

基于成本支付能力的经济理性直接影响乡村家庭做出迁居决策，在收入水平普遍不高的情况下，本地多数家庭尚难以凭借打工收入来支付全家人的转移成本和城镇生活成本。城乡工资水平的差距和家庭固定资产收入情况的差异，让乡村居民没有自信和安全感；即使城镇能够提供较高的经济收益，高额的房价也让他们望而却步。在一定收入水平的保障下，家庭迁居意愿也更加趋于社会理性，即家庭成员更加关注生活环境适应性与便利性、家庭和睦、社会融入与心理压力等非经济因素。

5 不同人户分离情况的家庭迁居意愿特征

5.1 类型构成与基本特征

根据家庭中是否有成员常年在外务工与家人两地分居总体划分为人户不分离和人户分离两种情况，其中在人户不分离的情况下，根据家庭成员是否在本地进一步细分为留守型、过渡型和全出去型；在人户分离的情况下，细分为部分分离型和全部分离型（表 3）。在全部五种类型中，部分分离型和留守型家庭的数量占绝对主导，家庭全员均在本地发展和部分劳动力外出务工的现象并存（图 15）。

不同人户分离情况的家庭分类   表 3

分类		描述
人户不分离型家庭（全家人户口地=常住地）	留守型	全部成员户口地=常住地=本地
	过渡型	存在部分成员户口地=常住地=外地
	全出去型	全部成员户口地=常住地=外地
人户分离型家庭（存在成员户口地≠常住地）	部分分离型	部分成员户口地≠常住地
	全部分离型	全部成员户口地≠常住地

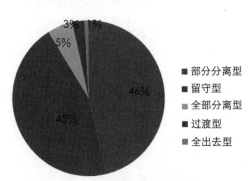

图 15 不同人户分离类型的家庭总量分布情况

5.2 迁居意愿特征

（1）家庭成员脱离本土环境程度越高迁居意愿更强，多数家庭继续维持二元化的方式

留守型和部分分离型家庭同时表现出较低的迁居意愿，而全部分离型和过渡型家庭的意愿相对较强。综合从业类型分析不难看出：留守型家庭中成员均生活在本土环境，通过主业或兼业的方式向土地投入一定生产力获取基本的经济收益，或者通过租金分红获得资产性收益，即现有的生产和生活方式可以使家庭实现稳定全面地发展。而全部分离型和过渡型家庭则表现出更强的迁居意愿，家庭成员脱离本土环境的程度较高：部分已经迁居异地或全部常居异地，但依然通过保留本地户籍的方式获取土地的租金分红。总体上，大部分家庭会继续维持二元化的方式（图 16、图 17）。

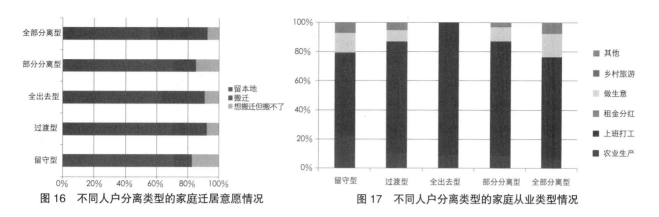

图 16　不同人户分离类型的家庭迁居意愿情况　　　图 17　不同人户分离类型的家庭从业类型情况

（2）外出劳动力多以近距往返实现离乡不离籍、进城不弃地

本地多数家庭外出务工的劳动力在武汉大都市近郊的老县城和新城打工，平时能够每日通勤往返或周末回家，而无需常年在外地与家人两地分居。这样一种近距分离的状态实则满足了整个家庭的兼业与共同生活的需求，务工者无需放弃农村户籍带来的红利，也无需以个人力量承担整个家庭迁往城镇居住与生活的巨大成本，同时也能够实现日常照料老人和子女。

5.3　小结

完全本地化发展的留守型家庭和主要劳动力外出务工的部分分离型家庭是武汉乡村家庭的主体，家庭与本土环境的相互依存关系较为紧密，这种依存关系一定程度上削弱了家庭迁居意愿。为获得工资性收益、农业生产收益和资产性收益的"三重保险"，并碍于进入城镇的经济门槛，绝大多数家庭不倾向于选择迁居而放弃农村户籍和宅基地，而选择近距分离。这样一种以较小的成本获取多重收益、家人和乐融融的离乡不离籍、进城不弃地的发展方式对于农民而言何乐而不为。

6　结论与讨论

通过选取家庭生命周期、从业类型、收入水平和人户分离情况四个视角，多视角观察武汉市域外围乡村家庭的发展特征与迁居意愿特征，可以发现较为一致的特征：家庭迁居意愿普遍较低，明显表现出本地偏好；以子女教育为主的多样化的城镇公共服务是影响迁居的重要因素；高额购房支出为主的经济门槛影响显著大于户籍等制度性障碍。进一步综合四个视角的分析结果，可以看到武汉所代表的中部大都市外围乡村家庭的迁居意愿特征有以下几个方面：

6.1　武汉家庭基本形成代际循环、近距分离的稳定发展模式

多数家庭通过两代劳动力周期性更替、相互分工，同时从城乡两个经济生产单元获取收益，同时通过在大都市区近郊区就近打工避免两地分居的社会代价，弥补单一就业方式的低收入水平，也无需由劳动力个体支撑全家迁居城镇的巨大压力。随着家庭生命周期的演替，这种代际分工也将随着周而复始，农民的眼前利益、家庭发展需求均得到了满足，本地偏好的发展模式因此更加趋于固化。

6.2　迁居决策的出发点兼顾个体的经济理性和家庭的社会理性

过去以个体生存发展的经济理性为主导的方式瓦解了家庭的完整性，严重透支了从个体情感到家庭氛围、亲缘关系等社会成本。而通过本次研究我们明显地看到以安放家庭、提升家庭全员发展方式是新、旧两代农民工的共同需求。迁居决策是综合成本与收益、经济与社会的理性权衡。

6.3　打工经济和土地的收益预期塑造了离乡不离籍的半城镇化状态

打工经济支撑大部分家庭的生存和发展，他们通过工农兼业的方式获得工资性收益、农业生产收益和资产性收

益的"三重保险"。为了保证这"三重保险",同时碍于进入城镇的经济门槛,绝大多数家庭不倾向于选择迁居而放弃农村户籍和宅基地,从而形成离乡不离籍的、过渡性质的半城镇化状态。收入水平和就业状况等经济因素对中部地区乡村居民迁居的影响更为显著,比教育、医疗等公共服务水平的影响更大。

通过上述结论可以看到,家庭视角下乡村人口的迁居意愿更加综合化,迁居与否是基于家庭利益最大化、风险最小化的理性权衡。由于以打工经济为主,通过代际分工、近距兼业的发展方式会长期存在[17],土地制度和农村户籍给家庭带来的收益预期已经成为农民不愿迁居进城的重要考虑因素[18]。因此,当前推进城镇化应充分认识到无论是促进本地乡村人口离土进城,还是吸引务工人员举家迁居,都存在较大的挑战。对于这一涉及城乡两方利益的复杂社会工程,公共政策的制定首先要充分尊重每一个家庭的真实意愿,而不是通过外部政策施压推动他们"被市民化"[13];其次,应制定配套户籍制度改革的全方位政策设计,包括部分承担乡村居民迁居的成本,保障进城后的各项福利性社会收益,并降低农民退出土地的收益损失[1, 19];最后,积极促进就地城镇化,增加本地就业机会,以更加完善的公共服务环境实现乡村家庭的福利正增长,兼顾经济效益和社会公平引导本地乡村人口自愿离土进城、实现身份的转变可能是更稳妥的途径[2, 20]。

主要参考文献

[1] 李浩. 城镇化率首次超过 50% 的国际现象观察——兼论中国城镇化发展现状及思考 [J]. 城市规划学刊, 2013（1）: 43-50.

[2] 黄振华, 万丹. 农民的城镇定居意愿及特征分析——基于全国 30 个省 267 个村 4980 为农民的调查 [J]. 经济学家, 2013（11）: 86-93.

[3] 郭江平. 人口流动家庭化现象探析 [J]. 理论探索, 2005（3）: 56-58.

[4] 林善浪, 王健. 农村劳动力转移的影响分析 [J]. 中国农村观察, 2010（1）: 25-33.

[5] 中华人民共和国国家卫生和计划生育委员会. 《中国流动人口发展报告 2013》内容概要 [EB/OL]. http://www.moh.gov.cn/ldrks/s7847/201309/12e8cf0459de42c981c59e827b87a27c.shtml, 2013-09-10.

[6] 亢楠楠, 祝小琳. 城市化进程中农村劳动力迁移意愿影响因素分析——基于吉林省松原市葛平村的实地调研 [J]. 经济研究导刊, 2013（13）: 54-57.

[7] 盛亦男. 中国流动人口家庭化迁居 [J]. 人口研究, 2013（7）: 66-79.

[8] 周春芳. 发达地区农村劳动力迁居意愿的影响因素研究——以苏南地区为例 [J]. 调研世界, 2012（8）: 33-37.

[9] 潘爱民, 韩正龙, 阳路平. 发达地区农户迁居意愿研究——基于"长株潭"城市群农户的问卷调查 [J]. 湖南科技大学学报, 2012（12）: 110-114.

[10] 成艾华, 田嘉莉. 农民市民化意愿影响因素的实证分析 [J]. 中南民族大学学报, 2014（1）: 133-137.

[11] 卫宝龙, 储德平, 伍骏骞. 农村城镇化进程中经济较发达地区农民迁移意愿分析——基于浙江省的实证研究 [J]. 农业技术经济, 2014（1）: 91-98.

[12] 杜双燕. 基于农民选择意愿下的贵州人口城镇化研究, 2013（9）: 139-142.

[13] 赵民, 陈晨. 我国城镇化的现实情景、理论诠释及政策思考 [J]. 城市规划, 2013（12）: 9-21.

[14] 潘静, 陈广汉. 家庭决策、社会互动与劳动力流动 [J]. 经济评论, 2014（3）: 40-50.

[15] 曹广忠, 边雪, 赵金华. 农村留守家庭的结构特征与区域差异——基于 6 省 30 县抽样调查数据的分析 [J]. 人口与发展, 2013（4）: 2-10.

[16] 姬雄华, 冯飞. 劳动力迁移中的家庭非经济成本问题分析 [J]. 延安大学学报, 2007（4）: 23-26.

[17] 赵民, 陈晨, 郁海文. "人口流动"视角的城镇化及政策议题 [J]. 城市规划学刊, 2013（2）: 1-9.

[18] 程遥, 杨博, 赵民. 我国中部地区城镇化发展中的若干特征与趋势——基于皖北案例的初步探讨 [J]. 城市规划学刊, 2011（2）: 67-76.

[19] 郝晋伟, 赵民. "中等收入陷阱"之"惑"与城镇化战略新思维 [J]. 城市规划学刊, 2013（5）: 6-13.

[20] 张立. 新时期的"小城镇、大战略"——试论人口高输出地区的小城镇发展机制 [J]. 城市规划学刊, 2012（1）: 23-32.

Study on the Migration Desire of Rural Residents from the Multi-Dimensional Perspective of Family : Based on the Urbanization Investigation of 65 Towns in Wuhan

Xia Lu   Luo Zhendong   Yao Ziyang

Abstract : To push forward appropriate urbanization, it's the key that respecting the microscopic main body's true desire, and guiding rural residents' migration to cities and towns rationally and orderly. The microscopic desire refers to the behavior of whole family but not single one, the theory and practice mechanism have been showing up.This study tries to observe the migration desires of rural residents from the multi-dimensional perspective, based on the field questionnaire survey in rural districts of Wuhan city periphery in Hubei Province.The paper comprehensively analyzes researches which are based on perspectives of family life cycle, employment type, income level , and whether there are separation of residents from household registration.Here comes the conclusion : the families, which are in rural areas of metropolitan city periphery in Central Area as Wuhan represents, generally have no migration desires.Whether to migrate is up to the rational decision of whole family members, with more comprehensive influence factors.The rural residents will insist on the role of migrant workers and won't give up their contracted land for profits, possessing rural household registration at the same time.As a result, it has formed the state of semi-urbanization.The families have further presented the localization development tendency, the migrant labour also tend to back home and obtain employment locally. In the procession of urbanization, it is high time for us realized that either to encourage the rural residents to give up their contracted land and migrate to cities , or attracting migrant workers to bring other family members to live in cities, great challenges still exist.

Keywords : family ; multi-dimentional perspective ; rural residents ; migration desire ; wuhan

里山倡议下台湾地区农村可持续与再生发展模式
——贡寮水梯田个案研究

黄柏玮　许婵

摘　要：农业是中国的历史与生活，但近二、三十年中国经济崛起，与所有开发中及已开发国家面临相同的问题，农村土地被侵蚀，大量发展城镇化下使城乡结构不均衡，更导致自然环境的破坏、人类生产地的破坏。而近年来国际间强调恢复过去人类与环境和平相处的生活智慧，作为解决人类工业化后对于环境保护的不足，使人类可持续发展。

2010 年联合国决议第十届生物多样性公约大会，宣示日本『里山倡议』为一种农村再生发展共识，其精神代表一种人类与自然和平共处的智慧包含生产、生活、生态三方面之文化地景，目前世界上有许多基于里山精神下成功农村再生与可持续发展的案例。本研究将首先基于里山精神之全面了解并且选取与我国社会、文化有密切相似性的台湾地区—贡寮水梯田作为里山经验的探讨，针对其社会生态生产以及发展契机与组织参与做一个全面性的瞭解，希望将这些古老生活智慧发掘，进一步期许建立农村中人与自然平衡可持续利用的土地利用模式。

研究发现，在贡寮水梯田案例中，藉由多方组织共同协力回复过去前人之生活智慧，并且应用于社会生态生产地景中，不同于强调农村实质建设与生产结构的调整，此种里山模式或许是未来我国发展城镇化下，农村可持续发展的借鉴。

关键词：台湾农村再生；里山倡议；社会环境生产地景；贡寮水梯田；农村协力伙伴

1 引言

自从工业革命后，世界各国逐渐以城市作为发展核心，大量二、三级产业的发展下，使人们生活越来越富裕并且创新了各种生活科技造就全球的新纪元。然而此种发展模式完全忽略城与乡二元体制的正常发展与平衡，城市侵蚀农村，农村发展受阻，农村人口外移与老化。

随着我国经济的快速发展，城镇化、工业化进程的不断推动面临大量农村问题，一方面社会资源日益向城市集中，导致大量农村人口流向城市，城乡差距越来越大。中国进城务工人员已超过 2.4 亿，按照当前每年增加一个百分点的城市化发展速度，由乡村转移到城市定居的人口每年都会达到 800 万[1]。如此规模巨大的人口迁移，导致农村出现人口结构和村落空间形态的"空心化"现象，也使得农村生活及其文化特色逐渐丧失。另一方面，由于长期以来农村经济发展的粗放性、盲目性和低效性，不仅消耗了大量资源，更进一步恶化了农村生态环境，如水污染、水土流失、土壤肥力下降、化肥、农药污染等。

近年，我国通过《中国二十一世纪议程》(1994)，并以其为发展最高指导原则进行生态农村建设探索。2006 年 2 月《中共中央国务院关于推进社会主义新农村建设的若干意见》正式发布，内容概括为"生产发展、生活宽裕、乡风文明、村容整洁、管理民主"。另外，"十一五"、"十二五"规划也将"社会主义新农村建设"作为一项重要战略目标。2013 年 12 月，中央城镇化工作会议和中央农村工作会议更是将发展"质量型、均衡型、城乡一体、生态协调"的新型城镇化、确保粮食安全、建设城乡统一的建设用地市场作为未来发展的重点。

本研究梳理过去世界上农村再生经历发现可归纳几种发展阶段，首先以实质建设发展城市化作为增强农村的现代性，第二阶段为农村生产结构的改变，包含生产作物的改良、精致化，或是以特色农村做为乡村发展的驱动力，而近年来逐渐迈入第三阶段的纪元，强调一种第二现代的批评反思特性，反省过去现代化过程中对农村精神与智慧的忽略，

黄柏玮：北京大学城市与环境学院硕士研究生
许婵：北京大学城市与环境学院博士研究生

主张恢复及保育古老农村智慧，此种智慧代表着人与环境共同生存的一种经验法则，由此重构农村之人地关系。

里山倡议为 2012 年联合国决议国际间探讨农村发展的一种社会生态生产地景共识，包含生物多样性、传统人地关系的保存及乡村小区再发展等主轴[2]，与强调农村智慧的理念相同。全球渐渐关注世界各地农村生产、生活与生态之文化地景。此一发展趋势对于面临新型城镇化与农村保存并行问题的我国尤为重要，作为以农立国的历史悠悠大国，在文化地景的保存与复育必须具有强烈的贡献，悠久的生活智慧必定对于未来可持续发展为目标的社会有绝对的示范性。

本研究选取具有相似文化的台湾里山倡议之贡寮水梯田再生经验作为探讨案例，期许透过相关经验文献回顾以及与深入访谈相关参与组织（包含产、官、学以及非营利组织）之方式，归纳整理出一套在里山倡议精神下，可作为我国未来农村可持续发展的一个启示。

全文第一部分先从日本里山倡议的发展与精神延伸，完整的回顾其精神与发展模式，第二部分将首先整理具相同文化与农耕发展台湾农村发展进程，并以我国台湾地区里山精神试办点贡寮作为探讨，梳理案例中发展模式，包含生产模式、生活模式、环境保护与有关参与协力组织，并且总结归纳为现代农村可持续发展之模式，最后部分提出我国内陆地区农村可持续发展策略建议。

2 里山倡议

2.1 里山缘由

自古人类以农村为发展且产生了许多古老智慧，近来国际间强调以此智慧进行农村再生发展，2002 年联合国粮食及农业组织中更将重要农村遗产定义：农村与其所处环境在经过长期演化和动态适应，形成独特因地制宜的土地利用和农业景观。

「里山」（Satoyama）在日文中为山林与平原之间的过渡带，代表一种日本传统的农村地景，包含小区、森林、农业的混合地景（landscape）[3]，如可耕地、果园、灌溉用池塘、沟渠和村落与农场之混合社会生态系。其中，里（Sato）代表环绕山、林和草原等以山（yama）为代称之村落，又可称位于高山（日文为「奥山」，Okuyama）和平原（日文为「里地」，Satochi）之间的农村聚落（图1），里山即为一种生物栖地和人类土地利用下维持生物多样性，并提供人类生活所需的最佳愿景。

2010 联合国第十届生态多样性公约缔约大会（COP10），决议里山倡议（Satoyama Initiative）成为一种正式公约，宣示「里山倡议」是兼顾自然环境与人类生产可持续发展工具之一[4]。此倡议由日本环境厅与联合国大学高等研究所共同研议，其目的为通过社会生态生产地景（SEPLS）保护与生态系统强化，实现生物多样性与促进人类可持续发展并增加农村价值与重要性。主张以人类过去传统生活智慧，作为人与环境良好共生模式，并维持社会生产生态地景上的生物多样性与传统农村资源可持续利用。

对社会生态生产地景的妥适管理，可增进环境服务系统的供应和调节，因此近年国际上社会生态生产地景（SEPLS）的综合考虑将改善过去单一关于实体建设或是生产结构的农村问题，里山倡议是作为一种人与自环境良好

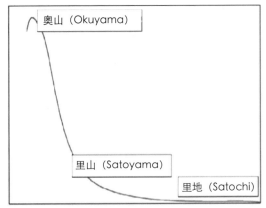

图 1 里山概念图
（资料来源：李光中（2012））

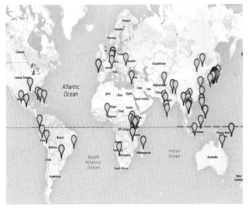

图 2 各国里山计划分布图
（资料来源：IPSI 网站（2014））

互动的典范并可作为世界上生态系复育参考。期许藉由人类的生活方式与大自然长时间的交互作用所形成一种和谐动态平衡[5]。目前，国际上组织了里山倡议国际伙伴关系（IPSI）其成员组织类型不限于既定类型，包括国家、地方政府机构、政府附属机构、非政府组织、民间社会组织、学术组织以及联合国或其他国际组织，旨在促进与加速全球有关里山倡议精神下活动实施，此伙伴关系藉由相关经验分享交流，协助支持不同组织对于社会生态生产地景（SEPLS）之生物多样性维护和人类可持续发展的利益创造。目前参与里山倡议之计划之案例如图2所示，案例种类繁多包含林地、农村、海洋与花草甚至范围涉及世界五大洲，本文将选取同文同种同源之台湾贡寮农村再生案例作为探讨，以期待对我国目前农村的启示。

2.2 里山精神

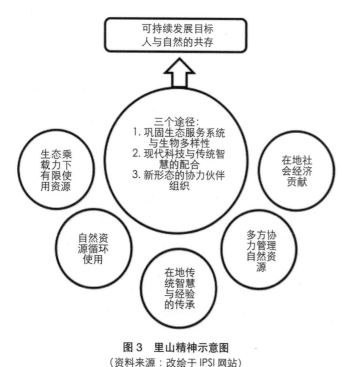

图3 里山精神示意图
（资料来源：改绘于 IPSI 网站）

里山倡议核心理念为「社会生态生产地景」，李光中（2011）指出人类与自然长期的交互作用下，形成的生物栖地和人类土地利用的镶嵌版块（马赛克）景观，即一个社会系统是由人类与环境长期动态互动组成一种社会生态生产地景，此种组织过程，造就了许多生活智慧以及适应自然与环境共生的经验，再以此地景下的智慧维持了生物多样性，满足人类生活需求更达到人类可持续发展。

世界上许多这类地景已持续了几个世纪，可视为文化遗产与古老智慧。研究显示此智能地景的运行模式符合生态系统方法和可持续发展的目标，而里山倡议即为一种强调社会环境生产地景的精神。在生产方面，由在地农村居民的运用，提供生存所需粮食、水源与物资，在生活上演化成一种在地文化，而在生态上，增加当地生物多样性与一种自然共生的关系，是目前国际公认可持续农村再生发展的最佳典范。

里山倡议提倡三个途径达成农村的可持续发展，因此称为三折法（Tree-fold approach），起源日本折纸艺术。第一个途径为「巩固生态服务系统与生物多样性」，以生态服务作为第一考虑并且维护生态系的均衡多样，第二途径为「现代科技与传统智能的配合」，使用传统生活智慧与现代科技配合，主张古老生活经验是人与自然的最佳互动，第三途径是「探索新形态的协同经营体系」，借由多方组织的共同管理来寻找过去生活典型与发扬古老智慧带动农村再生和可持续发展。

除了三个指导途径外，里山倡议尚有五个关键观点（图3）：

（1）生态承载力下有限使用资源

（2）自然资源循环使用

（3）在地传统智慧与经验的传承

（4）多方协力管理自然资源

（5）在地社会经济贡献

整体来说里山倡议的特色为在生产、生活与生态中取得一个人与环境的平衡，达到三生一体化的可持续发展模式。

3 里山倡议的台湾实践

台湾地区早期以农为本，在经济发展过程中，农业曾经扮演非常重要的角色，除了有效的促进粮食生产、稳定民生外，更成为扶植促进工商业快速发展有利后盾，于是造就了台湾经济奇迹[6]。因应产业转型需求与台湾地形等自然与人文的条件限制（可耕作之面积仅占全岛 30%），加上 2001 年加入世界贸易组织后，大量减低农产品进口的关税使台湾农业生产雪上加霜。台湾城乡差距越来越不均衡，农村文化传承、生活智慧与生态环境，邱铭源（2012）表示在老者凋零与年轻人力不断外流使具生态性、前人智慧农村早已消失 [7]。

农村人口逐渐外移与老化、都市持续蔓延农村，农村力求转型发展工业与科技园区的背景下，近二十年台湾为解决农村问题可以分为三阶段制定一系列农村发展政策；首先相关法规的制定包含农村再生条例、农村小区发展条例与农村重划条例的第一阶段，此阶段以加强农舍村生活与设施之实质建设为主，藉由改变农村基础设施吸引人口回流，包含一些特色农村或是小区的建设，如宜兰珍珠小区；第二阶段为因应加入世贸后大量外国农产倾销台湾加上因应可持续发展之生态考虑，台湾农业力求结构上的调整，包含惯行农业的调整、发展精致化农业与生态农法，如精致花卉园区的建置使高经济作物代替原本高成本地价值的作物或是有机农业之推行减少过去惯行农业所造成的大量环境污染，以更有特色或是更具生态考虑的农产提升农村经济价值并达到农村可持续发展的生态考虑，第三阶段为目前以里山倡议精神作为一种新的农村再生发展模式，主张以过去农村与环境和平共存的智慧使农村生活、农村生产与农村生态达到一种可持续发展与多功能农业重新定位与诠释农田价值，例如环境、生态与文化景观价值（multifunctional agriculture）。

里山倡议主张农村有其独特景观、产生有其既定环境与生产模式，本文选取新北市贡寮区之水梯田作为探讨对象，并且进行实体访查与深入访谈。

3.1 中国台湾里山实践个案 – 贡寮水梯田

联合国对于里山倡议的推动，也使台湾保育机关 – 林务部门重视，台湾目前里山倡议精神下的农村再生包含花莲县丰宾乡、新北市八烟聚落、成龙湿地与贡寮水梯田等五个较具代表性的成果实行点，本研究将选取贡寮水梯田作为个案研究。

水梯田是东亚特有农村地景，亦是人们良好适应环境的很好典范，地狭人稠促使台湾农业发展「水梯田」景观。水梯田兼其「维护生态环境」及「维持生物多样性」等多项生态功能，贡寮山区位于台湾东北角长年有雨，土质具黏性，加上双溪河贯穿，在内寮溪、远望坑溪、石壁坑溪的山谷间农民沿着山地与丘陵的起伏，以土石筑成边坡、挖凿水圳、蓄水入田，发展成依靠地形起伏所产生的水梯田。而过去有着不少梯田，过去二十年逐步弃耕，造成原来生物多样性降低与传统社会生态生产之地景与智慧逐渐消失，然而位于贡寮地区之水田面积狭小，机具难以下田使用，梯田因为先天环境受限一年四季的农务工作都靠人力实行，却也保留了古老农业完整面貌，使贡寮地区老农多保有丰富的传统农业知识 [8]。

荒废二十年的水梯田于 2011 年起台湾林务部门推动「森林 – 水田 – 溪流 – 河口串连的水域生态廊道」[1]，开始贡寮山区水梯田生态保育计划除了进行除草、翻土整地，引进水之相关实质复育计划外，更为了研拟改善农村人口外移或是农村生命力不足等问题而联系台北大学研究团队进行相关环境补贴机制与人禾环境伦理发展基金会 [2] 等多方组织协力，以里山精神使产业与环境沟通，在符合环境容受力的条件下兼顾生态多样性，推动小区与公众间的合作学习达到农村可持续再生发展之生产考虑，并透过此类生态系服务案例的经验传承，推动相关资源保育与农村再生的共同互惠。

复育计划使贡寮水梯田恢复了生机盎然的生态系统（图 4），各种生命复苏（图 5），水生植物回流，典型台湾东北区小型溪流的生态，是台湾洄游性鱼虾蟹贝的保育热点；这里也是许多浅水域的原生水生植物仅存的庇护方舟之一，多种稀有的蜻蜓在此再次发现；下游的洪泛平原田寮洋，则因着地理区位与整个河系造就的湿地环境与水田产业，纪录过超过 300 种的鸟类。

---

① 为了进行复育，林务部门首先选定 3 个示范点，包括东北角贡寮山区、金山八烟聚落和花莲丰宾乡的港口部落。其中贡寮水梯田拥有 100 多年历史，加上小区相对封闭，仍保有纯朴的农耕文化，相当符合里山倡议的精神内涵。

② 人禾环境伦理发展基金会于 2007 年并致力于：推动体制内环境教育的落实、推动环境学习中心的建构、扩大社会对永续环境议题的关注和参与。让更多人透过关注、省思、对话、学习、行动，找到改变的方法与力量，愿意一起为我们共同的未来负起责任。

图4 贡寮水梯田图
（资料来源：本研究自摄）

图5 现场生态丰富图
（资料来源：本研究自摄）

3.2 台湾里山实践特征

联合国对于里山倡议的推动，受到台湾保育机关－林务部门重视，李承嘉（2010）研究发现农村除了粮食生产而已功能外，应更具水源涵养、国土防灾及生物栖地的三生功能（生活、生产、生态）。而根据里山倡议的精神，现代农村的发展应以其人与互动历史所建构的社会生态生产所形成的文化智慧为主轴，并且依据现在科技的配合探讨以里山倡议精神为施行的贡寮水梯田是如何相互连结的？并且本研究也在下文中探讨贡寮水梯田可持续再生的协力组织探讨。

（1）生物多样性（生态面）

2011年，林务部门与当地组织为全面了解相关生物之组成建置贡寮水梯田动植物履历为目的，进行生物调查与口访、观察，进行较密集的相对数量调查。2012年，更尝试以定量调查方法（包含水梯田生物、溪间生物、田间生物、溪流生物与其他），进行水梯田环境及周边溪流生物调查，并针对田间多样生物季节性的全面普查，相关结果如图6：

在生产方面，贡寮水梯田关注于生物多样性的继续维持，避免人类科技所造成自然环境的影响，因此主张不使用化学肥料。并且在水田中稻与其他生物共生，形成一个小型生态系（图7），除此之外施行水梯田复育后，当地环境生态明显提升更多的物种回流贡寮山区。

（2）生产

里山倡议主张一种具有传统经验文化地景下的生产，目前参与贡寮水梯田计划中的人禾基金会协助成立生产班，负责协助当地农民生态农法与里山精神，而贡寮水梯田原本的耕作智慧以及透过田间规范找回来的适切技术，包括以下几点[8]：

1）自家选种育苗：过去农民于收割前至田中选取生长较优之稻株，作为次年栽种籽。近年，自行选育品种，改由地区农会组织使用农业技术提供适存种，或更久之前的盛行种；以能适应在地气候条件为选种原则；选择病害相对较低的物种，将使不用农药机会提高，而适应强风、豪雨的气候条件也使生产更具效率性。

选种育苗的结果，避免了福寿螺藉由秧苗或苗盘入侵的威胁，保全了野生水生动植物的多样性生存条件[8]。

2）边界微环境处理。田埂纯泥做，田阶构造物以砌石处理强化（图8），避免定期崩坏之成本。以自然为边界，造就了多孔隙栖地：石缝及石壁形成动、植物的栖地，如野蜂、水蛇与紫荆花。

另外农户会在田畦边，在迎风面保留树林或密植竹林，这样的绿带除了挡风之外，也增加了掠食性昆虫或其他动物的栖地，连带有助于田间虫害控制。

在田阶与溪沟交界处，有滨水植物群保护带的观念。这一方面减缓大雨的冲蚀，一方有水质过滤的功能。对水域中动物来说，刻意保留植生，能遮蔽阳光降低水温，掉落的花果叶虫也成为水域食物网的供应，而如泽蟹类、绍德春蜓、钩纹春蜓等[8]。

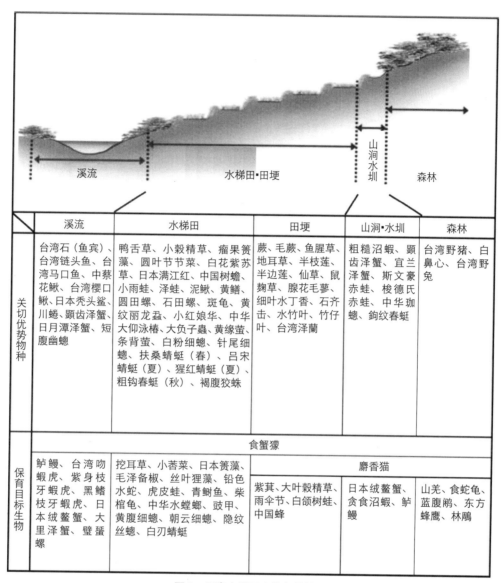

	溪流	水梯田	田埂	山涧·水圳	森林
关切优势物种	台湾石（鱼宾）、台湾链头鱼、台湾马口鱼、中蔡花鳅、台湾樱口鳅、日本秃头鲨、川蜷、顕齿泽蟹、日月潭泽蟹、短腹幽蟌	鸭舌草、小穀精草、瘤果簀藻、圆叶节节菜、白花紫苏草、日本满江红、中国树蟾、小雨蛙、泽蛙、泥鳅、黄鳝、圆田螺、石田螺、斑龟、黄纹丽龙蝨、小红娘华、中华大仰泳椿、大负子蟲、黄缘萤、条背萤、白粉细蟌、针尾细蟌、扶桑蜻蜓（春）、吕宋蜻蜓（夏）、猩红蜻蜓（夏）、粗钩春蜓（秋）、褐腹狡蛛	蕨、毛蕨、鱼腥草、地耳草、半枝莲、半边莲、仙草、鼠麹草、腺花毛蓼、细叶水丁香、石齐击、水竹叶、竹仔叶、台湾泽蘭	粗糙沼蝦、顕齿泽蟹、宜兰泽蟹、斯文豪赤蛙、梭德氏赤蛙、中华珈蟌、鉤纹春蜓	台湾野猪、白鼻心、台湾野兔
保育目标生物			食蟹獴		
保育目标生物	鲈鳗、台湾吻蝦虎、紫身枝牙蝦虎、黑鳍枝牙蝦虎、日本绒鳌蟹、大里泽蟹、璧蜑螺	挖耳草、小苔菜、日本簀藻、毛泽备椒、丝叶狸藻、铅色水蛇、虎皮蛙、青鰤鱼、柴棺龟、中华水螳螂、豉甲、黄腹细蟌、朝云细蟌、隐纹丝蟌、白刃蜻蜓	麝香猫		
保育目标生物			紫萁、大叶穀精草、雨伞节、白颔树蛙、中国蜂	日本绒鳌蟹、贪食沼蝦、鲈鳗	山羌、食蛇龟、蓝腹鹇、东方蜂鹰、林鵰

图 6 贡寮水梯田生物多样性图
（资料来源：贡寮水梯田 2012 报告）

图 7 水梯田中生物多样性
（资料来源：狸和禾小谷仓）

图 8 贡寮水梯田田埂图
（资料来源：狸和禾小谷仓）

3）增加分享物种，纳入生产运作系统。养野生蜜蜂，利用蜂收花蜜，增加稻作及蔬菜授粉的成功率。在田埂上的野草，形成绿篱带栖地，许多寄生性、捕食性昆虫及动物的栖息地，形成复杂食物链，因此大幅减少单一虫害的危机。而除了田间及田边植被构成的栖地，上述砌石驳坎，因多孔隙栖地提供捕食者居住[8]。

4）生态承载力下有限使用资源。在环境的承载限度下以生物多样性保育为目标，更在收成考虑下重新将环境承载限度提高。手工或虫筛搜集下来的害虫、传统割稻方式带上来的稻秆稻叶及未熟稻、加上碾米之后的粗糠，都成为家户养鸡的饲料，在农牧混作的产出上，充分应用资源来循环[8]。

5）传统智慧农耕技术。贡寮水梯田仍使用大梁的传统竹编或木头所做的农耕器具（图9），而且会将收成过后的稻草做成建材使用；另外也因地形关系不利大面积的机械耕种，仍使用传统上的牛耕技术（图10），减少了大型机具的成本和运作上的环境污染。

图9 传统农具图
（资料来源：狸和禾小谷仓）

图10 水梯田牛耕图
（资料来源：狸和禾小谷仓）

（3）生活面（活动）

生活面牵扯范围甚广，本研究针对以下几点对于里山倡议施行后对贡寮居民影响：

1）土地利用策略。目前，在里山倡议下土地使用朝向一种可持续发展方式，如使用较多环境友善的农耕，让土地有足够的时间休养、使地力不至枯竭外，也让水梯田里各季节的虫鱼植物各自生长，生态可以一直轮替下去。

2）经济活动。经济活动部分包含以所种植的稻米「和禾米」、开发成米制品并将包装设计具有生物多样性意象以及手工香皂（图11），以提升农产品之价值，并透过产品的宣传营销建立生态品牌达到一种里山倡议的精神营销。

虽然目前里山再生计划使部分青年返乡，但目前年轻人仍因乡村发展不均而使经济来源较不足，因此目前部分青年人会于农耕闲暇时担任里山导览员，协助其他地区农村再生经验之分享，目前当地政府也正在着手环境生产给付之补贴政策，希望建立一套因为环境保护而影响生产的补贴政策，此举也符合里山精神，非现代化、城镇化才是农村未来的解决途径。

图11 相关农产品图
（资料来源：狸和禾小谷仓）

3）邻里关系。内部的邻里关系以贡寮学校、人禾环境伦理发展基金会与居民作为三大主轴（图12），由人禾基金会作为领导，由农村小区中的民众共同参与续耕或复耕水田，协同接近自然且再生发展的建设，并成立生产编制单元以小单元组织进行生产工作。除农作之外，也担任生态管理者，调整务农方式，并推动田间智慧传承的可能，由里山倡议的推行使贡寮的人民越来越紧密，且更有归属感。

4）社会参与。近年贡寮水梯田是个成功的农村再生案例，会不定期举办，环境体验分享学习，由此方式分享再生、可持续发展经验，并且添加农田体验与生态导览（图13）的部分使前往观光的旅客更了解当地资源与特色（图14），并且培养其爱护环境的观念。

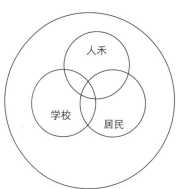

图12　邻里关系图
（资料来源：本研究自绘）

除此之外，在水梯田收割之旺季，为解决收割人力不足的问题，招募青年成立「割友会」，也是一种将人与稻作紧紧结合的一种营销策略；并于今年举办米粮型保育合伙人活动，民众可以「认谷」成为谷东，分为体验型与米粮型，体验型还可参与农事，而米粮型可支持农人照顾土地的保育捐款。水梯田体验活动，使人与自然之间、山区农户与城镇居民之间的互惠互助，让水梯田长久以来所提供的环境贡献能维系下去。

让原本在此努力的农户与年轻的一代有了新的体验与经营方式，这是另一种的文创产业，台湾处处有美景，更有着让人感动的土、物、心、情。

图13　农田体验图
（资料来源：本研究自摄）

图14　生态导览图
（资料来源：本研究自摄）

（4）协力伙伴关系

贡寮水梯田复育案首先由林务局所提出，为使东亚特殊之水梯田景观能够保存下来，另李承嘉（2012）表示水梯田兼具防洪、防灾与生物多样性功能。而一套农村再生可持续发展的计划制定是很复杂，并且需要大量的人力投入，才能使计划更具完善性与深入性，由贡寮案例中可以归纳为四层伙伴关系。

第一个伙伴协力关系为林务局与人禾环境伦理发展基金会，由官方单位与民间组织共同对话拼凑出兼顾生产与生态的田间作业可能，归纳农村、生物、环境间友善共存机会，并且重构过去农村智慧。此伙伴关系，主要由政府提供资金，负责补助初期的再生成本。人禾环境伦理基金会负责深入在地，与在地沟通，进行目标的规划，并且教育在地居民。

第二个伙伴关系为林务部门与台北大学，林务部门委托台北大学土地研究中心，拟定生态补贴政策，以学术及实务上的结合探讨相关生态给付之资金，并且作为未来可以继续再生资金的来源方式，目前仍在试行阶段，期许一套更佳的方案出现。除此之外，台北大学并举办相关之研讨会，邀请各界农村再生专家进行对话与经验分享，以学界对贡寮水梯田进行探讨。

第三个伙伴关系是各个非政府组织、非营利组织共同讨论一种再生的可能性，藉由彼此经常的经验分享或是互助合作，使再生的工作不孤单且更具有效率。也避免高成本的错误决策产生。

第四个伙伴关系为贡寮的农民们与小区组织，自发地进行田间的调查与纪录，纪录老农夫的想法、作法与纪录土地。使人与自然共存的智能能够被记录、发扬。

4 里山倡议的启示

农业是中国的历史与生活，但近二、三十年中国经济崛起，与所有开发中及已开发国家面临相同的问题[9]，高经济产业取代传统农业，而现存的农地为使产值大幅度提升，无限制使用化学肥料与农药，造成农业文明历史悠久中国，农村文明正遭受无穷尽的破坏。

本研究由国际上的农村再生进程探讨，世界农村发展的一致失败性，皆源于乡村发展的城镇化而不是在地化与传统经验性，经由里山倡议精神了解农业生物多样性与农业文化多样性保护的重要性，避免「僵化式」保护和「大破坏性」开发两种错误倾向；逐步建立农村文化地景保护的多方参与机制，如研究贡寮案例中，多个伙伴关系包括政府、小区的积极参与、非政府组织的有效介入与营销，并使农村再生可持续发展成为科学研究平台[10]。

主要参考文献

[1]   殷湖北.景区农民居民点规划与综合评价研究 [D].重庆：重庆大学建设管理与房地产学院，2012.

[2]   李光中.乡村地景保育的新思维－里山倡议。台湾林业期刊，37（3）：59-64，2011a.

[3]   李光中.里山倡议的核心概念与国际发展现况 [J].参加生物多样性公约第 10 届缔约方大会出国报告。行政部门所属机关出国报告，2010.

[4]   赵荣台.里山倡议 [B].台湾地区：行政部门农业委员会林业试验所台湾林业期刊，38（1）：44-49.

[5]   李光中.乡村地景保育的新思维—里山倡议 [M].2011 东部地区原住民农产业发展研讨会论文集：1-28.

[6]   李承嘉.台湾地区土地政策评析 [B].

[7]   邱铭源.八烟精神与里山台湾的愿景 [J].

[8]   人和生态环境基金会.保育需求评估、公众环境沟通、与产业模式的初探—贡寮水梯田报告.2012.

[9]   闵庆文,中国生态农业的发展与展望 [J].里山倡议研讨会，2011.

[10] 闵庆文,中国农业文化遗产研究与保护实践的主要进展 [J].里山倡议研讨会，2011.

[11] 李光中（2011b）里山倡议与部落产业发展。载于李光中（2012）台湾自然保护区经营的新思维与新类型.

[12] 李光中,王鑫（2010）参加生物多样性公约第 10 届缔约方大会出国报告.行政部门所属机关出国报告.

[13] 狸和禾小谷仓网站 http：//monghoho.blogspot.tw

[14] 里山倡议伙伴关系网站 http：//satoyama-initiative.org/en/

The Taiwan Rural Redevelopment and Sustainable under Satoyama Initiative
——A study on Gongliao water terraces

Huang Bowei   Xu Chan

Abstract : Agriculture is the history and life of China, but in the recent three decades of economy rise, arable land has been occupied in China, as it happened in all developed and developing countries. Massive and rapid urbanization process caused many problems, such as unbalanced urban and rural structure, damage to natural environment and human habitat. Recently, there is an international consensus of restoring the wisdom that human live harmoniously with nature, as a way to compensate our ignorance to environment after industrialization and to achieve sustainable development. In 2010, the 10th Bio-diversity Convention of UN has passed the Japanese "Satoyama Initiative" as a consensus of rural redevelopment, whose spirit represents a resourceful coexisting lifestyle of human and nature. It contains cultural landscape of production, life and ecology. There have been many successful cases of rural regeneration and sustainable development following the gist of "Satoyama Initiative". This paper firstly analyze the connotation of "Satoyama Initiative" and chose Gongliao water terraces in Taiwan as a case study to do further discussion, which has close social and cultural relations to mainland China. Its social ecology and production, as well as development opportunities and organizational participation have been thoroughly discussed in this paper. Through the digging into ancient life wisdom, sustainable land use pattern is expectably to be established in the rural area. In this case of Gongliao water terraces, all participants and stakeholders are pulling to the same direction to restore the ancient living wisdom and to apply it to social production and landscape construction. Instead of emphasizing material development and industrial transformation, "Satoyama Initiative" is an alternative solution for China's future urbanization and rural sustainable development.

Keywords : the Taiwan rural redevelopment ; Satoyama Initiative ; socio-ecological production landscapes ; gongliao water terraces ; the partnership of the rural

乡村研究方法

空间生产作为再分配：新农村居民点的产生和意义研究

衡寒宵

摘　要：近年来，新农村居民点建设在全国逐步开展，已形成较大规模，出现了多种模式。目前对这一空间现象的研究，较为集中的关注点在新居民点建设对农村土地整理的意义，以及对农民生产生活可能造成的影响两方面。本文则首先以耕地保护与土地财政的矛盾，全球经济危机与国内经济增长的矛盾为背景，分析中央与地方政府支持新农村居民点建设的基本逻辑。并在分析的基础上提出，新农村居民点的建设应该成为两类再分配的途径，即实现国家－社会之间土地收益的再分配，以及中央－地方政府之间经济刺激任务的再分配。另外值得注意的是，新农村居民点空间作为具体的建成环境，其价值不仅仅体现在两重再分配这类宏观、抽象的层面，还体现在其对农民日常生活的影响上。作为空间生产的新农村居民点建设，还应该平衡空间的交换价值与使用价值。

关键词：新农村居民点建设；空间生产；再分配；国家－社会关系；中央－地方关系

自 2003 年起中央一号文件连续 11 年对三农问题的关注，从一个侧面体现出农村发展在今日中国国家经济和社会发展中的重要地位。与土地有关的问题更是农村发展问题的重中之重。这个核心问题，一方面自下而上地反映在与土地有关的纠纷上，调查显示，村民上访反映最集中的问题是土地问题，主要有土地征用、承包地流转和宅基地等问题，共占全部问题的 65.4%（国务院发展研究中心课题组，2007）。而国家统计年鉴数据也显示，从 1998 到 2013 年之间，与土地资源管理以及城市建设有关的案件是人民法院审理得最多的两类行政案件（中国统计年鉴，1999-2013）。另一方面，农村土地问题的重要性也自上而下地反映在 80 年代以来各级政府对全国及各地区农村土地法规、政策的一系列改革举措上。

中央与地方共同面临的农村土地问题背景下，一个值得注意的空间现象是新农村居民点建设。新农村居民点建设在各地的实践中称谓各异，如"新农村综合体建设"（四川）、"新型农村社区建设"（河南）、"农村社区建设"（山东）、"农村新民居建设"（河北）、"农村三集中"（江苏）、"中心村建设"（上海）等，但其实质基本都是将分散居住的农民集中到基础设施相对完备的新建社区居住（张颖举，2014）。

目前对这一空间现象的研究，较为集中的关注点在新居民点建设对农村土地整理的意义，以及对农民生产生活可能造成的影响两方面。但引发这一空间现象的根本原因究竟是什么？本文认为，新村居民点的建设这一空间生产的过程，体现了中央与地方政府，以及各地方政府之间在土地问题上的博弈。而利用好新居民点的建设，则可以实现土地财政收益与风险的再分配。为论证这一观点，接下来的章节中，本文首先将综述国内外对新农村居民点建设的研究。在现有研究的基础上，分析新居民点建设这一空间生产过程背后的逻辑，以及这一空间的产生对各方参与者的具体意义。在上述分析的基础上，本文将总结新农村居民点产生的深层原因，并据此对未来的新农村居民点建设提出一些初步的政策和实践建议。

1　对新农村居民点意义的研究综述

新建成的农村居民点，往往因为呈现出一种城市化居住社区的规划和建筑特征而被称为"农民上楼"项目。调查显示，全国平均每六个村中就有一个村在经历"上楼"，其中 72.3% 的项目始于 2008 年及以后（朱可亮，2012）。实际上，各地农村居民点整理与建设的实践早在 20 世纪 90 年代便已兴起（刘洋，2008）。1999 年国土资源部《关于土地开发整理工作有关问题的通知》指出，在各地开展农村土地整理的过程中，"凡有条件的地方、要促进农村居民

衡寒宵：英国纽卡斯尔大学建筑、城市规划与景观学院在读博士

点向中心村和集镇集中、乡镇企业向工业小区集中。在向中心村、集镇和乡镇工业小区集中时，要严格按照土地利用总体规划，在规划确定的建设用地区内选址"。各地在实践中通常也将农村居民点整理归入农村土地整理工作，如2009年成都市提出的5~6年农村土地综合整治目标就包括"平均每年整理耕地50万亩，整理农村居民点5~6万亩，新增耕地面积（占补平衡指标）4~5万亩，节约农村建设用地3~4万亩，每年改善6~8万户农民的居住条件"（郑荣 et al., 2009）。目前，大多数对新农村居民点建设的研究也强调其与土地整理的联系，称为"农村居民点用地整理"，"农村居民点整理"或"村庄土地整理"（赵玉领 et al., 2012），以区别于耕地整理等其他类型的土地整理。

多数研究认为农村居民点用地整理对农村经济和社会的发展具有综合的作用，其意义大致可归纳为如下三方面。一是农村居民点整理对耕地占补平衡的意义。对这部分潜力进行的测算表明，通过新建农村居民点可以降低农村人均建设用地面积和公共基础设施面积，结合对农村居民点内部闲置土地和旧宅基地的复垦，将有利于于土地的集约利用，在快速城市化的背景下保障耕地总量（田光进，2003；李宪文 et al., 2004；曲衍波 et al., 2011）。二是新农村居民点建设对于调整农村产业结构，促进农村综合发展的作用。一些新村案例显示，集中居住带来的人口聚集和产业聚集效应不仅有助于农业和农村二三产业的发展，同时对提高农村地区的公共服务效率也有积极作用（杨庆媛 and 张占录，2003；杨庆媛 et al., 2004；谷晓坤 et al., 2007）。三是农村居民点整理对保障农民权益的意义。结合目前对集体土地所有权流转制度的改革，整理原有农村居民点释放出来的建设用地指标可通过转让、入股等多种形式转变为农村集体和农民可得的即时收益和长期社会保障等，目前这方面的试点已有多种模式，如"南海模式"、"地票模式"等（程世勇 and 李伟群，2009；黎平，2009）。同时，合理建新又能提升农村居住空间的品质，迎合农民改善住房条件和生产生活环境的愿望（张颖举，2014）。

然而，目前这种在增减挂钩刺激下对农村居民点的整旧建新并非没有弊端。现有研究对新农村居民点建设的质疑首先针对其经济可持续性和利益分配的公平问题。在政府主导的背景下，一方面居民点整理的成本来源单一，往往造成过重的地方公共财政负担，另一方面其过程则缺乏透明度和公共参与，容易引发社会矛盾（张颖举，2013）。而依靠村集体经济或市场模式进行新农村居民点建设，虽然在一些发达地区的试验中取得了较好的效果，但在更为广大的经济欠发达地区，集体经济不强大，社会资金不敢贸然进入，农村居民点整理与新居民点建设仍然只能主要依靠政府投资与引导（杨庆媛 et al., 2004；贺雪峰，2013）。其次，一些研究则针对目前一些新农村居民点的规划和建成形式过于城市化、单一化，既破坏传统乡土地域景观，又违反农民生产、生活习惯的现象进行了反思（Long et al., 2009；庄庆鸿 and 王梦婕，2011）。

不难看到，伴随着新农村居民点建设产生的问题显然已经延伸到政治、经济和社会学的研究领域。因此对这一空间现象的研究也不应限于土地整理和土地利用的范畴。哈维曾指出，空间形式，生活方式和社会与物质基础设施的创新是资本再生产的必然需求（Harvey，1985）。农村居民点建设作为一种新的空间现象，"农民上楼"作为一种新的农村生活方式，其产生的逻辑、意义和价值也需要放在目前中国社会变革和全球经济一体化的背景下进行思考。

2 新农村居民点建设的两种逻辑

2.1 增减运算：地方政府的逻辑

新农村居民点建设最直接和现实的目的，是为了安置在"增减挂钩"过程中退出宅基地的农民。而梳理"增减挂钩"的由来，则能够发现这一政策如何从中央保护耕地的目的中来，最终却成为地方政府扩大建设用地指标的方法。而地方政府支持新农村居民点建设的目的，因此也在于完成增减挂钩中土地的"增减运算"，扩大地方土地财政受益。

分税制改革后，地方财政陷入了空前的困难，此后愈发仰赖土地开发收益和建筑业税收（周飞舟，2006；2010）。然而出于粮食安全的考量，中央政府无法放开"世界上最严格的耕地保护政策"。为了协调耕地保护和土地财政的矛盾，"百分之六十折抵"政策成为最早的尝试。

百分之六十折抵政策出自《土地管理法实施条例》（1998，以下简称为《条例》），规定"土地整理新增耕地面积的百分之六十可以用作折抵建设占用耕地的补偿指标"。对于这条简短的规定，次年发布的《国土资源部关于贯彻执行＜中华人民共和国土地管理法＞和＜中华人民共和国土地管理法实施条例＞若干问题的意见》（1999，以下简称《意见》）与《国土资源部关于土地开发整理工作有关问题的通知》（1999，以下简称《通知》）进行了进一步地说明，分别指出这新增耕地百分之六十的面积指标可以由土地整理单位"作为占补平衡指标有偿转让给其他需要履行占补平衡义务的用地单位"，以及实现占补平衡的地区，可以"向上级土地行政主管部门申请一定数量的预留建设占用耕地指标，用于本地区必需的非农建设"。

这样一来，本身不甚需求新增建设用地的地区也会在转让交易的刺激下积极开展土地整理。这一现象普遍、长期的存在着，如 2014 年四川省内，建设需求较小的巴中市便分 4 批次向建设需求较大的成都市转让 2 万多亩的耕地占补平衡指标，成交金额达 4 亿元（何强 and 郑洲，2014）。在省域内指标交易的基础上，一些研究开始探索跨省域的耕地平衡制度（张飞 *et al.*，2009；邵挺 *et al.*，2011），国土资源部一度也曾试验"跨省域耕地易地补充的土地开发整理项目"[①]。然而，考虑到"异地平衡"可能为生态本身就十分脆弱的西部地区带来严重的负面后果等原因，因此国家 2009 年明令禁止了跨省域交易占补平衡指标[②]。此外，随着各省耕地后备资源的日益紧缺，在很多经济发达的省份，由于耕地后备资源有限，省内各地又都具有较强的城市化发展势头，因此即使目前具有富余指标的地区也不愿为了"一时之利"转让通过折抵获得的指标（谭明智，2014）。耕地保护和土地财政矛盾的突破口，便只能从"土地置换"入手。

土地置换政策稍晚于折抵政策。《国土资源部关于土地开发整理工作有关问题的通知》中规定，在促进较分散的农村居民点向中心村和集镇集中的过程中，新址占地面积应少于旧址面积，而新增建设用地所占的耕地面积可由原居民点旧址整理复垦后得到的耕地面积抵消。这样便可以保证行政区域内耕地面积总量不减少，甚至有所增加。如此拆旧建新，便可不占用该地当年度新增建设用地计划指标。2000 年，国土资源部发布《关于加强耕地保护促进经济发展若干政策措施的通知》巩固了这一方法，规定"将原有农村宅基地或村、乡（镇）集体建设用地复垦成耕地的，经省级国土资源管理部门符合认定后，可以向国家申请增加建设占用耕地指标"。进一步地，国务院《关于深化改革严格土地管理的决定》（2004）明确提出了"增减挂钩"政策，即"鼓励农村建设用地整理，城镇建设用地增加要与农村建设用地减少相挂钩"。

跨省指标交易被禁，省内占补平衡指标的稀缺，使"增减挂钩"成为地方政府寻找"额外"建设用地的唯一办法。而拆迁复垦原有农村居民点、建设新居民点成为运算"增减"的关键一步。地方政府对建设新农村居民点的热衷因此不难理解：一是为了取得更多合法的建设用地指标，继而转化为土地财政的收益；二是这指标落地的过程也必然是区域城市化的过程，将会带动产生更多的地方税收收入。

2.2　变量取极：中央政府的逻辑

中央政府支持增减挂钩和新建农村居民点的原因较之地方政府更为复杂。总的说来，是为了均衡粮食安全、地方政府利益、农村社会稳定和国内经济增长这几个变量，取得整体最优的发展结果。

中央政府在 1990 年代末颁行"折抵"、"置换"政策，其初衷在一定程度上是照顾地方财政，鼓励地方积极进行土地整理、复垦，保护耕地，以及为进一步改革农业税费、减轻农民负担做铺垫。国家在严守耕地保护政策之外，对地方建设用地需求越发"宽容"的态度可以通过其对这两条政策的不断说明和补充看出。最早颁布"折抵"政策的《条例》，并未对"百分之六十折抵"提供清晰、可供具体实施参考的说明。而《意见》与《通知》的详细说明则像是一剂强心针，使折抵政策清晰地具有了向地方提供合法、"额外"建设用地的刺激作用。

然而长期以来，置换政策中的集体建设用地、宅基地复垦流于形式。1999 年以来的调查显示，"农民上楼"之后，原来的宅基地仅有 7.2% 用于粮食生产，再加上 6.5% 的副业，用于农业目的的只有 13.7%，而工业 / 商业开发和住宅楼建设占据了过半的宅基地面积。此外，还有近五分之一面积被闲置（朱可亮 *et al.*，2012）。因此，2004 年正式提出的"增减挂钩"，虽然部分延续了之前的政策，但随后发布的一系列政策通知尤其强调了中央政府在挂钩政策实践中的重要性。如 2006 年开始，国土资源部统一部署了各地城乡建设用地增减挂钩试点工作，先后四次共下达增减挂钩周转指标 73.9 万亩，试点涉及省份共 27 个（于猛 and 夏珺，2011）。即便如此，在土地财政强烈的寻地需求驱使下，仍可以看到一些地方突破试点范围，违规推行增减挂钩政策，造成了对农村的强拆强建和大拆大建，侵害农村集体和农民权益（易小燕 *et al.*，2011；谭静，2012）。并且，为了使增减运算最大化，释放最多的指标，一些"挂钩"项

---

① "国土资发"[2003]69 号文《国土资源部关于印发＜全国土地开发整理规划＞的通知》。
② "国土资发"[2009]168 号《国土资源部、农业部：关于加强占补平衡补充耕地质量建设与管理的通知》。

目往往通过降低新居民点安置住房面积标准而拔高层数，纯从经济角度规划设计新居民点空间环境，压缩基础设施、公共建筑面积的方式来减小新居民点用地面积。某些极端例子中，地方政府甚至不建新安置点，或在安置点排布百米高层（Long et al.，2009；谭明智，2014）。调查也显示，"农民上楼"现象中明确由于"增减挂钩"造成的情况最为普遍，占总体的43%（朱可亮 et al.，2012）。

针对上述对"增减挂钩"政策的极端利用引发的社会矛盾，中央政府加强了对地方的管控力度。2010年《国务院关于严格规范城乡建设用地增减挂钩试点切实做好农村土地整治工作的通知》明文规定，严禁突破国家下达的周转指标搞挂钩项目。同时强调了耕地复垦的重要性，规定"整治腾出的农村建设用地，首先要复垦为耕地"，并且"在优先满足农村各种发展建设用地后，经批准将节约的指标少量调剂给城镇使用的，其土地增值收益必须及时全部返还农村，切实做到农民自愿、农民参与、农民满意"，禁止盲目大拆大建和强迫农民住高楼，切实保护农民权益。2013年的中央1号文件[①]再次重申，农村居民点迁建和村庄撤并，必须尊重农民意愿，经村民会议同意。不提倡、不鼓励在城镇规划区外拆并村庄、建设大规模的农民集中居住区，不得强制农民搬迁和上楼居住。加强山洪、地质灾害防治，加大避灾移民搬迁投入。

这一系列的政策调整，都涉及调和农村社会与国家之间的矛盾。但中央并不禁止增减挂钩，除了需要利用这一政策保持地方政府的发展积极性和发展空间（谭明智，2014）之外，还因为新农村居民点建设与"增加挂钩"激起的农村社会矛盾，就像是婴儿与洗澡水。而这个婴儿的存在和安全，对于国家经济的整体发展意义重大。首先，在全球经济面临的产能过剩危机下，中国的经济增长也面临压力。而由国家投资的大规模空间建设项目正是将资本从第一重循环过剩积累的危机中转移的理想投资方向（Harvey，1985）。中国的实际情况使这些项目投资可以不仅施用于城市领域，更可以施用于广大的农村空间。因此，扩大内需，尤其是加强农村基础设施建设、激活农村市场的消费潜力是经济研究者普遍认同的应对方式（林毅夫，2003；Hung，2008；温铁军，2010）。可以看到，2008年世界经济危机后，中国的经济刺激计划中对农村"水电气路房"等基础设施建设的投资计划达3700亿元，占总投资额度计划的9.25%（国家发展改革委员会，2009）。

更重要的是，除了转移资本在第一重循环中产生的危机，新农村居民点的建设还可以进一步为资本第二重循环危机的转移铺平道路。新建居民点可集中提供的公共服务职能，包括对村民的教育、医疗等，实际上都是构成资本第三重循环的社会投资。对此也有学者批判地指出，中央提出的一系列农村地权改革，旨在让农民平稳过渡成为产业工人，保证中国在世界经济中的劳动力市场优势（Sargeson，2004）。农村新居民点的建设，无疑为这种过渡提供了便捷。但也需要看到，提升劳动力质量和完善社会保障，不仅仅是扩大再生产的必要条件，同时也是改善农民生活的必要条件。因此，缓冲经济危机与稳定农村社会之间具有相辅相成的关系，而这应该是中央推进新农村建设策略的逻辑出发点。

3 新农村作为再分配的途径和生活空间

目前在中国发生的新农村居民点建设，可以视为一个传统农业国家在现代化进程中的重要一环。同时，全球一体化的格局也对新农村空间的生产起到了重要作用。新农村居民点的建设也需要回应现代化进程与全球经济一体化带来的风险。这其中的两类风险，其一，是由国家－社会关系的紧张所造成的。地方政府对于土地财政收益的过度追求，使一些地方的"增减挂钩项目"变成了简单的增减运算工具，只为了发掘新增建设用地指标而存在。这一方面导致城镇进一步扩张，不断蚕食近郊农民土地；另一方面则导致远郊农民在生产生活远未"城镇化"的同时却被迫"上楼"。其二，是全球经济危机带来的风险。2008年经济危机后实行的一揽子经济刺激计划，由中央下达，实际执行的末端则是镇、乡级地方政府。而农村普遍低下的消费能力和分散的人口使得这种"空间疗法"尚未转移至村（杨宇振，2013）。

新农村居民点建设能够为缓解两方面的矛盾提供契机。首先,这需要中央政府继续严格规范增减挂钩政策的执行，尤其是确保"增减"带来的土地收益不被违规侵占。随后，如根据农民对更好的居住空间的实际需求和消费习惯，将部分土地收益用于对新居民点建设的补助，则可以实现国家－社会之间经济发展成果的再分配。农民对新居民点建

---

① 2012年12月31日，中共中央、国务院《关于加快发展现代农业进一步增强农村发展活力的若干意见》。

设的积极性被调动起来之后，以村集体为单位可以形成新居民点建设活动的主体。此时地方政府介入建设，则可以根据不同主体的情况，对城镇化了的近郊农村和农业为主的远郊农村在规划建设上加以分别引导，进行以村（或中心村）为单位的基础设施投资。如此一来，地方政府能够优化城镇化发展，保证各项地方税收的增长，拓展粗放增长型土地财政之外的发展空间。同时，中央政府则能够将危机调节机制延伸至最基层，将全球资本主义危机对国家 – 地区的影响进行再分配。并且如上文分析，这种对危机的转移并非临时性的，而是深入到社会再生产层面的更长期的调节。另外值得注意的是，新农村居民点的建设不仅仅应具有上述再分配的功能，更应该具有另一重价值，即作为建成环境和生活空间的使用价值。在今天这样一个农村社会正在经历快速变化的时代，新农村居民点作为生活空间的规划过程尤其需要其居住者，即农民的参与。只有农民自身对其居住空间的想象，而非专业空间规划者和设计者的想象，才能够赋予新农村居民点符合当代农民身份和文化认同的特质。

主要参考文献

[1] Harvey, D.（1985）The Urbanization of Capital Oxford, UK：Basil Blackwell.

[2] Hung, H.-f.（2008）'Rise of China and the global overaccumulation crisis', Review of International Political Economy, 15（2）：149-179.

[3] Long, H., Liu, Y., Wu, X. and Dong, G.（2009）'Spatio-temporal dynamic patterns of farmland and rural settlements in Su‐Xi‐Chang region：Implications forbuilding a new countryside in coastal China', Land Use Policy, 26（2）：322-333.

[4] Sargeson, S.（2004）'Full circle? Rural land reforms in globalizing China', Critical Asian Studies, 36（4）：637-656.

[5] 中国统计年鉴（1999-2013）. 北京：中国统计出版社.

[6] 于猛 and 夏珺（2011）'国务院下发通知规范城乡建设用地增减挂钩试点 不得片面增加城镇用地指标（政策解读）', 人民日报 edn), 04 月 17 日 02 版. [Online] Available at：http://paper.people.com.cn/rmrb/html/2011-04/17/nw.D110000renmrb_20110417_4-02.htm.

[7] 何强 and 郑洲（2014）'巴中市耕地占补平衡指标交易达 4 亿元', 巴中日报 edn), 10 月 13 日. [Online] Available at：http://bazhong.scol.com.cn/qyzb/content/2014-10/13/content_51633888.htm?node=156765.

[8] 刘洋 '论我国农村居民点整理的激励机制', 资源与产业, 2008, 10（4）：28-31.

[9] 周飞舟 '分税制十年：制度及其影响', 中国社会科学, 2006,（6）：100-115.

[10] 周飞舟 '大兴土木：土地财政与地方政府行为', 经济社会体制比较, 2010,（3）：77-89.

[11] 国务院发展研究中心课题组 '2749 个村庄调查', 改革, 2007, 160（6）：1-19.

[12] 国家发展改革委员会（2009）4 万亿投资构成及中央投资项目最新进展情况. Available at：http://www.ndrc.gov.cn/fzgggz/gdzctz/tzgz/200905/t20090521_286873.html.

[13] 庄庆鸿 and 王梦婕（2011）'山东平度："农民上楼"样本调查', 中国青年报 edn), 01 月 20 日. [Online] Available at：http://zqb.cyol.com/html/2011-01/20/nw.D110000zgqnb_20110120_2-03.htm.

[14] 张颖举 '急躁的农村社区化与凸显的公共投资困境：基于一个中部经济强县（市）的分析', 湖北行政学院学报, 2013,（5）：73-77.

[15] 张颖举 '农民入住新型农村社区意愿实证分析'. 国家行政学院学报, 2014,（2）：99-103.

[16] 张飞, 孙爱军 and 孔伟 '跨省域耕地占补平衡的利弊分析', 安徽农业科学, 2009, 37（17）：8116-8118.

[17] 易小燕, 陈印军, 肖碧林 and 李倩倩 '城乡建设用地增减挂钩运行中出现的主要问题与建议', 中国农业资源与区划, 2011, 32（1）：10-13.

[18] 曲衍波, 张凤荣, 姜广辉, 李乐 and 宋伟 '农村居民点用地整理潜力与"挂钩"分区研究'. 资源科学,2011,33（1）：134-142.

[19] 朱可亮, Roy, P., Riedinger, J., 叶剑平 and 汪汇 '十七省地权调查'. 新世纪周刊, 2012,（5）：82-85.

[20] 李宪文，张军连，郑伟元，唐程杰，苗泽，刘康. 中国城镇化过程中村庄土地整理潜力估算. 农业工程学报，2004，20（4）：276-279.

[21] 杨宇振. 空间疗法：经济危机的空间转移、扩散与新型城镇化. 时代建筑，2013，（6）：35-41.

[22] 杨庆媛，张占录. 大城市郊区农村居民点整理的目标和模式研究——以北京市顺义区为例. 中国软科学，2003，（6）：115-119.

[23] 杨庆媛，田永中，王朝科，周滔，刘筱非. 西南丘陵山地区农村居民点土地整理模式——以重庆渝北区为例. 地理研究，2004，23（4）：469-478.

[24] 林毅夫. "三农"问题与我国农村的未来发展. 农业经济问题，2003，（1）：19-24.

[25] 温铁军. 中国新农村建设报告. 福建人民出版社，2010.

[26] 田光进. 基于 GIS 的中国农村居民点用地分析. 遥感信息，2003，（2）：32-35.

[27] 程世勇，李伟群. 农村建设用地流转和土地产权制度变迁. 经济体制改革，2009，（1）：71-75.

[28] 谭明智. 严控与激励并存：土地增减挂钩的政策脉络及地方实施. 中国社会科学，2014，（7）：125-142.

[29] 谭静. 城乡建设用地增减挂钩中的集体土地权益保护. 中国土地科学，2012，26（2）：79-83.

[30] 谷晓坤，陈百明，代兵. 经济发达区农村居民点整理驱动力与模式——以浙江省嵊州市为例. 自然资源学报，2007，22（5）：701-708.

[31] 贺雪峰. 城乡统筹路径研究——以成都城乡统筹实践调查为基础. 学习与实践，2013，（2）：74-86.

[32] 赵玉领，郧文聚，杨红，张中帆，程锋，吴克宁，陈正. 中国农村居民点整理研究综述. 资源与产业，2012，14（3）：76-83.

[33] 邵挺，崔凡，范英，许庆. 土地利用效率，省际差异与异地占补平衡. 经济学，2011，10（3）：1087-1104.

[34] 郑荣，王莉，罗杰，李佯恩. 成都农村土地综合整治启动. 中国国土资源报edn，11 月 13 日. [Online] Available at：http://www.mlr.gov.cn/xwdt/dfdt/200911/t20091113_127080.htm.

[35] 黎平. 农村集体建设用地流转治理的路径选择. 中国土地科学，2009，23（4）：65-69.

Construction as Redistribution：The Production of New Rural Settlements in China

Heng Hanxiao

Abstract：New rural residential settlements in China are being developed nationwide under the guidance of government. Most research of the spatial phenomenon focus on its function in land consolidation and its impacts on landless farmers. This article argues that new settlement constructions could mediate the tension in different hierarchies of government，and the tension in state-society relation. The production of such kind of space therefore should be guided as redistributions of social risks cause by rural land problems in China and economic risks caused by global crisis. In addition，value of new rural settlements should neither be simplified as its function in releasing land，nor its ability in consuming over accumulation. The new built living environment also has value in use，which is especially important for villagers who spend their everyday life in it. Acting as redistribution，rural settlement development should balance the two-sided properties of space in a natural way.

Keywords：new rural settlement construction；space production；redistribution；state-society relations；central-local relations

新型城镇化的乡村视角

陈荣　陈天明

摘　要：中共十八大后，社会各界对于中国城镇化问题的关注空前高涨，中央高层领导多次强调城镇化对于中国今后发展的重要性。然而规划界似乎还没有完全准备好面对城镇化将要肩负起的重任。虽然很早就开始对新型城镇化道路展开了广泛的讨论，但已有的探讨大多存在城市主导的价值倾向。任由这类"城"本位的思考延续下去是无法有效反思传统城镇化，更无益于新道路的探索。

本文试图建立一种乡村为主体的视角来讨论新型城镇化道路。首先阐述了城市一元价值所导致的传统城镇化对于乡村地区的忽视，接着在深刻理解乡村地区特性的基础上提出新型城镇化道路的本质内涵，并就新道路指引下的城乡规划编制做出了针对性的思考，最后面对严峻的社会现实提出了重点发展中小城镇可以成为新型城镇化道路的开篇序曲。

关键词：新型城镇化道路；城乡规划；乡村规划；中小城镇

2012 年 11 月 8 日胡锦涛总书记在中共十八报告中强调，推进经济结构战略性调整需要"科学规划城市群规模和布局，增强中小城市和中小城镇产业发展、公共服务、吸纳就业、人口集聚功能。"这从中国未来发展需求的角度阐述了城镇化的重要意义。

仅仅二十天后，国务院副总理李克强在中南海紫光阁会见世界银行行长金墉时同样指出，"中国已进入中等收入国家行列，但发展还很不平衡，尤其是城乡差距量大面广，差距就是潜力，未来几十年最大的发展潜力在城镇化。"这表明新一届中央政府对于城镇化问题的认识发生了转变。从被动应对式的解决城镇化所带来的问题转变为积极主动的将城镇化作为推动中国社会经济发展的动力。

面对即将到来的大场面规划界的准备还略显不足。传统城镇化取得了令人瞩目的成就却也造成了一系列的社会问题。随着这些问题日益严峻，各界都在积极探索应对方法，所以各类新型的城镇化道路不断地涌现。但笔者认为目前的讨论大多还是处于大城市主导下的一元价值观内，对中小城镇发展的认识尚停留在缓解大城市人口过快集聚的层面。而造成这一状况的深层原因更是令人不安。规划师们对于中国当前"三农"问题的认识尚不深刻，对于城乡规划的理解尚不完整，对于中小城镇规划、乡村规划与农村地区发展三者之间的内在联系尚无概念。

所以，本文试图在深刻理解乡村的基础上建立一种新的视角并以此来展望我国未来城镇化发展的方向；通过梳理乡村地区的现状特性，探讨在乡村为主体时城乡规划编制方式的转变；最后将结合当前城镇化较为紧迫的现实问题阐述下重点发展中小城镇对于缓解社会主要矛盾的积极意义。

1　二元结构，一元视角

改革开放后，与城市的日趋繁华相比，乡村则在不断的衰败。其根源是城乡二元的社会结构以及巨大的城乡生活差异，为了更好的生活绝大多数农村青年都离开家乡来到城市谋求一份工作。虽然打工挣的钱让村子内的房屋在翻新、道路在拓宽，大家也不再为吃饱穿暖的问题发愁，但这些变化都改变不了乡村内部机制溃散的现实。那些翻新屋子的人，那些真正影响村子格局与结构的人，都是外出打工者。他们对于村庄的政治事务、公共事务，譬如选举、修路、学校的建设，并不是真正的关心。

陈荣：上海麦塔城市规划设计有限公司总经理
陈天明：上海麦塔城市规划设计有限公司首席规划师

更为严峻的现实是随着德高望重的成员去世，加剧了村庄凝聚力和道德约束力的消亡。例如，在成都推行城乡一体化改革过程中，非常重要的一个环节——确定土地所有权，就是在村庄内具有威望的老人的帮助下才得以完成。在对土地权属有分歧的情况下，凭借老人的记忆来辨别土地归属，或者依靠老人的威望来裁定土地的划分。经过公示后，永久性法定化的确定土地权属问题。当老一辈逐个离世，而有能力接替他们的村民全部在外打工，那么这样一种传承就无法完成。结果就是乡村原有的以宗室为中心的社会结构随之瓦解，进而造成了乡村系统名存实亡的现实。

但这并非是我国社会经济发展的必然结果，造成中国乡村整体困境的原因是人普遍被现代化城市化的美名所迷惑，摒弃了维系上千年的乡村文化及其附属的价值观。虽然从某种意义上看，这一过程可以被视为是全球化和现代化在乡村土地上与传统文化之间的博弈；但问题的关键在于，在当代改革的过程中，对于传统文明与传统生活的否定性思维被无限地扩大，甚至政治化，而普通民众和知识分子对乡村的想象也日渐与这一思维同质。^①而熟悉了解乡村生活的人们对此却回应了，他们或忙于生活营生，或限于话语权不足，或茫然不知身边所发生的将如何深刻影响自己的生活。因此这造成了整个社会一直站在城市的角度，站在现代文明的角度以批判的眼光望向四周茫茫无际的乡村土地；并试图用城市的模式将一切不符合现代审美和价值评判的东西全部毁灭掉。

因此在城市一元的价值观下，我们漠视了存在已久的二元社会结构；也因为如此，过去三十年当那四十万个村庄被迁并时，没有人觉得有什么问题。而更严峻的现实是情况依旧在恶化，如不改变那么剩余的村庄乃至整个中国乡村都将被用城市的方式所异化。目睹着这个国家最小的结构单元遭到了根本性的破坏，目睹着九亿三千五百万同胞^②成为没有故乡的人，难道我们不该为这片养育亿万中华儿女的土地思索一下未来的路吗？

2 新的视角，回望乡村

传统城镇化难以为继的病灶是始终解不开农村问题这个结，那么在讨论新型城镇化道路前，不妨先好好审视下乡村到底怎么了。而且面对未来若要避免城市一元的价值观，将视角由城市转为乡村，那么也应当去深刻地认知与解读当前的中国乡村。

2.1 乡村中国，民族之根

作为一个上千年的农业大国，可以说整个中华民族是从乡村繁衍出来的，我们民族的文化、精神和气节深受这片土壤的滋养与熏陶。当乡村开始死亡，那我们在失去的不仅是几十万个村庄，而是自己民族的根性。这种根性首先表现在，乡村地区盛行的宗族管理模式蕴育了儒家文化中的治国理论。儒家文化推崇的是一种以大宗族式的家族管理模式延伸至国家统治的理论。"君为臣纲，父为子纲，夫为妻纲"从逻辑关系上就是一个逐步演进的过程，从最小的单个家庭，到多个家庭组成一个大宗族，再到整个国家。所以引用秦晖教授的观点，"中国封建社会可以说是个家－国一体的宗法共同体，'国'是'家'的扩展，'忠'是'孝'的演替，'君'是'父'的延伸。君权－族权－父权的同态结构使全国成了一个庞大的宗法公社。"^③由此可知，在我国延续上千年的封建社会的基础不是人这个个体，而是家以及由多个有血亲关联的小家构成的大宗族。这样的社会结构即不可能存在于以市民社会以及崇尚个体自由为基础的现代城市中，也不可能存在于天子脚下、士大夫们集聚的皇城内。唯有以血亲为纽带的乡村方能承载起这样一种宗室家族，进而才能支撑起延续上千年的封建国家。

2.2 种姓血缘，认同之基

这类植根于乡村的宗法体系深刻影响着生活其中的每个人。由于对于血缘亲情的极端重视，并以此作为相互间认同的基础。因此，人人都重视维系这份受之天命的关系，无论离开家乡有多远有多久，只要老家还有血缘关系的亲人在，那么逢年过节第一个想到的还是要回家看看。哪怕他们适应了以市民社会为基础的城市生活，哪怕老家的血缘亲人都辞世了，这种对家的眷恋依然会持续较长的一段时间。上海绝大多数市民都是刚开埠时从周边农村中迁徙而来的移民，经历近百年的城市生活洗礼，今日依然有不少家庭还保持着回乡参加祭祖、扫墓等重大仪式的习惯。

---

① 《中国在梁庄》梁鸿著. 南京：江苏人民出版社，2010.11：221.
② 2010年我国农村户籍人口。
③ 田园诗与狂想曲：关中模式与前近代社会的再认识秦晖，金雁著. 北京：语文出版社，2010：161–162.

这其中既因为血肉亲缘的难舍难弃；也有原因在于，当宗法共同体的社会延续上千年后其很自然就固化为人们日常生活中不自觉的无意识。

卢梭的社会契约论说，国家诞生的基础之一是公民的相互认同。欧洲文艺复兴时广场上的演讲，街边咖啡座上的闲聊都是人们形成认同感的重要方式。而从古至今，中国从未有机会像西方那样拥有可以达成共识的空间，是故我们形成认同的基础相对更为原始，依靠家族和血亲。这种中西方历史上的差异，随着全球化以及我国现代化建设，已经逐步转变为中国城市与乡村之间的差异。因全球化而受西方影响较大的中国城市社会更接近于滕尼斯所说的"社会（Gesell-schaft）"，受外界影响较小的乡村社会则类似于"共同体（Gemeinschaft）"。

2.3 农耕牧渔，立国之本

从社会分工的角度说，乡村地区与城市地区在社会职能方面最显著的差异在于前者为社会运行提供基本的食物消耗品，而后者则提供工业消费品及各类服务。因此，无论过去现在还是将来，乡村地区存在的根本作用在于生产各类农副产品，而对于中国这样超级大国尤为重要。是故，乡村地区发展成功与否最为重要的标准就是判断其能否进一步提高农业生产效率。其中，土地产权与农村生活是较为关键的两个要素。

土地产权是"三农"问题的关键。目前，除却自家宅基地外，我国乡村地区土地绝大多数属于农民集体所有且不能进入市场流通，也无法进行私有化。学界对于"土地私有化＋流转市场化必然导致农业规模经济"的理论能否适用于中国也尚处在讨论阶段，但不可回避的一个事实是土地资本化后所带来的收益（无论是通过村委会股份分红的形式，还是政府拆迁的形式）是当下农民能获得的最大经济收益。如何合理合法的运用好土地要素来激发农民耕种的积极性是提高生产效率最为关键的一点。

此外，由于乡村地区的职责在于农业生产，那么其上衍生出的农村生活也应当以满足农业生产为前提。是故，在进行各类住房建设、设施配套的时候应当以便捷农业劳作为准则，而非照搬城市相关配置标准。

2.4 村民自治，体制之异

我国乡村地区另一个较为突出的差异体现在基层组织体制上。我国行政村基本实行"村民自治"[①]，简而言之就是广大农民群众直接行使民主权利，依法办理自己的事情，创造自己的幸福生活，实行自我管理、自我教育、自我服务的一项基本社会政治制度。村民自治的核心内容是"四个民主"[②]，即民主选举、民主决策、民主管理、民主监督。但是行政村不属于一级政府，是一种村落小范围的自治组织，自制内容仅限于自我管理。

2.5 数量众多，特色各异

在960万平方公里的国土上坐落着数百万个自然村落，其数量之众、规模之小、分布之广、差异之大都是极为鲜明的特征。而且这些特点很大程度上进一步恶化了中国乡村地区的环境。"数量多"导致基础设施难以覆盖到位；"规模小"导致配套设施使用效率低下；"分布广、差异大"导致了基础配套投资大很难见效，进而导致政府资金投入的机会成本过高。

上述这些特点都是乡村与城市截然不同的方面，忽视这些内容而妄谈新型城镇化是冒险而武断的。所以，透过这些特点的归纳，希望有助于我们甄别城市与乡村的差异；毕竟不试着理解乡村内在的特殊性，我们永远都不可能做好乡村地区的规划，进而也就更无法指导乡村地区真正的发展起来。

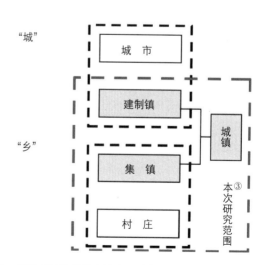

---

① "村民自治"的提法始见于1982年我国修订颁布的《宪法》第111条，规定"村民委员会是基层群众自治性组织"。
② "四个民主"的提法始见于1993年民政部下发的关于开展村民自治示范活动的通知之中。
③ 底图来源于《新时期加强引导中心镇发展规划思考——以江苏省城镇发展为例》戎一翎著．2012年城市规划年会论文集。研究范围为作者后加。

3 新的道路，重构乡村

3.1 研究对象

在具体讨论新型城镇化道路前，还需要对本文论述的对象进行界定。城镇化涵盖的内容方方面面。而我们所讨论乡村主体的新型城镇化所指的是根植于广大乡村地区的"乡、建制镇、集镇、村庄"，并不涉及需要参与全球竞争、引领区域发展的大中型城市（如上图所示）。

3.2 本质内涵

本文所述的新型城镇化道路主要是以乡村为核心的价值观来审视城镇化过程；其根本目的在于提升乡村地区的魅力与吸引力，进而提升我国村镇的活力。

从发展目标上看，新型城镇化道路与传统相比应当更强调城镇化的质量而非数量。中小城镇发展的重点不再是从周边乡村地区吸纳剩余劳动力，而应转变为帮助"异地半城镇化人口"就近完成"本土城镇化"，也就是重点解决外出务工的农民工回流就业等问题。其次，未来中小城镇的发展尤其是集镇的发展更应当关注于如何带动提升周边村庄享受的公共服务等级，以此提升乡村地区的生活质量与水准；而非盲目追求城镇的规模。此外，最为重要的一点是新型城镇化道路应当更重视村庄的发展与规划，以便于其在未来中国发展过程中扮演更为重要的角色。

3.3 城乡规划的新思考

着眼于以乡村为重点的新型城镇化道路，结合前文分析中国乡村地区的特征，城乡规划应当在以下几个方面做有效的应对：

（1）"城"本位向"农"本位转变

前文分析到，农耕是乡村地区存在的根本意义。所以规划应当是有利于农民更便捷更有效率的劳作而服务的。例如，笔者在参与青岛胶莱马甸村镇合并规划时，将合并后村与村之间的距离控制在拖拉机机械化作业的直径内，以方便农业机械化设备的运作。还有张如林和丁元所作的藁城城乡统筹规划中，根据对基本公共服务设施配置的门槛规模分析，按照5000人的标准设置30个农村新社区，社区的选址依据调查结论按照1～1.5km的耕作半径进行布点。[①]这些举措都很好地体现了"农"本位的指导思想。但是我国地区间差异较大，如何准确地把握不同地区间对"农"的不同含义还是需要在单个规划中结合现状认真的观察和总结。

现下各地纷纷以新农村建设为名，大兴迁村并点之举，实为依靠"增减挂钩"政策为城市建设腾挪土地指标。这类新农村建设不能说对于提高农民生活水平完全没有帮助，至少在对待乡村地区的态度上是消极的。所以才会造成"两个曾经近在咫尺、吃饭时都可以串个门的村庄，如今却（因为一条高速公路的分隔）需要绕上几里路才能到达。乡村的生态被破坏、内在机体的被损伤并没有纳入建设前决策者考虑的范围。"[②]

（2）规划方案向规划政策转变

为解决我国"三农"问题，2004-2012年8年间仅中共中央就连续出台了九个"一号文件"关注农村，其他各级政府出台的政策规章更是不胜枚举。鉴于《城乡规划法》首次把村庄规划纳入法定规划范围，由此规划就担负起了落实上位惠农政策、指导农村地区发展的重任。众所周知，规划的对象是空间，而空间又是各类社会要素综合角力的最终表现。因此在编制规划过程中不应该也不可能忽视各类政策的具体体现。更何况在早先颁布的《城市规划编制办法实施细则》中已经明确城市规划具有公共政策的属性，说明考虑上位政策的落实以及制定实施政策也是规划应有之义。

此外，对于将要被城镇化的农民而言，以何种方式进城是最为关键最为核心的问题。这涉及土地补偿政策、人口户籍政策、社会保障政策等。而对于继续留守在土地上的农民而言，在集体所有制背景下提升收入水平是关键。

---

① 张如林，丁元著.基于农民视角的城乡统筹规划——从藁城农民意愿调查看农民城镇化诉求.城市规划，2012，36（4）：75.
② 梁鸿著.中国在梁庄.南京：江苏人民出版社，2010：21.

这其中还是需要政策设计，来确保决策方式、产权比例、分配制度、激励制度等能做到公平公正，从而保障每个农民基本权益。

当然涉及城乡的政策种类繁多，而且绝大多数由政府相关部门制定并且是作为规划的既定条件存在的。规划也不可能面面俱到的为乡村地区设计完整的政策体系，这毕竟超出了我们的能力范畴。但我们应当围绕影响乡村发展的核心问题，针对当前乡村发展急需解决的关键问题，在现有制度框架下制定引领发展的政策以发挥创新指引的作用。

（3）空间布局需统筹人文地理

前文所述，中国乡村与城市在社会建构基础上是不同的，所以乡村地区更重视由血缘亲情所结成的小共同体。还有，就是我国是个地广村多的多民族国家，不同民族间文化习惯的差异也会导致乡村居民更重视自己隶属的小群体，所以村庄与村庄个体间的差异性是高于城市内居民区的。如果规划过程中忽视这些差异而将每个村庄视为同质的，那么对于很多后续政策的制定实施、和谐乡村环境的塑造都是不利的，有时甚至是颠覆性的。

笔者在编制武汉六指地区城乡统筹规划时，就村庄的迁村并点尝试增加人文地理的内容。现状调研增加包括自然村民族与宗教信仰、以姓氏为基础家族分布状况、家族间姻亲关系、重大纠纷事件等。以此作为规划中指导村庄迁并的重要依据。尽量将拥有相同宗教信仰，或同一家族，或有相似生活习惯的自然村落安排一处集中安置，同时严格控制有世仇的村落合并一处。虽然实施效果还有待检验，但此方法一经介绍普遍受到当地群众的欢迎。

（4）公众参与

在规划界，公众参与并不是一个新名词，一些城市在编制法定规划时已经将公众参与纳入强制性内容，例如上海控制性详细的编制。但是即便如上海这样将公众参与作为硬性指标进行要求的城市，公众参与更多也只是一种形式或者一个规划宣传的噱头。只有当公众问卷得出的结论与规划设想一致时，才会被提及或引用。

但是当面对一个超出规划师专业知识之外的事物时，比如村子及村子里农民的需求，这样一种来自群众的声音就显得极为重要。前面说过，我国村庄特点就是数量多差异性大，因此，在这群看似渺小实则庞大的村落群之前，任何人都会感到茫然无措。而且因为村庄建制系统的简单，很多信息不可能有书面记录，所以像城市规划那样通过一本市志了解一座城市风土人情的全部信息基本是不可能的事情。这时公众参与的重要性体现无疑，他将帮助规划师更有效更准确的了解规划对象的一些基本信息。例如在藁城城乡统筹规划中，社区半径选取 1-1.5km 就是通过问卷调查得到的，而不是照搬某条规范。（84.2%的受访农民认为耕作距离应该控制在 1500m 以内这个范围内[①]。）

此外，鉴于村庄自治的特殊性，所以从法理本身而言，规划师也不得不认真听从于村民的切实需求。这点我想所有做过农村安置小区规划的同仁都应该感同身受。

（5）简洁易懂的规划

由上可知，乡村规划很大程度上，是规划师与村民的互动，共同编制规划的过程。因此在规划表达上也应该摒弃繁琐、复杂、书面化的表达方式，采用通俗易懂的、简明扼要的方式才能有效地与农民产生互动。

这方面其实国内外都有不少成功的先例。例如美国新城市主义规划先驱，Duany 和 Plater-Zyberk 就曾提出过规划的一页纸法则。就是采用明确且强制性的规则来规定城市中建筑景观的设计标准和规章制度。这些内容十分简单明确，用一页纸就可以表述清楚。上海宝山区规划局也曾经组织过规划的卡通展览，用通俗易懂的简易四格卡通画来表达规划内容，让孩子也明白什么是规划。

另一方面，这样一种简化还应当涉及规划体系上。目前城市的规划一般包括城市总体规划、控制性详细规划、修建性详细规划，以及城乡规划系统之外的土地利用规划等等。而中小城镇相较于大城市是一个更为简单的个体，这种简单即体现在人口用地规模上也体现在其行政主管部门服务内容和人员数量上，所以没有必要像大城市那样编制系统、完善、面面俱到的规划体系。大而全的规划系统一方面耗费中小城镇有限的财政资源，另一方面数量繁多的规划也会因为管理人员不足而变得难以实施。此外，考虑到数量更为众多的行政村要实施规划管理时，一部简明且易于操作的规划远比一摞厚厚的规划文本图件有效用得多。

---

① 《基于农民视角的城乡统筹规划——从藁城农民意愿调查看农民城镇化诉求》张如林和丁元著.城市规划2012年第36卷第4期.p73.

4 中小城镇，破局之匙

重新激发乡村地区的活力并彻底解决"三农问题"是一个系统性的大工程，前文提及各类措施需要一个较长的过程方能逐步显现效果。然而乡村社会溃败、农民工半城市化等社会问题需要在较短的时间内得到缓解；产业转型、中西部发展等国家发展战略也同样需要在近期看到实施成效。因此，大力发展中小城镇或许是破解当下我国社会所面临一系列困境的重要途径。

首先，经过三十年的改革开放，当下我国道路交通设施的建设、产业发展的趋势以及大城市向外扩张等因素，为中中小城镇大规模发展提供了现实的基础。

4.1 交通的发展为中小城镇发展提供了可能

2006 年建设部重点镇百镇调研结果显示，中小城镇至特大城市（200 万人口以上）、省会城市、高速公路出入口和机场的车程时间分别由 90 年代末的 4.5 小时、4.9 小时、1.5 小时和 2.3 小时缩短到 2006 年的 2.4 小时、4.0 小时、0.6 小时和 1.6 小时。[①] "交通设施的改善，提高了中小城镇对外联系的便捷度，缩短了到大城市的通勤时间。为中小城镇发展外向型经济创造了便利条件，也增加了中小城镇接受大城市辐射带动的可能性。"[②]

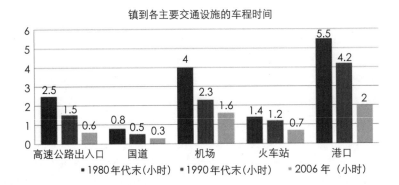

镇到各主要交通设施的车程时间

■1980 年代末（小时）　■1990 年代末（小时）　■ 2006 年（小时）

4.2 产业转移与发展模式转变为中小城镇提供了机会

我国自"十一五"之后就开始进行产业结构调整，积极转变经济发展方式。由此相伴的结果之一就是区域性产业转移提速。保守估计未来五年内，东部地区转向中西部的产业总规模将超过 10 万亿。同时在城市及其周边的产业也出现转移现象，例如随着劳动力成本与土地价值的上升，各级城市都出现"二产市郊外溢，三产中心集聚"的现象。而且随着全国主体功能区划不断深入实施，产业发展将日趋协调于地方的禀赋优势。中小城镇数量众多且相互之间优势差异明显，能更好将产业需求与地方资源禀赋优势结合起来。

4.3 大城市的扩张为周边中小城镇发展带来了动力

我国城镇发展一直秉承点轴理论，节点做大通过交通轴线辐射带动周边。如上海之于长三角及长江流域，深圳之于珠三角等。过去三十年是大城市壮大发展的时间，今后则是这些已经发展起来的大城市带动周边中小城镇乃至乡村发展的阶段。事实上，在长三角地区已经有了这样一种依托大城市资源优势发展中小城市的成功案例。苏南的昆山、张家港、江阴等城市，在改革初期依托乡镇企业发展的机遇奠定了发展的基础。又在九十年代后期至 21 世纪初，充分利用与上海的地缘优势结合自身资源禀赋，积极发展经济与产业。这才造就了目前全国经济百强县市排名中前三都位于苏南的盛况。

其次，中小城镇的发展能提高农村地区对于劳动力的吸引力。我国乡村地区溃散源于人才的大量流失，由于青壮年劳动力大面积的外出务工，使得延续乡村活力的经济处于停滞甚至倒退的状态。吸引人才回流是乡村重塑活力

---

① 新时期中小城镇发展研究 / 建设部课题组 . —北京：中国建筑工业出版社，2007 p.4.
② 同上。

的关键环节。然而，在乡村内部系统尚未建构完整前，其能提供的依旧是面朝黄土背朝天的生活，这对于外出见过世面的人们不具备足够的吸引力。而外出务工的人员因为难以融入当地的城市生活，所以或多或少都有回家发展的意愿。然而问题的关键在于，虽然一边有回乡发展的需求，但另一边却无法提供相匹配的工作。因为那些回来的人都不再愿意从事农耕活动。据统计，2007 年时"回流"农民真正回来种田的就不过 1/10（15.6% 中的 1.6%）[②]。中小城镇的发展能够提供一条平衡两者的途径，可以为大城市打拼的乡村人口在直接退回农村的选项前，多出一种选择。对于那些在城市取得成功并想回乡发展的人们而言，中小城镇即可以满足他们对于城市生活的依赖和习惯，也可以实现他们对于故土的亲近与社会身份的认同。而更为关键的是，中小城镇所具备的环境条件更适于接纳这些回乡发展人群的投资置业。在产生投资回报的同时，也推动中小城镇自身的发展。这样双赢的局面，无论为政者还是想回乡发展的人们都是具有相当吸引力的。

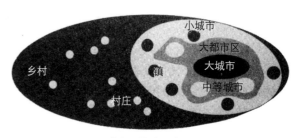

城市群构成示意图
资料来源：据世界银行《2009 年世界发展报告》修改[①]

再者，中小城镇的发展也将大大缓解目前乡村地区公共设施不足的问题。前文已提，目前公共设施的不足是因为村庄分布太广，而国家的基础投资不可能面面俱到。而中小城镇发展的结果必然是公共服务设施在数量上的增加和质量上的提升。数量上的增加可以有效弥补各县市级服务设施无法覆盖地区，例如偏远地区无集中供水的问题可以随着其周边中小城镇水厂的建设得到解决。质量上的提升则是更多地体现在医疗、教育、文化等方面。行政村发展为小镇，小镇向中小城市迈进，随着城镇规模和等级的提升，其所配套的各类设施也将随之改善，那么这些城镇所服务的乡村地区的生活品质也必然随之同步提升。

此外，最为重要的是当下可能是中小城镇发展的一次良机。经过 30 年改革开放，那些初期就进城的务工者都或多或少有了一定的积蓄并且也逐渐到了考虑自身养老问题的时候。而且第一代农民工对于家的认识还更多地停留在故乡，到了第二代对于老家的认识会淡薄很多。所以当第一代农民工这股落叶归根的浪潮过去，或许就很难再寻找到如此多关注乡村并愿意为乡村的改变付出终身积蓄的人群了。

是故，我们认为当下加快中小城镇的发展不仅对于一些现实的社会问题具有立竿见影的效果，而且与目前小城镇发展的基础与态势也是相吻合的。通过以服务乡村地区为目标的中小城镇发展来寻求新型城镇化道路的突破口无疑是一种不错的破题选择。

主要参考文献

[1] 梁鸿著.中国在梁庄.南京：江苏人民出版社，2010.

[2] 秦晖，金雁著.田园诗与狂想曲：关中模式与前近代社会的再认识.北京：语文出版社，2010.

[3] 戎一翎著.新时期加强引导中心镇发展的规划思考——以江苏省城镇发展为例.2012 年城市规划年会论文集.北京：中国建筑工业出版社，2012.

[4] 张如林，丁元著.基于农民视角的城乡统筹规划——从藁城农民意愿调查看农民城镇化诉求.城市规划，2012，36（4）.

[5] 秦晖著.什么是农民工的退路.

[6] 建设部课题组.新时期中小城镇发展研究，北京：中国建筑工业出版社，2007.

[7] 国务院发展研究中心课题组.中国城镇化：前景、战略与政策，北京：中国发展出版社，2010.

---

① 中国城镇化：前景、战略与政策 / 国务院发展研究中心课题组著．——北京：中国发展出版社，2010.7：131.
② 什么是农民工的退路 秦晖：95.

基于城乡关系下的近郊村耕地使用效率问题及创新模式探析
——以呼和浩特市南部近郊村耕地使用情况为例

王倩瑛　丁华杰　钟磊

摘　要：随着经济与社会的发展，城镇化进程快速推进，城市无序蔓延现象愈演愈烈，城市近郊地区的土地使用矛盾日益突出，近郊村耕地使用情况日趋复杂。我国城镇化率已突破50%，城市开发方式进入新的阶段，但是城市仍需一定程度的扩张。因此，处于城市发展方向上的近郊村将承担更多的城市职能，其耕地处境堪忧。近郊村作为乡村规划中特殊的存在主体，它不同于纯粹的农村规划，更区别于城市规划模式。在此背景下，实现城市发展与粮食安全的平衡，近郊村耕地保护，是健康城镇化的基本要求，也是乡村规划必须考虑的重要议题。本文章以呼和浩特市南部若干近郊村耕地使用情况为研究对象，了解该地区人均耕地及耕地使用效率的现状情况，分析总结其成因，进而对近郊村耕地的高效利用模式的可行性进行探索，以期对近郊村的乡村规划提供助力。

关键词：乡村规划；近郊村；城镇化；耕地；耕地使用效率

　　我国人口众多，然而人均耕地仅相当于世界平均水平1/3。据统计，我国从1958年到1980年之间，每年平均减少耕地2000万亩。而城镇化的大力推进，人口迅猛增加，人均耕地减少情况愈发严重，甚至比原来减少了一半。现今仍以每年1400万亩的速度缩减。以此来计算，到21世纪尽头，我国人均耕地也将走向尽头，人均不足1.03亩。

　　随着城镇化进程快速推进，城市无序蔓延现象严重，近郊村耕地使用情况较之农村耕地更为复杂严峻。人均耕地少、耕地使用效率低已成为许多城市近郊村存在的重大问题。本文希望对于呼和浩特市南部近郊村耕地的集约高效利用、耕地保护、农民生活水平的提高以及稳定呼和浩特市的物资供应具有积极意义。同时也提出对于近郊村耕地保护利用问题的探讨。

1　呼和浩特市南部近郊村耕地概况

　　呼和浩特市南部近郊村是指位于南出城口的小黑河镇，处于内缘带与城市交融的村庄。辖区内包括26个行政村，共有25650人。图1为耕地与居民点分布状况。研究区域内有G209国道穿过，与中心城区的联系紧密，城市用地已经楔入，农村用地与城市用地交融在一起（图1）。近郊村在形态上表现为"临路一张皮，村庄农田在后头"的格局。由于区位优势，此类村庄已经承担了部分城市功能，也得以共享城市资源。

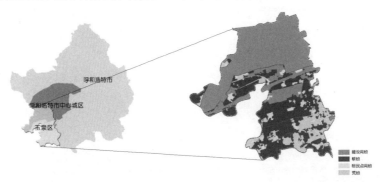

图1　调研区区位图　　图2　调研区建设用地、耕地、居民点用地分布图

王倩瑛：内蒙古工业大学建筑设计有限责任公司助理规划师
丁华杰：深圳大学建筑与城市规划学院研究生
钟磊：内蒙古工业大学建筑学院

2 呼和浩特市南部近郊村耕地使用现状

本次研究地点位于呼和浩特市中心城区以南小黑河镇，根据其村镇等级选择以下村庄（图3）。

村庄级别	个数	村庄名称
重点中心村	3	达赖庄、百什户、乌兰巴图
一般中心村	2	贾家营、西地
基层村	4	南台什、茂林太、杨家营、西庄

图3 调研地点

2.1 耕地使用状况

（1）人均耕地变化情况

资料显示[1]，小黑河镇耕地面积呈现逐年递减的趋势，从2004年的6049ha减少到2010年的5079ha，减少了16%，而人口则呈现逐年递增趋势，从2004年的47205人增加到2010年的50010人（图4）。人口不断增加而耕地数量不断减少，人均耕地亦逐步减少，从2004年到2010年从1.94亩/人减少到1.54亩/人（图5）。

	2010	2009	2008	2007	2006	2005	2004
人口/人	50010	49139	44620	45679	45879	43233	47205
播种面积/公顷	5079	5079	5092	5213	5219	5442	6049
人均/亩	1.54	1.57	1.73	1.73	1.72	1.91	1.94

注：图表引自《呼和浩特市统计年鉴2011》

图4 小黑河镇历年人口及耕地变化

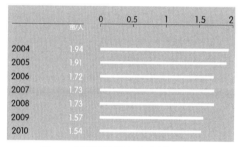

图5 小黑河镇历年人均耕地变化

进一步对分配人均耕地和实际人均耕地进行调研（分配人均耕地是指分配的村民耕地占有量，实际人均耕地指当地所有耕地与从事耕作人数的比值）。

将分配人均耕地与内蒙古自治区整体人均耕地进行比较，分配人均耕地普遍为2~3亩，仅为自治区人均耕地7.4亩的1/3左右，就此来看当地人均耕地较少。实际人均耕地仅略低于自治区人均耕地，并且个别村实际人均耕地已略超于自治区水平，达到9~10亩（图6）。表现出该区域有部分劳动力已经向其他产业转移。

（2）耕地经营方式

研究区域内耕地主要的经营方式有四种，即自主耕种、对外承包、闲置和政府征用。在对耕作村民访问的过程中，我们发现，绝大多数耕地是村民自主耕种，大部分村落自主耕种人数的比例在90%以上，但也有个别村落耕地被政府征用的村民人数占到被调研者的71%（图7）。

进一步对村民访谈，造成这种这种现象是由于当地从事耕作的收入较低、每家每户耕地占有量也比较少，一方面收益小很难对外承包，另一方面规模小很难找到合适的承包者。而贾家营村

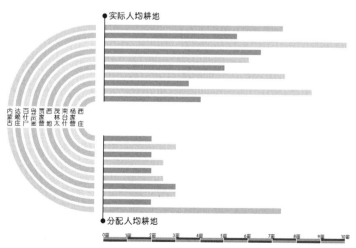

图6 各村分配人均耕地与实际人均耕地

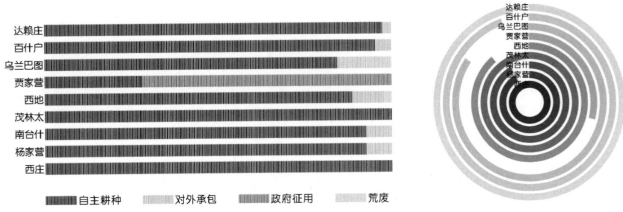

自主耕种　　对外承包　　政府征用　　荒废

图 7　各村耕地使用方式

民则反映当地从 2002 年就陆续有政府征地现象，直至 2011 年一次性征用 800 亩之多。

（3）耕种人群

通过对各村村民总人数、从事耕作人数及留守人数的调查分析，各村留守人数占总人数的一半左右，平均为52.5%，其中比例最大的村庄（如南台什）达到 71.4%，比例最小的（如达赖庄）也达到 40%（图 8），进一步表明当地劳动力转移的比例较大，这与近郊村的性质不无关系。

但在观察留守人口中从事耕作人数发现，其比例很高，最高甚至达 91.7%，平均也有 88.9%（图 8），表明该区域劳动力虽然大部分已转移，但就从事耕作人数与留守人数的比例而言，当地留守人口的主要工作仍然是务农，对于耕地的依赖性依旧很强。

（4）耕地收入情况

通过对各村村民农业年收入的数据统计，得出研究区域内人均农业年收入为 3322 元，与江苏（10805 元）、山

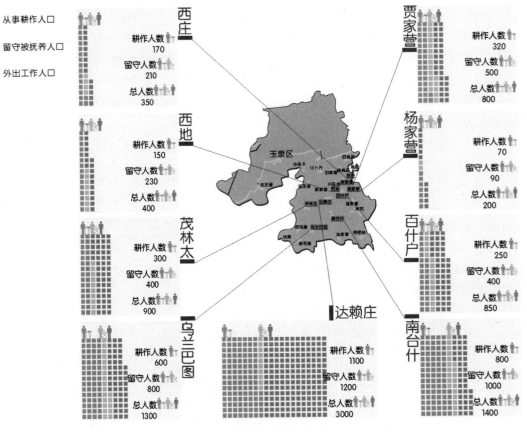

图 8　各村人口构成

东（8342元）、内蒙古（5222元）相比，农业收入明显偏低（图9）。该地区距离中心城区不远，但收入水平很低，将导致适龄劳动力的大量转移。

本次研究区域实际人均耕地与内蒙古平均水平相比适中，耕地产出却如此之低，可见耕地使用效率不高。

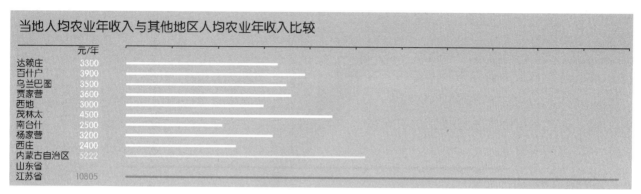

当地人均农业年收入与其他地区人均农业年收入比较

	元/年
达赖庄	3300
百什户	3900
乌兰巴图	3500
贾家营	3600
西地	3000
茂林太	4500
南台什	2500
杨家营	3200
西庄	2400
内蒙古自治区	5222
山东省	
江苏省	10805

图9　各村收入情况

3　呼和浩特市南部近郊村耕地使用影响因素分析

通过对耕地使用现状的调查与分析，我们发现呼和浩特市南部近郊村人均耕地普遍偏少，就留守村民而言，实际人均耕地与内蒙古平均水平相近。但当地村民的农业收入不高、生活水平偏低，其原因有自然条件限制、产业结构调整、耕地使用效率低和人均耕地少等多方面。本次研究将以人均耕地少和耕地使用率低的问题为重点进行成因分析，并探索相应的解决方案，以实现在乡村规划中，人均耕地无法增加的情况下提高耕地使用效率，进而保护耕地和提高农民的生活水平。

3.1　外部影响因素

（1）自然因素

呼和浩特属中温带大陆性季风气候，冬季漫长严寒，夏季短暂炎热，春秋两季气候变化剧烈，雨热不同季，不利于作物生长，一年一收，农业产量先天不足。土壤类型多为潮土、栗钙土，土壤养分不经培肥无法满足农作物稳产、高产需求。因此调研区域耕地使用效率受自然条件限制。

（2）城镇化发展因素

呼和浩特市城镇化率刚突破60%，仍处于城市快速发展期。城区建设已趋饱和，住房匮乏、交通拥挤、空气和噪声污染等问题突显，城市用地迅速扩张，外延式开发现象明显（图10、图11）。

图10　　　　　　　　　　　　　　　　　　图11

近郊村拥有理想的经济和地理区位，土地成本较低，基础设施相对完善，环境较好，而农业用地产出效益远低于其他产业用地产出效益，因此近郊村更容易吸引部分工业园区和居住区等建设。

以上条件促使城市扩张向其近郊村无序蔓延，加快农村土地的非农流转。城镇化进程与土地使用的比较利益（非农用地的经济效益远高于农业用地）、级差地租（城市边缘区土地成本低于中心城区）共同作用于城市边缘村落，促使城市近郊村落土地性质发生转变，进而造成城市近郊村耕地的逐步减少。

（3）制度因素

分户承包制在我国已经实行了近30年。2002年颁布的《农村土地承包法》规定家庭联产承包制长期不变，除自愿、依法、有偿流转耕地外，没有更深入具体的规定。此外，在承包期内耕地不得调整。但根据我们对呼和浩特市南部近郊村的现状调研发现，这一政策已经带来许多问题：一方面新生儿及婚嫁者没有耕地，去世的人却仍旧由其家属持有耕地，农户之间占地不均的问题比较突出；另一方面随着劳动力和人口的城市化，大量耕地流转，对承租者来讲，面临的是更不稳定的局面。

3.2 内部影响因素

（1）耕种主体

耕种意愿

调研区域内的耕种主体主要是当地留守村民，他们对农业劳动的依赖性依然很强。在对调研数据分析时发现，留守村民中愿意继续从事农业生产劳动的人数占总人数的42%（图12），比例略有偏小。

从村民访谈中得出原因，大多数40岁以下的年轻人认为从事农业生产劳动收入不高，不足以维持家庭的基本生活，所以很多年轻人去城里或城郊从事非农劳动，以应付多方面的家庭支出，如子女上学、父母养老。

进一步对村民实际就业方向进行调研数据分析，数据显示仍有58%的人就业方向为第一产业，在访谈中我们发现很多人是由于年龄和文化程度的限制而无法进城务工，在就业方向选择中处于被动位置。有24%的村民就业意向为城市第三产业，原因主要为城镇收入水平、医疗教育、基础设施条件、城市生活方式等。如一位销售员女士在访谈中就表示收入差距是进城务工的主要原因。此外，就业意向调查中有18%的村民愿意从事建筑业，并能够在空闲时间继续从事农业劳动（图13）。

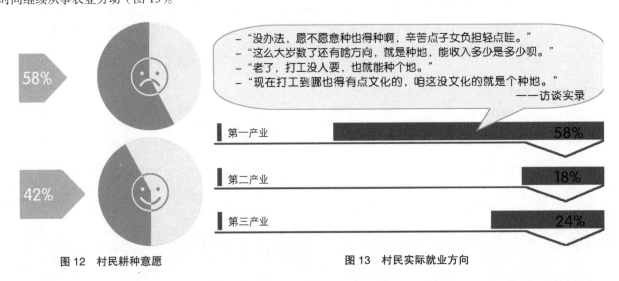

图12 村民耕种意愿   图13 村民实际就业方向

城乡收入差距的不断拉大，农村社会保障制度与公共服务设施的不健全，农业收入与不断上涨的农资价格、用工成本之间的矛盾，城市近郊村人增地减的矛盾等因素直接打击了农民的耕种积极性，从而降低了耕地的使用效率。

年龄结构

通过对该区域耕种群体年龄结构的调研与分析，发现参与耕种劳动人口的年龄最低为23岁，最高为82岁，平均年龄高达55岁，其中45岁及以上的农业劳动者占被调查劳动力总数的77%（60岁及以上的农业劳动者占36%，45~60岁占41%），35~45岁仅占7%，而35岁以下的农业劳动者仅占6%（图14），调研区域劳动人口老龄化异常严重。

呼和浩特市的迅速发展提供了大量的就业机会，农村适龄劳动力转移现象明显，留守劳动力年龄结构单一（多为老人），生产率提高速度缓慢。农业产出边际效益低促使村民趋向于种植简单作物，村民对于耕地的粗放经营现象明显，共同导致农业生产效益低。

进而对就业意向与年龄结构进行交叉影响分析，显示60岁以上的村民就业意向以一产为主，所占比例达到83.3%，而随着年龄的减小，就业意向逐渐偏向第二产业与第三产业（图15）。

该地区没有完善的社保制度，在养老需求下，中老年人只能延长自己的劳动年限。农业高龄劳动者受自身年龄和身体条件影响，就业意向多为第一产业，并且在种植作物上趋向于简单的粮食作物。同时由于教育

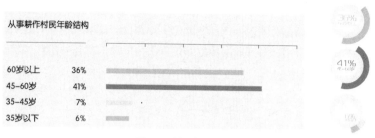

图14　村民年龄构成

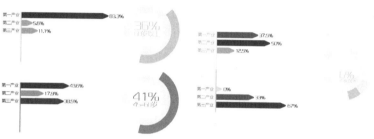

图15　村民不同年龄群体就业意向

水平、农业技能等的局限，技术应用、种植结构和经营收入等方面都表现出一定劣势，不利于农业技术的推广，导致了农村耕地利用效率的下降。

（2）耕种客体

根据实地踏勘，发现呼和浩特市南部近郊村农田种植的农作物主要有玉米、小麦、葵花、豆类、胡麻、土豆、大棚蔬菜、圆白菜等。通过统计，玉米的种植面积达到92.1%，其他类型的比例均较低。调研数据显示粮食作物的种植面积占96.5%，主要为玉米，经济作物仅占3.5%（图16），当地的作物粮经结构偏差明显，不尽合理。而根据我国主要农作物单位成本收益比较，粮食作物的单位收益明显低于经济作物（图17）。

农民多外出从事其他职业，或在外兼职，只在闲时从事农业生产，在一定程度上降低了对耕地的积极性。因为在时间、精力、人力有限的条件下，农民在选择农作物类型时会尽量选择可投入时间较少、管理相对容易的农作物，继而造成集中种植单一粮食作物（玉米）的现象。而农民集中种植单一作物，种植作物调整不积极又将降低土壤肥力，为增加产量就会大量使用化肥，进一步破坏土壤肥力。在此恶性循环之下，耕地的使用效率将更趋于下降。

呼和浩特市南部近郊村粮经结构的不合理，一方面造成了种植业发展的不可持续性，大大降低了该地区耕地的使用效率，影响农民收入的增加。另一方面，降低了城市近郊村对城市的物质供应能力，进而影响城市的正常发展。

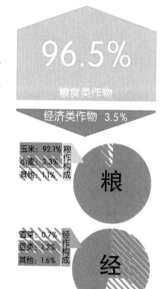

图16　粮经结构与
种植作物构成

	产量（公斤）	产值（元）	成本（元）	利润（元）	现金成本（元）	现金收益（元）	人工成本（元）
小麦	370.0	750.8	497.2	132.2	287.9	584.4	178.8
玉米	452.7	872.3	632.6	239.7	265.9	416.8	235.1
大豆	148.0	586.4	431.2	155.2	207.9	378.4	115.3
圆白菜	3819.0	3112.8	1757.6	1355.2	1184.7	1928.1	887.6
西红柿	4697.1	8518.3	4066.8	4451.5	2346.5	6171.8	2003.9
蔬菜	3503.5	5475.4	2698.5	2776.9	1543.2	3932.2	1334.4
油料	168.5	879.5	644.6	253.0	258.7	638.9	288.2
粮食	423.5	899.8	539.4	227.2	348.5	551.4	226.9

注：油料是两种油作物的平均数据，采用2010年数据；粮食是主要粮食作物的平均数据。
（资料来源：国家发改委价格司《2011全国农产品成本收益资料汇编》）

图17　我国若干农作物单位成本收益比较

（3）耕种方式

农业机械化是实现农业产业化的重要手段，能够提高农民收入，促进农业人口向非农人口有效转移，对健康城镇化有促进作用。对呼市南部近郊村机耕、机播、机育和机收的实现情况调查，机耕机种的实现程度较高，分别达到耕地面积的84%和44%，但机育和机收情况则不尽乐观，特别是机育情况仅为3%（如图18）。而当地综合机械化实现程度为39%，与全国（57%）、内蒙古（68%）相比机械化程度偏低。

根据调查分析，总结得出该地区机械化水平不高的原因主要有以下几点：

1）该地区单位耕地面积小。城市基础设施（如电厂等）和工厂企业等在近郊区域分布更加导致土地整理水平偏低，难以实现大面积的集中耕地。

2）研究区域人均耕地少，引入农业机械对于改善农业收益成果不显著，反而加大农业投入，所以村民不愿意引进高效的农业机械；

3）据调查，呼和浩特市南部近郊村村民文化水平表现为（如图19）。低学历者占了绝大部分，劳动力中又有大量老年人。两类人群传统观念较重，重视亲力亲为，对新事物接纳能力较差。

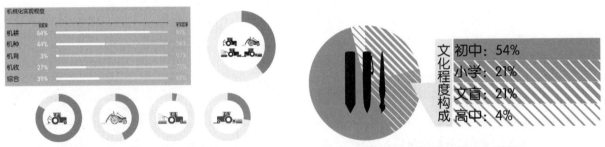

图18　机械化实现程度及其构成　　　　　　图19　村民文化程度构成图

由此可见，该地区因为土地整理水平、机械投入与产出效益和传统观念影响下农业机械化程度偏低，使其成为限制耕地使用效率的重要因素，导致很难大幅度提高粮食劳动生产率和土地产出率，不能充分发挥耕地生产潜力，影响耕地使用效率。

3.3　小结

综上所述，我们从呼和浩特市城市发展和近郊村村民和耕地等方面对影响人均耕地少和耕地使用率低的因素进行了总结分析。就外部因素而言，当地自然条件从客观上对其耕地使用造成限制；其次，城镇化进程的加快以及农业用地产出低效和其他产业的外迁进一步推进了耕地的减少；再者是土地制度的弊端使得耕地分配不尽合理。就内部因素而言，农民主观意愿的耕种不积极、年龄结构的老龄化现象严重、耕地粮经结构的不合理、耕作的机械化程度偏低，综合导致耕地的使用效率偏低。

4　总结与创新模式探寻

4.1　总结

现阶段，城乡问题是国家高度重视和社会热切关注的焦点。在18亿亩耕地红线、城市外延式扩张对近郊村耕地影响的复杂背景下，乡村规划中应该如何使近郊村的耕地使用更加高效有序显得尤为重要。

近郊村靠近市区，容易接收城市资金、技术、产业信息的扩散，也是城镇化推进的首站。耕地使用效率的低下更是加强了村民被征地愿望，导致城市无序蔓延，形成恶性循环。所以在了解耕地使用状况后，应着手提高耕地使用效率，促进耕地的保护和永续利用，促使城市有序、内涵式发展，在增加农民的收入、为村民生活提供保障的同时，稳定城市健康发展所需的物资供应，从而促进城乡关系更加和谐、统筹发展。

4.2　创新模式探寻

在城市外延式发展前提下，政府对近郊村投资过大将造成城市后期发展成本过高；而政府投资过小则容易使耕地日益荒芜、农民生活水平逐渐降低。近郊村耕地保护很难实现。目前国内外学者对此均有研究，并提出相关解决方案，例如家庭农场、CSA、养老社区、观光农业等。CSA 相对来说发展广泛，模式独特，并成功引入国内。

4.3 呼和浩特南部近郊村 CSA 模式适应性探索

CSA（社区支持农业，Community support agricultural）模式是一群消费者共同支持农场运作的生产模式，消费者提前支付预订款，农场向其供应安全的农产品，从而实现生产者和消费者风险共担、利益共享的合作形式 [6]。CSA 既能满足消费者的食品安全需求又能保护小农场的发展，实现耕地有效的利用。

在对呼和浩特南部近郊村引进 CSA 模式进行 SWOT 分析后，提出一下几点建议：

（1）由北京案例分析得出中产阶级有对食品安全的需求，并有能力承担较高价格，保证农民有利可图，调动农民耕种积极性。因此针对呼和浩特市中产阶级（特别是大学教师与年轻白领）进行宣传活动。

（2）内蒙古地区传统牧业发达，人民亦有区别于其他地区的饮食习惯。因此部分村庄引进 CSA 模式时可结合牧业发展，实现 CSA 模式的多元化与本地化，满足目标人群需求。

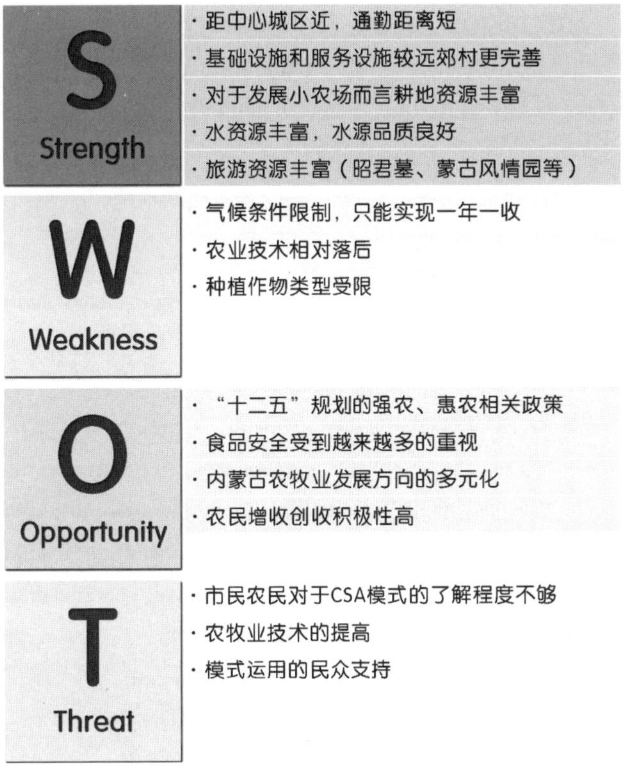

S Strength
· 距中心城区近，通勤距离短
· 基础设施和服务设施较远郊村更完善
· 对于发展小农场而言耕地资源丰富
· 水资源丰富，水源品质良好
· 旅游资源丰富（昭君墓、蒙古风情园等）

W Weakness
· 气候条件限制，只能实现一年一收
· 农业技术相对落后
· 种植作物类型受限

O Opportunity
· "十二五"规划的强农、惠农相关政策
· 食品安全受到越来越多的重视
· 内蒙古农牧业发展方向的多元化
· 农民增收创收积极性高

T Threat
· 市民农民对于 CSA 模式的了解程度不够
· 农牧业技术的提高
· 模式运用的民众支持

图 20　SWOT 分析图

（3）调研区域内有昭君墓和蒙古风情园等旅游资源，农民对农家乐模式认可度高。因此，将 CSA 与农家乐相结合，发展观光旅游型 CSA，利于推广，充分利用当地资源。

总体而言，呼和浩特南部近郊村发展 CSA 具有相对良好的条件，近郊村通过发展 CSA 提高耕地使用效率，进而对食品安全、耕地保护以及绿色农业的发展有着积极作用。

主要参考文献

[1] 包金兰. 呼和浩特市辖区耕地动态变化及影响因素分析研究 [D]. 呼和浩特：内蒙古师范大学，2011.

[2] 运迎霞. 城市规划中的土地问题研究 [D]. 天津：天津大学，2006.

[3] 吴志强，李德华. 城市规划原理（第四版）[M]. 北京：中国建筑工业出版社，2010.

[4] 黄颖. 近郊型新农村"城乡田园"规划模式研究——以重庆市都市区为例 [D]. 重庆：重庆大学，2012.

[5] 何小勤. 农业劳动力老龄化研究——基于浙江省农村的调查 [J]. 人口与经济，2013（2）：69-77.

[6] 张毅. 农村土地利用中存在的问题和对策 [J]. 小城镇建设，2003（11）：60-61.

[7] 陈璇. 内蒙古农业综合开发高标准农田示范工程取得的经验及存在问题 [J]. 北方经济，2011（1）：116-117.

[8] 朱晓娟，李斌. 基于 CSA 模式下成长型城中村的田园式改造——以兰州市崔家崖乡崔家崖村为例 [J]. 现代城市研究，2011（7）：93-96.

[9] 贾娜. 农业机械化发展与农业劳动力转移关系的研究 [D]. 太谷：山西农业大学，2004.

[10] 国家发展和改革委员会价格司. 全国农产品成本收益资料汇编 2011[M]. 北京：中国统计出版社，2011.

[11] 杨贵庆. 农村社区 [M]. 北京：中国建筑工业出版社，2012.

Discussion on the Problem of Cultivated Land under the Suburban Village of Using Efficiency and Innovation Mode Based on Urban and Rural Relationship ——Cultivated Land Using of Suburban Village in South of Hohhot as the Example

Wang Qianying   Ding Huajie   Zhong Lei

Abstract : With the development of economy and society and the rapid process of urbanization, city sprawl phenomenon and the city suburb area land use contradiction is increasingly outstanding.What's more suburban village of cultivated land use has become increasingly complex. China's urbanization rate has exceeded 50%, city development way to enter a new stage, but the city still need a certain degree of expansion. Therefore, in the direction of urban development on the outskirts of the village will bear more of the urban functions, the worrying situation of cultivated land. Suburban village as the rural planning special existence subject, it is different from the pure rural planning, different from the pattern of urban planning. Under this background, the realization of urban development and food security balance, suburban village farmland protection, is the basic requirement of healthy urbanization, but also the important topic of rural planning. This article to the south of Hohhot City, some suburban village farmland usage as the object of study, present situation of arable land per capita cultivated land in the area to understand and use efficiency, analyzes and summarizes the causes, and then the feasibility of efficient utilization mode of the suburban village of cultivated land to explore, in order to provide power to the suburban village village planning.

Keywords : rural planning ; suburban village ; urbanization ; cultivated land ; cultivated land use efficiency

资源利用视角下的传统村庄空间结构
——以贵州省铜仁市桃花源村为例

吴冠　李京生

摘　要：村庄产生于自然，利用自然环境和自然过程生产生活，但目前的村庄规划大多只关注村庄中村落的部分，忽视了村庄中生产空间与村落的关系，忽视了村庄与自然环境的关系。本文以村庄对于自然资源的利用和村庄中的物质循环为视角，对村庄与自然环境的关系、农田与村落的关系进行分析，认为自然生态空间是村庄生命产生并延续的基底，农田是村落的物质能源腹地。在此基础上对村庄空间进行分类，并分别从空间的形态、尺度和布局对每类村庄空间进行详细分析，认为自然地理和村民生产生活方式是影响村庄空间的主要因素，故自然环境及资源是影响村庄空间的根本原因。

关键词：资源利用；村庄空间；自然环境

1　引言

村庄是在人与自然相处的过程中产生的，是人类对于自然规律体会、理解和运用的一种展现形式。传统的村庄最为基本的特征就是与自然环境的充分协调[1]。村庄产生于自然，依靠自然环境而运作，并与自然和谐相处，正由于此，村庄中的农业生产和村民生活都与村庄周边的自然环境休戚相关。另一方面，传统村庄对于各类资源的利用方式使传统聚落在一定的时间和空间范围内实现了自循环的生态技术[2]，这不仅使村庄的发展集约可持续，也使各地的村庄呈现出不同的风貌特征，拥有不同的风俗习惯。由于村庄是依托自然环境和当地资源组织生产生活等各种功能的，承载功能的空间在村庄中也表现出与自然环境和资源高度融合的特征。这样的空间能较好地服务村庄中的生产生活，并能够使村庄与自然环境和谐相处，因而也就形成了村庄所独有的空间结构。

村庄规划的编制应当结合村庄自身的特点进行。然而目前的村庄规划编制人员主要为城镇规划设计人员，这造成了许多村庄规划在编制过程中过多关注村庄中的生活空间，也就是村庄中建成环境，即村落，的部分，对于村落周边的农田和自然环境多以外围背景的方式去处理，认为其与所规划的村庄毫无联系，但这恰恰说明了许多规划编制人员未认识到自然环境对于村庄中农业生产的决定性作用，忽视了农业生产对于村庄经济和社会关系的重要影响，切断了村庄中生产与生活的密切联系，否定了自然环境对于维护乡村生产生活的重要性。因此，需要研究村庄中的生产生活与自然环境的关系，村庄中生产与生活的关系，以及这些关系是如何体现在空间上和土地使用上的，而又应该如何将这种关系延续到村庄规划中。本文以贵州省铜仁市桃花源村田家坝居民点为例，以资源利用的视角，对村庄中的各类生产生活活动对于资源的利用进行梳理，并与空间建立联系，从而探寻村庄中各类空间之间的关系，得出村庄的空间结构特征。

2　研究对象

2.1　村庄区位及历史自然地理状况

桃花源村位于贵州省梵净山东麓，地处铜仁市松桃、江口、印江三县交界处，现属松桃县乌罗镇管辖。桃花源村原名为冷家坝村，历史上由于交通不便及地理环境闭塞等原因，曾多有土匪聚集。清光绪年间，政府曾派军剿匪，并设抚衙。清末至民国，匪患严重，抚衙被毁。新中国成立后，曾在冷家坝村设乡驻地，为梵净山

吴冠：同济大学建筑与城市规划学院硕士研究生
李京生：同济大学建筑与城市规划学院教授

闻名的深山集市[3]。2011 年环梵公路的建成，使桃花源村与外界的联系较为便捷。

该村气候温和，气温常年保持 15℃ ~19℃ 之间。整村由一条河和河谷、梵净山原始林带和山溪飞瀑、沙洲及若干村寨组成。由于村域内大部分地区为原始林地，因此森林覆盖率很高，负氧离子含量极高，生态环境极好。

2.2 村庄经济社会发展状况

目前桃花源村共有 13 个村民组，9 处村民居住点，除个别居民点外，其余均沿边江河分布在南北长约 10 公里的河谷中。全村共有村民 282 户，1162 人，村中建有小学、村委会和卫生站各一处，均位于冷家坝居住点。

由于先前交通不便，村庄经济仍然以农业经济为主，直至环梵公路建成之后，在梵净山旅游的发展带动下，村庄旅游业开始逐渐发展，但目前仍只是少数几户村民开办了个体经营性质的农家乐，提供餐饮和简单的住宿服务。目前主要有两条公路穿过桃花源村，南北向为环梵公路，向北可达木黄镇，向南可至梵净山山门及杭瑞高速公路，此外还有东西向的冷孟公路，可达寨英镇及松桃县城。2012 年全村生产总值约为 300 万元，人均不足 2600 元 ①。因此，目前村民的整体收入水平较低，收入则以务农及外出务工为主，外出务工和经商人数占全村劳动力人数的一半。

2.3 研究对象的选择

由于桃花源村之前交通闭塞，在我国快速城镇化时期所受工业化影响较小，仍然以农业经济为主体，在很大程度上保留着原有的农业耕作习俗和传统的生活方式。因此，桃花源村能体现出村庄如何利用自然资源和规律来组织农业生产和日常生活，也能体现出传统村庄所具有的与自然环境相互融合的特征。另外，由于各个村民居住点之间有山体相隔，村民点之间相对较为独立完整，便于对其资源利用状况进行研究。同时，村庄居民点的规模适中，比较适合将其选作研究对象。考虑到数据的可获得性等原因，选择田家坝居民点作为具体的研究对象。

3 村庄资源利用及其与空间的关系

3.1 田家坝居民点概况

田家坝为桃花源村的一个自然村，位于桃花源村中部，处于两河两路交汇处，背依梵净山，村庄位于梵净山自然保护区内。田家坝现状共有建设用地 1.27hm²，农田 3.75hm²，村落呈南北向布局，村民建筑多为传统木构建筑，背山面水，

图 1 桃花源村区位图

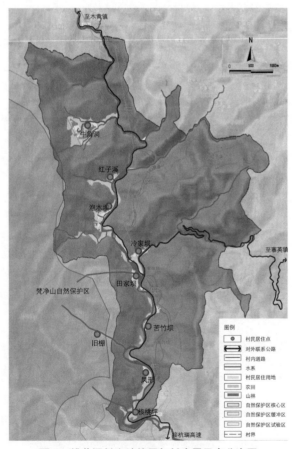

图 2 桃花源村土地使用与村庄居民点分布图

---

① 资料来源：桃花源村村庄规划基础资料统计表。

保留有传统村落的风貌特征。农田位于村落与河流之间，河外为环梵公路，有桥梁与村庄相连，村内暂无可供机动车行驶的道路，村落内多为石板路，农田内为田间路。

田家坝共有一个居民组，目前共有村民35户、151人，村民仍以务农为主，除种植粮食作物外还种植楠竹，这也是该村村民收入的重要组成部分。另有两户村民搬迁至环梵公路旁，开设农家乐，提供餐饮及住宿服务。

3.2 土地资源的利用及其与村庄空间的关系

（1）土地资源的利用

从土地利用现状图上来看，田家坝目前共有村庄用地、林地、河流水面、滩涂、水田和旱地等6种用地。水田和旱地则是村庄进行农业生产的主要土地资源，从分布上来看，旱地多位于村庄水流方向的上游，而水田多位于村庄水流方向的下游。除此之外，林地既有自然林地，也有村民所种植的竹林，是村民进行生产，获得经济收入的来源之一。

一般来说，在该村水田以种植水稻为主，旱地则种植红薯、玉米、土豆等作物。水田是每家每户生产粮食的主要资源，该地区的水稻种植一年为一个周期。从时间顺序上来看，每年的2月份开始对休整后的水田进行整理，育秧完成后，4~5月份插秧，8~9月份收稻谷，收割后则对土地进行养田工作。旱地是村民粮食生产的补充，一般为1~2月种植土豆，4~5月份收获，土豆还未收获时，在3~4月份种植玉米，实行套作，6~7月份收获，5~6月种植红薯，9~10月份收获，此后的季节为农田修养时间。由此可见，村民充分利用各类可用于农业生产的土地资源，实行轮作套作等方式，在一年中对各类农作物的种植进行合理安排，既保证了土地的肥力，可供粮食作物的正常生长，又能生产一定量的其他作物，作为食物的补充，也可用于喂养牲畜。

除农田外，多数村民还会在房前屋后种植蔬菜，一方面由于蔬菜所需量不大，可以充分利用房屋周边等零散的空闲土地，另一方面由于蔬菜生长过程中需要较多的管理，种植在房屋周围便于照料。除种植蔬菜外，村民还会将牲畜棚布局在自家房屋周边，不仅便于照料，也便于获取肥料用以种植蔬菜或作物。

（2）土地资源利用与村庄空间的关系

村民对于土地资源的利用，在空间上表现出充分利用各类土地，根据各类土地的特点安排不同的作物；在时间

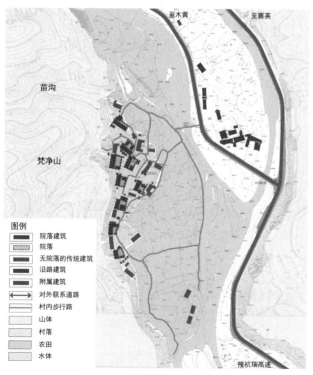

图3　田家坝村庄要素分析图

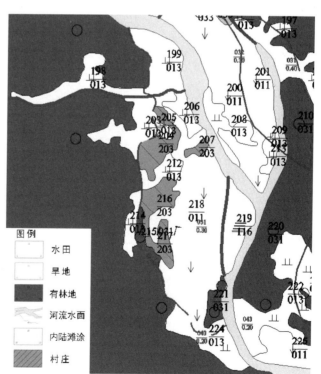

图4　田家坝土地利用现状图

（资料来源：乌罗镇土地利用现状图）

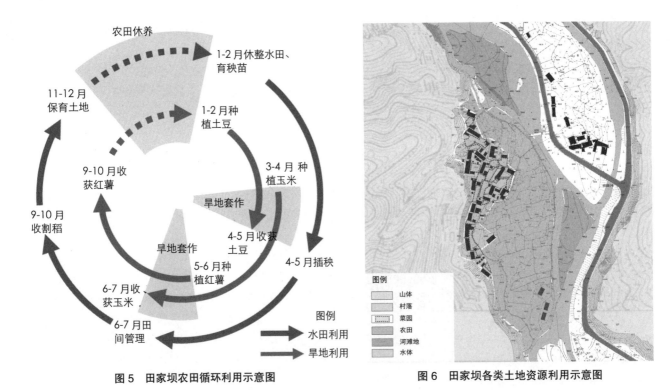

图5　田家坝农田循环利用示意图　　　　　　　图6　田家坝各类土地资源利用示意图

上更呈现出对于土地资源循环利用的特征，在每年冬季休养农田，保持农田肥力，而旱地则实施轮作和套作，在增加粮食产量的基础上，种植不同作物也同样有利于农田肥力的保持。农田"耕"与"养"的循环，以及不同作物的套作与轮作都有利于提高土地的使用效率，使同样的土地可以生产更多的粮食。村落中利用房前屋后零散土地种植蔬菜也可以提高土地的利用效率，生产更多的食物。因而，同样面积的土地，增加土地的产出效率，也就可以供养起更多的人，进而使村庄中村落所占的比例更大。通过对田家坝的村落和农田面积进行计算发现，村落与农田的面积比约为1∶2.87，另外，在村落中约有24%的用地用于种植蔬菜。

因此，可以认为，对于土地资源的利用方式影响了村庄中村落与农田在空间上的比例大小，是影响村庄空间结构的基础因素。同时，也可以看出，土地资源是村庄存在的空间基础，也是进行农业生产的物质基础。

3.3　水资源利用及其与村庄空间的关系

（1）水资源利用

目前村中每户村民已可使用自来水，水源为村庄背后山上的泉水，村民日常的生活用水都可靠自来水解决。在使用自来水之前，村民共用一处取水点，位于村庄水流方向上游的山上，主要解决日常饮食等方面用水。在使用自来水之前以河水为主要的清洁用水水源，洗衣地点位于村庄主要取水点的下游，距离村落较近，这样的选址方式不仅为了便于村民的日常生活，也是为了避免清洁废水污染饮食用水。

农业生产用水主要分为两种，农田种植用水和牲畜养殖用水。农田种植用水的来源根据农田种类的不同而不同。旱地所需水源主要靠自然降水，水田用水来源主要为山体冲沟中的水系以及自然河道。具体来说，地势稍高且易于接引山泉水的水田主要依靠山体水系补水，地势较低位于河道附近的水田主要依靠河道补水。牲畜养殖用水较少，一般仅在饲喂牲畜时需要使用一部分，这部分用水来源与村民生活用水相同。另外，村民的剩菜厨余也会用来饲喂牲畜，会为牲畜提供一定量的水分。此外，鸡鸭等家禽所需水分多直接来源于水田中的水或冲沟水系及河道中的水。

（2）水资源利用与村庄空间的关系

通过上述分析，可以看出村庄中对于水资源的利用呈现出分级利用的特点。总体上来说，村民生活饮食用水来源位于最上游，其后依次为牲畜养殖用水和农田种植用水，在排水的安排上也保证各类污水的排放在空间上安排合理有序，不影响其他活动的用水。因此，可以看出村庄的生活、农业种植及禽畜养殖表现出高度依附自然水循环的特点，可以认为水资源是村庄进行生产生活的命脉，为村庄的生产生活提供保证。

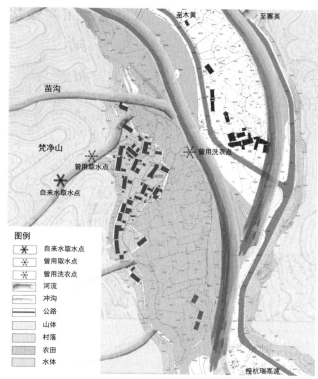

图7 田家坝生活用水取用点示意图

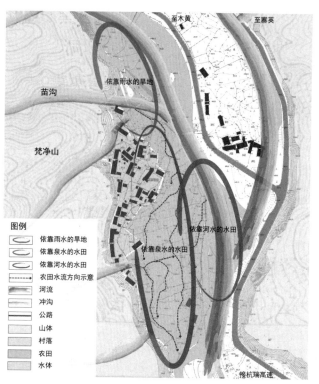

图8 田家坝农田用水分布示意图

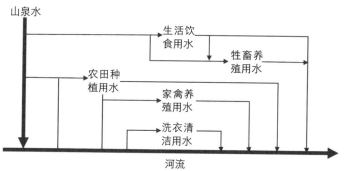

图9 田家坝生产生活用水流程示意图

水资源利用顺序与村庄的圈层结构关系相一致,内层宅院用水优先,其后为牲畜用水,再后为农田用水。从村庄空间上来看,村庄对于水资源的利用依照由内层村落到外围农田的顺序进行。故而在村庄空间的布置上,需要将村落位于农田水流方向的上游,旱地位于水田的上游。因此,对于水资源的利用方式也从一定程度上影响了村庄中村落与农田相对位置关系。

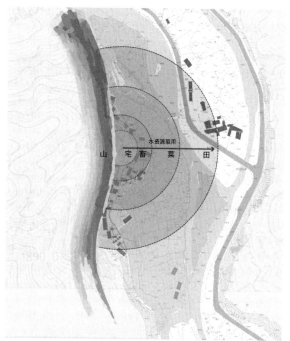

图10 水资源利用与村庄空间结构关系图

3.4 物质的循环利用及其与村庄空间的关系

(1)物质的循环利用

村庄对于各种物质都会物尽其用,很多物质会重复利用多次,因此,村庄中物质循环利用的过程相对来说更为复杂。同时,即便是以农业为主的村庄,村民仍然会经营多种产业,村庄中的物质循环会以若干条线进行,并且每

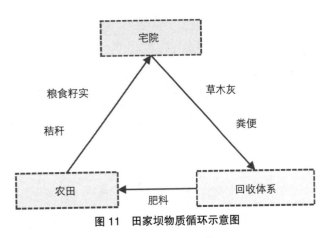

图11 田家坝物质循环示意图

条循环流程之间也会有交叉。笔者从生产到生活的顺序对田家坝的物质循环过程进行梳理。

首先讨论粮食作物种植，粮食在生长过程中除了需要种子、水分和阳光之外，还需要使用不同的肥料，肥料主要包括化肥、农家肥和秸秆燃烧后的草木灰。水稻收割后，稻谷储藏起来，供人食用。对秸秆进行回收，部分秸秆用来饲喂牛羊等牲畜，部分燃烧用于烹饪，燃烧后所剩的草木灰用于农田做肥料。而玉米、红薯及土豆等作物在生长中所需肥料与水稻类似。收获后的各种作物则以饲喂牲畜为主，也有部分供人食用。玉米秸秆可做燃料，红薯、土豆茎叶斩碎后作为饲喂牲畜的饲料。

村民房前屋后种植的蔬菜也以农家肥为主，所产蔬菜供人畜食用。除此之外，该村还有部分村民种植果树，主要供人食用。

牲畜养殖方面，杂食性牲畜所食饲料包括剩菜厨余、玉米、红薯、土豆等作物，及其茎叶，草食性牲畜主要以作物秸秆、草料、野生杂草为食。所养殖的家禽牲畜，主要用于供人食用，也有部分用于出售或耕作劳动。除家禽家畜外，村民还养蜂，蜜蜂采集的花蜜来源于村庄周边自然山林，蜂糖主要用以出售，也留部分供自家食用。

村民生活方面，在公路建成通车之前，村民所食用的粮食和蔬菜以自家种植的为主，所食肉类和蛋类以都依靠自己养殖，目前也会在周边乡镇集市采购物。此外，村民有部分生活材料直接取材于周边自然环境。村民日常烹饪及加热用水所使用的薪柴则直接源于周边山林，燃烧后所剩的草木灰则用于施肥。此外，村民还会砍伐楠竹，用于制作竹篓、竹席等生活用品，同时也会将楠竹或者竹制品拿去集市销售。

通过上述分析可以发现，田家坝的村民在生产和生活的过程中充分利用自然物质环境和自然过程，同时对于每项生产过程中所产生的"废料"都能物尽其用，充分利用其各种价值，最终使村庄中很少产生所谓的垃圾。此外，还可看出，即便在传统的以农业为主的村庄中，农民所"经营"的项目也不仅仅是粮食种植，还包含有经济作物种植、牲畜养殖、传统手工艺、副业经营等多种，而这多种项目之间存在着物质及能量的交换，这些都使村庄中的各项产业和项目能够相互促进，实现利益的最大化。

（2）物质循环利用与村庄空间结构

通过对村庄中的物质循环进行分析，可以看出，农田收获的粮食供给到村落中，为人畜生命活动提供必要的食物，秸秆也供给与村落，提供必要的能源；另一方面，村落中产生的粪便、草木灰等则供给与农田，成为肥料，保持土地的肥力，进而保证来年的粮食产量。

将上述循环过程与村庄空间进行对应，可以看出，村庄中的村落与农田是统一的有机整体。村落则为农田提供肥料和种子，同时也为农田消耗秸秆，提供人力和畜力，保证农田的正常生产；农田为村落提供必需的食物和能量，保证人畜生命活动，同时也为村落化解废物与垃圾。将村庄中物质的循环利用过程与村庄的圈层结构相对应，可以看出内层的宅、畜与外层的菜、田之间物质相互利用，因此，村庄的内层与外层密切关联。

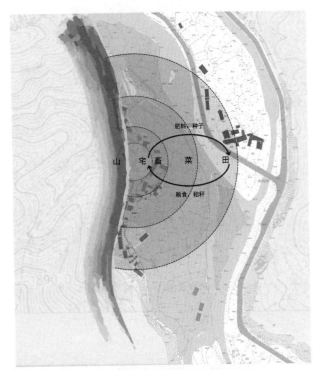

图12 物质循环与村庄空间结构关系图

3.5　能源资源利用及其与村庄空间的关系

（1）能源资源利用

村民对于能源的利用主要分为以下几个方面，日常生活中所需的能源，农业生产中所需能源，出行所需能源。

日常生活所需能源主要包括烹饪，加热生活用水，日常照明，冬季取暖，日常娱乐等方面。田家坝村民的日常照明及娱乐等多以电能为主，烹饪、加热生活用水则是以使用薪柴为主，冬季取暖也以使用薪柴为主。同时也有少数人家开始使用电磁炉、热水器及电暖炉等设备，作为传统烹饪取暖方式的补充。此外，洗衣清洁等用能也使用电能作为补充。

农业生产方面，作物生长主要依靠太阳能。在农业

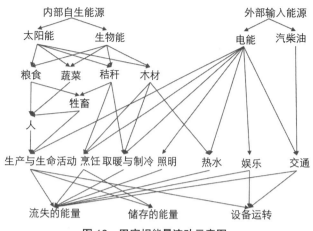

图 13　田家坝能量流动示意图

工具的使用上，由于田家坝地形条件限制，无法使用大型农业机械，加之其多年交通闭塞，受外界影响较小，目前农业劳动主要以人力及畜力为主，但很少使用需要化石燃料的农业机器。

交通出行方面，日常生活及农田劳作等依靠步行，外出次数则因人而异。老人外出次数较少，主要目的是去往周边乡镇赶场，交通方式也主要为步行，偶尔也会搭乘长途客车。年轻人外出次数较多，出行方式则以摩托车、电动车等方式为主，所使用的能源则以汽柴油、电能为主。

由此可见，村中的能源利用在总体上仍然比较传统，多以自然界的生物能或是依靠自然过程为主。同时，逐步现代化的生活方式也对村庄的能源使用带来了一定的影响，日常生活的诸多方面开始使用电器设施，村民日常生活中使用电能和汽柴油的量开始逐渐增加。但从整体上看，村庄的用能仍然以直接使用自然生物能为主。

（2）能源资源利用与村庄空间结构

通过对于村庄能源资源利用和能量流动过程的分析可以发现，太阳能和生物能在村庄能量利用中占主要地位，并且是通过农田和自然山林获得的，随着物质在农田与村落间的流动，以粮食作物、秸秆、木材等形式流动至村落，也有部分能量通过秸秆粮食先流向牲畜，最终流向人。

将村庄中能量流动的过程与村庄空间相对应，可以看出，粮食作物、山林通过光合作用将太阳能转化为生物能并储存起来，因此，农田也就是村庄中的能量接受空间，通过粮食籽实、秸秆等形式，将能量由农田传送至村落。以村庄圈层结构的角度来分析，外层的农田、菜地接受并转化太阳能，并逐步向内层的畜、宅进行传递，使村庄内层获得能量。因此，农田是保证村落生产和生活的能源来源，是村庄的能源基础。

3.6　资源利用与村庄空间结构

经过上述分析可以发现村庄中的生产与生活的各个过程都与自然环境息息相关，村庄中各项生产生活活动与自然环境紧密结合，需要依靠自然过程来实现，因此，村庄空间是高度依附于自然的。

土地资源是村庄生产和生活的物质空间资源，同时供作物生长的土壤也是自然环境所赋予村庄的主要生产资源，土地资源是村庄生产和生活的基础，通过分析认为对土地资源的利用形式也决定了村庄空间的基本构成要素和比例。作物的生长，人畜的生命活动均需要依靠

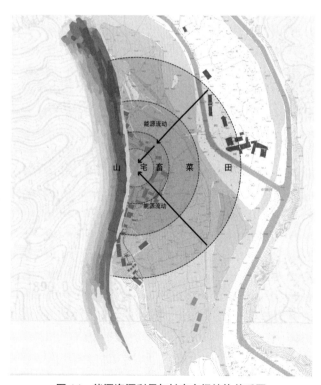

图 14　能源资源利用与村庄空间结构关系图

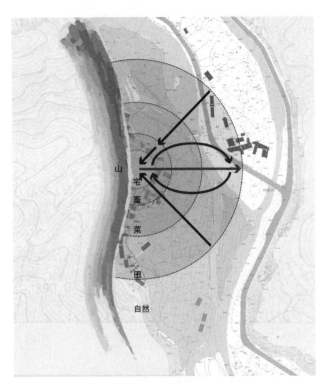

图15 资源利用与村庄空间结构关系图

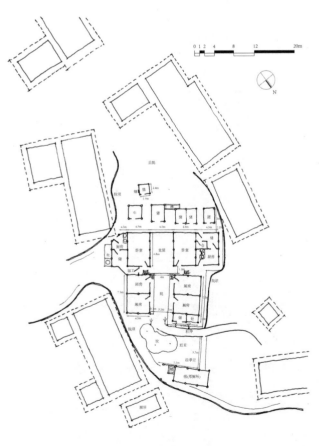

图16 杨某宅院平面示意图

水资源，水是村庄生存和发展的命脉，而对水资源的取用也决定了村庄中各种空间要素的布局及位置关系。因而，从村庄空间结构上来看，自然生态空间是村庄生命得以产生并维系的基底。

村庄中农田和村落之间有着密切的物质循环关系，农田产出的粮食和秸秆供给于村落，保证村落中人畜的生命活动，村落产生的草木灰和粪便供给于农田，保证农田肥力不减。因此，农田给村落提供食物，并消解废料。在这种物质循环的过程中，由农田所转化的太阳能则以粮食、秸秆等形式流向村落，由村庄的外围流向内层，由此来看，农田为村落的能源基础。因此，从村庄的空间结构上来看，农田是村落的物质能源腹地。

由此看来，村庄依靠自然环境生产生活，村落与农田是物质能源统一的有机整体。

4 村庄空间要素及其影响因素解析

在明晰了村庄空间中自然、农田与村落的关系之后，为了对村庄中的空间进行详细分析并探究影响村庄空间的主要因素，笔者选取村庄空间结构中的一个扇面，也即是某户村民进行详细研究。

4.1 研究对象基本概况

村民杨某家中共11口人，共有三个儿子，均在外务工。全家共有农田约11亩，养殖有牛2头、猪2头，另外还饲养蜜蜂，种植楠竹。

杨某家位于田家坝北部，房屋为传统木构三合院建筑，背山面水，房屋朝向东北方向，均为两层，上层以储物等功能为主，下层主要为堂屋、卧室、厨房、储物等。房屋后为牲畜棚，共计6间，其中2间归杨某家所有。房前为菜地，种植日常所吃的蔬菜。

杨某家共有土地约11亩，其中田家坝共有土地约8亩，分散为12块，剩余约3亩土地，由于历史原因，不在田家坝内。在位于田家坝的土地中水田约4.5亩，共2块，旱地1亩，共3块，其余2.5亩种植果树，共7块。水田多位于河边或河滩上，旱地则位于村庄水流方向的上游。最近的农田距离房屋大约40m，最远的为250m。

4.2 村庄空间要素列举

对村庄中的空间要素进行列举：主要有水田、旱地、菜地、山林、牲畜棚，堂屋、卧室、厨房、厕所，村中步行路、对外联系道路等。将上述要素根据空间位置进行归纳，可以分为宅院、道路和生产田林三类，并将村庄中的各要素按照这三类进行归类。宅院主要包括：宅屋、

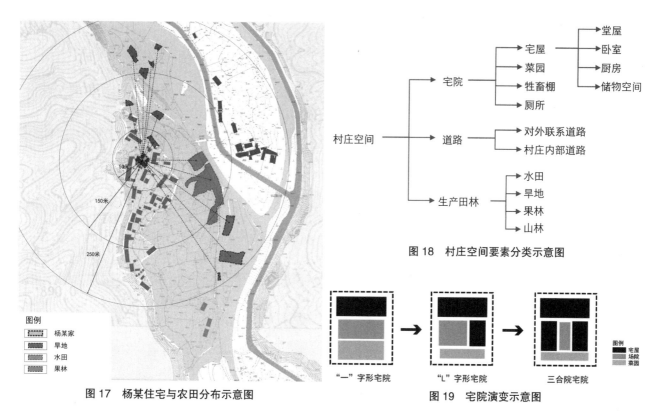

图17　杨某住宅与农田分布示意图

图18　村庄空间要素分类示意图

图19　宅院演变示意图

菜园、厕所和牲畜养殖棚，其中宅屋还包括堂屋、卧室和厨房；道路主要包括村中步行路和对外联系道路；生产田林则主要包括水田、旱地、果林和山林。

4.3　村民活动空间要素分析

根据上文的列举，分别对宅院、道路和农田三者进行空间分析，分析将从空间的形态、尺度和布局三个方面进行。

（1）空间形态分析

田家坝的宅院多以传统合院为主，部分院落为三合院，也有宅院中的建筑为"一"字形，或"L"形。"一"字形的宅院通常居住人口较少，以一户人家为主，随着人口继续增加，家庭规模继续扩大则会演变为"L"形宅院、三合院甚至四合院的形式。"L"形宅院则是由"一"字形宅院演变而来，与主屋垂直的房屋通常为厢房，或是厨房牲畜棚等其他功能空间。房屋随地势分布，因此在房屋间形成不规则的间隙空间，这些空间则被利用于种植日常食用的蔬菜。将蔬菜种植于这些空间，不仅可以充分利用村落内的各种空间进行生产，而且便于村民的蔬菜种植照料等劳作。牲畜棚则通常较小，村民利用本地树木或竹子为墙，树皮为顶搭建而成，成方形或矩形，常位于宅院一侧或后方。

道路空间中的对外联系道路为县道，虽然由于其近几年才修建通车，不属于村庄中的原有空间形式，但其选线设计也多考虑与地形和河流水系的关系。村庄中的道路均为步行路，村落中的道路与住宅房屋相协调，形态较为自然，由于村落内的道路并没有经过刻意的设计，而是在村民日常生活中所形成的，因此可以保证到达每户人家的通达性和便捷性，同时也可保证与农田内道路形成统一整体。农田内的道路多顺应农田地形，沿田埂分布，与村落内道路相连，但较

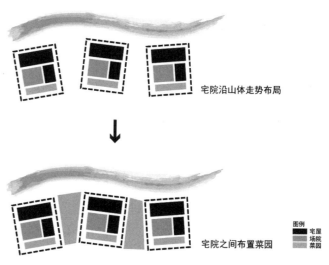

图20　菜园布置示意图

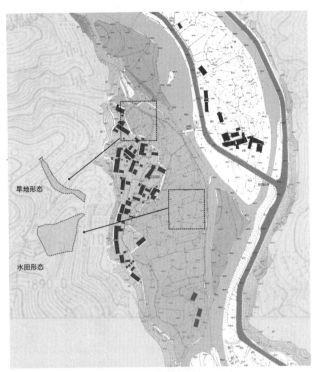

图21 农田形态示意图

村落内道路更为稀疏。这保证了农田具有一定可达性的基础上减少道路对于农田的占用。总体来说，村庄内道路较窄，形态曲折自然，与自然地势相结合，与村庄中的宅院和农田相协调，这也是村民以步行为主的出行方式所决定的。

生产田林中果林和山林位于村庄外围，与自然环境结合紧密，人工干预较少，其空间形态也主要由其所处的自然环境所决定。该村庄的旱地位于水流的上游，处于引水较为困难的地方，因此，旱地所处的地势一般较高，坡度也较陡，所以旱地通常呈沿地势的条状，各个相邻地块的高度差别较大。与旱地不同，水田多位于水流方向的下游，一般处于相对较为平缓的平坝地，地势较低，易于引水。因此，水田的形态较旱地更为规则方整，每块地也比旱地更大。虽然水田处于地形坡度较为缓和的地带，但水田在形态上依然与地形相协调，地块边界沿等高线呈现自由的形态。农田之所以呈现出这样的形态，一方面与村庄所处的地形有直接的关系，另一方面，也由于村民采用的依然是精耕细作的传统农业耕作方式，主要依靠人力和畜力完成耕作劳动，对农田形态的要求较少。也正是因为农田形态自由不规则，没有使用大型农业机械，没有对农田进行颠覆式的修整，也使传统的乡村农田风貌得以保存。

由此可以看出，不管是村民宅院空间，还是农田、道路空间，其形态都是村民在依据本自然环境因素的基础上，结合其生产生活习惯和方式所造就的。

（2）空间尺度分析

不同宅院中建筑的规模虽然各不相同，但其基本的房屋构成单元则是相同的。宅院中房屋规模的不同只是因其处在不同的发展阶段。笔者以杨某房屋为例，对其尺度进行分析。主屋共5开间，每间面宽4.5m，进深6.8m，厢房为2开间，每间面宽3.75m，进深4.5m。厨房位于主屋和厢房尽端，面积大约与半个房间相当。院落面宽4m，主屋与厢房间走廊宽1.2m。为主主屋背后的牲畜棚共6间，面宽约为2m，进深2.5~3m。可以看出，从主屋，到厢房，再到厨房，再到牲畜棚，尺度不断变小，这也体现出各功能在宅院中的重要程度，以及村民对宅院空间的使用习惯。此外，屋前还种植蔬菜，菜园形状不规则，呈近似梯形，这也表明村民是利用各院落间的零散空间，提高空间利用效率。

对外联系道路为该地区县道，为双向两车道公路，路宽7.5m，位于河对岸，通过桥梁与村庄相连。村庄内部道路均以步行小路为主，道路宽度约为1m。村落内步行路多位于宅院前，通常一侧为院落，一侧为开敞的农田或菜园，空间上较为开阔。农田中的步行路宽度也约为1m，但两侧均为农田，空间上更为开阔。从道路间距上分析，村落内道路较为密集，间距约为20~40m；农田内道路间距较村落内的更大，约为80~140m。因此，可以发现，从村落到农田，村庄道路的空间感更大，间距也更大。

农田类型不同，其尺度也有所不同。旱地由于处在坡度较高的地带，故而其呈现为狭长型，尺度较小，宽度约为5~6m，每块农田的长度随地势不同而有所不同；与旱地相比，水田由于处于地势较平缓地带，故尺度相对较大，宽度约为10~25m，长度约为20~40m。与农田形态相类似，旱地和水田在空间尺度上也有所不同，而这些同样也是由于不同的农田所处的地理条件不同所造成的。同时，也可以看出，该地区的农民将地势较好，水源充足的土地用作水田，用以生产供人食用的主要粮食作物，因此，在该地区的村庄中，水田比旱地更为重要。

通过对于村庄空间尺度的分析可以发现，村庄中各类空间的尺度受到该地区地理环境影响较大，同时也与村民的生活生产习惯有关。

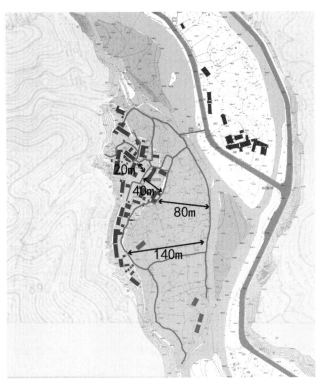

图22 道路间距示意图

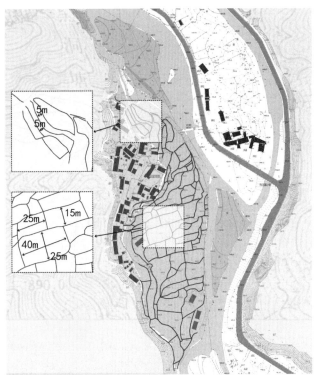

图23 农田尺度示意图

（3）空间布局分析

从田家坝的宅院布局上来看，宅院和建筑的朝向虽较为灵活，但也多是根据地形，依山就势，背山向水进行布置。这也在一定程度上体现了传统的建筑布局观念。就建筑内部的功能来看，以杨某家为例，堂屋居于正中，其旁为长辈卧室，再外侧为晚辈居住的厢房，最外侧为厨房等辅助空间。牲畜养殖棚属于住宅建筑的附属构筑物，多位于房屋的一侧或后方，处于宅院中的次要位置。通常一户人家拥有1~2个牲畜棚，也有2~3户人家将养殖棚一并设置，厕所通常与牲畜养殖棚结合布置，以便于将粪便回收利用。厨房位于房屋的最外侧，与菜园较近，一方面便于烹饪取用蔬菜，另一方面也便于将烹饪之后的草木灰施肥于菜园中。

对外联系道路布局于村庄外围，与村庄之间有河道相隔，虽然现状公路是后期建设的，但在其在选线过程中充分结合了村庄当时已有的对外联系道路，因此，可以发现村庄的对外联系道路多布局在村庄外围，减少对于村庄内部的干扰。村庄内部道路布局较为灵活，村落内的道路连通每户人家，并且均布局于每家的宅院之前，保证每家的入口正对主屋。农田内的纵向道路多布局在农田边缘，横向道路的布局在满足服务农田的基础上间距放大。

旱地和水田在布局上的不同主要是由于不同种类的作物对水资源和地势的要求有所不同。水稻需水量较大且是

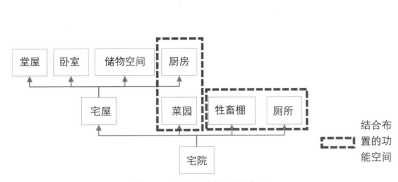

图24 宅院功能结合示意图

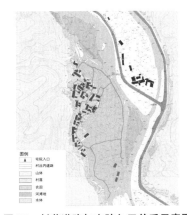

图25 村落道路与宅院入口关系示意图

较为主要的粮食作物，因此，在地势较为平缓且水源充足的地带种植；而对于坡度较大，引水较困难的土地，为了将其充分利用，村民则种植土豆、红薯、玉米等粮食作物，将其改造为旱地。因此，可以看出，农田在村庄中非常重要，在空间布局时首先将地势较好水源充足的地带种植主要的粮食作物，在坡度较大的地带改造旱地，种植辅助的粮食作物。同时，也可发现，村庄中地势条件最好的地带不是修建村落，而是种植主要粮食作物，由此可见村庄中农业生产对村庄空间布局的影响。

由此来看，村庄空间布局受到村民生产生活过程和习惯的影响较大，同时自然环境对空间布局也有一定的影响。

4.4 空间要素特征分析

（1）自然性

通过上述分析可以发现，村庄中的各种空间要素在形态和尺度上都与其所处的自然地势条件有关。地形条件和水文条件决定了村庄农田中旱地和水田形态和尺度的不同，村庄背后山体和村庄前部河流的走势也对村中宅院的形态和布局具有较大的影响，因而村落和农田中的道路走向和形态也就同样受到村庄所处自然环境的影响。

村庄是在自然环境中生长起来的，也是人类对于自然环境的初级改造，因此在很多方面仍然保留有原有自然环境的痕迹，这也就是村庄空间具有较强自然性的原因。同时，这种自然性也赋予了村庄空间本地原有的风貌特征，使村庄空间具有较强的可识别性和不可复制性。

（2）生产生活性

村庄中空间的形态和布局都在一定程度上受到该地区村民农业生产过程和日常生活习惯的影响。住宅中将厨房置于最外侧可以便于获取食材，处理废料，将厕所与牲畜棚结合布置是为了便于搜集肥料，用于农业生产。水田与旱地的用地和布局主要是基于粮食生产所做出的选择，地势较好水资源充足的土地用来种植最主要的粮食作物，以保证人畜的生存。

农业生产保证了村中人畜的基本生存，是村庄的重要功能之一。村庄在空间布局中将地势和水利条件最好的地带种植主要粮食作物，可见村庄中生产活动对于村庄空间的重要影响。此外，村庄中的各类空间大多都有农业生产活动进行，因此生产活动不可避免地影响了村庄空间的形态布局等方面；同时，村民又在村庄中生活，村民的生活习俗也影响着住屋、宅院等村庄空间的使用，进而影响这些村庄空间的特征。

4.5 空间要素影响因素分析

村庄空间是在自然环境中产生的，在很大程度上具有自然性，同时也是适应村庄生产生活的结果。所以可以认为，村庄空间是在地理环境、地形条件、水文因素等自然环境的基础上，结合村庄的农业生产和生活习俗所决定的。因此，村庄空间不仅可以体现出一定的自然环境特征，也可以体现出人类利用自然生存的智慧、本地文化习俗等人文要素。

对村庄中的生产过程和生活习俗进行进一步分析可以发现，水田为主要的生产空间是由于该地区水资源丰富，水量充沛，适合种植水稻作为主要的粮食作物；同时又种植红薯、玉米等作物是由于村庄处于山地，平坝空间较小，土地资源紧张，因此需要尽可能提高土地使用效率，所以将难以引水的土地开垦为旱地，种植供牲畜食用的粮食作物。而将村落布置在山体与平坝交接地带也是由于用地资源紧张造成的，而这在一定程度上造就了丰富自然的村落空间。另外，村中对于物质和资源的充分利用也决定了宅院中部分功能就近布置，而这种对于资源的充分利用的生活方式也正是村民在长期的农业生产和与自然共处的日常生活中摸索出来的。此外，村中住屋均为木质建筑，其大小尺度也是由本地所产的木材种类所决定的。由此可以看出，村中的生产生活方式是村民在与自然环境长期共存中产生的，是在利用自然资源和自然过程的过程中逐渐形成的。因此，村庄空间的影响因素归根结底仍为自然环境和自然资源。

5 结语

与城市规划不同，村庄规划更为综合，也更具针对性。因此，在村庄规划中需要统筹考虑，综合分析，确定村庄发展中所遇到的问题症结，针对问题进行分析，结合村庄所拥有的资源，做出对村庄发展有利的规划对策。由此可以看出，村庄规划不仅仅是传统城市规划中所涉及的物质空间或是建成环境的规划，更是对于村庄整体发展的综合判断，所涉及的方面更是比物质空间规划要丰富和全面。因此，在村庄规划中需要对村庄的环境、产业、资源和社会进行综合的分析和研判，在进行村庄的物质空间设计时，也需要考虑与村庄产业发展的相互适应，注重对村民生活习俗的研究，考虑到对于村庄环境和风貌的维护，同时也应与地域自然环境和资源特色相协调。

主要参考文献

[1] 杨贵庆，我国传统聚落空间整体性特征及其社会学意义 [J]. 同济大学学报：社会科学版，2014（3）：60-68.

[2] 王小斌，结合地区传统聚落空间生态环境技术的规划设计思考，多元与包容——2012中国城市规划年会. 北京：中国建筑工业出版社，2012.

[3] 松桃县人民政府网站 冷家坝 http://www.songtao.gov.cn/zxfw/gzfw/lyfw/stjq/4264.shtml 2012-08-28/2014-11-30.

The Study on Spatial Structure of Traditional Village From the Perspective of Resource Cyclic Utilization: A Case Study on Taohuayuan in Tongren City Guizhou Province

Wu Guan   Li Jingsheng

Abstract：Village，which is originated from nature，uses the natural environment and the natural process to produce and live. However，the connotation of villages planning mostly focus only on the part of the settlement，ignoring the relationship between production space and settlement and the relationship between the village and the natural environment. In this paper，it is analyzed from the perspective of the use of natural resources and the recycling of material in the village that the relationship between the village and the natural environment and the relationship between the farmland and the settlement. It is discovered that the natural ecological space is the basement of the emergence and continuation of life in the village，and farmland is the hinterland of the material and energy for the settlement. And then，based on the classification of space in village，each kind is analyzed from form，scale and distribution. And it is found the natural geography and the villager's way of production and life are the main factors that influence the village space. Therefore，the natural environment and resources is the fundamental reason to influence village space.

Keywords：resource utilization；village space；natural environment

新农村电商发展的新型城镇化探索
——以揭阳军埔电商村为例

杨深　李柱　陈宇

摘　要： 揭阳市锡场镇军埔村通过发展电子商务，突破建设用地指标和资金短缺两大瓶颈，带动产业发展和村民就业，推动新农村经济、社会全面发展，探索出一条传统乡村新型城镇化与自身现代化、信息化协同发展的新路子。其以新兴产业带动农村就地、就近城镇化的经验，对我国新型城镇化的内涵、核心、新路径、新模式以及推进农村新型城镇化的有效手段方面的探索起到了积极作用，对城郊型乡镇和新农村建设发展的新型城镇化探索具有较大借鉴意义。

关键词： 新型城镇化；电子商务；农村现代化；新农村建设

引言

十八大报告明确提出，要坚持走中国特色新型工业化、信息化、农业现代化道路，推动信息化和工业化深度融合、工业化和城镇化良性互动、城镇化和农业现代化同步发展。随着我国城镇化进程的加快，以巨大的资源消耗、严重的环境污染以及牺牲农民利益为代价的传统城镇化模式，已不符合我国城镇化发展的现实需要和城镇化科学发展的战略要求，以"集约、智能、绿色、低碳"为标志的新型城镇化将成为未来发展方向。揭阳军埔电商村在推进农村现代化、建设新型农村和美丽乡村的实践中，逐步摸索出通过以电子商务推进城镇化的新模式，对于其他地区特别是沿海地区的城郊型乡镇探索新兴产业推动新型城镇化与农村现代化、信息化协同发展具有重要启示。

1　揭阳军埔电子商务村城镇化的发展历程

军埔村是揭阳市揭东区锡场镇大寮村下属的一个自然村，位于市区西北边缘，紧邻国道206线和汕梅高速公路出入口，交通便捷，是一个典型的城郊型乡村。全村总面积800亩，家庭490户，总人口2695人。由于历史的原因，军埔村一直是一个经济落后、社会矛盾突出的问题村。2013年7月，揭阳市委市政府全力扶持打造电子商务新业态和新农村建设，军埔村电子商务发展得到了国家电子商务专家组和中央电视台的关注和肯定，于2013年12月被评选为全国20个淘宝村之一。经过一年多的发展，目前全村已有358户、2000多人投入到网上销售活动，全村电商从业人员比例超过全村人口的四分之三，开设淘宝网店3000多家、实体店300多家，月成交金额达1.5亿元，随着电商智慧大道、街景整治等一系列工程及设施的建设，使村庄面貌焕然一新。军埔村迅速成为富裕、和谐的社会主义新农村典范。

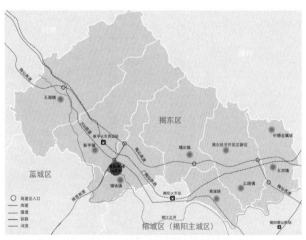

图1　揭阳军埔电商村位置图

1.1　军埔电子商务村产生背景

（1）中央提出新型城镇化的背景机遇

新型城镇化是城乡发展一体化的基础和支撑，是经

杨深：揭阳市人民政府高级城市规划师
李柱：中国城市发展研究院高级规划师
陈宇：中国城市发展研究院城市规划师

济社会发展的重要引擎。在此大背景下，小城镇建设成为我国现阶段城镇化发展的重要举措。小城镇建设是与新型城市化道路相辅相成的，将从根本上改变农村社会内涵，消除城乡二元社会差别，为新型城市化道路提供必要准备。国家对小城镇建设的重视为军埔村的城镇化发展带来了机遇。

（2）电子商务进农村的趋势背景

根据CNNIC统计，截至2013年6月底，我国网民规模达到5.91亿，较2012年底增加2656万人，新增网民中农村网民占到54.4%。我国农村网民规模达到1.65亿，占网民总体比例为27.9%，比2012年增加约908万人。随着互联网时代下城市人口红利逐渐消失，农村市场拥有巨大潜力，互联网下乡成为必然趋势，电子商务随之在农村蔓延开来。

潮汕地区地狭人稠，潮汕人具有的开拓、冒险和创新精神，尤其是在商业上是精打细算，极善经营，闻名海内外，有"中国的犹太人"之称。军埔村就是在这样的商业、商贸文化气氛浓厚的土壤上，传承和创新潮汕商业文化，通过网络平台，将小商品从传统的小区域面对面转向全球性的B2C及C2C。

1.2 军埔村第一阶段城镇化：以工业为主导的传统城镇化

20世纪90年代以来，潮汕地区由于区域优势相对明显、民营经济活跃，出现了许多产业相对集中、产供销一体化、以非公有经济为主要成分的专业镇。揭阳市锡场镇即为其中之一，锡场镇民营经济较为活跃，工业主要以食品、食品机械、五金不锈钢为主，2003年被省科技厅定为"食品及食品机械"专业镇。锡场镇通过工业化积累的资产，完成了由农村到城镇的转变。军埔村作为锡场镇西北部的自然村，也完成了由农村到城镇的蜕变。近几年来，在全球经济下行压力的冲击下，相关产业经营理念落伍、管理模式滞后和产品档次较低等问题日益凸显，产业呈现小、弱、散的情况，产业发展面临巨大的转型升级压力。传统食品厂难以为继，为求生计，村民们纷纷外出打工，军埔村随着村庄产业的衰弱而没落了。2012年以前，军埔村农民纯收入水平不仅低于广东省全省平均水平，也低于全国平均水平。

图2　食品加工厂房（2013年）

图3　改造前的军埔电商街（2013年）

1.3 军埔村第二阶段城镇化：以电子商务为主导的新型城镇化

2012年，锡场镇军埔村部分在外从事电子商务的乡贤回村创业。由于网上营销成本低、利润高、传播速度快、交易方式不受空间区域限制等因素，以及军埔村优良的物流交通条件，电子商务在村内迅速发展，在较短的时间内就带动吸引了村内大量的劳动力从事该行业。经过几年的发展，军埔村已经形成了电子商务产业集群，成为一个能辐射带动周边各村发展的产业高地。

军埔电商村的形成，虽然是市场经济下的偶然性行为，但也有其必然性。主要原因有以下三点：

（1）经验丰富的创业者及低行业门槛是关键。原在外从事电子商务的村民有一定的规模，积累了丰富的经验，加上电子商务较低的资金和技术门槛，使得开始的创业者能很快进入这个行业，并带动周边的人迅速跟进。

（2）较低的运营成本是保障。军埔村原本就有一定的工业发展基础，原有的工业厂房及仓库为电子商务的发展提供了现成的场所，节省了场库租金。同时，雇佣员工基本为周边村民，农村劳动力价格相对城市较为低廉。可以说，非园区集聚和非正规就业正是吸引乡贤回乡创业重要的前提条件。

（3）潮汕地区经商传统是推动器。潮汕地区的经商传统和熟人社会为电子商务的扩散创造了条件，亲戚与熟人之间通过"传、帮、带"，很快实现产业的扩张。

随着电子商务在军埔村的应用，促进了大部分外出务工的农民返乡创业和本地农民就近就业，以市场化的方式来帮助、引导和鼓励部分村民加入电子商务网络，形成和诱发了村庄及周边地区发展的电商集聚和电商产业化、集体土地（工业、宅基地等）商业化。通过互联网连接的大市场发展特色产业，形成繁荣的商品交易，促成了军埔村的第二次城镇化，实现农民就业和收入大幅增加，经过近两年发展，军埔村农民纯收入从2012年低于全国、全省水平的7468元，到2013年提升为8572元，至2014年9月已经实现农民人均纯收入28890元，全年预计达到38500元，今年军埔村农民纯收入有望同时超过全国和广东省平均水平。

军埔村发展电子商务产业的具体做法主要有以下五点：

（1）打造电商人才高地。建设电商培训中心，开展覆盖全市、辐射周边的"全渗入式"的免费培训，积极培育电商精英人才。

（2）打造电商服务高地。成立电商服务中心，为广大电商提供一站式综合服务；建设了广东省第一个普惠金融服务中心，打造实现金融需求者与金融机构之间的信息匹配，目前全村已有五家金融机构进驻。

（3）打造电商产业高地。邀请中国城市发展研究院对军埔村进行战略性规划，把电商产业作为产业立交来建设，完善电商全产业链设计规划，推动揭阳乃至粤东的产品通过军埔电商平台开拓国内外市场。

（4）打造电商文化高地。通过升级通信网络、建设电商主题公园等一系列工程建设对全村的软硬件环境进行全面改造升级，为电商营造一个和谐有序的营商环境。

（5）打造电商制度高地。针对电商企业融资难问题，先后出台《军埔村电子商务企业贷款风险补偿暂行办法》和《军埔村电子商务企业贷款贴息暂行办法》等措施，以金融杠杆助力中小企业发展。制定《军埔村创业引导基金实施办法》等系列文件，为符合资格的电商户提供房租、网络等费用补贴和减免，让军埔村成为电商创业致富的乐园。探索建立电商诚信制度，建立诚信基金和投诉先行赔付制度。

电子商务作为一种新型生产方式，引发了社会生活的变化。并且电子商务具有生产与生活一体化的内在特征，这一点完全不同于工业化的生产方式，这种生产方式的力量，传导到社会发展目标上，就会产生兼顾经济与社会目标的效果，相比传统的城镇化具有集约、低成本的特征。因此，揭阳军埔电子商务村的发展路径是一条以新兴产业带动农村就地、就近城镇化为模式的新型城镇化道路。

图4 改造后的军埔电商街（2014年）　　图5 军埔电商街入口（2014年）　　图6 军埔电商街夜景

2 对军埔村新型城镇化的经验总结

2.1 鼓励村民返乡创业，就地、就近城镇化

长期以来，潮汕地区经济发展内生动力充足、民营经济活跃，商业文化代代传承，带动形成就地就近的城镇化模式。军埔村初始发展也属于这种自下而上的城镇化模式，但不同点在于军埔电商村的发展并非是源于传统的工业化带动，

而是以电子商务为代表的新兴产业带动。通过政府对电子商务产业积极宣传引导，并鼓励在外务工的村民返乡创业，据村委会统计，两年来，已经有超过 90% 的年轻外出务工村民返乡创业，人数超过 100 多人。村民发挥潮汕人社会网络、人脉关系完善的特长，积极拓展电子商务，在互联网时代传承潮汕商业文化。村民在家乡上班工作，既保证了收入，又能照顾家庭，有效提升了村民幸福感指数，既是潮汕商业文化的传承，也促进了社会的和谐稳定。此外，电子商务还能给农村文化输入新鲜血液，带来创新的元素，开拓村民视野，缩小农村和城市的文化消费差距。这种"以人为本"的发展理念有利于社会和谐稳定和新型城镇化的实现。

2.2　盘活闲置工业用地，集约利用土地

军埔村具有一定的工业发展基础，原以食品加工为主业，拥有大量的工业用地。2012 年，村民开始回乡创业，发展电子商务。原有工业用地上面的废弃厂房及仓库被村民进行改造，成为其创业基地。原本空置的老宅也被村民重新利用，使农村宅基地资源得到充分利用。闲置土地得到盘活，有效缓解了当前土地供需矛盾，破解了乡村发展缺乏土地建设指标的难题，符合潮汕地区地少人多的实际情况，为人口密集地区土地资源的集约、节约利用提供了样板。

2.3　发展新兴产业，降低社会成本

军埔村以发展电子商务而成为全国知名的淘宝村，网销服装已成为该镇的支柱产业，形成颇具特色的"军埔模式"。军埔村的淘宝生意，由品牌商、普通开网店村民和代工厂三个环节组成。品牌商负责服装设计、为代工厂提供原材料，代工厂负责代工并贴牌，而村民则形同分销商，将品牌商信息上网，接到订单后再从品牌商拿货，包装邮寄给顾客。如此，品牌商承担了商品积压的风险，而村民几乎"零风险、零成本"就可以赚钱。这种方式有效地解决了村民信息不对称问题，让村民成为商务的主体，拥有了订单权和定价权，形成了农村的电子商务创富新路。电子商务不仅带动了本村经济发展，还推动了本地传统产业升级和快递物流业的跨越发展。电商平台带动了揭阳"一镇一品"特色农产品的网上销售，推动了包括服装、塑料、鞋业和五金制品等本地传统产业在品牌塑造、潮流时尚和电商化方面的转型升级，还推动了揭阳快递物流业的快速发展，今年前三季度揭阳快递物流业增长速度超过 200%。电子商务作为一种利用微电脑技术和网络通信技术进行的商务活动，具有无污染、附加值高、吸纳就业能力强等特点，避免了传统工业对资源消耗高且污染大的缺点，且能有效带动传统产业的转型升级，有效降低了社会成本。

2.4　构建电商生态圈，打造智慧乡村

电子商务是一个以高度信息化为特点的行业，发展到今天已经成为一个高度细化分工的产业，需要整个产业链的配合。军埔村通过对村民进行包括产品摄影、美工设计、业务培训、营销推广及仓储、物流等等的全覆盖式电商从业培训，让村民掌握了电商产业链上所需的必备技能，构建起了涵盖电商平台运营、代理运营、平台服务、软件系统开发、数据分析、营销广告、渠道推广、专业咨询、仓储物流、网店摄影、人才培训等电子商务直接或相关环节的电商生态圈，将军埔村打造成为以互联网为骨架的智慧乡村。

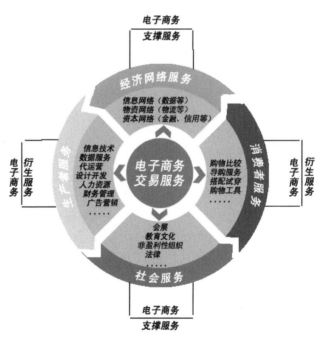

图 7　电商生态圈规划功能构成

2.5　创新规划体系，引领转型升级

在规划编制方面，军埔村创新引入"三位一体"规划理念做后盾，把传统城市规划拉出纯"技术性"本质构图学科的桎梏，重新挑起了指导新时期乡村治理工作的重任。"三位一体"规划相比传统的城市规划具有更

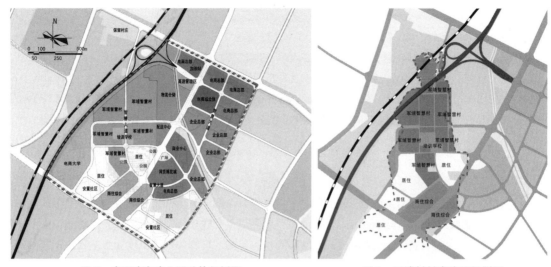

图8 电子商务产业园总体规划图　　　　　图9 军埔村村庄建设规划图

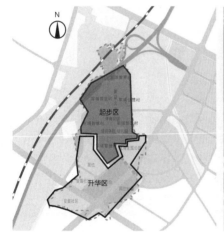

图10 军埔村建设时序

图11 军埔村街景设计图

高的准确性、更强的可行性、更强的整体性。"三位一体"规划即是"功能规划"、"形态规划"和"产业规划"一体。在该理念指导下，军埔村编制了电子商务产业园总体规划、军埔村庄建设规划、电商智慧大道整治提升规划及街景设计。规划将军埔村分为两期进行建设：首期为起步区建设，规划建设电商公园、电商服务中心、电商学校、物流配送中心、华美电商服装第一城、电商综合体，以及电商智慧大道整治提升等项目，为军埔村打造成为中国"美丽乡村"的样板村奠定基础。其中电商智慧大道街景整治提升项目是近期实施重点，以塑造电商文化为核心，通过对整条街道进行分段整治，有效提升了村容村貌。第二期为升华区建设，主要措施包含打造安置社区、建设配套人才公寓、生态居住社区及完善军埔村美丽乡村建设。规划制定的空间、产业发展、村庄整治策略，有效引领了军埔村的转型升级发展。

2.6 产业平台建设和电商专业培训助推电商村跨越发展

揭阳市委、市政府全力扶持打造电子商务新业态，大力推动电商发展资源要素迅速向军埔村集聚，通过实施"8610"电商强市计划①，为军埔村电商发展搭建了资金、人才、信息等一系列的专业公共服务平台，吸引到广东海兴集团、

---

① "8610"计划：揭阳打造"电商强市"的组合措施。"8"指开展八项电商重点工作，包括建设可推广电商样板军埔村、组建高级专家顾问团队、创建电商研究所、筹建电商学院、出台全市电商发展规划、制订工作实施方案、出台高含金量的扶持政策、筹建产业基金。"6"指创建六大电商集聚区，包括以军埔为中心的揭东集聚区、以跨境电商为方向的中德集聚区、以粤东快递物流为基础的空港集聚区、以服装医药产业为重点的普宁集聚区、以街区特色经营为依托的榕城集聚区、以玉文化产业为载体的蓝城集聚区。"10"指实施十万电商骨干大培训。

华尔美网批第一城等100多家外地企业先后加盟进驻，14家快递公司在军埔村设办事处，并通过开展普及型、精英型和涉外型三类电商培训项目，培训电商人才3万人次，初步形成了集网络销售、实体批发、培训孵化、快递物流和特色文化为一体的军埔电子商务园区。推动了军埔村由传统乡村向现代化城市的跨越式发展。

2.7 军埔村面临的挑战及其计划措施

军埔村在快速发展的同时也存在着包括电商行业以及地方实际的一些挑战，主要为：

一是产品同质化问题严重。目前，军埔电子商务销售的产品主要为少男服装，产品同质化引起的不良竞争已成为制约其产业发展的主要因素。

二是配套产业遭遇发展瓶颈。尽管支付、物流等电子商务配套产业当前已经获得了极大的发展，但是从当前情况看，已经跟不上电子商务的发展速度，特别是物流，受到油价、人员工资、土地等方面的综合影响，在"双十一"等时期经常出现货物大量积压的现象。

三是缺乏精英人才。军埔村电子商务目前的从业人员主要是从农民转化而来，缺乏先进的行业技术、管理和创新能力，人才建设有待进一步加强。

四是电商制度和信用体系有待进一步完善。纵观全国电子商务行业，由于在资金流、信息流、物流和服务流方面实现分离，因此安全与信用就构成了电子商务的发展根基，但目前全国电子商务领域的欺诈层出不穷。

在推进军埔村电子商务发展的过程中，其自身也意识到存在的不足，将采取以下措施，并在今后的工作中结合实际，加快寻求解决之道。

（1）加大人才培训力度。按照"两条腿跑路"的思路，继续组织办好以培养电商基础性人才为导向的全民式免费电商培训和以培养电商精英人才为导向的电商领军队伍建设。丰富人才培训的层次与内容，加强与非洲、德国等国家和地区的人才交流。加快电商人才培训载体建设，建设揭阳职业技术学院电子商务学院和潮汕职业技术学院电子商务创业学院，着手与北京外国语大学合作举办跨境电商培训，加快建设面积约3万平方米的集培训、实习、经营于一体的揭阳电子商务海西（粤东）培训孵化基地，建立创业公共服务平台。

（2）推动电商制度创新。探索制定《军埔村电子商务管理办法》等制度框架。进一步建设完善军埔村电商信用体系，建设统一、开放的信用信息平台。创立"网络工商"机构，建设军埔电商诚信发展基金，逐步完善电子商务发展环境及支撑体系。

（3）加快基础设施建设。筹建军埔电商物流仓储中心，培育物流配送体系。在军埔村片区建设优质小学、幼儿园和首期80套廉租房等配套设施，为外来电商提供最便捷的生活环境，努力把军埔村建设成为美丽乡村的样板。

（4）加强行业资源整合。主动对接本地特色产业，推动本地优势产品在网络上架。加强与淘宝等国内外知名电商平台合作，开辟"军埔"网络板块。发展跨境电子商务，利用各大平台的既有优势，实现资讯共享，在国内外市场打响军埔品牌。

（5）加强电商文化建设。弘扬"诚信、创新、合作、贴心"的军埔电商精神。构建电商诚信自律机制，创新建设揭阳市电子商务征信中心。组织开展电商人物评选活动。引导军埔网店进行工商登记和品牌注册，规范电商行业行为。

3 军埔村推进新型城镇化的启示和借鉴意义

3.1 以人为本是新型城镇化的核心

在当前形势下，服务于经济增长的传统城镇化模式已难以为继，走向以人为本的新型城镇化道路，是大势所趋。新型城镇化不是简单地让农民住上楼，而是要实现农业人口向城镇人口的转变，实现农业产业向非农产业的转变，二者缺一不可。所以"以人为本"的关键是要让广大农民能就地就业，并就近城镇化。所以相关政策也应当围绕"就地就业"这个核心来展开。政府应将职能转变、体制机制改革作为着力点，积极制定优惠政策，吸引农民工返乡创业，并为其提供良好的民生服务，用新型城镇化建设助力人的城镇化。通过转变发展方式和观念，让全体人民共同享受城镇化进程带来的发展成果，才能保证经济的健康持续增长，实现社会安定和民众幸福。

3.2 集约发展是新型城镇化的内涵

新型城镇化是以城乡统筹、城乡一体、产城互动、节约集约、生态宜居、和谐发展为基本特征的城镇化。新型城镇化的实现模式可以多种多样，但集约、节约的立足点不可偏废。新型城镇化在政策目标上要彻底摒弃原有的粗放发展模式，以新兴产业的发展为契机，真正实现集约发展。揭阳军埔电商村的发展模式，很好地把握住了这一点。其利用电子商务这种新兴产业的发展，促进了村内产业转型升级、盘活了村内闲置工业用地与农民宅基地，破解了土地难题，实现了集约发展。

3.3 绿色、低碳发展是新型城镇化的新趋势

随着城镇化的不断推进，产业及人口的聚集，带来新的经济增长点，在改善人民生活的同时，也带来日益严重的生态环境问题。新型城镇化承载着解决生态环境问题的历史使命。建立以低能耗、低污染、低碳排放为特征的产业体系，打造低碳的生活方式，是未来城镇化的重要特征和发展趋向。走绿色、低碳的发展道路，是新型城镇化的新要求。军埔村通过发展绿色、环保的电子商务产业，有效避免了发展实业造成的环境污染等环保问题，为可持续发展奠定了基础。

3.4 电子商务是新型城镇化的新路径

当前，我国正处于工业化中后期和新型城镇化发展阶段，必须高度重视产业发展。产业转型升级不仅包括产业结构演进，还包括产业升级、产业空间转移、发展方式转变、产城融合等。产业转型升级不仅是新型城镇化建设重要的推动力量，也是加快新型城镇化进程的重要途径。"电子商务"作为新兴产业，是助推包括服装、塑料、五金、鞋业传统产业转型升级的重要手段。军埔电商村返乡创业者和农民抓住发展机遇，跨越了一产、二产，直接进入以电商为主导的三产快速发展阶段，实现产业有效转型升级。电子商务的发展为潮汕地区传统专业镇的转型搭建了平台，通过加快电子商务与特色产业的融合，为城镇化进程提供了产业支撑。两者有机结合，深刻改变了传统的生产、生活方式，开辟了新型城镇化的新路径。

3.5 "政府引导、农民主导"是新型城镇化的重要模式

城镇化是现代化进程中市场经济的自然结果，但是高质量的新型城镇化建设也需要政府的积极引导。军埔村通过政府鼓励商业银行和民营金融机构进入农村，提供惠及村民的民生金融，开展面向电商的小额贷款业务，简化贷款流程，革新抵押机制，积极探索电子商务信用贷款；并且政府组织进行了覆盖全村村民的电商培训工作，有效降低了产业准入门槛，推动了军埔村村民向市民的转变。以村民自治为主导、政府引导的发展方式，有效加快了农民生产、生活方式的变革，"自下而上"的农民自主发展和"自上而下"的政府引导已经成为推进新型城镇化的重要模式。

3.6 多方协力是推进新型城镇化的有效手段

推进新型城镇化建设，既要发挥政府的政策引导作用，又要发挥市场合理配置生产要素的主导作用，还要发挥人民群众的主动性与首创精神。只有多方协力，才能实现新型城镇化的既定目标。一是要发挥政府政策引导作用，揭阳市军埔村在推进新型城镇化过程中，通过"8610"电商强市计划，充分发挥政策的引导作用，鼓励制度与模式创新，在产业转型方面探索出了一种新模式。二是要发挥市场的主导作用，军埔村成立了电商发展行业协会，以市场的力量引导电商资源要素流动和集聚，在公共服务提供中引入了市场机制。三是发挥社会参与共建作用，军埔村在推进新型城镇化过程中，设立普惠金融服务中心，利用商业银行和民营金融机构为中小电商及普通群众提供金融服务。通过创新社会协调机制和整合机制，有效发挥了社会组织在城镇建设中的作用。

3.7 新型城镇化是一个不断探索和完善的过程

新型城镇化不是一个纯粹的理论问题，其涉及问题众多、关系庞杂，目前最需要不是完整的顶层设计，也不可能有一个这样完善的顶层设计。新型城镇化应是一个不断演进的问题，也是一个需要不断探索的过程。军埔村通过电子商务探索出来的新型城镇化路径，是在市委、市政府的指导下，在军埔人民的主导下探索出来的智慧结晶，其

发展方式及各种制度、建设措施、工作方法正在进一步计划完善中，其发展模式、经验及其大胆的探索精神对我国的新型城镇化发展具有较好的借鉴意义。

4 结语

新型城镇化是我国推进城乡发展一体化和实现现代化的重要战略。推进新型城镇化，必须大胆改革创新，破除土地和资金制约、体制机制障碍。揭阳军埔电商村通过探索以新兴产业带动新型城镇化，在没有新增土地建设指标、大规模征地拆迁的情况下，通过旧厂、旧街、旧宅的改造更新，通过电商培训引导和民生金融支持，实现电商产业、农村就业和集体经济全面有效增长，破除农村发展中土地、资金和就业三大瓶颈问题。这是一种自下而上的产业兴村发展和自上而下的政府引导扶持，通过规划创新、城乡治理支撑美丽乡村建设，进一步深刻理解新型城镇化的内涵和核心，探索城郊型乡镇实现新型城镇化的新路径、新模式。我国农村有千万，农村发展新模式有万千，本文介绍的军埔电商模式只是其中一种，对我国农村特别是沿海地区城郊型乡镇推进新型城镇化具有一定的示范和借鉴意义，期待更多农村更多新的探索与完善。

（参与本文写作和修改指导有以下几位专家：杨保军、黄克新、张文奇、靳东晓、罗赤教授，一并表示感谢！）

主要参考文献

[1] 陈继英. 从"淘宝村"到新型城镇化 [K]. 广西城镇建设，2013（10）：37–43.

[2] 吕云涛. 德州市"两区同建"推进新型城镇化的经验与启示 [J]. 江西农业学报，2013（11）：131–134.

[3] 倪鹏飞. 新型城镇化的基本模式、具体路径与推进对策 [J]. 江海学刊，2013（1）：87–94.

[4] 辜胜阻. 中国城镇化机遇、问题与路径 [J]. 中国市场，2013（3）：49–51.

[5] 马庆斌. 新时期中国城镇化政策选择 [J]. 中国市场，2013（4）:84–88.

[6] 张颢瀚. 中国城市化道路的两种路径——兼论社会主义新农村建设 [J]. 学海，2005（6）:5–9.

[7] 王家庭. 我国"低成本、集约型"城镇化模式的理论阐释 [J]. 天津学术文库，2011（6）:980–985.

[8] 中国城市发展研究院，揭阳（锡场）电子商务产业园总体规划 [R]，2013（6）.（项目组：中城院李柱、苗红涛、陈宇等，揭阳市城乡规划局杨深等）

The Exploration of New Urbanization about Electronic Commerce in New Countryside：lessons From Junpu Village of Electronic Commerce in Jieyang

Yang Shen　Li Zhu　Chen Yu

Abstract：By developing electronic commerce，Junpu village，Xichang town，city of Jieyang has broken through the two bottlenecks of construction land index and capital shortage with a promotion of industrial development and villagers' employment. It explored a new road combining new urbanization of traditional villages and collaborative development of self modernization and informatization. It's experience that lead urbanization locally and nearly with emerging industries，it plays a positive role for effective way to explore the connotation of urbanization in China，the new core，new path，new model and promote new rural urbanization. Which has great significance for constructing and developing new villages as well as exploring new urbanization in the suburban towns and new countryside construction.

Keywords：new urbanization；electronic commerce；rural modernization；new countryside construction

基于珠海市幸福村居建设背景下的乡村规划与土地利用规划协同耦合研究

龙子杰　朱志军　郭冠颂

摘　要：幸福村居的建设以土地为载体，是对农村土地资源进行科学合理配置的过程，幸福村居建设规划在编制过程中必然涉及与土地利用总体规划关系的协调；本文针对目前"两规"规划层次体系不清晰、规划数据不统一、技术指标不衔接、规划方案不协调等问题，在珠海市幸福村居建设的背景下分析"两规"不协调的本质原因，对其关联性与矛盾因素进行研究，探讨"两规"协同耦合的理论框架与可行性，并提出"两规"协调的原则和路径。

关键词：协调耦合；乡村规划；土地利用规划；幸福村居

1　研究背景

1.1　珠海市东西部城乡发展均衡的新机遇

与珠江三角洲其他城市不同，珠海城乡发展不平衡的问题较为突出：在建市之初，囿于经济基础薄弱，珠海市发展重心一直放在东部的主城区，西部广大的农业村受限于行政区划、交通、环境保护、土地指标等方面原因一直发展缓慢。近年来随着东部地区的发展与转型，珠海市加大了对西部地区乡村建设的投入，发展重心逐渐西移。如何保持整个城市山海相连、水网纵横的生态特色格局，科学引导土地使用，实现经济跨越式发展，成为珠海市城乡发展需要思考的重点问题。

1.2　珠海市创建幸福村居发展的新路径

2013年，以改善珠海市西部农村生产生活条件、扭转农村落后面貌，突破城乡二元格局、加快城乡统筹发展为目标，珠海市提出加快推进幸福村居建设，通过特色产业发展、环境宜居提升、民生改善保障、特色文化带动、社会治理建设、固本强基等六大工程重点项目的实施，增加村集体和村民收入、提升村庄配套服务水平、挖掘特色历史文化遗产；整合资源，统筹规划，提高村民对村居生活的满意度。

1.3　"两规"协调成为珠海幸福村居建设的新挑战

在幸福村居规划编制的过程中，个别村庄和局部地块在村庄规划与土地利用总体规划中存在着层次体系不够清晰、人口规模统计口径不统一、技术指标不衔接、空间布局不协调等问题，具有一定的普遍性，造成部分近期建设项目无法报建实施和规划国土主管部门行政管理上的困难，如何解决"两规"协调的问题，成为幸福村居建设规划的新挑战之一。

2　村居用地布局方案面临的问题

2.1　基础设施重点项目无法落地——土规建设指标空间分布上局部欠合理

乡镇地区的土地利用规划基于对基本农田的保护、保持行政界线完整性等原则，土规指标在空间上一般呈集中连片分布；部分具有厌恶性特征的规划基础设施项目，需要与村民聚居点分隔一定的距离，如污水处理站、垃圾收集点等。乡村规划和土地利用规划是由规划和国土两个系统的行政部门主导编制，由于缺乏充分的统筹衔接过程，一定程度上造成土规建设指标在空间上分布不合理，导致部分重点基础设施项目选址困难或者规划后而无法落地。

龙子杰：广州市城市规划勘测设计研究院工程师
朱志军：广州市城市规划勘测设计研究院高级工程师
郭冠颂：广州市城市规划勘测设计研究院高级工程师

2.2 经济快速发展和积累多年的分户需求——建设需求剧增，用地指标紧缺

随着农民从业性质和范围的变化，农村危破房改造的推进，农户要求户籍新分户现象（即农民子女成年或者成家后，从父母户口中独立自成一户）较为普遍。近十年珠海的大部分乡村由于用地指标紧缺，村民新增宅基地需求一直积累多年无法满足，部分村居的分户需求已多达数百户，如人口基数较大的农业村（斗门镇大赤坎村、莲洲镇东安村等），根据《珠海市村居规划管理技术规定（方案稿）》，农户新增分户用地标准在80~150平方米，大量的分户需求导致建设用地需求的急剧增加，进一步加剧了村庄建设用地资源的紧缺性，加大了土地指标调整优化的难度。

2.3 村民报建难，合理建设需求难以实现——"两规"不协调导致管理部门无所适从

目前珠海部分村庄仍普遍存在村民宅基地或村集体公共设施报建难的问题，主要原因是由于"两规"在用地规模和空间布局上的不协调，造成了"两规"系统的行政主管部门在管理上无法一致；乡村规划在人口规模预测中包括常住人口和暂住满一年的非常住人口，而土规中的人口规模预测不包括非常住人口，"两规"在数据来源和统计方式上的差异，往往导致"两规"在人口规模上存在一定的差异性，直接影响根据人口规模计算的建设用地面积；同时"两规"在空间上往往存在较大的差异，在建设用地和非建设用地的分布上缺乏协调统一的机制和过程，往往使得行政管理部门无所适从，难以找到合理的依据，使得村民合理的建设需求难以实现。

3 "两规"协调耦合的理论基础与可行性

3.1 "两规"协调耦合的理论基础

（1）可持续发展理论

自从1987年世界环境与发展委员会在《我们共同的未来》报告中第一次阐述了可持续发展的概念，可持续发展已经成为国际社会的广泛共识；可持续发展的理念把视野拓展到自然和人文两个领域，不仅研究可持续的自然资源与自然生态的保护问题，还包括可持续的人文资源、经济发展问题。土地利用规划强调自然土地资源的合理保护及可持续利用，乡村建设规划关注的重点问题是乡村产业经济可持续发展和人文历史资源的有效保护，因此两个规划在实现区域可持续发展的目标上是互补互融的关系。

（2）区域经济发展理论

区域经济发展理论强调通过组织经济地域系统内产业布局，形成合理的产业空间结构，确定区域经济发展模式，实现区域经济的持续有效增长；在区域经济发展的过程中，常常出现"两规"在不同的空间层次上相互割裂的现象，它们各自针对不同层次的空间对象，服务于不同的部门，因彼此缺乏有机的联系而出现相互冲突的现象；因此，国土规划和乡村规划的协调至关重要，目标明确、协调合理的规划将促进乡村经济的快速发展；反之，就将阻碍乡村经济的发展，使城乡建设规划成为制约乡镇经济快速发展的瓶颈。

（3）城乡一体化发展理论

城乡一体化理论要求城市和乡村发挥各自的优势，从城乡生产要素流动、城乡经济发展等方面着手，实现城乡经济社会全面协调可持续的发展。长期以来，我国实行城乡分割的二元结构经济体制，城乡之间处于一种非均衡的状态，乡村对于城市具有某种从属关系，乡村居民无自主管理地方事务权利；单一的城乡一体化模式也逐步受到质疑，农民失去土地和发展收益权导致与政府关系紧张，政府征地成本迅速提高使得城市往外扩张增长举步维艰；基于人口集聚和房价上涨的城市土地经营模式，并不适用于农业化乡村地区。

本文认为，基于乡村规划的角度出发，城乡一体化的建设思路在价值取向上应有所调整，城乡一体不等于全面城镇化而消灭乡村，而在于保留乡村特色自然和人文风貌的同时，加强公共服务设施，使村民真正享受到城乡一体的配套，规划协调同时应强调村民公众参与的重要性与平等性。

幸福村居是"生态、文明、和谐、平安"的新型美丽村庄，强调生态保护与村庄的可持续发展。在可持续发展、区域经济发展、城乡一体化发展三个理论的基础上，珠海幸福村居规划"两规"协调关注的重点包括：第一，应实施对于基本农田、生态廊道等基本生态控制线的保护，从而保障村居的生态安全和可持续性；第二，重点关注村庄的经济发展，从宏观区域经济发展趋势出发，分析村庄未来的产业发展方向和定位，以镇为单位，统筹协调各村居的交通、公服、布局等方面，确定"六大工程"的具体实施内容，确保土地资源得到合理利用。

3.2 两规协调耦合的可行性

（1）"两规"在用地规模方面的从属性

土地利用规划的编制主要是依据土地管理法，村镇规划的编制主要是依据城乡规划法，从法律地位来看，二者都由全国人大制定，是仅次于宪法的法律；但土地管理法的多条内容对村镇规划的用地规模具有限定作用。土地管理法第二十二条规定："城市总体规划、村庄和集镇规划，应当与土地利用总体规划相衔接，城市总体规划、村庄和集镇规划中建设用地不得超过土地利用总体规划确定的城市和村庄、集镇建设用地规模"，说明在建设用地规模的控制方面，土地利用规划占有主导地位，村庄和集镇规划的用地规模需要以土地利用规划设定的用地规模为准。

（2）"两规"规划目标的一致性

据建设部网站 2013 年城乡建设统计公报，我国城镇和农村居民点用地 25.11 万平方公里，其中设市城市建设用地人均用地 111m²，县城 127m²，建制镇 243m²，乡 239m²，村庄 183m²；不少城镇规模已经过度扩张，土地资源利用中粗放浪费现象十分突出，远高于发达国家人均 82.4 平方米和发展中国家人均 83.3 平方米的水平；建设用地无休止的高速增长触碰我国土地资源供给的边界，土地资源最终将难以承载。

《国家新型城镇化规划（2014-2020）》提出密度较高、功能混用和公交导向的集约紧凑型开发模式应成为城镇化的主导方向，人均城镇建设用地严格控制在 100 平方米以内，乡镇和村庄成为建设用地指标控制的重点调控区域。

乡村规划起着科学合理发展村镇、统筹安排各项建设、高效益利用土地的作用；土地利用规划重点控制非农业建设占用农用地，同时考虑村镇建设用地的需求。因此，"两规"的目标都是科学地发展村镇，统筹安排各类建设，集约节约用地，在规划目标方面是一致的。

（3）"两规"协调耦合依据的合法性

城乡规划法第五条规定："城市总体规划、镇总体规划以及乡规划和村庄规划的编制，应当依据国民经济和社会发展规划，并与土地利用总体规划相衔接"；第三十四条规定："城市、县、镇人民政府应当根据城市总体规划、镇总体规划、土地利用总体规划和年度计划以及国民经济和社会发展规划，制定近期建设规划，报总体规划审批机关备案"。土地管理法第二十二条规定："城市总体规划、村庄和集镇规划，应当与土地利用总体规划相衔接"。从城乡规划法和土地管理法的法律地位来看，二者都是由全国人民代表大会制定，仅次于中华人民共和国宪法的法律，也是城市规划和土地规划编制所依循的主干法律，而在城市规划范畴和土地规划范畴的相关法律条纹中均明确提出两规"衔接"的概念，因此两规的协调耦合在法律上是符合相关规定的，是必要的过程。

4 "两规"体系协调的原则和路径

4.1 "两规"协调耦合的基本原则

（1）基本农田的保护

土地管理法中明确规定"国家实行基本农田保护制度，严格保护基本农田，控制非农业建设占用农用地"，涉及基本农田征收的需由"国务院组织实施"；基本农田的保护对于保护十八亿亩耕地红线至关重要，因此"两规"协调的建设用地使用应尽量不涉及土规确定的基本农田。

（2）生态廊道和生态基底的保护

珠海市是以优美的生态环境闻名全国，生态环境的保护是城镇建设的重要前提；鼓励将生态廊道、道路防护绿带、滨水绿带等规划控制区域内的建设用地置换为非建设用地；生态廊道、道路防护绿带、滨水绿带规划控制区域内的非建设用地不得置换为建设用地。

（3）基础设施占用指标的补偿原则

规划的高速公路、城市干道、大型市政设施可能会经过人口密集的村镇居民点，选址需占用村庄部分建设用地指标，此部分指标应通过用地置换以一定的比例补偿给村集体或个人。

（4）适度增量，存量优化

摒弃城乡不平等的土地增量扩张模式，珠海结合幸福村居规划六大工程中特色产业发展和环境宜居提升方面重点项目用地需求进行适度增量（整体土地规模需控制在土规规定的范围以内）；同时挖潜、整合旧村建设用地，进行存量优化使用。

（5）村民知情自愿原则

村庄建设用地所有权属于村集体及个人，"两规"协调、整合用地资源的最终目标是为村集体和村民的发展谋福利，因此应改变以往自上而下的单一城乡管治模式，规划协调强调倾听村两委诉求、村民公众参与的过程。

4.2 珠海幸福村居背景下的"两规"协调耦合的基本路径

（1）村庄人口预测与用地规模协调

以往乡村规划与土地利用规划之间一个重要的分歧在于人口规模统计口径不一致，直接导致根据人口规模预测的建设用地规模不一致；根据土地管理法关于乡村规划建设用地规模不得超过土规确定的建设规模的相关规定，幸福村居规划中人口规模预测包括常住人口及产业通勤人口两部分，其中常住人口根据所在区域过往几年的自然增长率进行预测，产业通勤人口部分则通过产业用地进行预测；而建设用地规模则通过预测人口规模进行推算，其推算过程应严格按照《镇规划标准》（GB50188—2007）中规划人均建设用地指标计算标准的相关指引进行人均建设用地指标调整，控制预测的建设用地规模在土规确定的规模范围内，从总量上对两规的用地进行规划协调（图1）。若现状建设用地规模已超过土地规划总量指标，建议应进行减量的乡村规划；若有特殊情况确需在土规规模的基础上增加用地指标，则应先通过其他途径申请土规指标。

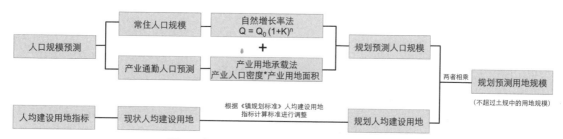

图1 人口规模预测与用地规模预测计算过程图

（2）土规情况的对比差异分析指导六大工程项目分期实施

珠海幸福村居建设的核心内容是发展经济和提升配套，其主要实施手段是通过特色产业发展、环境宜居提升、特色文化带动、民生保障改善等"六大工程"范畴内重点项目的落实来实现。因此，重点项目的选址和实施时序是"两规"协调的重点内容。乡村规划用地布局安排需要对比航拍图、"二调"（土地现状）和土规地块的差异情况（图2），结合重点项目的具体建设需求确定选址。对可建设用地从建设时序方面进行分类（图3）：同时符合土规和"二调"的地块作为近期项目实施地块，符合土规而不符合"二调"的地块作为中期项目实施地块，既不符合土规也不符合"二调"的地块则作为远期项目实施地块。通过"两规"协调，科学统筹指导幸福村居建设规划的用地布局。

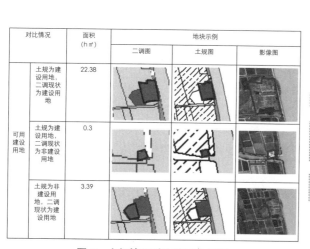

图2 土规情况对比差异分析图

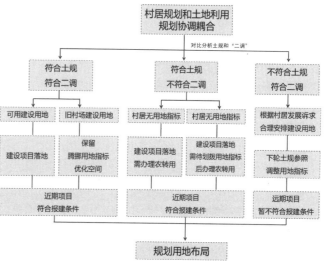

图3 建设项目分期实施逻辑示意图

（3）符合协调原则的零散建设用地指标进行腾挪置换

基于集约节约利用土地资源的原则，应对村庄（特别是建设用地资源比较紧张的村庄）零散建设用地指标进行整合和腾挪置换，进行腾挪置换的用地指标必须符合上述"两规"协调耦合的基本原则，通过化零为整，为村庄发展特色产业、实施重点项目落地提供发展空间，适度集聚，满足六大工程项目的用地需求。

如珠海斗门区莲洲镇红星村有三块独立权属地块位于东安村行政范围内，原曾用作砖厂用地，属于污染型企业，后由于珠海市水源地生态保护的相关要求需进行搬迁；砖厂用地现状已复绿，但在土规中却仍属建设用地，此部分土规指标未得到充分利用且满足两规协调的相关原则；而红星村已引入龙头企业，未来将发展以铁皮石斛为主题的养生度假旅游产业，亟需用地指标以满足项目落地的需求；规划通过整合三块零散用地指标，于红星村南部进行用地选址（二调和土规中为一般农田用地），通过指标的空间腾挪置换，满足"特色产业发展工程"中配套养生酒店的建设需求（图4）。

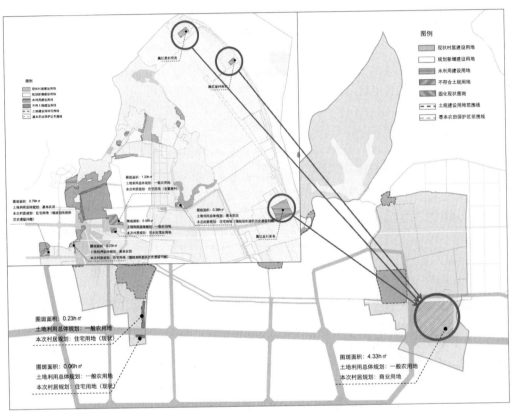

图4 莲洲镇红星村建设用地指标腾挪置换图

（4）存量优化，旧村挖潜

幸福村居规划和土地利用规划的一重要目标是集约节约用地，合理配置村庄土地资源；由于以往村民民居建设的自发性和两规缺乏协调，导致已建成的土地利用效率较为低下，部分地块形状不规则产生大量的边角地；另有部分村居存在成片无人居住的危破房，如斗门区莲洲镇文锋村（图5），由于村域北部交通条件较差，村民住宅长期无人居住导致房屋日久失修成为危房，造成大片土地资源浪费，然而整村却极度缺乏建设用地指标，无法满足新增的分户需求；幸福村居规划针对现状、村居规划与土地规划进行耦合比对，通过零散边角地优化使用和危破房更新改造，对现状存量用地指标进行优化，满足村庄对于用地指标的需求。

5 结语

相比城市建设成熟地区，乡村地区的建设一直以来都缺少完善的"两规"协调体制，很大程度导致了规划管理方面的困难，甚至产生了村民因为对相关法律法规不了解、两规不协调而产生维稳问题。本文通过梳理"两规"之间在法律法规上的关系，分析"两规"协调的可行性；提出珠海幸福村居建设背景下"两规"协调基本的原则和路径，盘活乡村现有建设用地存量并合理布局，激活和释放土地潜力，尝试为乡村规划的产业发展和村民安居探索一种新的方法和路径。

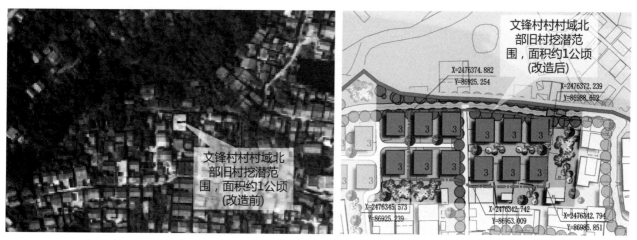

文锋村村村域北部旧村挖潜范围，面积约1公顷（改造前）

X=2476374.882
Y=86925.254

文锋村村村域北部旧村挖潜范围，面积约1公顷（改造后）

X=2476372.239
Y=86988.652

X=2476345.573
Y=86925.239

X=2476342.742
Y=86953.009

X=2476342.794
Y=86985.851

图5　莲洲镇文锋村旧村挖潜场地示意图

主要参考文献

[1] 曹建丰，许德林. 土地利用规划与城市规划的协调 [J]. 规划师，2004（6）80-82.

[2] 曹荣林. 论城市规划与土地利用总体规划相互协调 [J]. 经济地理，2001（5）605-608.

[3] 陈穗. 双体系并行特征下的浙江省乡村规划体系优化途径 [J]. 规划师，2014（07）.

[4] 陈行上. 基于"多规合一"的规划体制创新研究——以莆田实践为例 [J]. 张强，2014（07）.

[5] 陈银蓉，梅昀，汪如民，赵冬. 城市化过程中土地利用总体规划与城市规划协调的思考 [J]. 中国人口·资源与环境，2006（01）:30-34.

[6] 程晓军. 村庄规划建设管理的瓶颈及对策探析 [J]. 小城镇建设，2006（11）:85-87.

[7] 丁建中，彭补拙，梁长青. 土地利用总体规划与城市总体规划的协调与衔接 [J]. 城市问题，1999（1）:24-27.

[8] 徐忠国、华元春、倪永华. 美丽乡村建设背景下村土地利用规划编制技术探索——以浙江省为例 [J]. 上海国土资源，2014（01）.

[9] 斗门区莲洲镇幸福村居建设规划——红星村、文锋村幸福村居建设规划（2014-2020年）. 广州市城市规划勘测设计研究院.

[10] 斗门区斗门镇幸福村居建设规划——大赤坎村、小濠冲村幸福村居建设规划（2014-2020年）. 广州市城市规划勘测设计研究院.

Collaborative Coupling Research between Rural Planning and Land-use Planning in the Context of Zhuhai Happy Village Construction

Long Zijie　Zhu Zhijun　Guo Guansong

Abstract : Land resources are the carrier of the happy village construction, and are the scientific and rational allocation process of rural land resources, the coordination between happy village planning and land-use planning is necessary for the planning administrative departments. In this paper, according to the incongruous of the two plannings, try to analyze external performance and the nature of reason in the context fo Zhuhai happy villages construction, to study its association and contradictory factors, to discuss two plannings' theoretical framework and the feasibility of synergistic coupling, and propose the principle and a path of coordination.

Keywords : coordination coupling ; rural planning ; land-use planning ; happy village

我国现行村镇规划法规体系探究

崔小平

摘　要：近年来随着新型城镇化战略的提出国家对乡村规划越来越重视，村镇规划法规体系作为其规划依据，正面临着严峻的考验。本研究通过文献调查，数据分析，推理比较等研究方法对我国现行的村镇规划法规体系进行了梳理与研究，研究发现我国村镇规划法规体系在分层级与专项技术标准两方面均存在缺失。本研究在我国国情基础上，融合国外经验，重点对如何分层级完善我国村镇规划法规体系提出了新的观点。研究认为就我国当前的社会经济发展现状，村镇规划法规体系应该分为国家级，经济区级，省级和地方级四个层级，并分别制定不同深度的法律法规，政策条令和技术标准。其中较高级别层面的法规应当规定战略纲领性的内容，而将具体的技术标准、导则等细节方面的内容放权到省级甚至地方层级。

关键词：村镇规划法规体系；法规层级；技术标准

1　导语

管理和执行一项事务，需要一个完善的体系支撑，正如国家的管理需要行政机构体系分职能分等级一样，村镇规划工作的完成也需要依托一个完善的"标准"体系。2008 年 1 月 1 日《城乡规划法》的实施，标志着村镇规划被纳入到城乡规划的编制体系当中，乡村与镇的规划被提上了更高的层面。近年来，随着新型城镇化战略的推进，我国的村镇规划正在快速进行，基于当前的形势，村镇规划法规体系对规划工作的指导效能显得尤为重要。

2　我国村镇规划法规体系的现状

广泛意义上的城市规划法规体系由横向法规体系与纵向法规体系两种形式构成，横向法规体系包括城市规划主干法、从属法、专项法和技术条例以及与城市规划法平行的相关法等；纵向法规体系与国家政府的行政级别相吻合，包括国家级的城市规划法律法规和地方级的城市规划法律法规[1]。本文将从国家行政层级（纵向）与技术层面（横向）两个角度来审视村镇规划法规体系。

2.1　从行政层级角度评价村镇规划法规体系

现行村镇规划法规体系从层级来看，大体分为两个层级，国家层面和省级层面，极少数的非直辖市在市级层面也制定了镇规划的相关"规定"。

（1）国家层面法规体系的内容与评价

目前，国家层级包括"一法，两标准，一导则，两办法"，分别为《中华人民共和国城乡规划法》、《镇规划标准》GB 50188—2007、《城市用地分类与规划建设用地标准》、《镇（乡）域规划导则（试行）》（2010）、《村镇规划编制办法》和《城市、镇控制性详细规划编制审批办法》（2011 年 12 月 1 日）。省级层面的规定大部分以"一导则，一办法"的形式出现，由各省的建设厅颁布，但是不尽完整，有的省份不全，有的省份没有。

从国家层面来看，现有的这些法规和标准在内容上还存在一些矛盾，比如，《镇规划标准》中的用地分类方式依旧延续旧版，但《城市用地分类与规划建设用地标准》（2012）已提出新的用地分类，对建制镇均适用。还有，《村镇规划编制办法》中规定的村镇规划的两个阶段为总体规划和建设规划，并没有控制性详细规划这一阶段，这与《城乡规划法》尚且不符，更是与《城市、镇控制性详细规划编制审批办法》相矛盾。最新版的《城市规划编制办法》

崔小平：西安建筑科技大学建筑学院助教

已于2005年12月颁布，新《城乡规划法》，新《镇规划标准》均先后亮相。而"镇规划编制办法"依旧使用2000版的《村镇规划编制办法》，旧编制办法已与2011年执行的《城市、镇控制性详细规划编制审批办法》相矛盾，但在此之后，新的编制办法却迟迟没能问世。

（2）省级层面法规体系的内容与评价

在省级层面有相应的编制技术导则(规程)和规划建设管理条例。其中,编制技术导则类似于国家的《镇规划标准》,提供了当地进行规划编制的技术手段办法和依据；规划建设管理条例是对规划和建设的行为做程序上的规定。

下表是笔者对当前31个省级行政区出台的镇规划相关指导文件的内容的统计结果。

我国省级行政区"镇规划标准（导则或办法）"内容统计

表1

地区 \ 标准	编制导则	编制办法	备 注
北 京	×	×	
天 津	×	×	
河 北	√ 2010	×	《河北省镇、乡和村庄规划编制导则》(试行)规定了镇、乡、村规划的内容成果及要求
山 西	√ 2011	×	《山西省"百镇建设"近期建设规划编制导则》，规定了规划原则，内容及成果要求
内蒙古	×	√ 1997	《内蒙古自治区村庄和集镇规划建设管理实施办法》提出了对村镇规划内容及成果要求，关于技术标准则规定村庄和集镇规划的编制必须符合《村镇规划标准》等有关国家标准和规范
辽 宁	×	√ 1997	《辽宁省村庄和集镇规划建设管理办法》规定了村镇规划的内容，规划期限和审批程序
吉 林	√ 2010	×	《吉林省建制镇控制性详细规划编制技术暂行规定》，规定了镇规划的内容及成果要求
黑龙江	×	×	
上 海	×	×	
江 苏	√ 2011	×	《江苏省城市、镇控制性详细规划编制导则》，新增城市用地分类，提出用地策划的要求，对其他单项规划提出了内容的要求
浙 江	×	×	
安 徽	×	√ 2013	《安徽省中心建镇规划编制及管理办法》规定了规划原则，内容及成果要求
福 建	√ 2010	×	《福建省综合改革试点镇规划导则（试行）》提出了规划原则，内容深度及成果要求，并界定了较国家标准更详细的指标范围，及更详细的公共服务设施配置项目与标准
江 西	√ 2008	√ 2000	《江西省重点镇规划编制技术导则》和《江西省重点镇规划编制与审批办法》。内容全面，导则规定了比国标更为详细的技术指标内容，多处有所突破。如人口的计算方式，建筑布局与控制的内容。编制办法规定了规划内容，成果要求和编制审批程序
山 东	×	√ 2012	《山东省百镇建设示范行动示范镇规划编制技术要点及审批管理办法》，提出了规划原则，编制内容及成果要求及审批程序
河 南	√	×	《河南省县域村镇体系规划编制技术细则》属于专项规划，明确了村镇体系规划的内容原则及成果要求。提出了详细的村庄整治分类方案。对镇域镇村规划起到指导作用
湖 北	√ 2010	×	《湖北省小城镇规划编制技术导则》实际上规定了编制办法的内容，并无技术导则
湖 南	√ 2012	√ 1998	《湖南省镇（乡）域村镇布局规划编制导则（试行）》规定了村镇布局规划的原则，详细内容要求及相关技术指标。《湖南省建制镇规划编制管理办法》则规定了规划内容，成果要求及编制审批程序
广 东	√ 2003	×	《中心镇规划指引》合理引导中心镇向小城市方向发展。内容较为详细，确定了公共服务设施等详细的技术指标
广 西	×	×	
海 南	√ 2011	√ 2011	《海南省小城镇规划编制技术导则》是导则与办法合一的一个文件。具有鲜明的地域特色，提出了特色旅游风情镇规划的模式内容与要求，对产业布局、空间利用布局与管制都提出了符合当地特色的规定。并对《镇规划标准》中规定的用地分类进行了简化以适应海南特点。对于生活综合居住用地布局，公共中心布局，公共服务设施布局，道路交通规划都提出了本土化的建议与详细技术指标
重 庆	√	×	《建制镇规划编制技术导则》，与《乡规划编制指引》。其内容均类似于编制办法，缺少技术指标的标准多为内容与成果的要求

续表

地区	标准 编制导则	编制办法	备　注
四　川	×	×	省级缺乏镇的规划标准，但是成都市的小城镇规划编制技术导则较为先进。包含了内容及深度要求，具有地方特色的相关规划引导，技术指标的本土化，并图文并茂地展示规划要求
贵　州	×	√	《村庄和集镇规划建设管理条例》，其中仅简单规定了规划内容
云　南	×	√ 2011	《云南省镇乡规划编制和实施办法》规定了规划各阶段的内容及要求，特别提出了重点镇的特色规划编制要求。包括工业型，旅游型，商贸型，边境口岸型，生态园林型几种
西　藏	×	×	
陕　西	√ 2010	√ 2009	《陕西省重点示范镇规划编制技术要求》、《重点镇建设技术指标》和《陕西省乡村规划建设条例》。之中，《技术要求》是对规划内容的规定，《技术指标》对基础设施和公共设施指标量进行了详细规定。《条例》规定了乡村规划的内容，成果要求及建设管理办法
甘　肃	√ 2012	√ 2010	分别是《甘肃省城镇规划管理技术规程》和《甘肃省城乡规划制定管理办法》，内容涉及镇规划的一些技术规定和镇规划的内容要求。但是未能突出镇的特点
青　海	×	×	
宁　夏	×	√ 1994	《宁夏回族自治区村庄和集镇规划建设管理实施办法》仅对内容进行简单要求
新　疆	√ 2012	×	《新疆乡镇总体规划编制技术规程20120410》规定了规划的内容和要求，提出部分技术指标，公共设施的配置在《镇规划标准》的基础上增加了派出所，宗教场所，社会福利等内容，简化了商业设施和集贸市场的分类。并提出了旧区改造，住房发展，特色风貌规划等国标要求之外的规划内容

资料来源：各省（直辖市）建设厅网站公布内容收集

　　根据上表总结的各省出台的镇规划标准相关内容。可以看出，仅有5个省的技术导则和编制办法均齐全；15个省（直辖市）有技术导则，14个均出台于2007年《镇规划标准》颁布之后；12个省（直辖市）有编制办法，其中有8个出台于2000年《村镇规划编制办法》之后，其他四个过于陈旧。在15个技术导则中，真正对技术指标有所规定具有技术导则特点的文件仅有10个，其余的更像编制办法，仅规定了规划要包含的内容及成果要求，对于技术指标则要求参照住建部出台的《镇规划标准》。

2.2　从各项技术标准层面评价村镇规划法规体系

　　村镇规划建设技术标准体系是村镇规划发展历程的总结与现阶段成果的汇总。技术标准的体系框架体现出目前国内城乡规划领域对村镇规划的认识和重视程度。目前，《镇规划标准》的主要编制人员任世英[1]等将村镇规划技术标准的体系划分为基础标准、通用标准和技术标准三个层级。

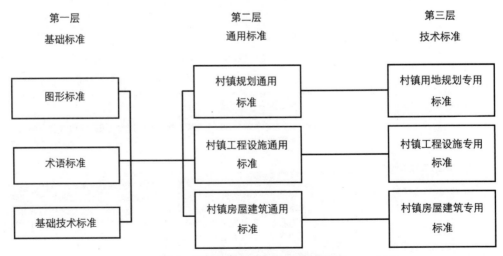

图1　村镇规划建设技术体系标准构架

（资料来源：根据《镇规划标准》GB50188—2007引读（四）绘制）

下表为拟定村镇规划技术标准的具体内容。

村镇规划建设技术标准体系表[1]　　　　　　　　表 2

体系编码		标准名称	现行标准	备注
1. 基础标准	1.1 1.1.1	术语标准 城乡规划术语标准	城市规划术语标准 GB/T50280-98	修编时将增加镇、村规划内容
	1.2 1.2.1	图形标准 城乡规划制图标准	城市规划制图标准 GJJ/T97-2003	修编时将增加镇、村规划内容
	1.3 1.3.1 1.3.2	基础技术标准 村镇规划基础资料搜集规程 城乡用地评定标准		已审查上报，待批 已审查上报，待批
2. 通用标准	2.1 2.1.1 2.1.2 2.1.3 2.1.4 2.1.5	村镇规划通用标准 县域城镇村体系规划规范 镇域镇村体系规划规范 镇规划标准 村规划标准 村镇历史文化保护规划规范	GB50188-2007	（2007 年开题）
	2.2 2.2.1 2.2.2	村镇工程设施通用标准 村镇工程设施设置标准 村镇工程管线综合规划规范	参照城市标准 GB50289	
	2.3	村镇房屋建筑通用标准 遵守"民用建筑设计通则" "建筑设计防火规范"	GB50352-2005 GB50016-2006	
3 专用标准	3.1 3.1.1 3.1.2 3.1.3 3.1.4 3.1.5 3.1.6	村镇用地规划专用标准 村镇居民地规划规范 村镇公共设施规划规范 村镇工业生产用地规划规范 村镇农业生产设施规划规范 村镇仓储设施用地规划规范 村镇绿地分类及规划规范		（2007 年开题） （2007 年开题） （2007 年开题） （2007 年开题）
	3.2 3.2.1 3.2.2 3.2.3 3.2.4 3.2.5 3.2.6	村镇工程设施专用规划 村镇道路交通规划规范 村镇给水工程规划规范 村镇排水工程规划规范 村镇环境规划规范 村镇防灾规划规范 村镇能源工程规划规范		（2004 年开题） （2004 年开题） （2004 年开题） （2004 年开题）
	3.3 3.3.1 3.3.2 3.3.3 3.3.4 3.3.5 3.3.6	村镇房屋建筑专用标准 村镇住宅设计规范 村镇文化中心建筑设计规范 村镇医疗卫生建筑设计规范 乡镇集贸市场设计标准 村镇建筑抗震技术规程 村镇建筑节能技术标准	CJJ/T87-2000	已审查上报，待批

（资料来源：《镇规划标准》GB50188—2007 引读（四））

目前村镇规划的建设技术标准的全部内容概括了村镇规划需完成的所有内容，是评判现行村镇规划技术标准体系是否完善的重要参照标准。从上表可看出，目前出台的标准仅有 7 部，离整个体系的完整还相去甚远。

2.3　小结

综上所述，目前我国村镇规划法规体系从行政层级方面来看，还存在较大的缺失，从国家层面来看，现有法规和条令较少，且从时间和内容上也不尽统一配套。从省级层面来看镇、村规划编制技术导则和编制办法条例并不完整，且仅有的导则和条例多数也过于陈旧或者简单概括。只有极少数的地区根据当地的实际情况制定了切实可行的技术导则。所以目前我国的村镇规划法规体系在分层级与专项技术标准两方面均存在缺失，这在很大程度上影响了镇规划成果的规范化表达。

3 我国村镇规划"标准"体系提升的可能性探讨

3.1 对国外农村社区规划法规体系的经验总结与借鉴

村镇规划的"标准"体系属于我国城乡规划法律法规体系中的一部分。通过对国外发达国家农村社区规划法规体系的了解，可以得到对村镇规划"标准"体系的一些启示。与我国现有的规划法规体系对比，从中汲取并借鉴适合国内特点的经验，完善自身的"标准"体系。

美国和加拿大与我国的国土面积相当。其中美国在耕地面积与全国国土面积占比、城区面积与全国国土面积占比方面也与我国情况基本相当。而加拿大的耕地面积相对更加紧张，城区面积在国土面积中所占比例更高。

中国、美国、加拿大国耕地面积与城区面积在全国土地面积中占比汇总 表3

国家	国土面积（万平方公里）	耕地		城区	
		面积（平方公里）	占比	面积（平方公里）	占比
中国	960	122	12.7%	18.30	1.9%
美国	930	178.87	19.5%	24.28	2.6%
加拿大	998	45.6	4.57%	49.9	5%

（资料来源：作者自绘）

在北美地区，乡村的规划是政府对土地使用和空间的管制行为，同时也被视为政府提供公共服务的过程。北美地区的乡村规划是以法律条文的形式来约束和指导规划实施，所以相应具有较强的指导性和可操作性。这些条文的编制则依照了完善的法规体系，美国和加拿大的乡村规划法规体系均分为：联邦层面，州（省）层面和地方层面。[2]

美国加拿大乡村规划法规体系 表4

美国		加拿大	
法规层级	法规类型	法规层级	法规类型
联邦层面	法律、政策条例、技术标准	联邦层面	法律
州层面	法规、政策条例、技术标准	省层面	法规、政策条例
地方层面	法规图则、政策条例、技术标准	地方层面	法规图则、政策条例、技术标准

（资料来源：《北美农村社区规划法规体系探析－以美国和加拿大为例》）

对比两国的法规层级可见，越往基层，其受约束的法规类型越多，内容越丰富详实。这一特点加拿大较美国更加明显，技术标准在地方层面才开始出现。这是因为，在国土面积如此广阔的国家内，无法统一技术标准，针对每个区域内的不同情况，地方级的标准会更加贴近当地现实，体现地域特色，解决实际问题。而在更大的省级或国家层面，两个国家提出的法律和政策条例也多是针对资金援助，环境保护，节地原则等方面的纲领性内容，并未对具体的技术指标做出详细的规定。

与北美两个大国的乡村规划法规体系相比，我国的村镇规划法规体系显得头重脚轻，国家层面管得过细，而省、地方层级技术标准的确立又不够深入。我国有 50.32% 的人口生活在乡村，而美国和加拿大分别有只有 22% 和 15% 的人口生活在乡村地区。与北美的这两个发达国家相比，我国对乡村的规划管理应该更加慎重。我国村镇规划各个法规层级规定的内容和深度应从北美两国的实践中汲取经验。

此外，美国各级法规都体现出对土地利用控制管理和环境保护的重视。即便美国的耕地面积远高于我国，但从法规体系中对节地和环保的强调可以看出其可持续发展的强烈意志。我国人口远大于美国，耕地面积却较之有很大的差距，在这样的现实下，我国村镇规划法规体系从各个层面更应该强调保护土地资源和环境的重要性。

3.2　完善我国村镇规划法规体系的探索

我国地域辽阔,小城镇量大面广.技术标准的研究与编制应当充分考虑镇不同的类别、所在地区、所处层级的特点。但就目前情况来看,我国村镇规划法规体系并不完善,就技术指导来说仅有一部内容全面的国标《镇规划标准》,除此之外各省级的技术导则并未完整地体现各地的地域差异。研究认为,针对当代镇的差异性特征,镇规划及相关技术标准应当遵循分级与分类指导的原则。

完善村镇规划法规体系应从分层级法规与专项标准两方面进行。专项标准体现了村镇规划可参照指标的专业性,决定了规划的深度、严谨性和科学性;分层级标准体现了当地规划部门对于镇规划的具体要求,决定了镇规划与当地地域特点与经济发展特点的契合程度。专项的法规和标准应当分布在适当的法规体系层级之中,在不同的层级体现不同的指导价值。

（1）村镇规划法规体系分级方式探索

当前的村镇规划法规体系大体包括两个层级,国家层级和省级层级。体系在省级之上的更广泛地域层面和省之下的不同地区层面存在明显的断层。我国镇差异性从根本上体现在两方面,分别为自然地理环境和经济发展程度的差异。所以,笔者将从自然地理环境与经济发展差异这两方面入手试图寻求村镇规划法规体系更加完整的体系构架方式。

按照自然气候地理条件将我国划分为北方地区、南方地区、西北地区和青藏地区四个区域是被大众最为熟识的一种划分方式,这是从地理标识和气候特征上对全国地区的划分。以大河大川、高原盆地等显著的地理分界标识来分隔,与行政区划无关。按照经济发展程度的划分方式,可将全国划分为八大经济区域,这是借用国家统计局对国民生产总值统计的经济区划分方式,它可以代表国家对目前各地经济发展程度的普遍认知,以行政区划为基础单元。这八个区域分别是东北地区、北部沿海地区、东部沿海地区、南部沿海地区、黄河中游地区、长江中游地区、西南地区和大西北地区。八大经济区分别包含的省市见表5。

中国大经济区划省份对应表　　　　　　　　　　　　　　　　表5

区划名称	对应省份
东北地区	吉林 黑龙江 辽宁
北部沿海地区	北京 天津 河北 山东
东部沿海地区	浙江 上海 江苏
南部沿海地区	福建 广东 海南
黄河中游地区	山西 陕西 河南 内蒙古自治区
长江中游地区	安徽 江西 湖北 湖南
西南地区	广西壮族自治区 重庆 四川 贵州 云南
大西北地区	西藏自治区 甘肃 青海 宁夏回族自治区 新疆维吾尔自治区

（资料来源:国家统计局网站）

气候区划与行政区划无关,而经济区划的划分程度相对细碎且以行政区划为基本单元。"镇规划标准"的各级内容以行政单元发布以便于实施管理。故,研究认为,省级之上的一个层级应该以经济区划为单元填补这级空白。

同时,自然地理差异的表达需要通过其他的层级来体现。将中国四大气候区、八大经济区与省级行政区划叠加。很多省份被气候区边界所分割,甘肃、陕西、宁夏、四川、安徽等地明显地被分为两部分。这表明,同一经济区,同一省份内仍会存在巨大的自然地理差异。所以,以自然地理特征来划分省内更低一层级的标准具有合理性和必要性。

综上所述,在现有的国家与省级两层级的基础上,增加经济区划与省内自然地理分区两个层级,村镇规划法规体系的体系应由四个层级来进行构架,自上而下分别是国家层级、经济区级、省级、地区级。每个层级编制不同侧重的内容,各司其职。

（2）体系各层级规定的内容及深度

各层级的村镇规划法规体系承担各自的职责和任务。每层级确定的内容广度和深度各有不同。第一层为国家层级,综合标准中提出镇规划的编制流程,规划阶段及各阶段所涉及的内容和要求即可。内容要求应全面,笼统,是纲领性的表述,要体现包容性与弹性。将更为详尽的规定应权力下放,以便体现地域差异与类型差异。同时,国家层面也应制定各专项规划标准，涵盖各种类型的镇，以及镇规划的各单项规划，与综合标准一样，可以制定较为全面宽泛的标准，规定各种专项规划的内容与指标范围，以供下级标准的制定做选择。

中间各层级是上一级标准的延续、深化制定更细致的规定。承上启下，对下一层级留有弹性空间。第二层经济区级的任务是在国家级标准的基础上，进一步规定因经济发展程度不同而不同的技术标准。例如建设用地标准，公共服务设施配置标准等。在弹性的基础上，体现选择性和针对性。第三级为省级，在前两级的基础上进一步制定受政策而异的规划内容，例如产业规划，镇域镇村体系规划，人口规模预测方法提供化等内容。依旧保留选择性，同时体现针对性与指导性。最后为省内地区级，这一层级内镇的共性较为明显，标准应更为具体，从国家级给出的各专项规划内容中选择对应的标准指标进行细化深化，制定的标准要体现出指导性与可操作性。表6为各层级标准制定的内容深度及特点总结。

各层级标准规定的内容深度及特点一览表　　　　表6

序号	层级	"标准"内容	备注	特点
一	国家级	标准+办法	标准提出各阶段规划所需的完成的任务；给出用地分类，建设用地指标。提出镇规划各阶段编制和审批的办法和成果要求	纲领性 包容性 弹性
二	经济区级	导则	在上级基础上，导则进一步规定受经济发展影响的指标，区域层面的土地使用战略	弹性 选择性 针对性
三	省级	导则	在上一级基础上，进一步确定受政策影响的内容如产业规划方式，人口预测方式等，并提出多种方法供选择	选择性 针对性 指导性
四	地区级	导则	在上级基础上，根据自然地理因素的不同进一步确定道路系统规划指标，居住区规划布局方法，公共设施布局方法等导则，并给出案例示范	针对性 指导性 可操作性

（资料来源：作者自绘）

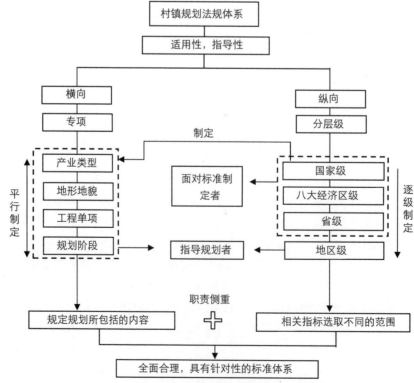

图2　专项标准与层级标准与提升"镇规划标准"适应性的关系分析图
（资料来源：作者自绘）

综上所述，村镇规划法规体系的完善要通过体系分层级与专项法规标准两方面来完成。两者相辅相成，共同构筑完整的村镇规划法规体系，各有侧重，互为弥补，从而提高村镇规划法规体系的适应性（两者关系如图2）。

4 结语

目前，我国村镇规划法规体系在行政等级分层级和各专项法规标准方面都存在着不同程度的缺失。体系层级的缺失和各层级内容的深度不恰当是村镇规划缺乏法规依据的根本原因。通过构建完整的法规层级体系，并规定恰当的相应层级的内容及深度，才能从根源上解决问题。

主要参考文献

[1] 任世英，赵柏年，陈玲.《镇规划标准》GB50188—2007引读（四）[J]. 小城镇建设，2007（09）:16–18.

[2] 黄怡，刘璟. 北美农村社区规划法规体系探析——以美国和加拿大为例 [J]. 国际城市规划，2011（03）:78–85.

[3] 谭纵波. 日本的城市规划法规体系 [J]. 国外城市规划，2000（01）:13–18+43.

[4] 孙晖，梁江. 美国的城市规划法规体系 [J]. 国外城市规划，2000（01）:19–25+43.

[5] 任世英，赵柏年，陈玲.《镇规划标准》GB50188—2007引读（三）[J]. 小城镇建设，2007（08）:31–33.

[6] 任世英，赵柏年，温静.《镇规划标准》GB50188—2007引读（一）[J]. 小城镇建设，2007（06）:34–36.

[7] 徐明尧，汤晋. 关于改进我国城市用地分类标准的思考 [J]. 规划师，2008（12）:109–113.

An Exploration into China's Current Legal System of Village and Town Planning

Cui Xiaoping

Abstract：With the proposal of the new urbanization strategy，the state is attaching more and more importance to rural planning in recent years，and as the basis of rural planning，the legal system of village and town planning is facing severe tests. Using research methods such as literature search，data analysis，reasoning，comparison etc.，China's current legal system of village and town planning is systemized and researched in this study. As indicated by the study，China's legal system of village and town planning has deficiencies both in hierarchy and specific technical standards. Based on China's national situation and with overseas experience combined，the study puts forward new viewpoints about how to improve China's legal system of village and town planning by dividing the system into different levels. The study suggests that per China's current situation of social and economic development，the legal system of village and town planning should be divided into four levels，namely national level，economic zone level，provincial level and local level. And laws，regulations，policies and technical standards in different depths should be formulated respectively. Among them，strategic and programmatic contents should be stipulated in regulations at higher levels，while details such as concrete technical standards，guiding rules etc. should be decided by provincial level or even local level.

Keywords：legal system of village and town planning；laws and regulations hierarchy；technical standard

都市边缘区农地规模化经营问卷调查总结

陈世栋　袁奇峰　邱加盛

摘　要：新一轮土地改革的目标是实现农地产权架构由"两权分离"走向"三权分立"，城乡规划学科也应加强对农村社会经济变迁趋势的摸查，以利于城乡统筹发展及乡村规划的探索。本文以广州市白云区北部三镇的村组（经济社）为空间单元，调查农村经济非农化及农地市场化情况。调查发现：（1）都市边缘区大部分经济社已经实现了收入非农化，农业生产主体的非本地化，农产品的非粮化。（2）总体处于城郊型农业阶段，生产组织化和专业化程度不高，生计导向型模式与收益导向型模式并存。（3）农地的小规模租赁市场普遍，但地权细碎化且调整频繁，农地向专业合作社及农业龙头企业流转比例不高。（4）农地大规模流转、农业专业合作社及农业龙头企业三者空间分布具有相似性。

关键词：经济社；非农化；农地流转；财产性权利

集体土地产权变迁及农地利用状况理应成为乡村规划关注的焦点之一，农地产权的"三权分立"改革为解决农地细碎化和都市边缘区农地规模化经营带来机遇[1-3]。现有研究认为农地持有产权的细碎化主要由四个因素引起[4-6]，一是家庭联产承包责任制下的土地分配过程；二是人口变动导致土地调整；三是空间分散城市化及政府发起的土地整理；四是农户之间的土地租赁活动。中国目前的土地细碎化主要受供给面因素影响[7]，较高的人口压力减小了农民持有农地平均地块的大小。此外，地貌特征也对土地细碎化有影响。需求面因素是农地市场化的区位差异的[8]，由于目前农村土地市场程度不高，已有的土地交易多出现在亲戚朋友间而非相邻的地块间，租期较短，减少了土地合并的可能性。同时，农户对土地市场的参与度对土地细碎化程度有显著影响。

中国的农地属于集体所有，村小组是最小的集体单位[9]。目前，研究区域实行村组两级经济，集体土地所有权基本掌握在村小组手中。1990年代推行的农村经济改革，推行了股份合作制，实现了政社分离，行政村成立经联社，村小组则相应成立经济社[10]，且大部分村小组有一个经济社。珠三角大部分村小组掌握着农地所有权，并负责对承包经营权的具体分配，在涉及征地、农地出租和农业生产组织安排时，村组也是参与谈判不可或缺的主体，因此，村组（经济社）不仅是农户与村委乃至政府之间的桥梁[11]，也是中国农村生产组织的最小集体单位。快速城市化下，都市边缘区农民与农地关系及农地的经营方式发生了什么样的变化？本文试图从村组（经济社）的视角，研究外部机会对农村非农化影响及农地规模经营情况，以期对城乡统筹及广州乃至珠三角的新型城镇化发展有所助益。

1　材料与方法

1.1　研究区域概况

研究区域位于广州市白云区北部三镇，从西往东分别为江高镇、人和镇和钟落潭镇，面积共334.99km²。这三个镇的主要区位特征是唯——条全流域均在广州市内的流溪河贯穿三镇。因为流溪河流域是广州重要的水源保护区，大面积的基本农田得以保留。目前，研究区域内共有大约13万亩基本农田，另外，研究区域处于广州市核心建成区与北部花都组团的过渡地带，在快速城市化下，本地农民面临较大的外部发展机会，因此，研究该区域农民和农地之间关系的变迁，对于促进农地规模化经营具有重要借鉴意义。

陈世栋：中山大学地理科学与规划学院博士生
奇峰：中山大学地理科学与规划学院教授、博士生导师
加盛：广州中大城乡规划设计研究院高级经济师

1.2 数据采集及研究方法

本文主要采用调研问卷及访谈法收集相关信息。钟落潭镇、人和镇及江高镇分别有行政村37条，25条和35条。本研究采取全覆盖的方式，每个村组（经济社）发放问卷一份，共1088份，共回收问卷约634份，有效问卷546份，有效率约为50.18%。其中，钟落潭有效问卷52份，占11.7%，人和156份，江高238份，占53.4%。本研究主要通过总体特征分析及三镇差异性分析把握都市边缘区农民与农地关系变迁的普遍性及特殊性，主要通过经济社的收入与支出情况、农民持有农地产权份额、农地流转情况等管窥农民与农地的关系变迁。

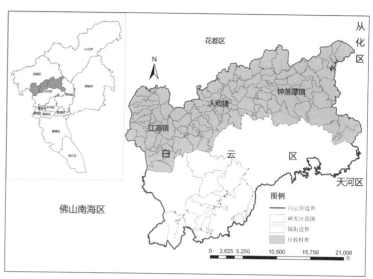

图1 研究区域在白云区及广州市域区位

2 都市边缘区经济社非农化及农地经营现状调查

2.1 收入结构差异与农民与农地关系的变迁

从调查的收入来源构成上看，村组经济已经实现非农化。收入总体以"厂房出租收入"占主，达到了58%，说明白云区农村目前的经济收入主要依靠传统的农村社区工业化路径下的厂房收租这种模式[12]，但是，三镇情况有所区别，人和镇与三镇总体情况相似，收入主要来源于"厂房出租收入"，但江高主要来源于"农业经营"，钟落潭主要是"工业用地出租"。

经济社收入来源构成的差异说明各镇农村集体经济发展的差异。人和镇及钟落潭镇农村分别通过自建厂房出租及以工业用地出租获取收入，而江高经济社的收入主要来源于农业经营（占53%），第二为工业用地出租（25%），第三才是厂房出租，说明人和镇及钟落潭镇农民收入主要依赖农地财产性收入，江高镇农业经营可能比其他两镇更为发达，原因是江高镇拥有较多的连片农保地，严格的农保制度迫使农民主动提升农地的利用效益。农地提供的收入基本能够满足江高农民的基本生活及发展，而无需依托于大规模的农地非农化来获取收入。

集体经济模式的差异反映了都市边缘区农民与农地关系的差异。生计导向下，农地是农民的保障，农民通过农耕满足家庭所需；在面临较大外部性时，这对关系有两个转向，一是农民依然依赖农地，但农业经营模式已经由生计导向型转向收益处导向型，二是农民实现了非农化，但依赖农地出租甚至农地非农化获取财产性收入。通过农地获取财产性收入是三镇农民与农地关系的共性。

2.2 支出结构与生产方式的镇镇差别

支出结构的差异是集体经济结构差异的另一因素。三镇经济社总体以行政性的支出为主，各镇有所不同，人和镇与总体情况相似，江高主要是农业生产支出，钟落潭主要是工资性支出。

江高的经济社的农业生产支出占多数，达到了65%，反映了江高农户与村组集体的关系比较紧密。村组参与到农业生产经营之中，因而该镇的农业生产组织化程度可能更高些，经济社收入大部分用于投资农业生产，才保障农

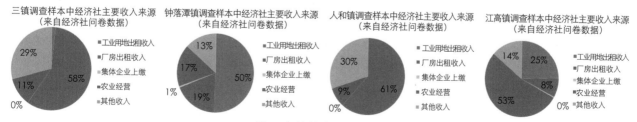

图2 经济社收入主要来源

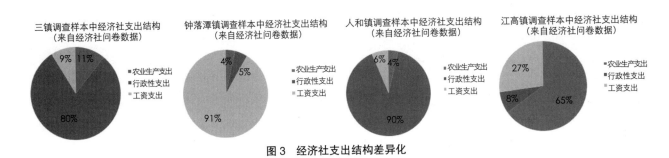

图3 经济社支出结构差异化

业经营收入高于其他两镇。钟落潭镇的工资性支出占比超过了 90%，其经济社的收入本来就不高，一方面集体收入仅仅能维持一般的工资性开支，二是经济社对农业生产投入也不像江高那么高，与江高镇相比，由于资本积累的差异，钟落潭镇的农业生产方式还相对落后，可能依然是传统的生计导向型模式，而江高镇可能已逐步走向劳动力替代的资本密集型生产模式。人和的行政性工资达到了 90%，经济社行政运行成本较高，可能是用于协调农村关系或者市场关系的成本较高，由于人和镇的经济社收入主要来源于厂房收租，本地农户大部分已经非农化，无需对农业生产进行投资，也无需支付因农忙时雇工的工资等。

总之，从收入及支出情况的来判别，调研区经济社大部分已经实现了非农化，但从三镇的差异来推断，人和镇的农户脱离农地的程度比较高，因为其已经无需支付因农业生产所需的相关费用。钟落潭镇的还有部分农户需要依靠农业生产来获取生计，其农业生产可能部分是生计导向型的，江高镇的农业生产并非仅仅是为了维持生计，而是为了获取更高的收入的收益导向型发展模式。

2.3 农户的农地持有产权细碎化

人口过密化下农地产权细碎化是中国自宋以来就存在的问题[6]，是农地效益提高的主要障碍。在无外部机会情况下，人口过密化带来农业的内卷化并催生了明清以来珠三角的农业商品化的发展，改革开放后特别是 2000 年以来，快速城市化带来了极大的非农发展机会，大量农业劳动力脱离了农地，如上所述，研究区域内的大部分经济社已经实现了非农化或者收益导向型农业的发展转变。但是大部分农户耕种农地的面积都是在 2 亩以下，户均农地规模较小，农地产权还是处于细碎化的状态。

从全区水平看，调查样本中有 4818 户农户的农地面积小于 2 亩，占 61.98%，占大部分。从三个镇的情况看，钟落潭镇种植面积在 2 亩以下的农户达到 51.68%，人和镇为 69.24%，江高为 62.02%，均超过一半，但人和和江高两镇在的比例高于钟落潭。在 2~5 亩这一档次中，钟落潭达到 35.05%，人和和江高分别为 20.37% 和 30.32%，数据反映钟落潭镇的户均农地面积高于江高和人和，而人和最少。

结合人和镇农户的脱农水平较高判别，推断其原因是户均农地规模较小。较小规模的农地难以满足农户生计要求，迫使农户离开农地，寻求非农收益机会[5]。事实上，根据调研访谈证实，人和镇拥有大量的华侨，原因就是户均农地规模过小，迫使农民外出谋生，这与明清以来，珠三角大量的农业人口被迫海外谋生具有相似性，即农业内卷化所致，但改革开放后，人和镇农村非农经济发展迅速，建立了大量的厂房发展"三来一补"经济，本地农业户籍人口已经实现了非农发展，甚至于许多村组在第一次承包期满后（1999 年左右），应农民要求，主动要求将农地交回集体（村组）手中，可能在大规模非农化后，农民迫于农业税费负担而抛弃农地。

广州都市边缘区农地持有产权细碎化的现状反映了中国人多地少和农地细碎化同时存在的国情。土地细碎化，其成因既受到供给面的影响又受到需求面影响。前者主要源于家庭联产承包责任制的实行；后者主要因为采用了根据土地质量和地块远近按人口均分土地的形式。家庭承包责任制在实行之初激发了农村活力。30 多年后的今天，虽然承包制的优点（如激发农户的劳动热情）在许多贫困地区继续发挥作用，但它在都市边缘区所引发的弊端也日渐暴露，其中最为明显的就是导致了土地的分散和细碎化经营，农地经营效率低下从而使农村陷入贫困。

这些弊端自 20 世纪 80 年代以来就引起了政府部门的重视，从沿海开始发起了规模经营及土地整理运动[13]，然而效果不甚明显。跟土地整理之前相比，土地细碎化状况没有得到明显改观。许多村庄为适应人口变动而进行的每隔 3～5 年调整一次土地（有些地方甚至一年一调），调研区域的许多经济社存在 6 年一调的情况（根据对白

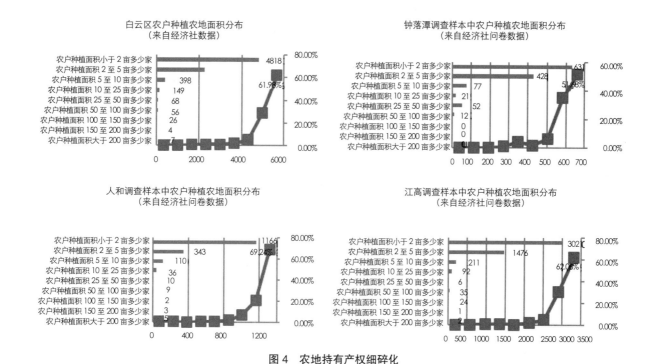

图4 农地持有产权细碎化

云区农林局及部分村庄的访谈），加剧了土地的细碎化及农地大规模社会流转的难度。农村地区自发的土地租赁活动在一定程度上缓解了细碎化状况，但是农民自发的租赁行为难以形成大规模的流转，也导致了农地资本化经营的困难。

3 农地市场化程度调查

3.1 农地大流转与制度障碍

从逻辑上来讲，实现了非农化的都市边缘区，农地规模市场应更发达。在本研究调查中，农地流转以流向外来大户为主体，达到了53%，即实现了农地经营的"非本地化"特征；流向本地种植大户的为26%，流向专业合作社和农业龙头企业的仅为少数，分别为15%和6%，农业专业合作社和龙头企业是比农民先进的生产组织单位[14]，两者合计占比仅为21%，说明存在规模化经营的可能性，但还需加以引导。地权的细碎化和频繁调整，阻碍了农地向更先进的生产单位流转，而且农业是弱质性产业，农地流转最低年限需满足企业的最低的盈利周期，加上分散的产权也增加了交易成本。

从各镇来看，流向外地大户最多的是人和镇。由于人和镇非农经济发展较好，农户脱农程度较高，外来农户更易于在人和镇租到农地，另一原因是，如前所述，人和镇部分农民已经将承包经营权交回来村组或者村委手中，减少了外来农民租地的信息搜索成本和交易成本，第三个原因是得益于广州新白云区机场的建设，带动了高速公路及地铁等设施的发展，快速城市化增加了农产品需求及流通速度。

流向本地农户和流向专业合作社最多最多的都是江高镇，进一步证实了江高镇的农业经营已经转向收益导向型。专业合作社基本以本行政村内村组农户为主体的，是基于某一产品或技术的农户与农户间的横向联合，有利于提高农业经营的专业化程度和农业生产组织化程度，另一好处是将农业生产利润留在村集体内部，能使农户较快致富。城郊地区农民对于市场信息反映较快，抵御风险能力较强，农业专业合作社值得推行。

流向农业龙头企业最多的是钟落潭，企业具有资金和技术的优势，能够承担的风险远比农民大[15]。农户与企业的联合减少了农户风险，增加了农户的财产性收入，但农地经营的部分利润自然流向企业，农户获得的好处是可能增加了打工收入及农地的财产性收入，因此，与江高镇比较而言，钟落潭的农户专业化和组织化程度较低，其农业生产也可能是生计维持性。

以上数据说明，人和镇因外来农户可进入程度高，是三镇之中农地流转市场最发达的镇，这与各镇的脱农程度相关，同时，也与各镇的土地制度相关。可能的原因是江高镇和钟落潭镇的农地大部分还集中的农户手上，而人和镇部分村庄的农地集中在村组（根据对钟落潭镇竹二村、人和镇黄榜岭等的访谈）。

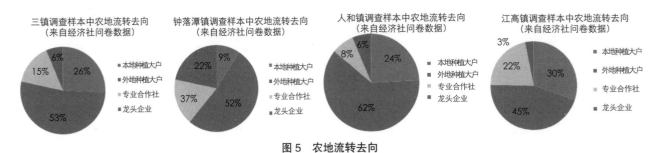

图5 农地流转去向

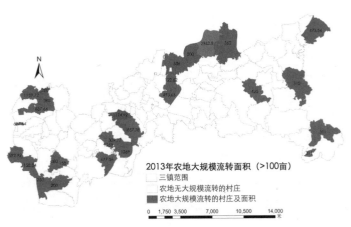

图6 2013年三镇农地大规模流转空间分布

农地流转市场大体分为两种，一是农民自发形成的农地流转市场，另外一种是大规模的农地流转市场，大规模流转往往由政府主导进行[16]。农民自发形成的农地流转市场规模较小，多数发生在熟人之间，所以，农村自发的农地流转市场是本地（村）市场，而政府主导的市场则是大规模的市场。

已有研究认为农地的所有权及承包经营权相分离造成农地无法大规模向企业流转。目前的三权分立改革正是促进农地向社会资本流转的方向。

在中国特殊的农地产权制度下，农户只有农地的承包经营权，而村集体拥有农地的所有权，如果农地流转是本村或周边村庄的熟人之间进行，往往不需要书面合同，只需要口头协定就行，而且流转年限也不受限制。大规模向企业流转则需稳定的地权，因为农地所有权归村集体，跨村之间的大规模流转往往需要所有权主体（村集体）出面向村民收地及签订合约。

现阶段农地还是部分农民的生活及就业保障，即便大部分农民已经非农化，但也未必愿意将农地长时间流转出去。因为第一代农民工由于受到工作技能的限制，往往担心在城市之中的难以站稳脚跟，一旦不稳定就回归农地，以获取生活保障，这也是阻碍大规模的流转的原因。

对于白云区而言，大部分农民已经不再务农，但快速城市化也带来农民较大的农地征用的预期。农民对农地市场价值的意识较高，比较注重农地的财产性的收益，因而主动追求农地非农转用[12]，一定程度上影响了农户及农业企业等对农地的长时间的投入，导致农地的低效。白云区2013年大规模流转的农地达到49932亩，占13万亩耕地的38.41%，发生在三镇的大规模流转为39466亩，占三镇35.01%，登记得到政府确认的15312.58亩，占三镇农地的14%，说明，由政府推动的大规模流转所占比例还仅仅处于14%至35.01%之间。

目前，中国的第二轮农地承包期为30年不变[17]。这一政策部从1998左右开始实行，到2013年，已经实行了15年，以30年承包期计，还有15年的承包期，也就是说即便农业企业向农户大规模出租农地，其年限最多也在16年左右。事实上，据调研，白云区的大规模的农地流转的年限也在10年以下，也侧面说明农地难以有效得大规模向企业流转。

3.2 龙头企业及专业合作社发展发展比较

农业龙头企业及农业专业合作社能实现资本及技术劳动力的替代，促进农业经营效益的提高。对专业合作社有利于提高农业生产经营专业化及组织化的经营程度。截至2013年，白云区农业专业合作社共有110家，涉及种植业、渔业、农家乐等多个行业。合作社共有成员3200个，成员出资额8820万元，基地面积超过2万亩，带动农户2万多户。

白云区排名前 10 的合作社类型

表 1

合作社数量前十行业	合作社数量	社员数量	占比
蔬菜种植	21	891	23.69%
谷物、豆及薯类批发	7	95	2.53%
其他农牧产品批发	7	402	10.69%
水果、坚果的种植	7	300	7.98%
果品、蔬菜批发	6	701	18.64%
其他农业	5	45	1.20%
谷物、豆及薯类批发	4	31	0.82%
其他农畜产品批发	3	99	2.63%
内陆养殖	3	223	5.93%
其他水果种植	3	20	0.53%

从类型上来看，蔬菜种植数量最多，这是城郊型农业的主要特征，但农产品的批发类也较多，说明了从事农产品流通环节的服务业也是本地农业专业合作社的一大特征。

从调研区域参加合作社人数占比来看，钟落潭最多，产值最高，但是，播种面积人和却最高，这可能与专业合作社的经营业务相关。人和的入社人数尽管不高，但是其产值和播种面积却最高，同时销售产值与第一名的钟落潭仅差三个百分点，可能的原因是由于人和的脱农程度较高，从事农业的农户较少，所以入社农户的人数也不多，但是，由于人和的生产组织化程度、市场发展较好以及所生产的产品更加高值。

专业合作社的资金主要来源于入社农民或者民间借贷。来自政府金融机构的贷款微乎其微，政府扶持的资金数量也有限。由于钟落潭的数据质量较差，在此仅仅分析人和和江高进行比较，人和镇专业合作社的资金主要来源于农户，达到77%，而民间借贷仅为23%，江高则与此相反，入社资金主要来源于民间借贷，达到了61%，而来自于入社农户的仅为37%，原因是人和的脱农程度较高，农户家庭来源于非农的收入也更高，能够支付入社后的生产所需费用。

从专业合作社的成本构成上看，调查样本中排在第一位的是"付给劳动报酬成本"，达到了35%。第二为"化肥成本"，第三为"农业机械成本"。说明在专业合作社的运作之中，人力成本的付出是最高的，人力成本中包括了入社村民的分红，说明农民因入社获得收入的提高，而资本的投入（化肥和机械）排在第二位，证明了合作社的成立是基于技术联合或者资本的联合，第三才是服务性成本（行政成本）。

各镇之间有差异，钟落潭镇与人和镇"化肥成本"排在第一位，但人和镇比钟落潭镇低很多（仅为48%），钟落潭排在第二位的是"种子成本"，人和是"农业机械成本"，第三是"劳动力报酬成本"。而江高排在第一位的是"付给劳动报酬成本"，第二是"农业机械成本"，第三是"投入化肥成本"，与三镇整体的情况相似。从上述分析可以推断，三镇农业专业合作社已经实现了资本与技术对劳动的替代，但江高镇的农民可能获益程度更高。

三镇的差异说明，钟落潭由于脱农程度不高，尚有大量的农业劳动力投入农业生产，并且人均农地更多，在农业还仅仅是其生计来源的前提下，农民生产以满足家庭效用为主，此时，农民并非理性经济人，在没有农业以外的

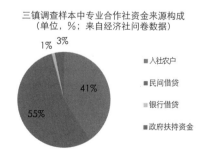

图 7　农业专业合作社资金来源

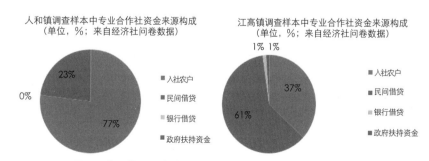

图 8　人和镇及江高镇农业专业合作社资金来源构成差异

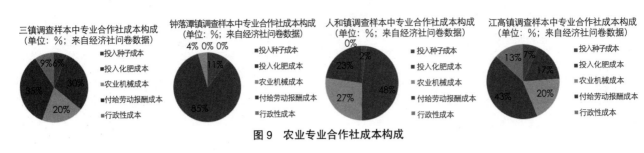

图9 农业专业合作社成本构成

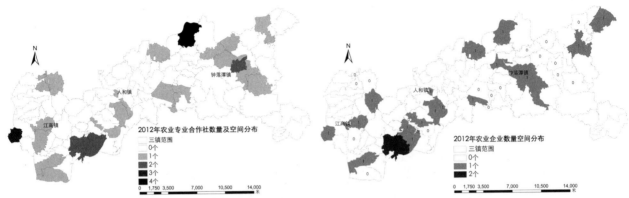

图10 2012年农业专业合作社（左）及农业龙头企业（右）空间分布

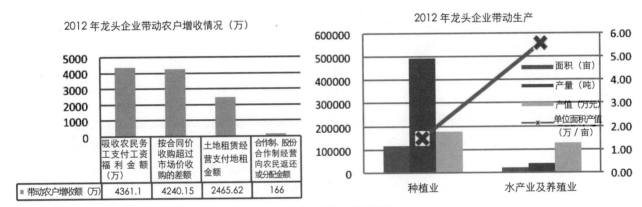

图11 龙头企业农户带动状况

机会下，会不计成本的投入劳动，以满足生计。而人和的专业合作社的投入成本结构更趋现代化，资本投入第一（化肥和机械），劳动力第二，说明，人和的农业生产与资本的结合度更高些，理论上其效率也较高。

从龙头企业对白云区本地农户带动看，较大的是江高镇，其江村综合农批市场带动农户就业达两万多，分布于钟落潭的农业企业对农户的带动较少。另外，农地流转与合作社、龙头企业在空间上具有一致性，龙头企业与合作社分布有一定的相互依赖性。有合作社的村庄要么有龙头企业，要么邻近村庄有龙头企业。而农地流转规模又与合作社、龙头企业数量之间存在正相关关系。由于农业的资本化是农地效益提升的关键因素，所以，推行"资本（龙头企业）＋技术（合作社）＋土地（农户）"的"三合一"的模式，将产生放大效益，其中龙头企业是值得扶持的关键。

4 结论与讨论

本文从农村最小的集体生产组织单元——经济社（村组）的角度，了解都市边缘区在快速城市化下的非农化变迁及农地市场化发展状况，为城乡统筹发展乃至与新一轮的土地改革提供借鉴。

本次问卷调研发现：①都市边缘区村组基本已经实现了经济收入"非农化"，农业生产人口"非本地化"、农民脱农程度较高。②农地主要流转到外来农业大户手中为主，同时，以流向专业合作社和企业为表征的农地经营组织化和专业化程度不高。③农地流转期限以短期为主，普遍在 10 年以下，农地流转用途则以种植蔬菜为主。④农地大规模连片流转与农业专业合作社及龙头企业空间分布具有相似性，证明了农业生产组织方式的创新具有一定的地理集聚性。

目前，全国而言，涉及农地流转主要存在四大模式，分别是土地股份合作制、增减挂钩、两分两换和农村集体建设用地直接入市。但并不是所有模式都值得在珠三角推行，珠三角农村虽然已经实现了非农化，但走的却是就地城市化的道路，传统的自下而上城市化已通过财产性收入把农民和农地相捆绑，因此农民不会主动放弃农村土地的权利。所以，增减挂钩及两分两换模式难以在珠三角推行，土地股份合作制是本村组织利用土地参与城市化和分享城市化的有力武器，1990 年代初已经在南海得以推行，从长远来看，值得进一步推行，而集体建设用地入市将大为提升农民的财产性收入，已经在深圳得到初步推行，但所有模式的推行均应进一步了解农村社会经济的变迁。

主要参考文献

[1]　吕晓，黄贤金，钟太洋，赵云泰. 中国农地细碎化问题研究进展 [J]. 自然资源学报，2011（03）:530-540.

[2]　叶春辉，许庆，徐志刚. 农地细碎化的缘由与效应 历史视角下的经济学解释 [J]. 农业经济问题，2008（9）:9-15.

[3]　谭淑豪，曲福田，Nico Heerin. 土地细碎化的成因及其影响因素分析 [J]. 中国农村观察，2003（6）：24-30.

[4]　许庆，田士超，邵挺. 土地细碎化与农民收入：来自中国的实证研究 [J]. 农业技术经济，2007（6）：67-72.

[5]　王兴稳，钟甫宁. 土地细碎化与农用地流转市场 [J]. 中国农村观察，2008（4）:29-35.

[6]　周应堂，王思明. 中国土地零碎化问题研究 [J]. 中国土地科学，2008（11）：50-54.

[7]　李建林，陈瑜琦，江清霞，等. 中国耕地破碎化的原因及其对策研究 [J] 农业经济，2006（6）：21-23.

[8]　易远芝. 论转型时期农村土地承包经营权流转市场的构建及农民职业化探索 [J]. 特区经济，2013（09）:115-118.

[9]　邵书龙. 中国农村社会管理体制的由来发展及变迁逻辑 [J]. 江汉论坛，2010（09）:5-10.

[10]　郁建兴，高翔. 农业农村发展中的政府与市场、社会：一个分析框架 [J]. 中国社会科学，2010（3）：27-49.

[11]　程佳，孔祥斌，李靖，张雪靓. 农地社会保障功能替代程度与农地流转关系研究——基于京冀平原区 330 个农户调查 [J]. 资源科学，2014（01）：17-25.

[12]　杨廉，袁奇峰. 基于村庄集体土地开发的农村城市化模式研究——佛山市南海区为例 [J]. 城市规划学刊，2012（06）:34-41.

[13]　张晋石. 荷兰土地整理与乡村景观规划 [J]. 中国园林，2006（05）:66-71.

[14]　马彦丽，林坚. 集体行动的逻辑与农民专业合作社的发展. 经济学家，2006（02）:40-45.

[15]　孙天琦，魏建. 农业产业化过程中"市场、准企业（准市场）和企业"的比较研究——从农业产业组织演进视角的分析 [J]. 中国农村观察，2000（02）:49-54.

[16]　邵景安，魏朝富，谢德体. 家庭承包制下土地流转的农户解释：对重庆不同经济类型区七个村的调查分析 [J]. 地理研究，2007（02）:275-286.

[17]　陶然，童菊儿，汪晖，黄璐. 二轮承包后的中国农村土地行政性调整——典型事实、农民反应与政策含义 [J]. 中国农村经济，2009（10）:12-20.

An Analysis to the Questionnaire about Large-scale Management of Agricultural Land in Urban Fringe

Chen Shidong   Yuan Qifeng   Qiu Jiasheng

Abstract: a new round land reform is to achieve the goal of "separation of the three rights" of the agriculturalland property from the "separation of two rights", urban and rural planning discipline should also encourage the investigation about the trend of rural social and economic change, for the sake to explore the overall development of rural and urban and rural planning. Villages of three towns in the north of Baiyun District of Guangzhou City（Rural economic cooperatives organization）are setted as basic space unit, to analyse their non-agriculturalization economic development and investigate the agricultural land marketization. The survey found that:（ⅰ）Most economic cooperatives in urban fringe have abtained income from non-agricultural industry, the main agricultural production was made by non-local officer, and most of agricultural production are grain crops.（ⅱ）overall in the suburban agriculture stage, the organization of productionand specialization degree is not high, the coexistence of livelihoodoriented model and profit oriented model.（ⅲ）the small scale of agricultural land rental market is generally, but the land right possession is fragmentation and frequent adjustment, the ration of agricultural land rent to agricultural professional cooperatives and agricultural enterprise is still low.（ⅲⅲ）the spatial distribution of land mass transfer, agricultural professional cooperatives and agricultural enterprise carry the very similar characteristic.

Keywords: rural economic cooperatives organization; non-agriculturalization; land circulation; land property right

新型城镇化背景下新社区内涵再探讨与模式探索
——以南京市高淳区新社区布点规划实践为例 *

赵立元　王兴丰　王海卉

摘　要： 通过对相关政策、建设实践及有关研究分析，认为前一阶段各地农村新社区建设是在中央政府多项政策综合作用下，地方政府在狭义理解社区概念基础上进行的实践创新，本质上是一种将城市社区大规模、高密度建设管理方法应用于乡村地区的模式。这一模式在产生积极效果的同时，存在诸多问题，因此在新型城镇化发展要求基础上提出从社区经典概念出发，重新认识农村新社区的意涵，提出农村新社区相比传统农村社区最根本的特点是具有更加完善的公共设施，与是否集中建设并没有必然联系。以南京市高淳区新社区布点规划实践为例，介绍一种在维持现有村庄肌理前提下，将各类公共设施向乡村地区布置，在全域实现城乡一体化的模式。

关键词： 新型城镇化；农村新社区；高淳；布点规划

　　近年来农村新社区建设在全国各地开展，地方政府将其作为统筹城乡发展、实现城乡一体化的重要抓手积极推进。总起来看，当前进行的农村新社区建设，是在中央政府耕地保护政策、城乡建设用地增减挂钩政策、新农村建设战略以及新型城镇化战略等多项政策共同作用下，地方政府将社区狭义理解为城市社区基础上进行的实践创新，本质上是一种将城市社区的高密度、大规模建设方式应用于乡村地区的模式，通过将乡村居民集中起来，大大减少所需建设用地和村庄分散程度，地方政府可以获得城市扩张所需的建设用地指标、以较少的财政支出改善乡村居民的设施条件，长期内这种新社区还是农民实现就地城镇化的有效办法。

　　目前这种农村新社区建设模式，虽然有一些积极的效果，但现实中也造成诸多的社会问题。本文提出农村新社区建设应该回归社区的原有意涵，农村新社区之"新"在于比传统农村社区有更完善的公共设施，农村新社区建设模式不只有一种，并以南京市高淳区新社区规划实践为例，介绍一种在维持当前村庄肌理基础上，将公共设施向乡村地区布置，在全域实现城乡一体化的新社区建设模式。

1　当前农村新社区建设实践

1.1　农村新型社区建设特点

　　可见研究中"农村新社区"或"新型农村社区"的建设，早在 2003 年就在经济发展水平较高的浙江省提出，与"千村示范，万村整治"工程同步，在全省范围开展新社区建设工程，其后山东、河南、江苏、河南、重庆、湖北等省份有广泛尝试。

　　浙江省农村新社区的研究中将其定义为"在统筹城乡发展、推进城乡一体化的背景下，为整合社会资源，促进农村全面发展，在科学规划、合理布局、广泛参与、稳步推行基础上，通过村庄合并、集约发展的方式，组建而成

---

　　* 科研项目支持：国家住建部软科学研究项目"苏南大都市边缘区村庄集约型建设模式研究"和国家自然科学基金青年基金"政策分析角度的苏南乡村空间集约化规划研究"（项目号51108073）研究成果。

　　具体具规划项目：《南京市高淳区村庄布点规划（2013—2030）》，由南京东南大学城市规划设计研究院有限公司承担，主要参加人员王兴平、王海卉、陶岸君、李铁柱、胡畔、赵立元、徐嘉勃、冯淼、贺志华、胡亮等，由南京市高淳区人民政府和南京市规划局高淳分局组织实施。

赵立元：东南大学建筑学院博士研究生
王兴丰：东南大学建筑学院教授、博士生导师
王海卉：东南大学建筑学院副教授

的新农村生产、生活共同体[1]"，"一般由2—4个行政村组成的，具有一定人口规模和较为齐全的公共设施的农村组合体，它是城镇建设的延伸点，是以城带乡、以工促农的落脚点，是农村城镇化的切入点和示范点[2]"。

相比传统村庄，新社区有两个突出的特点：首先，将多个分散的村庄聚集到集中居住区，人口规模和人口密度都较传统的村庄大为提高，接近城市人口规模；其次，公共设施更加完备，交通更加便捷，公共设施配给的成本因为规模经济而有所降低。例如，在"农村新社区"建设起步较早的浙江省湖州市吴兴区八里店的农村新社区，规划用地总面积64.5公顷，包括9个行政村、2369户、8000多人[2]，再如绍兴县兰亭镇桃阮社区，社区建设面积40.21公顷，包括两个行政村、7000人[3]；江苏省通过万顷良田工程，对部分村庄进行搬迁合并建成集中居住区，如南京市高淳区固城镇安置区，形成两个人口数千的新社区；山东省，如潍坊诸城市，把全市1249个村庄规划建设为208个农村社区，打造"两公里公共服务圈"，形成了"多村一社区"的"诸城模式"，每个社区差不多涵盖5个村、1500户[4]，威海市则提出农村新社区人口不低于3000人的标准[5]；河南省，提出"拆村并居、拆旧建新"，建设"百年社区"，全省计划建设4000个农村新社区，如沈丘县石槽集乡金沙港湾新社区，整合了3个行政村、992户、3085人集中居住[6]。

1.2 当前农村新社区建设的发生机制

关于目前这种以上述集中新建为主要特点的农村居住区的农村新社区建设，有学者认为是"社会主义新农村"建设的组成内容，事实上早在2003年浙江省提出"千村示范，万村整治"工程的时候就已经开始出现，还有研究将

图1 浙江奉化农村新社区
（资料来源：http://mlzj.zjol.com.cn/mlzj/system/
2009/01/15/010861199.shtml）

图2 山东潍坊诸城农村新社区
（资料来源：http://www.nctudi.com/news_show.php?
news_id=11442&page=1）

图3 江苏固城镇当前农村新社区
（资料来源：作者拍摄）

图4 河南农村新社区
（资料来源：http://www.taiwan.cn/xwzx/shytp/
200811/t20081121_782935.htm）

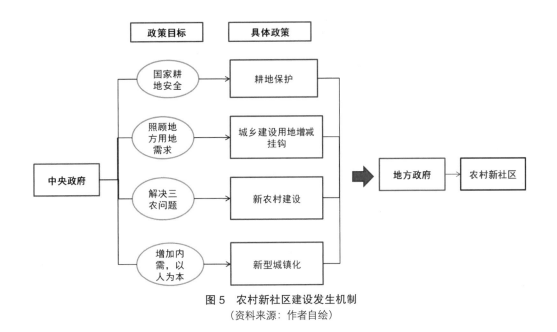

图5 农村新社区建设发生机制
(资料来源：作者自绘)

这种集中新建居住区的方式被称为"农村集镇化"，即"打破现有农村自然村的格局，将若干个地理位置相邻的自然村集中起来，按照城镇模式规划和建设小集镇，由政府负责道路、供水、供电、学校、医院等公共设施投入"[7]。笔者认为，当前全国各地正进行的农村新社区建设是中央政府多项政策在地方实践过程中互相作用、强化的结果，统筹城乡是路径，实现城乡一体化是目标，包括了耕地保护政策、城乡建设用地增减挂钩政策、新农村建设战略和新型城镇化战略。

中央政府有多个政策目标，并有对应的公共政策：首先，为保证国家粮食安全，以《全国土地利用总体规划纲要（2006—2020年）》颁布为标志，划定18亿亩耕地保护红线，施行严格的耕地保护和偏紧的建设用地供给制度；其次，为解决"三农问题"、维持社会稳定和启动农村消费需求，2006年以1号文件形式正式发起以政府为主体，以增加自然村水、电、路投资为主的新农村建设运动[8]，最初并不是涉及村庄的撤并[9]；第三，在偏紧建设用地供给前提下，为照顾地方政府发展对于土地的刚性需要，开了一个建设用地供给的口子，2004年国务院《关于深化改革严格土地管理的决定》提出"鼓励农村建设用地整理，城镇建设用地增加要与农村建设用地减少相挂钩"，2006年国土资源部《关于坚持依法依规管理节约集约用地支持社会主义新农村建设的通知》指出"要适应新农村建设的要求，经部批准，稳步推进城镇建设用地增加和农村建设用地减少相挂钩试点…"，扩大了新农村建设的意涵；第四，2012年十八大以来，新一届中央领导提出将新型城镇化作为拉动内需、实现经济持续增长的有力抓手。

这几项中央层面提出的政策在地方实践中的互动机制为：中央政府的耕地保护与严格的用地供给政策与地方政府增加建设用地支撑发展相矛盾；双方通过城乡建设用地增减挂钩达成妥协，通过减少粗放的农村建设用地的方式以支持城市建设用地增加需要；地方政府通过将多个村庄的农民集中起来，集中改善原有村庄农民的居住、生活条件，是为完成新农村建设；从长远看，以规模集聚为主要特征的农村新社区，还可算作农村居民就地实现了城镇化，完成了中央政府提出的新型城镇化任务。

如果按照该模式有效运行，是一种多方受益的制度设计：对于地方政府来讲，通过这种农民集中居住的方式，可以获得用于城市发展的建设用地指标，同时因为人口集聚产生规模经济，可减少公共设施配给的财政支出，进而成为地方政府的新农村建设和新型城镇化推进的成绩；对于中央政府来讲，既能保护耕地安全，又能实现经济的持续增长，减少乡村重复建设造成的损失；对于农民来讲，在这个过程中获得更好的居住、生活条件。厉以宁先生对农村新社区建设大加赞赏，认为是中国地方实践的又一创举，认为农村新社区是国家新型城镇化"老城—新城—新社区"体系的重要组成部分，是推动实现农民就地城镇化、避免大城市病的有效方法，农村新社区未来的发展前景是小城镇[10]。

2 农村新社区内涵再讨论

2.1 当前实践对社区内涵的狭义理解

社区概念由德国社会学费迪南德·滕尼斯于 1887 年在《共同体与社会》中提出：那些由具有共同价值取向的同质人口组成的，是关系密切、出入为友、守望相助、疾病相扶、富有人情味的社会关系和社会团体。尽管社区的概念已经有了新的发展，但基本上还是包含几个要素：以一定社会关系为纽带组织起来的、有一定人口规模，有共同社会生活的人群；一定界限的地域；相对整套完备的、可满足社区成员基本物质需要和精神需要的社会生活服务设施；一套相互配合的、适合社区生活的制度与相应的管理机构；基于社区经济、社会发展水平和历史传统、文化、生活方式，及与之相连的社区成员能对社区情感与心理上的认同感与归属感。根据该定义，城市的居住区和村庄居民点都是社区，并且传统的村庄更加符合社区的经典定义，尽管随着城市化不断推进，农村社区也变得愈加开放，但从中国的乡村发展趋势及东亚乡村发展经验看，这种经典意义上的社区仍将长久存在。

前述农村新社区实践其实是在中国特殊语境下的社区，将社区意涵狭义化为特指城市社区，这与中国近些年社区在中国行政管理中角色的变化有关。改革开放后，1985 年民政部最早将社区引入社会生活，起初是一个公共服务普及的概念；2000 年 11 月《中共中央办公厅、国务院办公厅转发民政部关于在全国推进城市社区建设的意见》，提出在全国城市推动社区建设工作，社区投入资源强化"属地管理"，社区的行政属地概念印象进入公众认识；2004 年 10 月《中共中央办公厅转发中组部关于进一步加强和改进街道社区党的建设工作的意见》，标志着社区建设从民政部主导的以社区服务工作为主要内容，上升到基层政权建设高度，社区建设实际上转化为服务于政权建设为主要目标，成为国家加强基层社会管理的重要方式[11]。自此以后，"社区"被狭隘理解为"城市社区"并不断强化，其内涵专指城市社区，提到社区人们的第一印象就是高密度、大规模的城市居住区。

由于中国特殊语境下对于社区的狭义理解，使得当前农村新社区的地方实践，基本以迁村并点的模式为主，表现为都是对村庄建设与管理的城市社区化，从基础设施、公共服务、居住模式、管理模式仿照城镇标准进行，本质上是一种以城统乡的农村社区建设模式。在政府决策者层中也以这种狭义认识为主，例如山东省政府高层领导讲到农村新社区时强调"社区的概念是由城里发展到农村的"[12]，实际上说的就是要用城市社区的模式建设乡村。

2.2 当前农村新社区建设存在的问题及内涵的再认识

当前中国各地基于狭义理解的农村新社区建设实践，作为地方政府向乡村地区普及各种公共设施、推进城乡一体化的工具，虽然具有诸多优点，但又存在诸多不足，引发了许多社会问题：首先，这种模式并不具有普惠性，在浙江、山东等省份开展的以迁村并点为主要特点的农村新社区建设，目前主要以项目的形式对城中村、近郊村"收编"，财政投资主要面向项目区，而对于非项目区的农民居住、生活条件改善作用有限；其次，从前述农村新社区建设发生机制的分析可知，地方政府推动农村新社区建设的第一动力是获得建设用地指标，而政府作为社会组织，在缺乏有效监控的情况下，有寻求利益最大化的冲动，即政府失灵，降低社区建设的标准，继而引发与农民的冲突；第三，对于农民生产生活造成负面影响，其实是地方政府在获取用地指标导向下的副作用延伸，过少考虑仍然营农农民的需要，同时尤其是对老年农民生活方式变化影响大；此外，建设用地复垦的成本，地方政府在获得指标后，并不会致力于建设用地复垦，造成耕地账面增加，实际上双倍浪费的问题；另外，有学者认为这种迁村并点的模式，对于传统乡村肌理、乡土文化的传承也是一种破坏。

本质上这是一种以城统乡的模式，部分地区甚至将农村新社区建设简化为"农民上楼"，造成农民避之而不及，如果因单一模式失败造成农村居民反感，恐怕会成为未来乡村社区发展的障碍。因此笔者提出应当回归社区的一般涵义，对农村新社区的内涵进行重新认识，本文认为满足人的各种需求是根本目标，农村社区的"新"，在于在最大限度上满足居民不断增长的物质文化需求，是针对城乡二元结构下乡村公共建设滞后现实的新，关注的核心内容应当是通过各种公共设施普及以实现公共服务的城乡一体化，与是否集中建设不存在必然的联系。

3 农村新社区建设模式探索——南京市高淳区农村新社区的规划实践

3.1 南京市高淳区概况与当前农村新社区建设情况

当下多地推行的农村新社区建设模式，对于解决城郊、城中村发展问题可能会是一种能够多赢的选择，但是将现有农村社区建设成为生产发展、生活便利的"新"社区并不必然只有以集聚为主要特点的一种模式，此处以南京市高淳区新社区布点规划实践为例，提出农村新社区建设的其中一种路径，希望能够为未来中国农村新社区的建设模式提供新思路。

高淳区是南京市最南端的远郊区，地处苏、浙、皖三省交界地，地势东高西低，东部是丘陵地区，西部是低洼圩区；行政辖管 8 个镇，共 10 个居委会，134 个行政村、1013 个自然村，总人口 43.26 万人，人口总量保持平缓增加、城镇化稳步推进，城镇化率达到 52.2%。

图 6　南京市高淳区区位图
（资料来源：参考文献 [22]）

图 7　南京市高淳区地形图
（资料来源：参考文献 [22]）

利用国家城乡建设用地增减挂钩政策，依托江苏省国土资源厅 2008 年提出的"万顷良田"工程，高淳区东坝、固城两镇通过土地综合整治项目，将部分村庄通过项目拆迁合并，在镇区、被撤并乡镇驻地建成多个模仿城市社区的用地集约的安置区，也就是当前中国语境下的"农村新社区"。

目前，这些农村新社区存在很多问题：首先，这些社区的建设都是以项目推动的，省、市、区都有配套的资金支持，其他非项目区的村庄则不能获得这种改变，也就是说不具有对农村地区的普惠性；其次，规模集中以后，住房质量得到改善，各种设施也能够完善配置，但是安置区在镇区，扩大了农业作业的半径，对于营农农户作业造成不便；再次，对于部分上年纪的老人，因为生活方式变化较大，表现出了不适应；再次，农田规模化经营，农业劳动力需求减少，非农就业机会却并没有增加，造成新社区中失业人员集中，进而成为当地社会的不稳定因素，增加了社会成本，如果计算入增加的社会成本，则集中的经济性问题需要重新考量。

3.2 新型城镇化背景下新社区布点的模式探索

新一轮的农村新社区布点规划中，针对之前农村新社区建设中存在的种种问题与不足，以农村新社区之新以公共设施完善配给为"新"的意涵，从现实条件出发，综合考虑公共财政支出的有效性、社会成本最低化、农民生活改善普惠化、现有村庄产权结构特点，提出不同于以城统乡模式的新社区建设新路径。

规划中真正体现以人为本理念，提出以公共设施的有效、广泛配给为重点，建设用地指标获得不是本次规

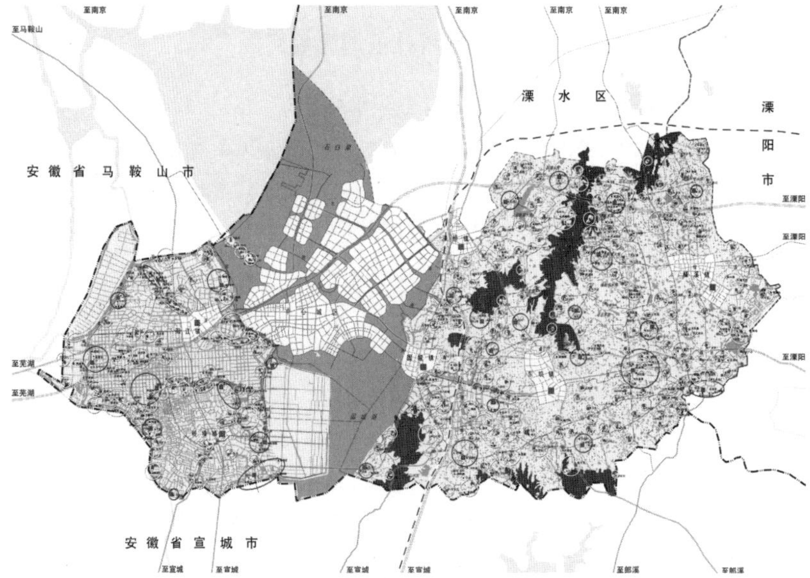

图8　高淳新社区布点图
（资料来源：参考文献[22]）

划核心。将现有农村居民点分为规划布点村和非规划布点村，其中非布点村庄包括城镇建设用地规划范围内的村庄、存在安全隐患及因自身衰落趋势特别明显的小村落，这些村庄与城镇互动性强或者极不经济，具备整体迁移的可行性；其他村庄则全都是规划保留村庄，然后选择交通条件较好、行政村驻地、发展势头较好的村庄作为公共设施配给村，以设施布点村委中心，按照主要公共设施获得步行5分钟划定服务范围（弹性标准，根据实际情况调整），若干个村庄围绕设施布点村组成为一个新社区，最终在预设的半径内较好实现基本公共服务。

这种模式能够在提高村民生产、生活便利性的同时，尽量节省公共财政资金；其次，因为基本不改变村民的生产作业半径，因此对于发展农业有很多好处；从高淳当地情况看，兼业情况普遍，尽管农业收入有限，但是这一模式能够避免失业农民集中的问题，照顾到当前老人生活习惯，对于社会稳定有好处；还有，这与2013年底中央城镇化工作会议中提出的"看得见山、望得见水、记得住乡愁"的精神也有很好的契合，符合国家新型城镇化规划要求，对于传统文化传承有积极作用。

本次规划将大部分基础条件较好的村庄都作为设施布点村，最终形成260多个农村新社区。这是否会带来投入的浪费呢？到2030年人口达到峰值，按东亚国家规律70%的城镇化率，即使总人口不增长，仍有13万人在农村；如果按照总体规划的人口，70%城镇化率，则仍有20万左右的农村人口；即使达到85%的城镇化率，仍然会有15万人左右的农村人口，因此按照20万人布置的农村基础设施，到规划期末最少仍有15万人在使用。况且，高淳所处的大都市边缘区的区位，随着市民消费水平提高，乡村人口发生置换将是必然趋势，完全衰落的村庄数量不会很多，因此向大部分村庄以一定半径提供公共设施并不必然就是浪费。

并且，相比集中新建社区投资模式可以是分期投入，对于公共财政的压力也不会很大，并且对村庄的改造、提升利于村民生活水平提高，能够动员起村庄村民的投入，对于形成社会共治的局面也有诸多益处，尽管不能马上产生用地指标，但从苏南乡村价值逐渐发生变化、村庄撤并难度越来越大的现实考虑，这应该是一种比较可行的新社区建设模式。

4　结语

新世纪的第一个十年，在耕地保护、新农村建设、城镇化战略和城乡建设用地增减挂钩等国家政策共同作用下，地方政府在行政实践过程中创造出农村新社区，本质上是将传统农村社区在建设和管理方面都向城市靠拢的发展模式。但是这种模式在地方政府发展冲动之下，产生了只重视经济利益而忽视人的需要的种种问题，实践中遇到的困难也越来越多，与国家发展新阶段提出的新型城镇化以人为本的要求相背离。

　　本文通过回归社区经典概念思考农村新社区的应有意涵，并以南京市高淳区农村新社区布点规划实践为例介绍了新型城镇化背景下农村新社区发展的一种可能的模式，从农村社区公共服务的满足出发，回归到人的根本需求而弱化建设用地指标的获得。同时，有几点问题需要继续关注：首先，服务半径设定的合理性问题仍需要观察，现在按照步行时距和人口规模两个主要因素设定的公共服务配给还是一个估算值，需要在实践中继续检验调试；此外，传统的农村社区是以自然村的边界为界限，现在按照公共服务获得划定的社区范围与传统的村庄边界其实是一种突破，传统边界是否会使得理想边界无效，进而造成非设施布点村庄仍然无法得到公共服务，仍然需要实践检验。

主要参考文献

[1] 邵峰．建设农村新社区 推进城乡一体化 [C]．珠海：城乡统筹发展与政策调整学术研讨会，2003：480-490.

[2] 浙江省发展和改革委员会调研组．改造"城中村"，建设农村新社区——湖州市吴兴区八里店探索新农村建设的启示 [J]．浙江经济，2006（8）：28-30.

[3] 陈学军，陆高峰．农村新社区规划的探索与实践——以绍兴县兰亭镇桃阮社区规划为例 [J]．小城镇建设，2008（12）：4-8.

[4] 山东诸城撤销全部行政村合并为社区 [N/OL]．新京报，2010-08-19[2014-10-06].http://www.nctudi.com/news_show.php?news_id=11442&page=1

[5] 威海市城乡建设委员会．市委、市政府出台《关于加快推进新型社区建设的实施意见》[EB/OL].2014-04-01[2014-08-06].http://www.whci.gov.cn/newweb/dnews.asp?id=20150

[6] 河南新乡建设新型农村住宅社区 [N/OL]．新华网，2008-11-21[2014-10-06].http://www.taiwan.cn/xwzx/shytp/200811/t20081121_782935.htm

[7] 刘志伟．中国农村新社区建设：21世纪的中国乡村再造 [J]．理论与改革，2004（3）：67-70.

[8] 温铁军．中国新农村建设报告 [M]．福州：福建人民出版社，2010.

[9] 林毅夫．新农村建设的几点建议 [J]．建设科技，2006（6）：14-15.

[10] 厉以宁．中国道路与新城镇化 [J]．唯实（现代管理），2013（1）：24-25.

[11] 李东泉．中国社区发展历程的回顾与展望 [J]．中国行政管理，2013（5）：77-81.

[12] 孙绍骋：发展社会养老 让农民过上城里生活 [N/OL]．大众网，2014-1-24[2014-10-06].http://www.dzwww.com/shandong/sdnews/201401/t20140124_9571601.htm

[13] 高强．新农村公共服务新型社区平台的探索——新型农村社区"内源式"和"外推式"的建构模式分析 [J]．天府新论，2006（2）：96-100.

[14] 黄小晶．努力建设社会主义农村新社区 [J]．农业经济问题，2006（4）：47-49.

[15] 张静．统筹城乡视阈下农村新社区和谐发展研究 [J]．安徽农业科学，2011，39（30）：18921-18922.

[16] 耿云明．分类引导 突出特色——武汉市农村新社区建设模式研究 [C]．昆明：多元与包容——中国城市规划年会，2012.

[17] 陈东凌．大胆实践农村新社区建设 [J]．今日浙江，2003（20）：20-23.

[18] 徐勇．在社会主义新农村建设中推进农村社区建设 [J]．江汉论坛，2007（4）：12-15.

[19] 乔成邦．新型农村社区建设：制约因素与路径选择——基于政策执行的视角 [J]．农村经济，2013（4）：51-54.

[20] 吴孔凡．江苏省城镇化和农村新社区建设情况调查 [J]．中国财政，2010（22）：44-46.

[21] 刘振杰．打造百年社区：农村发展的"二次革命"——基于对河南部分地市的调研 [J]．中国党政干部论坛，2013(8)：66-68.

[22] 高淳区人民政府，东南大学城市规划设计研究院有限公司．南京市高淳区村庄布点规划（2013—2030）[Z]，2014.

Re-Discussion of the Connotation and Exploration of New Building Pattern of the New-Community Under the Background of New Urbanization——A Case Study of New-Community Distribution Planning Practice, Gaochun District, Nanjing

Zhao Liyuan   Wang Xingfeng   Wang Haihui

Abstract : Through the analysis of related policies, building practice and relevant research, the author suggest that the former rural new-community building in China is an innovation of the local government which is a consequence of the interaction effect of central government's policies and the local government's narrow understanding about community. Essentially it is a pattern that applied the urban massive scale and high density building and management method to the rural areas. This model has some positive effects, also has many problems at the same time. On the basis of new urbanization's requests, the author recognize the connotation of rural new-community from the classical concept of the community and argue that the fundamental difference between new-community and traditional rural community is has more perfect public facilities. Taking Gaochun District's new-community distribution planning practice in Nanjing as a case, the author introduce a new-community building pattern through the allocation of public facilities to the rural areas, which will maintain village texture and help to realize the integration of urban and rural in the whole area.

Keywords : new urbanization ; rural new-community ; Gaochun ; distribution planning

区域视角下传统村落整体风貌特征评价研究
——以丽水市传统村落为例

陈信　李王鸣

摘　要： 本文聚焦区域聚落视角下的传统村落风貌，从"村落区位"、"村落格局"和"村落环境"三方面提取风貌要素，构建整体风貌特征评价体系，其中，引入 ESDA 方法定量分析可量化风貌要素，包括"交通区位"、"景区区位"、"村落建筑"和"选址格局"；引入景观生态学方法定性分析非量化风貌要素，包括"自然环境"、"文化类型"和"产业经济"，找寻要素资源集聚特征和空间分布特性，并以此为基础结合丽水市域内的 150 个已经成功申报或正在申报的国家级传统村落，确定以风貌村落类型、总体分区结构、集成廊道组织为主体的区域传统村落风貌框架，并揭示其差异化、集群化、区域化特征。

关键词： 区域视角；传统村落；风貌特征评价；丽水市

1 引言

传统村落是指始建年代久远，经历较长历史沿革，至今仍然以农业人口居住和从事农业生产为主，且保留着传统起居形态和文化形态的村落[1]。它是地域文化、民俗风情的重要载体，具有较强的历史价值、文化价值、美学价值、旅游价值，在反映传统文化遗产方面具有很强的典型性和代表性[2]。因此针对传统村落的研究对于保护历史遗产、弘扬民族文化具有重要的理论价值和实践意义。

近年来，围绕传统村落的发展规划与建设保护，国内学者展开了一系列的研究和探索。刘大均等从地理学的角度对全国传统村落的空间分布特征及其规律进行了相关总结[3]；陶伟等从建筑学的角度采用空间句法的方法对传统村落的空间形态和认知进行了研究[4]；崔妍从景观学的角度探索地域文化要素对于传统村落景观形成的影响[5]；王云才等针对传统村落的价值特征进行了综合评价分析研究[6]，王小明对传统村落价值认定标准的科学性进行了理性分析[7]；车震宇等从旅游学的角度探讨旅游开发对传统村落风貌的利弊影响[8]；此外，关于传统村落保护的研究也颇为丰富，如郭谦等论述了传统村落的保护开发应遵循的参与和可持续发展的基本原则及其具体实现方法[9]。

综上所述，传统村落的相关研究主要集中在分布格局、空间形态、景观意象、价值评价、旅游开发、更新保护等方面，较少关注传统村落风貌的研究，尤其缺乏从宏观角度出发探究传统村落组群风貌关系的相关研究。在区域环境中，传统村落组群风貌显现出自然连续性、产业协同性、文化传承性等区域群体特征[10]。因此，本文从区域视角出发，聚焦传统村落簇群风貌之间的联系，把握传统村落局部风貌的空间集聚、产业之间的协同关系和文化习俗之间的传承脉络，为区域传统村落整体风貌协同发展和维护奠定基础。文章结合丽水乡村传统村落建筑风貌特色研究进行深入分析。

2 传统村落整体风貌特征研究方法

2.1 总体思路

传统村落整体风貌特征研究主要是从宏观视角出发探究个案村落所显现的整体风貌特征和局部村落粗群在区位环境、产业发展、自然地貌、文化类型等存在的集聚性、连续性、协同性和传承性。通过对村落区位、村落格局、村落环境三方面提取风貌要素评价指标，构建整体风貌特征评价体系，引入 ESDA 方法定量分析可量化风貌要素

陈信：浙江大学建筑工程学院区域与城市规划系博士研究生
李王鸣：浙江大学建筑工程学院区域与城市规划系教授，博导

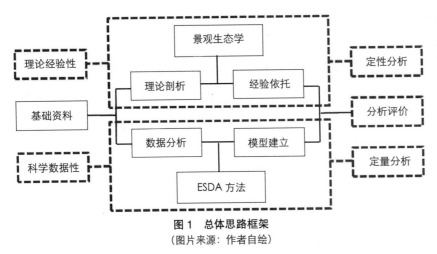

图 1 总体思路框架
（图片来源：作者自绘）

指标，从区域角度探寻村落风貌要素局部空间集聚特性，同时结合景观生态学方法定性分析非量化风貌要素指标，确定以风貌村落类型、总体分区结构、集成廊道组织为主体的区域传统村落风貌框架，了解传统村落风貌在整体所显现的差异化、集群化、区域化特征。

2.2 传统村落风貌要素提炼

传统村落风貌相对于城市风貌，有着许多方面的独特性，无论从自然环境、产业经济、建成设施、文化类型等都有着很大的差异性。为体现传统村落的风貌代表性和地域识别性，传统村落风貌的凝聚和组团有必要进行特质代表风貌要素的分析和提炼。

从区域发展的整体性来说，传统村落风貌体系的构建不仅仅依靠村落自身的风貌要素和村落周边的环境风貌，同时也受到来自区位中的其他因素的影响，例如道路交通的可达性、重要风景区的辐射作用、中心城区镇区的联动发展等等。这些区位要素将在很大程度中影响到村落未来风貌格局的发展。因此，本文统筹考虑传统村落自身风貌和区位环境风貌，将风貌类型划分为"村落区位"、"村落格局"和"村落环境"三大类，分别提取风貌要素。其中，"村落区位"包括"交通区位"、"景区区位"两个风貌要素；"村落格局"包括"村落建筑"、"选址格局"两个风貌要素；"村落环境"包括"自然环境"、"文化类型"、"产业经济"三个风貌要素。

2.3 传统村落整体风貌特征评价体系构建

根据提炼的传统村落风貌要素，构建风貌特征评价体系。由于部分表现传统村落风貌特征的要素无法用具体的数据进行分析，因此本专题采用定量分析与定性分析相结合的研究方法。将部分可量化的风貌要素进行评分，结合 ESDA 方法进行空间探索性研究，定量分析传统村落风貌的局部空间集聚特征，具体包括"交通区位"、"景区区位"、"村落建筑"和"村落格局"

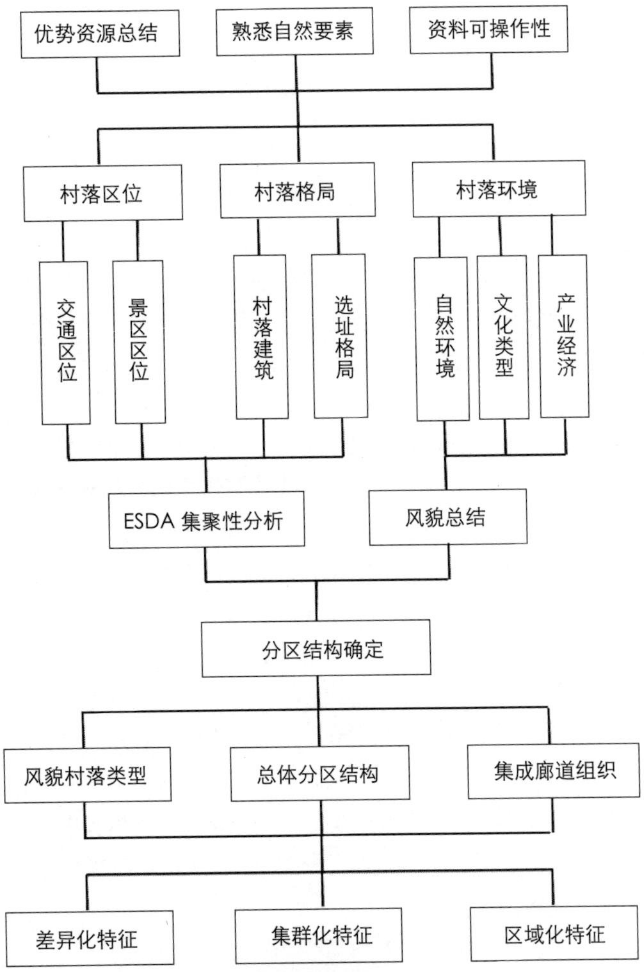

图 2 整体风貌特征评价体系
（图片来源：作者自绘）

四个风貌要素。另一些无法量化评分但是却能反应风貌类型异质性的要素则是采用定性分析经验判断的方法，包括"自然环境"、"文化类型"和"产业经济"三个风貌要素。

3 丽水市传统村落风貌案例研究

丽水市地处浙江省西南部。本次研究的传统村落分布在丽水市市域地区，包括莲都区，龙泉市，缙云、青田、松阳、云和、景宁、庆元、遂昌 7 县。所选取的研究样本依据丽水市历年来国家传统村落的申报情况，包括已申报成功的村落和正在申请的村落，共计 150 个。

3.1 风貌要素的量化评价和类型总结

（1）"交通区位"风貌量化评价

"交通区位"是很重要的"村落区位"风貌要素评价因子。在传统村落所处的交通区位中，整个区域的公路交通系统包括高速公路、国道、省道、县道、乡道五个等级，其中以高速公路的影响因子最大。因此，在本次量化评价中，将各传统村落到最近高速出口的距离作为评分的标准。图 3 是通过 ARCGIS 软件处理生成的"交通区位"成本距离分配图，颜色越深，分值越高，可达性越好。

针对已有的赋分结果，利用 GeoDa 软件，选用 LISA 统计图分析法，即将空间单元与其相邻近的周边单元所形成的局部空间联系划分成五个等级，分别是 H-H（高值被周边高值包围）、H-L（高值被周边低值包围）、L-H（低值被周边高值包围）、L-L（低值被周边低值包围）、NONE（无明显关联）[11]，选取显著性结果 5% 的随机试验 999 次得到的"交通区位"风貌要素 LISA 统计图（图 4），寻求这些传统村落中重要的局部粗群（H-H 或者 L-L）或者局部空间离群值（H-L 或者 L-H），以此分析传统村落"交通区位"风貌要素的优势集聚。由图中可以看出，"交通区位"高分集聚圈主要有四块，共同的特征除了都是位于高速公路沿线之外，其村落分布的相对密度也较高。

（2）"景区区位"风貌量化评价

和"交通区位"风貌要素一样，重要风景区的辐射作用会影响传统村落的风貌发展，因此，"景区区位"也是很重要的风貌评价指标。本次研究对丽水市域中的一些重要景区进行统计，然后在此基础上利用 ARCGIS 软件对整个丽水市域进行"景区区位"量化赋分，生成"景区区位"直线距离赋分图（图 5），颜色越深，分值越大。图 6 是基于赋分图所生成的"景区区位"风貌要素 LISA 统计图。

（3）"村落建筑"风貌量化评价

传统村落的历史沿革不仅孕育了各具特色的地方文化和传统习俗，作为承载村民生产和生活的村落本身也是历史价值颇丰的遗产之一。传统村落自身的"村落建筑"和"选址格局"也是重要的风貌体现。对此，本研究发放并

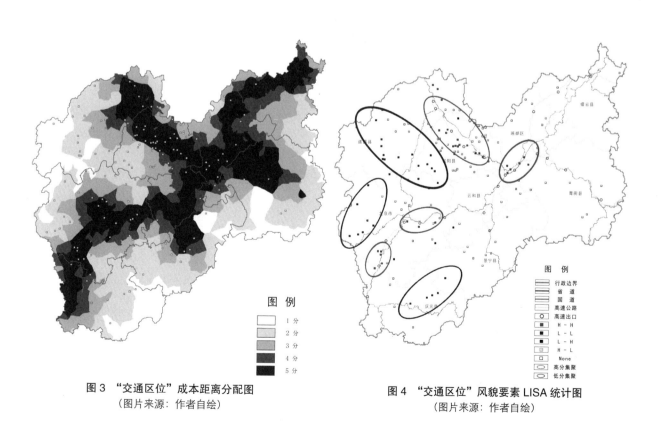

图 3 "交通区位"成本距离分配图
（图片来源：作者自绘）

图 4 "交通区位"风貌要素 LISA 统计图
（图片来源：作者自绘）

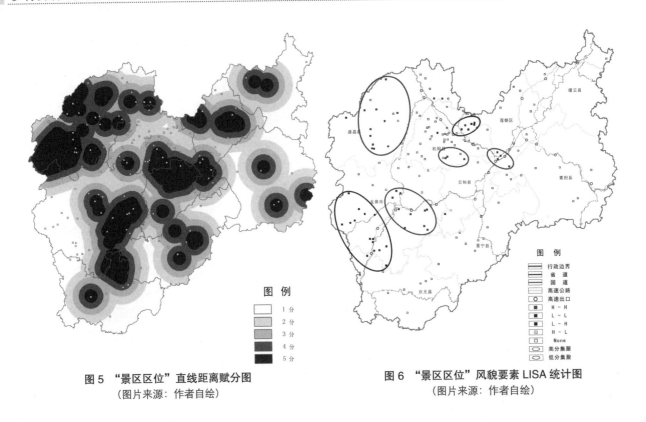

图5 "景区区位"直线距离赋分图
（图片来源：作者自绘）

图6 "景区区位"风貌要素 LISA 统计图
（图片来源：作者自绘）

回收的《全国传统村落评价认定指标体系推荐统计表》①，其中主要包含"村落建筑"评分和"选址格局"评分。

通过标准化赋分"村落建筑评价打分"一栏的回收数据，可得到"村落建筑"LISA 统计图（图7），从图中可以看到，"村落建筑"优势风貌的空间集聚特性相对分散，显示出"多点开花"的特性。

（4）"选址格局"风貌量化评价

和"村落建筑"一样，标准化赋分《全国传统村落评价认定指标体系推荐统计表》中"村落选址格局特色打分"一栏的回收数据，可得到"选址格局"LISA 统计图（图8）。

（5）"自然环境"风貌类型总结

传统村落"自然环境"风貌包括平原风貌、丘陵风貌和山地风貌三大类。平原风貌类村落主要坐落在平原或小盆地上，地势平坦，海拔不超过 200m。市域范围内主要分布在松古平原、碧湖平原和壶镇平原。丘陵风貌类村落主要分布在地势坡度较缓的丘陵中，海拔在 200~500m 之间。市域内大部分村落分布在松古平原、碧湖平原和壶镇平原周边丘陵地带，少部分处于山区的丘陵型村落也多围绕河谷小盆地分布。山地风貌类型村落地处山区，地势坡度较大，高差明显，海拔在 500m 以上。该类村落分布比较分散，是丽水市最具有代表性的"自然环境"风貌类型。

（6）"文化类型"风貌类型总结

丽水市传统村落是浙南地区传统文化的典型代表，闽、越文化在此汇聚，形成了独具特色的多文化交融的区域。除浙南传统文化作为区域主流，还有客家文化、畲族文化、红色文化、华侨文化等特色文化类型。各具特色的文化类型造就了不同的传统村落风貌。从总的分布来看，畲族文化风貌村落分布在景宁畲族自治县，客家文化风貌村落主要分布在云和、松阳地区，红色文化风貌村落分布在遂昌、龙泉、云和等部分地区，华侨文化主要分布在青田县。

（7）"产业经济"风貌类型总结

产业经济风貌体现传统村落村民日常起居的生产生活状态，是整体风貌的重要组成部分。市域内传统村落产业经济以农业为主，但因为局部地区环境的差异，特色农业也各不相同。依据各个传统村落产业发展特色，将其划分为传统农耕类、蔬菜瓜果类、茶叶竹木类、食用菌类、旅游服务类、综合类六大类。

---

① 评价标准来源于《传统村落评价认定指标体系》（试行）。

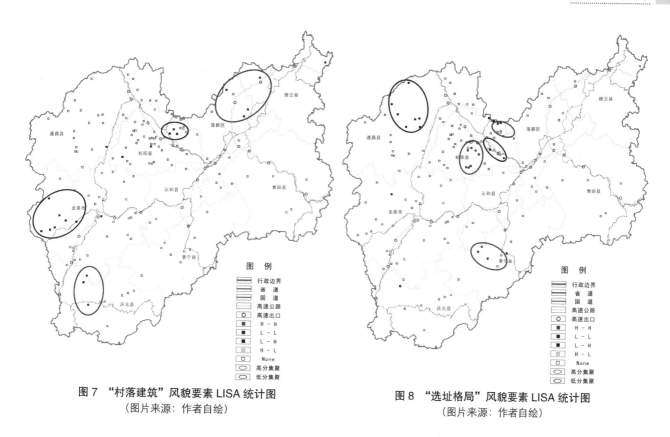

图7 "村落建筑"风貌要素 LISA 统计图
（图片来源：作者自绘）

图8 "选址格局"风貌要素 LISA 统计图
（图片来源：作者自绘）

3.2 区域传统村落风貌框架

（1）风貌村落类型的确定

根据传统村落风貌要素的空间集聚状态和村落本身的历史、文化、建筑格局特色，按照"求大同存小异"和"突出区位高价值"的划分原则，可提炼出八个具有集群特色的风貌村落类型，分别指丽东山区华侨文化风貌区、畲族文化风貌区、丽中丘陵客家文化风貌区、丽西山区红色文化风貌区、瓯江滨水风貌区、丽北平原传统建筑风貌区、松谷平原风貌区、丽南山地传统村落风貌区（图9）。

（2）总体分区结构的确定

在确定风貌村落类型以后，结合传统村落特色农业分布和风景旅游景区，近一步将丽水市传统村落整体风貌分区定义为"四大类，十五分区"的空间结构（图10），每个风貌分区的传统村落都具有自己的发展重点和风貌特色。

大区位风貌村落类型

表1

大区位	行政区	地理环境	文化类型	风貌分区
东部	青田县	山地	华侨文化	丽东山区华侨文化风貌区
东北部	缙云县	山地	—	丽北平原传统建筑风貌区
		平原		
南部	龙泉市	山地	—	丽南山地传统村落风貌区
	庆元县			
东南部	景宁县	山地	畲族文化	畲族文化风貌区
西北部	莲都区	滨水		瓯江滨水风貌区
	松阳县	平原		松谷平原风貌区
	遂昌县	山地	红色文化	丽西山区红色文化风貌区
	云和县	丘陵	客家文化	丽中丘陵客家文化风貌区

（图片来源：作者自绘）

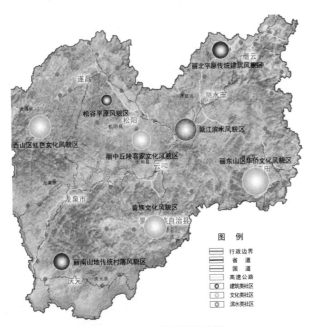

图9 风貌村落类型分布图
（图片来源：作者自绘）

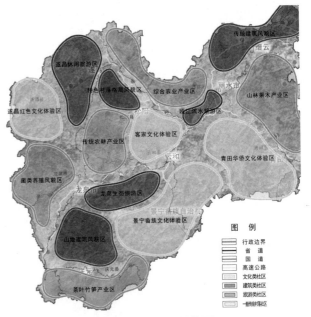

图10 总体分区结构图
（图片来源：作者自绘）

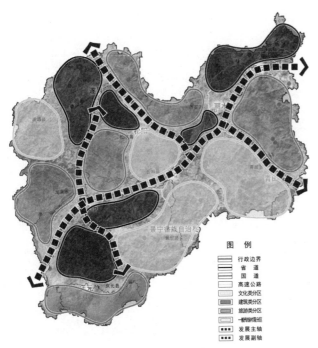

图11 集成廊道组织
（图片来源：作者自绘）

其中四大类是指文化类分区、建筑类分区、旅游类分区、一般类传统村落分区（村落本身建筑文化并不突出但村落外围田园风貌具有特色的传统村落风貌分区）。

（3）集成廊道组织的确定

在风貌分区结构确立以后，通过对区块之间串联功能的挖掘和现有道路交通设施的分析，确定"一主一副"的集成廊道（图11）。其主要体现对区域交通、生态景观、地方文化、休闲农业、传统村落等多方面的综合沟通，成为展示传统村落整体风貌特色的集成廊道。

3.3 传统村落整体风貌特征评价

根据确定的区域传统村落风貌框架，初步探寻丽水市传统村落风貌差异化、集群化、区域化特征。

（1）差异化特征

差异化特征主要体现在整个市域因其地理环境不同而造就的传统村落风貌差异。例如，庆元县、青田县、景宁县、龙泉市等地的传统村落以山地和丘陵地貌为特色，一般而言，江水与山脉走向平行，地势海拔较高，气候四季分明，遵循着"枕山、环水、面屏"的模式，村落选址大多利用天然地形，驻扎在河谷两岸，或者山谷内相对开阔的阳坡或山侧南向缓坡；而莲都区、松阳县、缙云县等地的传统村落，以盆地与小平原为地形特点，气候温暖湿润、雨量充沛，村落选址多处山脉和溪江环抱之中，并且大多溪江穿村而过，村落整体与溪流、群山构成和谐的空间环境。

（2）集群化特征

集群化主要体现在村落特色风貌的小范围空间集聚。

从传统村落农业类型来看，丽东地区丘陵居多，山林果木为集群产业；丽水中部地势平缓，从事农耕作业的村落相对来说较为集中；丽水西南部一带，山体众多，海拔较高，种植香菇、茶叶和毛竹的村落小范围集群；丽水北部则以综合农业发展为主。

从历史文化角度来看，青田地区集群一批以华侨文化为特色的传统村落；景宁地区传统村落以畲族文化为统一代表；松阳云和两地则是集合了客家文化；遂昌龙泉两地则是红色文化的传承地。

从村落的建筑风格来看，丽北地区小范围内显示出浓厚的中原特色；丽中地区部分客家村落"汀州"建筑特征显著；丽南山区则是显现出独特的山地型错层式传统建筑集群。

（3）区域化特征

丽水市传统村落风貌具有鲜明的区域化特色。其保存下来的传统村落，除少量的为宋元时期的之外，多为明清时期遗留。不仅村落地域基本未变，而且村落环境、建筑、历史文化、传统氛围等均保存较好。这里不仅拥有缙云黄帝文化的遗迹和传说，更是曾经生活着浙西南最古老的先民好川人。除了本土文化之外，福建、中原等地客家文化、景宁畲族人民文化的涌入更是为丽水市当地传统村落风貌增光增彩。其传统村落总量的分布密度、村落风貌类型的丰富程度及其周边山清水秀的生态环境是在整个浙江省乃至全国都是独一无二宝贵的财富。

4 结语

本文研究从"村落区位"、"村落格局"、"村落环境"三方面凝练了传统村落风貌评价要素，构建了整体风貌特征评价体系，通过丽水市传统村落案例，确定了以风貌村落类型、总体分区结构、集成廊道组织为主体的区域传统村落风貌框架，揭示了传统村落差异化、集群化、区域化特征，为传统村落整体风貌协调发展和针对性保护发展提供坚实基础。

主要参考文献

[1] 胡燕，陈晟，曹玮，曹昌智.传统村落的概念和文化内涵 [J].城市发展研究，2014，21（1）：10-13.

[2] 陈喆，周涵滔.基于自组织理论的传统村落更新与新民居建设研究 [J].建筑学报，2012（4）：109-114.

[3] 刘大均，胡静，陈君子，许贤棠.中国传统村落的空间分布格局研究 [J].中国人口·资源与环境，2014，24（4）：157-161.

[4] 陶伟，陈红叶，林杰勇.句法视角下广州传统村落空间形态及认知研究 [J].地理学报，2013（02）：209-218.

[5] 崔妍.浅析城镇化进程中传统村落地域文化景观研究 [J].艺术科技，2014，27（3）：324.

[6] 王云才，郭焕成，杨丽.北京市郊区传统村落价值评价及可持续利用模式探讨——以北京市门头沟区传统村落的调查研究为例 [J].地理科学，2006，26（6）：735-742.

[7] 王小明.传统村落价值认定与整体性保护的实践和思考 [J].西南民族大学学报（人文社科版），2013，34（2）：156-160.

[8] 车震宇，赵树强.旅游开发对传统村落风貌的利弊影响——以大理市环洱海区域为例 [J].华中建筑，2009，27（3）：229-233.

[9] 郭谦，林冬娜.全方位参与和可持续发展的传统村落保护开发 [J].华南理工大学学报（自然科学版），2002（10）：38-42.

[10] 李王鸣，冯真.基于ESDA方法的区域乡村群体风貌规划体系研究——以舟山市定海区乡村为例 [J].建筑与文化，2014，127（10）：94-96.

[11] 夏永久，朱喜钢，储金龙.基于ESDA的安徽省县域经济综合竞争力空间演变特征研究 [J].经济地理，2011（09）：1427-1431+1438.

The Evaluation of Overall Traditional Villages Features Under the Regional Perspective – A Case Study of Traditional Villages in Lishui

Chen Xin   Li Wangming

Abstract : The paper focuses on the Traditional Village features at the regional perspective settlements Perspective，extracts feature elements from the "village location"，"village structure" and "village environment" and constructs characteristics evaluation system. The quantified elements are analyzed by the introduction of quantitative ESDA method，including "traffic Location"，"scenic location"，"village architecture" and "location pattern"；and the unquantified elements are analyzed by the introduction of landscape ecology qualitative method，including the "natural environment"，"cultural type" and "industrial economy"，which aim at finding the spatial distribution characteristics. And on this basis，the paper takes the research case of the 150 selected traditional villages in Lishui City area to build up the regional traditional village feature structure and reveal their differences，cluster and regional characteristics.

Keywords : regional perspective；traditional village；feature characteristic evaluation；lishui

农村发展差异及影响因素
——基于佛山市高明区的案例研究

林楚阳　张立

摘　要：我国快速的城镇化进程对农村地区造成了巨大冲击，也使得农村的发展呈现出了多样化的特征。佛山市高明区下辖3镇48个行政村，农村发展类型多样，具有典型性。课题组通过村干部座谈和村民访谈并结合村民问卷的形式，对高明区的农村社会、经济、人口、公共服务和基础设施建设等方面做了较为深入的调查研究。将农村划分为平原地区的近郊村、远郊村、城边村，山区的近郊村、远郊村五大类，分析其发展差异的同时，从空间区位、工业影响、征地情况、地形特征及资源条件的角度解释了农村发展差异形成的影响因素，并从村民的视角分析了农村人口的未来城镇化意愿。最后，对高明区不同类型的农村发展，提出了若干策略建议。

关键词：城乡统筹；农村发展差异；空间区位；地形；工业规模；征地

1 引言

城乡二元问题一直伴随着我国城市化的全过程。除了少数经济先发地区以外，现今我国大部分农村地区仍然处于欠发达阶段，与城市的发展水平有较大差距。传统的城镇化过于追求效率和规模，重视城市规模的扩张，而忽视了农村的发展，使得我国城乡发展处于极不平衡的状态。研究表明，我国农村发展普遍存在如下问题：无序建设状况普遍，土地浪费现象严重；房屋更新周期越来越短，资金严重浪费；基础设施和公共服务设施建设滞后，环境质量差；农民观念滞后，增收乏力等（耿红，2006）。另一方面，农村土地产权的碎化也制约了农业的规模化和现代化（陈世栋 等，2012）。这些问题长期阻碍了农村地区的建设发展，并使得城乡二元结构问题越发突显，城乡差距越来越大。特别是近年来，大量土地（指标）、财政等资源以及农村人口向城市集聚，在促进城市发展的同时，随之而来的农民工数量激增也引发了各种社会问题。

2014 年 3 月，国家发布了《国家新型城镇化规划：2014-2020》，明确提出要"完善城乡发展一体化体制机制……加快农业现代化进程……建设社会主义新农村"；需要坚持"工业反哺农业、城市支持农村……增强农村发展活力，逐步缩小城乡差距"。显然新时期的城乡关系已经由早先的"城乡分离"的二元结构逐步向"以城带乡、城乡一体"转变，全国各地也进行了若干的尝试，期望通过重视新农村建设及小城镇发展，逐步消解城乡二元结构，促进城乡一体化发展。但是，由于我国农村发展的多样性和复杂性，现阶段在理论和实践方面仍然处于探索时期，农村发展仍然面临着诸多问题与挑战。在应对农村发展问题时，首先需要厘清的就是农村发展的巨大差异，如何在差异化的背景下认识农村发展的共性和特性问题，是开展农村研究和制定农村政策之前必须解决的关键问题。

杨国永（2009）在对福建新农村建设差异化战略分析中，引用其他学者的研究成果，通过对农村经济发展状况进行量化统计，将福建农村区域分为发达类（8 个）、较发达类（15 个）、次发达类（22 个）、欠发达类（15 个）四种类别，同时针对农村建设的差异化现状，提出新农村建设需要"因地制宜、量力而行"，继续走"工业化"、"城镇化"道路；曾祥麟（2010）在比较农村发展模式分析中，总结出温州模式、苏南模式、珠江模式、华西模式等几种典型的农村发展模式，同时分析不同农村发展模式的特点及弊端，作者提出面对"广大农村的基础条件差异"较大的局面，需要有"统一的发展思路"，并且需要"发挥农村经济能人的带动作用，诱发农村制度创新和农业技术创新"、"坚持内生发展为主，内生-外生混合发展"；杨忍（2011）采用探索性因子分析的方法，对新时期我国农村发展状态的区

林楚阳：同济大学建筑与城市规划学院硕士研究生
张立：同济大学建筑与城市规划学院副教授

域差异进行了综合分析，其主要以经济数据为主，运用模型分析了我国农村自 2000 年以来的发展动态，从资源条件、政策影响、经济区位等方面分析了不同区域农村发展差异，最终得出的结论是，在西部大开发、东北振兴等区域发展战略与国家新农村建设战略的叠合下，我国农村发展取得了较为巨大的进步，但总体水平仍然较低，在空间格局上仍然保持着"东部 > 中部 > 东北 > 西部"的差异格局。

面对我国复杂的农村发展问题，对于农村差异性的研究仍需继续，本研究以佛山市高明区为案例，对该地区的农村发展差异做了初步研究，结合统计数据和实地调研，尝试探索和剖析农村发展的差异化特点及其背后的影响机制。

2 研究方法

2.1 研究对象

佛山市高明区地处广东省中部，珠三角城市群外围、西江河畔。高明区东北隔西江与南海区、三水区相望，南与鹤山市相邻，西南与新兴县相连，西北与高要市接壤；东距佛山禅城区 47km，离广州城区 68km，西上肇庆市 64km，南下江门市 65km。距香港 184km，距澳门 135km，辖区总面积 938km²，是连接粤西地区与珠三角地区的重要交通节点，是广佛都市圈的重要腹地。

高明区下辖一个街道三个镇区，由东至西分别是荷城街道、杨和镇、明城镇、更合镇。其中，荷城街道下辖 14 个行政村，杨和镇下辖 7 个行政村，明城镇下辖 10 个村，更合镇下辖 22 个行政村；荷城街道为高明区区政府所驻地，简称城区。高明区自然资源丰富，生态环境较为良好。

2013 年高明区常住人口 42.5 万人（户籍人口 29.9 万人）。GDP 为 558.72 亿元，人均 GDP 为 13.17 万元，支柱产业为金属材料、石油化工、纺织服装、非金属制品及塑料制品。

2.2 研究方法

考虑到农村地区统计数据的缺乏和各村发展的较大差异性，本研究采用田野调查的方式，由课题组成员深入农村进行村干部访谈、农民访谈和问卷发放。由于不可控原因，课题组对高明区的 53 个行政村中的 48 个进行了走访（占总样本的 92.3%），其中 44 个村配合做了村民问卷（占总样本的 84.6%），总共发放问卷 353 份，回收 353 份，问卷有效率 100%。

2.3 研究对象的分类

以行政村距城区、镇区的空间距离及农村地形为依据，本次调研的农村可划分为位于城边村、平原近郊村、平原远郊村，山区近郊村和山区远郊村五大类。

由于调研自身的局限性，本文主要以各村的人口结构、经济收入、设施建设及公共服务供给四个方面进行描述

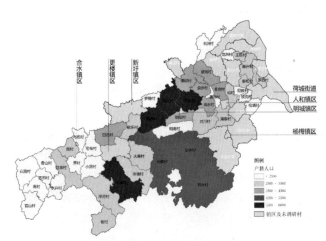

图 1　高明区农村户籍人口分布
（资料来源：数据来自访谈资料整理，作者绘制）

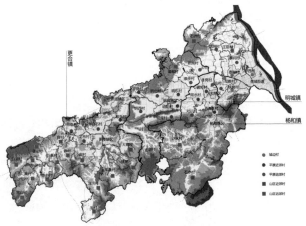

图 2　高明区行政村分布及分类
注：图中白色村名为未涉及调研村。
（资料来源：作者绘制）

分析。其中，人口结构主要指外来人口比例及外出人口比例；经济收入主要指村集体收入及村民个人收入；设施建设包括教育、医疗、文体、基础设施的建设情况；公共服务供给主要指医疗保险及养老保险的覆盖情况。

3 解释框架的建立

3.1 48个村的发展共性

调研结果表明，高明区农村发展存在共性。

在人口方面，各村的共同点是外出务工人员较多，务工地点多在高明区的荷城街道和佛山市区，在广州市及其他地区的务工者较少。外出务工人员年龄基本在40岁以下，留守村中的人口以老人为主，农村老龄化现象显著。同时农村房屋空置率较高，空心村现象也较为明显。

在经济方面,高明区农村集体经济收入方式主要为租地:包括农用地（耕地、鱼塘、山地）出租以及集体土地出租。耕地出租多数用来种植蔬菜和花卉，山地出租多数用来种植桉树，而集体土地出租主要用来建设工厂厂房。村民个人收入来源主要为工厂务工、村集体分红及农产品出售；农产品种植多为蔬菜和花卉，水稻种植仅能满足村民自身食用需求，基本无法提供额外收益，水产养殖多为四大家鱼。

在设施建设方面，高明区农村的教育设施都经过撤并，幼儿园、小学等主要集中在镇区，除个别村意外，农村地区基本没有教育设施；村级医疗设施的覆盖范围较为有限，村卫生站很难覆盖村域全境；养老设施的建设滞后，农村地区没有养老设施；供水、电力等市政设施建设较好，但基本上所有行政都没有建设生活污水回收处理系统。

在公共服务方面，各村医疗保险和养老保险的覆盖率都较高。养老保险有"新农保"，即60岁以上每人每月有120元补贴，80岁~90岁每人每月有100元的高龄补贴，90岁以上每人每月有150元的高龄补贴，60岁以下的村民每月需交30元。全征地的村还享受全征地社会养老保障，即女性55岁以上，男性60岁以上，每月补贴300元。

3.2 不同类别农村发展概况

尽管农村发展的共性特征较为显著，但差异性也很突出。

各类农村发展差异概况 表1

		平原近郊村	平原远郊村	山区近郊村	山区远郊村	城边村
	行政村总数（个）	16	8	1	18	5
人口	常住人口（人）	75200	21632	2350	27600	23478
	外来人口（人）	41600	12800	700	2625	13200
	外来人口比重	55.3%	59.2%	29.8%	9.5%	56.2%
	外出人口（人）	16360	13743	1410	27626	3317
	外出人口比重	29.7%	60.8%	46.1%	52.2%	28.4%
	征地	各行政村征地较多；全征地的自然村较多	全征地自然村较少	征地1000亩	各行政村征地很少	各行政村征地较多；全征地的自然村较多
经济收入	集体收入	集体收入较多（如：清泰520万/年，罗稳260万/年）	行政村收入差距大，多则几百万（仙村），少则几万（新岗）	集体收入很少	集体收入很少	集体收入较多（如：铁岗160万/年）
	村民收入	经济作物种植年收入2500~5000元/亩	工厂务工工资2000~3000元/月	年均收入约4800元	粉葛年收入约3000元/亩	村集体分红2000~4000元不等
设施及服务	文体设施	基本覆盖全村	篮球场建设较好，文化设施较缺乏	篮球场建设较好，文化设施较缺乏	体育和文化设施较为缺乏	基本覆盖全村
	医疗保险	覆盖率90%以上	基本全覆盖	基本全覆盖	覆盖率较高	覆盖率较高
	养老保险	—	覆盖率90%	参保率较低	覆盖率约50%	—

（资料来源：作者根据访谈信息整理）

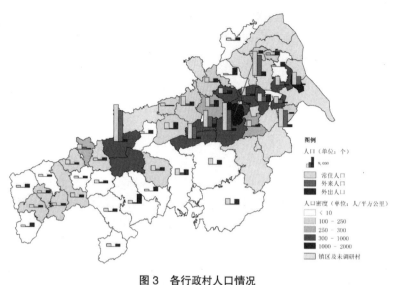

图3　各行政村人口情况
（资料来源：作者根据访谈信息整理，作者绘制）

人口方面，平原近郊村及城边村外来人口较多，占常住人口的50%以上；平原远郊村有少数行政村（仙村、对川村）外来人口较多，其余外来人口较少；山区村外来人口普遍较少。外出人口则相反，平原远郊村及山区村外出人口比例较高，平原近郊村村及城边村外出人口较少。

经济方面，平原近郊村、城边村村集体收入较多，行政村收入可达百万以上；平原远郊村收入差距较大，而山区近郊村及山区远郊村村集体收入较少；（高明）区级工业区大部分在平原近郊村、城边村的范围内，少部分分布在平原远郊村及山区远郊村中。

土地方面，平原近郊村、城边村有征地的行政村较多，其中全征地的自然村也不在少数，而平原远郊村、山区近郊村及山区远郊村征地较少，以山区远郊村来说，仅有过境高速公路有征地需求；征地的返还地（指标）多被用来出租建设工厂，而此类工厂多为五金、家具、砖厂、木材加工等类型，工厂的规模较小，年收益较低，创造就业的能力较弱；同时，平原近郊村及平原远郊村集体土地（耕地、鱼塘及山地）外包现象较多，农民自家经营现象较少，山区近郊村及山区远郊村集体土地（耕地、鱼塘及山地）多为农民自家经营，除荷城街道的石洲村外，其余行政村土地外包现象较少，而城边村由于受到工业影响，鱼塘受污染严重，外包现象也较少。

设施方面，体育设施相对较为完善，除山区远郊村之外，基本每个自然村都建有篮球场（设施供给与人口结构可能存在不匹配！）；文化设施建设相对滞后，平原近郊村及城边村每个行政村村委会处都设有农家书屋及老年活动室，而其余三类农村还无法实现文化设施在行政村的全覆盖。

社会保障方面，平原村及城边村因其村集体收入有一定规模，可以为村民承担医疗保险的费用，而山区村则有较大部分自然村需要村民自己支付一般的费用。

3.3　解释框架

从各村的调研结果中，可看出平原村的发展水平要高于山区村，近郊村的发展水平要高于远郊村。而从各类农村中的比较中可看出：外来人口多的村基本都有成规模的工业区或工厂；村域内有工厂或村域内有大量国家征地的农村，以及村集体土地外包规模较多的村，其经济收入相对较高；而经济收入较高的村其建设情况及福利待遇相对较好。

上述各因素对农村发展的影响可以归纳为左图。

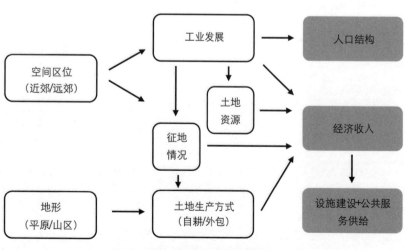

图4　农村发展情况及影响因素关系图

各因素对农村产生的影响不是单一的线性作用，而是相互交织且相互影响地作用于农村的发展。

而这些因素实质上是通过改变农村集体土地的使用情况来影响农村经济收入，进而影响农村的发展。由于农业给农村带来的收益微乎其微，高明区的农村经济只能靠土地出租来获取资金，因此空间区位、工业发展、征地情况、地形特征和资源条件因素对高明区农村发展产生的影响相对较大。经济发展上的差距直接影响了农村在村民分红、文体设施建设、村容村貌管理等方面的差异。

4 农村发展差异的影响因素

4.1 空间区位：近郊村有较多发展机会

空间区位对农村发展的影响主要在于农村征地、工业区选址、公共设施及基础设施的覆盖，并通过这几个方面间接影响农村的人口结构和经济收入。

高明区工业区的布局现阶段是以高明大道为骨架，呈带状分布，基本都是以城镇周边为起点，向外扩张，工业区的扩张与城镇外拓的需求会产生较多的征地需求；在近郊村的访谈中，各村的征地规模都很大，有不少村为全征地。从各村的比较来看，被征地村的村民比其他村村民要富裕。

近郊村由于靠近城镇建成区，还能便捷地享受到较多的公共设施及基础设施的服务，如基础教育、医疗、养老服务等等。

同时，农村在整个高明区的位置也会对其发展产生影响。荷城街道的城边村和近郊村位于交通较为便利的东部，在荷城街道的辐射下，有较多的发展机会；而杨和镇及明城镇的近郊村在高明区的中部地区，交通条件较为一般，且镇的经济辐射能力较为有限，因此发展水平相对较低；更合镇的近郊村位于高明区的西部，交通条件最弱，因此发展水平更低。

案例1：岗水村和王臣村

岗水村为平原近郊村，有4个自然村。全村外来人口占常住人口的83%，外出人口占户籍人口的20%，临近对川工业区，有较多征地，自然村的最高集体收益可达150万元/年，医保、社保、养老保险参保率为100%，全部由村集体出资。

王臣村为平原远郊村，外来人口占常住人口的10%，外出人口占户籍人口的55%，村域内无工厂也无工业区，征地面积为300亩，自然村的最高集体收益仅40万元/年，医保参保率为100%，养老保险参保率为80%。

4.2 工业发展：工业区产生征地，工厂缴纳地租

高明区工业发展吸收了其他地区的经验与教训，并没有采取"村村点火、户户冒烟"的就地型、分散型工业化模式，而是选择工业向工业区集中的发展模式，高明区不允许各村兴办集体企业。在村域范围内的工业区直接受高明区政府的管理，与所在农村没有直接的经济关系。因此工业区对农村的影响主要在于为所在村带来征地的机会，以及提供就业岗位，为被征地农民提供经济收入。据访谈得知，当地村民在工厂打工，月收入平均在2000～4000元左右，比务农收入要高出许多，同时工业区距离农村与城镇都比较近，村民可以选择在镇上买房，也可以选择在自家居住，生活上较为便利，且居住成本较低。

同时工业区也能吸引大量外来劳动力，间接带来其他就业机会，比如房屋出租，商业服务等。据调研了解，工业区中有许多工厂没有提供员工宿舍或员工宿舍无法满足需求，加之镇区的房租比农村房租贵，因此在村里租房便成为外来打工者的的最优选择。布练村的村集体组织的房屋出租，每年收入约为30万元。

除了集中的工业区外，少数村也有一些中小规模的工厂零散分布，其对于农村的影响实质上也是通过地租来体现的，地租是村集体收入的主要来源。

案例2：对川村和新岗村

对川村为平原远郊村，外来人口占常住人口的74%，外出人口占户籍人口的22%，村域内有对川工业区，4个自然村中有1个为全征地，其余为局部征地。行政村集体收入约为300万元/年。

新岗村为平原远郊村，外来人口占常住人口的8%，外出人口占户籍人口的80%，村域内无工厂也无工业区，仅高速公路建设引发了少量征地，村集体收益很少。

4.3 征地情况：征地费用和返还地提高村集体收入

由于城镇发展及高速公路建设需要，国家需要对村庄征地。征地对村庄发展的影响主要体现在征地补偿以及对农村土地利用方式的改变。

首先，征地的农村能得到一笔征地费用，高明区的征地款平均约为20000元/亩，征地费用对于村集体来说是一笔不小的收入，可用于村民分红及一些村庄设施的建设修缮；从仙村的访谈记录得知，征地后农民生活水平有明显的提升。

其次，高明区政府对被征地的村提供征地面积10%的土地出租指标，俗称"征地返还地"，村集体可选择不同的发展用途，但基本都用于出租，向企业收取租金；还有少数农村，如布练、良村，在征地返还地上建设新房，推行类似"新农村"建设的方式，改善村民居住环境，为农村的发展带来一定契机。征地同时也减少了农村可耕种的土地面积，进而减少了可外包耕种的土地面积，缩减了农村一产的规模。

案例3：小洞村和平塘村

小洞村为山区远郊村，6个自然村中有4个为全征地，征地返还地被出租给木材加工厂，每年租金约有10万元，行政村集体总收入约为160万元/年，村中耕地和鱼塘相对较少，约为1400亩，仅占总用地面积的3.57%。

平塘村为山区远郊村，村中无征地，靠农用地出租，村集体收入约有90万元/年，村中耕地、鱼塘面积约为6300亩。

4.4 地形特征：山区耕地较为零散，影响外包

地形对于农村发展的影响主要在于生产方式。

平原地区的农村有相对成规模的耕地、鱼塘，可集中外包的土地面积相对较多，能产生较多的集体收入。

山区的农村耕地面积相对较少，土地较为破碎，农业生产的地块规模较小，土地成规模的外包现象较少，在一定程度上减少了村集体经济收入。

案例4：范洲村和官山村

范洲村为平原远郊村，耕地面积为4027亩，鱼塘面积为1700亩，其中耕地约有1000亩外包，多用于种植蔬菜和水果，每年租金为180万元，鱼塘约有200亩外包，每年租金约为20万元。

官山村为山区远郊村，耕地面积约为2000亩，鱼塘仅为300亩，山地10000亩，村中土地多为村民自己耕种，多种植粉葛，外包现象很少，村集体基本没有收入。

4.5 资源条件：土地生产能力影响村集体收入

土地资源对于农村的发展来说最为重要，村民自己生产农作物或流转农地全都仰仗于土地的生产能力；有的近郊村或城边村因受工业污染影响，土地的生产能力下降，渔业养殖受冲击，农用地无法外包，村集体便无法通过这种方式获取经济收入。

旅游资源对于高明区农村发展的影响较弱，因现阶段高明区的整体旅游业发展仍然较差，没有形成完整的体系，旅游开发也没有形成规模；农村中的旅游资源除了自然景观外，古名居、古街道等人文资源基本没有得到开发；而自然景观资源的开发接受镇政府的管理，与所在农村没有直接的经济关系；现阶段自然景观资源对于农村带来的影响仅为发展为旅游业服务的餐饮、农产品出售等产业。

案例5：尼教村和伦埇村

尼教村为城边村，村中500亩鱼塘受工业园污水影响，死鱼现象严重，无法发包。村民每年能从村集体收入中分红约1000元。

伦埇村为城边村，村中2600亩农用地（主要为鱼塘）集中发包，价格由600~2700元/亩·年不等，村民每年能从村集体收入中获得1500~4000元的分红。

5 评价与总结

5.1 总体发展评价：发展滞后，以土地出租为主的模式引起差距，且可持续性较差

高明区农村经济总体处于一种相对停滞的状态。一产没有（也难以）形成规模，粮食作物的生产仅满足农民自身食用，经济作物也没有形成品牌向外推广。二产的发展与农村地区的关系并不密切，工业区直接受镇或区政府管理，向镇或区政府交税，对所在农村的影响仅通过征地补贴及少量的政府临时拨款来体现，并且工业区的存在无法避免的会对所在农村环境造成一定程度的污染和破坏。三产发展基本局限在零售业，虽然有部分农村外来人口较多，但其相应的服务配套难以跟上；虽然农村地区有相对优良的生态资源，但政府并没有进行系统的整理与推广，这使得高明区的旅游业对农村的影响力较低。

现状高明区农村发展过于依赖地租（征地、耕地、鱼塘等），此种模式受地形因素、区位因素制约较大，因此导致了农村之间经济收入的差距：平原地区的农村集体收入明显高于山区农村，靠近城镇的农村收入明显高于远郊农村，有征地的农村集体收入明显要高于没有征地的农村，有集体土地外包的农村集体收入明显高于没有土地外包的农村；而经济收入的差距直接导致了农村发展的差异。这种依赖于土地的发展模式长期来看是不可持续的。

更为关键的是，农村土地出租用于工业建设，在法律意义上处于模糊地带。《土地管理法》第四十三条第一款规定，"任何单位和个人进行建设，需要使用土地的，必须依法申请使用国有土地；但是兴办乡镇企业和村民建设住宅经依法批准使用本集体经济组织农民集体所有的土地的，或者乡（镇）村公共设施和公益事业建设经依法批准使用农民集体所有的土地的除外"。《土地管理法》地六十三条规定，"农民集体所有的土地的使用权不得出让、转让或者出租用于非农建设；但是，符合土地利用总体规划并依法取得建设用地的企业，因破产、兼并等情形致使土地使用权发生转移的除外"。这两条规定说明，农村土地要作为非农业建设用地，必须先由国家依法征收为国有土地；而高明区农村地区的这种出租土地用于兴办工厂的行为实质上是不受法律保护的。因此，长远来看，农村土地出租是存在政策风险的。

5.2 基于村民视角的评价：留守人口乡土情结重，外出人口比例较高

从 334 份村民问卷的调查分析结果中可以看出，不愿意迁出的村民数占总数的 75%，且各类型农村的比例都较为接近，山区远郊村的村民愿意迁出的比例低于总体水平，为各类农村中最低值。

从外出务工人数的分析来看，有外出务工人员的家庭占到了问卷总数的 74%，并且 67% 家庭其外出务工人员在 2 人及以上。这表明了虽然村民较为依赖农村生活，但现状农村并不能满足村民的生活需求，村民仍需要外出打工来维持生计。对于农村留守人口而言，有 50% 的村民选择"农村"为理想居住地。上述分析图表说明了即使在农村发展程度较低，各村之间存在较大差异的情况下，高明区的村民仍旧希望在农村居住，显示了留守村民对于本地农村的情结较深。

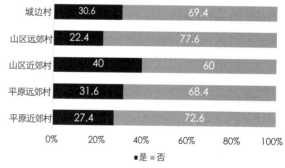

图5　各类农村搬迁意愿统计
（资料来源：村民问卷分析结果）

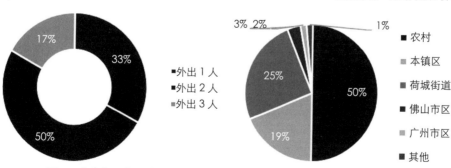

图6　家庭务工人数统计
（资料来源：村民问卷分析结果）

图7　村民理想居住地统计

5.3 发展建议：本地城镇化与异地城镇化相结合，差异化引导

由于本地生态环境等因素，高明区并没有像周边的南海、顺德地区一样，大力发展村办企业。由于历史原因，高明区所在的广东省农村的民主和自由的意识较高，总体上处于"强农村，弱政府"的状态，因此由强势的政府主导居民点迁并及产业发展的"昆山模式"也较难实行。现状高明区农村经济主要依靠土地出租获取收益，虽然有些行政村集体收益总数较大，但经过分红之后，不仅每个村民拿到的分红金额较少，剩余的资金也无法用来推进农村各项建设。因此，高明区要摆脱农村发展的现实困境，应寻求别的出路，脱离以地租收益为主导的发展模式。

高明区农村发展中产生的差异是多种因素引起的，为了促进各村未来的健康发展，宜针对各村发展差异背后的影响因素，顺势而为，制定差异化的发展对策。对于城边村来说，由于紧邻城区，甚至部分已在城区内，可以考虑直接并入城区，通过"村改居"的形式，把农村人口转变为城市人口，并通过一定的政策设计解决村民失地之后的生计问题。对于平原近郊村，应该顺应城（镇）区的发展态势，整治提升村容村貌，营造农村田园特色，提高设施配套和服务水平，逐步与城（镇）区一体化发展，将农村居民点作为城镇化的一种补充形式，实现本地城镇化。对于平原远郊村，应该充分发挥其远离建成区，征地较少，农用地较多的优势，通过村集体把可耕地整合起来，发展规模农业和现代农业，以花卉养殖、水产养殖以及经济作物种植为主，可通过土地外包给大型农产品生产企业或种田大户，之后再返聘村民进行耕种，这种模式既可以提高农民收入，又释放了农村劳力了，推动农业的集约化发展。对于山区远郊村，其地理位置过于偏远，交通不便，村中空心化、老龄化现象更严重；宜通过政策引导，逐步将部分人口迁出，推动山区人口的异地城镇化；同时，统筹开发山区的休闲度假、养老、养生等产业，为山区人口提供就业机会。

此外，高明区的农村发展可以借鉴日本和韩国"新村运动"的经验，政府提供支持，激发民间力量，上下结合来提升农村发展水平；通过建设区域化的农村网络服务体系，培养农村能人，带动农村发展；通过农村环境整治，提升农民的家乡意识。总之，农村发展的差异性与其背后的影响机制有紧密关系，政府在指引农村发展的过程中，应宏观政策和因地制宜相结合，本地城镇化和异地城镇化相结合，通过组合的政策指引推进农村的全面健康发展。

（注：本文所使用的照片、图表全为作者本人拍摄、绘制）

（致谢：感谢同济大学赵民教授和上海同济城市规划涉及研究院王颖所长为本研究提供的调研支持，感谢博士后陈旭，研究生何莲、朱金和徐樑，以及2014届城市规划本科毕业班同学的调研工作。）

主要参考文献

[1] 耿虹，罗毅 . 以小城镇建设为基点促进新农村建设发展——以武汉市汉南区新农村建设规划为例 [J]. 城市规划，2006（12）:33-39.

[2] 韩松 . 新农村建设中土地流转的现实问题及其对策 [J]. 中国法学，2012（01）:19-32.

[3] 李汉飞，冯萍 . 经济发达地区村镇规划管理思考——以《佛山市村镇规划管理技术规定》为例 [J]. 规划师，2012（04）:84-87+93.

[4] 许世光，魏立华 . 社会转型背景中珠三角村庄规划再思考 [J]. 城市规划学刊，2012（04）:65-72.

[5] 杨廉，袁奇峰 . 基于村庄集体土地开发的农村城市化模式研究——佛山市南海区为例 [J]. 城市规划学刊，2012（06）:34-41.

[6] 陈世栋，邱加盛，袁奇峰 . 大都市边缘区城乡统筹发展路径研究——以佛山市高明区为例 [C] . 中国城市规划学会年会论文集，2012:10.

[7] 董立彬 . 我国新农村建设的思考——基于韩国新村运动的经验 [J]. 农业经济，2008（08）:11-13.

[8] 曾祥麟，李盼 . 我国农村发展模式的比较分析 [J]. 中国商界（下半月），2010（05）:166-167.

[9] 朱介鸣 . 城乡统筹发展：城市整体规划与乡村自治发展 [J]. 城市规划学刊，2013（01）:10-17.

[10] 肖红娟 . 珠江三角洲地区乡村转型及规划策略研究 [J]. 现代城市研究，2013（06）:41-45+50.

[11] 杨忍，刘彦随，刘玉 . 新时期中国农村发展动态与区域差异格局 [J]. 地理科学进展，2011（10）: 1247-1254.

[12] 杨国永，郑碧强 . 福建新农村建设差异化战略思考 [J]. 福建农林大学学报（哲学社会科学版），2009（05）: 28-30.

[13] Gajendra S.Niroula, Gopal B. Thapa. Impacts and causes of land fragmentation, and lessons learned from land consolidation in South Asia [J] Land Use Policy, 2005, 22（4）, 358-372

集市对江南地区小城镇空间影响的浅略考析
——以奉化萧王庙街道为例

宁雪婷　李京生

摘　要：快速城镇化进程中，乡村地区"空心化"、"老龄化"等加剧了乡村活力与特色的流失。小城镇作为其乡村腹地的中心，集市与其相生相伴、是商品贸易、社会交流和地域文化的载体，构成了传统乡土社会的活力核心。本文以有助于乡村地区文化传承与活力复兴为出发点，以奉化萧王庙街道为例，浅略考析了江南地区集市对小城镇空间发展演变的影响。通过对萧王庙街道至今仍存留的两种传统集市类型——定期集市和庙会的现状考察和历史探究，浅略揭示了其在萧王庙街道城镇空间发展中所体现的积极影响与价值，以期使传统集市活动在小城镇未来规划发展及空间建设中得到相应关注与协同复兴、以助力乡村地区发展。

关键词：小城镇；萧王庙街道；空间影响；定期集市；庙会

快速城镇化进程中，乡村地区承受着来自城市强势"吸引力"和"推压力"作用下的劳动力外流和空间挤压、"空心化"、"老龄化"等问题使得乡村发展日渐丧失内在支撑力、乡村活力与特色不断流失，"乡愁"无所寄托。要走出发展困境，乡村地区不仅要接受城市先进物质和精神文明的扩散，更应基于乡土社会自身规律特点、保留自身特色根基。在这其中，小城镇作为沟通城乡的桥梁，对于服务乡村、带动乡村发展具有不可忽视的作用，是激发乡村地区活力与特色的关键轴点。

我国江南地区的小城镇，多是在农耕文化土壤中、伴随着服务乡土社会的集贸活动的繁荣而萌芽和生长起来的。与产生于西方工业化背景下的现代城市商业模式不同，集市源于乡土社会的特点使其汇集了小城镇地理空间、物质形态、社会经济以及人文历史等多维度要素，造就了江南地区深厚的传统市镇底蕴。继承集市传统，是对乡土文化资源的重要传承；探索集市发展，亦是寻拾激发乡村活力之钥。

从集市的历史发展和空间变迁来看，在工业化、城镇化影响下，当今江南地区存留有传统集市的小城镇已经越来越少。随着一些小城镇的快速更新建设，其传统集市活动对于空间影响的研究也只能依赖于史料搜集。因此，本文以当今仍沿承有乡土传统集市的萧王庙街道作为研究案例，通过实地考证来探析其集市对于小城镇空间的影响。

1　萧王庙街道及其集市概况

1.1　萧王庙街道概况

萧王庙街道，即原萧王庙镇（以下简称萧镇），位于宁波奉化西北郊（图1）。其镇域总面积约76.6km²，2012年末户籍人口约3.36万人，下辖21个行政村、42个自然村。镇域内山水环境优越、农业资源丰富：剡江、泉溪江纵横流连、山塘水库斑驳镶嵌；山林竹木覆被茂盛，森林覆盖率达68%；农作物以水蜜桃、芋艿头、竹笋和花卉苗木为四大特色（图2）。

萧镇自宋代由自然村落相沿成市，因市兴镇，在清以前皆称"泉口"，因其处于泉溪江与剡江相汇处而得名。后因镇上萧王庙祭祀鼎盛、四乡摊贩云集、商市日兴，遂以庙名地，更名为"萧王庙镇"。萧镇自宋景德三年（1006年）至新中国成立前先后隶属于长寿、禽孝两乡，为自然集镇。新中国成立后历经建制变更，1983年建乡，次年6月撤

宁雪婷：上海同济城市规划设计研究院规划师
李京生：同济大学建筑与城市规划学院教授，博士生导师

图1 萧王庙街道空间区位示意图
（图片来源：作者自绘）

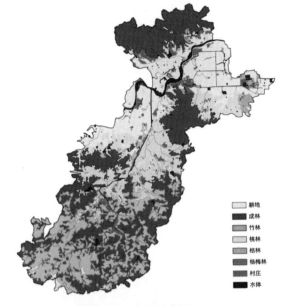

图3 萧王庙街道镇区现状平面图
（图片来源：作者自绘）

图2 萧王庙街道现状农业资源分布图
（图片来源：作者自绘）

乡建镇，2003年撤镇建立街道。现萧镇镇区面积约80hm²，包括青云村、潘前村、岭丰村三个行政村，以及镇政府所在的集镇中心公共服务片区（图3）。

综上，萧镇现状为农业基础突出、山水环境优越、在自然村落基础上因集市发展而演变形成的奉化近郊小城镇。

1.2 萧镇集市概况

萧镇集市传统悠久，南宋《宝庆四明志》中就记载了北宋景德年间，泉口即与南渡、白杜、袁村并列为奉化四大集市所在地。《宝庆四明志》中记载有："泉口市——县西北二十五里；白杜市——县东南二十五里；南渡市——县东二十五里；袁村市——县南二十五里"。可见，泉口市是当时县境西北重要的物资集散地。

古时萧镇集市的兴起与繁盛源于水运时代地理位置的优越。剡江是古时奉化西北境沟通山区与平原的水运要道，其上游山高林深、盛产山货，下游则为广袤阡陌，出产粮食、蔺草等产品。据《奉化县地名志》记载"剡江自该镇起即可通航。有活动堰，可溉田7000余亩。……"因此，萧镇就成为山区与平原间以舟楫之便互通有无的商贸之处。"清时，萧王庙人孙能正撰有《市地考》一文，言泉口市'商旅相聚，贸易夹道'。"[①] 可见其时之繁盛。

定期集市和庙会是萧镇传统的集市类型，也是镇上相沿至今的主要商贸形式。定期集市为"二、七"集市，即农历每月初二、初七、十二、十七、二十二、二十七日为集市日。庙会为每年一度、位于镇区的萧王庙庙会，其活动时间为正月十三到十八日。

2 定期集市活动及其空间影响

2.1 集市活动现状

（1）集市规模

萧镇集市平均日上市约1500~2000人次，节日期间可达3000人次左右。现集市活动范围为镇区岭东西路的程家弄至萧奉路路段，岭东东路的萧奉路至农业银行路段、小商品批发市场及其门前路段，以及萧镇菜市场及其周围区域（图4）。集市活动区域总面积约13000m²，约占镇区总面积的1.6%。

（2）空间设施

萧镇集市空间的类型主要可分为露天、钢架顶棚及沿街店铺三种（图5）。其中露天集市区占地面积约9900m²，

① 引自：http://zx.fh.gov.cn/article/118009。

钢架顶棚覆盖面积约 1540m²。可见，萧镇定期集市空间仍以传统的"以路为集，以街为市"的露天形式为主。

集场中的货摊设施主要可分为"摊席"、"摊床"和"摊车"三种。"摊席"主要为将商品直接席地摆放售卖；"摊床"指将商品排放在床架、桌台等设施上销售的货摊形式；而"摊车"则指以车辆直接作为盛放商品进行销售的货摊形式（图6）。集场中的摊位及停车的空间分布如图7所示。

图4 萧镇二、七集场现状空间位置示意图
（图片来源：作者自绘）

图5
（图片来源：作者自摄）

图6
（图片来源：作者自摄）

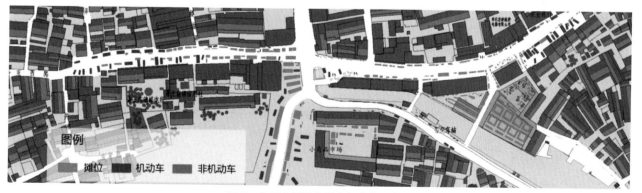

图7 集场空间摊位及车辆分布示意图
（图片来源：作者自绘）

（3）活动人群

按是否从事商品销售，萧镇集市中的活动人群可分为"逛集人群"和"销售人群"两类。

所谓"逛集人群"，即指不销售商品、在集市中以采买或闲逛为目的人群。从赶集出发地的时空范围来看，其主要为镇区居民及至镇区步行或自行车车程在30分钟内的少量周边村民。从年龄构成来看，逛集人群以中老年、特别是老年人为主（图8）。

集市上"销售人群"则主要可分为行商、坐商和农民。

据现场访谈，行商的居住地主要在宁波各区县，其中大部分为暂住人口，其户籍地包括安徽、山东、河南、湖南、湖北、贵州等省。行商在集市露天区域的分布最广，其销售的商品类型主要为日用百货、服装鞋帽、水果蔬菜、包装食品等（图9、图10）。

图 8
（图片来源：作者自摄）

图 9
（图片来源：作者自摄）

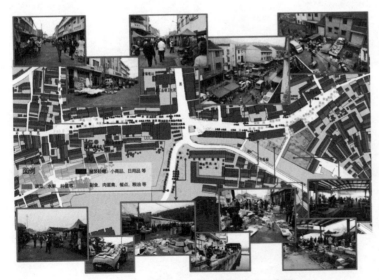

图 10　集市销售货品种类空间分布示意图
（图片来源：作者自摄）

坐商基本为镇上居民。主要分两部分：一部分为沿岭东西路、岭东东路的商铺，为日杂百货店、早点小吃店、理发店、粮油店等，主要为下店上宅或前铺后宅形式。另一部分坐商集中于菜场桥以东有固定水泥摊床的菜场钢架棚下，其销售商品以肉蛋禽类为主，有少量蔬果。菜场每天早晨开市，逢二、七集市日销售商品的数量增大、时间随集市活动略有延长。

农民多来自镇区周边村落、以老年人为主，其销售活动主要集中在菜场桥以西的临河钢架顶棚下及露天区域，以销售时令蔬果为主，多为自家收获节余、数量不大。除了集市日销售外，平日里也有少量农民不定期把自家蔬菜、水果、蛋类等拿到菜场附近销售，和菜场固定摊位一起形成每日早市。

由于季节气候特点，春秋时节摊贩们多在

图 11　1987 年以前的萧镇集场空间位置示意图
（图片来源：作者自绘）

图 12　岭西路现状空间示意图
（图片来源：作者自绘）

早晨六点左右上集开市，九点到十点之间相继收摊；夏季气候炎热，上集和散集的时间相对提前，冬季则相对延后。

2.2　集市变迁与萧镇空间演变

萧镇因集市而兴起，从"宋代，村落相连成市"[①]至今，镇区空间的形成与演变也深深打上了集市活动影响的烙印。

（1）1987 年以前岭西路集市的空间影响考析

据《泉溪孙氏宗谱》记载，萧镇在唐朝便有村落"择居泉溪之东"。至宋代，各自然村落规模渐大、绵延相连，"泉口市"初成。古时，"泉口市"并非位于现今所在区域。据《浙江省名村志》记载，至 1987 年定期集市的集场方迁至现今的青云村以西、岭东路路段。而此前，据镇上老人回忆，定期集场位置以现今的岭西路路段为主（图 11、图 12）。

那么，为什么萧镇旧时集市会形成于上述区域呢？唐诗"草市迎江货，津桥税海商"[②]可引导我们揭开追溯旧时集市渐成的图景帷幕。

"据光绪《奉化县志・建置下》载：甬江航道，萧王庙永丰亭沿岸，设石埠二，有埠船、客船各五、六只……"[③]。石埠具体位置现暂无史籍可考，但由"永丰亭"可推测其位于现永丰村滨水区域。而由位于撑桥头河（现以填埋）上的古桥永丰桥桥联"烟村近接两乡界，驿路遥通万里行"及前文所述萧镇的建制沿革可推测，永丰桥跨越之下的撑桥头河为当时禽孝、长寿两乡的界河（如图 13），永丰桥联通了跨越界河的古时陆路驿道，"永丰亭"可能即指古时驿站。"滨水通航、驿路成商"，萧镇定期集市产生于此（岭西路）也便得以佐证。而也正是由于集市的兴起和空间场域的形成，使得水埠、陆驿、桥梁等设施围绕其陆续兴建并得以持续修缮更新。如据清光绪《奉化县志》载："永丰桥，县北二十里，泉口市。乾隆五十年修，光绪十九年撤旧易新，升高旧址……"。可见，始建于清朝的永丰桥的建设和更新与源于宋时的泉口市的集贸繁盛不无关系。

据《奉化市土地志》记载，20 世纪 80 年代前，

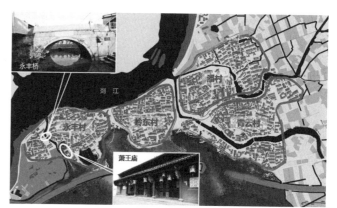

图 13　萧镇历史空间格局推演还原图
（图片来源：作者自绘）

---

① 引自：浙江省名村志 [M]. 魏桥，王志邦，俞佐萍 . 浙江人民出版社，1994。
② 引自《汴路即事》，作者：王建。全诗内容为："千里河烟直，青槐夹岸长。天涯同此路，人语各殊方。草市迎江货，津桥税海商。回看故宫柳，憔悴不成行。"
③ 引自：奉化县地名志 [M].1985 浙江省奉化县地名委员会。

萧镇"镇区内原有坡度较大街道1条，卵石路面。"[1] 这条路即为东西向联通各村的岭西、岭东路。现今岭西路地势最高处仍然存留有精致古朴的卵石铺地（如图12），相传曾经的集市活动从水畔、庙脚一直可延伸至此。可见，在水运时代，通航的河道、水陆转换的埠头及作为乡村公共信仰中心的镇庙——萧王庙共同激发了萧镇定期集场的形成。而集市活动由滨水向陆腹地的延伸又进一步促成了旧时镇区主要街道的形成。

"文革"期间，萧镇集市经历了衰落期。改革开放后，随着二、七集市的恢复，集市规模不断扩大，原有的集场因位于永丰村狭窄的街巷内而空间日显局促。集市活动开始逐渐自发地向空间更为宽敞的岭东路方向延伸。随着20世纪70~80年代县域公路网络的不断完善，萧镇镇区陆路交通得到发展，建成了以萧奉路为主的对外联系道路。伴随镇区的建设改造，一些河流被填埋，公路交通兴起、水路交通衰落。交通运输方式由水路船舶向公路汽车的转变，使得萧镇的集市活动也最终由依托岭西路西首的河流、水埠转向了以萧奉路一分东西的岭东路（含岭东东路、岭东西路）路段。

（2）1987年至今岭东路集市的空间影响研究

随着岭东路路段集场的形成及二、七集市的繁荣，围绕露天集市空间，萧镇的公共活动中心场所逐渐形成。1988年，在集场南侧建成了萧镇文化活动中心；1990年后，伴随着萧镇村落、民居环境的更新改造，沿岭东路露天集场两侧逐渐出现了较为连续的商业店铺，其多与新建或翻新的民房相结合，为上宅下店或前店后宅的商住混合形式；1995年后，萧镇邮电所、萧镇信用社、农业银行萧镇分行、小商品批发市场等公用设施、商业服务建筑也在岭东路集场路段两侧相继建成。除了建筑的改造与新建，1990年后，萧镇的街道亦进行了较为集中的新建及铺装改造。至1995年，萧镇镇区主要街道由原岭西路一条卵石铺装道路，发展成了包括岭东路、萧奉路、永丰街、青云路等四条主要街道的格局框架（如图14，表1）。此外，奉化市公交线路在萧镇的两处站点一处位于岭东路萧奉路路口、一处位于菜场桥南堍，均围绕集场范围而设，站点名称均为"萧镇菜场"。可见，集场是萧镇镇区最具代表性的意象空间。

图14　1995年萧镇主要街道格局示意图
（图片来源：作者自绘）

1995年萧王庙镇区主要街道用地情况　　　　　　　　表1

名称	起点——终点	长 × 宽（m）	用地面积（m²）	路面
岭东路	杨家——百花岭	800 × 13	10400	混凝土
萧奉路	剡江——化工厂	1200 × 7	8400	部分混凝土
永丰街	百花岭——汽车站	400 × 5	2000	混凝土
青云路	菜场——寿星亭	1000 × 4.5	4500	混凝土
合计（4条）		—	25300	

（资料来源：奉化市土地志编纂委员会.奉化市土地志[M].上海科学技术文献出版社，1999）

综上，无论是商业街面的形成、公用设施和道路的新建与改造以及公交线路与站点的组织等，空间上都是围绕1987年后形成的集场范围而展开的。2007年，萧镇民生快递站新建于萧镇菜场旁边。街道主任俞亚佩的一句"菜场这个地方最热闹了，方便老百姓来说话。"[2] 道出了其选址的原因，同时也反映出了集市活力对镇区空间建设、特别是公共中心场所的形成所具有的催化作用。

---

① 引自：奉化市土地志[M].奉化市土地志编纂委员会.上海科学技术文献出版社，1999。
② 引自：http://news.cnnb.com.cn/system/2008/02/29/005492071.shtml。

3　庙会活动及其空间影响

3.1　萧王庙庙会简介

　　相传奉化历史上有四大著名庙会：莼湖镇降渚庙庙会、西坞镇圣姑玉女仙皇庙会、松岙镇景祐庙庙会以及萧王庙镇萧王庙庙会。其中，萧王庙庙会现存规模最盛，传统形式留存最为完整，庙会期间活动丰富，已被列入宁波市非物质文化遗产代表项目。

　　萧王庙庙宇始建于公元 1042 年，是为纪念北宋名臣萧世显而建。相传 1021 年奉化境内逢旱灾，时任县令的萧世显赴灾区凿渠引水、灌溉百姓农田。次年境内又遇干旱、蝗灾，其又赴灾区带领百姓灭蝗，因积劳成疾，在长寿、禽孝两乡界处中风病逝。百姓感其勤政爱民之德，在其去世的地方——今萧镇永丰村百花岭上为其建庙，并世代拜祭。公元 1363 年，宋元惠宗追封萧世显为绥宁王，遂始称萧王庙。具有近千年历史的萧王庙历经损毁复建伫立至今，现存建筑为 1512 年所重建，其于 1983 年被列为奉化市重点文物保护单位，2005 年被列为浙江省省级文物保护单位（图 15）。

图 15
（图片来源：作者自摄）

　　纪念萧王、祈求风调雨顺的香火在古镇上世代相传，一年一度的庙会也自然成为萧镇最为盛大的民俗节庆活动。

　　相传古时萧王庙庙会灯祭立有庙众，置有肥田六百多亩，界下有二十六个姓，分潘村堡、财上堡、宦江堡和盐浦堡四堡。按规定四堡逐年轮流负责主办庙会。举办的时间是每年农历正月十三日至十八日，历时六天六夜，庙会祭祀活动由当年负责主办的庙堡之中有威望的长者主持。每当新年庙会结束，轮到操办下年庙会的庙堡便开始饲养庙头猪、庙头羊。庙头猪一般落户圈养，庙头羊则在其脖子上挂上"萧王庙"的牌子后散养，据说到来年正月十二，它便会自觉回来。在这一年里，主办庙会的庙堡所辖各村村民每个农时节气均可到庙里聚餐。到了新年正月十三，萧王庙上灯，在庙中戏台上演灯头戏，一般从正月十三一直唱到正月十八，连续六天六夜，然后戏班还要被请到村里唱上三五天。庙会所有公共活动费用开支均来自萧镇庙产——四百六十亩稻田的租金。萧王庙庙会自北宋时起至新中国成立前从未间断。"文革"期间，萧镇庙会曾一度被当作"四旧"被取缔；改革开放后，庙会重又恢复。因曾作为"庙产"的稻田不再为庙所有，操办庙会的费用变为了各庙堡自筹，庙会也日渐演化成为人们庆祝新年到来的一种仪式。如今，四个庙堡所包含的村落分别为：潘村堡包括潘前村下辖的潘村、前竺村，青云村下辖的杨家村、百年村，袁家岙村下辖的戴家村，以及牌亭村下辖的同山坳村；财上堡包括五星村下辖的周陈黄村和黄家谖村；宦江堡为后竺村；盐浦堡以青云村为主，以岭丰村下辖的岭东村、永丰村为辅[①]。萧镇各行政村空间分布如图 16。

　　萧王庙庙会自产生后，经历了发展、转变与复兴阶段，体现了蓬勃的生命力。近年来，每届庙会都吸引大量游客、媒体的参与和关注，每年前来参加庙会的群众及游客多达 1~1.5 万人次，规模盛大。

---

　　①　潘前村、青云村、袁家岙村、牌亭村、五星村、后竺村、青云村、岭丰村为行政村，其下辖的各村为自然村。

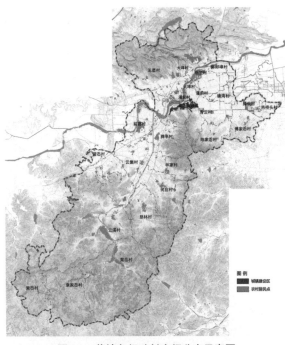

图16 萧镇各行政村空间分布示意图
（图片来源：作者自绘）

3.2 庙会过程的场所活力塑造

（1）庙会主要活动内容

萧王庙庙会期间活动丰富，其中最为隆重的当属庙会第一天的灯祭活动，当地俗称"上灯"。上灯仪式主要包括两部分，一是黎明时分的参拜仪式，在萧王庙庙内举行，由庙会组织者进行上贡品、上香、点烛、致辞、跪拜等活动，界下民众汇聚庙内进行参拜；二是当天上午的游行仪式。

游行仪式是庙会期间最为体现乡土民俗特点、人气最为旺盛的活动。游行以燃放爆竹开路，队伍以宫灯、旗锣引路，紧随其后的依次为贡品队、腰鼓秧歌表演队、灯笼花束队、舞龙舞狮队、传统服饰队（戏曲服饰等）以及随行的香客及游人（如图17）。其中，开路持宫灯、举旗帜、抬供牌的须为庙堡中德高望重之人；全猪、全羊、贡箱、画船等大件贡品由青壮年扛抬；大蜡烛、较高规格的灯笼由已婚妇女扛抬；腰鼓队、秧歌队主要由中老年妇女组成；手持花束和小灯笼的则主要为未婚的年轻人；舞龙舞狮队为邀请的奉化专业布龙表演队；其他糖果、肉蔬等贡品主要由各村村民手持随队行进。各庙堡承办庙会的游行流程大体相同，具体组织略有差异，其中不乏求新求异之处。如2010年由宦江堡承办的庙会，就重现了500年前"递碗头"的旧景——在游行队伍行进的路线上由千余名村民将贡品手手相传直至萧王庙中，寓意吉祥幸福的传递（图21）。

"上灯"仪式由清晨开始，至近午时分落下帷幕。届时，萧王庙外铺陈开热闹的摊市，庙内上演起精彩的戏文，六天六夜活力不断（图18）。

（2）庙会期间的场所特征

1）筹备活动——预热宗祠内外的场所活力

因萧镇庙会由四堡轮办，故庙会前期的筹备工作常在应届主办的庙堡中人丁兴旺、经济实力最强的姓氏宗族的宗祠中进行。如2010年主办庙会的宦江堡的筹备活动在后竺村竺氏宗祠；2011年盐浦堡的筹备活动地点位于青云村的孙氏宗祠；2012年财上堡的庙会筹备位于黄家谀村的黄氏宗祠；2013年潘村堡主办庙会的筹备活动位于潘村的戴氏宗祠。

图17
（图片来源：http://bbsfh.cn/thread-490304-1-1.html）

图18
（图片来源：http://www.jeremylin1.com/thread-2711-2-1.html）

图 19

（图片来源：http://my.poco.cn/lastphoto_v2-htx-id-2072302-user_id-4340748-p-0.xhtml）

萧王庙庙会需要准备的贡品十分丰富，主要包括称为"七牲"的全猪、全羊、鹅、鱼、豆腐、寿面和盐，以及十六道汤菜、十六份果点等。庙会第一天的清晨，负责准备贡品的村民们就陆续来到相应宗祠中，开始分工有序的工作：

宰杀庙猪、庙羊在宗祠门前的开阔场地上进行，以具有屠宰经验的师傅为主、村庄里的青壮年男子协助完成。庙猪、庙羊宰杀完成后还要进行定型、装饰，在庙猪、庙羊的嘴里放入一个苹果以象征吉祥平安。在屠宰庙猪、庙羊的过程中，宗祠前场地上陆续汇集起了看热闹的村民，预热了宗祠外的人气场（图 19 ①）。宗祠外面热闹渐起，宗祠内也加紧忙碌。祭祀所需的盆菜、供果等都在宗祠内准备和制作。村妇们用巧手制作出摆盘精美的菜品、串起精致的果塔，分门别类排放整齐，忙碌间谈笑风生，亦是喜庆热闹。随着贡品制作完成、整装妥当，参加游行仪式的各表演队也陆续汇集到了宗祠前。在游行队伍由宗祠出行之前，锣鼓、秧歌等表演队首先在宗祠前的开阔场地进行表演，其中最具地域代表性的是奉化布龙表演。有些宗祠建筑内院空间较大，舞龙队也会应邀在宗祠内院龙盘环行数圈（图 19 ②），寓意为宗族带来吉祥。

待以舞龙为主的各种表演告一段落，参加游行的队伍便开始在宗祠前组织排序（图 19 ③）。随着喜庆的爆竹响起，宗祠内的贡品、旗锣被顺次抬出，各表演队紧跟其后，之前观演所汇集的村民游客亦簇拥随行，游行队伍浩浩荡荡，开始了热闹的游行仪式。

2）游行仪式——穿引村庄、镇区的场所人气

游行仪式以宗祠为起点、以萧王庙为终点，游行线路每年因主办庙会的庙堡不同而异。如图 20 所示，为 2010 年至 2013 年四届萧王庙庙会的游行线路，其中宦江堡、财上堡的线路起点位于镇区以外，盐浦堡、潘村堡的线路起点位于镇区之中。

如图 21 所示，2010 年宦江堡主办庙会的游行仪式以后竺西房村的竺氏宗祠为起点、至萧王庙线路全长约三公里。虽然庙会祭品的筹备及游行仪式的启动以一个祠堂为主，但每年主办庙会的庙堡中其他村落姓氏宗祠也是游行队伍必经和表演之地。因此，由后竺西房村竺氏宗祠出发的游行队伍首先来到后竺东房村的两房宗祠，在宗祠前场地上进行舞龙等表演。由于游行队伍较长，加之不断吸引而来的观众的增加，使得两个宗祠之间队伍行进的街巷如同民俗的 T 台秀场，平日里与其他街巷无异的空间因游行队伍地穿行而一时成为村落中万人空巷的引力轴线。待游行队伍在各村主要宗祠前表演结束，队伍出村、沿滨临剡江的萧奉路向镇区行进。游行队伍沿途经过西江沿村、大埠头村、屠家村等自然村落，各村村民多沿路等候游行队伍的到来。游行队伍每行至村落沿路人群聚集处，唢呐、锣鼓声起，秧歌队、腰鼓队等亦变幻出表演的节奏与步伐，二十四节布龙龙头昂起、龙身线性游摆，与欢庆的人群相应和。在长长的滨江县道（萧奉路）上，游行队伍如同一串欢庆的火种，为平日里平静的江水、单调的道路、静默的村庄燃起了节日的欢庆与活力。

游行队伍由萧王庙街道办事处前的街巷自北向南进入镇区，抵达萧镇中最为宽敞的路段——岭东路，并在这一路段行进的过程中进行腰鼓、舞蹈、秧歌、舞龙舞狮等表演；随后再经岭西路、庙弄等抵达萧王庙，并在萧王庙外进行表演；随着时至中午各表演陆续结束，庙会的游行展示活动也宣告落下帷幕。

四堡庙会游行路线之中另一个起点位于镇区之外的为 2012 年财上堡主办的庙会，其游行线路全长亦接近 3 公里。如图 22 所示，游行队伍从黄家谍村的黄氏宗祠出发，先向西行至周陈黄村的陈氏宗祠前巡行表演，然后沿主要村道向镇区行进。在四堡的庙会游行线路中，其是唯一跨越剡江的线路。随着游行队伍行至萧奉桥，大桥南堍聚集起层

图20 各庙堡庙会游行线路示意图
（图片来源：作者自绘）

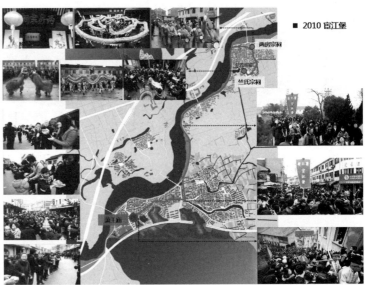

图21 2010年宦江堡庙会线路及活动示意图
（图片来源：作者自绘及网络视频截图，网址：http://v.youku.com/v_show/id_XMjUxNDc4MDIw.html）

层围观的人群。表演队伍行至镇区桥头人群聚集处，锣鼓声起、龙头舞动，人群亦随着表演队伍的行进而由桥头两侧的圈层式分布逐渐汇入游行流线而相随向萧王庙行进。

3）佳节庙市——汇集乡土交流的场所核心

庙会第一天上灯游行活动结束后，萧王庙外便形成了热闹的集市，为期六天。集市活动从萧王庙门前向东西两侧的空间蔓延，如图23所示，其主要集中在萧王庙东的庙弄以及萧王庙西、百花岭山体之下的场地。

庙市与二、七定期集市相比更为丰富热闹。因香客多从庙弄行至萧王庙进香祈福，故庙弄之中以销售香烛为主。较之庙弄，庙址西侧山脚下的带状场地更为宽绰，因此这里集中了更多内容丰富的摊位，不仅有平日集市上可见的各种日用商品，还有如馄饨、烙饼、烧烤、棉花糖等许多现场制作的特色小吃、可以互动参与的娱乐游戏以及民间艺人的表演等等。庙市不仅成为节日期间商品买卖和娱乐休闲的场所，而且亦是人们交流交往的舞台。流动自由的集市空间为乡邻亲友提供了更多交流的机会，特别是随着镇、村外出务工人员的增多，每年一次的春节返乡、共赴

图22 2012年财上堡庙会线路及活动示意图
（图片来源：作者自绘及网络视频截图，网址 http://v.youku.com/v_show/id_XNTIwMTEwMjUy.html）

图23 庙市集场空间及活动示意图
（图片来源：作者自绘及网络视频截图，网址 http://v.youku.com/v_show/id_XNTIxNTA1OTgw.html）

庙市成为许多平日天南海北的乡邻难得的碰面机会。此外，随着萧王庙庙会影响的扩大，每年亦吸引许多游客慕名而来，庙市就成为了外乡游客体验萧镇节庆氛围的主要场所。而无论是通过摄影爱好者的镜头、还是新闻媒体的报道、亦或是游客品尝小吃、购买商品的活动，其在向外界展示萧镇特色的同时，亦增加了当地居民、村民与外界的交流互动，丰富了其精神生活。

3.3 庙会活动的外部空间需求

依据庙会活动的过程内容，其相对应的建筑外部空间类型主要可分为活动的起讫空间和动线空间两大类。

（1）起讫空间

起讫空间主要依据庙会游行仪式的"出发点"和"目的地"而言，具体分别指村落宗祠的外部空间和镇区萧王庙的外部空间。

庙会活动对起讫空间的相应需求主要来自游行仪式过程中集中的表演活动以及游行结束后展开的集市活动。如前文所述，游行仪式表演中最具地域代表性的为奉化布龙表演。奉化布龙分为九节布龙、十二节布龙、十八节布龙和二十四节布龙四种，萧王庙庙会沿承的传统为二十四节布龙。奉化布龙的表演有盘、滚、游、翻、跳、戏等二十多个套路，讲究"人紧龙也圆"，"龙飞人亦舞"，即龙身的舞动以又圆又快为美。由于二十四节布龙节数多、龙身长，舞龙人数多，加之以"圆"以"快"为优，因此表演场地是否宽敞、方正，限定了龙舞表演发挥的程度。如后竺村竺氏宗祠前的空场面积与其他宗祠比最为宽敞，故龙舞表演也最为酣畅淋漓；而如青云村孙氏宗祠前因没有较开敞的空间，龙舞表演只得移至与宗祠有一定距离的滨河开阔场地（图24），待表演结束，游行队伍再经由孙氏宗祠前向萧王庙行进。其表演虽也热闹，但不胜竺氏宗祠内外喜庆氛围流动贯通、浑然一体。

除了宗祠的外部空间与庙会游行仪式表演具有相互影响外，萧王庙现今外部场地格局的形成也受到了庙会活动对于相应空间需求的影响。相传旧时因萧王庙西侧有水系从剡江流至庙址山脚之下，故庙市主要集中于从庙门前沿东侧庙墙延伸而下至庙弄。改革开放后，随着庙会的恢复和发展，庙市规模也有所扩大，本就狭窄的庙弄集场空间日显局促。2005年，永丰村对萧王庙所在的百花岭西侧民宅翻新重建，考虑到为庙会期间游行队伍表演提供场地及集场扩充等空间需求，结合民宅建筑场地的整理、填埋了永丰桥下的撑桥头河，改建成硬质铺装场地，自此这里便成为了庙会游行仪式表演的"谢幕"场所并形成了如今萧王庙东西两侧"H"状的露天空间格局。

（2）动线空间

动线空间主要指庙会游行仪式行进过程中对应的空间。

庙会活动对动线空间的需求主要来自游行过程中的表演展示和人群的动态汇聚随行。活动与空间的互动影响较为集中地体现在游行所依托的镇区街道空间。如2010年宦江堡庙会游行线路，其游行队伍抵达镇区后即进入岭东路。

图24 2011年盐浦堡庙会线路及活动示意图

（图片来源：作者自绘及网络视频截图，网址 http://v.youku.com/v_show/id_XMjUwNDY3NTgw.html）

图25 2013年潘村堡庙会线路及活动示意图

（图片来源：作者自绘及网络视频截图，网址 http://v.youku.com/v_show/id_XNTIxNTA1OTgw.html）

平均宽度约 13 米的岭东路,除去游行表演队伍约 2—3 米的行进宽度,两侧各有数米可供村民游客或驻足或随行观看,因此该路段也是游行队伍进入镇区后主要的展示表演空间。随着队伍向西进入岭西路,街巷空间骤减至 2—3 米左右,与游行队伍平行行进的观众或改为队尾随行或由其他街巷绕行至萧王庙迎候游行队伍抵达。可见,街道宽度的不同直接影响了游行表演活动的展示与连续以及随行观演人群可与表演队伍融合与否。除了街道断面宽度,游行队伍巡行的线路长度也是庙会活动营造场所氛围所对应的动线空间需求。如 2013 年潘村堡在组织游行线路时,因在镇区主要街道直行线路较短,为了持续和强化游行活动在镇区空间中所营造的欢庆氛围,其增加了线路在镇区街巷的迂回,除了由戴氏宗祠出发先向东行至杨氏宗祠巡行表演外,在向萧王庙方向由东向西的行进过程中,增加了南北向绕行至剡江边的迂回路线(图 25)。

除了来自游行仪式行进展演的内在需求外,其因汇聚人流而产生的外部性也成为其动线空间安排的影响因素。以 2012 年财上堡的庙会游行线路组织为例,其游行队伍沿萧奉桥跨越剡江抵达镇区一侧后,并未顺势向南进入镇区中心,而是向西沿滨江道路继续行进。其主要原因为是年街道政府相关部门在参与拟定游行线路时出于游行汇集的人群对镇区内部交通运行影响的考虑而提出了游行线路尽量减少对镇区的穿越与影响的要求。虽然沿滨江道路行进的空间更为宽敞开阔,但因其位于镇区的边缘,与沿镇区传统轴线街道行进表演相比,其对镇区内部空间节庆场所氛围的激发与影响便明显势微。

综上,庙会游行线路的组织既有激发、凝聚镇区节日场所活力氛围的积极影响,同时因镇区空间固有的一些局限性,瞬时性汇聚大量人流的游行活动在其中的发生亦对镇区空间中其他功能的组织管理带来了一定的消极影响。针对上述影响,在未来镇区更新改造的建设过程中,应注重对游行仪式所依托的动线空间在断面尺度、线路连贯以及路网组织等方面的规划设计,以满足庙会活动发挥积极影响、规避消极影响的动线空间需求。

4 结语

萧镇因"泉口市"而兴,定期集市活动持续影响着其镇区空间的演变,特别是对镇区公共中心场所的形成与转变产生了重要影响。萧王庙庙会以庙堡轮办的传统凝聚相应村落共同构成地域文化共同体,镇、村空间在庙会影响下亦形成了鲜明的场所特征、在乡民心中年复一年地累积起具有地域认同的场所意义。而场所意义的心理认知与认同外化而形成的对于物质空间的影响则表现为对于村落宗祠、萧王庙庙宇以及主要街道等空间的保留、保护与修缮。

面对快速城镇化冲击下乡村活力的流失,小城镇集市传统中营造乡土活力的复合性动能应作为再造乡村地区活力的一项宝贵资源。特别是对于如萧镇这样仍延续传统集市形式的江南地区小城镇而言,在保留其集市传统价值的同时,应跨越单一强调满足农产品批量化交易流转的集贸市场规模化、空间边缘化的发展思路,而从服务乡村地区经济发展、乡村生活精神充实的经济、社会和文化视角对集市的功能与空间进行复合性、多元性的组织。以与城市商业相比具有乡土文化、环境及农业物产等特色的差异化优势为基础,以与时代发展相适应的技术为手段,多元激发其发展活力,以在新型城镇化过程中带动乡村地区发展、重拾乡土特色与活力。

主要参考文献

[1] 魏桥,王志邦,俞佐萍. 浙江省名村志 [M]. 杭州:浙江人民出版社,1994.

[2] 浙江省奉化县地名委员会. 奉化县地名志 [M].1985.

[3] 奉化市土地志编纂委员会. 奉化市土地志 [M]. 上海:上海科学技术文献出版社,1999.

[4] 朱小田,在神圣与凡俗之间——江南庙会论考 [M]. 北京:人民出版社,2002.

A Study as to How the Fair Impact on the Townlet Space in Jiangnan Area
——Take Xiaowangmiao as a Case

Ning Xueting　Li Jingsheng

Abstract : In the process of urbanization in China, the problems such as hollowing villages, aging of population, and leaving land uncultivated in rural areas have aggravated the loss of rural vitality and features. As cores of rural area, townlets usually have fairs, which take the roles as carriers of economic function, social communication and local culture to show the vitality in traditional rural society. Therefore, in order to be helpful to avoid the loss of rural vitality and promote the development of rural area and its fairs, this study takes the townlet of Xiaowangmiao in Fenghua as a specific study case in Jiangnan area to analyze the activities of its periodic fair and temple fair and their impact on the space of the small town.

Keywords : townlet ; Xiaowangmiao ; the impact on space ; periodic fair ; temple fair

江西安义梓源鸭嘴垅村的近现代规划与当代传承

袁菲　葛亮

摘　要：留存至今的江西南昌安义鸭嘴垅村梓源熊氏聚落，是民国时期规模浩大的"新生活运动"的发源地，也是当时江西省主席暨"新运"执行长官熊式辉的家乡。在 1930 年代初期轰轰烈烈的乡村建设运动中，基于"万家埠实验区"的建设而成为当时乡村现代化建设的模范；在 1940 年代抗击日寇、重建家园的社会背景中，恰逢整体规划、全面建设的机遇而喜迎新生；在 1950 年代新中国的建设恢复期，继往开来，逐步改善。

如今整个村落山环水拥，田园萦绕，从上世纪初至今的近百年发展建设，脉络清晰可循，呈现出迥异于一般乡土聚落的发展历程和村庄面貌。

在当前城乡统筹、和谐发展的社会主义新时代，通过对梓源村落的历史文化遗产进行审慎修复和合理有序利用，以及对村落周围山水自然环境的整合梳理和观光游览等服务设施的提升，扶助梓源村落逐步实现渐进式保护与发展目标，不仅作为近代江西乡村建设实验运动的历史典范和保存完整的当代标本，更应成为当代江西美丽乡村和谐人居的文化生态示范区。

关键词：安义梓源鸭嘴垅村；"新生活运动"；近代江西乡建实验；保护与传承；修缮与整治

1　梓源鸭嘴垅村概况

江西省南昌市安义县万埠镇桃花村梓源鸭嘴垅是一处熊姓血亲村落，位于安义县城东约 20 公里的南安一级公路以南 1.2 公里处，距南昌市区约 40 公里。村前是西山梅岭山脉延端，千亩松杉竹带郁郁葱葱，村旁有两汪水库，澄澈潋滟。

1.1　村落的近现代变迁

1930 年代以前的梓源鸭嘴垅村，就和赣北大地上许许多多的乡土村落一样，依山枕水、聚族而居、耕读传家。但是在风雨摇曳的国内革命战争时期，这个普通的小村落，作为国民党陆军上将熊式辉的家乡，却经历了"新运动"、"全毁坏"、"新规划"和"再建设"，而呈现出迥异于一般乡土聚落的发展历程和村庄面貌。

从 1931 年任江西省主席起，熊式辉主赣十年 [1]，确定"救济农村，稳定农村"重要方略，创建"农村试验区"，推行"新生活"运动 ①。

1934 年 3 月在安义鸭嘴垅村成立"万家埠实验区" [2]，修路建桥、兴办学堂，开始早期农村现代化探索，包括农业改良、农村教育、农村合作、农村民众运动、农村公共设施和社会保障事业等。

1939 年日寇入侵安义，鸭嘴垅村民南迁泰和、遂川等地。1945 年日寇投降，村民回归故里，全村房屋焚毁殆尽，

袁菲：上海同济城市规划设计研究院城市规划师
葛亮：上海同济城市规划设计研究院城市规划师

---

① 　新生活运动是蒋介石于 1934 年 2 月在南昌倡行的，它以传统"礼义廉耻"为基础，从日常生活的衣、食、住、行入手，对全民实施生活规范教育，故也常被称为生活改造运动。在具体措施上，新生活运动倡行整齐清洁、简单朴素，提倡国货，抵制日货，以及加强民众军事训练、提高民众精神面貌的"三化"（生活军事化、生活生产化、生活艺术化）中心任务。

昌是江西省会，是工农红军的诞生地，1930 年代初江西成为革命的中心和苏维埃政府的所在地，因此南昌成为蒋介石"剿匪"的第一线，蒋特意在南昌设立行营，长期坐阵，亲自督战。1934 年 2 月 19 日，蒋介石在南昌行营扩大纪念周讲演，正式宣布发起新生活运动。7 月成立新生活运动促进总会，主持全部新运事宜，蒋介石任会长，熊式辉、邓文仪分任正副主任。每年的 2 月 19 日，被国民政府各级行政部门定为新生活运动纪念日。在国民党统治中国的 22 年间，新生活运动时间长达 15 年，涉及国家社会生活的方方面面。江西是新生活运动的发源地和执行较好的地方。

20 世纪 30~40 年代的中国，在由传统向近现代转型的道路上，新生活运动表达了改造中国社会的美好愿望，是对旧的、传统落后的社会生活方式的扬弃，是对新的、文明高尚的社会生活方式的呼唤和启蒙，具有一定的全民宣传和社会教育意义。

图1 从村南山岗巨石上俯瞰梓源鸭嘴垅村
（资料来源：作者拍摄）

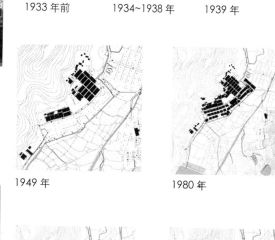

1933 年前　　1934~1938 年　　1939 年

1949 年　　　　　　1980 年

2013 年前　　　　　2000 年前

图2 梓源鸭嘴垅村聚落历史演变分析图
（资料来源：作者绘制）

图3 1940 年代整体规划建造的新式农居
（资料来源：作者拍摄）

村民无以安身，只能搭建茅草房避风遮雨。

1946 年，熊式辉回乡省亲，目睹村庄破败残状，遂亲自出面帮助乡亲们以地契抵压在源源长银行，贷款 5 亿元，将村庄重新作整体规划，请当时著名建筑设计师禚继祖设计，由名匠里人张传梁等负责施工，建成 17 幢两层楼房，供当时鸭嘴垅村近 200 名村民居住。楼房为中西合璧式，有厅堂、卧室、厨房、农具间等，设计新颖、施工精良、排列整齐、蔚为壮观，在当时农村实属罕见。

1949 年，国民党败退在即，金圆券大幅贬值，熊式辉抓住时机催促族人还贷。新旧折算，一幢楼房仅值铜钱 24 吊，折合时价银元一块。故当地笑传这个位于鸭嘴垅的民国山庄是"17 块银洋建起来的全国首个新农村"。

1.2 村落当前留存状况

1）熊氏宗祠位于村中央，可容纳几百人。该祠始于鹏博（今朋塘）分支时兴建，1933 年重修，有熊式辉手书石刻"梓源荆派"匾额嵌于宗祠大门上端，现宗祠基本保存完整；

2）日寇倾袭后，由熊式辉协助"17 块银洋"建起的 17 幢新式农居，分列于宗祠左右，至今仍为村民居住；

3）新中国成立后至 1980 年代，村民仿造洋楼制式陆续修建的 25 幢民宅，在街东顺延排布，与乡野绵延相连；

4）2010 年代集中建设的新居点，在进村道路东侧整齐成团，高敞明亮，呈现新时代新农村面貌；

整个村落山环水拥，田园萦绕，自然环境优美，历史要素丰富。从 1930 年代到 2010 年代的逐步建设，脉络清晰可读，完整而真实地展现了一方热土的历史变迁。

图4　村落中央的熊氏宗祠
（资料来源：作者拍摄）

图5　民国时期新式农居图
（资料来源：作者拍摄）

图6　新中国成立后村民自建民宅
（资料来源：作者拍摄）

图7　2010年以后集中建设的新居点
（资料来源：作者拍摄）

2　村落建筑空间与社会环境现状调查

2.1　村落建筑空间现状调查

　　对村落建筑空间的调查和评价主要从建筑（始建）年代、建造结构、建筑高度、建筑质量、建筑风貌、历史遗存要素等六个方面展开。

建筑（始建）年代调查表　　　　　　　　　　　　　　　表1

类目	1949年前	1950~1979年	1980年至今	总计
建筑面积（㎡）	8370	6263	31256	45889
百分比	18.24%	13.65%	68.11%	100%

（资料来源：作者自制）

建筑风貌评价表　　　　　　　　　　　　　　　　　　　表2

类目	一类风貌（文保单位）	二类风貌（建议历史建筑）	三类风貌（传统风貌建筑）	四类风貌（与传统风貌有一定冲突的其他建筑）	五类风貌（与传统风貌严重冲突的其他建筑）	总计
建筑面积（m²）	7238	854	8164	3843	1539	45889
百分比	15.77%	1.86%	17.80%	61.22%	3.35%	100%

（资料来源：作者自制）

历史遗存要素汇总表　　　　　　　　　　　　　　　　　　表3

类别	内容
文保单位（3处）	熊式辉故居，梓源民国示范村，顾竹筠墓
建议历史建筑（2处）	仰公小学旧址，熊员香民居／熊国印／熊长狗民居
传统风貌建筑	新中国成立后至1980年代陆续建造的具有时代和地方特色的民居
乡土庙祠（3处）	白马公庙、三老官庙遗址、康老官庙遗址
古井（3口）	熊式辉故居旁方井、民国建筑群西北侧方井、村口广场圆井
古树（30余棵）	樟树、梓树等
巨石（多处）	村南半山上、村子后山上

（资料来源：作者自制）

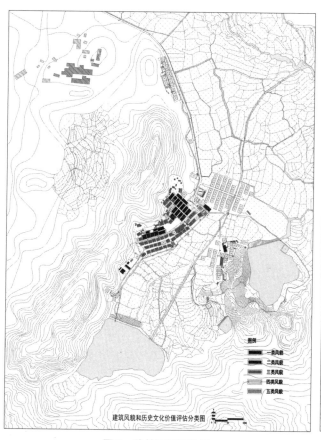

图8　建筑风貌评价图
（资料来源：引自《江西安义梓源民国村保护与整治设计图集》）

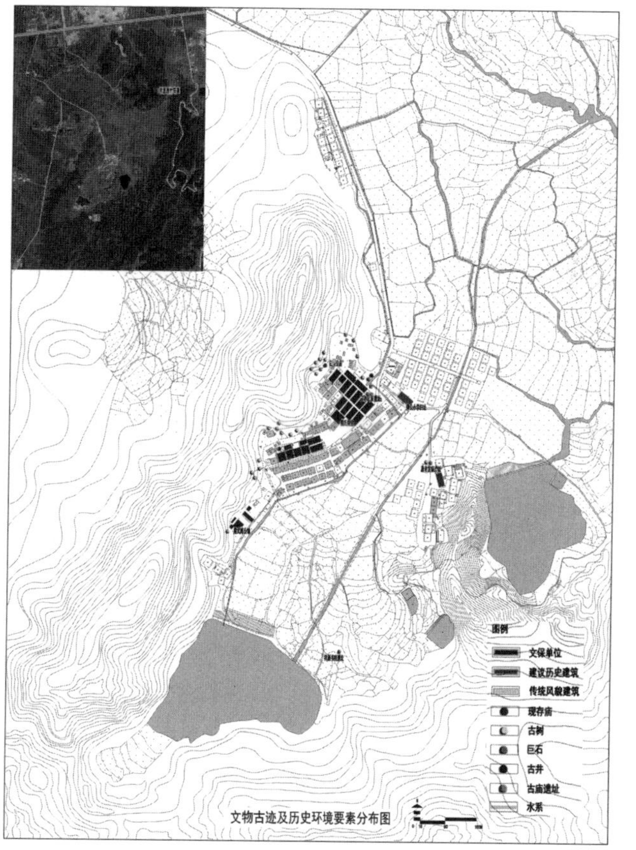

图9　历史遗存要素分布图
（资料来源：引自《江西安义梓源民国村保护与整治设计图集》）

2.2　村落社会环境现状调查

　　鸭嘴垅村现有基本农田750亩、林地1560亩。现有常住人口726人；其中农业人口650人、非农人口76人；熊姓人口689人，其他杂姓人口37人。主要劳动力的80%外出务工，主要从事铝合金加工、销售、制作等业。[3]

3　梓源鸭嘴垅村历史文化价值评述

　　留存至今的梓源鸭嘴垅村，它的形成、发展和演变，根植于极为特殊的历史背景，并受到重要历史人物和事件的影响——这个原本在封建专制统治下，以自然农业为基础的南昌郊野乡村，在我国19世纪末至20世纪中叶社会发展变革的时代狂澜中，在1910年代"新文化运动"思想启蒙和1920年代"乡村建设"的民族自救运动影响的社会背景下，由于国共两党对农村地区发展方略的竞相角逐，成为1930年代国民党"乡建实验"的典范，相继经历了"新生活运动"、"日寇侵袭烧毁"、"整体规划、重建家园"的特殊规划建设，而呈现出迥异于一般乡土聚落的发展历程和村庄面貌。

3.1 历史价值

依托鸭嘴垅梓源熊村而建的"万家埠实验区"的乡建运动，是1930年代江西乡村建设中极具代表性的社会改良实验，通过兴办教育、改良农业、提倡合作、巩固自治、移风易俗、整治村容等措施，以求复兴日趋衰弱的农村经济，开创了中国农村现代化的走向和主要内容，极大促进了山乡近代新式基础教育的普及，是江西早期农村现代化建设的典范。

3.2 建造技艺

留存下来的鸭嘴垅村梓源熊氏聚落1940年代历史建筑群，真实而完整地展现了梓源村民抗击日寇、重建家园的坚强意志和家族聚合精神。其枕山拥水的选址布局、就地取材的乡土生态，反映了对传统人文科学（"风水"观）的合理继承；其整齐划一的建筑排列，合理卫生的空间划分，沟渠水道的整体施工，反映了当时社会政治经济背景下，整体规划和建造技术的现代性和科学性，对当时的城乡社会具有极大的先进性。

3.3 社会价值

新中国成立后至1980年代主街东侧陆续修建的25幢住宅，参照17幢洋房式样，门廊柱式、阳台扶栏，均有彼时神韵，只不过受财力物力所限，建筑材料无甚考究，石块、青砖、红砖、土坯砖等，皆因时就地，唯材而用，充分发挥乡土砖石土木材料吸湿排潮、通风导流、保温隔热等生态特性，于朴素实用中呈现别样景致；2000年以后的新居点，避开历史建筑而另外择址，集约建设。反映了当代发展建设对历史的尊重，对乡土的继承，对血脉的延续，对当前全面建设美丽乡村，促进和谐社会发展，具有示范意义。

4 村落保护与可持续发展策略

4.1 抢救特色民居，改善一般民居

对现存最具特色和代表性的十余幢经典民居开展抢救维修和文化策展，鼓励与文化展示相结合的适度利用。包括：对村中一般民居（新中国成立后至今陆续修建的民居）的整治改善和环境提升，鼓励村民在政府引导下参与旅游经营，如特色餐饮、住宿接待等。

4.2 有序控制整体，分期渐进推进

合理控制整个村落及周边环境，有序引导未来更新建设活动，制订分期分区整治开发计划，实现保护与开发的良性互动，包括：

（1）制定生态环境保护控制措施，维护梓源村落及周边山水田园环境的生态完整性；

（2）在村落建设用地范围内划定核心保护范围和建设控制地带，严格控制更新建设活动；

（3）审慎对待新居点建设活动，主导思路是"补齐即成区块、限制对外扩展；新建商住建筑、兼营旅游设施"；

（4）立动态的、随需求不断成长的文化旅游服务功能。

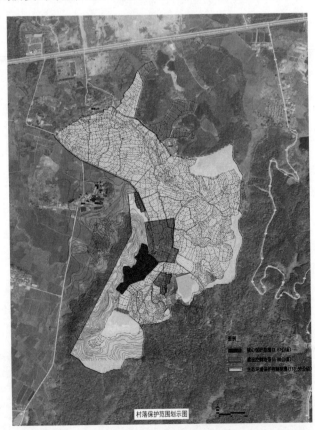

图10　村落保护范围划示图
（资料来源：引自《江西安义梓源民国村保护与整治设计图集》）

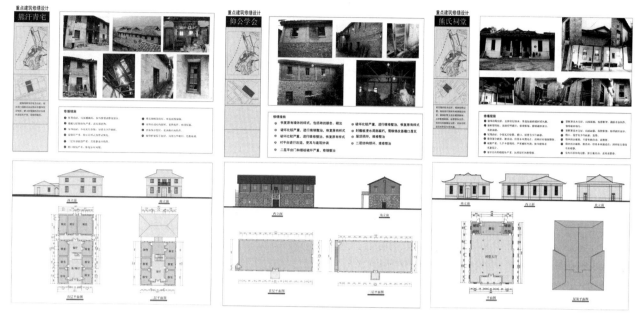

图11 重点建筑修缮——仰公学会、熊氏宗祠、熊汗青宅
（资料来源：引自《江西安义梓源民国村保护与整治设计图集》）

4.3 整治物质环境，提升文化品质

物质性建成环境的整治，从"建筑风貌、绿化景观、道路交通、市政设施、接待设施"五个方面进行全面和有针对性的引导。积极利用乡土历史文化资源，促进本地文化品质的全面提升。

（1）建筑风貌

特别关注特色建筑修缮及其与周边建筑协调，除加强肌理空间整合、立面整治设计外，还要重点考虑屋顶、屋面、门窗、墙体、传统装饰的修缮和整饰。

（2）绿化景观

着重对村口空间、街巷空间、溪渠空间、坪场空间、信仰空间、眺望远景等，进行景观绿化设计，最大限度地体现村庄历史文化底蕴和风貌。

（3）道路交通

道路及停车场的设计尺度宜小不宜大；车行交通应在景区外围接驳换乘慢速交通进入；景区内部以步行和环保电瓶车交通为主；道路选线结合地形，少占耕地良田；路面路基尽可能就地取材和使用传统材料，减少对乡野环境的冲击。

（4）市政设施

各类设施布置尽可能保持原有的地形地貌，管线敷设方式应以地下埋设为主；以建筑组团为单位设置集中的室内式强弱电配电箱；历史建筑应制定火灾应急预案和扑救措施。

（5）接待设施

旅游六要素"吃住行游购娱"都需要相应的服务设施作为承载空间，并细化为不同的特色或等级，满足不同消费需求。优先布局最基本的接待设施：餐饮和住宿。

（6）文化提升

将民俗精华、地方工艺、传统文化等内容与建筑场所的功能利用有机结合并发扬传承。形成有特色的文化展示、特色餐饮、商务会议、节庆活动，以及不同特色度假产品，促进本地文化品质的全面提升。

4.4 分析乡土元素，重视细节设计

（1）传统建筑屋面

梓源村落传统屋面用青灰仰合瓦铺设，不用筒瓦或琉璃瓦。新中国成立后的建筑屋面用红色小瓦仰合铺设；传统屋面样式有双坡悬山顶和歇山顶，有的歇山屋面上开有阁楼窗；乡村建筑一般在主房后设置附属用房，本地有四

种主房和附设房的屋面相接关系，在对历史建筑修缮时，应遵照传统的屋面样式、用材，及连结方式。

（2）建筑立面做法

梓源乡土住宅建筑的南向正立面一般为两层三开间，主要有四种基本样式：①中间开间大门上部为内凹阳台；②中间开间整体内凹，一层入口区后退，二层为阳台；③南立面墙体后退，两根直柱上下贯通，二层设贯长阳台；④南立面墙体平直，一层正中开门，二层开3个或4个窗。在这四种基本立面样式下，由于墙面材料的不同而呈现出丰富的效果。

（3）传统墙面砌筑

梓源村落历史建筑常见的墙面材料为：石块、青砖、红砖、土坯砖，和稻草土渣抹面等，墙体砌筑方式也有一定规律可循：有全石砌成、砖砌、土坯砖砌等，也有综合多种材料逐次砌筑而成，较坚固的石材一般用在建筑下部勒脚处或者墙面转折处。

图12 本地传统屋面样式
（资料来源：引自《江西安义梓源民国村保护与整治设计图集》）

（4）建筑门窗样式

住宅大门均开在建筑南向正立面的一层正中位置。长方形门框样式简洁，门上过梁有石质、木质、砖砌发券等；门板为双扇对开，外侧常安设矮门。

住宅窗式更为简洁，多为长方形窗洞。窗上的过梁有石质、木质、砖砌发券等；窗板为木质，花格简单。

（5）传统地面铺装

约700米长的村中主街，延续历史上一溜长条石居中的传统做法，两侧路缘采用稍短的条石嵌边，其余部分用碎石满铺。条石下设排水沟渠和相关管线设施。

村中巷道是指建筑整齐排列后形成的宅间通道，应当延续和完善传统的街巷排水体制：可用单排条石纵铺，下设沟渠，也可设明沟于巷道一边；较小的巷道可中间铺石块引道，两侧嵌碎石或保留自然植被；建筑基座的散水，边缘使用条石砌筑，其余部分可用碎石或青砖嵌铺。

（6）特色矮墙做法

矮墙在乡村环境中十分常见，可用来界定空间，又不阻挡视线和阳光。在梓源村落中推荐的矮墙做法主要有：块石矮墙、乱石矮墙、青砖矮墙、土坯矮墙等，并鼓励在墙体上部或近旁种植绿化，构成自然亲和的环境。

5 村落建成环境的修缮与整治

5.1 村口：印象深刻的大树王国

村口是进入村落的第一场所。这里，多棵参天古树形成一个天然棚架，凉爽宜人。

根据村口区域10幢建筑的评估，对其中3幢进行修缮，7幢进行整治，拆除2处搭建；对进村道路和广场完善地面铺砌，并整理村口古井台环境，在村口巨石上书写"梓源"二字，添置能够体现村庄氛围的农机具和构筑物，塑造"三棵树下"的村口公共空间特色。

5.2 宗祠：历史纪念与活动场所

宗祠是整个村落的核心，该区域也是民国时期的会场和操场所在，熊式辉家旧宅也曾位于宗祠西侧区域。

图13 村口改善效果图
（资料来源：引自《江西安义梓源民国村保护与整治设计图集》）

规划对宗祠建筑进行全面修缮，对宗祠前区场地和排水沟渠进行整理，形成村庄活动的中心广场；在广场北部区域，通过对熊氏旧宅的墙基、柱础的遗址提示设计，向人们展示传统赣北民居的格局；宗祠对面的石砌仓库修缮后，用作文化展示空间。

5.3　主街：随波流淌的时光记录

主街在历史发展的不同阶段承担了不同的作用：在村落早期是民居与田野的分隔，中期是新旧建设的分界线，现在是主要的功能性道路。

图14　主街修缮效果图
（资料来源：引自《江西安义梓源民国村保护与整治设计图集》）

规划对主街进行整修，梳理和适当扩宽路侧水渠，以潺潺的流水增加主街的趣味和活力；沿街增设地灯、壁灯等照明设施；对沿街的民居建筑进行逐栋修缮设计。

5.4　场所：乡土聚居环境的全面营造

在村落东西设晒场（打谷场），还原村民农事活动的场地，也为传承乡土民俗，开展节庆活动提供小型场地。

在村内择地开辟小型溪畔水塘，还原安义地区传统村落聚居的水塘生活空间，如，在外围区域开辟"修"、"齐"、"治"、"平"四塘，寄予传统中国耕读传家，修身、齐家、治国、平天下的理想志向；在民国建筑集中区域设置"礼"、"义"、"廉"三塘，和"耻"字碑，不仅与新生活文化训导相应和，也是对传统文化的再认知。

5.5　利用：文化传承与生活延续

文物建筑，如熊式辉故居，和建国以前集中建造的民国式样住宅，经过修缮后可作为博物馆、展览馆。

新中国成立后陆续建设的民居建筑：保留其外观特色，内部改善设施，延续居住功能；或者用作社区公共

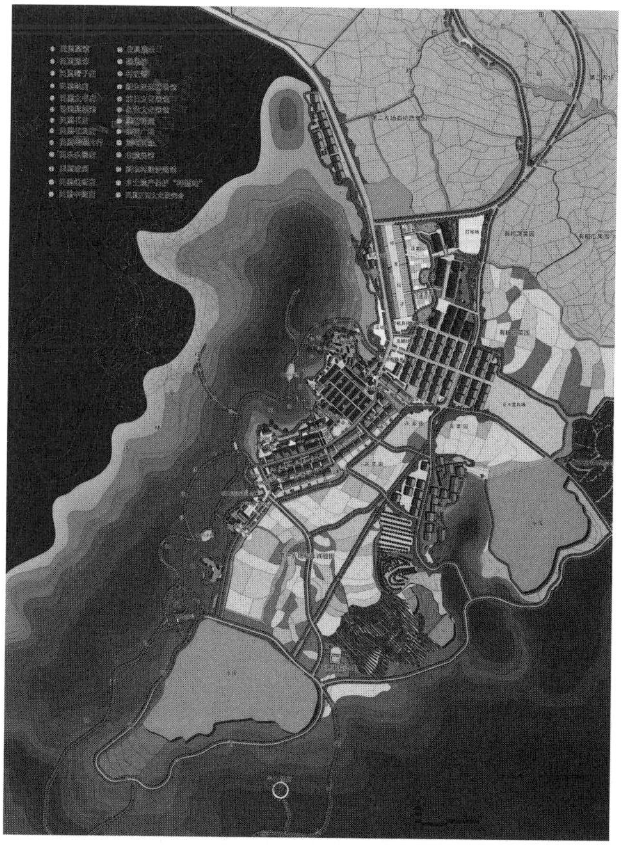

图15　规划总平面图
（资料来源：引自《江西安义梓源民国村保护与整治设计图集》）

图16　整体鸟瞰效果图
（资料来源：引自《江西安义梓源民国村保护与整治设计图集》）

文化服务设施；或者根据旅游需求，用作旅馆、餐饮等商业用途。

原仰公小学分校建筑：建议修缮后通过环境布展，形成"中国近代乡村教育"历史文化陈列馆，同时兼作文化休闲接待设施。

根据对历史事件和地方文化的研究，可以利用村落内的公共场所和小型开放空间开展丰富多彩的民众竞赛、节日庆典等文化活动。

6 村落保护与发展目标

按照规划设计，有重点、分阶段地推进保护与利用工作，安义梓源鸭嘴垅村力争在 3 ~ 5 年内，成为南昌近郊特色文化村落、当代江西"美丽乡村、和谐人居"示范区，和国内知名的海峡两岸文化交流共建基地。

主要参考文献

[1] 刘燕云. 关于熊式辉督赣时期的江西保学 [J]. 江西教育学院学报（社会科学版），2001，22（5）：62-65.

[2] 游海华. 早期农村现代化的有益探索——民国江西万家埠实验区研究 [J]. 福建师范大学学报（哲学社会科学版），2004（3）：34-40.

[3] 国家历史文化名城研究中心.《江西安义梓源民国村保护与整治设计》[Z]，2013.

Modern Planning and Regeneration of Ziyuan Duckbill-Ridge Village in Anyi County, Jiangxi Province

Yuan Fei   Ge Liang

Abstract : The existing small village of Ziyuan Duckbill-ridge was the hometown of XIONG Shihui, President of Jiangxi Province and chief executive of "New Life movement" during the Republic of China. As birthplace of "new life movement", an experimental plot named "Wan Jia Bu" was constructed at this village. And it became one of the models of rural modernization in the rural construction movement of early 1930's. In 1940's, the village was totally ruined when fighting against Japanese aggressors, and then rebuilt with the aid of XIONG Shihui. Under the guiding of an overall plan, the village was comprehensively reconstructed and became an early stage model of modern-rural-construction.

Now the whole village is located with surrounding mountains, streams and green countryside. The existing buildings were neatly arranged along the main road during the first half of twentieth century. It presents quite different scenery with other local villages or settlements.

This paper elaborates the village's historical evolution and present situation Investigation of building space and social environment, and concludes its characteristics and historic value. By prudently repairing and sustainably developing, the village of Ziyuan Duckbill-ridge is aiming to be regenerating into a harmonious human settlement, not only historical and cultural heritage site, but also an advanced rural life model for past, present and future.

Keywords : Village of Ziyuan Duckbill-ridge in Anyi County; "new life movement"; modern rural construction experiments in Jiangxi province; protection and regeneration; repair and renovation

乡村产业与乡村景观的关系研究
——以贵州省松桃县乌罗镇桃花源村为例

冯家琪　李京生

摘　要：在乡村的发展过程中，往往因片面追求经济增长而忽视了对乡村景观的保护与传承。笔者以贵州省松桃县乌罗镇桃花源村为例，通过对封闭时期传统乡村产业系统的研究，发现乡村产业与乡村景观密切相关，均由需求和地域性资源二元驱动。再通过对现今开放时期产业系统的研究，发现乡村景观在乡村发展过程中角色发生双重化转变，已转变为一种地域性资源，反作用于乡村产业发展，是维持产业系统健康可持续性循环的关键。综上所述，在未来乡村产业的发展规划过程中应重视乡村景观的重要作用。

关键词：乡村产业；乡村景观；乡村发展；乡村规划

1　绪论

1.1　研究背景

随着城乡发展不平衡的加剧，乡村地区整体经济发展滞后，收入水平低，乡村发展需求强烈。此外，改革开放以来我国先后发布了14个有关"三农问题"和乡村建设的"一号文件"，乡村发展已成为社会发展过程中不容忽视的核心议题之一，乡村发展势头猛烈。但是，在现实的发展过程中却出现了问题。乡村发展片面追求经济增长而忽视了对乡村景观的保护与传承，甚至在一些地区，乡村景观正面临消亡。

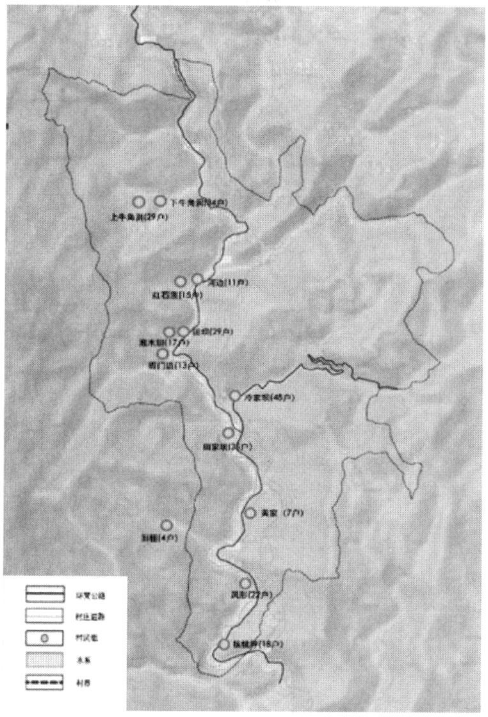

基于乡村产业与乡村景观在现实乡村发展过程中所遇到的问题，笔者希望通过对两者之间关系实质的研究，找到两者之间的平衡方法，为未来的乡村发展规划提供借鉴。然而对于乡村产业与乡村景观这个议题，相关研究主要集中在如何利用乡村景观多样性调整乡村产业结构等方面。比如，景娟等学者（2003）在阐述景观多样性、乡村产业结构的基本概念与理论的基础上，对两者进行相关性分析，探讨其对应关系。只有较少学者就两者之间的关系或两者背后的作用机制进行研究。学者李王鸣（2010）根据乡村的主导产业和特色产业将乡村划分为工业型、农业型、历史文化型与休闲旅游型村落四种景观类型。并以浙江省安吉县乡村为例，分析产业对乡村景观形成的正负效应，提出乡村景观建设的策略与建议。但其研究侧重了乡村产业对乡村景观的单方面影响而忽视了乡村景观对乡村产业的影响及作用。笔者将以桃花源村为例，探讨乡村产业与乡村景观之间的相互作用机制。

1.2　研究对象的选择

笔者选择贵州省松桃县乌罗镇桃花源村作为本文的研究对象，桃花源村原名冷家坝村，2008年经县人民政府批准更名为桃花源村。

图1　桃花源村村域平面图

冯家琪：同济大学建筑城规学院研究生
李京生：同济大学建筑城规学院教授，博士生导师

桃花源村人口信息统计 表1

村民组名称	总户数（户）	劳动力总数	总人口（人）
核桃坪	18	58	96
旧棚	4	8	13
凤形	22	59	97
黄家	7	17	28
田家坝	35	91	151
冷家坝	48	120	199
衙门边	13	22	36
泡木坝	17	43	71
田坝	29	62	103
红石溪	15	28	47
河边	11	28	47
下牛角洞	34	87	145
上牛角洞	29	77	129
总计	282	700	1162

该村位于梵净山东部山脚，是松桃县唯一一个地处梵净山腹地的古朴村庄，全村共8个自然寨，13个村民组，合计282户，总人口1162人。

（1）桃花源村的代表性

从桃花源村的发展历程来看，桃花源村经历了兴衰变迁，从封闭的原始山村到通水通电通公路的开放山村。在产业方面村民从传统阶段的封闭型自给自足产业系统，到外出务工阶段的开放型输出产业系统再到旅游发展阶段的开放型输入产业系统，符合我国村庄发展的普遍过程，对研究村庄的产业升级及其相对应的景观变化而言具有代表性，拥有村庄发展所呈现的共性特征，代表了我国村庄发展背后的普遍规律。

（2）桃花源村的特殊性

桃花源村共有13个村民组，因地理区位、经济政策等多重因素不同程度的复合影响，各个村民组恰处于产业发展的不同阶段，也呈现了乡村景观的变化过程。这正好为笔者研究乡村产于与乡村景观之间的相互作用机制提供了素材，可以在不同的村民组研究不同产业阶段下乡村景观的变化情况。

2 封闭产业系统时期

封闭产业系统时期即乡村发展的原型阶段，指在没有任何外来影响的前提下，乡村自然发展所呈现出的状态。这个时期的乡村，从整体的产业结构而言，自我循环形成体系，鲜有与外界的物质交换、信息交流。从村民个体而言，生活上自给自足，收支相对平衡。这个时期的乡村景观，与自然的融合度最高。

本文以桃花源村上牛角洞组作为此阶段的研究原型。桃花源村上牛角洞组历史悠久，由于身处山林之中，相对封闭，村庄结构稳定鲜有变化。现有农田大多为新中国成立后五十年代"文革"前开垦而成。另有少部分农田为人民公社时期于山下荒田处开垦而来。自此之后，土地格局再无太多变化。该村民组通电仅十余年，尚保持着封闭产业系统时期乡村的各项特征。笔者将通过这一村民组，研究封闭产业系统时期，乡村产业与景观的关系。

2.1 乡村产业

关于乡村产业，国内外学界迄今尚未有一个公认的定义，普遍引用的为学者陈秀芝等（2005）的定义，他们认为乡村型产业是指在保护、改善生态环境的活动中，从事以乡村知识为基础，经过适当技术改造方法的特色产业。但是在现实中，并非所有的乡村产业都是以保护、改善生态环境为前提的，所以笔者认为乡村产业其实质是乡村中所进行的生产活动。

（1）乡村产业的构成

乡村产业在规模和类型上都有别于城市产业。传统的乡村产业主要由种植业、养殖业和副业构成。

种植业。上牛角洞组为典型的山地乡村，可耕种土地规模小，土地质量较为贫瘠。受气候的影响，可选择农作物有限，并且农作物产量不高，种植业基本满足家庭需求，并无额外盈余。其作物主要有水稻、洋芋、红薯和玉米。

养殖业。由于交通不便，交易困难，村民养殖的主要目的在于满足家庭生活需求。养殖的种类主要为鸡、猪等家禽、家畜。由于农作物盈余较少，可用于饲养的食料有限，养殖数量也非常有限。通常一个家庭会养2、3只鸡，1头猪。养的猪会在过年前宰杀，做成腊肉全年食用。

副业。在封闭产业时期，由于一切自给自足，家庭自身便可满足衣、食、住、行等生活方面的供给，副业种类相对丰富。村民会自己织布甚至自己制作纸张。在未通公路以前，村民大约十天会去木黄或者乌罗赶场，挑着自己做的纸张和溪里捕的鱼拿到集市交易。有时还会担一些自制的蓝靛（用草加工）或竹席等，最后担回一些无法自行制作的商品。

上牛角洞组副业类型分析　　　　　　　　表2

类型	详情
织布	村民把很多植物纤维捻在一起纺成纱线，而后用这些纱线纺织成布满足于家庭需求
造纸	农闲时村民上山伐竹，经过发酵、拌纸浆、舀纸等十几道工序，而后造出纸张用于集市交易
打靛	打靛，即制作蓝靛。主要是由十字花科植物菘蓝、草大青、豆科植物木蓝、爵床科植物马蓝或蓼科植物蓼蓝等叶所制成的一种蓝色染料。村民制作蓝靛用于集市交易
编竹席	用竹刀将竹子劈成竹条，再将竹条劈成竹篾。用盐、茶叶等水煮竹篾以增加竹篾的韧性，待竹篾晾干编制成竹席
捕鱼	村中小溪内可以捕到娃娃鱼等鱼类，但近年捕鱼人越来越多，鱼的种类和数量逐年减少
砍柴	由于村内现在依旧采用烧火做饭的方式，砍柴自然成了村中主要的生产活动之一，所以会看到每家每户的房屋后面都堆着柴草
采集	在上牛角洞，由于背靠大山这一先天资源优势，村民通常会去山林中采集菌子、中草药材、野菜以及野生猕猴桃等果蔬，供给日常生活或到集市交易

（2）乡村产业的实质

每一种产业都由两个重要的因素决定。一，是产业的源，即产业存在的基础。二是产业的因，即产业进行的动力。为进一步分析原型阶段产业系统实质，对产业的源、因进行结构解析。

可以发现，在原型阶段的乡村中，产业的"源"主要是基于当地的资源，而产业的"因"主要是为了满足村民

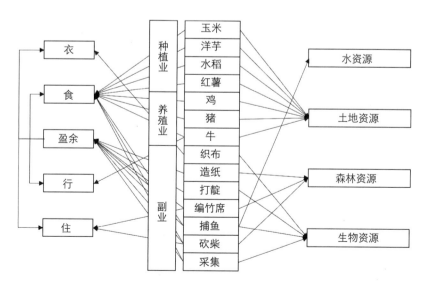

图2　需求－产业－资源关系图

基本的生存需求。所以，这个阶段，乡村产业的实质是：为满足不同的生存需求而进行的基于当地资源多样化利用的生产活动。为此可以把乡村产业分为以下的三种类型。

产业类型分析 表 3

产业类型	产业特点	详述	举例
直接产业	有"源"有"因"	有合理的方式利用当地资源来满足某些生存需求	种植业、养殖业等
间接产业	有"源"无"因"	有合理的方式利用当地资源来形成一种产业，但并不直接满足于某种生存需求，而是可以通过交易，以间接产业的产品置换为期望产业的产品来满足必要的生存需求。有时这置换会以货币的形式停留在中间的阶段，并在需要时完成置换过程	打靛、编竹席等
期望产业	无"源"有"因"	有某种生存需求，但是当时当地没有合理的资源利用方式来形成相应的产业来满足这种需求。通常期望产业的产品要通过间接产业的产品置换而来以满足生存需求	生活用品制造等

所以说，直接产业满足大多数、基本的生存需求。间接产业可以通过交易，置换期望产业的产品，补充直接产业所无法满足的生活需求。

2.2 乡村景观

关于乡村景观的定义,学界同样尚未达成一致。学者刘滨谊、王云才（2003）认为乡村景观是具有特定景观行为、形态和内涵的景观类型，是聚落形态由分散的农舍到能够提供生产和生活服务功能的集镇所代表的地区，是土地利用粗放，人口密度较小，具有明显田园特征的地区。而学者金其铭（1990）等提出乡村景观是指在乡村地区具有一致的自然地理基础、利用程度和发展过程相似、形态结构及功能相似或共轭、各组成要素相互联系、协调统一的复合体。此外谢花林（2003）等从景观生态学角度出发,认为乡村景观是乡村地域范围内不同土地单元镶嵌丽成的嵌块体。笔者以乡村的形成过程为出发点,认为乡村景观是人类各项行为活动改造自然于自然景观基底上产生的变化。

（1）乡村景观的形成

以上牛角洞组为例，其乡村景观的形成过程如下

乡村景观形成过程 表 4

形成阶段	实景	说明
		第一阶段是以家庭为单位的聚居过程。这一过程形成了乡村景观的前景——聚落景观。聚落由数个住宅单元构成，住宅单元由住宅和房前屋后的院落共同构成
		第二阶段是耕种土地的扩张过程。这一过程形成了乡村景观的中景——梯田景观。随着村子规模的逐渐扩大，村民围绕聚落不断开垦荒地，形成鳞次栉比的梯田

续表

形成阶段	实景	说明
		第三阶段是种植类型的拓展阶段。这一阶段形成了乡村景观的后景——林地景观。乡村生活进入新发展阶段，生存需求有所增加，需要耕种更多种类的作物，同时村民也开始种植楠竹形成小规模人造林，来满足建造、编制竹篓、竹席等需求
		第四阶段是循环扩张阶段。这一阶段乡村景观的基本结构不再有新的变化只是规模的扩大。一般情况下会首先重复第二阶段，形成新的耕种单元。而后重复第三阶段，形成新的耕种单元与自然景观的过渡边界。最后重复第一阶段形成新的聚落

　　乡村景观的形成过程大致相同，所以乡村景观的结构层次也基本一致，即作为前景的聚落景观、作为中景的农田景观和作为远景的林地景观。这样的乡村景观结构层次也正是村民生存、生产、生活需求的外在物化体现。所以说村民需求决定了乡村景观的结构层次。

　　（2）乡村景观的特点

　　虽然乡村景观的结构层次大致相同，但每个地方的乡村景观都有其特有的地域性差异。以上牛角洞组为例，笔者选取了该村民组的几个特色景观片段来研究乡村景观地域性特征的内在形成原因。

地域性特色景观片段分析　　　　　　　　　　　　　　　　　　　　　　表5

	实景	说明
		村中所有建筑都是木结构建筑，围栏也使用木材。整体的聚落景观体现出整齐统一的木质风格。使用木材料的原因在于该村民组身处山间，其背后拥有丰富的森林资源，木材料是便于使用的最优材料
梯田景观		该村民组的农田景观呈现梯田状，其主要原因在于山地乡村，可利用的耕地面积小，没有平原地带的大规模连续性农田，只能通过层叠式开垦山坡形成梯田以供耕种。梯田景观的每一层多呈现整齐的波浪形边界，并且层与层之间基本平行，其主要原因在于每一层级的梯田都遵循原有山体的等高线
树列景观		在上牛角洞组坡度比较陡的田地上，会出现列兵式的"树列景观"，即每一垄田的一角都会栽种一棵树。其原因在于比较陡峭的山坡在雨季容易形成滑坡，而在田垄的一角栽种树木可以起到固土作用，防止水土流失毁坏庄稼。同样田垄的边界保留杂草也是为了防止水土流失

续表

石围景观		用青石板材设置围栏的"石围景观"这种景观古朴自然，与村寨的整体风格融为一体。运用石材设置围栏的内在原因有三个，1) 取材方便，当地即有石材资源。2) 石材相较于木材而言是封闭性结构，可以形成田地与道路的高差。这样雨季时田地可以通过石材之间自然形成的缝隙以及石围与道路间的高差排水防涝。3) 也可有助于防止雨水冲刷、土壤流失
柴草人景观		这种稻草人景观在家家户户都普遍可见。稻草人景观体现了村民对资源循环利用的智慧。村民把打稻谷所剩的稻草收集起来，用于此后生火做饭。其实稻草人景观在不同地域的乡村都普遍存在，但不同地域稻草人景观的形态并不相同。比如在北方，会在院子外面堆像住宅一样的稻草垛而在上牛角洞组，稻草人景观如图所示，用一根竹竿作为核心支撑，并把稻草挂在竹竿上。这主要是因为北方一方面北方收成比南方好，可以有足够的稻草堆躲；另一方面北方雨水比南方少，南方这种体量比较小的稻草人相较稻草垛而言，其中稻草更容易干

通过对上述乡村景观片段的解读分析，可以发现，乡村景观的特异性是由资源的特异性所决定的。上牛角洞组，有着丰富的森林资源和生物资源，所以乡村景观中常见的材料为取之于自然的石材、木材等。另外地处山区，所以在乡村景观中会看到很多体现山区属性的特异之处，比如"梯田景观"，比如"树列景观"、"石围景观"等一系列防止水土流失的景观。综上所述，乡村景观同乡村产业一样也是由需求和资源两大要素共同支撑的。其中需求决定乡村景观的基本结构层次，当地资源决定乡村景观的特异性。

2.3 乡村产业与乡村景观的关系

通过前文的论述，可以发现乡村产业与乡村景观都是由需求和资源这两大要素共同作用的，这一共同点也决定了乡村产业和乡村景观有着不可割裂的关系。具体而言，在原型阶段，需求和资源是通过生产活动的进行来改变自然景观形成乡村景观的。所以说产业是需求和资源作用于景观的媒介。其四者的关系可用右图来表示。

所以说乡村产业与乡村景观的关系是，在需求和地域性资源的二元驱动下，乡村景观体现了乡村生产活动对自然景观的改变。

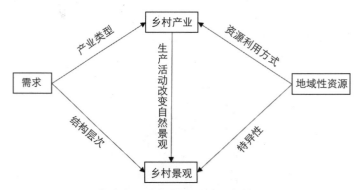

图 3 传统产业系统时期乡村产业与景观关系图

3 开放产业系统时期

乡村日益发展，交通更加便利，越来越多的村民走出乡村，外出务工，也有越来越多的村外人走近乡村，这些都使得乡村与外界信息、技术等方面的交流更加广泛。于是在原型阶段，乡村原有的封闭式的产业系统被打破，进入了开放的产业系统时期。

由于乡村社会的特殊性，以家庭为基本单位。在原型阶段的封闭产业系统时期，乡村中每个家庭的产业状况大致相同。但是在开放的产业系统时期，由于每个家庭受到外界冲击的方式和角度也有所不同，所以每个家庭在产业上升级的方式和角度也不同。产业也相应地从种植业、养殖业、副业这三种不同的产业放心进行升级。以上牛角洞组为例，种植业方面，从种植传统作物向种植经济作物转变；养殖业方面，从养殖家禽、家畜向资源依赖性特色养殖业转变；副业方面，从满足生存需求为导向的手工业向满足生活需求为导向的旅游业转变。

3.1 产业发展后的景观变化

通过前文对封闭系统时期乡村产业与景观的关系研究，得知乡村产业与景观都是由需求和资源两大要素共同决定的，那么在乡村产业向不同产业方向升级的过程中，资源利用方式改变，乡村景观的面貌也发生了相应的改变。笔者在研究中发现，乡村景观的变化主要体现了以下两个特点：

特点一：从形式上看，局部变化各异，变化部分不多，变化影响较大。

由于乡村是以家庭为单位的社会结构，所以在产业升级的过程中也是以家庭为单位分散的向各个方向进行升级的。即每个产业方向上的升级载体是由一个或多个家庭组成的，而非整个村子整体变化更新。所以有的家庭向种植业方向升级，种植经济作物；有的家庭向养殖方向升级，办绿色养殖场，办石蛙养殖场。有的家庭向副业方向升级，开办农家乐。而另外也有家庭尚未升级，仍然保持着封闭系统时期的产业结构。这样不同的升级方向产生不同的景观变化，所以局部的变化是各异的。但是由于山地乡村居民点比较分散，乡村景观本来就是以分散的斑块形式嵌入在作为基质的自然景观之中的，所以其中的几个小版块发生了变化，变化的部分不多。

虽然只是局部乡村景观发生了变化，但是空间异质性变化程度较大，乡村景观与原有自然景观的相融程度发生了很大的变化。前文已经论述过，乡村景观的实质是人对自然改造过程的外在物化。新的产业升级过程中，人对自然的改造不再是就近原则的取材而是经济原则的取材，这样所产生的乡村景观就失去了地域性的特征，与自然的相融度大大降低。

产业升级前后乡村景观变化分析 表6

	产业升级前	产业升级后
种植业升级所对应的景观变化		
	原有耕种景观相较自然景观的差异在于所生长的植物不再是野生植物而是统一种类的粮食作物。而升级后的耕种景观，为了满足特定作物的生长需求，人工搭建遮阳棚以构造伪自然环境（自然状态下在山林中自然出现隐蔽环境）	
养殖业升级所对应的景观变化		
	原有空间从植被覆盖转变为构筑物覆盖，乡村景观发生水平空间的异质性改变	
副业升级所对应的景观变化		
	原有庭院空间，软质乡村景观被硬质乡村景观代替	

特点二：从本质上看，乡村景观在产业系统中角色发生了改变，乡村景观变成了一种地域性资源，触发了副业方向向乡村旅游业的升级。

产业升级是资源利用方式的升级。需求改变后，乡村资源市场价值的变化是产业升级的诱因。随着乡村旅游需求的不断提高，乡村景观的市场价值不断提高，乡村景观转变为可以利用的地域性资源。由于乡村景观变成了一种资源，所以形成了相互作用的局部的循环。

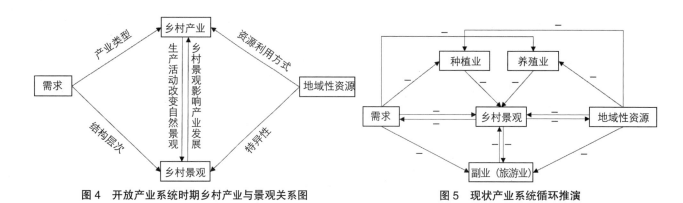

图4 开放产业系统时期乡村产业与景观关系图　　　　　图5 现状产业系统循环推演

3.2 景观变化后对产业的后续影响

由于乡村旅游的出现，乡村景观变为一种地域性资源，而地域性资源又是决定产业发展的要素之一。所以乡村景观的复合身份造成了产业链条的影响循环。也就是说一种乡村产业的发展会造成相应的乡村景观的变化，而乡村景观的变化会同时影响另一种产业的发展，继而这样的影响会出现循环。

以桃花源村现状的产业系统为例，可以对未来的产业发展进行如下的推演。

在原型状态下，人的需求停留在最基本的生存层面，所进行的生产活动也全部基于地域性资源并取之于地域性资源，几乎没有任何外界的介入，所以形成了封闭的产业系统。在产业系统封闭的前提下，物质系统也是封闭的，不同的产业资源利用的方式不同，作用于自然所呈现出的景观也不同，这样通过种植业、养殖业、副业等不同的产业，村民改造了自然景观，形成了乡村景观。由于这种改造并没有外界其他物质的介入，是在封闭的系统内部所完成，所以所形成的自然景观呈现出亚自然的状态，聚落、梯田等乡村景观与自然景观高度融合，对地域性资源的利用也在其合理的弹性范围之内。原型阶段的乡村景观之所以可以与自然景观高度融合，其原因在于这个阶段的乡村产业虽然改变了原有的自然状态的系统，但是产业之间没有相互影响，人为的介入影响较小，系统从一种平衡状态达到了另外一种新的平衡状态。

而在产业升级，乡村景观发生角色变化之后，就会出现如上图所示的产业循环过程。种植业、养殖业、旅游业都只片面的满足了个别需求，并没有把乡村景观考虑在内，所以对乡村景观造成了一定程度的负面影响，使得乡村景观出现空间异质性，与自然的相融程度也大大降低。这样的变化对地域性的资源环境也造成了一定的影响。其实质在于为满足新的需求所选择的资源利用方式不可持续。当资源环境受到影响后，又会进一步的影响种植业和养殖业的可持续发展，比如特色的经济作物失去了原有的生长环境而石蛙也失去了原来接近自然状态的生活环境。同时也会渐渐无法满足外源需求，乡村的乡村性丧失之后，人们就会减少对乡村的向往，继而游客的数量也会下降。当外源需求得不到满足时又会进一步影响内源需求的满足，游客下降之后，乡村旅游业无法得到妥善的发展，经济收益也会受到影响。这样的关联影响将造成现行的产业系统无法可持续的循环，存在产业发展风险。

可见，在升级后的产业系统中乡村景观反作用于乡村产业。当现有的产业对乡村景观产生负面影响的时候，就会影响整个的产业循环。所以，在新的阶段，乡村景观是制约乡村产业健康发展的重要因素。但现阶段产业系统出现不可持续问题的实质在于，产业发展忽视了对乡村景观的考虑，致使各个方向上的产业升级各自为营甚至相互影响，影响了乡村景观，继而形成恶性循环。

4 小结

综上所述，乡村产业与乡村景观相互作用，两者均由需求和地域性资源这两个要素所决定。所以在乡村产业规划中，要重视对乡村景观的考量。在产业发展的过程中，景观在不同纬度，不同层面都发挥着不一样的作用。产业与景观有着相互的作用关系，彼此之间会产生相互循环往复的影响。所以，笔者认为针对传统产业，以回溯乡村景观为主；针对现有产业，以修复乡村景观为主；针对潜在产业，以融入乡村景观为主。

由于乡村景观这一要素在产业系统内部具有角色双重性，既是影响施加者又是影响承受者，在产业布局合理的境况下，乡村景观得以很好的保护和传承，乡村景观成为更具吸引力的地域性资源，最近乡村旅游业的发展，刺激更多的需求，并进一步促进其他产业的发展，形成对整个系统的正向刺激作用，原有负推动作用亦可形成正推动作用，推动整个产业过程的健康可持续的有序循环，实现如下图所示的循环流程。

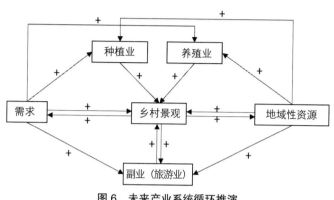

图6　未来产业系统循环推演

主要参考文献

[1]　楼铱.乡村景观的产业机理分析——以浙江省安吉县的乡村为例 [J].华中建筑，2010，28（1）:117–119. DOI:10.3969/j.issn.1003–739X.2010.01.034.

[2]　王仰麟，彭建等.景观多样性与乡村产业结构 [J].北京大学学报（自然科学版），2003，39（4）:556–564. DOI:10.3321/j.issn:0479–8023.2003.04.019.

[3]　张海鹏.发展乡村型产业推动社区共管持续开展 [J].陕西农业科学，2005（1）:104–106.DOI:10.3969/j.issn.0488–5368.2005.01.039.

[4]　刘滨谊.论中国乡村景观及乡村景观规划 [J].中国园林，2003，19（1）:5558.DOI:10.3969/j.issn.1000–6664.2003.01.015.

[5]　Lennon J.Taylor K.Prospects and challenges for cultural landscape management[M]//Taylor K，Lennon Jeds.Managing Cultural Landscapes. Oxford：Routledge，2012:345–364.

[6]　金其铭，董昕，张小林.乡村地理学 [M].南京：江苏教育出版社，1990：247–283.

[7]　花林，刘黎明，李蕾.乡村景观规划设计的相关问题探讨 [J].中国园林，2003，19（3）：39–41.

[8]　沈雷洪.浅谈乡村景观与小城镇规划 [J].城市规划学刊，2008（5）:115–119.DOI:10.3969/j.issn.10003363.2008.05.016.

[9]　俞孔坚，王志芳，黄国平等.论乡村景观及其对现代景观设计的意义 [J].华中建筑，2005，23（4）:123–126. DOI:10.3969/j.issn.1003–739X.2005.04.039.

[10]　芒福德，Mumford L，宋俊岭，等.城市发展史：起源，演变和前景 [M].北京：中国建筑工业出版社，2005.

[11]　朱乃诚.中国农作物栽培的起源和原始农业的兴起 [J].农业考古，2001（1）：31–32.

[12]　白吕纳著，任美愕，李旭旦译.人地学原理 [M].钟山书局，1935.

[13]　人文地理学概论 [M].东北师范大学出版社，1989. 14. Vanslembrouck I，Van Huylenbroeck G. Landscape amenities：economic assessment of agricultural landscapes[M]. Springer，2005.

我国传统村落保护制度研究

邻艳丽

摘　要： 当前快速现代化、城市化背景下城乡空间争夺愈演愈烈，乡村建设用地被侵占，农民自身建房高潮迭起，虽然我国已经构建了从历史文化名镇名村保护到传统村落的自上而下的系列政策体系，但基本思想仍是将传统村落作为文物进行保护，忽略了本身的生命性、系统性，导致传统村落保护制度本身的针对性不足，传统村落的自破坏和他破坏层出不穷。本文从制度层面反思传统村落保护的根本问题，从问题入手提出传统村落保护的制度建议。

关键词： 传统村落；保护制度；制度反思；制度创新

1　我国传统村落保护的制度演进与复杂性分析

1.1　历史文化名镇名村保护单轨制阶段（1986–2011 年）

（1）历史文化名镇名村保护的部门规章阶段（1986–2007 年）

我国历史文化名镇名村保护始于 20 世纪 80 年代，1982 年的《文物保护法》将历史文化名城列入不可移动文物的保护范畴，随着对历史文化名镇名村价值认识的加深以及保护形势的日益严峻，越来越多的专家学者、政府官员和社会人士呼吁加强对历史文化名镇名村的保护。1986 年《国务院批转建设部、文化部请关于申请公布第二批国家历史文化名城名单报告的通知》（国发［1986］104 号）中首次提出保护对一些文物古迹比较集中，或能较完整地体现出某一历史时期的传统风貌和民族地方的镇、村寨进行保护，自此我国的历史文化村镇保护工作正式拉开序幕，开始从村镇单体文物性建筑保护向文物建筑所处基质环境的整体保护转化，实现纪念性建筑兼顾传统平常性建筑的区域保护。

2002 年 9 月建设部发布《关于全国历史文化名镇（名村）申报评选工作的通知》（建村［2002］233 号），建设系统决定在全国范围内分期分批地评选命名全国历史文化名镇和全国历史文化名村。2002 年 12 月新修订的《文物保护法》明确提出了历史文化村镇的概念，以法律形式确立了历史文化村镇在我国遗产保护体系中的地位，并授权国务院制定具体办法（《文物保护法 2002》第十四条），标志着我国历史文化村镇保护制度的正式建立，历史文化村镇保护取得突破性进展。为更好地保护历史文化名镇名村和规范保护工作，2003 年起建设部和国家文物局先后颁布《中国历史文化名镇（村）评选办法》（建村［2003］199 号）和《中国历史文化名镇（村）评价指标体系》（建村［2007］360 号）等规范性文件，以完善相关评选机制，从省级历史文化名镇名村中选取一部分精华公布为"中国历史文化名镇名村"。

2006 年 6 月国务院公布第一批国家级非物质文化遗产名录（国发［2006］18 号），由于多数非物质文化遗产源于乡村，因此文化部门从这一角度开始参与历史文化村镇的保护工作。基于历史文化名城、名镇、名村保护与建设的关系，2007 年 10 月颁布《城乡规划法》对历史文化遗产的保护规划进行了原则规定，并在第 31 条第 2 款指出："历史文化名城、名镇、名村的保护以及受保护建筑物的维护和使用，应当遵守有关法律、行政法规和国务院的规定"，即通过准用性规则[①] 的运用，弥补了《城乡规划法》在历史文化名镇名村保护规划编制和实施上的规定不足。

（2）历史文化名镇名村保护的法律保障阶段（2008–2011 年）

2008 年 4 月，国务院颁布《历史文化名城名镇名村保护条例》（国务院令［2008］524 号），使历史文化名镇名村的保护更加体系化、法制化，并正式从国家层面肯定了中国历史文化名镇名村的命名。2009 年 1 月住房和城乡建设部、国家旅游局下发《关于开展全国特色景观旅游名镇（村）示范工作的通知》（建村［2009］3 号），制订了《全

邻艳丽：中国人民大学公共管理学院规划与管理系副教授

---

①　是指所指法律的内容本身没有规定人们具体的行为模式，而是可以援引或参照其他相应内容规定的规则。

国特色景观旅游名镇（村）示范导则》和《全国特色景观旅游名镇（村）示范考核办法》，旅游部门开始参与历史文化村镇的保护和开发，体现了对传统村落利用的旅游发展导向。

我国不可移动文物约有40多万处，其中近7万处各级文物保护单位中，有半数以上分布在乡村，1300多处国家级非物质文化遗产和7000多项省、市、县级非物质文化遗产绝大多数分布在传统村落里。[①]2011年2月国家出台了《非物质文化遗产法》（主席令〔2011〕42号），要求对属于非物质文化遗产组成部分的实物和场所进行保护，使得历史文化名镇名村的注重实体保护转向兼具传统文化的全面保护。2012年11月住房城乡建设部和国家文物局联合发布《历史文化名城名镇名村保护规划编制要求》（建规〔2012〕195号），对提高保护规划编制的科学性、规范性和可操作性起到一定的指导作用。

1982年以来，建设部和国家文物局先后公布了六批共528个中国历史文化名镇名村，其中名镇252个、名村276个。各省、自治区、直辖市人民政府公布的省级历史文化名镇名村已达529个。

1.2 传统村落保护双轨制阶段（2012年－迄今）

2012年4月，由国家住房和城乡建设部、文化部、国家文物局、财政部联合下发《关于开展传统村落调查的通知》（建村〔2012〕58号），首次联合启动了中国传统村落的调查，将民国以前建村，传统建筑风貌完整、选址格局保留传统特色或非物质文化遗产活态传承的村落均列入调查对象，全国现存的具有传统性质的村落近1.2万个，少量精品的历史文化名镇名村延伸到更广范围的传统村落保护。出于保障传统村落保护资金的需要，财政部也第一次作为传统村落单位参与出台保护文件。2012年9月，四部门联合出台了《传统村落评价认定指标体系（试行）》（建村〔2012〕125号），成立由建筑学、民俗学、规划学、艺术学、遗产学、人类学等专家组成的专家委员会，评审《中国传统村落名录》。

2012年12月中共中央和国务院下发了《关于加快发展现代农业，进一步增强农村发展活力的若干意见》，提出制定专门规划，启动专项工程，加大力度保护有历史文化价值和民族、地域元素的传统村落和民居，党和国家的年度1号文件第一次出现传统村落保护内容。2014年4月四部门再次联合发布《关于切实加强中国传统村落保护的指导意见》（建村〔2014〕61号），将传统村落保护政策具体化，一些传统村落大省大市也编制了相应的保护办法。

目前，公示的中国传统村落名录两批共1561个（2012年12月、2013年8月）。至此，我国基本形成了自上而下的传统村落保护体系，虽然仍处于部门规章的权限范围内施行状态，但保护范围逐步扩大，保护类型日益多样，保护内涵逐渐深化，保护系统日渐增强，由注重物质形态的保护转向文化空间、精神财富、生态环境的整体性、系统性保护，并进入到历史文化名镇名村和传统村落的双轨制保护阶段。

2 我国传统村落保护的制度对抗

我国传统村落保护面临困境的根本原因是支撑保护的动机、配套机制政策与支持破坏的动力、配套机制政策相对抗过程中差距悬殊，具体体现在宏观城市化政策背景下的传统村落整体失势和微观的文物保护、宅基地政策背景下的个体失效。

2.1 与城市化政策的整体对抗

经济发展背景下的国家"重城轻乡"治理理念由来已久，乡村在不同的阶段为城市发展输出资源、劳动力和空间资源，当作空间资源时，毁灭的速度加快。

（1）（1949-1977年）"重城轻乡"农产品攫取背景下的被动保留传统村落

我国界定的传统村落产生于民国前，近现代旧中国的战争和贫弱以及新中国成立后城市为主的建设方针和构建重工业体系需要，城市通过剪刀差（低资源价格、高工业产品价格）剥夺了农民的产品，获得乡村地区提供的廉价资源和大量资金作为生产资料。这一时期城市发展的人口和空间压力较低，由于乡村地区为城市现代化支付资源和资金成本，导致乡村发展十分缓慢，传统农耕方式得到延续，并一直处于相对贫困状态，因此除自然影响外，虽然传统村落文革时期重要的乡村公共建筑局部受到一定程度的破坏，但是传统村落格局、空间形态和建筑形式遭受的

---

① 周乾松.我国传统村落保护的现状问题与对策思考〔N〕.中国建设报，2013-1-29.

人为破坏并不明显，大多数传统村落基本得到被动式的保留。

（2）（1978–1999年）"征地政策"空间占用背景下近郊传统村落被动毁灭与主动破坏

改革开放以后，我国城市化速度加快，城市发展、产业扩张所需要的资金通过外资渠道得到缓解，人力资本通过广大农村剩余劳动力得到解决，城市人口规模和经济总量提高需要占用大量的空间资源。为获得城市建设用地拓展空间，地方政府通过征地剥夺农村的生产资料作为城市建设用地，并以开发区、城市新区的形式体现，导致城市近郊的传统村落被动式消失。

由于集体土地的农民宅基地分配制度施行，这些赋予村民一定数量的用于自住用途的房屋建设用地和乡村集体土地随着城市扩张，距离城市较近的传统村落土地的市场区位价值得以体现，村民通过拆旧建新扩大建筑面积，用于外来人口出租屋或商铺，使得传统村落机体发生变异造成主动式消失。

这一时期传统村落得到存留主要有两个类型：一是区位条件较好的传统村落由于具有旅游经济价值得到旅游开发而得以存留；二是区位条件较差、偏远地区的传统村落不具有空间经济价值，而具有旅游经济价值的预期较长，因此并未纳入政府或企业开发与征用视野，同时这些区域的居民相对贫困，建设量较少，使得这些传统村落得以幸存。

（3）（2000年–迄今）"增减挂钩制度"背景下的全域传统村落被动消失

随着城市化进程，我国进行了村庄合并以及行政区划调整、土地增加挂钩政策的实施。2000年6月《中共中央国务院关于促进小城镇健康发展的若干意见》（中发［2000］11号）文件提出，"对以迁村并点和土地整理等方式进行小城镇建设的，可在建设用地计划中予以适当支持"，"要严格限制分散建房的宅基地审批，鼓励农民进镇购房或按规划集中建房，节约的宅基地可用于小城镇建设用地。"为贯彻落实中央政策，国土资源部随后发出《关于加强土地管理促进小城镇健康发展的通知》（国土资发［2000］337号），第一次明确提出建设用地周转指标，主要通过"农村居民点向中心村和集镇集中"、"乡镇企业向工业小区集中和村庄整理等途径解决"。对目前我国土地政策具有重要影响的《国务院关于深化改革严格土地管理的决定》（国发［2004］28号）对这一政策进行充分发挥，"鼓励农村建设用地整理，城镇建设用地增加要与农村建设用地减少相挂钩"。2009年起，国土资源部改变土地批准和管理方式，将挂钩周转指标纳入年度土地利用计划管理，地方政府为获得土地指标，纷纷加快撤村并点进程。这一运动的全国范围内推行使得前一时期原本得以幸存的传统村落面临灭顶之灾，消失速度加快，保护工作更加严峻。

2.2 与相关政策的个体矛盾

（1）与文物保护政策的矛盾

从我国传统村落保护制度演进过程可以发现，现有保护政策是从文物保护、历史文化名城保护的角度制定的，然后推及历史文化名镇名村，再到传统村落，政策制定较少分析传统村落的具体情况。文物保护侧重个体保护、实体保护，与传统村落的整体保护、开发保护思路、理念存在一定的差异。依据《文物保护法》（2013）的规定，传统村落属于不可移动文物。依据相关规定，不可移动文物的开发模式是囊括性的，国有不可移动文物的开发模式一般仅限三种：建立博物馆、保管所或者辟为参观游览场所，作其他用途的，须经法律规定的上级部门核准。私有不可移动文物的开发也受到了很大的限制。相比而言，《历史文化名城名镇名村保护条例》（2008）规定的历史文化名镇名村开发模式则是排除性的，除了相关条款规定的禁止性或限制性活动外，其余活动均可实施，这更有利于历史文化名镇名村和传统村落的开发和保护。按照法理规定，法律是由全国人大或者全国人大常委会制定，条例一般形式就是行政法规，由国务院制定的，其法律效力低于法律。也就是说《历史文化名城名镇名村保护条例》（2008）作为行政法规，在历史文化名镇名村保护上《文物保护法》属于其上位法，具有更高法律效力，其相关内容规定必须首先符合《文物保护法》的规定。纵观历史文化名镇名村的保护开发状况，大都突破了《文物保护法》的相关规定，传统村落保护同样面临上述困境，这也是部分地方政府和居民担心开发受到限制而不愿意申报历史文化名镇名村和传统村落的原因之一。

（2）与农村宅基地政策的矛盾

我国传统村落的土地属性多为集体土地，居民住宅位于确认的宅基地之上。针对农村宅基地我国并未专门立法，长期以来由相关法律和政策共同规范、调整，如《土地法》（2004）第62条规定农村村民一户只能拥有一处宅基地。农村村民建住宅，应当符合乡（镇）土地利用总体规划，并尽量使用原有的宅基地和村内空闲地；国土资源部《关于加强农村宅基地管理的意见》（国土资发〔2004〕234号）指出，要重点加强城乡结合部地区农村宅基地的监督管理。严禁城镇居民在农村购置宅基地，严禁为城镇居民在农村购买和违法建造的住宅发放土地使用证；《国务院办公厅关于严格执行有关农村集体建设用地法律和政策的通知》（国办发〔2007〕71号）规定，农村住宅用地只能分配给本村村民，城镇居民不得到农村购买宅基地、农民住宅或"小产权房"。单位和个人不得非法租用、占用农民集体所有土地搞房地产开发；《物权法》第152条也规定"宅基地使用权人依法对集体所有的土地享有占有和使用的权利，有权依法利用该土地建造住宅及其附属设施。"《文物法》第22条则规定"不可移动文物已经全部损坏的，应当实施遗址保护，不得原址重建"。由于一些传统村落基础设施落后，建筑年久失修，居民生活条件差，居住建筑需要继续承担使用功能。在农村"一户一宅"和有权"原址重建"的土地和物权相关法律规定背景下，虽然与传统村落保护和文物保护相互矛盾，在缺乏规划和建设的有效引导情况下，居民在传统的老建筑中插空建设新居，拆除老房建新房，由于建筑超高，体量巨大，风格迥异，严重破坏了传统村落原有的空间结构和空间秩序，给原有村庄风貌带来毁灭性影响，形成居民主动建设性破坏。新审批宅基地由于固定面积标准，为方便划分，往往方正平直，与原有乡村肌理极不协调。由于宅基地及老建筑不得买卖、转让等政策规定，在保护农民利益的同时，也阻断了城市资本进入农村保护传统村落的通道。

3 我国传统村落保护的制度反思

3.1 现有基本认识不利于传统村落保护

（1）传统村落自身的生命性

传统村落保护制度体系的核心是对传统村落本质的认识，传统村落是生命的有机体，遗存的建筑、自然的山水、生活的居民、暗含的文化等共同构成这一历史遗存的核心组成部分，对待传统村落主要存在两种态度：一是将传统村落作为物质遗产，按照文物古迹的方式进行保护（死）；二是依托传统村落所具有的经济价值发展旅游（死或活）。死的保护方式是文物遗产、标本式的保护方式，而发展旅游迁出居民，类似于把机体放在福尔马林液里或制作成木乃伊，处于假活的状态；事实上，传统村落兼具濒危植物和文物古迹的综合特征，是活着的有机体（表1），因此活的保护方式是将传统村落作为不断成长发展的生命体进行类似于濒危植物或衰老的机体和病体的发展保护方式，严格保护空间机理和空间结构前提下，增加替换匹配（适配）功能，进行适当的修复和改造，是有时代印记的传承式保护。

传统村落的文物古迹与濒危植物两种认知方式对照一览表 表1

对比内容	文物古迹形式的认知	濒危植物形式的认知	综合认知
基本认识	珍贵、不可替代、不可再生的遗产	濒危、珍贵、不可替代、可再生、活着的有机体	濒危、珍贵、不可替代、可再生、活着的有机体
发展趋势	可保护、可存留、原真性	灭绝是自然规律，可生长、年轮特性	可保护、可存留、可生长、既有原真性、又有时代印迹
保护特征	死体态度、标本保护、假活、代价高昂	活体态度：设立保护区、人工种植和加工利用	活体态度、完整保护、发展保护、输血、恢复机体功能

（2）传统村落保护的整体性

传统村落保护的整体性已经得到学术界的广泛认同，它的本质在于整体空间的维护和整体价值的共同体现，个体建筑构成传统村落的基质，任何基质的破坏都会使传统村落受到损害和整体价值的下降。如果将传统村落整体和个体之间的关系按照利益划分则是共同利益和私人利益之间的关系，没有共同利益（传统村落破坏）就没有私人利益，个体建设行为必须在整体保护框架控制内进行。由于共同利益的维护是在个体利益受约束的情况下实现的，因此居民个体理应参与共同利益的获益分配，同时传统村落的保护过程中居民个体同样应做为保护主体出现的。

传统村落保护属于维护公共利益，是各级政府责无旁贷的责任。自2003年开展历史文化名镇名村评比制度以来，传统村落保护工作主要是政府主导的自上而下的行为，相应的制度设计中对其中重要组成部分的村民在保护过程中的地位和作用考量不足，广大村民缺乏参与的渠道。对于部分作为资源而具有经济价值的传统村落则存在两种利益分配格局：一是地方政府和开发企业以保护利用为由将村民全部迁出，实际是将传统村落的保护责任和整体利益让位于企业，剥夺了农民利益；二是政府、企业和居民共存，各利益主体的矛盾体现在房屋的改造、新建住宅的建设（私人利益）、旅游收入（整体利益）的分配中，由于利益分配机制尚未形成，往往引发居民为维护自身利益的私搭乱建和毁坏拆除等严重的问题。

3.2 现有法律法规不支持传统村落保护

（1）缺少法律支撑，配套政策缺乏

1）缺少法律支撑

我国目前建立了《城乡规划法》《文物保护法》《非物质文化遗产法》和《历史文化名城名镇名村保护条例》等"三法一条例"为基本法律法规的名镇名村保护框架体系，但传统村落概念不明确，缺乏对传统村落保护的界定和要求，即传统村落保护采取选择性、参照性来遵循三法一条例的相关要求，缺乏系统性、整体性、专门性的上位法支撑。目前，国务院下发的有关传统村落保护的规范性文件在上述法律法规漏失的情况下出台，虽然具有实效性，但不具备行政法律法规的约束性。我国传统村落数量众多，分布地区广泛，地区经济社会发展差异大，国家很难制定统一的保护政策，迫切要求地方根据实际制定传统村落地方性保护法律法规，但地方对古村落保护政策制定和落实上较为滞后，存在极为严重的政策基础问题。

2）配套政策缺乏

我国传统村落保护缺乏相关财税金融、土地、规划实施、奖惩制度等配套政策，其中较为关键的是产权制度。由于传统村落的历史建筑年代久远，经历了较多的历史变迁，产权比较混乱，给传统村落的保护带来很大的影响，具体体现在：一是各方在义务承担上相互推诿，不愿担负修缮历史建筑等义务，导致历史遗产的破坏；二是难以使最能实现收益最大化的一方确实享有产权；三是产权之争甚至还会导致历史遗产的直接破坏。因此现有部分传统村落能够保留下来多数并非法律制度管控下的主动性保护结果，而是消极态度下的遗漏性遗存使然。

（2）危害难以界定，惩处力度较轻

1）危害难以界定

《历史文化名城名镇名村条例》界定行政相对人违法行为属于民事违法和行政违法，在具体确定处罚标准时缺乏足够的法理依据，即犯罪对社会的危害程度。我国司法惩处采用罪刑相适应原则[1]，即重罪重罚，轻罪轻罚，罪刑相称，罚当其罪。由于破坏传统村落整体侵害的是公共利益，即传统村落的科学价值、历史价值和经济价值，《历史文化名城名镇名村条例》规定的行政代执行仅考量的是修复侵害的经济成本，而科学价值和历史价值的侵害是无法和直接侵害造成的损失进行比照的，因此破坏传统村落的危害和损失很难明晰界定，导致司法量刑缺乏依据，也就出现了法律界"盗墓者死，毁城者无罪"的无奈现象。

2）惩处力度较轻

贝卡利亚在其传世之作《论犯罪与刑罚》一书中指出："犯罪对公共利益的危害越大，促使人们犯罪的力量越强，制止人们犯罪的手段就应该越强有力"[2]。但事实上，我国支持传统村落保护的"三法一条例"对于违法行为的处罚是极轻的，多以行政处罚和少量经济处罚、治安处罚为主，威慑力较低。当人们可以普遍从违法行为中获得很大的利益，而违法成本极低时，除了道德和舆论之外，没有力量能够约束人们为一己私利作出破坏行为。

3）社会监督不足

传统村落破坏违法行为显示的社会监督背景是"民不举官不咎"，按照现有法律规定，只有利害当事人具有申请法律救济权利，由于传统村落破坏缺少具体的被侵害主体，因此少有向当局提出追诉请求，反映了传统村落破坏的行政司法行为被动性和社会监督严重不足的特点。

3.3 现有监管机制不适合传统村落保护

（1）依靠自我监督约束，监管体制权责不一

纵向角度，国家层面，依据《历史文化名城名镇名村保护条例》，国务院建设主管部门会同国务院文物主管部门

---

[1] 百度百科. 罪刑相适应原则 [EB/OL]. http://baike.baidu.com/view/645573.htm?fr=aladdin, 2014-11-06.
[2] 贝卡里亚（意）.《论犯罪与刑罚》（第二版）[M]. 黄风译. 北京：中国法制出版社，2005.

负责全国历史文化名镇、名村的保护和监督管理工作。上述部门对历史文化名镇名村和传统村落保护方面一般采取不定期巡查和派驻城乡规划督察员等极少数方式，其中不定期巡查时间间隔长，不能做到随时监督；而城乡规划督察员派驻制度没有普及所有包含历史文化名镇名村和传统村落的城市，因此对地方政府监督作用是有限的。地方层面，依据《历史文化名城名镇名村保护条例》，各级人民政府负责本行政区域历史文化名城、名镇、名村的保护和监督管理工作。这就意味着地方层面相关主管部门既负责传统村落的保护监督，又负责传统村落的建设管理，自我监督等于缺乏监督约束，不利于实现依法高效保护历史文化遗产。

横向角度，传统村落包含物质遗产、自然遗产和非物质文化遗产，国家层面住房和城乡建设部、国家文物局、文化部实际上共同行使对传统村落的监督管理权；地方则多部门各行其职，共同监督管理传统村落的保护工作。依据《文物保护法》，历史文化名镇名村和引申出的传统村落应属于不可移动文物保护范畴，应归属国家文物局保护与管理。但从传统村落保护具体工作出发，其规划、修缮、开发等几乎全部事项应属于规划建设行政部门职责范畴。依据《非物质文化遗产保护法》规定，非物质文化遗产部分属于文化部管理。依据《历史文化名城名镇名村保护条例》（2008）规定，中国历史文化名镇名村的申报和批准、因保护不力而被列入濒危名单、保护规划的实施监督等职权由国务院建设主管部门会同国务院文物主管部门共同行使；具体的行为则需要地方城乡规划（建设）主管部门会同同级文物主管部门进行批准。现行"共司其职"的共同监督管理行政体制下传统村落保护权责不一，保护规划的编制、实施、监测和管理的主体不尽相同，导致职能划分不明确，使得相关部门在遇到有利事项时相互争夺事权，在遇到不利事项时相互推诿，极大降低了行政效率，不利于传统村落的保护。

（2）缺乏保护动力机制，保护资金严重不足

传统村落保护既缺少政府、居民内在动力，也缺乏民间外在助力。虽然《国务院关于加强文化遗产保护的通知》（国发〔2005〕42号）明确规定，各级人民政府要将文化遗产保护经费纳入本级财政预算，并规定社会团体、企业和个人参与文化遗产保护的途径只能是捐赠和赞助。由于国家层面监管机构均为兼职机构，有其名而鲜有实际行动，投入的保护资金虽然总量看似巨大，但平分到同样基数较多的传统村落不过是杯水车薪，而且现行政策规定文保基金不能用于私人产权的建筑，只能任其"自生自灭"。

任期制GDP考核机制背景下的地方政府行政压力和经济压力则是实实在在的，按照政府经纪人资金投入产出规律，在财政资金的分配上，除履行政府职能之必须外，剩余的财政资金政府会配置到能够实现自身利益最大化的地方去，以最大限度捞取政绩，而保护历史文化遗产不能带来直接的利益，只会白白耗费大量财政资金。因此，政府不会将过多资金投入传统村落保护，否则会引起其他方面的财政投入不足，尤其在历史文化资源不能得到有效开发的地区往往是贫困地区，在财政资金有限的情况下更难以提供资金进行传统村落保护。因此对于上级的政策命令往往采取"搪塞应付"的对策，甚至为了实现经济经济效益不惜违法拆除破坏传统村落。地方政府具体保护执行机构则由于职权小、编制少，在涉及传统村落方面的决策过程中缺少话语权，难以协调相关部门工作，并不能将传统村落保护政策落到实处。

传统村落的乡土建筑的维修费用远远高于新建建筑费用，在没有国家和地方政府一定资金资助和缺乏传统建筑升值空间的情况下，现有内部居民自身除情感的维系外，缺乏投入资金保护的内生动力，而外部居民（主要是城市资产）基于现有产权、土地制度的约束只能以捐助形式投入传统村落建筑的保护，缺乏经济动力。应该说明的是，致力于传统村落保护的专家、学者乃至民众具有极为可贵的历史责任感和民族使命感，但仅仅依靠理念并不能有效保护文化遗产，实现长治久安，理念需要有制度的支持。

3.4　现有技术标准不支撑传统村落保护

（1）监造技术与人才

保护古村落、古建筑的原真性、完整性，是古民居保护的重要原则，而专业技术人才的作用就显得尤为突出。由于传统监造技术萎缩，建造、修缮乡土建筑的民间工匠越来越少，对地方乡土建筑的形制样式和特色工艺的工匠已经后继无人，传统技艺流失，职业学校、高校培养的相关专业人才较少，严重制约了传统村落乡土建筑保护工作的正常开展。

（2）规划技术与标准

我国历史文化悠久，自然条件复杂，各地区自然环境、文化背景、经济发展等方面地域差异性明显，因此直接导致了传统村落在聚落景观、民居形态、风俗习惯等方面呈现出不同的外在特征。目前规划技术远远落后于传统村落的保护，具体体现在：一是规划基础不足。不少传统村落对自身拥有的历史文化资源底数不清，对资源的种类、数量、年代、工艺、材料等基本信息没有建立档案，导致在保护管理中缺乏科学依据；二是规划标准不够。传统村落类型多样，保护范围广，既包括物质与非物质文化遗产，又包含自然景观与生态环境；同时保护对象复杂，传统建筑差异较大；加之地方经济发展水平参差不齐，因此难以制订统一的保护标准和规范；三是规划水平不高。由于传统村落概念的提出晚于文物保护单位、历史文化名城、历史文化街区、历史文化村镇，因此其保护规划的编制也大都模仿前者的形式，加之对传统村落本质特征理解的失误，传统村落的产权性质、土地类型复杂多样，缺少与具体实施者村民的沟通，导致规划很难指导具体实践。

4 我国传统村落保护的制度创新

4.1 提供法律制度保障

（1）尽快制定《传统村落保护法》

传统村落保护存在的一个很大问题是缺少一部真正量身定做的上位法。《文物保护法》束缚了传统村落历史文化遗产的保护，历史文化名镇名村已经通过《历史文化名城名镇名村保护条例》成为法定概念，受到国家强制力的保护，从评定条件比较而言历史文化名村比传统村落有着更高的要求，是传统村落中的精华和重要组成部分。因此可以在《历史文化名城名镇名村保护条例》的基础上尽快修改上升为《传统村落保护法》，不断完善监管机制、资金保障等制度，强化社会参与和民主监督，加大违法处罚力度，实现历史文化名村与传统村落保护制度的并轨。

（2）建立乡土历史建筑产权制度

建立传统建筑确权制度。我国传统村落大部分处于闲置、废弃和自生自灭状态，传统乡土建筑均使用乡土材料，一些无人村、空心村的传统建筑的精美建筑构件、门窗被偷窃、贩卖。传统村落保护的前提基础是传统村落的普查登记，目前我国已全面开展农村土地确权登记颁证工作，但集体土地上的建筑物确权工作尚未进行。确权是产权制度的基础，目前传统建筑的价值尚未被充分认识到，此时确权争议较小，可降低谈判和交易成本，早确权还可以减少对历史文化遗产的破坏。

探索传统村落产权"房、地分离"政策和宅基地使用政策的突破和创新，即土地产权归集体所有，而集体土地上的房屋可以归投资者所有。允许经过认定的传统村落实施乡土建筑的租赁、买卖制度，对传统村落和传统建筑保护较好的集体和个人给予奖励，吸引社会资本按照保护要求参与传统村落中乡土建筑的保护，支持村民通过城镇保障房、补偿宅基地等政策实现对传统建筑的保护。

4.2 重构传统乡村秩序

（1）建立人才财富返流机制

在现代乡村缺乏秩序的背景下重构乡村新秩序依赖的是乡村权威的重塑和整体居民素质的提高。目前我国农村基本处于封闭运行输出状态，需建立城乡财富和人才流动机制，增强乡村活力。

（2）健全乡村教育培训机制

农村基础教育要以农村经济、社会、文化发展为主要导向；农村教育中引入本土知识和文化技能的强调程度。农村能力教育应以所处的乡村为中心，传递的知识进可提升社区的知识与技能，退尚可立足于社区的生计，使教育从乡村中得到认同，乡村也才能从教育中获得活力，维持尊严。[①] 传统村落保护教育应进行相关规划、建筑、维护知识进行教育和培训，树立正确的保护理念和文化自信。

---

① 刘云彬 . 冗山：一个村落的生活、文化与教育——中国乡村教育实践的困境与出路 [EB/OL]. 豆丁网站，http://www.docin. com/p-611526854.html，2014-11-25.

4.3　切实转变保护理念

（1）不过分强调原真性

我国传统村落保护面临众多难题，其核心和根本是乡村传统生活方式的现代冲击，即传统建筑已经不适合当代居民的生活需求，现代社会一直破旧立新，传统建筑不如新建建筑的价值观已经根深蒂固。因此传统村落保护需两个观念的转变：一是文化价值观和经济价值观的双重认同。传统村落承载文化和感情的因素，当传统建筑的市场价值超过新建建筑价值时，居民的主动保护意识会自然增强；二是原真性的思考。原真性的争执是保护理念的确定，道萨迪亚斯指出："人类聚居是动态发展的有机体"。人类聚居环境是不断自发地生长、变化、成长着的。"因为历史街区的情况与建筑不同，应当允许有不同的保护和利用方法……无论哪一种保护方式，历史真实性的延续都只能是部分的和相对的，有些历史真实性根本无法保护"。"对有人继续居住在其中的历史城镇不应过分强调原真性保护"。作为一个活着的传统村落，传统民居必须在保护的过程中得到再生，保护不是限制发展，而是合理的引导，保护传统民居的生存环境及其传承过程同样重要。同时需要与传统生活方式有效融合，保留和恢复传统村落的口头传统、民俗活动和礼仪节庆、传统手工艺等非物质文化遗产所依存的文化空间。

（2）注重分类保护

旅游是传统村落再利用的重要途径，但事实上，很多偏远山区甚至周边缺少大客源市场的村落是不可能发展旅游产业的，但传统村落的保护势必需要注入新的动力机制。目前针对传统村落保护共有三种模式：一是公司统一保护开发模式，此种模式和村通村落保护的原真性相悖，但有利益商业运作，原住民的有效安置和利益分配政策至关重要；二是农业生产自住自用模式，此类传统村落有一部分可能是空心村，面临自生自灭的危险；第三类是农业生态生产主导模式，以传统农业生产为主，此类传统村落农业生产条件较好，适合继续发展生态农业，但交通基础设施和村落规划控制引导至关重要。

《历史文化名城名镇名村保护条例》（2008）附则规定历史建筑的定义是经城市、县人民政府确定公布的具有一定保护价值，能够反映历史风貌和地方特色，未公布为文物保护单位，也未登记为不可移动文物的建筑物、构筑物。也就是说传统村落的民居建筑可以定义为历史建筑，第三十三条规定保护主体，即"历史建筑的所有权人应当按照保护规划的要求，负责历史建筑的维护和修缮。县级以上地方人民政府可以从保护资金中对历史建筑的维护和修缮给予补助。历史建筑有损毁危险，所有权人不具备维护和修缮能力的，当地人民政府应当采取措施进行保护"。

针对建筑个体同样存在三种利用模式：出租商业模式，涉及租户和产权居民的权利和义务约束；二是自用商业居住模式，需要对产权居民进行规划引导和监管；三是空置模式，涉及国家收购政策的制定、长期租用政策和是否允许买卖政策的讨论。新建建筑按照规划设计的形制进行，地方政府可给予一定的补助。

（3）引导社会参与

目前我国城乡人口流动处于胶着状态，农民进城落户意愿低，乡村价值将不断提升，因此具有吸引社会投资传统村落保护的条件。传统村落保护过程中，政府通过制定规划，完善基础设施、公共服务设施并提供政策优惠等手段，吸引社会资本参与传统村落的保护。积极引导全体村民的理解和参与，政府提供一定额度的保护奖励和保护资金，鼓励居民自保，对无力承担修缮费用的，采取专门保护的形式，可以政府收购或居民转移安置，采取租赁形式提供给有能力维护的居民按照要求进行维修维护，从而实现传统村落的整体保护与管理。

4.4　完善规划建设标准

（1）制定适宜的传统村落保护规划标准

传统村落不同于一般村落，其用地空间、道路交通、市政基础设施和公共服务设施配置、消防、建筑景观、生态景观等方面所受限制较多，需针对传统村落单独制定保护规划设计标准，改善基础设施和公共服务设施，采用适宜技术，促进传统村落功能提升、安全运行、景观和谐、服务便捷，实现传统村落的可持续发展。

（2）监造技术与工艺以及建筑材料创新

传统监造工艺费时费力，需要极大的资金投入和维修维护的引导。《威尼斯宪章》第十条规定，当传统技术被证明为不适用时，可采用任何经科学数据和经验证明为有效的现代建筑及保护技术来加固古迹。不破不立、推陈出新的传统营造思想适应了我国传统建筑材料的特征，同时我国艺术欣赏的角度和西方存在极大的差别，核心是神似，既思想的一贯性，形似是神似的基础，因此现代传统村落监造技术是保留传统建筑本质的精神和传统符号，将传统和现代技术的结合对传统工艺进行现代化改造，加快替代材料的研发和使用，适当调整建筑功能，加强传统监造技术人才的培养，建立技工制度，以适应现代生活方式的必然转变。

4.5 创新监督管理制度

（1）政府官员考核标准创新

有为效保护传统村落，充分认识传统村落的稀缺性、重要性，既要要求国家完善政绩考核标准，不以GDP的增长作为官员政绩考核的唯一标准，加入历史文化资源保护这一考核标准。同时也要要求地方官员克服有限理性，注重长远发展利益。

（2）传统村落申报制调整为评审制

加快传统村落的普查，申报制依靠地方政府和居民的积极性，在地方政府无利可图、百姓没有充分认识的状况下很难对全国的传统村落进行有效保护，在快速城市化进程中，如果不及早从技术角度进行甄别，传统农耕生产生活方式将被瓦解，丰富多彩的物质形态面临毁灭，乡土文化遗产濒临绝境，势必造成不可挽回的损失。因此国家需将申报制度改为评审制度，并将评审权限下放给省级人民政府，尽快确定传统村落国家类型谱系和名录，并督促地方政府针对传统村落保护先行制定地方保护办法，应保尽保。

（3）探索传统村落规划师制度

传统村落保护缺乏的人力资本，尤其规划管理人员，村庄规划师制度在我国已有案例可以借鉴：云南沙溪镇的寺登村是我国村庄保护最好的案例，从事规划建设管理一个瑞士专家团队坚持了10年对村庄修复提供技术方案；浙江金花的诸葛村陈志华先生1990年开始长期跟踪村庄保护，而村支书每件事都征求意见，确保所有行动符合保护要求。全国传统村落12000多个，注册规划师1009年已达到11700多人，从事规划行业人员达到10万人，因此国家可以在支付村庄规划费用的前提下，从全国注册规划师中就近选拔愿意长期从事传统村落保护人员，建立传统村落规划师制度，并配套相关职称评定等奖励政策。

主要参考文献

[1] 李文治，江太新．中国宗法宗族制和族田义庄 [M]．北京：社会科学文献出版社，2000：59-61．

[2] 王挺，宣建华．宗祠影响下的浙江传统村落肌理形态初探 [J]．华中建筑，2011（02）：164-167．

[3] 吴毅．村治变迁中的权威与秩序 [M]．北京：中国社会科学出版社，2002．

[4] 曹营春，张玉坤．中国传统村落评选及分布探析 [J]．建筑学报，2013（12）:44-49．

[5] 蔡颖，全方．东西方传统村落对比分析：以徽州地区南坪村和西班牙加泰罗尼亚地区pals为例 [J]．建筑与文化，2013（1）:94-95．

[6] 刘云彬．中国乡村教育实践的检讨．翁乃群主编．村落视野下的农村教育：以西南四村为例 [M]．北京：社会科学文献出版社，2009．

Research on Traditional Villages Protection System in China

Gui Yanli

Abstract : The contest of urban-rural space grows in intensity under current rapid modernization and urbanization, which is taking the form of rural construction land being illegally occupied and the popularity of rural self-built housing. Although China has adopted series of top-down approaches aimed at historical towns and villages to traditional villages, the main idea of which remains regarding traditional villages as cultural relics, ignoring its vitality and systematicness. The defect results in insufficiency pertinence of traditional village protection system and continual destruction of traditional villages. In this paper, essential issues of traditional villages protection are studied, and strategic proposals of traditional villages are suggested.

Keywords : traditional villages ; protection system ; system reflection ; system innovation

更新理念、重构体系、优化方法
——对当前我国乡村规划实践的反思和展望

梅耀林　许珊珊　杨浩

摘　要：本文通过对大量相关数据和资料的分析，客观总结了现阶段乡村规划的 4 个特点，包括关注提升、全面实践，概念多、内容乱，缺支撑、少体系，理念的偏差。由此，本文提出规划未来发展的三个方向。第一是更新规划理念，让乡村回归乡村，留住乡愁、激发乡村活力。第二是重构乡村规划体系，县域（镇域、片区）层次开展乡村地区总体规划、村域层次开展村庄规划、村庄层次开展村庄建设规划，形成利于管理、各司其职的新型乡村规划体系。第三是采用技术支撑、实效指向的思路对规划方法进行优化：乡村总体规划强调差异化分析和均等化引导；村庄规划形成"四部曲"：系统分析村庄、确定规划重点，区别实施主体、确定规划思路，根据地方特点、确定设计手法，针对规划受众、确定表达方式；村庄建设规划则从精于特色挖掘、便于规划实施、擅于村庄设计、利于村民理解四个方面开展方法优化。通过这三个方向的努力，促进乡村规划更好的发展，有效地为乡村发展和城乡统筹服务。

关键词：乡村规划；更新理念；重构体系；优化方法

1 引言

在我国固化的"城乡二元格局"中，乡村规划管理严重落后，乡村的建设因长期缺乏科学规划及标准支撑而呈现出无序的状态。但从 2005 年开始，国家出台了一系列聚焦农村的政策方针，十七届三中全会更是将我国乡村的规划建设工作推向了一个全新的高潮。随着新农村规划实践的大量展开，乡村规划类型亦延伸至村庄布点规划、建设规划与整治规划，乡村地区发展规划等方面。

在宏观政策催生出的良好乡村发展氛围下，当前的乡村规划实践面大、量广且类型多样，普遍呈现出如下四个方面的表征：①"有亮点"，特别是在 2013 年全国村庄规划试点工作中，涌现出一大批创新规划理念和方法的实践成果，在突破传统的有益尝试下提高了乡村规划水平；②"有看点"，新一轮乡村规划重点关注村庄环境，多以规划为先导，大范围地展开村容村貌的整治工作，掀起了备受瞩目的乡村美化运动，其中江苏村庄环境整治行动取得了显著成效；③"难成经典"，但在大批量的乡村规划建设中，始终未能孕育出独具魅力甚至可媲美经典村庄的实践案例，对我们产生深远影响的依然只有宏村、婺源等少数一直传承历史文化的最美乡村；④"多有缺点"，事实上，学术界及舆论界对当前的乡村规划实践多有异议，批判性的观点偏多，如简单照搬城市规划而脱离乡村实际、运动式规划导致乡村文化的丧失，或简单地撤村并点致使"农民上楼"等，都是我们必须要直接应对的问题。

实践的偏向和误区都印证了乡村规划领域研究的不足，面对实践中纷繁复杂的问题，我国的乡村规划应该如何应对，以适应新型城镇化进程的要求？难道真的只能是"一手的实践机会"，"二手的规划理论"（石楠，2008）吗？因此，我们已有必要详细地解析乡村规划的特征，并以此为基础思考、展望乡村规划理论与范式的创新，从而为国内乡村规划的研究和实践提供良好的基础。

梅耀林：江苏省住房和城乡建设厅城市规划技术咨询中心主任
许珊珊：江苏省住房和城乡建设厅城市规划技术咨询中心规划师
杨浩：江苏省住房和城乡建设厅城市规划技术咨询中心规划师

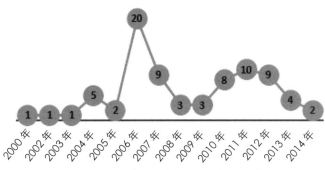

图1 2000 年以来各地方乡村规划相关政策出台的数量变化

（资料来源：作者根据各省、自治区、直辖市建设厅网站数据整理）

2 当前乡村规划实践——四个特征

2.1 "热"：关注提升、全面实践

自 2002 年以来，国家陆续出台了相关政策、法规等，并开展了村庄规划试点工作，开始持续关注乡村的规划建设。特别是 2008 年实施的《城乡规划法》明确了乡规划与村庄规划内容，以及 2013 年全国村庄规划试点研究、2014 年第一届全国村镇规划理论与实践研讨会等，推动了乡村规划地位和影响力的迅速提升。而且，各地方紧跟宏观政策的要求，颁布了大量乡村规划的政策、导则、标准以及规范等，尤其是 2005 年国家提出新农村建设要求、2010 年明确建设美丽中国的目标后，各地方在两个时间点对乡村规划的关注空前高涨。

2000 年以来部分各省份（直辖市）出台的乡村规划技术标准　　　　表1

省市	时间	名称
北京	2010	村庄规划标准
上海	2007	上海市郊区新市镇与中心村规划编制技术标准（试行）
	2010	上海市村庄规划编制导则（试行）
天津	2011	天津市村庄规划编制标准（试行）
重庆	2007	重庆市城乡规划村庄规划导则（试行）
	2012	重庆市主城区乡村建设规划编制暂行办法
江苏	2004	江苏省村镇规划建设管理条例（2004 修正）
	2005	江苏省镇村布局规划技术要点
	2006	江苏省村庄建设整治工作要点
	2007	江苏省村庄平面布局规划编制技术要点（试行）
	2008	江苏省村庄规划导则
	2010	江苏省节约型村庄和特色村庄建设指南
	2011	江苏省村庄环境整治技术指引
浙江	2003	浙江省建设厅村庄规划编制导则（试行）
	2004	浙江省村镇规划建设管理条例（2004 修正）
	2006	浙江省生态村建设规范
	2012	浙江省历史文化名城名镇名村保护条例
	2014	美丽乡村建设规范
安徽	2012	安徽省村庄布点规划导则
山东	2006	山东省村庄建设规划编制技术导则（试行）
	2006	山东省村庄整治技术导则
	2011	山东省农村新型社区建设技术导则（试行）
	2013	山东省农村新型社区规划建设管理导则（试行）
河南	2005	河南省村庄和集镇规划建设管理条例（2005 修正）
	2007	河南省县域村镇体系规划技术细则（试行）
	2008	河南省村庄环境整治分类指导标准（试行）
	2012	河南省新型农村社区规划建设标准

（资料来源：作者根据各省、自治区、直辖市建设厅网站数据整理）

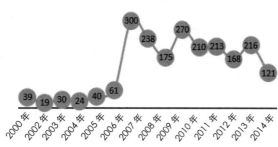

图2 历年来篇名含有"乡村规划"、"村庄规划"、"农村规划"、"村镇规划"等词汇的论文数量的论文数量
（资料来源：作者根据 cnki 文章检索数据整理）

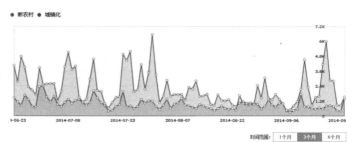

图3 微博话题中"新农村"和"城镇化"的讨论趋势相近
（资料来源：作者根据微博话题数量整理）

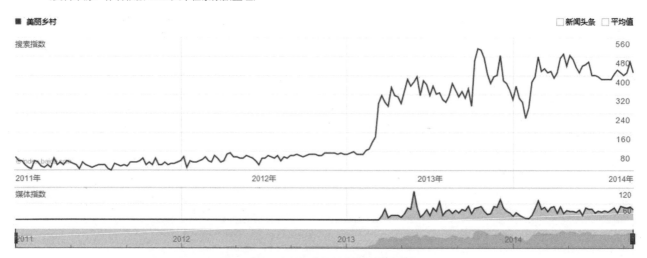

图4 "美丽乡村"的网络搜索强度不断增加
（资料来源：作者根据百度搜索条目数量整理）

在学术层面,近年来对乡村规划的研究探索不断增多。通过中国知网检索篇名中包含有"乡村规划"、"村庄规划"、"农村规划"和"村镇规划"等词汇的文献数量,可以发现,以2006年为显著的时间节点,相关论文研究大幅增加。而且,学术界对乡村规划的研究出现多元化的趋势,众多新方法、新技术开始应用在乡村规划领域中。

在规划实践中,2007-2013年间,全国共有15万个村庄规划的编制及实施。各地的村庄布点规划、村庄规划、村庄建设规划及村庄环境整治规划等,往往在短短的一两年内快速推进,从以往的每年几十个到现在的几千个,增长趋势异常显著。

部分地方主要的乡村规划实践内容 表2

地区	具体的乡村规划实践内容和数量
北京	2006年:完成村庄规划80个;2007年:完成村庄规划120个;2008年:完成村庄规划200个;2010年:完成村庄规划3985个
四川	2011年:完成1500个村庄示范;2014年:完成1000个村庄示范
湖南	2006年:完成90%以上地区的村庄布点规划
江苏	2005-2008年:完成3.5万规划村庄平面布局规划、5000个"三类村庄"的规划、2011-2012年:6.4万个自然村的环境整治
浙江	2006年:完成村庄规划223个
河北	2013-2014年:3227农村面貌改造提升重点村规划
陕西	2008年:完成村庄布局规划102个、村庄总体规划267个、村庄建设规划2552个

（资料来源：作者根据互联网数据整理）

2.2 "乱"：概念多、内容乱

随着我国经济社会的快速发展,乡村的建设发展不断加速,规划诉求变得十分强烈,各地快速地展开了大量的

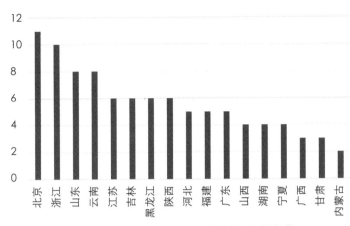

图5 各省份明确规定乡村规划编制图纸的数量
（资料来源：作者根据各省、自治区、直辖市建设厅网站数据整理）

实践工作。当前，我国实际编制的乡村规划名目繁多、内容各异，往往根据不同的需要做不同名称的规划。仅江苏省就大范围组织编制了镇村布局规划、村庄规划、村庄平面布局规划、村庄建设规划、村庄环境整治规划等5类乡村规划，其层次、内容和深度都各有不同。在我国其他省市，这种现象也屡见不鲜。

首先是规划名称乱。有关"乡村规划"的名词，在县域层面包括镇区布局规划、村庄布局规划及新村建设总体规划等；次区域层面则有美丽乡村规划；村域层面的规划类别为村庄规划、新农村建设规划和农村新社区规划等；而对于各个居民点，包括了村庄建设规划、村庄整治规划、农村综合整治规划、农村面貌改造提升规划等。

其次是规划内容乱。我国当前的乡村规划类型庞杂，各地关于乡村规划编制的标准和要求相差很大，组织编制的乡村规划从形式、层面到内容、深度都不一样，普遍是根据自身的理解和实际情况而分别制定的。一方面，相同层次下乡村规划的形式和内容都不尽相同，如全国各省份出台的乡村规划编制图纸的数量参差不齐；另一方面，即便是在相同的规划形式与层面下，各地有关乡村规划的内容和深度要求千差万别。

江苏省村庄规划类型与四川省村庄规划类型比较 表3

层面	形式		内容	
	江苏	四川	江苏	四川
村庄以上	镇村布局规划	社会主义新农村建设规划	村庄功能和布点、建设控制、基础设施、公共设施	乡村地区发展的全面内容
		村庄布局规划		村庄选址和布局、建设规模和用地指标、住宅设计、道路规划、基础设施、防灾减灾
行政村	村庄规划	新村建设规划	村庄布点及规模、产业布局、配套设施布局	定位与规模、用地布局、建筑规划、基础设施、防灾
自然村	村庄建设规划	农村环境卫生整治规划	村庄布局、公共服务设施、住宅、道路交通、基础设施、绿化景观、防灾减灾	性质与规模、总体布局与空间组织、道路交通、公共服务、农房建筑、绿地与风貌景观、基础设施
	村庄平面布局规划	新农村综合体建设规划	用地规模、设施布局、道路框架、建设要求	发展战略、主导产业及空间布局、自然生态与历史文化保护新村组织体系、设施配套、综合防灾
	村庄环境整治规划		垃圾污水、工业污染源、农业废弃物、河道沟塘、公共设施绿化美化、饮水安全、道路通达	

（资料来源：作者根据互联网资料整理）

2.3 "缺"：缺支撑、少体系

值得肯定的是，国家关于乡村规划的法律、法规和标准正在不断完善，但与城市规划相比仍显不足。特别是在法律地位上，城乡规划法将城市规划与乡村规划共同纳入统一的法律体系中，但城镇规划的体系包含宏观的城镇体系规划、中观的总体规划及微观的详细规划，对各类规划的内容、重点做出了详细规定。城镇地区建设管理政策较为成熟，一书两证的管理流程相对完善。然而，规划法虽然明确提出乡规划、村庄规划的地位、内容，但并未明确其范畴、重点，乡村地区建设仅通过乡村建设规划许可证管理亦相对粗放。不仅如此，乡村地区缺乏规划技术人才、理念和基础资料（地形图），国家相关法律、法规和标准系统性和针对性不足，各地乡村规划技术标准出台的时间亦明显滞后于实践。

国家现行乡村规划的相关法律、法规和标准　　　　　　　　　　　　　表 4

时间	名　称
1982	村镇规划原则
1985	村镇建设管理暂行规定
1993	村庄和集镇建设管理条例
2000	村镇规划编制办法
2006	县域镇村体系规划编制暂行办法
2007	镇规划标准
2008	村庄整治技术规范
2008	历史文化名城名镇名村保护条例
2010	镇（乡）域规划导则（试行）
2012	历史文化名城名镇名村保护规划编制要求（试行）
2013	村庄整治规划编制办法
2014	村庄规划用地分类指南

（资料来源：作者根据住建部网站资料整理）

　　事实上，县域、镇域的乡村在城市规划中能否充分重视？乡村规划的类型庞杂，编制的规划从层次、形式、内容到深度都不一致，一个村庄规划就能完全覆盖吗？确切地讲，"乡规划"加上"村规划"并不能构筑完整的"乡村规划"体系，即"乡规划＋村庄规划≠乡村规划"。可以说，各地乡村规划实践类型混杂的情况，并非编制乡村规划时有法不依，而是规划法确定的乡规划、村规划两类规划确无法满足实践需求。城市、镇总体规划中的城镇体系内容和县（镇）域规划的内容不能达到乡村规划的要求，无法满足乡村实际建设需求。实践与体系、与规划内容深度的脱节恰说明，我国的乡村规划体系亟待完善。

　　因为乡村地区是一个广阔而复杂的系统，其地位与城镇相当，规划体系也应与城镇对等。乡村地区同样存在着与城镇地区类似的宏观、中观及微观问题，同样需要不同层次的规划来满足相应的需求。因此，我们需要尽快构建一个较完善的乡村规划体系，用以规范和管理乡村规划的编制，才能更好地为乡村地区的发展服务，统筹实现城乡一体化。

2.4 "偏"：理念的偏差

　　在一个不够健全的城乡关系下，我们观察到两类极端又非常普遍的现象：或衰败为"空心村"，面对城市的虹吸效应而日渐式微，但这些乡村注定不能避免要走向灭亡，我们只能听之任之？或走上与城市无异的繁荣异化道路，但它们是否代表着中国乡村未来的方向，是我们真正需要的乡村吗？

　　答案必然是否定的，应该说各级政府部门对乡村的衰弱和蜕变并非熟视无睹，特别是近年来从土地流转、人居环境等方面进行了大量积极的规划实践，在一定程度上提升了农民的生活品质、增强了乡村的经济活力，但也存在着三方面规划理念的偏差。

　　首先是过于热衷于"美化运动"。目前许多环境整治工作简化成了不规范、做敷衍的外表修补行动，有的甚至意图成为掩饰乡村衰败的"遮羞布"。但硬件整治无法真正促进乡村空间的良性演化、吸引人口回流，亦无法实现乡村政治、经济、文化的整体性提升；其次是乡村依赖"补给"，但"造血"不足。如规划资金都来自镇或城市的给予，大多乡村规划还是自上而下的，并未鼓励村民参与。一味地补贴扶持并未形成源自乡村自身的积累，"反哺"过程固化了城乡二元分化格局，"输血"固可解燃眉之急，但形成不了"造血"功能而无法获得长足的内生动力；再次是乡村概念模糊、乡愁难以归宿。当前的乡村规划建设大多遵循追赶城市的发展意识形态，而乡村独有的比较优势散失，乡村的地域与文化标识逐渐消逝。即便在规划中明确保护村落本土文化，却存在着把装修当文化、把造价当原则、把规模当成绩、把工艺当装饰、把更新当开发的误区（王蔚，2014）。

2.5 乡村规划的反思

概括而言，乡村规划热是表面现象，与之相伴的是规划的概念和名称乱等问题，究其原因可归结为缺少支撑及体系，但追溯相关问题的本质则是源于乡村规划理念的偏差。因此，为了解决乡村规划目前存在的问题，本文针对乡村规划三个方面（规划理念的偏差、规划体系不完善、规划方法不足）提出规划未来发展的方向：规划理念更新、规划体系重构，规划方法优化。

3 更新规划理念：让乡村回归乡村

我国乡村文明的原本地位与现今乡村异化或衰败形成了强烈对比。而乡村在未来"城市中国"中扮演的角色，绝不是简单地追赶城市，而是真正发挥乡村应有的价值（经济、文化和生态价值），重塑其原有的辉煌（Unger J，2012）。

因此，在理念上要让乡村回归乡村，赋予乡村在文化传承、生态维育、食品供应等方面具有不可取代的作用，与城市形成平等互补和互相支持的关系。回归乡村强调乡村价值与发展路径的螺旋上升，是否定之否定的过程：第一阶段的传统乡村具有原始朴素的"自然美"，但面临着衰败和异化的危机，因此在第二阶段通过环境整治实现外力激发的乡村"外在美"，到下一阶段，我们则需要通过美丽乡村的塑造，以乡村多元价值的挖掘（产业、资本和文化等），实现乡村持续活力的"内涵美"。因此，我们必须站在乡村悠久的传统之上，面对当前衰败或异化的现实，借助空间整治实现品质提升，最终实现被动改造、功能提升到村民自建、持续活力的美丽乡村。

在回归乡村的理念下，规划首先要做的是实现乡愁的回归。例如，保留凸显地方特色的景观，实现"触景生情"的规划目的，通过乡村特色景观激发居民的共鸣；保留历史老物件如老屋、祠堂、戏台、庙宇等为村民"睹物思人"；保留宗族行会、民间艺术等以利于"观风察俗"（文孟君，2013）。不仅如此，我们不能将全国各地都打造成千篇一律的乡村，因地制宜地保持乡土文化的多样性，最大限度地挖掘和传承丰富多彩的地域文化，并且将其有机渗透到乡村现代生产与生活之中，是在乡村实现古代文化与现代文明相得益彰的必由之路。

要实现乡村的回归，最为核心的是乡村活力的激活。规划需要侧重对乡村内部要素的重组和整合，以重新恢复乡村的活力和稳定，对外形成自己独特的产品或影响，根据自身差异性定位对城市有主动作为的输出与互动，从而转变城乡依附的关系。具体包括五个方面：（1）原有居民的回归，可持续的乡村建设需有原生居民的持续居住，为原住民服务，带有深深的田园肌理的痕迹，而不是被城里人的别处生活所占领；（2）原有产业的回归，乡村建设除建设性的保护房子，还要保护原生态产业；（3）原有聚落的回归，保护居民的聚落文化生活，这是居民的凝聚力所在，也是村落的生命力体现；（4）原有乡路的回归，在一些村落改造中，修路是第一件大事，路修宽了，汽车进了村，但是少了阡陌交通步行相达带来的邻里关系。我们倡导田野间的步行健康生活，需要还汽车道给乡间小路。总而言之，超越简单的新农村建设和表面的物质环境整治，重赋乡村产业活力、重振乡村文化魅力以及重组乡村治理结构等等，都应该成为乡村规划的重要理念。

4 重构规划体系：三层次、三类型

4.1 划分利于管理的规划层次

为了能够有力的对接城镇规划体系，构成与城镇规划平等的乡村规划体系，并利于乡村规划的管理，适合采取区域尺度和行政主体管辖范畴作为乡村规划层次划分的主要依据，把乡村规划分为县域（镇域、片区）、村域、村庄三个层次。

县域（镇域、片区）层次是乡村规划体系最高的层次，主要解决相对宏观的乡村体系、发展、空间功能等问题，以县（镇）域行政单元作为规划的范围。根据实际需求，也可以划定具有一定相似特性、关联较强的片区作为规划单元。

村域层次是承上启下的规划层次，主要是对上层次规划的细化，为下层次规划提供依据。以行政村单元作为规划范围。

村庄层次是乡村规划的最小层次，主要解决相对微观的建设、设施等问题。以自然村庄（即空间相对完整的居住组团）作为规划范围。

4.2　确定各司其职的规划类型

（1）县域（镇域、片区）层次规划类型：乡村地区总体规划

乡村地区总体规划是在县域总体规划的指导下，引导县（镇、片区）乡村地区总体发展、确定乡村地区空间功能、构建乡村体系的宏观性规划。乡村规划总体规划是全面指导该地区乡村发展的宏观规划和最高统领，其内容也必须涉及乡村系统的所有相关要素，才能发挥其应有的作用，统筹该乡村地区的全面发展。借鉴日本宫崎清教授的主张，乡村地区的五大要素分别是"人、文、地、产、景"。这也构成了乡村总体规划的主要关注内容。

（2）村域层次规划类型：村庄规划

村庄规划是在乡镇总体规划、乡村地区总体规划的指导下，具体确定村庄规模、建设用地范围和界限，综合部署生产、生活服务设施、公益事业等各项建设，确定对耕地等自然资源和历史文化遗产保护、防灾减灾等的具体安排，为村庄的良好发展提供科学建议。

（3）村庄层次规划类型：村庄建设规划

村庄建设规划是在镇总体规划、村庄规划的指导下，为村庄居民提供切合当地特点，并与当地经济社会发展水平相适应的人居环境，对村庄的空间布局、公共服务设施、基础设施、资源保护等提出规划要求。

4.3　构建新型乡村规划体系

依据乡村规划的三个层次和三个类型，可以构建面向城乡一体化的乡村规划体系。

乡村规划体系及内容一览表　　　　　　　　　　　　　　　　　　　表 5

区域	名称	主要内容及规划深度	规划地位
县、镇、片区	乡村地区总体规划	● 规划区城乡建设控制——划定生态保护边界； ● 村庄布点——布点的数量、位置，不定边界； ● 乡村地区发展引导——分区域确定乡村产业发展重点； ● 区域层面基础设施与公共设施——乡村公共设施配置标准与体系，村域的基础设施和公共设施	● 以县域总体规划为上位规划 ● 是城镇体系规划的有力补充
村域（行政村范围）	村庄规划	● 规划区内村庄建设用地控制； ● 村域用地布局； ● 村庄布点——划定村庄建设用地边界； ● 村域产业发展引导——村庄产业发展； ● 村域基础设施与公共设施	● 以镇总体规划、乡村地区总体规划为上位规划 ● 是镇总体规划的有力补充
村庄（自然村范围）	村庄建设规划	● 村庄建设用地边界； ● 村庄平面布局； ● 村庄详细设计； ● 基础设施与公共设施布局	● 以村庄规划为上位规划

5　优化规划方法：技术支撑、实效指向

5.1　乡村总体规划

（1）差异化分析，引导乡村人口分布

开展乡村规划，必然会引导乡村地区的人口流动。但乡村地区不同城市，城市是相对人工化的空间载体，城市的发展建设也往往在较短时期完成；而乡村的发展和演变是一个长期过程，更多的受自身规律影响。如果规划对乡村发展规律过多干扰，往往会起到适得其反的效果。因此，对乡村地区人口和空间的引导必须顺应其原有的发展规律，从分析影响人口和村庄分布的动因入手。

金坛镇村布局规划采取"热点"地区空间评价法开展人口分布研究。规划认为，人口的流动特别是青壮年劳动力的流动具有明显的趋利性。即在自己能力能够选择的范围内，会趋向于选择能够获得更大利益的区域迁移。城市化进程的不断发展也是人口趋利性的重要结果。而农村人口除了向城镇地区流动外，对于发展条件较好、就业机会较多、能够获得更大利益的其他农村地区也是其流动的重要方向。

为了合理确定人口分区，需要寻找经济"热点"的空间分布规律，规划通过对乡村演变影响因素的分析，选取对乡村经济发展影响显著的五项评价因素、十项评价因子作为"热点"地区空间评价的主要影响因子，对金坛市域

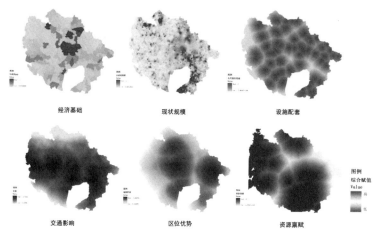

经济基础　　　现状规模　　　设施配套

交通影响　　　区位优势　　　资源禀赋

图6　金坛"热点"分析评价因子

图7　金坛"热点"地区评价结果

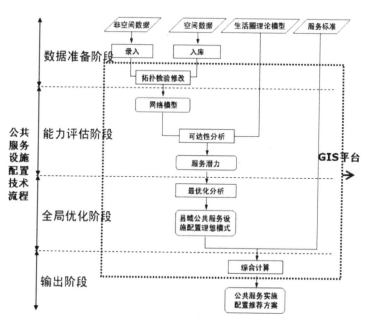

图8　生活圈分析的技术路径

空间经济发展潜力进行定量化的空间评价。根据评价结果，规划对热点地区农村人口的保留比例高于市域农村人口保留比例的平均值，实现乡村人口的差异化引导。

（2）均等化引导，优化乡村聚落空间

当前，我国乡村聚落空间的空心化已经成为农村地区普遍存在的一种现象，许多农村家庭青壮年常年在外、只有老人小孩在家留守，从而已导致了乡村社会的断层和乡村活力的丧失。因此，乡村聚落空间的优化是乡村总体规划需要面对的重要命题。乡村聚落空间的优化可以通过不同的引导思路来实现，如以节约耕地、快速推进城镇化作为目标，引导乡村建设空间大量集聚；以保育生态为目标，划定生态控制区域，引导乡村空间向其他区域集中；以引导公共资源配置和公共财政投向、促进城乡基本公共服务均等化为目标，优化乡村聚落空

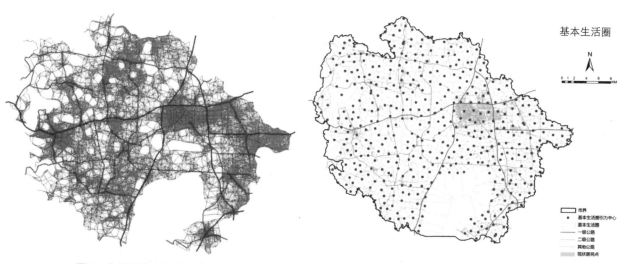

图9　金坛居民出行路径分析　　　　　　图10　金坛基本生活圈中心分布图

间等等。

《农村公共服务设施配置关键技术》认为，村庄居民点是农村居民生活、工作和接受社会公共服务的场所。农村居民点之间的内在联系，就是在农村居民的日常工作、游憩和使用公共服务设施的出行中建立起来的。通过多个地区的农民意愿调查也发现，最能吸引农民主动向部分村庄集聚的核心要素是更好的公共服务设施。因此，通过引导公共资源配置，能够吸引农民主动的实现乡村聚落空间的优化。

村庄布局的"生活圈"模式，就是以农村居民的日常出行规律为依据，以可达性为约束条件，通过圈层的形式组织农村地域的生活体系。单个生活圈以人为中心，以出行距离为半径，由内向外、自下而上地构成圈层。在生活圈的中心配置公共服务设施，多个生活圈相互组合、叠加，就形成了类似于中心地体系的公共服务地域系统。

通过分析"生活圈"体系，挑选"生活圈中心"，作为村庄布局的备选点，具有如下优势。第一，保证了农村居民点之间的可达性高，建立农村居民点之间方便、有机的联系。第二，以县域为分析单元，全面统筹、整体规划。第三，突出了农村居民点的层次性，规划可以根据不同层次的居民点布局公共服务设施，实现居民点建设与设施配套建设的一体化。第四，生活圈以金坛农村居民点分布现状为起点，强调通过调整规划重心，实现县域空间的渐进改良，提高规划的可行性。

5.2 村庄规划

村庄规划的方法紧密融合于村庄规划的工作步骤，适合采用流程化解析的方法进行说明，可以总结为村庄规划的"四部曲"。

（1）系统分析村庄，确定规划重点

村庄是村民生产生活的基本场所，是一个相对完整的人居系统，故而村庄规划也应是综合的，必须具备系统性的规划眼光。在规划前期，首先要用系统的观念去认识和研究村庄，在对村庄人居系统的解构中展开现状分析。与此同时，由于村庄规划涉及内容较多，如果面面俱到，则内容庞杂且没有针对性。村庄规划要通过系统分析找到村庄的实际需求，"有所编、有所不编"，以保证规划更具针对性。

张阳村村庄规划就采取了这样的思路。在现状分析时，一方面从系统的观念和全域规划的理念出发，综合地考察村庄的现状情况；另一方面将张阳村的村庄人居系统分解为自然、人、社会、产业、空间、支撑六大要素，深入分析和研究。通过解读各人居系统要素的优势、劣势和相互作用关系，找到系统提升的关键在于产业、空间、支撑三个方面，从而明确了张阳村人居系统提升目标是：在产业引导下优化空间、整治环境、塑造特色、完善支撑。

在此基础上，规划对一般村庄规划的总菜单内容进行梳理，只选择了其中生态保护、产业发展引导、建设空间整合、村庄环境整治、特色风貌塑造与引导、公共服务设施布点与建设、道路工程规划、市政设施规划、综合防灾规划等 9 项工作为本次规划的主要内容，针对性地展开规划编制工作。

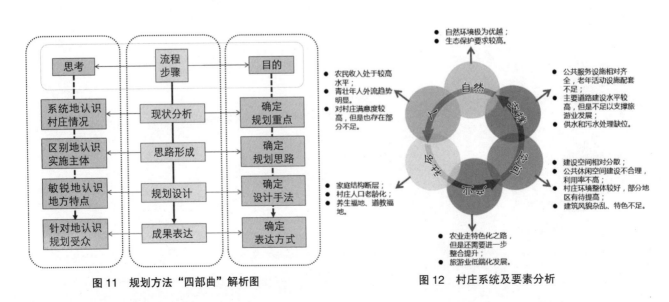

图 11　规划方法"四部曲"解析图　　　　　图 12　村庄系统及要素分析

村庄规划菜单

- 生态保护
- 地质安全
- 污染防治
- 人口流动与就业
- 社会关系与结构
- 传统文化继承与发扬
- 产业发展引导
- 建设空间整合
- 公共空间布局与建设

- 特色空间塑造
- 村庄环境整治
- 特色风貌塑造与引导
- 农房建设
- 公共服务设施布点与建设
- 道路工程规划
- 市政设施规划
- 综合防灾规划

图13 村庄规划总菜单

（2）区别实施主体，确定规划思路

村庄规划应根据相关内容实施主体和方式的不同，确定差异化的规划思路，在不同规划内容编制的深度和弹性上区分出明显的层次性和差异性。

对于具有较强的公共性和具有一定的进度要求的规划内容，一般由县市或镇村主导实施，要求较为严格。应当采取较为刚性的编制方法，严格控制相关指标，用以保障规划实施的成效。

在张阳村村庄规划中，对于镇村主导实施的内容编制具体详细的"实施工程"，如道路建设工程、公共服务配套工程等，详细说明实施方法，严格规定实施效果，并针对实施工程的具体内容进行投资估算，对各类建设的名称、规模、单价、内容及出资方式都进行了详尽的安排，使实施工程更具操作性。

对于迫切性较弱、自主性较强的规划内容，实施主体一般为村民，对实施成果的要求也不是完全硬性的。可以进行引导性规划，在编制表达上应具有一定的弹性，深度也可有所降低，给村民留有自主建设的空间。

张阳村村庄规划中，对于村民自主实施的内容则进行引导性规划，如产业升级引导、村庄风貌引导等。例如，规划采用"模式设计＋分类引导"的形式，在控制总体原则和方向的基础上，对村庄的建筑、绿化等分类给出改造、建设的模式设计，引导实施操作。既从宏观上引导控制村庄建设，形成较为和谐的整体风貌；又便于直接借鉴和采用，提高实施效率；还有利于发挥村民的主观能动性，让村民在建设家园的自觉过程中塑造出乡土特色。

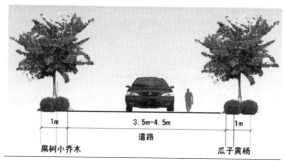

图14 绿化整治工程示意图

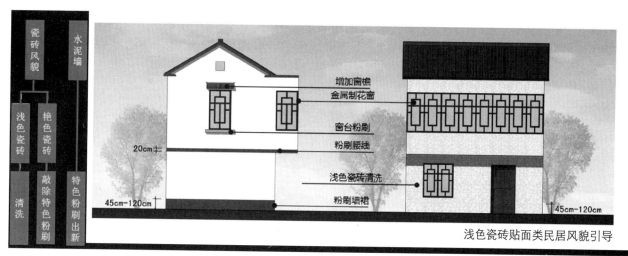

图15 建筑风貌引导示意图

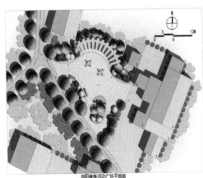

向阳健身活动广场平面图

向阳健身活动广场效果图

图16　建筑山墙文化符号示意　　　　图17　组合式空间设计

（3）根据地方特点，确定设计手法

村庄规划应始终把保护和塑造地方特色作为规划的重点，针对村庄实际，主要从保护山水田林自然风貌、弘扬历史文化、彰显建筑特色着手对村庄进行设计，避免"千村一面"和村庄小区化。

在张阳村村庄规划中，规划顺应村庄西高东低的地势条件和带状形态，控制建设空间和生态空间的边界，延续了村庄的自然生长模式。在对建筑、绿化、景观等元素的设计中，融入了当地的苗木产业、茶文化和道家文化，从细节中展示张阳村的历史文化和地方特色。与此同时，引导广泛种植乡土植物——茶、竹等，采用传统的建造材料和技艺，打造生态、乡土的村庄景观，形成张阳村独特的村庄风貌。

（4）针对规划受众，确定表达方式

村庄规划应当针对不同的受众，形成多样化的成果形式，以加强规划的可读性和操作性，具体包括面向专家的技术性成果和面向农民的公示性成果。其中，技术性成果用于规划审查、报批和管理，表述应当专业化、正规化；公示性的规划成果则主要供村民讨论和反馈，应当使用图文并茂、通俗易懂、活泼亲民的形式。同时，村庄规划成果的表达应抓住规划的核心内容，针对不同的受众加以有侧重的精炼，才能够更加明确、有力地指导村庄发展。

图18　图文并茂的规划公示图

张阳村村庄规划在技术性成果上探索创新了"技术简本"的成果表达形式，代替传统的"规划文本"，由最为核心的文字和图纸组合而成。"技术简本"以精炼规划内容为目标，以条目化语言为突出特点，对村庄的关键性控制要求和项目建设要求做出表述，以严格规范村庄的建设和发展。其他技术性成果以说明书、附件的形式出现，参考条目化的表述方法，言简意赅地表达了规划意图。

张阳村规划成果中，还包含了一套"规划公示图"作为公示性成果。规划公示图浓缩为6张宣传图纸，运用生动的漫画和活泼的语言，将规划的核心内容通俗、直观地用村民喜闻乐见的形式传达了出去，为村庄规划深入人心、落到实处提供了一种保障。

5.3 村庄建设规划

（1）精于特色挖掘

村庄风貌特色是村庄的"灵魂"，村庄建设规划应将村庄风貌特色的挖掘和塑造作为重要任务，可从自然、文化、产业等方面深入挖掘。

自然是村庄的基底，规划应体现自然特色，实现与自然的有机融合。可以通过多种方式体现村庄自然特色，例如：村庄建筑依据现状地形地貌布局；最大化保留和利用原有植被、水体；利用蔬菜、果树、庄稼等瓜果蔬菜和乡土树种塑造别具一格的村庄景观。

村庄文化特色表现在历史文化、风土人情、传统习俗等诸多方面，是在数百年的村庄演化过程中形成的，在村民心中具有普遍的认同感，同时相对于其他地域村庄也具有独特性。规划应拓宽思维，探索体现文化特色的方式。一方面，在传统中汲取营养要素并加以运用，但并非"照搬传统、简单复古"。传统元素的运用应该符合现代村民的生产、生活习惯和审美习惯，这样的做法才是有生命力的。另一方面，很多现代建筑设计风格和表现形式也能较好的体现村庄风貌特色，规划应积极探索、融会贯通。

如果一个村庄没有合适的产业发展，这个村庄便没有活力，更谈不上是有特色的。在规划中，首先应留足空间发展特色产业，特别是特色种植业，实现产业发展和村庄建设的相互融合，同时也有利于村庄绿化景观的提升。其次，善于对特色产业进行提炼，可将有关传统内容图案化，在规划中得以体现。再次，要着重考虑乡村旅游业发展带来的影响，特别是给村庄道路、停车、公厕、环卫等设施配套和公共空间带来的影响。

（2）便于规划实施

村庄建设规划涉及方方面面，从垃圾收集到建筑风貌，种类繁多。而工作实施周期较短，大部分在一两年时间内完成，因此不可能也没有必要对所有的规划项目做详细的施工设计。应做好规划引导和项目细化相结合。

对于村民能够自发行动的内容，如庭院绿化等方面，规划应加强引导，提出原则，鼓励村民亲身参与，充分发挥主观能动性。对于村民不能自发行动内容，如村庄给水污水工程、公共场地建设等，是规划的核心内容，应细化、落实到具体项目，直接指导村庄建设工作。

要做好村庄建设规划，首先要保证项目的科学合理，应根据村庄建设能力和村民意愿确定建设项目，在规划前应通过现场调研、问卷调查等方式，了解村民最为关心和最切迫解决的问题，以此明确工作的重点。其次要深化落实各类项目，如环卫规划中应明确垃圾箱（桶）的形式、容量、个数和位置，道路规划中应明确拓宽道路的拓宽方式、宽度、长度和面积，提出详细实施方案，用以指导村庄建设的直接实施。

（3）擅于村庄设计

传统规划普遍偏重总图设计，在村

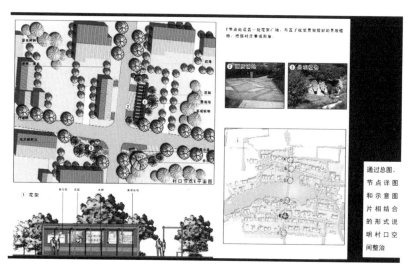

图19　重点空间整治图

庄规划中其实是不利于思路表达和项目落实的,而应从村庄规划向村庄设计转变。村庄设计即是从人视景观角度出发,以人在村庄中的空间和景观感受为基础,针对村庄各主要场景提出绿化配置、建筑整饰、小品设计等方案,以场景式设计拼图成规划方案。这种方法直观明确、利于理解,而且便于落实到项目进行操作实施。

（4）利于村民理解

村庄建设规划的实施主体为普通村民,因此规划表达应简洁明了,直观明确。表达方法包括总图表示、图片示意、节点详图和要素详图等方面。各种表达手法可单独运用和组合运用,如绿化可采用总图表示加图片示意的表达方法,公共空间可采用总图表示与节点详图相结合的表达方法,建筑整饰可采用图片示意与要素详图相结合的表达方法。总而言之,应拓宽思维,方式灵活,只要是能够清楚、详细表达设计意图的方法均可以采用。

6 结语

城镇化有最终趋于稳定甚至结束的时候,但是乡村永远不可能被彻底消灭,它们必将成为民族文化之根和心灵之家园。如何实现"望得见山,看得见水,记得住乡愁"的新型城镇化,乡村问题可谓至关重要,甚至会影响中国现代化的成败和社会的长期稳定。总之,当前乡村规划实践已取得了很好的成绩,但"热、乱、缺、偏"的实践特征,需要我们重新思考规划的范式。首要任务是乡村规划在根本上转变思维,强调对乡村多元价值的合理利用,以实现回归乡村要求；其次构建出相互衔接的三层次规划体系,并在此基础上优化针对乡村的规划方法。当然,还需要我们一起努力,让乡村规划建设在实践领域及学术上更活跃,让乡村与城市各美其美。

主要参考文献

[1] 方明,刘军.改革开放以来的农村建设 [M].北京:中国建筑工业出版社,2006.

[2] 葛丹东,华晨.城乡统筹发展中的乡村规划新方向 [J].浙江大学学报,2010（3）:148-155.

[3] 葛丹东,华晨.适应农村发展诉求的村庄规划新体系及模式建构 [J].城市规划学刊,2009（6）:60-67.

[4] 黄建中,刘媛,桑劲.2006-2011年间《城市规划学刊》的统计及分析 [J].城市规划学刊,2012（3）:53-62.

[5] 郝力宁.对农村规划和建筑的几点意见 [J].建筑学报,1995（8）:61-63.

[6] 全国人大常委会法制工作委员会经济法室等编.中华人民共和国城乡规划法解说 [M].北京:知识产权出版社,2008.

[7] Unger J. The Transformation of Rural China[M]. Armonk : ME Sharpe，2002.

[8] 王吉鑫.上海郊区先锋农业社农村规划 [J].建筑学报,1958（10）:24-28.

[9] 王蔚,张秀峰.村落更新中本土文化保护的四有原则——以滇川地区典型村落为例 [Z].全国村镇规划理论与实践研讨会,银川,2014.

[10] 王伟强,丁国胜.中国乡村建设实验演变及其特征考察 [J].城市规划学刊,2010（2）:79-85.

[11] 魏开,周素红,王冠贤等.我国近年来村庄规划的实践与研究初探 [J].南方建筑,2011（6）:79-81.

[12] 肖唐镖.乡村建设:概念分析与新近研究 [J].求实,2004（1）:88-91.

[13] 张京祥,申明锐,赵晨.乡村复兴:生产主义和后生产主义下的中国乡村转型 [J].国际城市规划,2014（05）:1-7.

[14] 张泉.城乡统筹下的乡村重构 [M].北京:中国建筑工业出版社,2006.

[15] 张尚武.乡村规划:特点与难点 [J].城市规划,2014（2）:17-20.

[16] 周岚,于春,何培根.小村庄大战略——推动城乡发展一体化的江苏实践 [J].城市规划,2013,37（11）:20-27.

Renewing concept，Rebuilding system，Optimizing method
——Reflection and Looking Forward to Rural Planning Practice in Our Country

Mei Yaolin　Xu Shanshan　Yang Hao

Abstract : Through the analysis of a large number of relevant data and information, this article objectively summarizes four characteristics of current rural planning, including on attention upgrading and comprehensive practice, concept and content becoming more disorderly, lack of support, and less system, the concept of deviation. As a result, the text puts forward three directions about the development of planning in the future. The first is to update the planning idea, let the country back to itself, retain homesickness, stimulate the rural energy. The second is to reconstruct rural planning system, carry out the overall planning on the level of county (town) and rural areas, carry out the village construction planning on the levels of village. It is beneficial to form the managed new countryside planning system, The third is to use technical support and the effectively ideas to optimize planning method, equal emphasis on differentiation analysis and guide the overall planning of the country ; Rural planning form "quartet : system analysis, planning, the difference between implementing subject, the planning thoughts, according to local characteristics, design methods, aiming at planning and audience, to determine the expression ; Village construction planning from skilled in special mining, facilitate planning, design, good at village to the villagers to understand four aspects to carry out the method of optimization. Through the efforts of the three directions, to promote the development of the rural planning better and effective service for rural development and urban and rural as a whole.

Keywords : rural planning ; renewing concept ; rebuilding system ; optimizing method

基于旅游资源资本化的乡土文化传承与乡村旅游发展耦合机制研究 *

张琳

摘　要：针对当代乡村人居环境建设中乡土文化日渐丧失的困境和乡村旅游转型发展的要求，基于"背景、活动、建设"的三位一体、以乡村人居活动为切入点，提出乡土文化与乡村旅游之间相互耦合的途径和内在机制；基于农村经营性建设用地流转的土地改革政策、创新性提出乡村旅游资源资本化的发展机制，依据旅游资源的价值性实现其经营权的资本运营，并以旅游资源资本化为途径提出了未来乡村旅游的发展模式，通过对乡土文化特征价值的定量化评价和对乡村旅游开发模式适宜性的评估测定，建立二者耦合关系的结构方程模型（SEM）。从而解决乡村旅游的资金瓶颈、保障当地村民的经济利益，使村民能够安于乡土、延续具有地域特征的乡村生活方式、承载"山水乡愁"，实现乡土文化的保护传承与乡村旅游的可持续发展。

关键词：旅游资源；资本化；乡土文化；乡村旅游；耦合机制

1　乡土文化传承与乡村旅游发展面临诸多现实困境

1.1　当代乡村人居环境建设面临乡土文化日渐消失的危机

随着我国城镇化建设和经济发展的快速推进，乡村特有的生产生活方式及其承载的社会思想、乡约民俗、民间艺术、民族风情等乡土文化却在慢慢消失，文化同一化、空心化、千村一面，寄托数代人情感依托的"山水乡愁"无从寻觅，也造成了许多民间文化遗产的流失。究其原因，一是由于城镇化建设对乡村空间格局、建筑风貌、景观环境的冲击，使其渐渐失去了地域特征，破坏了乡土文化依托的"土"；二是由于大量乡村人口的迁移造成乡村空心化，依托人类聚居活动而存在的乡土文化失去了传承的载体，丧失了乡土文化依托的"人"；三是由于乡土文化本身没有经济循环的可能，当一些传统的生产生活方式和价值观念不符合现代人的需要时，必然会逐渐衰退而失去生命力。所以乡土文化的传承，单靠政府干预、专家保护等短期的"输血"方式是不行的，需要在"造血"机能或机制方面寻找出路[1]，不仅要保护乡村的地域景观和聚落形态，更要找到乡土文化的依托载体，从空间环境依托、行为活动依托和经济产业依托方面找到乡土文化有机传承的内部动力。

1.2　现代乡村旅游面临资金导向、项目雷同、特色丧失等突出问题

乡村具有田园风光、聚落景观、乡土风情等丰富的旅游资源，对游客具有很强的吸引力。近年来乡村旅游业发展迅速，全国有 8.5 万个乡村开展旅游活动，乡村旅游经营户超过 170 万家，从业人员达 2600 万人，年接待游客 7.2 亿人次，年营业收入达 2160 亿元[2]，现代乡村旅游已经对农村的经济发展起到了积极的推动作用。但在经历了发展的热潮后，一些乡村旅游地过早的走向衰落，乡村旅游的发展瓶颈凸显：如旅游开发中的资金导向、对外来资金的高度依赖导致旅游项目的盲目性和无序性、造成对乡土景观文化的破坏；项目雷同、模式单一、缺少特色，"农家乐"的吸引力逐渐降低。乡村旅游亟待创新发展模式，解决资金瓶颈、提高特色和吸引力。

针对以上问题，本文从分析乡土文化与乡村旅游的内在关系入手：乡土文化是乡村旅游的核心吸引力，而乡村旅游活动又会对乡土文化产生各种影响、是展示和传承乡土文化的重要方式之一。关键是找到合适的路径，化解旅游活动对乡土文化的负面影响，使二者能够形成动态的、良性的互动、互为解决问题的有效途径，建立二者耦合发展的有效模式。

* 国家自然科学基金项目，《乡土文化传承与现代乡村旅游发展耦合机制研究——以皖南乡村为例》（项目编号：51408431）。

张琳：同济大学建筑与城市规划学院讲师

2 乡土文化传承与乡村旅游发展的耦合机制

2.1 现代乡村旅游活动背景下乡土文化的特征价值及传承途径

乡土文化是人们在长期的生产生活中撷取和养成的、具有鲜明地域特征和民族特征的文化生活，它来源于乡土实体，不可脱离人和土地，许多乡土文化都缺乏文本记录，传承方式主要是"言传身教"，乡村生活是乡土文化的载体。在农事耕作方式、生活起居习惯、婚丧嫁娶习俗、邻里相处方式等生产生活方式中，蕴含着五谷文化、礼志文化、宗教信仰、宗族文化、乡约制度、饮食文化、民间艺术、民族风情等丰富的乡土文化。但现实状况是，大量乡村人口的迁移使乡土文化失去了传承的载体，传统生产生活方式和价值观念的改变也使乡土文化逐渐衰退而失去生命力，所以，可以从乡土文化依托的乡村人居活动入手、探寻解决问题的途径。通过延续作为乡土文化载体的"人脉"、进而沿承乡土文化的"文脉"，做到"形存神传"，这种来自乡村人居环境内部、来自农民自身的"内源式"的保护方式比"干预式"保护更理想，也更科学[3]。

乡村旅游活动不仅已成为现代乡村人居活动的一部分，而且在一定程度上影响了当地村民传统的生产生活方式和思维模式，从而带来对其承载的乡土文化的影响。乡村旅游产业化发展可以使乡村居民在留在故土、保持熟悉的生活环境和生活方式的同时增加经济收入、提高生活质量，是传承乡村生活方式、延续乡土文化人脉的有效途径。关键问题是如何将乡村生活内化为乡村旅游活动的组成部分，将乡村旅游内化为乡村生活有机延续的内部动力，使二者互为内容和依据，而不是空心化的乡村和游客的乡村。不是靠仿造而再现的历史场景、失去原有依托环境而浓缩在狭小空间里的民俗风情，而是充满生气与兴旺景象的真实生活。通过这种相互融合的方式，可以推动乡村重新审视其传统的生活方式和乡土文化，通过挖掘其宝贵的文化价值和经济价值、获取对乡土文化的集体文化自豪感，实现"各美其美、文化自觉"[4]，使乡村的行为活动及其承载的乡土文化等伴随着乡村旅游的发展而得到恢复、发扬和振兴。

2.2 以乡土文化为特征的现代乡村旅游的核心价值

在对乡村旅游的资源吸引力、基本特征、发展模式等进行大量案例调研的过程中发现，乡土文化是现代乡村旅游的核心价值之一，超过90%的受访者希望在乡村旅游中不仅能欣赏到优美的田园风光，更能感受到淳朴、浓厚、具有地域特征的乡土文化。如田间地头的劳作方式、传统的手工艺、特有的乡间美食、优美的民族风情等，都对游客具有强烈的吸引力。但目前乡村旅游开发却日益走向"文化浅薄、千村一面"的怪圈，乡土文化与乡村旅游的恶性循环已成为制约乡村旅游发展的瓶颈：乡村旅游开发中的资金导向、对外来投资的过度依赖导致项目缺少规划、盲目开发、无序建设，造成了对乡土文化的破坏；而乡土文化的缺失必然导致乡村旅游缺少特色、项目雷同、吸引力日渐衰退、产出效益递减。要打破这种恶性循环，一是要在乡村旅游开发中对具有地域特征的生态文化、乡土民俗、民族风情等进行积极的保护和利用，形成具有鲜明特色的乡土文化旅游产品；二是要突破乡村旅游的资金瓶颈，通过产业化发展创新乡村旅游的投资模式，减少对外来资金的过度依赖，从而加强对乡村旅游的整体规划，提高乡村旅游开发和乡土文化保护的系统性、科学性和有效性；三是要建立一种科学合理的利益分配机制，平衡乡村旅游发展中各主体的利益诉求，尤其要保证当地村民的利益，避免作为乡村旅游主体的村民在旅游开发中的利益被低估或边缘化。从而，使乡土使乡村旅游等外来的活动方式能够与乡村原有的活动方式有机融合，这样既能够使游客获得独特、真实、丰富的乡村旅游体验又能够提高乡村旅游的吸引力，促使乡土文化在鲜活、美丽、富足的乡村生活环境中得以发展和延续，保持乡土文化持久的生命力。

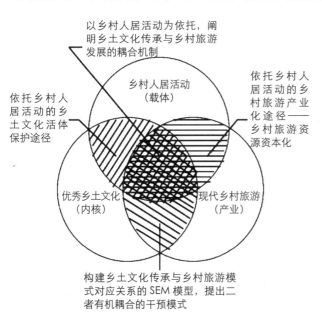

2.3 依托乡村人居活动的乡土文化传承与乡村旅游发展的耦合机制

由于乡土文化依托乡村生产生活活动而存在，而乡村旅游又影响着居民的生产生活方式，所以可以从乡人居活动入手，找到二者的契合点。一方面，可以通过对乡村日常生产生活等活动行为的调研发掘乡土文化的表现形式及依托载体，建立"乡土文化——行为活动"的分类图表，分析乡土文化流失的原因——乡村活动方式发生了改变，进而提出以承载乡土文化的行为活动为依托、以乡村旅游的产业化发展为途径的解决方案，以文化自觉、活体保护、功能再生的方式传承乡土文化；另一方面，要使乡村旅游等外来的活动方式能够与乡村原有的活动方式有机融合，使乡村旅游产业能够对乡村居民的行为活动产生一种积极、正面的牵引，使乡村居民能够安于乡土，在保持乡村的生活环境和生活方式的同时增加经济收入，以主动、友善的态度投入到乡村旅游活动开发和乡土文化的保护中来。从而，基于乡村人居环境"背景、活动、建设"的三位一体[5]，以人居活动为载体、以乡土文化为内核、以旅游产业为支撑，提出乡土文化传承与现代乡村旅游发展相互耦合的内在机制和演变规律，使二者互为解决问题的有效途径，通过真实、鲜活、富足的乡村生活，实现乡土文化的有机传承与乡村旅游的可持续发展。

3 基于乡村旅游资源资本化的乡土文化传承与现代乡村旅游耦合模式

3.1 乡村旅游资源资本化

"乡村旅游资源资本化"是一种以价值为导向的乡村旅游资源开发的理念和方法，乡村旅游资源具有经济价值、存在价值和环境价值，符合资本的本质特征；党的十八届三中全会提出的农村集体经营性建设用地流转政策为乡村旅游资源资本化提供了政策依据，土地流转政策实施后，依托于土地承包经营权的乡村旅游资源可以从实物形态变为价值形态、转化为一种可聚集、可流转、可抵押的资本[6]。从而，乡村旅游资源可以作为一种资本形态，与货币资本、实物资本、人力资本等一起投入到旅游开发活动中，进行市场化的开发、经营和管理，使旅游资源实现价值的增值，而资源的所有者和投资者也从中获得收益[7]。其实质是将乡村旅游资源作为生产要素参与社会再生产，而不只是简单的开发旅游产品，这样旅游资源在没有开发的情况下也能带来资本收益，即乡村把旅游资源未来的现金流折现，有了旅游资本，在良好的资源配置机制下，就可以推动乡村地区的旅游投资开发。

发展经济学指出：一个地方的经济发展过程，就是资源向资本转化的过程。从国外旅游业发展的经验来看，要化解经济成长过程中普遍存在的迟滞旅游产业化发展的融资障碍，必须充分利用资本市场的功能，通过资本市场实现闲置旅游资源向经济增长的资本的转变。旅游资源资本化主张乡村旅游资源的"有偿使用、合理收益"，一方面，可以广泛吸引社会资本投入，实现货币资本和旅游资源更有效率的结合，资源与生产要素的聚集有利于大资金的投入，使乡村旅游向规模化发展，改变现状作坊式、分散式的经营方式，并且为国内旅游产业资本、房地产业资本、工业资本、国际投资资本等进入乡村地区提供了条件，从而解决乡村旅游的资金瓶颈；另一方面，可以有效协调乡村旅游开发中各主体尤其是当地村民的利益关系，农民可以以旅游资源依托的土地承包经营权入股，并获得出让承包经营权对应的投资收益，从而充分调动当地村民的积极性，发挥乡村旅游对地方社会和经济发展更重要的推动作用。

3.2 乡村旅游资源资本化的实现途径

乡村旅游资源资本化的实现是要使旅游资源能够以一定的过程和方式进入市场，通过契约关系将旅游资源和社会资本联系起来，其实质是在旅游资源所有权、经营权和管理权三权分离的产权体制下，实现旅游资源经营权的资本运营，通过经营权在市场上的流通获得旅游开发资金，通过经营权交易或使用求得资本的增值或获得更大的收益，主要途径包括：旅游资源经营权流转（包括经营权的出让、转让、抵押、租赁、入股等模式）；旅游资源经营权证券化（包括旅游企业上市发行股票债券和旅游经营权资产证券化等模式）。采用收益现值法和灰色预测的新陈代谢模型 GM（1，1）建立乡村旅游资源经营权价值评价模型 $P = \sum_{t=1}^{n} \frac{R_t}{(1+i)^t}$，评估在一定时期内持有旅游资源经营权形成的价格，为乡村旅游资源经营权转让的实现提供量化的标准和依据，避免主观意识造成的价值低估。

3.3 基于旅游资源资本化的乡土文化与乡村旅游的耦合模式

以乡村旅游资源资本化为途径，提出以乡土文化为内核、乡村活动为载体、产业发展为支撑的，集生产、生活、文化、旅游为一体的综合开发模式。如主题农园与农庄模式、乡村俱乐部模式、文化村落与生态博物馆模式、民族村寨与民俗体验模式、现代农业产业园模式等，使乡土文化能够以适合现代旅游发展需求的表现形式和活动方式得以保存和发展，对每种开发模式的特点、优势、资源要求、适用条件等进行深入分析。实际上，乡土文化特征价值与乡村旅游发展模式之间存在着多个原因、多个结果的对应关系，但二者均不能准确、直接的量度，可以选取乡土文化特征价值评价体系中的评价指标作为乡土文化特征的外显量，选取资本投资意愿、游客购买意愿、居民合作意愿、投资回收期等指标作为乡村旅游开发模式的外显量，构建二者耦合关系的结构方程模型 SEM；通过对当地居民、游客、投资商、管理部门展开调研、获得数据资料，利用 AMOS6.0 分析软件对模型进行参数估计、显著性检验和修正，将二者之间多维的、模糊的关系定量化。利用 SEM 模型，可以根据乡土文化的特征价值选择合理的乡村旅游开发模式，避免主观意志和资金导向，提高旅游规划开发的科学性。

本文针对当代乡村人居环境建设中乡土文化日渐丧失的困境和乡村旅游转型发展的要求，基于"背景、活动、建设"的三位一体，以乡村人居活动为切入点，分析了乡土文化与乡村旅游相互耦合的途径和内在机制；基于农村经营性建设用地流转的土地改革政策创新性提出了乡村旅游资源资本化的发展机制，建立了乡村旅游资源经营权价值评估模型，从而解决乡村旅游的资金瓶颈，保障旅游开发中当地村民的经济利益，通过产业支撑使村民能够安于乡土、延续具有地域特征的乡村生活方式、承载"山水乡愁"；以乡村旅游资源资本化为途径、提出未来乡村旅游的发展模式，通过对乡土文化特征价值的定量化评价和对乡村旅游开发模式适宜性的评估测定，建立二者耦合关系的结构方程模型（SEM），实现乡土文化的活体保护、有机传承与乡村旅游的特色化、持续化发展，对建设美丽乡村、实现新型城镇化的转型发展提供一定的借鉴。

主要参考文献

[1] 张松. 新农村建设与乡土文化保护. 南方建筑，2009（4）：72-75.

[2] http://news.xinmin.cn/shehui/2012/10/27/16900851.html，我国乡村旅游年接待游客7亿人次营业收入逾2000亿，2012-10-27.

[3] 唐敏. 新农村建设中乡土文化的保护与利用——基于经济人类学视野的分析. 新财经（理论版），2011（5）：11-13.

[4] 费孝通. 乡土中国 [M]. 北京：北京大学出版社，2012.

[5] 刘滨谊. 三元论人类聚居环境学的哲学基础. 规划师.1999（2）：81-84.

[6] http://www.ctnews.com.cn/lybgb/2008-11/17/content_573074.htm，土地流转新政策与乡村旅游发展.

[7] 张琳，刘滨谊. 旅游资源资本化的机制和方法. 长江流域资源与环境，2009（9）:825-830.

The Coupling Mechanism of Local Culture Heritage and Rural Tourism Development Based on Tourism Resources Capitalization

Zhang Lin

Abstract : Focusing on the loss of local culture in rural human settlements construction and transformation of rural tourism, based in the Trilism theory of "background – activities – construction" for rural human settlements and the interaction among excellent rural settlements culture and modern rural tourism, starting from the development of rural human settlements activities ; with the opportunity of the transfer policy of rural business construction land, aimed at capitalization mode of rural tourism resources, depending on the value of tourism resources to realize the capital operation of the rights of tourism resources management, Put forward the model of rural tourism development in the future, form the Structural Equation Modeling (SEM) through the quantized evaluation of human settlement activities and evaluation of adaptability and suitability of rural tourism development mode. Thus, villagers can be located in their hometowns to inherit regional rural living ways, in support of the "Landscape Nostalgia", realizing the living rural culture protection, organic heritage, and characterized sustainable development of country tourism.

Keywords : tourism resources ; capitalization ; rural culture ; rural tourism ; interactive mechanism

新疆富民导向乡村规划建设实践的观察与思考

赵玉奇　余压芳

摘　要：为贯彻中央新疆工作座谈会精神，2010 年 6 月新疆提出"富民安居"、"富民兴牧"作为推进新疆跨越式发展和长治久安的两大民生工程，4 年来在占据中国 1/6 面积的西部疆土——新疆 166 万 km² 的土地上展开了一批批新乡村规划建设的热潮。本文阐述了两大民生工程的产生背景和任务要求；以伊犁州富民安居工程实践为例，综合分析了以综合功能提升主导的田园乡村型、科技企业主导的产业内生型、旅游发展主导的愿景驱动型三种乡村规划建设实践类型，探讨其经验，评析其得失。在此基础上提出关于因地制宜、多元模式、产业富民、长效机制等方面富民导向的乡村规划建设的深度思考。

关键词：富民导向；民生工程；乡村规划

1　新时期新疆乡村规划建设的背景

"中国要强，农业必须强；中国要美，农村必须美；中国要富，农民必须富"，习近平同志的重要论述，彰显了解决好"三农"问题对实现中华民族伟大复兴中国梦的重要意义，指出了解决"三农"问题的目标所在。

新时期，2010 年 5 月、2014 年 5 月两次中央新疆工作座谈会、"跨越式发展、社会稳定、长治久安"三个关键词确立了引领新疆发展的总目标。

新疆地处中国西北边陲，亚欧大陆腹地，面积 166 万平方公里，占中国国土面积 1/6。新疆现有 47 个民族，总人口近两千万人，其中汉族以外的其他民族为约占总人口的 60%。在漫长的发展过程中受到不同宗教文化的浸染，各民族逐步形成了独有的历史和文化特色。

新疆既有类似于内地传统的农业生产生活方式，也有独特的牧业生产生活方式。新疆农村尚有大量的农村住宅结构简陋，许多村庄位于地质灾害易发地区。此外，新疆有天然草原 8.6 亿亩，其中可利用面积 7.2 亿亩，是全国四大牧区之一，有 27.58 万牧户、1 百多万牧民。天然草原资源特点决定了其按照不同季节轮换放牧的利用方式，形成以春秋牧场、夏牧场、冬牧场为主的季节放牧场。由于新疆草原牧区长期处于封闭状态，生产方式粗放，牧区经济发展难摆脱"人口增长—牲畜增加—草原退化—效益低下—牧民增收难"的状况[1]。由于过度放牧，草场维护不足，退化严重。以新疆生态环境最好的伊犁河谷为例，占整个河谷面积的 54% 的牧草地主要分布于雪山与沿水系基本农田之间区域，总面积约 3.05 万平方公里，2012 年与 1996 年相比，面积减少约 0.38 万平方公里[2]，牧民生活质量水平较低，卫生、医疗、教育等公共服务严重不足，难以享受到社会经济发展的成果。尽管新疆从 20 世纪 80 年代已经开始实施牧民定居工程，到首次中央新疆工作座谈会召开的 2010 年，仍有 60% 以上牧民没能实现定居。

通过乡村规划建设，增加对农村投入，加快改善农牧民生活条件，实现富民增收，转移剩余劳动力，是实现新疆"跨越式发展、社会稳定、长治久安"的需要，符合广大农牧民群众过上现代文明生活的迫切愿望，对新疆而言是当前事关广大农牧民最现实、最直接的利益，事关农村社会大局的稳定，事关全面建设小康社会宏伟目标的实现，具有重大的现实意义和深远的历史意义。

赵玉奇：江苏省城市规划设计研究院教授级高级规划师
余压芳：贵州大学教授

[1]　新疆日报网，2013 年 04 月 25 日，新疆维吾尔自治区畜牧厅，《定居兴牧工程建设成效》，http://www.xjdaily.com.cn/special/2013/011/06/892789.shtml。

[2]　江苏省城市规划设计研究院，《新疆伊犁哈萨克自治州直城镇体系规划 2013~2030》。

2　新疆乡村规划建设的实践

为了全面贯彻落实中央新疆工作座谈会的会议精神，新疆推出了一系列加强农村基础设施和民生工程建设的重大项目，把"富民安居"工程和"富民兴牧"工程作为推进新疆跨越式发展和长治久安的两大民生工程[①]，在中国西部 1/6 的疆土上掀起了一场乡村规划建设的热潮。

2.1　两大民生工程目标

2010 年 6 月，新疆开始实施"富民安居"和"富民兴牧"工程，作为解决广大农牧民生产生活最紧迫、最现实问题的优先工程。提出在中央政策倾斜和各援疆省市的大力支持下，确保在 2015 年完成 70 万户农民安居和 10.6 万户游牧民定居，为新疆实现跨越式发展和长治久安打下坚实基础，让民生工程真正成为凝聚人心、激励精神，动员各族群众热爱祖国、建设美好家园的民心工程。

2.2　乡村规划建设任务

多年以前新疆提出过"定居兴牧"、"抗震安居"等民生工程，2010 中央新疆工作座谈会以后，相关民生工程统一到"富民安居"、"富民兴牧"两大民生工程中来。除兴修水利工程外，最核心任务是实现新疆广大农牧民"住有所居"的梦想，要求每户住房面积不低于 80m²，按照"面积、功能、质量、产业二十年不落后"的要求，高起点、高标准推进工程建设。

由于新疆农村房屋中有大量的土坯房，遇水易坏、抗震不利；而广大牧民居无定所，生活设施较为简陋，大部分尚未实现定居。在此情境下，富民安居工程实施的对象除现有乡村村庄的更新改造外，大量的农牧民安居点需要择址新建，形成了一场声势浩大、牵动百万户农牧民户的新聚居点选址和规划建设运动。

2.3　乡村规划建设的要求

在富民安居工程总体要求之下，各地州根据实际情况提出适合本地的具体建设要求。一般县市安居户户均 1 亩地、主体建筑不少于 80m²，建设资金主要由中央和自治区补助、地方财政配套补贴、对口支援省市援助、安居户自筹四部分组成，安居户自筹有困难的可以申请贴息贷款。本文以伊犁州富民安居工程的建设内容与建设要求为例[②]，可以大致反映富民安居乡村规划建设希望达到的目标与要求。

伊犁州"富民安居"工程的建设内容主要包括三项：民居建设、设施建设、环境建设。

2.3.1　民居建设做到"三新六有"："三新"即结构体现新设计、建设采用新材料、外观呈现新面貌；"六有"即有干净整洁的厨房、有安全卫生的饮水设施、有沼气或其他清洁能源、有太阳能或其他淋浴设施、有卫生型厕所、有节能取暖设施（设备）。

2.3.2　设施建设做到"五通五有"："五通"即通自来水、通有线电视、通宽带、通柏油（或水泥、石板）路、通客运班车（或公交车）；"五有"即标准化的小学、卫生室、村民活动中心（或文化活动广场）、村级组织活动场所、农家店（或农资超市）。

2.3.3　环境建设做到"四化一处理"："四化"指村内道路硬化、街道亮化、街院净化、村庄绿化；"一处理"指生活垃圾实现集中收集（处理）。

伊犁州"富民安居"工程的建设基本要求为：建筑面积达到 80m²；主体结构为砖混、砖木或其他；配套设施拥有水、电、路、气、厨、厕、浴七项基本功能；房屋外观要求墙面粉刷均匀，设立统一规格、编号符合要求的标识牌；房屋院落"三区"划分明确，生活区、种植区、养殖区进行明确隔离，庭院干净整洁。

3　新疆乡村规划建设实践案例的评析

笔者自 2010 年末至 2014 年，主持了《新疆伊犁哈萨克自治州直城镇体系规划》，在项目的调研和交流中目睹了

---

① 新疆新闻在线网，2010 年 06 月 30 日，《自治区启动实施农村"富民安居"工程》，http://www.xjbs.com.cn/news/2010-06/30/cms1171936article.shtml。

② 2010 年《伊犁州直"富民安居"工程实施意见》。

图1 头道湾村规划效果图

图2 头道湾村组团及庭院规划图

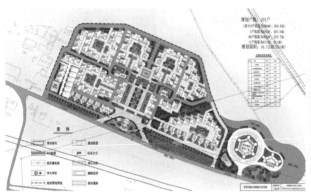

图3 头道湾村规划总平面图

图4 头道湾村实施照片

发生在新疆广大农业、牧业区上的这场乡村建设活动。本文以伊犁州富民安居、富民兴牧工程为例，重点针对三类新乡村聚居点规划建设的实践案例，阐述个人观察和认识。

3.1 实践案例简介

3.1.1 头道湾村——综合功能提升主导的田园乡村型村庄规划建设实践 [①]

（1）本概况

头道湾村位于伊犁州中部的巩留县阿尔森乡东南6km，紧靠316省道，是到伊犁河谷游览的游客进入新源县那拉提风景名胜区、西天山库尔德宁世界自然遗产地、恰西风景区的必经之地，交通区位条件十分优越。头道湾村有384户1866人，主要由回族、汉族、哈萨克族、维吾尔族四个民族组成，其中回族占比80%。规划研究了2km²的用地范围，最终确定富民安居示范点规划建设范围约17hm²。

（2）主要特色

规划围绕田园乡村的主题思路，采取宜居、宜业，提升乡村综合功能，融居住、公共服务、旅游、养殖于一体，统筹布局、整体安排。具体包括：

1）居住、公共服务、旅游、养殖多功能分区布局，有机联系；

2）采取组团式、田园式布局，形成私密、半私密组团及庭院空间；

3）规划突出农家乐区域，以特色旅游带动乡村经济发展，同时尽量降低村民居住与外来游客的相互干扰；

4）打破和摆脱常见的呆板阵列式建筑排列方法；

① 该实践案例由伊犁州城乡规划设计研究院提供。

5）庭院布置注重了居住、棚圈等的功能分区。

3.1.2 吾热克特阿热勒定居点——科技企业主导的产业内生型村庄规划建设实践

（1）基本概况

哈拉海依苏村吾热克特阿热勒牧民定居点位于新源县阿热勒托别镇西4km处，是一处牧民定居与孕马养殖基地相结合的安居点。该定居点南靠巩乃斯河，北与218国道相邻。基地主要为哈萨克族牧民，居住92户，养殖孕马1800匹。

（2）主要特色

该安居点为以科技企业发展推动牧民生产生活方式转变的案例，较好实现了富民和定居的结合。落户伊犁的一家生物制药公司，投资建设了具有较高的技术先进性，按国家GMP规范、美国FDA、欧盟EDQM标准设计的原料药、片剂、软膏生产线，主推孕马结合雌激素产品。该产品是国际性医药产品，具有影响世界开发天然结合雌激素市场格局的潜力。

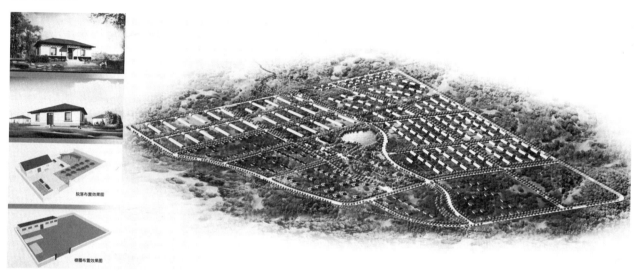

图5　吾热克特阿热勒定居点效果图

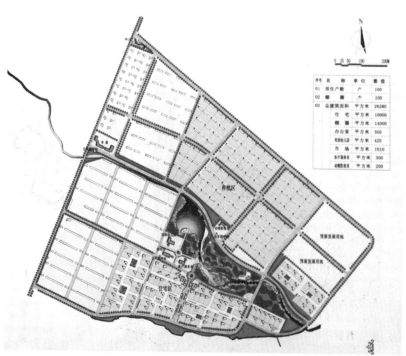

图7　吾热克特阿热勒定居点规划总平面图

图6　吾热克特阿热勒定居点实施照片

图8　孕马结合雌激素生产车间照片

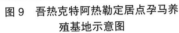

图9 吾热克特阿热勒定居点孕马养
殖基地示意图

图10 阿拉善村规划效果图

图11 阿拉善村建设效果照片

企业生产的主要原料取自孕马的尿液。由于该项目极大的生产原料需求，通过效率与价格杠杆的作用，引发孕马养殖牧民集中居住、集中饲养，以企业生产原料收购所带来的富民效益提升了牧民集中定居的意愿、加快了牧民定居点的建设，推动了牧民生产生活方式的转变。

3.1.3 阿拉善村——旅游发展主导的愿景驱动型村庄规划建设实践

（1）基本概况

阿拉善村位于新源县那拉提镇以东15公里，北靠乌拉斯台山，紧邻国家5A级风景名胜区——那拉提大草原。阿拉善村是一个纯牧业村，主体民族为哈萨克族，总户数1225户，人口5890人，拥有草场50万亩、耕地1.6万亩，养殖牲畜5.7万头（只）。

（2）主要特色

该安居点为依托旅游业发展实现富民安居的案例，规划方案依据靠近5A级风景名胜区、主体居民为哈萨克族的特点，希望打造"华夏哈萨克族第一村"，形成旅游富民型牧民安居点。规划分为生产区、生活区、文化招商区和观光休闲区四个区域，规划了105、110、120m² 三种户型，建设风格上强调了草原毡房式的空间意象，突出了哈萨克文化的发掘和运用，尤其注重了建筑单体的设计和表现力。

3.2 综合分析评价

3.2.1 乡村规划建设实践的成功之处

（1）均实现了"住有所居"的目标

各实践案例均按照自治区、伊犁州各级政府的要求，实现了"住有所居"的目标，提升了农牧民的居住水平和生活质量。尤其是广大牧民，第一次拥有了自己的私人居住空间，实现了有资产、有家业，就地就近就业的梦想。

（2）均强调了产业富民的思路

在三个案例中均强调了生产生活相结合，并突出了产业富民的发展思路。在空间结合上进行了多元组合方式的探索，依据需求的不同，灵活布置各功能区，既有独立的生产区也有混合式的生产生活区。头道湾村强调居家生活与对外旅游产业闹静分离；吾热克特阿热勒牧民定居点强调了集中居住和孕马集中养殖；阿拉善村强调家庭旅游活动的开展。

（3）均考虑了庭院空间的合理布局

三个实践案例中均对庭院空间进行了研究和布局，相对于传统的自发性的庭院空间有了较大提升，庭院空间安排兼顾了生产工具存放、棚圈养殖、生活居住的结合，基本实现人畜分离。

3.2.2 乡村规划建设实践的不足之处

除上述三个案例外，在广泛的乡村规划建设实践中，仍然存在较多需要改进的问题，主要包括：规划选址没有与产业发展充分结合起来①；规划选址缺乏地质灾害评估环节；乡村规划建设与环境融合度有待于进一步提高，部分项目选址与建设与景区整体环境不协调，对景区整体风貌造成影响，建成了乡村，拉低了核心景区的吸引力；建筑形式显得单调，呆板，建筑的识别性不够，缺少差异性；家庭旅馆旅游服务缺乏特色；多数实践项目的公共空间的

---

① 全国新农村建设网，2014年02月25日，《农业部发布"中国美丽乡村十大创建模式"》，http://www.qgxnc.org/List. asp?C-1-436.html。

场所感不足，难以形成有活力的公共活动场所等。

4 富民导向的乡村规划建设的思考

4.1 坚持富民导向的目的性

新疆的乡村规划建设要坚持富民导向，坚持"富民安居""富民兴牧"工程建设与增收致富结合起来，要着眼于新疆广大农牧民到2020年与全国一道进入全面小康社会，着眼于提高农牧民生活质量和水平，促进生产生活方式转型提升。使百姓有资产、有家业，就地就近就业，走向富裕、走向现代文明，坚持高起点、高水平、高效益推进富民安居、富民兴牧工程。通过民生工程的普惠作用有效推动跨越发展、社会稳定和长治久安。

4.2 提高乡村规划的科学性

4.2.1 因地制宜，多元发展模式并存

2014年2月24日，"乡村梦想——美丽乡村建设与发展国际论坛"上，农业部发布了"美丽乡村十大创建模式"，分别是：产业发展型、生态保护型、城郊集约型、社会综治型、文化传承型、渔业开发型、草原牧业型、环境整治型、休闲旅游型和高效农业型。每种模式分别代表了某一类型乡村在各自的自然资源禀赋，社会经济发展水平、产业发展特点以及民俗文化传承等条件下开展美丽乡村建设的成功路径和有益启示。这些经验与新疆乡村规划建设有共通之处，新疆广大的乡村地区、牧业区有自身独特的自然资源禀赋，社会经济发展水平、产业发展特点以及民俗文化传承等条件，应当走出自己的乡村规划建设道路，形成适合当地的多元化的发展模式。既体现现代文明，又突出区域特色和民族特色。

4.2.2 环境协调，乡村与区域发展共生

应注重将乡村规划建设方案放到区域大环境中考量，既要考虑农牧民住房、院落的美观，也要注意村庄整体的美观，努力做到山、水、田、林、村整体协调，形成现代化新村的美景，避免形成新建村庄与整体环境不协调的局面。如伊犁州提出"一村一规划、一户一方案"，"几户一个景、一村一幅画"等乡村规划建设思路。位于风景区及周边地带的乡村规划建设应当深入研究村庄空间形态、建筑风貌、文化氛围等，使乡村建设能够与景区旅游发展互为支撑和补充，形成乡村为景区旅游添彩，景区旅游带动乡村致富的良好互动关系。

4.2.3 突出重点，集约、节约发展

乡村规划建设应本着安全、经济、适用、美观的原则，落实"节地、节能、节水、节材、环保"的要求，体现乡村特色和地方特色；坚持经济适用，立足当前，着眼长远，建设造价适中、经济实用的房屋，不贪大求全，不加重农牧民负担。

4.2.4 强化研究，避免演变成运动式工程

由于民生工程的快速推动，容易造成规划选址不当、规划设计方案不成熟等问题，因此基于富民导向的乡村规划建设应当更加注重项目前期研究论证环节的工作，避免因匆忙启动建设留下遗憾。

4.3 注重形成乡村发展的长效机制

4.3.1 城乡一体，纳入县域经济社会发展体系

乡村发展要纳入到县域经济发展的体系中去，走城乡一体，共同发展的道路。乡村规划建设要体现与县域产业经济发展、城镇化建设的相结合，充分体现地方特色。乡村作为城乡居民点体系最末端的单位，常常处于被动式发展的地位。规划应当从促进县域经济整体发展的角度，对乡村发展和乡村规划建设给予引导。

4.3.2 产业内生，推动形成富民增收的长效机制

生活居住水平的提高只是富民安居的基本目标，是推动乡村发展的第一步，乡村规划建设中要立足长远，在安居的同时，着力搞好支撑产业，鼓励农牧民发展种植业、养殖业、家庭旅游业等致富项目，促进农牧民持续稳定增收。要注重形成支撑乡村持续发展的长效机制，从根本上解决农牧民生产生活水平提高问题。上述科技型产业诱导下促进孕马养殖户集中居住、集中养殖的实践案例是一个很好的启示，形成了"企业需求——原料集中收集——牧民集中居住和养殖——企业集中培训——综合效益最大化——企业成长、牧民富裕"的企业与农牧民双赢的共生型发展道路。

4.3.3 庭院经济，塑造乡村居家生活美景

中国传统的农村家庭不仅是一个生活的家庭，还是一个生产的单位。住房与院落空间既承担了居家生活的作用，也承担了自给自足的庭院生产功能。新疆农牧民庭院除了住房外，往往兼具了堆放生产工具、蓄养家禽牲畜、储藏饲料、储存粮食、蔬菜花卉葡萄等植物种植等功能。庭院经济产生的富足对于陶冶情操、增进幸福感、塑造乡村居家生活美景至关重要。庭院经济是一个值得深入研究的题目，本文所述实践案例中均对此有所涉及，限于篇幅，本文不再展开论述。

5 结语

"富民安居"、"富民兴牧"两大民生工程实施 4 年来，在新疆土地上涌现了一批批富民导向的新乡村规划建设的实践工程，这是发生在中国西部疆土的大事件，是惠及 70 万户农民、27 万户牧民的巨大工程。通过广大新疆人民、全国各省援疆力量的共同努力，工程的推进过程中产生了许多的有价值的宝贵经验，也有诸多教训。本文以伊犁州富民安居工程实践为例，综合分析了"综合功能提升主导的田园乡村型"、"科技企业主导的产业内生型"、"旅游发展主导的愿景驱动型"三种乡村规划建设类型，探讨其经验，评析其得失；进而阐述了关于因地制宜、多元模式、产业富民、长效机制等方面的深度思考。

适时回顾，总结经验，能够对新疆以及中国其他地区未来以富民为导向的乡村规划建设实践提供有益的借鉴。

On Enriching People Oriented Countryside Planning and Construction Practice in Xinjiang

Zhao Yuqi   Yu Yafang

Abstract : To carry out the central symposium spirit, in June 2010, Xinjiang government put forward the "prosperous people settled", "development rear livestock" as two people's livelihood projects promote leapfrog development in Xinjiang. In this 4 years, many countryside planning were launched as results.This paper expounded the background and task requirements of two people's livelihood projects with the case study in Yili of Xinjiang. The 3 kind of planning patterns were comprehensive analyzed with experiences view:1）fields and gardens pattern dominated by promotion of function；2）local industry pattern for dominated by techniques, 3）dreaming pattern dominated by tourism development. As a result, some suggestions were put forward, such as adjust measures to local conditions, the multivariate model, industry development, a long-term mechanism of enriching people oriented countryside planning.

Keywords : enriching people；the people's livelihood project；countryside planning

德国乡村的内生发展及其对中国乡村建设的启示
——以巴登 – 符腾堡州 Achkarren 村为例

王祯　杨贵庆

摘　要：Achkarren 村是德国巴登 – 符腾堡州振兴乡村内生发展示范项目的示范村庄，本文通过对该村庄内生发展的实践分析，总结出我国当今乡村地区建设和发展的重要启示：应进一步注重科学合理规划，合理控制农村居民点用地规模；实行乡村产业、文化、空间协调发展；注重乡村公共空间的场所营造及功能更新；加强乡村废弃、闲置公共建筑的有效再利用；促进村民公众参与及公共关系的良性互动。

关键词：德国；乡村；内生发展；巴登 – 符腾堡；ACHKARREN

1　内生发展的概念

内生发展（Endogenous Development），又称内生式发展，或内源式发展，最早起源于 20 世纪 60 年代，进入 20 世纪 90 年代以来进入成形阶段 [1]。20 世纪末西方内生发展理论更多地把视角转向本土区域内的发展不平衡问题，尤其是农村发展的问题 [2]。其核心强调借助当地资源，发挥自我维持和发展的过程。内生式发展并不是所谓的"封闭的"，它与外部世界有一定的联系，强调地方经济体系转型过程的自主权，发展不收外部因素的控制 [3]。同时强调居民的公众参与，政府应该把当地居民的想法作为制定政策最主要的参考 [4]。

德国乡村的内生发展指的是：以乡村内的资源、产业、文化为基础，通过集约利用村庄内部现有土地，活化村庄废弃、空置建筑，调动村庄的空间、产业、文化发展潜力，通过广泛的村民公众参与制定村庄发展计划和方案，创造富有吸引力的乡村地区，增强村庄的吸引力和居民的地方认同，促进乡村在空间环境、产业经济与社会文化的复兴与发展。

2　巴登 – 符腾堡州乡村发展的背景

过去的 30 多年里，在欧盟乡村发展政策的框架下德国的农村更新建设取得了显著成效，极大地改善了乡村的基础设施和居住环境。然而随着人口自然增长率的下降和年轻人向城市地区迁移趋势的增加，德国乡村地区面临着乡村人口减少、老龄化程度增加的尴尬处境，随之而来的是乡村发展缺乏活力，土地与建筑失去了其原有功能。

针对这一问题德国巴登 – 符腾堡州农村事务和消费者保护部（MLR）自 2003 年发起了一项示范项目（Melap），用来加强农村社区的内生发展。该项目的主要目标为：①实现乡村内生发展的示范效果；②强化居民的地域认同；③塑造村落中心的新品质；④推广乡村内源式发展而非外源发展的方针；⑤实现乡村地区的持续活力；⑥为其他农村地区发展提供可借鉴性；⑦为乡村政策的制定提供新的认识 [5]。

该项目每 5 年从全州的乡村地区中遴选出 13 个示范地点，这些示范地点均存在着乡村地区发展的典型问题，同时示范地点对于这些问题均有着解决的成功经验。本文应用的案例 Achkarren 村是该项目 2010 至 2015 年间的示范地点之一。

3　Achkarren 村内生发展的实践

Achkarren 村位于德国东南部巴登 – 符腾堡州的卡尔斯鲁厄行政区，黑森林地区的核心区域，北部距离弗莱堡市

王祯：同济大学建筑与城市规划学院城市规划系硕士研究生
杨贵庆：同济大学建筑与城市规划学院城市规划系教授、博士生导师

图1 Achkarren 村在德国及巴符州的区位
（资料来源：www.melapplus.com）

图2 村庄土地管理及控制
（资料来源：www.melapplus.com）

约 25 公里，西侧距莱茵河约 5 公里，是德国葡萄酒三大产区之一巴登产区的传统酿酒村庄，自历史上第一次有文字记载的 1064 年起，村庄至今已有 950 年的历史。Achkarren 日照充足，自然风光优美，海拔 230m，现状人口约 840 人。主要经济活动以农业、葡萄酿造和旅游观光为主。

在农村内生发展中，其主要目标为：突出并加强"葡萄酒村"特质；改造村落内部闲置用地；实现废弃建筑的功能重置以及建筑综合体的综合公共功能；激活乡村内部街区的发展潜能；提高居民的地方认同感。其主要措施主要为：结合信息技术系统进行土地使用管理；结合地区特色发展产业、文化；结合用地条件塑造公共空间；结合建筑条件进行功能改造更新，结合社区生活促进公众参与等。

3.1 结合信息技术系统进行土地使用管理

3.1.1 以精细化的土地使用登记作为土地管理的基础

Achkarren 村对村庄土地使用的管理从整个村庄总体角度出发，除了对可利用土地尤其是空置用地的详细定性、定量调查外，还对包括施工用地、建筑空隙等建筑物周边未利用的土地进行登记、管理。同时，将村庄内部的土地供需信息，利用网络等信息平台及时发布。

3.1.2 村庄土地使用"先存量后增量"的管理模式

从可持续土地使用的角度出发，在考虑用地未来需求基础上对现有土地使用规划进行评估，在新增村庄外围用地之前，将已经存在在村庄内部的空置用地及小块土地的使用作为内生发展的首要的任务。

3.2 结合地区特色发展产业、文化

3.2.1 积极发展传统葡萄酿酒产业

葡萄种植以及葡萄酒酿造是 Achkarren 村的传统产业，Achkarren 村酿酒的历史可以追溯到中世纪晚期。由于气候和火山土壤的优势，Achkarren 的葡萄种植和葡萄酒酿造为当地居民带来了可观的经济收益。为了进一步发展村庄的传统酿酒产业，提高在区域发展中的竞争力，该村注册了以村庄名字"Achkarren"命名的葡萄酒品牌，同时形成了村内五大葡萄酒庄以及拥有 350 多名会员的葡萄农合作社，目前 Achkarren 的葡萄酒已经远销世界各地。

3.2.2 结合葡萄酒文化发展旅游业

由于 Achkarren 村葡萄酒品牌的影响力，村庄的游客数量也在逐渐增加，为了更好地组织旅游和提供旅游服务，一些居民创办了 Achkarren 村的旅游协会。旅游协会结合 Achkarren 葡萄酒文化的特色，定期组织葡萄酒庄园酒会、葡萄园游览以及葡萄农体验等特色活动，为了更好地方便旅游群体，还开发了旅游网站并定期将葡萄酒相关节日、村庄庆典以及讲座等活动信息提前在网站上公布。这些措施一方面宣传了村庄的文化优势，同时促进了村庄旅游业

图3 村庄内的酒店
（资料来源：作者拍摄）

图4 具有450年历史的村庄餐厅
（资料来源：作者拍摄）

的发展。使得Achkrren的村庄旅游业迅速成为村庄内生发展的重要支柱产业之一。

3.2.3 结合旅游产业发展多样化的服务业及相关设施

Achkarren村在发展村庄旅游业的过程中，除了建设有三家酒店外，还基于需求的角度考虑，设有B&B（Bed and Breakfast）式的农家民宿，附设厨房、厕所、浴室的乡村旅社以及可供出租的公寓，利用酒店、农家民宿、出租公寓等居住形式，为游客提供在村庄短期体验观光和长期度假修养的可能。村庄旅游服务设施与游客需求相结合的基础上改造和提升了村庄空间环境的品质。

3.3 结合用地条件塑造公共空间

Achkarren村对闲置用地和建筑周边的空地进行重新组织，并以空间发展规划和城市设计作为土地调整措施的补充。通过空间设计激活原有闲置用地并充分利用建筑空隙，塑造村庄内部的开放空间，提升村庄的居住、生活环境。

3.3.1 以传统教堂为核心，形成公共空间的主体标识

在内生发展中加强村落中心，尤其是村落中心教堂广场以及中心街道的设计，为村庄节庆活动和居民的日常交往提供更好的场所，提升了整个村落中心的品质。Achkarren村庄的教堂广场在村庄几百年的历史中一直是村民日常生活及村落聚会的场所，一年中村庄的重要节庆活动均发生在那里，教堂广场前的活动始终成为村民们的期盼，人们对于教堂广场的感情也日益加深。在村庄的发展建设中，教堂的尖顶作为突破村庄建筑群体天际轮廓线的唯一要素始终得以保持并成为公共场所的标识[6]。

3.3.2 结合传统教堂，对周边功能进行适时更新

村落教堂广场周边主街的功能在内生发展中得以更新，村庄的铁匠铺、缝纫店以及浴室被新的超市、酒店和公交站点所替代以满足村民现代生活的需求，从而实现了现代功能的集中和整合，塑造出更加强大的村落公共中心。

3.3.3 利用闲置用地新增社区活动中心和购物商店，并与核心区形成便捷联系

通过对村庄核心地区24户居民的土地以及周边闲置用地的研究和分析，在此基础上制定设计方案，将整理后新增的土地建设社区活动中心和未来居民购物的商店，并通过步行通道的设计加强该区域与村落中心街道的联系。

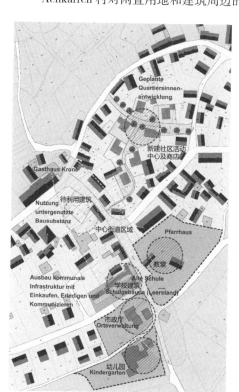

图5 建筑功能更新及公共空间再造示意图
（资料来源：www.melapplus.com）

3.4 结合建筑条件进行功能改造更新

既有建筑的修缮和功能现代化改造是乡村内生发展的关键措施。Achkarren 村和其他所有 Melap Plus 项目的示范地区一样，在村庄内部有一定数量的废弃、空置建筑，这些建筑包括公共建筑，如废弃的学校校舍、幼儿园、市政办公建筑、谷仓等；以及老旧的民居。它们看起来都比较破败或与当地的整体风貌格格不入。支离破碎的房间布局，较低的场地地坪，突兀的建筑体量和常年的废弃给旧建筑的再利用带来了困难。然而资源的有效利用，乡村历史建筑的留存，以及居民对于场所和当地历史的认同，都是现有废弃建筑再利用的重要原因。

3.4.1 公共建筑的改造，促进功能整合与更新

Achkarren 村在旧建筑的改造中将老的幼儿园、当地市政厅和小学建筑进行现代化的改造并植入新的服务功能，同时将公共功能的集中设置将作为对现存建筑优化使用的策略。将市政办公、幼儿园、多功能中心等功能在建筑综合体中进行功能整合并加入乡村俱乐部等新的功能。为了展示葡萄酒村的文化和历史特色，将废弃的谷仓改造为葡萄酒博物馆，使之成为Achkarren 村庄观光旅游的亮点。

3.4.2 老旧民居的修缮，完善现代化功能

在内生发展计划中，对老旧民居的修缮主要措施是对其进行设施现代

图6　村庄教堂
（资料来源：作者拍摄）

图7　谷仓改造的葡萄酒博物馆
（资料来源：作者拍摄）

图8　改造中的村庄文化功能综合体建筑
（资料来源：作者拍摄）

图9　村庄民居的现代化改造
（资料来源：www.melapplus.com）

化的改造，改造的建筑同样满足现代建筑中对零碳排放以及外墙、屋面等节能建设的要求，同时考虑可再生能源如电和热源，以及建筑物季节性使用的要求。通过设计师的参与，实现对留存历史建筑的传统建筑语汇转换和基于保护、发扬传统地方建筑文化的目标。

3.5　结合社区生活促进公众参与

3.5.1　广泛邀请相关土地、房屋所有人参加村庄建设各个环节

在 Achkarren 村庄的内生发展中，在村庄建设的每个具体环节，都会邀请相关的土地、房屋所有人参加相关的发展研讨会，例如：在村庄核心区的空间改造中，共邀请项目涉及的 24 户不同的产权所有者讨论整个街区的改造方案。在这一过程中，采取相关产权所有者亲自编写意见书的形式反映对地区发展和改造的意见，在随后的研讨会中，针对其中的建设性的发展建议组织更为广泛村民的集中讨论，同时将相关的信息通过相关宣传活动、村庄公告栏及社区简讯的形式进行公告，通过讨论后最终形成规划设计方案。

3.5.2　积极组织政府专家团队为居民提供咨询方案

在对村庄空置用地或建筑进行更新激活的策略中，积极与房屋的所有人联络，由于空置建筑的所有人中老一辈的人们对于不动产投资的兴趣较小，而年轻人通常不在现场，家族成员在如何使用一块地或空置建筑的问题上不能达到一致意见。由政府及专家组成的咨询团队针对改造及修缮的可能性、建造资金支持或者对于继承权问题提供解决方案。

3.5.3　经常组织社区活动激发村民对村庄发展的关注

Achkarren 村在发展中还经常组织一些活动，以激起对于内生发展议题的关注，赢得居民的共识。如：空置建筑内举行"谷仓开放日"活动，在公民集会上举行一系列关于内生发展主题的讲座、组织对内生性发展成功案例的展览、参观等。

图 10　村庄居民的公众参与及社区活动
（资料来源：www.melapplus.com）

4　对我国乡村建设的启示

从上述分析中看到，德国巴符州的乡村内生发展是和土地空间策略以及产业、文化结构调整紧密相连，通过较为完善的土地管理，产业、文化结合，废弃地及空置建筑再利用，开放空间塑造，公共关系发展以及公民的积极参与得以实现。目前，我国的乡村建设和发展面对着前所未有的时代背景，快速的工业化和城镇化进程，深刻地影响着我国广大的乡村地区发展，并对传统乡村的社会经济结构和空间环境产生了较大冲击。在德国的调研中，笔者发现尽管德国所处的城乡发展阶段与我国不同，但是乡村地区也同样面对着社会人口结构转型，青壮年人口外移，老龄化程度加剧，乡村经济活力衰退等现象，因此巴符州示范案例的成功经验无疑将会给予我们许多有益的启示。

4.1 启示一：科学合理规划，控制农村居民点用地规模

巴符州提出的乡村内生发展计划，其核心在于土地的集约利用以及对现有土地的管控。乡村居民点建设用地倡导"内部发展"而非"外部拓展"。针对目前我国日益突出的农村居民点土地使用粗放、村庄建设无序扩展、空心村现象加剧的情况，应该根据村庄进中期人口规模、经济发展水平与现状等因素确定村庄近期、中期用地规模，划定村庄不同阶段用地建设红线，在保证村庄耕地、基本农田保护区以及建设红线不突破的前提下，科学合理编制村庄详细建设规划，科学布局村庄各项建设用地，严格限制户均宅基地面积，控制农户违法建设用地，减少农户乱圈、乱占、乱建等现象。同时加强村庄内部土地整理，促进村庄内部废弃地、闲置地的平整和改造，通过以上措施为村庄未来用地需求留足发展弹性。

4.2 启示二：乡村产业、文化、空间应协同发展

农村地区的产业经济、社会文化、物质空间环境是村落发展的三个核心要素。从我国目前城乡发展的总体情况来看，尽管一个时期以来农村发展取得了一定的成绩，但是仍然存在诸多不容乐观的问题。例如：农村产业单一，人口大量流入城市，公共设施和基础设施等民生设施缺乏，地方传统建筑和村落风貌特色加快消失等，面对这些新的问题，在农村发展中不仅要考虑农村物质空间环境的改善，而且还要更为深入的考虑农村发展的"造血机能"和内生发展能力。Achkarren村的成功经验表明，在经济产业发展方面，应强调农业经济发展的基础地位，因地制宜，立足于村庄内在的特色和优势，发挥农村产业多样性，注重经济发展的可持续性。随着经济水平的不断提高，农村对社会文化和物质空间的要求也在不断提高，应该注重农村社会组织的发展和公民意识的培养，以及对农村居民的教育和培训等；加强农村基础设施建设和公共服务设施配套，结合农村资源特征，多样性发展。只有综合考虑了农村产业经济、社会文化和物质空间三者综合因素，才能更好地实现农村社区的可持续发展。

4.3 启示三：促进乡村公共空间的场所营造及功能更新

在社会经济发展的变迁中，乡村公共空间的形态也在随着村落发展和功能的演化而发生改变，公共空间往往是村庄最有活力的地方，其承载了村民的公共交往和公共生活。在我国目前相当数量的村落公共空间尤其是村落公共活动中心正在消失，繁重的交通要道穿越村庄，传统场所氛围以及戏台、古树等传统村落公共中心的节点要素正遭到破坏，围绕公共空间及其周边街巷所承载的功能已经不适合当前乡村生产、生活的需要，急需对公共空间及其主体街巷进行环境质量的提升和功能的改造，以适应当前村庄以适合当前进一步经济产业、社会文化和空间物质环境的需要。借鉴德国Achkarren村庄的经验，应当注重乡村公共中心场所空间及功能的重塑，避免对现有村落公共空间的干扰和破坏，积极提升乡村景观和村民的生活环境，增强农村社区的地域可识别性，并从村落整体发展角度完善公共空间的现代功能。

4.4 启示四：加强乡村废弃、闲置公共建筑的有效再利用

在我国广袤的乡村地区，由于社会、历史等原因，尤其是人民公社时期，兴建了大量的乡村公共建筑。这是由于当时的公社运动在农村引发了人民对未来进行各种设想的热情，当时通过高度组织的集体生活和各种福利设施的提供（如公共食堂、托儿所及养老院等），改革传统的农村生活方式，打破原有以家庭和宗族为中心的村落结构，建立起农民与国家之间的牢固联系，因此村民们对于乡村公共建筑投入了极大的热情[7]。如今三十多年过去了，这些留存下来的公共建筑大多保留完整，框架结实，建筑质量较好，同时产权明晰，多为乡镇集体所有。借鉴德国在村庄内生发展中的经验，我国乡村在现阶段内应加强这些乡村废弃、闲置公共建筑的再利用，提高乡村建筑文化遗产的传承和保护，实现节约资源，完善乡村公共服务功能，再造富有魅力的地方人居环境和文化传承的目标。

4.5 启示五：促进村民公众参与及公共关系的良性互动发展

公众参与及公共关系发展是德国乡村内生发展策略中的基本组成部分。德国农村普遍采用的是通过公众广泛参与下的内生发展决策实施经济社会和空间发展计划，保证发展目标的实现。在我国当前的发展情况下，一方面应当能够积极鼓励村民参与乡村建设的讨论，加强村民公众参与的责任意识。尤其是对地区的示范性发展及公共空间的

塑造上，公民应当能够共同思考、对话与决定。另一方面，健全公众参与的机制。应该制定明确的公众参与的框架，明确公民参与讨论的目标，乡村建设发展过程中正确的公众参与的时间节点，不同人群的代表性，以及如何吸引妇女和年轻人的参与等问题应有所界定，同时通过发展多样化的公众参与渠道和参与形式，保证村民参与讨论村庄发展的权利，从实际出发，坚持农民主体地位，尊重农民意愿，赢得村民的共识，有序推进农村社会的和谐与乡村人居环境的综合发展。

主要参考文献

[1] 郭艳军，刘彦随，李裕瑞. 农村内生式发展机理与实证分析——以北京市顺义区北郎中村为例 [J]. 经济地理，2012，32（9）:114-119.

[2] 张文明,滕艳华. 新型城镇化:农村内生发展的理论解读 [J]. 华东师范大学学报(哲学社会科学版),2013(6):86-92.

[3] Garofoli G. Local development in Europe theoretical models and international comparisons[J]. European Urban and Regional Studies，2002，9（3）: 228-229.

[4] 王志刚，黄棋. 内生式发展模式的演进过程—— 一个跨学科的研究述评 [J]. 教学与研究，2009，57（3）: 72 - 76.

[5] Barbara Malburg-Graf，Kerstin Gothe，Dörte Meinerling，DanielVoith. Die Zukunft liegt innen : Schwerpunkt-themen der Innenentwicklung in MELAP PLUS[J]，Gemeindetag Baden-Württemberg，2013（9）:322-329.

[6] 杨贵庆. 我国传统聚落空间整体性特征及其社会学意义 [J]. 同济大学学报（社会科学版），2014，25（3）: 60-68.

[7] 卢端芳. 欲望的教育 公社设计、乌托邦与第三世界现代主义 [J]. 时代建筑，2007（5）:22-27.

Endogenous Development in German Rural Areas and Its Enlightenment for China——A Case Study of Achkarren，in Baden-Württemberg

Wang Zhen　Yang Guiqing

Abstract : Achkarren is a model place in a project to activate the endogenous development of the rural areas in Baden-Württemberg.Through field survey and analysis，this paper points out the meaningful inspirations for today's rural area construction and development in our own country. Following aspects should be concentrated : strict land use control of rural residential areas，rational planning of rural areas ; recycle of existing public construction ; functional and reactivate public space ; the overall development by combining the industry，society and environment ; promote the public participation and public relationship.

Keywords : Germany; rural areas; endogenous development; Baden-Württemberg; ACHKARREN

古村落发展利用规划方法初探——以三亚保平村为例

文竹

摘　要：我国的乡村散布着许许多多的古村落有着大量的物质和非物质文化遗产价值，但由于保护不当，经济落后，城镇化发展等原因日趋消亡。古村落的发展规划和利用规划方法不仅保护了古村落，还促进了乡村建设甚至加快了社会主义前进的步伐。需找古村落的发展利用规划方法在当今社会就显得尤为重要了。

关键词：古村落；发展利用；保护规划；旅游展示

在汹涌的城市化的波涛声中，中国有大片的农田、数以万计的村庄在短短一二十年间就消失于人们的视野了。到 2011 年，我国的城市化率突破了 50%，这标志着个我国已经进入城市时代。如今的城市化水平以每年超过 1% 的速度进行，到 2013 年 12 月，中国的城市化水平已经达到 53.73%[①]。"农村城镇化"这一口号的提出，促使农村以破坏大量物质和景观为代价进行城市化，中国传统村落在消逝，文化遗产也遭到了破坏。

新型城镇化的建设，激起了人们对传统乡村特色物质和生活方式的怀念和关注。古村落作为一个传统的人居环境空间，具有很高的历史美学、建筑文化等价值，是有着悠久历史、灿烂文化的集体记忆，古村落的发展利用成为人们普遍关注的话题。切实保护好古村落，完善古村落居住环境，积极发展旅游产业，成为今天古村发展利用的重要任务。

1　古村落发展利用规划的原则

1.1　古村落的特性

本文所说的古村落是指清及以前形成并延续至今的村落，其村落地域基本未变，而且村落环境、建筑、历史文脉、传统文脉等均保存较好的村落[②]。中国的社会结构中重要组成部分就包括由本文所提到的乡村聚落。中国五千年的延续和发展，古村落出现又消失，或者消亡殆尽，或者延续至今，它们都有着自我独特的个性。

1.1.1　古村落有厚重的文化积淀

古村落延续至今大多数有着好几百年的历史甚至上千年。古村落大多是宗族文化的极盛产物，一个宗族的人聚居于一地，设立宗祠，建立族谱等，代代相传于是形成了今天的古村落。

1.1.2　古村落有多样的地域特色

中国地域广袤，每地几乎都会有各自不一样的建筑风格，风俗习惯等。每个村又会受到自然环境，人文精神，经济等条件的影响，形成各自不同的村落特色。乡村最主要的还是农业为主，但是由于对居住生活品质及美学的追求，村人们会用自己的学识极力在自然环境中创造出一个生动的村落环境。

1.2　历史真实性原则

文物古迹和历史环境不仅提供直观的外表和建筑形式的信息，同时也是历史信息的物化载体，它能传递今天尚未认识而于明天可能认识的历史和科学信息[③]。文物古迹和历史环境是不可再生的，保护是第一位的选择。古村落的保护利用需严格保护历史文化风貌的原真性，所有扩建、改建和重建部分，应当与历史文化风貌保持协调。

文竹：华中科技大学建筑与城市规划学院硕士研究生

---

①　国家统计局：中国城市化率历年统计数据（1949 – 2013）.

②　王振忠. 古村落不只是老建筑——以徽州历史文化脉络下的婺源古村落为例 [J]. 中国国土，2006，Z（4）:16–22.

③　《历史名城保护规划规范》（GB 50357–2005）.

1.3 环境统一性原则

古村内任意的历史遗存留物均要和其周围的环境统一共生。如果构筑物或历史遗迹没有了原来的环境，便会影响到今后对他的历史信息的正确判断和理解。对保平村历史文化名村的发展利用规划，不仅仅是要保护单个的文物古迹和遗址，也需要保护这些古迹环境、历史地段的周边氛围环境和历史氛围环境。保平村的历史文化风貌特色通过村镇格局、街坊肌理、街道空间、历史建筑和传统风貌建筑、设施与构筑物、古树名木等体现，对此应制定整体性的措施。

1.4 可持续发展利用原则

历史文化遗产的利用不能急功近利，不能单纯追求经济利益，当前的利用方式应保证未来的可持续发展。历史文化遗产成为旅游发展的核心资源，历史文化风貌保护区域也是当地居民长期聚居的地区，应当综合协调历史遗产保护、居住环境改变以及它们和旅游产业之间的关系，制定出具有可持续发展意义的保护规划。遵循古镇保护与建设规律，充分发挥本地优势，新老镇区合理协调，使古镇具有鲜明的地方特色。

2 古村落发展利用的内容要素

古村落综合发展利用是基于历史要素保护基础上的展示与利用，其包括的文物单体的发展利用、村落历史地段的发展利用、村落自然环境的发展利用、非物质文化遗产的发展利用等等。三亚市崖城镇保平村历史悠久，是古崖州的边关重镇、海防门户，始建于唐代，已有一千一百多年的历史，其发展利用内容要素也是多样的。

2.1 文物单体的保护利用

文物古迹的保护与开发是一个相对一致的系统相，保护就是为了开发，只有有效的开发利用文物古迹，才可以体现出文物的真正价值，从而更好地对其进行利用和保护。

三亚保平村的文物保护单位较少，但是历史建筑很多，对历史性建筑要按原样维修整饰，保存真实的历史遗存，划定保护范围。合理开发，必须是在保护文物的前提下，有效的去开发文物实物的探索研究和文物周边的环境利用保护等，才可以真正实现文物古迹旅游的文物保护功能；与此同时实现文物景区的"零污染"的有效利用从而达到保护——开发——发展的动态良性循环。

保平村历史建筑展示利用一览表 [①]　　　　　　　　　　　　　　　　　　　　　　　　　表1

	保平村历史建筑
有较高保护价值历史建筑重点展示利用	何绍尧故居、何焕故居、麦图发宅、陈传亮宅、陈传荣宅、陈学伦宅、徐邦仕宅、周世昭故居、周祥鸿宅、张树统宅、张远刚宅、张家大院、尹开文宅、羊金山宅、陈学雄宅、陈秀勇宅
有一定保护价值的历史建筑	何宗鹏宅、何绍瑚宅、陈令传宅、周祥孔宅、何文用宅、陈学贵宅、王身琪宅、何宗策宅、王干琦宅、张树琼宅、蔡川盛宅、尹开文宅、张树芳宅、陈永传宅、符开健宅、张树引宅、潘文和宅、郑辉志宅、陈盛钦宅、陈传德宅、陈学良宅、王身杰宅、何宗堂宅、陈传艺宅、陈启运宅、何世光宅、徐安建宅、周凤标宅、周凤群宅、徐兴州宅、何宗伟宅

自古以来保平村都是一个人杰地灵，书香门第多，文胜武昌的风水圣地。在几千年的历史长河中，有着众多的保平多贡生美誉。而到今天，保存完好的古民居中仍然有着"明经第"小门楼。九姓祠堂、文昌庙、保平书院、天后庙、关帝庙、保平桥等等的这些历史文化古迹，曾经记载着保平村的社会文明和文化昌盛。

2.2 历史地段的保护利用

古城通常有成片的历史街区，而古村落也成片的历史地段，古村落的历史地段通常指老村的范围。三亚保平村的历史地段是以明清古建筑群为主的保平南路区域。保平村历史悠久，文化蕴厚，村中保存完好的明清古宅，是崖州古建筑最有代表性，又最集中的古代民居建筑群。门楼、正室、横屋、正壁组成的生态庭园四合院，是保平古民

---

①　华中科技大学，海南省历史名镇名村保护体系规划．

图1 保平村建筑风貌分析图　　　　图2 保平村建筑质量分析图　　　　图3 保平村历史地段范围图

居最具建筑艺术和布局特色的乡村古建筑。垂直或者平行于河流、自由均质的略有向心性的街巷格局，建筑山墙与低矮院墙围合的宜人的街巷尺度。这些都是村落历史地段展示利用的最好历史空间。

2.3　历史环境的保护利用

古村落物质空间环境的发展利用不仅包括村落本书及文物单体的利用，还有其历史环境。历史文化与自然相结合，形成历史环境，是最吸引人的地方。保平村位于海南三亚，属于热带地区；特殊的地理环境造就了保平村独特的历史环境，成为引人入胜的地方。

保平村文物保护要素　　　　　　　　　　　　　　　　　　　　　　　　表2

山水格局	古村落与偷鸡墓岭、楠巅领、碳穴岭、桌子岭、马鞍岭、坝头岭以及宁远河支流组成的山水格局
古河道	保漾溪与铁炉塘等宁远河支流
景观要素	酸梅古树（共计10处）

2.4　非物质文化遗产的保护利用

对于保平村的传统风俗和风情物品，进行大力的宣传和开发。挑选出极具当地特色的物品，大力发展相关产业，打造出最具保平村风情的风俗文化。保平村是国家级非物质文化遗产崖州民歌的发源地，"保平人张邦玉常著诗歌以训迪弟子"是《崖州志》中有关崖州民歌的唯一记载。保平村有五个文化活动中心即将成为文化景点——崖州民歌原生态演唱点，走进保平，你就可以听到悠扬的崖州民歌盘旋耳际。这些非物质文化遗产是保平村展示利用的最好财富，非物质遗产的空间落实，成为展示利用的关键步骤。

保平村文物保护要素① 　　　　　　　　　　　　　　　　　　　　　　表3

非物质文化遗产要素	口头传说和表述	保平村村名由来，铁炉塘传说 唐代名相李德裕贬官至古毕兰村及其事迹 麦宏恩与何绍尧等革命烈士事迹
	传统表演艺术	崖城民歌
	民俗活动、礼仪、节庆	槟榔下聘和礼宾、重视文教； 春节牧军、正月初三"禁口"、元宵迎灯、寒衣节、盂兰会等
	有关自然界和宇宙的民间传统知识和实践	关公庙、保平村山水格局及选址方法、古民居院落格局
	传统手工艺技能	建筑工艺："接檐"、木雕、灰塑、彩绘、神龛
	与上述传统文化表现形式相关的文化空间	崖州民歌市级传承人张远来、张远源住宅 保平村烈士陵园（1927年保平革命公园纪念地） 保平书院原址（1927年春保平党支部成立纪念地） 何绍尧故居、何焕故居、周世昭故居

① 海南三亚市保平村历史文化名村保护规划.

3 古村落展示利用规划分析——以三亚保平村为例

3.1 三亚保平村古村落特色分析

保平村村落历史悠久，明清时期由于保平港港口特色，建立了众多宅院，到今天风貌保存较为完整，传统建筑特色明显，村中有很多保存完好的明清古宅；拥有长达3km的宁远河分支岸线；自然景观资源较好；近代时期以来，保平村出了温瑟历史名人，红色文化、礼教文化特色突出，历史上曾有保平多贡生的美誉。

保平港位于保平村西南，《崖州志》载："保平港、城西南受宁远水入海，州治要口"，又载"保平港距城西南十三里，潮满水深丈余，或五六尺，可容大船十余"。

图4　保平村村落鸟瞰图

3.2 展示利用规划原则

3.2.1 展示利用以村落保护为基础

保平村的村经营应当以现有的历史文化遗产为资本，充分利用历史文化遗产作为特殊的旅游资源，从而可以塑造中和独特的城镇旅游文化。中和镇旅游资源可概况为："自然风光原生态、古代文化容积地"。其代表为：村内分布的以保平书院为代表的历史文化旅游资源；以明清古宅为代表的古街筑风貌旅游资源；以宁远河岸为代表的自然风光旅游资源。作为特色的旅游资源，保平村必须加强保护这些历史文化和古镇老街，以求建设一个具有传统特色、文化内涵与时代气息的中和。作为一个以历史遗产为旅游资源的城镇，只有保护这些历史遗产文化资源，才能让中和镇以这些资源成为一个在海南省最具文化气息的旅游度假地。

3.2.2 长远效益为主、短期效益为次

文化具有传承性，而保护传承下来的文化本身就是一个长期而且艰难的任务。在保护历史文化遗产的基础上，开发缓冲区用于旅游配套服务。打造一个乡村文化品牌，为乡村的长远发展做坚实的基础。在整体的开发下，注重对于可持续利用的资源的保护，注重乡村发展的长远效益，摒弃那些会给城镇带来效益却不能可持续发展的开发模式。

3.3 展示利用规划理念

展示利用规划理念以"营建古村落品牌"为重点。古村落品牌是城镇的特有资产在乡村发展进程中所生成的特殊的识别效应，是乡村特有竞争优势的体现。历史会对城镇特有的资源进行筛选、选择和提炼，会对城镇品牌"三度"——知名度、美誉度、忠诚度——有所积淀，会对古村落品牌在时间序列上影响力进行纵向传播，会对村落魅力有所提升。而且，历史文化因素在古村落品牌开发中，能大大地降低成本，所有的历史文化在村落开发的过程中聚合，可以提升整个古村落的品牌效应。

保平村历史文化资源丰富，品味高，古街道古建筑古民居等资源丰富，加之地文景观，水域风光等生态旅游资源相对较弱，除了保平书院外其余空间层次的展示利用。建设保平村成为以崖州文化为主导的历史文化旅游村落。以崖州民歌文化为保平村的人文主题，紧扣文化旅游的特色，在以自然原生态资源为主导旅游的海南省，打造自己独具特色的旅游风格。

3.4 展示利用模式分析

由于经济状况的不同，保存状况的不同，功能作用的不同的选择不同经营模式。可经营资源既包括土地、基础设施，还包括城镇生态环境、历史遗产和旅游资源等有形资产，以及依附于上述有形资产上的名称、形象、知名度和城镇特色文化等无形资产。对于不同的城镇可经营资产选择不同的经营模式。

以分布以保平书院为代表的历史文化旅游资源：严格保护了历史文化资源，建立缓冲区以加强这些资源的旅游品牌效应，针对保护级别的不同，建立不同的旅游资源配套。以明清古宅为代表的古街风貌旅游资源：对于古街上风格不统一的建筑，进行改造和修复，复原古镇的古朴风貌，建立完善的商业系统，作为历史文化旅游的重要组成

部分。以宁远河岸为代表的自然风光旅游资源：河岸是保平村绿化与生态环境的重要的组成内容。江河床宽阔，湿地发育，植被丰茂，是古镇不可多得的生态屏障和景观资源。要像保护古村落核心保护区一样，严格保护原本的生态环境，不可添加与古镇不相协调的现代装饰与构筑。

3.5 展示主题线路规划

保存村的展示利用主要有3个文化主题。

3.5.1 边疆文化主题

保平村是古崖州的边关重镇、海防门户；唐时因李德裕谪居保平而扬名，并留下了"望阙亭"和"寄家书"等诸多著名诗篇；近代又是抗日战争前沿，是红色文化的主题区。

3.5.2 明清建筑群主题

以保平历史街区为核心的崖州明清古建筑观赏群落，打造不一样的历史文化遗留。

3.5.3 崖州民歌主题

保平村可以建设村文化长廊，把革命公园、村东文化室、保平书院、保平桥、望阙亭、毕兰村遗址、保平港、关帝庙、天后庙、炮台墩、跑马坡链接在文化长廊上，建成一条绕村沿河景观大道，以供村民娱乐、休闲健身和旅游观光。

从而形成"保平桥—村口—石沟涧—中心广场—保平南路—烈士公园"的文化线路。

3.6 物质遗产发展策略

以村落保护、生态环境为基础，发展传统村落绿色旅游为目标，适度迁出村内人口，对原有风貌保存较好的古民居进行功能转化，变为非物质文化遗产的展示空间，结合旅游置入新功能，在不破坏村落整体风貌的前提下，适度建设旅游相关配套服务设施，逐步形成有保平特色的绿色旅游区，滨水景观度假区，乡土人文展示区。

古村落新建建筑应与传统风貌相协调。在环境协调区内新建、扩建必要的基础设施和景观建构筑物，以及新建、扩建、改建的民居，应按照规划报请崖城镇人民政府批准后方可实施。重点扶持现有祖传技艺精湛的工艺品加工业主；重点培育传统美食加工业；维修改造保平书院，开辟旅游商品购物场所；培育信誉企业，设置便民质量检验站所，实行"放心旅游商品专营店柜"持牌制，促进旅游商品上档升级。

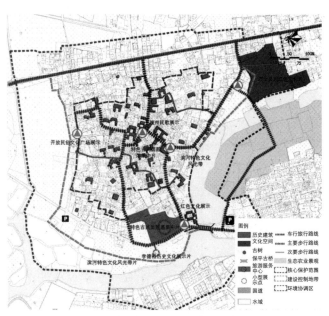

图5 保平村展示线路组织图

3.7 非物质文化发展策略

民间手工技艺的传承发展已越来越受到人们的关注，很多技艺的传承带有各种限制，这些限制使得原本就已处于濒危状态的非物质文化遗产更难以得到继承和发扬。因此，在对这些具有地方特色的手工技艺进行登记造册的同时，更应作出一些相应的举措以保护这些技艺的传承与发展，特别是对于一些具有继承限制而又濒危的技艺，一方面要保留其技艺及场所的完整性；另一方面，继续限制也是其文化内容的一种表现形式，因此也应予以保护，可出台一系列针对继续者的优惠政策以保证其继承者的延续性。街区内具有悠久历史的传统文化，加强传承和保护，扩大其影响度。

4 结语

古村落的可持续发展既是古村落发展利用规划的终极目标，更是古村落发展的指导思想，要实现古村落的可持续发展，需要所有与古村落有关的人群共同努力。在对三亚崖城保平村发展利用规划的分析中获取其成功经验，实现古村落发展利用的可持续对策，为其他古村落发展提供参考。

主要参考文献

[1] 国家统计局：中国城市化率历年统计数据（1949-2013）.

[2] 许五军. 新农村建设与乡村传统聚落关系研究 [J]. 科技广场，2007.

[3] 胡海胜，唐代剑. 文化景观研究回顾与展望 [J]. 地理与地理信息科学，2006.

[4] 赵晓英，传统乡村文化景观及保护研究——以杭州龙门古镇为例，中南林业科技大学，2008.

[5] 王振忠. 古村落不只是老建筑——以徽州历史文化脉络下的婺源古村落为例 [J]. 中国国土，2006，Z（4）:16-22.

[6] 赵勇，张捷，李娜，梁莉. 历史文化村镇保护评价体系及方法研究——以中国首批历史文化名镇（村）为例 [J]. 地理科学，2006.

[7] 陆林，徐致云，葛敬炳. 徽州古村落人居环境的选择与营造 [J]. 黄山学院学报，2005.

重庆新农村居民点建设实施调查——以永川为例 *

覃琳

摘　要：当前的新农村建设推进中，规划管理覆盖面迅速扩大。而前一阶段规划的实施亟需反馈和总结。其中，新农村居民点的建设实施速度较快，既有阶段中的示范作用，也积累了规划和建设的不同经验。由于当前乡村建设在监管主要在规划层面，建设管理环节规范性不足，缺乏自下而上的反馈；而规划的宏观性与乡村建设处理复杂多元问题之间存在客观的距离。对近几年建设中现实问题的总结和探讨，有助于规划思路的整理。本文基于"认识乡村居住"这一目的，选择重庆市永川区近年来实施完成的十个新村居民点入住，对其生产、生活进行走访观察，了解居民点实施完成后的现实状况，梳理规划建设实施的客观差距和问题。所观察的 10 个新村居民点涵盖了近郊型与远郊型两种区位，包含分散与集中两种生活空间模式，居民点的建设包含了新建、整治及两者兼顾的情况。与规划预期相比，实施完成后的现实矛盾主要体现在新的空心化问题、家庭产业矛盾、市政基础设施的矛盾等方面。新村居民点的规划对公共空间、公共设施问题理解的不足，可能对当前新农村的聚居发展带来困扰。本文在调研基础上对客观矛盾进行讨论，以期对进一步的实施反馈研究和规划推进提供借鉴。

关键词：新村居民点；建设；实施反馈；乡村社区；重庆

从全国性到区域性的乡村规划试点和示范，新农村规划作为一个新的研究和实践领域，近年来在多学科参与下有着积极探讨，也取得了一定成果。相较于村域规划实施的长效性和复杂约束，新村居民点的规划建设往往是各级行政部门乐见其成、也容易在空间形象上具有引导性的成果，具有直观的示范性。新农村居民点的建设实施速度较快，既有阶段中的示范作用，也积累了规划和建设的不同经验。由于当前乡村建设在监管主要在规划层面，建设管理环节规范性不足，缺乏自下而上的反馈；而规划的宏观性与乡村建设处理复杂多元问题之间存在客观的距离。对近几年建设中现实问题的总结和探讨，有助于规划思路的讨论。对居民点建设实施的反馈思考，具有现实基础和较好的针对性。

"认识乡村居住"，是设计者介入乡村居民点问题的前提。传统乡村生活的复杂性尚未得到较为全面的梳理，当代生活的迅速变迁，更加剧了乡村问题的复杂性。这使得规划者对现实问题的判断可能存在认知差距。这也使规划在乡村的"落地性"面临考验。基于此，规划实施的完成度与入住村民的现实反馈有着经验总结的迫切性。课题组对重庆市永川区近年实施的 10 个具典型性的新村居民点分三批为期三周驻村调研，从规划的总体完成度、规划与实施的差异性、建筑图集选择与变通、当地自建住宅的自组织多样性等方面进行了考察。本文主要就规划实施后的几个现实问题进行阐述，既作为后续研究的问题框架，也希望为当前迅速推进的乡村规划建设提供局部但现实的视角。

1　调研选点

本次调研之前，基于重庆市规划局提供的资料库，课题组对 2011-2013 年间全市新村居民点规划实施类表彰项目进行了梳理，拟选择典型案例进行回访。从规划实施表彰覆盖面看，前后几年有很大差异。早年区县覆盖面较多，满足方向性的鼓励和引导，使各区县在差异化基础条件下有相对适宜的参照。2011 年设三个等级的表彰共 66 个点，其中一等奖 11 个。到 2013 年，仅设两个等级的奖项，且一等奖空缺，仅二等奖 9 个——这反映了发展过程中从方向引导向质量引导的策略转移。

在目前发展背景下，调研组对新村居民点建设类型初步界定如下：将新村居民点规划的实施类型按照区位关系

---

*基金项目：国家自然科学基金项目资助（项目号 51108474，主持人：覃琳）。

覃琳：重庆大学建筑城规学院副教授

和空间组织方式分为"A1-乡村类"与"A2-场镇类"两种聚居模式。同时根据增量比重，将实施成果分为"B1-新建为主导"、"B2-旧改为主导"、"B3-新建旧改结合"三类。其中，A2类主要与B1类有较多交集，代表了城镇化趋势下占有相当比重的多层集约居住模式；A1类则体现出非常多元的建设模式，其中A1-B1的乡村新建居民点组合类型，较大程度上体现了规划的主导作用。参见表1。

本次调研选点为重庆市永川区的10个居民点（图1），选点并不仅限于表彰项目，由永川区规划局提供了较完整的样例库。永川区距离重庆主城约1小时车程，其新村聚居点主要反映为当代农业的延续发展和场镇化集聚的过渡居住模式，当前无突出的乡村旅游业态。在前期研究中可以暂时回避其他产业因素的干扰，具有较好代表性。10个选点涵盖了A1、A2和B1、B2、B3（表1）。

2 划实施问题概述

规划完成度评估分为五个方面：规划总体情况、建筑设计、景观设计、公共建筑、基础服务设施。分类方式是结合了使用者的角度而非规划者的专业领域划分。如规划总体情况包括了空间形态多样性、路网合理度、地形地貌结合度、防灾是否满足、功能布局合理性、结合居民点为村域增设服务设施程

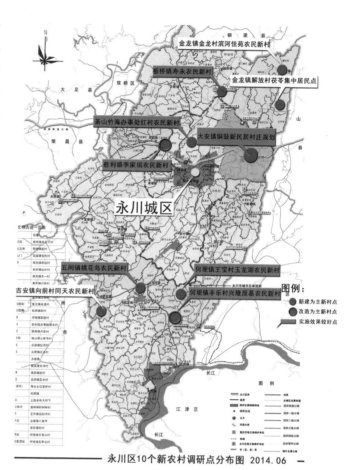

永川区10个新农村调研点分布图 2014.06

图1　重庆市永川区新农村调研点分布图

度、居民点专用服务设施配置程度、整体环境景观融合程度等。而基础服务设施部分则包括了管网齐全程度、节能及清洁能源的利用程度、道路完善程度、垃圾收集转运、室外公共活动场地、停车设施、其他设施情况（畜圈、路灯……）等。

调查表格的各分项分作三行填写，对应于"文本评价"、"调研者现场评价"、"入住者评价"三个不同评价来源；每行以5个小格作为评价的定级方式。复杂的加权计算在此被忽略，而是着重于三个不同评价源间的差异度比较。事实证明入住者对"眼前"以外的很多公共性问题毫不关心，尤其是A1模式中。而完全依从于入住者的评价基础，则难以保持相对完整客观的认识框架。在五个方面的评估中，建筑设计的完成度主要取决于建造组织模式，也是当地在实施中最具主观能动性的方面，体现了使用者智慧的积极介入，尤其在使用分户独建或两户联建方式时，对规划设计有更好的深化优化；其余几个方面中，景观设计的实施和反馈最弱，公共建筑的居民关注度较弱，基础服务设施争议最多。

在永川十村的实施后调研中，比较突出的问题，在规划层面主要体现在新的空心化问题、家庭产业矛盾、市政基础设施的使用等方面。

新村居民点实施类型与永川样例情况 表1

	B1-新建为主导	B2-旧改为主导	B3-新建旧改结合
A1-乡村类	大安镇铜鼓新居民点；五间镇桃花岛新村居民点；	胜利路李家坝农民新村居民点；何埂镇丰乐村兴隆屋基居民点	吉安镇向前村同天居民点
A2-场镇类	茶山竹海办事处红村居民点；金龙镇金龙村滨河佳苑；板桥镇寿永农民新村；何埂镇玉宝村玉龙湖居民点		金龙镇解放村获苓集中居民点

2.1 新村"空心化"的非流动性矛盾

新村"空心化"是新建居民点最令人担忧的问题。"空心化"意味着建成即可能是荒废的开始。外出务工人流的固有影响，并非是当前新村空心化的主要矛盾。政策层面上当前农村"一户一宅"政策的推进、部分小产权房因素的部分延续，都是可能的诱发因素。此外，农村社区的吸引力与住区的入住率有着明显的互动作用。在永川新农村居民点中，出现新形势下"空心化"趋向的情况，新建居民点比整治为主的居民点更突出；而各村外出务工的总体情况并未有较大改变。可以认为新的生活空间组织在一定条件下可能加剧了"空心化"的发展。

首先，"一户一宅"政策在新居民点建设中可能带来过多的建设增量，导致人均用房量的扩大，因"空置率"高带来进一步"空心化"的表象。新建居民点的"一户一宅"政策，客观上导致了农户搬迁中分户的积极性。搬迁前后在常住人口基本不变的情况下，房屋空置率升高。重庆目前普遍执行的标准是人均宅基地 20~30m²、人均建筑面积 60~65m²（集中式与分散居住不同），但小于 3 人的住户按照 3 人标准、多于 5 人的农户按 5 人标准。乡村的成年子女"分家"情况比较普遍，但分家不一定分户，且仍有三代同户的客观现实：一方的老人、夫妻、1~2 孩——这是三代户的一般结构。分户后在迁居新居民点时，可以获得更多的安置面积。分户还可以带来一些政策补贴的实惠，如燃气补贴是按户发放。某调研点为新建居民点，集中式单元楼，做餐饮经营。因燃气未通需使用罐装液化气，每年按户头享受的燃气补贴，已经超过了实际支出。

其次是小产权因素。小产权因素是前一阶段发展中的特殊遗留问题。由于危改工作推进迅速、高山移民项目的提前建设要求等，客观上促成大部分新村居民点的规划建设提前于村域规划完成。但是在没有社会资本介入的情况下，短期内完成择址新建工作，在征地、集中建设管理等环节可能面临先期经费的困难。这或多或少造成了一些"历史遗留问题"。如铜鼓村居民点是重庆市 2009 年作为"巴渝新居示范点"推动建设的 8 个点之一。由于需短期内完

图2　红村安置房的空寂街景

图3　铜鼓村居民点空置房与绿化内景

图4　丰乐村宅前场地保持了较好交往功能

图5　寿永村居民点内少有停留的外部空间

成示范工程，而入住对象未能及时确定，为解决征地费用转向社会进行入住者募集。除了 4 户本地安置户为统建，其余住宅是在基本满足规划的前提下自行进行建设。这一实施模式在建成空间效果上相较于其他居民点有优势：规划布局的完成度最好（道路、绿地、管网等均一步到位且品质较好），建筑单体实施程度较好（基本未突破规划限制、住户建造时自行的内部调整促成了单体的多元化）。但是，安置户以外入住者寥寥，很多空置房屋底层被周边其他农户"借用"来堆放柴草、圈养鸡鸭，"宅间绿地"大量被开荒种菜——虽也未尝不是新的农村住区景观的自主演替。同样被视作"入住率低"的红村居民点，实际上还迁户 17 户都基本入住，但常住人口不到 30 人，户均不到 2 人。且代建居民点的旅游公司并未能如期发展旅游接待的预期，接待用房几乎都荒在那里。和开发公司市场行为的旅游策划预期相比，一些农民新村发展乡村旅游的迫切心情，也是促成事实上新房大量空置的原因，造成资源浪费。此外，大部分使用中的新房常住人口较少。而农村家庭的传统习俗仍需年节期间家庭团聚的完整使用需求。随着城镇化的发展，当前的新村居民点建设有可能带来存量管理的新问题。

相较于前面两方面的客观因素，加速"空心化"的另外一个可能的原因，是新村外部空间积极性的匮乏。这也是当前需要主动关注和推进的层面。

现有规划较多关注于指标规划，满足各项人均指标的"合格率"，对于农村"社区"的营造不足。鲜活的乡村生活需求有其自然延续的精神内涵，需要公共空间的支持。规划重要的作用是公共产品的提供。调研中，村民对于个人住宅以外的公共道路仅停留在"有没有"的实用评判阶段；对公共绿化不太关心；医务室、图书室、公厕等公共"硬件"作为新时代的事物，仅是"理所当然"的政府福利性配置，也并不是公共行为的载体；篮球场是少数青壮年偶尔的运动场地，个人活动行为多于集体行为，且地面上的鸡鸭粪便对场地正常使用有很大妨碍。新建广场带来的坝坝舞、乒乓球运动、福彩健身器械处的休闲停留等，成为当前新兴的集体交往活动场合。

外部空间规划中，乡村社区的营造有不同于城市的活动交往需求。在自上而下的规划中，外部空间往往显得较为生硬单调——广场、停车场、整齐划一的绿地等等，偏于城市想象的简单复制。而基于传统自组织发展模式下的居民点，更易保留多元邻里交往的活力——这恰是其乡土凝聚力的重要载体。调研中，"空心化"最明显的三处均为全新的规划建成区；最具活力的丰乐村和李家坝两处居民点，均为整治为主的示范点。尤其丰乐村所展现出的外部空间品质和生活气息，具有很强的感染力。丰乐村居民点约 60 户，少量新增部分基本保持原有的分散布局方式。在规划整治中，对外部空间的多层次属性予以了保留，整洁的各色铺地在低矮围栏分隔下，界定了外部空间的公共领域、半公共领域和私人领域，但是注意保持了宅院空间的开放性。因此，宅前院坝的茶话与新增广场的坝坝舞，共同保持、发展了乡村公共活动的积极性。

在没有共同生产、宗教事典和年节活动的当下，红白喜事婚丧嫁娶等家庭事件带来的集聚和交往是乡村日常活动的重要事件。而集中居住的节地型新农宅中，液化气炊具没有"办席"的能力，场镇上的餐馆成为无奈中的选择——这使得餐馆的经营有着"季节性"的差异，也不适合培育常态经营模式。大部分村民仍愿意自己张罗宴席，因此在调研中还发现一些村民在家中请工匠另起柴灶（给燃气使用安全带来新的问题），伴生的另一种新兴行业则是流动办席团队——而对场地需求的回应则五花八门见仁见智，但户外空间在规划考虑中的不足可能带来对公共空间的侵占。

外部空间积极性的培育是乡村生活真实需求的回应，这是规划层面需要回应的重要问题。公共活力的匮乏，需要规划层面的理解与引导，加强新农村的生活吸引力。新的"空心化"现象，有可能进一步带来农村有限建设用地资源的浪费。

2.2 新旧生产模式交替下的居住变迁

"种不种地"、"养不养猪"是新村居民点规划时需要落实的前提问题。但是，由于前阶段部分新村居民点的建设中，居住对象未事先明确，使得家庭生产方式和生活方式都受规划设计"引导"。规划工作固然也有宏观引导的目标，但现实差距反映为居住者不同程度的自发调适。这一"过渡阶段"的调适，主要表现为传统自给自足方式下家庭生产习惯的延续，与新的生活空间组织之间的矛盾。

家庭生产习惯的延续有多重原因：经济性的考虑、生活来源问题、乡村旅游的需求、"生产"作为生活习惯等等。新村规划中对农户的适度集中、新农宅户型的城市化以及用地指标的明细化，使得家庭生产所需的空间缺失或被挤压，客观上造成农户的自发"调整"，一些个体行为使规划的科学性受到质疑。

调研点中，村民基本以各种类型的打工为业，将土地出租。离城区或场镇近的可能在城里应聘如收银员、销售人员等；留在本村本组的劳动力，一般就近在鱼塘、菌场等处打工，成为新型的农业产业工人。传统农村的生活有着较强的自给自足性，这一"生产"习惯仍有较大程度保留。在以集中居住为主导的节地型 A2 类多层住宅中，部分居民仍自己种菜或保留有家庭养殖，藉以保持相对经济的生活成本。而新建集中居民点往往在空间配置上较单一，使得部分入住者为了家庭生产的便利而保留原有老宅。客观上带来"一户一宅"在基层农村推进的困难。

虽然当前村民并不追求完全的自给自足，但大部分居民点的住户都有在周边自行开荒的行为，当季的蔬菜一般不花钱购买。寿永村住多层住宅顶楼的一户人家对干净整洁的新家很满意，但女主人仍每天步行 30 分钟走田埂回老宅去喂猪。其两头母猪和十几头猪仔是重要的家庭经济来源——只有已成危房的老宅周边可以解决猪圈和猪草的问题，并有可以煮猪食的柴灶。个别 A2 类多层住宅甚至在楼栋之间多家自行连续搭建单坡顶"偏房"作为空间需求的补充。在红村的还迁安置点，一户人家将四层顶楼的闲置住宅套房用作养鸡养鸭，并在楼下不远处靠山坡开荒种菜修鸡栏砌猪圈——拆迁还房时，圈舍有很大的面积被还做住宅，理想模式是不再务农而是结合附近景区来发展旅游接待，恰恰这一家正是街上仅有的两家小旅馆之一，并兼做餐饮。

在乡村发展的不同阶段，生产生活需求的转型有其客观的时间过程；转型引导的科学性亦需评估和检验。规划如不专注乡村自身的时代条件和需求，有可能带来新的社会经济问题。

2.3 供水、排污的"市政管网""乡村化"过渡

"市政管网"在城市小区建设中的实施与乡村中的实施有很大的差异。调研中，几乎所有居民点规划都满足了市政基础设施在"规划"层面的"实施"。新建农宅基本都实现了水电气管线入户，整治点也基本落实了管线问题。值得思索的是管线实施后的使用障碍：规划中一次性投入的排污设施往往在后续的使用中较少争议。而涉及企业管理行为和后续使用费用的给水、电力、燃气设施，在实施后的实施中可能会出现意料不到的使用问题。主要体现在几个方面：前期考虑不足导致预期投入不足导致规划管网虚设、维护难度导致设施虚设。

规划管网实施到位后，实际的使用情况有很多限制：有的居民点甚至在初期通水后再无供水，留守老人每天提引流的山泉水爬单元楼；而燃气管道在规划和单体建设中实施到户的居民点单元楼，有的事实上数年未能通气，受居民楼燃料使用限制，长期靠购买气罐满足使用需求。在乡村物业管理发展存有不确定性的当下，公共设施的长期维护也令人担忧——有的路灯几乎除了检修或检查从未使用、"公共绿地"日常管理存疑。和初始建设一次性投入比，公共设施的长期维护还在制度化过程中。

市政管网的矛盾在乡村供水、排污中的现实矛盾直接对生活带来较大困扰。对传统乡村既有经验的忽视，可能使搬迁后的居民生活品质不升反降。当地农村引入自来水之前，有两种就地取水模式：一是在山上寻找泉眼，自行安装水管引流到户，有的需借助增压泵使用，称"捡水"；二是打封闭小井抽水。在重庆其他地区一些农村，当前甚至同时存在两套供水系统：村里统一从出水条件好的山上泉眼铺设软管引水到户，作为村集体一次性的投入；同时也提供自来水，住户根据使用需要自行缴纳水费。乡村生活中大量的用水是洗漱之外的浇灌和冲洗。调研中暂时没有自来水条件的居民点，一般在厨房设大水缸、推广家用净水器满足饮食用水的沉淀过滤需求。在解放村居民点新建住宅中，亲友间两户共打一井供水，两户共用一沼气池作化粪池。唯一不足是由于这实属自行变通，缺乏规划的主动引导，带来各取水点和化粪池间距离关系混杂，在卫生条件上存在隐患。

此外，排污问题远甚于给水。传统乡村借助农肥工作很好地解决了排污，当代沼气池也借助养猪给农村带来清洁能源的发展可能，家庭养猪也是处理厨余的近便途径——是有效和低碳的乡村模式。该不该养猪的问题在新农村建设中一直有争议。虽难有定论，事实上养猪越来越"不方便"使得村民逐渐主动或被动放弃。某村在调研中问及养殖问题时，现场人员严肃地说"新农村是不允许养猪的，新农村一定要保持整洁"。基层的认知可能在政策理解上有片面性，但规划中是否也存在片面理解就值得斟酌。而有养猪条件设置沼气池的，则需考虑污废水的分流——不仅仅是规划的考虑，也需要单体建设的管线配合。这一点，实际上对新农村居民点的规划设计提出了更高的要求。

乡村基础设施条件差异性很大，与城市规划相比，更需在规划中关注因地制宜的乡村特色。在当前新农村发展层次参差不齐的情况下，很有必要在规划中适当"留白"，赋予村民借助当地经验创造性解决问题的能力，也避免新建设对市政设施和各种补贴制度的过度依赖。

3 应对不同城镇化进程农村的弹性规划

农村人口的减少和相对集中的居住与生产是基本趋势。居民点要根据实际需求，谨慎地选择其地点和规模。以何种方式适度集中、谁入住、客观真实的入住率与对应的空间效率等，需要有深入的调研和沟通。保持适度的建设，既要满足安居问题，也要避免盲目的增量建设带来新的空心化问题。

多元性始终是乡村健康发展的自然结果。农村有不同类型，意味着新农村居民点的规划应多样化，不应套用一种模式来面对活生生的世界。文中谈到近郊快速城镇化的类型和远郊的类型，应采取不同规划模式。而在集中与分散之间，当前并不能够仅仅通过居住空间的转移"促成"生产生活方式差异化的绝对界限。限于客观原因，很多居民点规划提前于村域规划实施，这需要在产业、基础设施对接等方面付出较多思考，并充分尊重转型中的乡村习俗承续。

特别需要关注的，是农村公共空间的问题。规划在重要作用是提供公共产品。当前规划中，往往在各种指标上进行考量，反映为数据的控制性，解决了各种量的指标平衡，但对社区塑造的考虑还有很多工作需要做。乡村社区的内生凝聚力，与社区活动密切关联，其公共空间是新农村居民点规划与建设的重要内容。乡村社区的内生凝聚力同样有助于避免新的空心化发展。公共空间积极性的塑造，对于促进农村社会生活具有重要的当代意义和现实紧迫性。

农村居民点规划与建设信息反馈的重要性在于，新农村规划是近年来新出现的规划类型，我们总体上对农村社会并不熟悉。这就需要不断深入农村社会，更深入地了解农村社会。通过规划与建设信息反馈的调查，更进一步发现新型城镇化进程中规划和建设中的问题。

农村的规划建设问题与城市相比，具有更多的不确定性，并且应允许存在发展探索中的不确定性，这要求当前规划中给予适当的"弹性"，以满足乡村自我调适的需要。

主要参考文献

[1] 覃琳，卢寅. 重联社会——农村公共活动中心的规划与建设. 城市建筑，2012（12）.

[2] 杨宇振，覃琳，孙雁. 谨慎的积极：浅议农村住屋建造体系及其技术选择. 中国园林，2007（9）.

[3] 张定贵. 村落自组织与乡村精英型塑——以贵州省安顺市九溪村为个案. 贵州大学学报，2010（11）.

[4] 张定贵. 从他组织到自组织——论安顺市J村改革开放30年乡村治理的变迁. 安顺学院学报，2010（8）.

[5] 覃琳. 西部开发中的地方建筑技术策略探寻. 四川建筑科学研究，2006（6）.

Investigation and Research on the Implement of Chongqing New Village Settlements Planning: Take YongChuan District as an Example

Qin Lin

Abstract : Ten new village settlements planned and constructed in the recent years are investigated in order to study the differences and problems raised between planning and implement. There are two typical types in these 10 samples which are "urban outskirt" and "far suburb". Compared with the planning goals, the problems after the construction mainly are embedded in the following aspects: village hollow, lack of infrastructure, the conflicts between everyday life activities and new limited space. And the faults of rough consideration on village public space and facilities bring new problems to the constructed villages. Based on the investigation and discussion on the planning and implement of the new village settlements, improvement strategies are put forward as a implication for future new plan.

Keywords : new village settlement ; build planning and implement ; feedback of implement of planning ; Chongqing

中国社会文脉下的城市空间变迁——以深圳白石洲塘头村为例

万妍

摘　要：深圳作为一个仅有 36 年历史的新兴城市，城市建成空间在特殊的政治、经济、文化条件下形成了独特文脉并快速地发生着变更。正式规划的城市空间不断发展，同时以城中村为代表的城市非正式空间也大量存在。

在当代中国社会文脉的视角下，研究介绍了包括传统社会时期、1960 年代到"文革"结束、改革开放后至今不同时期以及不同历史背景下的空间变迁及其成因，记录了白石洲未来的空间规划和民间团体带来的新的空间可能性，讨论了深圳白石洲塘头村的建成空间变迁之图景及其动力机制。通过多个角度尝试提供一个关于不同角色间利益博弈的更加全面的图景，并记录他们空间认知、空间诉求以及空间策略的差异性，分析了这些内容将如何再次影响空间的塑造。

关键词：空间变迁；城中村；文脉

白石洲是深圳快速城市化过程中形成的城中村。改革开放以前，塘头村是沙河地区国营农场下属的五条村之一，它如今和新塘、白石洲、上白石、下白石四条村一起组成一片 73.45hm² 的城中村。其中北区面积为 45.79hm²，南区面积为 27.66hm²。在这密不透风的握手楼丛林中，居住着 8.3 万人口，其中深圳户籍 5543 人，非深圳户籍人口为 77821 人，现状建筑量统计为 184.81 万 m²，平均容积率为 4.0。[①] 其五村村民实际上已经全部转为城市户口，既不拥有集体土地，也不从事农业生产。从行政意义上说，这里已经不再存在"村庄"，而属于城市的"沙河街道"管辖范围。

塘头村的空间现状复杂，隐含着人——社会——空间三者相互影响和相互塑造的辩证关系。在不同的历史时期，塘头村空间的界限和形式各不相同，其不断变化反映出深圳城市发展的现实以及不同人群的利益抗争。白石洲五村已经没有集体土地，五村的建筑混杂并且不完全以血缘或地缘聚居。村民在城市化过程中拥有城市户口，不从事农业生产。事实上"五村"的概念和"村民"的称谓只是一习惯性的说法，而他们的建筑也属于"违法"。在本研究中，塘头村的空间变迁是以曾经的"塘头村"村民及其后代自建形成的空间。

1　改革开放以前单位制度影响下的空间

1.1　搬迁：从"超英公社"到"国营农场"

塘头村的历史不同于白石洲其他四村，相对来说塘头村民是白石洲的"移民"。1959 年塘头村本处于宝安石岩区管辖，由于"工业学大庆，农业学大寨"的高潮，农业生产严重倒退，塘头村所属的"超英公社"粮食无以为继。在中央的指示下，为保粮食增收，政府决定修建"铁岗水库"，塘头村因此将被淹没。为此，宝安政府组织一部分塘头村"政治背景好"的村民搬迁到国营沙河农场。

图 1 中是昔日处在半自然农耕状态的白石洲，然而在 20 世纪 60 年代，其空间组织的动力机制和规则却不同于中国传统农村的空间。1949 年新中国成立后经济局面和国际形势极为严峻，国家人为地（或强制性地）动用行政手段在高度集中的经济政治体制中运行，依靠不同的"单位组织"全面地向空间渗透权力。单位组织，

历史海岸线和低层建筑 Previous shoreline & low rise housing

图 1　昔日白石洲
（资料来源：SOM 白石洲旧改方案文本，都市实践
研究部提供，年代不详）

万妍：深圳市土木再生城乡营造研究所研究员

---

① 数据来源于白石洲旧改项目深圳规土委汇总文本。

主要是指在中国社会具有国家或者全民所有制性质的各种类型的社会经济组织和政治组织（李汉林，2011）。"超英公社"和"沙河农场"作为两种不同的单位，都是高度政治化的空间单元，依从国家权力的逻辑，既是经济生产的空间，也是政治控制的空间。从塘头村民进入国营农场后既要务农又要兼顾海防也可以看出，单位还是一个准军事组织。村民加入农场不论是在"政治身份"还是"经济收入"上都比过去在石岩有所提升。值得一提的是，当时沙河农场的土地属于集体所有，加入农场并没有失去土地，他们和其他四村的村民一起，耕种着农场 12.836km² 的土地。

图 2　沙河农场范围
（资料来源：作者自绘）

1.2　国营农场单位下的空间

1959 年，当塘头村村民开始搬迁到沙河农场时，农场的范围北到今天的北环路，南到海边，西到大沙河，东到今天的侨城东路（图 3）。在这个范围以内，土地上种植着荔枝、水稻等农作物，南面临海有两三平方公里的滩涂上是蚝田，在广阔的农场内，建筑物极少，并全部为一层。虽然村民进入了"单位"，但是当年的农场并没有太多能力来安置村民，房屋要相关公社出人出力和村民一起完成。大部分建筑材料还是石岩塘头的拆迁房屋的材料，这时候兴建的住房处在农场之中，四周都是田地，在广阔的土地条件下，塘头村的建筑空间井然有序集地被创造出来，十栋房屋分两列，一列五栋均匀布置。每一栋的格局一致。建筑始建时为一层，进深 9m。每栋九个开间，一个开间为 3.5m。屋顶为双面坡，上覆瓦片。户型的设计如图 4 所示，每家门口都有一个取水的井口，在南边还有一个更大的水井作为公用。当时农场没有食堂，家家户户自己开灶烧饭。

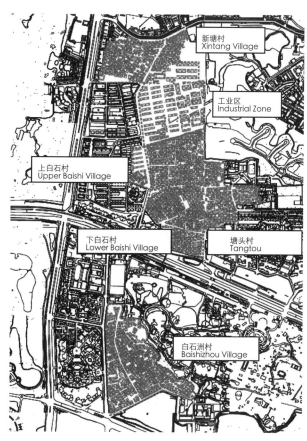

图 3　白石洲五村边界现状
（资料来源：都市实践研究部，错误处经笔者修改，2013）

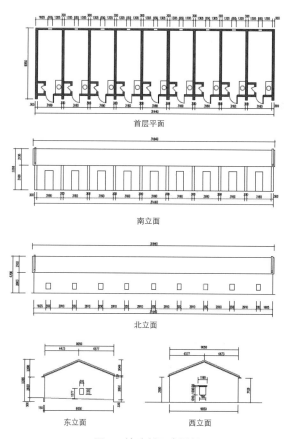

首层平面

南立面

北立面

东立面　　西立面

图 4　塘头村瓦房图纸
（资料来源：深圳大学建筑学研究生共同测绘，2013）

作为一种建筑类型，塘头老屋并不是传统或现代的农民房，而是社会主义的农场宿舍。根据当时的计划经济，社会主义单位下的农场职工是有权利享有宿舍福利的，也就是所谓的"一户一间"的分配。这些宿舍内部的设施安排是统一标准，不管是几口人的家庭都分配一样大的面积，一样的户型，一样的窗户数量，一样的朝向。这样的宿舍制度反映着当时的社会主义的意识形态——"均等化"的分配政策，之所以使用"均等化"，而不是"平均主义"的概念，是因为改革以前官方在理论上也是反对平均主义的。社会上的一切资源，都处于计划经济的分配控制中。房屋资源的分配也一样，并且这样的分配也不是人人可以获得的。从某种意义上，国营农场和超英公社虽然都是"单位"，但在资源的分配上，前者优于后者。村民进入国营农场，从农民变为职工，也就相当于更靠近了资源中心。虽然当时的宝安县还不是一个城市，但改革开放以前这里也和城市一样，基于"单位"，居住区成为被高度制度化空间组织下的居住基本区域，成为一种空间组织策略。然而这里的空间和城市里的"单位大院"不同的是，作为农业生产的国营农场并没有把塘头瓦房用围墙隔离起来，而是完全向周围的自然环境开敞。

1.3　空间文脉的断裂和延续

当塘头村的瓦房在农场上建起的时候，并不是基于一个中性的底图，或者说，瓦房的基地并不是一张白纸，而是有着自己的独特文脉。

白石洲最早的历史可以追溯到明代（据村民说曾有一个明代的墓碑证明明朝时期此地已有人定居）。在封建社会时期，农业生产是一家一户式的小农经济，这种自然经济使得上层文化得以稳定地发展，并形成费孝通先生认为的"差序格局"。在白石洲空间中最能体现家庭观念的建筑物，就是各村的宗祠。宗祠是一种地方性的家庙，在古代封建社会中，家族观念深刻，一个姓的或几个家族建立家庙祭祀祖先。

图5
（资料来源：作者自摄）

塘头村宿舍正建设在下白石曾氏宗祠的北边，并在紧邻着下白石村祠堂的位置挖了一口水井，而根据传统观念这是不被允许的。在塘头村的瓦房建起之后不久的20世纪60年代，下白石的祠堂在"四清运动"[①]期间被拆掉。

下白石曾氏宗祠所代表的传统文化的意识形态和20世纪60年代新中国大集体的革命意识形态相冲突，并且被作为革命的对象，而塘头村民为支援水库建设搬迁，他们建立的瓦房宿舍是基于一种主流革命意识形态的占用空间的行动。当宗祠和瓦房在空间上竞争时，宗祠在传统文脉断裂的背景下没有文化上立足的优势。塘头村瓦房空间的出现基于这种传统文脉断裂的背景，而传统的意识形态实际上并没有完全被清除，而是存在着延续，至今现存的上白石土地神庙就是一个见证（图5）。因此在白石洲空间现状中，我们可以发现多种时期，不同意识形态下出现的空间并置所带来的混杂性。

相比深圳其他的村民，白石洲五村是国营农场的职工，他们生活在国家权力渗透更为深入的状况下，更难以保留自己的传统，无论是在作为建筑的物质形态上，还是在生活中的仪式和行为上。塘头村的搬迁作为一种占用空间的行动，是国家用政治权力实现对社会价值或社会资源的权威性分配的结果。而这种分配建立在一种对传统意识形态和物质空间的破坏上。

2　改革开放后城市化在空间上的影响

2.1　城市包围农村——深圳的城市化背景

改革开放以前，在高度集中的经济政治体制下，中央通过单位制度，在全国范围内控制着农村和城市的空间格局。

---

① "四清运动"是指1963年至1966年，中共中央在全国城乡开展的社会主义教育运动。运动的内容，一开始在农村中是"清工分，清账目，清仓库和清财物"，后期在城乡中表现为"清思想，清政治，清组织和清经济"。运动期间中央领导亲自挂帅，数百万干部下乡下厂，开展革命；广大工人和农民参与其中，积极响应。

而在改革开放的过程中，中央领导人的社会观和党的执政理论的发展直接影响到了城市空间发展的逻辑。

　　一方面，"具有中国特色的社会主义"使国家在城市化的过程中动用强大的行政力量。1992年，深圳"农城化"中4万农民改变身份成为"城里人"。2003年，深圳决定将农村集体经济组织全部转化为27万城市居民。沙河农场的土地也在这中间转为国有，村民实际上成为失地农民，并且没有得到合理的补偿。在这个历史的观点上，作为被管理者的本地村民和作为管理者的沙河实业各执一词，都认为自己才是农场土地的真正主人，而官方史志记录则认为土地属于国有。由于我国在制度上对土地"农民集体所有"的定义具有模糊性，农民处于权利贫困，又由于国家权力的强制性和例外状态，白石洲五村村民感觉到他们在城市化过程中受到了欺骗和侵犯。

　　在另一方面，开放市场经济的引入改变了城市的空间组织。国内外的房地产开发商开始把"单位"转化为私有化的"城市孤岛"——即封闭小区。中国的城市在这种双重社会焦点中分化和重组（范凌，林达，包忠函，2009）。国有单位私有化和国外开发商对中国城市化也起到了重要作用。私有的封闭社区和公有的单位社区同时存在。改革开放之后的白石洲的空间形态无论从类型还是功能，混杂性之明显，甚至带有某些戏剧性。作为城中村的白石洲和周围的大体量的商业综合体、超高层写字楼、主题公园、高尔夫球场等在城市肌理上形成鲜明对比；居住空间也呈现多种类型，从最早的瓦房宿舍，到握手楼、封闭花园小区、高层公寓等，社会阶级通过住宅在空间上严格划分。短短三十几年间，沙河农场的土地被依次用作不同项目的房地产开发，曾经在半自然环境的农场中，如地标一般的村民住所，很快被各种房地产开发包围起来。虽然村民在空间权利上受到排斥，但他们作为具有能动性的个体拥有自己的反抗逻辑。村民在空间利益受到了侵害，并感到生存的伦理道德和社会公正均受到侵犯的条件下，形成了反抗的认同，并策略性地挪用、占有这个由强者掌控的场所成为属于他们的生存空间，而最明显的特征就是由城中村内握手楼形成的空间，而这些空间建设发展的过程，也是国家的空间治理逻辑被阻碍或者被瓦解的过程。

2.2 空间现状的复杂性

　　白石洲的空间在不同时期不断发生改变，其空间现状呈现混杂的肌理，而这种多样性来源于不同类型的建筑（compound）的共时性并置。其空间中存在五中建筑群（compound），分别为：以曾氏宗祠代表的传统院落、以塘头瓦房代表的单位宿舍、城中村农民房、沙河工业区、小区。

2.2.1　塘头瓦房现状

　　塘头瓦房虽由村民自建和居住，但却没有正式文件在法律上证明其权属属于村民。20世纪80年代起瓦房开始出租给外来移民，村民则陆续搬迁到新自建的农民房。塘头村瓦房的东南方向，于国营农场时期曾有一个仓库用于储藏粮食，其建筑形式和瓦房类似，现已拆除。而瓦房和南面水井之间的空地形成于曾经的农用晒场，作为开放而灵活的公共空间，这里白天是儿童玩耍的空地，夜晚则被大排档占据。塘头瓦房在最初是统一尺寸形制，但是由于人口增加，大部分家庭也在后来对其有所改建。

图6　塘头村瓦房轴侧
（资料来源：香港大学建筑系，2013）

2.2.2　农民房的进化

　　图7拍摄于今日的世界之窗内的麒麟山，女子身后的农田为沙河农场，大片农田上只有零星的建筑。图8可以看到材料是石头和黄泥，中间的较高的瓦房是20世纪70年代的旧屋，内部户型和塘头宿舍类似，有阁楼。周围加建的新房是1985年的改造。最开始是一层，然后又在上面加建为两层，1997年这所房子被又一次推倒重建成7层的农民房。

　　由于当时的政治氛围村民对于祭奠祖先不敢高调，只是在家中的偏侧摆放。可以看出传统文化的家庭观念并没有完全消除，而是被削弱并以其他形式延续。

图7　1980年代从麒麟山看白石洲风貌
（资料来源：白石洲村民提供）

农民房的设计一般由项目经理完成，其实也就是包工头依靠自己的建房经验建造，基本没有图纸，偶尔有平面图。农民房的基础最深到两米五，基础挖好用砖混结构或者钢筋混凝土结构建房。建筑材料多为自己配比沙石的混凝土，材料的计算单位是斗车，通过单滑轮提升架向上运送材料，建造柱子和楼面。有一些房东建房资金不够，会和包工头会合伙出资建房，建好后分得不同楼层。

20世纪80年代白石洲的农民房大多是三到五层，每层平面类似于一套公寓，到了20世纪90年代后期，开始拆掉变为七层或者以上，在平面设计上也开始有意分隔，使同一层适合出租给多个单身或者家庭。

目前在白石洲的农民房，几乎全部都被村民自己推倒重建过若干次，从瓦房，到二层小楼，再到七层甚至更高的握手楼，村民不断为自己增加住房的面积。1980年以前，白石洲的建筑只有平房；1980~1986年，白石洲开始有两层到三层的楼房；1987~1996年以三到五层的楼房为主；1996~2000年以六层到七层的楼房为主，而2000~2004年的农民房基本在十层以上。白石洲最高的农民房为17层，而深南大道北边的白石洲片区最高的农民房也达到15层。

图8　1970年代白石洲建筑
（资料来源：白石洲村民提供）

2.2.3　沙河工业区

白石洲的沙河工业区也是在深圳大力发展"三来一补"的背景下由村民集资，沙河集团规划而成的。其位于白石洲北部，占地8.16万 m²，包括96栋建筑，建筑面积为108795m²。如果说塘头瓦房代表白石洲村民在单位时代非典型的"大院"的形式，那么当"单位"系统不再有效，沙河工业区成为一种新的建筑群（compound）类型，成为容纳本地村民和外来移民就业的空间，其中除了工厂厂房，它还包括工人宿舍、商业和餐饮等空间。此时，白石洲已经开始有越来越多的移民进入，企业的存在有效地影响了这里的空间形态。工业区的建造是为了制造利润，因此对于厂区来说生产和效率是其设计的核心，这意味着厂区的形态是方正理性的，方盒子体量排布均匀，建筑之间有充足间距，相对周围的握手楼，有着不同的空间肌理。

由于城市产业升级转型，现在的白石洲沙河工业区的业态也以零售和餐饮为主，"三来一补"基本退出了。和深圳大部分的厂区不同，沙河工业区没有围墙，路网开放。虽然作为厂房，生产效率为首，在规划之初这里并没有任何公共空间的相关投入，但比起狭窄的握手楼片区这里有充足日照，因此其中有一些空间承担了居民休闲活动的功能。比如，其中的文化广场、超市广场、商业步行街等。

2.2.4　商品房小区

1990~2004年，深圳原有的分配性质的住房福利向住房的商品化转变，深圳土地出让、转让全面走向市场化。在此背景下，沙河实业对于农场职工无暇顾及，为参与市场竞争从国有农场转变为一个具有房地产开发业务的国有企业，参与城市空间塑造。同时，空间塑造的权利被下放到私有民营发展商手中，白石洲内部的商业小区成为独立私有的门

沙河工业区商业步行街

沙河工业区建筑

文化广场

健身广场

图9　1970年代白石洲建筑
（资料来源：白石洲村民提供）

禁社区和社会实体分化的空间。而移民人口在这个变化中成为白石洲社会结构的重要组成部分，在数量上相对于本地村民占据绝对优势。白石洲城中村周边被各种地产开发包围，可以说，城中村范围是在周围地产开发的挤压下的剩余范围。而他们之间也形成了众多边界，造成空间上的隔离，白石洲边界包括实体边界和非实体的心理边界，首先是周边封闭小区的边界形成的隔离，不同小区之间用围墙隔离，往往设有多重门禁。其次是建筑内部的隔离，在高密度和高流动率的居住模式下，人与人之间却鲜有交流。门禁社区具有空间内向性与社会排他性。其封闭形态也能保证其对空间环境与安全状况的控制，消除居民对附近其他个人或群体进入自己的居住领域可能造成的问题的担心，因此不同背景的社会群体可以相对密集的聚居在一定城市区域内。

白石洲的人群聚集在三个层面存在社会分化：首先，在空间上活动范围上不同的社会阶层占据不同的社区。其次不同收入者按照经济差异享有不同的住房资源而被清晰地划分。最后，社会的意识形态也发生了分化，村民在从前的单位制度下的顺从已经发生了明显的改变，虽然不再信任单位但依然畏惧权力。具有中国特色社会主义（一部

图 10　白石洲建筑群隔离现状
（资料来源：作者自绘，2014）

现状用地

序号	用地类别代号		用地类别	用地面积（公顷）	占现状总用地比例（%）
	大类	中类			
1	R		居住用地	31.47	68.73
		R3	三类居住用地	1.73	3.78
		R4	四类居住用地	27.92	60.97
		R42	四类幼托用地	0.14	0.31
		R43	四类体育设施用地	0.19	0.41
		R6	配套设施用地	1.50	3.27
2	C		商业服务业用地	1.36	2.96
		C1	商业用地	1.06	2.32
		C2	商业性办公用地	0.14	0.30
		C3	服务业用地	0.16	0.35
3	GIC		政府社团用地	0.55	1.21
		GIC4	医疗卫生用地	0.28	0.61
		GIC5	教育科研用地	0.27	0.60
4	M		工业用地	9.95	21.74
		M2	二类工业用地	9.95	21.74
5	S		道路广场用地	2.53	5.52
		S1	道路用地	2.21	4.82
		S3	社会停车场库用地	0.32	0.70
6	合计		规划区总用地	45.79	100.00

图 11　白石洲建筑性质现状及技术指标
（资料来源：都市实践研究部，2013）

图 12　白石洲道路现状分析
（资料来源：作者自绘，2014）

图 13　白石洲建筑群现状分析
（资料来源：作者自绘，2014）

图 14　白石洲建筑性质
（资料来源：作者自绘，2013）

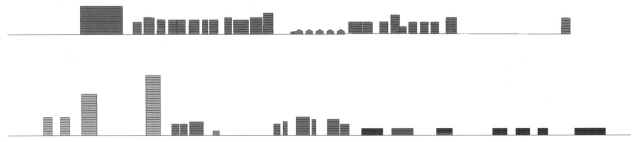

图15　白石洲建筑高度多样性分析
（资料来源：作者自绘，2013）

分人先富起来）和"三个代表"（把共产党代表的利益从无产阶级的利益转化成为中国绝大多数的集体利益），使社会意识形态存在两个（或多个）中心：新的市场经济和社会主义遗留物（范凌，林达，包忠涵，2009）。

2.2.5　空间小结

白石洲的不同建筑群形成了多样混杂的空间形态，然而，不同建筑群之间也存在明显隔离。城中村拥有开放紧凑的小尺度空间，自发的小商业沿街巷展开，和居住空间高度混合，形成具有活力的便利生活片区。然而城中村缺乏基础设施，卫生条件和采光通风均较差，根据对租户的调查，城中村虽然客观上对城市提供服务，但不能否认它具有很大的提升和改善空间。租户作为弱势群体住在城中村多是无奈之下的逆来顺受。一方面居高不下的房价让他们倍感压力，而另一方面，他们也认为深圳在就业上是具有吸引力的。由于城中村空间涉及复杂的社会群体利益，一旦拆除重建，则成本必将转嫁给整个社会管理机制。

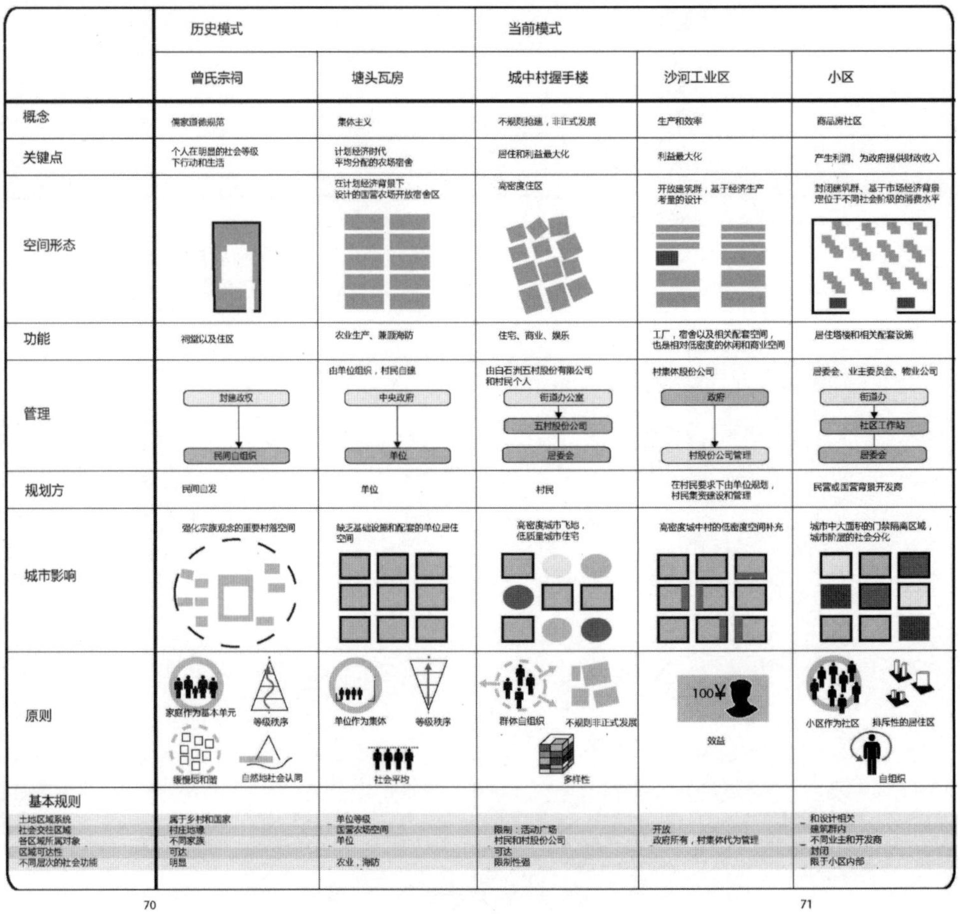

	历史模式		当前模式		
	曾氏宗祠	塘头瓦房	城中村握手楼	沙河工业区	小区
概念	儒家道德规范	集体主义	不规则蔓延，非正式发展	生产和效率	商品房社区
关键点	个人在明显的社会等级下行动和生活	计划经济时代平均分配的农场宿舍	居住和利益最大化	利益最大化	产生利润，为政府提供税收收入
空间形态	在计划经济背景下设计的国营农场开放宿舍区		高密度社区	开放建筑群，基于经济生产考量的设计	封闭建筑群，基于经济背景定位不同社会阶级的消费水平
功能	祠堂以及住区	农业生产，兼顾海防	住宅、商业、娱乐	工厂，宿舍以及相关配套空间，也是相对低密度的休闲和商业空间	居住娱乐和相关配套设施
管理	封建政权→民间宗族组织	由单位组织，村民自建 中央政府→单位	由白石洲五村股份有限公司和村民个人 街道办公室→五村股份公司→居委会	村集体股份公司 政府→村股份公司管理	居委会、业主委员会、物业公司 街道办→社区工作站→居委会
规划方	民间自发	单位	村民	在村民要求下由单位规划，村民要建设和管理	民营或国营背景开发商
城市影响	强化宗族观念的重要村落空间	缺乏基础设施和配套的单位居住空间	高密度城市飞地，低质量城市住宅	高密度城中村的低密度空间补充	城市中大面积的门禁隔离区域，城市阶级间的社会分化
原则	家庭作为基本单元　等级秩序 模糊地和谐　自然均衡认同	单位作为集体　等级秩序 社会平均	群体自组织　不规则非正式发展 多样性	100¥　效益	小区作为社区　排斥性的居住区 自组织
基本规则 土地区划系统 社会交往区域 各区域所属对象 区域可达性 不同层次的社会功能	属于乡村和国家 村落地缘 不属家族 可达 自然地生 明显	单位等级 国家农场空间 单位 可达 农业，海防	限制：活动广场 村民和村股份公司 可达 限制性的	开放 政府所有，村集体代为管理	和设计相关 建筑群内 不同业主和开发商 封闭 限于小区内部

图16　白石洲建筑群落类型分析
（资料来源：作者自绘，该分析受到 Maaike Zwart 的启发（Maaike Zwart，2013））

3 旧改项目

3.1 两版规划

2012 年绿景地产公开了将白石洲旧改作为其开发项目的消息，改造更新范围总面积为 73.45hm²，其中北区为 45.79hm²，南区为 27.66hm²，改造重点落在北区。

开发商策略性的邀请了 SOM 和都市实践对白石洲进行规划（图 17）。SOM 该套方案的总开发量为 550 万 m²，容积率高达 9.2，预计未来可容纳 10.7 万人口。其方案是"现代主义规划理论"影响下比较常规的规划方式，方案将基地视作白纸，采用中轴带划分地块，通过大量超高层建筑满足集约型的、更高强度的开发模式，实现了甲方技术指标要求下对空间的合理布局。作为甲方的服务者，SOM 首要考虑开发商的利益。于是，新的空间在微观上追求空间利润的最大化，在宏观上以城市经济增长为目标，远离了白石洲居民现有的日常生活，并将出现令当前白石洲租户难以支付的空间消费。改造后的居住用地占整个项目的 18.8%，住宅与公寓建筑面积达到 321 万 m²，其他包括酒店、办公、商业的建筑面积达到 229 万 m²。[①] 规划后的白石洲空间成为物质财富和信息的载体，在全球化的语境下白石洲的空间产生了与国际案例同质化的倾向。

在都市看来，SOM 站在开发商、村民、政府的利益上做出的是一个常规和保守的方案。而在都市的方案中，利益对象还包括他们称之为"夹心阶层"的这一群体，可以说，都市相对抱有一种社会公平的愿景，在空间上包容更多社会群体以保护社会的多样性。

都市实践的设计文本中计划把容积率提升到 10.0。方案的特点在于延续城中村肌理和研究新的超高层塔楼类型（图 18）。在建筑纵向功能布局上考虑工作、娱乐、休闲、商业的配比产生多样的空间体验，而不是在地块上独立划分不同功能，使其缺乏联系。都市也考虑到城市第三产业升级过程中，大量创意人群的空间需求。

塘头瓦房在一期发展中被保留下来，形成整个方案的亮点。图 19 为文化区（即缓冲区）的规划示意图，可以看到塘头瓦房被新的建筑围合起来，仍然保持特有的肌理，成为地区中心具有标志性的空间。都市还设想借用深港建筑城市双城双年展的文化事件来营造品牌，逐步引进周围的文化创意群体，从而激活白石洲地区周边的空间潜力。[②] 在形成创意集群之后，塘头瓦房将提升周边的地产开发的商业价值，并且在空间上形成多样性。

3.2 开发商绿景

在抗日战争时期，白石洲村民积极参与抗日战斗。其作为"革命老区"的历史不仅作为一个传统在塘头搬迁后一直保留，并且影响到

图 17　SOM 方案总平面图
（资料来源：SOM 项目文本，2013）

图 18　都市实践方案总平面图
（资料来源：都市实践项目文本，2013）

---

① 数据资料来源：SOM 项目文本，2013。
② 都市实践的设想来自于华侨城创意产业园（OCT）的成功经验，该产业园的改造升级也由都市实践设计，借助深港建筑双年展的刺激，该产业园逐渐形成自己的创意产业氛围，并因此对周边地产开发产生增值效益，该模式成为国内地产开发的经典案例。

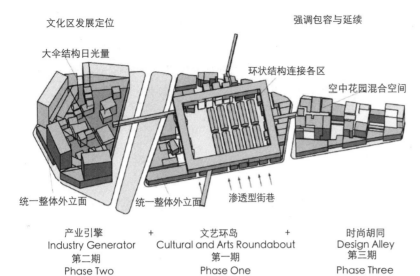

图 19 塘头瓦房区域改造示意
（资料来源：都市实践项目文本，2013）

土地的规划和开发商对白石洲片区开发改造的宣传。

2012 年绿景集团制作了一个视频投放在网络上对他们的白石洲改造项目进行宣传，并利用"革命老区"的历史做出了两点含义的暗示：第一、白石洲具有革命的传统，他们一直为城市"默默地奉献"因此他们有理由继续发扬这种传统，为新规划让位，拆掉握手楼。第二、白石洲村民为城市奉献过，所以他们应当得到更好的待遇，那就是通过旧改获得赔偿。在第二章笔者介绍过白石洲"革命老区"的历史，这段被淡忘的历史没有帮助白石洲村民获得公正的待遇，而在这里，它成为对开发商来说推进旧改的理由。实际上，村民期待着白石洲能够早日被改造，翻天覆地的改造不仅能让白石洲焕然一新摘掉城中村的帽子，更重要的是他们将有可能获得巨额赔偿一夜暴富。

绿景地产在 SOM 的第一轮规划之后，就开始了对于拆迁工作的宣传，而都市实践设计的第二轮规划也开始着手进行。由于白石洲旧改项目可能会引发各种不同的社会意见，开发商策略性地运用不同文本来应对项目阶段中不同人的需要。SOM 保守型的方案用来面对村民，组织赔迁工作。为了更加顺利地使白石洲旧改项目立项，绿景使用都市实践相对激进的方案以打动相对理想主义的政府技术官僚层面。而南区虽然出现在都市的文本中，但作为最后一期和投资最小的开发，其可以用以回应社会关于拆除城中村的反对声音。

4 新的空间变化

2013 年，一个名为城中村"特工"队（后文简称 CZC）的民间团体主动介入了白石洲的空间。成员包括来自国内以及国外的艺术家、建筑师、规划师、学者以及学生等。他们承认城中村的空间价值和社会价值，反对大规模拆除的方式来改造城中村，主张结合城中村内外的资源，帮助和支撑社区居民以及来访者促进社区文化和环境品质的改善，形成自下而上的改造新途径。

CZC 成员在介入白石洲空间的活动中不追求私人利益，他们认为在正式的城市化空间中，基础设施和休闲娱乐空间可以得到有力的系统支持，而作为非正式空间的城中村却难以获得资源，公共空间被私人挤占。在公共部门和当地居民都因为各种原因难以改变现状时，城市高质量的公共产品有必要由外来第三方提供。这个第三方除了携带大量资本的房地产开发商以外，并非别无选择，通过社区动员让公民参与其中，社区的改变可以从微小处萌芽，以润物细无声的方式对社区的各方面做出提升。CZC 认为常规的房地产开发无视租户利益，然而如果将大量的外来人口排除在城市发展的红利之外，对于城市化有着长远的伤害，也不利于社会公正和谐。CZC 在白石洲租下了一个 $13m^2$ 的房间并开展了一系列活动以促进社会对于城中村话题的兴趣，其举办的"握手 302 项目"至今已举办许多次关于城中村的展览（图 20）。

图 20 握手 302 内举办的展览《算术》
（资料来源：作者自摄，2013）

CZC 对于白石洲的空间占用行动说明个体对城市空间的多元化诉求突显，越来越多的人开始以公民角度关心城市空间和城市生活。如果说村民和租户在白石洲的空间占用是出于社会弱势群体无奈下的反抗和应对，那么，CZC 则是在抱有社会愿景的前提下主动的空间介入。他们既不同于体制内的技术官僚，也不同于市场资本干预或者专业精英的视角，而是一种自下而上的以城市公共利益为自我追求的自发行为，这种体制外的尝试是一种全新的气象。CZC 的努力引起了更多市民对于白石洲的关注，一方面有媒体开始报道他们的活动和立场，另一方面，在活动的过程中，他们和村民租客以及其他市民的沟通，构成了他们社区实践一点一滴的影响，丰富了日常生活。Lefebvre 曾提出"接近城市的权力"（The right to the city）的概念，认为日常生活的丰富性可以避免城市空间的同质化，通过"再现的空间"反抗"空间的再现"以实现差异空间。

5 结论

白石洲从一个新中国成立前以家庭为单位的农业生产空间，转化为一个中国特色社会主义生产方式下城市化进程中的城中村。也即，从新中国成立前一个相对孤立的、地方化的、自然经济的生产空间转化为一个国家一线城市中心的资源匮乏的差异性空间。这个转变是我国改革开放后以经济建设为中心所进行的社会、经济与空间改造的结果。也可以说是政府和市场资本结合的自上而下的空间改造过程中，被支配者空间反抗的结果。

新中国成立前的白石洲空间是背山面海的地方自然村落，经济上以家庭为单位自给自足，在意识形态上受到传统儒家文化的控制。村落空间有以自然地貌为边界，如海岸线、大沙河、白石等作为村落空间的心理边界，村内空间有反映天地人伦观念的祠堂、土地庙等。新中国成立以后空间生产的规则与方式已全然变化，"单位制度"以全新的方式将人口组织起来，解除了原有的空间禁忌，并破坏了作为传统文化表征的建筑空间。农田被纳入社会主义国营农场的生产计划中。在高度集中的计划经济体制下，人口和空间受到"单位制度"的权力监视。农业不是以本地家庭单位的自给自足为目的，而是经由国家计划安排下为大集体供给的农业生产。村民的生活方式虽依然是参与农业劳动，但却有别于一般村落的村民成为农场工人。同时，城乡二元的户籍制度明确地区分了城市人口和农村人口对于社会资源的分配差异。通过"单位"与"户籍"两种制度，国家固定了每一个人，以执行统治的权力。同时，解放初期白石洲的农场空间也与军事空间重叠，村民兼作海防民兵，意识形态高度统一。

塘头村村民从一个位于宝安县石岩的村庄搬迁到半自然环境下的沙河国营农场，是服从国家安排的人口迁徙。成为农场工人加强了塘头村村民对于"单位集体"的归属感，并仍然拥有土地。然而我国的"农村集体所有土地"概念却模糊不清，使得个体农民和国家在土地问题上不平等，加之农民的"权力贫困"状态，为后来的空间反抗埋下了伏笔。

1979 年改革开放后借助香港的地缘优势，"三来一补"工业与城市化迅速发展，很快改变了城市的地景面貌，社会积极追求扩大再生产，也即空间的生产。白石洲也出现了以村集体集资，单位领导规划的方式形成的沙河工业区。然而，在农业用地锐减和国有企业改制的过程中间，塘头村和白石洲其他四村村民集体"下岗"，并在 1992 年政府主导的"农城化运动"中通过户籍身份的改变失去了土地。此时各路开发商不断开发农场土地追求空间的利润价值，其和村民追求空间的日常使用价值形成了矛盾。国家在"效率优先，兼顾公平"的口号下实际引起了社会财富分配的不公，从而形成了自下而上的反支配力量。主要表现是，处于"权利贫困"的村民以抢建握手楼的形式占用空间，其本质上是一种空间的反抗。改革开放后在大量移民的涌入和深圳保障性住房严重滞后的情况下，白石洲由于交通便利和廉价的生活成本而成为高密度的移民聚集区，这一居住的市场需求反过来进一步刺激村民加大了该地区空间的建筑容积率，客观上解决了许多城市居住问题。

至此，白石洲的空间现状已经包含了不同历史时期空间形态的重叠而异常混杂，代表传统社会时期受传统文化影响的土地神庙、代表农场大集体时代的遗留物塘头村瓦房以及水井、代表"三来一补"工业发展时期的沙河工业区、代表城市化过程中空间反抗的握手楼。这些空间和周围受到现代主义规划理论影响的城市正式空间形成鲜明对比。正式规划下的空间透过现代"理性"以满足"中国特色社会主义生产关系"的再生产。并与城中村形成异质的空间格局，并提供了一个记录城市发展的证明。然而其中不同类型的建筑群之间也充斥着隔离，缺乏内在联系。

白石洲旧改项目在研究中作为空间变迁的未来面向被探讨。在 SOM 方案中，受到现代主义规划理论的影响，拆除重建后的白石洲空间出现了与国际案例空间的同质化，成为高容积率的大量综合开发。都市实践的方案则在 SOM 的工作基础上保留原有街道的空间肌理，运用不同的塔楼类型应对大规模开发的特殊性。塘头村在城市发展策略逐渐向第三产业转型的背景下，其农场时期的瓦房被作为文化资源而保留下来并规划为文化创意产业相关的生产空间，又因靠近深南大道而成为超高层塔楼林立的地标区。

设计公司作为开发商的服务者，受到生产关系中意识形态的影响。其次建筑学或者城市规划这门学科，其专业上的各种训练（包括审美、技术、价值观念等）让建筑师（或者规划师）具有除了帮助甲方商业利益的考量之外，又有站在城市角度上寻求公共利益的视角；最后，基地本身的文脉，包括历史、空间、社会影响等，对建筑师在方案设计时产生影响和制约（或者说创造了契机）。开发商绿景在现行的社会规则制度下策略性的推进项目。此时，作为数量上绝对多数的白石洲空间使用者——租户——却被排挤在空间塑造的权利之外。权力与资本生产着空间以维持生产关系的再生产，宏观的空间发展战略促使产业升级和城市形象的国际化，使其更具国际竞争力，而这种自上而下的规划方式割裂了民间声音，挤占了底层生存空间，提高了城市门槛。在这种矛盾压力下，新的自下而上的关于空间塑造的城市声音开始表达对城市空间多元化的诉求，民间团体CZC的空间诉求也是对城市发展民主化的呼吁。因这种力量的存在，城市空间形态具有了新的可能性。

主要参考文献

外文文献

[1] Agnew J.Boundary. In:Johnston R.J. ，Derek Gregory, Geralding Pratt, and Micheal Watts（eds.）The Dictionary of Human Georaphy（4th edition）. Oxford: Basil Blackwell, 2000：52−53.

[2] de Certeau M. The practice of Everyday Life. Berkeley: University of California Press，1984.

[3] Giddens A. The construction of Socirty: Outline of a Theory of Structuration. Cambridge: Policy Press，1984.

[4] Gordon L. Negotiating at the Margins: The Gendered Discourse of Power and Resistance. New Brunswick:Rutgers University Press，1993：122−144.

[5] Harvey D，Social Justice and the City.London:Edward Arnold，1973.

[6] Levebvre H. The production of space, translated by Donald Nicholson−Smith. Oxford: Blackwell, 1991.

[7] Maaike Zwart，Slowing Down Shenzhen Speed, 2013.

[8] Rapoport A，House. 1969. Form & Culture，England Cliffs, N.J: Prentilce−Holl, Inc.

[9] Wegner E. Spatial criticism:critical geography，space，place, and textuality. In: Julian Wolfreys（ed.）. Introducing Criticism at the Twenty−Frist Century. Edinburgh: Edinburgh University Press, 2002:181.

中译文献

[10] Bruno Zev.1993.Architecture as Space：How to Look at Space. Da Capo Press. 建筑空间论：如何品评建筑 [M]. 张似赞译. 北京：中国建筑工业出版社, 1957.

[11] Foucault M. 1970. The Order of Things: Archaeology of the Human science. Pantheon Books. 词与物 [M].莫伟民译.上海：三联书店，2001.

[12] Giedion Sigfried.1941. Space，Time & Architecture: the growth of a new tradition. Harvard University Press. 王锦堂, 空间、时间和建筑 [M].孙全文译.武汉：华中科技大学出版社，2014.

[13] Hiller B. 1999. Space is the Machine: A Configurational Theory of Architecyure.Cambridge University Press. 空间是机器——建筑组构理论 [M]. 杨滔，张佶，王晓京译. 北京：中国建筑工业出版社，2008 .

[14] Jane Jacobs. 1961. The Life and Death of Great Amarican Cities. 美国大城市的死与生 [M]. 金衡山译.南京：译林出版社，2006.

[15] Rapoport A. 2003. Culture，Architecture，and Design. Locke Science Publishing Co., Inc. 文化特性与建筑设计 [M]. 常青，张昕，张鹏译. 北京：中国建筑工业出版社，2004.

[16] 利·勒斐福.空间与政治 [M]. 李春译.上海：上海人民出版社，2008.

中文文献

[17] 陈茂来. 农业文明时期的土地政治 [J]. 世纪桥，2010（1）.

[18] 陈薇. 空间·权力：社区研究的空间转向 [D]. 2008.

[19] 陈子冬. 深圳农村城市化进程问题研究 [D]. 2005.

[20] 陈志梧. 空间变迁的社会历史分析：以日本殖民时期的宜兰地景为个案 [D]. 1988.

[21] 戴维·皮林. 超级城市："城市"的重新定义 [J]. 中国民营科技与经济，2012.

[22] 范凌，林达，包涵忠. 大院到小区到超级街区 [OL]. 2009.

[23] 黄常青. 城中村改造中的若干法律问题 [J]. 中国党政干部论坛，2007（1）.

[24] 贾斐. 论列斐伏尔的城市空间理论 [D]. 2012.

[25] 李汉林. 改革与单位制度的变迁 [C]. 中国社会科学院社会发展研究所，2011.

[26] 赖华清. 深圳市房地产发展暨泡沫研究 [D]. 2008.

[27] 李志明. 空间、权力与反抗——城中村违法建设的空间政治解析 [D]. 2008.

[28] 罗敏. 论台湾学者陈志梧的社会空间理论研究 [J]. 西部学刊，2013.

[29] 马航，王耀武. 深圳城中村的空间演变与整合 [M]. 知识产权出版社，2011.

[30] 马仁锋. 创意产业区演化与大都市空间重构机理研究 [D]. 2011.

[31] 魏成. 面向全球化时代的中国制度空间与区域发展研究 [D]. 2007.

[32] 余英时. 中国文化的重建 [M]. 北京：中信出版社，2011.

[33] 周膺，吴晶. 中国的房地产消费文化 [M]. 浙江工商大学出版社，2010.

[34] 徐苗，杨震. 超级街区＋门禁社区：城市公共空间的死亡. 建筑学报，2010.

[35] 王嘉行. 异化中的中国城市空间——以列斐伏尔的空间生产理论为视角 [D]，2011.

[36] 魏秦. 建筑的地域文脉新解 [J]. 上海大学学报（社会科学版），2007.

Transformation of Urban Space Under Chinese Social Context, a Case Study of Tangtou Village, Shenzhen

Wan Yan

Abstract: Shenzhen is a newly emergent city with a brief history of 36 years. The built spaces of the city have formed a special context which has been changing rapidly under unique political, economic and cultural conditions. While formally planned urban spaces evolve constantly, there also exist in large quantities informal spaces, mainly represented by the urban villages. From the perspective of contemporary Chinese social context, the research recounts the spatial transitions and their causes in different times and against various historical backdrops, including that of traditional society, from 1960s to the end of Cultural Revolution, from the advent of Reform and Opening to the present. Moreover, the research introduces the planning schemes for a future Baishihzou and the new spatial possibilities brought about by non-governmental organizations. It also discusses the dynamics mechanism behind such changes from the perspective of contemporary Chinese social context. The research tries to put forward a fuller picture of the interest-fighting game among different player groups, to put down a record of their differences in spatial awareness, spatial demands and spatial strategies, and to examine how such differences might affect once again future formation of the spaces.

Keywords: spatial transition; urban village; context

基于农村土地制度改革的城乡发展建议

杨虎

摘　要：作为一个农业大国，我国农村土地制度的变动常牵动着国运的更替。当前我国农村普遍实行的家庭承包责任制，是新中国成立以来经受了历史考验，被证明符合我国国情的一项基本制度，它极大地发挥了我国农村劳动人民的生产潜力，成功解决了我国的温饱问题。然而，随着改革开放30余年的发展，我国农村生产力水平、城乡关系等都发生了巨大的变化，以往固定的家庭承包责任制模式已成为阻碍我国农业现代化和城乡协调发展的巨大阻力，农村土地制度改革迫在眉睫。今年，党的十八届三中全会对包括土地等领域的全面深化改革做出了重要部署，中央农村工作会议、城镇化工作会议、经济工作会议对深化土地制度改革指明了方向。顶层设计出炉，为农村土地制度改革创造了条件，未来农业、农村发展即将迎来巨变。本文尝试从农村土地制度改革的历史和内因解读开始，探讨农村土地改革将会对农业、农村以及城乡建设带来的影响，从而针对性地提出未来城乡发展的建议。

关键词：家庭联产承包责任制；土地流转；土地确权；土地资产化；城乡发展建议

1　农村土地制度形成的历史和改革动因

新中国成立六十多年来，随着时代的发展，我国农村的土地政策发生了几次重大变迁，每次土地政策的调整，都会给城乡社会发展带来巨大的影响。前事不忘后事之师，对新中国成立六十年来土地政策进行认真的总结和思考，将对我们判断当前农村土地改革及其对城乡经济社会发展的影响有一定的借鉴和指导意义。

1.1　农村土地制度形成的历史回顾

1.1.1　国民经济恢复时期（1949~1952），完成了农村土地的再分配

新中国成立前，"占乡村人口不到10%的地主、富农，占据着70%~80%的土地，而占农村人口90%的贫雇农和中农，却只占有20%~30%的土地"[①]，导致农村生产力水平低下，农民极端贫困。新中国成立后，从1950年冬开始到1952年底，即基本完成了农村土地改革（除新疆、西藏等少数民族地区和台湾省外），全国有三亿农民分得了约七亿亩土地，全国粮食总产量迅速恢复和超过了内战爆发前的最高值。

新中国成立初期的农村土地改革是一次直接将土地分给农民所有的私有化改革，使广大农民真正拥有了土地，解放了农村生产力，调动了农民的生产积极性，不仅促进了农村经济的发展，同时也为整个国民经济的恢复和工业发展奠定了坚实的基础。

1.1.2　农业合作化时期（1953~1957），完成了农业的社会主义改造

土地改革运动后，我国农村以生产分散、技术落后、资金和生产资料匮乏为特点的小农经济不仅导致农村出现了两极分化的状况，而且严重制约了水利建设、自然灾害防御等农村基础性建设的发展，农业生产仍处于较低水平。为了克服这些家庭分散经营带来的困难，一些农民自发结成农业互助组。1953年底至1955年下半年，在毛主席和党中央的推动下，合作化的发展速度越来越快，后来甚至把党内在合作化速度问题上的不同意见，当作右倾机会主义来批判，至1956年底，我国农村和农业基本完成了"完全的社会主义集体所有制的高级农业生产合作社"[②]社会主义改造。

农业合作化实现了农业资源的初步整合，使农业生产继续稳步上升，但也有不足之处，比如速度过快，在两年

杨虎：上海同济城市规划设计研究院

①　郑建敏.论建国后党的农村土地政策的发展演变.石家庄学院学报，2006（5）：75.
②　1953年2月15日，中共中央正式通过《关于农业生产互助合作的决议》。

多的时间内快速完成，造成一定的社会问题；还有就是在当时的社会背景下，有些农民是被迫加入合作社的，挫伤了部分农民的生产积极性。[①]

1.1.3　人民公社时期（1958~1978），彻底建立了农村土地公有制

1957 年我国开始了"大跃进"的步伐，土地政策也开始向"一大二公"[②]迈进，1958 年 8 月中共中央通过了《关于农村建立人民公社的决议》，决定在全国农村普遍建立政社合一的人民公社，并提出扩大公社规模，在并社过程中自留地、零星果树等都将逐步"自然地变为公有"。会议后，在短短的一个多月内，全国农村除西藏自治区外基本上实现了人民公社化，社员自留地等全部收归了公有。至此，我国个体农民土地私有制宣告结束。

农村人民公社化运动是党中央在当时的历史背景下，错误地估计了当时农村生产力发展水平而发动的一场冒进的农村土地政策，与之相适应的是高度集权、僵化的生产和管理模式，由于社员的劳动投入和利益分配不成等价关系，严重挫伤了农民生产的积极性、主动性和创造性，最终导致农业和农村发展迟滞、缓慢，到 20 世纪 70 年代后期，农业已经成为国民经济中最薄弱的环节，农民口粮人均在 300 斤以下，连吃饱肚子都不可能。[③]

1.1.4　家庭联产承包责任制时期（1979~ 今），公有制下长期、稳定的土地承包经营

为了摆脱食不果腹的困境，1978 年底，安徽省凤阳县小岗村的 18 户农民，冒着风险搞起了大包干，给传统的集体使用土地的制度捅开了缺口。1980 年 9 月，中共中央下发了《关于进一步加强和完善农业生产责任制的几个问题》的通知，允许土地在公有制的基础上承包到户，此后，农业生产责任制在全国迅速得到推广。1982~1986 年，中央连续五年相继发出了五个 1 号文件，对家庭联产承包经营责任制进行了不断完善。1993 年 4 月，八届全国人大将"家庭承包经营"写入《宪法》，使其成为一项基本国家经济制度，从而解决了多年来人们对家庭联产承包经营制度的争论。2002 年 8 月 29 日，全国人大常委会通过了《中华人民共和国农村土地承包法》，以法律的形式赋予农民长期的、有保障的农村土地承包经营权，使土地承包权成为目前为止农民享有的最广泛的权益，中国农村土地承包政策进入一个相对稳定期。至此，我国农村的土地制度在经历了一系列变革之后，最终确立了公有制基础上"家庭承包经营"的长期制度。

农村家庭联产承包责任制的普遍实行，极大地发挥了个人的积极性，解放了农村的生产力，促进了农村经济的全面发展，我国的粮食总产量从 1978 年的 30477 万吨，增至 2013 年的 60193.5 万吨，我国农业则以占世界 7% 的耕地养活了占世界 22% 的人口[④]。

1.2　农村土地制度改革的主要动因

伴随着改革开放 30 多年来的巨大发展，我国的农业技术、劳动生产率、市场经济等均发生了巨大的变化，特别是近十多年来城市化进程的飞速发展，城乡关系也发生了巨大的变迁。随着改革的不断深入和党对"三农"问题的重视，农村的土地政策也需要进行调整。

1.2.1　农业生产力发展的客观需求

当前，我国社会生产效率与改革开放前已不可同日而语，社会主义市场经济也得到深入发展，家庭联产承包责任制的局限性逐步显现出来：一方面，经营规模普遍小而分散[⑤]，难以形成规模经济效益；另一方面，农民不能自由处置土地，制约了农民通过经营土地提高收入的能力，限制了农民的择业自由，同时也导致了大量的土地资源浪费。[⑥]

应该说，家庭联产承包责任制适应了我国农村特定的历史阶段和生产力条件，而现在必须朝着规模化、集约化、

---

①　中国农村经济 .1992（6）：208。

②　"一大二公"是中共中央在社会主义建设总路线的指导下，于 1958 年在"大跃进"进行到高潮时，开展的人民公社化运动两个特点的简称。"一大"，即追求大规模，"二公"则指实现更进一步的公有化。

③　武力，郑有贵 .解决"三农"问题之路 .中国经济出版社，2004：278、347。

④　根据中华人民共和国国家统计局网站资料整理。

⑤　20 世纪 80 年代中期，我国平均每户所承包的土地为 8.35 亩，到了 20 世纪 90 年代中期，农户平均拥有的耕地下降到 6 亩，户均承包土地 9~10 块，有 1/3 的省、市人均耕地不足 1 亩。

⑥　我国农村实行的是集体经济制度，农村的土地属于集体所有，农民对土地只有使用权，没有所有权，因此农民没有对土地的自由处置权。大量农民为了保留对承包土地的权利，排徊在留守耕地与外出择业之间，土地常处于半充分利用状态，甚至许多地方都出现了大片的田地被荒芜的现象。

专业化方向转变，这也是世界各国农业现代化发展的必然规律。

1.2.2 耕地资源安全的迫切需要

当前，我国耕地资源安全状况不容乐观。

一是耕地面积减少的现实令人担忧。我国耕地数量逐年减少，2001年~2008年，全国耕地面积由19.14亿亩减少到18.26亿亩，直逼18亿亩的耕地红线，而随着社会经济的发展、城市化推进以及退耕还林等因素的影响，我国耕地总量仍在呈下降趋势。

二是耕地质量下降问题突出。一方面我国农村以家庭为单位的"碎片化"承包模式，使得耕地质量参差不齐，另一方面我国城市化进程中，虽然采取了耕地占补平衡措施，但是采用"占一补一"的措施往往"补不抵占"，在耕地总量平衡基础上，还存在优质耕地流失和劣质耕地增加造成耕地质量下降的问题，直接影响了耕地质量。

三是耕地生态恶化问题严峻。生态农田环境恶化是耕地可持续利用的障碍，具体表现在农用化学品增多，土壤肥力下降等。近年来，农产品中有害物质含量不断上升，"镉大米、毒小麦"等口粮安全问题逐年增加。`

这些问题，都与我国农村土地制度带来的土地"碎片化"有着直接联系，只有推进农村土地制度改革，将农村土地资源进行"碎片整理"，才能有效防止以上问题的进一步恶化。

1.2.3 农业现代化发展的必然选择

自1994年，我国参照以色列示范农场的模式，在北京建立了以展示以色列设施农业和节水技术为主体的中以示范农场，在上海建立了以引进荷兰全套玻璃温室和工厂化农业为主体的孙桥现代化示范农场，使人们看到了现代农业的崭新风貌。此后，在全国形成了一股以展示设施农业先进技术为主要内容的农业科技园区建设的热潮。

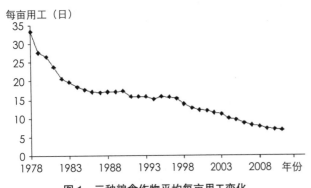

图1 三种粮食作物平均每亩用工变化

（数据来源：国家发展和改革委员会价格司（编）：《全国农产品成本收益资料汇编》（历年），中国统计出版社）

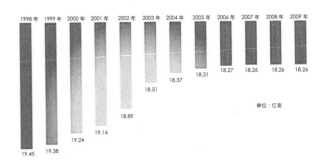

图2 全国耕地面积的变化统计

（资料来源：http://www.baike.com/wiki/%E8%80%95%E5%9C%B0%E7%BA%A2%E7%BA%BF&amp；prd=index）

中国竞速启东的一处村庄及农田

美国亚特兰大东部的一个农场

图3 中国与美国农村土地资源分布状况对比示意图

（资料来源：Google Earth截图，作者整理）

2012 年初，中央 1 号文件提出"加快推进现代农业示范区建设"，随后国务院发布了我国第一个《全国现代农业发展规划（2011-2015）》（后简称《规划》）。2012 年 8 月，农业部确定第二批 101 个国家现代农业示范区。

在国家现代农业示范区的带动下，各省、市现代农业示范区的建设热情高涨，如江苏省截至 2014 年 3 月，获批的国家级现代农业园区有 11 个，而获批的省级"现代农业（渔业）产业园区"则有 112 个，总体用地规模超过 600 万亩。[①]

在这些年如火如荼的现代农业园区建设过程中，大多数现代农业园区并未实现通常意义上规模化生产，而较为成功的是"企业 + 基地 + 农户"的运行模式，即通过"龙头"企业开拓市场、引导生产、和配套服务，再通过与千家万户联系，形成农户的订单式生产，从而使农产品的生产与市场流通得到有效的结合。

"企业 + 基地 + 农户"模式实际上是一种升级版的农业合作社，囿于现有制度而并未摆脱以家庭为单位的生产规模，而现代农业的根本出路仍然是机械化、产业化和规模化，这种转变必然建立在土地制度的变革之上。

1.2.4 城乡用地矛盾的破解之道

近年来，随着我国城市化率的快速提升和城市经济的快速发展，城市建设用地也呈刚性增长，用地指标普遍不足，土地供需矛盾成为制约我国城市继续发展的一个重要因素。与此同时，我国农村集体建设用地却整体较为粗放，布局散乱。根据相关资料，当前我国农村居民点用地规模约 2.48 亿亩，占建设用地总面积的一半以上，户均近 1 亩，人均 220 多平方米。乡村废弃、闲置、低效利用的宅基地，街巷用地、空闲地等有巨大的整治潜力。[②]

深化农村土地制度改革，一方面应消除农民对承包土地权利的顾虑，推进农村耕地资源的规模化整合难题，另一方面也应推进集体建设用地流转，破解城乡用地矛盾，实现城、乡土地的集约利用。

1.3 当前农村土地制度改革的要点小结

综合以上历史的回顾和当前问题的分析，稳中求变，盘活农村土地资源是当前农村土地制度改革的要点。一方面，当前普遍实施的家庭承包责任制是经过历史考验和筛选，适合中国国情的农村土地制度，它是保护农民的根本利益的基础，在改革中应保持这项基本制度的稳定；另一方面，当前的制度又过度绑定了农民和农地之间的联系，捆绑了大量的劳动力人口和土地资源，进而对当前的城乡发展产生了隐性的结构负担，土地资源盘活的需求迫在眉睫。因此，关于农村土地制度的改革，还应创新思路，稳中求变，既要保护好农民利益，又要促进各项资源的整合和效益的发挥。

2 农村土地制度改革的进程和影响

2.1 改革进程

2.1.1 自上而下，制度改革已完成顶层设计

2013 年 11 月，党的十八届三中全会《中共中央关于全面深化改革若干重大问题的决定》（下称《决定》），对新时期深化农村改革作出了全面部署，明确提出，要赋予农民更多财产权利。在此基础上，《决定》围绕三类不同性质的农村土地，明确了改革的方向和重点：对于承包地经营权，明确要在坚持保护耕地前提下，"赋予农民对承包地占有、使用、收益、流转及承包经营权抵押、担保权能"；对于农村集体经营性建设用地，明确"在符合规划和用途管制前提下，允许农村集体经营性建设用地出让、租赁、入股，实行与国有土地同等入市、同权同价"；对于农村宅基地，明确改革完善农村宅基地制度，"慎重稳妥推进农民住房财产权抵押、担保、转让"。

其后，中央农村工作会议、城镇化工作会议、经济工作会议又分别对深化土地制度改革指明了方向。逐渐明晰了土地制度改革的核心是破解"城市土地国有，农村土地集体所有"的城乡二元土地制度，加快农村土地的流转，推动农村土地经营权交易的市场化，改变土地增值收益分配不公的格局。

2014 年初，中央 1 号文件提出了"赋予农民对承包地占有、使用、收益、流转及承包经营权抵押、担保权能……抓紧抓实农村土地承包经营权确权登记颁证工作，充分依靠农民群众自主协商解决工作中遇到的矛盾和问题，可以确权确地，也可以确权确股不确地……"，文件同时提出"引导和规范农村集体经营性建设用地入市。在符合规划和

用途管制的前提下，允许农村集体经营性建设用地出让、租赁、入股，实行与国有土地同等入市、同权同价，加快建立农村集体经营性建设用地产权流转和增值收益分配制度"等。①

顶层设计出炉，"明晰所有权，稳定承包权，放活经营权"的农地改革基本方针也已明确，未来将以此为基础不断推出土地流转和创新农业经营主体的政策和措施，为我国农村资源盘活，实现大规模的转型发展开创造条件。

2.1.2 自下而上，改革主题已成为社会热点

一方面，学术界近些年来对国内外各种各样的土地制度探讨一直在进行，并提出了一些关于我国农地制度改革的理论主张，江怡，郑善文（2004）认为"国家和个人土地共同所有制"是发展混合所有制经济的模式，明晰产权，即土地的所有权，"耕者有

图4 土地制度改革的核心要素
（资料来源：http://www.rmlt.com.cn/2013/0916/149031.shtml)

其田"，国家和农户个人的产权各占一半。土地的所有权明确界定部分为个人所有，土地产权在土地上部分体现为"个人所有制"。徐国元（2006）主张土地产权的多元化，即土地所有权分为国家、集体、个人三个层次，建立全民土地国有制、集体土地农民共有制和农户家庭所有制，实行土地的国家、集体、个人三元所有制。李录堂（2014）提出农地产权比例化市场流转的"双重保障型农地市场流转机制"思路，借鉴国有企业划分国有股、企业股和企业全员持股的经验及城镇住房公积金改革的做法，将农地承包经营使用权在集体和农民之间按集体占51%、农民占49%的比例分配后再市场化流转，并主张集体所占农地产权及收益主要用于农民土地社会保障金和农地规模化公积金，以解决农地市场流转过程中失地失业农民的生存和就业保障问题，进而形成既能保证农地集体所有制主导地位，又具有双重保障和稳定性的农地产权市场流转机制。

另一方面，资本市场已经关注到新一轮土改，中金公司研究报告就指出，我国市场化改革历经三十多年，多数产品和生产要素都实现了市场化，而土地要素市场化相对滞后，造成土地利用效率的损失，同时扭曲了财富分配，不利于经济发展、城镇化进程以及社会和政治稳定。该报告指出，各种土地交易行为早已发生，包括耕地、宅基地和小产权房，而明确产权会产生更多市场交易行为，改革的大方向是促进统一市场的形成，将这些交易纳入法律的框架之内，确权就是让农民拥有选择权，而不是替农民做主。该报告还指出，土地市场化改革将提高土地利用效率，大幅增加农民财产性收入，调整政府征地行为，控制金融风险。土地规模经营效率大幅提升，促进劳动力转移，真正实现农民变市民。②

2.2 即将到来的影响

随着农村土地制度改革的深化，将对我国农村和农业的发展产生深刻的影响，进而对城乡发展产生较大影响，对这些即将发生的情况进行预判，能帮助我们提前制定城乡发展的应对措施，扩大改革成果的同时，减少改革带来的负面影响。

2.2.1 农村土地资源将逐步完成资产化转变，城乡二元格局被打破

"放活经营权"就是要赋予农民更多财产权利，最好的方式就是土地资产化，其实质就是指把土地这一稀缺资源作为资产来经营，发挥其资产化效益，从而获取一定经济利益的过程。农村土地资产化主要将集体土地所有权或集体建设用地使用权、农地承包经营权等进行市场化配置，使权利主体获得经济报酬和收益，促进农村土地的合理高效利用。

农村土地资产化有利于强化土地对农民的保障功能，保护农民利益；有利于农村社会保障资金的筹集，解决农村社会保障资金的不足；有利于农村由土地实物保障向货币保障的转换，解决农民长期生活保障问题，维护社会的稳定；有利于农民摆脱土地的束缚，转移农村剩余劳动力，而且有利于将农民的社会保障纳入城镇社会保障体系，

---

① 摘自新华社2014年1月20日"2014年中央一号文件公布（全文）"。
② 摘自中金公司2014年11月28日"中国宏观专题报告：确权是土地改革的命门，土地市场化改革提升效率与财富"。

实现土地保障向社会保障的过渡。

2.2.2　农业现代化进程加速，规模化效应将极大提高农业劳动生产效率

农村土地资产化完成后，将实现农村土地资源在资本市场上的流通，吸引社会、企业投资，实现土地资源在空间上的整合和积聚，从而实现农业的规模化和现代化。

现代农业将打破传统农业小而全的生产模式，生产单位高度专业化和生产方式高度多样化、生产经营高度市场化，因此生产组织的规模、效率和组织间的协作程度与传统农业相比不可同日而语。

2.2.3　大量剩余农业人口将在一段时期内持续向城镇转移

农村土地资产化和土地资源的高效利用，必然进一步释放农村剩余劳动力人口和农村留守人口，他们再也没有搬不动的"土地"禁锢，将面临去向选择。

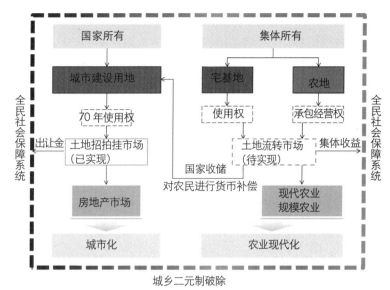

图5　农村土地资源的流通是破除城乡二元制的关键，也是农村土地改革的关键
（资料来源：作者自绘）

农业部部长韩长斌（2013）曾经讲，"目前我国有 2.6 亿农户，户均耕地不到 7.5 亩，通过发展规模农业提高农业效益势在必行。未来如果全国农户户均耕地规模达 50 亩，全国有 3600 万农户就够了；如果户均规模到 100 亩[①]，则只需要 1800 万农户，那么剩下的 2 亿左右农户就得另寻出路，这将是一个比较长期的过程。"可见，我国若实现农业规模化和现代化后，农村向城镇转移人口之巨。

从另一个侧面来看，20 世纪 90 年代以来，中国的城镇化率每年提高超过 1 个百分点，2012 年达到 52.6%，按这个速度，再过 20 年，中国的城镇化率可能会超过 70%，而届时全国人口也将会达到 15 亿的峰值，这就意味着这 20 年间，中国每年将近有 1800 万左右的农民进城，而 20 年后的中国仍将有大约 4.5 亿人生活在农村。

因此，农村土地改革，不仅会对农村及农业产生极大影响，还会为中国未来的城镇带来大量、持续的转移人口，这个判断对于未来城镇发展战略的制定具有较大影响。

3　对我国城乡发展的建议

3.1　对于城乡统筹建设的建议

3.1.1　由小到大逐级、全面放开城市户籍制度

从目前我国城镇化发展要求来看，主要任务是解决已经转移到城镇就业的农业转移人口落户问题，只有打破城乡二元格局，才能促进城市化水平的大幅提升。但城乡二元格局也不可能一蹴而就，而是应该由易及难，首先全面放开建制镇和小城市落户限制，有序放开中等城市落户限制，合理确定大城市落户条件，严格控制特大城市人口规模。推进农业转移人口市民化要坚持自愿、分类、有序，充分尊重农民意愿，因地制宜制定具体办法，优先解决存量，有序引导增量。

3.1.2　大力发展中小城镇

中国农民要进城，但不可能都进城，更不可能都进大城市，因此，必须统筹考虑小城镇建设。小城镇是我国在城镇化建设过程中经济发展的桥头堡，属于当地经济最活跃的主导力量。面对农村人口转移的加速发展阶段，小城镇的建设作为城乡协调发展的一个重要节点，介于大中小城市与农村之间，它的顺利建设必然使得城乡形成一种优势互补、经济双向良好互动的局面，促进农村剩余劳动力人口的转移和土地的集约，为实现农业现代化和产业化经营打下坚实基础。

---

① 从我国资源禀赋和当前工农就业收益看，一年两熟地区户均耕种 50 ~ 60 亩，一年一熟地区 100 ~ 120 亩，就有规模效益。

3.1.3 加快建立城乡一体的全民社会保障体系

应充分利用好城市建设用地和农地流转过程中的土地收益对社会保障系统的支撑，最终建立起城乡统一的社会保障系统。只有建立城乡统一的全民社会保障系统，才能促进城乡人才和资源要素的相互流通，进一步提高资源配置效率。

农村为城市发展做出了巨大的贡献，从农产品"剪刀差"到农民工的廉价劳动力，再到正在进行的土地占用，农村为城市化付出了高昂的代价，因此，在建立起城乡统一的社会保障系统过程中，应适当向乡村倾斜，填补城乡差距。

3.2 对于农业、农村发展的建议

3.2.1 农业的规模化和多元化发展并举

我国农村分布广，耕地资源不足且不均匀。针对耕地资源较好和较集中地区域，应充分发挥工业和技术优势，引导现代农业走规模化、机械化和高科技的综合发展之路，同时提高劳动生产率和土地生产率；而针对土地资源不佳的区域，则充分挖掘区域特色资源，农业发展与文化、创意、体验结合，开发具有自身特色的参与性、体验性和教育性农业项目，大力发展休闲农业，整体形成因地制宜、多元优化的格局。

3.2.2 建设美丽乡村，实现农村发展升级

要促进城镇化和美丽乡村建设协调推进，按照促进人与自然和谐相处的要求，把建设生态文明与建设美丽乡村有机结合起来，把推动资源要素向农村配置与促进农村人口向城镇集聚有机统一起来，将农村打造成为"宜居、宜业、宜游"的美好家园，让农民充分共享现代文明，过上更加美好的生活。

在美丽乡村建设过程中，要充分挖掘、保护农村人与自然和谐相处的传统文化底蕴，并注入现代生态文明建设新的活力，充分发挥农村生态环境优美、田园山川秀美、民俗文化精美、农家菜肴鲜美等优势，大力发展"农家经济"，实现乡村经济发展的升级。

3.2.3 完善相关制度，保障农民利益

农村土地制度改革和现代农业的发展不是独立的，不仅需要与工业化、城镇化相互协调，同步发展，还应配套相关的制度建设。

一是农村土地确权登记制度的完善。农村土地制度改革的一个重要方面，就是进一步扩大了土地的权能，赋予农民更多财产权利。不仅允许土地承包经营权抵押、担保，而且赋予了农村集体经营性建设用地与国有建设用地平等的地位和相同的权能。因此，认真做好农村土地确权登记，在确权的基础上，给农民颁发具有更明确法律效力的土地承包经营权证书和宅基地使用权证书，为保护农民的利益、规范农村土地流转和产权交易夯实基础。

二是搭建农村土地产权交易平台。要尝试和推进农村综合产权交易，推动农村产权流转公开、公正、规范运行，将农村土地所有权、承包权和经营权进行"三权分立"，创造性地探索农村产权交易模式，推动农村产权有序流转交易，激发农村各种生产要素活力。

主要参考文献

[1] 国家统计局科研所.创新农业经营机制研究——以浙江为例 [A]. 2013, 10-0003-06.

[2] 新华社.2014年中央1号文件公布（全文）.2014年1月20日.

[3] 李录堂.双重保障型农地市场流转机制研究——农地产权比例化市场流转的理论与政策.西安：陕西出版传媒集团，陕西人民出版社，2014.

[4] 豆星星.我国农村土地承包经营权流转机制的完善 [J].南昌大学学报，2009，40（4）.

[5] 叶正根.农业产业化经营组织创新的路径选择 [J].农村经济，2006（2）.

[6] 孙芳，李云贤.现代农业经营模式国际发展趋势 [J].产业结构研究，2009（10）.

[7] 陈继红，杨淑波.国外农业产业化经营模式与经验借鉴 [J].哈尔滨商业大学学报：社会科学版，2010（4）.

[8] 杨立新，蔡玉胜.城乡统筹发展的理论梳理和深入探讨 [J].税务与经济，2007（3）.

[9] 张桂文.统筹城乡发展促进二元经济结构转换 [J].辽宁大学学报：哲学社会科学版，2005（1）.

[10] 江怡，郑善文. 论我国农村土地制度的缺陷及其转型 [J]. 江汉论坛，2004（7）.

[11] 徐国元. 建立多元化的土地产权制度. 中国改革，2005（7）.

Suggestions on Rural and Urban Development from the Perspective of Rural Land Reform

Yang Hu

Abstract: As an agricultural country, each transformation on rural land system has been greatly impacted China's history. The Household-responsibility system, which has been established as a basic state policy, successfully raised productivity and solved the problem of poverty in most regions of the country. However, with the development of Reform and Opening-up Policy, China's rural area and its relationship with urban area has changed so significantly that the current Household-responsibility system is now hindering agricultural modernization and the urban-rural integration. In the year of 2014, the Third Plenary Session of the 18th Central Committee made strategic arrangements on deepening land reform, which created political context of rural land system reform. The paper explores the potential changes of urban and rural area aroused by the upcoming rural land reform by looking back at the history and mechanism of historical land policy transformations. Based on the research, the paper further makes suggestions on future development of both rural and urban areas.

Keywords: household-responsibility system ; land circulation ; confirmation of land right ; land capitalization ; suggestions on rural and urban development

[10] 江怡，郑善文. 论我国农村土地制度的缺陷及其转型 [J]. 江汉论坛，2004（7）.

[11] 徐国元. 建立多元化的土地产权制度. 中国改革，2005（7）.

基于新型城镇化视角的"农业三产化"——概念与内涵辨析

李殿生　李京生

摘　要：以新型城镇化为背景，阐述了农业三产化与和新型城镇化的关系；农业三产化是实现新型城镇化目标的必由之路，从基本概念和概念内涵层面定义农业三产化是必要的；在探索农业三产化概念的起源，分析其原因，过程和结果后，明确定义了农业三产化的概念；从农业向第三产业转化的基础、产品属性的转变、附加值的提高和用地、空间布局的变化等层面构建了农业三产化的内涵。

关键词：农业三产化；概念；内涵；新型城镇化

2013 年，我国产业结构出现历史性的变化 – 第三产业比重首次超过第二产业（第一产业比重为 10.0%，第三产业比重明显提高，达到 46.1%，比第二产业比重高 2.2 个百分点）[11]，这标志着我国已经进入了三产化时代。2014 年，召开了改革开放以来的第一次中央城镇化工作会议，制订了《国家新型城镇化规划》，指出城镇化的重点是解决"三农"问题，城镇化是解决农业、农村、农民问题的重要途径。农业在国民经济结构中的比重不断减少，第三产业持续的增加；新型城镇化的进程在稳步实施，城市和乡村的发展被放到同等重要的位置。这样的趋势中，农业该如何发展，乡村将走向何处，我们该如何理解农业和第三产业、乡村和城市发展之间的关系？

近年来，乡村旅游、观光农业、体验农业、都市农业等以农村为载体、农业为基础、农民为主体，乡村生产生活为对象，满足人们服务和精神需求为目的的新业态不断出现并迅猛发展。由于产品融合、技术融合和市场融合使农业被深度注入第三产业的属性，无论是从生产的产品的角度、劳动力就业的角度还是从产业产值的角度，都很难把农业与第三产业交叉融合而催生出的这些新业态简单划归第一还是第三产业。我们该如何看待农业和第三产业的这种变化及其过程？

本文试图从新型城镇化的视角，以概念的定义及其内涵的构建为目标，探寻在新型城镇化的过程中，农业以与三产业融合发展的本质特征，为进一步的研究奠定基础。

1　新型城镇化的乡村视角

新型城镇化的"新"体现在哪里，不同的人会给出不同的答案。通过把过去的城镇化理论、实践与中央城镇化工作会议精神、《国家新型城镇化规划》进行比较，可以发现：新型城镇化更加科学地运用了马克思主义关于城乡发展的基本原理；更加关注乡村的发展和"三农"问题的解决。

1.1　城乡关系发展的高级阶段 – 城乡融合

马克思主义把城市和乡村这一人类社会发展中最基本的关系作为理论研究的基本范畴之一，因为他深刻地认识到"城乡关系一改变，整个社会也跟着改变"[1]。"马克思（主义）运用阶级分析的方法，在生产关系的研究中深入剖析了城乡对立的形成和解决城乡对立的根本途径"[2]，这就是马克思主义关于城乡发展的"城乡融合理论"，它为研究城乡关系提供了坚实的理论基础。

人类社会并不是向着城市或乡村某一种形态发展。历史证明，乡村无法承担起承载人类文明与进步的责任；研究表明，城市模式是不可持续的。马克思主义"城乡融合理论"阐明了城乡关系发展的最高阶段是城乡融合，乡村和城市之间的对立将被"消灭"，乡村和城市将"融合"。这种融合就是"要使现存的城市和乡村逐步演变为既有城

李殿生：沈阳建筑大学教授
李京生：同济大学建筑与城市规划学院教授

市的一些特征，又有乡村的一些特征的新社会实体[3]。"这种融合不大是可预见的，而且是可实现的，"消灭城乡对立并不是空想，正如消除资本家与雇佣工人间的对立不是空想一样。消灭这种对立日益成为工业生产和农业生产的实际要求。"[4]

根据马克思主义城乡融合理论揭示的城乡关系的发展趋势以及城乡关系在发展过程中呈现出的阶段性特点，学者们对城乡关系的发展阶段提出"三阶段说"[5]、"四阶段说"[6]和"五阶段说"[7]。综合为城乡关系始于城乡混沌（为避免与当代的城乡一体混淆，故不使用该词语），终于城乡融合，其过程包括城乡分离、城乡对立、城乡联系、城乡关联、城乡统筹等。以新型城镇化为视角，按"矛盾"的观点，结合马克思主义城乡融合理论的"三关系说"[8]，本文认为城乡关系的发展可以概括为三阶段两过程：即"城乡混沌→城乡对立→城乡融合"三个阶段和其间经历的"城乡分离、城乡统筹"两个过程（图1）。

图 1　城乡关系的发展
（资料来源：作者自绘）

城乡融合，绝不是消灭乡村也不是消灭城市，而是实现城乡一体化发展。①从经济的角度加强城乡之间的经济交流与协作，使城乡生产力优化分工，合理布局；②从社会的角度促进人口在城市和乡村之间合理分布和流动，使城乡社会生活紧密结合；③从环境、生态的角度对城乡生态环境进行有机结合，保证自然生态过程畅通有序；④从城乡规划的角度对具有内在关联的城乡物质和精神要素在土地、空间上进行系统安排。

1.2　城乡融合是农业三产化和新型城镇化的共同目标

改革开放以来召开的第一次中央城镇化工作会议,在重视城市发展和城市建设的同时,强调城镇化的重点是解决"三农"问题,指出城镇化是解决农业、农村、农民问题,破解城乡二元结构的重要途径。特别提出（乡村建设）"要注意保留村庄原始风貌,……尽可能在原有村庄形态上改善居民生活条件"[9]。为贯彻中央城镇化工作会议精神,《国家新型城镇化规划》（2014–2020 年）提出让广大农民平等参与现代化进程、共同分享现代化成果的目标,通过加快农业现代化进程、建立健全农业转移人口市民化推进机制、建设社会主义新农村等解决新型城镇化中的农业、农民问题。《规划》中特别提到了"提高乡村规划管理水平"[10],这需要城乡规划给予积极地应对。这些论断,确定了新型城镇化城乡并重的实质,指明了乡村发展的方向,体现了马克思主义的城乡融合理论,明确了新型城镇化的目标是城乡融合。

城市和乡村走向城乡融合，城乡特别是乡村的产业、人口和人居环境三大要素都要在既有的基础上不断地发展。乡村要素的发展有两类路径可行：第一自身完善的提升路径，第二由此及彼的转化路径。（转化分为正向想转化和逆转化，逆向转化不可能或远期可能实现，这里不做探讨。）转化的具体路径包括：①由第一产业转化为第二产业的工业化，②由第一产业转化为第三产业的三产化，③由农村转化为市区的市区化，④由第二产业转化为第三产业的生产化，⑤由农民转化为市民的市民化（图2）。我们把农业由第一产业向第三产业转化的过程称为"农业三产化"。

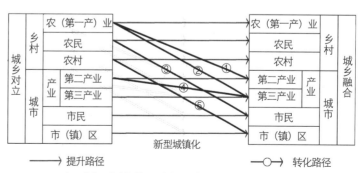

1 工业化　2 (农业) 三产化　3 市民化　4 (二产) 三产化　3 市区化

图 2　从城乡对立到城乡融合
（资料来源：作者自绘）

梳理农业三产化和新型城镇化的关系表明，两者之间产业结构的升级、劳动者从业和人居环境的转变等方面，农业三产化是新型城镇化的重要组成部分,两者具有一致的目标。实现新型城镇化的目标,农业三产化是乡村城市(镇)化和乡村现代化的必由路径，这也是农业三产化概念提出的现实意义所在。

2 "农业三产化"的提出

农业和第三产业的发展，除了自身的提升之外，随着生产力的提高、产业分工的细化、产业融合的深入，"农业本身发生一次裂变"[12]，"一些产业加快从原来农业体系中分离出来，形成独立的服务性行业"[13]，从而促进第三产业的发展。这就是农业转化为第三产业的农业三产化。

"农业三产化"这一概念首先出现在我国学者的学术论著中[12]。全文检索 CNKI 文献，共有 163 条记录，检索期刊 74 条，博硕士论文 40 条，会议 11 条,报纸 24 条，检索统计数据、标准、法律等，未检出。可以看出,"农业三产化"概念已得到比较广泛的应用，但主要集中在学术界和媒体，城乡规划学科对此概念也有应用[14][15]；另一方面也表明，这一概念还没有进入普及语汇的阶段。

通过分析已发表的与农业三产化相关的学术论著后认为，对农业三产的研究还处于初级阶段。目前，相关研究涉及了农业三产化的本质[18]、动因[13][14][17][19][21][23]、目标[12][13][16]、战略[13][14][16][18][20][21][22]、方式[14][18][20]意义[17][22]等。将"农业三产化"作为整体概念进行研究的较少，对"农业三产化"缺乏系统的理论梳理，在认识上还存在或可能产生不同的见解，尚无公认或权威的定义。

贺有利在 2005 年简述了[24]，2006 年比较系统地论述了三产化的概念，并认为这个概念与工业化、城镇化并驾齐驱，2007 年构造了三产化的英语名词 tertiary industrialization[25]。有学者在此后运用了该英语名词[26]。分析了三产化与农业三产化之间的联系和区别后，本文中的农业三产化（也可称为农业服务化）英译为 agricultural tertiarization。

3 农业三产化的基本概念

3.1 农业三产化综述

回顾农业三产化的研究历程，学者们主要从农业产业发展、农业产业政策、国民经济三产化和城乡规划的角度对这一概念进行了论述。

3.1.1 农业产业发展

1999 年，张福增在《农业发展的科学轨迹》中提出我国的农业产业化，包括了农业二产化和农业三产化。在农业实现三产化之后，农业的继续发展将使农业本身发生一次裂变。[12]温铁军在《农业要迎合中产阶级的需求》提出农业产生更高效益的领域在三产化,中产阶级作为农业或者农村经济的主要消费群体，是我们必须面对的。[19]2011 年，魏建、王安在《服务业发展的三大突破口》中认为一、二产业的三产化是对传统产业链条的延伸，使产品由低附加值的传统产业延伸进入高附加值产业，提高农业效益，实现经济效益、社会效益和生态效益的良性循环。并提出了农业三产化运营的主要方式：观光农园、休闲农场、市民农园、农业公园。[18]2013 年，温铁军在《农业现代化应由二产化向三产化过渡》中指出农业现代化附加值更高的内容，那就是三产化。农业除了生产功能之外，农业还有社会功能、历史传承功能、文化功能。[21]在《生态文明与文化创新》中提到值得重视的是市民参与式的都市三产化农业，农民如果组成综合性合作社来自主地把握乡土自然与文化资源的开发，则可能由此增收。[22]2014 年，温铁军在接受采访时重申城镇化进程中最需要的是农业三产化创新，随着中国的中产阶级崛起，乡村休闲旅游快速增长这一观点。[23]

以上学者从农业产业发展的角度认为，农业发展的途径在三产化，以此延伸农业的多功能型，增加农业的附加值，提高农民收入。

3.1.2 农业政策

2001 年，谢玉堂在《农业扇形结构之构想》中提出农村经济中，一定要把结构调整、优化放在第一的位置，在种植业总量稳定的前提下，增加农业工业化、农业三产化的比重。[16]2010 年，张莉在《推进"一产三产化"发展的思考》中提出了"一产三产化"战略，认为随着社会专业化与协作化程度的深化，一些产业加快从原来农业体系中分离出来，形成独立的服务性行业。[13]2012 年，程存旺、温铁军等在《生态文明导向下的"两型"农业》中提出三农工作应着重加强对二产化农业向三产化的'社会农业'做出方向性调整,推动符合生态文明内涵的、市民农民相结合的都市农业。[20]

以上学者从农业政策导向的角度认为应该推进农业三产化的进程，促进产业分离，形成新型产业。

3.1.3　国民经济三产化

2006年，贺有利在《三产化的分析》中认为农业需要第三产业完善的服务，农民需要第三产业创造就业机会，农村需要第三产业提供文化、卫生、教育、科研等社会保障事业和社会福利事业；提出三产化与农业专业化、工业化、城镇化一起构成的'四化'是解决农村、农业、农民问题的关键措施。[17]农业作为国民经济的重要成分，不但可以通过增加自身三产化水平比重，还可以带动第三产业的发展，使经济结构提升，三产化水平提高。

3.1.4　城乡规划

前述提出和运用农业三产化概念的多为产业、经济、管理领域的学者，在城乡规划领域首先提出农业三产化的是2013年，李京生、周丽媛在《新型城镇化视角下的郊区农业三产化与城乡规划——浙江省奉化市萧王庙地区规划概念》[14]中。2014年，刘群，敬东，郑燕在《西部欠发达山区城镇化发展动力机制分析—以贵州水城县为例》[15]中应用了该概念。

李京生、周丽媛提出了在中国城乡二元体制下，城市和乡村独立、社会发展失衡、收入产生差距、资本无法向乡村有效投入；农业产业结构内在联系割裂、成为高耗能的污染行业、带来食品安全问题；乡村人居环境和文化发展受到冲击，乡村存在后继无人的巨大风险等乡村发展中的现实问题。阐述来在"对原有过程中的城乡发展落差做出回应，强调大中、城市、小城镇、新型农村社区协调发展，不以牺牲农业和粮食、生态和环境为代价，着眼农民，涵盖农村，实现城乡基础设施一体化和公共服务均等化"的新型城镇化背景下，乡村已出现兼业农户和乡村产业多元化趋势，形成城乡相互服务空间格局的发展态势，"因此城乡规划也就必须对此做出回应"的观点。认为在乡村建立一个面向城市的消费市场成为现实的需求，农业向第三产业转化不但保持乡村风貌特征和生态服务功能，实现了农业价值的多重叠加，还提高了农户的收入，促进了城乡交流；农业三产化是农业自身服务功能的延伸，旨在扩大农业外部规模，充分发挥农业的多功能性，进而实现城乡优势互补和共同发展；农业三产化也是农业现代化的核心内容，实现城乡产业转型，推进城乡融合的重要环节。

3.2　农业三产化概念解读

简单地从字面理解"农业三产化"是农业向第三产业的转化，那么这种转化的原因、过程、结果是什么呢？以下是对学者们观点的整理和分析（表1）。

农业三产化的原因、过程、结果分析　　表1

学　者	原　因	过　程	结　果
张福增	农业二产化产生瓶颈	增加农业的知识含量	农业本身发生裂变，分裂成两种形式：生态农业和工厂农业
谢玉堂	农村产业结构调整	发展非农产业，增加林牧副渔和工商建运服的比重	增加农业工业化、农业三产化的比重
贺有利	"三农"问题存在不利影响，农业需要第三产业完善的服务	第三产业支持农业，完善服务体系，创造就业机会，提供社会保障事业和社会福利事业	国民经济的三产化水平提高
张　莉	农业的比重降低，国民经济要求农业与二、三产业相协调	强化农业要素功能，调整农业内部结构，促进农业优化升级	农业产业分离，形成独立的服务性行业，附加价值提高，服务业比重上升
魏建王安	发展第三产业	延伸农业产业链条，进入高附加值产业	提高农业效益，实现经济、社会和生态效益良性循环
温铁军	市民下乡、中产阶级崛起	提升农业附加值和多功能性，农产品形成价值形态的交易	要素的重新定价、非要素资源的要素化
李京生	城乡社会发展失衡，人民收入产生差距；农业的比重改变，产业结构割裂；农业高耗能高污染，食品安全问题；人居环境和文化发展受到冲击	延伸农业服务功能，扩大农业外部规模，发挥农业多功能性	保持乡村风貌特征和生态服务功能，实现农业价值的多重叠加，提高了农户的收入，促进城乡交流；实现城乡优势互补和共同发展，推进城乡融合
关键词	解决三农问题·发展农业和第三产业·满足消费需求	延伸农业功能·提高农产品附加值·扩大农业外部规模·调整优化农业结构·三产支持农业	提高农业效益·提高（农业）三产化比重·农业产业分离形成新产业

（资料来源：作者自绘）

解读学者们的观点后发现，对农业三产化的理解虽然具有一定的共性，同时也存在着不同的甚至是相悖，①原因与结果方面存在着问题导向和目标导向两种趋势，造成互为因果的局面；②农业，指的是广义农业还是狭义农业；③三产是否包括基于农业有形产品的三产业（如传统农产品的批发零售）、服务于农业的三产业（如农资产品的批发零售），还是指由农业延伸或分离出来的第三产业；④在农业三产化的过程中，那些因素的转化是核心内涵；⑤农业三产化的结果是否产生产业分离，形成新的（第三）产业。这些概念上的模糊需要厘清，从基本概念和概念内涵方面进行定义，有利于对农业三产化进行更加深入的研究和探讨。

3.3 定义"农业三产化"

3.3.1 农业

关于农业的概念界定，则分为广义和狭义两种。广义的农业则一般是指直接从地表及水域获取动植物产品以满足人们生产、生活中物质需求的经济活动，包括种植业、林业、畜牧业、渔业、副业五种产业形式。狭义的农业是至以土地资源为生产对象，通过植物种植从而生产食品及工业原料的产业形式，即种植业。根据本文的理解，结合本文的研究重点之一－农业及农业的转化，并与国家统计口径保持一致，取广义农业。

3.3.2 三产（第三产业）

产业是社会分工的产物，其概念和内涵随着社会分工和专业化生产的发展而不断发展。英国经济学家费希尔首次提出了三次产业分类方法。1940年，柯林·克拉克按照经济活动与消费者的不同关系，对三次产业体系精准而层次分明的定义为三大产业体系。其中第一产业是向自然界直接索取物质财富，如农业；第二产业是将从自然界中获得的物质进行加工处理，以满足人类的生存需要，如工业；第三产业是为人类提供各种各样的非物质生产性服务活动。1957年克拉克把第三产业称作服务性产业，并发现"克拉克定理"。[27]

三次产业分类理论得到了广泛的传播和运用，由于其具有较强的可操作性，各个产业易于定义和划分，故而三次产业划分法逐渐成为国民经济研究中通行的统计手段。我国通用的定义为："第三产业即服务业，是指除第一产业、第二产业以外的其他行业。"[28]

虽然有学者对其进行了批判[29]和拓展[30][31]，但三次产业分类理论仍是被普遍认可的权威观点，我国的相关国家规定即以此为基础制定的①。本文采用我国的通用定义，并结合三次产业分类理论开展继续的研究。

3.3.3 农业三产化

"化"，现代汉语词典解释为"加在名词或形容词之后，成动词，表示转化成某种状态或性质"。参照工业化、城市化的概念，农业三产化中的"化"字都是转化、演化的意思，由此及彼的转化过程和质的飞跃，包括量的积累和质的突破。"无论产业化、现代化、工业化，都是由非彼到彼的质变或部分质变，都通过量的波动、增减对转化程度进行描述。没有质的变化不成为其化。"[32]

李江帆认为，第一产业和第三产业的区别可以归纳为5个方面②：①生产者距离消费者的远近程度，②产品是否有形，③生产过程与消费过程是否可以分离，④异质性，⑤剩余部门。[33]

在农业三产化的过程中，农业生产者和消费者距离趋近，农业从生产有形产品（传统农产品）到生产无形产品（服务），农业生产过程与消费过程不可分离，农业产业从单一生产转变为由性质不同的各种成分组成。农业通过功能提升、产业分离和产业融合，已经具备向第三产业转化，最终转变为新型第三产业的理论和实践基础。

本文所述的农业三产化，也称为农业服务化，是指通过农业与第三产业的融合，由生产物质产品的第一产业向生产服务产品的第三产业转化并形成新型第三产业（农业三产）的过程。

4 农业三产化的内涵构建

为了更好地反应概念所界定事物的本质属性和特有属性（性质），作为一种产生结果的过程，农业三产化的内涵从转化基础、转化内容、转化结果等层面展开构建。

4.1 农业三产化的基础－保护农业的多功能性，注重三大效益协调

农业三产化充分发挥和利用了农业的外部正效应，或者说农业三产是基于农业正外部性的一种新型产业。它是

在不影响甚至是提高生产功能、经济功能的基础上，对农业服务功能、社会功能、人文功能、生态功能集中的、产业化的延伸和利用。农业三产化发展必须"以农为本"，不能违背、破坏农业内在的基本规律。

4.1.1 农业的多功能性

"农业的多功能性，一般是指农业部门处理生产粮食等农产品以外，还为实现其他目标做出努力，体现农业的多种社会功能"[34]。日本在20世纪80年代末，提出了：水稻的种植不仅是粮食生产，还具有水土保持、环境净化、文化传承等功能。1992年，联合国环境与发展大会通过的《21世纪议程》正式采用了农业多功能性（MFA）的提法。联合国粮农组织（FAO）界定农业的多功能性包括农业的食物安全、环境外部性、经济功能和社会功能四个方面。欧盟认为农业多功能性是保持足够数量的农民有利于维持乡村景观、保护环境，对农业的扶持有利于整个社会发展。

武国定（2007）认为要从六个方面把握农业多功能性问题，一是强化食品保障功能，二是原料供给功能，三是就业收入功能，四是修复环境的生态保育功能，五是旅游休闲功能，最后是文化传承功能。[35]钟红、谷中原（2010）认为多功能农业是发挥农业的人文、生态、经济、社会功能的，更好满足人类生存和发展需求的，并不断提高人类生存和发展质量的。[36]温铁军（2013）认为（农业的多功能性）除了生产功能之外，农业还有社会功能、历史传承功能、文化功能。[21]

归纳和总结对农业功能的认识，结合农业三产化，把农业的功能概括为基本功能和延伸功能，具体包括生产功能、经济功能、服务功能、社会功能、人文功能、生态功能六个方面（图3）。

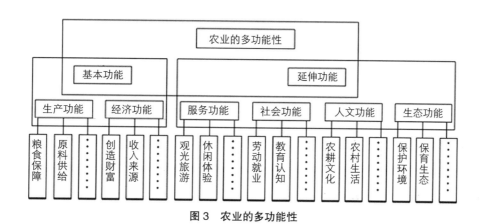

图3　农业的多功能性
（资料来源：作者自绘）

4.1.2 农业三产化是以农业为基础的转化，保护农业的多功能性

农业三产化的基础是农业的多功能性。正是因为具有多功能性，农业才有可能向第三产业转化、与第三产业融合；农业三产化要在保障基本功能的前提下，拓展其延伸功能。农业的基本功能包括生产功能和经济功能。首先，农业三产化要保障农业存续人类生命，提供衣食供给的生命保障功能；支持产业系统发展，提供生产资料的产业基础部门功能；为国家创造财富、为劳动者提供收入来源的功能。在此基础上，拓展农业的服务功能、社会功能、人文功能和生态功能。①拓展提供乡村生活、娱乐方式、休闲体验、观光旅游的服务功能；②拓展容纳社会剩余劳力、保障社会稳定社会功能；③拓展孕育人类文化、传承农耕文明，尤其是传承农村手工艺、农村风俗习惯这两种突出的农村文化的人文功能；④拓展保护自然和人文生态环境的生态功能，适应自然生态环境的生产本性、顺应生物规律的生产过程、优化与弥补生态破坏，保护生活的地理空间和乡村景观。

4.2 转化之一：认识、延伸农业生产无形（服务、精神）产品的本质

一般认为，农业只能生产有形的物质产品也就是传统意义的农副产品或者只生产物质产品就实现了农业的基本功能。有学者以审美为例，批判了这一观点，"生产农业物质产品和农业审美产品，是农业的固有属性、固有功能，问题只是未被人类所发现、所开发、所利用而已。"[29]农业既可以生产物质产品，也可以生产无形的服务产品、精神产品。

4.2.1 服务、精神产品的生产

农业三产化使农业产出结果产生了改变进－不仅产出实物产品,而且产出服务产品。农业的生产过程、生产手段、生产成果,农村的生活方式、生活习俗、生活状态,都具备了可消费、可体验的服务、精神产品的性质。农业三产化就是要把作为第一产业的农业的土地、劳动力、资本、知识、技术、产品等生产要素与第三产业相结合,使得农业的产出结果、价值取向、市场定位发生改变,使人们能够享受到三产农业提供的生活、教育等服务,体验自然风光、农村风情、农业活动等别样的精神享受。

4.2.2 消费者对服务、精神产品的需求

人类需求有不断向更高层次发展的趋势,生理需要、安全需要、社交需要、尊重需要、自我实现需要,"五种需要像阶梯一样从低到高,按层次逐级递升,……某一层次的需要相对满足了,就会向高一层次发展,追求更高一层次的需要就成为驱使行为的动力。"[37]农业三产化的过程是农业产品的供给转变与人类需求的上升相对应的过程(表2),这也符合市场规律中消费与需求关系的基本原理。

人的需求与农业三产化的对应关系 表2

马斯洛需求层次理论		农业三产化	
低级需求（生理需要）	生理需要	农副产品、生产原料	有形物质产品
	安全需要	社会稳定、粮食安全	
高级需求（潜能需要）	社交需要	运动健身、旅游休闲	无形精神产品
	尊重需要	生活服务、社会交往	
	自我实现需要	教育认知、审美体验	

(资料来源:作者自绘)

作为第一产业的农业,从为了满足人类的生理需求产生,至满足了该需求结束。当农业能够满足生活服务、运动健身、旅游休闲等服务需求时,开始了向第三产业转化的过程,进而满足社会交往、教育认知、审美体验等精神需求。农业三产化作为自然过程和经济过程的综合过程,延伸了满足人类消费服务、追求精神的潜能需求。

4.3 转化二:提高产品附加值,发挥规模效益和集聚效益

农业三产化是农业与第三产业的产业融合,融合而成的农业三产比融合前的单一产业具有更高的经济效益,具体表现为附加值的提高、产业的规模效益和集聚效益。

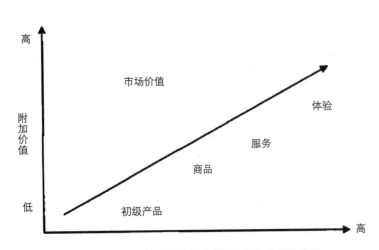

图4 体验经济理论中经济活动类型与附加价值的关系
(资料来源:(美)派恩,吉尔摩.夏业良等,译.体验经济[M].
北京:机械工业出版社,2008)

4.3.1 产品附加值的提高

农业三产由传统农业生产初级产品转化为提供服务和精神产品,以提高土地产出率、资源利用率、劳动生产率为基础,通过改变产品的类型、提高产品的层次,产生更高附加价值,从而增加劳动者收入。体验经济的理论有效地证明了这一发展趋势,将经济活动区分为初级产品、商品、服务以及体验这四种类型,产业附加值与四种类型的发展呈正相关关系(图4)[38]。随着三产农业经济活动的变化,其附加值也会不断提高;三产农业开发出越多样的服务和精神产品,越容易获得认可和回报。

4.3.2 发挥规模效益

产业的特性决定了农业三产必须实现规模化经营,只有在一定的规模经济和范围经济

基础上，才能有效实现农业三产的各项功能，实现良好的经济、社会与生态效益。农业三产转变传统农业生产方式为融合一三产业发展的全新模式，通过形成规模经营，增加产品与服务供给，实现经营内容多样化及产品供给多元化，刺激潜在市场需求，保证农业三产的低成本供给和高品质产品与服务。农业三产转变了投资经营模式，分散经营的生产方式得到优化调整，组织化程度不断提高，实现了土地的有效集中和规模化生产。农业三产生产方式的集中化、专业化，现代科技与先进经营管理模式的投入使用都有助于农业三产生产效率的提高与产业规模经济效益的实现。

4.3.3 发挥集聚效益

农业三产的产业集聚效应是在规模经济基础上形成的外部经济效益。由于自然资源享赋优越、产业经济发展的正外部性、区域环境与相关联产业的支持以及企业自身追求规模经济和范围经济的需求等因素促使三产农业集聚，形成产业集聚效应。农业三产集聚整合核心资源与相关资源，促进资源优化配置，解决土地利用率低和基础设施重复建设等问题；促进农业三产产品、技术、信息、服务、劳动力、资金融通方面的交流与合作；形成产业分工效应，实现农产品生产与销售、农产品深加工与设施提供、产品和服务开发的市场调查与咨询、产业园区规划与设计等方面的分工协作。

4.4 转化三：催生新型产业用地，引起城乡空间布局变化

由于农业三产化形成新型第三产业，势必产生新的产业用地；新产业形成新的产业布局，生产空间为消费空间，势必引起城乡空间结构变化。

4.4.1 农业三产生产过程与消费过程不可分离，产生新型产业用地

三次产业划分理论认为，生产过程与消费过程可以分离的为第一、二产业，不可以分离的为第三产业。然而，农业三产在生产物质产品的过程中，其生产过程与消费过程是分离的，但在生产服务和精神产品的过程中，其生产过程与消费过程却是不分离的；也就是说，"农业三产化过程中生产过程与消费过程同时具有分离的部分和不分离的部分。"[29]农业三产这种生产过程与消费过程却是统一的特性传导到土地使用上，即用地也要同时满足农业和第三产业的需求，要求原有的用地改变使用性质或增加新的用地；这样，新的产业催生出了新型产业用地。

4.4.2 农业三产兼有农业和服务业的特性，引起空间布局变化

作为新型的、兼容的农业三产的布局应该遵循特有的规律，还要结合、融入城乡现有的结构及布局之中去，达到"因产制宜、因地制宜"。农业三产的空间布局与一般的产业存在一个重要的区别，在于农业三产是基于农业的特点，提供不同的产品和服务的产业的布局，这些差异会引起现有产业布局理论的变化和现状城乡空间布局的调整。农业三产同样需要做到可持续性发展，在生态上防止和减少对生态环境产生的各种不利影响，在经济上使资源得到合理开发、经营者经济收益得到保障，在文化上保持自身的传统农业文化特色，维持当地的三产农业吸引力，在社会关系上保护当地居民的正常生活，形成和谐的乡村环境。农业三产的可持续发展依赖于对由农业三产化引起的城乡空间布局变化的研究。

4.5 农业三产化的结果 – 农业与第三产业的融合，形成农业三产

农业与第三产业的融合，是伴随着农业的分工产生的，二者之间的关系被认为是"产业融合是产业间分工的内部化，是产业间分工转变为产业内分工的过程和结果"，[39]产业融合催生新的产业形态并推进产业分工的深化。

4.5.1 产业融合

产业融合起源于技术融合，自日本著名经济学家植草益（1987）提出，"产业融合，是指分属于不同产业的两个行业，……融合成一个产业"[40]起，20世纪90年代，国内学者也开始研究产业融合这一现象，于刃刚（1997）认识到在第一产业、第二产业、第三产业之间出现了产业融合现象[41]。厉无畏（2002）进一步指出，产业融合是指不同产业或同一产业内的不同产业相互渗透、相互交叉、最终融为一体，逐步形成新产业的动态发展过程[42]。

4.5.2 农业与第三产业的融合

农业与第三产业的融合是从各自产业内部的企业融合开始的。产业融合发生之前，农业和第三产业企业之间是相互独立的，它们各自生产不同的产品，提供不同的服务；随着经营者发现农业也可以提供服务产品，满足人们的不同需求时，选择农业与第三产业结合的多元化生产的路径和方法，生产多种产品、提供多种服务，就会有部分企业的产

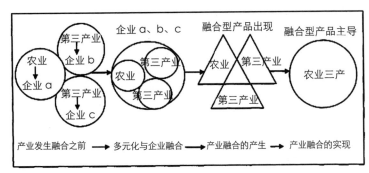

图5 农业和第三产业融合过程

（资料来源：作者改绘（根据胡金星：《产业融合的内在机制研究 - 基于自组织理论的视角》P46-63论述））

品和服务有相近之处；当越来越多的企业选择多元化的时候，产业边界逐渐变得模糊，融合型产业出现，标示着产业融合的发生；随着产业融合的发展，融合产业向经济效益更高的产业转化，农业与第三产业的融合就产生了新型三产（图5）。

5 结语

在新型城镇化进程中，农业自身发生着内生的变化，同时也在与其他产业不断的融合。本文定义了农业三产化（农业服务化）的基本概念，是指通过农业与第三产业的融合，由生产物质产品的第一产业向生产服务产品的第三产业转化并形成新型第三产业（农业三产）的过程；建构了以农业多功能性为基础，以产品属性的转化、附加值的提高、土地和空间使用的变化三大转变为核心，以形成新型产业 - 农业三产为结果的农业三产化内涵。农业三产化这一概念的定义和内涵构建，对深入研究城市、乡村的发展中产业性质、产业布局、空间规划等具有一定作用。必须认识到，农业三产化的研究还处于起步阶段，对这一概念的理解存在差异是发展的必然，这里旨在提出农业向第三产业转化和由此产生的各种现象，引发更深层次的探讨，逐步揭示农业三产化的本质。

注释

① 指一是"三阶段说"，认为马克思、恩格斯关于城乡关系发展的思路是城乡浑然一体→城乡分离与对立→城乡融合；二是"四阶段说"，认为在马克思、恩格斯看来，在人类社会发展的过程中城乡关系一般经历城乡一体→城乡分离→城乡联系→城乡融合的过程；三是"五阶段说"，认为城乡关系是沿着城乡混沌→城乡对立→城乡关联→城乡统筹→城乡融合的历史发展脉络推进的。

② 指工业化之前的城乡一体，工业化以后的城乡对立以及消除私有制进入社会主义、共产主义以后的城乡融合。

③ 指1. 生产者距离消费者的远近程度，远的为第一产业（生产初级产品），次远的为第二产业（对初级产品进行加工），近的为第三产业（提供服务者与接受服务者一般同时在场）；2. 产品是否有形，生产有形产品（工农业产品）的第一、二产业，生产无形产品（服务产品）的为第三产业；3. 生产过程与消费过程是否可以分离，可以分离的为第一、二产业；不可分离的为第三产业；4. 异质性，即第三产业是由性质不同的各种成分组成的；5. 剩余部门，即第三产业是作为除第一、二产业以外的其他经济活动的用语而提出来的。

④ 指国家统计局《国民经济行业分类》（GB/T 4754—2011）和三次产业划分规定（2013版）。

主要参考文献

[1] 马克思恩格斯文集（第1卷）[M]. 北京：人民出版社，2009：618.

[2] 杨立新，蔡玉胜. 城乡统筹发展的理论梳理和深入探讨 [J]. 税务与经济，2007（3）：56-60.

[3] 马克思恩格斯全集（第4卷）[M]. 北京：人民出版社，1958：368.

[4] 马克思恩格斯全集（第18卷）[M]. 北京：人民出版社，1995：313.

[5] 罗敏，祝小宁. 马克思城乡统筹思想的三个基本要素探析 [J]. 西华师范大学学报（哲学社会科学版），2009（5）：78-82.

[6] 崔越. 马克思恩格斯城乡融合理论的现实启示 [J]. 经济与社会发展，2009（2）：14-16.

[7] 费利群，滕翠华. 城乡产业一体化：马克思主义城乡融合思想的当代视界 [J]. 理论学刊，2010（1）：62-65.

[8] 陈明生. 马克思主义经典作家论城乡统筹发展 [J]. 当代经济研究，2005（3）：13-16.

[9] 新华社.2013 年中央城镇化工作会议公报 [EB/OL]. [2014-01-24]. http：//www.cqmjsw.org.cn/newsdisplay. aspx?nid=2758.

[10] 中共中央，国务院.《国家新型城镇化规划》（2014-2020 年）[M].2014 版.北京：人民出版社，2014.

[11] 国家统计局.国民经济和社会发展统计公报 [EB/OL]. [2014-2-24]. http：//www.stats.gov.cn/tjsj/zxfb/201402/ t20140224_514970.html.

[12] 张福增.农业发展的科学轨迹 [J].江西农业经济，1999（2）：53-54.

[13] 张莉.推进"一产三产化"发展的思考 [J].合作经济与科技，2010（5）：14-15.

[14] 李京生，周丽媛.新型城镇化视角下的郊区农业三产化与城乡规划——浙江省奉化市萧王庙地区规划概念 [J].时代建筑，2013（6）：42-46.

[15] 刘群，敬东，郑燕.西部欠发达山区城镇化发展动力机制分析——以贵州水城县为例 [J].西部人居环境学刊，2014（4）：42-46.

[16] 谢玉堂.农业扇形结构之构想 [J].农业科研经济管理，2001（3）：16-19.

[17] 贺有利.三产化的分析 [J].兰州大学学报（社会科学版），2006，4（4）：118-123.

[18] 魏建，王安.服务业发展的三大突破口 [J].理论学刊，2011（3）：60-64.

[19] 温铁军.农业要迎合中产阶级的需求 [J].农村工作通讯，2011（1）：36-38.

[20] 程存旺，孙永生，石嫣，等.生态文明导向下的"两型"农业 [J].绿叶，2012（12）.

[21] 温铁军.农业现代化应由二产化向三产化过渡 [J].中国农村科技，2013（6）：14.

[22] 温铁军.生态文明与文化创新 [J].上海文化，2013（12）：4-6.

[23] 杨海霞.城乡一体化的城镇化道路——专访中国人民大学可持续发展高等研究院温铁军 [J].中国投资，2014（1）：47-50.

[24] 贺有利.推动地方经济和就业的战略性措施 [J].瞭望新闻周刊，2005（52）：66.

[25] 贺有利.三产化/服务化-中国特色第三产业/服务业道路探讨 [M].北京：人民出版社，2008：19-20.

[26] 刘婧.从"资源诅咒"看中国第三产业滞后 [J].云南农业大学学报（社会科学版），2012，6（2）：41-46.

[27] 陈培文，曹恒轩.三次产业划分理论评析 [C]. // 秦麟征.2002 中国未来与发展研究报告，未来与发展杂志社、中国未来研究会未来研究所，2002：260-262.

[28] 国家统计局.三次产业划分规定 [EB/OL]. [2013-01-14]. http：//www.stats.gov.cn/tjsj/tjbz/201301/ t20130114_8675.html.

[29] 罗凯.关于对三次产业划分理论的批判——以休闲农业和美学农业为例——以休闲农业和美学农业为例 [J].北京农业职业学院学报，2013，27（2）：50-52.

[30] 梁大为.基于生态经济的五次产业划分研究 [J].现代管理科学，2013（10）：78-80.

[31] 朱妙宽.广义劳动价值与七次产业划分法 [J].佛山科学技术学院学报（社会科学版），2004，22（1）：35-40.

[32] 郑林.产业化的含义与"农业产业化"概念的辨误 [J].经济经纬，1999（1）：67-68.

[33] 李江帆.第三产业经济学 [M].广州：广东人民出版社，1990.

[34] 方志权，吴方卫.多功能农业是都市农业的方向 [J].北京农业，2007（19）：1-2.

[35] 武国定.多功能农业：现代农业发展的必然趋势 [J].决策探索，2007（9）：20-21.

[36] 钟红，谷中原.多功能农业的产业特性与政府资金支持措施 [J].求索，2010（4）：69-71.

[37] （美）亚伯拉罕·马斯洛.动机与人格 [M].许金声等，译.北京：中国人民大学出版社，2007：28-29.

[38] （美）派恩，（美）吉尔摩.体验经济 [M].夏业良等，译.北京：机械工业出版社，2008.

[39] 胡永佳.从分工角度看产业融合的实质 [J].理论前沿，2007（8）：30-31.

[40] （日）植草益.产业组织论 [M].卢东斌，译.北京：中国人民大学出版社，1998：124-125.

[41] 于刃刚，李玉红.产业融合论 [M].北京：人民出版社，2006：56-58.

[42] 厉无畏，王振.中国产业发展前沿问题 [M].上海：上海人民出版社，2003.

Agricultural Tertiarization in the Context of New Urbanization
——Definition and Connotations

Li Diansheng   Li Jingsheng

Abstract: The paper examines the relationship between agricultural tertiarization and new urbanization in the new context. It is argued that agricultural tertiarization is a necessary step towards new urbanization and therefore, defining agricultural tertiarization is a prerequisite. The paper clarifies the definition of agricultural tertiarization based on an analysis of its origin, causes, processes and outcomes. The connotation of the concept is also elaborated in terms of the basis of tertiarization, nature of products, economic value-added and spatial transformations.

Keywords: agricultural tertiarization ; definition ; connotation ; new urbanization

减量规划：衰落型村庄发展新构想

文正敏　张帆　刘风豹　胡乾

摘　要：在当前城乡架构中城市依然占据主导地位的格局下，不少村庄由于内在机制等诸多因素，逐步呈现出衰落的表征。增长主义逻辑体系下的村庄增量规划建设，并不适用于衰落型村庄。本文通过查阅文献、结合实际规划工程经验研究认为：①村民、政府部门、规划编制单位放大了衰落型村庄的增量发展；②减量规划是近几年来针对国内城市快速外延扩张用地而导致无地可用，而提出的一种土地增长模式，其实质是针对城市蔓延问题的一种发展策略，这种策略为针对衰落型村庄提出减量规划提供理论与实践准备；③针对城乡发展不均衡现状亟需解决、增长主义逻辑体系下的空间资源的"掠夺"、村庄外在规划与自身发展的冲突而提出的村庄减量规划，其策略为资源配置由博弈到协同、规划理念由应对到主导、发展时序由刚性约束到渐进调整。尝试构建的衰落型村庄发展策略框架，可为衰落型村庄提供发展新思路。

关键词：减量规划；衰落型村庄；村庄规划；发展策略

1　引言

　　作为城市最初起源的乡村聚落，在文化、产业、结构方面与城市存在着诸多差异。在我国，数量众多的乡村构成了广袤无垠的华夏大地的主要基底，乡村地域已经占到了中国陆域国土的 95% 以上[1]。截止到 2013 年底，我国城镇化率已经达到 53.73%①，城市人口已然超越乡村人口。作为城镇化进程中的被动客体，为了应对城市在不断扩张中对乡村的"侵蚀"，乡村在土地制度、经济产业、发展路径等方面与城市进行着多方位的"博弈"。城市的拉力促使乡村空间中物质、能量、信息等要素流向城市空间，由此产生了城市积极发展，乡村被动应对的局面，城乡割裂的二元格局也由此形成。

　　外在表征与内在机理的诸多不同，决定了村庄规划不能照搬城市的套路，在城乡统筹发展政策与《城乡规划法》法律并行的大背景下，不少村庄利用自身的发展条件，进行了一些积极的发展尝试。一些村庄，或区位优势优越，或旅游自然资源丰富，或经济产业较发达，借助城市快速发展的吸引力推动自身的发展。而另一些自身优势条件不明显的乡村，逐渐沦为城市扩张的"牺牲品"，其产业单一，劳动力资源不断外流，教育、医疗资源匮乏，村庄了无人气。据统计资料显示，从 2000 年至 2010 年，我国村庄数量减少了 110 万个，由 370 万个减少到 260 万个②。当前相当一大部分村庄的逐渐衰落，已经成为不可避免的趋势。而如何发展这些衰退型村庄，则是当前村庄规划建设中的一个重要难题。

　　衰落的本意是指事物由兴盛转向没落的过程[2]。对于乡村来说，村庄衰落是一个渐进的历史演变过程，冗长的时间与空间跨度和复杂的内在因素决定了导致村庄衰落的成因复杂化，外在表征多样化，其涉及的问题囊括了政治、制度、经济、社会、文化等多方面领域。深究其内在机制，不同的研究视角下，往往得出不同的研究结果。学术界关于村庄衰落的问题进行了多方位研究。蒋天文从管理学、经济学、政治学、社会学和心理学五种观察视角切入，

文正敏：桂林理工大学土木与建筑工程学院副教授
张帆：桂林理工大学土木与建筑工程学院城乡规划学硕士生
刘风豹：桂林理工大学土木与建筑工程学院城乡规划学硕士生
胡乾：长安大学建筑学院建筑学硕士生

---

　　①　据国家统计局统计资料显示，截止到 2013 年末，总人口为 136072 万人，城镇人口为 73111 万人，乡村人口为 62961 万人，当前城镇化率为 53.73%。

　　②　笔者依据网上相关信息自行整理。信息来源：http://baike.baidu.com/view/7895527.htm?fr=aladdin http://china.cankaoxiaoxi.com/2014/0207/344128.shtml。

综合分析农村社会衰落的表现及内在原因 [3]。李国珍，张应良选定典型的衰落型村庄案例，通过对调研采集的样本进行分析，提出村庄衰落有效治理的路径 [4]。

村庄的衰落是多种内外因素共同作用的结果，其外在表征具有综合性。其外在表征主要包括：劳动力资源大量外流；教育、服务、医疗资源匮乏；土地粗放利用，房屋利用率较低，空巢化现象明显；产业类型单一，往往以农业品初级生产为主；乡村文化逐步衰落，民俗文化传承间断。乡村衰落的外在表征具有多样性，单一通过某一方面表征分析难以判定乡村是否处于衰落态势中。例如有些村庄虽然房屋乱搭乱建，外延无序扩张，但其工业有着较好发展，不能将其简单的定义为衰落型村庄。下文提到的村庄，如无特别指明，均指衰落型村庄。

本文通过查阅文献、结合实际规划工程经验来开展研究。首先，从村民、政府部门、规划编制单位三个视角来剖析衰落型村庄发展特征；然后从遏制城市蔓延角度，分析减量增长提出的背景与内涵，为针对衰落型村庄提出减量规划提供理论与实践准备；最后，在研究乡村视角下减量规划提出的现实背景的基础上，从资源配置、规划理念、发展时序三个方面提出村庄发展策略，并架构衰落型村庄发展策略框架。

2 当前衰落型村庄发展现状

对于村庄逐步衰退的现象，社会多方提出了种种发展构想与解决措施，然而结果往往是治标不治本，美好蓝图式的发展构想往往与村庄内在发展机制格格不入，村庄依然难以避免衰落的结局。深层次原因是以地方政府、编制单位和村民为代表的多元化主体，谋求积极发展村庄的外表下实质是各自追逐自身利益，与村庄实际发展需求相悖。

2.1 村民自发式"增量"建设

处于城镇化快速发展背景下的衰退型村庄，在不断进行着建设活动的同时，兼有新建与更新。作为村民自身来讲，村内很多年轻人已经不在务农，转而外出到城镇打工，村内留守的一般为妇女、儿童和老人，住房大部分为老房子，设施陈旧，且有的为土坯房；进城打工的村民，稍微有些收入之后，大多会在老家建新宅；他们往往放弃拆掉老房子，转而在村周围另辟区位条件较好、交通较为便利的新址建新房。这样就形成了一种村庄人口增长缓慢甚至是负增长，而村内建设用地却逐步蔓延的景象，甚至很多村庄用地呈现"碎片化"现象。可以预见，未来三十年内，中国城镇化率依然会处于持续提高阶段，城镇对人口的集聚依然起着主导作用，而对于衰落型村庄来说，短时期内增长型的发展理念显然不太适合。

2.2 政府部门愿景式"增量"发展

上级政府对下级政府的业绩要求和地方政府部门建设形象工程、追逐地方政绩的需求，使得地方政府部门一味地将村庄做大做强。在"增长主义"发展的策略下，地方政府部门往往认为村庄发展就是打造"特色"，发展产业，建设"旅游名村"，积极增量的发展策略愈演愈烈；而且，政府部门对一些衰落型乡村衰落的原因往往并不了解，简单地认为要振兴乡村就是要把村庄做大做强。因而，政府部门提出的村庄"增量"发展，往往不是基于现实情况而提出的一种科学发展模式，而是缺乏足够现实考量而提出的一种愿景式发展路径。

2.3 编制单位主动式"增量"规划

规划编制单位，基于美好的发展愿景，采取"积极"的村庄发展策略，所编制的村庄规划往往与实际发展不相符。

规划方案中，村庄的人口规模和用地规模基本上是逐步增加的，鲜有减少的规划案例。而对于上文所提到的衰退型村庄，现实情况是：人口变动无非是缓慢增长态势、基本稳定、负增长三种情况；宅基地空之不用，新建住宅大部分集中在村庄外围，形成了特有的"空心村"现象。规划建设方案与现实村庄发展情况明显不相符。

最终的规划方案需要政府组织村民付诸实施，因而，村庄规划编制过程中，听取政府和村民自身的意见是必不可少的一个环节。不少编制单位在听取政府和村民发展建设意见的过程中，为凸显自身设计理念和发展愿景，对村庄的"积极"建设不免有推波助澜的嫌疑。从这个角度来讲，编制单位编制的规划文件，在相当大程度上放大了政府和村民对村庄的发展诉求。当然，编制单位对于村庄现状及近远期发展的理性思考，对村庄的发展也有着一定影响，这正是客观实际对村庄进行评估及提出合理发展构想的主要着力点。

3　减量增长的背景与内涵

3.1　减量增长提出的背景

由于制度、政策等诸多因素，我国与西方国家产生的城市蔓延问题不尽相同。二战后以美国为代表的西方国家，由于私人小汽车的普及和基础高速公路的大规模建设，导致了城市蔓延，其主要以城市的低密度扩张与郊区城市化为表征。我国自改革开放以来，在以经济建设为中心的发展政策下，城市蔓延主要以摊大饼式的低密度扩张为主。受自然地形、空间管制等多种因素的限制，备用发展用地已经远远不能满足城市现有扩张用地需要，这在以深圳、广州、上海、北京为代表的一线城市体现尤为明显。

在此背景下，这些城市相继提出了减量增长的发展策略。深圳在2012年9月份获国务院批复的《深圳市土地利用总体规划（2006–2020年）》中，首次提出了"建设用地减量增长"的土地利用新模式。广东省在城镇体系规划中提出规划要对城市规模与新区建设加以控制，要与经济社会发展存量相适应，适度减量发展。上海市在《关于进一步提高本市土地节约集约利用水平的若干意见》中提出，到2020年上海建设用地总规模控制在规划范围目标内，并适度留出发展空间，通过设定2020年建设用地规模目标"终极规模锁定"的方法来倒逼城市发展转型，以土地规划的边界约束建设用地规模只减不增。北京市在2014年6月5日向国务院报送的"关于修改北京市城市总体规划的请示"中，着重提出未来的北京市总体发展方向将由摊大饼蔓延逐步转向"瘦身健体"式的减量增长，通过控制生态空间和农业空间，保护空间边界的方式，来遏制城市无序蔓延[①]。

3.2　减量增长的内涵

针对城市蔓延的问题，西方国家提出了多种应对思潮，其中以"紧凑城市"、"新城市主义"、"精明增长[5]"为代表。三种思潮理论侧重点不同，但都在不同程度上强调应当适度控制城市发展。

减量增长在一定程度上可以视为精明增长理论在可操作层面上的投影，其实质是应对城市蔓延问题的一种发展策略。它借鉴了"精明增长"的思想精髓，通过多种措施提高土地利用效率，实现紧凑、集约、高效的城市增长模式。与精明增长不同的是，减量增长在强调效率增长的同时，更侧重于存量空间的再次利用。存量空间形成土地供应的主要手段是城市更新，只有通过城市更新，才能检讨、解决城市蔓延过程中遗留的相关问题，才能平衡土地利用结构、优化城市功能布局、提升城市品质[6]。

减量增长具有以下内涵：通过近期以增量土地利用为主导，中远期以减量土地利用为主导渐进调整的土地利用模式来实现整体建设用地规模的降低；对既有建设用地效率利用，实现用地效益的提升；盘活城市存量建设用地，建设用地规模的限制迫使城市空间资源进行再分配；城市更新则是减量增长在限制城市增长速度的主要手段，存量空间的优化利用[6]。

4　减量规划视角下村庄发展策略

4.1　乡村视角下减量规划提出的现实背景及内在诉求

4.1.1　城乡发展不均衡现状亟需解决

城乡二元割裂的问题源于根本的二元体制障碍，这一问题在我国城镇化快速推进以来就一直存在。随着城镇化的快速发展，乡村与城市发展持续存在着一个"快跑"一个"慢跑"的现象，乡村滞后于城市发展的情形越来越显著。2008年颁布的《城乡规划法》，从法律层面上提出城市与乡村需要统筹发展，随后国家从户籍制度改革、发展方向引导等一系列措施来引导乡村积极发展，渐显积极成效。然而，不可否认的是，当前乡村相比城市，依然有很多问题亟需解决，城乡体系中基础设施投入不均等的情况依然凸显。在多方面的调控措施下，一些乡村的逐步衰落已经成为不可避免的趋势。对于这些衰落型乡村，有必要从乡村本位和整体区域观的角度来找出乡村自身存在的问题，提出切实可行的发展策略。

---

① 笔者依据网上相关信息自行整理。信息来源：http://www.sznews.com/news/content/2013–03/25/content_7853179.htm. http://news.xinhuanet.com/house/wh/2014–03/06/c_119636785.htm http://finance.sina.com.cn/china/dfjj/20140805/023019911039.shtml.

4.1.2 增长主义逻辑体系下的空间资源"掠夺"

在当前特定的内外部制度环境中，面对机遇与挑战并存的经济全球化，以及我国考核制度、地方财政资金短缺等多重压力，中国地方政府逐步以城市空间（其核心是城市土地）为载体，建立起了中国城市的"增长主义"发展模式，并进而衍生出一套以经济指标增长为第一要务、以工业化大推进为增长引擎、以出口导向为经济增长主要方式、以制度设定攫取高额利润的相互嵌套的增长主义逻辑体系[7]。增长主义逻辑体系下的城市空间迅速扩张，使得原本各方面处于劣势的乡村面临更为尴尬的处境，相比城市，乡村自身竞争力匮乏，其空间内部资源源不断向城市流失，在城镇体系格局中原本就处于劣势的乡村更是显现出逐渐衰落的局面。

乡村发展已日益得到重视和提到重要的日程，随之，各地提出的乡村发展策略旨在振兴乡村，重塑乡村活力，但其发展手段却依然通过增长主义的内在逻辑，发展理念仍然在于通过各种措施发展乡村、与城市进行空间资源的"掠夺"博弈。

4.1.3 外在规划与自身发展的冲突

针对乡村衰落和滞后于城市发展的状况，政府采取了多种措施，如"新农村""美丽乡村"建设行动，它们为了发展乡村而推进的种种实践，即政府和编制单位基于发展美好乡村的设想，在"新农村""美丽乡村"的理念导向下，以搜集大量基础资料、实地调研分析的基础上而编制的规划蓝图，并按蓝图发展建设乡村。然而依照规划所建设的美丽乡村，除了普遍存在千村一面、特色不彰显的问题之外，更是存在着这样一种问题，即经过规划后乡村村容整洁，房屋建设有序。从这些外在表征来看，乡村目前发展所遇到的问题似乎已经得到解决，然而经过规划后的乡村在实际中遇到很多问题，如村庄内新建房屋使用率低下，基础设施投入利用率低，经规划预测的人口规模与村庄实际人口发展相差较大，等等。这种一味强调增长主义的发展策略，无法从本质上解决乡村发展的内在需求，在当前繁荣的乡村外在表征下，内在的发展机制依然有待解决。

4.2 减量规划视角下村庄发展策略

其实，乡村与城市相比，早就面临着"减量"问题，但其内在因素有差别。城市是在其快速发展，建设用地不断增加，可利用建设用地逐步减少的情况下而提出的减量规划策略。而对于乡村来说，自城镇化快速发展以来，就面临着"减量"的问题，而这种问题很大程度上是由于城市的"快速增长"而导致的"逐渐萎缩"。村庄规划应避免就村庄论村庄，应跳出狭隘的思维，从区域的角度看待乡村发展问题。就整个区域来说，城镇化仍以城镇集聚人口、农村人口不断向城市人口转移为主，农村集体建设用地相应地逐渐减少。同时，还应跳出"减量规划"仅仅适用于城市地区的狭隘思维方式，应跳出就城市论城市的狭隘思维，当前该理念也同样适用于乡村地区。

4.2.1 资源配置：由博弈到协同

目前，我国城镇化进程下依然以正向的城镇化为导向，城乡统筹架构下，其发展格局已逐渐由原先优先发展城镇的策略，转变为城乡协同发展。《城乡规划法》赋予了乡村与城市同样重要的地位，基于此，当今的乡村规划中一方面应注重自身的发展，另一方面应注重与城市的联系，采取积极应对的策略，而这种积极应对并非是站在主体的角度与城市进行多方面的"博弈"，而是基于统筹大局上的协同发展。

空间资源（土地资源）是有限的，城乡统筹赋予城市与乡村协同发展的权利，然而这并不意味着乡村为了争夺有限的空间资源而与城市进行恶性竞争，造成无谓的人力、物力与财力的浪费。

一些具有发展潜力和吸引力的乡村，应当合理利用周边资源开展中心村、示范村、特色村的建设；而对于衰落型乡村，不应盲目提出"发展、壮大"的规划理念，应是在充分了解村庄发展实际情况的基础上，遵循快速城镇化时期乡村各种资源向城市流动的规律，科学合理地调整乡村发展策略，与城市发展相协调，这才是适合于乡村发展的道路。

4.2.2 规划理念：由应对到主导

在发展乡村的思路上，我们要明晰的是，当前的大部分村庄，尤其是衰落型村庄，首要任务不是将村庄做大做强，而是通过挖掘乡村的内部发展潜力，以复兴乡村为着力点，避免乡村聚落的无休止衰落。这里所指的复兴不单单是指简单的更新改造，还应赋予其新的保护和发展优秀乡土文化的内涵。

减量规划不同于"束缚"式的减量约束，相比城市中采取的划定用地规模增长边界的"终极规模锁定"的方法，来迫使城市减量发展，村庄视角下的减量增长更侧重于由"消极接受"转向"积极应对"。因此，村庄发展应树立以

"主导"为核心的减量发展理念，在一系列的控制建设用地无序增长的措施中，应当以渐进式的引导为主、量化指标控制为辅。

4.2.3 发展时序：由刚性约束到渐进调整

村庄的减量规划具有一定的时序性。在当下大部分村庄都以增量为主的发展模式下，应当渐进调整，从近期—中期—远期的建设时序中，逐步由外向扩张用地规模转向效率利用现有规模建设用地，并逐步过渡到依据村庄现实需求、合理降低用地规模，实现由增量—存量—减量的渐进调整的减量式发展策略。同时，不同于城市面临"无地可用"不得已而提出的减量发展，村庄的减量发展，在实现建设用地减量增长的同时，更重要的是处理好由增量转变为减量后如何利用剩余建设用地的问题。

对村庄建设用地进行规划时，通过控制与引导相结合，根据不同的用地条件和房屋质量状况采取"拆迁、拆建并行、新建"的策略。对于位于离村中心较远、建筑质量较差、常年无人居住的房屋，可在征得村民的同意之后进行拆迁，近期不拆旧建新，远期复垦为农用地。对于房屋密集，新旧混杂的村庄中心地区，一些年代久远、无保留价值的建筑，可进行拆旧建新；有历史价值的建筑进行保留，原住户按规划择新址新建房屋。对临近乡村主要道路，地势平坦，现状无序建设的建设用地可进行集中规划，集中新建住宅。

通过将减量规划内涵与现行村庄规划体系的相融合，形成衰落型村庄发展策略研究框架。其要点是结合村庄发展的内在机制提炼减量增长内涵，通过减量增长内涵建立村庄发展具体策略，通过具体可行措施构建村庄规划体系发展框架（图1）。

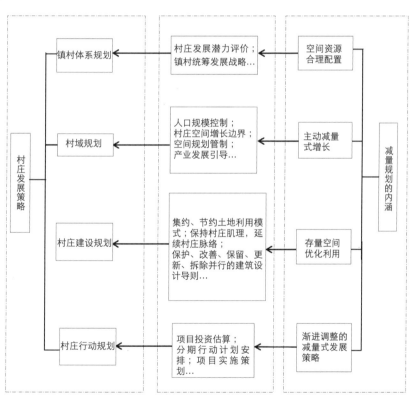

图1 衰落型村庄发展策略框架
（资料来源：笔者自绘）

5 结语

减量增长是近几年来针对国内大城市当前"无地可用"而提出的一种发展理念，相对于城市由于备用地不足不得已而面临的被动减量，本文认为，针对当前的衰落型村庄，应当转变思路，由一味地增量发展转向结合村庄发展实际的存、减量并行发展。本文结合当前城乡发展架构下的现实背景，提出了减量规划视角下的村庄发展策略；同时，结合减量规划的内涵与当前村庄规划体系，构建了衰落型村庄发展策略框架，对衰落型村庄发展思路进行了初步的构想。

主要参考文献

[1]　彭震伟，王云才，高璟. 生态敏感地区的村庄发展策略与规划研究 [J]. 城市规划学刊，2014（3）：7–14.

[2]　刘苹. 马良镇"相对衰落"问题研究 [D]. 武汉：华中科技大学，2013.

[3]　蒋天云，李彩云. 农村社会的衰落——五种观察维度 [J]. 东北大学学报（社会科学版），2012（9）：437 — 440.

[4]　李国珍，张应良. 村庄衰落的多维表现及有效治理：258 个样本 [J]. 三农新解，2013（5）：88 –96.

[5]　Daniels T. Smart Growth: a new American approach to regional planning［J］.Planning Practice and Research，2001（3–4）：271–279.

[6]　王卫城，戴小平，王勇. 减量增长：深圳规划建设的转变与超越 [J]. 城市发展研究，2011（11）：55–58.

[7]　张京祥，罗震东. 中国当代城乡规划思潮 [M]. 南京：东南大学出版社，2013：242–243.

Decrement Planning——New Development Ideas of Fading Villages

Wen Zhengmin　　Zhang Fan　　Liu Fengbao　　Hu Qian

Abstract: Many in the meantime, while cities still dominate the urban–rural structure, some villages present signs of decline, which is caused by many reasons, such as inner mechanism. The planning of the increment development of villages under the growth logic system, does not apply to fading villages. This article represents three views based on literature review and practical planning construction experience as below. ① Villagers, government departments and planning study institutes have amplified the increment development of fading villages. ② Decrement planning is a land growth model targeting the situation that lacking of land caused by rapid urban sprawl. It is also a developing strategy with regard to urban sprawl problems. In addition, this strategy provides theoretic and practical preparation for decrement planning aiming at fading villages. ③ The village decrement planning aims at solving problems of the unbalance of urban–rural planning, the "robbery" of space resources under growth logic system and the conflict of the outside planning and self–development of villages. Its strategy emerges from conflict to collaboration as to resource allocation, reply to leading as to planning theory and hard rules to soft constraints as to development stages. The attempts to construction of village development strategy framework of fading villages can provide new ideas to fading village development.

Keywords: decrement planning；fading villages；village planning；development strategy

杭州市美丽乡村的时空演化路径研究 *
——以下满觉陇、龙井、龙坞为例

武前波　陈前虎　龚圆圆

摘　要：美丽乡村建设与区域经济社会发展水平密切相关，并受区域城镇化及大都市区拓展的强烈影响。以杭州为案例，其外围乡村地域已经形成了动力机制各异的空间发展模式，选取三个典型美丽乡村作为分析对象，采用实地调查访谈的方法，对三个乡村的发展基础、演变过程及其动力主体进行深入剖析。研究发现，村民组织、市场组织和政府组织是推动乡村空间、经济、社会重构的重要力量，在不同区位条件下其动力主体关系也呈现出相异特征，核心圈层市场组织力量最强，外围圈层村民组织力量较强，上级政府组织对乡村的物质环境整治影响较大，村委组织发挥着相应的沟通、协调、鼓励、带动等方面的重要作用，最终推动美丽乡村建设目标的实现。

关键词：美丽乡村；时空演变；发展特征；动力主体；杭州

　　作为20世纪50年代的乡村社会学家和70年代的都市研究学家列斐伏尔认为，人类社会已经进入都市时代，这意味着整个社会都变成了都市（亨利·勒菲弗，2008）[1]。基于资本主义生产逻辑的都市社会，不但将中心城市纳入自身的扩张范围，而且通过征服城市边缘区及乡村空间，以推动整个社会都市化的延续，如休闲娱乐业为了空间的消费，阳光、空气、花草、溪流、乡愁等，而离开了消费的空间，即大都市核心的消费空间，并对乡村空间的品质也会产生新的要求。从世界范围内处于核心地带的西欧发达国家，以及处于边缘地带的东亚发达国家的乡村建设经验来看，其乡村品质提升的阶段基本上出现在城镇化率超过60%以后（孟广文，等，2011）[2]（黄杉，等，2013）[3]，如20世纪60~70年代的德国、荷兰及80~90年代的日本、韩国，共同发展特征均是在实现农业现代化的基础之上，更加关注于乡村的生态、文化、建筑、旅游等方面的经济价值，以更好地为大都市消费市场服务。

　　在我国城镇化率超出50%的背景下，党的十八大所提出的新型城镇化战略，与工业化、信息化、农业现代化紧密联系在一起。其中，农业产出必须从"强调数量、解决温饱"转向"强调质量、满足品味"，适应消费者从小康走向富裕的需要，并成为实现"美丽中国"建设目标的重要发展路径。早在2010年底浙江省委、省政府正式发文《浙江省美丽乡村建设行动计划（2011–2015年）》，这是"美丽乡村"概念在政府文件中的首次出现，由此成为新时期新农村建设的代名词。杭州市按照打造城乡统筹示范区的要求，在"千村示范、万村整治"工程及2009年"风情小镇"建设基础上，开始实施"美丽乡村"创建活动，由此也逐步产生了一系列围绕大都市核心区呈圈层分布的不同类型的乡村空间，成为服务于城镇居民的特色农产品生产基地和休闲娱乐游憩的消费场所。基于上述实践背景，本文将以杭州为案例，对大都市外围乡村空间演化历程及其动力机制进行探讨，以揭示新时期城镇化背景下乡村发展演变的重要特征。

1　研究区域与研究方法

1.1　研究区域

　　本文调研对象选取了杭州市西湖区的下满觉陇村、龙井村、龙坞村（图1、图2）。从区位条件来看，以西湖为

* 基金项目：国家自然科学基金青年科学基金项目（41201165）[Foundation:National Natural Science Foundation of China, No.41201165]。

武前波：浙江工业大学建筑工程学院城市规划系副教授
陈前虎：浙江工业大学建筑工程学院副院长，教授
龚圆圆：美国佐治亚大学环境与设计学院硕士研究生

坐标原点,下满觉陇村距离西湖最近,位于西湖风景区近圈层范围内,属于西湖新十景之一"满陇桂雨";龙井村次之,位居西湖风景区中圈层范围,属于西湖新十景的"龙井问茶";龙坞村最远,处于西湖风景区之外,杭州绕城高速以外的边缘地带,是近年来西湖区着力打造的"美丽乡村"示范村。三个乡村的经济特征均表现为围绕茶叶发展相关产业,其原始条件和资源基础相同,都是基于龙井茶叶种植、加工、销售及其延伸的旅游服务业发展起来的景中村或美丽乡村,尽管距离杭州大都市核心区较近,但还保留着村级集体组织管理架构,同时也受限于西湖区政府或西湖风景区管委会的管辖。

1.2 研究方法

本文的研究数据主要基于在龙坞村、龙井村和下满觉陇村的实地调研。2013年4月至6月,研究者多次在三个村进行现场走访和面对面访谈,共计访谈人数19人,包括政府人员、本地村民、租房者、商铺店主及工作者、制茶工作者、游客等,访谈时间近40小时,整理访谈笔记约30000字。访谈的目的在于获取有关本地社会人口结构、经济结构、物质建设、相关政策等方面变迁的数据信息,以及所涉参与者对其所在乡村的人居环境、社会经济及文化变迁的判断与认知。

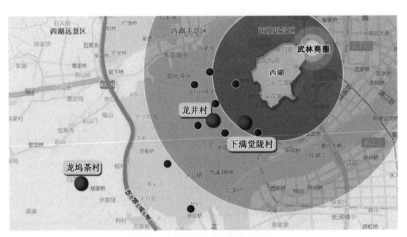

图1 研究区域与调查对象
(资料来源:作者自绘)

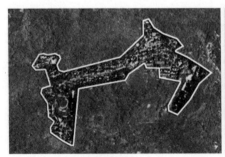  

| 下满觉陇村 | 龙井村 | 龙坞村 |

图2 三个典型乡村的空间范围
(资料来源:作者自绘)

三个典型乡村的人口情况 表1

指标		下满觉陇	龙井村	龙坞村
总户数（户）		376	332	335
总人数（人）	本地人口	790	660	1146
	外地人口	2630	132	20

(资料来源:根据实地调查访谈获取相关数据)

2 美丽乡村发展过程特征

2.1 发展基础及动力

从乡村的物质环境建设来看，①下满觉陇村位于西湖主景区内，距离市中心武林广场约 30 分钟车程，其道路硬化、公交站点设置等基础设施和公建配套建设开始得比较早，城市公交线路直接经过村内的满觉陇路，满觉陇路是村内最主要的道路，村民住房等建筑就沿着满觉陇路线状排布。②龙井村位居西湖近景区，距离武林广场约 50 分钟车程，其道路硬化、公交站点设置等基础设施，以及公建配套设施都相对较好，有市公交线路经过村口，但村内无公交线路穿过。③龙坞茶村位于西湖远景区，杭州绕城高速公路之外，距离武林广场约 90 分钟车程，道路、公交站等基础设施和公建配套建设的状况相对落后，其中村内公交站已处于城市公交系统之外，村内只有一条从村中心穿过的泥土道路，尚未实现硬化。

从农业生态资源来看，①下满觉陇村拥有"满陇桂雨"景点，但桂花欣赏具有季节性，且桂树种植量不大，仅分布在村主干道两侧；下满觉陇茶地属于西湖龙井一级保护区，受城市扩张建设影响，被征用地较多，茶地资源偏少，约 663 亩，且与村落集聚地隔开一段距离。②龙井村拥有"龙井问茶"景点，村内的生态景观资源条件较好，主要是茶地景观和九溪十八涧，茶地与聚居地紧紧相邻，其农业基础也是茶叶，如"狮峰龙井"是西湖龙井中品质最优的。由于距离主城相对较远，受城市扩张和建设的影响较小，无被征用地，茶地资源保存较为完整，拥有约 800 亩的高山茶园。③龙坞茶村生态景观资源比较丰富，属于白龙潭风景区的重要组成部分，与之江国家旅游度假区相邻，周边分布着森林公园和大片茶园，民居与茶园毗邻而建，乡村总面积约 2.4km^2，山林面积总计 2000 余亩，茶园面积 1200 余亩，均超过龙井村和下满觉陇村。

从人口结构来看，①下满觉陇村的茶地资源相对不足，大多数村民选择到城区打工，尤其是青壮年，仅有少数的中老年人在村内从事茶叶种植、销售等，由于拥有西湖核心景区的区位条件，逐步吸引了外来商家持续入驻，成为乡村经济发展的主要动力主体。②龙井村的茶园在数量、质量及对外宣传上均占据优势，较早就有个别村民经营农家乐，乡村中选择自行种植茶叶、经营农家乐的比例较高，同时也有部分村民到城区打工，甚至不少村民是农家乐和城区上班兼顾型的。③龙坞村的茶地资源最为充足，本地人口占绝大部分，从事茶叶种植、采摘、加工及销售工作，少部分人口经营农家乐，另有部分人口外出打工或进城工作。

总体上来看，下满觉陇的交通区位条件优越，城乡交换流通能力最强；其次是龙井村，城乡流通能力未受西湖隔离的阻碍，来自城市辐射的外源型动力也较大。与之相比，龙坞村区位条件较差，城乡流通能力较弱，城市政策、基础设施、游客吸引等辐射阻力较大。

2.2 发展过程特征

2.2.1 初始阶段

2002 年杭州市撤销西湖乡，改西湖街道，下满觉陇村、龙井村由西湖景区管委会接管，纳入"龙井茶园"的景区范围，随后市政府、西湖景区管委会着重推进了基础和公共设施建设。例如，①针对下满觉陇村，为满觉陇路的路面硬化工程提供资金支持，引入城市公交线路并增加一处公交站点，同时为村民的茶叶种植提供肥料补贴，鼓励村民经营茶楼、酒家等餐饮服务；②针对龙井村，增加茶叶产业的支持力度，每年通过礼品茶收购助销茶叶，礼品茶收购价约是普通茶叶公司收购价格的两倍，普通茶叶公司对石峰龙井收购价平均为每斤 1200 元左右，而礼品茶收购价平均约为每斤 2000 元。以上来自于市、区当地政府的"自上而下"支持，为下满觉陇、龙井开展美丽乡村建设提供了前期基础条件。

与下满觉陇村、龙井村不同，龙坞村前期发展更多得力于村级组织的推动。2002 年龙坞村委开始向杭州市政府积极申请"龙坞茶村"的称号，于 2004 年申请成功，并获得了第一笔政府补助资金，成为乡村发展建设的初始动力。一方面，"龙坞茶村"称号将乡村的生态环境、农业基础等方面的价值进一步提升，并赋予其消费功能和文化内涵，激发了乡村资源的潜在经济价值；另一方面，龙坞村村委着重推进了道路建设工程，除了将村内主路进行路面硬化外，还修建了绕村南路，并将原本只到东部村口的乡村公交线路引入绕村南路，延伸至龙坞村的西端村口，增加了一处公交站点，村内基础设施得到初步改善。由此，乡村自身发展条件的提高，促使龙坞村对城市资源的吸引力逐步加强，空间和交通距离所造成的城乡资源流通阻力得到一定程度的缓解。

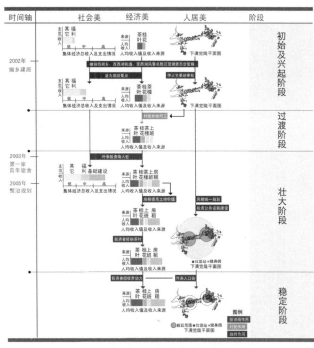

图3 下满觉陇村建设历程演变

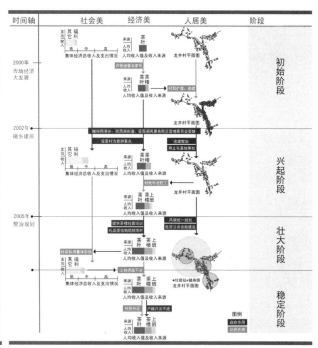

图4 龙井村建设历程演变

2.2.2 兴起阶段

下满觉陇村、龙井村均得益于初期阶段的基础和公共设施建设，使之与城市的联系程度更加紧密，逐渐吸引越来越多的城市游客，形成了具有一定影响力的消费市场，也提供了农家乐兴起、外来商家入驻的发展基础。例如，2003年第一家青年旅社入驻下满觉陇村，其在住宿业态方面相对领先，随后，海华酒店、珍珠销售等不同类型的商家店铺也相继进入下满觉陇村。龙井村借助于良好的生态环境和自然资源，在初期阶段之前就已经出现零星的农家乐，该阶段又有更多的村民借势而起，推动农家乐的数量迅速上升。

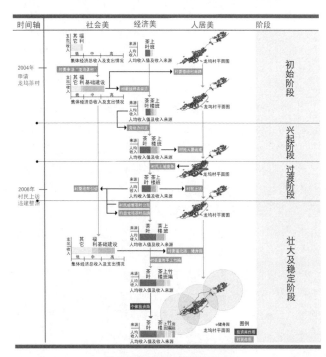

图5 龙坞村建设历程演变

与之相比，龙坞村所获得的"龙坞茶村"称号，激发了村民对茶叶经济的信心，开始购买现代化的炒茶设备、茶叶包装设施，从而提高茶叶产量，并依托转塘镇茶叶市场进行茶叶销售。尽管乡村基础设施有所改善，却仍处于低级水平，依然不足以吸引城市消费市场，村民个体普遍选择茶叶种植，而不敢尝试农家乐经营，缺乏初期发展资金也是阻碍村民发展农家乐重要原因。在此背景下，村委从村内的能人入手，鼓励其经营农家乐，并利用道路建设后的剩余资金作为农家乐的启动资金，资助其修缮建筑、购置设施、聘请工作人员等，由此形成龙坞村第一批农家乐，比如茶之语、园园茶楼都是其中的先导者。

2.2.3 壮大阶段

（1）下满觉陇村。随着旅游景点的声名鹊起，越来越多的外来投资商和经营者涌入乡村，逐步扩大经营规模，商业业态趋于多样化，包括超市、珍珠销售、酒店住宿、餐饮、农家乐、租赁、美容、汽修、文化艺术等等，逐渐形成集聚规模经济。同时，由于外来商家店铺和居住人口不断增多，租金大幅上涨，基于茶地资源有限、茶叶收入不多的考虑，大多数村民不再自己经营茶楼，而是将房屋一层和茶地进行出租，或者雇佣他人管理茶地，平时在城区上班，在茶叶收获季将茶叶转售给茶叶公司或村内的酒店、茶楼等。由此，租金逐渐成为村民的主要收入来源，上班工资收入次之，茶叶销售收入最低。

（2）龙井村。2005年政府继续加大对乡村基础设施、环境卫生、村容村貌等方面的整治，包括拆除违章建筑、拓宽龙井路、修缮传统民居、给排水设施改造、机动车道改步行道等方面措施，并提供更高比例的茶地化肥补贴，保护龙井茶的优质品质。由此，越来越多的村民开始经营农家乐，并且逐渐形成规模集聚，但外来商家的入驻率不高，这是由于租房的经济收入不及茶叶经济的收益高，大多数村民倾向于自家经营而非出租房屋。同时，村民在茶叶种植方面的投入力度也较大，一般狮峰龙井的价格是其他普通西湖龙井的两倍，2013年狮峰龙井均价约为每斤1000元，而普通西湖龙井的均价只有每斤500元左右，调研中龙井村村民表示，他们的茶叶毛收入可以达到20000元/股（即人均茶叶销售收入20000元），由此促使了龙井村以家庭为单位，形成茶叶种植、茶叶销售、农家乐为一体的经济模式。

（3）龙坞村。在乡村能人的带动下，逐渐吸引城市客源进入龙坞村，农家乐的发展由此一发不可收拾，越来越多的农家乐如雨后春笋般沿着绕村南路迅速发展，并逐渐形成集聚规模，"龙坞茶村"的名号就此打响。农家乐随之带动了茶叶经济的发展，由于前往龙坞村消费的客源量还不足以覆盖整个乡村，特别是村内部区位条件较差的大多数村民仍然依靠茶叶种植和销售。尽管龙坞村茶叶产量较大，但属于传统型低水平，也不如龙井村的更具有文化价值，所以很多村民个体开始经营茶叶公司，对龙坞龙井进行品牌化的营销推广。例如，不少村民在杭州、上海、北京等地开设门市，家中的青壮年经常在门市店和龙坞村之间来回跑，尤其是旺季时间，甚至还通过网络及电话将茶叶销售至香港、国外市场。

在此发展阶段，龙坞村村民为了扩大农家乐经营规模，在无监管的状态下开始大量毁茶建房，土地竞争逐渐激化，龙坞村的发展一度陷入低迷。于是部分村内能人开始向杭州市政府上访，要求对龙坞村的违建乱建进行整治，为期约两年的上访过程终于得到了政府的回应。但政府组织的监管只持续了短暂的一段时间，不久毁茶建房现象又开始重演。同时，随着村民的经济水平大幅改善，大部分村民开始拆除旧屋进行新建，由于缺乏统一规划，房屋建筑均由村民自己设计，不仅建筑风格迥异，而且在消防安全、采光通风等方面都存在不同程度的问题和隐患。

2.2.4 稳定阶段

（1）下满觉陇村。目前该村已经由传统农业转向消费服务业，也是村民的主要经济收入来源，包括房屋租赁及农家乐。调研结果显示，32.3%的村民平均月收入在一万元以上，38.1%的村民平均月收入有4000元至10000元，少部分村民收入在4000以下，极少数村民收入低于2000元，这部分村民基本是劳动力较弱的老年人；村集体平均年收入约120万元，主要来源是租金，村委充分利用外来投资商的优势，积极引进效益高、信誉好的承租商，并且利用集体经济提供节庆礼品、退休补助、集体旅游、养老保险等福利。同时，村民组织与外来商家的租赁关系日趋稳定，旅游消费型产业形成一定的规模与品牌，2009年市、区管理机构继续进行了土地整治、风貌整治和环境整治，如拆除违章建筑、民居风貌统一设计、建设健身园、设立垃圾回收点等。由此，下满觉陇村在人居环境、产业经济、社会文化等方面的建设品质较高。

（2）龙井村。该村已基本形成以传统茶叶种植业为基础、商贸业与服务业为助力、家庭为载体的经济发展途径，农家乐成为村民最主要的经济来源。同时，政府组织进一步推进相关管控政策，制定一些具体而详细的发展细节，如农家乐经营培训、庭院设计培训、成立农家乐协会、强化建设用地管制等，促使生态环境、文化资源和农业经营等方面达到新的发展水平。随着经济发展需求的扩大，建设用地不足逐渐成为制约村庄进一步发展的主要原因，调研发现，2013年大多数家庭的建设用地仅约35平方米，村民个体之间、村民个体与村委之间在建设用地方面的竞争日趋激化，甚至受经济利益驱使，出现村民私自挪用集体用地的现象。由于上级政府的过度管制，使乡村发展失去弹性空间，导致文化氛围、生态景观的单一化，加剧了建设用地资源的紧缺问题，并由于村民组织的经济实力和创新水平有限，导致家家户户发展农家乐，缺少发展其他业态类型的能力和条件，造成龙井村产业单一，如村集体经济年收入仅45万元，不足下满觉陇村的1/3，成为限制龙井村发展的另一个原因。近两年激烈的农家乐竞争环境和建设用地不足导致居住条件下降等问题出现，促使村民组织开始分解，陆续有村民外迁进入城市，龙井村的人口开始出现流失现象。

（3）龙坞村。该村区位条件不佳，农家乐发展很快趋近饱和，并具有明显的淡旺季之分，这是与下满觉陇村、龙井村的不同之处。尽管有外来商家入驻经营农家乐，但本地经营的农家乐和茶叶经济仍然是村民的主要收入来源，租金仅占据少部分比例。在此背景下，村委主动开展招商引资，着力吸引加工包装型企业，为村民提供更专业的茶叶加工及包装服务，从而支持茶叶经济发展，这样推动了集体经济的大发展，为乡村修建了健身园、篮球场，修缮老年活动室，出资补助文化活动、集体旅游等，龙坞村社会福利大幅改善。同时，随着居民、游客、商家等对公共服务设施的需求日益增强，龙坞村村委从2011年开始向杭州市政府申请绕村北路的建设资金，目前已得到批示，绕村北路正在建设中，但其他公共设施还相对欠缺。

2012年龙坞村村委开始宣传手工竹编，不仅能丰富龙坞村产业类型的多样化，而且有助于形成龙坞村有别于其他茶村的独特文化，进一步提升龙坞茶村的文化内涵和价值。同时，在茶叶经济方面，村民个体方面开始形成经济合作组织，合作经营茶叶公司，茶叶种植和销售逐渐向规模化发展。例如，部分村民家庭的茶叶公司经营状况较好，对茶叶的需求量逐年递增，但每家的茶地资源有限；而在有的村民家庭，茶叶销售状况并不如意，茶叶滞销；于是这样的两个家庭形成合作关系，发展较好的农户提供销售渠道和客源，另一家农户则提供茶地、茶叶或劳动力。

3 美丽乡村的动力机制及影响因素

3.1 动力主体分析

在相异的区位条件、农业资源及居民构成基础上，推动乡村发展的主体包括政府组织、市场组织及村民组织，其对下满觉陇村、龙井村及龙坞村产生了不同的作用效果，包括物质环境、产业结构、社会文化等内容，尽管三个乡村还处于不同的演化阶段，但其最终目的均是实现美丽乡村的建设目标。

从政府组织动力来看，市级政府、西湖风景区管委会及村委均发挥出不同的影响作用，前两者对乡村的物质环境整治、建筑风貌统一、基础设施配套、道路交通建设等方面推动力度较大，特别表现在下满觉陇村、龙井村；村委更多具有沟通、联络、协调的作用，如龙坞村村委在招商引资、争取政策资金支持、鼓励乡村能人、引导乡村产业、提供社会保障等方面的积极作用。

从市场组织动力来看，由于市场资本对区位的选择性较强，商家店铺总会选择地理位置最为优越的乡村，如下满觉陇村，并逐步重塑乡村的产业经济结构，推动由农业主导转向由商业服务及文化消费主导。同时，区位条件也可以进行改变，如龙坞村在物质环境整治的基础上，也相继引进了不少商家店铺，除了传统农家乐，目前已经开始出现了民宿业态。

从村民组织动力来看，不同人口结构的乡村其居民组织力量相异。例如，下满觉陇村的人口构成相对复杂，原居民比例相对较小，小部分留守经营茶园或进城打工，大部分以租金为主要收入来源；龙井村、龙坞村的村民组织力量较大，成为茶叶种植、加工、销售及其延伸消费产业的主体，并在物质环境建设、社会文化构建方面发挥出重要作用，如龙坞村。

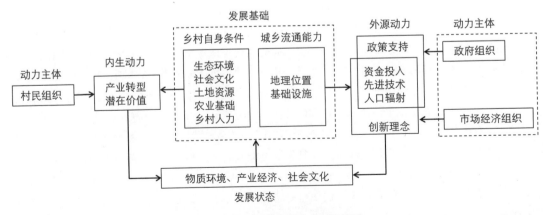

图6 美丽乡村建设的动力机制框架

3.2 演化机制框架

从上述三个乡村的发展演变历程来看，每个乡村的发展结果主要由乡村自身条件和城乡流通能力所决定，即使拥有相同的乡村发展条件，但由于城乡流通能力的不同，也会形成各自特定的物质环境、产业经济和社会文化特征，如下满觉陇村的城乡流通能力要依次好于龙井村、龙坞村。①乡村自身条件包括生态环境、社会文化、土地资源、农业基础、乡村人力等相关要素，这些均是乡村发展的原始动力基础，村民组织可以合理有效地配置这些生产要素，以推动乡村产业转型升级，以实现乡村潜在的经济、社会、文化价值。②城乡流通能力由地理位置和基础设施所决定，一般来说地理位置属于先天性且难以改变，但基础设施可以进行后天完善，以弥补地理位置所带来的区位条件缺陷，良好的区位条件就会具有较好的城乡流通能力。对区位条件影响较大的因素包括政策、资金、技术、创新等，这些并非乡村原始基础所能够具备，主要是通过外来要素输入而重塑乡村的空间、经济与社会结构，其动力主体则是政府组织和市场组织。

从推动乡村建设的三大主体和影响因素之间的相互关系来看（图6），村民组织和乡村自身条件组成了内生动力，政府、市场组织和政策、资金、技术等组成了外源动力，共同推动乡村物质环境、产业经济、社会文化的可持续发展。在大都市区各个圈层中，不同区位条件的乡村拥有相异的内生动力和外生动力，如核心圈层的下满觉陇村外源动力较强，中间圈层的龙井村两种力量相互持平，外围圈层的龙坞村内生动力最强，并通过改变区位条件积极引入外源动力。

4 结语

在全球化、信息化及城镇化背景下，相关学者指出，"我们正在迈向一个城市 - 乡村连续体"（rural–urban continuum）（McGEE T G.，1991）[4]；"信息通信技术重构的新城市，既不是城市，也不是乡村，更不是郊区，而是集三种元素于一身"（斯科特·麦奎尔，2013）[5]；索亚则提出"村镇联合"与后大都市的概念（Edward W. Soja.，2006）[6]。目前，杭州大都市区外围乡村空间已经形成了不同的圈层结构，基于相同农业资源基础上的乡村，由于不同区位条件所带来的不同城乡流通能力，对各个圈层乡村的空间、经济、社会均产生相应的影响，村民组织、市场组织及政府组织的相互作用则是乡村建设的主要动力。文中所涉及的下满觉陇村、龙井村、龙坞村，均经历了美丽乡村建设的四个不同发展阶段，即初始阶段、兴起阶段、壮大阶段和稳定阶段，不同的区位条件也相应影响着乡村的演化进程，如下满觉陇村的市场化进程较快，龙井村其次，龙坞村较慢。同时，乡村不同组织力量的作用，使之在物质环境、产业经济、社会文化方面表现出不同的发展特征，并产生大都市化背景下乡村土地资源相互竞争的矛盾问题。本文研究对象放在大都市范围之内，若在经济社会发展水平较高的区域范围内，是否也存在此方面的圈层重构特征，还需要开展进一步的探索分析。

致谢：浙江工业大学2009级城市规划专业李听听、陈舒婷、任巧丽、季雅琳等同学对本次调查研究的协助。

主要参考文献

[1] 亨利·勒菲弗. 空间与政治（第二版）[M]. 李春，译. 上海：上海人民出版社，2008.

[2] 孟广文，Hans Gebhardt. 第二次世界大战以来联邦德国乡村地区的发展与演变 [J]. 地理学报，2011，66（12）：1644–1656.

[3] 黄杉，武前波，潘聪林. 国外乡村发展经验与浙江省"美丽乡村"建设探析 [J]. 华中建筑，2013（5）：144–149.

[4] McGEE T G. The emergence of desakota regions in Asia: expanding a hypothesis. The extended metropolis:settlement transition in Asia[M]. Honolulu: University of Hawaii Press, 1991.

[5] 斯科特·麦奎尔. 媒体城市：媒体、建筑与都市空间 [M]. 邵文实，译. 南京：江苏教育出版社，2013.

[6] Edward W. Soja. 后大都市：城市和区域的批判性研究 [M]. 李钧等，译. 上海：上海教育出版社，2006.

Spatial Evolution of Beautiful Countryside in Hangzhou Based on Three Village Cases

Wu Qianbo   Chen Qianhu   Gong Yuanyuan

Abstract: Construction of beautiful village has closely related to regional economic and social development level, and it is affected by the regional urbanization and metropolitan development. Taking Hangzhou as a case, the peripheral rural areas has been formed the space development model of different dynamic mechanism. Choosing three typical beautiful villages as analysis object and using the method of field survey, it analyses development, evolution and dynamic subject of three villages. The study found that, the villager organization, market organization and government organization have important force to promote the rural reconstruction, such as space, economy and society. In different location, the relations of dynamic main body show different features, market organization in core and villager organization in surrounding circle are strongest, superior government organization affect the rural physical environment and village committee organization plays an important role in communication, coordination, corresponding to encourage, drive and other aspects of beautiful village construction.

Keywords: the beautiful village ; spatio evolution ; development characteristics ; spatial evolution ; Hangzhou

近10年我国城乡规划核心期刊乡村规划类研究的统计与分析

何迎佳　耿虹

摘　要：本文基于2003年到2013年城乡规划类核心期刊中有关乡村规划研究的文献检索数据，对文献的分布年限、关键词词频、论文实证区域分布、与国家政策的相关性等方面对乡村规划研究的发展情况进行分析。研究结果表明：在该时期内，各期刊与乡村规划相关的文献数量有了很大增长；连续十年的惠农政策促使学界从农村基础设施建设、城乡统筹发展、村庄环境整治和美丽乡村建设等方面进行了持续深入的实证研究．研究主题也逐渐从局限于"物质空间规划"向更加关注"内涵式发展"方面延伸；东部地区基于更加发达的经济、学术和开放环境，紧跟政策发展形势，在乡村建设规划方面做出了更多的理论与实践探索。但研究仍然存在许多问题，主要表现在政策跟风多、自主前瞻性研究少，实证研究多、理论研究少，技术层面关注多、政策体制问题研究少，静态片段式研究多、动态连续性研究少，东部关注多、中西部问题研究少等方面。

关键词：城乡规划核心期刊；乡村规划；统计；分析

1　前言

　　2004年以来我国连续10年的"一号文件"都是以农村发展为主题，这不仅体现了农村、农业、农民的"三农"问题对于国家的整体发展和复兴越发重要，还体现了中央对农村问题的重视和关注。在党和政府从政策、财力、人力等方面不断加大对农村发展的投入时，越来越多不同学科的学者也踊跃投入到我国农村问题的研究中，并且，随着"美丽乡村"建设实践活动的全面深入发展，各学科关于乡村发展与乡村规划的研究成果也愈发丰富，尤其是城乡规划学科，在乡村发展、乡村治理、乡村规划等领域开展了大量具体实践和学术研究，也形成了大批具有重要意义的研究成果，并成为乡村规划建设的理论依据和重要参考。但过去10年乡村规划的发展如何？呈现出哪些特征？乡村规划的内容有什么样的演变？我国不同地区的乡村规划研究的差异性体现在哪些方面？乡村规划与国家的农村政策相关性如何？本文通过对2003-2013年城乡规划类核心期刊发表的有关乡村规划的论文进行检索，通过分析其分布年限、关键词词频、论文实证区域规模分布等，对10年来中国乡村规划研究的总体特征予以描述与分析。

2003—2013年城乡规划核心期刊乡村规划相关论文数量统计　　　表1

杂志名称	相关论文总数	期刊收录论文总数	所占比例
小城镇建设	123	3911	3.14%
规划师	68	4130	1.65%
城市规划	50	2998	1.67%
城市规划学刊	22	1259	1.75%
现代城市研究	10	2167	0.46%
城市发展研究	8	2677	0.30%
城市问题	2	2340	0.09%
国际城市规划	0	1113	0.00%
西部人居环境学刊	0	103	0.00%

（资料来源：作者自绘）

何迎佳：华中科技大学建筑与城市规划学院硕士研究生

耿虹：华中科技大学建筑与城市规划学院教授

2 研究方法和研究范围

采用关键词统计法，即确定与乡村规划密切相关的关键词——村庄规划、农村规划，在中国知网中用关键词检索、统计2003年~2013年间在城乡规划类核心期刊中发表的相关研究论文和成果（表1）。统计数据表明：在10年间《小城镇建设》《规划师》《城市规划》《城市规划学刊》四种期刊的有关乡村规划研究的论文数量较多，《现代城市研究》、《城市发展研究》、《城市问题》、《国际城市规划》、《西部人居学刊》中的数量极少，因此，本文主要以前四种期刊中发表的相关论文为主要研究对象，统计检索文献的分布年限、关键词词频、论文实证区域规模分布、与国家政策的相关性以及论文的主要成果和观点，并对其研究特征、内在原因及普遍问题进行分析。

3 研究结果和分析

3.1 自2005年起乡村规划相关研究逐渐增多

对乡村规划相关论文在不同年份的分布情况进行分析是为了掌握乡村规划研究的发展轨迹，更好地了解乡村规划研究的发展情况与具体特征。相关文献分布年限的统计数据表明，从2005年开始对乡村规划的研究明显增多（表2），但有关乡村规划的研究论文占期刊收录论文总量比重依然较小。黄健中先生在《2006-2011年间＜城市规划学刊＞的统计及分析》中对《城市规划学刊论文》实证区域规模分布进行了统计，统计数据显示：乡村地区论文总量为4.2%，与农村发展问题的普遍性及国家与社会对农村问题的关注度相比比例明显偏低，表明对乡村地区规划建设的关注度逐步提升的同时其重视程度依然有待加强。

2003—2013年乡村规划相关论文年限分布统计 表2

| 年份 | 论文数量（单位：篇） | | | | | | | | | | | | 相关论文总量 | 各期刊论文总量 | 比例（%） |
| | 城市规划 | | | 城市规划学刊 | | | 规划师 | | | 小城镇建设 | | | | | |
	相关论文	论文总数	比例（%）	相关论文	论文总数	比例（%）	相关论文	论文总数	比例（%）	相关论文	论文总数	比例（%）			
2003年	1	306	0.33%	0	0	0	1	411	0.24%	0	509	0.00%	2	1226	0.16%
2004年	0	183	0.00%	0	0	0	0	393	0.00%	3	497	0.60%	3	1073	0.28%
2005年	1	265	0.38%	2	147	1.36%	0	414	0.00%	5	465	1.08%	8	1291	0.62%
2006年	2	282	0.71%	3	120	2.50%	2	464	0.43%	14	422	3.32%	21	1288	1.63%
2007年	5	244	2.05%	1	146	0.68%	9	344	2.62%	15	350	4.29%	30	1084	2.77%
2008年	9	266	3.38%	0	118	0.00%	7	331	2.11%	12	313	3.83%	28	1028	2.72%
2009年	8	311	2.57%	3	124	2.42%	23	282	8.16%	16	283	5.65%	50	1000	5.00%
2010年	9	285	3.16%	3	158	1.90%	8	340	2.35%	17	282	6.03%	37	1065	3.47%
2011年	3	298	1.01%	4	115	3.48%	4	341	1.17%	16	257	6.23%	27	1011	2.67%
2012年	8	227	3.52%	1	202	0.50%	6	374	1.60%	12	252	4.76%	27	1055	2.56%
2013年	4	227	1.76%	5	129	3.88%	8	404	1.98%	13	281	4.63%	30	1041	2.88%

注：①中国知网中未收录2003年、2004年城市规划学刊的论文，因此数量为0。
（资料来源：作者自绘）

在核心期刊的基础上，为了让整个发展趋势更加清晰，笔者将关键词来源扩充为中国学术期刊网络出版总库、中国学术辑刊全文数据库、中国优秀硕士学位论文全文数据库、中国重要会议论文全文数据库、国际会议论文全文数据库，并且将检索的时间扩展为1993~2013年（图1）。统计数据显示：从2005年开始乡村规划相关研究呈持续上升趋势，由2004年的14篇增长至2013年的167篇，增长了十多倍。以上两组数据均表明自2005年起乡村规划的研究和关注度逐步增长。

3.2 乡村规划研究发展与国家各类惠农政策息息相关

2002年11月党的十六大的召开标志着中国进入了全面建设小康社会，加快推进社会主义现代化的新的发展阶段（杨萍，2011）。这一阶段，为适应全面建设小康社会下新的形势和任务，党和国家制定的惠农政策也随之有了新

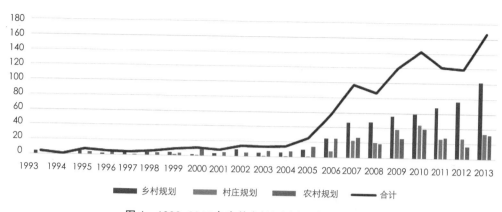

图1　1993~2013年有关乡村规划论文年限分布统计

注：①统计数据库：中国学术期刊网络出版总库、中国学术辑刊全文数据库、中国优秀硕士学位论文全文数据库、中国重要会议论文全文数据库、国际会议论文全文数据库

（资料来源：作者自绘）

的发展，特别是自2003年至今的十一个"一号文件"在很多方面都对乡村规划产生密切的影响，例如：2004年《中共中央国务院关于促进农民增加收入若干政策的意见》中提到"进一步加强农业和农村基础设施建设。适当调整对农业和农村的投资结构，增加支持农业结构调整和农村中小型基础设施建设的投入"；2006年《中共中央国务院关于推进社会主义新农村建设的若干意见》提出：加强农村基础设施建设，改善社会主义新农村建设的物质条件。2013年《中共中央国务院关于加快发展现代农业进一步增强农村发展活力的若干意见》提出：全面推进"三农"实践创新、理论创新、制度创新，全面确立重中之重、统筹城乡、"四化同步"等战略；推进农村生态文明建设，加强农村生态建设、环境保护和综合整治，努力建设美丽乡村。总的来看，这一阶段的惠农政策主要是从农村基础设施建设、统筹城乡发展、村庄环境整治、美丽乡村建设四个方面引导乡村规划编制，促进社会主义新农村的建设。这一系列的政策促进了社会各界对乡村问题的研究，但是，似乎又给学者们画了一个框，让学者们的研究仅局限于政策提及的方面，对于政策未涉及的部分却鲜有研究，对乡村规划发展进行前瞻性预判的研究更少。

3.2.1　2004年"加强农村基础设施建设"的相关政策

农村基础设施是指为农村生产、生活、发展服务的各种物质和技术条件的总和，包括经济类基础设施和社会类基础设施，它是农村经济增长和社会发展的前提条件（王悦，2010）。基础设施发展滞后一直是我国农村经济发展的瓶颈，这一情况在中西部欠发达地区尤为严重。2004年与2005年的"一号文件"分别提出"加强农村基础设施建设，为农民增收创造条件"、"加强农村基础设施建设，改善农业发展环境"。在此之后，国内规划学界就农村基础设施的分类、供给效率与公平、区域差异性、新能源利用等进行了相关研究，发表了一系列论文如王悦于2010年发表在《小城镇建设》的《农村基础设施"三生"分类的探讨》、胡畔于2010年发表在《城市规划》的《乡村基本公共服务设施均等化内涵与方法——以南京市江宁区江宁街道为例》等。

3.2.2　2006年"统筹城乡发展"的相关政策

由于30多年的改革开放，城市尤其是东部沿海城市得到了迅猛的发展，这个发展正是由于农村、农民做出了巨大的贡献与牺牲。一方面是大量来自农村的廉价劳动力支撑了城市工业的蓬勃发展；另一方面、农村的珍贵土地被廉价地征购，"土地财政"为城市的"发展"提供了巨额的资金（陈秉钊，2013）。然而，城乡分割的二元经济结构却是我国城乡经济协调发展的一大障碍，在这个节点性的时代，我们反而要比以往更加关注农村的发展，通过各种手段和途径实现城乡二元结构向现代经济结构的转换。只有在城乡统筹视角下编制乡村规划，合理引导乡村进行产业升级、空间重构和社区建设，才能改变城乡分割的二元经济结构，促进城市与乡村的良性互动，实现城乡一体化发展。2006年、2008年、2010年的一号文件均提出统筹城乡发展，工业支持农业、城市反哺农村，减少城乡差距。这些政策直接促进了对乡村经济发展、公共服务设施配置均等化的研究，这些研究成果也对于解决提高村民收入、带动村庄致富问题，以及改变公共服务设施配置的不均等性等问题提供了新的思路。

3.2.3　2012 年"村庄环境整治"的相关政策

随着我国工业化与城市化进程的快速发展，广大乡村地区的"村庄环境"问题逐渐凸显。在城市化进程中大量具有鲜明特色、传统文化浓厚的村庄逐渐消失，各地村庄建设出现特色丧失、千村一面，以及环境"脏乱差"的普遍现象。2006 年的"一号文件"中提出了"生产发展、生活富裕、乡风文明、村容整洁、管理民主"的二十字方针，而 2012 的"一号文件"再次提出"把农村环境整治作为环保工作的重点，完善以奖促治政策，逐步推行城乡同治"的方针政策。全国各地政府各级开始普遍关注村庄的人居环境和乡村的景观风貌，开展了大量村庄环境整治的规划实践，其研究重点主要集中在村庄环境整治策略、民居改造的方法、村庄风貌的延续等方面，也有研究涉及到了公众参与的相关问题。

3.2.4　2013 年"美丽乡村"的相关政策

贫穷落后中的山清水秀不是美丽中国，强大富裕而环境污染同样不是美丽中国。只有实现经济、政治、文化、社会、生态的和谐发展、持续发展，才能真正实现美丽中国的建设目标。然而，要实现美丽中国的目标，美丽乡村建设是不可或缺的重要部分。在 2013 年中央一号文件中，第一次提出了要建设"美丽乡村"的发展目标，进一步加强农村生态建设、环境保护、综合整治和产业发展工作。这一政策加强了社会各界对村庄规划的关注，全国各地大面积开展了与美丽乡村建设有关的各种规划建设实践以及与之相关的理论方法研究。

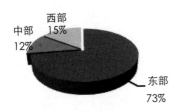

图 2　论文实证研究分布统计
（资料来源：作者自绘）

3.3　经济、学术高地——东部地区乡村规划研究发展较好

针对乡村规划研究的实证分布进行的数据统计与分析显示：规划研究中涉及到实证研究的论文数量为 171 篇，其中东、中、西部的论文数量分别为：125 篇、21 篇、25 篇（表 3），东部地区论文数量占到实证研究论文数量的 73%（图 2）。10 年来，学界与各地方政府都在不断探索乡村发展的模式，大量的研究成果为东部地区乡村的可持续健康发展提供了有力的政策与技术支撑。

论文实证研究区域分布统计　　表 3

分布区域	城市规划学刊		城市规划		规划师		小城镇建设		总量
	数量（篇）	比例（%）	数量（篇）	比例（%）	数量（篇）	比例（%）	数量（篇）	比例（%）	
东部	8	36%	30	60%	35	56%	52	47%	125
中部	2	9%	1	2%	5	8%	13	12%	21
西部	3	14%	5	10%	4	6%	13	12%	25
不涉及	9	41%	14	28%	24	30%	45	30%	92
合计	22	100%	50	100%	68	100%	123	100%	263

（资料来源：作者自绘）

3.3.1　良好的经济发展是东部乡村规划研究的基础

我国东部地区的乡村在资源禀赋、发展区位、经济基础等方面都比中西部地区的发展优势大；并且，从"六五"计划开始，区域发展上以东部沿海地区为重点，由东部向中西部梯度推进展开经济布局，东部地区的乡村获得了更多更好的发展机会；东部沿海地区工业化、城市化的快速发展，也深刻地改变着广大农村地区，促使农村产业结构、就业结构与农业生产方式等发生了巨大变化（刘彦随，2007）。东部地区良好的经济发展是乡村规划研究的基础，发展过程中出现的巨大变化为乡村规划理论与实证研究提供了大量的素材，而规划研究人员基于经济发展的优势，对东部乡村的经济、社会、产业、生态很多方面都做出了新的探索实践，产生了大量的研究成果。

3.3.2　学术高地与门户优势提升了东部乡村规划研究的整体水平

东部地区良好的经济社会与文化发展环境吸引了我国多数专业人才，东部地区高等院校及相关专业研究机构的数量也占全国总量的大半，专业人才的集中直接推动了东部地区乡村规划研究的发展。加上东部沿海地区对外开放及科技文化交流的便利性，为各地政府与规划学界大量引进国外的乡村规划建设经验与实验技术手段提供了便利条件，在促进乡村建设发展的同时也推进了乡村规划研究在理论视野与技术深度方面的全面发展。

3.4 乡村规划研究重点逐渐由"物质空间形态"向"内涵式发展"延伸

文献关键词词频统计显示：近 10 年的研究热点集中在新农村建设、城乡统筹、村庄整治、乡村景观四个方面（图 3），对村庄布局、基础设施等方面也有所研究，其中新农村建设出现的频率最高。对 263 篇文献的关键词词频与分布年限进行统计，其统计数据表明关键词的演变主要分为三个阶段：第一阶段：2003~2005 年，关键词重复出现的比率较低，没有比较集中的研究热点；第二阶段：2006~2009 年，与"新农村"相关的关键词如新农村规划、新农村建设等共出现 160 次频率最高，其次学界逐渐出现了与"城乡统筹"相关的研究，2006 年出台的《中共中央国务院关于推进社会主义新农村建设的若干意见》和2008 年《中共中央国务院关于切实加强农业基础建设进一步促进农业发展农民增收的若干意见》直接推进了规划

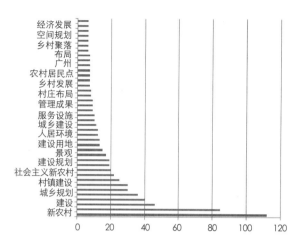

图 3　2003 年 ~2013 年论文关键词词频统计
（资料来源：作者自绘）

学界对于这两方面的关注和研究；第三阶段：2010~2013 年，这一阶段对于"乡村环境治理、人居环境、景观特色"等涉及到村民居住环境及生活质量方面的研究较多，并且开始关注"美丽乡村"等与乡村发展内涵、乡村居民生活、传统文化传承有关的领域。总的来看，三个阶段的乡村规划研究逐步从政策引导自上而下的物质空间规划转向以乡村发展、保护为内涵的发展建设理论。一方面，从政策颁布之初的村庄布点、基础设施建设转向与村民生活质量相关的环境整治、公共服务设施均等化配置的方法研究；另一方面，从简单的农村建设延伸到乡村产业发展、智慧农业、乡村旅游等与乡村经济发展、村民致富有关的策略研究。这些研究深入到那些能够切实有效的改变农村现状、从根源上促进乡村发展的方方面面，从内涵式发展层面为真正减少城乡之间的差距、实现城乡共同富裕提供了理论与实践参考。

4　乡村规划研究的成就及问题反思

虽说我国有关乡村建设发展的研究自 20 世纪以来从未间断，但真正形成一定规模和影响的乡村规划建设研究成果则主要集中在近 10 年，特别是 2005 年以后，研究主题也逐步由简单的物质空间形态延伸到文化、社会、产业等更加关系到内涵式发展的方面。由于近 10 年的乡村规划研究多数在国家各种惠农政策自上而下的影响下进行，虽然研究成果众多、涉及层面广泛，从一定程度上指导了我国的乡村建设发展，但通过深入考察可以发现，迄至目前的乡村规划研究仍然存在着许多问题。

4.1　政策跟风多，自主前瞻性研究少

随着国家一系列有关农村政策的出台，学界也递次关注与乡村规划建设的有关问题，在实践中尝试相应的规划策略，并在此基础上产生了大量的学术研究成果。虽说追踪政策热点进行研究也是政策配套需要，但多数论文只是简单地对某类政策进行相应解释，没有对政策出台的深层原因、规划策略、实施反馈及后续问题进行具有前瞻性的研究，导致大多数研究成果对于乡村规划及建设的指导局限于"提线木偶"式的作用——上面拉一下，中间传一下，底下动一下。而且由于大多数乡村规划研究一直在国家政策的"引导"下进行，在某种程度上流于就"惠农政策"谈"乡村发展"的浮泛与浅薄，而基于几千年农耕文化与工业、后工业时代文明激荡背景，专门针对中国乡村社会、文化、生产、生态精神特质与诉求进行未来乡村发展与建设规划的自主性研究很少，致使乡村规划研究的独立性大大削弱，乡村规划研究的前瞻性及科学实效性（相对于立竿见影的短期实效而言）也大受影响。

4.2 实证研究多，理论研究少

在检索统计的263篇文献中，实证研究的论文占到总量的60%以上，而单纯的理论性、批判性或者回顾总结性研究数量极少。一方面是实证研究的论文有实例支撑，比较容易得出相应的研究成果，另一方面理论研究的周期较长，对学者的学术能力要求高，很难在短期内得出有价值的学术成果。然而，只有具有开创新、前瞻性、普适性的理论研究才能持续地促进乡村发展。我国过去30年的巨变，不仅让城市发生惊人的变化，也让乡村产生了翻天覆地的变化，例如：大量自然村消失、村庄空心化、环境恶化等。这些变化是好是坏，是如何产生的，规划如何应对？这些问题都需要扎根乡村、脚踏实地地从根源上进行研究与解决。诚然，由于我们的城市规划体系建立在苏联和西方规划理论体系基础之上，独立的城乡规划理论研究成果较少，而多数乡村规划又是基于城市规划的理论和方法，导致面对地域广泛、千差万别的中国乡村进行规划编制时缺少有效的理论指导，出现大量的问题。产生这一现象固然与我国各方面的体制有关，但也与规划学界普遍的学术态度与科研责任感紧密相连。

4.3 技术层面关注多，政策体制问题研究少

自上而下的单向式研究导致学界与规划业界更多的关注与政策配套的技术问题，而较少进行深入的政策讨论与反思。论文关键词词频统计图（图3）中的高频关键词除去"新农村"之外，"建设"、"设施"及"景观（主要指硬质环境景观）"等与技术性问题有关的关键词出现频率是最高的。实际上，城乡规划是一种具有综合目标，以空间为载体，过程开放，衍生效应极强，刚柔并济的公共政策，其技术属性只是城乡规划的次要属性。乡村规划应该以农民为主体，以保障农民群体的利益为导向进行编制，而不仅仅是为了响应政策在乡村空间进行物质层面的技术性表达。当然，政府组织与管理体制以及规划编制体制可能影响与制约了对相关政策体制问题的研究，研究成果导入实践进程的难度也较大，但很多时候政策与体制创新恰恰是规划的技术属性得以实现效率最大化的关键推手和根本保障，学界与规划业界完全应该在这方面有更大的担当。

4.4 静态片段式研究多，动态持续性研究少

多数研究仅局限在城乡规划学科内部，对与乡村发展联系紧密的经济、社会、文化、民俗、社会变迁及村民本身的需求等进行相关性研究极少。乡村规划不是单纯的物质性规划，不是简单的遵循相应的技术规程，更要有社会调查研究和人文关怀的意识。只有深入了解乡村、了解农民、了解城乡异同，同时了解历史、了解世界，才能改变以往规划学者以不变应万变的固步自封的规划理念和方法；也只有针对样本多样性、时空多维性的乡村规划任务特点，明了区域发展条件、顺应社会经济规律、关怀历史人文情境、融入自然生态运势，编制出有益于在更大的时空环境下健康持续发展的乡村规划。乡村发展问题的解决、城乡差距的缩小不是短时间能达到的目标，持续性的跟踪研究才能透彻的弄清楚现在我们所谓的乡村发展问题是不是问题以及多大程度上的问题？国家的惠农政策是不是切切实实的为老百姓带来福利？现在所用的乡村规划方法是不是适合乡村长远发展？由于乡村规划编制时间大多比城市规划编制时间短，多数规划人员在规划编制完成之后就停止了对乡村规划的后期服务与建设跟踪研究。从文献统计数据分析中可以看到，以项目为依托的乡村规划讨论居多，对规划实施后乡村发展建设情况的跟踪调查、规划实施情况的反馈及规划策略产生的效益问题等涉及的很少。

拿我国东部地区来说，近十年来进行了大量的乡村规划编制工作，凭借东部地区良好的社会经济发展条件、强大的科研实力与学术优势、相对雄厚的乡村经济实力，以及相对理性、完整、统一的乡村经济社会发展诉求与发展可能，完全有条件对其进行持续性的动态跟踪研究，这种动态持续性的研究不仅可以检验规划是否得以实施，规划是否适合乡村的发展，惠农政策是否真的促进了"三农"问题的改善，还可以为产业经济转移背景下的中西部乡村的后续发展提供经验，避免重蹈东部错误实践的覆辙。但事实上这类研究几乎没有，更无论对经济发展相对落后的中西部地区广大乡村进行长期性、持续性、关联性的社会、经济、文化、生态建设发展状况与发展未来的关注与研究了。

4.5 东部地区研究多、中西部地区关注少

研究区域主要是在我国经济发展较好的东部沿海地区的乡村，对中西部的关注较少，研究区域分布十分不均衡，呈现从经济高地向经济低洼区域急剧减少的态势。少数研究西部乡村规划的文章也仅局限在乡村发展较好的区域和

自然灾害导致的灾后重建上，西部其他区域的乡村规划研究很少。甚至，还有大量西部地区的乡村在发展建设和规划编制时"借鉴"东部地区乡村中已经出现问题的"经验"。实际上，我国东中西部地区的乡村，在自然环境、社会经济、民俗文化等各方面都有很大的差异，可以说，没有哪一个地区的规划策略或发展路径能完全适用于另一个地区；东部乡村地区的规划方法和理论也不一定适用于西部地区的乡村。乡村规划研究不应只关注经济发展较好的东部地区，更要关注中西部地区数量众多且情况各异的乡村，为中西部地区的发展提供理论支撑与实践指导。

总的来说，中国的乡村地域广阔，虽然近10年乡村规划的研究成果众多，但对乡村规划的关注较城市规划的研究还是太少，并且存在很多问题，严重影响了对乡村规划的全面认识和深入研究，也制约了乡村规划的持续实践和健康发展。未来的乡村规划研究，还需要规划学界与业界更加主动、持续、深入地投入到规划理论与实践方法的探讨中，更需要与社会、经济、人文、科技各学科的跨界交流合作，从而能从不同的视角对我国乡村发展政策进行讨论思考，提出一些适合中国国情与时情、有利于乡村规划和发展的理论见解与实践警戒，这样才能真正提高乡村建设内在品质，提升农村居民生活质量，延续乡村传统文化，减小城乡差距，真正实现城乡统筹协调发展目标。

主要参考文献

[1] 王敬尧，邓三鸿. 中国农村研究现状与学术影响力评估——基于 2001—2009 年 CSSCI 论文数据 [J]. 华中师范大学学报（人文社会科学版），2011（03）:35-45.

[2] 沈清基，吴斐琼. 1996-2005 年间《城市规划学刊》的统计及分析 [J]. 城市规划学刊，2006（02）:38-48.

[3] 杨萍. 十六大以来中国惠农政策研究 [D]. 聊城大学，2011.

[4] 彭震伟，孙婕. 经济发达地区和欠发达地区农村人居环境体系比较 [J]. 城市规划学刊，2007（02）:62-66.

[5] 特约访谈：乡村规划与规划教育（一）[J]. 城市规划学刊，2013（03）:1-6.

[6] 特约访谈：乡村规划与规划教育（二）[J]. 城市规划学刊，2013（04）:6-9.

[7] 杨锦英，郑欢，方行明. 中国东西部发展差异的理论分析与经验验证 [J]. 经济学动态，2012（08）:63-69.

[8] 黄训芳. 我国东西部农村发展差距及对策研究 [J]. 农业经济问题，1997（03）:5-8.

[9] 王悦，袁中金，刘明. 农村基础设施"三生"分类的探讨 [J]. 小城镇建设，2010（02）:56-57+61.

Statistic and Analysis of Chinese Village Planning Research on Urban Planning Core Journals in Recent 10 Years

He Yingjia   Geng Hong

Abstract: From the age distribution, term frequency of the key words, the distribution of the empirical area, the correlation of national policy, this paper makes a statistic and analysis about village planning from 2003 to 2013 on urban planning core journals. The results show that: in this period, the number of papers about village planning have greatly increased in all the journals; consecutive 10 years of preferential agricultural policy has promoted the practice and research of village planning from the aspects of infrastructure construction, urban-rural integration, enhancement of environment and the beautiful countryside village; and research topics extended from "material space planning" to "connotative planning" in three phases. Based on the more developed economic. academic and open environment. followed by policy developments .Scholars planning has made more explore of Theory and Practice in rural planning of astern region.But studies still exist some problems, such as: policy system research more than technical issues research, empirical studies more than theoretical research, Static fragments research more than dynamic continuity research, East concern more than Midwest research Etc.

Keywords: urban planning core journals; village planning; statistic; analysis

基于生产生活方式的村庄用地分类研究——以成都市为例

刘倩　　毕凌岚

摘　要：用地分类作为管控土地利用并协调各类开发使用行为的基本技术手段，是我们在村庄规划过程中必不可少的重要工具。在城乡统筹发展的背景下，乡村地区逐渐成为规划主体存在。然而，现阶段缺失科学规范的村庄用地分类以及以乡村区域为核心研究对象的用地分类研究。本文将村庄用地作为研究主体，成都市典型村庄和村庄规划作为调研对象，农村地区生产生活方式发展趋势作为研究基础，探讨现阶段及未来我国村庄用地分类的制定模式，为今后制定村庄用地分类标准以及研究村庄用地发展打下基础与提供参考。首先本文试图将成都市周边地区典型村庄作为对象开展特定研究。通过对村庄现状用地状况进行实地调研，发现用地现状基本情况及存在的问题。其次，论文对成都市村庄规划用地分类情况进行研究。通过收集、整理、分析成都市周边村庄已完成的村庄规划，总结出在规划编制阶段用地分类存在的问题。再次，在对成都市域内村庄研究的基础上，对全国农村地区的生产生活方式变化趋势作出预测，并探讨其对用地产生的影响。最后，基于以上的各类研究分析，提出未来村庄用地分类标准制定的基本策略。

关键词：村庄用地；用地分类；生产生活方式

序言

1　研究的意义

用地作为政府调控城乡经济和社会发展的空间载体，一直是城乡规划过程中最重要的对象。要实现对各类用地的有效规划管控，就需要制定相应的控制规则与规范。而用地分类标准就是这个控制体系中最基础的规范准则。规划管理、编制、建设人员都通过用地分类标准对土地进行有效操作、监控、管理、保护。历年来《村镇规划标准》（GB50188—93）是目前唯一系统涉及过村庄用地分类的标准，但在2007年已被《镇规划标准》所取代。

同时，现有关于用地分类的研究对象多集中在城市用地、城乡用地、非建设用地、城乡绿地、旅游用地等方面，研究角度多基于城乡统筹、规划协调、生态保护等方面。在村庄用地方面国内相关研究却寥寥无几。由此可见，现阶段缺失真正以农村区域为核心研究对象的用地分类研究。

2　研究思路

首先本文试图将成都市周边地区典型村庄作为对象开展特定研究。通过对村庄现状用地状况进行实地调研，发现用地现状基本情况及存在的问题。其次，论文对成都市村庄规划用地分类情况进行研究。通过收集、整理、分析成都市周边村庄已完成的村庄规划，总结出在规划编制阶段用地分类存在的问题。再次，在对成都市域内村庄研究的基础上，对全国农村地区的生产生活方式变化趋势作出预测，并探讨其对用地产生的影响。最后，基于以上的各类研究分析，提出未来村庄用地分类标准制定的基本策略。

由于成都市域内村庄数量众多，对每个村庄逐个调研不太现实。因此，为了使调研结论更具有科学性，研究对象更有代表性与可比性，笔者以区位、产业特点、地形特征等条件为基础在众多村庄中选取了具有典型代表性的个例进行调研（详见图1）。其中区位条件与成都市对其所辖区市县在空间上的定位一致，从近至远分为一圈层、二圈层、三圈层。

刘倩：陕西省城乡规划设计研究院助理工程师
毕凌岚：西南交通大学建筑学院教授

我国有关用地分类的国家规范概况表　　　　　　　　表1

所属体系	规范名称	实施时间
城乡规划体系	《城市用地分类与规划建设用地标准 GBJ137-90》	1991 年至 2011 年
	《村镇规划标准 GB50188-93》	1994 年至 2006 年
	《镇规划标准 GB50188-2007》	始于 2007 年
	《城市用地分类与规划建设用地标准 GB 50137-2011》	始于 2012 年
	《城市绿地分类标准 CJJ/T85-2002》	始于 2002 年
国土规划体系	《土地利用现状调查技术规程》	1984 年 2001 年
	《全国土地分类（试行）》	2001 年至 2007 年
	《土地利用现状分类 GB/T21010-2007》	始于 2007 年

（资料来源：作者整理）

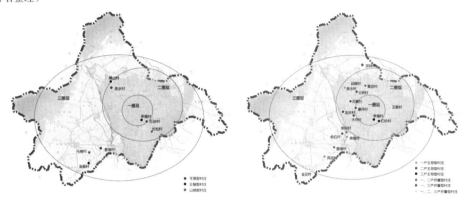

图1　成都市典型调研村庄分布图
（资料来源：作者自绘）

1　成都市农村地区用地概况

1.1　成都农村地区用地现状分析

总体而言，成都市农村地区用地情况具有以下几个特点：用地类型多、用地分布散、混杂程度高、用地建设情况差异大、基础设施配置不完善。下面将对不同类型的用地状况分别阐述。

1.1.1　居住用地现状

成都市农村地区居住模式分为分散式和集中式两种；在建设方式上有传统农房式和现代社区式。

分散式居住用地上主要分布的是农民自建的传统农房。其聚集程度很低，一般相对集中户数不超过 10 户。从

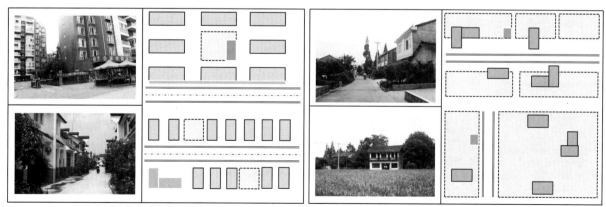

上图为集中式居住用地布局　　　　　　　　　　　上图为分散式居住用地布局

图2　成都市村庄居住用地布局模式示意图

调研情况来看，这一类居住用地主要存在于以传统农业种养殖业为主的村庄，尤其是离中心城区较远的远郊型村庄和山地型村庄。集中式居住用地一般分布在平原或浅丘地区的村庄，公共服务设施较完善、能大量吸纳自然村人口的中心村或者有较多外来人员、工业产业较发达的村庄。起初，这一类型的居住用地是传统粗放式的自发集中。但是随着政府政策引导，逐渐出现了一些统一规划，统一建设的村镇居住用地。住宅形式既有独院、联排，也有多层、高层。

1.1.2 公共服务用地现状

从调研的情况来看，不同村庄居民点公共服务设施建设情况存在很大的差异。总的来说，经济发达程度与政府扶持力度对公共服务设施配置状况影响最大。

目前，现状村庄公共服务设施用地分为四类，其中管理设施用地设置相对齐全，而教育文化、医疗卫生以及商业服务业用地整体上较为欠缺。

（1）管理用地现状

传统意义上村庄管理用地即村委会用地。一般情况下，各村均设有村委会用地。不过各村委会的建设情况有所差异，总体上分为独立占地和合建两种类型。其中，合建形式的村委会主要选择与卫生服务站、文化活动中心等政府公益性公服设施形成综合服务站。除此，少数村庄还结合村委会设有便民服务站、劳动保障站等行政管理设施。

（2）教育文化用地现状

由于村庄适龄儿童数量较少，所调研的村庄基本上都没有设置小学、中学。同时，幼儿园的配备也不完善，只有35%的村庄建有幼儿园。分析发现设有幼儿园的村庄一般邻近中心城区、场镇。

在文化娱乐用地方面，活动中心的设置相对比较完善，95%的村庄都配建了活动中心。除此之外，少数几个村庄还设有图书室、文化站。就建设模式来看，这类设施基本上是集中合建，或与别的公服设施合建。

（3）医疗卫生用地现状

在医疗卫生方面，卫生站的配置情况良好，近80%村庄都设有公益服务性的卫生站，还有一个村庄设有私人医院。个别村庄还有计生服务站，与卫生站合设。

图3 调研村庄公服设施配置概况图
（资料来源：作者自制）

图4 调研村庄对内商业设施现状照片
（资料来源：作者自摄）

（4）商业、服务业用地现状

从调研情况来看，商业、服务业设施用地分为两类：为村内居民服务为主的对内商服设施、为外来人员服务为主的对外商服设施。

其中对内商业设施的完善程度、建设形式、设施项目与村庄经济发展情况、主导产业类型以及聚居度有着明显的关联。

对外商服设施以旅游服务类为主。大多是当地村民利用宅基地提供特色餐饮、民俗接待服务。也有一些旅游设施用地是开发商通过租用村民宅基地修建的规模较大的度假村、酒店、高尔夫球场等。除此，还有部分村庄结合特色农产品建设展示、交易设施。

1.1.3 道路交通设施用地现状

在道路状况方面，调研村庄中既有6m水泥路也存在3m左右的土路。除此，近郊区的村镇建设了大量的骑游绿道

在交通设施方面，不同村庄差异也较大。大多数近郊区的村庄设有公共交通站点。停车场设施只有少部分村庄设置，且多为个体经营单位内部私有，非公共停车场地。而其他机动

调研村庄对内商服设施类型汇总表 表2

类型	项目	建设形式
食宿类	餐馆、小吃店、饭店	与民居混建，底商形式较多
	茶馆	底商形式、单独占地、与文化活动中心等混建
	招待所	单独占地
市场类	菜市场	单独占地
	小卖部、超市、药店、农资店	与民居混建，底商形式较多
金融类	信用社	多为单独占地，或住宅底商
其他	修理店、理发店	与民居混建，底商形式较多

（资料来源：作者整理）

车维修、清洗等服务设施就少之又少了。

1.1.4 产业用地现状

（1）农业用地现状

现状农业产业用地分为农业生产种植养殖用地、农业生产服务设施用地、农田水利基础设施三部分。

其中，成都市域内农业生产种植养殖用地类型丰富，涵盖了粮田、菜地、果园、茶园、园艺种植地与家禽、水产养殖用地等多种类型。

调研村庄农业生产用地特征概况表 表3

特征要素	
空间分布	城镇近郊区的农业用地以规模化蔬菜、花卉、苗木、果树种植为主；远郊区则以传统粮食农作物种植、家禽水产养殖为主
地理区域	农业用地从平原区向丘陵区、山地区递减
建设形式	大棚等设施农业用地规模在逐渐增加，尤其是现代农业发展势头良好的近郊区村庄
经营模式	既有传统的小农生产模式，也有现代化的企业生产模式
用地功能	部分农业用地不仅是生产用地，还是观光休闲的旅游用地或试验研究的科研用地

（资料来源：作者整理）

在生产服务设施用地方面，除了公共晒坝、提灌站、打谷场等这类传统设施之外，部分村庄出现了农机科技咨询服务点、农业技术指导中心等现代农业服务设施。

在农业水利设施方面，成都许多以农耕为主的村庄延续了传统都江堰渠首的干、支、斗、农、毛灌溉体系。其中部分支渠及以下斗、农、毛渠皆为人工开凿，这就对天然河流带来了一定的影响。

堰渠体系功能特点 表4

渠系层级	功能	备注
干渠	输水	天然河流
支渠	输水	天然河流、人工开凿
斗渠	输水、配水	人工开凿
农渠	灌水	人工开凿
毛渠	灌水	人工开凿

（资料来源：作者整理）

（2）工矿用地

由于农村地区土地租金价位较低，独立工矿用地作为用地大户，在成都市村庄内广泛分布。成都农村地区的大多数的工矿用地建设情况较差，乱搭乱建现象严重，对周边环境干扰较大。且部分厂房、仓库与村民居住用地混杂，致使村民生活环境非常恶劣。除此，还有一些村庄内的工矿企业因淘汰落后产能需要停产关闭或由于"三集中"的政策向集中工业园区转移，其占据的用地尚未转换功能而处于闲置状态，造成了土地的低效利用。

（3）科研用地

少数村庄分布着用于农业科学研究的用地。涵盖了办公展示、试验田、生活服务设施等相关用地类型。

1.1.5 市政基础设施用地现状

市政设施包括供水、供气、供电、环卫、通信设施。其中供电整体比较完善，基本实现村村通，而其他设施在不同村庄差异较大，既有分散式自行解决，也有纳入城镇基础设施系统整体处理。

（1）供水现状

农村供水方式主要有集中式供水（包括市政供水、乡镇供水、村级水站供水）和分散式供水。在调研中看出成都大部分村庄的生活用水都是通过自备井获得，只有一些集中农村安置点实现了集中式供水。

（2）供气现状

少数靠近城镇地区或气压站的村庄采用了集中式的供气方式。大多数村庄通过传统的烧柴或修建沼气池的方式解决问题。在调研中可以发现还有村庄保留了专门的薪柴林。

（3）环卫现状

环卫用地现状分污水处理和垃圾收集。

由于成都市农村地区基本无污水处理设施，居民生活生产污水和工业污水就近排入水体，致使水域遭受污染。

农村地区的垃圾主要是生活垃圾、农业生产垃圾。大部分村庄都有生活垃圾收集点，收集好垃圾再统一送至垃圾转运站。生产垃圾很少有专门的处理场所。

1.1.6 保护用地现状

防护用地：成都市域河流密布，从调研情况来看，河流两侧绿化防护情况较差，甚至是水源保护区情况也让人堪忧，生活生产垃圾随处可见。

历史文化保护用地：成都市村庄内有一些具有历史价值的古寺、古祠、古树、古村落等文化古迹。但就现状情况来看，保护工作很难到位。部分古寺由于周边的村民、市民会前去参拜、游览，还能有所延续，但是建筑物都出现不同程度的毁坏。

1.2 现状村庄类型及用地特点

通过上面用地现状的分析，可以看出成都市周边村庄主要分为传统农业种植型、二产主导型、规模化种植型、旅游带动型这四种类型（详见表5）。

成都市现状各类型村庄特点　　　　　　　　表5

村庄类型	产业特色	社会组织结构	经济发展水平	文化发展	自然环境
传统农业种植型	一产种植、养殖为主，少量家庭手工作坊	传统的小自耕农生产生活方式、血缘宗族关系主导	经济发展比较落后	对传统习俗保留较多，宗族文化意识较强，多信仰宗教	较好
规模化种植型	一产规模化种植、养殖为主，少量传统种植、养殖	外出打工与本地农业生产并存，血缘地缘关系仍是主导，业缘关系渗入	经济发展较好	传统习俗逐渐减弱失	较好
二产主导型	以从事工业生产为主，少量一产	外来从业人员相对较多，业缘与地缘关系并存。生活方式逐步现代化、城市化	经济发展相对发达	现代城镇文化渗入较多，传统习俗较缺失	较差
旅游带动型	一产生产与旅游服务业结合	旅游服务业已成为部分村民的主要副业甚至主业。部分村庄会吸引外来人员从事旅游服务业。但血缘地缘关系仍是主导	经济发展较好	部分村庄由于旅游业需要对传统习俗保留较好，但目的转变	较好

（资料来源：作者整理）

通过表5可以看出,各类型村庄在产业特色、社会组织结构、经济发展水平、文化发展等各方面都有所不同和侧重,因此,不同类型的村庄在用地方面也各有特点（详见表6）。

成都市现状村庄用地特点

表6

村庄类型	与居住相关用地	与公共服务相关用地	与公用市政相关用地	与产业相关用地	与交通相关用地
传统农业种植型	分散居住为主	村委会、活动中心等基本公共管理服务设施	基本供电设施	传统农业种植用地、家庭式小作坊；晒坝、打谷场等传统农业设施，基本的农田水利设施	道路较窄，多3米村道
二产主导型	集中居住为主	商业设施、公共管理设施、学校医疗设施	较为集中的供电、供水设施，环卫设施	厂矿用地、传统农业种植用地	道路多为6米，少量停车设施、维修设施
规模化种植型	集中居住为主	村委会、活动中心、图书室等公共管理设施、农技服务设施	较为集中的供电、供水设施，垃圾收集点	现代化农业种植用地、农产品加工用地、物流用地，较完备的农田水利设施	道路多为6米村道
旅游带动型	分散居住、集中居住结合	村委会、活动中心等公共管理设施，酒店、农家乐、游客中心等旅游接待服务设施，特色商店等商业服务设施	基本供电设施，垃圾收集点	传统农业种植用地现代化农业种植用地、农业公园，高尔夫球场，特色景区	道路多为6米村道，少量停车设施

（资料来源：作者整理）

1.2.1 与居住相关的用地

受到工作半径和生产方式的影响，传统农业种植型村庄以传统分散型居住为主，工业主导型和规模化种植型村庄大多数已向集中化居住方向发展，而旅游带动型村庄则既有分散居住型也有集中居住型。

1.2.2 与公共服务相关的用地

不同类型村庄公服配套的侧重点不同。传统农业种植型村庄由于仍满足于自给自足的传统生活模式，一般只设有村委会、活动中心这些最基本的公服配置。规模化种植型村庄除了村委会、医疗室、幼儿园等常规的公共服务设施外，一般会设置农技教育培训、服务设施。二产主导型村庄相对来说公服设施比较完善，不仅解决本地村民的日常生活需求，也为外来务工者提供生活便利。旅游带动型村庄则会多考虑酒店、农家乐、游客中心等旅游接待服务设施。

1.2.3 与市政相关的用地

总的来说，二产主导型和规模化种植型村庄在供电、供水、供气设施上逐步向集中式供应发展。传统农业种植型和旅游带动型村庄仍停留在自行解决的模式上。在环卫设施上面，相对来说，二产主导型村庄的需求量最大。

1.2.4 与产业相关的用地

由于产业特色不同，不同类型村庄用地种类差异很大。传统农业种植型村庄以传统农业种植用地、家庭式小作坊。规模化种植型村庄虽也以农业种植用地为主，但由于实现一定程度上的规模化及现代化种植，现代化农业大棚、养殖厂房等设施农业用地有一定规模的分布与设置。二产主导型村庄在产业用地方面厂矿用地与农业生产用地并存。但是由于从事农业生产的人员较少，大多农业生产用地闲置或集体外包出租。旅游带动型村庄除了各类农业种植用地之外，还会设有农业公园，高尔夫球场，特色景区等以旅游功能为主的产业用地。

1.2.5 与交通相关的用地

传统型村庄的道路现状不论是等级还是规格都相对较差。二产主导型和旅游带动型村庄设有少量的停车设施。

1.3 用地分类在成都市村庄规划编制中存在的问题

成都市在村庄规划方面没有一套统一的用地分类标准，各个编制单位往往根据具体项目的情况和规划编制的重点，自主对规划范围内用地进行分类。因此村用地标准在规划编制中存在一些问题。总的来说，有以下几个方面：

1.3.1 用地标准多样化，不同村庄规划的用地分类差异较大

从收集整理的成都市多个村庄规划中的用地分类情况可以看出，不仅各个村庄规划没有统一的用地名称，用地分类深度也不尽相同。例如花牌村的规划将与生活相关的各类用地直接用居民安置点用地表示，不做进一步的划分；而国坪村对各类生活服务设施用地进行了较为详细的划分。

成都市村庄规划用地类型　　　　表7

村庄	居住类用地	生产类用地	生态类用地	社会文化类用地	公用设施类用地	道路交通类	特殊类用地
国坪村	二类居住用地、公共设施用地、商业金融用地、	耕地、旅游服务用地	防护绿地、休闲河滩地、林地、水域	幼儿园用地	公用设施用地	道路用地、停车场用地、广场用地	居住旅游综合用地
花牌村	居民安置点用地	产业建设用地、耕地	水域			道路用地	城镇建设用地
水篱村	规划新型社区用地、已建安置区、村域集中办公	农业种植用地、生态农业观光用地、农业观光旅游建设用地、工业用地	防护绿地、水域和其他用地	文化建设用地、		道路用地、社会停车场用地	城市建设用地、国有建设用地
白鸽村	安置区用地	产业用地、观光农业区农业展示范区、花卉苗木区、	生态林盘、防护绿地、水域				
福昌村	安置点用地、现状移民点	产业用地、农家旅游产业区、韭黄种植基地、现代粮道种植基地、花卉种植基地、生态苗木基地、大棚蔬菜基地、农耕体验区、设施农田	保留林盘、风景名胜及特殊用地、水域及水利设施用地、生态林盘、防护绿地	文物保护用地		交通运输用地、游步道节点	城镇建设用地
青杨村	安置点用地	产业用地、建设性林盘用地、设施农用地、花卉苗木种植用地、大棚蔬菜种植用地、韭黄种植用地、粮经生产用地	水域及水利设施用地、生态林盘、生态林地			交通运输用地（包括游步道）	城镇建设用地
龙溪村	规划新型社区用地、已建安置区	农业种植用地、生态农业观光产业用地、农业观光旅游建设用地、工业用地	防护绿地、水域和其他用地	办公文化建设用地		道路用地、社会停车场用地	城市建设用地国有建设用地
云桥村	安置点用地	农用地、产业用地、	防护绿地林盘用地、风景名胜及特殊用地、水域及水利设施用地			交通运输用地	
清河村	新型社区用地、商业金融用地、广场用地、村委会、卫生站	产业用地、农林用地	水域用地、防护绿地、公共绿地	文化教育用地			城镇建设用地

（资料来源：作者整理）

　　同时在用地统计过程中，也没有一个标准。有些村庄直接按规划用地类型统计，有些村庄按照《土地利用现状分类 GB/T21010—2007》的用地分类标准进行统计，还有些村庄会根据自身特点将规划用地类型整合后统计。例如国坪村在统计时按照分类情况分别统计，且各用地之间是平行关系，没有层级之分；而花牌村将林盘用地与产业用地合并统计为产业建设用地，将二绕、沙西线对外交通用地和一般村道合并统计为道路用地。

1.3.2　用地形式复杂化，部分用地类型难以明确

　　因为种种原因在农村地区，有些用地往往同时承担多种生产生活功能。尤其是部分村庄由于特色产业经营等多种原因，许多生产用地往往呈现复杂的综合化状态，既是一产用地又同时可能是二产、三产用地，在产业类用地方面更加难以明确用地类型。例如随着现代乡村旅游业的大力发展，出现了诸如"特色农庄厨房"、"自摘品尝菜园"等名目繁多的介于传统农业、现代农业与旅游、商业服务业中间地带的新产业，其用地如何定性和管理，亟待认真研究。

　　同时，随着现代农业技术发展，设施农业兴起。它虽然也是农业生产用地，但会大量建设诸如温室这样的大型设施。这与传统意义上的农耕地无论在土地自然属性还是景观特征上都有极大区别。而部分村庄规划在用地分类上并没有明确这一部分用地的具体情况，在统计的过程中将所有用于农业生产的用地均全部归为非建设用地。

1.3.3　用地指标差异化，不同类型的村庄对用地指标的需求不同

　　用地标准中除了对用地类型进行确定外，最重要的就是明确各类型用地的指标配比。通过对村庄的调研可以发现，在不同类型的村庄中，村民对各类用地的需求是不同的。例如相同宽度的道路在传统型村庄利用率较低，而在二产主导型村庄就显得异常拥挤；旅游带动型村庄对接待、休闲娱乐等服务设施用地的需求明显高于其他类型的村庄。

而目前的村庄编制在用地指标方面，只关心通过土地整理节约了多少建设用地指标，忽视了各类用地指标的配比是否合理。

1.3.4　用地类型重视经济类用地，忽视社会组织类用地

目前，成都市各村在编制村庄规划时，多集中在村庄经济产业发展方面的统筹考虑，侧重制定村庄产业发展的目标。因此，在规划的用地布局时，也相应的对与产业发展有关的土地进行详细的分类。例如在农业生产用地方面，有些村庄规划甚至按照农产品种植种类的不同将用地分类布局。

与此同时，对社会组织类的规划及用地则考虑颇少或毫无提及。然而社会文化的延续和重建对于一个村庄是否有内在凝聚力、是否能可持续健康发展非常重要，尤其是当前农村地区传统社会结构被现代城市文化冲击的形势下尤为关键。

2　农村地区生产生活方式转变对用地的影响

目前村庄规划编制中关于用地所呈现的种种乱象，其最根本的原因在于农村地区社会、经济、文化习俗都发生了很大变化，造成农村地区生产、生活方式转变，从而对用地分类标准提出了不一样的需求。因此详细探讨农村地区生产、生活方式转变及变化趋势可能对村庄用地造成的影响，是制定新的村庄分类标准的重要依据。

2.1　生产方式的转变趋势对用地的影响

为了提升生产效率，增加产出比，现代农业发展具有以下两个发展方向，一是设施农业和机械农业，二是绿色农业和有机农业。其生产方式与传统农耕相较具有精细化、规模化、复合化三个必然趋势。

2.1.1　农业精细化对用地的影响

以绿色、有机农业为代表的农业精细化是传统农业生产的提档升级。其生产过程也是在传统精耕细作的基础上采用更先进的养殖、栽培、管理技术，且通过利用现代科学技术和现代农业技术装备等物质技术改善农业生产方式，以实现农业产品的高端化。

由于精细化的农业经营模式是一种劳动密集型的农业。农村居民的日常工作与农业土地紧紧联系在一起，这就间接决定农业精细化的耕作半径不宜过大。而耕作半径的大小直接影响村庄聚落的布局和数量。同时，控制村落规模，适当增加村庄聚居点的密度，缩短耕作半径后，又能有效提高农业劳动生产力。因此，在农业精细化趋势下，居住用地形式应在保留传统的分散式居住模式的基础上改善生活设施环境，以便与农业生产活动相适应。

在农业生产精细化的发展下，农业生产用地功能不会像大田农业一样趋向单一化，反而更加多元化，以实现能量、物质、废弃物更好的良性循环，保持整个农业生态系统的稳定性。因此，农业精细化生产还会强调提高农业生产用地利用率，在纵向层面丰富农业生产用地类型。

随着现代农业科学技术的快速发展以及产品品种的不断更新，农业精细化更是一种知识密集型产业。这就需要不断提高农村居民的相关农业知识水平，在农村地区提供完善的农技知识培训、学习的服务点。

2.1.2　农业规模化对用地的影响

中国人口众多，人均有效耕地面积小，要满足人民基本的粮食需求就必须从增加粮食产量、生产效率入手。因此，以设施农业和机械农业为主的农业规模化发展趋势就是通过扩大生产规模，实现经营成本下降，收益上升，达到效益的最大化。

农业生产走向规模化后，农业耕作半径大幅度扩大，并减弱了对劳动力的依赖。同时，为了保证农业产业化经营模式的发展、实现优良的管理和经营体制、满足特定区域的合理分工、提高农业生产效益，该发展趋势下农村居民居住模式向集约化发展。通过有效的整合原有的分散村落，集聚住宅用地，形成大片的有利于机械操作的农田。除此，集约化的居住模式还有利于完善农村聚居点的配套服务设施和改善聚居生态环境。

在农业生产用地方面，随着形成规模化生产的大田模式，农业用地高度集中、扩展。同时，由于农业生产科学技术水平的提高，也使温室等设施农业用地也逐步会实现规模化、工厂化、批量化生产模式。其次，水产养殖和畜禽养殖用地也向规模化养殖场方向发展。例如在畜牧养殖方面向标准化畜禽养殖小区或养殖试验示范基地发展。除此之外，以微生物资源开发为主的白色农业用地更是以工业厂房形式存在。

农业规模化发展后，就需要更完善的农村市场体系，以避免生产损失。因此，在规模化生产的农村地区，建议适当配置一定的市场服务设施。同时，就地配套相关的农产品冷链加工设施，延长农副产品的保鲜保质期，也是完善农村市场体系的重要一环。除此，伴随农业规模化的发展，对环卫设施规范化的需求和要求也越来越高。这是因为农业规模化经营后，农业废弃物也随之大批量增加，尤其是大量的秸秆、家禽粪便、水产养殖污水等农业垃圾。因此，必须对这些农业废弃物、农业污水进行规范化的处理，预留相应的废弃物处理设施、废弃物循环利用设施及用地，以保证其在安全的情况下排入河流、土壤、空气中去。同时，规模化的农业生产会加大农作物、家禽病害的传染力。一旦发生突发性病害事件，很容易造成大批量的感染死亡状况。因此，还需要预留专门的场地进行专业化收集和处理，并对场地位置的选择要进行特别考虑。

2.1.3 农业复合化对用地的影响

所谓农业复合化，即农业改变以往单一生产的模式，以学、研、产一体化，工、贸、农组合发展为主要模式，以城乡融合为主要特征，形成一、二、三产业链接互动的新型农业产业。通过农业复合化发展，延长了农产品的产业链，增加了农产品附加值以及农产品生产的消化能力，提高了农产品的生产效益，增加了农村地区的就业。

与农业规模化经营相比，农业复合化经营是一种劳动密集型产业。与农业精细化经营相比，农业复合化经营后就业人员从事非农产业比重较大。复合化程度高的村庄成为片区发展中心，吸引大量的内部和外来人员在此工作、生活。因此，农业复合化发展后，耕作半径、传统小农生产模式不再是影响居住模式的首要因素。总的来说，农业复合化的村庄在考虑生活用地向相对集中化发展的同时还要预留外来人员的生活与服务用地。

由前面的分析可知，农村的产业用地类型将更加多样化，以适应农业产业链的纵向扩张。农村产业用地除了农业生产用地之外，还有上游的农业科研类、农技推广、生产资料供应用地，下游的贮藏物流类、加工制造类、展示贸易类、休闲旅游类用地等。

在服务设施方面，农业复合化经营后，最大的变化在市政公用配套上。由于人口较为密集、流动人口较多且很难像传统农村一样形成自我供给消化的小循环，那么就需要大量完善的市政供水、供电、供气等供应设施，以及垃圾收集、污水处理等环卫设施以形成一个完善的物质能量循环系统。因此，在人口较为密集的存在大量非农产业的村庄聚居点，建议采用城市化的市政公用服务设施，形成城乡一体化的市政管网。

村庄产业发展模式对用地的影响对比表

表8

发展模式	生活用地	生产用地	服务设施用地
农业精细化	传统分散居住模式的提档升级	分散式的、立体化农业生产用地为主	传统的农业设施用地，沼气池等能源循环设施用地，农技服务设施用地
农业规模化	集约化居住主导	集中式的大田和现代化的设施农用地为主	市场物流设施用地，农产品初加工用地；环卫设施用地
农业复合化	集约化与分散化居住相结合 预留外来人员的生活与服务用地	农业种植用地与农产品科研、加工、配送、储藏用地结合；以及各类旅游服务用地	完善的市政公用配套用地，接待、停车、零售等旅游服务设施用地

（资料来源：作者整理）

2.2 生活方式转变趋势对用地的影响

以下将从闲暇方式、出行方式、消费方式三方面来研究生活方式变化对用地的影响。

2.2.1 闲暇方式的变化对用地的影响

闲暇方式的转变主要体现在闲暇时间和闲暇内容上。

闲暇时间的变化首先是时间增加。随着生产效率大幅提高，农村居民闲暇时间较之以往更加充裕。其次是闲暇时段改变。由以往闲暇时段随着农忙、农闲的周期性变化，向集中、规律化转变。

随着农村居民流动性的增加、职业的多元化、居住的相对集中化，闲暇内容也就从内向交流转变为更多的外向互动，同时，随着城乡互动越来越频繁，现代化的娱乐活动开始融入村庄生活。

由于闲暇时间、闲暇内容的转变，闲暇空间也随之变化。闲暇地点从原来较为私密、熟悉、与生产相关的地域向开放、公共、现代化的场所转移。因此，在村庄建设时，应考虑未来农村居民闲暇生活对用地的需要，预留相应的用地。

闲暇方式的变化 表9

转变前		转变后
农闲时、傍晚	闲暇时间	下班后、周末、节假日
串门、打麻将、赶集、看电视、传统民俗活动	闲暇内容	串门、打麻将、看电视、逛街、跳舞、看电影、健身、学习、上网
家里、邻居家、田间	闲暇地点	家里、朋友家、商店、麻将馆、茶馆、广场、文娱活动中心、图书室

（资料来源：作者整理）

2.2.2 出行方式变化对用地的影响

出行方式的变化趋势总的来说包括：出行半径扩大、出行频率增加、出行工具现代化。由于生产方式的变化，大多数农村居民生产出行转变为时间越来越固定的通勤出行且工作地点也不局限于本村内部。同时，生活出行需求不断增加，类型也由基础保障性需求变得愈加多元。城与乡、乡与乡在人员的流动上互动越来越多，这促进出行半径的扩大和出行频率的增加，尤其是乡镇级范围日常出行比例将会显著升高。在出行工具方面小汽车、客运车等高服务水平的机动化出行方式在近几年以及未来有占主导地位的趋势。

这些在出行半径、目的、工具方面种种的变化趋势，对农村交通相关用地的规划与建设带来很大的影响。主要体现在以下几方面：一是在道路用地方面。农村道路中存在大量村民自发开辟的田埂路、机耕道、小径，它们往往是村级出行使用频率最高的。随着出行方式的转变，这类通道则必须适应机动化出行趋势，在道路形式、规格等方面有一定的提高。二是在交通附属设施方面。机动化交通工具普及的同时使得各家各户以及村庄内部对静态交通、交通工具维修等交通附属设施的需求也随之提升。因此在用地布局上及居住用地配建上也要有一定的考虑。此外，对外出行需求的增加也使得对公共交通越发需要和依赖。因此，在农村地区建议增加公共交通布局，建立城乡一体化的公共交通系统。

2.2.3 消费方式变化对用地的影响

消费方式的具体形式多种多样，有满足最基本生活需要的物质上的消费，有满足人们闲暇娱乐、风俗习惯等精神上的消费，还有为了交流感情、互通有无、传递信息发生的消费。

一般情况下，收入是决定群体消费能力和行为的前提。从表10可以看出，改革开放以来，随着农村经济的发展，农村居民收入的增加、生活的改善，引起了消费层次、结构的变化。这种变化首先表现在农村居民不只需要解决低层次的温饱问题，而是开始关注生活物质品质的提升。其次，成都市农村居民除了对物质生活消费的追求日益高涨，对文化、娱乐、教育等精神上的充实越发重视。

随着农村居民物质基础的愈加坚实、消费结构的转型，对农村地区能否提供相应的消费载体提出了新的要求。

成都市历年收入及消费情况简表 表10

年份	1978	1980	1990	2000	2010	2011
农村居民人均纯收入（元）	140	223	773	2926	8205	9895
农村居民人均生活消费支出（元）	116.94	185.70	692.92	2200.74	5629.17	7032.61
人均消费支出占纯收入的比例	84%	83%	90%	75%	69%	71%
食品	80.12	132.04	440.96	1126.03	2359.11	2952.18
衣着	15.43	18.69	46.12	146.76	517.00	685.73
居住	7.53	16.56	114.68	320.79	624.54	726.18
家庭设备、用品及服务	9.36	13.31	28.19	113.72	378.43	453.30
医疗保健		0.93	16.43	99.72	324.59	437.90
交通通讯		1.21	10.91	120.10	821.91	1107.73
文化教育娱乐用品及服务	4.50	5.10	31.67	209.37	489.03	516.76
其他商品和服务			3.96	64.25	114.56	152.82

（资料来源：《2012年成都市年鉴》）

总的来说，在商业金融设施、文化娱乐设施的配置数量要适当增加，配置类型要更加丰富，配置建设形式要更加多元。当然这类用地属于市场控制型，受到当地居民消费习惯的影响，无法统一明确，但应在用地布局规划时根据本地特色对用地进行预留和引导，避免乱搭乱建，随意侵占土地。

2.3 社会结构转变趋势对用地的影响

2.3.1 人口结构变化对用地的影响

农村地区人口结构的变化主要来自家庭结构的变化。家庭结构的变化主要体现规模和代际上。在规模上，家庭结构逐渐向小型化方向发展。在计划生育政策的影响下选择生育两个孩子的家庭较多，也就导致农村四人户比例占主导。在代际上，则向简单化的方向发展，小家庭逐渐取代大家庭。同时伴随城市化进程步伐的加快，农村外出务工人员逐渐增多。这些变化及趋势使得农村人口结构在数量上和年龄分布上发生了很大的转变。一是农村地区人口数量将大幅度减少。空巢家庭及空巢村将大量出现，剩余农村人口将向大村、中心村聚集。二是人口年龄分布将向两端增加，儿童、老人占总人口比例逐步增大。

由农村地区人口结构的变化趋势可以看出，儿童和老人成为农村地区主要的活动人员。那么在公共服务设施配套上应考虑儿童和老人的需要。对儿童而言，最重要的就是教育服务设施。自国家实行"撤点并校"集中办校模式以来，虽然提高了办学质量，但是也带来很多的负面问题。尤其是农村空巢化下，让农村儿童远离村庄去城镇读书随之而来的便是安全、家庭教育问题。建议学前教育、初级教育设施尽量能有所保留，就近布局在人口居住较为集中、人口规模较大的村庄。对大量农村独居老人或者与孙辈留守的老人而言，最需要的一是健康有所保障，二是精神上得到满足。因此，建议在公服配置上，针对老年人应加强农村医疗设施的完善，同时尽量设置老年活动场地、老年服务中心等以满足老年人交往、娱乐、学习的需求。

除此之外，中国传统讲究"叶落归根"，尤其在农村地区更甚。虽然目前农村空巢化现象日趋严重，但人过世后仍会回乡"入土为安"。因此丧葬用地仍是农村地区很重要的一部分。

2.3.2 社会组织变化对用地的影响

农村地区社会组织的变化主要源于生产方式的变化。以宗族为基础、代代相传、以土为根的传统小农生产模式被打破，现代化生产模式融入的同时，带来了农村地区血缘关系为核心传统社会组织模式的弱化。随着部分村庄外来人员就业的增加或内部人员外出打工的常态化，当代村庄内部社会组织结构的业缘、地缘关系逐渐增强。同时村庄人口的流动性逐渐增强，打破了传统村庄非常稳定的组织关系。

由于传统的社会组织模式逐渐脆弱，新的以地缘业缘为主的社会组织结构在农村地区开始形成。这就需要对新的社会关系的良性发展提供载体。这个载体可以是仪式、活动等各种形式，但最终又要落实到物质空间上。当然它既可以与传统的维持社会关系的空间载体相结合，如宗祠。也可以是新的形式存在，如村庄文化活动中心等。

除此之外，由于外来人员的增加，村庄内部应适当考虑为这些新成员的生活需要提供相应的服务设施。

3 村庄规划用地分类标准设计策略

3.1 理念层面的设计策略

3.1.1 基于城乡统筹发展形势

针对我国长期以来的城乡二元对立局面，城乡统筹作为现阶段及未来发展的重要指导思想之一。在该理念指导下，农村地区从社会、经济、文化各个方面建设上都向一种城乡一体化的方向发展。就规划方面，随着《城乡规划法》对村庄规划的要求，农村地区规划全覆盖已是未来趋势。那么在与规划工作相配套的用地分类方面，应充分考虑城乡统筹发展下农村地区在用地方面的需求，保证村庄规划适应新的发展形势。

3.1.2 体现可持续发展理念

虽然，可持续发展的前提依然是发展，然而此发展要在保护生态环境、实现资源永续利用、人与自然和谐共处的前提之下。目前，我国农村地区正面临经济发展与土地资源短缺的突出矛盾。因此，实现可持续发展是未来新农村建设的重要目标之一。在用地方面，则应注重开发与保护相协调，有效引导农村地区形成合理用地结构，促进经济、文化、社会、环境效益的同步提高。

3.2 原则层面的设计策略

3.2.1 用地类型强调村庄内在凝聚力的重建和生态环境保护

村庄用地类型的关键要素有四方面，即居住生活类用地、经济生产类用地、社会组织类用地、自然生态类用地。以往分类标准往往强调居住类和经济生产类用地而忽视社会组织类、自然生态类用地。然而，在农村地区随着传统组织关系的削弱和打破，如何重建核心文化精神尤为重要。同时农村地区作为城乡区域的生态基底，它的生态环境质量直接影响城乡景观和生物多样性保护。因此，新的用地类型应特别从这四方面用地综合考虑，尽量平衡这四方面的用地类型。

3.2.2 市场调控与政府引导相结合

市场经济取代计划经济后，城乡建设与产业经济发展紧密联系。土地作为农村地区重要的生产要素，逐渐进入市场受其调控。因此在用地分类上应体现土地的经济价值，充分反映多元的市场需求，充分发挥资源配置中市场的基础性作用。与此同时，规划作为政府管理的一种途径，分类应对市场开发行为进行有效的引导，将政府管理与市场调控相结合，体现规划的公共政策属性，维护社会公众的利益。

3.2.3 规划编制与开发控制阶段采取不同的分类标准

在规划编制层面，用地分类更在意的强调用地的整体发展趋势和目标，它通过使用性质为划分标准，分为具体类型，覆盖全部村域土地即可。而在开发控制阶段，需要对土地和建筑物明确具体的开发规则。它是面向规划管理的用地分类要求，具体要求可由地方规划部门依据当地条件自行制定。因此，基于规划编制与开发控制对土地分类的要求是不一样的，那么规划编制阶段和开发控制阶段建议采取不同的用地分类规则。

3.3 运用层面的设计策略

3.3.1 分类框架类型明确、层次清楚

作为规划方面的技术标准，分类框架的科学与否直接关系规划是否能有效控制土地开发活动。首先一个分类标准应包括不兼容的划分原则，所采用的划分标准具备明确性，避免分类规则的复杂混乱，使用地难以明确归类。当然由于目前土地在用途上的混合程度与转变频率逐渐走高，这就要求用地分类能具有一定的兼容性。其次，分类标准必须层次清楚。清晰的层级关系避免了各地出现数据与指标统计结果差异大、可比性差等规范规划和管理工作方面的问题。

3.3.2 总体分类框架与控制性用地引导相结合

新的用地分类标准不应只是简单的对用地类型进行科学的划分，还应对用地类型提出相关的控制性引导方案。通过前面的研究，可以发现未来村庄的发展趋势归纳为几种类型。而每种类型的村庄对用地的需求是不一样的。那么，新分类在总体分类框架的基础上可对每类村庄的用地类型进行引导型控制。通过规定强制性用地类型、建议型用地类型、限制性用地类型这样的控制模式，引导村庄向一种更健康、完善的方向发展。当然，该要求应是政策导向性为主的，在实际操作过程中，各地可以根据自身特色需要适当增减村庄类别，进一步增加分类的灵活性。

3.3.3 赋予地方政府权力，因地制宜建立更细致的分类标准

用地分类不仅是规划编制的基础，也是规划管理工作的基础，如果没有统一的分类标准，将在管理统计、协调、分析工作中造成很大的问题。但是我国村庄数量多，形态多样，只采取一套固定统一的分类标准也无法适应我国国情。因此建议赋予地方政府权力，根据当地社会经济发展的特点及相应的规划目标对总用地分类框架进行细化，形成更符合当地实际情况的更具有操作性的分类规则。但该规则必须基于总框架的基础上，在小类的下一层级进行细化。

主要参考文献

[1] 骆玲. 城市化与农民 [M].

[2] 孟祥林. 新型城乡形态下的农村城镇化问题研究 [M].

[3] 杨振之. 城乡统筹与乡村旅游 [M].

[4] 黄小晶. 农业产业政策理论与实证探析 [D]. 暨南大学，2002.

[5] 姚峰. 现代乡村居住状态都市化倾向的思考及对策探讨 [D]. 东华大学，2004.

[6] 孙成军. 转型期的中国城乡统筹发展战略与新农村建设研究 [D]. 东北师范大学，2006.

[7] 刘鹏. 土地征用对农民生活方式的影响——以湖南省常宁市黄山村为例 [D]. 南京农业大学，2007.

[8] 林榕. 武汉地区村庄建设用地规划指标体系研究 [D]. 华中科技大学，2007.

[9] 姚吉. 苏南地区农村集中居住过程中的问题与对策研究 [D]. 苏州科技学院，2008.

[10] 闫文娟. 中国农村家庭结构变迁对农业生产的影响 [D]. 陕西师范大学，2010.

[11] 贾杰. 关于江浙地区新农村集约化居住模式的研究 [D]. 天津大学，2011.

[12] 赵爽. 征地、撤村建居与农村人际关系变迁 [D]. 复旦大学，2011.

[13] 蒋伟. 均等化视角下的农村基本公共服务设施布局研究 [D]. 南京大学，2011.

[14] 吴效军. 对修订《村镇规划标准》的若干看法 [J]. 规划师，2003（2）.

[15] 张军民，冀晶娟. 新时期村庄规划控制研究 [J]. 城市规划，2008（12）.

[16] 聂小刚，刘涛. 城郊新农村产业发展模式选择——以广州市番禺区钟村镇谢村为例 [J]. 规划师，2009（1）.

[17] 李珽. 基于分类指导原则的广州市番禺区新农村规划探析 [J]. 规划师，2009（1）.

[18] 朱火保，张俊杰，周祥. 新农村建设中村庄道路系统规划的思考 [J]. 规划师，2009（1）.

[19] 胡健，王雷. 土地利用规划的刚性与弹性控制途径探讨 [J]. 规划师，2009（10）.

[20] 周扬、王红扬、冯建喜、马漩. 试论城乡. 统筹下的都市区城乡用地分类 [J]. 现代城市研究，2010.（7）.

[21] 赵洪才. 城乡统筹背景下的农村市政公用设施建设 [J]. 城市发展研究，2010（5）.

[22] 陈铭，陆俊才. 村庄空间的复合型特征与适应性重构方法探讨 [J]. 规划师，2010（11）.

[23] 李阿萌，张京祥. 城乡基本公共服务设施均等化研究评述及展望 [J]. 规划师，2011（11）.

[24] 贾巧娟. 基于城乡统筹的新农村规划的探索与实践 [J]. 小城镇建设，2010（07）.

[25] 黄蔚. 成渝统筹城乡"实验区"与新农村建设的经济、政治、文化全面发展理论与策略. 成渝地区城乡统筹与区域合作研讨会论文集 [A]. 2007.

Village Land Classification Research Based on Production and Live Style — for Example of Chengdu

Liu Qian   Bi Linglan

Abstract: Land classification as a basic technique which controls land usage and coordinates various developing and using conducts is an essential and very important tool for the process of village planning. In the context of urban and rural development, rural areas have gradually become the main part. However, we are lack of scientific and standardized village land classification and land classification research which using rural areas as the core subjects. This paper will use the village land as the researching subject in this paper, typical village and village planning of Chengdu as the researching object, the production and lifestyle's developing trends in rural areas as the researching foundation, exploring the development mode of our country's village land classification at the present stage and in the future.To Lay the foundation and provide a reference for formulating standards of village land classification and researching development of village land in the future. Firstly, we will carry out specific research in typical villages of surrounding are as in Chengdu . Through field research of the village land status, to find out basic information and problem of the land status. Secondly, the paper will carry out research of village land classification planned in Chengdu.Through the collection, collation, analysis of village planning which has been completed in villages surrounding Chengdu, to sum up the problems of land classification in the planning stages. Thirdly, based on the research of villages in Chengdu region, this paper will forecast the changing trends of production and lifestyle in rural areas in the whloe country, and discussing its impact on the land usage. Finally, based on the above various analysis and research, this paper will propose the basic strategy of formulating village land classification standards in the future.

Keywords: village land ; land classification ; production and live style

新型城镇化背景下，广东省村庄规划再思考
——以珠海市湖东社区"幸福村居"规划为例

摘　要：村庄规划和建设是我国实现"新型城镇化"的重要任务之一。本文在回顾广东省村庄规划和建设的历程的基础之上，结合十八大对于村庄发展的要求，以珠海市"幸福村居"规划为例，提出：新型城镇化背景下村庄规划编制应着眼于"生态优先、民生导向、产业发展、空间统筹、风貌凸显"等五个方面内容。

关键词：新型城镇化；村庄规划；广东

前言

　　"三农问题"是指"农业、农村、农民"这三个问题。实际上，这是一个从事行业、居住地域和主体身份三位一体的问题，但三者侧重点不一，必须一体化地考虑以上三个问题。2014中央一号文件发布，该文件最大的突出点是以改革创新的思路来解决三农发展中长期存在的老问题。建设社会主义新农村是解决"三农"问题的根本举措。同时，十八大提出了实现民族复兴的伟大梦想和建设"美丽中国"的战略任务。实现民族复兴的中国梦，重点在农村；建设美丽中国，重点也在农村。作为新农村发展建设的直接指导，村庄规划的内容与形式应当顺应时代发展需要。

1　广东省村庄规划历程回顾

　　2005年，党的十六届五中全会通过的《中共中央关于制定国民经济和社会发展第十一个五年规划的建议》，提出了建设社会主义新农村的重大历史任务，并提出建设社会主义新农村的目标和要求是"生产发展、生活宽裕、乡风文明、村容整洁、管理民主"。广东省作为改革开放的前沿，其村庄规划编制出现了各种形式的创新与尝试，回顾其历程，大致经历了从"整治"、"控制"到"试验"的三个阶段。

1.1　"整治"阶段——以增城下境村为例

　　2006年开始，以生态文明村为起点，针对广东省农村存在的问题及误区，广东省在全国率先出台《广东省村庄整治规划指引》，大力开展村庄规划、村庄整治规划编制工作和村庄整治工作。《指引》要求坚持因地制宜，分类指导，量力而行。如珠江三角洲地区的村庄整治要适应本地区工业化、城镇化的发展需要，东西两翼和粤北山区要重点解决行路难、住房难、饮水难、看病难、读书难等问题；位于城镇建成区内或城镇边缘的村庄应充分利用城镇公共服务设施与市政基础设施，偏远地区村庄应配置基本生活服务设施，规模较小的鼓励相邻村庄共建共享。在此，以增城市新塘镇下境村为例，对整治型村庄进行分析。

1.1.1　下境村概况

　　下境村位于新塘镇东南部，南部大部分地区位于新塘镇东部生态控制区范围内，距新塘镇区约4公里左右，紧邻仙村街道，属于城边村类型。经济发展较为落后，属于贫困村。但同时也拥有历史悠久，人文资源丰富，自然环

黄浩：广东省城乡规划设计研究院设计师

境优美等发展优势。

1.1.2 规划内容

在规划中，从村域规划、旧村改造以及新村建设三个方面展开。首先依托对外交通，承接产业扩散，盘活闲置土地，推动集体经济发展；其次，依托历史建筑多，濒临仙村涌的优势，适当发展一涌两岸乡村休闲文化旅游；此外，对边远村落改善公服市政道路等设施，整治旧村居住环境。

（1）在村域层面统筹考虑

盘活土地资源：利用现状的闲置工业用地，发展第二产业，在产业选择上，以一二类工业为主，远期考虑衔接新塘镇总体规划，发展房地产或者商业；同时结合新增分户需要，在原新村范围内，利用存量土地，适当增加居住用地。

完善公共设施：增加公共空间和服务设施，建设村口公园和小游园，增加社区服务中心等公共服务设施。

保护生态格局：重点落实村中河涌两岸的生态保护，建设沿河生态廊道。

村与土地利用规划图旧村整治和新村建设规划图

村庄整治和建设项目一览表　　　　　　　　　　　　　　　　　　　　　　　表1

项目类型		工作量	单位	投资估算		备注
				单价	总价(万元)	
现状建筑调查	拆除	6280	元/m²	30	18.8	拆除人工，不含补偿
	政治	1684	元/m²	30	5	
	新建	29800	元/m²	900	2682	
	其他	—	—	—	—	
	小计	37764	—	—	2705.8	
道路规划	道路	5148	元/m²	150	77.22	
	交通设施	1575	元/m²	60	9.45	露天停车场
	其他	—	—	—	—	
	小计	6723	—	—	86.67	
公共服务设施完善	小学	—	—	—	—	
	托幼	—	—	—	—	
	文化室	320	元/m²	100	3.2	不含土建
	医疗点	120	元/m²	100	1.2	不含土建
	公共活动场地	9058	元/m²	60	54.3	绿地、球场等
	其他	—	—	—	—	
	小计	9498	—	—	58.7	

续表

项目类型		工作量	单位	投资估算		备注
				单价	总价(万元)	
市政公用设施完善	排水工程	—	元 / 米	150		
	垃圾池	15	元 / 个	720	1.08	3 米 ×3 米
	公测	4	元 / 座	12000	4.8	24 平方米 / 座
	其他	—	—	—	—	
	小计	—			5.88	
村庄风貌改善	沟渠池塘清淤	—	元 / 项	20000	—	
	卫生死角清理	3	元 / 项	5000		
	传统建筑保护	11	元 / 项	视具体情况而定	—	
	古树名木保护	18	元 / 棵	500	0.9	
	道路两旁植物	1287	元 / 米	35	4.5	
	其他	—	—	—	—	
	小计	—	—	—	5.4	
合计					2862.45	

（2）划定旧村新村范围，分别制定行动计划

对新增村民分户用地进行需求预测，划定旧村、新村用地，安置新增分户。在旧村，以整治环境为主，梳理出用地进行公共空间建设；在新村区域，尊重现状建设情况的前提下，在村庄肌理上与旧村取得协调，同时按照标准模式配套建设村级公共服务设施。

（3）形成建设项目表

规划强调"因地制宜，项目为主，强调落实"，整治项目主要有十大类："整修村庄内部道路、整修建设村庄供水设施、整治村庄内排水设施、整治村庄垃圾、整治人畜混杂居住环境、整治村庄废旧坑（水）塘与河渠水道、整治建设公共活动场所、整治村容村貌、整治空心村、整治保护历史文化村庄"等（表1）。

1.1.3　经验与问题

在《指引》的指导下，广东省较好地推进了村庄整治工作。截至2011年底，广东省已对5375个行政村开展村庄整治，占到全省17600个行政村总数的30.54%。从2006-2010年，全省农民年人均纯收入从5079.78元，增加到7890.25元，年均增长11.6%。但农民收入增长速度比不上人均GDP增长速度（11.9%）。

（1）经验：政府牵头，规划先行，农民自主

1）重视总体规划，成立指挥部或指导中心，进行全域统筹，多种渠道筹集资金。

2）调动农民自发参与新农村建设的积极性和主动性。

3）农业规模化和特色化经营，扩大农民增收途径。

（2）问题：过于强调村容村貌的改善，农民增收问题没有得到根本性的解决，缺乏持续推进的动力

1）"村庄整治"的主要内容在于整治村庄外部环境，未能解决制约农村发展的土地、机制、政策等问题。

2）未对农民的生产经营方式提出新的思路，直接影响到村庄发展的可持续性和推广性。

全省人均 GDP 与城乡人均收入增长情况

人均 GDP（元）　城镇居民人均可支配收入（元）　农民人均纯收入（元）

1.2 "控制"阶段——以广州市花都区西头村为例

改革开放以来，在珠三角快速城市化地区，由于城乡二元体制的制约，城市建设未将村庄建设纳入统一管理，在经济因素的影响下，农村地区各类违法建设层出不穷。同时，又面临着新增人口分户、新村居建设的强烈需求，生态环境恶化、用地无序扩张、公共配套服务不足等问题对农村发展提出了严峻的挑战。为应对这样的状况，部分珠三角城市出现了"控制型村庄规划"。

在此，以广州市花都区西头村为例，从规划内容、规划体系、管理实施等方面对控制型村庄规划进行剖析。

1.2.1 西头村概况

西头村位于狮岭镇西部约 4km 处，北至清远市，南接中心村，西为马岭、联星村，东联狮岭镇区。距广州新国际新机场 15km、广州市中心 34km、清远市 35km。对外交通发达，紧邻广清、珠三环高速以及京广铁路。

由于交通便捷且接近镇区，村社以土地出租及农业生产、作坊加工生产为主。其中作坊生产以五金、塑料、皮革等污染较大的项目为主。工业布局分散，以小作坊形式的低端产业为主，污染较大。由于长期粗放发展，土地的经济性不够，没有使有限的土地发挥出最大的效益，居住用地也不能满足村民的需求。

1.2.2 村庄规划内容

在进行村庄规划之前，狮岭镇编制了镇域的村庄布点规划对村庄体系进行重新构建，根据城镇化影响的程度，将镇域内村庄划定为城中村、重点村、一般村并针对三类村庄的特点提出了发展指引。西头村属于部分城镇化的重点村庄，在规划中应重点进行组织产业服务配套、现代农业生产，实施资源整合、村庄的更新改造等内容。

西头村村庄规划在规划内容、规划体系、管理实施等方面，借鉴了较多城市规划的方式方法。

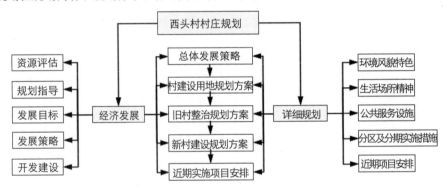

西头村村庄规划体系

（1）明确划定旧村、新村，整治旧村环境、安置新增分户。

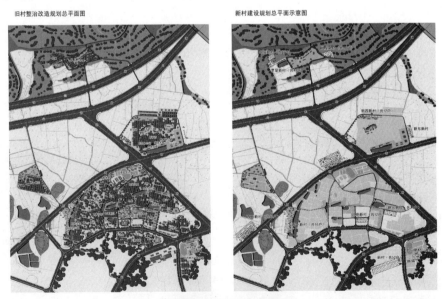

旧村改造与新村建设平面图

（2）建设公共活动空间，完善配套设施，营造村庄活力。

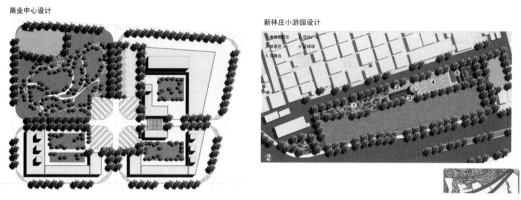

公共空间设计平面图

（3）对接城镇总规，落实并提出合理建议，集约村庄建设指标。

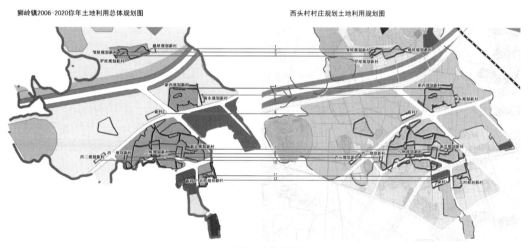

与总体规划协调图

（4）对接土地利用总体规划，增减挂钩，控制村庄建设规模。

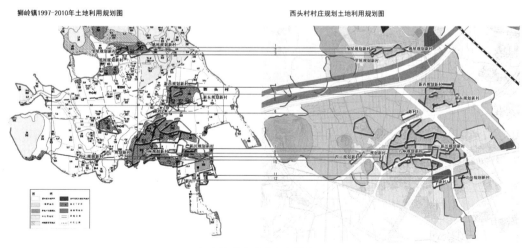

与土地利用总体规划协调图

（5）与村庄布点规划相协调，在规划中落实新村、旧村布点。

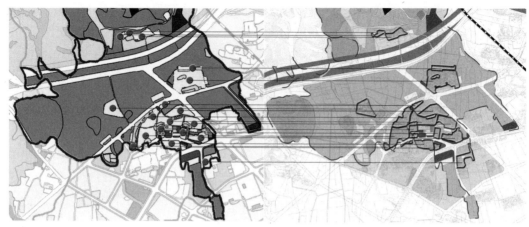

与村庄布点规划协调图

（6）严格控制村庄无序建设，实现五线管控。

村域建设用地规模控制五线图　　　　　　　　　村庄建设用地规模控制五线图

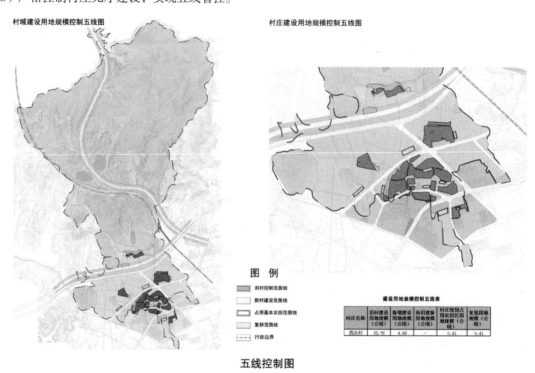

图　例

▨ 旧村控制范围线
▨ 新村建设范围线
□ 占用基本农田范围线
▨ 复耕范围线
--- 行政边界

建设用地规模控制五线表

村庄名称	旧村建设用地规模（公顷）	新增建设用地规模（公顷）	拆旧建新用地规模（公顷）	村庄规划占用农田区用地规模（公顷）	复耕用地规模（公顷）
西头村	35.76	4.69	-	0.41	0.41

五线控制图

1.2.3　经验与问题

通过"控制"型村庄规划，完善了规划编制管理体系，加强了市、区、镇三级政府对农村规划建设的管控力度，在一定程度上遏制了农村建设失控的态势。形成了以下经验：

（1）镇域统筹，分类指导

在编制村庄规划之前编制以镇级村庄布点规划，强调镇一级对村庄的管控，立足于村庄发展建设的差异化，对镇域村庄进行分类并按照类别的不同提出不同的指导方针，针对性地提出发展指引。

（2）多规协调，强调实施

强调村庄规划的实施性，要求多规划协调，村庄规划必须与城镇总体规划、土地利用总体规划以及村庄布点规划进行协调对接。

（3）引入城市规划中空间管制的理念

提出"五线控制"，划定新村建设范围线、占用基本农田范围线、复耕范围线，以此严格落实村庄规划，防止村庄无序建设。

但是，由于尚未理顺村庄规划的实施与管理体系，在规划实施中依然存在较多问题。该规划完成编制至今已有4年，经过调查发现，该村几乎很少有真正按照规划的建设行为。在多次与村民的沟通中，我们发现村民对规划可能的实现程度普遍很不乐观。放眼来看，在这一轮规划中，研读不同地区的村庄规划的编制指引，以及在数十个村庄规划的实践中，我们不难发现这次村庄规划最直接的问题就是实施机制的缺失。三年的规划行动，除了增城一些示范村有较多的规划实践之外，其他的村庄规划几乎很少有真正按照规划的建设行为。按照相同格式在短期内所编制的村庄近5年内的行动规划，其实并没有给出明确的行动方案，尤其是建设的实施主体、资金的来源缺少研究，甚至规划之后的施工方案往往也是缺失的，实施机制的缺失导致规划效用的极大弱化。

社会主义新农村建设，并不是简单的农村环境和住区的建设，更加重要的是为不同地区、不同类型的村庄找到经济驱动力，在本次规划中这没有成为村庄规划的关注点，也在很大程度上制约了规划的实施。

1.3 "实验"阶段——以"佛冈县共建社会主义新农村建设先行试验区"为例

作为改革开放的排头兵，改革开放以来，广东省在社会经济各个方面都取得了巨大的发展成就。但由于区位条件的限制，珠三角与外围的粤东西北地区发展差距不断拉大，如何推动外围广大农村地区的发展成为缩小地区差距的重要工作，创新的试验型村庄规划应运而生。

1.3.1 试验区概况

广东省社会主义新农村建设试验区（佛冈）总面积118平方公里，人口1.86万人，下辖6个行政村。试验区是以农业生产、农民生活、农村景观为主导的纯农村地区，具有中国农村地区的典型特征：农业生产以户为单位分散化经营，农村基础设施、公共服务设施投入不足、村容村貌环境质量较差，乡村地域景观特色显著。

试验区位于广州一小时生活圈内，邻接清远市佛冈县城，京珠高速擦肩而过，英佛高速、省道252线、佛冈－龙山一级公路贯穿其中。区内公路全程铺设高标准沥青路面，村村通公路形成网格化交通体系，优越的区位交通和环境资源条件，使其有条件打造成为珠三角的后花园。

1.3.2 规划内容

规划中针对农村"生产－生活－生态"三大方面的问题，以"农民增收"为核心，采取土地整理、规模经营、完善配套、提升水平、环境整饬、生态维育等多种形式，力图探索在农村一定区域内，通过进行产业、基础设施、环境和社会事业四大建设，打造以产业为支撑、以企业为主体、以城镇为依托的新农村发展格局。

（1）以人为本：通过全民覆盖的公众参与，广纳民意

在规划编制前期，委托专业的公众参与机构在试验区范围内全面开展公众参与调查。针对若干个规划重点关注的问题，按照"一户一问卷"的原则，共计派发了4400份调查问卷，实现村民100%的参与率。

（2）生产方面：关注发展动力，按照"集约化、规模化、多元化"的思路，构建多元联动的新农村生产模式

"一三"联动的基础在于独具特色的"第一产业"，规划中以"土地流转"为手段促进农业生产用地集约化、规

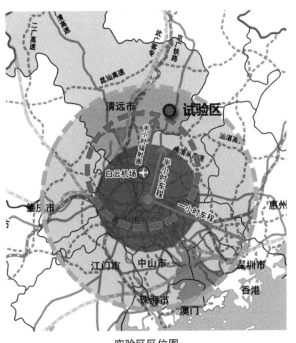

实验区区位图

试验区现状地形立体模拟图（以中央山脉为界形成龙塘、山湖两个谷地）

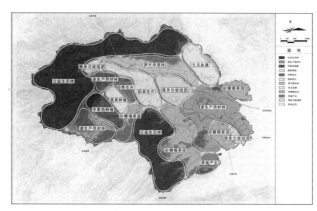

试验区产业布局规划图

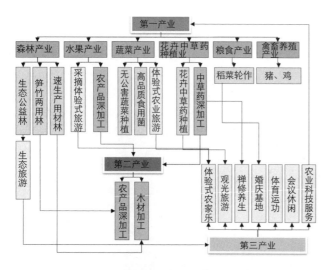

试验区产业体系结构图

模化，打破以村－户为界限的现状用地分布，以"谷地—缓坡地—山地"三个层次，实现农业生产用地的集中。以谷地型生产用地为中心，形成圈层式的布局结构，逐渐经缓坡地型生产用地向山地型生产用地过渡。随着用地条件的变化和联系性的减弱，生产用地的规模集聚性适度减小。"谷地—缓坡地—山地"的生产用地选择模式，在竖向层面上加强生产用地之间的联系，提高土地利用效率，对山地地区农业生产建设具有重大意义。

在对生态农业的发展进行深入研究的基础之上，规划强调农业产业链的延伸，促进产业的多元化，一三产联动，提升农业附加值。

（3）生活方面：引导集中新居，统一配套，提升服务水平，打造宜居村庄。

尊重村民意愿，在新社区的建设中，遵循"地缘优先，同村集聚"的原则布局多个居住组团，不割裂村民原有的社会生活脉络。同时，根据组团的分布形成相对集中的居住生活服务中心，分层次、分等级地统一配套公共服务设施、道路交通设施、市政公用设施，实现土地资源、公共资源、社会资源的合理配置。

（4）生态方面：关注"低碳环保、低冲击、农村风景化"，生态保护与生活提升和产业发展统筹考虑。

1）因地制宜，山水造景：利用现有的山水资源，因山造势、因水造景，塑造试验区独特的生态景观。

2）推进岭南新民居建设：突出岭南水乡街巷空间、特色建（构）筑物的整体格局和特色,结合生态旅游规划,打造岭南鱼米之乡的田园风光。

3）以"风景化"促进旅游发展：在"原生态乡村"的基础上打造"乡村旅游"品牌，以乡村旅游产品为龙头，以休闲度假旅游为主题，在乡村体验与观光的带动下，辅以农家乐、乡村旅馆、自然风景观光、运动露营、历史遗迹参观，共同打造休闲度假产品，以形成核心旅游产品，对旅游业的发展起到统领的作用。

4）推进"绿色市政"建设宜居空间：市政基础设施的设置与环境景观的打造相结合，塑造循环水系环境与具有岭南水乡特色的街巷空间，构建低冲击、低能耗、低排放的绿色市政基础设施体系。

1.3.3 经验与问题

由于该实验型村庄规划编制完成时间较短，相关的系列规划仍然正在编制之中，暂时无法对其效用进行公正客观的评价，但此规划中部分思路依然值得借鉴。

（1）村庄用地全域覆盖的思路

从生态空间到生产、生活空间，从建设用地到非建设用地，规划覆盖农村的全域范围，确定生态空间、产业布局、生活居住区布局的保障等内容。

（2）关注农村产业发展的思路

规划关注农村发展的根本动力，将村庄产业发展作为规划的核心内容之一。以农民增收为核心，力求通过转变生产组织方式，将当前的农民自主生产的形式转变为"龙头企业＋农民企业＋农户"；引导农村土地经营权流转，集约高效推进农地利用，改变当前零散的土地利用方式；"一三结合"延伸农业生产链，扩大农民增收途径，提高农民收入水平。

（3）关注实施，强化实操的思路

规划遵循从宏观到微观的思路，既指导发展定位、总体布局、专项规划等远期战略，又指导节点设计、建筑风貌、行动计划等近期实施。

2 新型城镇化对村庄发展的要求

十八大报告提出坚持走中国特色新型城镇化道路，推动工业化和城镇化良性互动、城镇化和农业现代化相互协调，促进工业化、信息化、城镇化、农业现代化同步发展。报告首次单篇论述"生态文明"，首次把"美丽中国"作为未来生态文明建设的宏伟目标，把生态文明建设摆在"五位一体"总体布局的高度来论述。

中央城镇化工作会议与国家新型城镇化规划（2014—2020年）明确了国家新型城镇化发展的理念、目标、任务。新型城镇化是以城乡统筹、城乡一体、产城互动、节约集约、生态宜居、和谐发展为基本特征的城镇化，是大中小城市、小城镇、新型农村社区协调发展、互促共进的城镇化。新型城镇化的核心是坚持以人为本。对于新型城镇化背景下三农发展，其核心在于不以牺牲农业和粮食、生态和环境为代价，着眼农民，涵盖农村，实现城乡基础设施一体化和公共服务均等化，促进经济社会发展，实现共同富裕。

结合以上新型城镇化背景下"三农"发展的新要求，我们认为新时期村庄规划应当关注以下重点内容：

2.1 坚持生态优先，维育生态本底

结合"生态文明"与"美丽中国"的要求，我们认为在村庄规划中应当秉持"生态优先"的理念，转变传统村庄规划重点关注建设用地布局或者生活环境整治的思路，强调村庄生态安全格局、自然生态肌理的保护，对于广大的农业生产地区的生态维育，对于农业生产污水、农村生活污水的治理，真正保护好"青山绿水"，为城市发展提供生态基底与生态产品，为区域可持续发展提供生态基础。

2.2 强调民生导向，坚持以人为本

充分发挥农民在村庄规划与建设中的主体作用，强调公众参与，充分征求村民的意见，关注农民需求，从基础设施配套、生活空间营造等方面凸现村民的主体地位。

2.3 关注产业发展，实现共同富裕

在村庄规划中将产业发展规划作为重要内容之一，分析村庄所在地区的特点，对农业规模化、特色化发展作出具体安排，促进现代农业发展，进而带动农业商贸、旅游休闲、农事科教等第三产业发展，推进城乡要素平等交换，多种方式增加农民收入。

2.4 统筹全域空间，加强规划管理

在村庄规划中转变传统村庄规划仅仅关注村庄建设用地空间的思路，以全域空间统筹的思路，合理安排农业生产空间、农民生活空间、农村生态空间，对村域生态格局维护、农业产业发展、农村生活环境改善做好全面空间安排，实现规划管理向乡村地区的全覆盖。

2.5 凸现乡村风貌，展现乡愁记忆

结合"美丽中国"的要求，重点强调"乡村风貌"的控制与引导，转变传统村庄规划注重"穿衣戴帽"、"立面整治"等面子工程，在公共建筑、住宅建设、公共空间建设等选型方面强调地域特点与传统风貌，展现乡村韵味、乡土风貌，体现"乡愁记忆"。

3 珠海市"幸福村居"村庄规划的创新与特色——以金湾区红旗镇湖东社区为例

为全面推进幸福村居建设，珠海市已完成了《珠海市幸福村居城乡（空间）统筹发展总体规划》、《珠海市村居规划建设指引》的编制工作，以统筹全市城乡一体化空间布局，指导全市各村幸福村居规划的编制和幸福村居的建设，促进城乡协调发展、村居差异化发展。

为从全局上统筹珠海市域"幸福村居"规划,珠海市规划设计研究院于 2013 年编制了《珠海市幸福村居城乡（空间）统筹发展总体规划》,该规划根据村居区位、主导产业以及村居特色等三大大方面在大类上将珠海村居分为农业化村居、工业化村居、城镇化村居以及古村落村居四类,同时划分农业村、涉农村居、城郊村以及城郊社区四小类进行补充,对珠海市所有村居都提出了发展指引。

同时,珠海市创建幸福村居工作领导小组成立"六大工程"专项小组统筹全市幸福村居创建工作,从"特色产业发展、实施环境宜居提升、实施民生改善保障、实施特色文化带动、实施社会治理建设、实施固本强基工程"等六个方面全面推进"幸福村居"建设。

3.1 湖东社区概况

（1）社区属于华侨农场社区,土地全部属于国有用地,具备发展规模化农业生产的先天优势。

（2）社区拥有良好的区位交通条件,距离珠海市中心区约 30km,可通过珠海大道便捷联系。

（3）社区拥有较好的农业基础,社区范围内划定基本农田 453.8hm²,占全域 72.8%,并拥有有省级无公害蔬菜基地。

（4）社区四面临水,平原广阔,自然风光秀美,具备发展乡村休闲旅游的潜力。

3.2 编制思路

规划从湖东社区的现状着手,利用好自身资源优势,以"生态优先、民生导向、产业发展、空间统筹、风貌凸显"等五个方面要求为指引,通过公共设施完善、交通组织梳理、环境整治、景观节点建设等措施,改善村民生产、生活条件和人居环境质量,打造村庄风貌特色,促进村庄经济、社会、文化和生态协调发展。

3.3 规划内容

规划以"优生活。促生产、育生态"三大要求出发,在"生态优先、民生导向、产业发展、空间统筹、风貌凸显"等五个方面进行了详细的安排,并最终按照"六大工程"分类形成涵盖项目落点、项目时序、投资估算以及资金来源等多方面内容的规划建设项目库,明确项目的落实。

污水处理设施分布图

3.3.1 生态优先方面

一方面从构建整体生态格局出发,划定空间增长边界明确滨水生态廊道以及农田生态斑块;另一方面,合理布局绿色市政设施,规划生态污水处理设施以及垃圾处理设施解决生活污水与固体垃圾两大乡村污染源。

在污水处理方面,根据社区建设斑块在空间上呈现"集中＋分散"这样的状况,构建与之匹配的污水处理系统:在集中区域通过建设"格栅＋SBR 反应器"模式的污水处理站进行污水集中处理;在外围,对于外围零散分布的农家乐等旅游服务设施,通过"厌氧池＋人工湿地"处理技术进行就近处理。

3.3.2 民生导向方面

针对当前社区居民面临的实际情况,从改善人居环境与完善公共服务设施两方面着手。一方面通过与土地利用总体规划协调,挖潜旧村场,腾挪用地规模用于安置区的建设,解决困扰社区 150 多户居民多年的住房问题;另一方面,结合安置区的建设,选址建设集中的社区公共服务中心,按照标准模式配套村级公共服务设施。

3.3.3 产业发展方面

就湖东社区来看,优良的区位决定了其不仅仅是发展农业,应该走"一三结合"的发展之路,收获农业效益的同时也要带动社区产业的综合发展。这也就决定了湖东的农业应该是以高技高效为主,以种植而非养殖为主,以规模农业配合农事体验、农业科普带动乡村旅游发展。

以"让都市人回归自然"为产业发展理念，在省级无公害蔬菜基地的基础之上，以发展高效生态农业为核心，促进农业与旅游相结合，发展现代农业展示、田园观光、农业生产体验、瓜菜采摘、农家旅馆、特色餐饮、垂钓捕捞等休闲农业和乡村旅游产品；以产业发展推动社区经济发展，以项目带动就业，促进就业扩大和居民收入水平增加。

在规划中通过建设安置区实现集中上楼，集约建设用地，对腾挪出来的建设用地进行旅游开发，为"一三"结合提供落地空间。

3.3.4 空间统筹方面

（1）统筹交通布局：对接邻近斗门区道路建设，解决外出交通瓶颈问题的同时与周边村居形成交通环路，共同打造乡村旅游通道，带动区域整体发展。

（2）统筹产业发展空间：以交通条件的改善为契机，着重在产业类型与产业布局方面与周边的村居协调，共同完善区域的现代农业产业链条，抱团发展，增强市场竞争力。

（3）统筹生态系统：与周边村庄沿主要河涌构建生态绿地网络，形成连续的生态湿地空间，并结合生态空间的建设布局绿道网络，以生态促旅游。

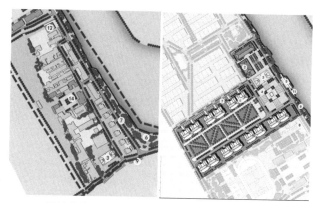

旧村改造平面图　　　　　　新村建设平面图

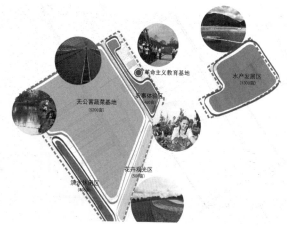

产业布局规划图

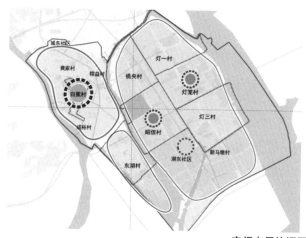

空间布局协调图

村庄建设效果图

3.3.5 风貌凸显方面

利用优势的自然条件，注重滨水空间的打造，规划将村居景观环境建设与滨河岸线改造紧密结合，加入岭南气息浓厚的景观小品，共同打造湖东社区的岭南水乡田园景观，改善人居环境，提升社区居民的归属感。同时在安置区与公共服务中心的建设中，在建筑选型、色彩、细节设计上体现岭南特色（表2）。

建设项目表   表2

序号	六大工程	项目名称	项目位置	建设规模	投资规模估算（万元）	资金来源	建设时间
1	特色产业发展工程	无公害蔬菜基地	江珠高速以西	—	—	社会资金	2016
2		生产运输路硬底	界河村道沿线	4公里	30	区、镇财政资金	2014
3		特色农家乐	白藤湖沿岸	—	—	社会资金	2018
4	环境宜居提升工程	界河岸线整治	界河沿岸	3公里	30	区、镇财政资金	2016
5		生态污水处理站	新旧社区之间	400平方米	100	区、镇财政资金	2015
6		垃圾房	界河水闸处	建筑面积85平方米	3	区、镇财政资金	2015
7		滨水绿道	界河与白藤湖沿岸	8公里	160	区、镇财政资金	2016
8		村道拓宽	沿界河村道	5公里	100	区、镇财政资金	2015
9		新建安置区	小学北部	建筑面积2.4万平方米	1000	区、镇财政资金，社会资金	2016
10		旧村居整饬	现居委会周边	—	—	区、镇财政资金，社会资金	2016
11	民生改善	肉菜市场	社区居委会南侧	建筑面积200平方米	10	区、镇财政资金	2015
12		文化活动广场	新建安置区	用地面积0.5公顷（包含篮球场）	70	区、镇财政资金	2017
13	特色文化带动工程	革命英雄主义教育基地	现状社区居委会	用地面积0.3公顷	30	区、镇财政资金	2018
14		社区文化活动中心	附设于社区公共服务中心	—	—	区、镇财政资金	2017
15	社会治理	社区警务室	暂时设置于现状居委会，待新社区公共服务中心建设完毕后搬迁	30平方米	10	区、镇财政资金	2015
16	固本强基	社区公共服务中心	新建安置区	建筑面积1500平方米	60	区、镇财政资金	2017

4 结语

在当前新型城镇化的发展背景之下，三农发展的核心在于不以牺牲农业和粮食、生态和环境为代价，着眼农民，涵盖农村，实现城乡基础设施一体化和公共服务均等化，促进经济社会发展，实现共同富裕。村庄规划已不仅仅只是被动的应对城镇化进程中村庄发展存在的问题，而需要以发展的眼光，更加系统科学的重新审视村庄规划作用，从"生态优先、民生导向、产业发展、空间统筹、风貌凸显"这五个方面系统性地对乡村的发展做出指引。

主要参考文献

[1] 周锐波，甄永平，李郇. 广东省村庄规划编制实施机制研究 [J]. 规划师，2011（10）：76-80.

[2] 刘园，董男. 城乡统筹背景下的村庄规划编制新思路 [A]. 2008 中国城市规划年会论文集 [C]. 中国城市规划学会，2008.

[3]　增城市新塘镇下境村村庄规划（2008-2012）[Z]. 广东省城乡规划设计研究院，2008.

[4]　广州市花都区狮岭镇村庄规划及村庄布点规划（2008-2012）[Z]. 广东省城乡规划设计研究院，2008.

[5]　广州市花都区狮岭镇西头村村庄规划（2008-2012）[Z]. 广东省城乡规划设计研究院，2008.

[6]　广东省社会主义新农村建设试验区（佛冈）总体规划（2012-2020）[Z]. 广东省城乡规划设计研究院，2012.

[7]　珠海市金湾区红旗镇湖东社区幸福村居建设规划（2014-2020）[Z]. 广东省城乡规划设计研究院，2014.

[8]　叶红. 从技术输出到协同规划——创新村庄规划方式，实现新型城镇化 [R]. 广州市新型城市化村庄规划培训班，2013.

Rural Planning Rethinking of Guangdong in the New Urbanization Background
A Case Srudy of "Happy Village" Planning in Hudong Community of Zhuhai

Huang Hao

Abstract : Rural planning and constructing is an important mission for "new urbanization" in China. At first, this paper reviews the history of rural planning and constructing in Guangdong, which has experienced three stages of repairation, controlling and experiment. Then, Combining experience of Guangdong with the requirements of 18th CPC National Congress for Rural development ; Rural planning should focus on five ideas:ecological priority, the guidance of people's livelihood, economic development, overall planning of space, Features highlight.

Keywords : new-type urbanztion ; village planning ; GuangDong

乡村空间发展的基础研究及研究视角的选择

菅泓博　段德罡

摘　要：我国当前正处于深化改革期，土地及乡村问题成为备受关注的热点。本文通过对国内外乡村空间发展的综述研究后发现，对于土地视角下进行的乡村空间研究有待深化，同时结合时代背景和土地流转政策的提出，笔者认为从土地流转视角下进行乡村空间研究非常必要。在明晰分析内容之后，借助新制度主义、空间生产论、小农理论、博弈论等观点，笔者提出了一个以"土地流转——行为主体——乡村空间"为核心对象的开放性研究框架，希望以此来推进该角度下的乡村空间研究，为我国的乡村规划提供启示。

关键词：乡村空间；土地流转；新制度主义；研究框架

1　研究缘起

1.1　乡村空间发展进入新的阶段

　　1949年新中国成立前后至今，乡村空间发展经历了若干重大变化。土地改革的成功，使得农民拥有了土地，脱离了地主的剥削，生产力得到了很大的解放，生活水平大幅度提高，生产、生活空间得以改善。此后，新中国成立初期的"人民公社化"运动，将农民紧紧的捆绑在土地上，多年的"公社化"实践与国家重点发展工业的战略，对乡村空间产生的影响也极其深远；改革开放后，家庭联产承包制的实施与土地制度的改革促使乡村空间治理出现了新的动力与契机，随之也产生了新的乡村空间图景；进入1990年代，全国农产品市场竞争日益激烈，而农业发展的传统模式并没有本质改善，农民负担不断加重，三农问题日益严重，乡村空间也出现了许多问题；2000年后，随着农业税的取消和一系列惠农政策的颁布，农民生活水平得到很大改善，为乡村空间的发展提供了现实基础，随着2006年新农村建设运动的启动，乡村空间发展进入了又一阶段（图1）。

江苏省华西村　　　　　　　　山西省大寨乡　　　　　　　　陕西省袁家村

浙江省安吉县双河村　　　　　河南省朱仙镇北辛庄　　　　　甘肃省首阳镇和平乡

图1　新乡村空间特征
（资料来源：网络资源）

菅泓博：西安建筑科技大学建筑学院硕士生
段德罡：西安建筑科技大学建筑学院副院长，教授

近期，随着十八大提出建设"美丽乡村"的全新目标，十八届三中全会提出的"健全城乡发展一体化体制机制"，以及《国家新型城镇化规划（2014-2020年）》[①]指出"有序推进农业转移人口市民化"、"推动城乡发展一体化"，乡村空间的发展不仅受到了前所未有的重视更表明了有关乡村空间的规划进入了新的阶段！

面对新时期的到来，我们可以发现乡村空间的发展与演进已经突破了传统乡村空间的演进规律，随着各个时期经济、制度、文化等因素的变革而呈现出不同的空间特征。在这样的背景下，探究新时期的乡村空间发展是很必要的。

1.2 农村土地问题成为新时期关注的重点

土地，不仅是空间建设的物质载体更是农民进行主要生产活动的稀缺性生产资料，在中国广大的乡村社会，土地还承担着社会保障等福利性保制度用，其重要性不言而喻。与此同时，解决好土地问题也是处理"三农问题"的关键。关于土地问题及相关土地政策、制度的变化尤其会引起全体社会的高度关注。

十八届三中全会通过的《中共中央关于全面深化改革若干重大问题的决定》指出，要"赋予农民更多财产权利"[②]。其中，对于农民宅基地的用益物权和农村集体土地所有权的改革意向已经初露端倪，土地制度再次成为改革的重点，受到广泛的关注。

作为规划学科生存的制度环境，土地制度的改革再次引发了规划学科要不要继续改革的新思考。笔者认为，随着新一轮土地制度改革的完成，中国土地制度总体框架到2020年将基本成熟，全新的现代土地制度体系将会给规划学科以深刻影响。

2014年11月20日，中共中央办公厅、国务院办公厅印发了《关于引导农村土地经营权有序流转发展农业适度规模经营的意见》[③]，鼓励乡村地区探索新的方式进行合理的土地流转，对于农村土地流转已明确认可和表态，土地制度及相关问题的改革已向前迈出一步。因此，作为乡村空间重要承载体的土地及土地流转研究，理应成为乡村空间研究中的焦点之一，对其研究的必要性和迫切性不言而喻。

1.3 乡村空间理论及乡村规划研究的缺失

《国家新型城镇化规划（2014—2020年）》中指出，我国的土地城镇化远高于人口的城镇化，城市建设用地增速远高于城镇人口的增速，一些城市"摊大饼"式扩张，过分追求宽马路、大广场，新城新区、开发区和工业园区占地过大，建成区人口密度偏低[④]，这种粗放式的城市建设开发模式对乡村的建设发展起到了负面的作用，2000—2011年，农村人口减少1.33亿人，农村居民点用地却增加了3045万亩[⑤]，农村大量土地资源的浪费，一方面是地方政府过分依赖土地财政的结果，另外一方面也反映出我国现今普遍存在的乡村规划并没有寻求出合理适宜的规划方法和途径对乡村空间资源进行合理的利用和保护。

在城市规划区内的村庄、集镇规划的编制和实施依照《城市规划法》及其实施条例执行，但在实际操作中城市规划总图常被"开天窗"，为"城中村"的形成和发展埋下伏笔；在城市规划区以外的农村居民点，则由于规划编制的组织和实施主体责权利关系不明晰等原因，往往忽略规划或只为应付检查而编制"墙上挂挂"的规划。[2]这种对城市规划手段和方法的照搬并没有充分考虑到村民的实际需求和他们生产、生活的组织方式，忽视了乡村规划与城市规划之间的重大区别（图2）。乡村、乡村空间的产生是乡村风土人情多年积累演化的表现，其内在的空间影响因素和相互间的作用机制与城市具有本质区别。相对应的，乡村规划的原理和方法理应与城市规划的原理与手段有所区别，但是这方面的理论与实践并没有形成具有系统性的参考成果。

2014年11月1日，在第十一届中国城市规划学科发展论坛——自由论坛的会场，针对"乡村规划该不该做，该怎么做？"的议题，各位学科专家和规划先锋畅所欲言，争论激烈，会上对于该议题的讨论结果并没有达成共识，可见，对于乡村规划的理论及实践指导还处于初级阶段，亟需对这方面的课题进行探索。

---

① 国家新型城镇化规划（2014—2020年）www.gov.cn。
② 中共中央关于全面深化改革若干重大问题的决定（2013年11月12日中国共产党第十八届中央委员会第三次全体会议通过）。
③ http://news.163.com/14/1121/06/ABIAO4QP00014Q4P.html。
④ 国家新型城镇化规划（2014-2020年）www.gov.cn。
⑤ 同上。

图2 乡村规划现状问题
（资料来源：网络资源）

因此，从认识乡村空间的理论研究入手，将土地及土地流转研究融入其中，进而探寻能够有效指导乡村规划的基本原理是摆在整个学科面前的重要任务，亦是城乡规划理论学习和研究的重要方向之一，而如何将土地问题同乡村空间研究联系起来，就成为重中之重，同时也成为笔者高度关注的问题。

2 关于乡村空间研究的理论综述

2.1 乡村空间

关于乡村空间的界定，各个学科都有基于各自研究视角和基本理论的定义，有的侧重描述"乡村空间形态"，有的偏向"乡村空间系统"，还有侧重"乡村空间肌理"的，大多数都将乡村空间研究聚焦在乡村物质形态研究上，仅有少量社会学学者将"乡村社会空间"这一概念引入乡村空间的内涵中。这些界定当中并不完全符合笔者对当前乡村空间研究中"乡村空间"一词的预期，也不再适用于如今多学科视角、多学科方法介入下的乡村空间研究，故而，笔者将乡村空间一词定义为：在一定环境中，由行为主体主导形成和影响的乡村物质形态空间和凝结在其中的物化型社会空间（图3）。

这是一个较为开放的定义，其最大的特点是将乡村空间的客观物质性与社会属性结合在了一起。

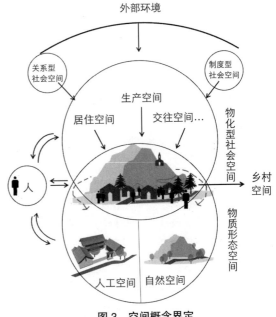

图3 空间概念界定
（资料来源：作者自绘）

2.2 有关乡村空间发展的研究

对于乡村空间发展的研究，国内外诸多学者采用了各种方法从多种角度和领域进行了大量的研究，地理学、城乡规划学、社会学、经济学以及政治经济学等诸多视角下的乡村空间研究取得了丰富的理论成果。其中，最具代表性的当属乡村聚落地理视角下对于乡村空间的研究。

2.2.1 国外乡村聚落地理视角下的相关研究

乡村聚落地理学科在国外的研究起步较早，研究也较为系统。李红波[3]通过大量的文献研究和资料整体，将其研究进展划分为四个阶段（表1）：

国外乡村聚落地理学研究的阶段演变 　　　　　表1

阶段划分	阶段类型	研究内容	研究方法
19 世纪至 20 世纪 20 年代	萌芽起步阶段	主要偏重于聚落空间与地理环境之间的连续	以描述说明为主
20 世纪 20 年代至 60 年代	初步发展阶段	研究内容扩展到乡村聚落形态的形成与发展、村落分布的类型与职能等方面	小区域实地考察
20 世纪 60 年代至 80 年代	拓展变革阶段	通过定量与定性结合来研究人类决策行为对改变聚落分布、形态和结构的作用	定量研究与行为革命
1980 年代以后	转型重构阶段	研究内容日益多元化，涉及到乡村聚落模式的演变、乡村人口与就业、地方政府和乡村话语权、乡村社区类型与居住区域的关系、乡村重构、乡村聚落的人口结构、城郊乡村变迁中的社区、乡村社会组织等	研究范式开始从空间分析向社会和人文方向转型

（资料来源：李红波，张小林.国外乡村聚落地理研究进展及近今趋势[J].人文地理，2012（04）:103-108.）

　　处于萌芽起步阶段（19 世纪至 20 世纪 20 年代）的乡村聚落地理学科将研究的主要内容聚焦在乡村聚落空间与其所在的地理自然环境之间的关系，研究范围小，研究成果则多以描述性说明的方式来表达。研究聚落地理的开山大师是德国地理学家科尔（J G Kohl），他在 1841 出版的《交通殖民地与地形之关系》一书中，首次对聚落的形成进行了较为系统的研究，并对大都市、集镇和村落等不同类型的聚落进行了比较研究，论述了聚落分布与地形、地理环境和交通线的关系，重点研究了地形差异对村落区位的影响。[4]1902 年，路杰安（MLugeo）对村落位置与地形、日光等环境要素的关系进行了深入分析。[5][8]法国学者白吕纳对乡村聚落与环境的关系进行了全面研究，他认为，不仅房屋的位置受自然环境的影响，而且村落的位置也同样受这些环境的影响。[6]

　　之后，乡村聚落研究进入初步发展阶段（20 世纪 20 年代至 60 年代），其研究的范围和视角得到了很大拓展。这一时期，对乡村聚落研究做出重要贡献的是德国地理学家克里斯塔勒（WChristaller）。他通过对德国南部乡村聚落的市场中心和服务范围的实证研究，于 1933 年创立了中心地理论，推动了乡村聚落的理论研究，对乡村中心建设和乡镇空间体系规划有重要的理论指导作用。[19][9]1939 年，阿·德芒戎（A Demangeon）发表《乡村聚落的类型》一文，探讨了法国农村的居住形式与农业职能之间的关系，区分了农村聚落的类型，将村落类型划分为长型、块型、星型、趋向分散的村庄四种类型，分析了不同村落类型的形成与自然、社会、人口、农业等条件之间的关系。[7]伦纳德（U Leonard）则从地理位置、人口增长、农业区域、土地占用与耕作范围及聚落模式等方面，对意大利坎帕尼亚区的乡村聚落进行了综合研究。[8]通过这一时期研究者们的努力，乡村地理学的研究内容扩展到乡村聚落形态的形成、发展及村落分布的类型与职能等方面。这些研究成果使得该学科的研究在当时上升到了一个新高度，对之后的研究具有重要意义。

　　受"计量革命"①和"行为主义革命"②的影响，乡村聚落地理学在这一阶段（20 世纪 60 年代至 80 年代）开始采用定量与定性相结合的研究方法，对其学科的发展产生重大变革。1963 年，鲍顿（L Burton）正式提出地理学的"计量革命"口号，计量地理学得到迅速发展并对地理学产生重大影响，对乡村聚落地理的研究起到了极大的推动作用。[17]1970 年以后，道温斯（R M Downs）又提出人文地理学的"行为革命"口号，将心理因素引入具体研究之中，研究人与环境的平衡与反馈原理，强调人类决策行为对改变聚落分布、形态和结构的作用。[7]

　　进入 1980 年代以后，乡村聚落地理的发展迎来了学科的转型重构阶段。在众多哲学思潮特别是后现代主义、存在主义、理想主义以及激进地理学、人本主义地理学、结构主义地理学和批判现实主义地理学的影响下，西方乡村地理学研究范式开始从空间分析向社会和人文方向转型。[17]尤其在受到"文化转型"③的影响之后，乡村地理学开始将人与人文因素当做研究的重要内容来对待，取得了丰硕的研究成果，乡村地理学的研究内容也呈现出日益多元化的趋势。同时，通过对国外乡村聚落相关文献的综述可得，主要研究内容集中在：乡村聚落影响因素、乡村聚落类型与形态、乡村聚落用地、乡村聚落空间结构与地域组织、乡村聚落景观五个个方面。

　　通过文献的梳理和总结，可以发现国外乡村聚落研究的总体发展历程：研究内容由单一走向综合，对各个内容采用的研究方法上经历了从简单向多样、从定性分析向多种定量化表达的转变，研究范畴从乡村空间向乡村的社会人文逐渐转变。但是，对于总结和分析工业化、城镇化过程对乡村聚落发展及其空间演变影响的研究结果比较缺乏，对乡村聚落和城市聚落协调发展的研究成果则少之又少。[16]即，对新一阶段的乡村空间发展的研究不够充实。与此同时可以发现，对于乡村聚落与土地及土地使用的关系等方面的研究并不充分，即：从土地和土地使用视角进行专门性的乡村空间研究尚有待探索。

---

　　① 计量革命是西方地理学的一次地理学研究方法的革新，始于 20 世纪 50 年代，于 20 世纪 60 年代兴盛。在计量革命中，地理学家们把数学统计方法应用在人文地理学研究中，其他学科的定律、规律也用来研究人文地理问题，使人文地理从定性分析走向定量分析，揭示了人文现象的相互关系、相互作用的空间规律性。

　　② 20 世纪 30 年代后，在美国率先兴起、形成一种与当代社会科学和自然科学的理论、方法论和技术手段等有密切关联的政治学：行为主义政治学。行为主义非常重视数据的收集和整理，并要求在进行价值去除的同时，在现象和数据允许的范围内尽可能地多掌握和运用数学，尤其是统计学的定量方法和现代计算机技术来得出明晰的结论，从而达到对行为的解释、预测和控制。

　　③ 20 世纪 80 年代末，20 世纪 90 年代初，在西方（主要是英语国家）人文社会科学中出现了对文化研究的热潮，被称为"文化转向"，有评论说，这一发展可看作第二次世界大战以来的一次极为深刻的社会观与政治观的变化。多种社会学科均将"文化"置于研究的焦点，在有关社会正义、归属、认同、价值等问题的研究中，创出一派新局面。在文化转向的社会科学潮流中，人文地理学者亦十分活跃，而文化地理学更因时而动，成为最具时代精神的地理学分支之一。

2.2.2 国内乡村聚落视角下的相关研究

国内有关乡村聚落空间的研究起步于 20 世纪 30 年代，受西方相关学科影响较大，至今已有近百年的发展历程，从研究内容的角度讲，大致可以分为两个方面：一是乡村聚落空间形态特征、分布规律的研究，包括空间总体特征、聚落规模、空间结构、空间形态、空间分布等内容；二是乡村聚落空间演化发展影响因素及其发展机制研究，主要从政治制度、经济发展、社会因素、生态因素、农户生存等方面入手，分析乡村聚落的演进及其动力。[10]

（1）乡村聚落空间特征研究

乡村聚落空间特征研究主要针对的是对乡村聚落体系的地域空间特征、乡村空间形态特征及其内在规律进行分析，主要包括乡村聚落的规模（人口、用地）、空间结构、空间形态、空间分布等方面的研究。

王传胜等以云南省昭通市为研究对象，运用 GIS 方法详尽探讨了坡地聚落的空间总体特征，并从区域发展视角分析坡地聚落空间特征的成因机制；惠怡安等通过实地调研，分析了农村聚落功能体系，借助不同公共服务布置的"经济门槛"分析，探讨了聚落适宜规模的确定方法；范少言等认为目前乡村聚落空间结构研究的重点应是：揭示乡村聚落体系的演变规律；韩非等论述了半城市化地区乡村聚落的基本特征、形态演变和发展类型，探讨其发展机理和重建路径；冯文兰等运用 GIS 空间分析方法对岷江上游山区聚落的空间聚集特征作了定量化分析，指出应采取适当的对策对空间发展不合理的聚落进行重建或迁建。[11]

（2）乡村聚落空间演变研究

乡村聚落空间的演变研究，具有明显的时间跨度，因此首先需要对乡村聚落空间的发展历程进行充足的梳理和认知才能进一步展开分析。

韩茂莉等对 20 世纪以来巴林左旗乡村聚落的空间扩展过程进行总结，得出了在人口的推动下，其聚落空间演变与环境选择经历了由疏至密、由优至劣的过程，即从聚落分布以空间扩展为主，以后转为密度增加，从低海拔区域向其他高程扩展。[12]尹怀庭等在探讨了陕西三大地区乡村聚落宏观分布的基础上，对各地区传统的农业乡村聚落的形成及发展的空间类型、原因作了比较研究，同时，总结了目前乡村聚落的一些空间演变趋势。[13]曾早早等以吉林省为研究区域，利用地名志资料建立吉林省聚落地名数据库，复原了吉林省近 300 年来聚落格局的演变历程，并将其划分为四个空间阶段，认为影响聚落空间演变的主要因素可能与吉林省的自然地理条件、移民、驻防以及政府所施行的政策等相关。[14]

探索乡村聚落空间演变的影响因素及其内在的相互关联是研究空间演变最为重要的环节之一，通过影响因素的梳理和影响方式的研究可以为空间发展趋势的判断以及乡村空间规划提供依据。邢谷锐等认为，城市化进程中乡村聚落空间的演变受到城市用地扩张、城乡人口流动、产业结构调整、基础设施建设和居民观念变化等多方面因素的影响。[15]范少言通过分析乡村聚落功能的历史演化，认为农业生产新技术、新方法的应用和乡村居民对生活质量的追求是导致乡村聚落空间结构变化的根本原因，并阐述了乡村聚落空间结构形态演化的 3 个基本阶段和演变的基本模式。[16]此外，郭晓东等利用 GIS 空间分析方法，研究了 1998—2008 年秦安县乡村聚落的空间分布格局及其变化特征，并通过研究认为乡村聚落的空间演变是一个动态的现实空间过程，是多种因素共同作用的结果。在乡村聚落的空间演变过程中，自然因素是其发展演变的基础，而人文社会因素是其发展演变的主要驱动力。[17]

从国内对于乡村空间特征研究来看，传统的乡村聚落空间形态研究更受到学者的青睐，对于村落空间内部的社会空间关注较少；而对于乡村空间演变的研究中，我们可以发现研究的重点更多集中在宏观区域层面的乡村空间上，也产生了很多研究成果值得借鉴，但针对于单个乡村个体或乡村村域内部的微观空间演化研究分析则相对受到忽视。

2.3 小结

从以上的综述研究中不难看出，虽然诸多学者在各个研究视角下取得了丰硕的研究成果，但是对于"土地"视角下的乡村空间研究并不充分，且由于对于乡村空间的认识大多偏向于乡村的物质形态空间，导致对乡村社会空间的忽视。尤其是对乡村空间形成与发展中"人"的作用分析不够透彻。

我国是一个农业大国，更是一个"乡村情节"深厚的国家，在农业社会里，对于土地的依恋不断传承，形成了农民对于土地天然的依恋，从这个角度讲，研究乡村空间离不开乡村的社会与人，研究乡村的社会与人，离不开土地视角。

3　关于土地视角下的乡村空间研究综述

3.1　国外关于土地使用视角下的乡村空间研究

关于乡村聚落与土地之间的专门研究最早是以农业区位论的形式出现的，而农业区位的研究是建立在杜能理论基础上的，由此研究引出了农村人口经营土地的基本特点。对于农村人口而言，经营土地所面临的问题首先是决定在哪里建造农舍以减少耕种和收获的耗费。艾赛达认为印度乡村聚落的演化和农业系统的发展是土地利用和耕地类型环状分布的产物。[18]在美国，早期乡村聚落分布也通常是与道路、耕地的分布联系在一起的。[19]基士姆曾以距离为根据，试图对乡村聚落和土地利用的一定特征提供系统的说明。[20]

近些年来，欧美的一些学者将研究内容更多的回归到土地利用与乡村居民点分布和乡村空间的拓展与土地利用之间的关系研究，为一些地区在城市化进程中正确应对乡村土地拓展和乡村居民点无序蔓延等问题提供了理论依据。弗瑞德（Fred）通过对多伦多周边的小城镇外围的居民点的调研和动态记录，总结出居民点用地的变化特征与演进机制。[21]维奥莉特（Violette）和巴奇瓦洛夫（Bachvarov）通过研究中东欧农村居民点用地变化，发现随着社会的发展，一些农村居民点逐渐衰退，而另外一些农村居民点逐渐成长并扮演着农村中心的功能。[22]韦斯特比（Vesterby）和克鲁帕（SKrupa）通过追踪美国农村居民点的用地，发现农村居民点用地持续增长，且农村居民点用地约是城市居民点用地的 2 倍。[23]卡门（Carmen）和厄文（GIrwin）分析了城镇化背景下农村居民点用地的变化，指出农村人口非农化、城镇人口的迁移、农业产业结构的调整、生活方式的改变、农村功能的变化等都对农村居民点用地产生影响。[24]海恩斯（L Haines）针对农村居民点用地不断扩展的现象提出了控制农村居民点扩张的四项措施：管理农村居民点用地发展的最低规模、购买发展权、转移发展权和划定保护区，并各个措施的运行绩效进行了评析，认为划定保护区是最理想的控制农村居民点用地扩张的措施。[25]通过以上的梳理可以看出，国外关于土地与乡村空间的研究呈现出专业针对性较强，研究内容不够开阔的特点，在研究方法上也呈现出对于经济学、区域地理学方法的侧重，但对于乡村空间本体的研究不做更深层面的研究和探讨，对于人文因素的考虑也并不充分。

3.2　国内关于土地使用视角下的乡村空间研究

从起步时间来看，国内由土地及土地使用角度出发进行乡村空间的研究要晚于国外，同时也受到了国外该领域研究的影响。

王勇[26]等从空间生产论的视角对苏南乡村空间转型做出了研究：指出乡村土地不仅具有使用价值更具有交换价值，按照空间交换价值优先于空间使用价值的逻辑，苏南地方政府积极主动地推动集体建设用地的流转，以此加快乡村空间再生产，导致乡村集中社区大量涌现、传统居住空间被彻底重构，城市区域化现象明显、乡村空间出现了不连续性的空间危机。

邵书峰[27]在对乡村农户住房对乡村空间演变的影响研究中提出宅基地管理机制薄弱导致农户对集体建设用地的无序开发和使用，进而出现了住房建设的无序，最终导致了乡村内部空间结构的变化，原有的乡村聚落形态被破坏，乡村空间的发展面临危机。

陈晓华[28]借鉴美国学者皮特纳尔逊的"三力作用模型"来解释了乡村空间重构中"人——地"关系的重要作用，并指出乡村非农用地集约化利用及宅基地复垦是乡村空间整治规划的重要策略。

魏开等的研究认为：村庄土地利用变化是我国快速城市化和工业化背景下乡村空间转换的核心内容。研究以滘中村为例，分析了该村 30 多年土地利用变化过程后发现，农业用地大幅度减少，道路、公建、居住用地阶段性增长，工业用地和商业用地相继增长。从主体、成本与收益、制度因素和空间效应等方面对变化机制进行了探讨，而土地利用变化带来了乡村城市化、流动性和村庄社会空间重构等方面的空间变化，推动了乡村空间的转换。[29]

龙花楼[30]将乡村空间格局的变化视为乡村重构的表现形式，并指出，乡村土地整治是乡村空间重构的关键，土地整治对于乡村生产、生活和生态空间的重构具有助推作用，并提供了解决三种类型空间问题的相应土地整治策略，从而有效合理的指导乡村空间整治规划的制订。

从上面的梳理不难看出，近些年来的相关研究主要集中在土地使用对乡村空间结构或整体空间形态的影响，对乡村空间内部的空间单元及空间元素的研究并不关注；除此之外，对于乡村土地使用的研究多将政策和制度因素作为分析的重要内容进行研究，而对于人、行为主体的行为活动影响研究并不充分。

3.3 小结

从以上研究可以看出，土地视角下的乡村空间研究，其出发点多是土地使用对乡村空间的影响，而对于这种空间影响的研究多集中在乡村居民点、乡村居住空间及乡村物质形态上，同样并没有将空间影响的范围拓展到乡村内部的社会关系及人为活动。

由于土地视角下的研究多离不开土地制度及土地政策的介绍，甚至土地视角下很多研究的产生的本质就是因为制度、政策因素的改变。由此一来，在当前这个社会环境中，在土地流转及其相关政策成为时代热点的环境中，开辟从土地流转视角下进行的乡村空间研究就显得非常重要，而这种探索，也正是本文的重点。

4 土地流转视角下对于乡村空间研究的探索

4.1 研究内容分析

土地作为乡村空间最基本的承载基底，其与乡村空间具有天然的关联，这就为寻找土地使用与乡村空间发展之间的关联提供了基本的客观条件。而对于土地进行的任何形式的使用都源于人的行为活动，尤其在乡村空间日渐社会化的今天，人与人的行为活动可以被视为连接土地与空间之间的基本中介系统，这样就建立起了"土地使用——人——乡村空间"之间的基本联系。土地流转作为土地使用的一种形式表达，对应于它的人则可被称做"土地流转的行为主体"，这些行为主体的行为隶属于乡村人的社会活动范畴，同时也就具备了影响乡村空间发展的可能。这样我们就建立起了"土地流转——行为主体（具有土地流转主体和乡村空间行为主体的双重特性）——乡村空间"之间的逻辑框架（图4）。农村土地流转对其乡村空间发展的影响研究也就明确为对于这三者的关系研究。

进一步讲，对于这三者的关系研究，其核心是对于"人"与"人"的行为活动的研究，这样就需要借助到以上谈到的几种理论与方法，由此来进行全面的分析与研究。

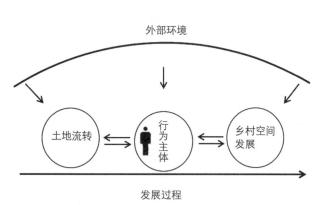

图4 乡村空间发展影响研究的逻辑内涵
（资料来源：作者自绘）

4.2 理论基础

4.2.1 新制度主义方法论

新制度主义是20世纪70年代率先在西方兴起的一种思想流派，主要存在于经济学、政治学和社会学等社会学科之中，经过多年的发展，至今已经成为社会科学中十分重要的研究方法论。

近年来，随着中国城镇化与城市规划学科的不断发展，对于城市空间形成及发展的内在机制研究更加受到学者的重视，对于这方面的研究内容和方法也趋于综合，在这样的背景下，张京祥、李强等学者对引入新制度主义方法论来研究城市规划空间研究做出了重要探索。

新制度主义方法论具有如下特点：①多维的研究视角。新制度主义研究范式主要从人、制度以及社会活动的相互关系入手来解释社会活动及社会现象，其研究视角是多维的，包含了决定社会现象的两大要素：人与制度及其相互关系。②"制度攸关"的核心思想。新制度主义将制度视为社会活动和社会现象的重要内生变量，并对制度以及镶嵌于制度之中的个人行为进行分析的研究途径，构成了其方法论的最大特点。③个人主义和整体主义的融合。新制度主义强调制度重要性的同时，加入了对个体偏好和行为的分析，即从旧制度主义"制度——宏观结果"的概念框架发展为"制度——个体的偏好、行为——宏观结果"。④多学科综合的研究范式。新制度主义把制度概念的外延扩大到包括所有政治、经济 社会以及文化等方面的内容，通过对制度概念的一般化界定和制度分析研究途径的引入，打破了政治学、经济学以及社会学等社会学科间的壁垒，形成了一种综合性的多学科研究范式。[31]

基于对新制度主义方法论的分析和认可，这些研究者们提出了一个开放式的研究框架（图5），并提出城市空间发展机制的研究重点在于以下四个方面：城市空间发展的外部制度环境（政治、经济、社会制度）、影响城市空间发展及城市土地开发的具体制度与政策、影响城市空间发展的各类行动主体及其相互关系、各类行动主体在城市空间发展过程中的具体行为选择以及由此所形成的一系列社会互动过程（主要以理性人假设为前提）。

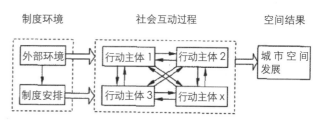

图5　基于新制度主义的城市空间研究框架
（资料来源：李强 . 新制度主义方法论对我国城市空间发展内在机制研究的启示 [J]. 现代城市研究，2008（11）:13-19）

4.2.2　空间生产论

20世纪70年代，法国哲学家列斐伏尔首次将空间引入到经典马克思主义的生产理论之中，创造性地提出了空间生产理论。列斐伏尔将空间区分为具体空间和抽象空间：具体空间指处于原始状态的自然场地，具有使用价值；抽象空间指具体空间被国家机构或商品生产所占用而包含了某种社会关系属性的空间，具有交换价值。[32]他认为，空间不仅仅是物质生产的器皿和媒介，还是社会关系的容器。哈维以此为基础，借助资本逻辑指出"城市空间的本质是一种建构环境……在资本主义条件下，城市建构环境的生产和创建过程是资本控制和作用下的结果，是资本本身的发展需要创建一种适应其生产目的的人文物质景观的后果"。即，空间的演变和再造实际上是新的生产关系的再造，随之带来的是社会关系的再造。

4.2.3　小农理论

除农业区位论、地租理论等区域地理学科常用到的经济学原理常用以解释农村的经济和生产行为外，小农理论也是一个极其重要的理论。

小农理论经历了生存小农、道义小农、理性小农、剥削小农的发展，直到黄宗智对道义小农、理性小农和剥削小农进行了一个综合，他指出：单独用道义小农、理性小农和剥削小农中的一种理论并不能准确地解释农民的行为，而应该将这三种小农理论综合起来，因为它们各自都只能解释小农行为中的某一方面，它们的结合则能准确地解释小农的行为。[33]徐勇教授等认为，综合理论也无法解释当今农户的行为，于是他提出了"社会化小农"的概念，认为社会化小农就是社会化程度比较高的小农户，即与外部世界交往密切，融入现代市场经济，社会化程度比较高但经营规模较小的农户，农业生产、农户生活、农民交往已经社会化，即农民的"支"、"收"、"往"都源于"社会"，农民生产、生活、交往也都"社会化"了。[34]当然，小农理论的研究依然在发展，目前来看，学界一般将农户行为视为是有限理性的，既存在理性的一面，也存在非理性的一面。

4.2.4　博弈论观点

博弈论又称对策论，是研究决策主体行为之间发生直接相互作用时的决策以及这种决策的均衡问题，即一个行动主体的选择受到其他行动主体选择的影响，而且反过来影响到其他主体选择时的决策和均衡问题。它的基本概念里包含：局中人（行动主体）、行动、信息、策略、收益、均衡和结果等。

博弈有合作博弈和非合作博弈。合作博弈强调的是整体最优，非合作博弈强调的是个人理性，个人决策最优，其结果可能是个人理性行为导致集体的非理性（即非整体最优）。[35]

总的来说"博弈论"观点的本质是将日常生活中的竞争和矛盾以游戏的形式表现出来，并用逻辑学和数学的方法来分析事物的运作规律。既然有游戏的参与者那么也必然存在游戏规则，甚至规则制定者。深入的了解竞争行为的本质，有助于我们分析和掌握竞争中事物之间的关系，更方便我们对规则进行制定和调整，使其最终按照我们所预期的目的进行运作。[36]

4.3　一个开放性框架的提出

基于以上理论，笔者以新制度主义方法论的研究框架为原型，提出一个开放性的研究框架（图6），为进行土地流转视角下的乡村空间研究提供思路，同时也为有关土地使用和其他相关性的乡村空间研究提供启示。结合以上提到的相关理论在具体的研究中，可针对不同的对象及内容进行分析，以便达到开放性框架能够更好的运用到实践中。

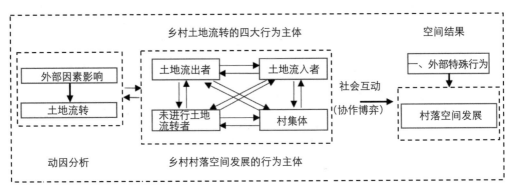

图6 土地流转视角下的乡村空间发展研究框架
（资料来源：作者自绘）

值得注意的是，此处的研究框架并没有体现出在研究中应该具有的"发展性"特征，即时间阶段的划分，这需要研究者根据具体情况来分析，笔者建议以对象的土地流转主导特征结合乡村空间的发展特征为划分依据进行阶段的划分，以此来凸显空间发展研究的"时间"维度特征。

4.4 总结

2014年是我国的深化改革元年，也是城乡规划的重大变革时期，无论是乡村空间还是土地流转，都将成为改革的重要内容，希望笔者的研究可以为城乡规划学科的发展尽一份绵薄之力。由于篇幅限制，开放性框架中涉及到的众多因素并未展开论述，其所试用的范围也有待进一步验证，此处仅作抛砖引玉之用。

主要参考文献

[1] 赵新平. 城市规划制度改革的主线：土地制度现代化 [J]. 规划师，2014（02）:5-11.

[2] 吴志东，周素红. 基于土地产权制度的新农村规划探析 [J]. 规划师，2008（03）:9-13.

[3] 李红波，张小林. 国外乡村聚落地理研究进展及近今趋势 [J]. 人文地理，2012（04）:103-108.

[4] 张文奎. 人文地理学概论 [M]. 沈阳：东北师范大学出版社，1987.

[5] 金其铭. 农村聚落地理 [M]. 北京：科学出版社，1988:7-12.

[6] 白吕纳. 人地学原理 [M]. 钟山书局，1935:10-27.

[7] 阿·德芒戎. 人文地理学问题 [M]. 北京：商务印书馆，1993:140-192.

[8] 郭晓东. 黄土丘陵区乡村聚落发展及其空间结构研究 [D]: 兰州大学，2007.

[9] 董明辉. 人文地理学 [M]. 长沙：湖南地图出版社，1992:10-15.

[10] 寿劲松. 袁家村空间发展机制研究 [D]: 西安建筑科技大学，2014.

[11] 何仁伟，陈国阶，刘邵权，郭仕利，刘运伟. 中国乡村聚落地理研究进展及趋向 [J]. 地理科学进展，2012（08）:1055-1062.

[12] 韩茂莉，张瞱伟. 20世纪上半叶西辽河流域巴林左旗聚落空间演变特征分析 [J]. 地理科学，2009（01）:71-77.

[13] 尹怀庭，陈宗兴. 陕西乡村聚落分布特征及其演变 [J]. 人文地理，1995（04）:17-24.

[14] 曾早早，方修琦，叶瑜. 吉林省近300年来聚落格局演变 [J]. 地理科学，2011（01）:87-94.

[15] 邢谷锐，徐逸伦，郑颖. 城市化进程中乡村聚落空间演变的类型与特征 [J]. 经济地理，2007，27（6）:932-935.

[16] 范少言. 乡村聚落空间结构的演变机制 [J]. 西北大学学报（自然科学版），1994（04）.

[17] 郭晓东，马利邦，张启媛. 基于GIS的秦安县乡村聚落空间演变特征及其驱动机制研究 [J]. 经济地理，2012（07）:56-62.

[18] 陈宗兴，陈晓键. 乡村聚落地理研究的国外动态与国内趋势 [J]. 世界地理研究，1994，01:72-79.// 雷木·巴哈德·曼德尔. 土地利用模式 [J]. 地理译报，1986（01）.

[19] 陈宗兴，陈晓键. 乡村聚落地理研究的国外动态与国内趋势 [J]. 世界地理研究，1994（01）:72-79.// 孙盘寿. 美国人口和居民点地理学研究概况，1962 年经济地理学术会议文件 [C]，1962.

[20] 陈宗兴，陈晓键. 乡村聚落地理研究的国外动态与国内趋势 [J]. 世界地理研究，1994（01）:72-79.//Chisholm.M. Rural Settlement and Land Use:An Essay in location[DB].London:Hutchinson university library，19682.

[21] Fred Dahms. Settlement evolution in the arena society in the urbanfield[J]. Journal of Rural Studies, 1998,14(3):299-320.

[22] Violette Rey, Marin Bachvarov. Rural settlements in transition-agri-cultural and countryside crisis in the Central-Eastern Europe[J]. Geo-Journal, 1998, 44（4）:345-353.

[23] Marlow Vesterby, Kenneth S. Krupa. Rural residential land use:Tracking its grows[J]. Agricultural Outlook，2002，（8）:14-17.

[24] Carmen Carrión-Flores, Elena G Irwin. Determinants of residentialland-use conversion and sprawl at the rural-urban fringe[J]. Ameri-can journal of agricultural economics，2004，86（4）:889-904.

[25] Anna L Haines. Managing rural residential development [J]. TheLand Use Tracker, 2002, 1（4）:6-10.

[26] 王勇，李广斌，王传海. 基于空间生产的苏南乡村空间转型及规划应对 [J]. 规划师，2012（04）:110-114.

[27] 邵书峰. 农户住房选择与乡村空间布局演变 [J]. 南阳师范学院学报，2011（04）:20-23.

[28] 陈晓华. 欠发达地区乡村空间重构与规划策略研究 [A]. 中国地理学会. 中国地理学会百年庆典学术论文摘要集 [C]. 中国地理学会，2009（1）.

[29] 魏开，许学强，魏立华. 乡村空间转换中的土地利用变化研究——以滘中村为例 [J]. 经济地理，2012（06）:114-119+131.

[30] 龙花楼. 论土地整治与乡村空间重构 [J]. 地理学报，2013（08）:1019-1028.

[31] 李强. 新制度主义方法论对我国城市空间发展内在机制研究的启示 [J]. 现代城市研究，2008（11）:13-19.

[32] 高鉴国. 新马克思主义城市理论 [M]. 北京：商务印书馆，2006.

[33] 黄宗智. 华北的小农经济与社会变迁 [M]. 北京：中华书局，2000.

[34] 徐勇，邓大才. 社会化小农：解释当今农户的一种视角 [J]. 学术月刊，2006（07）:5-13.

[35] 陈志龙，姜韡. 运用博弈论分析城市地下空间规划中的若干问题 [J]. 地下间，2003（04）:431-434+457-458.

[36] http://baike.baidu.com/subview/18930/11095135.htm?fr=aladdin.

Rural Spatial Development of Basic Research and the Research Angle of Viewchoice

Jian Hongbo   Duan Degang

Abstract : Our country is in the period of deepening reform, land and rural issues become the focus of concern. This paper reviews the research of domestic and international rural spatial development after the discovery, for the study of rural land from the perspective of the space to be deepened, and combining with the present era background and the land circulation policy, I think from the perspective for the rural land circulation space research is very necessary. After a clear analysis content, with the help of new institutionalism, space production theory, peasant theory and the game theory point of view, the author puts forward a "land transfer — behavioral subject of rural space" as the core object of the study on open framework, hoping to promote the research of rural space under the angle, provide inspiration for China's rural planning.

Keywords : rural space ; land circulation ; new institutionalism ; research framework

农村住宅建设与规划的问题、成因及对策
——以浙江省部分市县为例

王福定　李莉

摘　要：一直以来，浙江省农民人均纯收入与城镇居民可支配收入之比大致保持在 1∶2 左右，高于全国的 1∶3 左右的水平，乡村建设的社会经济基础较好，2010 年之前，浙江省以县市为单位，先后在农村开展了各类建设规划、村庄布点规划。2010 年之后，在全省层面开展美丽乡村规划、典型村、示范村建设规划，在乡村建设规划等方面积累了不少经验，但是从建成村庄调查看，实际问题也不少，本文从分析浙江省现状农村建设中的现状问题着手，从经济、社会、政策和规划层面，研究其成因条件，最后提出解决问题的对策与思路。

关键词：农村住宅；建设与规划；成因及对策

1　住宅建设现状与问题

1.1　住宅建设现状

2013 年，浙江省农村居民人均居住建筑面积为 60.82m²，共计建筑面积为 199580.8 万 m²。从建筑面积增长看，1980 年代以来，浙江省农村住宅建筑面积年均增长 4.2%。其中 1980~1990 年间，增长速度较快，其均值在 5%~6% 之间，1990~2000 年间，增长速度在 3%~4% 之间[1]，而 2000 年后，逐渐降至 1%~2%，局部年份甚至出现了负增长，浙江省农村住宅新建建设量大为减少（图 1）。

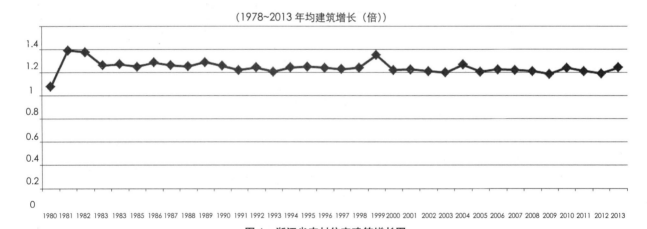

图 1　浙江省农村住宅建筑增长图
（资料来源：以上资料来源于浙江省统计年鉴—2014，下同）

从农村居民建设量与建设资金投入的关系看，浙江省农村住宅建设资金的投入与住宅建设增量并不同步，根据 2002~2010 年，全省用于农村住宅建设资金年均由 200 亿元增长到 510 亿元，呈现逐年增长态势，而期间住宅建筑面积年均增量在 4000 万 m² 上下波动，而有些年份呈现出负增长，表明 2000 年以后，由于农村住宅建设受用地指标的限制，进入拆迁改造时期，拆迁改造在农村住宅建设中，占较大的比重。现以温岭市为例，分析农村住宅新建与改造建筑的量比关系。

王福定：浙江大学城乡规划设计研究院高级工程师
李莉：浙江大学城乡规划设计研究院工程师

与全省其他县市一样，温岭市1980年以后开始，农村住宅建筑有明显的增长，1993~1996年，农村居民建设量与建设资金几乎同步，进入高潮，1996年后，新批农村住宅回落归于正常，农村私人投入住宅建设资金也回归正常化，表现出农村住宅建设与资金存在较强的相关性。2004~2011年间，在新建面积增长极少的情况下，而农村住宅建设资金2004年与2010年两年表现同往年正常化的水平，表明农村住宅由新建转向拆扩建或改建为主，或期间存在一定的未批先建建筑。

1.1.1 新建住宅

温岭市的农村居民新建住宅主要源于农村人口中，户数的不断小型化与户数的实际增多，1985年来，共新增农村住宅建筑面积2237.4万 m^2。2012年，农村住户比1985年25.58万户多增了11.8万户，以平均户型1.35间/户计，则实际增加15.9万间，按照3.6m开间，13m进深计，新增住宅基地面积744.12万 m^2，按照三层计算，建筑面积约2232.36万 m^2[2]，基本上与历年统计的新增建筑面积相吻合。

1.1.2 拆扩建

温岭市农村的拆扩建包括原地拆扩建与异地拆扩建（即拆老建新），这基于农村住宅户数不变的情况下，对农村旧宅的改造和建新拆老的建设方式。这两种方式主要在每年乡村个体资金投入不减的情况下计算，而每年统计上的新建量很少。据此，推算相关年限的改扩建面积，1985年来，大约改造的住宅建筑面积为3630万 m^2。

1.1.3 未改造老建筑

根据2012年，住宅建筑面积6542万 m^2 计算，扣除新建和已经改造后的建筑面积，未改造建筑为679.64万 m^2，占农村住宅建筑总面积的10.38%。未改造的老建筑基本是1980年代以前建造的，以砖木、砖石和石木结构的建筑为主。

1.2 住宅建设的问题

1.2.1 人均住宅建筑用地面积增长快

浙江省农村住宅人均居住建筑面积2013年达到60.82 m^2，是1980年16.07 m^2 的近4倍（图2）。按照住宅容积率1计算，则人均住宅用地面积为60多 m^2。据浙江省有关规定[3]，浙江西部和北部的有关县市，制定大、中、小户型，其宅基地面积分别为120、100、80 m^2 的建设审批政策条件，其人均住宅用地与居住面积远远高于这一数字。而即使在浙江东南部的宅基地审批政策条件相对比较严格的温州或台州的有关县市，其现状的人均用地面积也在不断的扩大。以浙江省温岭市为例，温岭市小户型宅基地面积为55 m^2，历来按照3.6m×13m的建筑基地为最小单元，进行用地的审批与建造方式，对比浙北浙西等农村住宅进深而言，"短进深、多开间"的120 m^2、100 m^2 和80 m^2 的大、中、小三类户型的审批标准节约了很多土地。但是，从时间维度看，其并不节约用地。

温岭市从1980年的人均住宅建筑面积不足30 m^2，是当时浙江省平均的2倍，发展到2012年人均农村住宅建筑近58 m^2/人，虽为全省的平均水平，但与原来相比，也翻了一番。1980年，温岭市按照3~4人批建（改建或拆老建新）小户型面积3.6m×13m计，约占地为48 m^2，建筑面积按照3层计算，为140 m^2。人均新建为40 m^2/人。2000年前后隔代分离新家后，往往在异地再新批建一至两个开间，即共计为5人两间，或8人三间，人均建筑面积分别为56 m^2/人或52.5 m^2/人，人均用地和建筑面积增长较快。

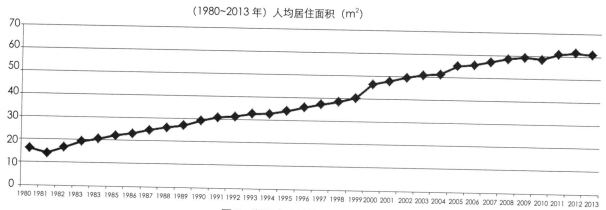

图2　浙江省农村住宅建筑增长图

在建筑基底面积不变的情况下，保证同样日照间距时，小户型的 3.6m×13m 开间，虽然比 7.2m×10.5m 的 80m² 小户型节省了用地，提高了容积率，但是小户型的 3.6m×13m 只适合核心家庭 3 口之家居住，不适应 3 代家庭同住 1 处。如同样建设 3 层住宅的 3.6m×13m 住宅和 7.2m×10.5m 住宅，前者的第 3 层和北面卧室的适居性差；而后者的 2 楼和底层非堂屋均可作为卧室，大大适应了两代人居住的条件，从而延长了乡村住宅建设周期，减缓了乡村住宅人均建筑和占地面积的增长速度。

1.2.2 住宅建筑功能复合，使用不便

从浙江省农村居民就业方式构成变化可以看出，浙江省农村劳动力中，就业于农林牧渔业的第一产业就业比重从 1984 年的 71.56% 降低至 2013 年的 23.98%，而从事工业、建筑业的第二产业和其他行业的第三产业，其比重构成分别从 1984 年的 21.01% 和 7.43% 上升至 2013 年的 49.19% 和 26.83%，即农村就业人口中，近 76% 的人口就业于非农产业（表 1）。在经济相对发达的浙江东南有关市县中，这一比例更高。按照温岭市乡村居民就业方式统计，单纯从事第一产业占 4%，从事第二、第三产业的劳动力人口分别占乡村劳动力总人口的 41.9% 和 25.4%，还有 28.7% 的劳动力是处于不定的兼业状态，如农兼工或农兼商等。就业方式的非农化和兼业化，这在住宅空间上表现在住宅建筑中，同时为各种空间要求留余地。通常农村沿街、沿路住宅前门店、后加工场或仓储等（图 3）。这些不同功能的空间叠加，不仅使住宅内部使用不便，而且在室内空间不能满足需要时，会侵占沿路尤其是村庄主要道路空间，严重影响乡村道路的使用与环境景观的展现。

浙江省农村人口就业构成变化表　　　　　　　　　　　　　　　　　　　表 1

年份	第一产业	第二产业	第三产业	合计
2013	23.98%	49.19%	26.83%	100.00%
2010	26.74%	45.69%	27.57%	100.00%
2000	48.14%	27.74%	24.12%	100.00%
1990	65.68%	21.75%	12.57%	100.00%
1984	71.56%	21.01%	7.43%	100.00%

图 3　温岭市功能复合型乡村住宅现状

1.2.3 住宅建筑尺度大、失去乡村应有的住宅建筑空间关系

历来以农村宅基地面积大小，作为农村住宅大、中和小户型的审批约束条件，而建筑的体量，如进深、高低（层数）等，按照规划地段，可以是不同的，在浙江东南沿海用地控制比较严的县市，其农村建筑普遍在空间上进行突破，其主要有：

（1）建筑进深过长要求的卧室层高与窗户加大。由于通风、采光需要，13m 及其以上的进深下，在 1/7 采光要求建筑内部通风需要，建筑层高要求加大，如将卧室层高由 3m 增至 3.3m 或 3.6m，建筑窗户也采取满窗的形式，致使住宅空间尺度大，相应的建筑外部空间有限的前提下，建筑间距、空间都显得偏小。

（2）使用功能复合带来的建筑底层超长、超高违法建设。乡村住宅功能的叠加带来的不便，使沿街住宅底层要用足够的空间来适应这种多功能的需要，底层由5m超高至5.5~6m，可以留出部分空间做厨房等，或超长至15m，将厨房延伸之外，以达到建筑底层适应各种功能叠加的需要。

（3）卧室的舒适性要求，增加建筑层数。13m×3.6m的单开间，底层不能作为卧室，顶层因隔热效果，做卧室较差（图4、图5）。因此，要想保证两个朝南主卧室的建筑层数必须在3.5层以上。

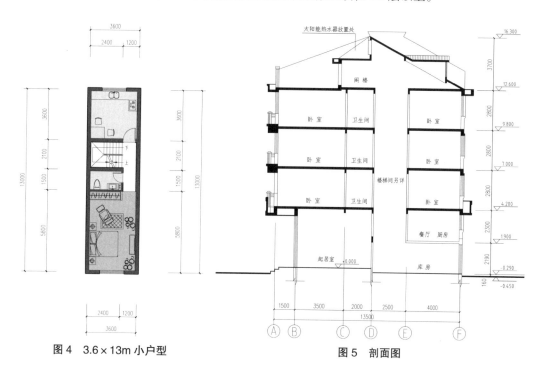

图4　3.6×13m 小户型　　　　　图5　剖面图

由于建筑尺度的加大，原先建筑空间与周边地形地貌合适的比例关系消失；此外窗户采取满窗的形式，在相邻住宅建筑类似的情况下，乡村住宅建筑立面风格显得单板，地域特色消失。村庄景观风貌、特色空间已经不存。

1.2.4　住宅投资大，生产生活状态并没有就此改观

建筑加高加长后，势必带来建筑造价的提高，最终的结果是，农村居民在住宅建设中，投入了大量资金，而居民的生活消费空间被挤压。统计表明浙江省2010年之后，农户用于农村住宅建设资金年均在510~600亿，是2000年的2.5~3倍，按照2013年浙江省农村人口3281.48万人计算，每年人均为1800元，占2013年农村农民人均纯收入16106元的11.2%，是人均消费支出11760元的15.3%。较2000年，人均用于住宅改造、建设的资金投入占人均纯收入和人均消费的比重分别为12.4%和16.6%，10多年仅降低1个百分点。据上述研究，2000年后，浙江农村住宅新建建设量大为减少，甚至多年出现负增长，而住宅建设资金却与经济增长同步，一方面，表明其资金用于农村住宅改造扩建投入的比例较大；另一方面，说明就业结构的调整和农民人均收入的提高，并未使其因农村新建住房的控制而转向居住空间的城镇化，消费性支出比重并未因新建住宅投入的减少而大幅提高。

2　住宅建设成因分析

2.1　经济因素：农民就业增长、收入提高，但滞后于总体经济发展

农民的收入主要来源于3个方面，即农民工资性收入，家庭经营纯收入和转移性收入。在工资性收入方面，农民工主要就业与传统的工业或第三产业，在产业结构渐次递增过程中，新兴行业总是因有新的需求，而增长较快些且较为持久，而传统行业相对发展后劲不足，可想而知，农民工的工资性收入增长较慢；在家庭经营收入方面，以农产品经营为主的收入增长，主要靠农产品价格的提高来实现的，而农产品价格的提高则主要依靠社会经济增长率，据1980年代以来，农产品价格虽然增长了几十倍，但是与经济总量增长相比，其增产率仍然偏低；而对于农民的转移性收入，其前提是农村地域的经济增长与农民收入水平在整个农村地域处于洼地时，诸如农村水利设施和农村基

础设施等为重点的转移性投入致使的农民转移性收入增长才有条件.故而，其农村经济水平相比总体经济水平而言，较为低下，尤其是与城市、城镇相比更为明显。这就导致农民将有限的收入，用于支出相对较低的农村地域自建住房建设中。农村地域自建住房，不仅节省了土地成本，而且减少了由公司承建的税金和管理费用等，有的甚至可以节省建筑工人的人工费。即农村地域自建房最大的支出可能仅有材料成本一项，大大降低了其建筑成本。这是在城市、城镇等异地建房和购置住宅难以实现的。

2.2 社会因素：家庭结构小型化和多元分化，推动农村住宅建设量增长

家庭户型小型化。农村人口的减少，其居住户数并没有随之而减少，相反在不断变大。以浙江省温岭市为例，乡村户数从1985年的25.58万户，增加到2012年的37.38万户，平均每年增加4000多户，随着家庭户数的增加，农村新建住宅也不断增加，温岭市农村私人新建住宅建设量也从1985年的88.68万 m^2，增加到2012年的169.2万平方米，住宅建设资金也从1985年的1.3亿元增加到2012年的12.23亿元，增长10倍。

家庭结构分化。随着家庭户型的变小和数量的增加，新兴家庭户从原大户中分离出来，有的随城镇化而在城镇中落户，有的离开原来的居住地，在本村的新农村中相对集中建设定居，而也有部分在原有的宅基地基础上，拆扩建改造。除此之外，利用低山缓坡地（通常为非耕地），独家独院在自留地建设的也不在少数。根据温岭市的资料，1985年，温岭市全市农村住宅建设面积108.86万 m^2，建设资金1.3亿元，其中，新建住宅建筑面积为88.68万 m^2，改造住宅建筑面积为20万 m^2；至2012年，建设资金12.23亿元，新建与改造建筑面积249.2万 m^2。其中，新建农村住宅建筑面积169.2万 m^2，改造住宅建筑为80万 m^2。

2.3 政策因素：农村土地保障政策的落实，促动农民就地住宅建设

农村的土地保障政策主要包括宅基地住宅建设保障、自留地基本生活保障和承包地收入保障。

宅基地住宅建设保障。根据《中华人民共和国土地管理法》规定，农村居民允许每户享有1处宅基地，用于自住建设住宅，与城镇化居民户相比，这一规定大大降低了农村居民的居住成本，为相对低收入的农村居民提供了基本的居住保障。

自留地基本生活保障。农村居民原有少量自留地（山），用于种植蔬菜、瓜果等农产品，自给自足，减少日常食品的支出，使农村居民的恩格尔系数大为降低。

承包地收入保障。1980年代以来，我国农村将集体土地以承包的形式，分产到户，大大提高了农民的生产积极性，提高了农民的经济收入，在农民工外出务工前，承包地的经营收入是农民的主要经济来源。

2.4 规划因素：规划是村庄建设实施的依据，规划理念与思路直接影响着规划实施的结果

在规划审批方面，用地不能突破，但是户型可以多样。当前在县市域内，农村住房建设规划审批一般按照家庭户人口的多少，确定大、中、小3类住宅用地面积标准，一般有120 m^2、100 m^2 和80 m^2 等，不同的住宅用地面积，分别提供几种可以选择的户型。在规划审批过程中，住宅占地面积在同一县市域内是有严格、统一的规定而不能突破的，建筑面积和建筑层数则没有明确的规定，其靠不同村庄建设规划设计来明确，因此不同村庄，或同一村庄的不同区块，农村住宅建筑与层数可以是不同的。

在总体布局方面，布点要集中。分散布局的农村居民点被认为是不节约土地的根源，1990年代浙江省各县市域开展的城乡一体化规划和村庄布点规划主要指向是避免农村居民点分散布局，引导农村居民点在特定区域集中建设。慈溪市的农民集中居住区、温岭市的中心村、单列村等均在这一历史背景下形成的。如今诸多农民集中居住区、中心村建成后，原有的村落建筑空间并未进行拆除。虽然2013年，浙江省进行了"三改一拆"运动，部分独立的违章住宅建筑和工业厂房被拆除，大多数旧村落内或旧建筑内，一些建一拆一的应拆建筑很难拆除，即使拆除，也很难变为耕地。况且农村集中建设区配套用地与城镇化地区相近，诸如道路、广场、绿地、文化商业设施和集中的市政设施用地必不可少，新农村居住区的指标明显高于以住宅为主相对独立的农村居民点人均用地。

在建设规划方面，机理格局同一，同一县市域村庄建设规划雷同。虽然从县市域的规划审批层面，农村住宅建设与规划，在建筑基地符合大、中和小3类的前提下，建筑面积和户型，根据农村家庭结构小型化、分化的要求，可以是不同的。但是，在村庄建设规划设计过程中，规划布局缺乏创造性，行列式布局被广泛使用，如今这种布局

模式已被多地广大村民认定为"新农村的布局象征"。因此,在集中建设的"新农村"区块,在征求村民意愿时,不仅要求建筑朝向、建筑高度要同一,而且要求建筑风格、甚至户型等要相近;再者,县市域内村庄数量较多,所提供的农村建筑户型数量相对偏少,就导致县市域新建农村建筑的形态比较单一而缺乏地域特色。

3 农村住宅建设发展对策

3.1 加强对农村地域的投入与综合开发,激发农村地域经济发展的持续性

投资是经济发展三驾马车之主要的力量,除了以往的对农田、水利基本建设和当今的村庄建筑、绿地景观和环境整治投入之外,进一步重视加大对农村地域的传统优秀文化、生态环境、大地景观和人文风情建设投入。传统的农田水利基本建设和村庄整治投入,以局部的物质显性空间为主,虽然见效快,但是往往粗放,停留在视角层面,不够持久。而传统优秀文化、生态环境、大地景观和人文风情建设投入,需要深入研究,从农村地域细部到整体通盘考虑,其投资不一定大,见效不一定快,但是这是通过村民的行为一起努力的、体验感官感觉得到的环境氛围,在人们心里更为持续深刻,对农村长期宜居性和魅力的持久性极为有效。

3.2 调整城乡地域,使部分农村地域变为城镇化地域

按照农民地域就业结构变化和家庭结构分化特点,重新划定城镇地域与乡村地域,使部分非农产业人口比重高、离城镇镇区较近的农村地域就地城镇化;或者离开城镇、城市地域较远而相对独立的农村地域,当其就业结构中非农业人口比例较高,且已经达到一定的规模后,可以直接划为城镇化地域。

3.3 统一城镇地域城镇化人口居住生活的政策保障标准

按照农民收入水平与城乡居住状况,调整相应的城乡政策待遇。收入较高的进城城市化农民工,按照城市居民保障待遇落实相应政策的同时,取消其原农民户口地的相关政策待遇,尤其是一户一宅基地建房条件和相关的土地承包权属等,以便腾出更多的政策空间,让利于低收入的农民。

3.4 创新规划设计与规划管理思路

3.4.1 在村庄布点规划时,不宜过分集中建设中心村

集中建设的中心村与分散相对独立的自然村落相比,集中建设的中心村用地中,需有必要的建筑最小间距和宅间道路,并且要有公共绿地与广场用地、商业用地及文化设施用地等,而相对独立的自然村落,建筑前后的空地可以是自留地,用于种植瓜果蔬菜,宅间道路与游憩绿地广场可以利用现状的村村通公路与园地间道路的过渡性空间,这使自然村落的人均建设用地大为降低。

3.4.2 淡化村庄建设整治规划,强化建设控制性详细规划

实践证明村庄建设规划指导村庄建设不会超过3年,主要原因为:①村庄建设用地指标极为有限。当前村庄建设规划大多为了落实建设用地指标,而建设年度指标对于一个村来说是极为有限的。浙江省有的县市农村有10年之久未得建房指标,农村建房仅限于原拆原建、拆扩建或非耕地建设。因此,村庄建设规划除了满足1~2年的用地指标在空间上的落实外,过几年大多成一纸空文。②设计队伍和技术力量相对有限。一般县市的行政村有200个左右,现实的规划设计队伍无论从数量与技术力量上,均满足不了要求,从现状完成的村庄建设规划看,大多布局单一,整治设计手法雷同,缺乏深入研究,有的村庄建设规划成为破坏村庄特色风貌与传统文化"祸首"。③规划设计经费与时间极为有限。当前村庄整治规划的积极性大多为了地方政府或上级有关部门对村庄基础设施建设风貌、环境整治等费用补贴的落实,用于规划设计也为其中的少部分。由于费用补贴的有限,要求村庄整治建设项目数量不多,完成的时间仓促。而长远的整治建设规划,因经费落实的持久性不够,而操作性不强。综合上述,村庄建设整治规划的依据作用极为有限。

村庄建设控制性详细规划,可以参照城市控制性详细规划的做法,以镇或乡为单元,既对村庄建设用地的布局、开发强度、景观环境、建筑风格、风貌特点和历史文化、地域风情等进行规划与控制,又对村庄以外的农业生产地域的建设开发作导控。它不仅对整个农村地域的各类建设与开发做统一的部署,而且减少规划设计人员的工作量,大大降低规划设计费用。同时,将年度建设、整治项目的设计工作,视其需要与可能,留给开发业主和建房个人以

更大的空间，进行深化与完善。

3.4.3 拓宽农村建设整治项目的管理思路

（1）家庭人口数和就业结构相结合，确定宅基地类型

在传统的按照家庭人口数量为准，确定宅基地面积、类型的基础上，综合考虑农业与非农业就业特点，进一步细化宅基地类型、规模与等级，使法律赋予农民的宅基地保障政策与农村家庭户的分化趋势相适应。

（2）宅基地面积控制和开发强度控制结合，动态定位建筑空间

按照村庄建设控制性详细规划要求，每个村庄居民在住宅建设时，据限定的建筑基地面积（宅基地）、容积率和建筑高度的前提下，赋予农民自主建设更多的选择空间。尤其建筑户型、朝向、平面定位等，根据地形、地貌和土地权属特点，可以更加灵活。不宜以建设规划为依据定位建筑空间。

（3）总体风貌与单体农村建筑风格结合，整体统一而个体灵活

每一个村庄都因地形地貌、气候、山水环境、地质情况与历史人文、村落形成与发展演变的不同而各具特色。村庄建设规划应突出乡村特色，结合村庄周边地域的外部环境，深入挖掘自然环境因素与历史人文因素两方面的特色，注重特色元素的传承与发扬，尤其是因历史人文因素在村落整体风貌、建筑风貌与村落空间、公共活动场所、民风民俗等方面的体现，进而分析研究出村庄的个性化特色或地域差异化特色。在不破坏农村整体村容村貌的基础上，结合村落特色或更广范围的地域特色进行村庄建设规划，宏观指导村庄总体风貌、用地布局及村落空间、建筑风貌及组合形式、绿地休憩场所、主导产业与特色产业等各方面的建设与发展。微观来看，包括屋顶形式、墙面色彩、窗户大小及建筑材料、街巷尺度、村落植被及景观设施材料等。另外，建筑风貌应结合现代居住与生活条件，可借鉴日本乡村建筑的保护手段，在外墙面、屋顶、窗户形式、庭院空间等外部可见区域，运用传统建筑风貌与特色元素，而在建筑内部，为适应现代生活需要，采用现代化的建造工艺、空间布局与建筑材料等。当然，在新农村建设背景下，部分村庄已大量建设了现代风貌的农居，在新建建筑成片发展情况下，也可适当分区分块布置，新建农居组团、传统农居整治组团等。组团间建筑与空间布局形式也可以有特定的变化范围，以使建筑单体既有特色，而又与村庄整体风貌有机统一，个体灵活多样。

（4）住宅建设管理与生产、生活环境建设管理结合，整体提升人居环境

建设规划部门以往对农村的建设管理仅局限于村庄建设，而对大多农村生产地域，如水利设施、生态农业休闲设施、田埂设施等配套建设缺乏管理的依据，使村庄建设与农村地域开发建设，在同一地域没有统一标准。农村地域开发建设无序、凌乱，很难同步得以改观，也无法得以整体提升，形成宜居的整体环境。为改变这一现状，诸如浙江仙居县已经进行有益的探索，如在流域防洪水利基本建设时，将防洪、排涝设施与流域村落的乡土文化、生态环境、流域村落特色挖掘与体现、村落主导产业与特色产业及其差异化发展相结合，在流域生态景观总体规划中全面考虑，进行村庄建设统一规划，并与各个部门协调管理。将村庄建设规划纳入流域范围，涉及流域及其沿线村落的生态环境、风貌特征、产业发展等，进行整体开发与建设。这种住宅建设管理与生产、生活环境建设管理相结合，从更大的地域范围，整体提升人居环境的思路与方法值得研究与借鉴。

4 结语

村庄建设问题及其成因的因素分析中，社会因素是农村建设的内在诱因，经济因素是农村建设的直接推动力，政策因素是农村建设有序推进的合理保障，而规划因素则是农村住宅建设成败的关键，它的合理性否，直接导致农村居民消费支出比例和农村消费增长，最终导致农村经济增长。因此，通过上述分析，可以认为，浙江省农村建设的问题中，主要是由于规划的科学性不足所导致的。如何使规划更为科学合理，减少农村建设的问题，是规划设计长期面临的问题。

主要参考文献

[1] 浙江省统计局编.浙江统计年鉴—2014.北京，中国统计出版社，2014.

[2] 温岭市统计局编.温岭市统计年鉴—2013，2010，2000，1990.

[3] 王福定编.农村地域开发与规划研究.杭州：浙江大学出版社，2011.

The Problem, Reason and Strategy of Residential Construction and Planning in Countryside Take Parts of Cities and Counties in Zhejiang Province for Example

Wang Fuding   Li Li

Abstract : Per capita net income of farmers compared to disposable income of urban residents is maintained to one second approximately over the years, which is higher than the entire country (about one thirdlevel) . The rural construction' s social and economic infrastructure is good. ZheJiang Province organizes different kinds of construction planning and village distribution planning in succession, using counties and cities in units before the year 2010.After the year 2010, beautiful rural planning, construction planning of typical village and demonstrative village are spread overall the province. Experience is accumulated in the aspect of rural construction planning etc. However, there are many practical issues through built village survey. This paper analyzes the problems in rural construction currently, researches the reasons through economic, social, policy and planning level, and finally proposes strategies and thoughts to solve the problems.

Keywords : rural residence ; construction and planning ; problem and strategy

生活世界理论视角下的乡村公共空间演进分析

谢留莎　段德罡

摘　要：本文通过针对乡村公共空间的演进分析，将其置于哈贝马斯的生活世界理论视角下理解中国乡村社会的演进历程，尝试提出假设并建立"再生产"框架和"社会合理化"框架模型。通过对新中国成立前－新中国成立初期、新中国成立初期－人民公社－改革开放和改革开放－当代三个阶段发展历程的梳理得出：乡村生活世界是一个动态变化的过程，过程中受到外部社会系统环境变化和自身内在文化传统变化的双重影响，即系统与生活世界的相互依存、相互补充，以达到社会进化。生活世界的演进是由传统混沌的状态到系统从生活世界中分离，再到生活世界被复杂系统所殖民的过程，并由此导致了不同时期乡村公共空间的不同特征。

关键词：乡村公共空间；演进；生活世界理论；文化；社会；个性

1　引言

近些年来，由于城乡二元结构的明显差异，乡村发展已经成为影响我国经济、社会发展的主要方面[①]，各学界业界也对乡村进行了不同方面的探索和研究。由于乡村系统较城市系统更为简单，且乡村作为人类社会的最小聚居单元，因此乡村发展的政治干预性极强并极其受政策导向的影响，乡村空间就是其表象特征之一，特别是乡村的公共空间[②]。

纵观我国城镇化历程，乡村空间的变迁并不是近年才有的现象，从建国初期的农村合作社和人民公社浪潮开始，经过1978年改革开放的突变等阶段，全国乡村就经历着一番又一番的空间变迁，农民生活也发生着斗转星移的变化。

目前，学术界从不同的学科视角和学术关怀的方面进行了探索，已经有大量关于乡村社会、乡村文化、乡村民俗、发展历程、乡村发展模式等的研究讨论，这些研究主要围绕着影响乡村空间变迁的内在因子展开。正如梅策迎[3]所认为的，乡村作为城市以外的一种人类活动地域空间系统，也包含着物质空间和社会空间两个方面，且前者是后者形成发展的基础。物质空间体现的是一定地域内各种物质实体的空间组构；社会空间则以人为中心，体现的是人的生存空间和活动空间形式及其结构特征。本文正是基于这一认识，通过引入生活世界理论的分析方法对乡村公共空间进行演进分析。

2　系统与生活世界理论及其解释框架

"生活世界"作为一个哲学概念，最早由胡塞尔在其晚年著作《欧洲科学的危机及先验现象学》中提出，随后被维特根斯坦、梅洛－庞蒂以及海德格尔等人关注和发展而成为世纪性话题。[4]

哈贝马斯在胡塞尔生活世界理论的基础上探讨了生活世界的概念，并在其著作《后形而上学思想》中明确了生活世界的含义："生活世界是由文化传统和制度秩序以及社会化过程中出现的认同所构成的，所以，生活世界不是什么个体成员组成的组织，也不是个体成员组成的集体。相反，生活世界是日常交往实践的核心，它是扎根在日常交往实践中的文化再生产，社会整合以及社会化相互作用的产物。[5]"其内涵主要表现为以下几方面：

1）生活世界由文化、社会、个性三个结构性要素构成。文化是交往参与者用于解释世界所用到的知识储存，社会是交往参与者用于调整行为所依据的合法秩序或普遍规范，个性是行为主体在交往中所具有的能力或资质。

谢留莎：西安建筑科技大学建筑学院硕士研究生
段德罡：西安建筑科技大学建筑学院副院长教授

[①]　中国农村发展是整个国家发展的基础，然而长期以来我国实行城市与工业优先发展的经济战略，形成明显的城乡二元结构。[1]

[②]　本文中使用的公共空间是指哈贝马斯在其著作《公共领域的结构转型》中论述的："公共空间是公共领域的载体和外在表现形式，即各种自的公众集会场所和机构的总称。"[2]和学者梅策迎所讨论的公共空间为同一范畴。

2）生活世界是储存着以前人们积累的知识、信息、语言、解释方式和方法以及世界观，具有"解中心化"功能，是"一种可以批判解释的生活世界"，并且它能够调整各种力量间的平衡关系，以此满足交往行为者的行为需要[6]。

3）生活世界是一个有自组织协调功能的文化系统[6]。

在生活世界理论视角下，乡村演进被理解为是生活世界的再生产和社会合理化的过程。乡村空间的演进即生活世界被干预下的空间表象演进过程。笔者大胆提出假设：中国乡村因其日常生活性质和封闭性质成为一个完整的生活世界范畴，且乡村发展要素包含内生性文化、外在性社会环境和个人发展三大要素；乡村社会的发展不仅在于乡村自身的发展还包括国家环境的发展，从宏观上来讲，它们是可以进行叠合分析的。因此，笔者试图构建其解释框架，即"再生产"框架（图1）和"社会合理化"框架（图2）。

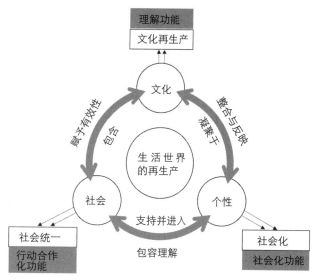

图1　生活世界的再生产框架
（ßßß 图片来源：作者自绘）

生活世界的"再生产"框架中，三个结构性要素（即文化、社会和个性）构成生活世界。要素一文化是交往参与者用于解释世界所用到的知识储存，人们在进行交往行动时，通过语言进行交流，若想达到相互理解就必须使其所属的生活世界提供相应的知识储存，即生活背景中形成的文化观念思想和一定地域范围内公众所共有的留存下来的传统乡土民俗、习性等非物质文化，这样的相互理解和良好沟通就能到达文化的再生产[1]，因此文化也被称作在生活世界中具有理解功能；要素二社会是交往参与者用于调整行为所依据的合法秩序或普遍规范，是人们在进行交往行为必须遵守的规则，即背景条件。在

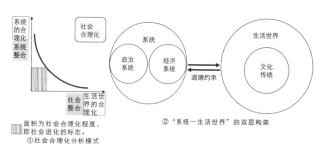

图2　社会合理化框架
（资料来源：作者自绘）

社会交往中，普遍规范一定程度上约束人们的行为，使交往行为的有效性加强，更易相互沟通或是有效合作，从而达到社会统一，因此社会也被称作在生活世界中具有行动合作化功能；要素三个性是行为主体在交往中所具有的能力或资质，是交往参与者自身在交往行为中的主观能动性的体现，包括其在交往中的个性体现、创新性和他与周围世界的关系。显然，个人的交往能力的高低，在于他的社会化的水平[2]，因此个性在生活世界中具有社会化功能。这三个结构性要素之间的相互作用使生活世界达到动态平衡的稳定状态[3]，也是由三方面共同作用才能达到生活世界的再生产，即传统生活的可持续发展。

哈贝马斯的另一关于生活世界的论述即提出了"系统—生活世界"的双层架构，并针对社会合理化状态进行了描述。而哈贝马斯重建现代性及生活世界合理化的语境恰与中国当前的现代化进程耦合[8]。笔者以此构建出"社会合理化"解释框架（图2）。

上图中可以看出，系统是指社会从事物质再生产以维持自身存在的能力机制，它是通过目的活动的媒体进行的，以工具理性为指导原则。在社会发展中，系统日益分化为多个系统群，主要包括政治系统和经济系统。前者以权力为媒介用以协调生产关系，管理公众社会；后者以货币为媒介用以发展生产力，满足人们的基本生存需要。而生活世界所要解决的主要是人的价值和意义问题，它以语言为媒介。[7]通过交往行为反映于文化传统中的生活世界与理性行为导向下的反

---

① 哈贝马斯认为生活世界的文化再生产是通过知识传统的继续和更新获得的。[7]

② 个人总是毫无例外的生活于整个社会之中，个人的成长过程也就是他不断社会化的过程。社会化的个人在自己的主观世界中整合了社会世界的社会规范和文化传统，个人在这种整合过程中使自己不断地社会化，从而获得自我同一性的个性，具备了语言和交往行为的权限和能力。个性通过主体的行为，对于生活世界起着建构性的作用。[7]

③ 在《论社会科学的逻辑》一书中，哈氏做出了说明。社会制度或规范是由一定的文化传统赋予的有效性，文化传统又凝聚在个体的身上，个体又是在对社会规范的支持中进入到社会制度系统的。这三者之间存在着不间歇的互动与整合的关系。[7]

映在以政治和经济系统中的系统（或称体系、制度）共同构成哈贝马斯所理解的社会。两者向着不同维度发展，围合所产生的面积空间即为社会合理化程度，系统与生活世界相互作用，引导社会向着合理化程度发展（即社会进步）。

综上所述，哈贝马斯的生活世界理论为我们了解我国绝大多数普通乡村自新中国成立以来的空间演进历程提供了一个有力的视角。乡村作为相对于城市更为简单的社会系统，对其生活世界的解释能够帮助我们更好地理解乡村社会及其演进过程中出现的问题，同时，其理论在时空上联系了乡村空间与乡村生活，拓展了城乡规划的学术视野。乡村公共空间作为乡村重要的空间形式之一，其空间演变和发展也应当能反映出乡村生活世界演变的轨迹。

3 生活世界的嬗变与乡村公共空间演变历程

"村庄是一个社会有机体，在这个有机体内部存在着各种形式的社会关联，也存在着人际交往的结构方式，当这些社会关联和结构方式具有某种公共性，并以特定空间形式相对固定的时候，它就构成了一个社会学意义上的村落公共空间。"[9]而这样的乡村公共空间正是我们研究的对象。结合新中国成立至今影响乡村空间变迁的重大时期，本文将乡村演进阶段大致分为三个阶段，分别以下五个时间节点为标志：新中国成立前 – 新中国成立初期、新中国成立初期 – 人民公社 – 改革开放、改革开放 – 当代。

3.1 新中国成立前 – 新中国成立初期：混沌的生活世界与封闭的小农社会

3.1.1 农业文明底色与社会稳定的新中国

村落，自古以来都是相对较封闭的、自给自足的社会单元，并且是具有时空意义的生活空间。1949年成立的新中国，使长久战乱下的百姓稍稍安定，恢复国家正常生活生产秩序的同时开始发展经济，这样的条件下，乡村蒙上了农业文明的底色。

1949年后，新中国成立即在全国开展了一场轰轰烈烈的土地改革运动，国家将土地收回并直接分给无地或少地的农民，即土地改革使土地成了农民的私有财产。

此时，广阔地域内的乡村用以维持生计的生产模式基本相同，即在一块块土地上辛勤地进行耕种。低技术下支撑的小农家庭经营方式使得农民所需的一切生产资料都能在其土地中得到满足，家庭内部分工明确，这种自然经济模式将农民、家庭、村落与外界联系的要求降到最低限度。村落就是一个自给自足的经济单元，这种内向型经济模式以自给自足的家庭为细胞，以村落为核心，以耕作为经济活动空间。

3.1.2 社会发展进程崭露头角

刚跨过封建时代的中国乡村社会，才开始恢复生产生活的元气。按照哈贝马斯的理论，"社会文化的生活世界与整个世界合流在一起"[10]。货币作为交换功能并不是乡村里唯一的通行证，在交往互动的生活世界中，村民通过交往来获得信任而不是货币或是权力干预；虽然国家权力独立于社会存在，但其也处于低级阶段，政治干预不到乡村内部。因此，笔者认为此时的系统和生活世界仍然混在一起，彼此不分（图3）。

基于统一的生活世界，仅向生活世界这一唯一向度发展，即使社会稳定，但社会分工低下，社会构成单一，因此社会合理化程度也不高。社会是一个浑然一体的整体（图3①）。原始社会的生活世界是以亲属关系为基点的，社会成员是通过亲属关系规定的，对亲属关系的考虑确定了社会统一性的界限。文化传统以其高度的道德约束

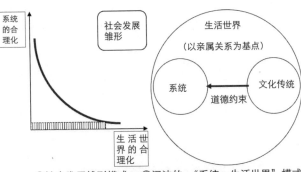

①社会发展雏形模式　②混沌的："系统—生活世界"模式
图3　中国传统乡村社会发展
（图片来源：作者自绘）

性限制了系统的分离，并使其作为生活世界的下属结构，村民的交往过程即为生活世界的碰撞融合过程（图3②）。

3.1.3 自给自足的乡土文化与理想的公共空间

正是这样的乡土社会环境，使农民的乡土意识和安土重迁思想根深蒂固地反映在乡村空间的建设中。村落基本以亲缘、地缘、血缘为社会交往单元，在费孝通的"熟人社会"中，农民的社会关系仅仅发生于村落内部，村落空间布局也大多呈现农民聚族而居的习惯。乡村生活世界呈现出以下状态（图4）：

（1）文化——家族共同体

家族是家庭内父系血缘关系世代聚居扩展而成的宗族共同体。通过父系血缘关系的一个个家庭共同维系的家族也被称作家族共同体，其承担的功能包含了家庭功能之外的社会功能和经济功能，使一个家族具有共同的文化背景和交往语境。这时，家族共同体的延续和发展就代表了家族文化的传承。由于政权和社会体制无法渗透和延伸到基层，因而就无法对社会成员的生命、财产、利益以及名誉等方面予以充分的保护和维持（尽管历史上政治和社会体制在一定程度上也承担了这样的功能），因而个人只能退回到村落家族内部寻求庇护。[11]家族中的家庭或个体因此对其所属的家族共同体具有高度的心理认同和信任感，并且能够有强烈的家族责任感和保护意识。在漫长的历史发展过程中，由于政治和社会体制始终无法承担起这些方面的功能，而家族共同体对这些功能的满足就决定性地维系和支撑着村落家族文化的绵延。

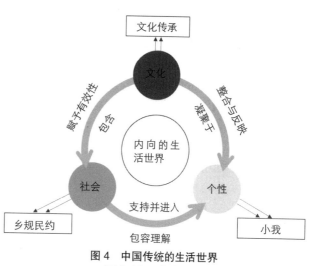

图4 中国传统的生活世界
（图片来源：作者自绘）

家族共同体不仅通过"守望相助"和"同族相恤"等方式，在一定程度上缓解贫困和抵御天灾人祸，而且为人们享受较广泛的社会生活提供了组织保障。宗族内部设立宗祠、族谱和族规是维系这一制度的基础。家族共同体的文化传承不仅以文字和家训等方式进行传递，同时在宗祠等家族公共空间的设置、朝向等方面有所体现，使之成为每一个家族成员进行交往活动的"知识储存"。

（2）社会——乡规民约

以社会学和人类学的角度看来，在实际生活中的农民对宗族、村落或地缘内的区域性共同体的认同，要远远高于对区域外的国家体系的认同。而由于社会资源总量的限制，中国历代政权都无法有效地将其统治权力直接延伸到乡村，就会出现"王权止于县政"①的现象[11]。具体来看，规范日常生活中村民的言行举止的不是体现国家权力的王法，而是维系乡邻情感关系的乡规民约。乡规民约不同于家族共同体，但却由家族共同体中延伸出的规范准则赋予其有效性，它更多包含相同或相似地域下村落群体共同的生活经验（语言、生活习惯、习俗等）和非物质观念（道德感、荣誉感、羞耻感等）。由于世代传承的相似的生活经历，使村民不会通过强制性的国家约束来解决问题和依靠外在力量维系彼此之间的关系，通过涵盖社会生活方方面面的乡规民约来调解在公共生活中发生的冲突，维护家族或村落共同体内部的秩序。不同于法治，乡规民约在某种程度上更倾向于人治，是乡村制度的主体。

封建统治者为了防止出现庞大的中央政权和官僚体系机构，充分利用乡土社会中的宗法自治和乡规民约。实质上，国家对乡村社会只是对乡村精英——家族的族长或寓居乡间的士绅实行管理，将管理社会的职能转移到乡村社会自身，从而间接的来控制整个乡村的目的。特别是在明清时期，士绅成为乡村社会生活的主要管理者，但很快随着1905年科举制度的废除，士绅阶层便不复存在，随之由家族势力较大的土豪劣绅来替代乡村社会的管理。[14]

（3）个性——渺小的"我"

在乡村社会中，最小的社会单元即为家庭，即使是参与劳作耕种的过程也非一人之力完成，长期这样的生活体验使村民在交往过程中常常将自己定位在某家某人或是某族某人。在靠天吃饭、或是资源紧缺的环境下，自然力的不可抗拒养成了人们顺从的性格，同时，家族共同体的约束和乡规民约的社会秩序遵从思想是将人们对于自身潜力的发掘禁锢着的。在这样的文化背景和社会秩序中成长的村民在进行交往活动时往往将自己放在非常低的地位，更别提创造力了。

---

① 杜赞奇在《文化、权力与国家》中指出国家政权向下延伸的努力始于清末新政，他运用"权力的文化网络"来分析清末新政以来中央政府进行国家政权扩张的努力，但由于"国家政权的内卷化""阻碍了国家政权的真正扩张"。[12]

国民党统治时期，虽然"城市政治强制性地进入乡村社会"，并进行了国家政权建设的努力，实现了"乡镇行政官僚化"，但并未能有效克服"国家政权的内卷化"陷阱，也未能有效地将国家政权向下延伸至乡村基层社会，从而也就无法实现进行全面的乡村社会动员的目标[13]。

（4）理想中的公共空间

以宗祠或是家族象征性空间为核心，由家族成员家庭空间围合而成。乡村形态空间是由生活用地、耕地、林木及道路等共同组成的景观呈现。村庄自给自足的生活使村民有更多的闲暇时间，而由于生产力低下，大多农民靠天吃饭，因此一些地方形成了祭天活动或是宗教信仰崇拜的传统活动，围绕着祭台或寺庙开展活动，这也包括对祖先的祭祀活动。一般来说，每个月固定的庙会和各个节庆日是村落最热闹的时刻，妇女老人小孩利用这样的公共空间交往沟通，男人们在祠堂商量家事，这样的公共空间提供给他们维持村落内良好的运行秩序，以形成公共舆论以约束和引导村民的行为。

3.2 新中国成立初期－人民公社－改革开放：分离的系统与生活世界与拉扯的农民生活

3.2.1 "皇权"下乡与政策试验田

从1953年开始，刚刚获得土地的农民迎来了农业合作化的浪潮。主要步骤为：建立初级农业合作社，土地仍归农民所有，但进行集体耕作，按比例分红；然后建立高级农业合作社，取消土地报酬，按照劳动工分分配，农民彻底失去土地的所有权和农具等最基本的农业生产资料，仅保留不超过总土地量5%的自留地，直到1958年进入人民公社时期。[①]1953年，中国政府实行了农产品统购统销政策，以补贴工业化。[②]1958年实行的户籍制度极大地限制了人口流动性，尤其以农村人口向城市的迁移。[③]

中国优先发展重工业的策略以及限制农民进城实行的城乡隔离和分治，实际上是通过限制农民的人身自由来达到后方资本积累的过程。甚至一系列"大炼钢铁""大跃进"等口号化、形式化运动的出现，对农村自给自足的生活产生了非常大的影响，使农村成为了国家政策的试验田。

3.2.2 社会合理化发展困境及探索

从1951年土改到1958年的人民公社化运动，可以说是中国行政管理体制变革最频繁的历史时期。在这段历史时期，制度变革表现出明显的集中化特征。变革方向是由小到大、由少到多、有分散到集中。[17]一系列的改革尝试让本就脆弱的农村更加不堪一击。这时的国家政治权力最大化冲击了城乡，乡村作为经济发展的后方承担着更大的改革压力。

正如，哈贝马斯的理论："我把社会理解为两种秩序的一种区分过程，就是说，当一方面复杂性增长，一方面合理性增长时，体系与生活世界不仅作为体系和生活世界区分，而且二者也同时相互区分。"[10]政治系统进行着复杂的增长过程，共产党摸索着进行管理国家的过程，同时发展现代化，大力发展经济的要求是国家发展的重要保障，因此，系统逐渐独立于生活世界复杂性增长，系统的要素逐渐不受生活世界的约束。但系统与生活世界分离的过程也是社会进化和趋于合理化的标志。如下图所示（图5①），社会合理化的过程在生活世界的合理化和系统的合理化之间拉扯，此消彼长，这两者体现了在社会发展过程中不同的社会整合模式。同时，系统与生活世界平等存在，生活世界依然通过文化传统和社会规范以道德约束经济发展方式，但是逐渐不甚有效，现代化发展通过对工具理性的推崇使得人们追求高效性，系统以其理性要求约束人们的行为以进行管理（图5②）。

3.2.3 崩塌的乡村社会秩序与公共空间功能突变

以乡村自组织特性看来，因其封闭性和外界信息的闭塞，乡村比起城市更不容易受到外界环境干扰；但是通过土地革命等方式将农民从土地中解放出来，改变了其小农经济的发展方式，从根本上撼动了乡村传统社会的根基，因此，乡村又更容易受到外界环境的干扰。此

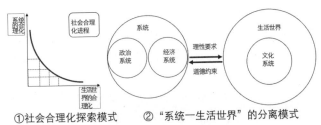

①社会合理化探索模式　②"系统－生活世界"的分离模式

图5　中国社会现代化过程
（图片来源：作者自绘）

---

① 1956年6月，《高级农业合作社示范章程》规定："……入社的农民必须把私有的土地和耕畜、大型农具等主要生产资料转为合作社集体所有……"

② 关于该政策的起源，参见Walker（1984）；薄一波（1997），第180—199页；及林蕴晖（2009），第90—116页。[15]

③ 1954年，中国颁布实施第一部宪法，其中规定公民有"迁徙和居住的自由"。然而，1956年、1957年不到两年的时间，国家连续颁发4个限制和控制农民盲目流入城市的文件。1958年1月，以《中华人民共和国户口登记条例》为标志，中国政府开始对人口自由流动实行严格限制和政府管制，第一次明确将城乡居民区分为"农业户口"和"非农业户口"两种不同户籍。[16]

中国的户籍制度是极少数能在30年改革中留存下来的制度之一。参见Tiejun Cheng and Mark Seldan（1994），以及王飞凌（2005）。[15]

时的乡村生活世界状态为：

（1）文化——传统文化撕扯

家族共同体（士绅阶层）是封建时代的产物之一，是中国传统乡土社会的文化维系共同体，"当农村社区与外部社会发生关系时，士绅成为农村社区的代表。当农村与官府发生矛盾时，士绅可以出面代表农民向上一级官府呈告。在兵荒马乱的年代，士绅也往往充当农村自卫活动的组织者。乡村士绅在乡村社区中占据着举足轻重的地位。[18]"士绅阶层并不具备法定或强制性的约束力，其影响力来自于村民的内心信任感。

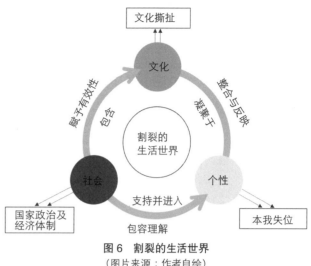

图6　割裂的生活世界
（图片来源：作者自绘）

但农村土地改革运动，人民公社体制的建立，以马克思主义为主导意识形态的社会主义新文化在乡村的广泛传播，严重冲击和削弱了传统村落家族文化观念，对乡村进行社会整合和政治重建。国家权力对乡村社会主导的具体方法体现了文化引导、利益诱导和权力强制相结合。文化引导是指在全社会特别是广大农村，展开对传统的小农经济的批判和强大的攻势，描述互助合作的优越性。并且在国家权力的强势作用下改变了地方权威的作用方式。"干部"成为新的地方权威的称谓。[19]以这样的行政群体代替原有的家族共同体很大程度上削弱了其社会功能。同时，强化了社会主义主导意识形态和文化对基层社会的渗透，确立了社会主义主导价值观念，使人们降低了血缘家族认同，而更趋向于社会认同、阶级认同和政治认同，进一步削弱了传统村落家族文化的影响。[11]

（2）社会——国家计划经济体制和政治体制

人民公社的建立，将国家行政权力体制与乡村社会的经济组织结合在一起，达到政村统一。该体制打破了传统的家族共同体界限，"人们被组织到政村合一的合作社或后来的人民公社的层级体系中，走出了以村落和家族为单位的生活空间，进入了一个以行政性经济组织为单位的新的生活空间。[20]"作为家族共同体的结构要素之一的乡规民约是不能脱离乡村传统文化而独自存在的。在执行方和遵守方价值观都被社会主义主导价值观念所影响时，维持乡村社会秩序的变成了深入乡村基层的国家政策和政策执行方，这样一来，政村合一的超越血缘家族组织体制的政治社会体制将家族成员纳入社会体制内部，限制了血缘等级秩序的作用范围，人们把"对血亲的忠诚转向对新发展起来的法人团体即集体的忠诚[21]"。[11]正如乡村政治结构的表象所示，人民公社时期的政治结构特征是政社合一体制下的社队分权，即公社、生产大队和生产队[13]。

土地改革并没有创造一套防止乡村社会因人地紧张以及土地趋向集中等情况下所带来的乡村社会再度两极分化的机制。[19]土地改革中，用于家族共同体公共活动的寺庙、宗祠、族田等财产全部充公。一旦将传统村落家族文化的功能由政治和社会体制来承担，那么传统村落家族文化就失去了存在的基础。[11]

（3）个性——本我失位，定位迷茫

如果单个的家庭可以承担起自身生存所必需的资源，那么单个家庭对宗族的依赖性就会降低，如果个人可以从家庭和家族外部获取必要的生存资源，个人就可以减少和脱离对于家庭和宗族的依赖，个人的独立性和流动性也会大大增强，家族体系的封闭性就必然会被打破，村落家族的其他特性如血缘性、自给性、稳定性、等级性等就必然面临解体。[11]人民公社制度调动起了每个人的劳动积极性，但这就面临一个问题，即以传统家庭为单位的劳动模式被打破，每个人在传统观念和社会新秩序之间被拉扯，也让每个人无所适从，甚至缺乏归属感。

（4）公共空间的功能突变

此时的公共空间主要以政治性空间为核心，日常公共空间因为集体化劳动而衰落。政治性公共空间与国家对乡村社会的统治有关，与公共权力有关，同时也与村庄社会的公共事务有关。

乡村社会被高度国家化和全能主义的推行机制，在人民公社时期造就了政治性公共空间的发展和高效利用，各种政治性集会成为村民公共生活的重要内容之一，不管村民自愿与否都必须参与；村民定期选举变成为村庄生活中一个显著的制度化的正式的公共空间形式。但这绝非公平的公众参与形式，村民也不会自由平等的表达意见进行交流活动。开会和选举这种形式就是在这种环境下产生的公共活动。与此同时，传统的多元的公共空间被忽视。并且这个政治性公共空间是由政党意识形态和行政强制力量来维护。

3.3 改革开放—当代：生活世界殖民化危机与"农"之"不农"

3.3.1 改革开放与经济体制改革

1978年12月，中国共产党召开了具有历史意义的十一届三中全会。不但在政治和思想上拨乱反正，还要求"把全党工作的着重点和全国人民的注意力转移到社会主义现代化建设上来"。自此，中国社会进入到改革开放的新阶段。这一阶段对中国农村社会最大的变革便是家庭联产承包责任制的实施。农民以家庭为单位，在国家和政策允许的范围内进行独立自主的生产生活经营活动，即家庭联产承包责任制让农民拥有了生产经营自主权和对自身劳动力的支配权。1984年10月，中共十二届三中全会通过《关于经济体制改革的决定》，指出我国社会主义经济是在公有制基础上的有计划的商品经济[①]。并逐步取消了对产品市场的管制，缩小了要素市场管制的范围。

户籍制度的松口、城镇化相关政策的颁布实施、农民自由配置自身劳动力和社会环境的利益驱动力等，都使农村一定程度上被市场化。一方面，由于市场化取向的冲击和土地集体所有制的制约，形成了乡村社会不同的利益主体和错综复杂的利益关系；另一方面，由于社会利益主体的分化，特别是"农民阶级的大分化，瓦解了中国社会非民主、非法制的社会根基"[22]，中国乡村社会正在进行着以经济上的不平等取代政治上的不平等的过程。

3.3.2 社会合理化发展极端化

家庭联产承包制的推行撞破了人民公社体制约束的坚冰，恢复了农村生产力的健康发展。劳动力自由化、生产资料自由化带来了市场的自由化，国家强制政策逐渐从农村撤出，为乡村发展打开一扇门。由此，乡村发展开始朝着各领域迈进。

但是，过度关注经济发展就会出现哈贝马斯所说的"生活世界殖民化"（图7所示），主要体现经济系统对生活世界的侵蚀和政治系统对生活世界的全面控制，导致交往行为的"金钱化"和"官僚化"。受金钱利诱，人们沦为追名逐利的"工

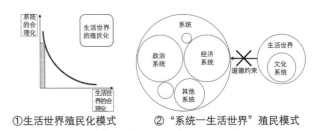

①生活世界殖民化模式　②"系统—生活世界"殖民模式

图7　中国市场经济下的社会发展
（图片来源：作者自绘）

具"。以"利益最大化"为价值导向的经济系统不断入侵生活世界，造成交往关系的物化；以"效率"为主导的政治系统通过权力控制文化系统（如大众媒体），操纵公共领域。这都是人们为了追逐现代化而对工具理性的狂热推崇，工具理性过度膨胀、系统的金钱化和官僚化的趋向使得生活世界被体系入侵并受其控制，"以语言为媒介的沟通共识性的生活世界被利益的操纵所取代，语言的沟通成为了利益的交换，价值共识被可操纵的媒介所扭曲，作为行为者本身也丧失了目的性而沦为工具性行为。[7]"系统的复杂性增长和生活世界的萎缩性增长或是负增长，带来的并不是社会的合理化，而是殖民。

3.3.3 外向的乡村生活与日渐式微的公共空间

在现代化的进程中，"农地入市"逐渐成为推动农村经济发展结构转变的推手之一，户籍放宽、城镇吸引也都促进了农村物质空间形态的重构；同时，大众媒体的兴起和发展是影响当代人生活方式的重要因素之一，虽然物质生活水平提高了，但新的文化传播方式却是对农村传统非物质文化的侵袭。因此，市场经济是把"双刃剑"。单一的农村市场化改革又将可能对乡村社会造成过度侵蚀，给农村、农业和农民带来巨大的负面冲击。

（1）文化——传统文化的断裂

首先，精神世界的物化导致传统生活被打破，市场经济激发了人的欲望，人的精神生活舍弃了传统的抽象性和神圣性而趋附于物欲横流的生活。……其次，传统信仰的丢失，伴随着农村市场化改革，国家主导的激进集体主义价值观随之崩溃，村民信仰的是拜金主义和权力主义。

在狭小的生活世界空间里，生活共同体成员之间通过几代人的重复博弈和交往互动形成了高度信任和稳定的合作

---

① 社会主义计划经济必须自觉依据和运用价值规律，是在公有制基础上的有计划的商品经济。商品经济的大力发展，是社会经济发展的不可逾越的阶段，是实现我国经济现代化的必要条件。只有充分发展商品经济，才能把经济真正搞活，促使各个企业提高效率，灵活经营，灵敏地适应复杂多变的社会需求，而这是单纯依靠行政手段和指令性计划所不能做到的。

关系，并成为维系整个村庄稳定性与和谐运转的根基。[23]随着市场经济向农村入侵和农村社会分工的发展，农村人口大量流动和迁移，生产和生活空间不断扩展，打破了农村社会内部的封闭性，降低了村落内部同质性和自给自足的程度，村落共同体逐渐解体。传统文化主导下的村落共同体或是家族共同体衰败甚至转演成利益共同体。

虽然村落家族文化"经历了表面的断裂状态，但不能否认村落家族文化仍在延续，在其有形空间消散后，其无形空间却仍在顽强地延续、再生与扩张。"[24]这是经历了传统文化断裂后的文化复兴，在此文中不再赘述。

（2）社会——市场化秩序建立

生活世界内在地指导日常生活，代表着同一文化群体的生活方式。系统（体系）则是指同一文化群体从事物质再生产以维持日常生活与生存的能力机制，它指向国家、经济和法律等制度，表现为社会复杂性的增长和工具理性的扩张。

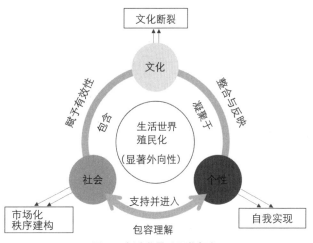

图 8　生活世界殖民化框架
（图片来源：作者自绘）

市场经济体制之下的社会规范演变为市场行为导向下的规范。"有需求就有市场，有市场就有利益。"利益最大化的驱使之下，人们衡量事物的价值观变味了，评判标准和是非观扭曲了。以权力为媒介的政治系统和以金钱为媒介的经济系统不断的侵入到人的公共领域和私人空间，规范人们的行为，人的自由和权力受到了限制和干预。

（3）个性——自我实现

"生活世界的合理化促成了一种体系复杂性的上升，这种体系复杂性的上升是这样的迅猛，以至于自由的体系命令阻碍了被它们工具化了的生活世界的控制力。[25]"生活世界的殖民化不但造成了生活世界结构的破坏，生活世界再生产的危机；同时也导致了社会整合的低效、社会一体化的破产，以及现代资本主义的合法化等各种危机，更重要的是人自身的危机。货币在征服城市社会后也开始深深地进入乡村社会。单个家庭作为独立的经济单位的自由性得到进一步发展。市场经济已经渗透到乡村的每一个角落，市场作为主导资源配置方式对传统家族结构进行了解构性的改变，超越家族体系的社会联系与市场联系进一步增强。

这时，个人的社会地位主要取决于个人能力、个人奋斗等因素，取代了传统家族内的血缘等级因素，家族共同体的纽带不会影响个体的发展，个人也可以通过社会提供的多样化的职业途径脱离家庭和家族而独立生存；超越家族体制的社会体制也已经长期地并以更大的能量渗透到农村基层，社会秩序也已经内化为人们的观念秩序，社会体制的职能已经大部分地取代了家族职能。[11]

（4）日渐式微的公共空间

随着科学的普及、观念的改变，以及村民对世俗生活特别是经济生活的追求，祭祖坟和拜庙会等传统公共活动日渐减少。随着国家政策的松动，村民们外出打工或个体生意人的比例越来越大，季节性迁移甚至搬迁到外地等方式大量外流，人走屋空造成了村内房屋大量闲置，甚至形成"空心村"。取消农业税①之前，种地成本高收益少使得村民宁愿抛荒土地，到外面去依靠打工谋生；取消之后，农民已经习惯在城市中的生活，在城市中他们是没有身份的农民工，回到乡村中，他们又不能适应于传统文化的价值观，乡村青年对于事物的欣赏、交流沟通的内容介于城市和乡村之间无所适从，他们也无法再对乡村文化乃至乡村公共空间产生亲切感。劳动力的外流使得修路、打井之类的村庄的公共事务难以进行，村庄建设被搁置。

大众传媒的普及减少了村民日常交流串门的机会，用以日常交往的公共空间逐渐破败终至消失。它不仅干预了村民的生活方式，连获取信息的渠道都被取代，精彩的电视节目取代了村庄逢事唱戏的传统、露天电影院也随之消失、水井逐渐干涸……就连电风扇都能够剥夺村民在大树下乘凉的权利。

另一种公共活动是指村庄内普遍存在的一些制度化组织和制度化活动形式，如村落内的企业组织、村民集会、

---

① 农业税是指广义上的农业税，包括因农业种植业经营收入所缴纳的税赋和 1983 年开征的农业特产税。

红白喜事活动等。这些活动的进行会约定俗成地选择村庄核心的公共空间来进行。现代性的力量深入到乡村社会，村民的社会交往生活发生了变革，这些非正式的活动也失去了以往公共娱乐的意义。

4 结论与展望

依照哈贝马斯的生活世界理论，当前农民的生活世界若是继续放任政治系统和经济系统的侵蚀，社会合理化的危机将必然出现，只有通过公共性的交往行为活动，特别是在公共领域的引导和干预下，才能避免生活世界的殖民化危机，这里的公共领域即为产生交往行为的公共空间。该理论是从宏观的角度以西方资本主义市场经济为分析背景，结合了政治、思想、文化因素在历史进程中的相互作用，来分析讨论生活世界的合理化问题，笔者提出假设和建构解释框架，将其运用到解读中国社会的问题中，并结合到中国乡村发展历程和现实中分析乡村公共空间的演变。

通过分析发现，①社会合理性的过程就在于系统与生活世界之间的平衡关系。换言之，社会进化是系统与生活世界相互依存、相互补充的双重发展过程。一方面，要防止因过分强调系统观点而导致工具理性急剧膨胀；另一方面，又要克服因过分强调生活世界中的多元化和个体的自由而使社会过分自由化，以致无法形成合理的社会秩序。②生活世界内部三个结构性要素此消彼长，互相依存互相影响，它们之间的关系也正反映出生活世界再生产的稳定性。当某一要素突变时，其余要素必须要适应，否则就会使再生产受到破坏，进而影响人们正常生活秩序。③正如亨廷顿认为，"现代性意味着稳定，而现代化过程却滋生着动乱"[26]，套用一下，真正实现了现代化的村庄是高度整合的，但正在走向现代化进程的村庄必定会经历分化。[27]也就是说，中国乡村社会必然要经历分化的过程，有些村庄现代化分化过程相对短暂，因其外部系统整合和内部生活世界整合基本同步，绝大多数村庄现代化分化过程缓慢而痛苦，在面临生活世界殖民化危机时，城乡规划更应当承担责任感和使命感，慎重给予规划建议。④正如哈贝马斯所说，可以通过文化改良的方式达到社会合理化。所谓文化改良即重建文化解释体系——重建以公共性为特征的公共领域。在他所提出的公共领域的结构转型中，因生活世界中文化系统的自组织协调功能，加之农村自组织特性，就能够化解生活世界被殖民的危机。

另外，笔者提出的假设只包含具有生活世界理论特征的普遍乡村社会，而中国乡村种类万千，不能一概而论；中国社会发展是不断推进的，就目前构建的解释框架来看，仅做出了某一特征阶段的静态模型，而在未来研究中，还应拓展构建完整的动态变化模型，完整呈现出中国乡村社会的演进规律。

以学者李培林的话结尾，"村落终结过程中的裂变和新生，也并不是轻松欢快的旅行，它不仅充满利益的摩擦和文化的碰撞，而且伴随着巨变的失落和超越的艰难"（李培林，2002）。因此中国乡村发展之路任重而道远。

主要参考文献

[1] 李克强.协调推进城镇化是实现现代化的重大战略选择[J].行政管理改革，2012（11）：4-10.

[2] （德）哈贝马斯著.公共领域的结构转型[M].曹卫东等译.上海：上海学林出版社，2004.

[3] 梅策迎.珠江三角洲传统聚落公共空间体系特征及意义探析——以明清顺德古镇为例[J].规划师，2008（08）：84-88.

[4] 唐涛.交往的家园——论哈贝马斯的生活世界理论[J].淮阳师范学院学报，2004（6）:8-11.

[5] 哈贝马斯：后形而上学思想[M].南京：译林出版社，2001：86.

[6] 吴苑华.哈贝马斯的生活世界论[J].华侨大学学报（哲学社会科学版），2012（4）:1-11.

[7] 邓义昌.论哈贝马斯交往视域下的生活世界及其与马克思现实的生活世界之异同[M].浙江：浙江大学，2012.

[8] 王晶.生活家园的建构——哈贝马斯生活世界理论研究[M].广西：广西师范大学，2008.

[9] 贺雪峰.新乡土中国[M].南宁：广西师范大学出版社，2003.

[10] 哈贝马斯：交往行动理论（第二卷）.洪佩郁、蔺青译、重庆：重庆出版社，1994.

[11] 焦连志.内生性变迁与外生性变迁——中国传统村落家族文化现代变迁中的两种不同路径分析[J].晋阳学刊，2005（3）：36-40.

[12] （美）杜赞奇著，王福明译.文化、权力与国家[M].南京：江苏人民出版社，2004：50-52.

[13] 于建嵘.岳村政治[M].北京：商务印书馆，2004：204.

[14] 寿劲松.袁家村空间发展机制研究 [M].西安:西安建筑科技大学,2013.

[15] (英) 罗纳德·哈里·科斯,王宁.变革中国 [M].北京:中信出版社,2013.

[16] 熊培云.一个村庄里的中国 [M].北京:新星出版社,2011.

[17] 胡必亮.中国村落的在制度变迁与权力分配 [M].太原:山西经济出版社,1996:49.

[18] 陈吉元等.中国农村社会经济变迁(1949-1989)[M].太原:山西经济出版社,1993:15.

[19] 于建嵘.岳村政治 [M].长沙:湖南文艺出版社,2013.

[20] 林尚立.当代中国政治形态分析 [M].天津:天津人民出版社,2000:154.

[21] 张乐天.告别理想——人民公社制度研究 [M].东方出版中心,1998:221.

[22] 朱光磊等.当代中国社会各阶层分析 [M].天津:天津人民出版社,1998:43.

[23] 王勇,李广斌.新农村建设下的苏南农村生活世界合理化隐忧——基于哈贝马斯生活世界理论 [J].

[24] 陈勋.村落家族文化公共空间的嬗变 [J].经济与社会发展,2004,3.

[25] 余灵灵.哈贝马斯传 [M].石家庄:河北人民出版社,1998.

[26] (美) 塞谬尔·P·亨廷顿.变化社会中的政治秩序 [M].王冠华,刘为等译.北京:生活·读书·新知三联书店,1989:38.

[27] 王玲.村庄公共空间:秩序建构与社区整合——以川北呈村为例 [M].武汉:华中师范大学,2008.

The Lifeworld Theory Perspective Analysis of the Evolution of Rural Public space

Xie Liusha　Duan Degang

Abstract : The paper analyses the evolution of rural public space, put it in perspective of Habermas's theory of lifeworld to understand the evolution course of Chinese rural society, and attempts to put forward assumptions and to establish a framework of "reproduction" and "social rationalization" model. There are 3 phases (From before liberation to the founding of the early, from the founding of the early to reform and opening up, reform and opening up to now) help us to know that: Country lifeworld is a dynamic process, about the external system environment change of society and their own internal cultural change, as well as the influence of the traditional system and the lifeworld of interdependence, mutual complement, in order to achieve social evolution. The evolution of the lifeworld is made up of traditional chaotic state to the system from the life world, to the life world colonial process by complex systems, and thus leads to the different characteristics of rural public space in different periods.

Keywords: rural public space ; evolution ; the Lifeworld theory ; culture ; society ; personality

胶东地区乡村空间演变问题及其研究

高永波　耿虹

摘　要：改革开放以来，胶东半岛地区在经济、社会、文化各方面都取得了骄人的成绩。尤其是近十年，胶东半岛城市群逐渐形成并完善，胶东地区乡村的发展也十分迅速。在工业化、城市化和社会制度变革的推动下，乡村空间布局不断发生变化。由于胶东半岛独特的地理特征和地域文化，其乡村空间的演变也呈现出与其他地区不同的发展特点。本文首先分析了山地林果型、平原农业型、渔港型和城郊型四种类型村庄的空间特征。然后从生产方式的变革、治理方式的变迁、交通条件的改善、民间文化传统四个方面，对胶东地区空间演变的现状和问题进行分析。本文通过选取典型案例，具体解释经济、社会、文化变迁给乡村空间演化带来的影响。最后笔者对胶东乡村空间演变中存在的问题进行总结，并提出相应的对策。

关键词：胶东地区；乡村；空间演变

1　前言

改革开放以来，胶东地区得益于优越的区位条件和丰富自然资源，经济得到快速发展，乡村地区的空间形态和布局也发生了翻天覆地的变化，数以千计的村庄正在急剧分化。许多村庄再也无法保持其延续了几百年的传统空间形态，在工业化、城市化和社会制度变革的推动下呈现各式各样的空间演化。由于胶东地区滨海地区地势平缓，公路发展水平较高，再加上承接日韩产业转移，胶东地区乡镇企业发展迅速。由于胶东半岛独特的地理特征和地域文化，其乡村空间的演变也呈现出与其他地区不同的发展特点。

2　胶东乡村空间布局现状

乡村的空间形态往往与其所承担的职能有关。我国乡村的传统职能是组织农民的生活生产，为城市供应农产品、工业生产原料和剩余劳动力，并作为城市产品的市场。（刘自强等，2008）在胶东地区，以粮食生产为主的村庄空间结构一般比较单一，形态比较规则；而一些靠近城市，承担蔬菜、肉、蛋等农副产品的村庄，通常会把生产空间（如蔬菜大棚、养牛场、养鸡场）纳入村庄空间布局之中；而一些乡村企业较发达的村庄承担了由城镇溢出的工商业职能，则会在交通干道附近布置商贸、工业和仓储空间。

根据所处地理环境、区位条件和主要职能，胶东半岛的乡村大致可分为山地林果型村庄、平原农业型村庄、渔港型村庄和城郊型村庄四大类型。山地林果型村庄以林果种植业和水果加工业为主要产业，一般沿山谷、盆地分布，空间布局呈线型或局促的团块状，也有沿山谷多点连成串状的，如海阳市丁家夼村（图1）；平原农业型村庄主要承担粮食生产的职能，其空间形态一般呈团块状，获沿交通线向外蔓延呈星状，如海阳市潮外村（图2）；渔港型村庄以渔业为主要职能，空间形态一般围绕渔港呈线形或扇形布局，如荣成市落凤岗村（图3）；城郊型村庄空间结构一般在原有的团块状基础上依靠城市外围主干道迅速生长，乡村企业较发达，为附近的城市提供蔬菜等农副产品和初级工业加工产品，如海阳市邓家村（图4）。

3　胶东地区乡村空间演变的影响因素

空间形态是社会经济文化等非物质要素在物质层面上的反映，通过对同一时期不同发展阶段乡村空间的分析，大致可将胶东半岛乡村空间演变的影响因素分为四类：生产方式的变革、治理方式的变迁、交通条件的改善、民间

高永波：华中科技大学建筑与城市规划规划学院硕士研究生
耿虹：华中科技大学建筑与城市规划学院教授

图1 山地林果型村庄　　　图2 平原农业型村庄　　　图3 渔港型村庄　　　图4 城郊型村庄

文化传统。下面将从这四个方面分析其对胶东乡村空间演变的影响。

3.1 生产方式的变革对乡村空间演变的影响

最由于胶东地区地形丰富多样，农村传统生产方式也十分多元，农林牧渔副业各有特色。近三十多年是胶东村庄经济发展最快的一段时期，生产方式的变革带来空间上的变化，大多数村庄不再以农业为唯一的生产方式，村办企业将农村一部分耕地和宅基地转化为建设用地，村庄的功能也不仅仅是居住、管理和农业生产，而是居住、工业、商业多元合一。

3.1.1 农业生产方式的发展

在传统农业种植模式下，胶东村庄的主要功能是居住和集市，住宅内部和周边可从事家庭养殖业，有些手工作坊也和住宅设置在一起，村庄内部集中的农业空间比较少。随着养殖业和蔬菜种植业的发展，农业生产空间也出现在村庄外围甚至内部。

近十几年来，塑料大棚蔬菜生产技术逐渐在胶东地区推广普及，胶东半岛南部许多村庄的耕地被改造为塑料大棚，生产蔬菜，供应周边城市，许多村庄周边被大片塑料大棚包围，如窦疃村，或在村庄外围出现单独的大棚生产区，在塑料大棚周边又建设村办企业。例如，海阳市赵疃村的蔬菜大棚生产区位于村庄居住区和村办企业聚集区之间，靠近202省道便于蔬菜向外运输。村庄整体空间以地雷战纪念碑为核心，由东向西逐渐展开。（图6）在海阳市南部平原地区，塑料大棚已经将相邻的村庄连为一体。（图7）由于蔬菜大棚对场地的限制和对便捷交通线路的依赖性，此类技术变革主要对平原农业型村庄的空间演化产生影响。

3.1.2 非农产业的发展

改革开放以来，农村第二、三产业逐渐发展起来，尤其是近十年，市场制度日趋完善，农村地区交通条件大为改善，因此胶东地区许多农民开始从事农产品贸易、运输、纺织等非农产业，再加上城镇对农村的辐射，一些村集体开办集体企业，对乡村空间形态产生较大影响，村办企业成为村庄新的空间增长点。虽然许多村庄通过工业、旅游业实现经济跨越式发展，但是大多数村庄还是以农业为主导产业，工商企业主要零散分布在交通干道附近。

在城郊型村庄一般工业、服务业企业较多，例如莱州市南部郊区已经呈现工业企业与村庄犬牙交错的态势，尤其是交通干道附近的村庄，非农企业发展迅猛，有些城郊村逐渐转化为城市的一部分，实现了自下而上的城镇化。

图5 窦疃村——村庄被蔬菜　　　图6 赵疃村——蔬菜大棚位于村庄西部　　　图7 海阳市西南部，塑料大棚将
　　　大棚环绕　　　　　　　　　　　　　　　　　　　　　　　　　　　　　　　　　相邻村庄连为一体

3.2 乡村治理方式对乡村空间演变的影响

新中国成立以前，传统村庄依靠宗族关系实行治理，乡绅是乡村的实际管理者，祠堂是乡村的空间核心。新中国成立初三十年，农村经历了农业合作社、人民公社等阶段，村庄变成村民小组或生产队，小组组长或生产队长变成农村最直接的管理者，祠堂的重要性消失了，而农业生产需要的仓库、麦场等变成乡村空间核心。改革开放以后，根据《村民委员会组织法》，农村实行了村民自治制度，民主选举产生的村委会成为农村的管理者，村委大院或村民广场便成为村庄空间的新的中心。近年来，随着村办企业的迅速发展，有少数乡村实行村企合一制度，将村委会变为董事会，又使乡村空间向城市空间迈出了关键性的一步。

3.2.1 村民自治制度

以村委会为代表的村民自治制度属于较为简单原始的民主形式，村民一人一票，选举产生村委会代表全体村民管理村庄，胶东地区的村委会选举一般在集中地点集中时间进行，因此需要较大的公共集会空间。当然，现有的村民自治制度也有一定缺陷，容易受到宗亲势力等的影响，但公众选举的形式还是存在的，在空间上的投影也就是村民广场或村委大院。

从海阳市五间屋村的卫星截图可以看到，胶东半岛南部规模较大的村庄，一般为整齐的行列式布局，村庄边缘顺应地势自由变化，村庄中部一般会有一处较大的广场或空地，广场周边是村委会或体量稍大的建筑，几条较宽的主要村道从广场延伸出去，从主要村道上再分出巷子，连接各栋住宅。这种布局形式很像古希腊的希波丹姆式城市。村民委员会和古希腊民主城邦都是直选民主，需要一个集会和发布公告的广场。不同的是胶东村庄的广场兼有生产（晒谷麦）和娱乐（跳舞、扭秧歌）的功能，而希腊城邦的广场兼有商业功能，不具备娱乐功能，希腊城邦的娱乐活动

图8 莱州市南郊村庄，乡村工业依附交通干道发展迅速

图9 实行民主制的希腊城市——米利都

图10 实行村民自治制度的胶东村庄——五间屋村

图11 招远市毕郭镇毕郭吴家村

图12 乳山市冯家镇北山头村

是在专门的剧场里进行的。从人数上看，胶东较大的村庄可以达到数千人，比一般希腊城邦的人口少不了太多，因此村民自治制度对胶东村庄空间的影响与民主制对希腊城邦空间的影响具有相似之处，这也正说明广场＋方格路网的空间结构比较适合小规模的直选民主模式。

也并非所有村庄都有村民广场，有的村庄原有肌理比较紧密，便在外围交通便利处设置村委大院，用于公共事务的处理和村民集会，例如，招远市毕郭镇毕郭吴家村属于平原农业型村庄，空间村庄布局较为紧凑，没有空地可以建设广场，因此在306省道以北建造了村委会大院。有些村庄是村委大院和广场结合布置，例如，乳山市冯家镇北山头村，也属于平原农业型村庄，空间布局为行列式，缺少活力，在十字形主路交叉点附近设置小广场和村委大院，作为村庄的空间核心。

3.2.2　公司制治理模式

公司制作为一种先进的治理模式可以创造巨大的生产力，也对村庄的空间布局产生了颠覆性影响。

在江浙发达地区，以华西村为代表的一批乡村将村庄转变为公司，村支书、村长或生产队长变为董事长，取得了很好的经济和社会效益。而在胶东，也存在这样的村庄：例如，中国500强企业南山集团前身是龙口市东江镇前宋家村，现任南山集团董事长时任前宋家村第三生产小队队长的宋作文带领村民发展工副业生产，经历几十年的拼搏，最终将一个村办企业打造成村企合一的大型民营股份制企业集团。南山集团现拥有20余个居民区，百余家企业，已不能以乡村的视角去看待这种村企合一的村庄。南山前宋村实现了自下而上城市化转变，并对周边乡村产生巨大的辐射作用（图13）。

但是这种模式存在的问题是，从行政级别上看，南山集团仍属于村办企业，前宋村与其他村庄是平行级别，但南山集团在扩张过程中需要兼并周边村庄大量的土地，它无法直接利用现有的政府征用土地的方式获取土地，只能通过与龙口市政府合作，这中间就会存在寻租空间，另外在政府征地遇到困难时，政府和企业容易倾向于采取暴力胁迫的方式获得土地。

随着南山集团的发展，前宋家村周边的许多村庄开发为现代居住小区，但仍然属于农村，村庄由村委会进行管理。由于被兼并的村庄的生产生活管理基本被南山集团接管，因此空间形态上体现为居住区和工业区的单一划分，居住小区缺乏公共集会活动的场所。"被城市化"的村庄空间肌理与传统村庄的空间肌理反差强烈（图14），南山集团还在海滨地带购买土地，兼并村庄，并行大规模的工业、旅游和地产开发，经过这些规划和建设，农村风貌被城市风貌所取代，地方文脉被彻底破坏（图15）。

图13　前宋家村（南山集团）及周边村庄已经成为城市的一个片区

图14　城市化的村庄肌理与传统村庄肌理对比强烈

图15　南山集团在海边购买土地，兼并村庄，进行大规模开发

3.3 交通条件的改善对乡村演变的影响

传统村落与农田、果林、水塘、渔港等生产资料关系密切，而受交通条件影响较小。近年来，随着国家对交通基础设施的建设，乡村地区的交通条件得到大幅度改善，发展较快的村庄也往往沿交通干道扩张，尤其是乡村非农产业的用地与交通区位关系非常密切。

例如，文登市泽头镇的东西团岚埠村相邻，团岚埠村东临305省道，依托交通区位优势兴办村办企业，在村庄北部形成独立的非农产业区，并吸纳两个村的剩余劳动力，东团岚埠村的空间结构演变为长条形，与西团岚埠村形成鲜明对比（图16）。

高速公路对村庄的空间生长基本是起阻碍和割裂作用，非封闭的国道、省道、县道甚至乡道都会对村庄空间生长产生引导和拉伸作用，交通因素的这种空间导向作用在山区村庄尤为明显，例如大柳家乡，位于半岛中部山区，由几个山地林果型村庄组成，一条县道纵贯南北，乡村空间沿公路呈线形布局，新增的工业和商贸企业也在原有村庄北部沿着公路布置（图17）。一些位于高速公路出入口附近的村庄，村办企业发展尤为迅速，例如海阳市槐家泊村，原本属于平原农业型村庄，但因为其南邻辛安镇，北临威青高速出入口，东面与海阳市联系方便，乡镇工厂十分繁荣，正在向城郊型村庄转变，在原村庄东北部形成大片工业区，大大改变了原有的空间结构（图18）。

 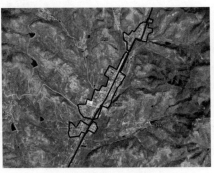 

图16 文登市泽头镇东西团岚埠村　　　图17 栖霞市大柳家乡　　　图18 海阳市槐家泊村

3.4 民间文化传统对乡村空间演变的影响

胶东村庄大多是聚族而居，传统乡村空间形态主要体现了宗族、血缘主导的聚落文化的影响。但在新中国成立以后，文化因素对乡村空间的影响力逐渐削弱，让位与经济和政治因素，但乡村某些空间变化仍然会体现出胶东文化传统。近年来，传统文化逐渐受到人们的重视，许多村庄重修家谱就是一种表现，同时乡村日益增长的文化活动的需求也对空间演变产生影响。胶东平原地区的村庄如北方大多数地区一样崇尚规整，由此行列式的空间布局模式缺乏趣味性，不如南方水乡村庄或空间自由活泼，而丘陵地区的村庄由于地形所限，空间布局较随意，就增加了空间的灵活性。

3.4.1 风水

胶东民间普遍对风水较为迷信，丘陵地区的村庄选址常在山丘南侧，并有河流或小溪环绕村庄，村庄入口常设置牌坊等标志物。如海阳市宅子头村，近几年在村口修建牌坊和小广场；又如海阳市东西石兰沟村背靠招虎山，面向平原，小河在东西两村之间蜿蜒而过，这两个村属于平原农业型村庄，形态为较为规整的团块状。（见图19）

3.4.2 民俗活动

胶东半岛南部农村逢年过节扭秧歌的习俗，因此这个区域的乡村通常会有较大的户外广场，用于节庆期间村民扭秧歌，并可以在农收时节用于晾晒小麦、玉米。而海滨渔村通常会有祭海习俗，例如即墨市田横镇周戈庄的祭海活动规模隆重，常常会吸引大量周边渔民前来观看，并已经演变为田横祭海节（图20），此活动通常在村里的龙王庙以及庙前的海滩上举行，为此，周戈庄专门开辟了一块较大的沙滩用于祭海。这片平整的沙滩也可以用作村民大会和广场舞的活动场地（图21）。

3.4.3 其他休闲娱乐活动

胶东农村传统的日常休闲活动主要有拉呱（聊天）和打牌打麻将，但随着村庄现代化程度的提高，一些新的休

图 19　海阳市东西石兰沟村的选址遵循基本的风水原则

图 20　即墨市田横镇周戈庄祭海节（引自新华网）

图 21　即墨市田横镇周戈庄，村庄空间以龙王庙和祭海广场为核心，聚落空寂呈团块状，生产空间（如码头、村办企业、渔业养殖区）位于外围，祭海广场与码头的呼应关系也体现了祭海活动保佑渔民出海安全的文化内涵

闲方式开始在村庄中流行起来，例如跳舞、跳绳等健身活动。在新农村建设的推动下，现在很多村庄开始出现了篮球场、乒乓球室、小型居民健身设施等现代化娱乐设施。（丛图，2010）在胶东地区，许多村庄利用体育福利彩票提供的补贴建设了小型的健身广场，或者在宽敞处安置了健身器材。例如，田横镇周戈庄为了增加体育服务设施，在用于祭海的广场上修建了一个篮球场。

4　胶东乡村空间布局存在的问题

4.1.1　部分村庄缺乏规划控制，空间无序扩展

胶东地区民营经济活跃，许多经济发展迅速的村庄空间扩展速度也较快。但由于缺乏专业的规划引导和控制，往往出现空间布局不合理、土地利用不集约等问题。从国家到地方也缺乏专门进行村庄空间管理的法律法规，因此无法对村庄空间形态进行有效控制和指导。

4.1.2　乡村工业占用耕地空间，污染乡村环境

由于村庄土地资源有限，新增的乡村工业用地往往占用村庄周边的耕地。现阶段胶东地区的乡村工业大多属于高污染、高消耗的初级加工业。乡村工业的发展不仅占用了最好的耕地，而且严重污染了周边农田。

4.1.3　空间功能与经济社会需求不匹配

随着农村经济的发展，农民对消费、娱乐需求不断增长，村庄的建筑和环境也得到很大改善，部分条件较好的村庄甚至已经开始向城镇转变，原有的低层住宅被多层住宅小区（如安置房）所取代，但是公共服务配套设施很不完善，乡村商业仍然处于传统的集市阶段，基础设施更是无法达到城镇标准，出现空间功能与乡村发展不匹配的现象。

4.1.4　乡村空间缺乏特色，传统文脉被割裂

从一些较大村庄的空间肌理可以看出，传统村庄部分的肌理往往比较自由有机，然而近几十年建设的部分基本是整齐的行列式，呆板僵化，缺乏生气，与自然山水的结合也不足。传统文化空间如土地庙、祠堂经过"文革"破坏和几十年的经济发展基本消失殆尽，乡村空间形象"千村一面"，缺乏特色。

5　措施及建议

为了应对胶东农村地区快速发展的挑战和解决乡村空间演变过程中存在的问题，地方政府和乡村应尽快采取措施，加强乡村空间管理和引导。为此，笔者提出以下几点建议：

5.1.1　统筹考虑城乡空间布局，探索乡村规划管理新途径

原有的乡村建设管理许可制度过于僵化，对村庄整体空间形态缺乏考虑，村庄规划也过于滞后，地方政府应该根据地方特色，制定详细的农村空间管理条例，并在乡村建设规划许可证中附带空间控制要求。同时对于城镇郊区的村庄进行统一规划管理，做到城乡建设指标公平分配。

5.1.2 集约利用农村土地，保护耕地资源

在规划指引下布置乡村商贸和工业用地，可适当提高容积率，引导乡村建设用地集约使用；尽量利用盐碱地、荒地经行非农业建设，贯彻落实国家的耕地保护制度，保护基本农田。

5.1.3 加快土地流转制度建设，推动农村产业多元发展

2014年11月20日，中共中央和国务院正式印发了《关于引导农村土地经营权有序流转发展农业适度规模经营的意见》，提出要扶持农业企业，培育经营性服务组织，因此农村空间应该适应农村产业多元发展的需求。

5.1.4 加强农村公共服务设施建设，适度发挥规模效应

地方政府应大力完善乡村基础设施建设，数个临近村庄可以统一规划布置公共服务设施，新规划的农村居民点应配套或预留公共服务设施用地。有条件的地区可以合并邻近村庄，发挥规模效应，提高公共服务设施的使用效率。

5.1.5 保护并传承乡村地区的历史文脉，打造乡村特色风貌

尊重乡村历史文脉，保护村庄中现存的历史文化场所，对于文脉已经受到破坏的村庄，应该结合自身特色塑造新的乡村风貌，旅游业较发达的村庄则应营造具有当地文化气息的旅游休闲空间，尽量避免照搬城市景观，产生不伦不类的空间效果。

6 结语

虽然近年来国内在乡村规划方面的研究逐渐升温，但是在乡村空间方面的研究还很欠缺。无论是新农村建设还是美丽乡村规划，都是中国各级政府探索农村出路的尝试。新农村建设实施已经有近十年，而"美丽乡村"运动方兴未艾。然而，从已经建成的村庄可以看出，许多村庄的空间效果并不理想，尤其是在空间形态、整体风貌上与外国优秀乡村范例相差甚远。因此国内规划行业应该在农村地区的空间形态和风貌方面多做研究，为农村地区的快速发展做好技术储备。

从整个北方来看，胶东地区乡村空间演变的问题既有共性又有其独特性。经济发达地区，农村小工厂、小作坊遍地开花，乡村空间从有序走向无序；经济欠发达地区，村庄基本保持几百年来的形态，鲜有大的突破和发展。不论村庄位于何处，其空间演变一定会受到当地社会经济文化演变的影响。如果规划人员能认识到这一规律，就能找出规划村庄的演变趋势，从而更加理智科学地对村庄进行规划。那么村庄的空间布局和形态就可以更好地为村庄社会经济文化发展服务，中国的乡村也就会越来越美丽。

（文中引用卫星图片均来自于谷歌地球，并经过笔者加工）

主要参考文献

[1] 刘自强，李静，鲁奇. 乡村空间地域系统的功能多元化与新农村发展模式. 农业现代化研究，2008（9）.

[2] 贺雪峰. 新乡土中国. 桂林：广西师范大学出版社，2003.

[3] 丛圆. 农民夏季闲暇活动考察报告——以胶东半岛的一个村为例. 南京师范大学，硕士学位论文，2010.4

[4] 申端锋. 论乡村政治的空间结构——村民小组与村庄空间结构的相关性研究，华南农业大学学报（社会科学版），2009（2）.

[5] 中共中央办公厅，国务院办公厅. 关于引导农村土地经营权有序流转发展农业适度规模经营的意见. 2014.11.

Abstract: Since the reform and opening up, Jiaodong peninsula area have made remarkable achievementsin in all aspects of the economic, social, and cultural . Especially in the last ten years, the city group in Jiaodong Peninsula formed and perfected gradually. Meanwhile , the development of rural area in Jiaodong is very fast too. In the promotion of industrialization, urbanization and social system reform, rural space layout is changing. As unique geographical features and regional culture in Jiaodong Peninsula, the evolution of rural spatial also presents different characteristics from other regions. Firstly, this paper analyzes the spatial characteri —stics of four types, which include mountain fruit type, agricultural plain type, fishing port type and suburban village type. Then we analyzed the status quo and the problems on the evolution of spatial in Jiaodong area from four aspects, which contains the transformation of the mode of production, way of governance change, the improvement of traffic conditions, and the traditional folk culture. We specifically explain the influence to the rural space evolution of economic, social, and cultural, through selecting evotypical cases. Finally we summarizes the problems in the evolution of Jiaodong rural space, and put forward the corresponding countermeasures.

Keywords: Jiaodong area ; rural ; pace evolution

村庄规划析疑——基于对规划传统的反思

陆希刚

摘　要：从城市、计划导向型规划传统的后遗症和不适应性两个角度，归纳村庄规划在规划要点以及村庄本质、空间特色和规划决策等特征差异方面的主要疑问，探讨这些疑问产生的原因及其可能的出路。认为规划传统在村庄规划中的不适应性并非唯一原因，规划传统的计划经济后遗症具有更重要的影响。

关键词：村庄规划；问题分析；规划传统

引言

乡村规划是当前规划研究的热点，也面临着诸多疑惑，部分是由于城市规划应用于乡村时产生的"水土不服"，而有些是因为计划经济在市场经济时期留下的"后遗症"。"辩症"方可"施治"，本文拟结合村庄调查和村庄规划实践，对乡村规划中存在的一些主要疑问进行及其产生原因、可能的出路分析，以期求教于方家。

1　发展规划与空间设计——规划传统的后遗症

1.1　两种范式的冲突

村庄规划中遇到的最大疑问为：村庄规划要规划什么，或者说主要解决的问题是什么。在实践中形成发展规划和空间设计两种截然不同的范式。

从空间设计范式的视角看，因村庄为地域狭小的地方层面，在规划中对用地布局考虑较为具体，因此在规划常被做成空间设计，如建筑布局、道路组织、公共设施布点、绿地景观组织等。这种做法所受的诟病，轻则为"表面文章"，重则是"不务正业"。因为它无视了农村当前面临的主要困难和亟待解决的重大问题，如落后地区农村的贫困化和人口流失，发达地区村庄的用地失控和社会重构等。

从发展规划范式视角看，规划是长远性和战略性的综合部署，认为村庄规划应侧重于关注村庄发展趋势等战略性问题，诸如人口变化趋势、村庄功能定位和产业支撑等。然而，这种范式也受到质疑：地方层面的村庄是否需要长远战略性规划？如果需要的话，这种发展规划是否能够实施并落实到空间上？

从村庄规划的教学实践中看，村庄规划中的发展规划和空间设计两种范式表现为互不融合的并行关系：发展规划难以落实到空间上，在发展分析后戛然而止，空间设计更多取决于现状形体空间分析，在物质空间范畴内自斟自饮。笔者认为，主要症结在于：对村庄发展预期的不明确。规划是面向未来的行动纲领，有明确的期限和规模，是依据社会经济发展趋势预期的目标导向型部署；而空间设计期限和规模不明确，其空间肌理、功能分析主要依据现状空间格局，是基于空间环境品质的现状改善型设计。两者在规划期限、法理依据和实施路径方面均存在着不匹配的矛盾，因此表现在规划实践中也难以融合。

1.2　规划传统的"后遗症"

从更根本的原因上看，该问题并非村庄规划所独有，而是我国计划经济规划传统的"后遗症"。我国当前规划中计划经济成分依然占有很高的比例（石楠，2014），而计划经济下规划的主要特征为无所不包的全面部署，大到区域发展，小到住宅房型，都是在规划设计的安排下进行，完全排除了市场和社会力量的作用。在这种背景下的规划重点在于效益与空间环境品质，由此形成了以建筑和工程经济为主导的规划传统，规划与设计差异不大。尽管市场化

陆希刚：同济大学建筑与城市规划学院讲师

改革已经进行了三十多年，但规划传统中空间设计与发展规划之间的有效衔接问题依然存在：空间设计无助于解决发展中的关键问题，发展规划无法落实到空间。因此，如何处理发展规划和形体设计的关系，分析该问题产生的症结所在，是规划的重要前提，对认识村庄规划以至规划的本质具有重要意义。

首先是战略层面村庄发展规划的长期缺位。目前村庄发展的关键问题如人口、产业、社会文化、资源环境等问题多为战略层面的问题，而这些战略层面内容固然与村庄自身有一定关系，但更多取决于区域城乡格局和相关制度政策。因而，就村庄规划本身而言，制定战略层面规划需要考虑更大范围的区域格局和相关制度政策的影响，应在区域规划中统一考虑。如英国的规划体系中，结构性规划（structural plan）主要在区域层面考虑，而地区性规划（local plan）主要在地方层面考虑。然而，因为我国的规划传统多是基于城市导向的，区域层面的规划主要基于以中心城市为驻地的行政区，主要关注中心城区，将区域视为城市发展的背景条件。尽管改革开放后扩大到城镇体系，而城乡统筹仍未完善，村庄规划中上位规划的战略指导缺位，迫使村庄规划不得不自行考虑战略规划内容，而这又因外部因素较多而无法胜任。

其次，更为关键的是，规划的发展导向性。长期以来，规划以发展问题作为己任，通过空间开发谋取发展机遇已经成为规划的主要目标（孙施文，2006）。不可否认空间开发对发展的影响——在计划经济下效果尤为显著，但随着市场经济的发展，项目或空间开发拉动型发展日益难以为继，规划的发展导向也逐渐受到质疑。然而，在村庄规划中，项目或空间开发的可能性极小，通过规划促进发展几乎不可能，这也迫使一些村庄规划中的发展规划向空间规划之外寻求发展措施，其结果必然是停留在理念层面上，难以在空间中予以落实。

1.3 村庄规划的权界

从当前现实出发，解决"三农"问题是村庄规划的基本背景和要求，但村庄规划在此遭遇了发展规划无法与空间设计进行有效结合的瓶颈，为此需要进一步探讨村庄规划的权界：村庄规划如何处理空间设计与发展规划的关系？

村庄发展涉及的因素是多方面的，既有人口变化、产业发展、社会文化、资源环境等战略层面内容，也有建成环境、公共设施等战术层面内容。这些极其复杂的问题不是仅通过村庄规划所能解决的，有些甚至不是规划所能解决的。因此必须认识到规划和村庄规划的权界，致力于聚焦于规划、村庄规划所能解决的问题，而不是指望通过规划解决所有问题。

长期的发展导向使规划承担了难以承担的重负，众多"空城"、"鬼城"现象说明其在市场化发展的当前日益难以为继，为此需要厘清规划与发展的关系。我国当前语境下的规划所指为"空间规划"，本质上是在空间布局方面对未来预期及其相应行动达成共识的决策过程。尽管其中的"预期"隐含了"发展"的涵义，但两者之间仍有较大的区别：预测为未来的趋势，既可包括人口增长、经济发展、环境改善等正面内容即"发展"，也可能包括人口减少、经济衰退、环境恶化等负面内容，适应经济发展、人口增长的空间应对是规划，而针对人口减少、经济衰退的空间应对也是规划。因此，规划与发展并无必然联系，规划是适应未来预期的空间应对，因此其中涉及价值判断的不是规划，而是规划中对未来预期和相应行动的决策。作为一门专业学科，规划有其具有特定的专业领域：空间方面的土地利用，尽管空间开发对发展具有一定作用，但空间变化主要为发展的外在表现而非内在机制，发展更多是诸多因素、规律综合作用的结果。

笔者认为，发展规划需要多学科多方面的合作，规划并非一揽子解决中发展存在的问题，促进发展不应该也不可能成为规划的任务。那么，规划规划中发展研究的意义何在？笔者认为答案在于"预期"，即通过分析明确未来发展的预期，从而为空间规划提供相应依据，因此发展规划中的社会经济分析应以对空间土地利用的影响为标的而非如何促进发展。在此举一个规划实施评估中的例子予以说明，在规划实施评估中常涉及人口规模、经济发展等指标的实现程度，但其是否达到规划目标，与其说是规划实施的评价标准，毋宁说是规划编制的评价标准，因为人口规模、社会经济发展主要很难说是规划实施的效果，而是社会经济多种因素综合发展的结果。因此，规划中的发展分析的目的主要不是促进发展，而是为未来预期提供不同的空间形式。不可否认，尽管发展趋势既具有相当稳定的路径依赖性，但也具有较大的偶然性，不可否认可以通过行动改变其趋势，从而达到不同情景的预期效果——这也是当前发展导向型规划的主要目的。然而，改变发展趋势需要相当深入的研究和复杂的多因素政策支持，这种研究也超出了规划研究的学科范畴，如在英国的城市规划体系中，相关发展规划如发展大纲、专题规划大纲等都是作为法定规划补充的非正式规划（王丽萍，1993）。

综之，规划的本质在于对目标和行动达成共识的过程，其间规划师的作用在于：通过分析研究，判断不同发展预期的可能性，并据此制定空间应对以供决策选择。

1.4 村庄规划的发展规划与空间设计关系

在明确规划中发展研究与空间设计的关系之后，可以发现村庄规划中的症结所在。当前对村庄问题的认识主要集中在社会经济发展方面，而空间布局则基于物质空间展开，两者之间的必要关联十分薄弱。在发展规划方面，规划致力于全面解决村庄发展中的问题，如人口迁移、产业支撑、公共服务、资源环境等各方面，但这些问题又多与政策、制度具有千丝万缕的联系，规划根本无力解决这些问题，因此导致的结论通常流于空洞化的泛泛而谈，对空间布局并无实际指导意义。在空间布局方面，主要表现为固守物化的设计传统，强调空间肌理、空间自组织等方面的特征，对社会经济发展的影响及趋势预期关注不足。

为此，村庄规划需在两个方面转变观念。首先，村庄规划中的发展规划应从促进发展转向对未来发展的预期，尤其在村庄范围较小的领域，其发展的诸多影响因素主要不是取决于自身条件而是取决于宏观条件如制度政策和区域格局变化等，这些外部因素既非村庄规划也非规划所能决定，规划的权界在于针对未来不同情景作出预期。其次，将发展预期转变为空间设计的指导和先决条件。规划预期主要涉及战略层面的内容，而空间设计主要涉及战术层面的内容，战略层面对战术层面具有指引作用，因此需要将发展预期转化为空间设计前提和准则，如对规划期末村庄人口、用地规模、功能定位，并结合村庄现状空间特征分析，制定相应的空间规划和行动计划。我国当前的规划传统实际上在上述两个方面均突破了其规划权界，战略层面"越俎代庖"，以全面发展策划为目标诉求而非发展预期，战术层面则"揠苗助长"，将发展效率作为目标诉求而非开发控制。规划不仅服务于发展，同时也积极谋划发展。

2 一体化与差异化——规划传统的水土不服

2.1 城乡差别与城乡差距

我国规划传统脱胎于以城市为对象的城市规划，在城市规划转为城乡规划后，由于城市和乡村的诸多差异，导致村庄规划中的很多问题源于城市规划知识在村庄规划中的不适应。

城市规划方法在村庄规划中的不适应，源于城乡差异这一客观事实。笔者认为，城乡差异包括发展水平和本质特性两大部分。"差异"（difference），是表示"不同"的综合而中性的概念，包括差距（disparity）和差别（distinction）两种内涵。差距是水平上可比较并可改进的差异，如居民生活水平和社会经济发展水平等系列发展指标，在城乡之间只有量的变异并无本质不同；差别表示特质方面的差异，如生活方式和环境景观方面的特质，"门庭若市、车水马龙"的城市生活和"采菊东篱下，悠然见南山"的农村生活表现的是一种特质，没有先进落后之分，属于无法量化、比较和转化的范畴。城乡统筹中所提的缩小城乡差异应当为缩小城乡发展水平的差异，至于城乡特质方面的差别，则在规划中不但不应缩小，反而应充分予以发扬，贴近自然的诗意栖居是农村相对于城市的最大优势所在，可以为居民居住方式提供多种方式选择。

村庄和城市各有其优劣。村庄在建成环境的适居性方要优于城市，其缺点在于经济发展和公共服务配置效益低下，城市则反之。此种两难决择的解决策略，机会均等策略和空间均衡策略。机会均等策略允许城乡居民拥有根据自身情况自由选择居住地的机会，在规划上可采取差异化发展策略，突出城乡各自的优势，让居民自由选择。空间均衡策略则试图将城乡差异缩小，在规划上表现为城乡一体化策略，具体表现如在城市中加强生态环境建设，在农村鼓励发展经济和公共设施配置。但由于城市和农村固有特征，城乡一体化或融合发展面临的困难要大于差异化发展，城市高密度集约化发展才是更可持续的发展方式。我国采取空间均衡策略的主要根源在于人口、要素的自由流动当前尚存在很多制度性障碍。

尤为不幸的是，在城乡统筹方面，规划所擅长的领域——空间利用恰恰是最不需要缩小差别，而是应该采取差异化发展的领域。这种对城乡统筹或城乡一体化的误读，导致在村庄规划中变成了"以城代乡"，采取城市标准进行乡村建设，造成村庄规划尤其是新农村社区成了城市居住区规划的农村版，"城不像城，乡不像乡"的风貌雷同随处可见。

总体而言，基于城市的规划传统在村庄规划中具有很多不适应性，为避免"以城代乡"的规划方式，需要明确的是，村庄规划哪些本质特征差异导致了规划传统的不适应性。

2.2 村庄本质：聚落还是经济体

在计划经济传统赋予城乡聚落生产和生活两种不同的功能，即城镇、村庄不仅是聚落实体，同时也是经济实体，且对经济职能的关注远高于聚落职能，因此规划兼有促进经济发展和改善生活环境两种任务。然而，随着市场经济发展，规划的促进经济发展功能日益受到质疑，"以人为本"的理念也体现了由发展诉求向人文关怀的转变趋势。

非均衡永远是空间发展的常态，第九届县域经济竞争力报告数据表明，2009年我国县域人口和经济占比为70%和50%，但县域经济中占主导地位的乡镇企业增加值应属城镇经济，以收入法计算的相关研究表明，2002年农村人口和经济占比分别为60.1%和15.7%（牛靖楠等，2004），经济发展在城镇的高度集聚已成为不争的事实。笔者认为，如果说发展导向的规划在城市规划中尚存在质疑，则在村庄规划中尤其不适用。首先，农村工业化并不可取，1980年代乡镇企业的兴起主要是填补短缺经济导致的市场真空，且出现过高的资源、环境成本和低效益等负面效应，苏南经验也表明，乡镇企业正日益向城镇集中。其次，近来作为农村经济发展措施的农业产业化也是一种不现实的想法，因为作为农业发展瓶颈的土地资源利用和土地产出已趋于极限，在人口－土地配置无法优化、农产品无法改变的前提下，组织方式上的优化对以农业为主的农村经济提升有限，正如4杯25℃的水无论怎样优化无法达到100℃。即使发达国家的农业也被视为需政府重点扶持的天然弱质产业。

由于非农产业的空间集聚特征和作为农业的天然弱质性，导致发展农村经济本身是一个伪命题。农村当前面临的关键问题是缩小城乡居民生活水平差距，而缩小城乡居民生活差距只能通过城乡人口的自由流动改善资源－人口配置或通过政策手段进行社会财富再分配实现，在区域范围内尤其是城乡之间均衡布局生产是一种不切实际的幻想。村庄规划中与徒劳研究农村经济发展这一无解的问题，不如将缩小城乡居民生活差距及其相关政策措施视为外部条件，在此基础上进行未来情景的预期和空间规划，从而实现规划的学科专长。因此，将聚落视为经济体是计划解决时期的遗留，在城市规划中尚有一定道理，在村庄规划中已经不合时宜。对村庄认识应向其聚落本质回归：村庄是具有与城市不同生活方式的聚落形式，而非一个具有竞争力的经济实体。在村庄规划中应强调对生活环境的营造提升，淡化产业发展的要求。

2.3 空间特色差异：生态与传统

村庄作为不同于城镇的一种聚落类型，其空间特色主要表现在：贴近自然的诗意栖居，其间蕴含了村庄的生态特色和传统特色。

聚落（settlement）一词本意为"附着于土"，工业社会以前的城镇即使是商业都市聚落也追求贴近自然的诗意栖居，如"家家泉水、户户垂杨"的济南，时人如此描述宋代的苏州："予游吴中，过郡学东，顾草树郁然，不类乎城中"（苏舜钦《沧浪亭记》）。随着工业革命后对经济效益以及发展、现代化等目标的追求，城市逐渐迷失了聚落的本质而成为经济体，导致聚落在外延上缩小为仅指村庄。"礼失而求诸野"，村庄由于受工业化、现代化影响较小，因此保存了较为完好的生态和传统文化特色。

村庄的生态特色主要体现在：首先，村庄是自然与生态的统一体，村庄选址和布局中注意与自然生态环境的协调，建设用地与生态用地在功能上是混合的，而非如城市规划中那样截然分开。如北方平原生态景观以草本植被的作物为主，以乔木为主的林地主要集中于村庄中，成为鸟类的主要栖息地，因此村庄在生态景观格局中不仅是建设用地，也是林地。但在用地现状与规划图中无法反映出来，由此造成的悖论是：城镇的绿地率高于村庄，但生态环境明显不如村庄，说明了城镇建设中的"伪生态"，如何在规划中反应村庄的生态特色成为村庄规划应关注的难点之一。其次，是对荒地的认识，村庄用地中常存在很多荒地，如村庄中的隙地和村外的河滩地等，这些未利用地其实并非废弃地，村内隙地多为树木生长地，河滩荒地为乡土物种的栖息地，均具有一定的生态功能，同时也是村民公共交往的场所。但在规划用地分类中均作为未利用地处理，反映了规划的功利导向。其中村庄隙地在计算中被计入村庄建设用地，成为村庄建设用地"浪费"的证据之一，为压缩村庄建设用地提供了借口。在规划中应有改变认识，即"自然保留地"也是村庄规划中重要的用地。最后，村庄的生产也反映了循环经济的特征，传统村庄的工具多为竹木藤等自然原料制作，在废弃后可以成为燃料、肥料。但由于现代工业的过度发展，农村手工业收到毁灭性打击，大量的化工产品器具废弃后成为难以处理的垃圾，这也是导致农村垃圾问题的主要根源。

村庄多具有悠久的历史，村民在长期交往中形成了较为成熟的"社区"，具有深厚的传统文化内涵，对村庄传统文化的传承和尊重是村庄规划中需要关注的重点和难点之一。村庄在传统文化上的特征主要包括以下几点：①稳固的社区。与城市中以业缘为主的社会分异不同，村庄内村民的社会组织多为血缘关系为主的聚族而居，从此意义上说，村庄较之城市的社区特征更明显，但在城市的规划传统对居民的社会组织了解较少，将居民视为无差异的人口，尤其在新型农村居民点或搬迁的农村居民点规划中，对此的关注相对较少。"鸡犬识新丰"。②院落式的居住传统。院落住宅及其空间组织是我国聚落组织的主要特征，而城市规划中出于土地使用效率、开发建设效率和生态环境的考虑，通常采取联排高层低密度的建设方式，但忽视了对私密空间的尊重，将家庭私有空间局限于房门之内。从以人为本的角度考虑，居住用地效益是开发商而不是规划而关注的重点。农村住宅往往都是独户（detached）的，即使邻近的住房也拥有各自的山墙，根源就在于对私有空间的维护，农户在宅基地上拥有完整的使用权，基于共有产权的共同公寓（condominium）住区并不符合农村的居住习惯。这种独立自发式的建设形成了村庄自由灵活多变的肌理，而统一设计统一建设的住区很难形成此种效果，因此在规划中应主要关注用地的安排，即使在详细规划层面也应侧重于宗地的布局而非用地的布局，为居民自行建设留下发挥的余地。③村庄与城市在规划理念方面的差异。村庄聚落在选址、与地理环境的关系处理以及村庄的格局、机理等方面多受"潜规划"——即村庄建设中所遵循的习俗惯例的影响，因此尽管很多并未明确提出规划及其理念，村庄建设的主导传统模式是形体模式的，此种模式表面看来是追寻形体——如风水理论中的靠山、案山、水口等，但在本质上是追求神秘主义哲学下形体背后隐含的社会文化暗示功能，增强居民的场所感或恋地情节，体现了对人的心理要求的满足和聚落的生活本质，具有适宜的空间尺度，在建设方式上也采取个体逐步自建的方式。而主流的城市规划传统在本质上是功能主义的，功能是主要的追求目标，且在当前科学主义的支配下，功能已简化为效益，对心理、文化、社会等职能因科学难以研究而被排除出功能范畴之外，导致规划缺乏对人文关怀和文化的认同，表现为空间尺度的不适，建设方式采用统一的规模化建设。目前很多村庄规划实质上是用城市的功能主义规划手法对村庄进行改造，使村庄异化为城市的农村翻版。其中一个典型的例子是对道路与用地的关系，村庄基本以人行交通为主，道路在组织居民生活和公共交往方面具有重要的作用，多条道路交叉的节点通常是公共活动的开发空间，因此其住宅建筑组织通常围绕着道路组织，生活圈的界限常常位于街区内部。由于源于城市的功能主义规划主要考虑交通通行功能，因此道路很少作为生活空间，用地上住宅建筑的组织常背对道路，形成街区式的居住组织方式，将功能主义的规划手法用于村庄规划可能导致对原有空间机理及居民社会生活组织的解体。

2.4 规划决策差异：管制和管治

规划的核心是决策，村庄规划的决策和执行主体是谁？这看似是一个简单的问题，实际上也是一个长期困扰村庄规划的问题，主要原因在于村庄规划中，规划作为行政法规和相关利益方的共识的定位存在着错位与冲突。

长期以来，由于"大政府小社会"的传统，作为相关利益方的公众在规划决策中的地位是十分有限的，决策权力大致按照"政府—规划师—开发商—民众"的顺序递减，其中政府与规划师分别作为"权力"与"真理"构成了主要的决策者。在村庄规划中，大规模开发较少决定了开发商的作用有限，因此仅考虑政府、规划师和村民三者的关系。

从规划作为一项政府管理社会的行政法规角度看，政府在规划决策中应具有重要的地位。然而，在我国的垂直集中化行政体制中，只有县级以上政府具有规划审批权限，县级以下缺乏规划审批权。从历史上看，我国的行政机构多位于城市，乡村地区以自治为主，素来具有"政权不下县"的说法，政府通过士绅阶层对乡村实行间接管理。但清末以后对乡村的控制大为加强，至人民公社时期达到顶峰，改革开放后，逐步恢复了乡村的自治，村成为居民自治单位。由于县所辖村庄众多，如果说在城市规划中，县级及其以上政府对其所在城市相对较为了解，那么，其对村庄的实际情况和居民需求的了解程度远无法与村庄居民相比，在此种情况下，县级政府依据什么为村庄规划作出决策？如果不是县级政府，规划作为行政法规的作用如何在规划决策中体现？

规划师实际上扮演了分析者和决策者的双重角色，并在决策后以"科学"或"真理"的名义推销其决策，并视其"越位"为理所当然，当然，其部分原因在于政府对决策权力的委任。但在市场解决和社会多元化发展的今后，规划师的"决策者"角色将日益淡化,分析者的职能逐步加强。换言之,规划师的叙事范式应为:"如果……将会……",其职责包括:运用其专业知识分析发展趋势及其可能性,某些措施可能产生的后果或者要达到某种目标应采取哪些措施,在经验判断的基础上将这些预期综合为备选方案等方面,而非对未来应当达成何种目标采取何种措施直接作出决策并致力于说服相关利益方接受。在村庄规划中这一方面问题尤其突出,农村在社会上是一个"自治体",在经济上是"集体所有"的利益整体,村民在规划决策中具有更为重要的地位。因此,基于政府委托的规划师决策权力在村庄规划中将难以适用,在规划编制过程中必须始终考虑村民的要求,如目标的预期、方案的形成和行动计划的组织等,而不是一气呵成地完成规划后提交村民选择。

因此,从规划过程考虑,村庄规划需进一步明确政府、规划师和村民在规划决策过程中的职责,其中村民规划决策权缺乏制度化保障乃是其中的关键。

3 结语

村庄规划当前面临着需要值得深入探讨的问题,这些问题部分是由于规划传统留下的后遗症,还有一些是从城市移植到乡村的不适应。城市规划在乡村规划中的水土不服固然值得关注,更重要的是,一些问题在城市规划中也同样存在,只是在乡村规划中体现得更为明显。可以说,村庄规划的探讨,不仅对村庄规划具有意义,也为反思规划传统、完善城乡规划提供了重要契机。

主要参考文献

[1] 石楠. 从澳门城市规划看现行城市总体规划改革 [E],同济规划简讯,2014(08).

[2] 孙施文. 城市规划不能承受之重 [J]. 城市规划学刊,2006(01).

[3] 王丽萍. 英国的城市规划体系 [J]. 国外城市规划,1993(3).

[4] 牛靖楠,周天勇,张群. 我国农村经济对国内生产总值的实际贡献 [J]. 中国农村经济,2004(6).

Problem Analysis in Village Planning
——Based on Reconsideration of Planning Traditions

Lu Xigang

Abstract: Problems in village planning such as primary coverage, functional orientation, spatial characteristic and decision making is discussed in the paper, mainly from the views of the sequel and maladjustment of traditional planning, which is based on urban and central planning. The reasons and possible outlets is also proposed in the end. It is concluded that the maladjustment is not the only reason of those problems, the sequel of traditional planning play a more important.

Keywords: village planning; problem analysis; planning tradition

拿什么拯救你，亲爱的乡村——把艺术还给农民

胡宝林　　周颖

摘　要： 评价一个国家的富裕或文明程度，绝对不是比城市。城市差距越来越小，看下农村就知道了。这里的农民生活很体面，很有尊严，乡村规划的也很美，没有污染。悠久的文化历史，残酷的发展现实，潜在的复兴价值。执着的乡贤，敏感的民众，纠结的我们。中国的乡村发展不是简单的生产主义和后生产主义的更替。发展阶段的突破，文化价值的认同，乡村治理的重塑，产权制度的更新，远远超出一张图纸。我们没有答案的，就交给规划吧，留给我们的是渐进的改善。

关键词： 村庄规划；隧道视野效应；生产农村服务的服务业

引言

从去年开始到今年，大家对乡村问题的关注呈现井喷状态，各个方面的合力把乡村推到了风口浪尖上。不可回避的原因是国家大政策，总书记提到的"乡愁"，"要看得见山，望得见水，记得住乡愁"，"建设美丽乡村"。在中国任何事情都绕不开政治，这是没什么可忌讳的。另一方面应该是经济上的原因，中国城市的经济增长点已经被挖掘得非常充分了，到了一个瓶颈期；现在乡村还有潜力可挖，因此从经济层面得到了关注。当然，还有其他因素，比如农村土地流转，比如民间资本寻找出路……种种原因造成了乡村成为热点，不仅是设计师的热点，也是资本的热点。此外，还有一个因素，就是传统文化的保护问题。大家手边有了闲钱，必然开始想"重新找回中国文化的根"。在这些合力作用下，忽然间乡村问题成为凝聚点，这个点似乎可以把所有问题都解决。

李京生在2014中国城市规划年会曾说过这样一句金句："乡村规划没有统一的模式，外来的规划师必须真正的尊重乡村的传统和现实。在农村，连一个石墩子摆在什么位置背后都有复杂的社会关系和历史演变。"

1　为乡村规划正名

在对农村的规划中，我们不断地问自己一个问题，为什么我们喜欢农村，为什么我们觉得他有其文化、形态、和这样那样的价值，而同样的例子我们可以问自己，为何我们喜欢中世纪的小镇。除了二者对自然状态的保留，我们想，可能更多的还是聚居形态发展过程中自组织的魅力，即农村逐步发展，在较少外界冲击之下通过悠久的历史形成的自组织的文化、空间、社会风俗和与自然的融合。

现在很多人都在说新农村，到底什么是新农村？只有人民参与的、支持的、奉献的才是新农村。乡村规划，是一个社会系统修复的过程，是一个新的乡村文化的重构，是一种文化与信仰的重建。新生活我更倡导的是先生活后产业，因为安居乐业是中国人的价值观。新农村建设一定是建立在旧农村的基础之上，没有旧农村哪来新农村。我们推到重新设计的新农村都不是农村，农村就是农村，它不是工业园，不是社区，也不是园林。而我们今天的农村，无一例外就是往公园、社区、园林。政府、商人，规划设计三者没有想要破坏性，结果伤害了农民，关键是谁也不负责任。

乡村规划应该是以人为核心的，是人文精神的本质，现代人说的设计改变生活是一种误导。很多说法夸大了设计的作用，因为人文毕竟是设计的核心。没有规划的规划，我个人认为是一等规划，能处处感受到的规划是二等规划，说规划能改变世界是三等规划。规划设计是一个向世界传达的一种文化途径，是承担着一种公民的设计责任，是文明与文化的见证者与开拓者，到一个词叫"落地"。如果要想做好一个项目，落地有三个基本条件，能找到好的村干

胡宝林：浙江大学城乡规划设计研究院工程师
周颖：浙江大学城乡规划设计研究院工程师

部，项目就成功一半。你们设计师是甲方。找到能够办实事，能上下联动的乡镇干部，这个项目就有一个基本保障。最关键是要找到有思想，能担当的县市领导。这三者在一条线上这个项目就能成功，这三者不在一条线上千万别去做。村庄规划与建设程序，我们在做建设的时候，先把文化保护住，哪些房子能拆，哪些房子不能拆，哪些河流不能动，哪些植物不能动，哪些建筑年份把它划分好，把这些确定清楚以后你再谈规划。我们现在看到的村落、山河、庙，等我们去了以后什么都没有，所以我们把规划调到文化、产业前面。

很多规划者把城市的事还没理清，又把自己改名叫城乡规划，所谓的乡村规划连主体动机对象都讲不清就堂而皇之大行其道，其背后无非就是增加政府建设用地的冲动而已。而这样的乡村规划恰恰就是乡村的终结者。村庄规划不仅仅是告诉农民传统有多好，而是让他们看到经济效益。

2　美丽乡村建设的七要素

这不得不提美丽乡村建设的七要素：从舒适的人居环境、适度的人口聚集、新型的居民群体、优美的村落风貌、良好的文化传承、鲜明的特色模式和持续的发展体系来全面阐述了美丽乡村的概念理论及规划结构体系。

3　隧道视野效应

隧道视野效应是指一个人若身处隧道，他看到的就只是前后非常狭窄的视野。不能缺乏远见和洞察力，视野开阔，方能看得高远。识时务者为俊杰。一件事情，重要的不是现在怎样，而是将来会怎样。要看到事物的将来，就必须有高远的眼光。看清了它的将来，坚定不移地去做，事业就已经成功了一半。明智的人总会在放弃微小利益的同时，获得更大的利益。

目前大部分的村庄规划师与政府部门决策者只看到眼前的利益，导致乡村规划存在的经费不足，规划质量不高，可实施性不强，乡村居民规划缺乏规划意识等现状问题。这个村庄规划与设计总在设计图和鸟瞰图上下功夫。效果图是假设，鸟瞰图不是人看的，是鸟看的。新农村规划很多是给效果图和鸟瞰图给骗了，规划与设计不能落地总让规划设计院受各方诟病。这是村庄规划目前普遍存在的隧道视野效应。

4　生产农村服务的服务业

拯救乡村，首先应从发展模式的转变开始，增量模式到存量模式的改变从拯救农业开始，而拯救农业，不是靠工业，而是靠服务业。当农业从一种"生产农产品的制造业"，转变为一种"生产农村服务的服务业"时，全球农村的复兴将真正到来，那时候，乡村规划的时代才会来临。

据不完全统计，截止2013年底，全国休闲农业聚集村9万个，规模以上休闲农业园区超过3.3万家，农家乐已超150万家，接待游客超过9亿人次，营业收入超2700亿元，带动2900万农民受益。村庄太多太多，谈休闲农业的村庄太多太多，同一个地区的村庄大同小异，资源人文的保护异曲同工，村庄规划像流水线一样出产。如何克服怎么样在普通的不能再普通的村庄里寻找特色是规划者在接下去的村庄规划中需要思考的。

于是谈到生产农村服务的服务业，要思考以下几个问题：①尽可能保留所有已存的物质资产，留，而不是扔。②深入研究和挖掘潜在的经济资源和非物质遗产。③研究物质资源，经济资源，非物质资源的利用和产业模式。④寻找资源和资本的联姻模式。⑤寻找资金和资本的来源。⑥构建经营机构和运营模式。

说到经营模式与运营模式较成功的归属中国台湾、韩国、欧洲的小乡村，它们的模式属于存量模式。台湾的乡村建设是文化牵头，韩国的是山地城市牵头，德国是从宗教开始，我们是从建设开始（即从增量模式出发）。

5　例一：再造看得见的乡愁：台湾桃米生态村

在"社区营造"理念的实践中，埔里镇最贫穷的村子在十年中蜕变为台湾最知名的观光经济型生态村。

5.1　乡的学习样板桃米村——从凝聚人心，精神地标，家园意识开始

桃米村位于台湾中部，距离日月潭只有15分钟车程，原是一个传统的农业村（图1）。1990年代，在台湾的城市化进程中，农村劳动力严重外溢，人口老化、产业没落；加之1999年的"921"大地震，桃米村369户中62%受到重创，再建势在必行。

社区营造的"人、景、地、文、产"五个方面，"人"是最关键的魂。在桃米村的重建及社区营造过程中，统一思想、凝聚人心也成为首先需要解决的问题。

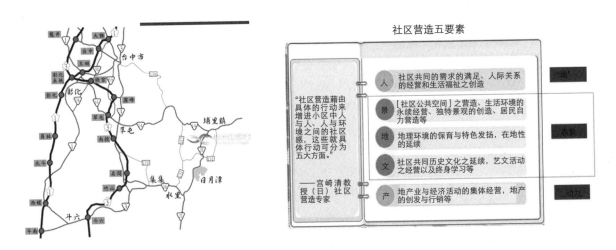

在桃米村，搭建"纸教堂"也成为构建社区居民精神原点的重要手段。发起人廖嘉展等将日本神阪大地震后鹰取社区的临时性教堂加以引进升华，落户于桃米村。坂茂所设计的纸教堂（Paper Dome），外墙是采用玻璃纤维浪板构筑而成的长方形，内部则是长5cm、直径33cm、厚度15mm的58根纸管，建构一个可容纳80个座位的空间。纸教堂，一方面说明了物质与生命的脆弱性，另一方面也暗示着信仰的坚韧性，同时成为开展社区活动的社区生活中心。

灾后重建，不仅是生活的重建、更是人的重建。纸教堂成为桃米村震后社区重建重要的精神地标，也成为社区文化运动重要的文化符号。

除了搭建纸教堂之外，另一个凝聚人心、重塑村民家园意识的策略就是护溪工程。

桃米溪是村中的一条贯通东西的小溪，是桃米村的"母亲河"。由于这里曾经是埔里镇的垃圾填埋场，溪水臭气熏天，污染严重。为了将村民们团结起来，桃米村民发起了保护母亲河的护溪行动：决定对其封溪两年进行整治，并举办了声势浩大的封溪宣誓大会。

封溪告示牌的揭牌，显示了桃米人的决心，意味着生态保护行动已成为全村的公约，资源永续的责任也将由全村共同承担。地震虽然让人们体验到生命的可贵，促使人们珍视彼此的缘分；但要如何将曾经疏远、又受过各类不同价值观冲击的人团结在一起，护溪就成了全社区一个共同的"事业"，起到社区营造中统一大家的价值观的重要作用。

5.2 点的生态村庄桃米村——挖掘资源：缺乏历史？梳理生态资源

在社区营造的五要素中，产业发展是社区营造的动力，而资源挖掘则是产业重塑的基础。

桃米村在对资源的挖掘过程中，整合很多团队将桃米的生态资源进行了彻底梳理，最终得出的结论是：这个地方虽然接近日月潭，但台湾游客都不知道这个地方，要人文没人文、要历史没历史、要风景没风景，只有青蛙最多。

根据调查显示：桃米村面积占台湾的0.05%，却拥有台湾青蛙种类的72%、蜻蜓种类的31%；鸟类种类的16%，生态资源比较优越。对于这个结论，桃米人持之以恒，并将这一特色进行了极致利用。

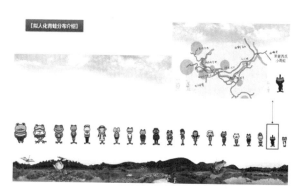

5.3 量模式的桃米村——重塑产业，生态涵养，强化特色

桃米村由于位于山林间的盆地之中，交通闭塞，早年在山林间辟地种植地瓜、稻田，一直以农业为生。1990年代初期起以麻竹笋为主要产业，也属于传统农业，辛劳一年的农民收入水平低下。经过了对当地资源挖掘以后，桃米社区重新定位了自己的产业——建立了全台首个青蛙观光特色社区。

在产业重塑的过程中，为了增强信心，桃米村还通过NGO组织新故乡文教基金会邀请了大学的教授团队，帮他们开了600个小时的体验游、深度游观光概念的课，让他们知道未来的后现代经济有什么可能性让农村富裕。

桃米村除了坚持生态涵养，还着重在强化特色上下功夫，例如：对于二十三种青蛙种类和青蛙分布的介绍，采取了拟人化的手法，增加趣味性的同时强化了知识性。

只有找到适合发展的特色产业，才能把人留住。桃米生态村现在已经建立起了比较完善的观光休闲网络，村民们在这里都找到了自己的"行当"，民宿也由最初八家业余的发展到现在十几家专业的。早期民宿业的发起人，目前一年收入好几百万新台币，是新毕业大学生的3倍还多；相关的文化产品发展到二十余个，并还在不断的开发中……。

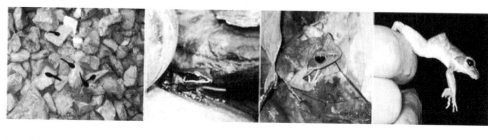

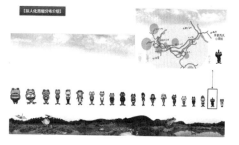

5.4 特色的桃米村——重整风貌，抓住特色，全息化营造

桃米村在服务经济中找到了结合美学、感性、游憩与创意的第四级产业。在重塑产业的过程中，结合青蛙观光特色，进行社区的全息化营造，乡村风貌也得以保持与延续。

生态为体，产业为用。根据低密度开发的原则，桃米村不建大的酒店，游客接待以特色民宿为主，而青蛙这个元素在民宿里也随处可见，宛若一个青蛙王国。这种主题鲜明且气氛活跃的全息化社区营造方式，同时给桃米村的乡村风貌保护带来了与众不同的特色。

6 真正的可持续发展

我们希望更多的人至少开始思考"再造故乡"这个理念，反思自己跟故乡、土地、种子和雨水的关系。我们倡导大家"从乡村出发，从世界回来"，我们的生命根源在乡村，我们需要把我们在世界上所收获的露水，反哺如今干涸的乡村。

乡愁与乡仇。中国人不缺乡愁，缺的是生机。说乡愁的人一定不是农民，怀念乡愁的人一般不会住在农村，这就是乡愁与乡仇之间的矛盾。这也是乡村与古村保护如此之难之因。说乡愁的是城市人，说乡仇的是农民。这说明什么呢？乡愁不是文化是生活，是一种特殊的生产方式。这就是文明中很难理解的一种文化，中华民族不缺文化缺的是整个设计的文化复兴时代。乡愁是无奈、孤独，同时也是希望、是等候，未来的中国，乡村文化会影响城市，城市科技只能是助推乡村，我们的文化在乡村。乡村建设首先是人的观念的转变，是政府对文化理解的转变，也是

专家与学者保护方法的调整，正是城乡两种文明的形态的转化的过程。今天我们看古村落保护我们是通过很长时间的煎熬，开始撕开了文明社会中的伤口，在心疼中找到一丝安慰。我们走到一起，在一群有社会的志愿者的倡导下，乡情与乡愁开始了一种久违的冲动。我向设计师表示敬意，现在很多设计师朋友都以志愿者的身份参与了这场乡村建设，特别向你们表示感谢。

把艺术留给农民吧，乡村的希望没有那么复杂，让年轻人回来，让鸟回来，让民俗回来，只要做到这三点，中国乡村就有希望。

Abstract : Evaluation of a country or the degree of civilization, definitely not than the city. Urban gap is more and more small, look at the countryside knew. The farmers here life is very decent, very dignified, rural planning is also very beautiful, no pollution. A long cultural history, the development of the cruel reality, the potential value of the renaissance. Persistent squires, sensitive people, tangled of our. Rural development in China is not the simple production of Marxism and replacement of Property right system. The development stage of the breakthrough、the cultural value of the identity、reshaping rural governance、property rights system update、far beyond a drawing. We don't have the answers, to plan it, for we are gradual improvement.

Keywords : village planning ; tunnel vision effec ; rural service industry production.

2015年1月，中国城市规划学会乡村规划与建设学术委员会正式成立。2015年1月10日，乡村规划与建设学委会首次学术研讨会"乡村发展与乡村规划"在同济大学召开、并同期举办了"乡村规划实践案例展"的揭幕仪式。

该次学术活动吸引了国内大量学者和相关人士的积极参与，学术研讨会据不完全统计有超过500余人现场参加，主旨报告举办地——同济大学建筑与城市规划学院钟庭报告厅内外始终爆满，分论坛同济大学建筑与城市规划学院D楼3个报告厅也全程有听众站立旁听并参与互动。学术研讨会还吸引了多家公共媒体的全程参与。这些都充分说明了乡村问题和乡村规划，早已成为公共话题。

根据前期部署，以及学术研讨会举办后所收集到的反馈信息，我们将学术研讨会和展览的有关成果分别整理出版。本专辑是"乡村发展与乡村规划"学术研讨会的论文集。该次学术研讨会共征集了225篇论文，经过预审和3轮专家评审，以及与论文作者的进一步沟通，本专辑共收录了79篇会议论文。出于尊重原作者研究成果考虑，我们仅对任选论文进行了最基础性的版式统一工作，其他内容等都采取了保留原文的方式。

通过研讨会和论文集的出版，提供更多的学术交流机会和平台，并进而推进相关学术工作的发展，是乡村规划与建设学术委员会成立的重要目的。我们将不断推动该项目工作的发展与完善。学会、学委会的专家委员、乡村规划与建设的有关从业者和关心者，是本项工作不断推进的重要动力来源。

除了来自学会和学委会的大力支持，论文集的出版还得到了同济大学多位教师，以及上海同济城市规划设计研究院相关工作人员的大力支持，在此一并感谢。同时也感谢中国建筑工业出版社的一贯支持。

由于初次开展该项工作，难免有所纰漏，欢迎大家提出意见和建议。

编者

2015年3月